교수님 성함	
교수님 연구	
교수님 이메일	
수업시간	
강의실	
강의교재	
과제	
중간고사 시험범위	
기말고사 시험범위	
참고도서	

2023
최신판

2020 한국인 영양소 섭취기준 반영

1교시

1 영양학 및 생화학
2 생애주기영양학
3 영양교육
4 식사요법 및 생리학

영양사 국가시험
영양교사 중등임용고시를
위한

영양사 문제집

영양사 국가시험 교육연구회 지음

교문사

잠깐!

문제 풀이 중 내용의 오류를 발견하였다면,
교문사 **홈페이지－문의하기－1 : 1 문의** 게시판에 해당 내용을 남겨주세요.

확인된 오류는 정오표를 바로바로 만들어 홈페이지에 게시하겠습니다.
정오표는 교문사 **홈페이지－커뮤니티－자료실**에서 다운로드해 주세요.

교문사 홈페이지 www.gyomoon.com

PREFACE

국민의 건강관리에서 영양관리의 역할이 매우 강조되고 있는 현대사회에서 영양전문가의 역할과 책임감은 더욱 중요해지고 직업적 요구는 확대되고 있다. 영양전문가란 식품개발, 급·외식 관리, 보건사업관리, 임상영양 분야 등에서 식품개발 및 평가, 식사계획 및 급식관리, 질병예방 및 건강증진을 위한 영양개선사업 및 질병치료의 영양서비스를 제공하는 전문가를 말하며, 관련 학과를 졸업하고 국가시험을 통과하면 자격이 주어진다.

영양사 자격은 대학에서 식품학 또는 영양학 전공자로 소정의 학점을 이수한 졸업(예정)자가 영양사 국가시험에 응시하고 합격하여야 취득이 가능하다. 국가시험을 대비하려면 ① 영양학 및 생화학, ② 영양교육, 식사요법 및 생리학, ③ 식품학 및 조리원리, ④ 급식, 위생 및 관계법규의 4개 분야와 분야별로 다양한 관련 과목들을 공부하여야 하며, 면허시험에서는 이론 및 직무를 수행할 수 있는지를 평가하는 문제들이 출제된다.

본 문제집은 영양사 국가시험을 준비하는 예비 전문영양인들이 체계적인 방법으로 영양전문가가 갖추어야 할 지식을 습득하여 국가시험의 관문을 무난히 통과하는 것을 목표로 하였다. 집필진은 영양사 국가시험 출제에 다년간 참여하고 풍부한 경험을 갖춘 영양사 국가시험 교육연구회 소속의 현직 식품영양학과 교수들이다. 국가시험 출제범위를 토대로 단원별 정리, 다양한 관점에서의 문제풀이, 새로운 문항 개발, 상세한 해설을 덧붙였고, 수험생의 편의를 위해 각 과목을 국가시험 진행 순서에 따라 배열하였으며, 각 과목 문항 수는 과목별 비중과 시험 문항 수를 고려하여 개발하였다. 2023년 개정판은 최근의 정책 변화와 관련 법규의 개정을 반영하고, 최근 개정된 2020 한국인 영양소 섭취기준을 근거로 문제를 수정하였으며, 국가시험원 출제기준에 맞춘 새로운 유형의 문제를 제시하여, 수험생들이 본서로 영양사 국가시험을 효율적으로 공부하고, 실무에 필요한 식품영양의 최신 지식을 습득, 정리할 수 있도록 내용을 보강하였다.

집필진은 본 수험서로 영양사 국가시험을 준비하는 수험생들이 전공지식을 총정리하고, 영양사 국가시험을 완벽하게 대비할 수 있도록 개발하였다. 문항 개발에 최선을 다해주신 영양사 국가시험 교육연구회 교수님들과 출간에 도움을 주신 교문사 여러분들에게 감사를 전하며, 본서로 시험을 준비하는 모든 수험생에게 합격의 기쁨이 함께하기를 기원한다.

2023년 8월

영양사 국가시험 교육연구회

영양사 시험 안내

01 2017년 이후 시험 관련 변경사항 안내

2015년 5월 19일 개정된 국민영양관리법 시행규칙 제9조에 따라 2017년도부터는 영양사 국가시험이 다음과 같이 변경되어 시행된다.

제9조(영양사 국가시험 과목 등) ① 영양사 국가시험의 과목은 다음 각 호와 같다. 〈개정 2015. 5. 19.〉

1. 영양학 및 생화학(기초영양학 · 고급영양학 · 생애주기영양학 등을 포함한다)
2. 영양교육, 식사요법 및 생리학(임상영양학 · 영양상담 · 영양판정 및 지역사회영양학을 포함한다)
3. 식품학 및 조리원리(식품화학 · 식품미생물학 · 실험조리 · 식품가공 및 저장학을 포함한다)
4. 급식, 위생 및 관계법규(단체급식관리 · 급식경영학 · 식생활관리 · 식품위생학 · 공중보건학과영양 · 보건의료 · 식품위생 관계법규를 포함한다)

② 영양사 국가시험은 필기시험으로 한다.

③ 영양사 국가시험의 합격자는 전 과목 총점의 60퍼센트 이상, 매 과목 만점의 40퍼센트 이상을 득점하여야 한다. 〈개정 2015. 5. 19.〉

④ 영양사 국가시험의 출제방법, 배점비율, 그 밖에 시험 시행에 필요한 사항은 영양사 국가시험관리기관의 장이 정한다.

02 시험시간표

구분	시험과목(문제 수)	총 문제 수	시험형식	입장시간	시험시간
1교시	1. 영양학 및 생화학(60) 2. 영양교육, 식사요법 및 생리학(60)	120	객관식	~08 : 30	09 : 00~10 : 40 (100분)
2교시	1. 식품학 및 조리원리(40) 2. 급식, 위생 및 관계법규(60)	100	객관식	~11 : 00	11 : 10~12 : 35 (85분)

03 시험 형식

시험 과목 수	문제 수	배점	총점	문제 형식
4	220	1점/1문제	220점	객관식 5지선다형

04 시험 일정

구분		일정	비고
응시원서 접수	기간	인터넷 접수 : 2023. 9. 6.(수)~9. 13.(수) ※ 다만, 외국대학 졸업자로 응시자격 확인서류를 제출해야 하는 자는 접수기간 내에 반드시 국시원 별관(2층 고객지원센터)에 방문하여 서류 확인 후 접수 가능함	• 응시수수료 : 90,000원 • 인터넷 접수시간 : 해당 시험직종 원서 접수 시작일 09 : 00부터 접수 마감일 18 : 00까지
	방법	인터넷 접수 : 국시원 홈페이지 [원서접수]	
응시표 출력기간		시험장 공고일 이후부터 출력 가능	2023. 11. 8.(수) 이후
시험 시행	일시	2023. 12. 16.(토)	응시자 준비물 : 응시표, 신분증, 필기도구 지참(컴퓨터용 흑색 수성사인펜은 지급함) ※ 식수(생수)는 제공하지 않음
	방법	국시원 홈페이지 [시험안내] – [영양사] – [시험장소(필기/실기)]	
합격자 발표	일시	2024. 1. 4.(목)	휴대전화번호가 기입된 경우에 한하여 SMS 통보
	방법	국시원 홈페이지 [합격자 조회]	

05 응시자격

국민영양관리법 시행규칙[시행 2016. 3. 1.] [보건복지부령 제315호, 2015. 5. 19. 일부개정]에 따르면 응시자격은 다음과 같다.

✔ 교과목 및 학점이수 기준

다음 교과목 중 각 영역별 최소이수 과목(총 18과목) 및 학점(총 52학점) 이상을 전공과목(필수 또는 선택)으로 이수해야 한다.

(1) 2016년 3월 1일 이후 입학자

국민영양관리법 제15조 ① 영양사가 되고자 하는 사람은 다음 각 호의 어느 하나에 해당하는 사람으로서 영양사 국가시험에 합격한 후 보건복지부장관의 면허를 받아야 한다.

1. 「고등교육법」에 따른 대학, 산업대학, 전문대학 또는 방송통신대학에서 식품학 또는 영양학을 전공한 자로서 교과목 및 학점이수 등에 관하여 보건복지부령으로 정하는 요건을 갖춘 사람

국민영양관리법 시행규칙 제7조 ① 법 제15조 제1항 제1호에서 "보건복지부령으로 정하는 요건을 갖춘 사람"이란 별표 1에 따른 교과목 및 학점을 이수하고, 별표 1의2에 따른 학과 또는 학부(전공)를 졸업한 사람 및 제8조에 따른 영양사 국가시험의 응시일로부터 3개월 이내에 졸업이 예정된 사람을 말한다. 이 경우 졸업이 예정된 사람은 그 졸업예정시기에 별표 1에 따른 교과목 및 학점을 이수하고, 별표 1의2에 따른 학과 또는 학부(전공)를 졸업하여야 한다.

(2) 다음 각 호에 모두 해당하는 자

- 다음의 학과 또는 학부(전공) 중 1가지
  - 학과 : 영양학과, 식품영양학과, 영양식품학과
  - 학부(전공) : 식품학, 영양학, 식품영양학, 영양식품학

  ※ 학칙에 의거한 '학과명' 또는 '학부의 전공명'이어야 하며, 위와 명칭이 상이한 경우 반드시 담당자 확인 요망(1544－4244)

- 교과목(학점) 이수 : '영양 관련 교과목 이수증명서'로 교과목(학점) 확인 가능(국시원 홈페이지 [시험안내 홈] → [영양사 시험선택] → [서식모음 7.] 첨부파일 참조)
  - 영양 관련 교과목 이수증명서에 따른 18과목 52학점을 전공(필수 또는 선택)과목으로 이수해야 함
  - 2016년 3월 1일 이후 영양사 현장실습 교과목 이수 시 80시간 이상(2주 이상), 영양사가 배치된 집단급식소, 의료기관, 보건소 등에서 현장 실습하여야 함
  - 법정과목과 그에 해당하는 유사인정과목은 동일한 과목이므로, 여러 개 이수해도 1개 과목 이수로만 인정(단, 학점은 합산 가능)

✔ 별표 1. 영역별 교과목과 최소이수 과목 및 학점

영역	교과목	유사인정과목	최소이수 과목 및 학점
기초	생리학	인체생리학, 영양생리학	총 2과목 이상 (6학점 이상)
	생화학	영양생화학	
	공중보건학	환경위생학, 보건학	
영양	기초영양학	영양학, 영양과 현대사회, 영양과 건강, 인체영양학	총 6과목 이상 (19학점 이상)
	고급영양학	영양화학, 고급인체영양학, 영양소 대사	
	생애주기영양학	특수영양학, 생활주기영양학, 가족영양학, 영양과 (성장)발달	
	식사요법	식이요법, 질병과 식사요법	
	영양교육	영양상담, 영양교육 및 상담, 영양정보관리 및 상담	
	임상영양학	영양병리학	
	지역사회영양학	보건영양학, 지역사회 영양 및 정책	
	영양판정	영양(상태)평가	
식품 및 조리	식품학	식품과 현대사회, 식품재료학	총 5과목 이상 (14학점 이상)
	식품화학	고급식품학, 식품(영양)분석	
	식품미생물학	발효식품학, 발효(미생물)학	
	식품가공 및 저장학	식품가공학, 식품저장학, 식품제조 및 관리	
	조리원리	한국음식연구, 외국음식연구, 한국조리, 서양조리	
	실험조리	조리과학, 실험조리 및 관능검사, 실험조리 및 식품평가, 실험조리 및 식품개발	
급식 및 위생	단체급식관리	급식관리, 다량조리, 외식산업과 다량조리	총 4과목 이상 (11학점 이상)
	급식경영학	급식경영 및 인사관리, 급식경영 및 회계, 급식경영 및 마케팅 전략	
	식생활관리	식생활계획, 식생활(과)문화, 식문화사	
	식품위생학	식품위생 및 (관계)법규	
	식품위생 관계법규	식품위생법규	
실습	영양사 현장실습	영양사 실무	총 1과목 이상 (2학점 이상)

06 응시원서 교부 및 접수

✔ 인터넷을 통한 응시원서 접수

(1) 인터넷 접수 대상자

'방문접수 대상자'를 제외하고 모두 인터넷 접수만 가능

※ 단, 응시자격 확인에 대한 책임은 본인에게 있음

(2) 인터넷 접수 준비사항

- 회원가입
- 응시원서 : 국시원 홈페이지 [시험안내 홈] → [응시원서 접수]에서 직접 입력
  - ※ 실명인증 : 성명과 주민등록번호를 입력하여 실명인증을 시행, 외국국적자는 외국인 등록증이나 국내거소신고증상의 등록번호 사용. 금융거래 실적이 없을 경우 실명인증이 불가능함
  - ※ 코리아크레딧뷰로(02–708–1000)에 문의
- 사진파일 : jpg 파일(컬러), 276×354픽셀 이상 크기, 해상도는 200dpi 이상

(3) 응시수수료 결제

- 결제 방법 : [응시원서 작성 완료] → [결제하기] → [응시수수료 결제] → [시험선택] → [온라인계좌이체 / 가상계좌이체 / 신용카드] 중 선택
- 마감 안내 : 인터넷 응시원서 등록 후, 접수 마감일 18 : 00까지 결제하지 않았을 경우 미접수로 처리

(4) 시험장 선택

- 방법 : 응시수수료 결제 완료 화면에서 응시하고자 하는 시험장을 선택
- 시험장 선택제 실시 : 2017년도 제41회 영양사 국가시험부터 응시지역 및 응시하고자 하는 시험장을 선택하여야 함
  - ※ 시험장소 공고 7일 전까지 선택하지 않을 경우 임의 배정됨

(5) 접수결과 확인

- 방법 : 국시원 홈페이지 [시험안내 홈] → [응시원서 접수] → [응시원서 접수결과]
- 영수증 발급 : http://www.easypay.co.kr에서 열람·출력

(6) 응시원서 기재사항 수정

- 방법 : 국시원 홈페이지 [시험안내 홈] → [마이페이지] → [응시원서 수정]
- 기간 : 시험 시작일 하루 전까지만 가능
- 수정 가능 범위
  - 응시원서 접수기간 : 아이디, 성명, 주민등록번호를 제외한 나머지 항목
  - 응시원서 접수기간~시험장소 공고 7일 전 : 응시지역 및 시험장
    ※ 변경하고자 하는 시험장의 잔여좌석이 없을 경우 선택 불가함
  - 마감~시행 하루 전 : 비밀번호, 주소, 전화번호, 전자우편, 학과명 등
  - 단, 성명이나 주민등록번호는 개인정보(열람, 정정, 삭제, 처리정지) 요구서와 주민등록초본 또는 기본증명서, 신분증 사본을 제출하여야만 수정 가능(국시원 홈페이지 [시험안내 홈] → [시험정보] → [서식모음]에서 「개인정보(열람, 정정, 삭제, 처리정지) 요구서」 참고)

(7) 응시표 출력

- 방법 : 국시원 홈페이지 [시험안내 홈] → [응시표 출력]
- 기간 : 시험장 공고일부터 시험 시행일 아침까지 가능
- 기타 : 흑백으로 출력하여도 관계없음

✔ 방문을 통한 응시원서 접수

(1) 방문접수 대상자(인터넷 접수 불가)

보건복지부장관이 인정하는 외국대학 졸업자 중 국가시험에 처음 응시하는 경우는 응시자격 확인을 위해 방문접수만 가능

(2) 보건복지부장관이 인정하는 외국대학 졸업자의 방문접수 시 제출서류

- 응시원서 1매(국시원 홈페이지 [시험안내 홈] → [시험정보] → [서식모음]에서 「보건의료인국가시험 응시원서 및 개인정보 수집·이용·제3자 제공 동의서(응시자)」 참고)
- 동일 사진 2매(3.5×4.5cm 크기의 인화지로 출력한 컬러사진)
- 개인정보 수집·이용·제3자 제공 동의서 1매(국시원 홈페이지 [시험안내 홈] → [시험정보] → [서식모음]에서 「보건의료인국가시험 응시원서 및 개인정보 수집·이용·제3자 제공 동의서(응시자)」 참고)

- 면허증사본 1매
- 졸업증명서 1매
- 성적증명서 1매
- 출입국사실증명서 1매
- 응시수수료(현금 또는 카드결제)

※ 면허증사본, 졸업증명서, 성적증명서는 현지의 한국 주재공관장(대사관 또는 영사관)의 영사 확인 또는 아포스티유(Apostille) 확인 후 우리말로 번역 및 공증하여 제출. 단, 영문서류는 번역 및 공증을 생략할 수 있음(단, 재학사실확인서는 필요시 제출)

(3) 응시수수료 결제

- 결제 방법 : 현금, 신용카드, 체크카드 가능
- 마감 안내 : 방문접수 기간 18 : 00까지(마지막 날도 동일)

07 합격자 결정 및 발표

✔ 합격자 결정

- 합격자 결정은 전 과목 총점의 60% 이상, 매 과목 만점의 40% 이상 득점한 자를 합격자로 한다.
- 응시자격이 없는 것으로 확인된 경우에는 합격자 발표 이후에도 합격을 취소한다.

✔ 합격자 발표

- 합격자 명단 확인방법
  - 국시원 홈페이지 [시험안내 홈] → [시험정보] → [합격자조회]
  - 국시원 모바일 홈페이지
- 휴대전화 번호가 기입된 경우에 한하여 SMS로 합격 여부 통보

※ 휴대전화 번호가 010으로 변경되어, 기존 01* 번호를 연결해 놓은 경우 반드시 변경된 010 번호로 입력(기재)하여야 함

08 교과목별 출제 범위(2019년도 제43회부터 적용)

시험과목	분야	영역	세부영역
1. 영양학 및 생화학	1. 영양학 및 생화학	1. 개요	1. 영양섭취기준, 영양섭취실태, 영양 밀도, 영양과 성장, 영양표시, 세포의 구조와 기능
		2. 탄수화물 영양	1. 탄수화물의 소화, 흡수 2. 혈당조절 3. 탄수화물의 생리적 기능 4. 탄수화물 섭취기준, 급원, 탄수화물 섭취 관련 문제 5. 식이섬유
		3. 탄수화물 대사	1. 해당작용, TCA 회로, 전자전달계, 오탄당인산 회로 2. 포도당 신생 3. 글리코겐 대사
		4. 지질 영양	1. 지질의 소화, 흡수 2. 지질의 운반 3. 지질의 생리적 기능 4. 지질 섭취기준, 급원, 지질 섭취 관련 문제
		5. 지질 대사	1. 중성지방 대사 2. 케톤체 대사 3. 콜레스테롤 대사
		6. 단백질 영양	1. 단백질의 소화, 흡수 2. 단백질의 생리적 기능 3. 단백질의 질 평가 4. 단백질 섭취기준, 급원, 단백질 섭취 관련 문제
		7. 아미노산 및 단백질 대사	1. 아미노산의 대사 2. 질소 배설 3. 핵산 4. 단백질 생합성, 유전자 발현 5. 효소
		8. 에너지 대사	1. 에너지 필요량 2. 에너지 섭취기준, 에너지 섭취 관련 문제 3. 에너지 대사의 통합적 조절 4. 알코올 대사
		9. 지용성 비타민	1. 지용성 비타민 종류, 기능 2. 지용성 비타민의 흡수, 대사 3. 지용성 비타민 결핍, 과잉 4. 지용성 비타민의 섭취기준, 급원
		10. 수용성 비타민	1. 수용성 비타민 종류, 기능 2. 수용성 비타민의 흡수, 대사 3. 수용성 비타민 결핍, 과잉 4. 수용성 비타민의 섭취기준, 급원

(계속)

시험과목	분야	영역	세부영역
1. 영양학 및 생화학	1. 영양학 및 생화학	11. 다량 무기질	1. 다량 무기질 종류, 기능 2. 다량 무기질 흡수, 대사 3. 다량 무기질 결핍, 과잉 4. 다량 무기질의 섭취기준, 급원
		12. 미량 무기질	1. 미량 무기질 종류, 기능 2. 미량 무기질의 흡수, 대사 3. 미량 무기질 결핍, 과잉 4. 미량 무기질의 섭취기준, 급원
		13. 수분	1. 수분의 기능 2. 인체 수분 균형, 필요량
	2. 생애주기 영양학	1. 임신기, 수유기 영양	1. 임신기의 생리적 특성 2. 임신기의 영양관리 3. 임신부 영양 관련 문제 4. 수유기의 생리적 특성 5. 수유기 영양 관련 문제
		2. 영아기, 유아기 (학령전기) 영양	1. 영아기의 생리적 특성 2. 영아기의 영양관리 3. 이유기의 영양관리 4. 영아기 영양 관련 문제 5. 유아기(학령전기)의 생리적 특성, 영양관리 6. 유아기(학령전기) 영양 관련 문제
		3. 학령기, 청소년기 영양	1. 학령기의 생리적 특성, 영양관리 2. 학령기 영양 관련 문제 3. 청소년기의 생리적 특성, 영양관리 4. 청소년기 영양 관련 문제
		4. 성인기, 노인기 영양	1. 성인기의 생리적 특성, 영양관리 2. 성인기 영양 관련 문제 3. 노인기의 생리적 특성, 영양관리 4. 노인기 영양 관련 문제
		5. 운동과 영양	1. 운동 시 에너지 대사, 영양관리
2. 영양교육, 식사요법 및 생리학	1. 영양교육	1. 영양교육과 사업의 요구도 진단	1. 영양교육과 지역사회사업의 요구도 진단 과정
		2. 영양교육과 사업의 이론 및 활용	1. 영양교육의 이론 및 활용 2. 지역사회영양사업의 이론 및 활용
		3. 영양교육과 사업의 과정	1. 영양교육과 사업의 계획 및 실행 2. 영양교육과 사업의 평가
		4. 영양교육의 방법 및 매체 활용	1. 영양교육의 방법 2. 영양교육의 매체 활용
		5. 영양상담	1. 영양상담
		6. 영양정책과 관련 기구	1. 영양정책 2. 영양행정기구 역할
		7. 영양교육과 사업의 실제	1. 영양교육 실행 시 교수학습과정안 작성 및 활용 2. 지역사회 영양사업의 실제

(계속)

시험과목	분야	영역	세부영역
2. 영양교육, 식사요법 및 생리학	2. 식사요법 및 생리학	1. 영양관리과정	1. 영양관리과정(NCP)의 개념 2. 영양판정과 영양검색
		2. 병원식과 영양지원	1. 식단계획과 식품교환표 2. 병원식 3. 영양지원
		3. 위장관 질환의 영양관리	1. 위장관의 기능과 소화흡수 2. 식도 질환의 영양관리 3. 위 질환의 영양관리 4. 장 질환의 영양관리
		4. 간, 담도계, 췌장 질환의 영양관리	1. 간, 담도계, 췌장의 기능과 영양대사 2. 간 및 담도계 질환의 영양관리 3. 췌장 질환의 영양관리
		5. 체중조절과 영양관리	1. 비만의 영양관리 2. 저체중의 영양관리 3. 대사증후군의 영양관리
		6. 당뇨병의 영양관리	1. 당뇨병의 분류 2. 당뇨병의 대사 3. 당뇨병의 합병증과 관리 4. 당뇨병의 영양관리
		7. 심혈관계 질환의 영양관리	1. 심혈관계의 생리 2. 심혈관계 질환의 영양관리 3. 뇌혈관 질환의 영양관리
		8. 비뇨기계 질환의 영양관리	1. 콩팥의 구조와 기능 2. 콩팥 질환의 영양관리 3. 콩팥/요로 결석의 영양관리
		9. 암의 영양관리	1. 암의 예방을 위한 영양관리 2. 암환자의 영양관리
		10. 면역, 수술 및 화상, 호흡기 질환의 영양관리	1. 면역과 영양관리 2. 알레르기와 영양관리 3. 수술 및 화상의 영양관리 4. 호흡기 질환의 영양관리
		11. 빈혈의 영양관리	1. 혈액의 조성과 기능 2. 빈혈의 영양관리
		12. 신경계 및 골격계 질환의 영양관리	1. 신경계 질환의 영양관리 2. 골격계 질환의 영양관리
		13. 선천성 대사장애 및 내분비 조절장애의 영양관리	1. 선천성 대사장애의 영양관리 2. 내분비 조절장애의 영양관리

(계속)

시험과목	분야	영역	세부영역
3. 식품학 및 조리원리	1. 식품학 및 조리원리	1. 개요	1. 조리의 기초
		2. 수분	1. 수분의 특성
		3. 탄수화물	1. 탄수화물의 분류 및 특성
		4. 지질	1. 지질의 분류 및 특성
		5. 단백질	1. 단백질의 분류 및 특성 2. 식품의 효소
		6. 식품의 색과 향미	1. 식품의 색 2. 식품의 맛과 냄새
		7. 식품 미생물	1. 미생물의 생육과 영향인자 2. 식품 관련 미생물
		8. 곡류, 서류 및 당류	1. 곡류의 성분과 조리 2. 서류의 성분과 조리 3. 당류의 성분과 조리
		9. 육류	1. 육류의 성분 2. 육류의 조리 및 가공
		10. 어패류	1. 어패류의 성분 2. 어패류의 조리 및 가공
		11. 난류	1. 난류의 성분과 조리
		12. 우유 및 유제품	1. 우유 및 유제품의 성분과 조리 및 가공
		13. 두류	1. 두류의 성분과 조리 및 가공
		14. 유지류	1. 유지의 조리 및 가공
		15. 채소류 및 과일류	1. 채소류의 성분과 조리 2. 과일류의 성분과 조리
		16. 해조류 및 버섯류	1. 해조류의 성분과 조리 2. 버섯류의 성분과 조리
4. 급식, 위생 및 관계법규	1. 급식관리	1. 개요	1. 급식유형 및 체계 2. 급식계획 및 조직
		2. 식단관리	1. 식단작성 및 평가 2. 메뉴개발 및 관리
		3. 구매관리	1. 구매 2. 검수 3. 저장 4. 재고관리
		4. 생산 및 작업관리	1. 수요예측 2. 다량조리 3. 보관과 배식 4. 급식품질관리 5. 급식소 작업관리
		5. 위생·안전관리	1. 작업공정별 식재료 위생 2. 급식관련자 위생·안전 교육과 관리 3. 급식 시설·기기 위생관리

(계속)

시험과목	분야	영역	세부영역
4. 급식, 위생 및 관계법규	1. 급식관리	6. 시설·설비관리	1. 급식소 시설·설비 관리
		7. 원가 및 정보관리	1. 원가 및 재무관리 2. 사무 및 정보관리
		8. 인적자원관리	1. 인적자원 확보, 유지, 보상 2. 인적자원 개발 3. 리더십과 동기부여, 의사소통
		9. 마케팅관리	1. 마케팅관리
	2. 식품위생	1. 식품위생관리	1. 식품위생관리 대상 및 방법
		2. 세균성 식중독	1. 감염형 2. 독소형 3. 바이러스성
		3. 화학물질에 의한 식중독	1. 화학적 식중독 2. 자연독 3. 곰팡이독 4. 환경오염 5. 식품첨가물
		4. 감염병, 위생동물, 기생충	1. 경구감염병과 인축공통 감염병 2. 위생동물과 기생충
		5. 식품안전관리인증기준	1. 식품안전관리인증기준(HACCP)
	3. 식품·영양 관계법규	1. 식품위생법	1. 총칙 2. 식품등의 기준, 규격과 판매 금지 3. 영업(영양사와 종사원의 준수사항) 4. 조리사 등 5. 보칙(집단급식소와 식중독)
		2. 학교급식법	1. 학교급식 관리·운영
		3. 기타 관계법규	1. 국민건강증진법(국민영양조사, 영양개선) 2. 국민영양관리법 3. 농수산물의 원산지 표시 등에 관한 법률 (집단급식소에서의 원산지 표시) 4. 식품 등의 표시·광고에 관한 법률

1 교시

CONTENTS

1

영양학 및 생화학

1

개요

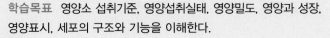

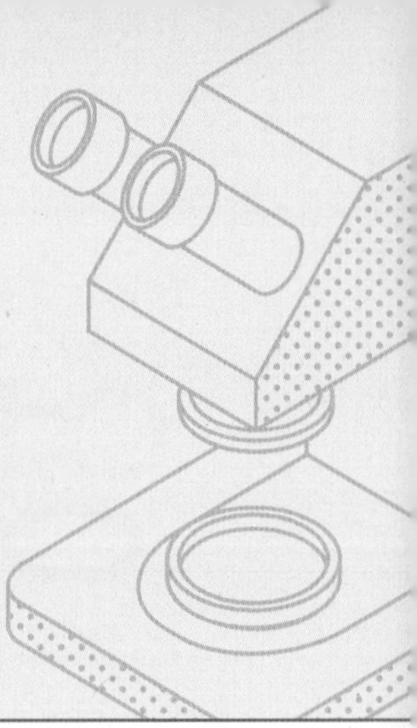

학습목표 영양소 섭취기준, 영양섭취실태, 영양밀도, 영양과 성장, 영양표시, 세포의 구조와 기능을 이해한다.

01 만 19세 이상 성인의 경우, 한국인 영양소 섭취기준에서 제안하는 에너지영양소의 에너지 적정 비율(%)은?

① 탄수화물 : 단백질 : 지질＝75~80 : 10~30 : 15~20
② 탄수화물 : 단백질 : 지질＝55~65 : 7~20 : 15~30
③ 탄수화물 : 단백질 : 지질＝65~80 : 5~20 : 15~30
④ 탄수화물 : 단백질 : 지질＝55~70 : 5~20 : 25~30
⑤ 탄수화물 : 단백질 : 지질＝55~75 : 15~20 : 7~20

02 다음 설명은 식사구성안을 구성하는 식품군 분류 중 어디에 해당되는가?

> 신체의 조절요소로서 수분, 비타민, 무기질의 급원이며, 변비 및 각종 생활습관병의 예방효과가 있는 식이섬유의 급원이다.

① 곡류　② 채소류
③ 고기·생선·달걀·콩류　④ 우유·유제품류
⑤ 유지·당류

03 2020년에 개정된 한국인 영양소 섭취기준에 대한 설명으로 옳은 것은?

① 영양소 섭취기준은 영양불량을 예방하기 위하여 최적값을 설정하였다.
② 평균필요량은 대상 집단을 구성하는 건강한 사람들의 2/3에 해당하는 사람들의 일일 필요량을 충족시키는 값이다.
③ 권장섭취량은 평균필요량에 표준편차의 2배를 더하여 산출하였다.
④ 충분섭취량은 과학적 근거를 토대로 한 건강한 인구집단의 평균섭취량이다.
⑤ 상한섭취량은 인체 건강에 유해한 영향이 나타나는 최대 영양소 섭취수준이다.

03 한국인 영양소 섭취기준은 섭취부족의 예방을 목적으로 하는 3가지 지표인 평균필요량, 권장섭취량, 충분섭취량과 과잉섭취로 인한 건강문제 예방을 위한 상한섭취량, 그리고 만성질환위험감소섭취량을 포함하고 있다. 평균필요량은 건강한 사람들의 일일 영양소 필요량의 중앙값으로부터 산출한다. 권장섭취량은 인구집단의 약 97~98%에 해당하는 사람들의 영양소 필요량을 충족시키는 섭취수준으로, 평균필요량에 표준편차 또는 변이계수의 2배를 더하여 산출한다. 충분섭취량은 영양소의 필요량을 추정하기 위한 과학적 근거가 부족할 경우, 실험연구 또는 관찰연구에서 확인된 건강한 사람들의 영양소 섭취량 중앙값을 기준으로 정한다. 상한섭취량이란 인체에 유해한 영향이 나타나지 않는 최대 영양소 섭취 수준이다. 만성질환위험감소섭취량은 건강한 인구집단에서 만성질환의 위험을 감소시킬 수 있는 영양소의 최저 수준의 섭취량이다.

정답 01. ② 02. ② 03. ③

04 다음 중 한국인 영양소 섭취기준에서 만성질환위험감소섭취량이 설정되어 있는 영양소는?

① 에너지
② 지방
③ 단백질
④ 비타민 A
⑤ 나트륨

04 현재 한국인 영양소 섭취기준에서 만성질환위험감소섭취량이 설정되어 있는 영양소는 나트륨이다.

05 한국인의 영양 섭취 실태에 대한 설명으로 옳은 것은?

① 곡류 섭취량은 증가 추세에 있다.
② 육류와 우유류의 섭취가 감소하고 있다.
③ 지질의 에너지 섭취 비율이 점차 감소하고 있다.
④ 칼슘은 한국인에게 섭취가 부족한 대표적인 영양소이다.
⑤ 탄수화물에 의한 에너지 섭취 비율이 점차 증가하고 있다.

05 국민건강영양조사 결과에 의하면 한국인의 탄수화물 에너지 섭취 비율은 지속적으로 감소하고 있는 반면, 지방과 단백질 에너지 섭취 비율은 증가하는 추세에 있다. 곡류의 섭취량은 지속적으로 감소하고 육류의 섭취량은 증가하고 있다.

06 한국인의 식생활에서 감소 추세를 나타내는 식품군으로 옳은 것은?

① 곡류
② 음료류
③ 육류
④ 당류
⑤ 종실류

06 국민건강영양조사 결과에 의하면 곡류, 채소류, 과일류의 섭취량은 지속적으로 감소하는 추세를 보이고 있으며 육류, 음료류의 섭취량은 증가하고 있다.

07 한국인의 영양소 섭취량 중 1일 영양소 섭취기준 미만 섭취자 비율이 가장 높은 영양소는?

① 엽산
② 티아민
③ 나트륨
④ 리보플라빈
⑤ 칼슘

07 **2021년 국민건강영양조사 결과 영양소 섭취기준 미만 섭취자 비율** : 엽산 60.7%, 티아민 41.5%, 리보플라빈 30.7%, 칼슘 71.7%, 나트륨은 목표 섭취 이상 섭취 분율 73.2%

08 영양밀도가 가장 높은 식품은?

① 콜라
② 사탕
③ 꿀물
④ 우유
⑤ 이온음료

08 **영양밀도**는 식품의 에너지 함량과 비교해 영양소가 얼마나 함유되어 있는지를 나타낸 것이다. 즉, 저에너지 고영양소 함유 식품은 영양밀도가 좋다고 평가한다.

09 소비자에게 제품이 가지고 있는 영양성분과 함량을 알려주는 것은?

① 식품첨가물표시
② 영양표시
③ 푸드 마일리지
④ 식품인증표시
⑤ 영양소 섭취기준

09 영양표시는 가공식품의 영양성분과 함량을 표시하여 제품이 가진 영양적 특성을 소비자에게 전하여 자신의 건강에 나은 제품을 선택할 수 있게 한다.

정답 04. ⑤ 05. ④ 06. ①
07. ⑤ 08. ④ 09. ②

10 영양표시에 의무적으로 표시해야 하는 영양소로 옳지 않은 것은?

① 에너지 ② 탄수화물
③ 당류 ④ 트랜스지방
⑤ 비타민 C

11 식품구성자전거에 대한 설명으로 옳은 것은?

① 식품군별 교환단위를 활용한 도구이다.
② 신체적 활동에 대한 내용은 포함하고 있지 않다.
③ 5개의 식품군이 자전거의 앞바퀴에 제시되어 있다.
④ 자전거 바퀴 내에서의 식품군별 면적은 일정하다.
⑤ 식품군별 권장식사패턴의 섭취횟수와 분량을 고려하여 제시하였다.

12 국민 공통 식생활지침(2015)과 비교하여 한국인을 위한 식생활지침(2021)에 새롭게 포함된 내용으로 옳은 것은?

① 덜 짜게 먹자
② 물을 충분히 마시자
③ 아침식사를 하자
④ 음식은 위생적으로 마련하자
⑤ 음식을 먹을 땐 각자 덜어 먹기를 실천하자

국민 공통 식생활지침(2015)	한국인을 위한 식생활지침(2021)
쌀 · 잡곡, 채소, 과일, 우유 · 유제품, 육류, 생선, 달걀, 콩류 등 다양한 식품을 섭취하자	매일 신선한 채소, 과일과 함께 곡류, 고기 · 생선 · 달걀 · 콩류, 우유 · 유제품을 균형 있게 먹자
아침밥을 꼭 먹자	아침식사를 꼭 하자
과식을 피하고 활동량을 늘리자	과식을 피하고, 활동량을 늘려서 건강체중을 유지하자
덜 짜게, 덜 달게, 덜 기름지게 먹자	덜 짜게, 덜 달게, 덜 기름지게 먹자
단 음료 대신 물을 충분히 마시자	물을 충분히 마시자
술자리를 피하자	술은 절제하자
음식은 위생적으로, 필요한 만큼만 마련하자	음식은 위생적으로 필요한 만큼만 마련하자
우리 식재료를 활용한 식생활을 즐기자	우리 지역 식재료와 환경을 생각하는 식생활을 즐기자
가족과 함께하는 식사 횟수를 늘리자	음식을 먹을 땐 각자 덜어 먹기를 실천하자

13 식사구성안에 제시된 식품군별 식품의 1인 1회 분량 연결이 옳은 것은?

① 곡류 – 쌀밥 90 g ② 채소류 – 시금치 70 g
③ 과일류 – 참외 100 g ④ 우유 · 유제품류 – 우유 100 mL
⑤ 유지 · 당류 – 마요네즈 10 g

10 영양표시에 의무적으로 표시해야 하는 영양소는 총 9종으로 에너지, 탄수화물, 당류, 단백질, 지방, 포화지방, 트랜스지방, 콜레스테롤, 나트륨이 해당된다.

11 식품구성자건거는 균형 있는 식사, 충분한 물 섭취, 규칙적인 운동으로 건강을 지켜나갈 수 있다는 것을 표현하고 있다. 앞바퀴에 그려진 물은 충분한 물섭취를, 뒷바퀴에 그려진 여섯 개의 식품군과 식품군별 면적은 매일 신선한 채소, 과일, 곡류, 고기 · 생선 · 달걀 · 콩류, 우유 · 유제품류를 필요한 만큼 균형 있게 섭취하자는 것을 나타낸다. 자전거를 타고 있는 사람은 규칙적인 운동으로 활동량을 늘려서 건강체중을 유지하자를 의미를 가지고 있다.

12 문제 하단 해설 참고

13 곡류군의 1인 1회 분량은 에너지 300 kcal를 기준으로 하고 있으며, 쌀밥은 210 g, 백미는 90 g이다. 채소류는 15 kcal를 기준으로 하고 있으며, 시금치, 콩나물은 각각 70 g, 배추김치는 40 g이다. 과일류는 50 kcal를 기준으로 하고 있으며, 사과, 귤, 포도는 각각 100 g, 참외와 수박은 각각 150 g이다. 우유 · 유제품류는 125 kcal를 기준으로 하고 있으며, 우유 200 mL, 액상요구르트 150 g, 호상요구르트 100 g이다. 유지 · 당류는 45 kcal를 기준으로 하고 있으며, 식용유와 마요네즈는 각각 5 g, 설탕 10 g이다.

정답 10. ⑤ 11. ⑤ 12. ⑤ 13. ②

14 세포막의 특징으로 옳은 것은?

① 항체를 형성한다.
② 수용성 물질의 이동이 용이하다.
③ 이온의 이동 통로로 사용되기도 한다.
④ 세포전달 물질에 대해 비선택적으로 투과시킨다.
⑤ 콜레스테롤은 세포막의 지질 성분 중 가장 많은 비율을 차지한다.

14 세포막은 인지질이중층과 콜레스테롤 및 단백질들로 구성되어 세포와 주변 환경의 경계가 되는 구조이다. 세포막은 물질의 이동에 있어 선택적 투과성을 가져 물리적 장벽의 역할을 수행한다. 비극성 물질은 세포막 통과가 용이하나 극성 물질이나 이온화된 물질 또는 크기가 큰 물질의 이동에는 운반체가 요구된다.

15 세포 소기관과 그 기능이 옳게 짝지어진 것은?

① 핵 – 세포의 형태를 일정하게 유지한다.
② 골지체 – 세포 내 소화에 관여한다.
③ 세포골격 – 식물세포에서 광합성을 담당한다.
④ 미토콘드리아 – 세포에 필요한 에너지를 생성한다.
⑤ 소포체 – 단백질 합성에 필요한 소기관으로 RNA로 구성되어 있다.

15 리보솜은 단백질 합성 장소이고, 리소좀은 세포 내 소화작용의 기능을 한다. 식물세포에서 광합성을 담당하는 것은 엽록체이다.

16 동물세포의 구성 기관으로 옳은 것은?

① 편모 ② 핵양체
③ 골지체 ④ 세포벽
⑤ 섬모

16 편모, 핵양체, 섬모는 원핵세포에 있고, 세포벽은 원핵세포, 식물세포에 있다.

17 산화효소를 함유하고 있어 과산화수소의 산화분해를 촉진하는 기능을 하는 세포소기관은?

① 리보솜 ② 퍼옥시좀
③ 미토콘드리아 ④ 리소좀
⑤ 색소체

18 인체의 간세포에서 에너지를 생성하는 소기관은?

① 골지체 ② 리소좀
③ 소포체 ④ 퍼옥시좀
⑤ 미토콘드리아

18 고등 동·식물세포의 **미토콘드리아**는 산소를 이용하여 에너지를 생성한다. 미토콘드리아의 기질에서는 TCA 회로에 의한 에너지(ATP) 생산이 일어나며 막사이 공간에서는 전자전달계에 의한 에너지 생성이 일어난다.

정답 14. ③ 15. ④ 16. ③ 17. ② 18. ⑤

19 준임상적 결핍증은 생화학적 대사 과정이 느려지는 단계로, 외관으로는 쉽게 드러나지 않으며 화학적 검사로 관찰 가능한 상태이다.

19 영양상태 평가에 대한 설명으로 옳은 것은?

① 바람직한 영양상태는 체조직이 정상대사과정을 수행하고, 약간의 저장량이 있는 상태이다.
② 준임상적 결핍상태는 영양결핍으로 체내 저장량이 고갈되어 영구적 손상이 유도된 상태이다.
③ 임상적 결핍상태는 생화학적 대사과정이 느려지고 결핍으로 인한 질환이 발생한 상태이다.
④ 수용성 비타민과 무기질 보충제를 오랫동안 복용하여 영양균형을 유지할 수 있는 상태이다.
⑤ 식품 다양성, 적절한 양, 균형식에 기반을 두고 비만 혹은 수척 상태를 평가하는 것이다.

※ (20~21) A 사 라면제품의 영양표시를 보고 질문에 답하시오.

	총 내용량당	1일 영양성분 기준치에 대한 비율
영양정보 총 내용량 120 g/1개, 500 kcal(에너지)	나트륨 1,860 mg	93%
	탄수화물 80 g	24%
	당류 4.6 g	0%
	콜레스테롤 0 mg	0%
	지방 15 g	29%
	트랜스지방 0 g	0%
	포화지방 8 g	53%
	단백질 11 g	20%
	1일 영양성분 기준치에 대한 비율(%)은 2,000 kcal 기준이므로 개인의 필요 에너지에 따라 다를 수 있습니다.	

20 A 사 라면제품에 표시된 총 내용량은?

① 포장된 식품 전체의 양
② 한번에 먹기에 적당한 양
③ 한번에 먹기에 적절한 영양소의 양
④ 1일 영양성분 기준치
⑤ 1일 영양성분 기준치에 대한 비율

21 라면 한 봉지의 총 내용량당 포화지방은 8 g(53%)이므로 반 봉지는 53÷2 = 26.5%

21 A 사 라면제품 반 봉지를 먹었다면 포화지방은 1일 영양성분 기준치의 대략 몇 %를 섭취하게 되는 것인가?

① 20% ② 24% ③ 27% ④ 53% ⑤ 93%

22 식사와 만성퇴행성 질환 발생은 뚜렷한 관련성을 보이는데, 짠 음식과 염장식품의 섭취 증가는 암, 고혈압 등 심혈관질환, 골다공증의 위험인자이다.

22 짠 음식과 염장식품 섭취 증가가 직접적인 위험인자가 되는 퇴행성 질환은?

① 골다공증 ② 비알코올 지방간
③ 만성 폐기종 ④ 당뇨병
⑤ 비만

정답 19. ① 20. ① 21. ③ 22. ①

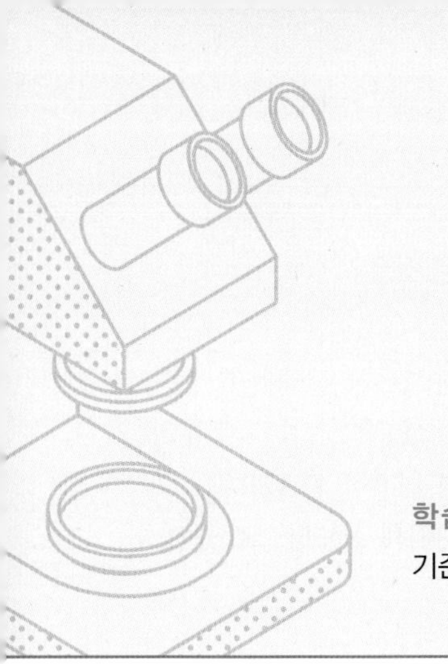

탄수화물 영양

2

학습목표 탄수화물의 소화흡수, 혈당조절, 생리적 기능, 섭취 기준, 급원, 섭취 관련 문제 및 식이섬유를 이해한다.

01 위의 구조에 대한 설명으로 옳은 것은?

① 위산과 펩시노겐은 주세포에서, 점액은 점액세포에서 분비된다.
② 가스트린은 위액 분비를 촉진하는 호르몬으로 분문선에서 분비된다.
③ 위는 탄력성이 강한 근육층으로 구성되며 분문부, 위저부로 나뉜다.
④ 식도 하부 괄약근은 위 내용물이 위로부터 식도로 역류되는 것을 방지한다.
⑤ 분문괄약근은 소화내용물이 십이지장으로부터 위로 역류하는 것을 막아준다.

01 위는 분문부, 위저부, 유문부로 구성되고 소화내용물이 십이지장으로부터 위로 역류하는 것을 막아주는 것은 **유문괄약근**의 역할이다. 위액은 염산, 펩신, 점액, 내적 인자, 가스트린 등이 포함되며 펩신은 **주세포**에서, 염산은 **벽세포**에서, 점액은 **점액세포**에서 분비된다. 가스트린은 **유문선**에서 분비되어 위액의 분비를 촉진한다.

02 위에 머무르는 시간이 가장 긴 것은?

① 밥 ② 날달걀
③ 우유 ④ 버터
⑤ 물

02 음식이 위 속에 머무르는 시간(100 g 기준)은 우유 0.5~1시간, 커피 1~1.5시간, 반숙란·물 1.5시간, 밥·빵 2~2.5시간, 떡·날달걀 2.5시간, 버터 24시간이다. 이처럼 **지질은 위 내에 머무르는 시간이 길다.**

03 소장의 구조와 이를 통한 영양소 흡수에 대한 설명으로 옳은 것은?

① 공장과 회장에서는 대부분의 소화와 흡수가 이루어진다.
② 영양소들은 융모 내의 모세혈관을 통해 동맥을 거쳐 심장으로 간다.
③ 지용성 영양소들은 융모 내의 모세혈관을 통해 흉관으로 들어가 대정맥으로 합류된다.
④ 소장의 미세융모막에는 영양소의 마지막 소화단계에 작용하는 효소들이 존재한다.
⑤ 대장과 연결되는 회장의 말단 부위에는 유문괄약근이 있어 소장의 내용물이 대장으로 넘어가는 것을 조절한다.

03 단당류, 아미노산, 무기질, 수용성 비타민 등의 **수용성 영양소**들은 융모 내의 **모세혈관**을 통해 문맥을 거쳐 간으로 간다.

정답 01. ④ 02. ④ 03. ④

04 탄수화물의 소화는 구강 내에서 타액 중의 타액 아밀라제(프티알린)에 의해 전분이 분해되면서 시작된다. 위에서는 탄수화물 분해효소가 분비되지 않으며, 음식물이 유미즙(chyme) 상태로 액화된다. 본격적인 소화는 소장 상부에서 시작되며, 이당류는 소장점막세포에 결합되어 있는 이당류 분해효소에 의해 맥아당은 두 분자의 포도당으로, 유당은 포도당과 갈락토오스로, 서당은 포도당과 과당으로 분해된다. 대장에서는 특별한 소화과정은 없으며, 소장에서 분해되지 않은 셀룰로오스 등이 세균에 의해 발효된다.

06 소화와 관련된 호르몬은 가스트린, 세크레틴, 콜레시스토키닌이다. **세크레틴**은 산성의 유미즙이 십이지장으로 들어오면 알칼리성의 중탄산염을 함유한 췌액 분비를 촉진하여 유미즙을 중화함으로써 십이지장벽을 보호하고 소화효소들의 적정 pH를 맞춘다. 지질과 단백질이 십이지장으로 들어오면 **콜레시스토키닌**이 분비되어 담즙 분비를 촉진하여 긴사슬중성지방의 유화를 돕고 췌장으로부터 당질, 지질, 단백질을 분해하는 효소의 분비를 촉진한다.

07 설탕에 함유된 서당의 소화효소는 장점막에 있는 수크라제이고 포도에 함유된 포도당은 단당류이므로 소화효소가 필요 없다. 우유에 함유된 락토오스의 소화효소는 락타아제이고 식혜에 많은 맥아당의 소화효소는 장점막에 있는 말타아제이다.

08 유당, 서당, 맥아당 분해효소는 소장액에 있고 전분 분해효소는 타액과 췌장액에는 있으나 위액에는 없다. 지방 분해효소는 주로 췌장액에 있으며 담즙에는 소화효소가 없다.

정답 04. ① 05. ⑤ 06. ⑤ 07. ③ 08. ⑤

04 탄수화물의 소화과정에 대한 설명으로 옳은 것은?

① 대장에서는 특별한 소화과정이 없다.
② 서당의 최종 소화산물은 포도당 2분자이다.
③ 소화는 췌장액 아밀라제의 작용으로 시작된다.
④ 위에는 분해효소가 없지만 타액 아밀라제 작용이 활발하다.
⑤ 전분은 소장벽에서 분비되는 아밀라제에 의해 포도당으로 분해된다.

05 탄수화물의 소화효소와 기질, 소화효소 분비 장소의 연결로 옳은 것은?

① 프티알린 – 엿당 – 구강
② 락타아제 – 유당 – 위장
③ 말타아제 – 덱스트린 – 소장
④ 슈크라제 – 서당 – 구강
⑤ 아밀라제 – 전분 – 췌장

06 소화와 관련된 호르몬 – 호르몬 분비를 자극하는 물질 – 호르몬의 역할의 연결로 옳은 것은?

① 인슐린 – 당질 – 장액 분비 촉진
② 세크레틴 – 담즙 – 췌액 중화 촉진
③ 에피네프린 – 당질 – 위액 분비 촉진
④ 가스트린 – 단백질 – 장액 분비 촉진
⑤ 콜레시스토키닌 – 지질 – 담즙 분비 촉진

07 다음 식품에 함유된 당질과 그것을 분해하는 소화효소의 연결이 옳은 것은?

① 설탕 – 서당 – 락타아제
② 포도 – 포도당 – 수크라제
③ 밥 – 전분 – 췌액 아밀라제
④ 우유 – 갈락토오스 – 락타아제
⑤ 식혜 – 맥아당 – 타액 아밀라제

08 소화효소와 이를 분비하는 소화액의 연결로 바른 것은?

① 전분 분해효소 – 위액
② 지방 분해효소 – 담즙
③ 유당 분해효소 – 타액
④ 서당 분해효소 – 췌장액
⑤ 맥아당 분해효소 – 소장액

09 **인체에서 셀룰로오스의 소화 및 흡수가 일어나지 않는 이유는?**

① 셀룰로오스의 섭취량이 너무 적기 때문에
② 셀룰로오스의 분자량이 너무 크기 때문에
③ 셀룰로오스를 분해하는 효소가 없기 때문에
④ 셀룰로오스의 구조가 너무 치밀하기 때문에
⑤ 셀룰로오스를 흡수하는 기전이 적합하지 않기 때문에

10 **탄수화물의 흡수에 대한 설명으로 옳은 것은?**

① 과당은 능동수송에 의해 흡수된다.
② 흡수속도가 가장 빠른 당은 포도당이다.
③ 갈락토오스는 흡수과정에서 포도당과 경쟁한다.
④ 흡수된 단당류는 유미관을 통해 문맥으로 간다.
⑤ 일반적으로 오탄당이 육탄당보다 빨리 흡수된다.

11 **촉진 확산에 의하여 흡수되는 당류는?**

① 서당
② 유당
③ 과당
④ 포도당
⑤ 갈락토오스

12 **소장 점막세포를 통한 탄수화물의 흡수과정에 대한 설명으로 옳은 것은?**

① 과당은 단순확산으로 흡수된다.
② 단당류의 흡수속도는 동일하다.
③ 포도당은 Na^{+}과 함께 능동수송된다.
④ 단당류 및 이당류의 형태로 흡수된다.
⑤ 소장 점막세포로 들어간 단당류는 림프관을 통해 간으로 운반된다.

13 **당질에 대한 설명으로 옳은 것은?**

① 서당은 α-1,4 글리코시드 결합을 가진다.
② 서당은 강한 환원력을 가진다.
③ 락토오스는 α-1,4 글리코시드 결합을 가진다.
④ 아밀로펙틴과 글리코겐은 β-1,6 글리코시드 결합을 가진다.
⑤ 아밀로오스와 아밀로펙틴은 α-1,4 글리코시드 결합을 가진다.

09 셀룰로오스는 셀룰라제에 의하여 가수분해가 이루어지는데 초식동물의 위에는 존재하나 인체에는 존재하지 않으므로 가수분해가 일어나지 않는다. 그러나 셀룰로오스는 수분을 흡수하는 능력, 겔 형성 능력이 있어서 변비 예방, 혈장 콜레스테롤 저하, 내당 능력 개선 효과, 유독성 유기물의 흡수 및 희석 효과가 있다. 성인 한국인의 식이섬유 충분섭취량(2020 한국인 영양소 섭취기준)은 1일 여성 20 g, 남성 30 g이다.

10 흡수속도는 당의 종류에 따라 다르며, 육탄당이 오탄당보다 빠르다. 포도당의 흡수속도를 100으로 하면 갈락토오스는 110, 과당 43, 만노오스 19, 자일로오스 15 등이다. 포도당과 갈락토오스는 sodium-glucose transporter (SGLT)를 이용하는 **능동수송**에 의해 흡수되며 그 과정에서 서로 경쟁한다. 과당은 glucose transporter(GLUT) **촉진 확산**에 의해 흡수된다. 흡수된 단당류는 모세혈관을 통해 문맥으로 가서 간으로 운반된다.

12 탄수화물은 단당류의 형태로 흡수되며, 단당류의 흡수속도는 다르다. 과당은 촉진 확산으로 흡수된다. 단당류는 친수성이므로 모세혈관을 지나 문맥을 통해 간으로 이동된다.

13 서당은 α-1,2 글리코시드 결합으로 환원력이 없으며, 아밀로펙틴과 글리코겐은 α-1,4 및 α-1,6 글리코시드 결합을 가진다. 락토오스는 β-1,4 글리코시드 결합을 가진다.

정답 09. ③ 10. ③ 11. ③ 12. ③ 13. ⑤

14 공복 시 정상 혈당 수치는?

① 30~70 mg/dL ② 50~90 mg/dL
③ 70~100 mg/dL ④ 90~130 mg/dL
⑤ 110~150 mg/dL

14 정상인의 공복혈당은 70~100 mg/dL로 유지된다. 혈당이 170~180 mg/dL 이상이면 소변으로 배설되기 시작하고 공복과 갈증을 느낀다(고혈당증). 반면 혈당이 40~50 mg/dL 이하로 떨어지면 신경이 예민해지고 불안정해지며, 공복감과 두통을 느끼고 심하면 쇼크를 일으킨다(저혈당증).

15 혈당이 저하된 경우 체내에서 일어나는 대사과정으로 옳은 것은?

① 혈중 케톤체 농도 감소
② 체지방의 이동과 사용 감소
③ 근육의 아미노산 합성 증가
④ 간에서의 포도당신생합성 증가
⑤ 근육 내 저장 글리코겐 합성 증가

15 간에 저장된 글리코겐은 분해되면 포도당이 되어 혈액에 의해 각 조직으로 운반되나 근육에 저장된 글리코겐은 분해된 그 장소에서 에너지원으로 사용된다.

16 공복 시의 신체 대사에 대한 설명으로 옳은 것은?

① 당신생합성이 억제된다.
② 지방의 합성이 증가한다.
③ 간의 글리코겐이 합성된다.
④ 단백질의 합성이 활발해진다.
⑤ 혈중 인슐린 농도가 감소한다.

16 공복 시 혈당 유지를 위해 간 글리코겐의 분해가 먼저 일어나고 그 후 체단백 분해를 통한 당신생합성이 일어난다. 공복 시 대사는 혈중 인슐린 농도 감소와 직간접으로 관련되며 글리코겐, 지방, 단백질 합성은 저하된다.

17 혈당 조절에 대한 설명으로 옳은 것은?

① 공복 시 70 mg/dL 이하를 유지해야 한다.
② 고혈당이면 뇌, 신경의 에너지 공급이 어려워진다.
③ 식후에는 글루카곤이 분비되어 해당과정을 촉진한다.
④ 공복 시에는 근육의 글리코겐이 분해되어 혈당을 공급한다.
⑤ 정맥혈의 혈당 농도가 170 mg/dL 이상이면 신장의 역치를 넘어 당이 요로 배설된다.

17 **글루카곤**은 **공복** 시에 분비되어 간의 글리코겐 분해 촉진 등을 통해 혈당을 보충한다.

18 혈당조절에 관련된 호르몬과 그 기능에 관한 설명으로 옳은 것은?

① 세크레틴은 췌액 분비를 촉진하여 혈당을 내린다.
② 부갑상선 호르몬은 기초대사량을 항진하여 혈당을 내린다.
③ 글루코코르티코이드는 근육 글리코겐을 분해하여 혈당을 올린다.
④ 글루카곤은 간 글리코겐 분해와 당신생을 증가시켜 혈당을 올린다.
⑤ 인슐린은 혈당을 에너지원으로 이용하거나 체지방을 분해하여 혈당을 내린다.

18 세크레틴은 췌액 분비를 촉진하나 혈당치와 직접 관련이 없고, 부갑상선 호르몬은 칼슘대사와 관련된다. 글루코코르티코이드는 간 글리코겐을 분해하여 혈당치를 높이고 근육 글리코겐은 혈당원이 될 수 없다. 인슐린은 식후에 분비되어 혈당을 에너지원으로 이용하거나 글리코겐, 체지방을 합성하여 혈당치를 낮춘다.

정답 14. ③ 15. ④ 16. ⑤ 17. ⑤ 18. ④

19 혈당이 저하된 경우, 혈당을 상승시키는 역할을 하는 호르몬은?

① 칼시토닌 ② 세크레틴
③ 가스트린 ④ 에피네프린
⑤ 콜레시스토키닌

20 혈당 조절과 관련이 적은 호르몬은?

① 에피네프린 ② 성장호르몬
③ 글루카곤 ④ 갑상선호르몬
⑤ 부갑상선호르몬

21 혈당지수(glycemic index)가 낮은 식품을 섭취하는 것이 치료와 예방에 도움이 되는 질병이 아닌 것은?

① 당뇨병 ② 고콜레스테롤혈증
③ 화상 ④ 비만
⑤ 동맥경화

22 당뇨병 환자의 혈당 및 합병증 관리에 좋은 음식은?

① 수박 ② 인절미
③ 감자볶음 ④ 미역초무침
⑤ 돼지갈비구이

23 혈당지수(glycemic index)에 대한 설명으로 옳은 것은?

① 식품의 혈당지수는 조리법과는 무관하다.
② 소화흡수가 느린 식품은 혈당지수가 높다.
③ 지방을 많이 함유한 식품은 혈당지수가 높다.
④ 우유, 복숭아, 오렌지, 두류는 저혈당지수 식품군에 속한다.
⑤ 당뇨병 환자는 혈당지수가 낮은 식품을 양에 제한 없이 섭취 가능하다.

24 당뇨병에 대한 설명으로 옳은 것은?

① 설탕의 과잉섭취가 주요 원인이다.
② 우선적으로 인슐린 치료가 필요하다.
③ 인슐린 의존형 당뇨 환자의 80~90%는 비만이다.
④ 1형과 2형은 각각 소아형과 성인형 당뇨병과 동일한 의미이다.
⑤ 인슐린 비의존형 당뇨병의 혈중 인슐린 농도는 정상이거나 약간 높다.

19 혈당이 많이 저하된 경우, **글루카곤**과 함께 **에피네프린, 노르에피네프린, 글루코코르티코이드, 성장 호르몬, 갑상선 호르몬** 등의 분비가 촉진되어 간의 글리코겐 분해과정과 포도당 신생 합성과정을 증가시켜 혈당을 증가시킨다. **칼시토닌**은 갑상선에서 분비되어 칼슘의 혈청 농도를 감소시키고 콜레시스토키닌은 담즙 분비와 췌장 소화효소 분비를 촉진한다. **가스트린**은 위액 분비를, 세크레틴은 췌액 분비를 각각 촉진시킨다.

20 부갑상선호르몬은 혈중 칼슘 농도가 감소되었을 때 분비되어 혈중 칼슘 농도를 상승시키는 역할을 한다.

21 **혈당지수**란 흰빵이나 포도당의 형태로 탄수화물을 섭취하였을 때 혈액에 나타나는 총 포도당 양의 기준을 100으로 해서, 특정 식품을 섭취하였을 때 혈액에 나오는 포도당의 양으로 정한다. 이는 **식이섬유 함량, 소화흡수 속도, 총 지방함량 등의 영향을 받는다.** 백미, 흰빵, 감자, 콘플레이크, 수박 등은 혈당지수가 높으며 두류, 전곡빵, 우유, 저지방 요구르트, 사과 등은 낮다. 낮은 혈당지수를 갖는 식품은 당뇨병 환자의 혈당조절 및 관상심장병과 비만 등의 치료와 예방에 도움이 된다.

22 혈당지수가 낮고 식이섬유가 풍부한 식품이 혈당 조절에 유리하다.

23 혈당지수란 식품 섭취 후 혈당 상승 정도를 식품별로 비교한 것으로 흰빵이나 포도당을 100으로 기준하여 각 식품의 혈당반응 정도를 나타낸 것이다.

24 설탕의 과잉섭취가 당뇨병을 유발하지는 않으나 일단 당뇨병이 발병하면 설탕과 같은 단순당의 섭취를 제한해야 한다. 인슐린 치료가 우선적으로 필요한 당뇨병은 주로 인슐린 의존형이고 인슐린 비의존형 당뇨는 일부에서만 인슐린 치료가 필요하다. 또한 당뇨병이 소아에게 발병하였더라도 비만이 원인이라면 성인형 당뇨인 인슐린 비의존형이고 인슐린 비의존형 당뇨 환자는 **인슐린에 대한 저항성** 때문에 혈중 인슐린 농도가 약간 높아질 수 있다.

정답 19. ④ 20. ⑤ 21. ③
22. ④ 23. ④ 24. ⑤

25 탄수화물의 체내 기능은 에너지 공급, 단백질 절약작용, 케톤증(ketosis) 예방, 식품에 단맛과 향미 제공 등이다. 케톤증 예방을 위해서는 하루에 최소 50~100 g의 탄수화물 섭취가 필요하다.

26 잠자는 동안 간에 저장되어 있던 글리코겐은 거의 소모되어 아침에는 혈당을 보충할 글리코겐이 더 이상 체내에 남아 있지 않으므로, **당질이 포함된 아침식사**를 반드시 하는 것이 합리적이다.

27 필수 아미노산은 **체내에서 합성할 수 없으므로** 반드시 음식으로 섭취해야 한다.

28 식사를 규칙적으로 할 수 있는 정상조건에서 뇌신경과 적혈구의 유일한 에너지원은 **포도당**이며, 굶은 지 32시간 이후에는 포도당과 **케톤체**가 이들의 에너지원이다.

29 당질의 섭취가 부족하면 체조직 형성에 우선적으로 사용되어야 할 식이단백질과 체단백질이 포도당이나 에너지를 제공하기 위해 사용된다.

정답 25. ④ 26. ④ 27. ⑤ 28. ① 29. ⑤

25 탄수화물의 체내 기능에 대한 설명으로 옳은 것은?

① 산염기 평형 유지에 관여한다.
② 티아민의 절약작용을 한다.
③ 에너지 영양소 중 영양소 밀도가 가장 높다.
④ 혈당 유지와 모든 세포의 주요 에너지원으로 쓰인다.
⑤ 케톤증 예방을 위해서는 최소 300 g의 탄수화물 섭취가 필요하다.

26 정신노동을 주로 하는 수험생이 아침식사를 반드시 해야 하는 이유는?

① 아침에는 체지방 분해가 왕성하므로
② 아침에는 간 글리코겐이 제대로 포도당으로 분해되지 않으므로
③ 아침에는 근육 글리코겐이 제대로 포도당으로 분해되지 않으므로
④ 간에 저장되었던 글리코겐이 밤사이 거의 소모되어, 더 이상 혈당으로 동원될 수 없으므로
⑤ 근육에 저장되어 있던 글리코겐이 밤사이 거의 소모되어, 더 이상 혈당으로 동원될 수 없으므로

27 포도당의 체내 역할로 옳은 것은?

① 주요 신체 구성성분이다.
② 필수 아미노산의 합성에 사용된다.
③ 체내 수분 함량을 조절하는 주요 요소이다.
④ 세포막 및 세포 내 소기관 막의 구성성분이다.
⑤ 혈당을 유지하여 뇌세포와 적혈구의 에너지원을 공급한다.

28 뇌신경과 적혈구의 에너지원은?

① 포도당　② 과당
③ 갈락토오스　④ 팔미트산
⑤ 아르기닌

29 적당량의 당질을 섭취했을 때, 당질의 단백질 절약작용이란?

① 케톤체로 전환되어 단백질의 사용을 줄인다.
② 단백질이 지방으로 전환되는 것을 억제한다.
③ 필수 아미노산으로 전환되어 체단백질을 형성한다.
④ 체단백질로 전환되어 식이로 섭취된 단백질을 절약한다.
⑤ 단백질이 혈당이나 에너지원으로 사용되는 것을 억제한다.

30 충치균이 이용할 수 있는 영양소는?

① 아스파탐 ② 자일리톨
③ 전분 ④ 콘시럽
⑤ 소르비톨

31 유당불내증에 대한 설명으로 옳은 것은?

① 대부분 수유기 동안의 영아에게 나타난다.
② 헛배가 부르고 가스가 차며, 복통과 설사가 나타난다.
③ 장기간 유당을 섭취하는 우유 문화권 사람들에게 흔하다.
④ 우유보다 요구르트를 섭취하면 악화되므로 엄격히 제한한다.
⑤ 락타아제의 작용으로 분해되어 생성된 락토오스가 흡수되지 못하기 때문에 나타난다.

32 당질 섭취에 대한 설명으로 옳은 것은?

① 당질의 에너지적정비율은 45~55%이다.
② 당질 섭취가 부족하면 단백질이 지방으로 전환된다.
③ 당질 섭취가 충분하면 오탄당인산회로가 활성화된다.
④ 체중감량을 위해서는 당질 섭취를 충분히 하는 것이 좋다.
⑤ 케톤증 예방을 위하여 하루 최소 150 g의 당질 섭취가 필요하다.

33 케톤증을 예방할 수 있는 하루 최소 탄수화물 섭취량은?

① 30~50 g ② 50~100 g
③ 100~150 g ④ 150~200 g
⑤ 200~250 g

34 혈중 중성지방의 농도를 올리는 식사는?

① 과식, 고당질식 ② 소식, 고지방식
③ 소식, 고단백질식 ④ 소식, 고식이섬유식
⑤ 과식, 고식이섬유식

35 당알코올에 속하는 것은?

① 사카린 ② 아스파탐
③ 소르비톨 ④ 시클라메이트
⑤ 스테비오사이드

30 충치균이 이용할 수 있는 영양소는 모든 단당류, 이당류, 콘시럽, 흑설탕 등이다. 아스파탐은 아미노산으로 이루어졌고 자일리톨과 소르비톨은 당알코올이다.

31 **유당불내증**은 유당을 포도당과 갈락토오스로 분해하는 효소인 **락타아제 부족**으로 유당이 분해되지 못하고 장내 박테리아에 의해 발효되어 다량의 가스 발생, 복부경련, 설사 등의 증상을 유발하는 질환이다. 이유 후에 유당 섭취량이 줄었을 때 락타아제의 활성이 감소하거나 부족할 때 나타나므로 소량의 우유로 시작하여 서서히 양을 늘리면 락타아제를 합성할 수 있게 된다. 유당불내증이 심한 경우에는 유당이 함유되어 있는 식품의 섭취를 제한해야 한다. 증상이 심하지 않은 경우에는 소량의 우유를 따뜻하게 데워서 천천히 마시거나, 제조과정에서 유당이 많이 분해된 요구르트와 치즈를 우유 대신 섭취할 수 있다.

32 당질의 에너지적정비율은 **55~65%**이다. 오탄당인산회로는 당질의 섭취가 많을 때 일어나는 반응으로, 지방산과 스테로이드 합성에 필요한 NADPH와 핵산합성에 필요한 리보오스를 합성하는 과정이다.

34 에너지 섭취가 과잉이고 고당질식을 했을 때 혈중 중성지방 농도는 올라간다. 특히, 설탕의 분해산물인 과당은 해당과정에서 속도조절단계를 우회하기 때문에 지방을 쉽게 합성하여 혈중 중성지방 농도를 올린다.

35 당알코올에는 소르비톨, 자일리톨, 만리톨 등이 있으며, 주로 무당껌 등에 쓰인다.

정답 30. ④ 31. ② 32. ③ 33. ② 34. ① 35. ③

36 총 당류의 섭취기준은 총 에너지섭취량의 10~20%이며, 총 당류 중 첨가당을 총 에너지섭취량의 10% 이내로 섭취하도록 권고하고 있다.

36 한국인의 총 당류 섭취기준으로 옳은 것은?

① 총 에너지섭취량의 5% 이내로 제한한다.
② 총 에너지섭취량의 5~10%로 제한한다.
③ 총 에너지섭취량의 10% 이내로 제한한다.
④ 총 에너지섭취량의 10~20%로 제한한다.
⑤ 총 에너지섭취량의 20~30% 이내로 제한한다.

37 문제 36번 해설 참고

37 첨가당의 적정 섭취량으로 옳은 것은?

① 총 에너지섭취량의 10% 이내
② 총 에너지섭취량의 15% 이내
③ 총 에너지섭취량의 20% 이내
④ 총 에너지섭취량의 25% 이내
⑤ 총 에너지섭취량의 30% 이내

38 첨가당의 주요 급원이 아닌 것은?

① 설탕　② 물엿
③ 당밀　④ 과일
⑤ 농축과일주스

39 뇌, 신경, 적혈구 세포는 포도당을 주된 에너지원으로 이용한다.

39 포도당을 주요 에너지원으로 이용하는 세포로 옳은 것은?

① 심장, 폐　② 뇌, 지방
③ 근육, 뇌　④ 뇌, 신경
⑤ 적혈구, 심장

40 1세 이상의 탄수화물 섭취기준에서 **에너지적정비율은 55~65%**이다.

40 탄수화물의 적절한 에너지 섭취비율로 옳은 것은?

① 45~55%　② 50~60%
③ 55~65%　④ 60~70%
⑤ 65~75%

41 문제 40번 해설 참고

41 1~2세 유아의 탄수화물 섭취 시 에너지적정비율로 옳은 것은?

① 45~55%　② 50~60%
③ 55~65%　④ 60~70%
⑤ 65~75%

정답 36. ④ 37. ① 38. ④
39. ④ 40. ③ 41. ③

42 탄수화물의 에너지적정비율 고려 시 25세 남성이 섭취해야 할 탄수화물의 양으로 적절한 것은?

① 200 g ② 300 g
③ 400 g ④ 500 g
⑤ 600 g

42 2,600 kcal×(0.55~0.65) kcal/4 kcal = 357.5~422.5 g

43 적절한 탄수화물 섭취에 대한 설명으로 옳은 것은?

① 식이섬유의 권장수준은 1,000 kcal당 12 g이다.
② 단당류는 에너지의 20% 이내로 섭취를 제한한다.
③ 탄수화물 섭취의 적정 비율은 총 에너지섭취량의 60~75%이다.
④ 식이섬유소의 1일 충분섭취량은 남녀 모두 20 g(19세 이상)이다.
⑤ 한국 성인 남녀의 1일 탄수화물 권장섭취량은 100 g이다.

43 한국인의 탄수화물 섭취의 적정 비율은 총 에너지섭취량의 55~65%이고, 식이섬유의 충분섭취량 기준은 1,000 kcal당 12 g으로 그 충분섭취량이 성인 남성은 30 g, 성인 여성은 20 g이다. 1세 이상 한국인의 탄수화물 하루 평균 필요량은 100 g이며, 권장섭취량은 130 g이다. 총당류는 에너지의 10~20% 이내로 제한하는 것이 좋다.

44 식이섬유에 대한 설명으로 옳은 것은?

① 가공식품에 많이 함유되어 있다.
② 성인의 1일 충분섭취량은 12 g 정도이다.
③ 과일보다 과일주스에 더 많이 함유되어 있다.
④ 전곡류보다 도정한 곡류에 더 많이 함유되어 있다.
⑤ 다량섭취하면 위장관장애나 소화불량이 발생할 수 있다.

45 식이섬유에 대한 설명으로 옳은 것은?

① 췌장 아밀라제에 의해 분해된다.
② 가용성 식이섬유는 변비 예방 효과가 있다.
③ 불용성 식이섬유로 펙틴, 검, 다당류가 있다.
④ 인체 내 분해효소계가 없어 에너지를 낼 수 없다.
⑤ 가용성 식이섬유는 혈당의 급격한 상승을 방지한다.

45 체내에는 식이섬유 분해효소계가 없어 소화효소에 의한 분해는 이루어지지 않지만, **대장 내 미생물**에 의해 **발효**되어 단쇄지방산인 프로피온산(propionic acid), 아세트산(acetic acid), 부티르산(butyric acid)을 생산한다. 특히 부티르산은 대장 세포의 에너지원으로 이용된다. 가용성 식이섬유는 1 g당 평균 3 kcal의 에너지를 낸다.

46 식이섬유에 대한 설명으로 옳은 것은?

① 성인의 1일 충분섭취량은 12 g이다.
② 수용성 식이섬유는 배변량 증가 효과가 크다.
③ 대장에서 분해되어 중쇄지방산을 합성한다.
④ 불용성 식이섬유는 혈청 콜레스테롤 농도를 낮춘다.
⑤ 과량섭취 시 비타민과 무기질의 생체이용률이 저하된다.

46 식이섬유는 당, 스테롤, 무기질, 비타민 등의 흡수를 방해한다. 식이섬유는 대장 미생물에 의해 발효되어 **단쇄지방산**을 합성하며, 이것은 대장 세포로 흡수되어 에너지원으로 사용될 수 있다. 식이섬유의 충분섭취량은 **12 g/1,000 kcal**이다.

정답 42. ③ 43. ① 44. ⑤ 45. ⑤ 46. ⑤

47 식이섬유의 종류와 주요 급원식품의 연결이 옳은 것은?

① 펙틴 – 보리
② 검 – 통밀
③ 셀룰로오스 – 현미
④ 헤미셀룰로오스 – 감귤류
⑤ 리그닌 – 사과

48 가용성 식이섬유에 대한 설명으로 옳은 것은?

① 겔을 형성하지 않는다.
② 리그닌, 셀룰로오스가 해당된다.
③ 장내 박테리아에 의해 발효된다.
④ 과일의 껍질이나 곡류에 많이 포함된다.
⑤ 불용성 식이섬유보다 장내 통과속도 증가효과가 크다.

49 가용성 식이섬유(soluble dietary fiber)에 대한 설명으로 옳은 것은?

① 보수력이 낮다.
② 분변의 장내 체류시간을 단축시킨다.
③ 헤미셀룰로오스, 리그닌, 검류가 속한다.
④ 분변량을 증가시켜 변비의 예방효과가 크다.
⑤ 혈당 저하 및 혈청콜레스테롤 저하 효과가 있다.

50 가용성 식이섬유의 소화흡수에 대한 작용으로 옳은 것은?

① 단당류의 흡수를 촉진한다.
② 분변의 수분 보유를 억제한다.
③ 장내 분변의 이동을 촉진한다.
④ 콜레스테롤의 흡수를 억제한다.
⑤ 장내 미생물에 의하여 발효되지 않는다.

51 불용성 식이섬유의 대표적 기능은?

① 급격한 인슐린 분비를 예방한다.
② 대변의 장 통과시간을 단축시킨다.
③ 혈청 콜레스테롤 농도를 저하시킨다.
④ 대장 미생물에 의한 발효의 기질을 제공한다.
⑤ 소장의 당 흡수를 느리게 하여 당뇨병에 도움을 준다.

---

47 **불용성 식이섬유**에 해당되는 셀룰로오스, 헤미셀룰로오스, 리그닌은 주로 채소류, 곡류, 밀, 현미, 보리 등에 함유되어 있으며, **가용성 식이섬유**에 해당되는 펙틴, 검, 해조다당류는 과일류(감귤류, 사과, 바나나), 콩, 감자, 해조류 등에 함유되어 있다.

48 혈중 콜레스테롤 저하 효과는 가용성 식이섬유가 더 유효하고, 분변의 장내 통과속도 증가에는 불용성 식이섬유가 더 유효하다. 과일의 겉껍질은 불용성, 과육은 가용성 식이섬유를 주로 포함한다.

49 가용성 식이섬유는 **혈당 저하와 혈청콜레스테롤 저하 효과 및 비만 예방·치료 효과**가 있고, 종류로는 펙틴, 검, 해조다당류, 뮤실리지(mucilage) 등이 있으며 감귤류, 사과, 딸기(펙틴), 보리, 말린 콩(검), 미역, 다시마(해조 다당류)에 많이 함유되어 있다. 불용성 식이섬유는 분변의 장내 체류시간 단축 및 배설량을 증가시켜 변비를 예방하는 효과가 있으며, 셀룰로오스(cellulose), 헤미셀룰로오스(hemicellulose), 리그닌(lignin)이 이에 속한다.

50 가용성 식이섬유는 **수분을 보유**하여 끈적거리는 겔을 형성한다. 포도당과 콜레스테롤의 흡수를 느리게 하고 급격한 혈당 상승을 막는다.

51 불용성 식이섬유는 장 내용물의 대장 통과시간을 단축시키고, 배변량을 증가시킨다. 가용성 식이섬유는 혈당의 급격한 상승을 억제하여 인슐린 분비를 막음으로써 당뇨 및 고콜레스테롤혈증의 관리에 효과적이며, 대장에서 세균에 의해 분해되어 초산, 프로피온산 등의 단쇄지방산을 합성한다.

정답 47. ③ 48. ③ 49. ⑤ 50. ④ 51. ②

52 성장기 어린이나 노약자의 경우 식이섬유를 다량 포함한 식사를 섭취했을 때 발생할 수 있는 생리적 역효과로 옳지 않은 것은?

① 복통
② 배변 촉진
③ 장내 가스 생성
④ 장에 섬유소 덩어리 형성
⑤ 칼슘, 아연 등의 주요 무기질 흡수율 저하

52 고섬유소 식사는 다량의 수분 섭취가 필요하며, 만일 물을 많이 마시지 않으면 분변이 매우 단단해져 배변이 어려워진다. 또한 고섬유소 식사는 무기질을 결합하여 배설시키고, 장내 가스를 생성하며, 종종 위장에 피토베조르(phytobezoar)라는 섬유소 덩어리를 만든다.

53 고섬유소 식사가 권장되지 않는 대상으로 옳은 것은?

① 철결핍성 빈혈 환자
② 이완성 변비 환자
③ 게실증 환자
④ 이상지질혈증 환자
⑤ 당뇨병 환자

53 식이섬유는 일부 **무기질의 흡수를 저해**하므로 이들 영양소의 섭취상태가 불량한 사람에게는 과다 섭취가 해로울 수 있다.

54 달걀 한 개(50 g : 탄수화물 1 g, 단백질 6 g, 지방 5 g)를 먹었을 때의 에너지 함량을 계산하면?

① 20 kcal
② 50 kcal
③ 66 kcal
④ 73 kcal
⑤ 108 kcal

54 (1 g×4 kcal)+(6 g×4 kcal)+(5 g×9 kcal)=73 kcal

55 혈당지수가 높은 식품은?

① 전곡빵
② 우유
③ 저지방요구르트
④ 사과
⑤ 흰 빵

55 혈당지수란, 흰 빵이나 포도당의 형태로 탄수화물을 섭취하였을 때 혈액에 나타나는 총 포도당 양의 기준을 100으로 해서, 특정 식품을 섭취하였을 때 혈액에 나오는 포도당의 양으로 정한다. 식품의 혈당지수는 식이섬유의 함량, 소화흡수 속도, 총 지방함유량 등의 요인에 영향을 받는다.

56 기능성 올리고당에 대한 설명으로 옳지 않은 것은?

① 프락토올리고당, 이소말토올리고당, 갈락토올리고당 등이 있다.
② 충치원인균인 *Streptococcus mutans* 발육에는 이용되지 않는다.
③ 장내 유익한 균총인 비피더스균을 활성화하여 장의 건강을 유지하는 데 도움을 준다.
④ 소화되지 않은 부분은 대장에서 아세트산, 프로피온산으로 전환된다.
⑤ 뇌, 신경조직의 성장에 중요하며 인슐린 도움 없이 세포 내로 운반된다.

56 올리고당은 3~10개의 단당류로 구성되며, 당단백질이나 당지질의 구성 성분으로 세포 내에서는 주로 생체막에 부착되어 있고, 소포체와 골지체 등의 분비형 단백질과 결합되어 있다. 사람의 소화효소로는 소화되지 않는 콩류의 라피노오스와 스타키오스는 대장에 있는 박테리아에 의해 분해되어 가스와 그 부산물이 생성된다.

정답 52. ② 53. ① 54. ④ 55. ⑤ 56. ⑤

57 **고식이섬유 식사**는 만일 물을 많이 먹지 않으면 분변이 매우 단단해져 배변이 어려워질 수 있어 **다량의 수분 섭취가 필요**하다.

58 **불용성 식이섬유**는 배변량 증가 효과가 있으며, 대표적인 성분으로 **셀룰로오스, 리그닌, 일부 헤미셀룰로오스**가 있다.

60 단백질은 DNA로부터 RNA가 전사되고 RNA가 단백질로 **번역**되면서 만들어진다. 진핵세포의 경우 DNA는 핵에 위치하며, DNA 복제는 핵에서 이루어지지만 단백질 합성은 세포질에서 이루어진다.

정답 57. ⑤ 58. ① 59. ② 60. ①

57 고식이섬유 식사에 대한 설명으로 옳지 <u>않은</u> 것은?

① 장내 가스를 생성한다.
② 다량의 수분 섭취가 필요하다.
③ 칼슘, 철, 아연 등의 흡수율이 저하된다.
④ 피토베조르라는 섬유소 덩어리를 형성하기도 한다.
⑤ 성장기 어린이와 노약자의 경우는 대장암 발생을 억제한다.

58 이완성 변비 환자에게 섭취가 권장되는 식이섬유소로 옳은 것은?

① 셀룰로오스 ② 검
③ 뮤실리지 ④ 펙틴
⑤ 알긴산

59 혈중 콜레스테롤 저하와 면역력 증가 등의 생리기능이 알려져 있는 불용성 식이섬유로 옳은 것은?

① 알긴산 ② 키토산
③ 리그닌 ④ 펙틴
⑤ 검

60 단백질의 합성은 핵에서 (   )로부터 (   )가 전사되고 이후 단백질로 (   )된다. 괄호 안에 적합한 말이 순서대로 나열된 것은?

① DNA, RNA, 번역 ② DNA, RNA, 복제
③ DNA, RNA, 합성 ④ RNA, DNA, 번역
⑤ RNA, DNA, 복제

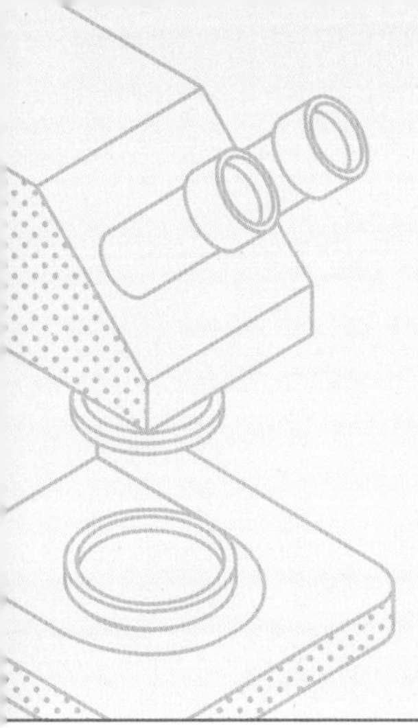

탄수화물 대사 3

학습목표 탄수화물 대사와 관련된 해당작용, TCA 회로, 전자전달계, 오탄당 인산회로, 포도당 신생, 글리코겐 대사에 대해 이해한다.

01 탄수화물의 소화과정에 대한 설명으로 옳은 것은?

① 서당의 최종 소화산물은 포도당과 과당이다.
② 타액 아밀라제의 작용으로 이당류의 소화가 시작된다.
③ 위에서는 당질 소화효소가 분비되어 소화과정이 진행된다.
④ 췌장에서 분비된 프티알린은 전분을 덱스트린으로 분해한다.
⑤ 전분은 소장벽에서 분비되는 아밀라제에 의해 포도당으로 분해된다.

01 탄수화물의 소화는 구강에서 분비되는 타액 아밀라아제에 의해 전분이 분해되면서 시작된다. 위에서는 탄수화물의 소화효소가 분비되지 않으며, 소장에서는 췌장에서 분비된 췌장 아밀라아제에 의하여 전분과 덱스트린이 맥아당과 이소맥아당으로 분해되고, 소장점막에서 분비된 이당류 분해효소에 의해 이당류가 단당류로 분해되어 당질의 소화가 완료된다.

02 탄수화물 대사과정의 생성물이 바르게 묶인 것은?

① 해당과정 – 옥살로아세트산
② 포도당신생합성과정 – 젖산
③ 글리코겐합성 – UTP – 글루코스
④ 오탄당 인산경로 – NADPH
⑤ 글리코겐분해 – 글리코겐

02 탄수화물의 대사에는 단당류 대사, 포도당 대사, 포도당신생합성과정, 글리코겐합성 및 분해과정 등이 있다.

03 해당과정에 대한 설명으로 옳은 것은?

① 세포 내의 미토콘드리아에서 일어난다.
② 격심한 운동 시 피루브산은 케톤체로 된다.
③ 포도당이 분해되어 아세틸-CoA를 생성한다.
④ 포도당 1분자로부터 4개의 ATP가 생성된다.
⑤ 호기적 조건에서는 해당과정 생성물이 TCA 회로에서 대사된다.

03 해당과정은 **포도당이 피루브산으로 전환되는 과정**으로 세포질에서 일어난다. 생성된 피루브산은 산소가 충분한 **호기적 상태에서는 아세틸-CoA로 전환되어 TCA 회로에서 대사**되며, 산소가 부족한 혐기적 조건에서는 TCA 회로를 통한 대사가 원활하지 않아 젖산으로 환원된다.

04 해당작용에 대한 설명으로 옳은 것은?

① 산소를 필요로 한다.
② 인슐린에 의해 촉진된다.
③ 미토콘드리아에서 일어난다.
④ 효율적인 에너지 생산과정이다.
⑤ 포도당이 이산화탄소와 물까지 분해되는 과정이다.

04 **해당작용**은 세포질에서 포도당이 피루브산까지 분해되고 **식후 분비되는 인슐린에 의해 촉진**된다.

정답 01. ① 02. ④ 03. ⑤ 04. ②

05 해당과정은 식후 인슐린 분비 시 세포질에서 포도당 1분자를 피루브산 2분자로 전환시키는 대사과정으로 2ATP를 사용하여 4ATP를 생산하여 총 2ATP를 생성한다. 호기적 상태에서는 생산된 피루브산이 TCA cycle로 투입되나 격심한 운동으로 혐기 상태가 되면 피루브산이 젖산으로 산화된다.

07 식후 직후에는 **포도당**이 **글리코겐**과 **지방산**으로 전환되어 **중성지방**으로 저장된다.

08 오탄당 인산경로(pentose phosphate pathway) 또는 일인산 육탄당 경로(hexose monophosphate pathway, HMP shunt)는 주로 피하조직처럼 지방 합성이 활발히 일어나는 곳에서 중요한 역할을 하며, 그 외에도 간, 부신피질, 적혈구, 고환, 유선조직 등에서 활발하다. 이 경로를 통해 포도당은 **지방산과 스테로이드 호르몬의 합성에 필요한 NADPH를 생성하며, 핵산 합성에 필요한 리보오스를 합성한다.** 또한 리보오스는 이 경로를 통하여 육탄당(hexose)으로 전환되어 대사된다.

09 오탄당 인산경로는 주로 피하조직처럼 지방합성이 활발히 일어나는 곳에서 중요한 역할을 하며, 그 외 **간·부신피질·적혈구·고환·유선조직** 등에서 활발하다. 이 경로를 통해 포도당은 지방산과 스테로이드 호르몬의 합성에 필요한 NADPH를 생성하며, 핵산 합성에 필요한 리보오스를 합성한다.

정답 05. ③ 06. ④ 07. ②
08. ④ 09. ②

05 해당과정에 대한 설명으로 옳지 <u>않은</u> 것은?

① 인슐린에 의해 촉진
② 세포질에서 일어나는 반응
③ 효율적인 에너지 생성과정
④ 포도당 1분자에서 2개의 ATP 생성
⑤ 격심한 운동 시 피루브산은 젖산으로 산화

06 세포 내의 피루브산은 혐기적 조건에서는 ( )에서 ( )(으)로 되고, 호기적 조건에서는 ( )에서 ( )를(을) 생성하여 TCA 회로로 들어간다. 괄호 안에 적합한 말이 순서대로 나열된 것은?

① 미토콘드리아, 아세틸-CoA, 세포질 , 젖산
② 리보솜, 젖산, 세포질, 아세틸-CoA
③ 리보솜, 아세틸-CoA, 미토콘드리아, 옥살로아세트산
④ 세포질, 젖산, 미토콘드리아, 아세틸-CoA
⑤ 세포질, 아세틸-CoA, 미토콘드리아, 옥살로아세트산

07 식사로 섭취된 당질은 혈액 내에서 (㉠)으로 존재, 간에서 (㉡) 형태로 저장, 여분의 당질은 (㉢)으로 전환되어 저장된다. 알맞은 순서는?

① ㉠ 글리코겐, ㉡ 포도당, ㉢ 단백질
② ㉠ 포도당, ㉡ 글리코겐, ㉢ 지방
③ ㉠ 글리코겐, ㉡ 지방산, ㉢ 지방
④ ㉠ 지방, ㉡ 포도당, ㉢ 글리코겐
⑤ ㉠ 포도당, ㉡ 지방, ㉢ 글리코겐

08 오탄당 인산경로를 통한 포도당의 대사과정에 대한 설명으로 옳은 것은?

① 뇌와 적혈구에서 활발하게 발생한다.
② 핵산 합성에 필요한 염기를 생성한다.
③ 지방 합성에 필요한 글리세롤을 공급한다.
④ 리보오스가 이 경로를 통하여 육탄당으로 되어 대사된다.
⑤ 지방산과 스테로이드 호르몬의 합성에 필요한 NADH를 생성한다.

09 오탄당 인산경로에 대한 설명으로 옳은 것은?

① 효율적인 에너지 생성과정이다.
② DNA 합성에 필요한 오탄당을 공급한다.
③ 지방산 합성에 필요한 NADH를 공급한다.
④ 핵산의 분해가 많이 일어나는 조직에서 활발하다.
⑤ 간에는 오탄당 인산경로에 관여하는 효소의 활성이 없다.

10 건강한 성인에서 포도당만을 에너지원으로 이용하는 장기는?

① 신장 ② 간
③ 뇌 ④ 근육
⑤ 지방세포

11 과당의 대사과정에 대한 설명으로 옳은 것은?

① 소장에서 포도당으로 전환된다.
② 과잉섭취 시 젖산 생성을 감소시킨다.
③ 포도당과는 달리 혈당을 높이지 않는다.
④ 세포 내로 이동될 때 인슐린 의존적이다.
⑤ 아세틸-CoA로 전환속도가 증가되어 지방산 합성속도가 증가한다.

12 다음 물질들의 공통점은?

> 글리세롤, 프로피온산, 피루브산, 젖산, 아미노산

① 지방 합성과정의 전구체
② 포도당신생합성 과정의 전구체
③ 에너지 영양소의 최종 분해산물
④ 포도당-알라닌 회로 관련 물질
⑤ 비필수 아미노산 합성과정의 전구체

13 포도당의 혐기성 산화과정으로 생성된 젖산이 포도당으로 재생되는 과정은?

① 코리회로
② TCA 회로
③ 펜토오스 인산경로
④ 글루쿠론산회로
⑤ 해당과정

14 혈당의 공급원이 될 수 있는 것은?

① 리놀레산 ② 루신
③ 리신 ④ 젖산
⑤ 팔미트산

10 뇌는 포도당만을 에너지원으로 사용한다. 아주 극심한 기아 상태에서는 케톤체를 에너지원으로 이용할 수 있다.

11 과당은 간에서 포도당으로 전환되며, 세포 내로 이동하는 것은 인슐린 의존성이 아니다. 그렇지만 과당도 결국 포도당으로 전환되므로 과량 섭취할 경우 혈당을 높일 수 있다. 또한 과당은 해당과정에서 속도조절 단계를 거치지 않고 중간단계인 디히드록시아세톤 인산의 형태로 들어가므로 아세틸-CoA로 전환되어 **지방산을 합성하는 속도가 증가한다.**

12 적혈구, 뇌, 신경세포 등은 포도당을 주요 에너지원으로 사용한다. 따라서 탄수화물 섭취가 부족한 경우 당 이외의 물질, 즉 아미노산, 글리세롤, 피루브산, 젖산, 프로피온산 등으로부터 포도당이 합성된다. 이를 **포도당신생합성 과정**(gluconeogenesis)이라고 하며, 주로 **간과 신장**에서 일어난다.

13 적혈구에서 포도당은 해당과정을 통하여 에너지를 내는데, 생성된 피루브산은 **미토콘드리아가 없는** 적혈구에서 호기적 산화과정인 TCA 회로를 통하지 못하므로 **젖산**으로 전환된다. 젖산은 혈액을 통해 **간**으로 이동되어 **포도당신생합성**과정을 통해 **포도당**으로 재생되는데, 이를 코리회로라고 한다.

14 거의 모든 아미노산이나 글리세롤, 피루브산, 젖산, 프로피온산 등은 당신생합성을 통하여 포도당을 합성할 수 있다. 아미노산 중 루신과 리신은 당신생합성의 급원으로 사용될 수 없고 아세틸-CoA를 거쳐 케톤체를 생성하는 아미노산이다. 중성지방을 구성하는 글리세롤은 포도당으로 전환되나 지방산은 포도당으로 전환되지 못한다.

정답 10. ③ 11. ⑤ 12. ②
13. ① 14. ④

15 문제 14번 해설 참고

15 혈당의 공급원이 될 수 없는 아미노산은?

① 리신
② 페닐알라닌
③ 이소루신
④ 발린
⑤ 트립토판

16 간의 포도당신생합성을 증가시키는 호르몬에는 **글루카곤, 에피네프린, 글루코코르티코이드, 노르에피네프린, 갑상선호르몬 등**이 있다.

16 간의 포도당신생합성을 증가시키는 호르몬은?

① 인슐린
② 에스트로겐
③ 에피네프린
④ 부갑상선호르몬
⑤ 안드로겐

17 문제 16번 해설 참고

17 간의 포도상신생합성 증가 기능과 거리가 먼 호르몬은?

① 글루카곤
② 에피네트린
③ 노르에피네프린
④ 글루코코르티코이드
⑤ 부갑상선호르몬

18 글루카곤은 혈당 감소 시 췌장에서 분비되어 간에서 글리코겐의 분해와 포도당신생합성을 촉진하여 포도당을 생성한다.

18 글리코겐 분해와 포도당신생합성 촉진을 통해 혈당을 높이는 호르몬은?

① 레닌
② 인슐린
③ 글루카곤
④ 세크레틴
⑤ 프로락틴

19 혈당은 뇌, 적혈구, 부신수질, 수정체 등의 에너지급원으로서 매우 중요하므로 혈당이 저하되면 간이나 신장에서 당 이외의 물질(아미노산, 글리세롤, 피루브산, 젖산, 프로피온산)을 이용하여 포도당을 합성하는데, 해당과정과는 별도의 경로이다. 포도당신생합성은 **신장**에서도 일어나지만 주로 **간**에서 일어난다.

19 포도당신생합성에 대한 설명으로 옳은 것은?

① 신장에서 주로 일어난다.
② ATP가 생성되는 과정이다.
③ 지방산이 포도당 합성에 이용된다.
④ 공복 시 혈당 유지를 위해 일어난다.
⑤ 해당과정과 동일한 효소에 의해 촉매된다.

20 문제 19번 해설 참고

20 포도당신생합성 과정에 관한 설명으로 옳은 것은?

① 근육 내 저장된 글리코겐을 분해한다.
② 해당과정과 같은 효소에 의해 촉매된다.
③ ATP가 소모되는 과정으로 주로 간에서 일어난다.
④ 적혈구, 근육조직에 우선적으로 신합성한 포도당을 공급한다.
⑤ 인슐린, 에피네프린, 글루코코르티코이드, 갑상선 호르몬이 반응을 촉진한다.

정답 15. ① 16. ③ 17. ⑤ 18. ③ 19. ④ 20. ③

21 **탄수화물 공급이 부족할 때 가장 우선적으로 혈당을 에너지원으로 공급받을 수 있는 세포는?**

① 간세포 ② 근육세포
③ 뇌세포 ④ 신장세포
⑤ 지방세포

22 **글루코스 – 알라닌 회로에 대한 설명으로 옳은 것은?**

① 젖산으로부터 포도당이 합성된다.
② 알라닌 형태로 간에서 근육으로 간다.
③ 포도당을 과잉 섭취했을 때 일어난다.
④ 아미노산의 아미노기가 근육으로부터 간으로 이동한다.
⑤ 에너지 생성과정에서 생성된 피루브산이 혈액을 통해 간으로 이동한다.

23 **포도당 대사에 대한 설명으로 옳은 것은?**

① TCA 회로 – 독성물질의 해독과정
② 해당과정 – 격심한 운동 시 폭발적 에너지 공급과정
③ 코리회로 – 핵산합성에 필요한 리보오스 생성과정
④ 글루쿠론산 회로 – 산소공급이 부족할 때의 혐기적 대사
⑤ 펜토오스 인산경로 – 젖산으로부터 포도당 신생합성과정

24 **이소구연산이 알파 – 케토글루타릴 CoA로 전환될 때 필요한 비타민은?**

① 티아민, 비타민 B_6, 비오틴, 판토텐산
② 리보플라빈, 비타민 B_6, 비오틴, 엽산
③ 티아민, 리보플라빈, 니아신, 판토텐산
④ 리보플라빈, 니아신, 비오틴, 비타민 B_{12}
⑤ 비타민 B_6, 비타민 B_{12}, 엽산, 리포산

25 **조효소를 구성하는 비타민과 관여반응의 연결로 옳은 것은?**

① NAD – 니아신 – 탈탄산반응
② FAD – 비타민 B_6 – 탈수소반응
③ PLP – 리보플라빈 – 아미노기전이반응
④ TPP – 티아민 – 탈탄산반응
⑤ THF – 엽산 – 카르복실화 반응

21 뇌세포, 신경세포는 포도당만을 에너지원으로 사용할 수 있다.

22 근육에서 생성된 **피루브산**은 아미노산 대사에서 나온 **아미노기**와 함께 **알라닌**의 형태로 간으로 이동되어 다시 포도당 합성에 쓰이는데, 이를 글루코스 – 알라닌 회로라고 한다.

23 TCA 회로는 유산소 대사로 효율적인 ATP 생성과정이다. 포도당 한 분자당 해당과정과 유산소대사를 통해 생성되는 ATP는 모두 30 또는 32분자이다. 글루쿠론산 회로는 독성물질의 해독과정이다.

24 이 반응은 피루브산이 아세틸–CoA로 전환되는 반응과 마찬가지로 탈수소반응, 탈탄산반응을 포함하고 보조효소 A가 필요하다. **리보플라빈**과 **니아신**은 탈수소반응에 필요한 조효소이고, **티아민**은 탈탄산반응에 필요한 조효소이며, **판토텐산**은 보조효소 A를 구성한다.

25 nicotinamide adenine dinucleotie (NAD)는 니아신을 함유한 조효소로서 탈수소반응에 관여하고 flavin adenine dinucleotide(FAD)는 리보플라빈을 함유한 조효소로서 역시 탈수소반응에 관여한다. pyridoxal phosphate(PLP)는 비타민 B_6를 함유한 조효소로서 주로 탈아미노반응이나 아미노기 전이반응과 같은 아미노산 대사에 관여하고 tetrahydrofolic acid(THF)는 엽산의 조효소이며 단일 탄소 운반체로서 DNA를 합성하는 데 관여한다.

정답 21. ③ 22. ④ 23. ② 24. ③ 25. ④

26 글리코겐에 대한 설명으로 옳은 것은?

① 필요시 에너지원으로 사용된다.
② 아밀로펙틴보다 분지도가 훨씬 적다.
③ 체내 소화효소로는 분해되지 않는다.
④ 식물성 식품 중에 많이 함유되어 있다.
⑤ 두 종류 이상의 단당류로 구성되어 있다.

26 글리코겐은 동물의 저장형 다당류로서 포도당이 α결합으로 중합된 다당류이며, 아밀로펙틴과 구조는 유사하나 가지가 훨씬 더 많다. 필요시 분해되어 에너지원으로 이용된다.

27 글리코겐 대사에 대한 설명으로 옳은 것은?

① 근육의 글리코겐은 혈당 유지용
② 공복 시 간과 근육에 글리코겐 합성
③ 극심한 운동 시 간의 글리코겐이 분해
④ 글리코겐 분자의 구조는 신속한 포도당 공급에 유리
⑤ 간의 글리코겐 저장량이 많을수록 운동 시 지구력 향상

27 식후에 과잉의 포도당은 글리코겐의 형태로 **간과 근육에 저장**된다. 간의 글리코겐은 **혈당 유지**용이고 근육의 글리코겐은 운동 시 근육 수축에 필요한 **에너지**를 공급한다.

28 식사 후 3~4시간이 지났을 때 체내에서 혈당을 유지하기 위해 우선적으로 사용하는 것은?

① 젖산 ② 글리코겐
③ 케톤체 ④ 지방산
⑤ 아미노산

28 탄수화물이 포함된 식사 후에는 간 글리코겐 저장량이 증가하고, 금식 시 간의 글리코겐이 혈당으로 이용된다. 금식 12~18시간 후에는 글리코겐이 거의 소모된다.

29 해당과정(glycolysis)을 조절하는 효소는?

① aldolase
② fructokinase
③ phosphofructokinase
④ glyceraldehyde-3-phosphate
⑤ pyruvate carboxylase

29 pyruvate carboxylase는 당신생 과정에 필요한 효소 중 하나이다. **해당과정을 조절하는 효소는 hexokinase, phosphofructokinase, pyruvatekinase**이다.

30 C-1 탄소에 탄소동위원소(^{14}C)로 대체한 과당이 간에서 대사된다면, 첫 번째 방출되는 피루브산에는 어느 위치에 탄소동위원소가 들어 있을까?

① C-1
② C-2
③ C-3
④ C-1과 C-3
⑤ C-1과 C-2와 C-3

30 간에서 해당과정이 진행되면, 과당은 과당-1,6-2인산을 거쳐 삼탄당인 디히드록시 아세톤 인산과 글리세르알데히드 3-인산으로 나뉘어 대사가 진행된다. 과당의 C-1에 있는 동위원소는 글리세르알데히드 3-인산의 C-3에 위치하여 해당과정의 최종산물인 피루브산의 C-3에서 검출된다.

정답 26. ① 27. ④ 28. ② 29. ③ 30. ③

31 포도당 한 분자가 산소가 부족한 상태에서 해당과정을 거쳐 젖산으로 전환될 때, 생성되는 ATP는 몇 개인가?

① 1개 ② 2개
③ 4개 ④ 6개
⑤ 12개

32 단거리 달리기를 하는 동안 근육 내에 축적되었다가 간에서 포도당으로 합성될 수 있는 물질은?

① 아미노산 ② 시트르산
③ 젖산 ④ 지방산
⑤ 글리코겐

33 글루코스-6-인산이 중간대사물로 관여하는 반응은?

① 코리 회로 ② TCA 회로
③ 만노오스 대사 ④ 오탄당 인산경로
⑤ 지방산 합성과정

34 글루카곤의 작용은?

① 혈액의 포도당을 분해한다.
② 간의 글리코겐 분해를 증가시킨다.
③ 간의 글리코겐 합성을 증가시킨다.
④ 근육에서 글리코겐 분해를 증가시킨다.
⑤ 근육에서 글리코겐 합성을 증가시킨다.

35 해당과정(glycolysis)에 대한 설명으로 옳은 것은?

① 포도당을 피루브산으로 전환한다.
② 세포의 미토콘드리아에서 일어난다.
③ NADH가 많을수록 해당과정이 잘 일어난다.
④ 산소가 잘 공급될수록 젖산의 축적이 많아진다.
⑤ 세포 내 ATP의 농도가 높을수록 반응이 활성화된다.

36 포도당을 혐기적 조건에서만 산화시키는 기관으로 옳은 것은?

① 뇌 ② 간
③ 심장 ④ 신장
⑤ 적혈구

31 해당과정에서 산소가 부족한 혐기적인 상태에서는 포도당이 피루브산을 거쳐 젖산으로 환원되며, 총 **2분자의 ATP**가 생성된다. 산소가 충분한 경우에는 포도당의 해당과정 산물인 피루브산이 아세틸-CoA를 거쳐 TCA 회로와 전자전달계를 거치면서 완전히 산화되며, 포도당 한 분자에 **30~32분자의 ATP**가 생성된다.

32 산소가 충분하지 않은 혐기적 에너지 대사과정에서 생성된 젖산은 간으로 운반되어 당신생과정을 거쳐 다시 포도당으로 전환된 후 필요한 조직으로 보내진다. 이 과정을 코리회로라고 한다.

33 글루코스-6-인산은 포도당이 ATP에 의해 인산화되는 해당과정 첫 단계 생성물이다. **오탄당 인산경로**는 해당과정의 대체 경로로서, **ATP 생성보다는 리보오스를 포함한 오탄당과 NADPH 생성이 중요한 역할**이며, 글루코스-6-인산에서 반응이 출발한다.

34 글루카곤은 간의 표면 수용체에 결합하여 adenylate cyclase를 활성화하여 ATP로부터 cAMP를 생성한다. 이때 생성된 cAMP는 phosphorylase b kinase를 활성화하고, 차례로 phosphorylase b를 phosphorylase a로 활성화시켜, 글리코겐 분해가 증가하고 포도당-1-인산이 증가하여 해당과정을 통하여 에너지를 발생한다. 에피네프린은 간과 근육의 표면 수용체에 모두 결합하며 글루카곤과 같은 기전으로 글리코겐의 분해를 증가시킨다.

35 해당과정은 세포질에서 포도당을 피루브산으로 전환하는 과정이다.

36 **적혈구는 미토콘드리아가 없으므**로 시트르산 회로를 이용한 에너지 생성이 이루어지지 않는다.

정답 31. ② 32. ③ 33. ④ 34. ② 35. ① 36. ⑤

37 오탄당 인산경로는 해당과정과는 달리 ATP를 생성하지 않는다. 오탄당 인산경로는 오탄당(ribose)과 NADPH를 생성한다. 오탄당 인산경로는 glucose가 glucose-6-phosphate로 전환되는 과정이 첫 단계이다. Glucose-1-phosphate는 글리코겐의 대사 중간물질이다.

38 비오틴은 피루브산에서 옥살로아세트산을 형성하는 효소 Pyruvate carboxylase의 조효소로 작용한다.

39 해당과정은 세포의 세포질에서 반응이 일어난다.

40 pyruvate dehydrogenase complex는 3개의 효소와 5개의 보조효소 TPP, lipoic acid, coenzyme A, FAD, NAD^+로 구성되어 있다.

41 비오틴은 비오시틴의 전구체, 니아신은 NAD^+, 리보플라빈(비타민 B_2)은 FAD, 티아민(비타민 B_1)은 TPP의 전구체이다.

정답 37. ④ 38. ② 39. ① 40. ③ 41. ⑤

37 오탄당 인산경로(pentose phosphate pathway)에 대한 설명으로 옳은 것은?

① ATP를 생성한다.
② NADH를 생성한다.
③ 피루브산(pyruvic acid)을 생성한다.
④ 6-phosphogluconate dehydrogenase를 필요로 한다.
⑤ 오탄당 인산경로의 첫 단계는 glucose가 glucose-1-phosphate로 전환되는 것이다.

38 피루브산(pyruvic acid)이 옥살로아세트산(oxaloacetate)으로 전환될 때 다음에 제시된 조효소 중 필요로 하는 것은?

① 비타민 B_{12}
② 비오틴
③ Thiamine pyrophosphate
④ Flavin adenine dinucleotide
⑤ Pyridoxal phosphate

39 세포질에서 일어나는 반응은?

① 해당과정
② 지방산 산화
③ 시트르산 회로
④ 전자전달반응
⑤ 산화적 인산화 반응

40 피루브산(pyruvic acid)이 아세틸-CoA(acetyl-CoA)로 산화되는 반응에 관여하는 물질로 짝지어진 것은?

① TPP, NAD, PLP, Mg^{2+}
② TPP, FAD, PLP, NADPH
③ TPP, FAD, NAD^+, lipoic acid
④ TPP, NAD^+, THF, lipoic acid
⑤ TPP, FAD, NADPH, coenzyme A

41 보조효소 A(coenzyme A)의 구성성분으로 관여하는 비타민은?

① 비오틴 ② 콜린
③ 니아신 ④ 리보플라빈
⑤ 판토텐산

42 동물의 TCA 회로에 대한 설명으로 옳은 것은?

① 세포질에서 일어난다.
② 비타민 C가 관여한다.
③ ADP가 많으면 TCA 회로가 촉진된다.
④ 탄수화물과 지방만이 이 대사경로를 거친다.
⑤ 이 회로의 최초 생성물은 옥살로아세트산이다.

43 옥살로아세트산의 탄소를 ^{14}C로 치환한 후, 방사성 동위원소를 포함하지 않은 아세틸-CoA와 반응하여, 시트르산 회로를 한 번 거쳐 다시 옥살로아세트산이 되었다. 초기 옥살로아세트산의 방사능의 몇 %가 나중에 만들어진 옥살로아세트산에서 검출될까?

① 25% ② 50%
③ 67% ④ 75%
⑤ 100%

44 TCA 회로의 조절에 대한 짝짓기로 옳은 것은?

① citrate synthase, oxaloacetate
② succinyl-CoA synthetase, ADP/ATP
③ isocitrate dehydrogenase, NAD^+
④ α-ketoglutarate dehydrogenase, ADP/ATP
⑤ fumarase, acetyl-CoA

45 다음 중 글리코겐으로부터 포도당을 만드는 데 필요한 효소로 옳은 것은?

① hexokinase
② UDP-glucose pyrophosphorylase
③ glycogen phosphorylase
④ aconitase
⑤ alcohol dehydrogenase

46 탄수화물 섭취가 없을 때, 지방이 불완전 산화되어 생성되는 물질을 에너지원으로 이용할 수 있는 기관은?

① 간 ② 폐
③ 비장 ④ 신장
⑤ 적혈구

42 TCA 회로는 미토콘드리아에서 에너지가 필요할 때(ADP 농도가 높을 때) acetyl-CoA와 옥살로아세트산이 시트르산을 생성하면서 시작한다.

43 탄소 4개짜리(C-4) 옥살로아세트산은 C-2의 아세틸-CoA와 결합하여 C-6의 **시트르산**이 된다. 시트르산 회로 내에서 옥살로아세트산으로부터 온 탄소 2개는 각각 이산화탄소가 되어 방출되고 마지막 옥살로아세트산에는 초기의 옥살로아세트산에서 온 탄소 2개와 아세틸-CoA로부터 온 탄소 2개가 남는다. 따라서 초기 옥살로아세트산의 50% 탄소만이 최종 옥살로아세트산에서 발견되므로, 50%의 방사능이 검출된다.

44 citrate synthase는 succinyl-CoA, citrate, NADH, ATP, ADP에 의하여, isocitrate dehydrogenase는 NAD^+, NADH, ADP, ATP에 의하여, α-ketoglutarate dehydrogenase는 succinyl-CoA, NADH에 의하여 활성도가 조절된다.

45 hexokinase는 해당작용, UDP-glucose pyrophosphorylase는 글리코겐 합성에 필요한 효소이다. 글리코겐 가인산분해효소(glycogen phosphorylase)는 글리코겐 말단으로부터 포도당을 하나씩 분해한다.

46 간과 적혈구, 폐, 비장은 케톤체를 에너지원으로 사용할 수 없고 **뇌, 신장, 심장, 근육** 등은 케톤체를 산화시킬 수 있다.

정답 42. ③ 43. ② 44. ③ 45. ③ 46. ④

47 탄수화물 섭취가 부족하면 체단백질을 분해하여 포도당을 생성하고, 뇌신경과 적혈구의 에너지로 우선 사용된다.

47 탄수화물 섭취가 영양상태에 미치는 영향으로 옳은 것은?

① 세포막 보호
② 케톤증 방지
③ 포도당 절약작용
④ 당신생작용 유발
⑤ 당뇨합병증 예방

48 TCA 회로가 원활하게 진행되기 위해서는 옥살로아세테이트가 필요한데 이것은 포도당으로부터 공급된다. 따라서 하루 50 g 미만으로 **탄수화물 섭취가 부족하거나 인슐린 의존형 당뇨와 같이 인슐린 분비량이 부족할 때**, 또는 **오랜 기아**에서와 같이 **체지방을 주된 에너지원으로 이용할 때**에는 과다하게 생성된 아세틸-CoA에 비해 **옥살로아세테이트는 부족**하므로 아세틸-CoA는 TCA 회로로 들어가 이용되지 못하고 케톤체를 생성하여 **케톤증**을 유발한다.

48 케톤증이 발생할 수 있는 경우는?

① 인슐린 분비량이 과다할 때
② 식전의 운동으로 저혈당증일 때
③ 당질의 단백질 절약작용이 과잉일 때
④ 하루 30 g 미만의 저지방 식사를 할 때
⑤ 기아로 인해 체지방을 주된 에너지원으로 이용할 때

49 일주일 이상의 금식으로 인해 혈당이 저하된 경우 항진되는 대사로 옳은 것은?

① 단백질 합성
② 지방산 합성
③ 콜레스테롤 합성
④ 글리코겐 분해
⑤ 케톤체 합성

50 지방이 분해되어 다량 생성된 아세틸-CoA는 포도당으로부터 생성되는 옥살로아세트산이 없으면 TCA 회로에 들어갈 수 없어 간에서 **아세토아세트산, β-히드록시부티르산, 아세톤** 등의 케톤체를 생성해 혈액과 조직에 축적된다.

50 케톤체로 옳게 짝지어진 것은?

① 옥살로아세트산, β-히드록시부티르산
② 아세톤, 아세토아세트산
③ 프로피온산, 아세트알데하이드
④ 아세트산, 옥살로아세트산
⑤ 아세톤, 아세트알데하이드

51 미토콘드리아 내막(inner membrane)은 전자전달계가 위치하므로 산화적 인산화에 의한 ATP 생성에 필수적이다.

51 미토콘드리아의 전자전달계 구성성분이 위치하는 곳은?

① cristae
② DNA
③ matrix
④ inner membrane
⑤ outer membrane

52 미토콘드리아 내막을 통한 전자전달 시에 형성된 삼투 에너지가 화학적 에너지 형태로 저장되는 ATP 생성에 coupling된다.

52 산화적 인산화의 coupling mechanism으로 옳은 것은?

① 구조짝지음설
② 이온수송저해설
③ 입체자리짝지음설
④ 화학짝지음설
⑤ 화학삼투설

정답 47. ② 48. ⑤ 49. ⑤ 50. ② 51. ④ 52. ⑤

53 1분자의 포도당이 완전히 산화될 때 생성되는 ATP 분자 수는?

① 16~18개 ② 22~24개
③ 26~28개 ④ 30~32개
⑤ 36~38개

54 전자전달계에 관한 설명으로 옳은 것은?

① 전자는 최종적으로 물로 운반된다.
② 전자는 cytochrome으로부터 CoQ로 운반된다.
③ 전자가 전달되는 과정에 양성자기울기가 형성된다.
④ 2,4 - dinitrophenol은 전자전달을 억제한다.
⑤ 기질수준의 인산화로 ATP가 생성된다.

55 미토콘드리아의 전자전달계 구성성분은?

① cobalamin ② niacin
③ ubiquinone ④ GDP
⑤ acetyl - CoA

56 산화적 인산화에 의한 ATP 합성에 관여하는 효소는?

① glucokinase ② Na^+/K^+ ATPase
③ hexokinase ④ ATP synthase
⑤ pyruvate kinase

57 세포 내 ATP 합성 장소는?

① 핵인 ② 골지체
③ 생체막 외벽 ④ 미토콘드리아 내막
⑤ 조면소포체

58 기질로부터 전자쌍을 전달전달계로 옮기는 조효소 형태는?

① NADH + H^+ ② NADPH + H^+
③ FAD ④ FMN
⑤ FADPH

53 최근에 $FADH_2$ 1분자당 1.5ATP, NADH 1분자당 2.5ATP가 형성되는 것으로 설명하고 있으며, 이에 의하면 1분자의 **포도당이 호기적 조건에서 완전 산화**되어 **30 또는 32ATP를 생성**한다.

54 2,4-dinitrophenol은 전자전달에는 영향을 주지 않으면서 ADP의 인산화 반응을 저해한다. 전자전달계에서는 **산화적 인산화** 과정을 통해 ATP를 생성한다.

55 미토콘드리아의 전자전달계는 NADH + H^+ → FMN → ubiquinone → cytochrome b → cytochrome c → cytochrome a → cytochrome a_3 → $1/2O_2$로 구성된다.

56 ATP synthase는 산화적 인산화에 의한 ATP 합성에 관여한다.

57 문제 51번 해설 참고

58 기질로부터 전자쌍을 전달전달계로 옮기는 환원된 조효소 형태는 NADH + H^+, $FMNH_2$, $FADH_2$가 있다.

정답 53. ④ 54. ③ 55. ③ 56. ④ 57. ④ 58. ①

59 전자가 전자전달계를 통해 흐를 때 양성자는 기질로부터 운반되어 막 사이 공간으로 이동된다. 그 결과로 전위차와 양성자 구배가 내막에 걸쳐 증가된다.

59 미토콘드리아에서 산화적 인산화 반응 동안 일어나는 현상으로 옳은 것은?

① 양성자(H^+)는 기질로부터 운반되어 막 사이 공간(intermembrane space)으로 이동된다.
② $FADH_2$는 기질로부터 운반되어 막 사이 공간으로 이동된다.
③ 전자는 기질로부터 운반되어 막 사이 공간으로 이동된다.
④ 전자는 막 사이 공간으로부터 운반되어 기질로 이동된다.
⑤ NADH는 기질로부터 운반되어 막 사이 공간으로 이동된다.

60 전자전달 중 $FADH_2$의 산화반응에 의해 약 1.5분자의 ATP를 생성한다.

60 호기적 미토콘드리아 대사 과정 중 한 분자의 $FADH_2$가 산화되어 약 몇 분자의 ATP가 생성되는가?

① 0 ② 1.5
③ 3 ④ 4.5
⑤ 6

61 pyruvate, lactate, glycerol, amino acid, glycogen, alanine 등이 간에서 당신생과정에 의해 포도당이 되어 혈당으로 공급될 수 있다.

61 당신생과정의 전구체로 작용할 수 있는 물질로 조합된 것은?

① pyruvate, alanine ② lactate, creatine
③ glycerol, cholesterol ④ glycogen, palmitate
⑤ oxaloacetate, oleic acid

62 glycogen 생합성을 위해서는 UDP-glucose가 필수적이다.

62 글리코겐 생성 시 중간대사 물질로 옳은 것은?

① ADP-glucose ② CDP-glucose
③ GDP-glucose ④ TDP-glucose
⑤ UDP-glucose

63 glycogen 생성과 분해를 조절하는 단백질 계통의 호르몬들은 이중의 지질막인 세포막을 통과할 수 없으므로 cAMP가 세포 안에서 생성되어 2nd messenger 역할을 수행한다.

63 글리코겐의 생성과 분해의 조절에 중요한 2차(second) 메신저는?

① adrenaline ② cAMP
③ glucagon ④ insulin
⑤ protein kinase

64 근육의 혐기적 해당작용의 결과 생성된 lactate(젖산)는 혈액을 통해 간으로 이동하여 당 신생경로를 통해 포도당을 생성한다.

64 코리(Cori) 회로를 통해 이동되는 물질은?

① alanine ② glutamine
③ lactate ④ pyruvate
⑤ valine

정답 59. ① 60. ② 61. ①
62. ⑤ 63. ② 64. ③

65 근육의 글리코겐이 혈당 유지에 기여하지 <u>못하는</u> 이유는?

① 근육은 glucokinase가 없기 때문이다.
② 근육은 phosphoglucomutase가 없기 때문이다.
③ 근육은 glucose 6–phosphatase가 없기 때문이다.
④ 근육은 glycogen phosphorylase가 없기 때문이다.
⑤ 근육 글리코겐은 glucose–6–phosphate로 전환되지 못하기 때문이다.

65 근육의 글리코겐은 glucose–1–phosphate로 분해되어 glucose–6–phosphate로 전환된다. 그러나 이 생성물은 근육에 glucose 6–phosphatase가 부재하기 때문에 glucose로 전환될 수 없어 혈당에 기여하지 못한다.

66 근육에서 생성된 암모니아를 간으로 이동하는 데 활용되는 cycle은?

① TCA cycle
② Urea cycle
③ Cori cycle
④ Glucose – alanine cycle
⑤ Krebs cycle

66 Glucose–alanine cycle을 통해 근육의 암모니아가 간으로 이동된다.

67 근육은 이 효소의 부재로 인해 글리코겐을 포도당으로 전환하지 못하므로 혈당을 증가시킬 수 없다. 해당 효소의 이름은?

① 핵소키나아제
② 글루코키나아제
③ 피루브산 탈수소효소
④ 글리코겐 가인산분해효소
⑤ 포도당 – 6 – 인산 가수분해효소

67 문제 65번 해설 참고

68 당질 공급이 충분하지 않을 때 당신생이 필수적으로 요구되는 조직은?

① 뇌
② 근육
③ 소장
④ 심장
⑤ 지방조직

68 뇌조직은 포도당을 에너지원으로 사용하므로 포도당 공급이 충분치 않을 때, 비탄수화물 전구체인 pyruvate, lactate, glycerol 등으로부터 간에서 당신생 경로에 의해 포도당이 생성되어 혈당으로 공급된다.

69 동물의 포도당신생합성 과정에서만 특이적으로 작용하는 효소는?

① enolase
② phosphoglyceromutase
③ glyceraldehyde – 3 – phosphate dehydrogenase
④ aldolase
⑤ fructose 1,6 – bisphosphatase

69 해당과정에서 비가역적인 phosphofructokinase–1 반응이 fructose 1,6–bisphosphatase 촉매작용에 의해 우회된다.

정답 65. ③ 66. ④ 67. ⑤ 68. ① 69. ⑤

70 인슐린이 혈당을 감소시키는 메커니즘으로 옳은 것은?

① 당의 신생합성 억제
② 글리코겐으로 합성 억제
③ 포도당 산화 억제
④ 세포 내로 포도당 침투 억제
⑤ 지방으로의 전환반응 억제

71 공복 시 체내 대사과정으로 옳은 것은?

① 혈중 포도당 농도 상승
② 근육의 글리코겐 분해 증가
③ 피루브산이 젖산으로 전환 증가
④ 글루카곤이 분비되어 간의 글리코겐 분해 촉진
⑤ 아미노산으로부터 전환되는 케톤체 생성 증가

71 공복 시 저혈당으로 글루카곤이 분비되면 글루카곤은 ATP로부터 c-AMP를 합성하는 효소를 활성화하고, c-AMP가 증가하면 글리코겐 가인산분해효소의 활성이 증가되어 글리코겐이 분해된다.

72 공복 시 저혈당으로 글루카곤이 분비되었을 때 활성화되는 효소는?

① 글루코키나아제
② 지단백질 리파아제
③ 포스포프룩토키나아제
④ 글리코겐 가인산분해효소
⑤ 아세틸 CoA 카복실화효소

72 문제 71번 해설 참고

73 글리코겐 분해 시 에피네프린의 2차 전령(second messenger)으로 작용하는 것은?

① ATP
② cAMP
③ FAD
④ NAD^{+}
⑤ 칼모듈린

73 문제 63번 해설 참고

74 포도당을 완전 산화하여 많은 ATP를 생성하는 세포 내 분획은?

① 미토콘드리아
② 소포체
③ 골지체
④ 리보솜
⑤ 리소좀

74 포도당은 세포질에서 해당과정에 의해 2분자의 ATP를 생성하며 산소가 존재할 때 미토콘드리아에서 피루브산 산화과정, TCA 회로와 전자전달계를 통해 총 30 또는 32ATP를 생성한다.

정답 70. ① 71. ④ 72. ④ 73. ② 74. ①

75 **호기성일 때, 피루브산의 해당과정 중 생성물은 무엇으로 전환되는가?**

① 젖산 ② 에탄올
③ 아세틸 CoA ④ 포도당
⑤ 지방산

76 **당신생합성(gluconeogenesis)이 주로 일어나는 장기는?**

① 신장 ② 간
③ 심장 ④ 지방세포
⑤ 근육

77 **말산-아스파르트산 셔틀이 작동하는 기관은 무엇인가?**

① 폐와 간 ② 심장과 간
③ 췌장과 간 ④ 골격근와 뇌
⑤ 정답 없음

78 **해당과정에서 포도당으로부터 제거된 전자는 세포질에서 어떤 물질로 전달되는가?**

① FAD ② NAD^+
③ acetyl-CoA ④ pyruvate
⑤ lactate

75 해당과정에서 생성되는 피루브산은 산소가 존재할 때 피루브산 탈수소효소 복합체에 의하여 아세틸 Co-A로 전환되고 이후 옥살로아세테이트와 결합하여 시트르산으로 전환되어 TCA 회로에 참여한다.

76 당신생합성은 혈당이 떨어져 글루카곤이 분비되었을 때 촉진되며 간에서 일어난다.

77 포도당이 해당과정 중에 생성되는 NADH가 세포질에서 미토콘드리아로 이동되는 셔틀은 말산-아스파르트산 셔틀과 글리세롤 인산 셔틀이 있다. 각 조직마다 이용하는 셔틀이 다르며 이에 따라 포도당이 생성하는 ATP의 분자수가 달라진다. 말산-아스파르트산 셔틀을 이용하는 간, 신장, 심장은 포도당으로부터 32ATP를 생성하며, 글리세롤 인산 셔틀을 이용하는 뇌와 골격계는 30ATP를 생성한다.

78 해당과정에서 NAD^+는 포도당으로부터 탈수소효소에 의해 제거된 전자를 결합하여 NADH로 전환되며 이는 추후 미토콘드리아로 이동하여 에너지를 생성한다.

정답 75. ③ 76. ② 77. ② 78. ②

4 지질 영양

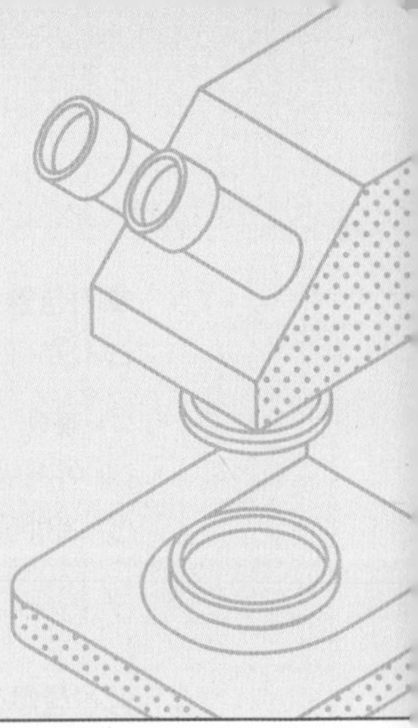

학습목표 지질의 소화흡수, 운반, 기능, 지질섭취기준, 급원, 지질섭취와 관련된 건강문제를 이해한다.

01 지질의 소화흡수에 대한 설명으로 옳은 것은?

① 담즙은 췌장의 리파아제 분비를 촉진시킨다.
② 콜레시스토키닌은 지방구에 유화작용을 한다.
③ 어른이 되면서 위장 리파아제의 역할이 커진다.
④ 지질분해보조효소는 리파아제의 기질에 대한 친화성을 감소시킨다.
⑤ 중성지방의 소화산물은 장세포 안에서 다시 중성지방으로 재합성된다.

01 위에서의 지질소화는 주로 유아기에서 많이 일어나나 성장하면서 점차 그 역할은 감소된다. 지질분해보조효소는 지질분해효소와 유화지방구의 접근을 쉽게 해준다.

02 위에서 지방의 소화가 활발하지 못한 이유는?

① 지방의 분자량이 너무 크기 때문이다.
② 지방을 가수분해하는 효소가 없기 때문이다.
③ 지방유화에 필요한 담즙 분비가 없기 때문이다.
④ 지방이 흡수되기 위한 준비과정이 일어나기 때문이다.
⑤ 지방이 단단하여 소화가 일어나기 어려운 형태이기 때문이다.

02 식이 내 지방은 대부분이 중성지방의 형태로서, 소화효소의 작용을 위해서는 먼저 **유화**되어야 하며, 이 과정에서 **담즙**이 필요하다. 따라서 위에서의 리파아제 작용은 췌장 리파아제에 비해 매우 적으며, 주로 짧은 사슬지방산과 중간 사슬지방산에 작용한다.

03 담즙에 대한 설명으로 옳은 것은?

① 담낭에서 합성된다.
② 세크레틴에 의해 분비가 촉진된다.
③ 탄수화물을 섭취할 때 많이 분비된다.
④ 사용된 담즙은 모두 대변으로 배설된다.
⑤ 담즙산염, 인지질, 콜레스테롤이 함유되어 있다.

03 간에서 합성되어 장으로 배출된 담즙의 대부분은 문맥으로 흡수되어 간으로 들어가고, 필요시 다시 담즙으로 재배출되는데 이를 장간순환이라 한다. 일부는 담즙산염으로 바뀌어 대변으로 배설되거나 중성 스테로이드로 배설된다. 담즙 분비는 콜레시스토키닌에 의해 촉진된다.

04 담즙의 기능과 대사에 관한 설명으로 옳은 것은?

① 담낭에서 생성, 저장된다.
② 가스트린에 의해 분비된다.
③ 콜레스테롤의 배설 경로이다.
④ 중성지방의 소화효소로 작용한다.
⑤ 장으로 분비되어 재사용되지 않는다.

정답 01. ⑤ 02. ③ 03. ⑤ 04. ③

05 소화관 호르몬과 그 작용의 연결이 바른 것은?

① 세크레틴 – 담즙 분비 촉진
② 가스트린 – 췌장액 분비 촉진
③ 세크레틴 – 위액 분비 촉진
④ 콜레시스토키닌 – 췌장액 분비 촉진
⑤ 콜레시스토키닌 – 담낭수축 억제

06 지방 소화 시 분비되어 담낭을 수축시키고 췌장 효소의 분비를 자극하는 호르몬은?

① 인슐린
② 가스트린
③ 글루카곤
④ 세크레틴
⑤ 콜레시스토키닌

07 지방의 소화흡수에 대한 설명으로 옳은 것은?

① 소장에서 혼합 미셀을 형성하여 흡수된다.
② 대부분의 소화는 위 리파아제에 의해 이루어진다.
③ 지방 소화산물의 대부분은 지방산과 글리세롤이다.
④ 초저밀도지단백을 형성하여 림프관으로 들어간다.
⑤ 지방산의 길이와 상관없이 지방산은 림프관을 통해 흡수된다.

08 중성지방의 소화효소에 의한 분해과정으로 옳은 것은?

① 담즙은 가장 강력한 소화효소이다.
② 주된 소화효소는 구강 리파아제이다.
③ 소장의 중간 부위에서 식이지방의 가수분해가 가장 잘 진행된다.
④ 에스테르 결합은 2번 탄소 위치부터 분해된 후 1번과 3번 탄소 위의 결합이 분해된다.
⑤ 글리세롤과 지방산으로 분해되는 것보다 모노글리세리드와 지방산으로 분해되는 비율이 높다.

09 지방분해산물의 흡수·이동에 관한 내용으로 옳은 것은?

① 단쇄지방산은 바로 림프관으로 흡수되어 들어간다.
② 중쇄지방산은 흡수세포 안에서 TG로 전환되어 림프관으로 간다.
③ 장쇄지방산은 TG로 전환되어 카일로미크론의 일부가 된다.
④ 장점막세포 안에서 단쇄지방산은 CoA 유도체로 활성화된다.
⑤ 림프관으로 흡수된 지방은 림프관을 순환하며 지질을 분배한다.

---

05 위에서는 가스트린이 분비되어 위액 분비를 촉진한다. 산성의 내용물이 십이지장에 도달하면 세크레틴이 분비되어 중탄산염이 풍부한 알칼리성의 췌장액 분비를 촉진한다. 한편 지방과 단백질 식품이 십이지장에 도달하면 콜레시스토키닌이 분비되어 췌장 효소의 분비를 촉진하며, 담낭수축을 통해 담즙 배출을 촉진한다.

06 문제 05번 해설 참고

07 지방의 소화산물은 대부분 모노아실글리세롤이며 지방산, 글리세롤, 그 외 디아실글리세롤이 있다. 소화된 지방산과 모노아실글리세롤이 소장세포의 물층을 통과하여 흡수되기 위해서는 **혼합 미셀**(지방산, 모노아실글리세롤, 담즙산염, 인산, 콜레스테롤 등)이 **형성**되어야 한다. 흡수 후 장세포 안에서 대부분이 **중성지방으로 재합성**되며, 카일로미크론을 형성하여 림프관을 통해 혈류로 이동한다. 소화된 짧은사슬지방산과 중간사슬지방산은 수용성으로 소장융모 내 모세혈관으로 직접 흡수된다.

08 담즙은 지방을 유화시키는 작용을 하지만 지방을 분해하지는 않는다. 중성지방으로 섭취된 지질은 25~45%만 글리세롤과 지방산으로 되고, 나머지는 **모노글리세리드까지 분해**된다.

09 단쇄, 중쇄지방산은 수용성이므로 담즙의 도움 없이 소장점막의 리파아제(lipase)에 의해 글리세롤과 유리지방산으로 쉽게 가수분해되어 문맥을 통해 간으로 간다. 장점막세포에서 장쇄지방산은 fatty acyl-S-CoA ligase에 의해 CoA 유도체로 활성화된다. 림프관으로 흡수된 지방은 흉관을 거쳐 혈관계로 들어간다.

정답 05. ④ 06. ⑤ 07. ① 08. ⑤ 09. ③

10 **소장에서 흡수된 후 림프관을 거치지 않고 바로 문맥을 통해 간으로 운반되는 영양소는?**

① 모노글리세리드 ② 베타카로틴
③ 콜레스테롤 ④ 칼시페롤
⑤ 짧은사슬지방산

11 **지방의 소화와 흡수에 대한 설명으로 옳은 것은?**

① 지방산과 모노아실글리세롤은 능동수송에 의해 흡수된다.
② 짧은사슬지방산은 림프관으로 들어간다.
③ 중성지질은 소장점막 내에서 고밀도지단백을 형성하여 혈류로 들어간다.
④ 췌장 리파아제는 트리글리세리드의 1번 에스테르 결합을 분해할 수 없다.
⑤ 가수분해된 지방분해산물은 혼합미셀 형태로 소장점막에서 흡수된다.

12 **소장에서 임파관으로 흡수되는 것은?**

① 과당, 인지질, 콜레스테롤
② 글리세롤, 지방산, 비타민 C
③ 중성지방, 인지질, 중쇄지방산
④ 인지질, 중쇄지방산, 비타민 A
⑤ 중성지방, 콜레스테롤, 비타민 E

13 **밀도가 가장 낮은 지단백과 가장 높은 지단백으로 옳게 짝지어진 것은?**

① LDL – HDL ② LDL – VLDL
③ VLDL – 카일로미크론 ④ 카일로미크론 – HDL
⑤ VLDL – HDL

14 **지방이 많은 식사를 하면 소장에서 합성이 증가되는 지단백질은?**

① 카일로마이크론(CM)
② 초저밀도지단백질(VLDL)
③ 중간밀도지단백질(IDL)
④ 저밀도지단백질(LDL)
⑤ 고밀도지단백질(HDL)

11 지방산과 모노아실글리세롤은 단순확산에 의해 흡수된다. 소장점막 내에서 재형성된 중성지질과 콜레스테롤 에스테르는 인지질과 아포단백과 결합한 후 **카일로미크론**을 형성하여 혈류로 들어간다.

13 **카일로미크론**(chylomicron)은 중성지질(triacylglycerol, TG)이 풍부하여 **밀도가 가장 낮다.** high density lipoprotein(HDL)은 TG 함량(6%)이 낮고 단백질 함량이 높아 **밀도가 가장 높다.**

14 카일로미크론은 소장점막세포에서 만들어지며 식사를 통해 섭취한 중성지방을 소화관에서 림프관, 흉관, 혈관을 거쳐 근육과 지방조직 등으로 운반한다.

정답 10. ⑤ 11. ⑤ 12. ⑤ 13. ④ 14. ①

15 지단백의 생성과 기능에 대한 설명으로 옳은 것은?

① VLDL에서 LDL이 생성된다.
② VLDL은 주로 소장에서 합성된다.
③ VLDL은 조직으로 콜레스테롤을 운반한다.
④ 카일로미크론은 공복상태에서 많이 발견된다.
⑤ HDL은 간에서 조직으로 콜레스테롤을 운반한다.

15 very low density lipoprtein(VLDL)로부터 중성지방이 제거되고 남은 지단백질은 콜레스테롤 에스테르 함량이 많아진 LDL이 되며, 카일로미크론은 식후에 식이지방으로부터 합성된다.

16 지단백의 특징으로 옳은 것은?

① VLDL은 밀도가 가장 낮은 지단백이다.
② 카일로미크론은 공복상태에서 가장 많이 존재한다.
③ 아포 B100은 VLDL과 LDL에 있는 아포단백질이다.
④ LDL은 콜레스테롤에스테르가 가장 적은 지단백질이다.
⑤ HDL-콜레스테롤은 건강에 좋지 않은 역할을 하는 콜레스테롤이다.

16 low density lipoprtein(LDL)-콜레스테롤은 콜레스테롤에스테르(CE)가 가장 많은 지단백이며 **카일로미크론은 식후에만 많다.**

17 지단백의 기능으로 옳은 것은?

① 카일로미크론 - 대부분의 식이 중성지방을 간조직으로 운반
② VLDL - 식이 중성지방을 주로 지방조직으로 운반
③ LDL - 식이 콜레스테롤을 간으로 운반
④ IDL - 혈액 내 LDL로부터 전환되어 생성
⑤ HDL - 여분의 콜레스테롤을 말초조직으로부터 간으로 운반

17 카일로미크론은 소장에서 흡수된 중성지방의 대부분을 근육이나 지방조직으로 운반하며, VLDL은 간에서 합성된 중성지방을 주로 지방조직으로 운반한다. LDL은 식사로 섭취하거나 간에서 합성된 콜레스테롤을 간과 말초조직으로 운반하며, 간에서 합성된 HDL은 말초조직에서 사용하고 남은 여분의 콜레스테롤을 LDL로 옮겨 간으로 운반하여 처리한다.

18 탄수화물이 포함된 식품을 과잉으로 섭취하면 간에서 합성이 증가되는 지단백질은?

① 카일로마이크론(CM)
② 초저밀도지단백질(VLDL)
③ 중간밀도지단백질(IDL)
④ 저밀도지단백질(LDL)
⑤ 고밀도지단백질(HDL)

18 간은 여분의 포도당으로부터 중성지방을 합성하고, 이렇게 합성된 내인성 중성지방은 콜레스테롤, 인지질 등과 함께 VLDL을 형성하여 혈액으로 방출된다.

19 콜레스테롤 함량이 가장 많은 지단백은?

① 카일로미크론 ② VLDL
③ LDL ④ HDL
⑤ 개인에 따라 다르다.

19 LDL은 콜레스테롤을 가장 많이 함유하고 있는 지단백이다.

정답 15. ① 16. ③ 17. ⑤ 18. ② 19. ③

20 아포 B가 없는 지단백은?

① 카일로미크론 ② VLDL
③ IDL ④ HDL
⑤ LDL

21 간에서 합성된 중성지방을 운송하는 지단백은?

① 카일로미크론 ② LDL
③ IDL ④ VLDL
⑤ HDL

22 간에서 합성되는 지단백으로 옳은 것은?

① 카일로미크론 – VLDL
② VLDL – HDL
③ HDL – LDL
④ LDL – HDL
⑤ HDL – 카일로미크론

23 다음 설명에 해당하는 영양소는?

- 성인 1일 필요량은 총 섭취에너지의 1~2%이다.
- 세포막의 구조적 완전성을 유지하는 데 필요하다.
- 아이코사노이드를 합성하여 국소호르몬으로 작용한다.
- 막의 트리엔과 테트라엔의 비율로 결핍 유무를 알 수 있다.

① 인지질 ② 토코페롤
③ 콜레스테롤 ④ 필수지방산
⑤ 오메가 – 3 지방산

24 중성지방에 대한 설명으로 옳은 것은?

① 물보다 비중이 높다.
② 식품과 체지방의 50%는 중성지방 형태이다.
③ 중성지방의 융점은 구성 지방산의 불포화도가 증가할수록 낮다.
④ 글리세롤 3분자에 지방산 1분자가 에스테르 결합한 트리글리세라이드이다.
⑤ 글리세롤 3개의 수산기 중 1번과 3번 위치에는 불포화지방산이, 2번 위치에는 포화지방산이 결합한다.

20 HDL–콜레스테롤은 아포 B가 없는 유일한 지단백이며, 콜레스테롤을 조직에서 간으로 운반하는 역할을 한다.

21 카일로미크론(chylomicron)은 식이지방을, VLDL은 간에서 합성된 중성지방을 운송한다. 식이지방은 95%가 중성지방이다.

22 간에서 잉여의 에너지원을 중성지방으로 합성하여 혈액으로 분비하는 형태가 VLDL이다. **HDL**은 **조직에서 간으로 콜레스테롤을 운반**하는 항동맥경화성 지단백으로서 주로 **간에서 합성**된다. 카일로미크론(chylomicron)은 소장에서 합성되고, LDL은 혈액의 VLDL로부터 전환되어 생성된다.

24 글리세롤 3개의 수산기 중 대개 1번과 3번 위치에는 포화지방산이, 2번 위치에는 불포화지방산이 결합한다.

정답 20. ④ 21. ④ 22. ② 23. ④ 24. ③

25 복합지질에 대한 설명으로 옳지 않은 것은?

① 스테로이드는 4개의 탄화수소 고리구조 핵을 갖는 불비누화성 지질들을 의미한다.
② 인지질은 글리세롤에 지방산 2개와 세 번째 수산기에 인산과 염기가 결합된 형태이다.
③ 콜레스테롤은 동물조직에서 널리 발견되며, 주로 생체 내 유리 형태로 존재한다.
④ 식물성 피토스테롤, 시토스테롤, 갑각류의 키토산은 혈중 콜레스테롤을 낮춘다.
⑤ 스핑고미엘린은 긴 사슬의 아미노알코올인 스핑고신에 지방산이 아미드 결합을 이루고, 인산과 염기가 결합한 유도체이다.

25 복합지질은 **인지질, 스핑고지질, 스테로이드**를 말한다.

26 지질의 산패에 대한 설명으로 옳은 것은?

① 이중결합의 수가 많을수록 산패되기 쉽다.
② 식용유에 수소를 첨가하면 산패가 증가된다.
③ 쇠기름은 식물성 기름보다 쉽게 산화 분해된다.
④ 산패되면 불쾌한 냄새를 내지만 인체에 미치는 영향은 유지된다.
⑤ 비타민 C는 지방의 산패를 억제하는 데 가장 효과적인 항산화제이다.

26 다중불포화지방산은 식물성 기름에 많고 산패물이 생성되면 질도 떨어져 인체에 해롭다. 다중불포화지방산의 이중결합에 수소를 첨가하여 부분적으로 포화지방산으로 만들면 어느 정도 산패를 줄일 수 있으나 혈중 콜레스테롤 수준을 올리고 트랜스지방을 생성시키므로 과량 섭취 시 인체에 해롭다. 신선한 식물성 기름에 포함되는 천연 항산화제는 **비타민 E**이다.

27 인지질의 구조와 기능에 대한 설명으로 옳은 것은?

① 스테롤을 함유하고 있다.
② 지방의 소화작용을 돕는다.
③ 지용성 비타민의 이용을 돕는다.
④ 유산소 운동 시 주요 에너지원이다.
⑤ 위장관 통과시간이 길어 포만감을 준다.

27 인지질은 구조적으로 소수성과 친수성기를 둘 다 가지므로 **미셀을 형성**하여 지방의 소화를 돕는 유화제 역할을 하고, 세포막의 구성성분으로 작용한다. 종류에는 레시틴, 세파린 등이 있으며 달걀노른자에는 레시틴이 많이 함유되어 있다.

28 인지질의 구성성분은?

① 글리세롤, 지방산, 인산기, 염기
② 글리세롤, 지방산, 단백질, 염기
③ 중성지방, 인산기, 염기, 콜레스테롤
④ 글리세롤, 지방산, 인산기, 스핑고신
⑤ 중성지방, 인산기, 단백질, 콜레스테롤

28 **인지질**은 중성지질과 유사한 구조를 갖고 있으나 **글리세롤**의 3번째 수산기(–OH)에 지방산 대신 **인산이 결합**되며 여기에 **염기가 연결**되어 있다. 글리세롤 대신에 스핑고신을 기본구조로 하여 지방산이 아미드 결합을 한 구조는 스핑고지질이다.

정답 25. ③ 26. ① 27. ② 28. ①

29 인지질은 세포막의 주성분이다. 세포막은 인지질의 이중층에 소량의 콜레스테롤과 단백질이 끼어 있는 구조이다.

30 식품 중의 **저장지방**인 중성지방은 에너지원으로, 인지질, 콜레스테롤 등은 세포막을 구성하는 **막지질**(membrane lipid)로 작용한다.

31 필수지방산에는 **리놀레산, α-리놀렌산, 아라키돈산**이 있다. 아라키돈산은 체내에서 리놀레산으로부터 합성되지만 불충분한 양이 만들어지는 데 비해, 체내 역할이 중요하므로 필수지방산으로 간주한다. 필수지방산은 세포막을 구성하는 레시틴의 2번 탄소에 에스테르 결합되어 있으면서 세포막에 적당한 유동성을 부여한다. 또한 태아와 영유아의 두뇌발달과 관련한 DHA 및 심장순환기계 질환 예방과 관련한 EPA의 역할이 강조되고 있다. 리놀레산과 아라키돈산은 n-6계열의 아이코사노이드의 전구체가 되고, α-리놀렌산은 n-3계열의 아이코사노이드의 전구체가 된다.

32 필수지방산에는 n-6계로 리놀레산, 아라키돈산, n-3계로 리놀렌산이 있고 결핍 유무는 세포막의 트리엔/테트라엔 비율로 측정할 수 있다.

정답 29. ① 30. ⑤ 31. ④ 32. ⑤

29 인지질의 구조와 기능에 대한 설명으로 옳은 것은?

① 양쪽 친매성
② 지방산 쪽은 친수성
③ 지단백의 내부층 구성
④ 인산과 염기 부분은 소수성
⑤ 세포막의 두 번째 주요 구성물질

30 지방과 지방산에 대한 설명으로 옳은 것은?

① 리놀레산은 EPA와 DHA의 전구체이다.
② 인지질과 중성지방은 세포막의 주요 구성성분이다.
③ 천연식품에 존재하는 지방산은 대부분 트랜스(trans)형이다.
④ 식품에 함유된 모든 지질은 인체 내에서 에너지원으로 이용된다.
⑤ 콜레스테롤은 스테로이드 호르몬, 담즙산, 비타민 D_3의 전구체이다.

31 필수지방산의 기능에 해당하지 <u>않는</u> 것은?

① 세포막의 구조적 완전성 유지
② 혈청 콜레스테롤 감소
③ 두뇌발달
④ 비타민 D_3의 전구체
⑤ 아이코사노이드 형성

32 필수지방산에 대한 설명으로 옳은 것은?

① 필수지방산 중 n-3계 지방산은 리놀렌산, 아라키돈산이다.
② n-9계 지방산은 체내에서 합성되지 않는다.
③ 리놀레산으로부터 DHA가 합성된다.
④ 성인은 아이보다 필수지방산 결핍증상이 생기기 쉽다.
⑤ 세포막의 트리엔/테트라엔 비율을 측정하면, 필수지방산의 결핍 유무를 알 수 있다.

33 필수지방산에 대한 설명으로 옳은 것은?

① n-3계 필수지방산에는 리놀렌산, 아라키돈산이 있다.
② n-9계 필수지방산은 체내에서 합성되지 않는다.
③ 영유아 두뇌발달과 혈청콜레스테롤 감소 기능이 있다.
④ 세포막의 아이코사트리엔/테트라엔 비율이 0.2 이하일 때 결핍 상태이다.
⑤ 성인에게 결핍증상이 나타나기 쉬우며, 세포막의 구조적 완전성을 유지하는 역할을 한다.

33 필수지방산은 신체를 정상적으로 성장·유지시키며 체내의 여러 생리적 과정을 정상적으로 수행하는 데 꼭 필요한 성분이지만, **체내에서 합성되지 않거나 합성되는 양이 부족**하므로 반드시 식사를 통해 섭취해야 한다. n-6계 지방산인 리놀레산, 아라키돈산, n-3계 지방산인 α-리놀렌산이 필수지방산으로 간주되고 있다. n-3계 DHA는 영유아 두뇌발달과 혈청콜레스테롤 감소 기능이 있다.

34 긴 사슬 지방산의 소화흡수대사에 관한 설명으로 옳은 것은?

① 장의 융모 막 모세혈관으로 흡수
② 간 문맥을 따라 간으로 이동
③ 지방산 산화 시 carnitine 필수
④ 탄소원자 수 8개 이상의 지방산
⑤ 지방산의 체내 합성이 모두 가능

34 탄소원자의 수가 12 이상인 긴사슬 지방산은 장의 흡수세포에서 중성지방으로 에스테르화되어 카일로미크론을 형성한 후, 융모 내 림프관을 거쳐 흉관으로 이동한다.

35 다음 밑줄 친 부분에 들어갈 단어로 옳은 것은?

> 식사로 섭취한 지질의 95%는 ㉠_____이며, 식이지방은 소화흡수된 후 ㉡______를(을) 만들고 지방세포와 근육세포의 모세혈관에 있는 ㉢_____에 의해 유리된 지방산이 세포 내로 들어가 대사에 이용된다.

① ㉠ : 중성지질, ㉡ : 인지질, ㉢ : 수용체
② ㉠ : 중성지질, ㉡ : 카일로미크론, ㉢ : 호르몬민감성 리파아제 (hormone sensitive lipase)
③ ㉠ : 인지질, ㉡ : 지단백, ㉢ : 인지질 분해효소
④ ㉠ : 중성지질, ㉡ : 카일로미크론, ㉢ : 지단백질 분해효소 (lipoprotein lipase)
⑤ ㉠ : 콜레스테롤에스테르, ㉡ : 지단백, ㉢ : 콜레스테롤에스테르 분해효소

35 식품 중에 함유되어 있는 지질은 대부분 **중성지질** 형태로, 소화관에서 소화흡수된 후 장점막세포에서 흡수된 지방산과 모노글리세리드가 **다시 중성지질로 합성**된 후 **카일로미크론을 형성**하여 **림프관**을 통해 혈류로 이동하고 지방세포와 근육세포 모세혈관의 내막세포에 부착된 **지단백질 분해효소**에 의해 중성지질이 분해되어 유리지방산이 세포 내로 들어가 이용된다.

36 DHA에 대한 설명으로 옳은 것은?

① n-6계 지방산이다.
② 혈관수축을 일으킨다.
③ 쇠기름에 다량 함유되어 있다.
④ 프로스타글란딘의 전구체이다.
⑤ 시각세포와 대뇌에 많이 포함되어 있다.

36 프로스타글란딘은 아이코사노이드의 일종인데 아이코사노이드는 탄소 수 20개인 지방산이 산화하여 생성되는 물질의 총칭이다. DHA는 이중결합 6개, 탄소 수가 22개인 **n-3계 지방산이며 어유**에 다량 함유되어 있다.

정답 33. ③ 34. ③ 35. ④ 36. ⑤

37 n－6계열의 아라키돈산은 고리산화효소(cyclooxygenase, COX)에 의해 2계열의 프로스타글란딘(PGs : PGI_2, TXA_2)을, 지질산소화효소(lipoxygenase, LOX)에 의해 4계열의 루코트리엔(LTs : leukotriene)을 생성한다.

38 n-3계 지방산의 생리기능으로는 **혈청 지질 감소, 혈소판 응집 감소, 혈압 저하, 염증 예방, 두뇌 성장 발달, 암 발생 억제** 등이 있다. 혈소판 응집은 혈전 생성을 초래한다.

39 EPA가 많이 함유된 생선을 다량 섭취하게 되면, 조직에 축적되어 EPA가 AA(아라키돈산)에 대해 경쟁을 하여 2계열의 PG와 TX의 생성을 억제하고, 3계열의 PGI_3, TXA_3의 합성을 증가시키므로, 전체적으로 혈액응고 억제 및 혈관 확장 효과가 있다.

40 아이코사노이드는 세포막 인지질의 탄소 수 20개인 지방산으로부터 합성되고, 작용부위와 가까운 조직에서 생성되어 국부적으로 작용하며 EPA를 섭취하면 3계열의 PGI_3, TXA_3가 합성된다. 고리산소화효소의 작용에 의해 프로스타글란딘, 트롬복산, 프로스타사이클린이 합성되고 류코트리엔은 지질산소화효소에 의해 합성된다.

정답 37. ① 38. ④ 39. ④ 40. ②

37 아라키돈산(C20:4)에서 유도된 지방물질은?

① PGI_2
② 아스피린
③ 코티솔
④ 혈소판
⑤ EPA

38 다음 생리기능을 하는 물질은?

- 혈청 지질 감소
- 혈소판 응집 감소
- 혈전 생성 억제
- 혈관 이완
- 두뇌 성장

① 인지질
② 필수지방산
③ 아이코사노이드
④ n－3계 지방산
⑤ 지단백

39 n-3계 지방산의 생리적 효과를 바르게 설명한 것은?

① 아이코사노이드 생성으로 혈관 수축 유도
② 혈청지질 증가, 콜레스테롤 감소, VLDL 형성
③ 혈액 응고시간 감소, 혈액 점도 증가, 혈소판 응집 증가
④ 혈관 확장, 혈액응고 억제
⑤ 염증반응 강화, 면역기능 억제로 관절염과 천식증상 악화

40 아이코사노이드에 대한 설명으로 옳은 것은?

① 세포 내에 저장된 중성지질을 분해하여 유리된 탄소 수 20개인 지방산으로부터 합성된다.
② 사람에서 발견되는 프로스타글란딘은 주로 아라키돈산으로부터 합성된다.
③ 생성된 후 체내에서 혈액에 의해 운반되어 표적세포에 가서 호르몬처럼 작용한다.
④ EPA를 섭취하면 4계열의 PGI와 TXA가 생성되고 혈소판 응집효과가 작은 TXA_4로 인해 심혈관질환 발생을 억제한다.
⑤ 고리산소화효소(cyclooxygenase)에 의해 프로스타글란딘, 트롬복산, 류코트리엔이 합성된다.

41 아이코사노이드에 대한 설명으로 옳은 것은?

① 지질산소화효소(lipoxygenase)에 의해 PGs, TXA 등이 생성된다.
② 고리산소화효소(cyclooxygenase)에 의해 PGI, 류코트리엔이 생성된다.
③ TXA_2는 혈관 수축과 혈소판 응고에 관여하고, PGI_2는 트롬복산과 길항작용을 한다.
④ 세포 내 중성지질을 분해하여 유리된 지방산으로부터 탄소 수 20개가 합성된다.
⑤ 리놀레산을 섭취하면 3계열의 PGI_3, TXA_3가 생성되고, 혈관 확장에 도움을 준다.

41 리놀레산이 아라키돈산으로 전환된 뒤 호르몬과 비슷한 물질을 만들어 생체기능을 조절하는 것이 밝혀졌는데 탄소 수 20개인 지방산들(C_{20} : 3 n−6, C_{20} : 5 n−3)이 산화되어 생긴 물질들을 총칭하며, 세포막의 인지질에 있는 필수지방산으로부터 합성된다.

42 중성지방의 체내 기능에 대한 설명으로 옳은 것은?

① 수분평형에 관여하다.
② 무기질의 흡수를 돕는다.
③ 비타민 E의 절약작용을 한다.
④ 소화효소의 주요 구성성분이다.
⑤ 피부로부터 열손실을 줄여 체온조절에 도움이 된다.

42 지방은 1 g당 9 kcal를 제공하는 고효율 에너지급원이며, 지용성 비타민의 흡수 촉진, 필수지방산의 공급, 음식의 맛과 향미 제공, 포만감 제공, 체온조절 및 장기 보호 등의 기능을 한다.

43 각종 지질의 기능이 바르게 짝지어진 것은?

① 인지질 – 성호르몬의 전구체
② 콜레스테롤 – 유화작용
③ 중성지질 – 수용성 비타민의 흡수 촉진
④ 콜레스테롤 – 농축 에너지 저장
⑤ 스핑고지질 – 뇌와 신경조직의 성분

43 콜레스테롤을 전구체로 하여 합성되는 호르몬은 성호르몬과 부신피질 호르몬이다.

44 중성지방의 특성과 관련된 기능의 연결이 옳은 것은?

① 물보다 높은 열전도율 → 체온 조절 기능
② 향미 성분을 녹이는 성질 → 식품의 맛 제공
③ 탄수화물보다 짧은 위장관 통과시간 → 포만감
④ 탄소에 비해 높은 산소 비율 → 농축된 에너지원
⑤ 글리코겐이나 근육단백질보다 높은 수화 → 효율적인 에너지 저장고

44 지방은 단백질이나 탄수화물과 달리 수분과 같이 저장되지 않으므로 **효율적 에너지 저장고**로 작용한다.

정답 41. ③ 42. ⑤ 43. ⑤ 44. ②

45 다음 기능을 하는 물질은?

• 세포막 구성	• 담즙산 생성
• 스테로이드 호르몬 합성	• 뇌와 신경세포에 다량 분포

① 인지질 ② 아민류
③ 콜레스테롤 ④ n-3계 지방산
⑤ 프로스타글란딘

46 스테로이드에 대한 설명으로 옳은 것은?

① 콜레스테롤은 신체 내에서 합성되지 않는다.
② 콜레스테롤은 동물과 식물조직에서 발견된다.
③ 스테로이드는 5개의 탄화수소 고리구조를 갖는다.
④ 식물성 콜레스테롤은 콜레스테롤 흡수를 감소시킨다.
⑤ 뇌와 신경조직은 다른 조직에 비해 콜레스테롤이 적다.

47 정상 성인의 바람직한 n-6/n-3 지방산의 섭취비율로 옳은 것은?

① 1 : 4~10 ② 1 : 10~15
③ 1 : 15~20 ④ 4~10 : 1
⑤ 10~15 : 1

48 성인의 경우, 고콜레스테롤혈증을 개선하는 식사지침으로 옳은 것은?

① 지질을 총에너지의 30% 이상으로 섭취한다.
② 콜레스테롤을 1일 400 mg 이하로 섭취한다.
③ 포화지방산 섭취를 증가시킨다.
④ 가용성 식이섬유 섭취를 증가시킨다.
⑤ n-3계 지방산 섭취를 감소시킨다.

49 바람직한 포화지방산 : 단일 불포화지방산 : 다가 불포화지방산의 섭취비율은?

① 1 : 1 : 2 ② 1 : 1 : 1
③ 1 : 1.5 : 1.5 ④ 1 : 2 : 1
⑤ 1.5 : 1 : 1

---

46 스테로이드는 4개의 탄화수소 고리구조를 갖는다. 식물성 근원의 스테롤로는 피토스테롤, 시토스테롤 등이 있는데 흡수율이 낮고 콜레스테롤 흡수도 감소시킨다.

47 n-6계와 n-3계 지방산의 적절한 균형은 체내기능과 연결되어 매우 중요한 것으로 알려지고 있으며, 한국인 영양소 섭취기준에서는 **4~10 : 1의 비율로** 권장한다. 자연식품에서 **n-6/n-3의 이상적인 비율은 4 : 1 이하**이다.

48 고콜레스테롤혈증을 개선하기 위한 식사지침
㉠ 지질 섭취량 감소(총 열량의 20% 이하, 정상 성인은 15~30%), ㉡ 식이콜레스테롤 섭취 조절(1일 300 mg 이하 섭취), ㉢ 포화지방산 섭취 감소(C12:0~C16:0은 혈중 LDL-콜레스테롤 증가, 스테아르산은 혈전 생성 증가), ㉣ n-3계 지방산(혈중콜레스테롤 감소효과 및 심장병 예방효과가 가장 크다)섭취 증가, ㉤ 식이섬유 섭취 증가(식이섬유는 소장에서 담즙산과 결합하여 담즙산의 재흡수를 억제하므로, 담즙산이 간에서 재이용되는 것이 감소하게 되고, 간에서는 콜레스테롤로부터 부족분의 담즙산을 합성하게 되므로 결국 혈중 콜레스테롤이 감소하게 된다. 특히 가용성 식이섬유는 단쇄지방산으로 되어, 간에서 콜레스테롤 합성을 저해하므로 혈중 콜레스테롤을 감소시킨다).

49 바람직한 P/M/S의 권장비율은 **1/1~1.5/1**이다.

정답 45. ③ 46. ④ 47. ④ 48. ④ 49. ②

50 **각종 지질 섭취의 권장량으로 옳은 것은?**

① 포화 : 단일 불포화 : 다가 불포화지방산 = 1 : 5 : 1
② 총 지질(에너지%) = 35%
③ n-3 : n-6 = 4~10 : 1
④ 콜레스테롤 < 400 mg/일
⑤ 포화지방산(에너지%) < 7%

51 **천연적으로 포화지방산을 많이 함유하고 있는 식물성 유지는?**

① 코코넛유 ② 라드
③ 대두유 ④ 올리브유
⑤ 마가린

52 **지방산과 대표적 함유식품의 연결이 옳은 것은?**

① 올레산 - 어유 ② 리놀레산 - 대두유
③ 팔미트산 - 들기름 ④ DHA - 쇠기름
⑤ EPA - 옥수수기름

53 **n-3계 지방산이 가장 많이 함유되어 있는 것은?**

① 홍화씨기름 ② 대두유
③ 들깨기름 ④ 코코넛기름
⑤ 땅콩기름

54 **단일 불포화지방산이 가장 많이 함유되어 있는 것은?**

① 올리브유 ② 어유
③ 참기름 ④ 팜유
⑤ 옥수수기름

55 **오메가-3계 EPA와 DHA의 전구체가 되는 필수지방산으로 들기름에 다량 함유되어 있는 성분은?**

① 올레산 ② 리놀레산
③ 팔미트산 ④ α - 리놀렌산
⑤ γ - 리놀렌산

50 포화 : 단일 불포화 : 다가 불포화지방산은 1 : 1~1.5 : 1, n-6 : n-3 = 4~10 : 1이 권장된다. 총지질은 에너지의 15~30%, 콜레스테롤은 < 300 mg/일이 권장된다.

51 포화지방산은 주로 동물성 식품 중에, 불포화지방산은 식물성 식품 중에 많이 함유되어 있다. 그러나 식물성 기름 중 코코넛유와 팜유에는 천연적으로 포화지방산 함량이 높다.

52 올레산은 올리브유, 팔미트산은 육류, EPA와 DHA는 어유가 주요 급원식품이다.

53 육지에서 생산되는 유지류 중 n-3계 지방산이 함유되어 있는 것으로는 **들깨기름**(총지방산 중 57%), **채종유**(9%), **콩기름**(8%), **참기름**(6%), **옥수수기름**(1%)이 있으며, **홍화씨, 땅콩, 올리브유에는 함유되어 있지 않다.**

54 단일 불포화지방산이 가장 많이 함유되어 있는 유지류는 올리브유이며, 그 다음이 채종유(67%), 땅콩기름(54%), 팜유(42%), 참기름(40%), 옥수수기름(37%) 순이다.

정답 50. ⑤ 51. ① 52. ② 53. ③ 54. ① 55. ④

56 심혈관계질환의 위험도를 높이는 혈중 지질수준은?

① 혈청 중성지방 수준이 낮음
② LDL－콜레스테롤의 입자가 큼
③ LDL－콜레스테롤 수준이 낮음
④ 총 콜레스테롤 수준에 대한 HDL－콜레스테롤 수준의 비율이 높음
⑤ HDL－콜레스테롤 수준에 대한 LDL－콜레스테롤 수준의 비율이 높음

57 심혈관계질환의 위험도 증가에 관한 설명으로 옳은 것은?

① 혈청 중성지방 수준이 낮고, 총 콜레스테롤 수준이 낮음
② LDL－콜레스테롤 입자가 크고, HDL－콜레스테롤 입자가 큼
③ LDL－콜레스테롤 수준이 낮고, HDL－콜레스테롤 수준이 높음
④ 총 콜레스테롤 수준에 대한 HDL－콜레스테롤 수준비율이 높음
⑤ HDL－콜레스테롤 수준에 대한 LDL－콜레스테롤 수준비율이 높음

58 혈중 콜레스테롤 농도를 낮추는 효과를 기대할 수 있는 유지는?

① 팜유 ② 버터
③ 쇼트닝 ④ 콩기름
⑤ 코코넛유

59 혈청 지단백의 농도검사 결과 중에서 가장 우려해야 할 경우는?

① LDL 110 mg/dL, HDL 60 mg/dL
② LDL 120 mg/dL, HDL 50 mg/dL
③ LDL 130 mg/dL, HDL 40 mg/dL
④ LDL 140 mg/dL, HDL 30 mg/dL
⑤ LDL 150 mg/dL, HDL 20 mg/dL

60 동맥경화를 촉진하는 인자가 아닌 것은?

① LDL의 산화
② LDL의 과다
③ HDL의 저하
④ LDL 수용체의 결여
⑤ 수용체 비의존성 경로로 처리되는 LDL의 감소

56 LDL은 간에서 다른 조직으로 콜레스테롤을 운반하는 역할을 하므로 LDL-콜레스테롤의 함량 증가 시 **관상동맥벽에 콜레스테롤이 쌓일 위험이 높으며**, LDL 입자가 작은 것이 손상된 혈관에 더 빨리 침착된다. HDL은 조직의 콜레스테롤을 간으로 운반하며, 간에서 콜레스테롤을 배설하게 되므로 **동맥경화에 대한 방어효과**를 지닌다. 따라서 혈청 총 콜레스테롤 농도보다 총 콜레스테롤에 대한 HDL-콜레스테롤의 농도비나 HDL-콜레스테롤에 대한 LDL-콜레스테롤의 농도비가 심혈관계질환의 발병을 예견할 수 있는 좋은 지표가 된다. 혈청 중성지질의 농도가 높아도 심혈관계질환의 발생빈도가 높다.

57 이상지질혈증 진단의 기준(2015년)은 총콜레스테롤이 200 mg/dL 이상, LDL-콜레스테롤이 130 mg/dL 이상, HDL-콜레스테롤이 40 mg/dL 미만, 중성지질이 150 mg/dL 이상으로 분류하였다.

58 콩기름은 불포화지방산 함량이 높은 반면, 식물성 유지인 팜유와 코코넛유는 포화지방산 비율이 높다.

59 LDL은 **130 mg/dL 이상**으로 증가할수록, HDL은 **40 mg/dL 이하**로 감소할수록 동맥경화와 그에 따른 합병증 위험이 크다.

60 LDL의 농도가 너무 높거나 산화 LDL이 많아지면 수용체 비의존성 경로에서 처리되는데 결과적으로 콜레스테롤이 과잉으로 축적되게 하여 동맥경화증의 플라그 성분이 된다. HDL은 항동맥경화성 지단백이다.

정답 56. ⑤ 57. ⑤ 58. ④ 59. ⑤ 60. ⑤

61 섭취량 증가가 암 발생률 감소와 관련있는 지질은?

① 총 지질 ② 식물성 지질
③ 포화지방산 ④ n-3계 지방산
⑤ n-6계 지방산

62 트랜스 지방산에 대한 설명으로 옳은 것은?

① 과량섭취 시 심혈관질환의 위험이 낮아진다.
② 지방산의 골격이 구부러진 구조로 되어 있다.
③ 자연계에 존재하는 불포화지방산은 모두 트랜스형이다.
④ 트랜스 지방산은 불포화지방산과 유사한 특성을 갖고 있다.
⑤ 마가린, 쇼트닝 및 이들 재료로 만들어진 식품에 함유되어 있다.

63 트랜스 지방산에 대한 설명으로 옳은 것은?

① 혈중 LDL－콜레스테롤 농도를 낮춘다.
② 동물성 지방에 수소를 첨가하는 과정에서 생성된다.
③ 마가린과 같은 경화유를 만드는 과정에서 생성된다.
④ 세포막에 있으면서 LDL－수용체의 기능을 촉진한다.
⑤ 세포막의 인지질에 트랜스 지방산이 포함되면 세포막이 유연해진다.

64 혼자 사는 남성인 L씨는 푸드코트에서 파는 튀김음식을 자주 먹는다. 이로 인해 L씨에게 초래될 수 있는 질환의 원인 물질로 가능한 것은?

① 팔미트산 ② 부티르산
③ 스테아르산 ④ 트랜스 지방산
⑤ 포화지방산

65 과잉섭취 시 비타민 E의 요구량이 증가하며, 일부 암 발생을 증가시킬 수 있는 지질과 함유식품의 연결로 옳은 것은?

① 올레인산－올리브유
② 인지질－콩기름
③ 콜레스테롤－라이드
④ 포화지방산－팜유
⑤ 다가 불포화지방산－콩기름

61 지질, 특히 동물성 지질 섭취가 증가할수록 암 발생 위험도가 증가한다. 포화지방산과 n-6계 지방산이 증가할수록 암 발생 위험이 증가하며, n-3계 지방산이 증가할수록 암 발생 억제효과가 있다.

62 자연계에 존재하는 식물성 지방산은 시스형으로 지방산의 골격이 구부러진 형태이나 기름을 오래 끓이면 트랜스형으로 변환되며, 포화지방산과 유사한 특성을 갖는다. 마가린, 쇼트닝이 대표적이며 과다섭취 시 심혈관계질환, 암 발생이 증가할 수 있다. 반추동물육과 유즙에는 자연적으로 존재하는 트랜스 지방산[예 : conjugated linoleic acid (CLA)]도 있다.

63 **트랜스 지방산**은 포화지방산과 유사한 성질을 가지며 과량 섭취 시 심장마비 등 심혈관계질환을 초래한다. **마가린, 쇼트닝** 및 이 유지로 만든 **튀김류**에 함유되어 있다.

64 세포막의 레시틴에 트랜스 지방산이 포함되면 시스 지방산이 포함된 경우보다 세포막이 단단해져 막의 수용체나 효소의 작용을 방해한다.

정답 61. ④ 62. ⑤ 63. ③ 64. ④ 65. ⑤

66 지방간을 초래하는 요인은?

① 금주
② 트랜스지방산 결핍
③ 비타민 B_6, 판토텐산 과다 섭취
④ 콜린, 메티오닌 결핍
⑤ 단백질의 과다 섭취

67 혈중 중성지방 농도를 높여 고지혈증을 유발하는 식사구성은?

① 과식, 고당질식
② 과식, 고지방식
③ 소식, 고단백질식
④ 소식, 고식이섬유식
⑤ 과식, 고식이섬유식

68 암 발생 억제효과를 지닌 지질은?

① 총 지질
② 식물성 지질
③ 포화지방산
④ n-3계 지방산
⑤ n-6계 지방산

69 α-리놀렌산으로부터 전환율이 낮아 '2020 한국인 영양소 섭취기준'에서 충분섭취량이 설정된 것은?

① 리놀레산+EPA
② EPA+DHA
③ 리놀레산+올레산
④ 아라키돈산+올레산
⑤ 아라키돈산+DHA

66 알코올로 인해 간조직에서 지방 합성이 유도되어 지방간이 되며 콜린, 메티오닌, 베테인 등 지방친화성 요소(lipotropic factor)의 부족 시 간에서의 지단백 합성이 저하되어 지방간이 나타난다. 그 외 필수지방산 결핍이나 비타민 B_6, 판토텐산의 결핍도 원인으로 작용한다.

67 하루 총 **섭취 에너지가 높고, 고당질식을 하는 경우**에 혈중 중성지방 농도가 올라간다.

68 다가 불포화지방산을 많이 섭취하면 혈청 콜레스테롤이 저하된다고 밝혀지면서, n-6계 지방산인 리놀레산이 많은 식용유를 섭취하고 있다. 그러나 이로 인해 혈전 형성이 증가되어 심혈관계질환이 증가될 수 있고, 유방암·대장암 등의 발생도 촉진될 수 있는 것으로 알려져 있다. 한편 n-3계 지방산 섭취가 n-6계 지방산에 대해 경쟁하므로 암 발생 억제효과가 있으나 지나치게 증가하면 n-6계 지방산이 독특한 기능을 수행하지 못하여 결핍증상이 악화되고 산화 스트레스도 증가해 항산화 관련 영양소가 감소된다. 따라서 **n-6계와 n-3계 지방산의 섭취가 적절하게 균형을 이루어야 한다.**

69 건강에 영향을 주는 오메가-3 지방산이 EPA와 DHA 형태이나 α-리놀레산에서 EPA와 DHA로의 전환율이 낮아 '2020 한국인 영양소 섭취기준'에서 충분섭취량을 설정하였다.

정답 66. ④ 67. ① 68. ④ 69. ②

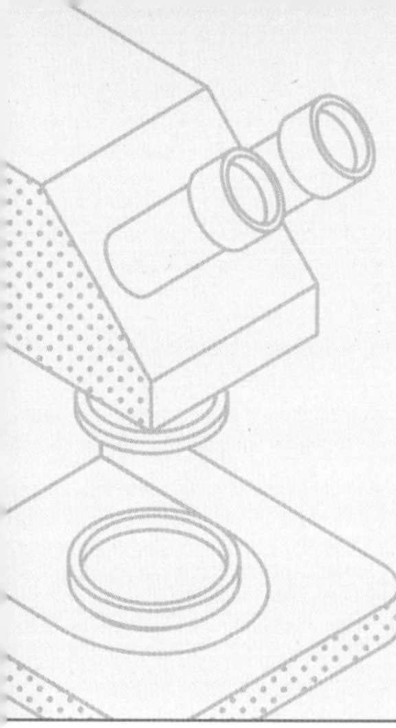

지질 대사 5

학습목표 지질 대사과정에서 중성지방 대사, 케톤체 대사, 콜레스테롤 대사 및 지질의 수송과 관련된 지단백의 역할을 이해한다.

01 지방이 당질에 비해 에너지 생성이 큰 이유는 지방의 어떤 특성 때문인가?

① 비중이 낮기 때문에
② 주로 탄소로 이루어졌기 때문에
③ 구조상 이중 결합이 있기 때문에
④ 말단에 카르복실기를 갖기 때문에
⑤ 산소 함량이 적어 연소율이 높기 때문에

02 팔미트산(16 : 0)이 모두 아세틸-CoA로 분해되려면 β-산화를 몇 번 반복해야 하는가?

① 6번 ② 7번
③ 8번 ④ 15번
⑤ 16번

03 지방산 합성에 필요한 인자로 바르게 묶인 것은?

① 아세틸-CoA, NADH ② 아세틸-CoA, 티아민
③ 아세틸-CoA, NADPH ④ HMG-CoA, FDA
⑤ HMG-CoA, NADPH

04 식사 직후의 대사에 대한 설명으로 옳은 것은?

① 포도당을 지질로 전환하는 경로가 억제된다.
② 오탄당 인산경로 효소들의 활성도가 증가한다.
③ 지방조직에서 중성지방을 분해하는 지질 분해효소의 활성이 증가한다.
④ 세포 밖의 지단백질을 분해시키는 지단백 분해효소의 활성이 감소한다.
⑤ 근육이나 지방조직으로 지질의 유입 및 에너지원으로 이용이 감소한다.

02 팔미트산(16 : 0)은 모두 8분자의 아세틸-CoA가 생성되고, 이를 위해 7번의 **β-산화**가 일어난다.

03 지방산 합성의 전구체는 아세틸-CoA이고 합성에 필요한 환원력은 NADPH로부터 오며 효소는 지방산 합성효소이다. 지방산 합성의 속도조절효소인 아세틸-CoA 카르복시화효소의 작용에는 비오틴이 필요하다. 티아민은 탈탄산작용에 필요한 조효소이다.

04 식사 직후의 지질대사는 **지질합성이 증가하는 쪽**으로 진행된다. 따라서 NADPH를 공급하는 오탄당 인산경로 효소의 활성도가 증가되며, 세포 밖의 지단백질을 분해시키는 지단백 분해효소의 활성이 촉진되어, 다량의 식사성 중성지방을 포함한 카일로미크론이나 간에서 합성된 중성지방을 포함한 VLDL을 분해해 그 안에 함유되어 있는 중성지방을 방출하여 근육이나 지방조직에서 **에너지원으로 이용되거나 저장**된다.

정답 01. ⑤ 02. ② 03. ③ 04. ②

05 식사 직후의 지질 대사에 관한 설명으로 옳은 것은?

① 지방조직의 중성지방 분해 촉진
② VLDL을 분해하여 근육에서 에너지원으로 이용
③ 세포 내 TG를 분해하여 지방산의 산화 촉진
④ NADPH를 공급하는 대사경로의 효소 활성도 증가
⑤ 지단백질을 분해시키는 지단백분해효소의 활성 감소

06 공복 시 증가하는 것은?

① 지단백분해효소(LPL)의 활성
② 지방조직의 중성지방 분해 감소
③ hormone sensitive lipase(HSL) 활성
④ 간에서의 VLDL 합성
⑤ 혈중 카일로미크론 함량

07 체내에서 아라키돈산이나 DHA의 합성경로로 옳은 것은?

① 올레산 → γ-리놀렌산 → 아라키돈산
② 리놀레산 → γ-리놀렌산 → 도코사헥사에노산(DHA)
③ 리놀레산 → 아이코사펜타에노산(EPA) → 아라키돈산
④ α-리놀렌산 → 아이코사펜타에노산(EPA) → 도코사헥사에노산(DHA)
⑤ α-리놀렌산 → 디호모-γ-리놀렌산 → 아라키돈산

08 밀도가 가장 낮은 지단백과 가장 높은 지단백으로 바르게 짝지어진 것은?

① LDL – HDL
② LDL – VLDL
③ VLDL – 카일로미크론
④ 카일로미크론 – HDL
⑤ VLDL – HDL

09 지단백의 특성에 대한 설명으로 옳은 것은?

① LDL에서 VLDL이 생성된다.
② VLDL은 주로 간에서 합성된다.
③ VLDL은 콜레스테롤을 운반한다.
④ 카일로미크론은 VLDL 다음으로 밀도가 낮다.
⑤ HDL은 간에서 조직으로 콜레스테롤을 운반한다.

---

05 지질이 풍부한 식사를 한 후에는 인지질과 특수 단백질로 둘러싼 지단백질의 일종인 카일로미크론이 생성되어 식이지질의 운반을 담당하는데 흉관에서 쇄골하정맥으로 이동하여 혈류로 간다. 식후 1~2시간이 지나면 중성지방이 혈액으로부터 제거되므로 정상으로 돌아온다.

06 LPL은 카일로미크론과 VLDL의 TG를 혈액을 통해 지방세포로 이동시키는 효소이고 **HSL는 공복 시 지방세포 내의 저장 TG를 분해하는 효소** 중 하나이다.

07 체내에서 지방산의 이중결합이 새로 증가될 때는 n-9, n-6, n-3 등 지방산 계열 간에 상호 전환이 되지 않는다. n-3계열의 α-리놀렌산(C18:3)은 EPA(C20:5)를 거쳐 DHA(C22:6)을 생성하며, n-6계열의 리놀레산(C18:2)은 γ-리놀렌산(C18:3), 디호모-γ-리놀렌산(C20:3)을 거쳐 아라키돈산(C20:4)으로 된다.

08 카일로미크론(chylomicron)은 중성지질이 풍부하여 밀도가 가장 낮다. HDL은 TG 함량(6%)이 낮고 단백질 함량이 높아 밀도가 가장 높다.

09 VLDL로부터 중성지방이 제거되고 남은 지단백질은 콜레스테롤 에스테르 함량이 많아진 LDL이 되며, 카일로미크론은 식후에 식이지방으로부터 합성된다.

정답 05. ④ 06. ③ 07. ④ 08. ④ 09. ②

10 지단백의 특징으로 옳은 것은?

① HDL은 아포 E를 함유하지 않는 지단백이다.
② VLDL은 밀도가 가장 낮은 지단백이다.
③ LDL은 콜레스테롤에스테르가 가장 많은 지단백질이다.
④ 카일로미크론은 공복상태에서 혈중에 가장 많이 존재한다.
⑤ 아포 B_{100}은 LDL과 HDL에 있는 아포단백질이다.

10 LDL은 콜레스테롤에스테르(CE)가 가장 많은 지단백이며 카일로미크론은 식후에만 많다.

11 콜레스테롤의 비율이 가장 높은 지단백질은?

① 카일로미크론
② 초저밀도지단백질(VLDL)
③ 중간밀도지단백질(IDL)
④ 저밀도지단백질(LDL)
⑤ 고밀도지단백질(HDL)

11 문제 10번 해설 참고

12 지단백의 주요 기능으로 옳은 것은?

① 카일로미크론 – 대부분의 콜레스테롤을 말초조직으로 운반한다.
② VLDL – 간에서 합성된 중성지방을 주로 지방조직으로 운반한다.
③ LDL – 여분의 콜레스테롤을 말초조직으로부터 간으로 운반한다.
④ HDL – 콜레스테롤을 간과 말초조직으로 운반한다.
⑤ VLDL – 대부분의 식이 중성지방을 간으로 운반한다.

12 카일로미크론은 소장에서 흡수된 중성지방의 대부분을 근육이나 지방조직으로 운반하며, VLDL은 간에서 합성된 중성지방을 주로 지방조직으로 운반한다. LDL은 식사로 섭취하거나 간에서 합성된 콜레스테롤을 간과 말초조직으로 운반하며, 간에서 합성된 HDL은 말초조직에서 사용하고 남은 여분의 콜레스테롤을 LDL로 옮겨 간으로 운반하여 처리한다.

13 식사로부터 섭취한 중성지방, 콜레스테롤 및 지용성 비타민을 소장으로부터 간이나 조직으로 운반하는 지단백질은?

① 카일로미크론
② 초저밀도지단백질(VLDL)
③ 중간밀도지단백질(IDL)
④ 저밀도지단백질(LDL)
⑤ 고밀도지단백질(HDL)

13 지용성 비타민과 콜레스테롤에스테르는 카일로마이크론에 함유되어 운반된다.

14 지단백질분해효소(LPL)에 관한 설명으로 옳은 것은?

① 지방조직에 중성지방 저장
② 글리코겐의 분해 촉진
③ 간에서 지방산이 케톤체 형성
④ 간에서 지방산을 에너지원으로 사용
⑤ VLDL의 지방산을 에너지원으로 사용

14 식사 직후의 지질은 지질합성이 증가하는 쪽으로 진행되어 여분의 포도당을 지질로 저장하는 경로가 촉진된다. 세포 밖의 지질을 분해시키는 **LPL 활성이 촉진**되어 식사로 공급받거나 간에서 합성된 **중성지방을 분해해 조직으로 흡수한 후 에너지로 사용**하며, 주로 나중에 사용하기 위해 중성지방으로 저장된다.

정답 10. ③ 11. ④ 12. ②
13. ① 14. ①

15 **카일로미크론의 중성지방을 유리지방산으로 분해하여 지방산이 세포로 유입될 수 있도록 하는 효소는?**

① 구강 리파아제(lingual lipase)
② 프로코리파아제(procolipase)
③ 포스포리파아제(phospholipase)
④ 지단백질 리파아제(lipoprotein lipase)
⑤ 호르몬민감성 리파아제(hormone sensitive lipase)

16 **콜레스테롤 대사에 대한 설명으로 옳은 것은?**

① 주로 인체의 간과 소장에서 합성된다.
② 식이 섭취량과 관계없이 일정량의 콜레스테롤이 체내에서 합성된다.
③ 콜레스테롤 합성은 인슐린에 의해 저해되고 글루카곤에 의해 촉진된다.
④ 식이 중의 콜레스테롤을 제한하여 혈액 콜레스테롤을 완전하게 감소시킬 수 있다.
⑤ 사용되고 남은 콜레스테롤은 배설되기 위해 LDL을 통해 간으로 돌아간다.

16 콜레스테롤은 주로 간과 소장에서 합성되며, 음식으로부터 흡수된 콜레스테롤 양에 따라 간에서의 합성이 조절된다. 체내에서 약 500 mg이 합성되고 나머지는 음식으로부터 공급받으므로, 식이 콜레스테롤을 제한해도 혈액의 콜레스테롤 양을 완전하게 감소시킬 수는 없다. 인슐린이나 갑상선 호르몬은 콜레스테롤 합성을 증진시키고 글루카곤이나 글루코코르티코이드는 합성을 저지시킨다. 사용되고 남은 콜레스테롤은 간으로 돌아가 담즙을 형성하여 배설된다.

17 **콜레스테롤 합성에 대한 설명으로 옳은 것은?**

① 아세틸-CoA를 전구체로 하여 합성된다.
② 간에서 25%, 소장에서 50%가 합성된다.
③ 지방 섭취량이 증가하면 콜레스테롤의 체내 합성이 감소한다.
④ 7α-hydroxylase가 촉매하는 반응이 합성 경로의 속도조절단계이다.
⑤ 식이 콜레스테롤 섭취량이 증가하면 HMG-CoA 환원효소의 활성이 증가한다.

17 콜레스테롤의 섭취량이 증가하면 속도조절단계인 HMG-CoA **환원효소**의 활성이 감소하여 콜레스테롤의 합성이 감소한다. 7α-hydroxylase는 콜레스테롤에서 담즙 합성 경로의 속도제한 효소이다.

18 **다음 물질의 전구체는?**

• 담즙산	• 비타민 D_3
• 알도스테론	• 에스트로겐

① 인지질
② 단백질
③ 필수지방산
④ 콜레스테롤
⑤ 프로스타글란딘

18 콜레스테롤은 스테로이드호르몬인 에스트로겐, 프로게스테론, 테스토스테론 등의 성호르몬과 코르티솔(glucocorticoid), 알도스테론(mineralocorticoid) 등 부신피질호르몬, 비타민 D_3의 전구체인 7-디히드로콜레스테롤 및 지질의 소화와 흡수과정에 중요한 담즙을 생성한다.

정답 15. ④ 16. ① 17. ① 18. ④

19 **콜레스테롤로부터 합성되는 스테로이드계 호르몬은?**

① 프로게스테론 ② 인슐린
③ 글루카곤 ④ 티록신
⑤ 성장호르몬

19 성호르몬에는 에스트로겐, 테스토스테론, 안드로겐이 있고 부신피질호르몬에는 알도스테론(mineralocorticoid), 코르티솔(glucocorticoid) 등이 있다.

20 **콜레스테롤에 대한 설명으로 옳은 것은?**

① 식물성 식품에 함유되어 있다.
② 1일 300 mg 이상 섭취해야 한다.
③ 체내에서 합성량은 조절이 안 된다.
④ 포화지방산 섭취 시 혈중 수치가 감소한다.
⑤ 담즙의 분비는 콜레스테롤의 배설 경로이다.

20 콜레스테롤은 체내에서 합성되며, 콜레스테롤의 합성속도는 HMG-CoA 환원효소에 의해 조절된다. 식이 콜레스테롤의 섭취가 증가하면 콜레스테롤의 합성이 감소하고, 과식과 포화지방의 섭취는 콜레스테롤의 합성을 촉진한다.

21 **시토졸에서 미토콘드리아로 지방산의 이동에 필요한 물질은?**

① ATP, coenzyme A, 헥소키나제
② ATP, coenzyme A, 카르니틴
③ 헥소키나제, coenzyme A, 카르니틴
④ coenzyme A, 카르니틴, 피루브산디히드로나제
⑤ ATP, 카르니틴, 피루브산디히드로나제

21 지방산의 산화는 미토콘드리아에서 일어난다. 지방산은 아실화된 후, 미토콘드리아 내막이 아실-CoA 분자에 대해 비투과성이기 때문에 카르니틴이라는 운반체를 사용한다.

22 **총 지방섭취량은 충분하지만 어떤 지방산을 함유하지 않은 식사를 상당 기간 하면, 결핍증이 나타날 수 있다. 다음 중 이에 해당되는 지방산은?**

① 올레산(oleic acid)
② 팔미트산(palmitic acid)
③ 아이코사트리에노산(eicosa-5,8,11-trienoic acid)
④ 리놀렌산(linolenic acid)
⑤ 스테아르산(stearic acid)

22 **리놀레산과 리놀렌산이 필수지방산**이며, 아라키돈산은 식사에 리놀레산이 부족할 경우에 필수이다.

23 **다음 효소들이 관여하는 반응은?**

- thiolase
- acyl-CoA dehydrogenase
- enoyl-CoA hydratase
- β-Hydroxyacyl-CoA dehydrogenase

① 콜레스테롤 합성 ② 지방산의 β-산화
③ 해당작용 ④ 글리코겐 분해
⑤ 단백질 분해

23 지방산의 **β-산화**는 FAD에 의한 탈수소화(산화), 수화, NAD에 의한 산화, CoA에 의한 thiol 분해의 연속된 반응이다.

정답 19. ① 20. ⑤ 21. ② 22. ④ 23. ②

24 케톤체에 해당하는 것은?

① 아세트산
② 시트르산
③ 옥살로아세트산
④ 아세토아세트산
⑤ 프로피온산

25 케톤체에 대한 설명 중 옳은 것은?

① 탄수화물 과다 섭취 시 지방의 산화로 생긴다.
② 혈액을 산성으로 만들어 산독증을 일으킨다.
③ 2형 당뇨병 환자는 케톤증으로 인한 합병증이 발생한다.
④ 정상상태에서 뇌와 심장이 케톤체를 에너지원으로 사용한다.
⑤ 기아상태에서 체지방의 손실을 줄이는 효과가 있다.

26 케톤증이 발생할 수 있는 경우는?

① 인슐린 분비량이 과다할 때
② 식전의 운동으로 저혈당증일 때
③ 당질의 단백질 절약작용이 과잉일 때
④ 하루 30 g 미만의 저지방 식사를 할 때
⑤ 기아로 인해 체지방을 주된 에너지원으로 이용할 때

27 공복 시 지질 대사에 관한 설명으로 옳은 것은?

① 간에서 VLDL의 합성 증가
② 포도당을 지질로 전환하는 경로 촉진
③ 지단백질분해효소(LPL, lipiprotein lipase)의 활성 증가
④ 지방조직에서 중성지방을 분해하는 지질분해효소의 활성 감소
⑤ 호르몬 민감성 지질분해효소(HSL, hormone sensitive lipase)의 활성 증가

28 호르몬 민감성 지질분해효소(HSL)에 관한 설명으로 옳은 것은?

① 식사 직후 증가
② 식사로 공급받은 TG 분해
③ 여분의 포도당을 지질로 저장
④ 펜토오스 인산경로 효소 활성화
⑤ 지방산을 방출시켜 에너지원으로 사용

24 지방이 분해되어 다량 생성된 아세틸-CoA는 포도당으로부터 생성되는 옥살로아세트산이 없으면 TCA 회로에 들어갈 수 없어 간에서 아세토아세트산, β-히드록시부티르산, 아세톤 등의 케톤체를 생성해 혈액과 조직에 축적된다.

25 케톤체는 기아상태에서 글루카곤, 에피네프린 호르몬 자극에 의해 생성되므로 인슐린 의존성 당뇨병 환자가 인슐린 공급을 제때 받지 못하면 세포 내 포도당 부족으로 인해 케톤체 생성이 과다하게 되고 그로 인한 합병증이 발생한다.

26 TCA 회로가 원활하게 진행되기 위해서는 옥살로아세테이트가 필요한데 이것은 포도당으로부터 공급된다. 따라서 하루 50 g 미만으로 탄수화물 섭취가 부족하거나 인슐린 의존형 당뇨병과 같이 인슐린 분비량이 부족할 때, 또는 오랜 기아에서와 같이 체지방을 주된 에너지원으로 이용할 때에는 과다하게 생성된 아세틸-CoA에 비해 옥살로아세테이트는 부족하므로 아세틸-CoA는 TCA 회로로 들어가 이용되지 못하고 케톤체를 생성하여 케톤증을 유발한다.

27 공복 시에는 포도당의 저장형태인 글리코겐이 분해되고, 간의 지질은 에너지원으로 사용되고, VLDL 등에서 방출되는 지방산도 에너지원으로 사용되며, 지방조직은 지방산을 방출시킨다. HSL 활성이 증가되고 LPL 활성은 감소된다. 방출된 지방산은 알부민의 도움으로 혈액 내에서 이동하며, 조직의 막을 통과하고 그곳에서 산화해 에너지원이 된다. 공복이 지속되면 지방산은 간에서 케톤체를 형성하여 근육이나 대부분 조직의 에너지원으로 쓰이기도 한다.

28 지방조직 내의 TG를 분해시키는 HSL은 LPL 활성과 반대로 작용하며, 공복 시에 지방조직의 지방산을 방출시켜 에너지로 사용될 수 있게 한다.

정답 24. ④ 25. ② 26. ⑤
27. ⑤ 28. ⑤

29 **케톤증이 발생할 수 있는 경우로 옳은 것은?**

① 저지방식 ② 저탄수화물식
③ 고단백식 ④ 저에너지식
⑤ 고섬유식

30 **혈중 케톤체의 농도가 증가하는 상황으로 옳은 것은?**

① 케토산이 과잉 산화될 때
② 체지방이 과다 분해될 때
③ 단백질 섭취가 부족할 때
④ 인슐린을 과다 투여했을 때
⑤ 탄수화물을 과잉 섭취할 때

31 **다음 중 케톤체 형성을 가장 촉진시키는 식단은?**

① 스파게티와 미트볼
② 사과와 오렌지
③ 식빵과 아이스크림
④ 베이컨과 달걀
⑤ 도넛과 커피

32 **공복 시 일어나는 각 장기별 영양소 대사에 대한 설명이 옳은 것은?**

① 간에서 글리코겐이 분해되어 혈당을 공급한다.
② 지방세포에서 지단백질가수분해효소의 활성이 증가한다.
③ 근육단백질이 분해되어 케톤체를 만들고 에너지로 쓰인다.
④ 뇌에서 글루코스를 에너지원으로 사용하기 위해 당신생작용을 한다.
⑤ 췌장에서 인슐린을 분비하여 포도당합성과 공급을 원활하게 한다.

33 **지방의 대사에 대한 설명으로 옳은 것은?**

① 지방산의 합성에는 리보플라빈이 필요하다.
② 지방산의 합성은 말로닐-CoA로부터 시작된다.
③ 지방산이 베타-산화되기 위해 CoA-SH가 필요하다.
④ 지방산 산화와 합성은 미토콘드리아에서 일어난다.
⑤ 탄소 수가 동일한 경우 불포화지방산이 포화지방산보다 분해 시 생성되는 ATP 수가 많다.

29 저탄수화물 식이, 심한 당뇨, 기아 등으로 지방 분해에 의해 에너지 공급이 주로 일어날 때 케톤체가 과잉으로 생성되는데 이것이 처리되지 못하면 케톤증이 된다.

30 문제 29번 해설 참고

32 간에서 글리코겐이 분해되고, 지방산에서 케톤체를 생성하며, 당신생작용으로 혈당을 높인다. 지방세포는 호르몬 민감성 지질가수분해효소(Hormone Sensitive Lipase)의 증가로 TG 생성이 억제되고 지방산 분해를 촉진한다. 부신에서 에피네프린, 췌장에서 글루카곤의 증가로 중성지방 분해를 촉진하는 신호를 보낸다. 당신생작용은 간, 신장에서 일어나며 뇌에서는 공복 시 케톤체 대사에 의한 에너지를 사용한다.

33 불포화지방산은 이중결합의 존재로 아실-CoA 탈수소효소 과정이 생략되므로 ATP가 적게 만들어진다. 지방산 생합성의 첫 단계가 acetyl-CoA carboxylase에 의하여 acetyl-CoA로부터 malonyl-CoA의 형성이고, 이때 biotin이 필요하다.

정답 29. ② 30. ② 31. ④ 32. ① 33. ③

34 지방산의 산화에 관여하는 조효소의 전구체는?

① 비타민 A ② 니아신
③ 티아민 ④ 비타민 B_6
⑤ 피리독살인산

34 **니아신**은 NAD^+의 전구체이다. **피리독살인산**은 아미노전이효소의 조효소로 비타민 B_6의 활성형이다.

35 인체 내에서 스테아르산(stearic acid)이 산화되어 에너지를 생성할 때 일어나는 과정으로 옳은 것은?

① 스테아르산은 카르니틴에 의해 미토콘드리아 내막을 통과한다.
② β-산화 과정 동안 아실-CoA 탈수소효소(acyl-CoA dehydrogenase)와 β-하이드록시아실-CoA 탈수소효소(β-hydroxyacyl-CoA dehydrogenase)에 의해 2번 산화된다.
③ 9회의 β-산화가 필요하다.
④ β-산화에 필요한 비타민은 비오틴이다.
⑤ β-산화로 생성되는 총 에너지는 122ATP이다.

35 활성화된 스테아릴-CoA의 형태로 카르니틴(carnitine)에 의해 미토콘드리아 내막을 통과한다. 활성화된 스테아릴-CoA는 8회의 β-산화 과정을 거친다. β-산화로 생성되는 총 에너지는 122ATP이며 활성화되는 과정에서 2ATP를 사용하여 총 120ATP가 생성된다. 지방산의 β-산화에는 조효소인 FAD, NAD, CoA 등이 관여한다.

36 지방산 생합성에 대한 설명으로 옳은 것은?

① 간의 미토콘드리아에서 이루어짐
② 환원제로 NADH 사용
③ 홀수 지방산 형태로 합성
④ ACP(acyl carrier protein)이 관여
⑤ 리보플라빈이 조효소로 필수

36 탄수화물이나 단백질로부터의 잉여에너지는 간에서 *de novo* fatty acid synthesis를 통해 짝수 지방산으로 합성된다. 비타민 B_2는 지방산 산화에 관여하는 조효소 FAD의 전구체이다.

37 지방산 생합성의 시작 물질은?

① 아세틸-CoA ② 숙시닐-CoA
③ 부티닐-CoA ④ 프로피오닐-CoA
⑤ 아세토아세틸-CoA

37 지방산 생합성의 주요 시작 물질은 아세틸-CoA이다. 지방산 합성을 위한 아세틸-CoA는 탄수화물, 알코올, 케톤원성 아미노산 등으로부터 공급된다.

38 지방산 생합성에서 한 번 순환할 때마다 탄소를 2개씩 제공하는 물질은?

① acetyl-CoA ② caproyl-CoA
③ malonyl-CoA ④ propionyl-CoA
⑤ succinyl-CoA

38 지방산 합성에서 malonyl-CoA는 한 번 순환할 때마다 탄소를 2개씩 제공한다.

정답 34. ② 35. ② 36. ④ 37. ① 38. ③

39 지방산 생합성에서 acetyl-CoA를 미토콘드리아에서 세포질로 이동시키는 물질은?

① citrate ② fumarate
③ malate ④ oxaloacetate
⑤ pyruvate

39 미토콘드리아에서 acetyl-CoA는 oxaloacetate와 축합하여 citrate를 생성하고 이것이 세포질로 나와 다시 acetyl-CoA와 oxaloacetate로 분해된다.

40 다음의 반응이 일어나는 세포 내 소기관은 어디인가?

HMG-CoA + 2NADPH → mevalonate + $2NADP^+$ + Ac-CoA

① 골지체 ② 미토콘드리아 기질
③ 세포질 ④ 세포막
⑤ 활면 소포체

40 콜레스테롤은 주로 간의 acetyl-CoA에서 HMG-CoA 형성 및 squalene으로의 전환을 거쳐 합성된다.

41 malonyl-CoA에 의해 저해되는 지방대사 관련 효소는?

① acetyl-CoA carboxylase
② acyl dehydrogenase
③ carnitine acyl transferase I
④ HMG-CoA reductase
⑤ palmitoyl acyl transferase II

41 지방산 합성의 중간대사 물질인 malonyl-CoA는 지방산 산화를 위해 미토콘드리아 내막 통과에 필수적인 carnitine acyl transferase I을 저해한다.

42 간에서 생합성된 지방을 수송하는 주요 지단백은?

① chylomicron ② VLDL
③ IDL ④ LDL
⑤ HDL

42 탄수화물이나 단백질로부터의 잉여 에너지는 간에서 *de novo* fatty acid synthesis를 통해 짝수 지방산으로 합성되고 중성지방으로 된 후 VLDL에 의해 지방조직으로 수송된다.

43 acetyl-CoA carboxylase의 조효소는?

① thiamine pyrophosphate
② biotin
③ cyanocobalamin
④ pyridoxal phosphate
⑤ S-adenosylmethionine

43 다량의 탄수화물 섭취 시 지방산 생합성에 acetyl-CoA carboxylase, hydratase, ketoacyl reductase, transacylase 등이 관여한다.

정답 39. ① 40. ③ 41. ③ 42. ② 43. ②

44 콜레스테롤 생합성의 조절에 관여하는 효소는?

① HMG－CoA reductase
② HMG－CoA synthetase
③ mevalenate kinase
④ squalene epoxidase
⑤ thiolase

44 HMG-CoA reductase가 cholesterol 생합성에 속도조절효소로 작용한다.

45 글리세롤 1분자, 인산 1분자, 지방산 1분자로 이루어진 물질로 옳은 것은?

① 중성지방
② 리포시톨
③ 스핑고미엘린
④ 포스파티드산
⑤ 콜레스테롤

45 포스파티드산(phosphatidic acid)는 글리세롤 1분자, 인산 1분자, 지방산 1분자로 구성된다.

46 다음 중 콜레스테롤이 전구체인 것은?

① 프로스타글란딘
② 비타민 K
③ 스테로이드 호르몬
④ 스핑고신
⑤ 포스파티딜 콜린

47 콜레스테롤 대사에 관한 설명으로 옳은 것은?

① 식이콜레스테롤 섭취량이 증가하면 HMG-CoA 환원효소 활성이 증가한다.
② 알도스테론, 테스토스테론, 안드로겐, 프로게스테론의 전구체가 된다.
③ 체내 지방산으로 전환되어 TG를 합성하고 필요시 에너지로 쓰인다.
④ 간에서 25%, 소장에서 50%로 하루 약 300 mg 정도 합성된다.
⑤ 인슐린, 갑상선 호르몬에 의해 합성이 저해된다.

47 콜레스테롤은 스테로이드계 성호르몬과 알도스테론, 코르티솔, 비타민 D_3 전구체와 담즙을 생성한다.

48 프로스타글란딘의 전구체인 지방산은 무엇인가?

① linoleic acid
② arachidonic acid
③ eicosapentaenoic acid
④ linolenic acid
⑤ palmitic acid

48 n-6계열 아라키돈산은 고리산소화 효소(cyclooxygenase)에 의해 2계열의 프로스타글란딘(PGI_2)을 생성한다.

정답 44. ① 45. ④ 46. ③ 47. ② 48. ②

49 지방산 생합성을 위해 acetyl-CoA를 미토콘드리아에서 세포질로 이동시키는 과정에서 acetyl-CoA가 구연산이 되기 위해 결합하는 물질은 무엇인가?

① 시트르산 ② 푸마르산
③ 옥살로아세트산 ④ 말산
⑤ 피루브산

49 TCA 회로는 acetyl-CoA가 옥살로아세트산과 결합하여 시스트산을 만들면서 시작된다.

50 지방산의 β-산화가 일어나는 세포 내 분획은?

① 미토콘드리아 ② 소포체
③ 세포질 ④ 골지체
⑤ 리보솜

50 지방산의 β-산화는 미토콘드리아의 기질에서 일어난다.

51 C_{14}의 지방산이 β-산화하여 생성되는 것으로 가장 옳은 것은?

① 7개의 malonyl-CoA
② 7개의 acetyl-CoA
③ 7개의 pyruvate
④ 1개의 acetyl-CoA와 6개의 malonyl-CoA
⑤ 7개의 acetoacetic acid

51 C_{14}의 지방산의 카보닐기가 β-산화를 한 번 거치면 acetyl-CoA를 1분자 생성하게 되는데, 총 6번의 β-산화를 거치게 되어 7분자의 acetyl-CoA를 생성한다.

52 다른 모든 조건이 일정하고 글루카곤(glucagon)만 증가한다면 다음 중 증가하는 것은?

① 지방조직에서 지방산 합성
② 간에서 지방산 베타-산화(β-oxidation)
③ 간에서 말로닐-CoA(malonyl-CoA) 합성
④ 근육에서 단백질 합성
⑤ 근육에서 포도당 신생 합성(gluconegenesis)

52 글루카곤이 증가하는 상태는 공복, 즉 혈당이 떨어진 상황이며 이때는 대사 중 이화과정이 활성화되고 포도당이 아니라 다른 기질을 이용하여 에너지 대사가 일어난다.

53 효소 thiolase가 촉매하는 생화학 반응은 무엇인가?

① 2 acetyl CoA → acetoacetyl CoA
② acetyl CoA → malonyl CoA
③ fatty acid → fatty acyl CoA
④ succinyl CoA → succinate
⑤ propionyl CoA → D-methyl malonyl CoA

53 간에서 아세토아세트산이 생성될 경우 2분자의 아세틸-CoA가 효소적으로 축합될 때 thiolase에 의하여 촉진된다.

54 다음 중 지방산 β-산화를 억제하는 것은?

① ATP ② 긴사슬 지방산
③ malonyl CoA ④ 구연산
⑤ acetyl-CoA

정답 49. ③ 50. ① 51. ② 52. ② 53. ① 54. ③

6 단백질 영양

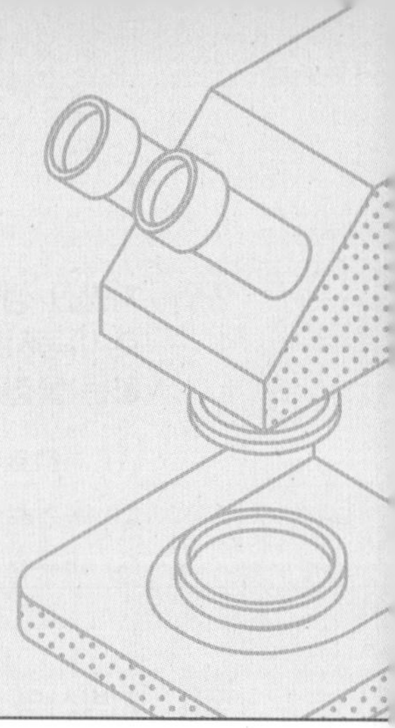

학습목표 단백질의 소화흡수, 생리적 기능, 질 평가, 섭취기준, 급원 및 섭취와 관련된 문제를 이해한다.

01 단백질의 소화가 시작되는 곳은?

① 구강 ② 위
③ 소장 ④ 공장
⑤ 회장

02 단백질 소화효소와 분비되는 기관을 연결한 것으로 옳은 것은?

① 펩신 – 췌장
② 트립신 – 담낭
③ 키모트립신 – 담낭
④ 디펩티다제 – 췌장
⑤ 아미노펩티다제 – 소장

02 카르복시펩티다제, 트립신 및 키모트립신은 췌장에서 분비된다. 소장에서 분비되는 단백질 소화효소로는 아미노펩티다제와 디펩티다제가 있다.

03 단백질 소화효소의 분비 형태와 그 활성물질의 연결이 옳은 것은?

① 트립시노겐 – 레닌
② 펩시노겐 – 가스트린
③ 키모트립시노겐 – 트립신
④ 아미노펩티다제 – 콜레시스토키닌
⑤ 프로카르복시펩티다제 – 키모트립신

03 췌장에서 단백질 분해효소들이 불활성의 **효소전구체(지모겐, zymogen) 형태**로 분비되며, 소장에서 엔테로키나제는 트립시노겐을 트립신으로 활성화시킨다. 위에서는 불활성 전구체인 펩시노겐이 분비되며, 위산에 의해 펩신으로 활성화된다. 활성화된 트립신은 키모트립시노겐을 키모트립신으로, 프로카르복시펩티다제를 카르복시펩티다제로 각각 활성화시킨다.

04 위에서 분비되며 우유의 단백질인 카세인을 응고시키는 효소는?

① 레닌 ② 뮤신
③ 에렙신 ④ 트립신
⑤ 스테압신

04 유아의 위액 중에 함유되어 있는 효소 레닌은 유즙이 펩신의 작용을 받지 않고 그대로 위를 통과하는 것을 막아준다.

정답 01. ② 02. ⑤ 03. ③ 04. ①

05 단백질의 내부펩티드 분해효소(endopeptidase)로 옳은 것은?

① 트립신, 키모트립신
② 아미노펩티다제, 펩신
③ 트립신, 카르복시펩티다제
④ 아미노펩티다제, 디펩티다제
⑤ 카르복시트립신, 아미노펩티다제

06 단백질의 소화과정에 대한 설명으로 옳은 것은?

① 뮤신은 펩시노겐을 펩신으로 활성화한다.
② 세크레틴은 프로카르복시펩티다제를 활성화된다.
③ 엔테로키나제는 트립시노겐을 트립신으로 활성화한다.
④ 콜레시스토키닌은 키모트립시노겐을 트립신으로 활성화한다.
⑤ 트립신은 프로아미노펩티다제를 아미노펩티다제로 활성화한다.

07 활성형으로 분비되는 단백질 소화효소는?

① 펩신
② 트립신
③ 키모트립신
④ 아미노펩티다제
⑤ 카르복시펩티다제

08 전구체 형태로 소화관으로 분비된 후 활성화 단계를 거쳐 소화작용을 하는 효소는?

① 트립신 ② 락테이스
③ 말테이스 ④ 아미노펩티데이스
⑤ 라이페이스

09 펩시노겐의 분비를 촉진하는 호르몬은?

① 가스트린 ② 엔테로가스트린
③ 엔테로키나제 ④ 콜레시스토키닌
⑤ 세크레틴

05 폴리펩티드 내부의 펩티드 결합을 분해하는 효소를 **내부 펩티드 분해효소**라고 하며, 펩신(pepsin), 트립신(trypsin), 키모트립신(chymotrypsin)이 있다. **외부펩티드 분해효소로**는 카르복시펩티다제(carboxypeptidase), 아미노펩티다제(aminopeptidase), 디펩티다제(dipeptidase)가 있다.

06 **펩시노겐**은 위액의 염산에 의해 펩신으로 활성화한다. 십이지장에서 세크레틴과 콜레시스토키닌은 췌액 분비를 촉진하고, **트립시노겐**은 엔테로키나제에 의해 트립신으로 활성화된다. 트립신은 **키모트립시노겐**을 키모트립신으로, 프로카르복시펩티다제를 카르복시펩티다제로 활성화하며, 카르복시펩티다제와 소장벽의 아미노펩티다제는 각각 카르복실기말단과 아미노기말단 아미노산의 펩티드 결합을 분해하여 아미노산을 생성한다.

07 펩시노겐이 펩신으로, 트립시노겐이 트립신으로, 키모트립시노겐이 키모트립신으로, 프로카르복시펩티다제가 카르복시펩티다제로 활성화된다.

정답 05. ① 06. ③ 07. ④ 08. ① 09. ①

10 단백질의 흡수 및 운반에 대한 설명으로 옳은 것은?

① 아미노산은 D형이 L형보다 흡수가 빠르다.
② 아미노산의 흡수 속도는 아미노산 간 동일하다.
③ 아미노산은 수동수송에 의해 모세혈관으로 흡수된다.
④ 펩티드와 유리 아미노산은 동일한 기전으로 흡수된다.
⑤ 소장세포로 흡수된 펩티드는 장세포 안에서 아미노산으로 분해된다.

10 아미노산은 **확산이나 능동수송**에 의해 소장세포로 흡수된다. 단백질의 대부분은 아미노산까지 분해되지만 일부는 펩티드형으로 주로 소장의 점막세포로 흡수되며, 장세포 안에서 아미노산으로 분해된 후 모세혈관으로 흡수되어 문맥을 거쳐 간으로 간다. 펩티드와 유리 아미노산은 서로 다른 기전으로 흡수되며, 아미노산의 흡수 속도는 종류에 따라 다르고, 비슷한 화학적 구조와 성질을 가진 아미노산들은 서로 경쟁적으로 흡수된다.

11 림프관을 통해 흡수되는 영양소는?

① 과당 ② 아미노산
③ 중성지방 ④ 무기질
⑤ 중간사슬지방산

11 과당, 아미노산 등의 수용성 영양소와 무기질, 중간사슬지방산은 문맥을 통해 간으로 간다. 중성지방과 긴사슬지방산은 림프계를 통해 흡수된다.

12 단백질이 우리 몸에서 수행하는 기능에 대한 설명으로 옳은 것은?

① 근육의 자극반응을 조절한다.
② 에너지 발생에서 조효소로 작용한다.
③ 신경전달물질의 합성과정에 관여한다.
④ 혈액의 pH를 7.0으로 유지하는 데 관여한다.
⑤ 여러 효소의 보조인자나 활성제로 작용한다.

12 단백질은 에너지영양소이며 효소와 호르몬을 합성하지만 조효소는 아니다. 또한 단백질은 산·염기 양쪽의 역할을 모두 하므로 체액의 정상산도(pH 7.4)를 유지하는 완충제로 작용한다. 여러 효소의 보조인자나 활성제로 작용하는 것은 마그네슘, 근육의 자극반응을 조절하는 역할을 하는 영양소로는 소디움이 있다.

13 단백질 기능과 관련물질의 연결이 옳은 것은?

① 체조직 구성 – 페리틴
② 면역 단백질 – 코티솔
③ 호르몬 – 안드로겐
④ 효소 – γ–글로불린
⑤ 혈장 삼투압 조절 – 알부민

13 근육을 구성하는 단백질은 액틴, 미오신 등이며, 페리틴은 철을 저장하는 단백질이다. 혈청 알부민 농도가 낮으면 혈액의 삼투압이 낮아져 부종의 원인이 된다. 안드로겐은 콜레스테롤로부터 만들어져 스테로이드 구조를 가지고 있다. γ–글로불린은 면역 기능을 담당하는 단백질이다.

14 수용성 비타민인 니아신의 전구체가 되는 필수 아미노산은?

① 페닐알라닌 ② 트레오닌
③ 메티오닌 ④ 리신
⑤ 트립토판

14 필수 아미노산인 트립토판은 체내에서 니아신으로 전환된다.

정답 10. ⑤ 11. ③ 12. ③ 13. ⑤ 14. ⑤

15 FAO/WHO에서는 인체의 단백질 필요량에 근거한 아미노산 기준치를 제시하였다. 이것으로 식품 단백질의 아미노산 구성을 평가하는 단백질의 질 평가법은?

① 단백질 효율(PER, protein efficiency ratio)
② 생물가(BV, biological value)
③ 단백질 실이용률(NPU, net protein utilization)
④ 화학가(chemical score)
⑤ 아미노산가(amino acid score)

16 제한 아미노산을 이용하여 단백질의 질을 평가하는 방법으로 짝지어진 것은?

① 생물가, 화학가
② 화학가, 아미노산가
③ 단백질 효율, 생물가
④ 아미노산가, 단백질 효율
⑤ 화학가, 단백질 실이용률

17 단백질 평가방법 중 생물학적 평가방법에 해당되는 것은?

① 생물가, 단백질 효율
② 화학가, 아미노산가
③ 아미노산가, 단백질 효율
④ 화학가, 단백질 실이용률
⑤ 생물가, 화학가

18 식품 단백질이 신체 단백질로 얼마나 효율적으로 전환되는가를 평가하는 방법으로, 신체 내로 흡수된 질소량 중 성장과 생명유지를 위해 신체 내에 보유된 질소량의 비율을 계산하는 단백질의 질 평가법은?

① 단백질 효율(PER)
② 생물가(BV)
③ 단백질 실이용률(NPU)
④ 화학가(chemical score)
⑤ 아미노산가(amino acid score)

19 생물가(BV, biological value)가 가장 높은 식품은?

① 쌀
② 달걀
③ 우유
④ 밀가루
⑤ 쇠고기

15 **화학가는** 달걀 단백질의 필수 아미노산 구성을 기준으로 식품 단백질의 질을 평가하는 방법이고, **아미노산가는** FAO/WHO의 아미노산 기준치로 식품 단백질의 질을 평가하는 방법이다.

16 **아미노산가**와 **화학가는** 식품 단백질의 아미노산 조성을 분석하고, 이를 각각 FAO/WHO가 인체의 단백질 필요량에 근거하여 만든 기준 아미노산 조성 혹은 달걀 단백질의 아미노산 조성과 비교하여 평가하는 방법으로서, 기준 단백질에 대한 식품 단백질 중의 제1제한 아미노산의 백분율을 말한다. 간단하게 측정할 수 있고, 제한 아미노산을 알 수 있어 보충효과를 예측할 수 있는 장점이 있으나, 소화율을 고려하지 않은 단점이 있다.

17 **단백질 효율(PER), 생물가(BV), 단백질 실이용률(NPU)**은 동물의 성장속도나 체내 질소 보유 정도를 측정하는 생물학적 평가방법이다.

18 **생물가(BV)는** 신체 내로 흡수된 질소량에 대한 보유된 질소량의 비율로 계산하고, **단백질 실이용률(NPU)은** 섭취 질소량에 대한 신체 내 보유 질소량의 비율로 계산한다. 즉, NPU는 식품의 소화흡수율이 고려된 것으로 그 값은 생물가보다 작다.

19 달걀이 생물가가 가장 높고, 다음은 우유, 쇠고기, 쌀, 밀가루의 순이다.

정답 15. ⑤ 16. ② 17. ① 18. ② 19. ②

20 화학가는 식품단백질의 아미노산 조성을 분석하고, 이를 달걀 단백질의 아미노산 조성과 비교하여 평가하는 방법으로서, 기준 단백질에 대한 식품 단백질 중의 제1제한 아미노산의 백분율을 말한다. 달걀 단백질의 필수 아미노산 조성은 인체가 필요로 하는 필수 아미노산 함량과 거의 일치한다.

21 **루신, 이소루신, 발린은** 곁가지 아미노산이고, 모두 필수 아미노산에 속한다.

22 곡류에는 리신, 트레오닌이 부족한 반면, 옥수수에는 트립토판과 리신이 부족하며, 콩과 채소에는 메티오닌이 부족하다. 또한, 견과류에는 리신이 부족하다.

24 대두에는 단백질이 35~40% 정도로 함유율이 높고 질도 좋지만, 메티오닌 함량이 부족하다.

25 젤라틴으로 만든 족편은 불완전단백질 식품에 속한다.

정답 20. ② 21. ② 22. ① 23. ③ 24. ① 25. ②

20 생물가와 화학가가 가장 높은 식품은?

① 콩 ② 달걀
③ 우유 ④ 쇠고기
⑤ 닭가슴살

21 필수 아미노산이면서 곁가지 아미노산(BCAA)인 것은?

① 리신 ② 발린
③ 메티오닌 ④ 트레오닌
⑤ 트립토판

22 곡류, 견과류, 종실류에 공통적으로 부족한 아미노산은?

① 리신 ② 트립신
③ 메티오닌 ④ 트레오닌
⑤ 트립토판

23 보리밥보다 콩밥이 단백질 상호 보완효과가 큰 이유는 쌀과 보리는 부족한 아미노산이 (A)으로 같지만 두류는 (A)이 다량 함유되어 있고, 콩에 부족한 아미노산 (B)는(은) 쌀에 다량 함유되어 있기 때문이다. A-B의 연결로 옳은 것은?

① 트립토판 - 리신
② 메티오닌 - 발린
③ 리신 - 메티오닌
④ 트레오닌 - 트립토판
⑤ 발린 - 메티오닌

24 단백질의 양과 질이 우수하지만 메티오닌이 부족하게 함유되어 있는 식품은?

① 대두 ② 강낭콩
③ 쌀 ④ 밀
⑤ 옥수수

25 임산부나 회복기 환자가 섭취하면 좋은 양질의 단백질 식품으로 묶인 것은?

① 쇠고기, 족편 ② 쇠고기, 달걀
③ 족편, 검정콩 ④ 달걀, 옥수수
⑤ 검정콩, 옥수수

26 단백질의 질에 관련된 설명으로 옳은 것은?

① 식품의 필수 아미노산 조성이 체조직 합성에 필요한 조성에 비해 부족한 아미노산이 많을수록 질이 높다.
② 단백질의 질을 결정할 때는 제한 아미노산을 고려하지 않아도 된다.
③ 완전단백질에는 젤라틴과 제인이 있다.
④ 양질의 단백질이란 체내 단백질 합성효율이 높은 단백질을 의미한다.
⑤ 불완전단백질은 필수 아미노산을 가지고 있으나 몇 종류의 필수 아미노산이 양적으로 부족한 단백질이다.

27 완전 단백질에 속하는 것은?

① 제인 ② 젤라틴
③ 글리아딘 ④ 호르데인
⑤ 오브알부민

27 **완전 단백질**에는 우유의 카세인과 락트알부민, 달걀의 오브알부민, 대두의 글리시닌, 밀의 글루테닌 등이 해당되며, **불완전 단백질**에는 젤라틴과 옥수수의 제인이, **부분적 불완전 단백질**에는 밀의 글리아딘, 보리의 호르데인 등이 해당된다.

28 콩에 부족하지만 쌀에는 풍부하게 함유되어 있는 아미노산은?

① 리신 ② 메티오닌
③ 아르기닌 ④ 트립토판
⑤ 페닐알라닌

28 쌀은 **메티오닌이 풍부**하고 리신이 **가장 부족**하지만 콩은 **메티오닌이 부족**하고 **리신이 충분**하다.

29 식품과 제한 아미노산의 연결이 옳지 <u>않은</u> 것은?

① 콩 – 메티오닌
② 곡류 – 리신, 트레오닌
③ 견과, 종실류 – 메티오닌
④ 채소 – 메티오닌
⑤ 옥수수 – 트립토판, 리신

29 견과류와 종실류에는 리신이 제한 아미노산이다.

30 단백질의 질적 측면에서의 상호 보충효과가 가장 바람직한 식품조합은?

① 쌀과 보리 ② 쌀과 두류
③ 옥수수와 밀 ④ 옥수수와 견과류
⑤ 콩과 채소

30 문제 22번 해설 참고

정답 26. ④ 27. ⑤ 28. ② 29. ③ 30. ②

31 **옥수수의 제한 아미노산은?**

① 세린 ② 트립토판
③ 글루타민 ④ 아르기닌
⑤ 메티오닌

32 **한국인 영양소 섭취기준(2020)에서 설정한 성인 남성의 체중당 단백질 필요량은 얼마인가?**

① 0.60 g ② 0.66 g
③ 0.73 g ④ 0.83 g
⑤ 0.90 g

33 **한국인 영양소 섭취기준(2020)에서 설정한 성인(30~49세)의 단백질 권장섭취량은 얼마인가?**

① 45 g ② 50 g
③ 55 g ④ 60 g
⑤ 65 g

34 **한국인 영양소 섭취기준(2020)에서 설정한 성인(19~29세) 남녀의 1일 단백질 권장섭취량은?**

① 65 g, 55 g ② 60 g, 55 g
③ 55 g, 50 g ④ 50 g, 50 g
⑤ 55 g, 45 g

35 **체중 1 kg당 단백질 권장섭취량이 가장 높은 대상은?**

① 영아 ② 유아
③ 초등학생 ④ 청소년
⑤ 노인

36 **현재 한국인 단백질 권장섭취량 설정 시에 반영되는 항목이 아닌 것은?**

① 체중 ② 소화율
③ 스트레스 ④ 개인 간 차이
⑤ 질소균형 실험

32 한국인 영양소 섭취기준(2020)에 제시된 단위체중당 단백질 필요량은 **0.66 g/kg/일**에 단백질의 **소화율 90%를 반영한 0.73 g/kg/일**이다.

33 (질소평형 유지를 위한 단백질 필요량÷이용효율)×평균체중×권장량산정계수 = (0.66 g/kg/일)÷0.9×68.9 kg×1.25 =63 g/일≒65 g/일

34 12~14세의 단백질 권장섭취량은 남성 60 g, 여성 55 g이며, 15~18세는 남성 65 g, 여성 55 g, 19~29세는 남성 65 g, 여성 55 g, 30~49세는 남성 65 g, 여성 50 g이다.

35 체중당 단백질 권장섭취량(g/kg/일)은 영아가 가장 높고 연령이 증가하면서 감소한다.

36 현재 한국인 단백질 평균필요량은 질소균형 실험 결과 남녀 구분 없이 0.66 g/kg/일을 기준으로 하되 여기에 90%의 소화율을 적용하여 0.73 g/kg/일로 하였으며, 체중당 평균필요량은 성별, 연령구간별 평균체중에 대입하여 각 군별 평균필요량을 산정하였다. **권장섭취량**은 여기에 개인 차이를 허용하도록 평균필요량에 표준편차의 1.96배를 곱한 값, 즉 평균필요량의 1.25배를 하여 0.91 g/kg/일로 산출하였다. 스트레스로 인한 가중치는 고려하지 않는다.

정답 31. ② 32. ③ 33. ⑤ 34. ① 35. ① 36. ③

37 불가피한 질소손실량에 관한 설명으로 옳은 것은?

① 건강한 성인의 땀 중 질소배설량
② 섭취량과 배설량이 평형을 이루는 시점에서의 질소손실량
③ 생명 유지에 필요한 양의 단백질을 섭취할 때 소변의 질소배설량
④ 단백질 결핍으로 인한 임상적 증상이 나타나기 시작할 때의 질소손실량
⑤ 무단백식을 며칠간 섭취한 후에 일정 수준에 도달하는 소변의 질소배설량

37 단백질 영양권장량을 산정하기에 앞서 필요량을 측정해야 한다. **불가피한 질소손실량이란 무단백 식사를 일정 기간 동안 섭취하였을 때 우리 몸으로부터 불가피하게 손실되는 질소량**을 의미한다. 단백질 최소필요량을 측정하려면 땀, 피부 등으로 손실되는 양까지도 모두 포함해야 하며, 이때 편의상 소변으로 손실되는 양을 불가피한 질소손실량으로 대체하기도 한다.

38 동일한 양과 조성의 단백질을 섭취할 때 이용률이 가장 높은 경우는?

① 저에너지 식사이면서 지방의 섭취가 높을 때
② 저에너지 식사이면서 탄수화물 섭취가 적절할 때
③ 에너지 권장량을 섭취하면서 탄수화물 섭취가 적을 때
④ 에너지 필요량을 섭취하면서 탄수화물 섭취가 적절할 때
⑤ 에너지 권장량을 섭취하면서 식이섬유의 섭취를 극도로 제한할 때

38 단백질의 이용효율을 높이려면 에너지 공급이 부족하지 않아야 하며, **탄수화물은 단백질의 절약작용**을 하므로 적절히 섭취해야 한다.

39 음의 질소평형인 경우는?

① 질병 후 회복기 환자
② 합병증이 없는 임신부
③ 체중이 유지되는 노인
④ 철인삼종경기 운동선수
⑤ 정상 상태의 사춘기 소년

39 건강한 성인은 질소평형을 유지한다. **성장기, 임신부, 운동선수, 질병과 상해 후 회복기 환자는 양의 질소평형**을 나타낸다. **노인**이 되면 체중이 유지되어도 근육이 소실되고 체지방이 증가하여 **음의 질소평형**이 된다.

40 질소의 배설량이 섭취량보다 큰 경우로 옳은 것은?

① 임신부
② 성장기 어린이
③ 회복기 환자
④ 훈련 중인 운동선수
⑤ 감염병 환자

41 양의 질소평형을 나타내는 경우는?

① 열이 날 때
② 심한 화상을 입었을 때
③ 단백질 섭취가 부족할 때
④ 에너지 섭취가 부족할 때
⑤ 다리골절 치료 후 재활운동을 할 때

41 음의 질소평형은 **단백질 섭취부족 또는 흡수불량, 에너지 섭취부족, 고열, 화상, 감염, 단백질 손실 증가, 오랜 와병, 갑상샘호르몬 분비 증가** 상황에서 나타난다. **양의 질소평형**은 **성장기, 임신기, 질병이나 상해 후의 회복단계, 운동으로 인한 근육증가** 상황에서 나타난다.

정답 37. ⑤ 38. ④ 39. ③ 40. ⑤ 41. ⑤

42 **질소 섭취량과 배설량이 동일한 경우를 질소균형 또는 질소등가**라 하며 건강한 성인의 경우에 해당한다. 성장, 임신은 양(+)의 질소평형의 경우이고 갑상선호르몬 분비 증가, 기아는 음(−)의 질소평형에 속한다.

43 체조직 단백질이 분해되면 질소 섭취량보다 배설량이 많은 음의 질소평형을 이룬다. 질소평형에 의해 단백질 필요량이 결정된다.

44 **콰시오커**는 이유를 한 어린이에서 많이 나타나며 **단백질이 심하게 부족하여 혈청 알부민 농도가 낮고 부종이 흔히 나타난다.** 마라스무스보다 면역 기능 약화가 더 심하고 체지방 손실이 덜하다.

45 콰시오커는 단백질 결핍증으로 간에서의 **단백질 합성이 어려운 반면** 탄수화물이나 지방급원으로 **지방산 합성은 일어난다.** 따라서 아포 B-100단백질 부족으로 지단백질(VLDL)이 만들어질 수 없으므로 **지방간이 유발**된다.

46 콰시오커는 심한 단백질 부족인 경우 발생하며 부종, 지방간, 머리카락 탈색, 성장장애 등의 증상을 보인다. 콰시오커는 마라스무스에 비해 체중감소는 심하지 않다. 마라스무스가 정상체중의 60% 이하로 심한 체중감소를 보이는 데 비해 콰시오커는 약간~중정도의 체중감소가 특징이다.

정답 42. ④ 43. ① 44. ④ 45. ⑤ 46. ⑤

42 질소균형을 나타내는 경우로 옳은 것은?

① 성장
② 갑상선호르몬 분비 증가
③ 임신
④ 건강한 성인
⑤ 기아

43 질소평형에 대한 설명으로 옳은 것은?

① 질소 섭취량과 질소 배설량이 같은 상태
② 대변으로 배설되는 단백질만큼 식품단백질을 섭취하는 것
③ 체조직에 필요한 필수 아미노산의 공급이 적절한 상태
④ 체단백질이 감소하면 양의 질소평형
⑤ 이때의 단백질 섭취량이 권장섭취량을 의미함

44 콰시오커(kwashiorkor)에 대한 설명으로 옳은 것은?

① 체지방 손실이 심각하다.
② 지방간 발생이 거의 없다.
③ 혈청 알부민 농도가 높다.
④ 마라스무스보다 감염에 더 취약하다.
⑤ 단백질보다 에너지의 결핍이 원인이다.

45 콰시오커 상태인 어린이는 흔히 지방간이 나타난다. 그 주요 원인으로 옳은 것은?

① 식사의 에너지 섭취 부족 때문
② 식사의 탄수화물 함량이 높기 때문
③ 식사의 단백질 함량이 높기 때문
④ 간에서의 당신생 기질의 부족 때문
⑤ 간에서의 단백질 합성의 기질 부족 때문

46 콰시오커의 특징이 아닌 것은?

① 부종
② 지방간
③ 근육의 소실
④ 머리카락 건조탈색
⑤ 심한 체중감소

47 콰시오커에서 마라스무스보다 피하지방 손실이 덜한 이유는?

① 인슐린 분비　　② 혈장 알부민 감소
③ 단백질 농도 증가　　④ 혈당 저하
⑤ 빈혈

47 콰시오커에서는 심한 단백질 섭취 부족이 있지만 소량의 탄수화물 섭취로 인한 **혈당 상승**과 그에 따른 **인슐린 분비로 체지방 분해가 저해**된다.

48 팔과 다리에 부종이 나타나고 머리카락이 변색되어 있는 유아에게 보충하면 좋은 식품은?

① 쌀　　② 감자
③ 달걀　　④ 당근
⑤ 옥수수

49 유아가 노인과 같은 얼굴을 지녔으며, 피하지방이 적고, 심하게 마른 임상증상을 보이고 있다. 이 유아의 식사에서 공급에 신경 써야 할 영양소로 가장 옳은 것은?

① 단백질
② 단백질과 에너지
③ 요오드
④ 비타민 C
⑤ 비타민 B_6

50 장기간의 단백질 결핍으로 나타날 수 있는 증상은?

① 근육량 증가
② 혈청 알부민 감소
③ 글리코겐 합성 증가
④ 간의 지방 축적 감소
⑤ 소변으로 칼슘 배설 증가

51 단백질을 과잉 섭취할 때 나타나는 증상은?

① 탄수화물의 절약작용
② 지방의 체내 이용 증가
③ 발열작용에 의한 에너지 소모량 감소
④ 비타민의 체내 축적 증가
⑤ 요를 통한 칼슘의 배설량 증가

51 단백질을 과잉 섭취할 경우 칼슘 배설이 증가하고, 신장의 부담이 많아지므로 특히 **신장질환자는 단백질 섭취에 주의**해야 한다.

정답 47. ① 48. ③ 49. ② 50. ② 51. ⑤

52 단백질의 섭취에 대한 설명으로 옳은 것은?

① 단백질은 많이 섭취할수록 체중 감량에 유리하다.
② 단백질은 에너지 권장량의 15~30% 수준을 유지하는 것이 좋다.
③ 단백질 섭취가 과잉되면 요소 배설이 줄어 신장에 부담을 준다.
④ 동물성 단백질을 과잉섭취하면 소변을 통한 칼슘 배설량이 증가된다.
⑤ 신장질환자는 단백질 섭취가 체중당 2 g 이상이 되도록 충분히 섭취한다.

52 고단백 식사를 하면 동물성 단백질에 많이 함유되어 있는 산성의 황아미노산 대사물질이 중화되는 과정에서 소변을 통한 **칼슘의 손실이 많아져 골다공증이 나타날 위험**이 높아진다. 또한 단백질을 많이 섭취하면 요소 배설을 위하여 **신장에 부담**을 주게 된다. 단백질 섭취량은 에너지 권장량의 15~20% 수준을 유지하는 것이 좋다.

53 동물성 단백질을 과잉섭취하였을 때 체내에서 일어나는 현상으로 옳은 것은?

① 근육 손실 ② 체지방 감소
③ 혈당 감소 ④ 칼슘 손실
⑤ 요소 합성 감소

53 문제 52번 해설 참고

54 단백질 대사의 선천적 결함으로 인해 야기되는 질환으로 옳은 것은?

① 윌슨병, 쿠싱증후군
② 콰시오커, 마라스무스
③ 페닐케톤뇨증, 단풍당뇨증
④ 유당불내증, 글리코겐저장병
⑤ 호모시스틴뇨증, 갈락토세미아

54 페닐케톤뇨증은 페닐알라닌 수산화효소의 선천적 결함에 의해, **단풍당뇨증**은 루신, 이소루신, 발린 대사의 선천적 장애에 의해, **호모시스틴뇨증**은 시스타티오닌 합성효소의 선천적 결함에 의해 발생한다, **글리코겐저장병**은 글리코겐으로부터 포도당으로 전환되지 않는 선천적 대사성 질병이고, **갈락토세미아**는 갈락토오스에서 포도당으로 전환되지 않는 선천적 대사질환이다.

55 단백질대사의 선천성대사 이상증과 유전적으로 부족한 효소명이 바르게 연결된 것은?

① 호모시스틴뇨증 – 시스타티오닌 합성효소
② 단풍당뇨증 – 페닐알라닌 수산화효소
③ 페닐케톤뇨증 – 루신의 산화적 탈탄산소화를 촉진하는 효소
④ 호모시스틴뇨증 – 이소루신의 산화적 탈탄산소화를 촉진하는 효소
⑤ 페닐케톤뇨증 – 발린의 산화적 탈탄산소화를 촉진하는 효소

55 **호모시스틴뇨증**은 메티오닌으로부터 시스테인을 합성하는 과정에 있는 시스타티오닌 합성효소에 유전적으로 결함이 있어 이 효소의 기질인 호모시스틴의 혈중 농도를 높이고, 따라서 호모시스틴이 소변으로 많이 배설되는 유전적인 대사질환이다.

56 선천적인 아미노산 대사질환인 페닐케톤뇨증(PKU)에서 식사로부터 보충해 주어야 할 아미노산은?

① 글루타민산 ② 티로신
③ 글리신 ④ 시스테인
⑤ 알라닌

56 페닐케톤뇨증에서는 **페닐알라닌이 티로신으로 대사되지 못하므로** 티로신을 식사로부터 보충해 주어야 한다. 따라서 티로신을 반필수(semi-essential) 아미노산으로 부르기도 한다.

정답 52. ④ 53. ④ 54. ③ 55. ① 56. ②

57 **단풍당뇨증의 치료법으로 옳은 것은?**

① 엽산 섭취를 증가시킨다.
② 루신, 이소루신, 발린을 제한한 특수분유나 식품을 공급한다.
③ 페닐알라닌이 적게 함유되어 있는 특수분유나 식품을 공급한다.
④ 메티오닌의 섭취를 감소시킨다.
⑤ 비타민 B_6의 섭취를 증가시킨다.

58 **시스타티오닌 합성효소(cystathionine synthase)에 유전적인 결함이 있는 환자에게 제한해야 하는 아미노산은?**

① 리신 ② 메티오닌
③ 아르기닌 ④ 트립토판
⑤ 티로신

59 **한국인 영양소 섭취기준(2020)에서 설정한 평균 체중 50 kg인 성인 여성(19~29세)의 하루 단백질 권장섭취량은?**

① 35 g ② 40 g
③ 45 g ④ 50 g
⑤ 55 g

60 **생물학적 평가법과 화학적 평가법의 단점을 보완하여 4세 이상이나 비임신 성인을 위한 식품에 PER 대신 사용하도록 FDA에서 승인한 단백질 평가법은?**

① 화학가
② 단백질 실이용률
③ 단백질 효율
④ 생물가
⑤ 소화율이 고려된 아미노산가

57 단풍당뇨증의 식이요법은 주로 곁가지 아미노산을 제한한 특수분유나 식품을 공급하여 혈중 농도를 정상으로 유지하는 데 있다.

58 시스타티오닌 합성효소 결함은 이 효소의 기질인 호모시스틴의 혈중 농도를 높여 호모시스틴이 요 중으로 다량 배설되는 호모시스틴뇨증을 유발한다. 적절한 영양요법에는 **메티오닌과 단백질 섭취**를 줄이고 시스타티오닌 합성효소의 활성을 증가시키는 비타민 B_6와 호모시스틴의 혈중 농도 저하를 돕는 **엽산 섭취를 증가**시키는 것이 있다.

59 성인의 경우 단백질 권장량은 성별과 무관하게 질소 평형유지를 위한 체중당 1일 평균필요량에 표준편차 또는 변이계수 1.96을 적용한 0.91 g/kg/일을 평균체중에 곱하여 산출한다. 따라서 50 kg×0.91 g = 45.5 g이지만 단백질 권장섭취량 설정 시 급원식품의 종류 및 소화율 이외에도 운동, 흡연, 음주, 대사적 스트레스, 감염, 면역작용 등의 요인들이 단백질 필요량을 증가시킬 수 있으므로 2020 한국인 영양소 섭취기준에서는 성인 여성 하루 단백질 권장섭취량을 55 g으로 설정하였다.

60 소화율이 고려된 아미노산가(protein digestibility corrected amino acid score, PDCAAS) = 아미노산가×소화율이다. 단백질의 아미노산가를 100으로 나눈 값에 소화율을 곱한 것으로, 최댓값이 1.0이다. 9가지 필수 아미노산 중 하나라도 완전히 결핍되면 아미노산가가 0이므로 PDCAAS도 0이 된다.

정답 57. ② 58. ② 59. ⑤ 60. ⑤

7

아미노산 및 단백질 대사

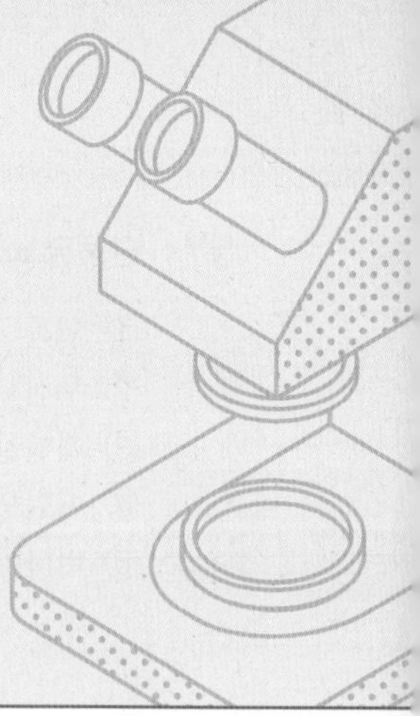

학습목표 질소, 아미노산, 단백질 대사를 이해하고 유전자 및 효소의 성질에 대해 이해한다.

01 **요소회로에서 요소를 생성할 때 질소 원자의 근원은 무엇인가?**

① aspartate, ammonia
② glutamate, ammonia
③ arginosuccinate, ammonia
④ alanine, ammonia
⑤ citrate, ammonia

02 **아미노산 대사과정에 대한 설명으로 옳은 것은?**

① 아미노산에서 포도당의 신생은 불가능하다.
② 아미노산 대사 과정 중 비타민 B_{12}가 필수적이다.
③ 아미노산 대사 과정 중 하나인 요소회로는 간에서 이루어진다.
④ 탈탄산반응은 아미노산의 아미노기를 상실하여 아민을 생성하는 반응이다.
⑤ 탈아미노반응은 한 아미노산에서 떼어낸 아미노기를 다른 알파-케토산에 이동시키는 반응이다.

03 **ALT(alanine aminotransferase)의 작용에 필요한 보조효소는?**

① thiamin pyrophosphate(TPP)
② riboflavin adenine dinucleotide(FAD)
③ nicotinamide adenine dinucleotide(NAD)
④ pyridoxal phosphate(PLP)
⑤ tetrahydrofolate(THF)

04 **아미노산의 질소부분 대사로 옳은 것은?**

① 연소되어 에너지를 발생
② 포도당을 합성하여 혈당 공급
③ 케톤체를 생성하여 에너지를 발생
④ 지방산을 합성하여 에너지원으로 사용
⑤ 케토산에 전달되어 다른 아미노산 합성

01 요소회로에서 아미노기(질소 원소)는 유리 암모니아와 아스파르트산에 의해 제공된다.

02 탈탄산반응은 아미노산에서 CO_2를 방출시켜 세로토닌 등의 신경전달물질을 형성하는 과정이다. **탈아미노반응**은 아미노산에서 아미노기가 떨어져 나가 암모니아를 형성하는 과정이다. 요소합성은 탈아미노반응으로 아미노산에서 떨어져 나온 아미노기가 알칼리성 암모니아를 생성하는데 이를 중성인 요소로 전환시키는 과정이다. 아미노기전이반응은 한 아미노산으로부터 탄소골격에 아미노기를 전달하여 새로운 아미노산을 형성하는 과정이다. 아미노산 대사과정 중 비타민 B_6의 조효소 형태인 PLP가 필수적이다.

03 **비타민 B_6의 조효소 형태인 pyridoxal 5-phosphate는** 아미노기 전이반응, 탈아미노 반응, 탈탄산 반응과 같은 모든 아미노산의 대사과정에 작용한다. alanine aminotransferase (ALT)는 특정 아미노산으로부터 α-케토산에 아미노기를 전달하여 새로운 아미노산을 합성하는 아미노기 전이반응에 사용되는 효소이다.

04 아미노산의 질소 부분은 암모니아로 떨어진 후 요소로 전환되어 **소변으로 배설되거나**, 케토산에 전달되어 **새로운 아미노산을 합성**하는 데 쓰인다.

정답 01. ① 02. ③ 03. ④ 04. ⑤

05 단백질 대사에 대한 설명으로 가장 옳은 것은?

① 비슷한 화학구조를 가진 아미노산은 서로 경쟁적으로 흡수된다.
② 장점막세포로 흡수된 후 림프를 거쳐 대부분 간으로 운반된다.
③ 근육에서는 혈액에 의해 공급된 트립토판으로 세로토닌을 합성한다.
④ 근육은 곁가지 아미노산을 주로 사용하고 알라닌과 메티오닌을 주로 유출한다.
⑤ 간은 혈액에 의해 운반된 이소루신을 포도당신생에 사용하여 혈당으로 재방출한다.

06 체내에 존재하는 아미노산풀에 관한 설명으로 옳은 것은?

① 에너지원으로 이용되지 않는다.
② 체지방 합성에 사용되지 않는다.
③ 단백질 섭취량에 관계없이 일정하게 유지된다.
④ 탄수화물 섭취가 부족한 경우 당신생을 위해 사용된다.
⑤ 지방조직에 밀집되어 있으며 스테로이드 호르몬의 생성에 사용된다.

07 아미노산으로부터 생성된 유독한 암모니아가 간에서 이산화탄소와 결합하여 수용성 요소로 전환되었다가 신장으로 배설되는 과정에 관여하는 물질은?

① 글리신 ② 히스티딘
③ 시스테인 ④ 아스파르트산
⑤ 티로신

08 단백질 대사과정에서 생성되는 암모니아가 배설되는 형태는?

① 오르니틴 ② 요산
③ 크레아틴 ④ 시트룰린
⑤ 요소

09 요소회로와 관련있는 물질로 짝지어진 것은?

① 오르니틴 – 시트룰린
② 시트룰린 – 트레오닌
③ 아르기노 숙신산 – 유비퀴틴
④ 아르기닌 – 메티오닌
⑤ 트레오닌 – 티로신

05 근육은 곁가지 아미노산을 주로 사용하고 유리된 암모니아를 알라닌과 글루타민 형태로 유출한다. 아미노산은 장점막세포로 흡수된 후 간문맥을 거쳐 대부분 간으로 운반되며, 혈액에 의해 공급된 트립토판으로 세로토닌을 합성하는 곳은 뇌이다. 또한 간은 혈액에 의해 운반된 알라닌을 포도당신생에 사용하여 혈당으로 재방출한다.

06 아미노산풀은 체조직과 혈액에서 발견되는 이용 가능한 아미노산의 총집합을 말한다. 아미노산 풀은 식사로 섭취한 단백질로부터 소화흡수된 아미노산, 체조직 단백질의 분해, 합성 아미노산 등으로 이루어진다. 회전율이 매우 빠르며 필요에 따라 단백질 합성에 쓰이거나 에너지, 포도당, 지방 등의 합성에 사용된다.

07 탈아미노반응의 결과 아미노산으로부터 생성된 세포 내의 유독한 암모니아는 혈액을 통해 간으로 운반된 후, 간세포에서 이산화탄소와 결합하여 카바모일 인산이 만들어지고, 오르니틴과 결합하여 시트룰린, 아스파르트산과 결합하여 아르기노숙신산, 푸마르산과 아르기닌으로 전환되면서 인체에 무해한 수용성 요소로 전환되었다가 신장을 통해 배설된다.

08 아미노산의 탈아미노 반응으로 생성된 세포 내의 유독한 암모니아는 혈액을 통해 간으로 운반된 후 **요소회로**를 통해 요소로 전환되어 신장을 통해 배설된다.

09 요소회로는 단백질로부터 유래한 암모니아로부터 요소를 합성하는 간에서 일어나는 경로이다. 암모니아와 이산화탄소로부터 합성된 카르바모일인산이 L-오르니틴과 결합하여 L-시트룰린으로 형성된 이후 아스파르트산과 결합해 L-아르기니노숙신산을 형성하고, 푸마르산과 L-아르기닌으로 분해된다. 최종적으로 아르기닌은 요소와 L-오르니틴으로 분해된다.

정답 05. ① 06. ④ 07. ④ 08. ⑤ 09. ①

10 인체에서 아미노산의 대사로 생성된 암모니아를 처리하는 대사 경로는?

① TCA 회로 ② 당신행경로
③ 코리회로 ④ 요소회로
⑤ 오탄당인산경로

11 아미노산의 탈아미노 반응으로 생성된 (A)는 (B)회로에 의해 (B)로 전환되어 소변으로 배설된다. (C)기능이 손상되어 (A)가 (B)로 전환되지 못하면 (A)가 혈중에 축적되어 중추신경계에 장애를 일으켜 (D)를(을) 유발할 수 있다. (A)~(D)에 들어갈 단어로 옳은 것은?

	(A)	(B)	(C)	(D)
①	암모니아	요소	신장	신부전
②	요소	암모니아	신장	신부전
③	암모니아	요소	간	간성혼수
④	요소	암모니아	간	간성뇌질환
⑤	아미노기	암모니아	간	간경화

12 산화적 탈아미노 반응에서 $\alpha-$ 아미노기가 전이되는 물질은?

① glutamate ② $\alpha-$ ketoglutarate
③ malate ④ oxaloacetate
⑤ succinate

13 glutamate와 oxaloacetate가 아미노기 전이반응을 진행하여 생성하는 물질은?

① $\alpha-$ ketoglutarate, alanine
② glutamine, alanine
③ $\alpha-$ ketoglutarate, pyruvate
④ glutamine, pyruvate
⑤ $\alpha-$ ketoglutarate, aspartate

14 인체에서의 요소 생성에 대한 설명으로 옳은 것은?

① 간세포의 세포질과 미토콘드리아에서 일어난다.
② 암모니아, 이산화탄소, oxaloacetate로부터 합성된다.
③ 1분자의 요소 생성에 2개의 고에너지 인산결합이 소모된다.
④ 과도한 요소 생성으로 고암모니아혈증(hyperammonemia)이 나타난다.
⑤ 요소회로에 말산이 중간산물로 생성된다.

10 문제 09번 해설 참고

11 아미노산의 탈아미노 반응으로 생성된 독성의 **암모니아**는 간에서 **요소회로**에 의해 무독성의 **요소**로 전환되어 소변으로 배설된다. **간기능**이 손상되어 암모니아가 **요소**로 전환되지 못하면 암모니아가 혈중에 축적되어 중추신경계에 장애를 일으켜 **간성혼수**를 유발할 수 있다.

12 산화적 탈아미노 반응에서 아미노산의 α–아미노기는 α–ketoglutarate에 전이되어 glutamate로 모아진다.

13 glutamate는 oxaloacetate에 아미노기를 전달한 후 α–ketoglutarate와 aspartate를 생성하는 아미노기 전이반응을 진행한다.

14 요소는 이산화탄소, 암모니아, aspartate로부터 합성된다. 또한 1분자의 요소를 합성하는 데는 4개의 ATP가 소모된다.

정답 10. ④ 11. ③ 12. ②
13. ⑤ 14. ①

15 요소회로에서 1몰의 요소를 합성하는 데는 몇 몰의 ATP가 필요한가?

① 1몰 ② 2몰
③ 4몰 ④ 8몰
⑤ 16몰

16 사람의 단백질 분해 대사의 최종 질소 배설 형태는?

① 요소 ② 요산
③ 암모니아 ④ 크레아틴
⑤ 인산크레아틴

17 아미노산의 탄소골격이 전환되는 대사중간물질로 옳은 것은?

① lactate ② ornithine
③ fumarate ④ glyceraldehyde
⑤ phosphoenolphyruvate

18 피루브산이 아미노기 전이반응을 통해 생성하는 아미노산은?

① 글루탐산 ② 알라닌
③ 이소루신 ④ 히스티딘
⑤ 아스파르트산

19 페닐케톤뇨증은 어떤 효소의 유전적 결함으로 일어나는가?

① arginase
② phenylpyruvate kinase
③ phenylalanine hydroxylase
④ tyrosinase
⑤ xanthine oxidase

20 산화적 탈아미노 반응에서 α-아미노기를 전이시키는 조효소는?

① coenzyme A
② pyridoxal phosphate
③ biotin
④ lipoic acid
⑤ thiamine pyrophosphate

15 요소회로에서 1몰의 요소를 합성하려면 4몰의 ATP가 필요하며, carbamoyl phosphate 합성과 argininosuccinate 합성에 각각 2몰씩 필요하다.

16 단백질 분해의 최종 배설 형태는 사람은 요소, 어류는 암모니아, 양서류와 조류는 요산이다. 크레아틴은 근육에 있는 에너지 저장 형태로서, 근육수축에 필요한 에너지를 고에너지 인산결합물질인 인산크레아틴으로 저장하고 있다가, ATP 공급이 급히 필요할 때 이용된다.

17 아미노산의 탄소골격은 acetyl-CoA, acetoacetyl-CoA, pyruvate, α-ketoglutarate, succinyl-CoA, oxaloacetate, fumarate 등으로 분해한다.

18 피루브산에 아미노기가 결합되면 아미노산인 알라닌을 생성한다.

19 페닐케톤뇨증(phenylketonuria)은 페닐알라닌 가수분해효소인 **phenylalanine hydroxylase**의 유전적 결함에 의한 부족으로 나타난다.

20 산화적 탈아미노 반응에서 아미노산의 α-아미노기는 **비타민 B_6가 전구체인 조효소** pyridoxal phosphate (PLP)가 전이시킨다.

정답 15. ③ 16. ① 17. ③ 18. ② 19. ③ 20. ②

21 아미노산의 탄소골격이 지질대사에 합류하는 아미노산은?

① arginine ② aspartic acid
③ asparagine ④ cysteine
⑤ leucine

21 아미노산의 탄소골격이 acetyl-CoA, acetoacetyl-CoA 등으로 분해되어 지질대사경로로 합류하는 아미노산으로 leucine, lysine (ketogenic), isoleucine, phenylalanine, tyrosine, tryptophan, threonine (ketogenic & glycogenic)이 있다.

22 산화적 탈아미노 반응에 대한 설명으로 옳은 것은?

① 아미노산의 α-아미노기가 α-ketoglutarate에 전이되어 aspartate로 모아진다.
② 단백질의 과잉섭취로 세포 내 아미노산 pool이 넘칠 때만 일어나는 아미노산의 산화에 주요 반응이다.
③ 비타민 B_6가 전구체인 조효소 PLP(pyridoxal phosphate)가 α-아미노기를 전이시키는 역할을 한다.
④ pantothenic acid가 구성성분인 coenzyme A가 조효소로 작용하는 transaminase에 의해 반응이 수행된다.
⑤ 간 손상과 관련이 있다.

22 아미노산의 α-아미노기가 α-ketoglutarate에 전이되어 glutamate로 모아진다. 산화적 탈아미노 반응에서 아미노산의 α-아미노기가 조효소인 PLP에 의해 α-ketoglutarate에 전이되어 glutamate로 모아진다. 혈액 중 **아미노 전이효소의 농도가 상승**되는 것이 **간 손상과 관련**이 있다.

23 아미노산의 탄소골격이 당신생과 지질대사에 모두 이용될 수 있는 아미노산은?

① isoleucine ② lysine
③ leucine ④ alanine
⑤ valine

23 아미노산의 탄소골격이 대사되는 경로에 따라 포도당 생성 또는 케톤 생성 아미노산으로 분류한다. **케톤 생성 아미노산**은 루신, 리신, **포도당 생성 아미노산**은 알라닌, 세린, 글리신, 시스테인, 아스파르트산, 아스파라긴, 글루탐산, 글루타민, 아르기닌, 히스티딘, 발린, 메티오닌, 프롤린, **케톤 및 포도당 생성 아미노산**은 이소루신, 페닐알라닌, 티로신, 트립토판, 트레오닌이다.

24 아세틸-CoA 또는 케톤체 합성에 탄소골격을 제공하는 아미노산은?

① 세린 ② 루신
③ 발린 ④ 메티오닌
⑤ 아스파라긴

25 간 이외의 조직에서 생성된 암모니아를 간으로 운반하는 형태는?

① glutamic acid, alanine
② glutamic acid, arginine
③ glutamine, alanine
④ glutamine, arginine
⑤ glutamic acid, glutamine

25 근육과 뇌조직에서 생성된 암모니아는 **glutamic acid**와 결합하여 **glutamine**을 생성하거나 **피루브산**에 아미노전이반응으로 **alanine**을 생성하여 간으로 운반된다.

정답 21. ⑤ 22. ③ 23. ① 24. ② 25. ③

26 근육에서 glutamate로부터 $\alpha-$ 아미노기를 받아 간으로 운반하는 형태는?

① alanine ② glucose
③ glycerol ④ lactic acid
⑤ pyruvate

27 transamination에 의해 직접 생성될 수 있는 아미노산은?

① serine ② glutamate
③ cysteine ④ tyrosine
⑤ phenylalanine

28 통풍의 원인이 되는 퓨린 염기의 최종대사물은?

① uric acid ② urea
③ hypoxanthine ④ deoxyuracil
⑤ ammonia

29 피리미딘 뉴클레오티드 생합성의 주요 중간생성물질은?

① glutamate
② ribose－5－phosphate
③ GTP
④ carbamoyl－1－phosphate
⑤ deoxyuracil

30 뉴클레오티드를 구성하는 염기는 질소함유화합물의 일종으로 다양한 아미노산으로부터 합성된다. 다음 중 염기 '퓨린'에 속하는 것들로만 묶인 것은?

① 아데닌, 구아닌, 티민 ② 아데닌, 구아닌, 시토신
③ 티민, 시토신, 우라실 ④ 아데닌, 구아닌, 잔틴
⑤ 티민, 시토신, 구아닌

31 이노신 일인산(IMP, inosine monophosphate)에 질소를 제공하여 AMP를 생성하는 아미노산은?

① aspartate ② glutamine
③ glycine ④ arginine
⑤ valine

---

26 **근육조직**에서 해로운 암모니아를 **간으로 운반**하는 아미노산은 세포막을 통과할 수 있는 중성의 아미노산인 **alanine**이다.

27 glutamate는 α－ketoglutarate로부터, aspartate는 oxaloacetate의 transamination에 의해 합성된다.

28 통풍(gout)은 **혈중 요산**(uric acid) 농도가 올라가 관절 등에 sodium urate 결정이 침착되는 질환이다.

29 pyrimidine nucleotide는 carbamoyl phosphate의 생성을 거쳐 생합성된다.

30 **퓨린 염기**에는 **아데닌, 구아닌, 잔틴, 하이포잔틴**이 속하며, 티민, 시토신, 우라실은 피리미딘 염기에 속한다.

31 purine nucleotide의 생합성에 aspartate, glutamine, glycine이 질소를 제공한다. aspartate에 의해 공급된 아미노 질소는 IMP에 결합되어 아데닐로숙신산을 형성하고, 아데닐로숙신산은 푸마르산을 제거한 후 AMP를 합성한다.

정답 26. ① 27. ② 28. ①
29. ④ 30. ④ 31. ①

32 이노신 일인산(IMP, inosine monophosphate)에 질소를 제공하여 GMP를 생성하는 아미노산은?

① arginine ② glutamine
③ lysine ④ tyrosine
⑤ valine

32 IMP는 IMP 탈수소효소를 통해 XMP(xanthosine monophosphate)로 전환된 후, **글루타민**의 아미노 질소를 받아 GMP로 전환된다.

33 헴에 대한 설명으로 옳은 것은?

① 헤모글로빈, 미오글로빈, 시토크롬의 구성성분이다.
② 글리신과 아르기닌으로부터 합성된다.
③ 헴의 전구물질인 프로토포르피린 III는 클로로필의 전구물질이다.
④ 대부분의 혐기성 세포는 헴을 합성한다.
⑤ 적혈구의 포르피린 농도가 글로빈의 농도를 초과할 때 헴의 합성은 촉진된다.

33 헴은 글리신과 숙시닐 CoA에서부터 합성되며, 헴의 전구물질인 프로토포르피린 IX는 클로로필의 전구물질이다. 헴을 합성하는 세포는 호기성 세포이며, 적혈구의 포르피린 농도가 글로빈의 농도를 초과할 때 헴은 축적되고 헤민으로 산화된다.

34 글루타티온에 대한 설명으로 옳은 것은?

① 1-탄소 대사에서 중요한 메틸기 공여체이다.
② 1-탄소기의 가장 중요한 운반체로 사용된다.
③ DNA 합성, 프로스타글란딘 합성 대사 등에 사용된다.
④ 글루탐산, 시스테인, 알라닌으로 구성된 트리펩티드이다.
⑤ 신경전달물질로써 체내에서 작용한다.

34 1-탄소 대사에서 중요한 메틸기 공여체는 SAM, 1-탄소기의 가장 중요한 운반체는 **엽산과 SAM**이다. 글루타티온은 글루탐산, 시스테인, 글리신으로 구성된 트리펩티드로서, 유해한 과산화물질을 제거하기 위해 생체 방어물질로 작용한다.

35 퓨린 뉴클레오티드 생합성의 주요 개시물질은?

① carbamoyl-1-phosphate ② 5′-IMP
③ orotic acid ④ ribose-5-phosphate
⑤ 5′-XMP

35 **ribose-5-phosphate**가 purine nucleotide 생합성의 주요 개시물질이다.

36 피리미딘 뉴클레오티드의 고리를 구성하는 원자를 제공하는 물질은?

① aspartic acid ② H_2O
③ O_2 ④ glycine
⑤ uric acid

36 aspartic acid, CO_2, NH_3가 pyrimidine nucleotide의 고리를 구성하는 원자를 제공한다.

37 티로신에서 유도되는 질소화합물은?

① creatine ② glucocorticoid
③ norepinephrine ④ niacin
⑤ glucagon

37 epineprine, norepinephrine은 tyrosine에서 유도된다.

정답 32. ② 33. ① 34. ③
35. ④ 36. ① 37. ③

38 S-adenosylmethione(SAM)은 체내 메틸기 전이반응에 사용되는 주요 질소화합물이다. 다음 중 SAM의 생성에 관여하는 물질은 무엇인가?

① 티아민
② 리보플라빈
③ 글루타민
④ ATP
⑤ 카르니틴

39 트립토판에서 유도되는 질소화합물은?

① histamine
② glutathione
③ purine
④ pyrimidine
⑤ serotonin

40 티록신을 생성하는 아미노산은?

① aspartate
② glutamine
③ glycine
④ tyrosine
⑤ alanine

41 생리활성물질과 이와 관련된 아미노산의 연결이 옳은 것은?

① 도파민 - 리신
② 타우린 - 글리신
③ 세로토닌 - 트립토판
④ 카르니틴 - 히스티딘
⑤ 멜라토닌 - 페닐알라닌

42 DNA에 대한 설명으로 옳은 것은?

① DNA는 이중나선의 폴리뉴클레오시드이다.
② 아무리 높은 열을 가해도 변하지 않는다.
③ DNA 내부에 위치한 염기쌍 내 C와 G의 농도는 동일하지 않다.
④ DNA를 구성하는 염기조성은 종에 따라 다르다.
⑤ 소의 간과 뇌에서 분리한 DNA 염기조성은 다르다.

38 SAM은 **호모시스테인**이 methyl tetrahydrofolate와 **비타민** B_{12}의 도움으로 **메티오닌**으로 전환된 후 ATP-dependent methionine adenosyl transferase에 의해 합성되는 물질이다. 카르니틴은 지방산 산화에 관여하는 물질이다.

39 serotonin은 tryptophan에서 유도된다.

40 thyroxine은 tyrosine에서 유도된다.

41 생리활성물질과 전구체가 되는 아미노산의 연결은 다음과 같다.
- 도파민, 노르에피네프린, 에피네프린 - 티로신
- 타우린 - 시스테인
- 세토로닌 - 트립토판
- 히스타민 - 히스티딘

42 이중나선구조의 폴리뉴클레오티드인 DNA는 유전정보를 지니고 있으며, 이 암호는 생명의 필수 도구인 단백질 합성을 결정한다. DNA의 염기서열은 종에 따라 다르지만, 동일한 종의 세포에는 같은 조성으로 이루어진다. DNA 내부에 위치한 염기쌍 내 C와 G의 농도는 동일하며, RNA의 경우는 동일하지 않다.

정답 38. ④ 39. ⑤ 40. ④ 41. ③ 42. ④

43 DNA와 RNA의 차이점으로 옳은 것은?

① DNA는 우라실로 구성되어 있고 RNA는 티아민으로 구성되어 있다.
② DNA는 이중나선구조, RNA는 삼중나선구조로 구성되어 있다.
③ DNA는 핵 내에서만 발견되고 RNA는 세포 내 어디로 이동할 수 있다.
④ DNA는 4개의 염기 종류, RNA는 5개 염기 종류로 구성될 수 있다.
⑤ DNA와 RNA는 5탄당인 리보오스로 구성되어 있다.

43 DNA는 디옥시리보오스, 인산과 염기(아데닌, 티민, 구아닌, 시토신)로 구성된 nucleotide가 연결된 이중나선구조로 핵에서 발견된다. RNA는 리보오스, 인산, 염기(아데닌, 우라실, 구아닌, 시토신)로 구성된 nucleotide가 연결된 단일 나선으로 세포 내에서 발견된다.

44 아데노신을 함유하는 물질이 아닌 것은?

① TPP
② FAD
③ ATP
④ NAD^+
⑤ 보조효소 A

44 보조효소 A(Coenzyme A)는 3'-phosphoadenosine diphosphate기를 가지고 있으며, nicotinamide adenine dinucleotide(NAD^+)와 flavin adenine dinucleotide(FAD)는 아데노신을 함유하고 있다.

45 Watson-Crick이 제안한 DNA 염기쌍으로 옳은 것은?

① A-G와 A-T
② A-G와 C-T
③ A-T와 C-G
④ A-T와 C-T
⑤ A-G와 C-G

45 A=T, G=C, A+G=T+C

46 DNA의 구조에 대한 설명 중 옳은 것은?

① DNA는 염기쌍 서열에 따라 상이한 구조를 갖는다.
② DNA는 두 가닥의 폴리뉴클레오솜으로 구성되어 있다.
③ 뉴클레오티드를 구성하는 분자는 염기, 오탄당, 엽산이다.
④ DNA를 구성하고 있는 염기쌍들은 공유결합으로 연결되어 있다.
⑤ DNA의 뉴클레오티드와 뉴클레오티드 간에는 펩티드 결합으로 연결된다.

46 DNA의 뉴클레오티드 간은 포스포디에스테르 결합으로 이루어져 있다. 뉴클레오티드는 염기, 오탄당, 인산으로 구성된다. DNA의 염기쌍들은 비공유결합인 수소결합으로 연결되어 있다.

47 어떤 DNA의 아데노신 잔기는 15개, 시티딘 잔기는 22개라고 한다. 티미딘 잔기는 몇 개인가?

① 7개
② 15개
③ 22개
④ 29개
⑤ 37개

47 DNA 이중나선구조에서 아데닌과 티민, 구아닌과 시토신은 각각 동일한 개수를 지니고 있다.

정답 43. ③ 44. ① 45. ③ 46. ① 47. ②

48 **핵단백질의 가수분해 순서로 옳은 것은?**

① 핵단백질 – 핵산 – 뉴클레오티드 – 뉴클레오시드 – 염기
② 핵단백질 – 뉴클레오티드 – 핵산 – 뉴클레오시드 – 염기
③ 핵단백질 – 핵산 – 뉴클레오시드 – 뉴클레오티드 – 염기
④ 핵단백질 – 뉴클레오티드 – 핵산 – 뉴클레오시드 – 염기
⑤ 핵단백질 – 뉴클레오티드 – 뉴클레오시드 – 핵산 – 염기

49 **단백질 합성의 주형 역할을 하는 것은?**

① DNA ② tRNA
③ rRNA ④ mRNA
⑤ deoxyribose

50 **뉴클레오티드(nucleotide)에 대한 설명으로 옳은 것은?**

① 뉴클레오티드는 질소 염기, 오탄당, 하나 또는 그 이상의 인산기의 세 부분으로 구성된다.
② 질소염기에는 리보오스나 디옥시리보오스가 있다.
③ 질소 염기와 오탄당이 글리코시드 결합에 의해 연결된 분자를 뉴클레오티드라고 한다.
④ 자연에 발생하는 대부분의 뉴클레오티드는 7′–인산에스테르이다.
⑤ 뉴클레오티드는 염기의 성질을 가지고 있다.

51 **DNA에서 아데닌(adenine) 함량이 30%일 때, guanine의 함량은?**

① 5% ② 10%
③ 15% ④ 20%
⑤ 25%

52 **DNA 구조에 대한 설명으로 옳은 것은?**

① DNA의 두 가닥들은 5′에서 3′ 방향으로 평행으로 배열되어 있다.
② 아데닌–티민 염기쌍은 3개의 수소결합을 갖고 있다.
③ 원핵생물 DNA는 보통 단백질과 복합체를 이루고 있다.
④ 상보적인 염기쌍 약 10개가 나선 한 바퀴를 이루고 있다.
⑤ DNA는 좌선성(left – handed) 이중나선으로 구성되어 있다.

48 염기 – (+당) 뉴클레오시드 – (+인산) 뉴클레오티드 – 핵산 – 핵단백질

49
① DNA : 유전정보의 저장
② tRNA(transfer RNA) : 단백질 합성을 위해 아미노산을 리보솜으로 운반하며, 20개의 아미노산 중 적어도 한 타입의 tRNA가 존재한다.
③ rRNA(ribosomal RNA) : 세포 내에서 가장 많이 존재하는 RNA로서 약 80%를 차지하며, 2차 구조는 매우 복잡하다.
④ mRNA(messenger RNA) : 단백질 합성을 위해 DNA로부터 정보를 그대로 복사하여 운반하는 역할, 즉 폴리펩티드 사슬을 암호화한다. 세포의 총 RNA 중 약 5%를 차지한다.

50 뉴클레오티드는 뉴클레오시드(질소 염기+오탄당)과 하나 또는 그 이상의 인산기의 세 부분으로 구성된다. 질소 염기에는 퓨린이나 피리미딘 염기, 오탄당에는 리보오스와 디옥시리보오스가 있다. 자연에 발생하는 대부분의 뉴클레오티드는 5′–인산에스테르이며, 뉴클레오티드가 가지고 있는 인산기로 인하여 뉴클레오티드는 산의 성질을 가지게 된다.

51 DNA의 adenine 함량이 30%일 때 염기쌍을 이루는 thymine 함량도 30%이므로 나머지 40%가 cytocine과 guanine 염기쌍의 함량이고 guanine만의 함량은 20%이다.

52 DNA의 두 가닥은 서로 역평행으로 배열하고 있고, 아데닌–티민 염기쌍은 2개의 수소결합을 갖는다. 진핵생물의 DNA는 단백질과 복합체를 이루고 있으나 원핵생물은 그렇지 않다. DNA는 우선성(right–handed) 이중나선구조로 구성되어 있다.

정답 48. ① 49. ④ 50. ① 51. ④ 52. ④

53 DNA 복제의 기전은?

① 반보존적
② 분산적
③ 비례적
④ 이중나선적
⑤ 혼합적

53 DNA 복제의 기전은 두 가닥이 서로 분리된 후 각 가닥이 상보적인 가닥을 만들기 위해 주형으로 작용한다. 두 개의 새로운 DNA 분자 각각의 한 가닥은 원래 있던 가닥이고 나머지 가닥은 새로운 가닥이므로 **반보존적(semiconservative) 기전**이라 한다.

54 tRNA에 대한 설명으로 옳은 것은?

① tRNA는 리보솜의 구조를 이루는 구성성분이다.
② tRNA는 유전정보를 DNA로부터 리보솜으로 운반하는 역할을 한다.
③ tRNA는 아미노산과 결합하여 리보솜에서 펩티드 결합에 사용될 수 있게 한다.
④ tRNA는 사슬 내에 수소결합이 없다.
⑤ tRNA의 안티코돈 염기와 mRNA의 코돈 염기와의 결합은 정확히 상보적이다.

54 유전정보를 DNA로부터 리보솜으로 운반하는 역할을 하는 것은 **mRNA**이며, 리보솜의 구조를 이루는 구성성분은 **rRNA**이다.

55 5′–TAGC–3′ 서열을 갖는 DNA 주형이 전사되면 어떤 배열의 RNA가 생성되는가?

① 5′–ATCG–3′
② 5′–AUCG–3′
③ 5′–GCUA–3′
④ 5′–GCTA–3′
⑤ 5′–TAGC–3′

55 전사는 DNA 주형의 **3′에서 5′ 방향**을 따라 합성해 가며, RNA 서열은 T 대신 **U로 교체**된다.

56 진핵세포의 mRNA에 대한 설명으로 옳은 것은?

① 완전 이중나선구조이다.
② 핵 밖으로 유전정보를 전달한다.
③ 5′ 부위에 폴리아데닐화가 일어난다.
④ DNA로부터 복제과정을 통해 합성된다.
⑤ 3′ 부위에 모자구조(capping)가 부가된다.

56 mRNA는 **전사과정**을 통해 생성되며 5′ capping, 3′ **폴리아데닐화**, splicing 등의 추가적인 프로세싱 과정을 거친 후, 핵 바깥으로 유전정보를 전달한다. 부분적으로 이중나선구조를 이루는 3차 구조를 하고 있다.

57 RNA 전사 개시를 인식하는 DNA 주형의 공통염기배열을 지닌 부위는?

① codon
② exon
③ intron
④ operon
⑤ promoter

57 **promoter**는 DNA 주형의 공통염기배열을 지닌 부위로서 RNA 전사 개시의 인식에 관여한다.

정답 53. ① 54. ③ 55. ③ 56. ② 57. ⑤

58 mRNA의 역할은?

① 리보솜의 구조성분
② 단백질 합성에서 연결자 역할
③ 아미노산의 활성화 역할
④ 유전정보를 DNA로부터 리보솜으로 운반하는 역할
⑤ DNA를 수복하는 역할

58 RNA에는 mRNA, tRNA, rRNA가 있다. **전령 RNA(mRNA)**는 유전정보를 DNA로부터 리보솜으로 운반하는 역할을 한다. **전달 RNA(tRNA)**는 단백질 합성에서 연결자 역할을 하고, **리보솜 RNA(rRNA)**는 리보솜의 구조 성분이다.

59 염색체 DNA 내에서 유전자산물(gene product)에 대한 정보를 소유하여 코딩하는 영역을 무엇이라고 부르는가?

① 크로마틴 ② 인트론
③ 엑손 ④ 텔로미어
⑤ tRNA

59 **크로마틴**은 히스톤단백질을 중심으로 DNA 나선이 코일과 같이 감긴 후 nucleosome을 만들어 모인 것을 말한다. **인트론**은 염색체 DNA 내의 유전자산물을 코딩하지 않는 영역을 말하고, **텔로미어**는 각 chromosome 끈 부분에 존재하면서 DNA 복제 시 유전정보를 소유한 영역을 보호하는 기능을 가진 구조체를 말한다. **tRNA**는 특정 단백질 합성을 위해 아미노산을 순서대로 리보솜으로 운반하는 역할을 하는 분자를 일컫는다.

60 메틸기의 공여체로서 작용하는 물질은?

① glutathione ② SAM
③ glutamine ④ heme
⑤ porphyrin

60 SAM은 메틸기 공여체로서, 노르에피네프린이 에피네프린으로, 포스파티딜에탄올아민이 포스파티딜콜린으로 전환되는 과정에 관여한다.

61 전구체 mRNA에서 성숙 mRNA를 만드는 과정을 무엇이라고 하는가?

① 접합(splicing)
② 회복(repair)
③ 중합(polymerization)
④ 번역(translation)
⑤ 전사(transcription)

61 전구체 RNA는 유전자를 coding하는 intron과 exon 부분을 모두 소유하므로 성숙된 mRNA를 만들기 위해서는 **splicing 과정에 의해 intron을 절제**하게 된다.

62 단백질 생합성에 필요한 과정의 설명으로 옳은 것은?

① 아미노산의 aminoacyl-UMP 형태로 활성화
② mRNA의 DNA 번역
③ 리보솜 위에서 mRNA와 tRNA의 결합
④ 만들어진 펩티드 사슬의 아미노기 말단에 새로운 아미노산 결합
⑤ 단백질 생합성에 필요한 과정에서는 ATP 소모가 없음

62
① 아미노산이 aminoacyl-tRNA 형태로 활성화된다.
② mRNA의 DNA 복사과정이 필요하다.
④ 만들어진 펩티드 사슬의 카르복시 말단에 새로운 아미노산이 연결된다.
⑤ aminoacyl-tRNA 형성 시 ATP를 소모한다.

정답 58. ④ 59. ③ 60. ② 61. ① 62. ③

63 단백질의 생합성에서 활성화된 아미노산 형태는?

① aminoacyl – AMP
② aminoacyl – tRNA
③ aminoacyl – rRNA
④ aminoacyl – UMP
⑤ aminoacyl – CDP

64 tRNA의 역할은?

① rRNA 식별
② 아미노산 운반
③ 유전자 정보 전달
④ DNA 수복
⑤ 전사과정 참여

65 단백질의 생합성이 일어나는 세포 내 장소는?

① lysosome
② peroxisome
③ ribosome
④ nucleus
⑤ mitochondria

66 완전한 촉매작용을 가지고 있는 효소는?

① 아포효소(apoenzyme)
② 보조인자(cofactor)
③ 조효소(coenzyme)
④ 완전효소(holoenzyme)
⑤ 아포단백질

67 효소의 촉매반응에 영향을 주는 것으로 옳은 것은?

① 압력
② 온도
③ 구조
④ 삼투압
⑤ 기계적 스트레스

68 효소에 대한 설명으로 옳은 것은?

① 효소는 생체 내 반응속도를 감소시킨다.
② 한 개의 효소는 몇 가지 기질에 작용한다.
③ 효소의 활성은 대부분 알칼리성에서 가장 크다.
④ 효소반응은 일반적인 화학반응보다 활성화 에너지가 낮다.
⑤ 효소는 단백질에 비단백질 부분이 결합되어야만 작용한다.

63 단백질의 생합성에서 아미노산은 aminoacyl-tRNA 형태로 활성화된다.

64 mRNA는 직접 아미노산을 선택할 수 없으므로 단백질 합성 시에는 tRNA가 **mRNA codon을 식별하고 아미노산을 운반**하는 역할을 한다.

65 ribosome에서 단백질의 생합성이 일어난다.

66 아포효소 + 보조인자(조효소 또는 무기이온) = 홀로효소(완전효소)

67 효소의 구조와 활성은 온도와 pH에 의해 변화한다. 적당한 온도 증가는 효소와 기질 사이의 충돌 수를 증가시키므로 일반적으로 화학반응속도는 온도가 높아질수록 증가한다. 그러나 효소는 단백질이므로 높은 온도에서는 변성된다. 효소가 최고의 촉매활성을 나타내는 온도를 **최적 온도**라고 한다. 최적 온도보다 더 높으면 효소의 활성은 현저하게 감소한다. 효소의 촉매활성은 활성자리의 이온화 상태에 따라 변한다. 대부분 효소는 좁은 pH 범위 내에서 촉매활성을 나타낸다. 최고의 촉매활성을 나타내는 pH를 **최적 pH**라고 하며 최적 pH는 효소의 종류에 따라 달라서 펩신은 pH 2이고, 키모트립신은 8이다.

68 효소는 단백질로 이루어져 있고, 단순단백질로 된 효소와 비단백질 부분과 결합된 효소가 있다. 효소는 기질특이성이 있으며, 대부분 중성에서 활성이 크다.

정답 63. ② 64. ② 65. ③ 66. ④ 67. ② 68. ④

69 **활성화 에너지란?**

① 기저 상태의 에너지
② 전이 상태의 에너지
③ 기저 상태와 전이 상태의 에너지 차이
④ 반응 후의 에너지
⑤ 반응 전과 후의 에너지 차이

70 **효소반응에 대한 설명으로 가장 옳은 것은?**

① 경쟁적 저해 시에는 Km 값이 감소한다.
② Km 값이 높을수록 기질 친화력이 높다.
③ 반응생성물이 많아질수록 반응속도가 빨라진다.
④ Km은 1/2 Vmax에 도달하기 위해 필요한 기질의 농도이다.
⑤ 기질 농도가 Km 값보다 높아질수록 효소 반응속도는 직선적으로 증가한다.

71 **효소반응의 초기속도(Vo)가 최대 반응속도(Vmax)의 1/2일 때, Km은?**

① [S] ② 1/[S]
③ 1/2[S] ④ 2[S]
⑤ [S]2

72 **효소의 지모겐(불활성형 전구체)과 활성화 물질의 연결로 옳은 것은?**

① fibrinogen – Ca
② pepsinogen – HCl
③ trypsinogen – gastrin
④ chymotrypsinogen – rennin
⑤ phosphorylase b – phosphorylase a

73 **다음 중 TCA cycle과 요소회로가 공동으로 공유하는 물질은 무엇인가?**

① α– ketoglutarate ② succinyl CoA
③ oxaloacetate ④ fumarate
⑤ citrate

69 **활성화 에너지**란 기질을 기저상태(안정되고 에너지가 낮은 형태의 분자)에서 전이상태(반응의 정점)까지 올리는 데 필요한 에너지이다. 충돌하는 분자들이 활성화 에너지를 가지고 있을 때 화학반응은 일어난다.

71 V = Vmax[S] / ([S] + Km)
V = 1/2 Vmax를 대입하면,
2[S] = [S] + Km
따라서 Km = [S]

72
① fibrinogen–thrombin
③ trypsinogen–enterokinase
④ chymotrypsinogen–trypsin
⑤ phosphorylase b–phosphorylase b kinase

73 요소회로에서 아르지니노석신산 분해효소에 의해 **푸마르산**이 생성되는데, 이는 TCA 회로의 중간산물로 두 회로가 서로 연결되어 크렙스 이회로라고 부른다.

정답 69. ③ 70. ④ 71. ①
72. ② 73. ④

74 요소회로는 간세포의 세포질과 미토콘드리아 기질에서 일어난다.

75 이소루신, 트레오닌, 트립토판, 페닐알라닌, 티로신이 케톤 생성형이면서 글루코오스 생성형 아미노산이다.

정답 74. ④ 75. ②

74 요소회로가 일어나는 세포 내 소기관은 무엇인가?

① 세포질
② 활면소포체
③ 조면소포체
④ 미토콘드리아 내막
⑤ 미토콘드리아 막사이공간

75 다음 중 ketogenic과 glucogenic인 아미노산은 무엇인가?

① valine
② tryptophan
③ lysine
④ cysteine
⑤ 정답 없음

에너지 대사

8

학습목표 에너지 필요량, 에너지 섭취기준, 에너지 섭취 관련 문제, 에너지 대사의 통합적 조절, 알코올 대사를 이해한다.

01 식품 에너지에 대한 설명으로 옳은 것은?

① 생리적 에너지는 봄베 열량계(Bomb calorimeter)로 측정할 수 있다.
② 1 g당 생리적 에너지 함량은 단백질이 탄수화물보다 크다.
③ 단백질의 생리적 에너지는 요소합성에 필요한 에너지를 더해준다.
④ 생리적 에너지는 물리적 에너지 함량에 평균 소화율을 곱해서 구한다.
⑤ 생리적 에너지와 물리적 에너지의 차가 가장 적은 에너지영양소는 지방이다.

02 1 g당 직접 열량계에서의 에너지와 생리적 에너지가 옳게 짝지어진 것은?

① 알코올 : 9 kcal, 7 kcal
② 지질 : 9.45 kcal, 9 kcal
③ 알코올 : 7.5 kcal, 7 kcal
④ 단백질 : 4.15 kcal, 4 kcal
⑤ 탄수화물 : 5.65 kcal, 4 kcal

03 단백질 1 g당 질소의 불완전 연소로 인해 손실되는 에너지는?

① 0.1 kcal
② 0.15 kcal
③ 0.45 kcal
④ 1.25 kcal
⑤ 1.65 kcal

04 호흡계수에 대한 설명으로 옳은 것은?

① 일상식의 호흡계수는 0.85 정도이다.
② 산화되는 영양소에 관계없이 비슷하다.
③ 포도당, 지방, 단백질 중 지방의 호흡계수가 가장 크다.
④ 호흡계수가 1에 가까울수록 지방 산화가 많음을 의미한다.
⑤ 임상적으로 호흡계수가 0.9보다 적으면 굶은 상태를 의미한다.

---

01 식품 중의 탄수화물, 지질, 단백질이 내는 에너지 함량은 밤(bomb) 열량계를 이용해 측정한다. 탄수화물, 지질, 단백질의 **물리적 에너지**는 각각 4.15 kcal, 9.45 kcal, 5.65 kcal이다. **생리적 에너지**는 물리적 에너지에 탄수화물, 지질, 단백질의 소화흡수율(각각 98%, 95%, 92%)을 곱해서 구한다. 단백질은 여기에서 요소 합성에 사용되는 에너지 1.25 kcal/g을 빼야 한다. **탄수화물, 지질, 단백질의 생리적 에너지는 각각 4 kcal, 9 kcal, 4 kcal이다.** 생리적 에너지와 물리적 에너지의 차가 가장 적은 영양소는 탄수화물이다.

02 탄수화물, 지질, 단백질, 알코올의 물리적 에너지는 각각 4.15 kcal, 9.45 kcal, 5.65 kcal, 7.1 kcal이다.

03 단백질 1 g당 소변으로 배설되는 요소의 에너지는 1.25 kcal이다.

04 **호흡계수**는 영양소의 종류에 따라 다르며, **포도당 1.0, 지방 0.7, 단백질 0.8로**, 호흡계수가 1에 가까울수록 포도당 산화가 많고, 0.7에 가까울수록 지방 산화가 많음을 의미한다. 임상적으로는 호흡계수가 0.8보다 적으면 에너지 섭취부족, 0.7보다 적으면 굶은 상태, 1보다 많으면 지방 합성이 이루어지는 상태를 의미한다.

정답 01. ④ 02. ② 03. ④ 04. ①

05 호흡계수는 호흡 시 배출한 이산화탄소량을 소모한 산소량으로 나눈 값(CO_2/O_2)을 말한다.

06 탄수화물과 지방이 산화할 때의 호흡상은 비단백호흡상이다.

07 호흡계수는 호흡 시 배출한 이산화탄소량을 소모한 산소량으로 나눈 값(CO_2/O_2)을 말한다. 영양소별 호흡계수는 지방 : 0.70~0.71, 단백질 : 0.80~0.82, 혼합식 : 0.85, 당질 : 1.0, 기초대사 조건 0.82이다.

08 호흡계수
- 지방 : 0.70~0.71
- 단백질 : 0.80~0.82
- 당질 : 1.0

09 탄수화물만 연소될 때 RQ 값은 1, 지방산만 산화될 때 약 0.7, 단백질은 지방에 비해 평균 원소 조성이 정확하지 않고 소변으로 배설되는 질소화합물이 많으므로 정확하게 계산하기 어렵다. 일반적으로 소변으로 배설되는 질소량을 제외하고 RQ 계산값은 약 0.8 정도이다.

10 호흡상은 호흡 시 배출한 이산화탄소량을 소모한 산소량으로 나눈 값(CO_2/O_2)을 말한다. 탄수화물, 지방, 단백질이 연소될 때의 RQ 값은 각각 약 1.0, 0.7, 0.8이며 이들이 혼합된 식사를 할 경우에는 보통 0.85 정도를 나타낸다. 즉, 탄수화물이 산화될 때 소모되는 산소량은 지방이나 단백질이 산화될 때 소모되는 산소량보다 적다.

정답 05. ⑤ 06. ③ 07. ① 08. ④ 09. ③ 10. ⑤

05 호흡계수(RQ, Respiratory Quotient)의 산출식으로 옳은 것은?

① 배출된 O_2의 용적/소모된 CO의 용적
② 배출된 O_2의 용적/소모된 CO_2의 용적
③ 소모된 CO_2의 용적/배출된 O_2의 용적
④ 소모된 CO_2의 용적/소모된 O_2의 용적
⑤ 배출된 CO_2의 용적/소모된 O_2의 용적

06 탄수화물과 지방만을 산화할 때의 호흡상으로 옳은 것은?

① 지방호흡상 ② 단백호흡상
③ 비단백호흡상 ④ 비지방호흡상
⑤ 비탄수화물호흡상

07 영양소의 호흡계수(RQ)로 옳은 것은?

① 지방 RQ－0.7
② 당질 RQ－0.7
③ 단백질 RQ－1.0
④ 혼합식사 RQ－0.9
⑤ 기초대사 조건 RQ－0.85

08 호흡계수가 낮은 순서대로 나열된 것은?

① 단백질－당질－지방 ② 단백질－지방－당질
③ 당질－단백질－지방 ④ 지방－단백질－당질
⑤ 지방－당질－단백질

09 체내 대사에서 에너지 효율이 가장 낮은 영양소는?

① 무기질 ② 지방산
③ 단백질 ④ 비타민
⑤ 탄수화물

10 인체의 호흡계수(RQ) 값이 0.98로 측정되었을 때 추정할 수 있는 식사 패턴으로 옳은 것은?

① 혼합식 ② 고단백식
③ 고지방식 ④ 고비타민식
⑤ 고탄수화물식

11 **호흡계수 값이 0.70일 때 대상자가 섭취한 식사는 주로 어떤 성분으로 구성되어 있는가?**

① 당질　② 지방
③ 단백질　④ 비타민
⑤ 당질과 단백질

12 **1일 에너지 소비 구성 요소가 <u>아닌</u> 것은?**

① 활동대사량　② 기초대사량
③ 적응대사량　④ 수면대사량
⑤ 식사성 발열효과

13 **보통 활동을 하는 성인의 1일 소비 에너지를 구성하는 요인별 비율이 옳은 것은?**

① 기초대사량 – 60～70%
② 활동대사량 – 40～50%
③ 휴식대사량 – 20～30%
④ 적응대사량 – 15～20%
⑤ 식이성 발열효과 – 20%

14 **기초대사량이 1,600 kcal이고 활동대사량이 400 kcal인 성인 여성의 식품 이용을 위한 에너지 소비량 계산식으로 옳은 것은?**

① (1,600+400)×0.1
② (1,600+400)×0.3
③ (1,600+400)×0.5
④ (1,600+400)×0.7
⑤ (1,600+400)×0.9

15 **측정조건이 까다로운 기초대사량 대신에 사용할 수 있는 것은?**

① 적응대사량
② 활동대사량
③ 수면대사량
④ 휴식대사량
⑤ 식품이용을 위한 에너지 소모량

---

11 호흡계수
- 지방 : 0.70～0.71
- 단백질 : 0.80～0.82
- 혼합식 : 0.85
- 당질 : 1.0

12 **기초대사량**은 인체가 생명을 유지하기 위해 소비하는 최소한의 에너지이다. **활동대사량**은 의식적인 신체활동을 수행하는 데 필요한 근육의 수축과 이완에 소비되는 에너지이다. **식사성 발열효과**는 식품 섭취 후 영양소의 소화와 흡수, 이동, 대사, 저장 및 이 과정에의 자율신경계 활동 증진으로 인해 소비되는 에너지이다. **적응대사량**은 인체가 변화하는 환경에 적응하기 위해 소비하는 에너지이다.

13 1일 소비 에너지를 구성하는 요인은 평균적으로 기초대사량(60～70%), 활동대사량(20～40%), 식이성 발열효과(식품이용을 위한 에너지소모량, 10%)이다. 휴식대사량은 1일 총 에너지 필요량의 65～75%, 적응대사량은 총 에너지 소비의 7% 정도이다.

14 식사성 발열효과는 (기초대사량+활동대사량)×10%로 계산한다.

15 **휴식대사량**은 식후 몇 시간이 지나 휴식 상태에서 에너지 소모량을 측정하므로 기초대사량보다 **측정하기 편리하고 기초대사량과 비교하여 10% 이내의 차이**가 있다. 적응대사량은 환경변화에 적응하는 데 요구되는 에너지로 총 에너지 소비량의 약 7% 정도이며, 1일 에너지 소비량 계산 시에는 포함되지 않는다.

정답 11. ② 12. ④ 13. ① 14. ① 15. ④

16 기초대사에 포함되는 항목은?

① 소변생성
② 자세유지
③ 근육활동
④ 소화흡수
⑤ 추위적응

16 **기초대사**란 생명을 유지하기 위한 체내대사 및 작용으로 무의식적으로 일어나는 **심장박동과 혈액순환, 호흡작용, 소변생성, 체온조절 등과 성장**을 말한다.

17 우리나라의 영양소 섭취기준에 대한 설명으로 옳은 것은?

① 충분섭취량은 평균필요량과 권장섭취량 사이로 설정한다.
② 권장섭취량은 평균필요량의 1.98배를 섭취하도록 산출한 수치이다.
③ 탄수화물과 지질의 섭취기준은 에너지필요추정량으로 설정되어 있다.
④ 평균필요량은 대상 집단의 필요량 분포치 중앙값으로부터 산출한 수치이다.
⑤ 상한섭취량은 인체건강에 유해한 현상이 나타나는 최대 영양소 섭취수준이다.

17 탄수화물과 지질의 섭취기준은 에너지 적정비율로 설정되어 있다. **충분섭취량**은 주로 역학조사에서 관찰된 건강한 사람들이 섭취한 영양소 섭취량의 중앙값을 기준으로 정하며 권장섭취량과 상한섭취량 사이로 설정한다. **상한섭취량**은 인체건강에 유해한 현상이 나타나지 않는 최대 영양소 섭취수준이다. **권장섭취량**은 평균필요량에 1.98배의 표준편차를 더해 산출한 값이다.

18 인체의 에너지 대사량 측정방법에 대한 설명으로 옳은 것은?

① 직접 에너지측정법은 열량계 안에서 생성되는 에너지는 체온의 상승수치로 측정한다.
② 간접 에너지측정법은 소비하는 이산화탄소량과 배출하는 산소 및 질소량으로부터 산출한다.
③ 간접 에너지측정법은 영양소의 종류에 따라 산소 소비량과 이산화탄소 및 질소 배출량이 같다는 사실에 기초한다.
④ 이중수분표시방법은 활동에 제한이 있어 평상시 활동을 유지하기 어렵다.
⑤ 이중수분표시방법은 동위원소로 표지된 물을 섭취한 후 체수분을 채취하여 농도 변화를 측정하여 산출한다.

18 **직접 에너지측정법**은 열량계 안에서 활동 시 생성되어 발산되는 열을 측정하는 방법으로 특수한 설비가 필요하고 비용이 많이 들기 때문에 최근에는 거의 사용하지 않는다. **간접 에너지측정법**은 활동 시 소비하는 산소량과 배출하는 이산화탄소량으로부터 호흡계수를 계산한 후, 대사되는 에너지 영양소의 조성비를 예측하여 소비에너지를 산출하는 방법이다. 이는 인체가 에너지를 낼 때 사용하는 에너지원의 종류에 따라 일정량의 산소를 소비하고 일정량의 이산화탄소를 배출한다는 사실에 기초한다. **이중수분표시방법**은 평상시 활동을 그대로 유지하는 상태에서 에너지소비량을 측정하므로 정확도가 높다. 동위원소로 표지된 $2H_2O$와 H_2O_{18}를 함유한 물을 섭취한 후 2주 동안 체수분(요, 타액, 혈청)을 수시로 채취하여 농도 변화를 측정하여 산출한다.

19 기초대사량(BMR, basal metabolic rate)에 대한 설명으로 옳은 것은?

① 나이에 비례한다.
② 임신 시에 감소한다.
③ 체지방량에 비례한다.
④ 휴식대사량과 큰 차이가 없다.
⑤ 월경 직전에 감소하고, 시작 후에 증가한다.

19 **기초대사량**은 **제지방량**(lean body mass)에 비례한다. 월경 직전에는 증가하고, 시작 후에는 감소한다. 휴식대사량(resting metabolic rate)과 기초대사량은 큰 차이가 없으며, 기초대사량보다 측정하기 쉬워 많이 이용한다. **임신 중**에는 기초대사량이 25% 정도 상승한다. **어린이가 노인에 비해 기초대사량이 크다.**

정답 16. ① 17. ④ 18. ⑤ 19. ④

20 기초대사량에 영향을 미치는 요인에 대한 설명으로 옳은 것은?

① 겨울에는 감소한다.
② 일반적으로 근육량에 비례한다.
③ 단위체중당으로 보면 출생 초기에 가장 낮다.
④ 같은 체중이라면 키가 작은 사람에게서 더 높다.
⑤ 근육이 잘 발달된 운동선수는 일반인에 비해 더 낮다.

20 기초대사량은 **근육량에 비례**하며, **기온**이 낮으면 증가하고, 기온이 높으면 감소한다. 같은 체중이라도 **키가** 크거나, 근육량이 많은 경우 더 높으며, 단위체중당 기초대사량은 **출생 초기에 가장 높다.**

21 기초대사량을 증가시키는 조건으로 옳은 것은?

① 임신
② 잠자는 동안
③ 체지방량 증가
④ 높은 환경 온도
⑤ 갑상선호르몬 분비 감소

21 기초대사량을 **증가시키는 요인**에는 근육량, 체표면적, 갑상선 호르몬, 성장(영유아, 임신), 기온하강, 발열, 화상, 스트레스 등이 있으며, 기초대사량을 **감소시키는 요인**에는 수면, 영양불량, 연령의 증가, 기온상승 등이 있다. 임신 시에는 태아와 모체조직의 대사 증가로 기초대사량이 증가한다.

22 기초대사량이 증가하는 경우로 옳은 것은?

① 수면
② 고열
③ 단식
④ 체지방 증가
⑤ 갑상선기능저하증

22 **기초대사량을 높이는 요인**
체중 증가, 덥거나 추운 기후, 고열, 갑상선기능항진증, 스트레스, 카페인, 흡연, 근육량 증가, 급속한 성장, 임신 등

23 기초대사량을 감소시키는 요인은?

① 나이가 어릴수록
② 날씨가 더울수록
③ 근육량이 많을수록
④ 체표면적이 넓을수록
⑤ 에너지 섭취량이 많을수록

23 **나이**가 증가하거나, **에너지 섭취량**의 감소는 기초대사율은 감소한다. **환경온도**가 낮거나 **성장 시**에는 기초대사량이 증가한다.

24 기초대사량이 낮아지는 경우로 옳은 것은?

① 임신
② 성장
③ 체중 증가
④ 근육량 감소
⑤ 갑상샘기능 항진

24 **기초대사량을 낮추는 요인**
연령 증가, 갑상선기능저하증, 여성, 기아/단식, 수면 등

25 신체구성 성분 중 기초대사량에 영향을 미치는 요인은?

① 골격량
② 근육량
③ 수분량
④ 지방량
⑤ 혈액량

25 기초대사량은 하루 소모에너지의 60~70%를 차지하며, 개인 간의 차이가 크고, **신체 구성성분**의 영향을 크게 받아 제지방량(LBM, lean body mass)에 비례한다. 따라서 운동선수나 심한 근육노동자는 대사활동량이 많은 근육조직이 발달하여 기초대사량이 높다.

정답 20. ② 21. ① 22. ②
23. ② 24. ④ 25. ②

26 기초대사량 측정 시 갖추어야 할 조건으로 옳은 것은?

① 수면 상태
② 운동 직후
③ 식사 후 30분 이내
④ 12시간 이상 공복 후
⑤ 휴식을 취하고 있는 상태

27 에너지 소모량이 가장 큰 활동은?

① 운전 ② 빨래
③ 조리 ④ 농사
⑤ 목공

28 적응을 위한 에너지 소모량에 속하지 않는 것은?

① 과식 ② 창상
③ 환경변화 ④ 내분비 유지
⑤ 추운 환경에 노출

29 어느 날 탄수화물 300 g, 단백질 65 g, 지방 60 g을 섭취한 사람이 섭취한 탄수화물 : 단백질 : 지방의 에너지 섭취 비율은?

① 55% : 22% : 23% ② 60% : 13% : 27%
③ 60% : 15% : 25% ④ 65% : 12% : 23%
⑤ 65% : 15% : 20%

30 17세의 여성이 에너지는 한국인 에너지 필요추정량만큼 섭취하고, 탄수화물은 에너지의 60%를 섭취하였다. 이 사람이 섭취한 탄수화물은 몇 g인가?

① 300 g ② 330 g
③ 360 g ④ 390 g
⑤ 420 g

31 19~29세 여성의 경우, 2020 한국인 영양소 섭취기준에서 제시하는 지질의 에너지 적정비율 안에 포함되는 섭취량(g)은?

① 10 ② 20
③ 30 ④ 50
⑤ 70

---

26 기초대사량은 상온 조건에서 아침 식사 전에 식품 이용을 위한 에너지 소모량이 배제된 상태에서 누워서 간접열량계로 측정한다.

27 휴식대사량(수면 1.0)을 기준으로 한 활동별 에너지 소모량은 운전, 타이핑, 카드놀이 1.4, 사무, 가벼운 조리, 설거지 1.7, 간단한 청소 2.7, 빨래, 청소, 페인트칠 3.4, 수리, 목공, 정원일 5.0, 농사, 광업, 격심한 운동 6.0배이다.

28 추운 환경에 노출되거나 과식, 창상 및 기타 스트레스 환경은 적응을 위한 에너지가 필요하다. 주로 갈색지방조직의 열 발생 기전과 관련된다. 내분비 유지는 생명을 유지하기 위해 일어나는 대사작용이므로 기초대사량과 관련이 있다.

29 탄수화물, 단백질, 지방은 1 g에 각각 4 kcal, 4 kcal, 9 kcal의 에너지를 내므로 탄수화물로부터는
300 g × 4 kcal = 1,200 kcal
단백질로부터는
65 g × 4 kcal = 260 kcal
지방으로부터는
60 g × 9 kcal = 540 kcal
의 에너지가 섭취된다. 이를 합하면 2,000 kcal이므로 에너지 섭취 비율은
탄수화물 1,200 ÷ 2,000 × 100 = 60%,
단백질 260 ÷ 2,000 × 100 = 13%,
지방 540 ÷ 2,000 × 100 = 27%이다.

30 15~18세 한국 여성의 에너지 필요추정량 2,000 kcal의 60%는 2,000 kcal × 0.6 = 1,200 kcal이다. 탄수화물 1 g은 4 kcal를 내므로
1,200 kcal ÷ 4 kcal = 300 g이다.

31 19~29세 여성의 경우, 2020 한국인 영양소 섭취기준에서 제시하는 지질의 에너지 적정비율은 15~30%로서 2,000 kcal에서는 지질로부터 섭취하는 에너지는 300~600 kcal이다. 지질은 1g당 9 kcal의 에너지를 내므로, 약 33.3(300 kcal ÷ 9 kcal)~66.7(600 kcal ÷ 9 kcal)g이다.

정답 26. ④ 27. ④ 28. ④
29. ② 30. ① 31. ④

32 15~18세 여성의 경우, 2020 한국인 영양소 섭취기준에서 제시하는 탄수화물의 에너지 적정비율에 따른 섭취량으로 볼 수 있는 것은?

① 280 g ② 260 g
③ 240 g ④ 220 g
⑤ 200 g

33 아침식사로 식빵 2쪽(식빵 1쪽의 무게 35 g, 단백질 8%, 지방 6%, 당질 50% 함유)과 우유 1컵(단백질 3%, 지방 3%, 당질 5% 함유)을 마셨을 때 섭취한 에너지는?

① 259 kcal ② 318 kcal
③ 345 kcal ④ 404 kcal
⑤ 459 kcal

34 식품 이용을 위한 에너지 소모량(TEF, thermic effect of food)이 가장 적은 것은?

① 지방 ② 단백질
③ 탄수화물 ④ 혼합식이
⑤ 모두 동일

35 식품이용을 위한 에너지 소비량이 가장 큰 식품은?

① 달걀 ② 옥수수
③ 바나나 ④ 참기름
⑤ 고구마

36 식품 이용을 위한 에너지 소모량(TEF)에 대한 설명으로 옳은 것은?

① 고지방식은 고탄수화물식보다 TEF가 높다.
② 주로 에너지가 열로 발산되므로 체온상승 효과가 있다.
③ 식사량이나 횟수와는 상관없이 총 섭취량이 같은 경우 TEF는 일정하다.
④ 일시적으로 과식을 하더라도 체중이 섭취량에 비례해 증가하지 않도록 해준다.
⑤ 탄수화물, 단백질, 지방이 혼합된 균형식사를 할 때에는 섭취 에너지의 15% 정도이다.

---

32 한국인 영양소 섭취기준(2020)에서 제시하는 탄수화물의 에너지 적정비율은 55~65%로서 2,000 kcal에서는 탄수화물로부터 섭취하는 에너지는 1,100~1,300 kcal이다. 탄수화물은 1 g당 4 kcal의 에너지를 내므로,
약 275 g(1,100 kcal÷4 kcal)~
325 g(1,300 kcal÷4 kcal)이다.

33 식빵 2쪽에서 섭취한 에너지
=(4 kcal × 8 + 9 kcal × 6 + 4 kcal × 50) × 70 / 100 ≒ 200 kcal
우유 1컵에서 섭취한 에너지
=(4 kcal × 3 + 9 kcal × 3 + 4 kcal × 5) × 200 / 100 = 118 kcal

34 식품 이용을 위한 에너지 소모량은 식이성 에너지 소모량(DIT, diet-induced thermogenesis)이라고도 하며, 과거에는 식품의 특이동적 작용(SDA, specific dynamic action of food)이라고도 하였다. 이는 식품을 섭취한 후 영양소의 소화, 흡수, 이동, 대사, 저장 및 식품 섭취에 따른 자율 신경활동의 증진 등에 소모되는 에너지이다. **지방은 TEF가 가장 적은 반면(3~4%), 단백질은 에너지의 15~30%**를 질소 제거, 요소 합성 및 포도당 신생과정에 이용하며, 탄수화물은 중성지방으로 전환되어 축적되는 대사과정을 거치므로 지방과 단백질의 중간값을 나타낸다. **혼합식**이의 경우 총 에너지 섭취량의 약 **10%** 정도이다.

35 에너지소모량은 단백질이 가장 높고, 지질이 가장 낮다.

식사성 발열효과
- 단백질 : 10~30%
- 탄수화물 : 10~15%
- 지질 : 3~4%

36 혼합식을 섭취한 경우 식품 이용을 위한 에너지 소모량은 약 10%이며, 주로 에너지가 열로 발산되므로 체온상승 효과를 나타낸다. 많은 양의 식사를 한꺼번에 먹을 경우 적은 양의 식사를 몇 시간 동안 나누어 먹을 때보다 TEF가 크다. 적응대사량은 큰 환경변화(추위, 과식 등)에 적응하기 위하여 소비되는 에너지로, 갈색지방조직에서의 열발생과 관계가 있다. 즉, 에너지의 과잉섭취 시 지방세포의 축적을 막기 위한 열발산이 증가한다.

정답 32. ① 33. ② 34. ① 35. ① 36. ②

37 백색 지방과 갈색 지방에 관한 설명으로 옳은 것은?

① 신생동물에는 갈색 지방이 없다.
② 갈색 지방세포는 ATP를 활발하게 생성한다.
③ 갈색 지방세포는 피하, 고환, 장기 주변에 주로 분포한다.
④ 인체가 추위에 노출될 때 열발생은 백색 지방세포의 ATP 생성 때문이다.
⑤ 갈색 지방은 백색 지방에 비해 미토콘드리아와 혈관이 풍부해서 갈색으로 보인다.

37 **갈색 지방세포**는 지방을 분해하여 ATP 생성 없이 열을 발생하고, **백색 지방세포**는 지방을 분해하여 지방산을 혈액으로 내보내 알부민과 결합하여 에너지원이 필요한 곳으로 운반되도록 한다.

38 갈색 지방세포의 열 발생에 대한 설명으로 옳은 것은?

① ATP 합성효소의 활성이 높다.
② 더운 환경에 노출되면 열을 발생한다.
③ 미토콘드리아의 짝풀림 단백질이 관여한다.
④ 갑상선호르몬, 성장호르몬은 갈색지방조직의 열 생산을 감소시킨다.
⑤ 추위에 노출되었을 때 신생아는 갈색지방조직이 적어 체온조절 유지가 어렵다.

38 갈색지방조직은 동물이 동면에서 깨어날 때, 추위에 노출되어 있을 때, 어린 동물에서 활성화되는 지방조직으로 열 생산이 필요할 때 관여하고 있다. 갈색지방조직의 미토콘드리아는 ATP 합성효소의 활성이 낮고, 짝풀림 단백질이 있어 ATP 생성 대신 열을 발생한다. 스트레스를 받을 때, 갑상선호르몬, 글루코코르티코이드, 성장호르몬은 갈색지방조직의 열 생산을 촉진한다.

39 에너지 필요추정량에 영향을 미치는 요인에 대한 설명으로 옳은 것은?

① 연령은 에너지 필요추정량과 양의 관계를 가진다.
② 에너지 필요추정량은 활동수준이 적용되지 않는다.
③ 여성은 남성보다 지방이 많으므로 휴식대사량이 높다.
④ 에너지 필요추정량은 임신, 수유와 같은 생리적 상태의 영향을 받는다.
⑤ 유아의 경우 1일 25 kcal, 청소년의 경우 1일 20 kcal를 성장에 따른 추가 필요량으로 더한다.

39 남성은 여성보다 근육이 많으므로 휴식대사량이 높아, 에너지 필요추정량도 여성보다 높다. 유아와 3~8세 아동의 경우 1일 20 kcal, 9~11세 아동과 청소년의 경우 1일 20 kcal를 성장에 따른 추가 필요량으로 더한다. 성인 남녀의 에너지 필요추정량은 남녀 각각 저활동적 수준에 해당하는 신체활동 계수인 1.11과 1.12를 적용한다.

40 체중 감량 시 나타나는 요요현상에 대한 설명으로 옳은 것은?

① 저에너지식은 체지방만 분해되게 한다.
② 체지방 소모로 인한 기초대사량 감소 때문이다.
③ 극심한 식사 제한에 적응하기 위해 기초대사량이 증가한다.
④ 근육소모를 막아 기초대사량을 일정하게 유지하는 것은 요요현상 방지에 좋다.
⑤ 요요현상을 막기 위해 지방을 충분히 섭취하고 유산소운동을 하여 근육 소모를 막는다.

40 유산소운동은 에너지 소모량을 늘려 음의 에너지평형을 이루는 데 근력운동보다 효과적인 반면, 근력운동은 저에너지식 시에 수반되는 근육의 소모를 막아 준다. 극심한 식사 제한 시 인체는 이에 적응하기 위해 기초대사량이 감소한다.

정답 37. ⑤ 38. ③ 39. ④ 40. ④

41 만약 A → B의 반응에서 ΔG°−40kJ/mol이면, 표준상태(standard condition)에서 다음 중 옳은 것은?

① 반응이 일어나지 않는다.
② 역반응이 자발적으로 일어난다.
③ 정반응이 자발적으로 일어난다.
④ 이미 평형상태에 도달한 반응이다.
⑤ 자발적 반응방향을 예측할 수 없다.

42 자연계에서 화학반응이 자발적으로 일어나기 어려운 조건으로 옳은 것은?

① pH가 7이다.
② 발열반응을 한다.
③ 자유 에너지 변화가 0보다 작다.
④ 반응계의 무질서도(entropy)가 증가한다.
⑤ 반응물보다 생성물의 자유 에너지가 증가한다.

43 고에너지 화합물이 분해될 때 발생하는 비교적 높은 표준 자유 에너지 변화와 관련된 결합은?

① 활성화 에너지의 감소
② 활성화 에너지의 증가
③ 반응물의 높은 정전기적 반발
④ 이온화에 의한 생성물의 안정화
⑤ 공명구조에 의한 생성물의 안정화

44 고에너지 인산결합을 지닌 화합물은?

① glycerol − 3 − phosphate
② glucose − 3 − phosphate
③ fructose − 6 − phosphate
④ 1,3 − bisphosphoglycerate
⑤ glyderaldehyde − 3 − phosphate

45 생체계의 에너지 대사에서 엔더고닉(endogonic)한 반응과 엑서고닉(exogonic)한 반응의 중간단계에서 에너지를 이동시키는 운반체는?

① 효소 ② ATP
③ 단백질 ④ 호르몬
⑤ 신경전달물질

41 반응식의 자유 에너지 변화가 0보다 크게 작으므로 정반응이 일어난다. 만일 자유 에너지 변화가 없다면, 반응이 평형상태에 있게 된다.

42 자유 에너지 차이(ΔG°)는 표준상태에 있어서 생성물의 자유 에너지 양과 반응물의 자유 에너지 양의 차가 된다. 따라서 **자유 에너지 ΔG°가 0보다 작은 경우**에는 반응은 생성물을 형성하는 방향으로 **자발적으로 진행**된다.

43
- **포스포에놀피루브산** : 생성물인 피루브산의 엔올형−케토형의 토토머화(호변이성질화)에 의한 안정화
- **포스포크레아티닌, 티오에스테르** : 생성물의 공명 안정화
- **ATP** : ADP로 되면서 인산기의 음전하 사이의 정전기적 반발 감소, 인산의 공명안정화, Mg^{2+} 이온에 의한 ATP의 안정화

44 **고에너지 인산결합 화합물**
ATP, phosphoenolpyruvate, 1,3 − bisphosphoglycerate, phosphocreatine

45 생체계의 에너지 운반체는 ATP로서 인산기 전달에 의해 에너지를 공급한다.

정답 41. ③ 42. ⑤ 43. ② 44. ④ 45. ②

46 기아상태의 뇌에서 에너지원으로 사용되는 물질은?

① urea
② alanine
③ glycine
④ ketone body
⑤ palmitic acid

46 기아상태가 장기적으로 지속되면 뇌에서 **포도당** 외에 ketone body(**케톤체**)를 에너지원으로 사용한다.

47 원형질막(세포막) 안으로 이동하여 수용체와 결합함으로써 생물학적 반응을 개시하는 호르몬은?

① 인슐린
② 글루카곤
③ 에스트라디올
④ 부신수질호르몬
⑤ 부신피질자극호르몬

47 부신수질호르몬, 펩타이드호르몬 등의 **비스테로이드호르몬**은 세포막에 부착된 수용체와 결합하는 반면, **스테로이드호르몬**은 세포막을 통과하여 세포질 내에 존재하는 수용체와 결합하여 생물학적 반응을 시작한다. 에스트라디올은 스테로이드성 호르몬으로 세포막 통과해 수용체와 결합해 생물학적 반응 개시한다.

48 단백질의 생합성을 촉진하는 호르몬은?

① insulin
② glucagon
③ epinephrine
④ glucocorticoid
⑤ catecholamine

48 인슐린은 단백질 합성 증가, 글루코코르티코이드는 지방과 단백질을 당질로 전환시키는 작용으로 단백질 분해 증가, 카테콜아민에는 도파민, 노르에피네프린, 에피네프린이 있고 신경전달물질로 작용, 글루카곤은 글리코겐 분해를 촉진하여 혈당 상승, 성장호르몬은 단백질 합성 증가에 관여한다.

49 인슐린 분비 부족 또는 인슐린저항성으로 인해 일어날 수 있는 대사에 속하는 것은?

① 부종현상을 보인다.
② 지방합성이 증가한다.
③ 혈중 포도당이 감소한다.
④ 혈중 케톤체의 양이 증가한다.
⑤ 간에서 포도당신생합성이 감소한다.

49 인슐린저항성 및 분비 부족은 체내 대사를 이화작용 쪽으로 유도하게 된다. 따라서 간에서의 글리코겐 분해 및 포도당신생합성이 증가하고 지방산화가 촉진된다. 또한 혈중 포도당이 증가하면서 탈수증상을 나타낸다.

50 길항작용을 하는 호르몬의 연결로 옳은 것은?

① gastrin – oxytoxin
② glucagon – insulin
③ estrogen – thyroxine
④ aldosteron – adrenaline
⑤ progesterone – corticoid

50 insulin과 glucagon은 췌장에서 분비되며 각각 생합성과 분해과정을 촉진하면서 길항작용을 한다.

정답 46. ④ 47. ③ 48. ①
49. ④ 50. ②

51 **1형 당뇨병을 앓고 있는 환자가 구토, 심한 복통을 호소하다 탈수 상태와 의식이 혼탁한 상태로 병원에 이송되었다. 이 환자에 대한 설명으로 옳은 것은?**

① 혈액의 pH가 상승한다.
② 인슐린 주사를 맞은 직후 발생할 수 있다.
③ 체내 uric acid가 과다로 생성되어 발생한다.
④ 혈액 중 β-hydroxybutyrate의 농도가 높다.
⑤ 간의 당신생합성(gluconeogenesis)이 억제된다.

51 당뇨환자는 세포 내에서 포도당의 이용 대신 **지방산의 산화가 증가**하므로 acetone, acetoacetate, β-hydroxybutyrate의 **ketone body 농도가 혈중에 증가**한다.

52 **100 m 달리기 선수의 운동 에너지를 공급하는 경로는?**

① β-oxidation
② glycogenesis
③ anaerobic glycolysis
④ electron transport chain
⑤ *de novo* fatty acid synthesis

52 100 m 달리기는 산소가 공급되지 않은 혐기적 상태에서 근육에 저장된 glycogen이 **해당작용**을 거쳐 **젖산**으로 분해될 때 **기질수준의 인산화**로 생성된 ATP를 이용한다.

53 **지구력을 요하는 운동에서 근육에서 에너지원으로 사용되는 물질은?**

① leucine　② albumin
③ glycerol　④ lactic acid
⑤ aspartic acid

53 포도당, branched chain amino acid (leucine, isoleucine, valine), 지방산은 지구력을 요하는 운동 시 근육에서 에너지원으로 사용된다.

54 **단식 시에 나타나는 호르몬의 작용으로 옳은 것은?**

① 인슐린의 감소는 지질 합성을 촉진한다.
② 글루카곤은 간의 글리코겐 분해를 촉진한다.
③ 노르에피네프린은 근육에서 루신을 방출한다.
④ 인슐린은 글리코겐을 방출하여 에너지원을 공급한다.
⑤ 에피네프린은 지방을 분해함으로써 지방산을 동원한다.

54 단식 시, **노르에피네프린**은 지방을 분해함으로써 지방산을 동원하고, 인슐린의 감소는 근육에서 알라닌과 글루타민을 방출하고 지질 분해를 촉진함으로써 에너지원을 공급한다.

55 **탄수화물 과잉 섭취 시 간에서 일어나는 생합성 경로는?**

① β-oxidation
② ketogenesis
③ glycogenolysis
④ electron transport chain
⑤ *de novo* fatty acid synthesis

55 과잉의 탄수화물 섭취 시 간에서 glycogenesis, *de novo* fatty acid synthesis를 통해 각각 glycogen과 지방산을 **합성**한다.

정답 51. ④ 52. ③ 53. ①
54. ② 55. ⑤

56 식후에는 **인슐린 분비 증가**와 함께 간과 근육에서 글리코겐 **합성이 증가**한다.

56 식후에 나타나는 대사적 현상으로 옳은 것은?

① 인슐린 분비 감소
② 근육 글리코겐 분해
③ 간에서의 지방 분해
④ 혈중 킬로마이크론 증가
⑤ 간에서의 글리코겐 분해

57 기아상태에서는 지방산 산화의 증가로 케톤체(acetone, acetoacetate, β-hydroxybutyrate)가 혈액에 증가하게 된다.

57 1995년 발생한 삼풍백화점 붕괴에서 보름 만에 생존자가 구출되었다. 이 생존자의 구조 시 에너지 대사를 올바르게 설명한 것은?

① 혈액 중 인슐린 농도 상승
② 체내 케톤체가 혈액에 증가
③ 간세포의 malonyl－CoA의 농도 상승
④ 뇌는 포도당만을 에너지원으로 사용
⑤ 간과 근육에 저장되어 있는 glycogen을 이용

58 글루카곤은 세포막의 수용체에 결합하여 adenylate cyclase에 의해 cAMP가 증가하고 신호가 전달되나 인슐린은 인슐린수용체의 티로신카이나제 활성화에 의해 인슐린-수용체 기질(IRS, insulin-receptor substance)이 인산화되어 신호가 전달된다.

58 호르몬의 신호전달 과정에 관한 설명으로 옳은 것은?

① 글루카곤은 ATP를 ADP로 전환시킨다.
② 글루카곤은 핵 수용체와 결합하여 핵으로 들어간다.
③ cAMP는 2차 메신저로 작용하여 세포 내 반응을 일으킨다.
④ 인슐린은 세포막에 있는 수용체와 결합하여 세포 내에 cAMP를 증가시킨다.
⑤ 인슐린이 인슐린수용체에 결합하면 세포 내 효소에 의하여 인슐린 수용체가 인산화된다.

59 글루카곤은 간의 글리코겐을 분해하여 혈당을 상승시키고, 에피네피린은 글리코겐 분해를 촉진, 지방조직에서 중성지방을 분해 등 조직의 에너지 대사를 증가시킨다.

59 글루카곤과 에피네프린이 대사에 미치는 영향은 무엇인가?

① gluconeogenesis 억제, glycolysis 촉진
② gluconeogenesis 촉진, glycolysis 촉진
③ gluconeogenesis 촉진, glycolysis 억제
④ gluconeogenesis 억제, glycolysis 억제
⑤ 정답 없음

정답 56. ④ 57. ② 58. ③ 59. ③

60 **아래의 반응 중 평형상태에서 생성물/반응물의 비율이 가장 높을 것으로 기대되는 것은?**

① $\Delta G=-100$ kcal/mol
② $\Delta G=-50$ kcal/mol
③ $\Delta G=0$ kcal/mol
④ $\Delta G=25$ kcal/mol
⑤ $\Delta G=100$ kcal/mol

60 자유에너지 변화가 음일 때 자발적으로 반응이 일어난다.

61 **생체 내에서 ATP가 ADP와 Pi로 분해되면 (   ). 빈칸에 적절한 문구는?**

① 엔탈피 변화가 커진다.
② 에너지가 열의 형태로 방출된다.
③ 자유에너지의 변화 값이 양(+)의 값을 보인다.
④ 특정 분자에 ADP 혹은 Pi가 결합되어 에너지를 전달한다.
⑤ 우리가 아직 모르는 기작에 의해서 특정 분자에 에너지가 전달된다.

61 ATP는 고에너지화합물로 ADP와 Pi로 분해되는 반응은 자유에너지 변화가 감소하는 반응에서 에너지가 필요한 다른 반응과 짝 지어 반응을 일으킨다.

62 **ATP는 다음 중 어떤 물질에서 유래하는가?**

① 지질
② 핵산
③ 단백질
④ 탄수화물
⑤ 아미노산

62 ATP는 adenosine triphosphate의 약자로 핵산인 AMP으로부터 만들어진다.

정답 60. ① 61. ④ 62. ②

9

지용성 비타민

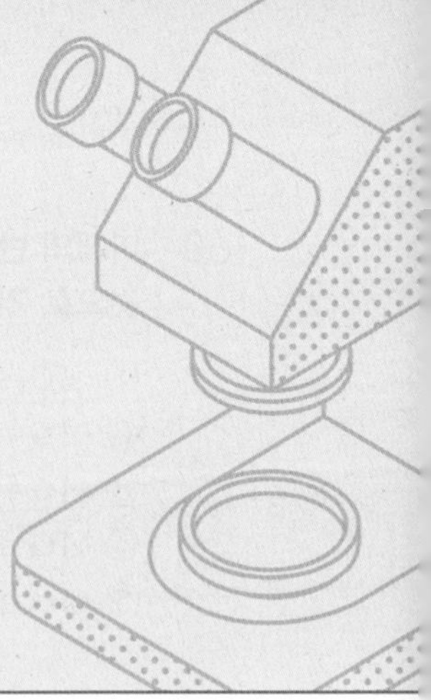

학습목표 지용성 비타민의 종류, 기능, 흡수, 대사, 결핍, 과잉, 섭취기준 및 급원을 이해한다.

01 지용성 비타민의 일반적 특성에 대한 설명으로 옳은 것은?

① 결핍증세가 빨리 나타난다.
② 조효소의 형태로 전환된다.
③ 과잉섭취독성이 나타날 수 있다.
④ 가열조리과정에서 쉽게 파괴된다.
⑤ 전자레인지를 이용한 조리법이 손실 양을 크게 줄인다.

01 지용성 비타민의 **결핍증세는 서서히 나타나고**, 비타민 K는 카르복실화 효소의 조효소 형태로 작용하지만, 대부분 수용성 비타민이 조효소로서의 역할을 도와준다. 가열조리과정에서 쉽게 파괴되지 않으므로 전자레인지를 이용한 조리법이 손실을 크게 줄이지는 않는다.

02 비타민 A에 대한 설명 중 옳은 것은?

① 레티놀은 시력 유지에 관여한다.
② 레티노산은 면역기능에 관여한다.
③ 레티날은 세포의 분화과정에 관여한다.
④ 카로티노이드는 동물의 성장에 관여한다.
⑤ 레티닐 에스테르는 혈액에서 알부민과 결합하여 운반된다.

02 **레티날**(retinal)**은 시력유지에 관여**하고, **레티노산**(retinoic acid)**은 세포의 성장과 분화과정, 동물의 성장 및 면역기능에 관여**하며, **카로티노이드는 항암 및 항산화작용**을 가진다. 또한, 레티놀(retinol)과 레티닐 에스테르(retinyl-ester)는 주로 동물성 식품에 들어 있는 형태이며, **레티놀은 혈액에서 레티놀결합단백질**(retinol binding protein)**과 결합하여 세포로 운반된다.**

03 비타민 A에 대한 설명으로 옳은 것은?

① 항암작용은 로돕신 형성과 관련되어 있다.
② 망간, 구리, 아연을 함유하는 효소의 활성을 촉매한다.
③ 상피세포의 분화와 구조 유지에 레티노익산이 관여한다.
④ 변비약, 항생제 장기투여, 항응고제 투여로 결핍증세가 나타난다.
⑤ 간과 신장에서 활성화되어 소장의 흡수단백질을 통하여 흡수된다.

03 세포분화와 관련해 상피세포가 분화되는 과정에서 핵의 레티노익산 수용체(RAR, RXR)에 레티노익산이 결합함으로써 유전자의 발현을 활성화 또는 저해하여 세포분화를 조절한다.

정답 01. ③ 02. ② 03. ③

04 **어두운 곳에서의 시각기능을 유지하는 데 관여하는 비타민 A의 형태로 옳은 것은?**

① 레티날(retinal)
② 레티놀(retinol)
③ 레티노산(retinoic acid)
④ 베타카로틴(β- carotene)
⑤ 레티닐 팔미트산(retinyl palmitate)

05 **상피세포의 분화와 구조 유지에 관여하는 비타민 A의 형태는?**

① 레티노산
② β- carotene
③ 11 - cis 레티날
④ 레티닐 에스테르
⑤ all - trans 레티날

06 **피부가 거칠고 단단해지는 것을 예방하여 상피조직의 유지에 도움이 되는 영양소와 식품으로 옳은 것은?**

① 비타민 A - 사과
② 비타민 E - 시금치
③ 비타민 D - 버섯
④ 비타민 A - 생선간유
⑤ 비타민 E - 코코넛유

07 **β - 카로틴 24 μg은 레티놀활성당량으로 얼마인가?**

① 1 μg RAE
② 2 μg RAE
③ 3 μg RAE
④ 6 μg RAE
⑤ 12 μg RAE

08 **어떤 식품에 레티놀이 80 μg, β - 카로틴이 120 μg 함유되어 있다면 이 식품이 함유하고 있는 비타민 A의 양은?**

① 90 μg RAE
② 100 μg RAE
③ 120 μg RAE
④ 160 μg RAE
⑤ 180 μg RAE

09 **레티놀활성당량의 의미로 옳은 것은?**

① 비타민 A의 화학적 명칭
② 카로틴의 종류별 비타민 A 함량
③ 레이노익산의 비타민 A 역할 정도
④ 레티놀(retinol)의 종류별 레티놀 기준 함량 단위
⑤ 비타민 A 활성을 레티놀을 기준으로 나타내는 단위

04 비타민 A는 레티날, 레티놀, 레티노산 등으로 구성되어 있으며, 식물성 급원인 카로티노이드는 체내에서 비타민 A로 전환된다. 간상세포에서 레티날(retinal)은 단백질인 옵신(opsin)과 결합하여 로돕신 색소를 형성하며, 로돕신은 어두운 곳에서의 시각기능에 관여한다.

05 레티노산은 상피세포의 핵 내에 있는 레티노이드 수용체에 결합해 복합체를 형성하고, 이는 DNA에 결합해 유전자 발현에 영향을 줌으로써 상피세포의 분화 및 구조 유지에도 영향을 준다.

06 비타민 A는 시각기능, 세포분화와 상피조직의 유지, 면역기능, 생식, 항산화작용 등에 관여하고, 주요 급원식품은 간, 생선간유이며, 카로티노이드의 급원식품으로는 시금치, 당근, 무청, 호박 등이 있다.

07 1 μg RAE = 12 μg 식이 β-카로틴

08 β-카로틴을 섭취한 경우 비타민 A의 활성은 레티놀의 1/12로 추정한다.

09 1 μg의 레티놀과 활성이 같다고 간주되는 비타민 A 역할 물질의 양을 말하는 단위로 베타카로틴은 12 μg, 다른 all-trans 카로티노이드는 24 μg이 1 μg의 레티놀과 활성이 같다.

정답 04. ① 05. ① 06. ④ 07. ② 08. ① 09. ⑤

10 비타민 A의 흡수와 대사에 대한 설명 중 옳은 것은?

① 비타민 A는 신장에서 활성화된다.
② 비타민 A의 흡수율은 50% 정도이다.
③ 베타카로틴은 비타민 A의 활성이 1/2(무게비)로 추정된다.
④ 카로티노이드들은 소장의 내벽에서 레티닐 에스테르로 전환된다.
⑤ 식품에 함유되어 있는 비타민 A는 대부분 레티닐 에스테르 형태이다.

11 다량의 당근이나 늙은 호박을 섭취할 경우 피부가 노란색으로 변하는 이유는 무엇인가?

① 레티놀의 독성
② 비타민 D의 독성
③ 베타카로틴의 축적
④ 레티닐 에스테르의 축적
⑤ retinol binding protein의 결핍

12 비타민 A의 결핍증상은?

① 눈부심 ② 구각염
③ 근무력증 ④ 혈액응고 지연
⑤ 비토 반점(bitot's spot)

13 카로티노이드에 대한 설명 중 옳은 것은?

① 혈중 카로티노이드 농도는 항상성이 유지된다.
② 간에서 레티노산으로부터 베타카로틴으로 전환될 수 있다.
③ 정상인의 경우 베타카로틴을 과량 섭취하여도 과잉증상은 없다.
④ 식이 내 카로티노이드 함량이 증가하면 그 흡수율이 상대적으로 감소한다.
⑤ 카로티노이드의 급원은 당근, 토마토, 오렌지, 귤 등이며 색이 진할수록 함량이 높다.

14 카로티노이드 함유식품 중 비타민 A의 활성이 가장 높은 식품은?

① 당근 ② 오렌지
③ 토마토 ④ 시금치
⑤ 늙은 호박

---

10 우리가 먹는 식품에는 비타민 A가 주로 **레티닐 에스테르 형태로 존재**하며, **비타민 A의 흡수율은 80% 이상**이다. **카로티노이드의 전환은 주로 소장 점막세포에서 이루어지고, 대사는 주로** 간에서 이루어진다. **베타카로틴 1 μg은 1/12 μg 레티놀활성당량**이다.

11 **당근이나 호박에는 카로티노이드 함량이 높은데**, 이를 다량 섭취할 경우 카로틴이 피부 밑 지방세포에 축적되어 피부가 노랗게 변한다. 이 증상은 정상인의 경우 카로틴의 섭취를 중단하면 수일 내로 사라지며, 건강상 위해는 없다.

12 **비타민 A는 시각유지, 상피세포 분화, 성장유지 등의 작용을 하며, 카로틴은 항산화제로서 작용**한다. **결핍 시에는 야맹증, 각막건조증, 각막연화증, 비토 반점, 성장지연과 기타 포상각화증, 설사, 호흡기 염증 등이 발생**한다.

13 **카로티노이드의 흡수율은 비타민 A의 약 1/3이며, 식이 내 카로티노이드 함량이 증가하면 그 흡수율은 상대적으로 감소**한다. **베타카로틴의 대부분은 레티날로 전환**되고 **소량은 레티노산으로 전환**되나 레티날과 레티노산에서 다시 베타카로틴으로 전환되지 않는다. 정상인이 **베타카로틴을 과량 섭취하면 고카로틴혈증**이 나타나지만 베타카로틴의 섭취를 중단하면 수일 내로 사라지며 건강상의 위해가 없는 것으로 알려져 있다. 카로티노이드는 **늙은 호박, 시금치, 토마토, 오렌지, 김 등에 함유**되어 있으며, 식품의 색깔이 진하다고 꼭 함량이 높은 것은 아니다.

14 **카로티노이드에는 α-, β-, γ-카로틴, 크립토잔틴 등이 있으며, 소장 내벽의 점막조직에서 비타민 A로 전환된다. β-카로틴의 비타민 A 활성이 가장 강하며, 당근**에 가장 많이 함유되어 있다. 토마토는 리코펜 함량이 많아 색이 짙지만 **리코펜은 비타민 A 활성이 없다.**

정답 10. ⑤ 11. ③ 12. ⑤ 13. ④ 14. ①

15 **비타민 A의 활성을 가지지 않는 카로티노이드는?**

① 리코펜 ② β - 카로틴
③ γ - 카로틴 ④ α - 카로틴
⑤ 크립토잔틴

15 리코펜은 비타민 A의 활성을 갖고 있지 않다.

16 **비타민 A와 아연이 결핍되었을 때 공통적으로 나타나는 증상은?**

① 혈액응고 지연 ② 근육수축
③ 골밀도 감소 ④ 면역기능 저하
⑤ 심박출량 증가

16 비타민 A는 시각기능, 세포분화와 상피조직의 유지, 면역기능, 생식, 항산화작용 등에 관여하고, 아연은 성장, 생식기 발달, 면역기능, 상처 회복, 식욕부진, 미각기능에 관여한다.

17 **비타민 A의 주된 생리적 기능을 설명한 것으로 옳은 것은?**

① 혈중 칼슘 농도를 조절한다.
② 결핍 시 용혈성 빈혈의 주요 원인이다.
③ 생체막을 산화적 손상으로부터 보호한다.
④ 혈액응고 인자의 합성을 촉매하는 역할을 한다.
⑤ 과잉섭취로 인한 독성과 부작용이 영구적으로 남기도 한다.

17 비타민 A 섭취를 중단하면 대부분의 과잉증상이 없어지지만 일부에서는 간이나 뼈, 시력의 손상 및 근육통이 영구적으로 남기도 한다.

18 **비타민 D의 흡수 및 대사과정에 대한 설명으로 옳은 것은?**

① 식품을 통해 섭취된 비타민 D의 약 40%가 체내로 흡수된다.
② 비타민 D는 간에서 활성형인 1,25 - $(OH)_2$ - 비타민 D로 전환된다.
③ 식사로 섭취하는 비타민 D가 흡수되기 위해서는 담즙산이 필요하다.
④ 소장 융모 모세혈관을 통해 흡수된 후 간문맥을 거쳐 간으로 간다.
⑤ 비타민 D는 신장에서 25 - (OH) - 비타민 D로 전환되어 순환계로 간다.

18 대표적인 비타민 D에는 D_2(ergocalciferol)과 D_3(cholecalciferol)가 있으며, 식품을 통해 섭취된 비타민 D의 약 80% 정도가 흡수된다. 흡수 시 다른 지용성 비타민과 같이 지방과 담즙을 필요로 하며, 카일로미크론의 형태로 림프계를 거쳐 운반된다. 체내 합성 및 음식으로 섭취된 비타민 D는 간에서 25-(OH)-비타민 D로 전환된 후, 신장에서 1,25-$(OH)_2$-비타민 D로 활성화되어 작용한다.

19 **비타민 D를 신장에서 활성화시키는 호르몬은?**

① 칼시토닌 ② 글루카곤
③ 부신호르몬 ④ 갑상선호르몬
⑤ 부갑상선호르몬

19 혈중 칼슘 함량이 감소했을 때 비타민 D를 신장에서 활성화시키는 호르몬은 부갑상선호르몬(PTH)이다.

20 **비타민 D_3가 1,25-디히드록시 비타민 D_3(1,25-dihydroxyvitamin D_3)로 전환되는 기관은?**

① 간 ② 췌장
③ 부신 ④ 콩팥
⑤ 소장

20 체내 합성 및 음식으로 섭취된 비타민 D는 간에서 25-(OH)-비타민 D로 전환된 후, 콩팥(신장)에서 1,25-$(OH)_2$-비타민 D로 활성화되어 작용한다.

정답 15. ① 16. ④ 17. ⑤ 18. ③ 19. ⑤ 20. ④

21 비타민 D는 간에서 25-(OH)-D로, 신장에서 1,25-$(OH)_2$-D로 전환된다. 혈액 중에는 비타민 D가 25-OH-D 형태로 가장 많이 분포하므로, 혈청 25-OH-D의 농도로 비타민 D 상태를 평가한다. 비타민 D는 답즙의 형태로 배설되고, 약 3%만이 소변으로 통하여 배설된다.

22 흡수된 비타민 D는 간에서 25-(OH)-비타민 D로 전환되어 순환계로 들어가며, 신장으로 이동된 후 1,25-$(OH)_2$-비타민 D로 활성화되어 체내에서 작용한다.

23 콜레스테롤의 유도체인 7-디히드로콜레스테롤은 인체의 피부에서 햇빛 중의 자외선을 받아 비타민 D_3로의 전환이 가능해진다.

24 비타민 D는 부갑상선호르몬과 함께 혈장의 칼슘 농도를 증가시키기 때문에 신장에서 칼슘 배설을 감소시켜 혈장의 칼슘 농도를 증가시킨다.

25 비타민 D는 식품에는 널리 분포되어 있지 않다. 효모나 버섯 등에는 전구체인 에르고칼시페롤의 형태로 들어있으며, 자외선 조사에 의해 비타민 D_2로 전환된다. 비타민 D_3는 생선 간유와 같은 동물성 급원이나 피부 밑에서 자외선 조사에 의하여 합성될 수 있다. 우유에는 함량이 적으며, 강화우유로부터 섭취할 수 있다.

정답 21. ⑤ 22. ③ 23. ⑤ 24. ① 25. ③

21 비타민 D의 대사에 대한 설명으로 옳은 것은?

① 간에서 비타민 D_3는 1,25-$(OH)_2$-D형으로 전환된다.
② 비타민 D는 담즙의 형태로 대부분 소변을 통해 배설된다.
③ 신장에서 25α-히드록시라제에 의해 25-(OH)-D형으로 전환된다.
④ 혈청 1,25-$(OH)_2$-D의 농도로 비타민 D의 상태를 평가할 수 있다.
⑤ 비타민 D의 흡수에는 담즙산이 필요하며, 대부분 공장과 회장에서 흡수된다.

22 체내에서 작용하는 비타민 D의 활성 형태는?

① 1-(OH)-비타민 D
② 25-(OH)-비타민 D
③ 1,25-$(OH)_2$-비타민 D
④ 24,25-$(OH)_2$-비타민 D
⑤ 1,24,25-$(OH)_3$-비타민 D

23 동물의 피부에 존재하며 비타민 D의 전구체로 작용하는 물질은?

① 칼시토닌 ② 칼시트리올
③ 콜레칼시페롤 ④ 에르고칼시페롤
⑤ 7-디히드로콜레스테롤

24 비타민 D에 대한 설명으로 옳은 것은?

① 혈장의 칼슘 항상성을 유지한다.
② 신장에서 칼슘의 재흡수를 줄인다.
③ 소장 점막세포에서 인의 흡수를 억제한다.
④ 파골세포에서 뼈의 칼슘이 혈액으로 용해되어 나오는 것을 억제한다.
⑤ 부갑상선호르몬은 간에서 1,25-$(OH)_2$-비타민 D의 형성을 촉진한다.

25 비타민 D의 급원에 대한 설명으로 옳은 것은?

① 적외선을 통하여 피부에서 합성할 수 있다.
② 대표적인 식물성 급원으로는 해조류가 있다.
③ 비타민 D 강화우유를 통해 공급받을 수 있다.
④ 비타민 D_2는 동물성 급원으로부터 얻을 수 있다.
⑤ 시금치, 브로콜리는 비타민 D_3의 자연급원식품이다.

26 **비타민 D의 기능에 대한 설명으로 옳은 것은?**

① 세포의 증식과 분화 조절에 기여한다.
② 지용성 영양소의 이중결합을 보호한다.
③ 신장에서 칼슘과 인의 배설을 촉진한다.
④ 뼈에서 칼슘과 인의 용출을 감소시킨다.
⑤ 소장에서 칼슘과 인의 흡수를 감소시킨다.

27 **비타민 D 결핍증의 위험이 낮은 사람은?**

① 광부
② 노인
③ 농부
④ 야간근무자
⑤ 지방흡수불량증 환자

28 **구루병에 대한 설명으로 옳은 것은?**

① 주로 노인기에 나타난다.
② 비타민 D의 부족이 직접적인 원인이다.
③ 뼈의 조성은 정상이나 골질량이 감소한다.
④ 골절의 위험이 높으므로 실외활동을 피한다.
⑤ 폐경기 이후 에스트로겐 감소와 관련성이 높다.

29 **비타민 D의 섭취기준에 대한 설명으로 옳은 것은?**

① 성인(19~49세) 남녀의 충분섭취량은 10 μg이다.
② 비타민 D의 상한섭취량은 전 연령층에서 60 μg이다.
③ 노인기의 비타민 D 충분섭취량은 성인기와 동일하다.
④ 임신기에 추가되는 비타민 D의 충분섭취량은 10 μg이다.
⑤ 영아기는 충분한 비타민 D를 보유하고 출생하므로 비타민 D의 충분섭취량이 설정되어 있지 않다.

30 **생선 간유, 달걀, 강화우유가 주요 급원식품인 영양소는?**

① 비타민 A　　② 비타민 D
③ 비타민 E　　④ 비타민 K
⑤ β－카로틴

26 **비타민 D는 골격의 석회화 및 칼슘의 항상성 유지 역할**을 하는데, **칼슘과 인의 소장에서의 흡수, 신장에서의 재흡수, 뼈로부터의 용해를 촉진**하여 **혈장 칼슘 농도를 높인다.** 이러한 **혈장의 칼슘 항상성 유지는 세포의 기능 유지에도 기여**한다. 지용성 영양소의 이중결합 보호는 비타민 E의 기능이다.

27 **노인은 피부에서 비타민 D를 합성하는 효소의 활성이 저하되며, 지하에서 일을 하는 사람**들은 일광에 의한 비타민 D 합성이 제한되어 결핍증에 걸릴 가능성이 있다.

28 **비타민 D가 부족하면 뼈에 칼슘과 인이 축적되는 석회화가 적절하지 못하게 되어, 뼈가 약해지고 압력을 받으면 뼈가 굽게 되는데,** 이러한 현상이 어린이에게 발생한 경우를 구루병이라고 한다. 골다공증은 뼈의 조성은 정상이나 골질량이 감소한 것이다.

29 19~49세 성인 남녀의 비타민 D 충분섭취량은 10 μg/일이다. **영아기의 상한섭취량은 25 μg이며, 65세 이상의 비타민 D 충분섭취량은 15 μg이다. 임신부와 수유부의 비타민 D 추가량은 없으며, 우유나 모유에는 비타민 D의 함유량이 많지 않으므로 영아기에도 비타민 D의 충분섭취량은 5 μg으로 설정**하였다(2020 한국인 영양소 섭취기준).

30 자연식품의 경우 대부분 비타민 D가 전혀 없거나 아주 소량 함유되어 있으며, **이스트와 생선간유 외에는 강화우유, 강화시리얼 등의 강화식품으로부터 섭취**할 수 있다.

정답 26. ① 27. ③ 28. ②
29. ① 30. ②

31 비타민 E는 토코페롤(α, β, γ, δ)과 토코트리에놀(α, β, γ, δ)을 포함한 8개의 천연 화합물로 구성되어 있는데, **가장 활성이 큰 비타민은 α-토코페롤이어서 이를 기준으로 식품의 함유량이나 권장섭취량을 설명**한다.

32 비타민 E는 소장에서 카일로미크론에 포함되어 림프계를 거쳐 흡수되고, 퀴논으로 산화되어 주로 담즙을 통해 배설되며, 소량은 소변으로 배설된다. 혈장, 간, 지방조직에 다량 존재한다. **비타민 E의 흡수는 20~80% 정도로 그 폭이 크며 평균적으로 30~50% 정도 흡수된다.** 비타민 E의 흡수는 **지방 섭취량이 증가하면 높아지고 지방이 없는 상태에서는 약 10%의 흡수율**을 보이며, **보충제 등으로 과량 섭취하게 되면 흡수율이 감소**한다.

33 비타민 E는 **주로 세포막에서 작용**하고, **항산화제 역할**을 하므로 자신이 주로 산화되면서 다른 물질의 산화를 방지하며 **연쇄적 산화반응을 억제**한다. 비타민 E의 형태에 따라 항산화반응 기전이 다른데 **α-토코페롤은 γ-토코페롤에 비하여 활성산소 라디칼과의 반응도가 높다.**

34 우리가 섭취하는 식물성 식품에 함유된 비타민 E는 서로 다른 생물학적 활성을 갖는 4개의 토코페롤(α, β, γ, δ)과 4개의 토코트리에놀(α, β, γ, δ)을 포함한 8개의 천연 화합물로 구성되어 있다. 이 중 **가장 활성이 큰 물질은 α-토코페롤**의 'd' 이성체이다.

35 비타민 E는 **식물성 기름, 밀의 배아, 땅콩, 아스파라거스 등**에 많이 들어있다. 산소, 금속, 빛에 의해 산화되며 간을 제외한 동물성 식품은 비타민 E를 거의 함유하고 있지 않다.

정답 31. ① 32. ③ 33. ② 34. ① 35. ②

31 토코페롤 당량이란?

① 비타민 E 역할을 하는 1 mg의 α-토코페롤의 양
② 비타민 E 역할을 하는 1 mg의 β-토코페롤의 양
③ 비타민 E 역할을 하는 1 mg의 γ-토코페롤의 양
④ 비타민 E 역할을 하는 1 mg의 δ-토코페롤의 양
⑤ 비타민 E 역할을 하는 1 mg의 α-토코트리에놀의 양

32 비타민 E의 분포, 흡수 및 대사에 대한 설명으로 옳은 것은?

① 혈장, 간, 근육에 다량 존재하고 있다.
② 퀴논으로 산화되어 주로 소변을 통해 배설된다.
③ 비타민 E의 흡수율은 평균적 30~50% 정도이다.
④ 비타민 E를 과량 섭취해도 흡수율의 변화는 없다.
⑤ 소장에서 카일로미크론에 포함되어 문맥을 거쳐 흡수된다.

33 비타민 E의 기능 및 역할에 대한 설명으로 옳은 것은?

① 주로 간에서 작용한다.
② 막의 연쇄적 산화반응을 억제한다.
③ 자신이 환원되면서 지용성 영양소의 이중결합을 보호한다.
④ 자유라디칼의 연쇄반응을 증가시켜 산화적 스트레스를 억제한다.
⑤ γ-토코페롤은 α-토코페롤에 비해 활성산소 라디칼과의 반응도가 높다.

34 자연에 존재하는 비타민 E의 화합물 중 활성이 가장 높은 형태는?

① α-토코페롤
② β-토코페롤
③ γ-토코페롤
④ α-토코트리에놀
⑤ β-토코트리에놀

35 비타민 E의 급원에 대한 설명으로 옳은 것은?

① 산소, 금속, 빛에 비교적 안정적이다.
② 밀의 배아에 풍부하게 함유되어 있다.
③ 동물성 기름, 땅콩 등에 많이 존재한다.
④ 식물성 식품은 비타민 E를 거의 함유하고 있지 않다.
⑤ 식품 내 비타민 E 함량은 수확, 정제, 보관, 조리방법에 영향을 받지 않는다.

36 지용성 비타민의 결핍증으로 옳은 것은?

① 비타민 E－망막증
② 비타민 D－피부염
③ 비타민 K－신경장애
④ 비타민 A－비토 반점
⑤ 비타민 E－감염성 질환

37 비타민 E의 결핍과 관련된 내용으로 옳은 것은?

① 만성위염 질환자는 비타민 E 결핍 증세를 보인다.
② 비타민 E 부족 시 수초 형성의 증가로 신경장애가 생긴다.
③ 미숙아인 경우에도 비타민 E를 특별히 보충하지 않아도 된다.
④ 비타민 E는 출생 시에 충분히 높은 저장량을 가지고 태어난다.
⑤ 비타민 E 부족 시 적혈구막이 손실되어 용혈성 빈혈이 나타난다.

38 비타민 E의 체내 기능으로 옳은 것은?

① 골격 성장
② 항산화작용
③ 혈액응고 지연
④ 시각기능 유지
⑤ 신경자극 전달

39 식물성 기름에 많이 함유되어 있는 불포화지방산은 산패되기 쉽다. 이러한 산패를 억제하기 위해 식물성 기름에 풍부하게 포함되어 있는 영양소는?

① 니아신
② 레티놀
③ 토코페롤
④ 비타민 B_6
⑤ 카로티노이드

40 결핍 시 용혈성 빈혈을 일으키는 영양소와 급원식품의 연결로 옳은 것은?

① 비타민 A－당근
② 비타민 K－근대
③ 비타민 C－딸기
④ 비타민 D－표고버섯
⑤ 비타민 E－식물성 기름

36 비타민 E가 **적혈구막 보호작용**을 하여 **결핍 시에는 용혈성 빈혈**이 생기고, 또 비타민 E가 부족하면 **신경전달을 돕는 수초의 형성이 방해되어 신경장애**가 생긴다. 비타민 D는 골격 형성, 혈중 칼슘 농도 항상성 유지 역할을 하여 결핍 시 어린이는 구루병, 성인은 골연화증, 골다공증이 발생한다. 비타민 K는 프로트롬빈의 합성을 도와 혈액응고에 관여하며, 뼈 단백질인 오스테오칼신 합성에 관여한다. 비타민 K의 결핍증은 잘 나타나지 않지만, 비타민 K가 결핍되면 저프로트롬빈혈증이 나타난다.

37 **출생 시에는 상대적으로 비타민 E의 농도가 상당히 낮다. 특히, 미숙아는 비타민 E가 충분히 저장되어 있지 않으며 소장을 통한 비타민 E의 흡수율도 충분치 못한 반면, 출생 후 빠르게 성장하기 때문에 비타민 E가 더 빨리 고갈된다.** 비타민 E는 지용성 비타민으로 지방과 함께 흡수되는데 만약 극심한 저지방 식이를 먹고 있거나 낭포성 섬유증, 만성췌장염 등으로 지방 흡수가 잘 되지 않을 때, 유전적으로 지단백질 합성에 이상이 있을 때 결핍이 일어나기 쉽다. **비타민 E가 부족하면 수초 형성이 방해되어 신경장애가 생긴다.**

38 **비타민 E의 체내 기능으로는 항산화, 적혈구막 보호, 면역반응 증진, 심혈관 질환의 예방, 암의 예방, 신경과 근육의 기능 유지 및 운동능력의 개선** 등이 있다.

39 식물성 기름은 불포화지방산이 많이 함유되어 있고, 다불포화지방산은 단일불포화지방산에 비해 이중결합수가 많아 산패가 더 많이 일어난다. **비타민 E는 항산화제로서 식물성 기름에 풍부하게 함유되어 있어 불포화지방산의 산화를 방지할 수 있다.**

40 **비타민 E가 부족하면 용혈성 빈혈**이 나타난다. 비타민 E는 **식물성 기름**에 다량 함유되어 있으며, **밀의 배아, 견과류**도 좋은 급원이다.

정답 36. ④ 37. ⑤ 38. ② 39. ③ 40. ⑤

41 성인에게 비타민 K 결핍증이 나타날 수 있는 경우로 옳지 않은 것은?

① 채식 위주의 식사를 할 때
② 지방 흡수 불량 증세가 있을 때
③ 심장병 치료제인 dicumarol을 복용할 때
④ 간질환으로 인해 담즙 생성에 장애가 있을 때
⑤ 항생제와 함께 정맥주사를 통해 영양을 공급받을 때

42 혈액응고 시간 측정, 혈중 프로트롬빈 농도 측정으로 영양 상태를 평가할 수 있는 영양소는?

① 티아민
② 비타민 K
③ 비타민 D
④ 비타민 C
⑤ 카로티노이드

43 비타민 K에 의해 간에서 활성화되는 인자와 그 기능의 연결로 옳은 것은?

① 칼시토닌 – 석회화
② 프로트롬빈 – 혈액응고
③ 오스테오칼신 – 뼈 용해
④ 피브리노겐 – 혈전 용해
⑤ 트롬보플라스틴 – 혈액응고

44 비타민 K와 관련된 설명으로 옳은 것은?

① 간에서 합성된다.
② 동물성 식품에 주로 함유되어 있다.
③ 신생아는 출생 시 저장량이 충분하다.
④ 체내 필요량이 높아 결핍이 흔하게 발생하다.
⑤ 담낭 제거 환자에게서 담즙 분비 장애로 결핍증이 나타날 수 있다.

45 다음 설명에 해당하는 영양소는?

- 오스테오칼신(osteocalcin)의 카르복실화 반응
- 프로트롬빈 합성
- 결핍 시 혈액응고 지연

① 불소
② 칼슘
③ 마그네슘
④ 비타민 D
⑤ 비타민 K

---

41 비타민 K의 좋은 급원은 시금치, 브로콜리 등의 녹색 채소이다. 장내 세균에 의해 합성이 가능하지만, 항생제를 복용하면 비타민 K의 결핍증이 생길 수 있다. dicumarol은 항응고제로 비타민 K의 대사에 길항작용을 한다. 지방 흡수 불량 시 비타민 K 흡수에도 문제가 생기며, 비타민 K의 흡수에는 담즙이 필요하다.

42 비타민 K는 카르복실화 효소의 조효소로 작용하여, 혈액응고인자 전구체 단백질의 글루탐산을 감마 카르복실 글루탐산(Gla)으로 전환시켜 혈액응고인자를 활성화시킨다. 활성화된 응고인자는 칼슘(혈액응고인자 IV)과 결합한다.

43 비타민 K는 간에서 프로트롬빈의 합성에 관여하며, 합성된 프로트롬빈은 혈액으로 방출되어 혈액응고에 관여한다. 프로트롬빈이 트롬보플라스틴과 칼슘에 의해 트롬빈으로 활성화되고, 활성화된 트롬빈이 피브리노겐을 피브린으로 분해시킴으로써 혈액응고가 이루어진다.

44 비타민 K는 간에서 혈액응고인자인 프로트롬빈의 합성을 촉매하는 역할을 한다. 장내 세균에 의해 합성되고 필요량이 적으며 여러 식품에 널리 분포되어 있어, 신생아나 흡수불량증 환자, 항생제 등을 장기간 복용하는 경우가 아니면 결핍증은 쉽게 발생하지 않는다.

45 비타민 K는 프로트롬빈의 형성을 도와 혈액응고에 관여하며, 뼈 단백질인 오스테오칼신의 카르복실화 과정에 관여하여 칼슘 결합능력을 증가시켜 골격 형성을 돕는다.

정답 41. ① 42. ② 43. ②
44. ⑤ 45. ⑤

46 비타민 K의 생리작용과 급원식품이 바르게 연결된 것은?

① 야맹증 - 우유
② 혈액응고 - 육류
③ 안구건조증 - 간
④ 혈액응고 - 푸른잎 채소
⑤ 용혈성 빈혈 - 푸른잎 채소

47 비타민 K의 필요량에 영향을 주는 요인으로 옳은 것은?

① 항생제 복용
② 제산제 복용
③ 유산균 복용
④ 비타민 D 복용
⑤ 비타민 C 복용

48 혈중 프로트롬빈 농도를 통해 영양상태를 평가할 수 있는 비타민은?

① 비타민 A
② 비타민 D
③ 비타민 E
④ 비타민 K
⑤ 비타민 B_6

49 비타민 K에 대한 설명으로 옳은 것은?

① 필로퀴논은 과잉섭취 시 독성의 우려가 크다.
② 필로퀴논은 사람의 장에서 박테리아에 의해 합성된다.
③ 비타민 K는 신장에서 혈액응고인자의 합성에 관여한다.
④ 지방흡수 부족 시 비타민 K 흡수에 문제가 발생할 수 있다.
⑤ 식품 중 비타민 K는 주로 메나디온의 형태로 함유되어 있다.

50 간, 브로콜리, 시금치, 콩류 등의 식품에 풍부하게 함유된 비타민은?

① 비타민 A
② 비타민 D
③ 비타민 E
④ 비타민 K
⑤ 비타민 C

51 지용성 비타민에 관한 설명 중 옳은 것은?

① 비타민 E는 뼈의 무기질화에 관여한다.
② 피부질환과 관계있는 비타민은 비타민 A이다.
③ 비타민 A는 Ca-binding protein의 합성을 자극한다.
④ 모든 지용성 비타민은 과량 섭취 시 독성증상이 나타난다.
⑤ 비타민 K의 필요량은 불포화지방산 섭취량과 관계가 깊다.

46 비타민 K는 프로트롬빈의 형성을 도와 혈액응고에 관여하며 시금치, 양배추, 브로콜리 등 녹색 채소에 다량 함유되어 있다.

47 비타민 K는 장내에서 합성되므로 항생제나 변비치료제의 복용은 장내 합성을 변화시키며, 비타민 A를 과다섭취하면 소장에서 비타민 K의 흡수가 감소한다. 와파린(혈전치료약)은 쿠마린 유도체로 비타민 K 길항제로서 작용할 수 있다.

48 비타민 K의 영양상태를 평가하기 위해서는 혈중 비타민 K, 프로트롬빈의 농도, 혈액응고 시간을 측정한다.

49 비타민 K는 주로 필로퀴논으로 주요 급원식품은 간, 녹색채소, 브로콜리, 콩류 등이다. 생선과 육류 등에는 메나퀴논의 형태로 존재하며, 메나퀴논은 사람의 장에서 박테리아에 의하여도 합성된다. 메나디온은 합성 비타민 K로 과잉 섭취 시 독성 증상을 나타낼 수 있다.

50 간, 녹색채소, 브로콜리, 콩류는 비타민 K의 주요 급원식품이다.

51 비타민 K는 지용성 비타민이지만 체내에서 빨리 배설되므로 거의 독성을 보이지 않는다. 비타민 K는 조골세포에서 분비되는 오스테오칼신과 뼈의 matrix에 있는 'matrix Gla protein'을 구성하고 있는 글루탐산을 γ-카르복실화하여 칼슘과 결합하게 하며, 칼슘결합단백질(Ca-binding protein)의 형성에 관여한다. 따라서 혈액 중 비타민 K의 농도가 낮아지면 뼈의 무기질 밀도도 낮아진다. 비타민 D는 Ca-binding protein인 칼비딘의 합성을 자극한다. 비타민 E의 필요량은 불포화지방산 섭취량과 관계가 깊다.

정답 46. ④ 47. ① 48. ④ 49. ④ 50. ④ 51. ②

10 수용성 비타민

학습목표 수용성 비타민의 종류, 기능, 흡수, 대사, 결핍, 과잉, 섭취기준 및 급원을 이해한다.

01 수용성 비타민의 특성에 대한 설명으로 옳은 것은?

① 체내 저장 용량이 크다.
② 주로 소변으로 배설된다.
③ 결핍증세가 서서히 발생한다.
④ 지방의 흡수 및 대사와 관계가 깊다.
⑤ 과잉증의 발생 위험이 지용성 비타민에 비하여 높다.

02 정제과정 중 곡류에서 유실될 수 있는 비타민으로 옳은 것은?

① 티아민　② 비오틴
③ 니아신　④ 판토텐산
⑤ 리보플라빈

03 다량 섭취 시 유해영향을 나타내는 수용성 비타민은?

① 티아민　② 니아신
③ 비타민 B_{12}　④ 판토텐산
⑤ 리보플라빈

04 탄수화물 대사과정에서 탈탄산반응(decarboxylation)에 조효소로 작용하는 비타민은?

① 티아민　② 비타민 C
③ 비타민 E　④ 비타민 B_6
⑤ 리보플라빈

01 일반적으로 수용성 비타민은 소변으로 쉽게 배설되기 때문에 체내에 저장량이 낮아 필요량을 매일 먹지 않으면 결핍증이 일어나기 쉽고, 과잉증의 위험이 지용성 비타민에 비하여 낮다.

02 판토텐산은 모든 식품 속에 함유되어 일반 조리과정이나 저장조건에서는 잘 보유되나 통조림 제조과정에서는 열처리에 의해 파괴된다.

03 수용성 비타민 중에서 상한 섭취량이 설정된 영양소에는 니아신, 비타민 B_6, 엽산 등이 있다.

04 티아민은 조효소로서 TPP(thiamin pyrophosphate)를 형성하며 탄수화물의 대사과정에서 기질로부터 이산화탄소(CO_2)를 제거하는 탈탄산반응에 관여한다. 예로서 피루브산이 아세틸-CoA로 전환되는 반응과 TCA 회로 중간생성물인 α-케토글루타르산이 숙시닐 CoA로 전환되는 반응이 있다. 티아민이 결핍되면 각기병이나 위무력증 등이 나타난다.

정답 01. ② 02. ④ 03. ② 04. ①

05 당질대사에서 피루브산이 아세틸 CoA로 전환되는 과정에서 탈탄산반응에 관여하는 비타민은?

① 티아민 ② 니아신
③ 판토텐산 ④ 비타민 B_{12}
⑤ 리보플라빈

06 티아민의 작용에 대한 설명으로 옳은 것은?

① 지방산 합성을 돕는다.
② 케톨기 전이효소의 조효소작용을 한다.
③ 카르복실화 효소의 조효소작용을 한다.
④ 혈청 콜레스테롤을 낮추는 작용을 한다.
⑤ 세포 내 산화-환원반응의 조효소로 작용한다.

07 티아민의 작용에 대한 설명으로 옳은 것은?

① NAD 형태로 조효소 활성을 가진다.
② 필요량과 에너지 소모량의 관련성은 높지 않다.
③ 리보플라빈을 많이 섭취하면 상대적으로 필요량이 줄어든다.
④ α-케토산에서 카르복실기를 첨가하는 카르복실화 반응을 촉매한다.
⑤ 피루브산이 아세틸-CoA로 전환되는 반응에서 TPP 형태로 작용한다.

08 티아민의 결핍증으로 옳은 것은?

① 빈혈 ② 위산 과다
③ 미각 상실 ④ 심한 부종
⑤ 눈부심 증상

09 탄수화물 위주의 식사를 하는 경우 증가해야 하는 영양소와 급원식품으로 옳은 것은?

① 비오틴-치즈
② 비타민 B_6-조개
③ 비타민 C-오렌지
④ 리보플라빈-땅콩
⑤ 티아민-돼지고기

05 피루브산이 아세틸 CoA로 전환되는 과정에서 티아민, 리보플라빈, 니아신, 판토텐산, 리포산이 조효소로 관여하고, **탈탄산반응에는 티아민(TPP), 탈수소반응에는 니아신(NAD^+)이 관여한다.**

06 티아민은 **탈탄산 반응의 조효소작용**을 하며, 카르복실화 반응에서 조효소 작용은 하지 않는다. **오탄당 인산회로의 케톨기 전이효소의 조효소 작용**을 하며, **신경전달물질의 생성에 관여**한다.

07 티아민은 TPP 형태로 조효소 활성을 가지며, **필요량은 에너지 소모량과 관련성**이 매우 깊다. **티아민과 리보플라빈은 조효소 형태가 다르므로 두 비타민 모두 에너지 소모량에 따라 영향을 받는다. 티아민은 α-케토산에서 카르복실기를 떼어내는 탈탄산반응을 촉매**한다. 그리고 **티아민은 피루브산이 아세틸-CoA로 전환되는 반응에서 TPP 형태로 작용**하며, 이 반응은 **포도당의 호기적 산화과정에서 매우 중요**하다.

08 티아민 결핍 시 심근약화와 심부전증이 나타나며, **심장비대 및 전신부종**을 보일 수 있다. 또한 에너지 대사에 필요한 조효소인 **TPP가 부족되어 소화기관의 평활근과 분비선이 포도당으로부터 에너지를 충분히 얻지 못하기 때문에 위산의 분비가 감소하고 위무력증**이 나타난다.

09 에너지 대사과정에서 **조효소로 작용하는 비타민에는 티아민, 리보플라빈, 니아신, 판토텐산, 리포산**이 있다. 급원식품으로 **티아민은 돼지고기, 두류, 전곡, 땅콩 및 종실류, 내장육 등, 니아신은 단백질 함량이 높은 식품(참치, 닭고기, 육류), 간, 버섯, 땅콩 등, 판토텐산은 난황, 간, 치즈, 버섯, 땅콩, 생선, 전곡 등**이 있다.

정답 05. ① 06. ② 07. ⑤ 08. ④ 09. ⑤

10 티아민 결핍증으로 건성각기인 경우 말초신경계 마비로 사지 감각, 운동 및 반사기능에 장애가 생기고, 습성각기일 경우 심장비대와 전신 부종이 나타난다. 티아민 급원식품이 다른 종류의 비타민 B 급원으로서도 중요하므로 다른 비타민 B 복합체도 동시에 결핍되는 경우가 많다. 알코올 과다 섭취 시에 안구의 불수의적 움직임, 안근마비, 비틀거림 등의 베르니케-코르사코프 증후군이 나타난다. 티아민은 인체 저장량이 매우 적으므로 매일 식사에서 충분히 섭취하는 것이 좋다.

11 티아민 결핍상태가 지속되면 심근이 약화되고 심부전증이 나타나며 혈관벽의 평활근이 약화되어 말초혈관이 이완되는 습성각기(wet beriberi)가 나타난다. 티아민과 다른 비타민 B 복합체는 유사한 식품에 동시에 함유되어 결핍증상이 동시에 나타나는 경우가 많다.

12 티아민의 급원식품은 돼지고기, 두류, 전곡, 땅콩 및 종실류, 내장육 등이다. 돼지고기를 제외한 다른 육류, 우유와 유제품, 어패류, 채소 및 과일 등은 티아민 함량이 낮다.

13 흡수된 리보플라빈은 장점막세포에서 FMN으로 인산화된 후 문맥혈로 들어가 알부민과 결합한 상태로 간으로 이동되며 간, 신장, 심장 조직 등에서 FAD로 전환된 후 조직 내의 플라보 단백질과 결합한다. FAD는 지방산의 β-산화 과정에서 $FADH_2$로 환원되고, 에너지 대사에 중요한 역할을 하며, 글루타티온 과산화효소의 활성 유지에 관여한다. 니아신의 조효소인 NADP는 지방산과 스테로이드 합성에 관여하고, 비타민 B_6는 뇌에서 세레토닌 합성 증가와 아미노기 전이반응과 관련이 있다.

14 리보플라빈은 에너지 대사에 관여하므로 에너지 섭취량이 많을수록 필요량은 증가한다.

정답 10. ② 11. ① 12. ⑤ 13. ⑤ 14. ④

10 티아민의 결핍증에 대한 설명으로 옳은 것은?

① 말초신경계 마비로 전신 부종이 나타난다.
② 알코올 과다 섭취 시에 안구의 불수의적 움직임이 생긴다.
③ 다른 비타민 B 복합체의 결핍이 동시에 나타나지는 않는다.
④ 인체 저장량이 있으므로 매일 충분히 섭취하지 않아도 된다.
⑤ 건성각기가 생겨 심근이 약화되고 심부전증의 증상이 나타난다.

11 결핍증으로 심부전증, 근육의 약화, 식욕부진, 신경조직의 퇴화, 때로는 부종을 수반하는 영양소는?

① 티아민
② 비오틴
③ 니아신
④ 판토텐산
⑤ 리보플라빈

12 티아민의 급원식품으로 좋은 것은?

① 사과
② 우유
③ 닭고기
④ 시금치
⑤ 돼지고기

13 리보플라빈의 생리작용에 대한 설명으로 옳은 것은?

① 뇌에서 세로토닌 합성 · 증가에 관여
② 아미노기전이 반응의 조효소로 작용
③ 지방산과 스테로이드 합성에서 필수적인 조효소로 작용
④ 소장에서 효율적으로 흡수되어 인산화 반응에 의해 CoA 형성
⑤ 글루타티온 과산화효소의 활성을 유지하고, 항산화 과정에 관여

14 리보플라빈에 대한 설명으로 옳은 것은?

① 결핍 시 심부전증이 생긴다.
② 우유, 치즈, 현미가 급원식품이다.
③ NAD 형태로 조효소 활성을 가진다.
④ 에너지 섭취량에 따라 필요량이 달라진다.
⑤ 다른 비타민 B 복합체를 많이 먹으면 상대적으로 필요량이 줄어든다.

15 리보플라빈의 기능에 대한 설명으로 옳은 것은?

① 항산화반응의 조효소작용을 한다.
② 지방산과 콜레스테롤 합성에 관여한다.
③ FAD, FMN의 형태로 조효소작용을 한다.
④ 푸마르산이 말산이 되는 과정에 관여한다.
⑤ 지방산의 β-산화과정에서 $FADH_2$가 FAD로 산화된다.

16 리보플라빈의 체내 기능으로 옳은 것은?

① 스테로이드 합성에 관여
② 아미노산 전이반응에 관여
③ 글루타민에서 암모니아 생성과정에 관여
④ 니아신이 트립토판으로의 전환과정에 관여
⑤ 에너지 대사과정에서 산화-환원반응에 관여

17 리보플라빈의 특성에 대한 설명으로 옳은 것은?

① 열에 의하여 파괴되기 쉽다.
② 자외선에 의하여 파괴되기 쉽다.
③ 육류, 생선 등 단백질 식품에 풍부하게 함유되어 있다.
④ 결핍증은 피부염, 설사, 우울증 등을 보이는 펠라그라이다.
⑤ 단백질 섭취량이 증가하면 리보플라빈 섭취량도 증가해야 한다.

18 세포 내 산화-환원반응의 조효소로 작용하며, 체내에서 트립토판으로부터 전환되는 비타민은?

① 엽산 ② 니아신
③ 티아민 ④ 피리독신
⑤ 리보플라빈

19 트립토판이 니아신으로 전환되는 데 필요한 비타민은?

① 엽산 ② 티아민
③ 비타민 C ④ 비타민 B_6
⑤ 비타민 B_{12}

15 리보플라빈은 FAD, FMN의 형태로 산화-환원반응에서 조효소작용을 하며, TCA 회로에서 숙신산이 푸마르산이 되는 과정에 관여한다. 지방산과 콜레스테롤의 합성에 관여하는 것은 NADPH이므로 니아신과 관련이 있다. 지방산의 β-산화과정에서 $FADH_2$로 환원된다.

16 리보플라빈은 FAD, FMN의 형태로 산화-환원반응에서 조효소 작용을 하며, TCA 회로에서 숙신산이 푸마르산이 되는 과정에서 생성된 $FADH_2$는 전자전달계에 전달하여 ATP를 형성한다. 트립토판이 니아신으로의 전환 반응에 관여한다.

17 리보플라빈은 체내에서 FMN, FAD를 형성하여 탈수소효소의 보조효소로 작용하며 결핍 시 구순구각염, 설염, 지루성 피염 등이 나타나 특히 발육기 어린이에게 필요한 비타민이다. 다만, 열에는 강하나 광선에 쉽게 파괴된다.

18 니아신은 NAD와 NADP의 형태로 여러 대사과정에서 일어나는 산화-환원 반응의 조효소로 작용하며, 트립토판 60 mg으로부터 니아신 1 mg이 생성된다.

19 트립토판이 니아신으로 전환되는 과정에서 PLP는 키뉴레닌 분해효소의 조효소로 작용하는데, 이 반응은 비타민 B_6의 영양상태를 평가하는 방법으로 널리 알려져 있다.

정답 15. ③ 16. ⑤ 17. ②
 18. ② 19. ④

20 니아신은 주로 소장 상부에서 흡수되며, NAD는 두 염기 자리 중에서 하나는 아데닌을, 다른 하나는 니아신의 다른 형태인 니코틴아미드를 가지는 디뉴클레오티드이다. 니아신의 조효소 형태인 NAD는 해당과정, TCA 회로 및 지방 산화과정에서, NADP는 펜토오스 인산회로와 피부르산/말산 회로에 관여한다. 또한 NAD는 산화-환원반응으로 알코올 대사에도 관여하는데 알코올 섭취 시 알코올이 아세트알데히드로 전환되면서 NADH가 다량 생성된다.

21 니아신은 니코틴산이라고도 하며 NAD, NADP가 니아신을 함유한 보조효소이다. 결핍되면 펠라그라가 생기는데 4D 질병으로 불리며 주증상은 설사(diarrhea), 피부염(dermatitis), 치매(dementia), 사망(death)이다. 지방산과 스테로이드 합성에는 NADP 형태로 관여하고, 트립토판 60 mg이 1 mg의 니아신으로 전환되므로 단백질식품이 좋은 급원이다. 알코올탈수소효소가 NAD를 조효소로 사용하여 알코올을 아세트알데히드로 전환시킨다.

22 NADPH는 오탄당 인산경로에서 생성되어 지방산, 콜레스테롤, 스테로이드 합성 등에 관여한다.

23 펠라그라는 피부염, 설사, 치매, 사망의 순으로 진행된다.

24 니아신의 영양밀도가 높은 식품은 버섯, 참치, 닭고기, 고등어, 아스파라거스 등이고, 우유, 달걀 등의 동물성 단백질식품은 트립토판이 간접적으로 니아신을 제공한다.

정답 20. ④ 21. ⑤ 22. ⑤ 23. ③ 24. ①

20 니아신에 대한 설명으로 옳은 것은?

① 소장 하부에서 주로 흡수된다.
② FAD, FMN의 조효소 형태로 작용한다.
③ 조효소 형태는 아미노기 전이반응에 관여한다.
④ 조효소 형태는 체내 산화-환원반응에 참여한다.
⑤ 알코올 섭취 시 NAD에서 NADH로의 전환이 감소된다.

21 니아신에 대한 설명으로 옳은 것은?

① 지방산 합성에 NAD 형태로 관여한다.
② 니아신 결핍은 구순구각염을 일으킨다.
③ 현미, 통밀 등 곡류가 주요 급원식품이다.
④ 단백질 과다 섭취 시 결핍증의 위험이 있다.
⑤ 알코올탈수소효소의 조효소로 알코올 대사에 관여한다.

22 오탄당 인산경로에서 생성되어 지방산, 콜레스테롤 합성에 관여하는 조효소로 옳은 것은?

① CoA ② FAD
③ THF ④ TPP
⑤ NADPH

23 펠라그라의 증세로 옳은 것은?

① 탈모 ② 빈혈
③ 치매 ④ 각기병
⑤ 치아손상

24 니아신의 급원식품으로 올바르게 묶인 것은?

① 버섯 - 참치
② 감자 - 우유
③ 상추 - 닭고기
④ 미역 - 고등어
⑤ 시금치 - 쇠고기

25 니아신의 결핍 및 과잉증에 대한 설명으로 옳은 것은?

① 니아신 과잉 시 혈중 콜레스테롤이 상승한다.
② 니아신 결핍 시 신체 전반적인 장애가 유발된다.
③ 단백질 섭취 과잉 시 니아신 결핍의 위험이 높다.
④ 당뇨 환자, 알코올 중독자는 니아신 결핍 가능성이 낮다.
⑤ 니아신 결핍증인 펠라그라는 선진국에서도 흔하게 나타난다.

26 어떤 식품이 니아신 8 mg, 트립토판 270 mg을 함유하고 있다면 몇 mgNE가 함유된 식품인가?

① 11.5 mgNE ② 12.0 mgNE
③ 12.5 mgNE ④ 13.0 mgNE
⑤ 13.5 mgNE

27 에너지 섭취량이 증가함에 따라 필요량이 증가하는 비타민으로 옳은 것은?

① 니아신 – 엽산
② 티아민 – 니아신
③ 리포산 – 비타민 B_6
④ 니아신 – 비타민 B_{12}
⑤ 리보플라빈 – 비타민 B_6

28 아미노산 대사에서 탈탄산 효소의 조효소로 작용하여 도파민, 노르에피네프린, 세로토닌 등의 신경전달물질 합성에 관여하는 비타민은?

① 엽산 ② 니아신
③ 티아민 ④ 비타민 B_6
⑤ 비타민 B_{12}

29 불필수 아미노산 합성과정인 아미노기 전이반응에 관여하는 비타민과 조효소의 옳은 것은?

① 엽산 – THF
② 티아민 – TPP
③ 비타민 B_6 – PLP
④ 리보플라빈 – NDA
⑤ 비타민 B_{12} – 메틸코발아민

25 **알코올 중독, 식이제한, 피리독신·리보플라빈·티아민 결핍, 종양, 갑상선 기능항진, 스트레스, 외상, 임신·수유기, 당뇨 등이 니아신이 결핍되기 쉬운 환경**이다. 니아신 과잉증은 영양강화 목적으로 니코틴아마이드를 3,000 mg/day 이상 공급할 경우 간독성, 메스꺼움, 구토를 유발할 수 있다. **니아신은 트립토판으로부터 합성될 수 있기 때문에 단백질 섭취 부족은 펠라그라와 관련이 있다.**

26 1 mgNE는 1 mg의 니아신을 의미하며, **60 mg의 트립토판은 1 mg의 니아신과 동량**이다.
→ 8 mg + 270/60 mg = 12.5 mgNE

27 **에너지 대사과정에서 조효소로 작용하는 비타민에는 티아민, 리보플라빈, 니아신, 판토텐산, 리포산 등이 있**다. 판토텐산은 CoA의 전구체로서 존재하며, 리포산은 피루브산이 아세틸-CoA로 전환되는 반응에 관여한다.

28 **비타민 B_6는** 주로 단백질 대사에서 **아미노기전이반응(불필수 아미노산 합성), 탈아미노반응(세린, 트레오닌), 탈탄산반응(신경전달물질 합성) 등의 조효소로 작용**한다.

29 비타민 B_6는 주로 단백질 대사에서 아미노기전이반응(불필수 아미노산 합성)으로 아미노산의 α-아미노기를 다른 α-케토산에 전달하여 새로운 불필수 아미노산을 합성한다.

정답 25. ② 26. ③ 27. ②
28. ④ 29. ②

30 도파민과 카테콜아민의 합성에 관여하는 비타민은?

① 엽산
② 니아신
③ 티아민
④ 비타민 B_6
⑤ 비타민 B_{12}

31 피리독신의 기능에 대한 설명으로 옳은 것은?

① 고호모시스테인혈증을 증가시킨다.
② 콜레스테롤을 합성하기 위한 기본 물질이다.
③ 헤모글로빈의 포르피린 고리 구조를 합성한다.
④ 아미노기 전이반응을 통해 세로토닌을 합성한다.
⑤ 트립토판이 니아신으로 전환되는 과정을 저해한다.

32 피리독신이 관여하는 반응으로 옳은 것은?

① 트립토판 합성
② 프로트롬빈 합성
③ 호모시스테인 합성
④ 아세틸-CoA 합성
⑤ 불필수 아미노산 합성

33 심한 우울증, 두통, 복부팽만 등 일부 여성에게서 나타나는 월경전 증후군(PMS, premenstrual syndrome)을 완화시키는 비타민은?

① 비타민 C
② 비타민 A
③ 비타민 E
④ 비타민 B_6
⑤ 리보플라빈

34 비타민 B_6의 결핍을 특히 우려해야 하는 상황으로 관계가 먼 것은?

① 채식
② 임신
③ 간질환
④ 고령화
⑤ 알코올 중독

35 단백질 섭취량이 증가함에 따라 필요량이 증가하는 비타민으로 옳은 것은?

① 티아민
② 니아신
③ 비타민 C
④ 비타민 B_6
⑤ 리보플라빈

30 PLP는 탈탄산효소의 조효소로 작용하며 GABA, 노르에피네프린, 에피네프린, 세로토닌, 도파민 등의 신경전달물질의 합성과정에 관여한다. 신경전달물질은 신경세포 간의 정보전달에 필요한 물질이다.

31 피리독신과 엽산은 호모시스테인이 메티오닌이 되는 과정에 관여하여 고호모시스테인혈증을 방지한다. 피리독신은 헤모글로빈의 포르피린 고리 구조를 합성하고, 탈탄산반응을 통해 γ-아미노부티르산, 노르에피네프린, 에피네프린, 세로토닌 등을 합성한다. 트립토판이 니아신으로 전환되는 과정을 촉매하는 키뉴레닌 분해효소를 돕는 역할을 한다. 콜레스테롤을 합성하기 위한 기본 물질은 아세틸-CoA이므로 이는 판토텐산의 역할이다.

32 비타민 B_6는 피리독신, 피리독살, 피리독사민의 세 가지가 있다. 흡수된 비타민 B_6는 간에서 조효소 형태인 PLP(pyridoxal 5-phosphate)로 전환되어, 아미노산의 대사과정에 다양하게 작용하고, 탈아미노반응, 아미노기 전이반응, 탈탄산반응에 관여하며, 아미노기전이반응으로 불필수 아미노산을 합성할 수 있다. 피리독신은 호모시스테인이 메티오닌으로 전환되는 과정을 도우며, 트립토판에서 니아신 전환과정을 촉진한다. 프로트롬빈 합성은 비타민 K의 작용이다.

33 비타민 B_6를 섭취하면 뇌에서 세로토닌의 합성이 증가하여 PMS를 완화시키는 데 효과적이다.

34 알코올은 비타민 B_6의 흡수를 저해하며, B_6가 조효소 형태로 합성되는 것을 감소시킨다. 임신기는 거의 모든 영양소의 필요량이 증가된다. 간질환이 있는 경우 간에서의 비타민 B_6의 대사가 원활하지 못하다. 단백질 섭취량이 증가하면 단백질 대사에 사용되는 비타민 B_6 필요량도 증가한다.

35 비타민 B_6는 아미노산의 아미노기 전이반응, 칼아미노반응, 탈탄삼반응에 관여하고, 단백질 섭취량이 증가하면 단백질 대사에 사용되는 비타민 B_6 필요량도 증가한다.

정답 30. ④ 31. ③ 32. ⑤ 33. ④ 34. ① 35. ④

36 비타민 B_6의 급원식품으로 가장 적절한 것은?

① 우유 ② 현미
③ 대두 ④ 소고기
⑤ 고등어

37 체내에서 메틸기, 포르밀기, 메틸렌 운반에 관여하여 DNA 합성과 세포분열에 관여하는 영양소는?

① 엽산 ② 비오틴
③ 비타민 B_6 ④ 판토텐산
⑤ 비타민 B_{12}

38 엽산의 생리적 기능으로 옳은 것은?

① 헤모글로빈을 구성하는 헴을 합성한다.
② 콜라겐의 합성에 필요한 효소를 활성화시킨다.
③ 신경섬유의 수초를 유지시켜 주는 기능이 있다.
④ 호모시스테인에 메틸기를 제공하여 메티오닌으로 전환시킨다.
⑤ FAD 형태로 메틸기, 메틸렌기 등 단일탄소의 운반체로 작용한다.

39 엽산의 흡수와 대사에 대한 설명으로 옳은 것은?

① 식품에 함유된 엽산의 흡수율은 평균 90%이다.
② 엽산이 간에 저장될 때는 모노글루탐산 형태이다.
③ 강화 식품의 엽산은 식품 내 엽산보다 흡수율이 낮다.
④ 소장 점막세포에서 폴리글루탐산으로 합성될 때 아연이 필요하다.
⑤ 식품 중의 엽산은 소장 점막세포로 흡수된 후 5-메틸-THF 형태로 전환된다.

40 엽산의 흡수에 대한 설명으로 옳은 것은?

① 임신에 의해 엽산의 흡수가 감소된다.
② 알코올 섭취는 엽산의 흡수를 증가시킨다.
③ 소장에서 모노글루탐산으로 가수분해되어 흡수된다.
④ 식사의 엽산 흡수율이 보충제의 엽산 흡수율보다 높다.
⑤ 엽산의 급원 및 형태에 따라 흡수율이 50% 정도로 비슷하다.

36 피리독신의 대표적 급원은 **육류, 생선류, 가금류**가 가장 좋으며, 그중 **동물의 근육 부분이 가장 좋은 급원**이다. 그 다음으로는 두류, 전곡류, 채소 및 과일류 등이 있다.

37 **엽산은 단일 탄소기와 결합함**으로써 여러 가지 **아미노산 전이과정이나 티미딜산(dTMP) 합성과정에 단일 탄소기를 전해주는 조효소 형태로 전환**된다.

38
① 헤모글로빈을 구성하는 헴을 합성한다.–비타민 B_6
② 콜라겐의 합성에 필요한 효소를 활성화시킨다.–비타민 C
③ 신경섬유의 수초를 유지시켜주는 기능이 있다.–비타민 B_{12}
⑤ FAD 형태로 메틸기, 메틸렌기 등 단일탄소의 운반체로 작용한다.–**엽산이 THF 형태로 단일탄소 운반체 역할**

39 식품 중에 엽산은 폴리글루탐산의 형태로 소장에서 모노글루탐산 형태로 분해되고, 분해된 엽산은 단백질과 결합하여 흡수되는데 섭취량이 많으면 수동확산에 의해 흡수된다. 모노글루탐산으로 분해될 때 아연이 필요하므로, 아연이 결핍되면 엽산 흡수가 저하될 수 있고, 알코올은 엽산의 흡수를 방해한다. 흡수된 엽산은 소장세포에서 5–메틸–THF 형태로 문맥을 통해 간으로 들어가고, 간에서 다시 폴리글루탐산이 되어 저장되거나 모노글루탐산의 형태로 혈액 내로 방출되고, 세포 안에서 폴리글루탐산 형태로 전환된다. 엽산의 흡수율은 식품에 함유된 평균 흡수율은 50%, 강화식품 85%, 보충제를 공복에 섭취하면 100%이다.

40 엽산은 소장에서 **모노글루탐산으로 가수분해되어 흡수**된다. **평균 흡수율은 50% 정도이지만, 강화식품은 85%, 보충제로 공복에 섭취하면 흡수율이 100%**이다. 임신기에는 세포분열 속도가 크게 증가하므로 DNA 합성을 위한 엽산의 요구량이 크게 증가되는 시기이고, 수유기에는 유즙을 통해 분비되는 엽산을 보충하기 위해 엽산을 더 많이 섭취해야 하므로 임신부와 수유부는 엽산이 부족하기 쉽다. **알코올은 엽산의 장내 흡수를 방해**하므로 알코올 중독자나 영양 흡수불량 증세를 가진 사람들에게서 엽산 결핍증이 나타나기 쉽다.

정답 36. ④ 37. ① 38. ④ 39. ⑤ 40. ③

41 호모시스테인으로부터 메티오닌을 합성하는 반응에서 엽산과 함께 조효소로서 상호작용하는 비타민은?

① 니아신
② 이노시톨
③ 비타민 C
④ 리보플라빈
⑤ 비타민 B_{12}

42 엽산의 결핍과 과잉에 대한 설명으로 옳은 것은?

① 엽산 과잉일 때 카르니틴 합성이 증가된다.
② 엽산 결핍으로 용혈성 빈혈이 나타날 수 있다.
③ 엽산은 성장기에 비해 노인기에 부족할 가능성이 크다.
④ 엽산이 결핍되었을 때 혈장 호모시스테인 농도는 증가한다.
⑤ 엽산은 열에 안정하여 충분히 조리하여 섭취하는 것이 결핍을 막을 수 있다.

43 비타민 B_{12}의 흡수와 관련된 설명으로 옳은 것은?

① 흡수불량 시 용혈성 빈혈이 발생할 수 있다.
② 흡수는 주로 공장에서 능동수송방법에 의해 일어난다.
③ 흡수된 비타민 B_{12}는 트랜스코발아민 II와 결합하여 조직으로 운반된다.
④ 흡수과정에는 구강에서 분비되는 내적 인자(intrinsic factor)가 필요하다.
⑤ 수용성 비타민 중에서 체내 저장성이 매우 낮으며, 과량 섭취 시 손실량이 크다.

44 비타민 B_{12}에 대한 설명으로 옳은 것은?

① 무기질인 구리를 함유하고 있다.
② 노인이 되면 비타민 B_{12}의 흡수는 증가한다.
③ 거대적혈구증의 원인은 엽산 또는 비타민 B_{12}의 결핍이다.
④ 주로 식물성 식품에 함유되어 있어 채식주의자의 경우 결핍이 잘 발생하지 않는다.
⑤ 흡수 시 소장에서 분비되는 내적 인자(intrinsic factor)가 필요하다.

---

41 비타민 B_{12}는 N^5-methyl THFA로부터 메틸기를 받아 메틸코발아민이 된 다음, 다시 메틸기를 호모시스테인에 전달하여 메티오닌을 합성한다. 따라서 비타민 B_{12} 결핍 시 N^5-methyl THFA가 THFA로 전환되지 못하고 축적되므로, THFA가 감소함으로써 2차적인 엽산 결핍 상태를 초래한다. 또한 비타민 B_{12}는 신경세포의 절연체 역할을 하는 수초를 유지시키는 기능이 있으므로, 비타민 B_{12} 결핍증인 악성 빈혈에서는 엽산 결핍 시 보이는 거대적아구성 빈혈 외에 신경손상이 동반된다.

42 엽산은 활성형인 THFA (tetrahydrofolic acid)로 환원된 뒤 N^5-methyl, N^{10}-formyl, N^5, N^{10}-methylene 등과 결합하여, 체내 대사 과정에서 단일탄소기를 전달하는 역할을 한다. 이 중 중요한 반응은 DNA와 RNA 합성에 필요한 퓨린과 피리미딘의 형성과정이며, 따라서 세포분열이 활발한 유아기, 성장기, 임신 수유기에 부족 가능성이 높아진다. 엽산 결핍 시 DNA 합성 저하로 인한 정신, 신경 관련 증상들이 나타나며 과잉 섭취 시에는 신경증세가 촉진되거나 악화될 수 있다. 엽산은 호모시스테인으로부터 메티오닌을 합성하는 반응에 작용하는 메티오닌 합성효소를 도와주며, 이 반응은 체내 메티오닌을 유지시켜 주고, 호모시스테인의 과다한 축적을 방지한다. 열, 빛, 산소에 의해 불안정하여 삶는 조리법 대신 신선한 과일과 채소로 섭취하는 것이 바람직하다.

43 비타민 B_{12}는 위에서 분비되는 내적 인자와 결합하여, 주로 소장의 마지막 부위인 회장에서 능동수송에 의해 흡수된다. 그러므로 위나 소장의 결손, 노인에서의 흡수불량 등으로 인해 결핍증이 발생할 수 있다. 흡수된 비타민 B_{12}는 단백질인 트랜스코발아민 II와 결합하여 간과 골수 등의 조직으로 운반된다. 저장성이 매우 좋으며(주로 간), 담즙과 함께 분비된 것의 대부분이 회장에서 재흡수되므로(장간순환) 소량만이 손실되고, 따라서 흡수불량 시에도 결핍증은 상당히 더디게 진행된다.

44 노인들의 위벽세포 노화는 비타민 B_{12}의 흡수에 필요한 내적 인자의 합성 불능을 초래하여 이 비타민이 결핍된다. 비타민 B_{12}는 코발트를 함유하고 있고 동물성 식품에만 함유되어 있다.

정답 41. ⑤ 42. ④ 43. ③ 44. ③

45 비타민 B_{12}의 체내기능으로 옳은 것은?

① 헤모글로빈을 구성하는 헴을 합성한다.
② 메틸기, 메틸렌기 등 단일탄소의 운반체로 작용한다.
③ 부족하면 세포 내 단일탄소 전환 반응이 활성화된다.
④ 메틸코발아민은 호모시스테인을 메티오닌으로 전환한다.
⑤ 당질, 지방산 대사 등에서 에너지를 생성하는 산화과정에 관여한다.

45 **비타민 B_{12}는 핵산 합성에 관여하여 세포분열과 성장을 도우며,** 동맥경화성 물질인 **호모시스테인이 메티오닌으로 전환하는 데 관여**하여 심혈관질환의 위험을 줄여준다. **신경세포의 절연체인 수초를 정상적으로 유지**시킨다. 헤모글로빈을 구성하는 헴을 합성하는 것은 비타민 B_6의 역할이고, 단일탄소 전환 반응은 엽산의 작용이며 당질, 지방산 대사 등에서 에너지를 생성하는 산화과정에 관여하는 영양소는 니아신이다.

46 일부 해조류에도 함유되어 있으나 주로 동물성 식품에 포함되어 있어 채식주의자들에게 결핍되기 쉬운 비타민은?

① 비타민 A　② 비타민 D
③ 비타민 B_6　④ 비타민 C
⑤ 비타민 B_{12}

46 비타민 B_{12}는 **동물성 식품**에만 함유되어 있어 식물성 식품만 섭취하는 **채식주의자에게 결핍되기 쉽다.** 된장이나 청국장, 간장, 고추장 같은 **미생물 발효식품**이나 **젓갈이 함유된 김치, 해조류인 김**도 비타민 B_{12}의 급원이 될 수 있다.

47 비타민 B_{12}와 엽산을 함께 공급할 수 있는 식품으로 옳은 것은?

① 시금치　② 내장육
③ 조개류　④ 오렌지주스
⑤ 아스파라거스

47 **엽산은 주로 식물성인 엽채류에 많으나 간, 내장육도 좋은 급원**이다. **비타민 B_{12}는 동물성 식품**에만 함유되어 있어 곡류 및 전분류, 채소 및 과일류, 유지 및 당류는 비타민 B_{12}의 급원이 아니다.

48 시금치가 좋은 급원이 <u>아닌</u> 영양소는?

① 엽산　② 비타민 B_6
③ 비타민 C　④ 비타민 B_{12}
⑤ 판토텐산

48 비타민 B_{12}는 **동물성 식품**에 함유되어 있어 채식주의자들은 이 영양소가 결핍될 수 있다.

49 동맥경화를 유발하는 고호모시스테인혈증을 예방하는 비타민으로 옳은 것은?

① 니아신 – 엽산
② 엽산 – 비타민 C
③ 엽산 – 비타민 B_6
④ 티아민 – 비타민 B_{12}
⑤ 리보플라빈 – 비타민 B_6

49 **호모시스테인을 메티오닌으로 전환시킬 때 비타민 B_6, 엽산, 비타민 B_{12}가 작용**한다.

정답 45. ④ 46. ⑤ 47. ② 48. ④ 49. ③

50 엽산 결핍증과 비타민 B_{12}의 결핍증을 구별하기 힘든 이유는?

① 엽산과 비타민 B_{12}의 식품 급원이 거의 같기 때문
② 엽산과 비타민 B_{12}의 활성형은 같은 효소에 의해 분해되기 때문
③ 엽산과 비타민 B_{12}의 흡수에는 내적인자 결합단백질이 요구되기 때문
④ 엽산과 비타민 B_{12}의 혈액 내 이동에는 S-adenosyl methionine이 요구되기 때문
⑤ 엽산의 활성형인 methyl-THFA를 THFA로 재생시키는 데 비타민 B_{12}를 함유한 효소가 요구되기 때문

50 엽산과 비타민 B_{12}는 호모시스테인을 메티오닌으로 전환시키는 반응에 대사상 상호 관련이 있다.

51 코엔자임 A의 구성성분이 되는 비타민은?

① 엽산
② 니아신
③ 비오틴
④ 피리독신
⑤ 판토텐산

51 **판토텐산은 코엔자임 A의 구성성분**으로 작용한다.

52 판토텐산의 생리적 기능에 대한 설명으로 옳은 것은?

① 지방산 합성
② 콜라겐 합성
③ 티록신 합성
④ 카르니틴 합성
⑤ 메티오닌 합성

52 **판토텐산의 조효소인 CoA는 탄수화물, 지질, 단백질 대사에서 TCA 회로를 거쳐 ATP를 형성하는 데 필수적인 요소로 작용**한다. 또한 **지방산, 콜레스테롤, 스테로이드 등의 지질 합성 및 신경전달물질인 아세틸콜린 합성, 헴(heme)의 구성성분인 프로토포르피린 합성** 등의 역할을 한다. 카르니틴과 콜라겐 합성은 비타민 C의 역할이고, 메티오닌 합성은 엽산과 비타민 B_{12}, 티록신 합성은 요오드의 작용이다.

53 아실 운반단백질의 구성성분이며, 지방산, 콜레스테롤 합성 과정에 필요한 비타민은?

① 니아신
② 티아민
③ 판토텐산
④ 비타민 B_{12}
⑤ 리보플라빈

53 **판토텐산은 CoA와 아실 운반단백질(ACP) 구성성분으로 지방산, 콜레스테롤 및 스테로이드 호르몬 합성에 관여**한다. **신경전달물질인 아세틸콜린, 헴의 합성**에도 중요한 역할을 한다.

54 콜라겐 형성, 신경전달물질 합성, 철 흡수와 관련이 있는 영양소로 옳은 것은?

① 니아신
② 비타민 C
③ 비타민 B_6
④ 리보플라빈
⑤ 비타민 B_{12}

54 **비타민 C**는 여러 가지 수산화반응에 조효소로 쓰이며, **콜라겐 형성, 도파민·노르에피네프린·세로토닌 등의 신경전달물질의 합성, 카르니틴과 스테로이드 합성, 철의 흡수, 면역기능, 상처회복**과 그 밖에 엽산, 아미노산, 뉴클레오티드, 콜레스테롤, 포도당 대사에 관여한다. **비타민 B_6 결핍은 피부염, 구각염, 구내염**을 일으키고, **비타민 B_{12} 결핍은 설염**을 일으키기도 한다.

정답 50. ⑤ 51. ⑤ 52. ① 53. ③ 54. ②

55 에너지의 섭취량 증가에 따라 필요량이 증가하는 비타민은?

① 엽산 ② 비타민 C
③ 비타민 D ④ 판토텐산
⑤ 비타민 B_{12}

56 비타민 C에 대한 설명으로 옳은 것은?

① 건조상태나 알칼리용액에서는 비교적 안정하다.
② 흡수율은 섭취량에 상관없이 일정하게 조절된다.
③ 흡연자의 경우 비흡연자에 비해 체내 비타민 C 교체율이 높다.
④ 권장량의 2~3배 이상 섭취하여도 비타민 C 형태로 잘 저장된다.
⑤ 펙틴, 구리, 아연, 철 함량이 높은 식품의 비타민 C는 흡수율이 높다.

57 비타민 C의 생리적 기능에 대한 설명으로 옳은 것은?

① 성장 촉진 ② 상피세포 분화
③ 신경자극 전달 ④ 카르니틴 합성
⑤ 퓨린염기 합성

58 비타민 C에 대한 설명으로 옳은 것은?

① 체내에서 합성이 가능하다.
② 산화형은 체내에서 환원될 수 없다.
③ 환원형일 경우 촉진확산으로 이동된다.
④ 산화형일 경우 나트륨의존성 능동수송으로 이동된다.
⑤ 하루 100 mg 이하 섭취 시 흡수율은 80~90%로 높다.

59 수술 후 상처가 잘 아물기 위해 가장 필요로 하는 비타민으로 옳은 것은?

① 비타민 A ② 비타민 B_{12}
③ 비타민 C ④ 비타민 D
⑤ 비타민 K

55 **판토텐산은 코엔자임(CoA)와 아실기 운반단백질(ACP)의 구성성분으로 탄수화물, 지방, 단백질 대사에서 에너지(ATP)를 생성하는 데 필수적**이다.

56 비타민 C는 **건조상태나 산성용액에서 비교적 안정**하나, **수용액 상태에서는 열, 알칼리에 의해 쉽게 파괴되며**, 권장량의 2~3배를 섭취하면 혈청 수준이 1.4~1.5 mg/dL까지 증가하다가 **섭취량이 증가하여도 혈청 수준은 더 이상 증가하지 않는다. 섭취량이 혈청을 과포화시킬 정도로 많으면 아스코르브산 형태 그대로 배설**된다. **펙틴, 구리, 아연, 철 함량이 높은 식품에서는 비타민 C 흡수율이 낮은 것으로 나타난다. 흡연자의 경우 비흡연자에 비해 체내 비타민 C 교체율이 높아, 혈청 비타민 C 농도가 비흡연자에 비해 낮다.**

57 비타민 C는 **콜라겐 합성**과정에서 프롤린, 리신으로부터 **히드록시프롤린, 히드록시리신이 되는 과정에 관여**하며, **지방산이 세포질에서 미토콘드리아로 이동하는 과정에 필요한 물질**인 **카르니틴의 합성에 관여**한다. 또한 **면역반응**에도 중요한 역할을 하고, 신경전달물질인 **세로토닌, 노르에피네프린, 에피네프린 등의 합성**에도 관여한다. 상피세포 분화 및 성장에 관여하는 물질은 비타민 A이다.

58 **사람의 경우 gulonolactone oxidase의 결손으로 체내에서 비타민 C를 생합성할 수 없다. 환원형으로 존재할 때 나트륨의존성 능동수송에 의해 이동, 흡수**되며 **산화형일 경우는 촉진확산**으로 세포 내로 이동된 후 **환원형으로 전환되어 사용**된다.

59 수술 후 상처가 잘 아물기 위해서는 **콜라겐이 많이 생성**되어야 한다. 이를 위해 **단백질과 비타민 C의 요구량이 증가**한다.

정답 55. ④ 56. ③ 57. ④ 58. ⑤ 59. ③

60 합성과정에서 비타민 C가 필요한 것은?

① 세로토닌 – 리신
② 에피네프린 – 리신
③ 콜라겐 – 메티오닌
④ 카르니틴 – 콜라겐
⑤ 세로토닌 – 메티오닌

61 35세 여성의 1일 평균 비타민 C 섭취량이 35 mg으로 나타났다. 이때 나타날 수 있는 증세로 옳은 것은?

① 복통 ② 설사
③ 탈모 ④ 괴혈병
⑤ 메스꺼움

62 20세 여성이 식이와 보충제를 포함하여 하루에 2,000 mg 이상의 바타민 C를 섭취했을 때 나타날 수 있는 증상은?

① 신결석
② 철 흡수 저하
③ 상처치유 지연
④ 요산 배설량 감소
⑤ 동맥경화성 플라그 침착

63 비오틴의 흡수를 방해하는 물질은?

① 알라닌 ② 아비딘
③ 알코올 ④ 아드레날린
⑤ 아스코르브산

64 비오틴에 대한 설명으로 옳은 것은?

① 인을 함유한 수용성 비타민이다.
② 난황, 간, 땅콩, 육류 등이 좋은 급원이다.
③ 히드록시라제, 탈탄산효소의 조효소작용을 한다.
④ 카르복실화 효소, 카르복실기 전이효소의 조효소작용을 한다.
⑤ 생난황에 함유되어 있는 아비딘에 의해 흡수를 방해받는다.

---

60 **비타민 C는 카르니틴, 에피네프린, 티록신, 콜라겐, 세로토닌 및 히드록시리신의 합성과정에 필요**하다.

61 성인 여성의 비타민 C 권장섭취량은 100 mg으로 섭취량이 35 mg이라면 결핍이다. **비타민 C 결핍 증상으로는 잇몸출혈, 피부의 점상출혈, 관절통증 등**이 나타나며 그 외 **상처회복 지연, 뼈의 통증과 골절, 빈혈, 신경질적 우울증 등**이 발생한다. 과잉 섭취 시 독성종말점은 메스꺼움, 복통, 설사 등의 위장관 증상을 사용한다.

62 19~29세 여성의 비타민 C 권장섭취량은 100 mg이며, 상한섭취량은 2,000 mg으로 설정되어 있다. 비타민 C는 식품의 과잉섭취로 인한 유해 증상은 나타나지 않으나 보충제를 과량 섭취할 경우 메스꺼움, 구토, 복부팽만, 설사, 요산 배설량 증가, 과도한 철 흡수, 비타민 B_{12} 수준 저하, 신장결석 등의 증상이 나타난다.

63 **생난백 속의 아비딘은 비오틴과 결합하여 비오틴의 흡수를 방해**하는데 생난백을 많이 먹은 동물은 난백상해 증세를 나타내지만, 건강한 성인은 하루에 12~24개의 생달걀을 먹을 경우에나 비오틴 결핍 증세가 나타나므로 큰 문제가 되지 않는다. 비오틴은 동식물 식품에 널리 분포되어 있고, 아비딘 단백질은 열에 약하여 가열하면 활성을 잃게 되므로, 달걀을 조리하여 먹으면 비오틴의 흡수 방해 효과가 사라진다.

64 **비오틴은 카르복실화 효소, 카르복실기 전이효소의 조효소로 작용**하며, **비타민 C가 히드록시라제를 활성화**시킨다. 또한 비오틴은 **황을 함유한 수용성 비타민**이며 **난황, 간, 땅콩, 대두, 이스트, 치즈 등이 좋은 급원**이고, **채소류, 과일류, 육류 중 함유량은 낮다**. 아비딘은 생난백에 함유되어 있다.

정답 60. ④ 61. ④ 62. ① 63. ② 64. ④

65 비타민 유사물질의 기능으로 옳은 것은?

① 타우린 - 신경 자극 전달
② 이노시톨 - 혈구 내 항산화 작용
③ 카르니틴 - 아세틸콜린 구성물질
④ 콜린 - 지방산의 미토콘드리아 내막 통과
⑤ 리포산 - 피루브산에서 아세틸 - CoA 합성

66 피루브산에서 CO_2를 제거하는 탈탄산 반응의 조효소와 아세틸 CoA에 CO_2를 첨가하는 카르복실화 반응에서 작용하는 조효소 각각의 전구체가 되는 비타민으로 옳은 것은?

① 티아민 - 비오틴
② 티아민 - 리보플라빈
③ 리보플라빈 - 티아민
④ 리보플라빈 - 비오틴
⑤ 비타민 B_6 - 비타민 C

67 혈청 호모시스테인에 대한 설명으로 옳은 것은?

① 심혈관질환의 보호인자이다.
② 세로토닌 대사과정에서 생성된다.
③ 엽산 섭취 증가 시 혈청 호모시스테인은 증가한다.
④ 비타민 B_6 섭취 부족 시 혈청 호모시스테인은 감소한다.
⑤ 비타민 B_{12} 섭취 부족 시 혈청 호모시스테인은 증가한다.

68 수용성 비타민의 기능에 대한 연결이 옳은 것은?

① 니아신 - 핵산 합성
② 비타민 B_6 - 콜라겐 합성
③ 리보플라빈 - 지방산 산화
④ 티아민 - 스테로이드 합성
⑤ 비타민 B_{12} - 호모시스테인 합성

69 과일류나 채소류에서만 취할 수 있는 비타민은?

① 엽산 ② 비타민 A
③ 비타민 K ④ 비타민 C
⑤ 비타민 B_6

65 이노시톨은 신경세포의 자극을 인지하고 전달하는 과정에 관여하며, 타우린은 눈의 광수용기 기능, 혈구 내 항산화작용, 폐조직의 산화 방지작용 등을 한다. 리포산은 피루브산에서 탈탄산(decarboxylation)을 통해 아세틸-CoA를 합성한다. 콜린은 신경 전달물질인 아세틸콜린과 인지질인 레시틴의 구성성분이다. 카르니틴은 세포질에 있는 지방산이 미토콘드리아의 내부로 이동하는 것을 돕는다.

66 TPP는 아세틸-CoA 탈수소효소의 일부인 탈탄산효소의 조효소이고, 비오틴은 지방산 합성에 필요한 아세틸-CoA 카르복실화효소의 조효소로 작용한다.

67 호모시스테인으로부터 메티오닌을 합성하는 반응에 비타민 B_{12}가 조효소로써 작용하며, 이때 엽산 대사과정과 상호 연관되어 있다. 엽산과 비타민 B_{12}의 섭취 부족 시 혈청 호모시스테인 농도는 증가하며, 고호모시스테인혈증은 심혈관질환의 주요 위험요인 중 하나이다.

68 리보플라빈은 체내 산화-환원반응을 촉매하여 지방산 산화에 관여하고 니아신 또한 산화-환원반응에 관여하면서 지방산 합성에서 조효소로 작용한다. 티아민은 오탄당인산경로에 관여하여 ribose를 생성해 핵산을 합성할 수 있다. 콜라겐 합성은 비타민 C의 기능이다.

69 비타민 A는 간, 난황 등의 동물성 식품이 주된 급원이고, 엽산과 비타민 K는 녹엽 채소에 많이 함유되어 있으나 내장류나 두류(엽산)에도 함유되어 있거나 장내 세균에 의해서도 합성된다(비타민 K). 비타민 B_6는 육류, 바나나 등이 주된 급원이다.

정답 65. ⑤ 66. ① 67. ⑤ 68. ③ 69. ④

70 철 흡수에 대한 비타민 C의 역할을 옳게 설명한 것은?

① 철의 흡수를 저해한다.
② 제2철을 제1철로 환원시킨다.
③ phytin이 철과 결합하는 것을 방해한다.
④ 먹은 음식의 철의 영양소 균형을 잡아준다.
⑤ 철에 결합하여 철이 쉽게 장벽을 통과할 수 있게 한다.

71 수용성 비타민과 결핍증의 연결이 옳은 것은?

① 티아민 – 각기병
② 니아신 – 구루병
③ 엽산 – 악성 빈혈
④ 비타민 C – 구각염
⑤ 리보플라빈 – 괴혈병

72 비타민의 결핍증과 증세로 옳은 것은?

① 습성 각기 – 심부전
② 악성 빈혈 – 소혈구
③ 펠라그라 – 치아 손상
④ 괴혈병 – 신경관 결손
⑤ 구순구각염 – 피부 각질화

73 비타민과 과잉섭취 시 나타날 수 있는 증상의 연결이 옳은 것은?

① 엽산 – 설사
② 니아신 – 야맹증
③ 비타민 B_6 – 점상 출혈
④ 비타민 D – 저칼슘혈증
⑤ 비타민 E – 백혈구 기능 손상

74 결핍되면 신경조직의 구조와 기능에 결함을 초래하는 영양소가 아닌 것은?

① 엽산
② 니아신
③ 티아민
④ 비타민 B_{12}
⑤ 비타민 A

70 비타민 C는 전자공여체로 작용하여 **제2철을 제1철로 환원시켜 비헴철의 흡수를 증진**시킨다.

71 **티아민 결핍 시 건성각기(신경계 이상)와 습성각기(심혈관계 이상)**가 나타나며, **리보플라빈은 설염, 구각염, 구내염 등을, 니아신은 펠라그라(4D : 피부염, 설사, 정신질환, 사망)를, 엽산은 거대적아구성 빈혈을, 비타민 C는 괴혈병**을 나타낸다. **악성 빈혈은 비타민 B_{12}의 결핍증상**이다.

72 악성 빈혈은 비타민 B_{12}의 결핍증이고 신경관 결손은 엽산의 결핍증으로 거대적아구성 빈혈과 기형아 출산을 초래한다.

73 **니아신이 결핍될 경우 설사를 포함한 펠라그라 증상**을 나타내며, 과량의 니아신 섭취 시 안면홍조 또는 위장관 증세가 나타날 수 있다. 상한섭취량 이상 섭취 시 독성종말점으로 **비타민 B_6는 신경장애, 감각신경증**을 보이고, **엽산은 신경질환 합병증**을 독성종말점으로 사용한다. **비타민 E**는 500 mg 이상 섭취하였을 때 **백혈구 기능 손상**이 발견되었다.

74 **비타민 A의 결핍증은 야맹증과 안구건조증**이다. **티아민 결핍은 말초신경계의 마비**를 초래하고, **니아신 결핍은 펠라그라의 한 증상인 정신적 무력증과 우울**을 초래한다. **엽산의 결핍은 신경관 손상**을 초래하고 **비타민 B_{12}의 결핍은 신경 섬유의 파괴**를 초래한다.

정답 70. ② 71. ① 72. ①
73. ⑤ 74. ⑤

75 니아신, 리보플라빈, 비타민 B_6, 비타민 B_{12}의 결핍 시 나타나는 증상으로 옳은 것은?

① 괴혈병　② 각기병
③ 우울증　④ 악성 빈혈
⑤ 설염, 구내염

76 비타민의 결핍증과 그 비타민의 주요 급원식품의 연결이 옳은 것은?

① 펠라그라 – 시금치, 당근
② 괴혈병 – 감귤류, 오렌지
③ 구순구각염 – 돼지고기, 전곡
④ 악성 빈혈 – 시금치, 오렌지주스
⑤ 거대적아구성 빈혈 – 쇠고기, 닭고기

77 수소전달작용을 하는 효소의 조효소로 옳은 것은?

① 니아신　② 티아민
③ 비타민 B_6　④ 비타민 C
⑤ 비타민 B_{12}

78 수용성 비타민의 조효소 형태와 기능의 연결로 옳은 것은?

① 티아민 – PLP – 탈탄산반응
② 엽산 – NAD – 산화환원반응
③ 니아신 – THFA – 산화환원반응
④ 리보플라빈 – FAD – 산화환원반응
⑤ 비타민 B_6 – TPP – 아미노기 전이반응

79 비타민과 조효소 형태의 연결이 옳은 것은?

① 엽산 – TPP　② 티아민 – THF
③ 니아신 – NAD　④ 판토텐산 – FMN
⑤ 리보플라빈 – PLP

75 니아신, 리보플라빈, 비타민 B_6, 비타민 B_{12}는 **설염, 구내염 및 피부염**과 관련이 있는 비타민이며, 비타민 C의 결핍은 괴혈병 증세를 동반한다.

76 **펠라그라는 니아신의 결핍증**이며, **버섯, 참치, 닭고기, 고등어, 땅콩 등**이 주요 급원식품이다. **구순구각염은 리보플라빈의 결핍증**이며, **우유 및 유제품, 육류, 달걀, 강화된 곡류제품 등**이 주요 급원식품이다. **거대적아구성 빈혈은 엽산의 결핍증**으로 엽산은 **짙푸른 잎채소와 오렌지주스 등**에 풍부하다. **악성 빈혈은 비타민 B_{12}의 결핍증**으로 **동물성 식품**이 주요 급원식품이다. **괴혈병은 비타민 C의 결핍증**으로 비타민 C는 **신선한 감귤류 및 녹색 채소**가 급원식품이다.

77 수소 전달작용을 하는 dehydrogenase의 **보조효소는** FAD(FMN)와 NAD(P)이다.

78 수용성 비타민의 조효소 형태는 **티아민(TPP), 리보플라빈(FMN, FAD), 니아신(NAD, NADP), 비타민 B_6(PLP), 엽산(THFA), 판토텐산(CoA)** 등이다. **티아민은 탈탄산 반응, 리보플라빈, 니아신은 산화환원반응, 비타민 B_6는 아미노기 전이반응, 엽산은 단일탄소기 이동반응**의 기능을 가지고 있다.

79 판토텐산의 조효소형은 보조효소 CoA이고 **PLP는 비타민 B_6의 조효소형**이다.

정답 75. ⑤ 76. ② 77. ① 78. ④ 79. ③

80 다음 물질의 합성에 필수적으로 필요한 비타민의 연결로 옳은 것은?

① 프로트롬빈 – 비타민 K
② 콜라겐 – 비타민 D
③ DNA – 티아민
④ 시스테인 – 비타민 B_{12}
⑤ 옵신 – 판토텐산

81 같은 비타민으로부터 합성된 조효소로 바르게 연결된 것은?

① FAD – PLP
② THF – TPP
③ FMN – CoA
④ NAD – NADPH
⑤ 메틸코발아민 – 비오시틴

82 조혈작용과 관련이 있는 비타민으로 옳은 것은?

① 엽산 – 비타민 K
② 엽산 – 판토텐산
③ 비타민 B_6 – 엽산
④ 비타민 C – 비타민 D
⑤ 비타민 D – 비타민 B_{12}

83 체내 활성산소종을 제거할 수 있는 비타민으로 옳은 것은?

① 엽산
② 비타민 C
③ 비타민 B_6
④ 비타민 D
⑤ 비타민 K

84 체내에서 합성되어 이용될 수 있는 영양소는?

① 엽산
② 비오틴
③ 비타민 A
④ 비타민 C
⑤ 비타민 B_{12}

85 카르복실화 반응에 참여하고 난황, 간, 땅콩에 많이 함유되어 있으며 난백의 과다 섭취로 결핍될 수 있는 비타민은?

① 티아민
② 비오틴
③ 니아신
④ 판토텐산
⑤ 리보플라빈

---

80 **비타민 C는 콜라겐 형성**에 필수적으로 필요하다. **엽산이 DNA 합성**에 필요하며, **비타민 B_{12}는 호모시스테인으로부터 메티오닌이 합성**되는 데 필요하다. 또한 **판토텐산은 신경전달물질 및 지질 합성**에 관여한다.

81 **조효소 형태**
- 리보플라빈 : FMN, FAD
- 티아민 : TPP
- 니아신 : NAD, NADPH
- 판토텐산 : CoA
- 비오틴 : 비오시틴
- 엽산 : THF
- 비타민 B_{12} : 메틸코발아민

82 **비타민 B_6는 헤모글로빈의 포르피린 구조를 합성**하는 데 중요한 역할을 하며, **비타민 B_{12}와 엽산은 DNA 합성 및 세포분열**에 관여한다. **비타민 C는 식품 중의 비헴철을 환원($Fe^{3+} \rightarrow Fe^{2+}$)시키거나 소장의 알칼리성 환경에서 철의 용해도를 증가시켜 흡수를 도우며, 엽산을 활성형인 THFA로 환원시킴으로써 간접적으로 적혈구의 형성에 관여**한다.

83 **비타민 C는** 글루타치온이나 요산처럼 **수용성 항산화제**이다. **항산화제의 작용으로 DNA를 손상시키고 세포를 파괴하는 활성산소종을 제거**할 수 있다.

84 **비타민 D는 피부에서 자외선을 받아 합성되고, 비오틴과 비타민 K는 일부 장내 세균에 의해 합성된 것을 사람이 이용할 수 있다. 비타민 B_{12}는 대장에서 합성되나 소장에서 흡수되지 않으므로 배설된다.** 비타민 A와 C, 엽산은 합성되지 않는다.

85 **비오틴은 카르복실화 반응에 관여**한다.

정답 80. ⑤ 81. ④ 82. ③ 83. ② 84. ② 85. ②

86 **우리나라에서 상한섭취량이 정해져 있는 비타민은?**

① 비오틴 ② 비타민 K
③ 비타민 B_6 ④ 판토텐산
⑤ 리보플라빈

87 **성인 남녀의 성별에 따른 영양섭취기준의 차이가 없는 것은?**

① 에너지 ② 티아민
③ 니아신 ④ 비타민 C
⑤ 리보플라빈

88 **비타민으로 전환되는 물질로 칼슘 흡수와 관련이 있는 것은?**

① 카로틴 ② 아비딘
③ 트립토판 ④ 에르고스테롤
⑤ 7-디히드로콜레스테롤

89 **응급실에 극심한 불안, 메스꺼움, 구토, 피로를 호소하는 환자가 이송되어 왔다. 이 환자는 지난 10년 이상 알코올 중독을 겪어왔으며 최근까지 지속적인 음주를 하였고 오랫동안 잘 먹지 않았다고 보고하였다. 검사결과 영양실조로 나타났고 백혈구 수치는 정상이나 적혈구가 거대해졌으며 빈혈증상을 보였다. 그 외의 검사 결과는 정상으로 나타났다. 이 환자의 증상을 완화시키기 위해 공급해야 할 영양소는 무엇인가?**

① 케톤식이 ② 철과 엽산
③ 고단백식이 ④ 카르니틴 보충제
⑤ 엽산과 비타민 B_{12}

90 **음주 중 의식을 잃은 만성 알코올 중독 환자가 응급실에 이송되었는데 의사의 처치 후 다음 날 의식을 회복하였고 정상적인 활력 징후를 보였다. 의사는 이 환자에게 포도당 정맥주사와 함께 이것을 주사하였다. 이것은 무엇인가?**

① glycerol ② thiamine
③ vitamin C ④ lactic acid
⑤ amino acids

86 **판토텐산과 비오틴, 비타민 K는 평균필요량이나 권장섭취량, 상한섭취량은 정해지지 않았고 충분섭취량만 정해져 있다.** 리보플라빈은 평균필요량과 권장섭취량이 정해져 있고, 상한섭취량은 정해지지 않았다.

87 **티아민, 리보플라빈, 니아신의 권장량은 섭취 에너지에 따라 책정되므로 남녀가 다르다. 비타민 C는 성인 남녀에서** 평균필요량은 75 mg, 권장섭취량은 100 mg으로 **동일**하게 책정되었다.

88 **카로틴은 비타민 A, 에르고스테롤, 7-디히드로콜레스테롤은 비타민 D, 트립토판은 니아신으로 전환**될 수 있다.

89 만성적인 알코올 중독 환자의 경우 영양소 결핍으로 인한 빈혈을 겪을 수 있다. 이 환자의 경우 **비타민 B_{12} 결핍**으로 인하여 거대적아구성 빈혈을 겪고 있다. 이러한 환자의 경우 **알코올 섭취 중단과 엽산과 비타민 B_{12}의 공급**이 증상을 완화시킬 수 있다.

90 만성 알코올 중독 환자의 경우 **티아민 결핍**으로 인해 문제와 같은 증상이 발생한다. 뇌에서 포도당 산화에 필수적인 pyruvate dehydrogenase complex가 티아민을 조효소로 필요로 하기 때문에 티아민을 투여하였을 때 의식을 회복할 수 있다.

정답 86. ③ 87. ④ 88. ⑤ 89. ⑤ 90. ②

11 다량 무기질

학습목표 다량 무기질의 종류, 체내 기능, 흡수, 대사, 섭취기준 및 다량 무기질 섭취에 따른 건강문제를 이해한다.

01 무기질을 분류할 때 신체에서 1일 100 mg 이상을 필요로 하는 무기질을 다량 무기질이라고 한다. 다음 중 다량 무기질은?

① 철　② 아연
③ 망간　④ 구리
⑤ 마그네슘

02 무기질에 대한 설명으로 옳은 것은?

① 고에너지를 생산한다.
② 산과 알칼리의 평형을 조절한다.
③ 과량 섭취하여도 독성이 나타나지 않는다.
④ 식품을 통해 부족된 무기질은 체내에서 합성한다.
⑤ 무기질마다 흡수경로가 달라 무기질 간 흡수에 영향을 주지 않는다.

03 칼슘의 흡수와 대사에 대한 설명으로 옳은 것은?

① 칼슘의 평균 흡수율은 70% 정도이다.
② 신장에서 칼슘의 99% 이상이 재흡수된다.
③ 칼슘은 십이지장에서 주로 단순확산에 의하여 흡수된다.
④ 식이단백질의 증가는 칼슘의 흡수와 보유를 증가시킨다.
⑤ 대변으로 배설되는 칼슘은 흡수되지 않은 식이칼슘으로만 구성된다.

04 칼슘의 흡수를 증가시키는 요인은?

① 철　② 인
③ 피틴산　④ 비타민 C
⑤ 높은 칼슘 섭취

01 칼슘, 인, 나트륨, 칼륨, 염소, 마그네슘, 황은 다량 무기질이고 철, 아연, 구리, 요오드, 불소, 셀레늄, 망간, 크롬, 몰리브덴, 코발트는 미량 무기질이다.

02 무기질은 어떤 생명체도 합성하지 못하므로 반드시 식품을 통하여 섭취해야 한다. 단일 원소 그 자체가 필수 영양소이며 유기물이 아니기 때문에 에너지를 만들지 못한다. 생채 기능의 유지를 위하여 나트륨, 칼륨, 칼슘, 염소, 인, 마그네슘 등은 세포 내액 및 외액에 이온으로 존재하고, 이들 무기질은 삼투압의 조절, 산·알칼리의 평형, 신경·근육의 기능 유지 등에 관여한다. 무기질을 과량 섭취하면 건강에 유해한 영향을 줄 수 있으므로 칼슘, 인, 마그네슘은 상한섭취량이 설정되어 있다.

03 칼슘의 흡수율은 20~40% 정도이며 십이지장에서는 능동수송, 공장과 회장에서는 수동적인 확산에 의해 흡수된다. 대변으로 배설되는 칼슘은 흡수되지 않은 식이칼슘과 내인성 칼슘(담즙 등으로 분비되었다가 재흡수되지 않은 칼슘)으로 구성된다. 신장에서 99.8% 정도의 칼슘이 재흡수되므로 사구체에서 여과된 칼슘의 0.2% 정도만이 소변으로 배설된다. 단백질 섭취가 증가하면 소변으로 배설되는 칼슘의 양이 증가하며, 인의 섭취량이 증가하면 소변 중의 칼슘량은 감소한다.

04 칼슘의 흡수를 증가시키는 요인에는 비타민 D, 유당, 단백질, 비타민 C, 칼슘 요구량 증가(성장기, 임신), 적절한 칼슘과 인의 비율(1 : 1), 장내의 산성 환경 등이 있으며, 흡수를 방해하는 요인에는 피틴산, 수산, 탄닌산, 과잉의 유리지방산, 식이섬유, 노령(폐경), 소장의 알칼리성 환경 등이 있다.

정답 01. ⑤ 02. ② 03. ② 04. ④

05 칼슘의 흡수를 저해시키는 식이 요인으로 옳은 것은?

① 엽산 ② 수산
③ 유당 ④ 포도당
⑤ 비타민 C

06 칼슘의 흡수를 저해할 수 있는 식품으로 옳은 것은?

① 우유 ② 딸기
③ 쇠고기 ④ 시금치
⑤ 오렌지주스

07 칼슘에 대한 설명으로 옳은 것은?

① 칼슘은 대변, 소변, 피부를 통해 배설된다.
② 혈액 중 칼슘 농도는 칼모듈린에 의해 조절된다.
③ 혈액 내 칼슘 농도는 약 100 mg/dL 수준을 유지한다.
④ 철, 아연의 섭취 증가는 칼슘 흡수를 증가시킬 수 있다.
⑤ 혈액 내 칼슘 농도가 높아지면 부갑상선 호르몬이 분비되어 칼슘 농도를 정상 수준으로 조절한다.

08 칼슘의 흡수와 배설에 대한 설명으로 옳은 것은?

① 주로 대장에서 흡수된다.
② 임신 기간의 흡수율은 90% 이상으로 높아진다.
③ 내인성 칼슘 중 재흡수되지 않은 양은 소변으로 배설된다.
④ 단백질의 섭취량이 증가하면 소변 중의 칼슘 배설량은 증가한다.
⑤ 식이 칼슘 섭취량은 소변 칼슘 배설량과 음의 상관성을 보인다.

09 혈청 칼슘 농도의 항상성을 유지하기 위한 기전으로 옳은 것은?

① 비타민 D는 부갑상선호르몬의 분비를 자극한다.
② 부갑상선호르몬은 골격에서 칼슘을 용출시켜 혈중 칼슘 농도를 감소시킨다.
③ 1,25$(OH)_2$ - 비타민 D는 소장에서 칼슘의 흡수를 증가시켜 혈중 칼슘 농도를 증가시킨다.
④ 1,25$(OH)_2$ - 비타민 D는 뼈에서 칼슘을 용출시켜 혈중 칼슘 농도를 감소시킨다.
⑤ 칼시토닌은 부갑상선호르몬의 작용을 도와 혈중 칼슘 농도를 증가시킨다.

05 수산이 많이 함유된 시금치, 무청, 근대와 피틴산을 함유하는 밀기울, 콩류 등을 섭취하면 장내에서 칼슘과 불용성의 염을 형성하여 칼슘 흡수를 저해한다.

06 수산은 시금치, 무청, 근대 등의 녹색 채소에 많이 함유되어 있어서 칼슘과 불용성의 염을 형성하여 흡수를 방해한다.

07 혈액 중 칼슘 농도가 낮아지면 부갑상선 호르몬이 분비되어 항상성을 유지하며, 이때 칼시토닌도 함께 작용한다. 혈액 중 칼슘 농도는 약 10 mg/dL 수준이며 철, 아연과 같은 2가 무기질의 섭취 증가는 칼슘 흡수를 상대적으로 감소시킬 수 있다.

08 칼슘의 흡수율은 20~40% 정도로 소장벽에서 흡수된다. 대변으로 배설되는 칼슘은 흡수되지 않은 식이 칼슘과 재흡수되지 않은 내인성 칼슘으로 구성되는데 신장에서 90% 이상 재흡수되므로 1% 정도만이 소변으로 배설된다. 단백질 섭취가 증가하면 소변으로 배설되는 칼슘의 양이 증가하며, 인의 섭취량이 증가하면 부갑상선호르몬의 증가로 소변 중의 칼슘량은 감소한다.

09 혈청 칼슘 농도는 항상 일정하게 유지되고 있다. 부갑상선 호르몬은 혈청 칼슘 농도가 감소하면 분비되어, 직접적으로는 신장에서 칼슘의 재흡수와 뼈의 분해를 자극하며, 간접적으로는 신장에서 비타민 D를 활성화시킨다. 활성화된 비타민 D는 소장에서의 칼슘 흡수와 신장에서의 칼슘 재흡수 및 뼈의 분해를 증가시켜 혈중 칼슘 농도를 증가시킨다. 칼시토닌은 혈중 칼슘 농도 상승 시 갑상선에서 분비되어 부갑상선 호르몬과는 반대작용을 함으로써 혈중 칼슘 농도를 낮춘다.

정답 05. ② 06. ④ 07. ① 08. ④ 09. ③

10 **칼슘의 체내 기능에 대한 설명으로 옳은 것은?**

① 항산화작용 ② 철 흡수 촉진
③ 신경자극 전달 ④ 혈액응고 지연
⑤ ATP의 구조적 안정화

11 **칼슘의 작용과 관련된 설명으로 옳은 것은?**

① 대변으로의 포화지방산 배설량을 감소시킨다.
② 칼모듈린과 결합하여 효소의 활성에 영향을 미친다.
③ 소장 내 칼슘은 지방산과 결합하여 지방을 체내에 저장한다.
④ 혈중 칼슘 농도가 감소하면 평활근 수축으로 혈압이 감소한다.
⑤ 칼슘이 방출되면서 근육의 액틴과 미오신이 결합하여 근육이 이완된다.

12 **칼슘에 대한 설명으로 옳은 것은?**

① 피틴산, 수산 등의 섭취는 칼슘 흡수를 증가시킨다.
② 과량의 철과 아연의 섭취는 칼슘 흡수에 도움이 된다.
③ 식사 내 칼슘과 인의 비율을 2 : 1로 유지하도록 권장한다.
④ 단백질을 많이 섭취할수록 칼슘의 골격 형성 작용이 증가한다.
⑤ 탄산음료는 인이 매우 많으므로 칼슘 영양 면에서 몸에 해롭다.

13 **칼슘에 대한 설명으로 옳은 것은?**

① 비타민 C, 유당, 체내 요구량에 의해 흡수가 증가된다.
② 철의 섭취량이 증가하면 소변 중의 칼슘 배설량은 감소하게 된다.
③ 비타민 D의 섭취량이 증가하면 소변 중의 칼슘 흡수 및 이용률이 감소한다.
④ 시금치, 무청, 근대 등의 녹색채소와 곡류가 칼슘의 흡수를 증가시킨다.
⑤ 체내 삼투압 유지, 산-염기평형 유지, 당질과 아미노산 흡수에 관여한다.

14 **우리나라 식생활에서 부족하기 쉬운 무기질은?**

① 인 ② 염소
③ 칼슘 ④ 나트륨
⑤ 마그네슘

10 체내 칼슘의 99% 이상이 골격에 존재하며, 칼슘의 주된 기능은 골격과 치아를 형성하고 유지하는 것이다. 또한 칼슘은 혈액응고 과정에서 프로트롬빈을 트롬빈으로 전환시키는 데 관여하며, 신경자극을 전달하고, 근육의 수축과 이완과정에 관여한다. 그 외 칼슘은 세포 내에서 칼모듈린과 결합하여 세포대사를 조절한다. ATP의 구조적 안정화는 Mg의 작용이다.

11 칼슘은 대변으로 포화지방산의 배설을 증가시켜 혈청 LDL 수준을 낮출 수 있다. 칼슘은 칼모듈린과 결합하여 특정 단백질의 활성을 변화시켜 여러 대사에 영향을 미치고, 소장 내 칼슘은 지방산 또는 담즙산과 결합하여 체외로 배설시키므로 대장암, 고지혈증을 예방하는 효과가 있다. 혈액 중 칼슘의 방출로 액틴과 미오신이 결합하여 근육이 수축된다.

12 단백질은 소변으로 배설되는 칼슘의 양을 증가시켜 칼슘의 배설을 촉진하므로 과량의 단백질은 칼슘의 골격 형성 면에서 좋지 않다. 식사 내 칼슘과 인의 비율이 동량일 때 칼슘의 흡수율이 최대가 되며, 인이 일상 식사에서 칼슘의 1~2배를 넘지 않도록 권장한다.

13 칼슘의 흡수를 증가시키는 요인에는 비타민 D, 유당, 아미노산(리신, 아르기닌), 비타민 C, 칼슘 요구량 증가(성장기, 임신), 적절한 칼슘과 인의 비율(1 : 1), 장내의 산성 환경 등이 있으며, 흡수를 방해하는 요인에는 피틴산, 수산, 탄닌산, 과잉의 유리지방산, 식이섬유, 노령(폐경), 소장의 알칼리성 환경 등이 있다. 칼슘에 비해 과량의 인, 철, 아연은 칼슘 흡수를 방해하는 인자이다.

14 칼슘은 우리나라 식생활에서 가장 결핍되기 쉬운 영양소 중 하나이다.

정답 10. ③ 11. ② 12. ⑤ 13. ① 14. ③

15 칼슘의 급원식품이 아닌 것은?

① 근대
② 우유
③ 케일
④ 뱅어포
⑤ 말린 새우

16 골다공증의 치료와 예방을 위해 섭취해야 할 영양소로 좋은 것은?

① 칼슘, 유당
② 유당, 나트륨
③ 나트륨, 철
④ 비타민 D, 아연
⑤ 비타민 C, 철

17 칼슘 결핍 시 나타나는 증상으로 옳은 것은?

① 성숙저해
② 골질량 증가
③ 골감소증
④ 알칼리혈증
⑤ 생식장애

18 칼슘의 영양섭취기준에 대한 설명으로 옳은 것은?

① 폐경 이후 여성의 칼슘 권장섭취량은 폐경 전 여성과 같다.
② 임신부의 경우 비임신 여성에 비해 300 mg의 섭취가 더 필요하다.
③ 19~49세 성인의 칼슘 권장섭취량은 인 권장섭취량의 2배 정도이다.
④ 19~49세 성인의 하루 칼슘 권장섭취량은 남녀 모두 700 mg이다.
⑤ 전 생애주기 중 칼슘의 권장섭취량이 가장 높은 대상자는 12~14세 남자 청소년이다.

19 칼슘을 다량 섭취할 경우에 나타나는 문제로 옳은 것은?

① 설사
② 신장결석
③ 근육경련
④ 철 흡수 증가
⑤ 아연 흡수 증가

15 칼슘은 보통 식사로부터 섭취한 양의 20~40%만이 흡수되며 여러 요인에 의해 흡수율은 달라진다. 식물성 식품으로부터의 섭취는 체내 이용률이 낮으나 인산, 피틴산, 수산 등의 함량에 따라 칼슘 급원으로 차이가 있을 수 있다. 시금치, 근대 등에는 수산이 많이 함유되어 있어 흡수율이 낮으나(5% 이하) 케일, 브로콜리 등의 칼슘 흡수율은 상대적으로 높다(50% 이상).

16 골다공증의 예방과 치료를 위해서는 칼슘 섭취와 흡수를 증진시켜야 한다. 칼슘 흡수율을 촉진시키는 영양소에는 lactose, 비타민 D 및 비타민 C 등이 있다. 나트륨은 과다 섭취 시 소변 중 칼슘 배설을 증가시킬 수 있다.

17 골감소증은 칼슘 섭취가 부족할 때 정상적인 뼈의 분해에 비해 뼈의 생성이 부족해서 나타나는 증상이다. 알칼리혈증은 염소의 결핍 증상이고, 생식장애는 구리, 아연 등의 결핍증상이다.

18 19~49세 성인의 하루 칼슘 권장섭취량은 남 800 mg, 여 700 mg이며, 인 권장섭취량은 남녀 모두 700 mg이다. 50세 이상 폐경 이후 여성의 칼슘 권장섭취량은 800 mg이며, 임신수유부의 경우 비임신 여성에 비해 칼슘의 부가 필요량은 없다. 또한 12~14세 남자 청소년에서 칼슘의 권장섭취량이 1,000 mg으로 전 생애주기 중 가장 높다(2020 한국인 영양소 섭취기준).

19 근육경련(테타니)은 혈중 칼슘이온 농도가 감소하여 근육이 계속적인 신경자극을 받아 생긴다. 칼슘 흡수 증가는 철, 아연과 같은 2가 무기질의 흡수를 감소시킬 수 있다.

정답 15. ① 16. ① 17. ③ 18. ⑤ 19. ②

20 체내에서 인(P)이 하는 작용으로 옳은 것은?

① 철 흡수
② 항산화작용
③ 갑상선호르몬 성분
④ 비타민 E 절약작용
⑤ 에너지의 저장 및 이용 요구

21 핵산의 구성성분이며, 고에너지 화합물의 형태로서 당질, 지질, 단백질이 산화되어 에너지를 생성하는 데 필요한 물질은?

① 인
② 황
③ 칼슘
④ 나트륨
⑤ 마그네슘

22 다음 설명에 해당하는 무기질은?

- ATP 구성성분
- 비타민과 효소의 활성화
- 과잉 섭취 시 칼슘 흡수 저해

① 인
② 망간
③ 크롬
④ 칼륨
⑤ 칼슘

23 인(P)의 대사 및 섭취와 관련된 설명으로 옳은 것은?

① 흡수율은 보통 30~40%로 낮다.
② 식사 내 칼슘과 인의 권장 섭취비율은 2 : 1이다.
③ 우리나라 식생활에서 인의 섭취량은 낮은 편이다.
④ 체내에서 대부분의 인은 치아와 골격에 저장되어 존재한다.
⑤ 인의 항상성은 주로 대변을 통한 배설작용에 의해 조절된다.

24 나트륨의 체내 기능에 대한 설명으로 옳은 것은?

① 해독작용
② 항산화작용
③ 면역기능 증진
④ 산소 운반과 저장
⑤ 당질과 아미노산 흡수

20 인은 골격과 치아를 구성하고, 세포막이나 핵산(DNA, RNA)의 구성성분이며 니아신, 티아민 등의 여러 비타민과 효소의 활성화에 관여한다. 또한 ATP 등의 고에너지 인산화합물을 형성하여 에너지의 저장 및 이용에 관여한다. 그리고 인산의 형태로서 산과 염기의 평형을 조절하는 완충작용을 한다.

21 인은 유전과 단백질 합성에 필수적인 핵산(DNA, RNA)의 구성성분이며 당질, 지질, 단백질이 산화되어 에너지를 방출하는 데 필수물질인 고에너지 결합(ATP)을 구성한다.

22 인은 ATP 등 고에너지의 저장 및 이용, 골격과 치아의 구성 성분이며, 과다 섭취 시 칼슘과 결합하여 혈중 칼슘 농도를 낮춘다. 우유 대신 콜라를 지속적으로 섭취하면 칼슘 섭취 감소, 인 섭취 증가로 골다공증을 일으킬 수 있다. 티아민의 조효소 TPP, 니아신의 조효소 NADP로 활성화될 때 필요하다.

23 인의 흡수율은 성인의 경우 50~70%로 높으며, 주로 신장을 통해 소변으로 배설된다. 혈청 칼슘과 인의 균형을 정상으로 유지하기 위해서 식사 내 칼슘과 인의 섭취비율은 1:1로 권장한다. 인은 신장의 재흡수를 통해 항상성을 유지한다. 우리나라 식생활에서 인의 섭취량은 충분하며 오히려 과잉섭취가 우려된다. 체내 인의 85%가 칼슘과 결합하여 골격과 치아를 구성한다.

24 나트륨은 삼투압을 조절하고 체내에서 염기로서 작용하여 산-염기평형을 유지하며, 근육의 자극반응을 조절하는 역할을 한다. 당질과 아미노산이 흡수되는 과정에는 Na^+ 펌프를 이용한다. 해독작용과 관련된 무기질은 황이다.

정답 20. ⑤ 21. ① 22. ①
23. ④ 24. ⑤

25 나트륨에 대한 설명으로 옳은 것은?

① 신경을 안정화시킨다.
② 나트륨의 주된 배설경로는 신장이다.
③ 섭취한 나트륨의 50%가량이 흡수된다.
④ 건강 유지를 위한 최소 필요량은 2,000 mg이다.
⑤ 과량 섭취 시 포도당과 아미노산의 흡수를 저해한다.

25 건강을 유지하는 데 필요한 **성인의 1일 나트륨 최소 필요량은 500 mg이**며, 고혈압의 발병 위험을 낮추기 위하여 **1일 2~3 g 이하로 나트륨을 섭취할 것이** 권장된다. 나트륨은 **소장에서 대부분 능동수송에 의하여 95%가량 흡수**되고 **여분의 나트륨은 주로 신장을 통하여 배설**된다.

26 나트륨에 대한 설명으로 옳은 것은?

① 나트륨의 평균 요 배설률은 섭취량의 10% 정도이다.
② 건강한 성인의 1일 나트륨 충분섭취량은 2,000 mg 정도이다.
③ 혈중 나트륨 농도는 신장의 레닌에 의해 나트륨 재흡수가 감소되며 조절된다.
④ 포도당의 능동수송에 ATP 1분자를 소모할 때 2분자의 나트륨이 관여한다.
⑤ 혈액 중 나트륨 농도가 낮아지면 알도스테론 분비가 증가하여 신장에서 나트륨 재흡수를 증가시킨다.

26 **체내 Na이 감소되면 신장에서 레닌이 분비되어 안지오텐시노겐을 안지오텐신 II로 전환**하고 **부신피질에서는 알도스테론의 분비를 자극**함으로써 **신장에서 나트륨이 재흡수되도록** 한다. 나트륨의 **1일 평균 요 배설량은 섭취량의 85~95%에 해당**된다. 건강한 **성인의 1일 나트륨 충분섭취량은 1,500 mg이다. 포도당의 능동수송에 ATP 1분자를 소모할 때 3분자의 나트륨이 관**여한다.

27 만성질환의 위험을 감소시킬 수 있는 영양소의 최저 수준의 섭취량으로 2020년 설정된 무기질은?

① 황 ② 구리
③ 칼슘 ④ 나트륨
⑤ 마그네슘

27 '2020 한국인 영양소 섭취기준'에서 **9~64세 남녀 모두 1일 2,300 mg으로 만성질환 위험 감소섭취량이 설정**되었다. 만성질환의 위험을 감소시킬 수 있는 영양소의 최저 수준의 섭취량으로 이보다 적게 섭취하면 만성질환 위험을 낮출 수 있다.

28 나트륨을 과잉으로 장기간 섭취했을 때 나타나는 건강상의 문제는?

① 빈혈 ② 부종
③ 열사병 ④ 호흡곤란
⑤ 이상지질혈증

28 나트륨을 과잉으로 장기간 섭취하면 **부종, 고혈압 및 위암과 위궤양의 발병률이** 증가된다.

29 나트륨 함량이 비교적 적은 식품은?

① 식빵 ② 현미
③ 무김치 ④ 소시지
⑤ 마요네즈

29 나트륨은 여러 식품에 함유되어 있다. **육류, 우유, 달걀 등의 동물성 식품에 많이 함유**되어 있고 **곡류, 채소, 과일 등은 비교적 나트륨 함량이 적은 식품**에 속한다. **김치, 젓갈, 장아찌 등의 가공식품과 베이킹파우더, 화학조미료 및 토마토케첩 등의 양념류도 나트륨 함량이 높다.**

정답 25. ② 26. ⑤ 27. ④ 28. ② 29. ②

30 장기간의 저염식이나 발한으로 인해 나트륨이 많이 손실되었을 때, 체내에서 일어나는 조절기전으로 옳은 것은?

① 정상적인 근육의 흥분성과 과민성이 감소한다.
② 나트륨의 흡수율이 증가하여 필요량을 충족시킨다.
③ Na^{+} 펌프를 통한 당질과 아미노산의 흡수가 감소한다.
④ 체내 산-염기 평형 유지를 위해 칼륨 농도가 감소한다.
⑤ 알도스테론에 의해 신장에서 나트륨의 재흡수가 촉진된다.

31 신경자극의 전달과 근육의 수축 및 이완작용에 관여하는 무기질로 옳게 짝지어진 것은?

① 칼륨 - 황
② 칼륨 - 염소
③ 나트륨 - 황
④ 나트륨 - 칼륨
⑤ 나트륨 - 염소

32 칼륨(K)의 체내 분포와 기능에 대한 설명으로 옳은 것은?

① 단백질 합성에 관여한다.
② 세포외액의 주된 양이온이다.
③ 과량의 칼륨은 심장박동을 빠르게 한다.
④ 지속적인 구토나 설사 시 고칼륨혈증이 생긴다.
⑤ 글리코겐의 합성속도가 빠른 경우 고칼륨혈증이 되기 쉽다.

33 다음 설명에 해당하는 무기질은?

- 세포내액에 존재하고 삼투압 유지에 관여
- 나트륨 배설을 촉진하여 혈압 저하에 관여
- 혈중 수치 상승 시 심장기능 장애 초래

① 인
② 망간
③ 크롬
④ 칼륨
⑤ 칼슘

34 세포외액의 주된 양이온으로 체액의 삼투압 유지에 관여하는 무기질은?

① 인
② 칼륨
③ 칼슘
④ 나트륨
⑤ 마그네슘

---

30 체내 나트륨 보유량이 감소하면 신장에서 레닌이 분비되어 혈중에 존재하는 안지오텐시노겐을 안지오텐신 I으로 전환시키고 이는 다시 안지오텐신 II로 전환되어, 부신피질에서 알도스테론의 분비를 자극함으로써 신장에서 나트륨이 재흡수되도록 작용한다.

31 신경자극전달과 근육수축 및 이완작용을 조절하는 무기질은 칼슘, 마그네슘, 나트륨, 칼륨 이온이다. 칼슘과 마그네슘은 서로 상반된 작용을 하여 칼슘은 근육을 긴장시키고 신경을 흥분시키는 반면, 마그네슘은 근육을 이완시키고 신경을 안정시키는 효과가 있다. 칼륨은 특히 심근활동에 영향을 미쳐 신장질환 등의 고칼륨혈증에서는 심장박동이 느려져 심장마비를 초래할 수 있다.

32 칼륨(K)은 세포내액의 주된 양이온으로, 세포외액의 주된 양이온인 나트륨(Na)과 함께 삼투압과 수분평형 및 산·염기 평형에 관여한다. 또한 골격근과 심근의 수축 및 이완작용에 관여하며, 당질대사에 관여하여 혈당이 글리코겐으로 생성될 때 칼륨을 저장한다. 따라서 글리코겐이 빠른 속도로 합성되고 저장될 때 혈장으로부터 칼륨이 유입되면서 저칼륨혈증을 초래할 수 있다. 칼륨은 단백질 합성에 관여하여 근육단백질과 세포단백질 내에 질소를 저장하는 과정에 필요하다. 지속적인 구토나 설사 시 칼륨결핍증이 나타날 수 있으며, 과량의 칼륨은 심장기능을 방해하여 심장박동을 느리게 하여 심장박동이 멈추게 된다.

33 칼륨(K)은 세포내액의 주된 양이온으로, 세포외액의 주된 양이온인 나트륨과 함께 삼투압과 수분평형 및 산·염기 평형에 관여한다. 혈압과 관련해 나트륨과 반대작용을 하여 과잉섭취한 나트륨 배설을 촉진하며, 과량의 칼륨은 심장기능을 방해해 심장박동을 느리게 하여 결국 심장박동이 멈추게 된다.

34 세포내외의 삼투압을 유지하는 데는 나트륨(세포외액)과 칼륨(세포내액)이 중요한 인자로 작용한다.

정답 30. ⑤ 31. ④ 32. ① 33. ④ 34. ④

35 신장기능이 저하된 환자에서 혈액 중에 농도가 증가하는 경우 심장마비를 초래할 수 있는 무기질은?

① 인 ② 칼륨
③ 칼슘 ④ 나트륨
⑤ 마그네슘

36 칼륨의 역할로 옳은 것은?

① 해독작용 ② 삼투압 조절
③ 지방대사 조절 ④ 글리코겐 분해
⑤ 핵산 구성성분

37 염소(Cl)가 체내에서 하는 작용으로 옳은 것은?

① 해독작용
② 항산화 작용
③ 포도당 흡수
④ 위액의 구성성분
⑤ 세포외액의 주요 양이온

38 클로로필의 구성성분으로 식물성 식품에 많이 함유되어 있는 무기질은?

① 인 ② 칼륨
③ 칼슘 ④ 나트륨
⑤ 마그네슘

39 마그네슘의 체내 기능으로 옳은 것은?

① 글리코겐 합성 ② 혈액응고에 관여
③ 핵산의 구성성분 ④ 산·염기 평형 유지
⑤ ATP의 구조 안정화

40 신경자극 전달과 근육의 수축 이완작용이 제대로 조절되지 않아 신경이나 근육에 심한 경련이 일어나는 증세는 어떤 무기질의 결핍 증세인가?

① 황 ② 인
③ 칼륨 ④ 염소
⑤ 마그네슘

35 칼륨은 골격근과 심근의 활동에 중요한 역할을 담당하므로, 신장기능이 약한 경우 혈중 칼륨 농도가 상승하여 고칼륨혈증을 초래함으로써 심장박동을 느리게 하므로 빨리 치료하지 않으면 심장마비를 초래한다.

36 칼륨은 세포내액의 주된 양이온으로, 세포 외액의 주 양이온인 나트륨과 함께 삼투압과 수분평형 및 산, 알칼리 평형에 관여한다. 또한, 근육의 수축·이완, 신경자극 전달작용을 하는 양이온 중의 하나이다. 당질대사에 관여하거나 단백질 합성에도 관여하고 있다.

37 염소는 삼투압 유지와 수분평형, 위액 형성, 타액 아밀라제의 활성화, 산·염기 평형 유지에 관여한다. 포도당 흡수에 관여하는 것은 Na^+, K^+ 펌프이다.

38 마그네슘은 특히 코코아, 견과류, 대두, 전곡 등에 풍부하게 함유되어 있다.

39 마그네슘은 골격과 치아의 구성, 여러 효소의 보조인자 또는 활성제, ATP의 구조적 안정화, cAMP의 생성, 신경자극의 전달, 근육의 긴장과 이완작용 조절 등에 관여한다.

40 마그네슘은 근육을 이완시키고 신경을 안정시킨다. 세포외액에 존재하며 산염기 평형에 관여하는 것은 염소이다.

정답 35. ② 36. ② 37. ④ 38. ⑤ 39. ⑤ 40. ⑤

41 마그네슘은 근육을 이완시키고 신경을 안정시킨다. 신경전달물질인 아세틸콜린의 분비를 감소하고 분해를 촉진하여 신경안정성과 근육 이완에 기여한다.

42 마그네슘은 티아지드계 이뇨제를 사용하는 사람과 알코올 중독자에서 결핍증 발병 위험률이 가장 높다. 칼슘은 약산성의 산도와 활성형 비타민 D가 흡수를 돕고 부갑상선의 조절을 받는다. 미각의 감지, 면역 작용, 상처의 회복에는 아연이 관여하며, 철의 흡수와 이용을 돕고 결합조직을 형성하는 것은 구리이다.

43 염소는 세포외액에 가장 많이 존재하는 음이온으로 체액의 삼투압 유지와 수분 평형에 관여하며, 타액 아밀로오스 분해효소를 활성화시킨다. 면역반응과 신경자극전달에도 관여하고, 빈번한 구토로 위액이 소실될 때 저염소 알칼리혈증이 유발된다. 해독작용은 황의 역할이다.

44 황은 황아미노산과 인슐린, 헤파린, 티아민, 비오틴, 코엔자임 A, 메티오닌, 시스테인의 구성성분이며, 글루타티온의 구성성분으로 산화–환원반응에 관여한다. 또한 세포외액에 존재하며 산염기 평형에 관여한다.

45 글루타티온(glutathione)은 함황아미노산인 시스테인 외에 글리신과 글루탐산을 함유하는 트리펩티드로 적혈구 내에 다량 함유되어 있으며, 산화–환원작용에 필수적이다.

정답 41. ⑤ 42. ① 43. ④ 44. ③ 45. ①

41 에너지 대사와 신경 안정 및 근육 이완에 관여하고, 결핍 시 눈꺼풀 떨림과 관련있는 무기질은?

① 철
② 칼륨
③ 칼슘
④ 나트륨
⑤ 마그네슘

42 마그네슘에 관한 설명으로 옳은 것은?

① 티아지드계 이뇨제를 사용하는 사람에게 결핍 발생
② 약산성의 산도와 활성형 비타민 D가 흡수를 도움
③ 부갑상선호르몬에 의해 혈액수준이 주로 조절됨
④ 미각의 감지, 면역 작용, 상처의 회복에 주로 관여
⑤ 철의 흡수와 이용을 돕고 결합조직의 형성에 기여

43 염소의 체내 작용으로 옳은 것은?

① 해독작용을 한다.
② 혈액응고 물질의 구성성분이다.
③ 췌장 아밀라제를 활성화시킨다.
④ 삼투압 유지와 수분평형에 관여한다.
⑤ 빈번한 구토로 위액이 소실될 때 고염소 알칼리혈증이 유발된다.

44 황의 체내 작용으로 옳은 것은?

① 신경 자극 전달에 관여한다.
② 트랜스페린의 구성성분이다.
③ 메티오닌, 시스테인의 구성성분이다.
④ 세포내액에 존재하며 산과 염기 평형에 관여한다.
⑤ 시토크롬 산화효소의 구성성분으로 산화 – 환원반응에 관여한다.

45 메티오닌, 시스테인의 구성성분이며, 세포 외액에서 산화 – 환원에 관여하는 글루타티온 구성성분의 무기질은?

① 황(S)
② 칼슘(Ca)
③ 칼륨(K)
④ 나트륨(Na)
⑤ 마그네슘(Mg)

46 혈액응고에 관여하는 무기질과 비타민이 올바르게 연결된 것은?

① 철 – 비타민 K
② 인 – 비타민 B_{12}
③ 칼륨 – 비타민 K
④ 칼슘 – 비타민 K
⑤ 마그네슘 – 비타민 B_{12}

47 무기질의 소화흡수에 대한 설명으로 옳은 것은?

① 인의 흡수는 생애주기와 무관하게 일정하게 일어난다.
② 혈중 마그네슘의 농도 조절은 주로 간을 통해 일어난다.
③ 체내 저장철의 양이 증가할수록 철의 흡수율이 증가한다.
④ 나트륨은 소장에서 염소와 함께 흡수될 때 흡수율이 감소된다.
⑤ 소장 상부에서 칼슘의 능동적 수송은 비타민 D에 의해 조절된다.

48 무기질의 작용과 급원식품의 연결이 옳은 것은?

① 염소 – 골격 형성 – 소금
② 칼슘 – 핵산의 구성성분 – 우유, 치즈
③ 인 – 위액의 구성성분 – 어육류, 탄산음료
④ 마그네슘 – 삼투압 유지 – 코코아, 견과류
⑤ 칼륨 – 수분과 전해질 평형 유지 – 녹엽채소, 감자

49 다량 무기질 중에서 목표섭취량이 설정되어 있는 영양소는?

① 인
② 칼슘
③ 칼륨
④ 나트륨
⑤ 마그네슘

46 혈액응고 과정에서 prothrombin을 thrombin으로 **활성화하여** fibrinogen이 fibrin으로 **바뀌는 과정에 관여하는 영양소는 칼슘과 비타민 K**이다.

47 **인의 흡수는 생리적 요구량에 따라 달라지며** 혈중 마그네슘의 농도는 주로 신장을 통해 조절된다. **나트륨의 흡수는 소장에서 포도당, 염소와 함께 흡수될 때 촉진되며** 흡수된 **나트륨은 혈액을 통해 신장으로 운반 및 여과되어**, 신체 내 정상적인 수준을 유지하기 위한 양만 혈액으로 돌아온다. **철의 섭취가 부족하여 체내 저장철의 양이 감소하면 철의 흡수율은 증가**한다.

48 **마그네슘**의 기능은 **골격과 치아의 구성성분, 효소의 보조인자나 활성제로 작용, 에너지 대사 등에 관여**하는 것이다. 염소는 위액, 삼투압 유지, 칼슘은 골격 형성, 인은 세포막이나 핵산의 구성성분, 마그네슘은 여러 효소의 보조인자, 근육의 긴장과 이완작용에 관여한다.

49 다량 무기질 중에서 **나트륨, 염소, 칼륨은 충분섭취량만 제정**되어 있으며, 특히 **나트륨은 섭취과다의 문제점 때문에 목표섭취량이 설정**되어 있다.

정답 46. ④ 47. ⑤ 48. ⑤ 49. ④

12 미량 무기질

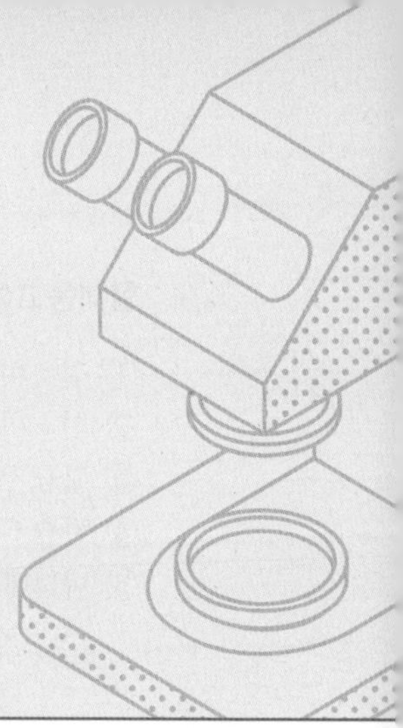

학습목표 미량 무기질의 종류, 체내 기능, 흡수, 대사, 섭취기준 및 미량 무기질 섭취에 따른 건강문제를 이해한다.

01 무기질과 작용의 연결이 옳은 것은?

① 황 – 페리틴
② 아연 – 혈색소
③ 요오드 – 금속효소
④ 마그네슘 – 콜라겐
⑤ 코발트 – 비타민 B_{12}

02 철의 흡수에 대한 설명으로 옳은 것은?

① 제2철이 제1철보다 흡수가 잘 된다.
② 공장에서 능동수송방식으로 흡수된다.
③ 식사를 통해 섭취한 철의 약 30%가 흡수된다.
④ 헴철의 흡수 시 여러 식이성분이 영향을 미친다.
⑤ 식사 내 철은 주로 비헴철이며 헴철보다 흡수율이 낮다.

03 철을 함유하며 전자전달반응에 기여하는 물질로 옳은 것은?

① 히스티딘
② 시토크롬
③ 헤모글로빈
④ 퍼옥시다제
⑤ 미오글로빈

04 우리나라 사람은 철을 대부분 식물성 식품에서 섭취한다. 철의 흡수를 증가시키기 위해 함께 섭취하면 좋은 식품은?

① 등황색 채소류
② 현미밥과 달걀
③ 고구마와 채소류
④ 감귤류 및 고기류
⑤ 통밀국수 및 통밀빵

01 요오드 – thyroxine, 철 – 혈색소, 트랜스페린, 황 – 티아민, 리포산, 코발트 – 비타민 B_{12}, 크롬 – 당내성인자, 아연 – 금속효소의 성분

02 식품 중의 철은 헴철과 비헴철로 존재하는데, 헤모글로빈과 미오글로빈에서 발견되는 헴철은 식품 중에 존재하는 철의 약 5~10%에 불과하나 흡수율은 15~20%로 높으며, 다른 식품 중의 성분의 영향을 별로 받지 않는다. 한편, 일반적인 식사를 통해 섭취한 철의 대부분을 차지하는 비헴철은 기타 영양소나 식사조성의 영향을 많이 받으며, 흡수율이 매우 낮아 헴철의 1/3 정도이다. 비헴철은 위산에 의해 이온으로 분리된 후 ferrous 상태(Fe^{2+}, 제1철)로 환원되어 용해성이 증가하여 흡수가 용이해진다.

03 철은 헤모글로빈, 미오글로빈의 구성성분이고, 시토크롬의 구성요소로서 전자전달반응에 기여하며, 퍼옥시다제와 카탈라제 등 효소의 구성성분으로 대사에 관여한다.

04 감귤류의 시트르산은 철의 흡수를 촉진한다. 어육류는 철의 함량이 많고 흡수율이 높을 뿐만 아니라 같이 섭취하는 비헴철의 흡수도 증대시킨다.

정답 01. ⑤ 02. ⑤ 03. ② 04. ④

05 우리나라 성인의 평균 철 흡수율은?

① 2%
② 8%
③ 12%
④ 14%
⑤ 16%

06 철의 체내 대사에 대한 설명으로 옳은 것은?

① 철은 주로 근육에 페리틴의 형태로 저장된다.
② 철의 요구량이 감소하면 철흡수율이 높아진다.
③ 혈액에서 철은 유리된 형태로 조직으로 이동한다.
④ 수명을 다한 적혈구의 분해로부터 나온 철은 대부분 대변으로 배설된다.
⑤ 철 영양상태가 좋은 경우 페리틴으로 저장되어 있다가 수명을 다한 소장세포와 함께 배설된다.

07 철에 대한 설명으로 옳은 것은?

① 위산 분비 저하시 철의 흡수는 높아진다.
② 혈액 내에서 헤모시데린과 결합하여 순환된다.
③ 철 결핍은 소적혈구성, 저색소성 빈혈을 초래한다.
④ 다량의 구리·아연 섭취는 철의 흡수를 증가시킨다.
⑤ 간, 골수, 비장에 페리틴과 트랜스페린 형태로 저장된다.

08 소장벽에 일부 존재하며, 철의 흡수를 조절하는 물질은?

① 페리틴
② 헤모글로빈
③ 피브리노겐
④ 트랜스페린
⑤ 셀룰로플라스민

09 철의 흡수를 증진시키는 요인으로 옳은 것은?

① 탄닌
② 아연
③ 피틴산
④ 식이섬유
⑤ 시트르산

05 **모든 영양소 중에서 철의 흡수가 가장 낮다.** 한국인 영양소 섭취기준 제정 시에서 철의 필요량 추정 시 **성인의 철 흡수율**을 과거 10%에서 **12%로 상향조정**하였으며 **노인, 아동, 청소년의 철 흡수율은 12%, 임산부는 14%로** 적용하였다.

06 **소장점막세포에** 존재하는 **페리틴의 양이 철 흡수율에 영향을 미친다.** 즉 **철 영양상태가 양호한 경우 소장세포로 흡수된 철은 이미 포화된 트랜스페린과 결합하지 못하고 소장세포 내의 페리틴과 결합되었다가 배설된다.** 분해된 적혈구로부터 나온 철은 약 **90% 이상이 재사용되므로, 일단 흡수된 철은 거의 배설되지 않는다.**

07 **위산 분비가 저하되면 철이 2가형으로 전환되지 못하여 흡수가 낮아진다.** 혈액 내에서 **트랜스페린과 결합하여 순환되고 간, 골수, 비장에 페리틴과 헤모시데린 형태로 저장된다.** 다량의 **구리·아연 섭취는 철의 흡수를 저해**하며, 철 결핍은 **소적혈구성, 저색소성 빈혈을 초래**한다.

08 **철의 흡수는 장점막 상피세포에 있는 저장 철의 형태인 페리틴의 양에 의해 결정되며, 트랜스페린은 철을 이동**시키고, **셀룰로플라스민은 혈액 내의 구리를 운반**하는 물질이다.

09 **철의 흡수를 촉진시키기 위해서는 소장 상부가 산성을 유지하고, 시트르산은 철과 킬레이트를 형성함으로써 흡수율을 증가**시킬 수 있다.

정답 05. ③ 06. ⑤ 07. ③ 08. ① 09. ⑤

10 철 결핍성 빈혈에 대한 설명으로 옳은 것은?

① 엽산과 비타민 B_{12} 공급으로 치료가 가능하다.
② 혈색소의 양은 감소하나 적혈구의 크기는 정상이다.
③ 피부색이 창백해지며 피로, 호흡부진 등을 느낄 수 있다.
④ 철 결핍의 마지막 단계에서 혈청 페리틴 농도가 감소한다.
⑤ 육류, 어패류, 가금류 등의 비헴철 식품을 충분히 공급한다.

11 철의 영양상태를 평가하기 위한 방법 중 철 결핍의 마지막 단계를 알 수 있는 판정방법은?

① 적혈구 함량
② 혈청 철 함량
③ 헤마토크리트
④ 트랜스페린 포화도
⑤ 적혈구 프로토포르피린

12 철의 초기 결핍단계에서 정확한 판정을 위해 측정해야 하는 항목은?

① 페리틴
② 트랜스페린
③ 헤모글로빈
④ 헤마토크리트
⑤ 적혈구 프로토포르피린

13 철 결핍 초기에 나타나는 생화학적 지표의 변화로 옳은 것은?

① 헤마토크리트치 증가
② 혈청 페리틴 농도 감소
③ 혈청 페리틴 농도 증가
④ 트랜스페린 포화도 감소
⑤ 적혈구 프로토포르피린 농도 증가

14 철이 풍부한 식품으로 구성된 것은?

① 굴, 쇠간
② 콩, 무청
③ 현미, 두부
④ 맛조개, 호박
⑤ 시금치, 쇠고기

10 철 결핍증의 초기단계인 체내 철 저장량의 부족 시 혈청 페리틴 농도가 감소하며, 철 결핍의 마지막 단계에서 헤모글로빈과 헤마토크리트가 감소한다. 가장 좋은 철 급원식품은 헴철을 함유하고 있는 육류, 어패류, 가금류 등이며 곡류, 콩류, 녹색채소 등에도 어느 정도 함유되어 있지만 흡수율이 낮다. 철 결핍성 빈혈에서는 헤모글로빈 양과 적혈구 자체의 크기도 감소한다(소구성 저혈색소 빈혈).

11 철의 영양상태를 평가하기 위한 보편적인 방법은 헤모글로빈 농도와 헤마토크리트가 있다. 이외 혈청 페리틴 농도, 혈청 철 함량, 혈청 총 철결합능력, 트랜스페린 포화도, 적혈구 프로토포르피린 함량 등 여러 방법이 있다. 철 결핍의 마지막 단계에서는 헤모글로빈과 헤마토크리트의 농도를 측정해야 정확한 판정을 할 수 있다.

12 철 결핍증의 초기 단계에서는 페리틴의 농도 저하를 확인해야 하며, 결핍상태 2단계에서는 트랜스페린 포화도가 감소하고, 적혈구 프로토포르피린은 증가한다. 철 결핍의 마지막 단계에서는 헤모글로빈과 헤마토크리트의 농도를 측정해야 정확한 판정을 할 수 있다.

13 철 결핍 단계
- 1단계 : 페리틴 농도 저하
- 2단계 : 트랜스페린 포화도 감소, 적혈구 프로토포르피린 증가
- 3단계 : 헤모글로빈과 헤마토크리트의 농도 감소

14 철의 가장 좋은 급원식품은 대부분 헴철을 함유하고 있어서 이용률이 높은 육류, 어패류, 가금류이며, 다음으로 좋은 급원은 곡류, 콩류, 진한 녹색채소 등이다.

정답 10. ③ 11. ③ 12. ①
13. ② 14. ①

15 철의 흡수를 저해시키는 인자로 옳은 것은?

① 헴철
② 시트르산
③ 식이섬유
④ 저장 철의 저하
⑤ 체내 요구량 증가

16 철 흡수율을 높이기 위해 함께 섭취하면 좋은 식품은?

① 근대
② 녹차
③ 두부
④ 우유
⑤ 딸기

17 아연에 관한 설명으로 옳은 것은?

① 에너지대사에 관여한다.
② 체내에서 항산화작용을 한다.
③ 체내 철의 흡수와 이용을 돕는다.
④ 면역기능 및 상처회복에 영향을 준다.
⑤ 당내성인자로 인슐린의 작용을 강화한다.

18 아연의 흡수에 대한 설명으로 옳은 것은?

① 아연은 대부분 위에서 흡수된다.
② 식이섬유는 아연의 흡수를 돕는다.
③ 과량의 철 섭취는 아연의 흡수를 저해한다.
④ 셀룰로플라스민은 아연의 흡수 정도를 조절한다.
⑤ 시스테인과 같은 일부 아미노산은 아연의 흡수를 감소시킨다.

19 다음 설명에 해당하는 영양소의 급원식품으로 옳은 것은?

- 핵산합성에 관여
- 상처회복 및 면역기능 증진
- 결핍 시 성적 성숙 지연 및 미각 감퇴

① 굴
② 당근
③ 사과
④ 미역
⑤ 우유

15 **식이섬유는 철과 결합하여 불용성 분자로 만들거나 소장점막의 흡수 세포막을 통과할 수 없는 분자량이 큰 형태로 만들어 철 흡수를 저해**한다.

16
- **철 흡수를 높이는 요인** : 육류, 가금류, 어류의 헴철, 비타민 C, 위산, 유기산
- **철 흡수 방해 요인** : 피틴산 · 옥살산 · 탄닌 · 식이섬유 · 칼슘 · 아연 · 망간의 과잉 섭취, 위액 분비 저하, 감염, 위장질환, 칼슘, 아연, 철, 망간은 흡수를 위해 서로 경쟁하기 때문에 서로 흡수를 방해한다.

17 아연은 **성장, 생식, 면역, 상처회복을 촉진**하며 체세포 내의 약 70% 이상의 **효소 구성체 역할**을 하고 **정상적인 미각을 유지**한다.

18 아연은 대부분 **소장에서 흡수**되고, **메탈로티오네인**이 아연의 흡수 정도를 조절한다. **식이섬유는 아연의 흡수를 저해**하고, **시스테인이나 히스티딘과 같은 아미노산은 아연과 가용성 화합물을 만들어 아연의 흡수 및 체내 보유율을 높인다. 과량의 철 섭취는 아연의 흡수를 저해**한다.

19 아연은 **붉은 고기, 굴, 조개, 간, 게, 새우 등 고단백질 식품과 전곡류, 콩류**에 많다. 동물성 식품의 아연은 흡수가 잘 되고 전곡은 아연 함량이 높지만 흡수가 잘 되지 않는다.

정답 15. ③ 16. ⑤ 17. ④ 18. ③ 19. ①

20 아연의 결핍 시 나타나는 증세로 옳은 것은?

① 빈혈 ② 우울증
③ 악성 빈혈 ④ 미각감퇴
⑤ 심근장애

20 아연이 결핍되면 성장이 지연되고 생식기 발달이 저하된다. 면역기능 또한 저하되고 상처 회복 지연, 식욕부진 및 미각의 감퇴가 나타난다.

21 결핍되면 생식기 발달이 저하되고 면역기능이 저하되며, 식욕부진과 미각 및 후각의 감퇴가 나타나는 영양소는?

① 철 ② 구리
③ 아연 ④ 엽산
⑤ 염소

21 아연이 결핍되면 성장이나 근육발달이 지연되고 생식기 발달이 저하된다. 면역기능의 저하, 상처회복 지연, 식욕부진 및 미각과 후각의 감퇴가 나타난다.

22 아연의 흡수율을 저해하는 영양소는?

① 구리 ② 단백질
③ 셀레늄 ④ 아미노산
⑤ 비타민 C

22 시스테인이나 히스티딘과 같은 아미노산은 아연과 가용성 화합물을 만들어 아연의 흡수 및 체내 보유율을 높인다. 식물성 식품이나 식물성 단백질의 피틴산은 아연과 불용성 화합물을 형성하기 때문에 흡수율이 저하되며 식이섬유와 철, 구리는 아연의 흡수를 저해시키고 생체 이용률을 감소시킨다.

23 아연이 풍부한 식품으로 구성된 것은?

① 귀리, 콩 ② 미역, 새우
③ 굴, 쇠고기 ④ 견과류, 사과
⑤ 다시마, 시금치

23 아연의 주된 급원은 동물성 식품으로 쇠고기 등의 육류, 굴, 게, 새우, 간, 콩류, 전곡, 견과류가 좋은 급원이다.

24 시토크롬 산화효소와 수퍼옥사이드 디스뮤테이즈(SOD, super-oxide dismutase) 효소의 구성성분이며, 콜레스테롤 대사에도 관여하는 미량 무기질은?

① 철 ② 아연
③ 구리 ④ 불소
⑤ 요오드

24 구리는 시토크롬 산화효소와 수퍼옥사이드 디스뮤테이즈(SOD, super-oxide dismutase) 효소의 구성성분으로 세포의 산화적 손상을 방지하고, 콜레스테롤 대사에도 관여한다.

25 구리의 결핍 시 나타나는 증세로 옳은 것은?

① 설사 ② 구토
③ 간 손상 ④ 심근장애
⑤ 백혈구 감소증

25 구리의 결핍으로 인한 증상은 빈혈, 백혈구 감소증, 호중구 감소증, 저색소증, 성장장애 등이 있으며, 과잉증상으로 복통, 오심, 구토, 설사 증상이 나타난다.

정답 20. ④ 21. ③ 22. ① 23. ③ 24. ③ 25. ⑤

26 구리의 작용에 대한 설명으로 옳은 것은?

① 비타민 E의 절약작용을 한다.
② 항산화효소의 구성성분으로 작용한다.
③ 인슐린과 복합체를 이뤄 인슐린 기능을 증가시킨다.
④ 3가 철이온을 2가 철이온으로 환원시켜 흡수를 돕는다.
⑤ 헤모시데린이라는 단백질 형태로 철의 흡수와 이동을 돕는다.

27 다음과 관련되는 무기질은?

- 철의 흡수를 도움
- 과잉 축적 시 간 손상 및 윌슨병
- 세룰로플라스민의 구성성분

① 구리 ② 아연
③ 망간 ④ 요오드
⑤ 셀레늄

28 구리의 영양상태 평가 시 사용하는 지표는?

① 혈소판 수치
② 적혈구 구리 농도
③ 혈청 헤모글로빈 농도
④ 혈청 셀룰로플라스민 농도
⑤ 적혈구 트랜스케톨라제 활성도

29 혈액 중에서 구리와 결합하여 필요한 조직으로 운반하는 물질로 옳은 것은?

① 알부민 ② 콜라겐
③ 헤모글로빈 ④ 카일로미크론
⑤ 셀룰로플라스민

30 소장세포에서 아연 및 구리와 결합함으로써 흡수를 조절하는 물질은?

① 인슐린 ② 알부민
③ 트랜스페린 ④ 메탈로티오네인
⑤ 셀룰로플라스민

26 구리는 셀룰로플라스민이라는 단백질 형태로 2가 철이온(Fe^{2+})을 3가 철이온(Fe^{3+})으로 산화시켜 철의 흡수를 도우며, 다양한 금속효소의 구성성분인데, 특히 시토크롬 산화효소의 일부분이다. 항산화효소의 구성성분으로 작용하고, 비타민 E의 절약작용을 하는 것은 셀레늄이다. 아연은 인슐린과 복합체를 이뤄 인슐린 기능을 증가시킨다.

27 구리는 간에서 α-글로불린과 결합하여 셀롤로플라스민을 합성하고, 혈중 철 결합 단백질인 트랜스페린과의 결합을 촉진시켜 철의 이동을 도와 철 흡수를 돕는다. 구리 과잉증으로 윌슨병이 나타난다.

28 구리의 영양상태를 평가하기 위하여 혈청 구리 농도, 혈청 셀룰로플라스민 농도, 적혈구 SOD 활성도, 혈소판 구리 농도 등을 사용한다.

29 구리를 혈액을 통해 조직으로 운반하는 물질은 셀룰로플라스민(ceruloplasmin)이다.

30 메탈로티오네인(metallothionein)은 소장점막 세포 내에 존재하는 황 함유 단백질로, 아연 또는 구리와 결합하여 이들의 흡수를 조절한다. 과량의 아연섭취 시 메탈로티오네인에 구리와 아연이 경쟁적으로 결합함에 따라 구리의 흡수율이 감소한다.

정답 26. ② 27. ① 28. ④ 29. ⑤ 30. ④

31 임신기 중 요오드 부족으로 태아의 정신박약, 성장지연 등을 초래하는 질병으로 옳은 것은?

① 거인증 ② 갑상선종
③ 점액수종 ④ 크레틴병
⑤ 바세도우씨병

32 요오드에 대한 설명으로 옳은 것은?

① 요오드는 고기류, 우유 및 유제품이 주요 급원이다.
② 요오드와 메티오닌은 갑상선호르몬의 구성요소이다.
③ 요오드 섭취가 부족하면 갑상선 크기가 점점 작아진다.
④ 흡수된 요오드는 단백질과 결합하여 갑상선으로 이동된다.
⑤ 요오드를 과다 복용하면 갑상선기능저하증이 나타날 수 있다.

33 체내 대사율을 조절하고 성장 발달을 촉진하는 갑상선호르몬의 성분이 되는 것은?

① 칼륨 ② 칼슘
③ 요오드 ④ 나트륨
⑤ 마그네슘

34 단순갑상선종이 있는 사람이 섭취하면 좋은 무기질은?

① 철 ② 구리
③ 아연 ④ 망간
⑤ 요오드

35 요오드가 가장 풍부한 음식은?

① 미역국 ② 콩나물국
③ 시래기국 ④ 소고기국
⑤ 조개된장국

36 지단백 분해효소(lipoprotein lipase)의 활성화 및 지방산과 콜레스테롤의 합성에 보조인자로 작용하는 무기질은?

① 칼륨 ② 망간
③ 아연 ④ 나트륨
⑤ 마그네슘

---

31 요오드는 갑상선 호르몬의 성분 및 합성에 관여하여 체내 신진대사에 영향을 미친다. **장기간 요오드 섭취가 부족하면 단순갑상선종**이 나타나며, **임신기간 중의 부족은 태아의 정신박약, 성장지연, 왜소증 등을 초래하는 크레틴병**을 일으킨다. **바세도우씨병은 요오드의 과잉섭취 시 나타나는 증상**이다. **거인증(Giantism)은 성장호르몬(GH, growth hormone)의 기능장애**이다.

32 **갑상선 호르몬은 아미노산인 티로신에서 합성**되며, **요오드는 활성형의 호르몬이 되도록 하는 데 필수적**이다. 요오드 섭취가 부족하면 갑상선기능저하증이 나타나 갑상선이 비대해진다. 또한 과다 복용하면 갑상선기능항진증이 나타난다. 요오드의 주급원은 해조류와 해산물이다.

33 **요오드는 체내 대사율을 조절하고 성장 발달을 촉진하는 갑상선호르몬의 성분**으로, 식이로 섭취하는 양이 **부족한 경우 단순 갑상선종·크레틴증** 등에 걸리며, **과잉 시 갑상선기능항진증**이나 갑상선 중독증이 유발된다. **급원 식품으로는 미역·김 등의 해산물에 풍부**하다.

34 **요오드는 갑상선 호르몬의 성분 및 합성에 관여**한다. 요오드 섭취가 지속적으로 부족한 경우 단순갑상선종, 임신기 동안 부족한 경우는 태아의 정신박약, 성장 지연, 왜소증 등을 초래하는 크레틴병을 일으킨다.

35 요오드는 **미역, 김 등의 해조류나 대구, 청어 등의 해산물**에 풍부하다.

36 **망간은 대사반응을 촉매하는 효소의 구성체**로서 기능을 한다. **arginase, dipeptidase, SOD의 보조인자, 해당과정 및 TCA 회로에 관여하며 lipoprotein lipase의 활성화 및 지방산대사**에 관여한다.

정답 31. ④ 32. ④ 33. ③ 34. ⑤ 35. ① 36. ②

37 금속효소의 성분으로 글루타민 합성효소와 SOD의 보조인자로 작용하는 무기질은?

① 아연 ② 망간
③ 구리 ④ 셀레늄
⑤ 몰리브덴

38 불소에 관한 설명으로 옳은 것은?

① 뼈에서 무기질의 용출을 증가시킨다.
② 플루오르아파타이트 형태로 치아에 침착한다.
③ 주로 대장에서 흡수되고 흡수율은 80% 정도이다.
④ 하루 5 mg 이상 장기간 섭취하면 치아에 반점이 생긴다.
⑤ 급원식품이 적어 불소를 첨가한 치약에서 공급받아야 한다.

39 당내성 인자의 성분으로 인슐린의 작용을 촉진하며, 당질대사에 관여하는 무기질은?

① 철 ② 칼슘
③ 아연 ④ 크롬
⑤ 마그네슘

40 당내성 인자의 성분으로 인슐린의 작용을 돕고 간, 육류, 전곡류에 많이 함유되어 있는 무기질은?

① 염소 ② 아연
③ 구리 ④ 크롬
⑤ 셀레늄

41 크롬의 함량이 풍부한 식품으로 옳은 것은?

① 간 ② 해산물
③ 과일류 ④ 유제품
⑤ 가공식품

42 글루타티온 과산화효소(glutathione peroxidase)의 성분으로 작용하여 항산화제로서 작용하는 무기질은?

① 철 ② 칼슘
③ 아연 ④ 셀레늄
⑤ 마그네슘

37 망간은 금속효소의 성분으로 피루브산 카르복실화 효소, 아르기닌 분해효소, 글루타민 합성효소, SOD의 보조인자로 작용한다.

38 불소는 뼈에서 무기질이 빠져나오는 것을 방지하고, 플루오르아파타이트 형태로 치아에 침착된다. 주로 소장에서 흡수되고 흡수율은 80~90%이다. 하루 20 mg 이상 장기간 섭취하면 치아에 반점이 생기고, 급원식품은 해조류, 고등어, 정어리 등의 어류와 차 등이다.

39 크롬은 당내성 인자(GTF, glucose tolerance factor)라고 하는 복합체의 성분으로 작용하여 인슐린의 작용을 강화하며, 세포 내로 포도당이 유입되는 과정을 돕는다.

40 크롬은 당내성 인자의 성분으로 인슐린의 작용을 돕고, 간, 육류, 전곡류에 많이 함유되어 있다.

41 크롬이 풍부한 대표적 식품으로는 간, 달걀, 전밀, 밀겨, 밀배아 등 도정하지 않은 곡류, 육류, 이스트가 있다. 반면, 크롬 함량이 적은 식품에는 과일과 채소, 여러 해산물, 가공식품, 유제품 등이 포함된다.

42 셀레늄은 글루타티온 과산화효소의 성분으로 작용하여 독성의 과산화물을 알코올 유도체와 물로 전환시킴으로써 생성된 과산화물을 제거하는 기능을 통해 항산화작용에 요구되는 비타민 E를 절약하는 작용을 한다.

정답 37. ② 38. ② 39. ④ 40. ④ 41. ① 42. ④

43 다음 설명에 해당하는 무기질은?

- 글루타티온 과산화효소의 성분
- 비타민 E 절약작용
- 항산화 작용

① 인 ② 아연
③ 칼슘 ④ 셀레늄
⑤ 마그네슘

44 셀레늄에 대한 설명으로 옳은 것은?

① 채소 및 과일류가 주 급원식품이다.
② 세포질에서 과산화물을 파괴하는 역할을 한다.
③ 식품에는 글루타민의 유도체와 결합하여 존재한다.
④ 체내 셀레늄의 수준은 대변을 통한 배설로 조절된다.
⑤ 유리라디칼의 작용을 증가시킴으로써 비타민 E 절약작용을 한다.

45 글루타티온 과산화효소(GPx)의 보조인자로 작용하여 과산화물을 제거하는 역할을 하는 무기질은?

① 칼륨 ② 염소
③ 아연 ④ 요오드
⑤ 셀레늄

46 무기질의 급원식품에 대한 설명으로 옳은 것은?

① 과일과 채소에는 아연이 많다.
② 동물성 식품에는 마그네슘이 많다.
③ 우유에는 구리가 많이 함유되어 있다.
④ 요오드 섭취를 위해 우유를 권장한다.
⑤ 육류의 내장, 난류에는 셀레늄이 많이 함유되어 있다.

47 무기질과 무기질 부족 시 나타나는 결핍증의 연결이 옳은 것은?

① 아연 – 빈혈
② 망간 – 충치
③ 망간 – 미각감퇴
④ 셀레늄 – 골다공증
⑤ 마그네슘 – 근육경련

---

43 셀레늄은 글루타티온 과산화효소의 성분으로 항산화작용을 하고, 비타민 E와 같이 유리라디칼의 작용을 억제시킨다. 결핍되면 근육손실, 성장저하, 심근장애 등이 발생한다. 시토크롬 산화효소의 구성성분은 구리이다.

44 셀레늄은 육어류, 내장류, 패류, 종실류, 견과류에 풍부하게 함유되어 있고, 세포질에서 과산화물을 파괴하고, 세포막에서는 비타민 E와 같이 유리라디칼의 작용을 억제시킨다. 식품 중에는 메티오닌과 시스테인의 유도체와 결합하여 존재하고, 주로 소변을 통하여 배설된다.

45 셀레늄은 글루타티온 과산화효소(GPx)의 보조인자로 작용하여 과산화물을 제거하는 역할, 비타민 E를 절약하는 작용, 급원식품은 육류, 내장육, 어패류 등이며, 식물성 급원은 무기질 함량이 높은 토양에서 재배된 전곡류에 있다.

46 동물성 식품에는 철이 풍부하고, 우유에는 칼슘이 풍부하며 요오드 섭취를 위해서는 해조류와 어패류를 권장하는데 최근에는 가공식품에 첨가제로 쓰이는 요오드염도 주요 급원에 해당된다. 아연은 주로 붉은 살코기, 해산물, 전곡류, 콩류에 풍부하다.

47 구리는 철의 흡수 및 이용을 도우므로 결핍 시 빈혈이 발생한다. 마그네슘 결핍 시 신경자극전달 및 근육의 수축이완작용이 조절되지 않아 신경이나 근육에 심한 경련이 발생한다. 불소는 충치예방 및 골다공증 억제와 관련이 있다. 미각감퇴는 아연의 결핍증이다.

정답 43. ④ 44. ② 45. ⑤ 46. ⑤ 47. ⑤

48 무기질의 영양섭취기준에 관한 설명으로 옳은 것은?

① 철은 상한섭취량이 설정되어 있지 않다.
② 구리의 평균필요량은 용량-반응평가를 통해 설정하였다.
③ 불소는 충치를 예방하므로 상한섭취량 없이 충분히 섭취한다.
④ 나트륨은 과잉섭취의 문제점 때문에 목표치가 설정되어 있다.
⑤ 셀레늄의 항산화기능은 만성질환을 예방하므로 상한섭취량이 없다.

49 조혈작용에 관여하는 무기질로 옳게 짝지어진 것은?

① 철-아연
② 철-코발트
③ 구리-크롬
④ 망간-아연
⑤ 구리-칼슘

50 신체의 생리작용 물질과 이를 구성하는 무기질과의 연결이 옳은 것은?

① 리포산-황
② NAD-칼륨
③ 트랜스페린-구리
④ 메탈로티오네인-철
⑤ 당내성 인자-셀레늄

51 미량 무기질과 그 기능의 연결이 옳은 것은?

① 요오드-당내성 인자
② 크롬-골격과 치아 형성
③ 셀레늄-비타민 E 절약작용
④ 망간-갑상선호르몬의 구성성분
⑤ 몰리브덴-비타민 B_{12}의 구성성분

52 미량 무기질과 생리적 기능의 연결로 옳은 것은?

① 크롬-당내성 인자
② 코발트-비타민 B_6의 구성성분
③ 아연-잔틴 산화효소의 구성성분
④ 망간-시토크롬 산화효소의 구성성분
⑤ 구리-글루타티온 과산화효소의 구성성분

48 **구리의 평균필요량은 고갈-보충 평가를 통해 설정**되었으며 셀레늄, 철, 불소, 구리 등 **대부분의 무기질은 상한섭취량이 설정**되어 있으므로 평소 식사 섭취 시 상한섭취량 미만으로 섭취하도록 유의하여야 한다. 나트륨은 건강한 성인의 경우 1일 **나트륨 충분섭취량을 1.5 g으로 설정**하였으며, 생활습관에 따른 질병의 예방 차원에서 과잉섭취에 대한 대책이 필요하므로 WHO/FAO에서 설정한 **나트륨 목표섭취량인 2,000 mg**을 제시하였다.

49 **구리는 철의 흡수 및 이용을 도우며, 코발트는 비타민 B_{12}의 구성성분으로 작용하여 조혈작용에 관여**한다.

50 NAD는 인을, 메탈로티오네인은 아연 및 구리를, 트랜스페린은 철을, **리포산은 황을**, 당내성 인자는 크롬을 함유하고 있다.

51 **요오드는 갑상선호르몬의 성분으로, 몰리브덴과 망간은 여러 효소의 구성성분으로, 크롬은 당내성 인자의 성분으로, 셀레늄은 항산화작용을 통해 비타민 E를 절약**하는 작용을 한다.

52 망간(Mn)은 **가수분해효소, 인산화효소, 탈카르복실화효소 등을 활성화시킴으로써 에너지 대사에 관여할 수 있으며 뼈, 연골조직의 형성에 관여**한다. **시토크롬 산화효소의 성분은 구리**이다. **셀레늄(Se)은 글루타티온 과산화효소의 구성성분**으로 생체 내에서 항산화작용에 관여한다.

정답 48. ④ 49. ② 50. ① 51. ③ 52. ①

53 무기질의 작용과 급원식품의 연결이 바른 것은?

① 불소 – 항산화작용 – 고등어, 정어리
② 아연 – 철의 흡수 촉진 – 쇠고기, 굴
③ 요오드 – 갑상선호르몬의 성분 – 쌀, 보리
④ 구리 – 결합조직의 건강에 관여 – 간, 견과류
⑤ 철 – 산소의 이동과 저장에 관여 – 우유, 치즈

54 무기질과 그 함유식품의 연결이 바른 것은?

① 칼슘 – 간
② 인 – 달걀
③ 구리 – 달걀
④ 아연 – 미역
⑤ 칼륨 – 우유

55 무기질과 결핍증의 연결이 바른 것은?

① 구리 – 충치
② 망간 – 미각상실
③ 크롬 – 악성 빈혈
④ 마그네슘 – 근육경련
⑤ 아연 – 철결핍성 빈혈

53 **불소는 충치예방과 골다공증 발생률 감소**에 좋다. **요오드의 급원식품은 해조류**가 특히 좋고 곡류는 좋은 급원식품이 아니다. **우유 및 유제품은 철이 거의 없고 아연은 철 흡수를 촉진하지 않는다.**

54 **칼슘은 우유 및 유제품, 뼈째 먹는 생선, 해조류 등**에, **인은 어육류, 달걀, 우유 등**에, **칼륨은 시금치, 감자, 콩류, 우유 등**에, **구리는 간, 콩류, 해산물 등**에 풍부하다. 구리의 결핍은 빈혈, 백혈구 감소증, 호중구 감소증, 저색소증, 성장장애 등이 있고, 아연이 결핍되면 성장이나 근육발달이 지연되고 생식기 발달 저하, 면역기능의 저하, 상처회복 지연, 식욕부진 및 미각과 후각의 감퇴가 나타난다. 망간 결핍증은 정상적인 식생활을 하면 거의 발생하지 않는다.

55 **크롬은 insulin의 작용을 강화하는 내당인자로 혈당량을 유지하는 작용**을 한다. 구리의 결핍 증상으로는 빈혈, 백혈구 감소증, 호중구 감소증, 저색소증, 성장장애 등이 있고, 아연이 결핍되면 성장이나 근육발달이 지연되고 생식기 발달 저하, 면역기능의 저하, 상처회복 지연, 식욕부진 및 미각과 후각의 감퇴가 나타난다. 망간 결핍증은 정상적인 식생활을 하면 거의 발생하지 않는다.

정답 53. ④ 54. ② 55. ④

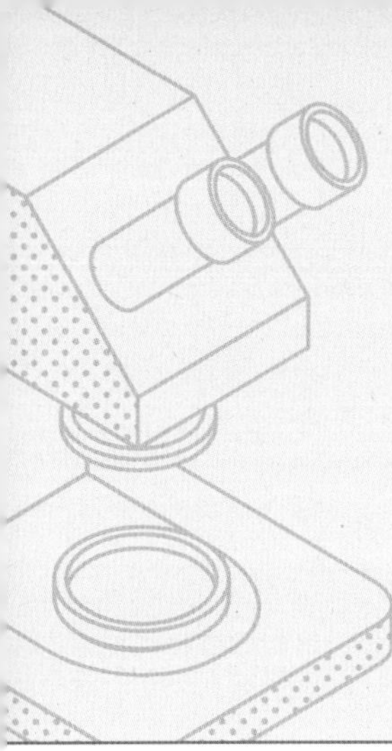

수분 13

학습목표 수분의 기능, 인체 수분균형 및 필요량을 이해한다.

01 수분균형에 대한 설명으로 옳은 것은?

① 저단백혈증은 부종을 유발한다.
② 물 중독은 간 기능 저하 때문에 생긴다.
③ 심한 운동이나 이뇨작용은 부종을 유발한다.
④ 심한 출혈, 설사, 화상 등은 수분중독을 만든다.
⑤ 항이뇨호르몬의 분비가 증가하면 소변량이 증가된다.

02 체액에 관한 설명으로 옳은 것은?

① 관절운동에 윤활유 역할을 한다.
② 비열이 커서 체온을 상승시킨다.
③ 근육량이 많아지면 체내 수분 비율이 감소한다.
④ 연령 증가에 따라 체내 수분 구성 비율이 증가한다.
⑤ 세포 내에서 진행되는 화학반응의 용질 역할을 한다.

03 체내 수분 분포 및 필요량에 대한 설명으로 옳은 것은?

① 여성이 남성보다 체내 수분비율이 높다.
② 체지방이 증가할수록 체액의 비율이 증가한다.
③ 단위체중당 수분 필요량은 연령이 어릴수록 적다.
④ 신체 내 수분의 함량은 체중의 약 70% 정도이다.
⑤ 신체를 구성하는 성분 중 가장 많은 양을 차지한다.

04 수분에 대한 설명으로 옳은 것은?

① 수분균형을 위한 1일 수분 섭취량과 배설량은 같다.
② 신체의 근육조직은 무게의 약 50%가 수분으로 구성된다.
③ 에너지영양소의 산화과정에서 얻는 1일 수분량은 약 500 mL이다.
④ 성인이 1일 체내에서 이용할 수 있는 수분량은 약 1,000 mL이다.
⑤ 피부와 폐를 통해 증발되는 불감수분 1일 손실량은 약 500 mL이다.

01 항이뇨호르몬은 신장의 세뇨관에서 수분 재흡수를 촉진하여 소변량을 감소시킴으로써 체액 균형을 유지하는데, 신장의 기능 저하가 수분중독의 원인이 된다. 혈액 내 단백질 중 알부민의 농도가 감소함으로써 부종이 발생한다. 심한 고열, 출혈, 설사, 화상, 구토, 이뇨제 복용, 심한 운동 시에 탈수가 일어날 수 있다.

02 체액은 세포 내 반응의 용매로 작용하고, 외부 충격으로부터 장기를 보호하며, 관절액의 성분으로 관절의 윤활유 역할을 한다. 또한 수분은 비열이 커서 체온을 일정하게 유지시킨다. 연령이 증가함에 따라 지방비율이 증가하므로 체내 수분 구성비율은 감소한다.

03 수분은 신체조직을 구성하는 성분 중에서 가장 많은 양을 차지한다. 남성은 피하지방이 적고 근육이 많으므로 체수분 함량이 55~65%이며, 여성의 45~60%에 비해 높다. 나이가 어릴수록 단위체중당 체수분 함량이 높고 나이를 먹음에 따라 감소한다.

04 성인은 1일 약 2,000~2,500 mL의 수분을 이용할 수 있다. 에너지를 생성하는 화학반응 시에 탄산가스와 에너지를 낼 뿐만 아니라 상당량의 물을 생산하여 약 300~400 mL의 수분을 생산한다. 이 중 소변으로 1,000~1,500 mL, 피부로 500~700 mL, 폐로 250~300 mL, 대변으로 100~200 mL가 배설된다. 근육조직의 70% 정도가 물로 이루어져 있는 반면, 지방조직은 20~25%만의 수분을 함유한다.

정답 01. ① 02. ① 03. ⑤ 04. ①

05 불감증설수는 피부와 폐를 통해 부지불식간에 배설되는 수분으로 건강한 성인의 경우, 1일 약 900 mL 정도이다.

06 성인 남성의 체수분 함량은 55~65%, 여성은 45~60%(평균 60%)이다.

07 물에는 각종 전해질과 유기물질이 녹아 있으며, 영양소와 노폐물 및 산소, 호르몬 등의 물질을 이동시킨다. 물분자의 쌍극구조(산소 부분은 전기적 음성을 띠고, 수소 부분은 양성을 가짐)가 여러 가지 이온을 쉽게 수화물로 만들고, 체내 대사수는 주로 탄수화물의 대사과정에서 생긴다. 수분의 득과 소실은 꼭 같은 양으로 이루어져서 수분균형을 맞추어 신체의 수분에 큰 변동이 없다.

08 신체의 수분 필요량은 연령, 활동량, 기온, 질병 등의 영향을 받는다.

09 알도스테론은 부신피질에서 분비되는 호르몬으로 신장에서 Na 재흡수를 촉진하고, 뇌하수체 후엽에서 분비되는 항이뇨 호르몬은 세뇨관에서 수분재흡수를 촉진함으로써 소변량을 감소시켜 체액의 균형을 유지한다. 에피네프린은 부신수질, 레닌은 신장, 인슐린은 췌장 β세포에서 만들어진다.

10 알도스테론은 부신피질에서 분비되는 염류코르티코이드로 신장의 원위세뇨관에서 나트륨 재흡수와 칼륨 배출을 촉진시켜 혈액 전해질 농도를 정상으로 유지하고, 소변량을 감소시켜 체액의 균형을 유지한다.

정답 05. ③ 06. ③ 07. ② 08. ② 09. ⑤ 10. ③

05 불감증설수에 대한 설명으로 옳은 것은?

① 소변을 통해 배설되는 수분
② 대소변을 통해 배설되는 수분
③ 피부와 폐를 통해 배설되는 수분
④ 열량소의 산화과정에서 생성되는 수분
⑤ 신체 모든 조직을 통해 배설되는 수분

06 성인 체중에서 물이 차지하는 평균 함량은?

① 80% ② 70%
③ 60% ④ 50%
⑤ 40%

07 체내에서 수분의 기능으로 옳은 것은?

① 호르몬의 분비를 억제한다.
② 영양소와 산소를 각 조직으로 운반한다.
③ 물분자의 쌍극구조가 여러 가지 염을 만든다.
④ 체내 대사수는 주로 지방의 대사과정에서 생긴다.
⑤ 수분 섭취와 배설은 꼭 같은 양으로 이루어지지는 않는다.

08 신체의 수분 필요량에 영향을 주는 요인이 아닌 것은?

① 기온 ② 신장
③ 연령 ④ 질병
⑤ 활동량

09 수분 섭취가 부족한 경우 체내에서 수분균형을 위해 분비되는 호르몬과 그 분비장소의 연결이 바른 것은?

① 레닌 – 간
② 인슐린 – 췌장
③ 알도스테론 – 부신수질
④ 에피네프린 – 부신수질
⑤ 항이뇨호르몬 – 뇌하수체 후엽

10 발열, 구토 등으로 체내 수분이 부족한 경우 나트륨 재흡수를 촉진하여 수분균형에 관여하는 호르몬은?

① 칼시토닌 ② 옥시토신
③ 알도스테론 ④ 항이뇨호르몬
⑤ 부갑상선호르몬

11 세포내액의 삼투압을 유지하는 전해질과 그 비율은?

① Na^+, K^+ = 1 : 10
② Na^+, K^+ = 10 : 1
③ Cl^-, Na^+ = 1 : 2
④ Na^+, K^+ = 28 : 1
⑤ K^+, Ca^{2+} = 2 : 1

12 Na^+, K^+ 펌프에 대한 설명으로 옳은 것은?

① 산과 염기의 평형 유지에 관여한다.
② Na^+은 세포 속으로 끌어들여야 한다.
③ 신경과 근육세포에서 자극을 전달한다.
④ K^+이나 Na^+ 모두 농도가 높은 쪽으로 이동한다.
⑤ 세포내외의 전해질 농도 차에 따른 삼투현상에 의해 전해질이 이동한다.

13 혈액의 산·염기 평형 조절에 대한 설명으로 옳은 것은?

① 알부민과 글로불린은 적혈구에서 완충제 역할을 한다.
② 중탄산－탄산 완충계는 세포내액의 중요한 완충제이다.
③ 호흡과다로 CO_2 배출량이 많아지면 혈액의 pH가 감소한다.
④ 설사 등으로 췌장액의 손실이 증가하면 혈액의 pH가 정상보다 높아진다.
⑤ 위산이 소실되어 혈액 내 H^+가 감소하면 탄산이 혈액 pH의 변화를 막는다.

14 대사성 알칼리증의 원인으로 옳은 것은?

① 제산제의 과다 복용
② 체온 증가로 인한 호흡과다
③ 설사로 인한 췌장액의 손실
④ 케톤체가 형성된 당뇨 상태
⑤ 신경계 장애로 인한 호흡저하

11 세포내외의 삼투압 유지는 주로 나트륨(Na^+)과 칼륨(K^+)에 의해 조절되며, **세포외액의 Na : K = 28 : 1, 세포내액의 Na : K = 1 : 10으로 유지될 때 체액의 삼투압은 300 mOsm/L**를 나타낸다.

12 Na^+은 **세포외액**, K^+은 **세포내액의 주요 양이온**이며, 이러한 세포내외의 농도 차이로 인해 K^+은 **세포 외로**, Na^+은 **세포 내로 수동적으로 확산이동**한다. 따라서 **세포 내로 들어간** Na^+**은 세포 외로, 세포 외로 나간** K^+**은 세포 내로 농도 차이를 역행하여 되돌려 보내져서 세포 내외에 일정한 농도 차이가 유지**되어야만 하며, 이는 Na^+, K^+ **펌프에 의한 능동수송에 의해 수행**된다. Na^+과 K^+은 체내에서 수소이온과 교환이 가능한 염기를 형성함으로써 산·염기 평형에 기여하나 Na^+, K^+ 펌프와는 관계가 없다.

13 체액의 pH를 일정하게 유지하기 위하여 **완충제, 호흡, 신장의 작용을 통하여 산·염기 평형을 조절**하고 있다. 단백질 아미노산이 체액을 중화시키는데, **알부민과 글로불린은 혈장에서, 헤모글로빈은 혈액에서 완충제로 작용**한다. **중탄산–탄산 완충계는 세포외액의 중요한 완충제**로 작용한다. **호흡과다로** CO_2 **배출량이 많아지면 혈액의 pH가 정상보다 증가**하고, **설사 등으로 췌장액의 손실이 증가하면 혈액의 pH가 정상보다 낮아진다. 위산이 소실되어 혈액 내** H^+**가 감소하면 중탄산이온이 재흡수되지 않고 배설**되도록 하면서 혈액 pH의 변화를 막는다.

14 산·염기 평형의 이상은 **호흡성 산증, 호흡성 알칼리증, 대사성 산증, 대사성 알칼리증**으로 구분된다. **신경계 장애로 인한 호흡저하**는 폐에서 이산화탄소의 배출이 감소하면서 **호흡성 산증**이 발생하고, **체온 증가로 인한 호흡과다**로 이산화탄소 배출이 증가하면 **호흡성 알칼리증**, **설사로 인한 췌장액의 손실**이나 **케톤체가 형성된 당뇨 상태**에서는 **대사성 산증이 발생**하며, **제산제의 과다 복용**은 혈액의 pH가 정상보다 증가하는 **대사성 알칼리증**이 생긴다.

정답 11. ① 12. ③ 13. ⑤ 14. ①

생애주기 영양학

2

임신기, 수유기 영양

학습목표 임신기와 수유기의 생리적 특성과 영양관리 및 영양관련 문제를 이해한다.

01 임신 중 적절한 체중 증가와 관련성이 높은 것으로 가장 옳은 것은?

① 모체의 임신성 빈혈 발생 위험도와 관계
② 모체의 골다공증 발생 위험도와 관계
③ 모체의 심리적 스트레스 정도와 관계
④ 태아의 적절한 성장과 관계
⑤ 분만 후 유즙 분비량과 관계

01 모체의 적절한 범위 내의 체중 증가는 모체와 태아의 건강 및 출산, 특히 신생아의 적절한 성장과 관계가 있다.

02 임신 시 나타나는 체중 증가에 대한 설명으로 옳은 것은?

① 체중 증가의 구성분 중 지질은 주로 태아에 저장된다.
② 임신 시 나타나는 체중 증가의 대부분은 태아 성장 자체보다 임신 관련 조직발달이나 관련 체액 증가에 기인한다.
③ 비만한 임산부는 13 kg 이상의 체중 증가가 적당하다.
④ 임신 시 체중 증가량의 대부분은 단백질 증가에 기인한다.
⑤ 임신 시 체중 증가량이 적은 경우 임신성 고혈압의 위험이 증가한다.

02 임신 시 체중 증가의 구성분은 물 62%, 단백질 8%, 지질 30% 정도로 물이 많은 부분을 차지한다. 임신 중 체중 증가의 1/3은 임신 시 생성물(태아, 태반, 양수 등), 2/3는 모체조직과 체액 증가가 차지한다. **체중 증가 구성분 중 지질의 90%는 모체의 지방조직으로** 간다. **임신 전 체중에 따른 임신부의 적절한 체중 증가량은 정상인 경우 11~16 kg, 저체중인 경우 13~18 kg, 비만인 경우 약 7 kg 정도**이다.

03 임신 시 나타나는 체중 증가에 대한 설명으로 옳은 것은?

① 체중 증가량 중 80% 이상이 태아 관련 생성물 증가 때문이다.
② 임신 전 비만이었던 여성은 체중 증가가 없어야 한다.
③ 체중 증가량은 대부분 지방 증가에서 기인한다.
④ 임신 전 저체중이었던 여성은 정상체중이었던 여성보다 임신 기간 동안 체중 증가가 더 높아야 한다.
⑤ 흡연은 체중 증가량을 높인다.

03 흡연은 체중 증가량을 낮추는 역할을 한다.

정답 01. ④ 02. ② 03. ④

04 **2023년 8월 2일에서 8월 5일까지 마지막 월경을 하고 임신테스트 결과 양성이 나왔을 때 출산 예정일을 네겔리법으로 구하면?**

① 3월 9일
② 3월 12일
③ 3월 14일
④ 5월 9일
⑤ 5월 12일

05 **임신기 빈혈에 대한 설명으로 옳은 것은?**

① 임신기 빈혈의 원인으로는 모체의 혈액 증가, 태아의 혈액 신생 등이 있다.
② 임신기 빈혈 중 가장 흔한 빈혈은 악성빈혈이다.
③ 임신 여성의 빈혈 판정 기준은 비임신 여성에 비하여 높다.
④ 임신기 빈혈에는 녹차 등이 좋다.
⑤ 임신 시 철 보충제를 매일 섭취하는 것이 좋다.

06 **임신기의 생리적 변화로 옳은 것은?**

① 적혈구의 양이 감소한다.
② 신혈류량과 사구체 여과율이 감소한다.
③ 평활근 수축이 증가하여 변비가 발생하기 쉽다.
④ 심박동률과 수축기 혈류량이 증가하여 심박출량이 증가한다.
⑤ 나트륨과 수분 보유의 감소로 혈장의 양이 감소한다.

07 **임신 시 나타나는 혈액량과 혈액 구성성분 변화 중 감소하는 것은?**

① 총 철결합능력
② 총 혈장량
③ 혈장 콜레스테롤 농도
④ 혈장 유리지방산 농도
⑤ 헤모글로빈 농도

08 **임신기에 소변 중 포도당, 아미노산, 수용성 비타민, 무기질 등의 배설량이 증가하는 이유는?**

① 영양소 섭취량이 증가하기 때문이다.
② 신혈류량이 증가하기 때문이다.
③ 혈장과 세포외액의 양이 증가하기 때문이다.
④ 소변량이 증가하기 때문이다.
⑤ 소장의 평활근 수축이 지연되기 때문이다.

04 마지막 월경 첫날의 월(month)에서 3을 빼거나 9를 더하고 일(date)에 7을 더하여 구한다.

05 **임신기 빈혈 중 가장 흔한 것은 철 결핍성 빈혈**이고, 그다음이 엽산 결핍으로 인한 빈혈이다. 빈혈 판정을 위한 헤모글로빈 농도는 비임신 여성에서 12.0 g/dL, 임신 여성은 1분기 11.0 g/dL, 2분기 10.5 g/dL, 3분기 11.5 g/dL로 비임신 여성이 더 높다. 녹차는 탄닌에 의해 철이 불용성이 되기 때문에 임신부는 삼가는 것이 좋으며, **철 보충제는 의사의 처방에 따라 복용**할 수도 있다.

06 적혈구의 양은 임신 초기부터 꾸준히 증가하나 **적혈구 증가율이 혈장의 증가율에 미치지 못해 혈액 희석 현상**이 나타나고, 헤모글로빈 농도와 헤마토크리트치는 임신 전에 비해 감소한다. 또한 **프로게스테론의 영향으로 위장 근육이 이완되어 변비가 발생**하기 쉬우며, 임신 중 나트륨과 수분 보유력 증가로 혈장량이 증가한다.

07 임신 시 모체는 많은 양의 새로운 혈액을 생산하고 혈장량은 45%가량 증가하지만, 적혈구 증가는 혈장 증가량보다 비율적으로 더 적어 혈액 희석 현상이 나타나서 **헤모글로빈, 헤마토크리트치는 감소하고 총 철결합능력은 증가**한다. 반면에 **혈장 내 중성지방, 유리지방산, 콜레스테롤 등의 농도는 임신 기간 동안 오히려 증가**한다.

08 임신 기간 동안에는 태아와 모체의 대사산물인 **크레아티닌, 요소 및 기타 노폐물의 배설을 용이하게 하기 위하여 신장으로 흐르는 혈류량이 50~85%가량 증가**한다. 따라서 영양소가 사구체를 통하여 다량 여과되지만 세뇨관에서 이를 모두 재흡수하지 못한 채 소변으로 배설된다.

정답 04. ④ 05. ① 06. ④ 07. ⑤ 08. ②

09 옥시토신은 모유사출과 관련된 호르몬이며, 프로게스테론은 수정란의 착상을 돕고 자궁근육을 이완시켜 임신의 유지에 관여하지만, 위장근육도 이완시켜 변비 등을 유발한다. 융모성 성선자극호르몬(HCG, Human Chorionic Gonadotropin)은 황체를 자극함으로써 황체호르몬 분비를 유지시켜 초기 임신을 지속시킨다.

10 생식인자방출호르몬은 시상하부에서 분비되며, 생식인자방출호르몬에 자극받아 뇌하수체에서 황체호르몬과 난포자극호르몬이 분비된다. 황체호르몬과 난포자극호르몬이 난소를 자극하여 프로게스테론과 에스트로겐을 분비한다. 남성은 테스토스테론이 분비된다.

11 난포 호르몬인 에스트로겐은 수분 친화력을 높여 체내 수분 보유를 촉진하고 자궁 평활근을 증가시킨다. **황체호르몬인 프로게스테론은 배란을 억제**하고 자궁, 소장, 대장 등 평활근을 느슨하게 한다. **융모성 고나도트로핀은 황체를 자극함으로써 황체호르몬의 분비를 계속 유지시켜, 초기 임신을 지속**시킨다.

12 **태반 락토겐은 태아의 성장 촉진을 위해 당질 이용이 증가하는 임신 말기에 분비가 증가**하여, 모체조직의 인슐린 저항성을 증가시키고, 글리코겐을 분해하여 혈당을 증가시킨다.

13 **임신 전반기 모체가 섭취한 탄수화물이나 지방은 글리코겐이나 지방으로 합성되어 체내에 축적**되고, 단백질은 모체조직, 태반, 적혈구 등 새로운 조직의 합성에 이용된다. **임신 후반기 모체 내 당질대사의 변화**로 포도당이 글리코겐이나 지방으로 전환되는 것을 저해하며, 동시에 **인슐린 저항성을 증가시킨다. 또한 임신 후반기 모체 저장 지방은 분해되어 사용되며, 케톤체 합성이 증가**되어 혈중 케톤체 농도는 증가한다.

정답 09. ④ 10. ① 11. ④ 12. ① 13. ①

09 임신 시 분비되는 호르몬에 대한 설명으로 옳은 것은?

① 옥시토신은 임신 유지에 도움을 준다.
② 태반 락토겐은 수정란의 착상을 돕는다.
③ 프로게스테론은 임신기 변비 완화에 도움을 준다.
④ 태반에서 분비되는 에스트로겐은 자궁 평활근의 발육을 촉진한다.
⑤ 프로게스테론은 황체호르몬 분비를 유지시켜 초기 임신을 지속시킨다.

10 임신 시 중요한 호르몬과 그 호르몬이 분비되는 기관을 바르게 연결한 것은?

① 생식인자방출호르몬 – 시상하부
② 황체호르몬 – 시상하부
③ 난포자극호르몬 – 난소
④ 프로게스테론 – 뇌하수체
⑤ 에스트로겐 – 뇌하수체

11 임신과 관련된 에스트로겐의 기능에 대한 설명으로 가장 옳은 것은?

① 배란을 억제한다.
② 대장운동을 저하시킨다.
③ 인슐린 저항성을 감소시킨다.
④ 자궁 평활근의 발육을 촉진한다.
⑤ 초기 임신을 지속시킨다.

12 임신 중 글리코겐의 분해를 촉진하고 인슐린 저항성을 증가시켜 모체의 혈당을 증가시키는 데 기여하는 호르몬은?

① 태반 락토겐 ② 프로락틴
③ 옥시토신 ④ 에스트로겐
⑤ 에피네프린

13 임신부의 대사적 변화에 대한 설명으로 옳은 것은?

① 임신에 따라 기초대사율이 상승하여 열 방출이 많아진다.
② 임신 전반기에 태아의 뇌발달을 위해 모체의 인슐린 저항성이 증가한다.
③ 임신 후반기에 단백질은 모체조직, 태반, 적혈구 등의 조직 합성에 이용된다.
④ 임신 전반기 모체의 지방 합성은 감소한다.
⑤ 임신 후반기 모체의 혈중 케톤체 농도는 감소한다.

14 임신 전 정상체중이었던 임신부의 분만 직전의 적정 체중 증가량으로 옳은 것은?

① 3~5 kg
② 6~9 kg
③ 11~16 kg
④ 13~19 kg
⑤ 16~20 kg

15 임신 중 태반의 기능에 대한 설명으로 옳은 것은?

① 약물이 태아에게 운반되지 않도록 저장했다가 배설시킨다.
② 태반을 통한 영양소의 이동은 능동수송에 의해 일어난다.
③ 태반은 모체와 태아 사이의 연결통로로 자체 대사작용은 없다.
④ 태반과 태아를 연결하는 탯줄의 혈관을 통해 영양소 및 노폐물의 이동이 일어난다.
⑤ 태반은 호르몬 분비 기능을 가지고 있으며 태반에서 분비되는 대표적인 호르몬은 옥시토신과 프로락틴이다.

16 태반을 통한 영양소 이동기전을 바르게 연결한 것은?

① 물 – 촉진확산
② 포도당 – 능동기전
③ 아미노산 – 촉진확산
④ 유리지방산 – 능동기전
⑤ 면역글로불린 – 음세포작용

17 임신 기간 동안 태반에서 분비되는 호르몬은?

① 에스트로겐
② 프로락틴
③ 옥시토신
④ 글루카곤
⑤ 성장호르몬

18 산욕기에 대한 설명으로 옳은 것은?

① 보통 분만 후 4달 정도의 기간이다.
② 수유를 하면 산욕기가 연장된다.
③ 오로가 나오므로 청결을 유지하여 감염을 예방해야 한다.
④ 산욕기 동안 모유수유 여부와 월경은 관련성이 없다.
⑤ 분만 전으로의 체중회복 기간이다.

14 임신 전 체중에 따른 임신부의 적절한 체중 증가량은 정상인 경우 11~16 kg, 저체중인 경우 13~18 kg, 비만인 경우 약 7 kg 정도이다.

15 태반은 모체와 태아 사이의 수송기전으로 태아의 생명 유지를 위해 임시로 모체에 생기는 장기로서, **모체와 태아 간 영양소와 노폐물의 이동, 호르몬 분비, 물질대사 등의 기능**을 가지고 있다. 영양소별 태반을 통한 물질이동 기전은 상이하여, 포도당은 단순확산이나 촉진확산되고, 수용성 비타민과 중성 아미노산은 능동수송 등의 방법을 이용한다. 임신 기간 중 태반에서 합성·분비되는 호르몬으로는 융모성 성선자극호르몬(HCG, Human Chorionic Gonadotropin), 태반 락토겐(HPL, Human Placental Lactogen), 에스트로겐, 프로게스테론 등이 있다.

16 태반을 통한 영양소 이동기전은 단순확산(물, 일부 아미노산, 포도당, 유리지방산 등), 촉진확산(포도당, 철, 비타민 A와 D), 능동기전(수용성 비타민, 아미노산, 칼슘, 아연, 철, 칼륨), 음세포작용(면역글로불린, 알부민)을 통해 이루어진다.

17 임신 시 **태반**은 중요한 내분비 기관으로서 임신이 진행됨에 따라 **융모성 성선자극호르몬(HCG, Human Chorionic Gonadotropin), 태반 락토겐(HPL, Human Placental Lactogen), 에스트로겐, 프로게스테론 등을 합성·분비**한다.

18 산욕기란 분만 후 모체의 몸이 임신 전의 상태로 회복되는 기간으로, 보통 6~8주 정도 소요되며, 이 기간에는 오로(분만 후 자궁에서 나오는 분비물 등)가 분비되므로 감염 방지를 위해 청결을 유지해야 한다. **수유를 하면 옥시토신의 분비에 의해 산욕기가 단축**될 수 있으며, 수유를 하지 않는 경우에는 출산 후 6~8주 후에 월경이 돌아온다.

정답 14. ③ 15. ④ 16. ⑤ 17. ① 18. ③

19 임신 초기에는 태아의 영양소 필요량이 적어서 쉽게 충족되지만, 이 시기의 영양불량은 태아의 기관 형성에 영향을 미쳐 선천적인 장애를 초래할 수 있다.

19 **임신기 모체의 영양불량이 태아 기형 등 심각한 장애를 초래할 가능성이 가장 큰 시기는?**

① 임신 초기
② 임신 중기
③ 임신 말기
④ 출산 직전
⑤ 임신 전 기간

20 **임신 중 요오드가 부족할 경우 크레틴증**을 가져올 수 있으며, 신경관결손은 엽산 부족에 의해 발생되고, 콰시오커는 단백질부족증이다. 다운증후군은 염색체 이상에 의한 것이고, 태아알코올증후군은 임신 중 알코올 과다복용으로 오는 증상이다.

20 **임신 기간 중 요오드가 부족할 경우 태아에게 수반될 수 있는 증상은?**

① 태아알코올증후군
② 신경관결손
③ 다운증후군
④ 콰시오커
⑤ 크레틴증

21 임신 초기 엽산 섭취 부족은 신경관손상증을 일으킬 가능성을 높인다.

21 **신경관손상증 예방과 가장 밀접한 관계가 있는 영양소는?**

① 단백질
② 비타민 D
③ 엽산
④ 비타민 K
⑤ 칼슘

22 **임신중독증이란 임신 중의 모체가 신장, 심장, 혈관계에 장애를 일으키는 질환**으로 태아에게 있어 성장지연, 호흡저하 증후군 등의 문제가 나타날 수 있다. 임신기 흡연, 낮은 질의 식사, 높아지는 미량영양소 요구량, 태반으로의 혈류량 감소 등으로 인하여 저체중아 출산가능성이 높아질 수 있다.

22 **태아성장을 저해하여 저체중아 출산의 원인이 되는 요인을 바르게 연결한 것은?**

① 모체의 영양불량 – 당뇨병
② 모체의 영양과잉 – 임신중독증
③ 모체의 영양과잉 – 흡연
④ 임신중독증 – 당뇨병
⑤ 임신중독증 – 흡연

23 모성이 영양불량을 경험하는 시기가 임신 초기일 경우 태어나는 아이는 신체 구성비율은 정상이나 체중 미달인 경우가 많고, 임신 중 · 후기일 경우 신체 구성비율이 비정상이며 체중 미달인 경우가 많다.

23 **모성영양상태와 태아발달에 대한 설명으로 옳은 것은?**

① 임신 전반기 영양불량을 겪은 여성은 상대적으로 머리가 크고 몸체가 작은 아이를 출산할 가능성이 높다.
② 임신 전반기 영양불량을 겪은 여성은 신장과 두위 발달에 비하여 기타 기관의 발육 부진을 가진 아이를 출산할 가능성이 높다.
③ 임신 전반기 영양불량을 겪은 여성은 신체 구성비율은 정상이나 체중 미달인 아이를 출산할 가능성이 높다.
④ 임신 후반기 영양불량을 겪은 여성은 신장, 체중, 두위 등 전반적인 신체와 기관 발육이 부진한 아이를 출산할 가능성이 높다.
⑤ 모성이 영양불량을 경험하는 시기는 태아 발달에 크게 영향을 미치지 않는다.

정답 19. ① 20. ⑤ 21. ③ 22. ⑤ 23. ③

24 임신기 빈혈판정 기준치가 비임신 성인여성과 다른 이유는?

① 혈장량의 감소 ② 적혈구 생성 감소
③ 혈액 희석 현상 ④ 헤모글로빈 감소
⑤ 헤마토크리트의 증가

24 임신 시 영양소와 산소를 태아에게 전달하고, 태아의 대사산물을 효과적으로 배설하기 위해 혈장량이 증가하게 되고, 적혈구의 합성 역시 증가한다. 그러나 **적혈구의 증가량이 혈장량 증가에 미치지 못해 혈액 희석 현상이 나타난다.**

25 임신기 동안 모체의 에너지원에 대한 설명으로 옳은 것은?

① 후반기에 식사를 통한 여분의 탄수화물이 모체 글리코겐으로 저장된다.
② 후반기에는 식사를 통한 여분의 지방산으로부터 중성지방이 합성된다.
③ 후반기에 모체는 저장지방을 분해하여 에너지원으로 사용한다.
④ 전반기에 섭취한 탄수화물의 대부분은 태아에게 포도당으로 공급된다.
⑤ 후반기에는 지방산이나 케톤체가 태아의 에너지원으로 사용된다.

25 전반적으로 **임신 전반기는 동화작용인 합성이 많이 일어나는 상태이고, 임신 후반기에는 분해작용인 이화적 상태**로 변한다. 임신 전반기에는 여분의 탄수화물이나 지방이 모체 내에 저장되며, 임신 후반기에 탄수화물은 주로 태아의 에너지로 사용되고 모체는 저장되었던 지방을 에너지원으로 사용하게 된다.

26 임신 후반기에 점차 인슐린에 의한 동화작용이 감소하면서 모체조직에 저장되었던 지방, 글리코겐 및 단백질이 분해되는 기전은?

① 인슐린 분비량이 감소하기 때문이다.
② 지방산의 산화율이 높아지기 때문이다.
③ 인슐린 수용체의 수가 감소하기 때문이다.
④ 호르몬의 작용으로 인슐린 저항성이 증가하기 때문이다.
⑤ 프로락틴과 옥시토신이 분비되어 모유분비를 준비하기 때문이다.

26 임신 후반기에 뇌하수체에서 분비되는 **프로락틴과 융모성 소마토트로핀은 포도당이 글리코겐이나 지방으로 전환되는 것을 저해하면서, 동시에 인슐린 저항성을 증가**시킨다. 이에 따라 모체에는 고혈당증이 나타날 수 있으며, 태아의 당질 이용은 용이해진다.

27 임신 시의 에너지와 단백질 부족이 태아에게 미치는 영향으로 가장 옳은 것은?

① 발육장애 ② 빈혈
③ 다발성 신경염 ④ 과체중
⑤ 괴혈병

27 임신 시의 만성적인 에너지나 단백질 섭취의 부족은 태아의 발육저하, 형태적 발육장애, 기능저하를 초래하기 쉽고 임신중독증, 조산, 미숙아의 발생빈도를 높인다.

28 임신 시 태아의 유치와 턱뼈의 발달을 돕기 위하여 특히 유의하여 섭취해야 하는 영양소는?

① 칼슘, 철 ② 요오드, 칼슘
③ 단백질, 칼슘 ④ 단백질, 철
⑤ 철, 구리

28 태아기에는 턱뼈, 유치뿐만 아니라 생후 영구치의 기본이 생기므로 충분한 **단백질, 칼슘** 등의 영양공급이 이루어져야 한다. 이 시기의 칼슘, 단백질 부족은 치아를 약하게 만들어 충치가 생길 위험이 높고, 턱뼈가 덜 발달되어 영구치가 고르지 못하게 난다.

정답 24. ③ 25. ③ 26. ④ 27. ① 28. ③

29 임신중독증이란 임신 중의 모체가 신장, 심장, 혈관계에 장애를 일으키는 질환으로 임신 20주 이후의 고혈압, 부종, 단백뇨가 특징적 증상이다.

30 임신기 철의 요구량은 태아와 태반의 형성, 태아 내 철의 다량 축적, 모체의 순환 혈액량 증가 등으로 인하여 현저하게 증가한다. 비임신 여성(19~49세)의 철 권장섭취량은 1일 14 mg이며, 임신 시 추가되는 철의 권장섭취량은 1일 10 mg이다.

31 비타민 A는 임신 중 과다섭취 시 사산, 태아의 기형, 영구적 학습장애 등의 과잉증이 나타날 수 있다.

32 임신부의 에너지 필요추정량의 부가량은 임신으로 인한 에너지 소비량 증가분과 모체조직 성장에 요구되는 에너지 축적량을 합산한 것이다. 임신 2분기에 부가되는 에너지는 340 kcal이며, 임신기 식이섬유의 충분섭취량은 비임신 여성에 5 g을 부가해야 한다. 또한 지방은 총 에너지 섭취의 15~30% 범위에서 섭취한다.

33 에너지와 단백질의 경우 초기에는 추가분이 없고, 임신 전 기간에 걸쳐 나트륨 충분섭취량의 추가분은 없다. 임신 시 철 권장섭취량은 +10 mg, 엽산 권장섭취량은 +220 ㎍ DFE이다.

정답 29. ④ 30. ④ 31. ①
32. ④ 33. ⑤

29 임신 중 모체가 신장, 심장, 혈관계에 장애를 일으키는 질환으로 고혈압, 부종, 단백뇨 등의 증상을 보이는 것은?

① 이식증
② 마구먹기장애
③ 임신성 당뇨병
④ 임신중독증
⑤ 신경성탐식증

30 임신 시 철 필요량의 변화와 그 원인을 바르게 연결한 것은?

① 필요량 감소 – 철의 체내 이용 효율 감소
② 필요량 증가 – 철의 체내 이용 효율 감소
③ 필요량 감소 – 모체의 철 저장량 증가
④ 필요량 증가 – 태아의 철 저장량 증가
⑤ 필요량 감소 – 모체의 월경혈 손실 감소

31 임신부가 과량을 섭취할 때 태아의 기형을 초래할 수 있는 비타민은?

① 비타민 A
② 티아민
③ 비타민 B_{12}
④ 비타민 C
⑤ 비타민 E

32 임신 중 에너지 및 에너지 영양소의 섭취에 대한 설명으로 옳은 것은?

① 임신 시 부가되는 에너지는 모체조직 성장에 요구되는 에너지 축적량과 같다.
② 임신 2분기에 부가되는 에너지를 충족시키기 위해 평소 식사에 우유 1컵에 해당하는 에너지만 더하면 된다.
③ 임신기 식이섬유의 충분섭취량은 비임신 여성과 같다.
④ 임신 초기 체단백질의 축적은 거의 없어, 임신 1분기의 단백질 추가 필요량은 없다.
⑤ 임신중독증 등을 예방하기 위하여 지방은 총 에너지 섭취의 15% 미만으로 제한한다.

33 임신시기에 따른 임산부의 영양소별 섭취기준을 바르게 연결한 것은? (2020 한국인 영양소 섭취기준)

① 에너지 필요추정량 : 1/3분기 +100 kcal/일
② 단백질 권장섭취량 : 1/3분기 +45 g/일
③ 나트륨 충분섭취량 : +400 mg/일
④ 철 권장섭취량 : +0 mg/일
⑤ 엽산 권장섭취량 : +220 ㎍ DFE/일

34 2020 한국인 영양소 섭취기준에서 임신하기 전의 권장섭취량에 비해 임신기 권장섭취량이 가장 큰 비율로 증가한 영양소는?

① 비타민 A ② 칼슘
③ 철 ④ 비타민 D
⑤ 비타민 C

35 수유부보다 임신부에서 권장섭취량이 더 높은 영양소는? (2020 한국인 영양소 섭취기준)

① 철 ② 칼슘
③ 티아민 ④ 비타민 A
④ 비타민 C

2020 한국인 영양소 섭취기준 – 임신부, 수유부

구분	비타민 A (μg RAE/일)	티아민 (mg/일)	비타민 C (mg/일)	칼슘 (mg/일)	철 (mg/일)
임신부	+70	+0.4	+10	+0	+10
수유부	+490		+40		+0

36 부족 시 태아의 신경관결손을 가져올 수 있는 영양소로 가임기 여성에게 특히 강조되는 영양소는?

① 철 ② 엽산
③ 칼슘 ④ 아연
⑤ 비타민 A

37 임신 초기에 나타나는 입덧을 완화하기 위한 방법으로 옳은 것은?

① 조리 시 냄새를 피하기 위해 조리과정을 간단하게 한다.
② 구토가 있으면 음식물을 섭취하지 않는 것이 좋다.
③ 공복 시 심해지므로 위에 오래 머무는 음식을 먹는다.
④ 기호보다는 영양 위주의 식사를 한다.
⑤ 식사 후 소화가 잘되도록 바로 운동을 한다.

38 임신중독증의 식사요법으로 옳은 것은?

① 저지방식 ② 저칼슘식
③ 저단백식 ④ 고탄수화물식
⑤ 고에너지식

---

34 임신 중에는 태아와 모체의 새로운 조직의 합성을 위하여 거의 모든 영양소의 권장섭취량이 증가되고 대사도 항진된다. 그러나 칼슘, 인, 나트륨, 염소, 칼륨, 불소, 망간, 몰리브덴, 비타민 D, 비타민 E, 비타민 K, 비오틴은 임신 전에 비해 추가분이 설정되지 않았다. 비타민 A는 임신 전(650 μg RAE/일)에 비해 임신 시 +70 μg RAE(약 10% 증가), 비타민 C도 임신 전(100 mg/일)에 비해 임신 시 +10 mg(10% 증가)의 부가량이 있다.

35 전반적으로 수유기의 영양소 섭취기준이 임신기의 영양소 섭취기준보다 높다. 그러나 일부 영양소에서는 임신기의 권장섭취량이 더 높게 책정되었다. (문제 하단 표 참고)

36 엽산은 아미노산 대사와 핵산 합성에 필수적인 기능을 하며, **부족 시 세포 성장과 분화에 문제가 발생하고 태아의 신경관결손**을 가져올 수 있다. 최근 젊은 여성에게 엽산 부족이 발생하기 쉬워 임신 초기에 매우 중요한 영양소이다.

37 입덧을 할 때는 대체로 신 음식, 담백한 음식, 찬 음식을 더 선호하게 기호가 변하고, 조리 시의 냄새를 싫어하게 된다. 입덧을 하는 임신 초기에는 영양 필요량의 추가분이 거의 없으므로, 기호를 고려한 식사를 하며 조리과정에 가족의 협조를 구하는 것이 좋다. **공복 상태에서는 증상이 더 심하므로 소량씩 자주 식사**하고, 식후에는 30분 정도 안정을 취한다. **구토가 나더라도 음식을 섭취해야 조금이라도 흡수가 된다.** 대개 2~3개월이 지나면 입덧은 사라지고 식욕이 왕성해진다.

38 임신중독증은 임신 20주부터 나타나며 **고혈압, 부종, 단백뇨의 증상을 보이고** 분만 후에는 없어진다. 식사요법으로는 에너지, 동물성지방 및 나트륨 섭취를 줄이고, 단백질, 비타민 및 무기질을 충분히 섭취한다.

정답 34. ③ 35. ① 36. ② 37. ① 38. ①

39 **임신성 당뇨는 임신 중에 처음으로 진단된 당뇨병을 의미**하며, 분만 후 정상 혈당으로 회복될 수 있지만, **추후 2형 당뇨병의 위험이 증가**한다. 임신성 당뇨는 산모의 경우 임신중독증 위험, **태아의 경우 선천적 기형, 거대아 등의 문제점**을 가지고 있다. 따라서 임신성 당뇨를 예방하기 위해 임신에 필요한 영양소가 충족될 수 있도록 균형식을 해야 한다.

40 임신기에는 **프로게스테론 분비로 인하여 근육의 이완이 많아지고**, 이에 따라 임신기 변비가 유발될 수 있다.

41 임신중독증의 정확한 원인은 밝혀지지 않았으나, **나트륨 과잉 섭취, 단백질 섭취 부족 등과 관계가 있는 것**으로 보고되고 있다. 임신기 빈혈의 가장 흔한 종류로는 철 결핍에 의한 철 결핍성 빈혈이 있다.

42 비타민 B_6 결핍 시 **신경전달물질의 생성에 이상이 생겨 구토가 발생**할 수 있다.

43 **속쓰림 증상은 임신 3분기에 자궁의 크기 증가로 위장관 기관을 압박하게 되면서 나타날 수 있으므로** 위장관 운동을 촉진할 수 있는 식품을 섭취하는 것이 좋다. 임신 2분기의 경우 식사의 질 고려를 위해 보충제 섭취보다는 균형된 식사를 하는 것이 중요하다.

정답 39. ③ 40. ① 41. ② 42. ② 43. ④

39 임신성 당뇨에 대한 설명으로 옳은 것은?

① 당뇨병이 있던 모체가 임신으로 더 심해지게 되는 증상이다.
② 치료를 위해 지방 및 포화지방산의 섭취를 증가시킨다.
③ 임신 기간 갑자기 체중이 증가한 경우 발생 위험이 증가한다.
④ 모체의 빈혈, 태아의 발육지연 등을 유발할 수 있다.
⑤ 분만 후 모든 환자에게서 당뇨병의 위험은 없어진다.

40 임신기 변비와 관련된 호르몬은?

① 프로게스테론 ② 에스트로겐
③ 태반 락토겐 ④ 옥시토신
⑤ 프로락틴

41 임신 시 영양 섭취문제와 관련된 질병으로 옳은 것은?

① 빈혈, 간염 ② 임신중독증, 빈혈
③ 간염, 고혈압 ④ 고혈압, 풍진
⑤ 당뇨병, 입덧

42 임신기 입덧 치료에 도움이 되는 영양소는?

① 비타민 A ② 비타민 B_6
③ 비타민 B_{12} ④ 비타민 C
⑤ 비타민 K

43 임신 경과에 따른 식사관리방법으로 가장 옳은 것은?

① 임신 1분기에는 속쓰림(heart burn) 증상이 나타날 수 있으므로 자극적인 음식의 섭취를 줄인다.
② 임신 1분기에 입덧이 있을 경우 입맛을 높이기 위해 향신료가 강한 음식을 섭취한다.
③ 임신 2분기에는 식사의 양보다 질을 고려해야 하므로 비타민이나 무기질 등의 보충제를 충분히 섭취한다.
④ 임신 3분기에는 적정체중의 증가를 유지하기 위하여 균형 잡힌 식사가 필요하다.
⑤ 임신 3분기는 태아성장이 가장 많이 일어나는 시기이므로 에너지가 높은 식품 위주로 섭취하고 식이섬유의 섭취를 줄인다.

44 임신부가 섭취한 알코올이 모체와 태아에 미치는 작용으로 옳은 것은?

① 적정량 이하의 술은 태아에게 영향이 없다.
② 아세트알데히드는 태반을 통과하지 못하므로 태아에게 전달되지 않는다.
③ 태아 뇌 조직으로 다량의 알코올이 이동하면 정신발달장애가 초래된다.
④ 태아조직에는 알코올을 분해시키는 효소가 발달되어 있어 알코올을 분해시킨다.
⑤ 다량의 알코올 섭취는 모체의 영양과잉을 초래할 수 있다.

44 **알코올과 그 대사산물인 아세트알데히드는 태반을 통과하여 태아조직에** 전달된다. **태아조직에는 알코올을 분해시키는 효소체계가 발달되어 있지 않아 기형을 유발**한다. 과량의 음주로 에너지는 공급할 수 있으나 단백질, 비타민, 무기질의 섭취가 제한되므로 **모체에 영양결핍이 초래**될 수 있다.

45 임신부의 카페인 섭취에 대한 설명으로 옳은 것은?

① 에스트로겐은 카페인분해효소 기능을 높인다.
② 혈중 카페인 농도가 높아지면 혈관이 확장된다.
③ 태아는 카페인분해효소를 분비하고 이를 높은 수준으로 활성화한다.
④ 카페인은 태반을 통과하여 태아에게 전달된다.
⑤ 임신부는 카페인 섭취를 하루 100 mg으로 제한하도록 권고하고 있다.

45 임신부의 카페인 섭취는 하루 300 mg 이하로 제한하도록 권고하고 있다. 임신기에 높은 에스트로겐 농도는 카페인분해효소 활성을 감소시킨다. 카페인은 태반을 통과하여 태아에게 도달하며, 태반혈관을 수축하여 물질대사를 방해하며, 태아의 카페인분해효소 활성 능력은 매우 낮다.

46 임신부 흡연 시 나타날 수 있는 문제점에 대한 설명으로 옳은 것은?

① 일산화탄소가 혈관을 수축시켜 분만 시 과다출혈 위험이 증가한다.
② 임신부 흡연 시, 모체의 혈장량 증가로 혈압이 상승한다.
③ 태아의 과체중을 유발할 수 있다.
④ 일산화탄소와 니코틴이 혈압과 맥박을 상승시키기는 하나 영양소 흡수에는 영향을 미치지 않는다.
⑤ 혈액의 산소 요구량 증가로 태아의 만성적인 산소부족 증상을 유발한다.

46 담배 중 일산화탄소, 니코틴, 기타 다환성 탄화수소 화합물들이 태아의 산소 전달과 영양소의 공급을 저해하며, 특히 **니코틴에 의해 혈관이 수축하여 태반 혈류량이 감소**한다. 또한 식욕감퇴로 인하여 에너지 섭취가 감소하고, 모체의 혈장량이 감소하게 된다.

47 임신 전반기의 영양관리지침으로 옳은 것은?

① 영양소의 필요량이 증가하므로 식사량을 늘린다.
② 입덧하는 시기에는 음식의 기호가 변하므로 기호에 맞는 것만 섭취한다.
③ 구토증이 일어나는 시기에는 식사량을 줄인다.
④ 지질 섭취를 늘리고 탄수화물 섭취를 줄임으로써 양적 부담을 줄인다.
⑤ 입덧이 있을 때는 식사를 소량씩 자주 섭취한다.

47 메스꺼움과 구토는 임신 초기에 시작되어 3개월째에 최대가 되며, 보통 임신 중기 동안에 사라지는데, 이 시기에는 쉽게 소화할 수 있는 탄수화물 섭취를 늘리고 지질 섭취를 줄이며, 특히 **공복 시에 구토가 나타날 수 있으므로 소량씩 식사 횟수를 늘리는 식습관이 도움**이 될 수 있다.

정답 44. ③ 45. ④ 46. ⑤ 47. ⑤

48 임신부 식사 지침에 대한 설명으로 옳은 것은?

① 술은 적당량 마신다.
② 저영양 시 조산이나 저체중아 출산 위험이 증가하므로 가능한 만큼 섭취량을 증가시키도록 한다.
③ 임신 시 운동은 무리가 될 수 있으므로 되도록 움직이지 않는다.
④ 입덧 중인 임신부의 식욕촉진을 위해 향신료는 제한하지 않는다.
⑤ 부종, 고혈압 예방을 위해 짠 음식은 피한다.

48 임신부는 술이나 담배 등 건강에 좋지 않은 행동은 하지 않도록 한다. 임신 시 적절한 체중 증가는 성공적 임신을 위해 매우 중요한 요소이므로 다양한 음식을 적절한 양과 시기에 섭취하는 것이 좋다. 입덧 중에는 가장 자극이 없는 식빵 토스트 등을 섭취하도록 한다. 임신기간 동안 식생활도 저당, 저염 식사와 같이 건강을 위한 식생활 기본 원칙은 동일하게 적용된다.

49 수유부의 미량영양소 섭취기준에 대한 설명으로 옳은 것은?

① 비타민 D의 부가량은 10 ㎍이다.
② 칼슘과 인은 각각 100 ㎍씩 부가되었다.
③ 수유부에서 수용성 비타민의 섭취기준 부가량은 없다.
④ 비타민 A는 다른 지용성 비타민에 비해 매우 큰 비율로 부가량이 설정되었다.
⑤ 임신, 수유로 인한 철 손실의 회복을 위해 수유부에서 철의 부가량이 설정되어 있다.

49 비타민 D, 칼슘, 인, 철은 수유부에서 부가량이 설정되어 있지 않으며, 수유기 에너지 섭취 부가량(1일 340 kcal)으로 인해 티아민, 리보플라빈, 니아신 등 수용성 비타민의 부가량이 설정되었다. 비타민 A는 비수유부 여성의 권장섭취량 650 ㎍ RAE에 수유부의 경우 490 ㎍ RAE가 부가되었다.

50 임신 중 분비되어 분만 때까지 모유분비를 억제시키는 작용을 하는 호르몬으로 옳은 것은?

① 옥시토신, 프로락틴
② 에스트로겐, 프로게스테론
③ 티록신, 프로락틴
④ 에스트로겐, 옥시토신
⑤ 프로게스테론, 프로락틴

50 임신 기간 동안 태반에서 생성되는 **에스트로겐과 프로게스테론은 뇌하수체 전엽에서 분비되는 프로락틴의 모유분비 촉진을 억제**한다.

51 모유의 생성과 분비의 조절과정에 대한 설명으로 옳은 것은?

① 영아의 흡유자극이 모체의 뇌하수체 전엽에 전달되어 프로락틴이 분비된다.
② 프로락틴은 유포의 포상세포에 작용하여 모유 생성을 억제한다.
③ 프로게스테론은 뇌하수체 후엽에서 분비되어 수유 유지에 도움을 준다.
④ 옥시토신은 유포 주위에 있는 근육을 이완시켜 모유분비를 촉진시킨다.
⑤ 에스트로겐과 프로게스테론은 임신 기간 중 모유의 분비를 자극한다.

51 임신 기간 동안 분비되는 에스트로겐과 프로게스테론은 유관이나 유포 등 유선조직의 발달에 관여하지만 모유분비를 억제한다. 분만 후에는 이들 호르몬의 분비량이 급격히 감소하는 반면, 프로락틴의 분비가 증가하여 모유분비가 시작된다. 젖을 빠는 자극으로 뇌하수체 전엽에서 분비되는 프로락틴은 유선엽 발달과 유즙 생성에 작용한다. **젖을 빠는 자극이 뇌하수체 후엽에 전달되면 옥시토신이 생성·분비**되는데, 이 호르몬은 유포와 유관 주위에 있는 근육을 수축시켜 모유가 유두로 나오게 한다.

정답 48. ⑤ 49. ④ 50. ② 51. ①

52 수유부의 유즙 분비에 대한 설명으로 옳은 것은?

① 흥분, 공포, 불안 등은 유즙 분비를 증가시킨다.
② 성숙유의 분비량은 약 700~800 mL/일이다.
③ 수유부의 에너지 섭취 증가는 모유 분비량을 증가시킨다.
④ 분만 횟수는 유즙 분비량에 영향을 미치지 않는다.
⑤ 영아의 흡유력은 유즙의 분비량과 관계없다.

53 수유부의 식사와 영양상태가 유즙 성분에 미치는 영향으로 옳은 것은?

① 유즙의 에너지, 단백질의 함량은 수유부의 섭취량에 의해 영향을 받는다.
② 유즙의 지방산 조성은 수유부의 식사로 섭취한 지방에 영향을 받는다.
③ 유즙의 요오드, 망간 등 무기질은 모체의 영양상태에 의해 영향을 받지 않는다.
④ 수유부가 고단백질, 고비타민식이를 하면 유량이 적어진다.
⑤ 모유 중 비타민 A 수준은 모체의 영양상태에 영향을 받지 않는다.

54 수유부 유즙 분비 증가와 관련된 요인으로 옳은 것은?

① 초산부인 경우
② 수유 후 유방을 완전히 비우는 경우
③ 수유부의 연령이 높은 경우
④ 저단백식을 할 경우
⑤ 불안 등의 감정적 요인이 있는 경우

55 모유분비에 대한 설명으로 옳은 것은?

① 분만 직후 바로 모유가 분비된다.
② 근심이나 불안은 옥시토신의 분비를 촉진하여 모유생성을 억제한다.
③ 분만 후 10일이 지나면 초유가 분비되기 시작한다.
④ 임신 전에 가슴이 크면 모유분비가 잘된다.
⑤ 아기가 젖을 빠는 자극이 뇌에 전달되면 모유생성이 촉진된다.

52 모유 중 에너지, 탄수화물, 단백질, 무기질, 콜레스테롤, 엽산 등의 함량은 모체의 식사 섭취량에 의해 영향을 받지 않고 일정한 농도로 유지된다. 또한 **초산부는 경산부에 비해 모유 분비량이 적다.** 사출반사 시 주요 자극은 아기의 젖 빨기이며, 유포에 남아있는 유즙은 유즙 생성을 억제하게 된다. 또한 엄마의 걱정거리, 주위 환경 등은 사출반사 시 부정적 요인으로 작용한다. 영양상태가 양호한 여성의 경우 영양상태가 모유 분비량과 모유 조성에 큰 영향을 미치지 않지만, 영양상태가 좋지 않은 여성의 경우 영양공급 시 모유량이 증가하기도 한다.

53 모유 중 에너지, 탄수화물, 단백질, 무기질, 콜레스테롤, 엽산 등의 함량은 모체의 식사 섭취량에 의해 영향을 받지 않고 일정한 농도로 유지되며, 모유 중 일부 비타민(비타민 A, D, C 등)과 무기질(요오드, 셀레늄 등) 수준은 모체의 영양상태나 식사 섭취량에 의해 영향을 받는다. **수유부가 고단백질, 고비타민식을 섭취할 때 유량이 많아진다.** 단백질 영양상태가 나쁜 수유부가 단백질 섭취를 높이면 모유생성량이 많아진다.

54 초산부는 경산부에 비해 모유분비량이 적고, **수유부의 연령이 증가함에 따라 유량은 감소**한다. 대체로 수유부가 고단백질, 고비타민식을 섭취할 때 유량이 많아진다.

55 분만 직후에는 프로락틴의 분비를 방해하던 호르몬이 아직 몸 안에 남아 있어 바로 모유가 분비되는 것은 아니다. 출산 후 1~3일경 분비되는 모유를 초유라고 하며, **근심이나 불안은 옥시토신의 분비를 억제**하고, 초유가 분비되고 10일 정도 지나면 성숙유로 전환된다. 임신 전의 가슴 크기와 모유분비는 꼭 비례하는 것은 아니며, **아기가 엄마 젖을 빠는 자극이나 아기의 울음소리 등이 뇌에 전달되면 모유생성이 촉진된다.**

정답 52. ② 53. ② 54. ② 55. ⑤

56 모유수유 시 발생하는 문제에 대한 설명으로 옳은 것은?

① 모유분비가 부족할 경우, 아기에게 충분한 양의 영양소 공급이 어려우므로 모유수유를 멈춘다.
② 유방울혈이 나타나는 경우 젖을 유방에서 충분히 제거한다.
③ 젖꼭지가 납작한 함몰 유두인 경우 모유수유가 불가능하다.
④ 어머니가 항암제를 복용하는 경우에는 모유수유가 가능하다.
⑤ 엄마의 영양상태와 모유분비 부족과는 관련성이 없다.

56 젖꼭지가 납작하더라도 모유를 먹일 때 아기 입에 젖꼭지 주위의 유륜까지 들어가서 잡아 당겨져 입안에서 커다란 젖꼭지를 형성하기 때문에 아무 문제 없다. **모유수유가 금지된 약으로는 항암제, 항갑상선약, 방사선 물질**이 있다. **엄마의 영양상태가 불량한 경우 모유분비량이 부족**할 수 있다.

57 수유부의 영양소 섭취기준에 대한 설명으로 옳은 것은?

① 수유부의 영양소 섭취기준은 모유 속의 각 영양소 함량만을 고려하여 선정하였다.
② 에너지 필요추정량은 모유로 방출되는 에너지와 모체의 저장 지방조직에서 동원될 수 있는 에너지의 양을 고려하여 산출하였다.
③ 모유분비와 골격건강을 위해 칼슘은 1일 370 mg의 부가를 권장한다.
④ 철은 월경에 의한 손실량이 없으므로 비임신 성인 여성에 비해 낮게 산정하였다.
⑤ 모유 양이 1일 약 700 mL이므로 액체 형태로 800 mL의 수분 부가를 권장하고 있다.

57 수유부의 영양소 섭취기준은 모유에 함유된 영양소의 함량, 모유분비를 위해 요구되는 영양소 함량과 이용효율 등을 고려하여 설정된 것이다. **수유부의 에너지 필요추정량은 모유로 방출되는 에너지를 더하고, 저장 지방조직으로부터 동원되는 잉여 에너지를 빼는 방법으로 산정**되었다. 수유기 유즙 분비를 위해 칼슘 요구량이 증대되나 수유부에게 있어 필요량 증가에 따른 생리적 적응현상 등을 고려하여 추가 부가량은 따로 산정되지 않았으며, **철의 권장섭취량은 비임신 성인 여성과 동일**하다. 또한 수유부에서 수분 충분섭취량은 총 수분으로 700 mL/일, 액체로는 500 mL/일이 부가되어 있다.

58 수유부의 영양소 섭취기준에서 부가량이 있는 영양소로 옳은 것은?

① 비타민 A　② 비타민 D
③ 비타민 K　④ 칼슘
⑤ 철

58 비타민 A의 권장섭취량은 비임신 여성이 1일 650 μg RAE이고, 수유부는 490 μg RAE의 부가량이 설정되어 있다.

59 수유관련 문제에 대한 설명으로 옳은 것은?

① 모체가 B형 간염 보균자인 경우 모유수유가 불가능하다.
② 당뇨병이 있는 수유부는 인슐린 투여 시 모유로 분비되므로 모유수유가 불가능하다.
③ 모체가 음주 시 알코올 대사산물인 에탄올이 모유에 나타난다.
④ 수유 시 발생하는 유두통증은 모유량이 너무 많기 때문에 발생한다.
⑤ 수유부가 섭취하는 카페인은 모유로 이행되지 않는다.

59 B형 간염 바이러스는 모유로 분비되기 때문에 모유수유를 통해 아이가 간염될 수 있으나, 출생 후 적절한 면역 예방을 받은 아기의 경우는 조제유 수유아와 비교 시 B형 간염 발생률에 차이가 없다. **당뇨병이 있는 수유부**는 임신기와 마찬가지로 **경구용 2형 당뇨병 치료제가 처방**되며, **음주 시 에탄올은 유선조직의 분비세포를 신속하게 통과해 모유에 나타난다.** 유두통증을 예방하기 위하여, 아기에게 유륜까지 젖을 깊숙하게 물리는 것이 좋다.

정답 56. ② 57. ② 58. ① 59. ③

60 산후비만에 대한 설명으로 옳은 것은?

① 산후 우울증은 산후비만과 관련성이 없다.
② 모유를 먹이면 프로락틴이 분비되어 복부 근력의 탄력 회복에 도움이 된다.
③ 모유수유 시 산모에게 축적되어 있던 지방이 분해되어 사용되므로, 산후비만 예방에 도움이 된다.
④ 출산 후이기 때문에 안정을 위해 산후비만인 경우에도 활동량을 줄여야 한다.
⑤ 산후비만은 출산 후 3개월이 지나도록 본래의 체중으로 돌아오지 않고, 3 kg 이상 체중이 증가한 상태를 보이는 경우를 말한다.

60 산후비만은 출산 후 6개월이 지나도록 본래의 체중으로 돌아오지 않고, 3 kg 이상 체중이 증가한 상태를 보이는 경우를 말한다. 모유를 먹이면 유두 자극으로 옥시토신이 분비되어 자궁을 수축시키고 복부 근력의 탄력 회복에도 도움을 준다. 출산 후 **산후비만을 예방하기 위해서는 모유수유를 하고** 가능한 몸을 많이 움직여 신체활동을 하는 것이 좋다.

61 태반 혈관을 수축시킴으로써 태아로 공급되는 혈액의 부족을 유발하는 물질은?

① 타르　② 니코틴
③ 다이옥신　④ 일산화탄소
⑤ 아세트알데히드

61 **니코틴에 의해 혈관이 수축하여 태반 혈류량이 감소**할 수 있다.

62 임신기 카페인 및 알코올 섭취에 대한 설명으로 옳은 것은?

① 임신부에서 1일 카페인 섭취기준량은 400 mg 이하이다.
② 임신기 카페인 섭취는 태반 및 태아의 뇌, 중추신경계 형성에 나쁜 영향을 미친다.
③ 임신기 알코올 섭취는 모체에서 비타민 B군의 흡수율을 증가시킨다.
④ 태아 발달에 독성 물질로 작용하는 물질은 아세트산이다.
⑤ 임신기에 알코올을 과다 섭취 시 거대아를 분만하게 된다.

62 **임신부 1일 카페인 섭취기준량은 300 mg 이하**이며, 과다 섭취 시 태아사망, 조산, 미숙아 출산, 출산 시 장애, 저체중아 출산 등이 발생할 수 있다. **비타민 B군, 무기질 등은 알코올에 의해 영향을 받으며 흡수율이 저하**된다. 알코올은 간에서 아세트알데히드를 거쳐 아세트산으로 전환되는데, **아세트알데히드는 태아 발달에 독성 물질로 작용**한다.

정답　60. ③　61. ②　62. ②

2 영아기, 유아기 (학령전기) 영양

학습목표 영유아기의 생리적 특성과 영양관리 및 영양관련 문제를 이해한다.

01 출생 시의 신장은 약 50 cm이며, **생후 1년이 되면 출생 시의 1.5배가 된다.** 체중은 출생 시 3.3~3.4 kg이며, 생후 3개월에 2배, **만 1세에 3배,** 3년 후에는 4배로 증가한다. 흉위는 출생 시 약 33 cm로 두위(34 cm)보다 작으나 곧 더 커지며, **흉위의 급속한 성장은 사춘기 때 이루어진다.**

02 출생체중이 낮은 아기는 체중 증가율이 높은 경향을 보인다. 머리둘레는 개인차가 적고 영양상태에 따라 크게 좌우되지 않으며, 생후 약 1년 후면 가슴둘레와 같아지고 이후에는 역전된다. 출생 이후 체수분율은 감소하며 체지방은 증가한다.

03 **신생아의 생리적 체중감소는 포유량의 불충분과 양수로 젖어 있던 피부의 수분증발, 태변배설이 원인**이며, 5~10% 정도의 체중감소가 일어나지만 생리적 현상이므로 병원에 가지 않아도 7~10일 정도가 되면 회복된다. **미숙아의 경우 생리적 체중감소가 더 크다.**

04 신생아기는 생후 4주간으로 자궁 밖에서 환경에 적응하는 시기이며, 생후 1개월부터 12개월까지는 영아기라고 한다.

정답 01. ② 02. ⑤ 03. ① 04. ②

01 영아기의 신체 성장 속도에 대한 설명으로 옳은 것은?

① 신장의 성장 속도가 체중의 성장 속도보다 빠르다.
② 체중은 생후 1년이 되면 약 3배가 된다.
③ 두위는 생후 1년이 되면 약 3배가 된다.
④ 신장과 체중은 생후 1년이 되면 약 2배가 된다.
⑤ 흉위는 생후 1년이 되면 두위의 2배가 된다.

02 영아의 신체 성장에 대한 설명으로 옳은 것은?

① 출생체중이 낮은 아기는 체중 증가율이 낮은 경향을 보인다.
② 머리둘레는 개인차가 많고 영양상태에 따라 크게 좌우된다.
③ 가슴둘레는 생후 6개월이면 머리둘레와 같아진다.
④ 출생 이후 체수분율은 증가한다.
⑤ 영아는 자라면서 체지방이 증가한다.

03 신생아의 생리적 체중감소에 대한 설명으로 옳은 것은?

① 수분증발과 태변배설이 원인이 된다.
② 위험하므로 병원에서 치료해야 한다.
③ 미숙아의 경우는 생리적 체중감소가 일어나지 않는다.
④ 일시적이며 체중의 30% 정도가 감소한다.
⑤ 한 달 후에는 출생 시 체중으로 돌아간다.

04 세계보건기구(WHO)에서 분류한 신생아기의 구분으로 옳은 것은?

① 출생 후 3주간　　② 출생 후 4주간
③ 출산예정일 후 1달간　　④ 출생 후 100일간
⑤ 출생 후 1년간

05 **성장기 유아에서 성인과 다르게 성장에 요구되는 필수 아미노산은?**

① 루신 ② 트립토판
③ 시스테인 ④ 히스티딘
⑤ 페닐알라닌

06 **영아기 초기에 빠르고 왕성하게 발달하여 약 4세 때 90% 이상 형성과정을 마치는 기관은?**

① 두뇌 ② 신장
③ 간 ④ 위
⑤ 폐

07 **영아의 신체구성성분의 변화에 대한 설명으로 옳은 것은?**

① 영아기 동안 체수분 함량비의 감소는 주로 세포내액의 감소가 원인이다.
② 영아기 동안 남아가 여아에 비해 체중당 단백질 축적량이 많다.
③ 영아기 동안의 지방 축적량은 남아가 여아보다 많다.
④ 영아의 영양상태가 나쁘면 혈중 지질 수준이 증가한다.
⑤ 무기질이 차지하는 비율은 영아기 동안 감소한다.

08 **유아 발육상태 평가에 대한 설명으로 옳은 것은?**

① 신체발육표준치는 영유아 발육상태의 이상치를 나타낸다.
② 신체발육표준치를 활용하면 현재의 발육상태를 정확하게 판단할 수 있다.
③ 세계 영유아 발육상태 평가에 일괄적으로 활용할 수 있는 성장곡선은 개발되지 않았다.
④ 한국은 한국 유아 대상의 소아 · 청소년 성장도표를 개발하여 사용하고 있다.
⑤ 생후 3개월 이후 영아기에는 뢰러지수를 사용하여 발육상태를 평가할 수 있다.

09 **유아기 성장곡선에 대한 설명으로 옳은 것은?**

① 유아기 성장곡선은 남녀의 구분이 없다.
② 연령별 체중이 5백분위수 미만이면 저체중으로 분류한다.
③ 연령별 체질량지수가 85백분위수 이상이면 비만으로 분류한다.
④ 연령에 따른 체중의 꾸준한 증가는 어린이의 식사가 장기적으로 적절하다는 지표가 될 수 있다.
⑤ 신장에 대한 체중은 장기적인 영양섭취에 대한 지표가 될 수 있다.

05 성장에 필요한 필수 아미노산은 **성인의 필수 아미노산 8종(발린, 이소루신, 루신, 라이신, 메티오닌, 페닐알라닌, 트레오닌, 트립토판)**에 **히스티딘**을 포함한 9종이다.

06 **두뇌는 영유아기에 급격히 성장하여 4세에는 90%**, 6~8세에는 거의 성인과 비슷한 수준으로 발달하게 된다.

07 영아기 동안 체조성에도 변화가 생기는데, **수분 함량**은 출생 시 74% 정도였다가 **1세가 되었을 때 약 60%로 감소**하며, 이는 거의 대부분 **세포외액의 감소에 기인**한다. 또한 성별에 따라 체구성 성분의 차이가 나는데, **남아는 여아보다 체중당 단백질 축적량이 많고, 여아는 남아보다 체중당 체지방 축적량이 많다.** 무기질 함량은 체중의 약 2% 정도로 신생아와 1세 영아 간 큰 차이를 보이지 않는다.

08 신체발육표준치는 현재 나타나는 현상의 평균치이며 이상치의 표현이 아니다. 발육은 항상 변화하므로 한 시점에서 판단하기보다는 발육성장을 추적 관찰하여 판단하는 것이 좋다. 신체 외형상의 성장도 중요하지만 기능적인 면도 함께 고려하여 발육상태를 평가하는 것이 바람직하다. 생후 3개월 이후 영아 발육은 카우프지수를 통하여 판단할 수 있다.

09 **유아기 성장곡선은 남녀 구분되어 있으며,** 2세 이상 유아에서 연령별 체질량지수가 95백분위수 이상이면 비만으로 분류할 수 있다. 연령에 따른 신장의 꾸준한 증가는 어린이의 식사가 장기적으로 적절하다는 지표가 될 수 있으며, **신장에 대한 체중은 최근의 영양섭취에 대한 지표**로 사용할 수 있다.

정답 05. ④ 06. ① 07. ② 08. ④ 09. ②

10 성장과 발달이 급속도로 일어나는 어린 시기, 특히 증식성 세포성 장기에 영양불량상태나 질병이 오래 지속되면 성장과 발달이 지연되는데, 그 후 영양상태가 회복되어도 지연된 성장과 발달이 유지되는 시기의 이름은?

① 성장과 발달의 결정적 시기
② 성장과 발달의 대표적 시기
③ 성장과 발달의 마지막 시기
④ 성장과 발달의 유력한 시기
⑤ 성장과 발달의 확정적 시기

11 영아의 생리적 발달의 특징으로 옳은 것은?

① 타액 리파제의 활성이 높아 지방소화가 구강에서도 일부 이루어진다.
② 위의 기능 성숙은 생후 1세에 완성된다.
③ 영아기 후반 췌장은 충분히 성숙된 기능을 발휘한다.
④ 췌장 아밀라제는 생후 1개월 분비를 시작하여, 6개월~2세가 되어야 완성된다.
⑤ 음식의 장내 통과시간은 성인과 비슷하다.

12 영아기 소화의 특징에 대한 설명으로 옳은 것은?

① 락타아제 활성이 성인보다 약하다.
② 위에서는 레닌이라는 응유효소가 작용한다.
③ 단백질 소화효소의 활성은 성인과 비슷하다.
④ 지방은 주로 췌장 리파제에 의해 분해된다.
⑤ 아밀라제의 활성이 높아 전분의 소화가 잘된다.

13 영아 소화 흡수 기능에 대한 설명으로 옳은 것은?

① 출생 시 위의 용량은 1티스푼 정도지만, 한 달이면 약 20 mL 정도를 수용할 수 있다.
② 출생 직후 영아의 위는 약산성이다.
③ 소장 내 트립신 함량은 성인과 비슷하다.
④ 췌장 리파아제 함량은 높고 담즙산도 많다.
⑤ 췌장 아밀레이즈는 생후 2개월부터 다량 분비된다.

---

10 성장과 발달의 결정적 시기라고 부른다. 이 시기에는 성장과 발달의 지연이 일어나도 이후 회복이 어려우므로 식량 부족이나 질병 등으로 영양불량상태가 일어나지 않도록 해야 한다.

11 출생 직후 신생아의 위 용량은 10~12 mL이나, 2세에 600~700 mL 정도로 증가하면서 위의 기능도 점차 성숙하게 된다. **췌장은 다른 장기에 비해 발달이 늦어 영아기 후반이 되어도 성숙된 기능을 발휘하지 못하며,** 췌장 아밀라제는 생후 3~4개월부터 분비되기 시작한다. 장의 길이는 신장의 약 6배로 성인에 비해 길지만 **음식의 장내 통과시간은 성인보다 짧다.**

12 영아의 위에는 **레닌이라는 응유효소가 있으며, 유즙의 단백질을 응고시켜 펩신의 작용을 받도록 한다.** 영아의 췌장에서 분비되는 트립신은 성인과 비슷하나, 키모트립신과 카르복시펩티다제의 농도는 성인의 10~60%에 불과하여 영아는 일정량의 단백질만을 소화할 수 있다. 말타제, 수크라제, 락타아제 등의 **이당류 분해효소의 활성은 성인과 비슷하지만, 전분을 분해하는 아밀라제의 활성은 미약하다.** 췌장 리파제의 활성이 미약하고 담즙 분비량도 성인의 50%에 불과하다.

13 영아의 위장 크기는 출생 시 5~7 mL이지만 한 달 뒤에는 80~150 mL로 증가하고 성인이 되면 약 1 L 크기로 증가한다. 출생 직후 위장 내부는 약 알칼리성을 띤다. 단백질 소화 관련 소장 내 트립신 함량은 성인과 유사하나 키모트립신과 카르복시펩티다아제 양은 성인에 비하여 적다. 췌장 리파아제 함량과 담즙산의 양이 적어 지방 소화와 흡수력이 떨어진다. 이당류 분해효소는 일찍부터 발달되어 있으나 췌장 아밀레이즈는 4개월 이상이 되어야 나타난다.

정답 10. ① 11. ① 12. ② 13. ③

14 신체계측치로부터 계산된 발육지수 중 일반적으로 영아기에 사용하는 것은?

① 비체중 ② 카우프지수
③ 뢰러지수 ④ 브로카지수
⑤ 체질량지수

15 영아기 섭식운동 발달에 대한 설명으로 옳은 것은?

① 출생 후 6개월이 되면 자극이 있는 쪽으로 입을 벌려 빨려고 하는 뿌리반사가 일어난다.
② 출생 후 8개월이 되면 숟가락 쥐기가 가능하며, 반고형식을 먹을 수 있다.
③ 출생 후 7개월이 되면 섭식 기술은 완전히 발달한다.
④ 출생 후 4개월이면 씹기 패턴이 시작되어 으깬 음식을 삼킬 수 있다.
⑤ 출생 후 6개월이면 컵으로 스스로 먹을 수 있다.

16 영아의 영양소 섭취기준에 대한 설명으로 옳은 것은?

① 에너지 필요량은 높으나 위의 용량이 작으므로 에너지 밀도가 높은 지질로 약 60~70%의 에너지를 공급한다.
② 단백질의 체중당 필요량이 일생 중 가장 높아 0~5개월 영아의 충분섭취량은 15 g이다.
③ 영아기의 필수 아미노산의 종류는 성인과 같다.
④ 뇌에서 포도당 대사량은 체중당 성인에 비해 2배이다.
⑤ 영아기 에너지 필요추정량은 에너지 소비량에 성장에 필요한 에너지 축적량을 합친 값이다.

17 영아의 단위체중당 에너지 필요량이 성인에 비해 높은 이유는?

① 소화기의 구조와 기능이 미숙하기 때문이다.
② 식품 이용을 위한 에너지 소모량이 크기 때문이다.
③ 단위체중당 체표면적이 성인보다 크기 때문이다.
④ 성인에 비해 수면시간이 길기 때문이다.
⑤ 단위체중당 수분 필요량이 높기 때문이다.

---

14 일반적으로 **영아기에는 카우프지수, 아동기 이후에는 뢰러지수를** 사용한다.

15 출생 시부터 4개월까지 자극이 있는 방향으로 입술을 움직이는 포유(뿌리)반사와 빨아 먹는 흡인반사가 있으며, 6개월이 되면 씹기 패턴이 시작되고, 아랫니 두 개가 나오기 시작하면서 으깬 부드러운 음식을 삼킬 수 있다. 8개월에는 숟가락 쥐기가 가능하고 반고형식을 먹을 수 있으며, 10~12개월이면 숟가락과 컵으로 스스로 먹을 수 있다.

16 **영아기 후기의 에너지 필요추정량은 영아의 에너지 소비량에 성장에 필요한 에너지 축적량(추가 필요량)을 더하여 산출**되었다. 영아기 에너지 필요량이 높기 때문에 에너지 밀도가 높은 지질의 충분섭취량은 0~5개월, 6~11개월 영아에게 각각 25 g으로 설정되었으며, 이는 에너지 필요추정량의 37.5~45%를 차지한다. 영아기에는 총 에너지의 약 60%를 두뇌에서 사용하므로 **포도당 요구량이 성인에 비해 4배 정도 높으며, 0~5개월 영아의 단백질 충분섭취량은 10 g이다.**

17 영아의 에너지 필요량이 높은 이유는 **체격에 비해 단위체중당 체표면적이 크므로 열 손실이 증가**하며, 성장을 위해 소비되는 에너지와 활동에 필요한 에너지가 높기 때문이다.

정답 14. ② 15. ② 16. ⑤ 17. ③

18 장내 세균에 의해 합성되지만, 신생아의 장은 무균상태이고 모유 내의 함량도 낮으므로 신생아의 출혈성질환을 예방하기 위해 보충해 주어야 하는 비타민은?

① 비타민 A
② 비타민 C
③ 비타민 D
④ 비타민 E
⑤ 비타민 K

18 비타민 K는 장내 세균에 의해 합성되지만, 신생아의 장은 무균상태이므로 신생아의 출혈성질환을 예방하기 위해 비타민 K를 보충해 주어야 한다.

19 유즙 내 함유되어 있는 탄수화물의 특징으로 옳은 것은?

① 모유 중 함유된 당질의 90% 이상이 유당이다.
② 모유의 유당 함량은 우유보다 낮은 약 7%이다.
③ 모유의 포도당은 장내 바람직하지 않은 세균의 성장을 억제한다.
④ 모유에는 유당 분해효소가 들어 있어 유당의 분해를 돕는다.
⑤ 모체의 영양상태에 따라 변화가 크다.

19 모유에 함유된 당질의 90%는 유당이며, 모유의 유당 함량은 7%로 우유보다 많이 함유되어 있고, 모체의 영양상태에 관계없이 모유 내에서 일정한 수준을 유지한다. 모유에는 전분 분해효소인 아밀라제가 함유되어 있어 포도당 중합체나 전분의 소화에 도움을 준다.

20 모유의 영양성분에 대한 설명으로 옳은 것은?

① 영아의 에너지 필요량의 50%가량을 제공하는 지질은 우유보다 짧은 사슬 포화지방산이 많다.
② 모유 단백질은 카세인보다 유청단백질의 함량이 높다.
③ 모유는 우유에 비해 페닐알라닌 및 타우린 함량이 높다.
④ 모유에는 모든 지용성 비타민이 충분히 함유되어 있다.
⑤ 모유에는 영아의 골격 발달을 위해 우유보다 많은 양의 칼슘이 함유되어 있다.

20 모유 내 단백질은 크게 카세인(10~15%)과 유청단백질(50~90%)로 구분되며 유청단백질에는 락토페린, 면역글로불린 등이 있어서 신생아와 영아의 면역에 주된 기능을 가지고 있다. 또한 모유는 우유에 비해 타우린의 함량은 높은 반면, 페닐알라닌의 함량은 낮다. 모유는 우유에 비해 필수지방산인 리놀레산의 함량은 높으며, 짧은 사슬의 포화지방산은 적게 함유되어 있고, 모유 중 비타민 D, K의 함량은 낮은 편이다.

21 수유부의 섭취량에 따라 유즙 내 함유량에 중요한 영향을 미치는 영양소는?

① 탄수화물
② 단백질
③ 철
④ 칼슘
⑤ 비타민 B_{12}

21 모유 중 비타민 B_{12} 수준은 수유부의 식사 내용에 영향을 많이 받아 개인에 따라 차이가 크다.

22 영아의 영양소 필요량에 대한 설명으로 옳은 것은?

① 영아기에는 에너지 요구량이 높아 단백질도 중요한 에너지원이다.
② 신생아기 체조직 합성 및 성장 발달에 필요한 필수 아미노산은 성인과 같은 9개이다.
③ 영아기의 골격성장을 위한 칼슘과 인의 권장섭취량은 동일하다.
④ 출생 시 저장된 철은 생후 7~9개월이 지나면 고갈된다.
⑤ 영아기 성장을 위해 단백질 섭취가 중요하다.

22 영아기 골격성장을 위한 칼슘과 인의 충분섭취량은 0~5개월에서 250 mg, 100 mg, 6~11개월에서 300 mg, 300 mg이다. 건강한 영아는 상당량의 철을 체내에 보유하고 있으나, 5개월이 지나면 저장량을 거의 다 소모하게 된다. 신생아는 대사과정이 아직 미숙하여 성인기 필수 아미노산 9종과 더불어 시스테인, 아르기닌 등이 체내에서 충분히 생성되지 않는 경우도 있다.

정답 18. ⑤ 19. ① 20. ② 21. ⑤ 22. ⑤

23 영아의 무기질 필요량에 대한 설명으로 옳은 것은?

① 모유 중 철은 우유 속의 철에 비해 흡수율이 낮은 편이다.
② 영아의 성장, 발달에 중요한 아연 또한 철과 마찬가지로 출생 시 일정량을 저장하고 태어난다.
③ 불소는 충치 예방에 관여하는 것으로 알려져 있어 영아 후기에도 모유의 불소 함량에 근거하여 0.01 mg을 충분섭취량으로 정하였다.
④ 6~11개월 영아의 철 권장섭취량은 6 mg이다.
⑤ 영아에서 상한섭취량이 설정되어 있는 무기질은 철뿐이다.

23 영아 후기 불소의 충분섭취량은 0.4 mg이며, **철의 영양섭취기준으로는 0~5개월에서 충분섭취량 0.3 mg, 6~11개월에서 권장섭취량 6 mg이 설정**되어 있다. 영아에서 상한섭취량이 설정되어 있는 무기질로는 칼슘, 철, 불소, 요오드, 셀레늄이 있다. 우유는 모유에 비해 인(6배), 칼슘(4배), 총 무기질량은 3배가량 더 많이 함유하고 있으며, 모유 내 무기질의 체내 이용률은 우유에 비해 높은 편이다.

24 영아의 수분대사에 대한 설명으로 옳은 것은?

① 불감성 수분 손실량이 성인보다 적다.
② 구토나 설사 시 주로 세포내액이 감소한다.
③ 단위체중당 수분필요량이 성인에 비해 적다.
④ 설사 시에는 설사가 끝날 때까지 수분 섭취를 제한해야 한다.
⑤ 사구체 여과율과 요농축 능력이 낮아 수분 불균형이 쉽게 생긴다.

24 영아의 체중당 수분필요량은 성인에 비하여 높은데 그 이유는 **체중당 체표면적이 크므로 피부와 폐를 통한 불감성 수분 손실량이 많고, 신장 기능이 아직 완전히 성숙되지 못하여 소변을 농축하는 능력이 제한**되어 있기 때문이다. 구토나 설사 시는 주로 세포외액이 많이 감소하는데 이때 나트륨, 칼륨 등의 무기질과 함께 수분의 보충이 중요하다.

25 초유와 성숙유의 성분을 비교한 것으로 옳은 것은?

① 분만 후 10일 정도에 분비되는 초유는 태변배설을 돕는다.
② 초유와 성숙유는 지방 함량만 차이가 나고 탄수화물과 단백질의 함량은 거의 유사하다.
③ 초유는 성숙유에 비해 지용성 비타민 함량이 더 낮다.
④ 초유는 이행유나 성숙유에 비해 에너지 함량이 더 높다.
⑤ 영아의 면역력에 도움을 주는 락트알부민이나 락트글로불린은 초유에 더 많이 함유되어 있다.

25 **초유는 출산 후 2~3일부터 1주일간 분비**되며, 다른 시기의 모유에 비해 단백질이나 일부 지용성 비타민의 함량은 높은 반면 **에너지, 지방, 유당의 함량은 낮다**.

26 모유에 함유된 면역물질과 기능을 바르게 연결한 것은?

① 류코사이트 – 비피더스균의 성장을 자극하고 장내 유해세균의 생존을 억제한다.
② 인터페론 – 점막과 내장의 세균 침입을 막는다.
③ 락토페린 – 철과 결합하여 세균 증식을 억제한다.
④ 대식세포 – 세포벽의 파괴를 통하여 세균을 용해한다.
⑤ 림프구 –세균을 식균작용에 잘 반응하게 한다.

26 **비피더스 인자는 비피더스균의 성장을 자극하고 장내 유해세균의 생존을 억제하며, IgA, E, M 등은 점막과 내장의 세균 침입을 막는다.** 또한 리소자임은 세포벽의 파괴를 통하여 세균을 용해하며, 보체는 세균을 식균작용에 잘 반응하게 한다.

정답 23. ④ 24. ⑤ 25. ⑤ 26. ③

27 조제분유와 모유를 비교한 것으로 옳은 것은?

① 모유보다 조제분유의 영양소 조성이 우수하다.
② 둘 다 면역물질을 함유하고 있어서 감염성 질병으로부터 보호한다.
③ 조제분유보다 모유의 영양소 생체이용률이 높다.
④ 조제분유를 수유한 아기보다 모유수유아가 비만이 되기 쉽다.
⑤ 모유보다 조제분유에는 뇌의 발달에 좋은 성분이 풍부하다.

28 모유에 특히 많이 함유된 성분과 그 기능을 바르게 연결한 것은?

① 리놀레산 – 영아의 성장과 두뇌발달에 도움
② 콜레스테롤 – 장내 비피더스균의 성장을 촉진함
③ 포화지방산 – 지질 흡수율이 높음
④ 락토페린 – 체내 칼슘 이용성을 증가시킴
⑤ 유당 – 호르몬 합성이나 중추신경계 발달에 유용함

29 모유 단백질에 대한 설명으로 옳은 것은?

① 모유의 단백질 농도는 100 mL당 2 g으로 우유보다 높다.
② 모유의 질소 함량은 수유 후 기간이 경과함에 따라 증가한다.
③ 우유에 비해 단백질 중 카세인이 차지하는 비율이 높다.
④ 우유보다 타우린이 더 많이 함유되어 있다.
⑤ 수유부가 질 낮은 단백질을 섭취하면 모유 단백질 함량이 낮아진다.

30 모유와 우유의 무기질 조성에 대한 설명으로 옳은 것은?

① 모유의 모든 무기질 함량은 성숙유에 가장 많다.
② 우유는 모유보다 무기질 함량이 낮다.
③ 모유는 우유보다 무기질 함량이 낮으나 흡수율이 높다.
④ 모유는 우유보다 인의 함량이 높다.
⑤ 모유는 칼슘의 함량이 높아, 모유 내 칼슘과 인의 비율은 약 4 : 1이다.

---

27 모유수유는 여러 장점을 가지고 있다. 모유는 영양소의 함량이나 조성으로 볼 때, **영아의 초기 성장에 가장 이상적인 영양공급원**이다. 또한 **영양소의 생체이용률이 조제분유보다 우수**하다. 모유는 다양한 항염증 물질과 세포를 가지고 있어서 질병, 특히 소화기와 호흡기 감염으로부터 영아를 보호한다. 위생적, 경제적이고 간편하며 모유수유 시 엄마와 영아와의 관계는 정서적 · 지적 발달에도 좋다.

28 모유는 영아가 성장 · 발달하는 데 필요한 가장 알맞은 양과 조성의 영양소를 함유하고 있다. **필수지방산인 리놀레산이 많이 들어 있어** 영아의 성장과 두뇌발달에 도움을 주며, **콜레스테롤이 풍부하여 호르몬 합성이나 중추신경계 발달에 유용하게 이용**된다. 또한 **불포화지방산이 많이 들어 있어** 지질 흡수율이 85~90%로 높다. 유당은 뇌의 발달을 돕고 장내 비피더스균의 성장을 촉진하여 장 질환을 예방한다. 락토페린은 유즙에서 철을 운반하는 철결합 단백질로서 체내 철의 이용성을 증가시킨다.

29 **우유가 모유보다 단백질과 카세인의 함량이 더 높다.** 인간의 두뇌발달과 밀접한 관련이 있는 것으로 알려진 **타우린은 우유보다 모유에 더 많이 함유**되어 있다. **모유 내 질소 함량은 모든 수유동물과 같이 수유 후 기간이 경과함에 따라 점차 감소**하여 초유에는 약 2%의 단백질이 함유되어 있으나 성숙유에는 0.8~1.0% 정도 함유되어 있다. 모유 중 에너지, 탄수화물, 단백질의 함량은 모체의 식사섭취량에 의해 큰 영향을 받지 않고, 일정한 농도로 유지된다.

30 모유 내 존재하는 무기질 함량은 초유에서 성숙유로 경과됨에 따라 그 함량이 감소한다. 또한 **우유에는 모유보다 인 6배, 칼슘 4배, 총 무기질이 3배가량 더 많이 함유되어 있지만, 모유보다 체내 이용률은 상당히 낮다. 모유 내 칼슘과 인의 비율은 약 2 : 1이다.**

정답 27. ③ 28. ① 29. ④ 30. ③

31 **모유의 지방 조성을 우유와 비교한 것으로 옳은 것은?**

① 포화지방산/불포화지방산의 비율이 더 높다.
② 총 지방량이 더 낮다.
③ 콜레스테롤 함량이 더 낮다.
④ 리놀레산 함량이 더 낮다.
⑤ DHA 함량이 더 높다.

32 **우유단백질 알레르기가 있는 영아에게 공급 가능한 조제유를 바르게 연결한 것은?**

① 두유로 만든 조제분유 – 카세인 가수분해 조제분유
② 두유로 만든 조제분유 – 미숙아용 조제분유
③ 선천성 대사질환용 조제분유 – 카세인 가수분해 조제분유
④ 두유로 만든 조제분유 – 선천성 대사질환용 조제분유
⑤ 선천성 대사질환용 조제분유 – 미숙아용 조제분유

33 **인공수유 시 주의해야 할 점으로 옳은 것은?**

① 젖꼭지 구멍의 크기는 아기의 흡입능력에 맞게 조절한다.
② 고농도로 조제한 분유가 영아의 건강에 더 이상적이다.
③ 먹고 남은 분유는 냉장고에 3일간은 보관 가능하다.
④ 조제분유의 양은 가능한 한 많이 넣어서 만든다.
⑤ 하루 동안 먹일 양을 한꺼번에 만들어 놓고 덜어서 먹인다.

34 **조제분유의 제조방법으로 옳은 것은?**

① 유당을 줄이고 설탕을 첨가한다.
② 카세인을 첨가하여 부족한 단백질의 양을 보충한다.
③ 칼슘, 인, 철 등 주요 무기질을 강화한다.
④ 포화지방산의 일부를 제거하고 불포화지방산을 첨가한다.
⑤ 부족한 에너지를 위하여 지방을 증가시킨다.

35 **모유영양아와 인공영양아의 분변의 특징으로 옳은 것은?**

① 모유영양아 분변의 색은 담황색이다.
② 인공영양아의 분변은 수분 함량이 높다.
③ 모유영양아는 인공영양아보다 배변 횟수가 많다.
④ 인공영양아 분변의 주요 세균은 비피더스균이다.
⑤ 모유영양아 분변의 주요 세균은 대장균이다.

31 모유의 지방산 성분은 우유의 지방산 성분과 크게 차이가 있다. **모유에는 리놀레산의 함량이 우유보다 높으며, 짧은 사슬의 포화지방산은 우유에 더 많이 함유되어 있다.** 또한 두뇌발달 초기에 중요한 역할을 하는 것으로 알려진 **ω-3계열의 지방산인 DHA는 우유에서는 발견되지 않고 모유에만 상당량 함유되어 있다. 콜레스테롤은 우유보다 모유 내 함량이 더 높고 모유와 우유의 총 지방량은 차이가 없다.**

32 **카세인을 가수분해하여 만든 조제분유는 아미노산과 작은 펩티드의 혼합물로 분해**되어 있으며, 천연 그대로의 단백질을 쉽게 소화시키지 못하거나 단백질에 알레르기가 있는 영아를 위하여 개발되었다.

33 **분유를 고농도로 조제 시 신장의 부담, 탈수의 위험성이 있으며,** 대사에 부담을 줄 수 있으므로 적절한 농도로 조제해야 한다.

34 조제분유는 전지분유를 모유의 성분에 가깝게 만든 것이다. 즉, **우유에 적은 유당을 첨가하고 단백질은 카세인을 줄이고 대신 유청단백질(알부민, 글로불린 등)을 증가**시킨 것이다. 지질은 우유의 포화지방산의 일부를 제거하고 불포화지방산을 첨가한다. 우유에 과량 함유되어 있는 무기질이 영아의 신장 기능에 부담을 주므로 칼슘, 인, 나트륨 등 과량의 무기질을 줄이고 철, 아연, 구리 등의 미량 무기질을 강화한다.

35 **모유영양아 분변의 색은 황금색이며, 배변횟수는 인공영양아보다 많고, 변 속에는 비피더스균이 많다.** 반면 인공영양아의 분변색은 담황색으로 변의 냄새가 심하게 나고, 변 속의 세균은 대장균이며, 모유영양아에 비해 수분이 적어 약간 굳은 변이 되기 쉽다.

정답 31. ⑤ 32. ① 33. ①
34. ④ 35. ③

36 이유식에 대한 설명으로 옳은 것은?

① 영아에게 영양소를 충분히 공급하기 위해 수유를 중단하고 반고형식을 섭취시키는 것이다.
② 이유식을 통해 새로운 식품의 맛, 색, 질감 등을 경험하도록 하여 영아의 지적 · 정서적 발달을 돕는다.
③ 초기에는 잘 먹도록 하기 위해 단맛이 나는 식품 위주로 공급한다.
④ 이유 시작과 함께 달걀을 간식으로 공급할 수 있다.
⑤ 새로운 음식에 빠른 적응을 위해 다양한 식품을 함께 공급한다.

36 **영아기 후반이 되면 모유만으로는 성장발달에 필요한 에너지와 영양소를 충족시키기 어려워진다.** 따라서 적절한 시기에 이유식을 시작하면서 모유에서 부족한 영양소를 공급하여야 하며, 이를 통해 영아의 식생활을 점차 성인의 식사형태로 대체하게 된다. 처음 접하는 **이유보충식 공급 시에는 하루에 한 가지 식품을 한 숟가락 정도 주고**, 사흘 정도 같은 식품을 주어 식품에 대한 거부나 알레르기 반응 여부를 관찰한다.

37 이유 시작 시기로 옳은 것은?

① 신장이 출생 시의 두 배가 될 때
② 체중이 출생 시의 두 배가 될 때
③ 생후 3~4개월
④ 치아가 나는 시기
⑤ 빠를수록 좋음

37 일반적인 **이유의 시작 시기는 5~6개월이며 출생 시 체중의 약 두 배에 가까워졌을 때**, 즉 체중이 약 6~7 kg 정도가 되었을 때이다.

38 이유의 시작 시기에 따른 문제점으로 옳은 것은?

① 이유 시작이 이르면 병에 대한 저항력이 약해질 수 있다.
② 이유 시작이 이르면 빈혈이 나타날 수 있다.
③ 이유 시작이 늦으면 성장지연이 나타날 수 있다.
④ 이유 시작이 늦으면 비만이 될 수 있다.
⑤ 이유 시작이 늦으면 알레르기 질환이 나타날 수 있다.

38 이유 시작이 **너무 빠른 경우에는 모유분비량 감소, 알레르기 질환, 설사, 비만** 등이 야기될 수 있는 반면, 이유 시작이 **너무 늦은 경우에는 성장지연, 영양결핍, 면역기능 저하** 등이 나타날 수 있다.

39 이유식 실시 시의 주의사항에 대한 설명으로 옳은 것은?

① 이유식은 수유 후 영아의 기분이 좋을 때 제공한다.
② 매일 새로운 이유식을 도입한다.
③ 영아의 미각 발달을 위해 설탕, 소금 등 조미료를 사용하여 다양한 맛을 느낄 수 있게 한다.
④ 견과류는 필수지방산의 공급을 위해 이유 초기부터 사용한다.
⑤ 초기에는 하루 한 숟가락으로 시작하여 조금씩 양을 늘린다.

39 이유보충식은 아기의 기분이 좋고 공복일 때 먹이며, 하루에 한 가지 식품을 한 숟가락 정도 주고 양을 차츰 늘려가면서 사흘 정도 같은 식품을 주어 식품에 대한 거부 또는 알레르기 반응 여부를 관찰한다. **견과류는 잘 녹지 않고 기도로 흡인되면 질식할 위험**이 있기 때문에 영유아기 식품으로는 절대 사용하지 않도록 한다.

정답 36. ② 37. ② 38. ③ 39. ⑤

40 이유 시기에 따른 이유식 준비 방법으로 옳은 것은?

① 이유 초기에는 씹지 않고 삼킬 수 있는 묽은 죽 형태로 조리한다.
② 이유 중기에는 하루 1회 이유식을 실시하고 반고형식으로 준비한다.
③ 이유 중기부터 음식에 꿀을 사용할 수 있다.
④ 이유 후기에는 1일 2회 연식의 형태로 준비한다.
⑤ 이유 완료기에는 이유식을 1일 3회, 모유수유를 1일 1회 실시한다.

41 이유 중기에 급여하는 이유식의 횟수와 종류로 옳은 것은?

① 1회 – 삶아서 곱게 간 과일
② 2회 – 닭가슴살 연두부죽
③ 2회 – 된밥
④ 3회 – 채소즙
⑤ 3회 – 잘게 썬 고기

42 영아의 영양공급 과정에서 1일 2회 정도의 이유식과 모유수유를 병행하는 시기의 이유식으로 옳은 것은?

① 토스트
② 당근두부죽
③ 고등어구이
④ 된밥
⑤ 생우유

43 이유보충식에 대한 설명으로 옳은 것은?

① 이유보충식 시작이 늦으면 식품알레르기 발생확률이 높다.
② 이유보충식은 반드시 숟가락이나 컵으로 먹이도록 한다.
③ 이유보충식 섭취량을 높이기 위해 적절하게 간을 하도록 한다.
④ 모유/조제유 수유 직전에 이유보충식을 제공한다.
⑤ 이유보충식은 과일부터 시작한다.

44 영아기에 주면 알레르기 등을 일으킬 수 있는 식품은?

① 땅콩
② 쌀미음
③ 당근죽
④ 쇠고기죽
⑤ 사과 소스

40 이유 중기에는 **반고형식(연식)을 하루에 2번 제공**하고, 이유식 후 모유나 조제유를 수유한다. **이유 후기에는 1일 3회 고형식을 제공**하며, 모유나 조제유의 수유는 점차 줄이며, 이유 완료기에는 어른과 유사하게 하루 세 끼 고형식을 먹는다. **꿀은 보툴리늄 식중독을 일으킬 수 있는 클로스트리디움 보툴리눔 포자가 함유되어 있을 수 있으므로** 이유식에는 사용하지 않는 것이 좋다.

41 이유 중기는 생후 7~8개월로, 이 때가 되면 이가 나오기 시작하여 순수한 액체보다는 **반고형식이 적당**하다. 이 시기에 적절한 음식으로는 연두부, 플레인 요구르트 등이 있다.

42 1일 2회 정도의 이유식과 모유수유를 병행하는 시기는 이유 중기로, 이유 중기는 생후 7~8개월로 조그만 덩어리가 있는 형태의 음식도 우물우물해서 넘길 수 있다. 묽은 죽, 으깬 죽, 으깬 생선, 달걀 등의 반고형식(연식)을 제공하게 된다.

43 이유보충식 시작이 너무 일러 소장내 점막장벽기능이 원숙해지기 전이면 식품알레르기 발생확률이 높다. **이유보충식은 반드시 숟가락이나 컵으로 먹여** 성인식에 필요한 섭식근육과 기술을 익히도록 한다. 이유보충식을 준비할 때는 **간을 하지 않으며, 모유/조제유 수유시간과 이유보충식을 적절한 간격을 두고 배치**하여 섭취량에 영향이 없도록 한다. **이유보충식은 곡류부터 시작**하는 것이 안전하다.

44 영아 초기에는 아직 소화기가 완전히 발달되지 못한 상태이므로, 영양소가 완전히 소화되지 못한 상태에서 흡수될 수 있어 알레르기를 유발한다. 특히 **단백질이 아미노산으로 완전히 분해되기 전에 흡수될 수 있으며, 땅콩 등이 알레르기를 유발할 수 있다.**

정답 40. ① 41. ② 42. ② 43. ② 44. ①

45 만기 출산아와 비교한 미숙아의 생리적 특징으로 옳은 것은?

① 체표면적이 정상아보다 넓어 체온조절이 용이하다.
② 등과 사지의 안쪽에 솜털이 적고 머리카락도 짧다.
③ 출생 시 머리가 작고 사지가 길다.
④ 초기 체중감소 비율이 정상아보다 크나 빠르게 회복된다.
⑤ 피부가 얇고 붉은기가 강하며 주름이 많다.

46 만기 출산아와 비교한 미숙아의 영양소 필요량에 대한 설명으로 옳은 것은?

① 성숙아보다 지방의 흡수가 어려우므로 짧은사슬 포화지방산을 첨가한다.
② 단위체중당 단백질 필요량이 높고 타우린의 공급이 필요하다.
③ 단위체중당 철의 요구량이 성숙아보다 낮다.
④ 단위체중당 비타민 E의 요구량이 성숙아보다 낮다.
⑤ 미숙아의 칼슘 흡수는 충분한 편이다.

47 0~5개월 영아의 에너지 필요추정량은? (2020 한국인 영양소 섭취기준)

① 500 kcal
② 550 kcal
③ 700 kcal
④ 750 kcal
⑤ 1,000 kcal

48 8개월 된 영아의 철 권장섭취량은? (2020 한국인 영양소 섭취기준)

① 0.3 mg
② 3 mg
③ 6 mg
④ 10 mg
⑤ 14 mg

49 유아기 성장의 특징으로 옳은 것은?

① 영아기의 성장속도가 지속적으로 유지된다.
② 림프조직의 발달이 빠르게 진행된다.
③ 두뇌는 유아 초기에 성인과 거의 비슷한 수준으로 발달된다.
④ 신체의 피하지방의 비율은 감소한다.
⑤ 골격의 발달 속도는 점차 둔화된다.

45 **미숙아는 몸통에 비해 머리가 비교적 크고 사지가 짧다. 등과 사지의 안쪽에는 솜털이 많고, 체표면적이 정상아보다 넓으며 땀샘은 덜 발달되어 있어 체온조절이 잘 안된다.** 미숙아는 만기 출산아보다 출생 시 체중 감소의 비율이 크고, 출생 시 정상 체중으로 돌아오는 데도 시간이 더 소요된다.

46 미숙아는 만기 출산아보다 췌장 리파제 및 담즙의 분비가 적어 소화되기 쉬운 MCT를 첨가하여 공급하며, 지질의 흡수가 잘되지 않고 지질 급원으로 PUFA를 권장하기 때문에 비타민 E의 요구량이 높다. 또한 **출생 시 미숙아의 체내 철 저장량이 성숙아에 비해 제한되어 있으므로** 철의 공급이 매우 중요하며, 미숙아의 경우 칼슘의 흡수가 충분치 않다.

47 **0~5개월 영아의 에너지 필요추정량은 500 kcal**이며, **6~11개월 영아의 에너지 필요추정량은 600 kcal**이다.

48 **영아기 철 영양섭취기준은 0~5개월의 충분섭취량 0.3 mg에서 6~11개월의 권장섭취량 6 mg으로 급증**하는데 영아 전반기에는 태아기에 저장해 온 철을 사용하지만 **6개월 이상이 되면 저장된 철이 고갈되어 이를 음식으로 보충해 주어야 한다.** 모유나 우유에는 칼슘이 많이 들어 있으나 철은 적게 들어 있으므로 이유식에서 반드시 철을 보충해 주어야 한다.

49 **유아기에는 성장은 지속되나 영아기에 비해 성장속도는 감소**한다. 두뇌는 유아기에 급격히 성장하여 **2세에는 성인의 50%, 4세에는 90% 정도의 수준으로 발달**하게 된다. 또한 **연령이 증가함에 따라 근육량이 증가하고 피하지방 및 수분이 차지하는 비율은 감소하며, 골격은 지속적으로 발육한다. 림프조직들은 학령기에 빨리 발달하고, 사춘기에 퇴화하기 시작**한다.

정답 45. ⑤ 46. ② 47. ① 48. ③ 49. ④

50 **유아의 성장과 발달에 대한 설명으로 옳은 것은?**

① 유아기는 청소년기에 비해 높은 성장률을 보인다.
② 유아기는 머리의 성장이 두드러진 시기이다.
③ 체중 증가량의 약 절반이 지방량이다.
④ 영양실조 유아가 바로 따라잡기 성장을 나타내지 않으면 영구적 성장지연을 갖게 된다.
⑤ 유아기에는 대체로 체지방률이 증가한다.

50 유아기는 **영아기와 청소년기에 비해 낮은 성장률**을 보이나 꾸준히 성장이 지속되는 시기이다. 특히 **사지의 성장**이 두드러진 시기이며 **골격과 근육량이 점차 증가**한다. 반면에 **체지방량은 줄어드는 시기**이다.

51 **유아기의 영양소 요구량에 대한 설명으로 옳은 것은?**

① 유아기에는 수분 균형이 잘 이루어지지 않아 수분의 적당한 섭취에 힘써야 한다.
② 영아기에 비해 체중당 단백질 필요량이 많다.
③ 철 결핍이 나타날 수 있으므로 철 영양제를 복용한다.
④ 단백질 합성과 정상적인 성장을 위해 티아민을 충분히 섭취해야 한다.
⑤ 유아기는 성인에 비해 체중당 칼슘 요구량은 적은 편이다.

51 성장기 동안 철의 필요량은 매우 높고 철 결핍이 흔히 나타나지만, **의사의 권유 없이 철 영양제를 복용하는 것은 권장되지 않는다.** 유아기 **칼슘 요구량**은 연령에 따라 증가하여 **1~2세에서 칼슘의 권장섭취량은 500 mg**, 3~5세에서는 600 mg으로, 성인 남자(750~800 mg)와 여자(700~800 mg)에 비해 **체중당 요구되는 양은 높은 편**이다. 유아기에는 **수분 교환 속도와 체중 kg당 수분 필요량이 높기 때문에** 수분 균형이 정밀히 조절되지 않고, 따라서 수분 섭취에 신경 써야 한다.

52 **1~2세 유아의 에너지 적정비율로 옳은 것은? (2020 한국인 영양소 섭취기준)**

① 탄수화물 60~70%, 지방 20~30%, 단백질 15~20%
② 탄수화물 60~65%, 지방 15~30%, 단백질 20~30%
③ 탄수화물 55~65%, 지방 20~25%, 단백질 10~20%
④ 탄수화물 55~65%, 지방 20~35%, 단백질 7~20%
⑤ 탄수화물 50~65%, 지방 15~25%, 단백질 7~20%

52 유아기 바람직한 에너지 대비 지방의 적정 섭취비율은 **1~2세 20~35%**, 3~5세 15~30%로 설정되어 있다. 또한 3~5세에서 열량 섭취 대비 포화지방산은 8% 미만, 트랜스지방산은 1% 미만 섭취하도록 권고되고 있다.

53 **유아기 에너지 필요량에 대한 설명으로 옳은 것은?**

① 유아기 에너지 필요량은 성별에 따라 차이가 있다.
② 1~2세 유아의 1일 에너지 필요추정량은 1,400 kcal이다.
③ 유아기 에너지 필요추정량 설정 시 성장에 필요한 추가 필요량이 고려되었다.
④ 유아기 아동의 성장에너지 소요량은 1일 10 kcal이다.
⑤ 1~2세 유아의 에너지 필요추정량 결정 시 신체활동 수준이 적용되었다.

53 **1일 에너지 필요추정량은 1~2세 900 kcal, 3~5세 1,400 kcal이며, 유아기 성장에 필요한 에너지 필요량은 1일 20 kcal로 책정**되었다. 1~2세 유아의 경우 에너지 필요추정량 설정 시 신체활동 수준이 적용되지 않았으나, 3~5세 유아에서는 필요추정량 설정 시 '저활동적' 수준의 신체활동 수준이 적용되었다.

정답 50. ④ 51. ① 52. ④ 53. ③

54 유아의 단백질 권장섭취량은 **질소 평형을 이용한 단백질 필요량, 성장에 필요한 부가량 및 연령별 평균체중을 고려하여 산출**되며 1~2세 유아는 20 g/일, 3~5세 유아는 25 g/일로 설정되어 있다.

54 성장기 유아의 단백질 영양에 대한 설명으로 옳은 것은?

① 단백질의 체내 이용률이 성인보다 낮다.
② 성장기 유아는 음의 질소평형을 가지고 있다.
③ 유아와 성인에게 요구되는 필수 아미노산의 종류는 동일하다.
④ 1~2세 유아와 3~5세 유아의 단백질 권장섭취량은 동일하다.
⑤ 조직단백질의 유지, 새로운 조직의 합성을 위해 충분한 단백질 섭취가 필요하다.

55 골격성장을 위하여 칼슘과 인의 충분한 섭취가 필요하며, **칼슘과 인의 비율이 2 : 1인 경우가 바람직하다. 불소의 과잉 섭취 시**, 유아와 어린이에서는 **치아불소증이 나타날 수 있다.** 비타민 A는 권장섭취량이, 비타민 D는 충분섭취량이 정해져 있다.

55 유아기에 무기질과 비타민의 필요량에 대한 설명으로 옳은 것은?

① 골격성장을 위해 충분한 양의 칼슘과 함께 인의 섭취가 중요하므로 인의 함량이 높은 식품을 많이 섭취할수록 좋다.
② 나트륨은 가공식품 중 함량이 높아 간식선택 시 주의가 필요하다.
③ 철은 빈혈 예방을 위해 필수적이며 필요량이 높으므로 반드시 영양제 섭취를 통해 보충하는 것이 좋다.
④ 지용성 비타민 중 정상적인 성장에 필요한 비타민 A와 D는 권장섭취량이 정해져 있다.
⑤ 불소는 충치예방에 중요하므로 유아기에 많이 섭취할수록 좋다.

56 철이 많이 들어 있는 식품으로는 **철이 강화된 시리얼, 살코기, 쇠간, 달걀노른자, 굴, 대합 및 콩 등**이 있다.

56 유아기에 철 결핍성 빈혈을 예방하기 적합한 식품은?

① 짙은 녹황색 채소　② 통곡빵
③ 참외　④ 달걀노른자
⑤ 오징어

57 유아는 아침, 점심, 저녁의 세 끼만으로 정상적인 성장과 발육에 필요한 에너지와 영양소를 충분히 공급받기 어려우므로 간식이 필요하다. **대체로 하루 에너지 필요량의 10~15%를 제공**하는 것이 적당하며, **세끼 식사에서 부족하기 쉬운 영양소를 함유하는 식품을 중심으로 선택**하며, **끼니와 끼니 사이에 제공**하는 것이 좋다.

57 유아의 식생활 지도에 대한 설명으로 옳은 것은?

① 이유 완료기에 성인과 거의 같은 식사형태를 나타내므로 간식이 꼭 필요하지는 않다.
② 식사는 유아나 양육자의 상황에 맞추어 가능한 시간에 하도록 한다.
③ 부모가 편식을 하는 경우 아이도 편식할 수 있으므로 부모의 편식 개선이 필요하다.
④ 간식을 주는 경우 매일 식사 직후에 공급한다.
⑤ 간식을 주는 경우 유아가 선호하는 음식으로만 구성한다.

정답 54. ⑤ 55. ② 56. ④ 57. ③

58 유아기에 나타나는 식욕부진에 대한 설명으로 옳은 것은?

① 유아기 질환과 식욕부진은 관련성이 크지 않다.
② 식사환경과 식욕부진은 관련성이 크지 않다.
③ 활동량이 감소하면서 체중당 영양소 요구량이 감소하기 때문에 나타난다.
④ 성장률이 감소하면서 체중당 영양소 요구량이 증가하기 때문에 나타난다.
⑤ 많은 양의 간식, 당분과 지방이 과다한 식사를 했을 때 식욕부진이 나타날 수 있다.

58 유아기에는 영아기보다 상대적으로 성장속도가 느리기 때문에 **체중당 영양소 요구량이 감소하게 되면서 식욕부진이 동반될 수 있다.** 그 외에 유아기 **식욕부진은 식사성(잘못된 이유식, 좋지 않은 식사환경 등), 심리적(부모의 지나친 관심 등), 병인적(신경장애 등) 요인 등의 이유로 나타나기도 한다.**

59 유아기 편식을 예방 및 교정하기 위한 방법으로 옳은 것은?

① 즐겁게 섭취할 수 있도록 당분이 많은 식품을 첨가한다.
② 단순화된 조리법을 사용한다.
③ 싫어하는 음식은 훈육으로 섭취시킨다.
④ 편식 식품을 다양한 조리법의 음식으로 제공한다.
⑤ 음식을 잘 먹지 않을 경우 벌을 주어 교정한다.

59 편식은 어떤 종류의 식품만 좋아하고 다른 식품은 거부하는 경우를 말하며, **편식**을 하게 되면 식사내용의 **영양적 균형이 깨질 수 있다.** 음식을 거부할 때는 강압적으로 먹이지 말고 **며칠 후 다시 시도**해 보며, **조리법을 다양**하게 하거나 **다양한 식기를 이용**하는 것도 좋다.

60 영유아기에 젖병을 물고 자는 습관에 의해 나타날 수 있는 건강상의 문제는?

① 식품알레르기
② 식욕부진
③ 치아우식증
④ 철 결핍성 빈혈
⑤ 비만

60 치아우식증은 아기가 **누운 채로 젖병을 물고 잠을 자는 경우 잠자는 동안 타액의 분비가 감소하여 치아 표면에 존재하는 박테리아에 의해 치아가 많이 상하게 되어 나타날 수 있다.**

61 유아의 편식 교정방법으로 옳은 것은?

① 식사에 집중할 수 있도록 혼자 먹게 한다.
② 아프거나 기분이 나쁠 때는 새로운 음식을 준다.
③ 새로운 식품이 추가될 때 한 번에 많은 양을 주어 먹기 쉽도록 한다.
④ 싫어하는 음식을 먹으면 보상의 개념으로 좋아하는 간식을 준다.
⑤ 부모나 가족의 편식을 교정한다.

61 유아가 식습관을 형성하거나 식품을 선택할 때 가족의 영향을 받을 수 있으며, 따라서 **편식 교정을 위해 부모나 함께 식사하는 가족들이 먼저 편식하지 않고 맛있게 먹는 것이** 좋다. 또한 친구들과 어울려서 같이 식사하게 하면 식사환경이 즐거워지는 효과가 있으며, 아프거나 기분이 나쁠 때는 새로운 음식을 받아들일 정서적 상태가 아니기 때문에 주지 않는 것이 좋다.

정답 58. ⑤ 59. ④ 60. ③ 61. ⑤

62 유아기 빈혈은 급속한 성장으로 인해 증가된 철의 필요량이 식사로부터 충족되지 않을 경우 발생하기 쉽다. 충치는 치아 표면에 박테리아들이 설탕을 이용하고 **부산물로 젖산을 남기게 되고, 이 젖산이 치아의 에나멜을 용해**해서 나타날 수 있다.

63 **성장이 왕성한 시기에 발생하는 비만의 경우 주로 지방세포의 수가 증가**하고, 그 이후에 지방세포의 크기가 커지게 된다. 따라서 유아기 아동의 비만으로는 **지방세포 증식형 비만**이 좀 더 많이 나타난다.

64 **너무 차갑거나 뜨거운 음료는 장의 연동운동을 증가시켜 설사를 악화시킬** 수 있으므로 **실온과 같은 온도의 액체**가 좋다. 빠른 회복을 위해서는 증상이 좋아지면 **수분뿐만 아니라 에너지를 제공할 수 있는 부드러운 식품을 제공**하는 것이 좋으며, **처음에는 지질이 많은 식품, 장을 자극하는 주스 등은 피하는 것이 좋다.**

65 **음식은 소량씩 여러 번에 나누어 주되 1회 분량은 식욕에 따라 조절하도록** 하며, 처음 주는 음식은 1숟가락 정도의 양을 시작하여 점차 양을 늘려 간다. 유아기에는 성장속도가 둔화되지만 지속적인 골격성장을 위하여 **우유의 섭취를 권장**하게 된다. **유아에게 향신료를 많이 넣은 음식, 맵거나 짠 음식은 미각을 많이 자극할 수 있어 바람직하지 않다.**

정답 62. ① 63. ① 64. ② 65. ④

62 유아기에 나타나는 영양관련 문제와 그 원인을 바르게 연결한 것은?

① 비만 – 식품의 과다 섭취와 활동량 부족
② 빈혈 – 소화기관과 면역체계의 발달 미숙
③ 식품 알레르기 – 불규칙적인 간식섭취 및 부모의 지나친 관심
④ 충치 – 세균이 우유를 이용하여 알칼리 생성
⑤ 편식 – 집 밖에서의 활동량 증가로 인한 영양섭취 부족

63 유아기 비만의 형태로 가장 옳은 것은?

① 지방세포 증식형 비만
② 지방세포 비대형 비만
③ 상체비만
④ 하체비만
⑤ 내장비만

64 설사를 하는 유아의 식사요법으로 옳은 것은?

① 설사가 완치될 때까지 아무것도 먹이지 말고 정맥주사로 전해질과 수분을 공급해 준다.
② 설사 중에는 당분, 지질 함량이 높은 식품을 제한한다.
③ 탈수를 막기 위해 수분과 무기질이 많은 오렌지주스 등을 제공한다.
④ 음료의 온도가 높으면 장의 연동운동을 증가시켜 설사를 악화시킬 수 있으므로 차가운 음료를 준다.
⑤ 회복기에 들어가면 에너지보다는 수분의 보충이 중요하다.

65 유아의 식사관리 방법으로 옳은 것은?

① 음식은 소량씩 여러 번에 나누어 주되 1회 분량을 일정하게 정해 준다.
② 처음 주는 음식은 1회 분량으로 시작하고, 먹지 않을 경우 점차 양을 줄여 나간다.
③ 식사량이 늘게 되므로 칼슘 섭취를 위하여 우유를 꼭 마시도록 권할 필요는 없다.
④ 씹는 음식들을 식단에 포함시켜 부드러운 음식만 먹으려는 식습관을 가지지 않게 한다.
⑤ 식욕을 촉진하기 위하여 자극성이 강한 향신료를 넣은 음식을 사용한다.

66 유아기 간식으로 선택하기에 가장 좋은 식품군은?

① 우유·유제품류
② 채소류
③ 당류
④ 유지류
⑤ 달걀류

67 유아기 납중독을 예방하는 데 도움이 되는 영양소는?

① 탄수화물
② 지방
③ 단백질
④ 철
⑤ 코발트

68 유아기 간식계획 시의 고려할 점으로 옳은 것은?

① 하루 필요에너지의 1/3 정도를 공급한다.
② 유아가 좋아하는 간식은 직접 사 먹도록 한다.
③ 식사 전에 가볍게 간식을 주면 식욕을 촉진할 수 있다.
④ 시각, 미각을 배려하여 즐거움을 주는 시간이 되도록 한다.
⑤ 에너지가 부족하므로 에너지 밀도가 높은 식품을 준다.

69 식욕부진에 대한 대책으로 옳은 것은?

① 식사시간에 식사예절을 철저히 가르친다.
② 운동을 하면 피곤하므로 편히 쉬게 한다.
③ 식단을 다양하게 하고 식기에 변화를 준다.
④ 시끄럽지 않게 조용히 혼자 먹도록 한다.
⑤ 식사시간을 길게 늘려 충분히 먹을 시간을 준다.

66 유아기 간식을 선택할 때는 전분 중심의 간식보다는 **정규식사에서 부족하기 쉬운 영양소를 중심으로 간식의 양이나 종류를 선택하는 것**이 좋다. 따라서 **우유·유제품류, 과일류 등이 바람직하다.**

67 유아는 손에 잡히는 것을 입에 가져가는 습성이 있는데 성장이나 지능발달에 영향을 주는 **납중독을 피하기 위하여** 집 안을 깨끗이 청소하고 손을 자주 씻기며, **페인트가 벗겨진 곳을 조심**하고 자동차의 배기가스 등을 피하는 것이 좋다. **철 결핍 시, 철을 결합시키는 수용기가 납의 흡수에 이용되므로 적절한 철의 섭취는 납 흡수를 감소시**킬 수 있다.

68 유아기는 위의 용량이나 기능이 충분하지 못하여 1일 3회의 식사만으로는 필요량을 충당할 수 없으므로 반드시 간식이 필요하다. **하루 필요량의 10~15%를 공급하며, 자극성이 적고 소화가 잘되며, 정규 식사에 영향을 주지 않는 것으로 가볍게 준다.** 가능하면 집에서 직접 준비하고, 과다한 가공식품의 이용을 피하며 사 먹는 버릇을 갖지 않도록 한다. **다음 식사에 지장을 주지 않도록 식사시간과 2시간 이상의 간격을 두고 제공하는 것이 좋다. 에너지 밀도가 너무 높거나 empty calorie 식품은 피하는 것이 좋다.**

69 식욕부진이 있을 때는 **친구들과 함께 식사**를 하는 것이 도움이 되며, **적당한 운동으로 식욕을 촉진**할 수 있고, 식사는 천천히 하는 것이 좋지만 **식욕부진인 경우 식사시간을 너무 길게 잡지 않는 것이 좋다.**

정답 66. ① 67. ④ 68. ④ 69. ③

3 학령기, 청소년기 영양

학습목표 학령기와 청소년기의 생리적 특성과 영양관리 및 영양관련 문제를 이해한다.

01 학령기 신체발달 특성에 대한 설명으로 옳은 것은?

① 신장발육은 남아의 경우 10~12세에, 여아의 경우 12~14세에 현저하다.
② 여아가 남아보다 2차 성징 발달이 먼저 시작된다.
③ 여아보다 남아에서 피하지방량이 더 증가하고 골격발달도 현저하다.
④ 남아의 체중 증가는 10~11세에 현저하게 나타난다.
⑤ 학령기는 영아기보다 신체적 성장이 왕성하다.

01 학령기의 신체 성장은 완만하며 2차 성징은 여아의 경우 10세, 남아는 12세경에 시작되고 신장발육은 여아의 경우 11~12세, 남아는 13~14세에 현저하다. 체중 증가도 여아는 10~11세에, 남아는 12~14세에 현저하여 여아가 더 빨리 성장하기 시작한다.

02 학령기에 가장 발달되어 성인의 두 배 정도의 성장을 보이다가 그 후 성장속도가 점차 감소되는 기관이나 조직은?

① 두뇌 ② 심장
③ 림프조직 ④ 생식기관
⑤ 신장

02 내장기관이나 조직의 성장 발달속도는 각 기관마다 다양한 패턴을 나타낸다. 두뇌 성장은 6~8세 정도가 되면 거의 성인과 비슷하게 되며, 심장, 신장, 폐 등은 일반적인 S자형 성장 패턴을 이룬다. 반면, 흉선, 림프절과 같은 림프조직의 경우는 학령기에 성인의 두 배 정도 성장을 보이다가 그 후 점차 감소된다.

03 학령기 아동의 성장에 크게 영향을 미치는 요인으로 가장 옳은 것은?

① 유전, 영양 ② 영양, 기후
③ 기후, 스트레스 ④ 스트레스, 운동
⑤ 운동, 유전

03 개인의 성장능력은 유전적으로 결정되지만 환경적인 요인, 특히 영양에 의해 영향을 받는다. 호르몬, 운동, 기후, 문화적 자극, 스트레스 등이 영향을 미칠 수 있다.

정답 01. ② 02. ③ 03. ①

04 학령기 아동의 영양소 섭취기준에 대한 설명으로 옳은 것은? (2020 한국인 영양소 섭취기준)

① 학령기는 성장이 이루어지고 있는 시기로 남녀 모두 총 에너지 필요추정량은 2,100 kcal이다.
② 탄수화물 중 첨가당의 적정 섭취비율은 총 에너지 섭취량의 10% 이내이다.
③ 식이섬유는 성장기 무기질의 흡수를 방해할 수 있으므로 영양소 섭취기준을 제정하지 않았다.
④ 단백질 필요량은 질소평형을 유지하기 위한 양으로 설정하였다.
⑤ 지질은 총 에너지의 20~35% 섭취를 권장하고 있다.

04 식이섬유는 정상적인 배변 및 관련 질환의 예방을 위해 **섭취가 충분**해야 할 필요성이 있으며, **충분섭취량이 설정**되어 있다. 성장기의 단백질 평균필요량은 **질소평형을 위한 단백질 필요량에 이용효율을 적용하고, 성장에 필요한 부가량을 추가**한 뒤 이를 **연령별 평균체중과 곱하여 산출**되었으며, 학령기 아동에서 **지질은 총 에너지의 15~30% 섭취가 권장된다.**

05 아동의 지질 필요량에 대한 설명으로 옳은 것은?

① 아동기부터는 포화지방이나 콜레스테롤 섭취량을 어느 정도 제한하는 것이 바람직하다.
② 아동기부터는 에너지 공급을 위한 지질 섭취가 필요하지 않다.
③ 아동기 지방에너지 적정비율은 성인기 지방에너지 적정비율보다 높다.
④ 트랜스지방산으로부터 얻는 에너지는 총 에너지 섭취량의 2% 미만으로 제한하는 것이 좋다.
⑤ 남자 아동은 포화지방산으로부터 얻는 에너지를 총 에너지 섭취량의 10% 미만으로 제한하는 것이 좋다.

05 아동기에는 에너지 필요량이 높은 데 반해 한 번에 섭취하는 식사량은 비교적 적어서 충분한 에너지를 공급하기 위해서는 **적정량의 지방 섭취가 필요**하다. 그러나 향후 건강관리를 위해 **포화지방이나 콜레스테롤을 많이 함유하고 있는 동물성 지방 섭취는 어느 정도 제한하는 것이 바람직하다. 지방에너지 적정비율은 성인기와 같이 15~30%**이며, **남자 아동의 포화지방산 에너지는 총 에너지 섭취량의 8% 미만**으로 설정되어 있다. 남녀 아동 모두 **트랜스지방산으로부터 얻는 에너지를 총 에너지 섭취량의 1% 미만**으로 하는 것이 좋다.

06 학령기 아동의 영양소 섭취기준이 남아와 여아에서 동일한 것은? (2020 한국인 영양소 섭취기준)

① 에너지
② 비타민 A
③ 철
④ 인
⑤ 티아민

2020 한국인 영양소 섭취기준 – 학령기 아동

영양소	필요추정량		평균필요량		권장섭취량					
	에너지 (kcal)		비타민 A (μg RAE)		철 (mg)		인 (mg)		티아민 (mg)	
성별	남	여	남	여	남	여	남	여	남	여
6~8세	1,700	1,500	450	400	9	9	600	550	0.7	0.7
9~11세	2,000	1,800	600	550	11	10	1,200	1,200	0.9	0.9

06 티아민 영양섭취기준의 경우 학령전기 아동에서 성별의 차이가 없다. (문제 하단 표 참고)

정답 04. ② 05. ① 06. ⑤

07 학령기 아동에게 필요한 지용성 비타민에 대한 설명으로 옳은 것은?

① 비타민 A는 세포 성장과 분화에 작용하므로 부족 시 성장지연이 나타날 수 있다.
② 비타민 A는 성장에 필수적이므로 지용성 비타민 중 유일하게 상한섭취량이 없다.
③ 비타민 D는 칼슘의 이용을 도와 성장에 관여하므로 반드시 식품으로 권장량을 섭취해야 한다.
④ 비타민 E는 식품으로 권장섭취량을 충족하기 어려우므로 보충제를 반드시 섭취해야 한다.
⑤ 비타민 K는 출혈예방을 위한 권장섭취량과 함께 과잉섭취 위험에 대한 상한섭취량이 결정되어 있다.

07 비타민 A는 세포 분화와 증식에 필요하며 정상적인 성장에 필수적인 영양소이다. 비타민 A의 과다섭취 시 지방간 등의 간 손상, 세포막의 불안정화 등의 문제가 야기될 수 있으며, 비타민 A의 **상한섭취량**은 6~8세에서 1,100 μg RAE, 9~11세에서 1,600 μg RAE로 설정되어 있다.

08 학령기 아동의 리보플라빈 섭취에 대한 설명으로 옳은 것은?

① 발육이 왕성한 연령층에서 결핍증세가 많이 나타난다.
② 부족 시 발육저하와 야맹증이 생긴다.
③ 우유를 너무 많이 마실 경우 결핍증이 나타날 수 있다.
④ 골격 내 칼슘과 인의 축적을 도와준다.
⑤ 학령기 아동에서 성별에 따른 리보플라빈 권장섭취량에는 차이가 없다.

08 리보플라빈은 **결핍 시 발육장애나 구각염 등의 증상**이 나타나며 **발육이 왕성한 아동에서, 특히 우유 섭취가 낮을 때 많이 발생**한다. 골격 내 칼슘과 인의 축적을 돕는 영양소는 비타민 D이다. 리보플라빈 권장섭취량은 6~8세에서 남아 0.9 mg, 여아 0.8 mg, 9~11세에서 남아 1.1 mg, 여아 1.0 mg이다.

09 학령기 아동의 식행동에 영향을 주는 요인에 대한 설명으로 옳은 것은?

① TV 속 광고는 아동의 간식패턴에 영향을 미쳐 비만을 초래하는 요인으로 작용할 수 있다.
② 가족의 식습관이 아동의 식품 선택에 미치는 영향은 적다.
③ 자의식이 발달하는 시기이므로 친구들의 식품기호보다는 본인의 의지에 따른 식행동을 나타낸다.
④ 신체적 발달을 하는 시기이나 아직 신체에 대한 인식은 적어 신체상(body image)에 의한 영향은 매우 적다.
⑤ 학교에서 보내는 시간이 많으므로 식사시간은 언제나 규칙적이다.

09 **학령기 아동의 식행동에 영향을 미치는 요소로는 대중매체, 또래 친구, 부모의 식습관, 질환, 신체상** 등이 있다. 대중매체를 통한 가공식품의 광고는 내용의 진위와는 상관없이 학령기 아동의 식품 선택에 큰 영향을 미칠 수 있다.

10 학령기에 있어서 학교급식의 중요성에 대한 설명으로 옳은 것은?

① 함께 식사하는 친구에게 음식을 나누어 줄 수 있으므로 싫어하는 음식을 먹지 않아도 된다.
② 여럿이 함께 동일한 식사를 섭취하므로 입맛이 단일화된다.
③ 균형식을 섭취하므로 영양상태가 향상된다.
④ 영양상태가 좋아져 체중이 증가한다.
⑤ 또래와 함께 식사를 하므로 식사예절에 신경 쓰지 않고 즐겁게 식사할 수 있다.

10 학교급식이란 학교에서 학생들에게 공급하는 식사로, **영양적으로 균형 잡힌 식사를 제공**하여 **학생의 건강을 증진**시키고 올바른 식생활습관 형성으로 **평생 건강의 기초**를 마련할 수 있는 **교육의 일환**이다.

정답 07. ① 08. ① 09. ① 10. ③

11 비만 아동에 대한 설명으로 옳은 것은?

① 정상체중 아동보다 이유시기가 늦다.
② 영양소의 기능에 대하여 잘 안다.
③ 배고픔과 포만에 대한 생체신호에 예민하다.
④ 단 음식을 싫어하고 기름진 것만 먹는다.
⑤ 비만이 아닌 아동에 비해 고혈압 발생 가능성이 높다.

12 아동의 간식으로 좋은 식품은?

① 미량 영양소가 풍부한 식품
② 고단백 식품
③ 지방이 많아 에너지를 보충할 수 있는 음식
④ empty calorie 식품
⑤ 에너지 함량이 많은 고열량 식품

13 아동의 비만 치료방법으로 가장 옳은 것은?

① 하루에 섭취하는 에너지를 감소시키기 위해 식사횟수를 줄인다.
② 배가 부르지 않도록 주식 대신 간식을 자주 먹는다.
③ 단시간 내 체중감량을 위해서는 단식을 한다.
④ 식사에 상관없이 운동을 강하게 한다.
⑤ 에너지 섭취를 적절하게 감소시키고, 규칙적으로 운동한다.

14 충치 유발성이 가장 높은 것은?

① 햄, 소시지, 베이컨
② 포도, 바나나, 곶감
③ 우유, 아이스크림, 치즈
④ 캐러멜, 젤리, 전병류
⑤ 메밀묵, 밥, 국수

15 충치의 예방법으로 옳은 것은?

① 칫솔질은 아침, 저녁 2회만 실시하면 된다.
② 치아의 건강을 위해 양질의 단백질 및 칼슘을 섭취한다.
③ 유치는 영구치로 대체되므로 충치가 생겨도 큰 문제가 되지 않는다.
④ 간식의 횟수와 충치발생은 상관이 없다.
⑤ 과일 통조림, 건포도, 곶감 등 가공된 과실류는 충치 유발성이 낮다.

11 **비만 아동은 이유시기가 빠른 경우가 많고,** 영양지식이 낮으며, 배가 고프지 않아도 먹는 습관이 있으며, 단 음식과 기름진 음식을 좋아한다.

12 학령기 아동은 영양소 필요량이 많기 때문에 간식이 필요하며, 간식으로는 열량만 있고 영양소가 들어 있지 않은 **empty calorie 식품, 열량이 많이 함유된 고열량 식품, 지방이 많은 식품 등은 다음 식사에 영향을 주므로 피하는 것이 좋다. 함유된 열량이 적절하며, 무기질, 비타민, 수분이 들어 있는 우유, 과일, 샌드위치 등이 적당하다.**

13 비만은 섭취 에너지가 소비 에너지보다 많을 때 발생하므로 **규칙적인 운동으로 소비 에너지를 증가시키고, 해조류, 채소 등과 같이 열량 밀도가 낮은 식품을 공급하여 포만감을 갖는 것도 좋다.** 성장기 아동에서의 **단식은 몸에 꼭 필요한 영양소를 원활히 공급할 수 없어서** 성장에 장애를 초래할 수 있으므로 금하여야 한다.

14 **당질이며 점착도가 큰 식품**일수록 충치가 많이 발생되며, **사탕, 젤리, 캐러멜, 잼, 엿, 전병류 등의 충치유발지수가 높다.**

15 충치를 예방하려면 치아 건강에 도움을 주는 **단백질, 칼슘, 불소 등 영양소를 충분히 섭취**하고, **단순당의 섭취를 제한**하며, **치아에 점착성이 낮은 식품을 선택**한다. **식후나 간식 후 또는 잠들기 전에 양치질**을 잘하고, 음식물을 입에 물고 자는 일은 삼가도록 한다.

정답 11. ⑤ 12. ① 13. ⑤ 14. ④ 15. ②

16 6~11세 남녀 아동을 위한 권장식단은 **우유·유제품을 하루 2번 제공**하는 A타입 식단이다. **과일류, 우유·유제품, 유지·당류 권장 제공 분량은 남녀가 동일**하고, **유지 및 당류는 조리 시 가급적 적게 사용할 것을 권장**하고 있다. **제공 분량 횟수가 가장 높은 식품군은 채소류**이며 **가장 낮은 식품군은 과일류**이다.

16 2020 한국인 영양소 섭취기준 활용의 권장식단에 대한 설명으로 옳은 것은?

① 6~11세 남녀 아동을 위한 권장식단에서는 우유·유제품류를 하루 1번 제공한다.
② 6~11세 남아 권장식단은 같은 연령대 여아 권장식단보다 모든 식품군의 제공 분량을 높게 책정하고 있다.
③ 6~11세 남녀 아동을 위한 권장식단의 제공 분량이 가장 높은 식품군은 곡류이다.
④ 6~11세 남녀 아동을 위한 권장식단의 제공 분량이 가장 낮은 식품군은 유지·당류이다.
⑤ 6~11세 남녀 아동을 위한 권장식단에서 유지 및 당류는 조리 시 가급적 적게 사용할 것을 권장하고 있다.

17 학령기 아동에게는 당이나 나트륨 함량이 낮으며 가능한 덜 가공된 음식을 제공하여 건강에 좋은 간식에 익숙해지도록 유도하는 것이 좋다.

17 학령기 아동이 흔히 섭취하는 간식을 바람직한 간식으로 변경한 예로 옳은 것은?

① 탄산음료 → 생과일주스
② 옥수수 → 찐빵
③ 과자 → 감자칩
④ 말린 과일 → 사탕
⑤ 말린 과일 → 도넛

18 모든 식품은 알레르기를 일으킬 수 있는 잠재성이 있다. 한국에서 주된 알레르기 유발식품 22종은 **난류, 우유, 메밀, 땅콩, 대두, 밀, 고등어, 게, 새우, 돼지고기, 복숭아, 토마토, 아황산류, 호두, 닭고기, 쇠고기, 오징어, 조개류(굴, 전복, 홍합 포함), 잣**으로 이를 식품표시에 고지하도록 하고 있다.

18 학령기 어린이에게 나타나는 알레르기의 주된 원인이 되는 식품들을 바르게 연결한 것은?

① 우유 - 현미
② 초콜릿 - 사과
③ 갑각류 - 쌀
④ 우유 - 달걀
⑤ 땅콩 - 배

19 어릴 때 비만은 세포 수의 증가로 성인 비만과 관련이 깊고 고혈압, 심장질환, 당뇨병 등을 초래한다. **학령기 후반 여아의 경우 생리로 인해 빈혈이 나타날 수 있으므로 충분한 철 공급**이 중요하다. 인공색소 및 향신료 등의 첨가로 인해 주의력 결핍이 나타날 수 있다.

19 학령기 영양문제 및 식생활에 대한 설명으로 옳은 것은?

① 학령기 후반의 여아는 철 결핍성 빈혈이 많이 발생하므로, 간, 달걀 등을 충분히 섭취하여야 한다.
② 콜라는 어린이들에게 뚜렷한 부작용이 없으므로 비만의 염려가 없는 어린이는 많이 마셔도 좋다.
③ 어린이는 예쁜 음식을 좋아하므로 마른 어린이는 식용 색소가 포함된 음식을 섭취하는 것이 좋다.
④ 소아의 체중과다는 성인 비만과 무관하고 키가 클 가능성이 크다.
⑤ 고혈압, 심장질환, 당뇨병 등은 성인들만 걸리는 병이므로 어린이가 비만일지라도 절대 발병되지 않는다.

정답 16. ⑤ 17. ① 18. ④ 19. ①

20 학령기 아동에게 나타날 수 있는 주의력결핍 과잉행동증(ADHD)에 대한 설명으로 옳은 것은?

① 과격하고 충동적이며 참을성이 없는 특징을 나타낸다.
② 학령기 후반에 주로 발병한다.
③ 남자 어린이보다 여자 어린이에게서 더 많이 발생한다.
④ 식품첨가물이나 설탕의 과다섭취가 직접적인 원인이다.
⑤ 학령기 아동의 20% 정도가 주의력결핍 과잉행동증의 양상을 보인다.

21 아동기 아침결식에 대한 설명으로 옳은 것은?

① 아침결식은 밤 동안 고갈된 글리코겐을 재충전하는 과정에 지장을 준다.
② 아침결식은 아동의 학습력과 거의 관계가 없다.
③ 아침결식은 아동의 체육활동 능력에 별 영향이 없다.
④ 아침결식을 하는 아동의 에너지와 영양소 섭취량은 아침식사를 하는 아동에 비해 많다.
⑤ 아침결식은 아동의 인지력 향상으로 이어진다.

22 청소년기의 신체발달 및 특징에 대한 설명으로 옳은 것은?

① 일생 중 가장 급속한 신체 성장이 이루어지는 시기이다.
② 지방축적량의 증가는 남자가 여자보다 더 지속적으로 일어난다.
③ 여자에서는 남자보다 근육량 증가가 더 크다.
④ 신체조성의 변화와 함께 성적 성숙이 이루어지는 시기이다.
⑤ 여자는 남자보다 2년 정도 늦게 성장이 시작되고 성장의 정도도 적다.

23 청소년기 성장의 특징에 대한 설명으로 옳은 것은?

① 학령기에 비해 신체 성장의 속도는 둔화되지만, 성적 성숙이 일어나는 시기이다.
② 신체 성장, 성적 성숙과 함께 정신적 · 심리적 변화로 정서적 안정기이다.
③ 남자는 어깨 발달과 근육량의 증가, 여자는 엉덩이 발달과 지방조직의 증가가 더 현저하다.
④ 남자는 여자보다 사춘기 시작이 2년 정도 빠르며 기간이 길고 성장속도가 빠르다.
⑤ 사춘기는 성장호르몬의 증가로 2차 성징과 생식기능이 나타난다.

20 주의력결핍 과잉행동증은 **주로 7세 이전에 발병하며, 학령기 아동의 약 5% 정도**에서 **과잉 활동, 집중력 결핍, 충동적 행동 등의 증상**을 보인다. 아직까지 원인으로 확실히 밝혀진 것은 없으며, **식이요인으로는 식품첨가물, 인공색소나 향미료, 정제당, 카페인 등이, 환경요인으로는 납과 같은 중금속 오염** 등이 있으나 **직접적인 원인은 규명되지 않은 상태**이다.

21 **아침식사는 밤 동안 고갈된 글리코겐을 재충전**하고 **포도당을 공급**하며, 주의집중력 향상, 수업활동에 대한 흥미도 증가 등으로 **학습 수행능력을 높인다고 알려져 있다.** 또한 아침결식을 하는 아동은 그렇지 않은 아동과 비교하여 에너지와 영양소 섭취량이 적다.

22 청소년기는 신장과 체중이 급격히 성장하는 급성장기로, **여자가 남자보다 약 2년 앞서 신장과 체중 증가율이 높아지게 된다.** 청소년기에는 체형과 신체조성 면에서도 큰 변화가 일어나는데 **체중에 대한 근육량의 비율은 남자가 여자보다 높으며, 남자의 경우 성인이 될 때까지 근육량이 계속적으로 증가**한다. **반면 여자의 경우 체중에 대한 지방량의 비율이 남자보다 높다.** 일생 중 가장 급속한 신체 성장이 이루어지는 시기는 영아기이다.

23 청소년기는 **신장과 체중이 급격히 증가하는 급성장기**로, 영아기 이후 학령전기와 학령기 동안 완만했던 **신장과 체중의 성장속도는 사춘기에 접어들면서 다시 빨라진다.** 청소년기 초기 2~3년 동안의 **사춘기에는 성 성숙과 신체의 급격한 성장**을 포함한 많은 변화들과 함께 정서적으로 불안정해지며, 청소년기에는 **성호르몬의 증가로 성 성숙이 나타난다.**

정답 20. ① 21. ① 22. ④ 23. ③

24 청소년기에 나타나는 여러 가지 생리적 변화 중 **성적 성숙이 가장 크며, 이때 성호르몬 분비, 2차 성징, 생식기능의 발달**이 이루어진다. **두뇌세포의 증가는 영유아기, 림프조직의 급격한 성장은 학령기**에 나타난다.

25 청소년기에는 남녀 모두 성장이 왕성히 이루어지며 개인차가 상당히 크다. 청소년기에 **남자는 어깨가 넓어지는 변화**가 나타나며, **여자는 가슴과 엉덩이가 커지는 변화**가 나타난다.

26 **성 성숙은 여자가 남자보다 빠르게 시작**하며, 유전적인 소인의 영향을 받아 한 가족 내 여성들의 초경연령 사이에는 상관관계가 있다. 또한 **영양은 성 숙과정에 가장 큰 영향을 미치는 요인**이며, 성 성숙과정이 빨리 진행되는 청소년은 같은 나이의 여자 청소년보다 키가 더 크고 체중이 더 많이 나간다.

27 **시상하부–뇌하수체–생식선 축과 직접적으로 관련된 호르몬**은 **생식인자 방출호르몬, 황체호르몬, 난포자극호르몬, 에스트로겐, 테스토스테론**이다.

28 청소년기의 성장과 성숙에는 성호르몬의 역할이 중요하며 특히 여성호르몬인 **에스트로겐의 분비는 2차 성징 및 신장의 성숙**을 가져오지만, 많이 분비되어 성적 성숙이 이루어지면 **골단폐쇄의 성질이 있어 월경 후에는 키의 성장이 둔화**된다.

정답 24. ⑤ 25. ④ 26. ④ 27. ④ 28. ③

24 사춘기에 나타나는 성장을 나열한 것으로 옳은 것은?

① 성적 성숙, 신장의 증가, 두뇌세포 수의 증가
② 두뇌세포 수의 증가, 두뇌세포 크기 증가, 체지방의 증가
③ 체세포량의 증가, 림프조직의 성장, 체지방의 증가
④ 골격의 발달, 성호르몬 분비 증가, 체수분 비율의 증가
⑤ 생식기능의 발달, 2차 성징의 발달, 성호르몬 분비 증가

25 청소년기 여자에게서 특히 발달되는 부위로 옳은 것은?

① 신장과 체중
② 두위와 체중
③ 흉위와 앉은키
④ 흉위와 골반횡경
⑤ 신장과 두위

26 청소년기 성 성숙에 대한 설명으로 옳은 것은?

① 성 성숙의 시작 시기는 남자가 여자보다 빠르다.
② 성 성숙은 유전적인 요인의 영향을 받지 않는다.
③ 영양상태는 성적 성숙이 시작하는 시기에 영향을 주지 않는다.
④ 초경의 개시는 일정한 체중과 체지방에 도달했을 때 유도된다.
⑤ 과체중인 경우 정상체중인 경우보다 성적 성숙이 늦게 나타난다.

27 청소년기 성 성숙과정에 관여하는 시상하부–뇌하수체–생식선 축과 직접적으로 관련된 호르몬들을 바르게 연결한 것은?

① 인슐린 – 생식인자 방출호르몬
② 성장호르몬 – 인슐린
③ 성장호르몬 – 황체호르몬
④ 황체호르몬 – 난포자극호르몬
⑤ 성장호르몬 – 에스트로겐

28 급속한 신장의 증가를 가져오나 많이 분비되면 골단폐쇄를 일으키는 여성호르몬은?

① 프로게스테론
② 글루카곤
③ 에스트로겐
④ 안드로겐
⑤ 테스토스테론

29 **청소년기 골격성장 및 발달에 대한 설명으로 옳은 것은?**

① 성인 골질량 90% 정도를 청소년기에 축적한다.
② 남녀 간 골질량의 차이는 노인기에 나타난다.
③ 골질량 축적은 수영과 같은 운동으로 촉진할 수 있다.
④ 최대 골질량에 도달한 이후에도 운동과 영양요법으로 더 축적할 수 있다.
⑤ 단백질과 칼슘 섭취량이 최대 골질량 크기에 관련되어 있다.

29 **청소년기에는** 성인 **골질량의 50% 가량을 축적**하며 **18세 정도에는 성인 골질량 90%에 도달**한다고 알려져 있다. 남녀 간 골질량의 차이는 약 14세부터 나타나며, **테스토스테론의 영향으로 남성이 여성보다 총 골질량이 높다. 하중을 받는 운동이 골질량 축적에 도움이 된다**고 알려져 있으며, 최대 골질량 도달 이후에는 추가 축적은 일어나지 않는다. **최대 골질량 크기에는 단백질과 칼슘 섭취가 영향을 미친다.**

30 **청소년기의 에너지 공급 및 필요량에 대한 설명으로 옳은 것은?**

① 에너지 요구량이 크므로 지방의 섭취 비율을 학령기에 비해 증가시킨다.
② 에너지를 많이 섭취하면 단백질의 성장기능을 대신할 수 있다.
③ 에너지 필요추정량은 에너지 소비량에 성장에 추가로 필요한 에너지를 더하여 결정된다.
④ 청소년기에도 기초대사량은 연령이 높아짐에 따라 감소한다.
⑤ 청소년기 에너지 공급이 부족해도 성장과 성적 성숙은 정상적으로 일어난다.

30 **청소년기 에너지 필요추정량**은 **에너지 소비량에 성장에 추가로 필요한 에너지를 더하여 산출**되었으며, **성장에 소요되는 에너지는 1일 25 kcal**이다. 따라서 청소년기 에너지 공급 부족 시 성장과 성적 성숙이 정상적으로 일어나기 어렵다.

31 **청소년기의 영양소 필요량 및 섭취기준에 대한 설명으로 옳은 것은?**

① 단위체표면적당 기초대사량이 일생 중 가장 높다.
② 단백질 권장섭취량은 일생 중 가장 높다.
③ 인의 권장섭취량은 성인보다 높다.
④ 지질의 에너지 섭취 비율은 성인에 비해 높다.
⑤ 비타민 C의 권장섭취량은 성인보다 높다.

31 **청소년기의 골격성장을 위해 인의 권장섭취량은 전 청소년기에 걸쳐 남녀 모두 성인보다 높다.** 청소년기 인의 권장섭취량은 1,200 mg, 성인기 인의 권장섭취량은 700 mg이다. 15~18세 청소년 단백질의 권장섭취량은 19~29세 성인 단백질의 권장섭취량과 동일하며, **비타민 C의 권장섭취량 역시 성인과 동일하다.**

32 **15~18세의 에너지 필요추정량(kcal)과 단백질 권장섭취량(g)으로 옳은 것은? (2020 한국인 영양소 섭취기준)**

① 남자 : 2,700, 65 / 여자 : 2,000, 55
② 남자 : 2,700, 65 / 여자 : 1,900, 55
③ 남자 : 2,700, 55 / 여자 : 2,000, 50
④ 남자 : 2,600, 55 / 여자 : 2,000, 45
⑤ 남자 : 2,600, 55 / 여자 : 1,900, 45

정답 29. ⑤ 30. ③ 31. ③ 32. ①

33 초경의 시작 연령이 빨라짐에 따라 **12~14세 여자부터 월경혈의 손실을 고려하여 권장섭취량이 16 mg으로 설정되었으며**, 동일 연령대 남자의 철 권장섭취량은 14 mg이다.

34 **비타민 D는 청소년기와 성인에서 모두 1일 충분섭취량이 10 μg으로 설정되었으며, 비타민 B_6는 남자에서 1.5 mg, 여자에서 1.4 mg으로 청소년과 성인에서 동일한 양으로 권장섭취량이 설정**되어 있다.

35 청소년기 영양과 관련된 건강문제로는 **섭식장애(신경성 식욕부진증, 신경성 탐식증), 청소년 비만, 고혈압 및 이상지질혈증, 여드름** 등이 있다. 이때 청소년기 비만, 고혈압 및 이상지질혈증은 성인기 만성질환으로 이행될 가능성이 높으며, 음주나 흡연, 약물 등 청소년기에 접해볼 수 있는 건강 위험요소들도 추후 성인기 건강에 부정적인 영향을 미칠 수 있다.

36 **신경성 탐식증은 많은 양의 음식을 한꺼번에 먹고는 토하거나 하제, 이뇨제의 복용을 반복하는 섭식장애로, 체중의 변화는 크지 않다.** 신경성 식욕부진과는 다르게 **자신의 행동이 비정상임을 자각하고 있으며 잦은 구토 및 설사로 인해 수분과 전해질 불균형, 식도염 등이 발생**할 수 있다.

정답 33. ④ 34. ③ 35. ⑤ 36. ②

33 청소년기 전기(12~14세) 여성의 철 필요량이 남성보다 높은 이유는?

① 혈액량 증가
② 헤모글로빈 증가
③ 근육량 증가
④ 손실량 증가
⑤ 흡수율 감소

34 청소년기와 성인기의 권장섭취량이 동일한 영양소를 바르게 연결한 것은? (2020 한국인 영양소 섭취기준)

① 비타민 A－비타민 B_6
② 비타민 A－티아민
③ 비타민 D－비타민 B_6
④ 비타민 D－티아민
⑤ 비타민 E－비타민 B_6

35 청소년기의 영양관련 문제에 대한 설명으로 옳은 것은?

① 청소년기의 비만은 성인기의 만성질환으로 이행될 가능성이 낮다.
② 흡연 시작 연령이 높을수록 각종 암으로 인한 사망률이 높다.
③ 청소년의 음주는 대부분 단순 호기심에 의한 것이므로 크게 문제되지 않는다.
④ 여자가 남자보다 여드름이 더 흔한 이유는 에스트로겐 호르몬 때문이다.
⑤ 청소년기에 혈압이 높은 경우 성인이 되어 고혈압 발병 가능성이 높다.

36 청소년기의 섭식장애인 신경성 탐식증에 대한 설명으로 옳은 것은?

① 자신의 체중이나 체형에 대해 올바로 인식하지 못하여 극도의 저에너지 식사를 한다.
② 체중은 많이 감소하지 않는다.
③ 무월경, 피로감, 부정맥, 무기력증, 집중력 감소 등이 나타난다.
④ 폭식 후 포만감을 느끼면 우울증에 빠지기도 하나 인위적으로 장을 비우지는 않는다.
⑤ 영양적인 치료는 체중회복과 영양증진이 목적이다.

37 **청소년기의 신경성 식욕부진에 대한 설명으로 옳은 것은?**

① 생리불순, 기초대사량 저하 등이 나타난다.
② 엄청나게 많은 음식을 한꺼번에 먹는다.
③ 스트레스가 있을 때 지나치게 음식에 집착한다.
④ 체중이 적정 체중보다 10%나 적다.
⑤ 잦은 구토, 설사로 인해 수분과 전해질 균형이 깨질 수 있다.

38 **섭식장애 중 가장 최근에 공식적으로 인정받은 폭식장애(Binge Eating Disorder)에 대한 설명으로 옳은 것은?**

① 폭식이 반복적으로 일어나지만 체중은 정상 체중에 가깝다.
② 반복적인 폭식으로 훨씬 많은 양을 먹으면서 스스로 조절할 수 없는 느낌이 있다.
③ 신경성 탐식증과 같이 폭식 후 구토나 설사 등을 자의적으로 유발한다.
④ 폭식에 대해 크게 신경 쓰지 않는다.
⑤ 거식증과 동시에 진단받는 경우가 많다.

39 **성호르몬의 전구체가 되는 것은?**

① 필수지방산 ② 단백질
③ 콜레스테롤 ④ 아미노산
⑤ 비타민 D

40 **청소년기에 패스트푸드의 영양적인 문제점으로 옳은 것은?**

① 지방 함량이 적다.
② 소금 함량이 적다.
③ 필수 영양소의 함량이 많다.
④ 식이섬유의 함량이 많다.
⑤ 다른 영양소 함량에 비해 에너지가가 높다.

41 **청소년기에 올바른 식생활을 저해하는 요인으로 옳은 것은?**

① 영양지식 및 올바른 식습관의 중요성에 관한 교육
② 학교급식을 통한 식사의 제공
③ '마른 체형'에 대한 사회적 선호현상
④ 영양상태 평가를 통한 식습관 문제 파악
⑤ 부모의 올바른 식습관 유지 및 자녀에 대한 관심

37 신경성 식욕부진은 **주로 청소년기 여자에게 나타나며**, 체중이 늘어날까 봐 두려워하여 먹기를 거부하는 증상을 보인다. 부작용으로 **무월경, 생리불순, 기초대사량 저하, 빈맥 등의 증세**가 나타난다.

38 신경성 식욕부진증(Anorexia Nervosa)과 신경성 탐식증(Bulimia Nervosa)에 이어 가장 최근에 공식적으로 정신질환 진단 및 통계 편람에 기재된 **폭식장애(Binge Eating Disorder)는 폭식을 반복한다는 특징**이 있지만 신경성 탐식증과 같이 **구토나 설사를 자의적으로 유발하지는 않는다.** 그러므로 **정상 체중보다 높은 체중을 가지는 경우가 많다.** 또한 반복되는 폭식이 정상적인 식사가 아님을 인지하고 있으며, 혼자 있을 때 폭식을 한다. **신경성 식욕부진증, 신경성 탐식증, 폭식장애는 함께 진단될 수 없으며 배타적인 질환이다.**

39 대부분의 호르몬은 단백질이나 아미노산을 전구체로 하여 생성되지만 **성호르몬인 에스트로겐이나 프로게스테론, 테스토스테론은 콜레스테롤로부터 만들어진다.**

40 **패스트푸드**는 일반적으로 **고에너지, 고지방, 고염분의 식품**이며, **식이섬유의 함량이 적다.**

41 외모에 대한 관심이 증가하고 있는 청소년들의 경우 **마른 체형에 대한 사회적 선호현상**으로 인하여 신경성 식욕부진증과 신경성 탐식증과 같은 섭식장애가 유발될 수도 있다.

정답 37. ① 38. ② 39. ③ 40. ⑤ 41. ③

4 성인기, 노인기 영양

학습목표 성인기와 노인기의 생리적 특성과 영양관리 및 영양관련 문제를 이해한다.

01 성인기의 생리적 특징에 대한 설명으로 가장 옳은 것은?

① 신체적 요인보다 사회·심리적 요인이 영양상태에 더 큰 영향을 미친다.
② 30대 중반에 생리기능이 최대가 된다.
③ 연령 증가에 따라 모든 신체기능이 동일하게 퇴화한다.
④ 체중에서 차지하는 체지방 비율이 감소한다.
⑤ 연령이 증가해도 신체구성성분은 일정하게 유지된다.

02 한국인 영양소 섭취기준에서 성인기 에너지추정량 산출에 중요하게 적용되는 것은?

① 유전, 연령, 성별
② 연령, 성별, 질병
③ 유전, 연령, 질병
④ 연령, 성별, 식품섭취량
⑤ 연령, 체중, 신장

03 50~64세 여성의 1일 영양섭취기준이 30~49세보다 적은 영양소는?

① 에너지, 단백질 ② 에너지, 철
③ 에너지, 칼슘 ④ 철, 칼슘
⑤ 단백질, 철

01 성인기(19~29, 30~49, 50~64세)는 다른 생활주기에 비해 변화가 적은 시기로 **안정성을 가지며 대부분의 신체기능은 20대 중반까지 발달하여 최대가 된다.** 성인기 동안 **신체기능은** 약간 감소 및 퇴화하기 시작하나 **그 변화의 정도는 개인마다 다르며 영양상태, 운동 및 노동 정도도 영향을 미친다.** 성인기의 신체적 특징은 **체중에서 차지하는 체지방 비율의 증가**에 있고 신체구성성분의 분포는 성, 비만 정도, 골격근의 발달 정도에 따라 달라진다.

02 한국인 영양소 섭취기준은 질병이 없는 건강한 한국인을 위하여 설정된다. **성인기 에너지추정량 산출식**은 **연령, 체중, 신장, 활동정도를 중요한 변수로 활용**하며, 남성과 여성에 각각 산출식이 있다.

- 성인 남성 : 662 − 9.53 × 연령(세) + PA{15.91 × 체중(kg) + 539.6 × 신장(m)}
  [PA = 1.0(비활동적), 1.11(저활동적), 1.25(활동적), 1.48(매우 활동적)]
- 성인 여성 : 354 − 6.91 × 연령(세) + PA{9.36 × 체중(kg) + 726 × 신장(m)}
  [PA = 1.0(비활동적), 1.12(저활동적), 1.27(활동적), 1.45(매우 활동적)]

03 에너지 필요추정량은 30~49세 여성에서 1,900 kcal, 50~64세 여성에서 1,700 kcal이며, 단백질, 칼슘, 철의 권장섭취량은 30~49세 여성에서 각각 50 g, 700 mg, 14 mg, 50~64세 여성에서 50 g, 800 mg, 8 mg이다.

정답 01. ① 02. ⑤ 03. ②

04 성인기 영양필요량에 대한 설명으로 옳은 것은?

① 식이섬유 충분섭취량은 연령과 성별에 따른 차이를 두지 않고 하루 30 g으로 설정되어 있다.
② 비타민 E 충분섭취량은 연령과 성별에 따른 차이를 두지 않고 하루 12 mg으로 설정되어 있다.
③ 엽산 권장섭취량은 연령에 따른 차이를 두지 않고 남자 400 mg DFE, 여자 500 mg DFE로 설정되어 있다.
④ 칼슘 권장섭취량은 남성과 여성 모두 50~64세에서 가장 높다.
⑤ 철 권장섭취량은 남성과 여성 모두 50~64세에서 다른 연령층에 비해 낮게 설정되어 있다.

04 성인기 하루 **식이섬유 충분섭취량은 남자 30 g, 여자 20 g으로 설정**되어 있다. **비타민 E 충분섭취량은 남녀, 연령 구분 없이 하루 12 mg**이다. **엽산 권장섭취량은 남녀, 연령 구분 없이 400 mg DFE로 설정**되어 있다. 칼슘 권장섭취량은 남성 50~64세에서 750 mg으로 다른 연령층의 800 mg보다 낮고, 여성 50~64세에서 800 mg으로 다른 연령층의 700 mg보다 높다. 철 권장섭취량은 남성에서 연령 구분 없이 10 mg으로 설정되어 있지만, 여성은 50~64세에서 8 mg으로 다른 연령층의 14 mg보다 낮게 설정되어 있다.

05 과량 섭취하면 소변으로의 칼슘 배설을 증가시킬 수 있는 영양소는?

① 포도당 ② 티아민
③ 철 ④ 단백질
⑤ 콜레스테롤

05 **동물성 단백질은 함황아미노산의 함량이 높아 그 대사물이 배설되는 과정에서 칼슘이 함께 배설**되므로 **골다공증 위험을 증가**시킨다.

06 성인에서 칼슘 섭취가 강조되는 연령과 성별은?

① 19~29세 여자 ② 30~49세 여자
③ 50~64세 여자 ④ 30~49세 남자
⑤ 50~64세 남자

06 칼슘의 권장섭취량은 19~49세의 남녀에서 각각 800 mg과 700 mg이지만, 50~64세 남자는 750 mg, 여자는 800 mg으로 **남자는 감소, 여자는 오히려 증가한다.**

07 다음 질병 중 성인기 식사성 요인으로 인해 발생하는 질환으로 관련이 적은 것은?

① 동맥경화 ② 암
③ 당뇨병 ④ 고혈압
⑤ 결핵

07 각종 심혈관계 질환, 암, 변비, 게실염, 당뇨병, 비만, 고혈압 등은 성인기에 발병이 증가하는 **만성질환으로서 여러 가지 영양소의 섭취문제를 비롯한 생활습관과 관련된다.** 반면에 **감염성 질환은 노화보다는 면역기능의 손상이 주요 원인**이다.

08 성인기 심혈관계 질환의 발생 증가와 관련이 높은 요인은?

① 혈청 HDL-콜레스테롤 농도의 감소
② 혈압의 감소
③ 혈청 LDL-콜레스테롤 농도의 감소
④ 혈청 중성지방 농도의 감소
⑤ 균형 있는 식사

08 **심혈관계 질환과 관련 있는 혈액지표로 혈청 중성지방, 총 콜레스테롤, LDL-콜레스테롤 농도의 증가, 혈청 HDL-콜레스테롤 농도의 감소**가 있다.

정답 04. ② 05. ④ 06. ③ 07. ⑤ 08. ①

09 성인기에 고혈압의 발생 위험성이 높을 수 있는 경우는?

① 금주
② 충분한 칼슘 섭취
③ 칼륨 섭취 부족
④ 적정체중
⑤ 나트륨 섭취 부족

09 고혈압 가족력이 있는 사람, 55세 이상의 사람, 비만인, 칼륨의 섭취가 부족한 사람, 알코올 중독자 등과 나트륨의 과잉 섭취는 고혈압 발생 위험을 높일 수 있다. 또한 칼슘의 섭취 부족도 고혈압 위험과 관련이 있다.

10 대사증후군의 진단기준에 포함되지 않는 것은?

① 복부비만
② 고혈당
③ 낮은 HDL-콜레스테롤
④ 고혈압
⑤ 저알부민혈증

10 대사증후군의 진단 기준은 복부비만, 높은 중성지방, 낮은 HDL-콜레스테롤, 높은 혈압, 높은 혈당 중 세 가지 이상을 동반한 경우이다.

11 갱년기 여성의 식사관리에 대한 설명으로 옳은 것은?

① 적정 체중 유지를 위해 총 에너지 및 모든 영양소의 섭취를 감소시킨다.
② 우유는 함유 에너지가 높으므로 되도록 섭취하지 않는 것이 좋다.
③ 항산화효과가 있는 비타민 E의 함량이 높은 식품 섭취를 증가시킨다.
④ 체내 에스트로겐 농도가 감소하는 단계이므로 식물성 에스트로겐 유사물질의 섭취를 줄인다.
⑤ 총 에너지 섭취 감소를 위해 지방 섭취는 총 에너지의 15% 이하로 줄인다.

11 갱년기 여성의 식사관리에서 가장 기본은 비만 예방을 위해 에너지 섭취량을 조절하면서, 다양한 식품을 골고루 포함한 균형식을 섭취하는 것이다. 콩류에 함유된 이소플라본은 에스트로겐 유사물질로 갱년기 증상에 효과적인 것으로 알려져 있으며, 비타민 E가 풍부한 견과류를 섭취하는 것이 바람직하다.

12 여성에서 폐경기 이후에 골다공증 발생이 증가하는 이유는?

① 뼈의 칼슘 손실을 막아주는 에스트로겐의 감소 때문이다.
② 혈중 콜레스테롤이 증가하기 때문이다.
③ 무기질과 비타민의 섭취가 부족하기 때문이다.
④ 흡연 및 음주 횟수가 증가하기 때문이다.
⑤ 부갑상선호르몬의 감소로 뼈에서 칼슘이 빠져나오기 때문이다.

12 폐경기에는 에스트로겐의 분비 감소로 인해 여성의 골다공증 발생이 가속화된다. 또한 에스트로겐 분비가 감소하면서 파골세포가 부갑상선호르몬에 민감해져 골흡수 작용이 촉진되면서 골손실이 야기된다.

13 골다공증 발생에 영향을 미치는 위험인자로 옳은 것은?

① 난소절제
② 식이섬유 섭취 부족
③ 비타민 D의 충분한 섭취
④ 정상체중
⑤ 야외활동이 많은 경우

13 골다공증의 위험요인에는 여성, 백인 또는 동양인, 연령 증가, 난소절제, 무월경증, 가족력, 흡연, 낮은 체질량지수 및 저체중, 운동부족, 일부 약물(스테로이드, 알루미늄 함유 제산제 등), 음의 칼슘 균형을 유발하는 질환(갑상선기능항진증, 당뇨병, 만성신부전 등), 칼슘과 비타민 D의 섭취 부족, 알코올과 식이섬유 및 커피의 과다섭취 등이 있다.

정답 09. ③ 10. ⑤ 11. ③ 12. ① 13. ①

14 **폐경 후 여성은 총 콜레스테롤과 LDL-콜레스테롤의 농도가 높아져 심혈관질환이 발생할 위험이 높아지는데, 이는 어떤 호르몬의 분비 저하에 기인하는가?**

① 프로락틴 ② 옥시토신
③ 에스트로겐 ④ 프로게스테론
⑤ 안드로겐

15 **알코올이 건강에 미치는 영향에 대한 설명으로 가장 옳은 것은?**

① 하루 3잔 정도 술을 마시는 경우 HDL-콜레스테롤이 상승한다.
② 알코올 1 g은 4 kcal를 공급한다.
③ 알코올은 혈액순환을 촉진하므로 많이 섭취할수록 심혈관계질환 예방에 좋다.
④ 남녀의 체내 알코올 분해효소의 양은 같다.
⑤ 알코올의 과다 섭취는 간질환, 비만, 동맥경화증 등을 유발한다.

16 **외식이 잦은 성인에게 나타날 수 있는 영양적 특성으로 옳은 것은?**

① 비타민 A 섭취 부족 ② 칼슘 섭취 증가
③ 칼륨 섭취 부족 ④ 나트륨 섭취 증가
⑤ 단백질 섭취 부족

17 **성인의 건강에 대한 설명으로 가장 옳은 것은?**

① HDL-콜레스테롤이 높으면 동맥경화의 위험이 증가한다.
② 갱년기 이후 여성은 혈중 콜레스테롤 농도가 높아진다.
③ 보호영양을 위해 지질이 풍부한 식사를 하는 것이 바람직하다.
④ 당질 위주의 식사를 하면 LDL-콜레스테롤이 증가한다.
⑤ $\omega-3$ 지방산은 종양의 성장을 촉진하는 효과가 있다.

18 **우리나라 성인기의 영양 섭취 실태로 옳은 것은?**

① 칼슘 및 비타민 A의 섭취가 부족한 편이다.
② 비타민 C의 섭취가 과다한 편이다.
③ 영양섭취 부족자의 비율은 30~49세에서 가장 높다.
④ 전 성인기 중 영양과잉의 문제는 19~29세 성인에서 가장 심각하다.
⑤ 탄수화물로부터 섭취하는 열량 비율은 연령이 증가함에 따라 점차 감소한다.

14 폐경으로 에스트로겐에 의한 혈관의 탄력과 심장질환 보호효과를 잃게 되어, 폐경 후 여성은 심혈관계 질환의 발생 빈도가 높아진다.

15 알코올은 1 g에 7 kcal를 발생시키며, 여성은 남성에 비해 알코올 분해효소의 활성이 낮다. 과량 섭취 시 중성지방을 형성하며 장기간 섭취 시 비만, 동맥경화증, 당뇨병, 지방간, 간경변증 등을 유발한다. 또한 하루 1잔 정도의 음주는 심혈관계 질환의 발생위험을 낮춘다는 연구결과도 일부 보고된 바 있다.

16 외식은 가정식에 비해 총 지방, 포화지방, 나트륨, 콜레스테롤 함량은 높고, 식이섬유, 칼슘 및 철의 함량은 낮았다는 보고가 있다. 특히 외식은 나트륨 과잉 섭취를 초래할 수 있다.

17 동맥경화의 위험은 LDL-콜레스테롤, 중성지방의 증가와 관련이 있으며, 당질 위주의 식사는 혈중 중성지방 농도의 증가와 관련이 있다. $\omega-3$ 지방산은 혈전 생성을 억제하고 혈관 확장을 촉진하는 아이코사노이드의 전구체로 작용하여 심순환기계 질환 위험도를 낮출 수 있다.

18 우리나라 성인은 칼슘, 비타민 A 및 비타민 C의 섭취가 부족한 편이며, 나트륨의 섭취는 과다한 문제를 가지고 있다. 19~29세 연령대는 영양섭취 부족과 과잉의 문제가 공존하며, 연령이 증가함에 따라 영양섭취 부족자의 비율은 감소하는 반면, 에너지/지방 과잉 섭취자의 비율은 약간 증가하는 경향을 보인다.

정답 14. ③ 15. ⑤ 16. ④ 17. ② 18. ①

19 성인기에 발생할 수 있는 심 · 뇌혈관계 질환의 위험을 낮추기 위해 식사에서 섭취를 줄여야 하는 영양소로 가장 옳은 것은?

① 지질, 식이섬유
② 식이섬유, 칼슘
③ 칼슘, 칼륨
④ 칼륨, 나트륨
⑤ 나트륨, 지질

19 고혈압, 이상지질혈증, 동맥경화, 심장병, 뇌졸중 등을 예방하기 위해서는 **총지방, 포화지방 및 콜레스테롤 등의 지질과 나트륨의 섭취를 줄이고 식이섬유 섭취는 증가시킴으로써 체내 콜레스테롤을 감소시켜야** 한다.

20 식물성 화학물질 섭취가 성인기 방어영양에 도움이 되는 기작에 대한 설명으로 옳은 것은?

① LDL-콜레스테롤 산화 방지
② 혈액응고 도모
③ 콜레스테롤 합성 촉진
④ 발암물질 해독 효소계 활성 저하
⑤ 혈압 상승

20 식물성 화학물질은 다양한 효능을 통해 성인기 방어영양에 기여하는 것으로 알려져 있다. 특히 암과 심장질환에 대한 예방효과가 있다고 알려져 있다.

21 갱년기 여성의 영양관리로 가장 옳은 것은?

① 이소플라본이 함유된 콩밥과 두부를 자주 섭취한다.
② 위장에 부담이 가지 않도록 식사횟수를 줄인다.
③ 에너지의 80%를 탄수화물로 섭취한다.
④ 견과류는 지방 함량이 높아 에너지가 높으므로 섭취하지 않는다.
⑤ 에너지 필요량을 충족시키기 위해 정제당의 섭취를 늘인다.

21 **이소플라본은 여성호르몬인 에스트로겐과 구조가 비슷한 물질**로 **갱년기 증상의 완화에 효과적**인 것으로 알려져 있다.

22 알코올을 장기적으로 섭취하는 사람에게 특히 결핍되기 쉬운 영양소는?

① 에너지
② 탄수화물
③ 니아신
④ 비타민 C
⑤ 철

22 **알코올 대사에 비타민 B군이 조효소로 작용**한다.

23 우리나라 성인에서 만성질환위험감소를 위한 나트륨의 섭취기준량은?

① 2,000 mg
② 2,100 mg
③ 2,200 mg
④ 2,300 mg
⑤ 2,400 mg

23 나트륨은 고혈압을 포함한 여러 만성질환의 위험을 증가시키므로, 만성질환위험감소를 위한 섭취량이 설정되었다(**성인 2,300 mg/일**). 이는 **1일 나트륨 섭취량이 만성질환위험감소섭취량보다 높을 경우, 전반적으로 섭취량을 줄이면 만성질환 위험을 감소시킬 수 있다**는 것을 의미한다.

정답 19. ⑤ 20. ① 21. ① 22. ③ 23. ④

24 **노화의 원인을 '대사과정 중 생성된 유리 라디칼이 세포막을 구성하는 불포화지방산과 반응하여 세포막에 구조적·기능적 손상을 초래한다'고 설명하는 학설은?**

① 소모설 ② 유해물질 축적설
③ 자가면역설 ④ 산화적 손상설
⑤ 예정설

25 **수명지표 중 활동제한이 없는 기대여명으로서 상병, 거동 부자유 등의 활동제한을 고려하여 산출되는 지표는?**

① 평균수명 ② 기대여명
③ 최고수명 ④ 건강수명
⑤ 최저수명

26 **전체 인구 중 노인인구의 비율이 14% 이상이 되었을 때 어떤 사회라고 하는가?**

① 고령화사회 ② 고령사회
③ 초고령사회 ④ 초고령화사회
⑤ 복지사회

27 **노인의 혈중 변화로 옳은 것은?**

① 헤모글로빈 감소
② 콜레스테롤 감소
③ 중성지방 감소
④ 요산 감소
⑤ 혈당 감소

28 **노인기의 뇌와 신경 조절기능 변화와 관련된 설명으로 옳은 것은?**

① 뉴런의 감소
② 신경전달물질 합성 증가
③ 고통에 대한 감각 증가
④ 뇌의 혈류량 증가
⑤ 짠맛에 대한 역치 감소

---

24 미토콘드리아의 전자전달계에서 에너지를 만드는 과정에서 사용되는 산소의 2~3%가 활성산소(ROS, Reactive Oxygen Species)로 전환되는데, **활성산소가 많아지면 각종 질병은 물론 노화를 초래한다고 보고**되고 있다.

25 **건강수명은 평균수명에서 질병이나 부상으로 활동하지 못한 기간을 뺀 기간**이다. 만약 기대수명이 82세이고, 건강수명이 73세라면, 9년 동안 질병이나 사고로 아프게 살아간다는 것을 뜻한다.

26 전체 인구에서 **65세 이상 노인 인구가 차지하는 비율이 7%이면 고령화사회, 14%는 고령사회, 20%는 초고령사회**로 분류된다.

27 노인기의 혈액 성분은 **조혈작용 감소로 적혈구의 양이 감소하고, 혈구 활성, 헤모글로빈 농도 등이 감소**하며 용혈성이 증가한다. 또한 단백질, 지질 및 당질대사를 반영하는 **요산 및 크레아틴의 양이 증가**하고, 콜레스테롤을 비롯한 **지질 농도의 증가**로 관상동맥 장애가 오게 된다.

28 **노화에 의해 뉴런(neuron)의 수가 점진적으로 감소하고 뇌의 혈류량이 감소**하며 도파민, 세로토닌, 아세틸콜린 등의 **뇌신경전달물질의 합성도 감소**한다. 여러 감각기관의 기능이 저하되어 **시력과 청력이 약해지고 고통 및 갈증에 대한 감각도 매우 약화된다. 각 맛에 대한 역치가 증가하며, 특히 짠맛에 대한 감각이 3~4배 무뎌진다.**

정답 24. ④ 25. ④ 26. ② 27. ① 28. ①

29 노인기에 위의 내적인자 부족에 의해 빈혈이 발생한다면 어떤 영양소의 흡수에 문제가 있는 것인가?

① 비타민 B_{12}
② 비타민 B_6
③ 철
④ 엽산
⑤ 비타민 C

30 노인기 수분 섭취에 특히 신경을 써야 하는 이유로 옳은 것은?

① 항이뇨호르몬의 감소로 수분 배설량이 감소한다.
② 노인기에 권장되는 수분의 양이 성인기에 비해 더 많다.
③ 쉽게 갈증을 느끼지 못한다.
④ 체수분 함량이 증가한다.
⑤ 신장에서의 수분 보유 효율이 증가한다.

31 노인기의 체성분 변화에 대한 설명으로 옳은 것은?

① 골격 무기질량 증가
② 근육량 증가
③ 수분량 증가
④ 제지방량 증가
⑤ 체지방량 증가

32 노인기의 소화·흡수에 대한 설명으로 옳은 것은?

① 타액 분비량의 저하로 단백질 소화·흡수가 저하된다.
② 위액 분비량의 저하로 당질 소화·흡수가 저하된다.
③ 담즙의 분비 저하로 지질 흡수가 감소한다.
④ 장액 분비량의 저하로 철 흡수가 저하된다.
⑤ 췌액 분비량의 저하로 비타민 B_{12} 흡수가 저하된다.

33 노인기의 영양소 대사에 대한 설명으로 옳은 것은?

① 인슐린에 대한 말초조직의 민감성이 증가한다.
② 혈중 총 콜레스테롤과 HDL-콜레스테롤 농도가 증가한다.
③ 체단백질 및 단백질 이용률이 성인과 비슷하다.
④ 뼈의 분해 증가로 인해 골밀도가 감소한다.
⑤ 노인에서 폐기능의 감소는 크지 않다.

29 노인은 **위점막의 위축으로 비타민 B_{12} 흡수에 필수적인 내적인자의 분비가 감소하여 빈혈이 발생할** 수 있으므로, 비타민 B_{12}가 많이 들어 있는 동물성 식품을 충분히 섭취할 필요가 있다.

30 노인은 **쉽게 갈증을 느끼지 못하므**로 필요한 양만큼의 수분을 마시지 못하며, **항이뇨호르몬의 감소로 소변으로 많은 양의 수분이 손실되어 탈수의 위**험이 있다. **노인기 수분의 충분섭취량은 남자 2,100 mL, 여자 1,800 mL**이며, 이는 성인기 남자 2,200~2,600 mL, 여자 1,900~2,100 mL에 비해 적은 양이다.

31 노인기에는 체중의 증가는 나타나지 않는다 할지라도, 점차 **체지방이 증가하고 근육량은 감소**한다. 지방조직에는 수분의 함량이 적기 때문에 결국 체내 수분량도 감소하게 된다. **골질량은 30~35세에 정점을 이루다가 그 후 차츰 감소**하며, **골격 내 무기질 함량의 감소가 골다공증의 주원인**이다.

32 노년기에는 췌장액 중 **리파제의 활성도가 저하되고 담즙의 분비도 저하되어 지질의 소화·흡수가 어려워진다**. 당질은 타액 프티알린의 감소가 있기는 하나 별 지장을 초래하지 않고 **소장 락타아제의 양과 활성 감소로 유당 섭취 시 주의**해야 한다. **위액 분비 저하로 단백질 분해효소인 펩신이 감소**하며, 철의 흡수가 저하되고, 내적인자 저하로 비타민 B_{12}의 흡수가 감소한다.

33 연령이 증가함에 따라 폐포 표면적이 감소하여 폐활량과 폐용량이 감소하고, 호흡 기능도 약화된다. 폐는 여러 장기 중 노화에 따른 감소율이 큰 기관이다.

정답 29. ① 30. ③ 31. ⑤ 32. ③ 33. ④

34 생애주기 및 식사 조성과 수명의 관련성으로 옳은 것은?

① 고에너지 섭취는 신체 성장과 수명을 증가시킨다.
② 고단백질 식사는 에너지 밀도가 높아 체중 증가와 수명 단축을 초래한다.
③ 항산화물질은 산화스트레스를 방지하여 수명 연장에 도움이 될 수 있다.
④ 노인의 고단백질 섭취는 체지방 증가로 수명 단축을 초래한다.
⑤ 영유아기 때 단백질 및 에너지를 제한하는 것이 가장 효과적이다.

35 65세 이상 노인과 19～49세 성인기의 영양소 필요량을 비교한 것으로 옳은 것은?

① 노인기는 식욕부진이 흔하므로 에너지 섭취기준을 성인기와 동일하게 정했다.
② 노인기에는 질병 발생이 많으므로, 노인기 단백질 권장섭취량은 19～49세 성인과 같다.
③ 골다공증은 노인기에 많이 발생하므로 남녀 노인의 칼슘 권장섭취량이 성인보다 높다.
④ 65세 이상 여성의 철 권장섭취량은 19～49세 성인보다 적다.
⑤ 성인기와 노인기에는 뼈의 보수와 유지를 위해 같은 양의 비타민 D를 권장한다.

36 국민건강영양조사 결과 우리나라 노인에서 섭취가 낮은 영양소는?

① 인, 칼륨
② 칼슘, 비타민 A
③ 칼슘, 단백질
④ 단백질, 비타민 A
⑤ 철, 인

37 연령 증가에 따른 생리적 기능 감퇴가 가장 큰 기관으로 옳은 것은?

① 폐
② 신장
③ 심장
④ 뇌
⑤ 소장

34 적게 먹을수록 오래 산다는 식이제한 이론이 있는데, **식이제한은 동물실험에서 암이나 다른 종양의 발생을 억제하는 등 여러 생리 기능을 양호하게 유지하는 것으로 보고**되고 있다.

35 노인기 체중당 단백질 필요량은 성인과 유사하지만, 권장섭취량은 성인보다 낮다(65세 이상 남자 60 g, 여자 50 g, 19~49세 남자 65 g, 여자 50~55 g). 이는 **단백질 권장섭취량 산출 시 평균 체중을 고려하여 설정되기 때문이다.** 65세 이상 여자의 경우 골다공증의 위험에 노출되어 있어 칼슘의 권장섭취량이 19~49세 여자에 비해 높지만, 남자의 경우 노인에서의 권장섭취량(700 mg)이 성인(750~800 mg)보다 낮다. 65세 이상 여자의 철 1일 권장섭취량은 7~8 mg으로 성인(19~49세)의 14 mg보다 적다. 비타민 D 권장섭취량은 성인기에 10 μg, 노인기는 15 μg으로 설정되어 있다.

36 우리나라 노인에서 영양소 섭취기준 대비 섭취율이 낮은 영양소로는 **칼슘**(권장섭취량 대비 63.5%), **비타민 A**(권장섭취량 대비 55.6%), 비타민 C(권장섭취량 대비 63.4%) 등이 있다. 그 외에 단백질은 권장섭취량의 113.9%, 인은 권장섭취량의 134.8%, 철은 권장섭취량의 104.2%, 아연은 권장섭취량의 117.6%였으며, **칼륨**은 충분섭취량의 73.2%를 섭취하고 있다(2021 국민건강영양조사 결과).

37 인체의 생리적 기능은 연령이 증가함에 따라 감소하며, **30세와 비교 시 폐기능(최대산소섭취량, 최대호흡능력, 폐활량)이 가장 많이 감소**하고, **신장기능(신장 혈류량), 심장기능(심박출량)** 순으로 감소한다. **뇌기능(신경전달속도)의 감소는 다른 기관에 비해 비교적 적다.**

정답 34. ③ 35. ④ 36. ② 37. ①

38 밥, 빵 등을 통한 **탄수화물의 만성적 과잉 섭취는 포도당내성이 저하되는 노인에게는 당뇨병 유발의 원인**이 될 수 있으며, 혈중 중성지방 농도를 상승시킬 수 있고, 다른 식품을 통한 미량영양소의 섭취 부족을 초래할 수 있으므로 지나치게 먹지 않도록 한다.

39 노인의 경우 연령 증가에 따라 체세포 수가 감소하면서 체내 단백질 양도 감소하게 되지만, **노인기 만성대사성 질환의 위험 증가, 질소 손실 증가 등의 이유로 인해 성인과 체중당 단백질 필요량은 큰 차이가 없다.** 또한 노인기에는 **담즙과 리파제 분비가 감소**하여 **지질의 소화, 흡수가 저하**되므로 **지질을 과잉섭취하지 않도록 하며, 지질의 급원으로는 불포화지방산이 좀 더 바람직**하다.

40 가령에 따라 체단백질 양은 감소하지만, **노인은 섭취한 단백질 이용의 효율성이 저하**되는 반면 체중당 근육의 비율도 감소하므로 단백질 필요량은 성인과 유사하다.

41 여성의 칼슘 권장섭취량은 19~49세 700 mg, 50세 이상에서 800 mg이다. **노인 여성에서 폐경 이후 에스트로겐 분비 감소로 인한 골다공증을 관리하기 위하여 칼슘의 권장섭취량이 성인기 여성에 비해 높게 설정**되어 있다.

42 노인기의 **장기간 비타민 B_{12} 섭취부족이 정신기능과 인격장애, 신체운동 상실 등 신경질환을 유발**한다고 알려져 있으며, 권장섭취량은 남녀 모두 2.4 mg/d로 설정되어 있다.

정답 38. ② 39. ④ 40. ③ 41. ① 42. ④

38 노인기에 탄수화물을 만성적으로 과잉 섭취할 때 일어날 수 있는 현상은?

① 혈청 콜레스테롤의 농도를 감소시킨다.
② 인슐린 필요량을 증가시켜 췌장에 부담을 준다.
③ 혈중 중성지방 농도를 감소시킨다.
④ 단맛에 대한 기호도를 높여 식욕을 촉진한다.
⑤ 과잉의 식이섬유 섭취가 동반된다.

39 노인기의 단백질과 지질 섭취에 대한 설명으로 옳은 것은?

① 위액의 산도가 증가하고 소화효소가 감소하여 단백질의 흡수율이 감소한다.
② 노인은 효소 합성이나 기능세포의 수가 감소하므로 단위 체중당 단백질 필요량이 성인보다 적다.
③ 노령에는 담즙 및 리파제 분비가 저하되어 지질의 흡수가 지연되나 소화 기능에는 영향이 없다.
④ 지질의 과잉 섭취는 심혈관질환의 위험을 높일 수 있다.
⑤ 지질은 불포화지방보다는 포화지방의 섭취를 권장한다.

40 노인은 나이가 들어감에 따라 체단백질이 감소함에도 불구하고 체중당 필요한 단백질 양을 성인과 같이 0.73 g/kg으로 정한 이유로 가장 옳은 것은?

① 에너지 섭취가 부족하다.
② 식물성 단백질 섭취가 많다.
③ 단백질 이용이 덜 효율적이다.
④ 스트레스가 많다.
⑤ 질병을 앓고 있는 경우가 많다.

41 성인여성에 비해 노인여성에서 섭취기준이 증가하는 영양소는?

① 칼슘 ② 철
③ 칼륨 ④ 단백질
⑤ 비타민 C

42 노인기의 장기간 섭취부족이 정신기능과 인격장애, 신체운동 상실 등 신경질환을 유발한다고 알려진 영양소는?

① 단백질 ② 비타민 A
③ 칼슘 ④ 비타민 B_{12}
⑤ 칼륨

43 노인기에 나타나는 당질대사의 장애기전으로 옳은 것은?

① 포도당 처리 능력 증가
② 근육량 증가
③ 인슐린 수용체 증가
④ 체지방량 감소
⑤ 인슐린에 대한 저항성 증가

44 노인기에 많이 발생하는 질병에 대한 설명으로 옳은 것은?

① 노인은 췌장에서 인슐린 분비 부족으로 주로 인슐린 의존형 당뇨병이 발생한다.
② 인슐린의 부족으로 골다공증이 많이 유발된다.
③ 골다공증이 있을 경우 되도록 골절을 방지하기 위해 활동량을 줄이고 외출을 삼가는 것이 바람직하다.
④ 식염의 과잉 섭취로 인해 고혈압이 발생할 수 있으므로 나트륨을 포함한 다량 무기질의 섭취 제한이 필요하다.
⑤ 노인기의 빈혈은 철 결핍이 원인이 될 수 있으므로 동물성 철의 섭취 증가가 필요하다.

45 노인기의 골다공증에 대한 설명으로 옳은 것은?

① 남자 노인이 여자 노인에 비해 골다공증 이환율이 높다.
② 뼈 손실에 대해 보호작용을 하는 호르몬은 테스토스테론이다.
③ 흡연이나 알코올 섭취는 뼈 손실을 억제한다.
④ 운동부족 시 뼈의 분해가 촉진되어 골다공증이 발생한다.
⑤ 고칼슘, 고단백, 고비타민식을 섭취하도록 한다.

46 노인기 사망원인에 대한 설명으로 옳은 것은?

① 노인기 사망원인 1위는 악성신생물이다.
② 노인기 사망원인 2위는 폐렴이다.
③ 노인기 사망원인 3위는 알츠하이머병이다.
④ 노인기 사망원인 4위는 심장질환이다.
⑤ 노인기 사망원인 5위는 뇌혈관질환이다.

43 노인기에는 인슐린 저항성이 증가하는 경향을 보이며, 이에 따라 당질대사 장애가 일어난다.

44 노인기에는 고혈압을 예방, 관리하기 위해 나트륨 섭취의 감소가 필요하나, 모든 다량 무기질의 섭취를 제한할 필요는 없다. 특히 **여성 노인의 경우 골다공증 등의 관리를 위하여 칼슘의 섭취가 매우 중요**하다.

45 여성 노인의 경우 **폐경으로 인한 에스트로겐 호르몬의 감소로 인하여 뼈 손실이 가속화**되고, 이를 통하여 **골다공증의 위험에 노출**되기 쉽다. **동물성 단백질을 과다하게 섭취할 경우 소변으로의 칼슘 배설이 증가**할 수 있으므로, 뼈 건강을 위해 주의하여야 한다.

46 노인기 사망원인은 **1위 악성신생물, 2위 심장질환**이다. 뇌혈관질환은 60~79세에서 사망원인 2위, 80세 이상에서는 4위이며, 폐렴은 70대에서 사망원인 4위, 80세 이상에서 3위이다. 알츠하이머병은 80세 이상에서만 사망원인 5위이다. 주요 사망원인 모두 식생활이 발생원인이거나 추이에 깊이 관련되어 있어 좋은 영양상태를 유지하는 것이 중요하다.

정답 43. ⑤ 44. ⑤ 45. ④ 46. ①

47 노인성 치매에 대한 설명으로 옳은 것은?

① 다발성 경색증성 치매는 뇌에 독성 단백질이 축적되어 발생한다.
② 알루미늄 과다 축적은 다발성 경색증성 치매의 원인이 될 수 있다.
③ 다발성 경색증성 치매는 식사조절을 통한 예방이 어렵다.
④ 알츠하이머병은 경미한 뇌졸중으로부터 비롯된다.
⑤ 치매의 예방을 위해서는 적절한 휴식과 충분한 영양공급이 필요하다.

47 혈관성 치매는 다발성 경색증성 치매라고도 하며, 뇌혈관 손상, 뇌졸중 등으로 뇌의 일부분이 손상되어 발생하는 치매를 말한다. 다발성 경색증성 치매는 경미한 뇌졸중으로 인해 일어나기 때문에 예방을 위해서는 뇌졸중의 원인이 되는 식사에 대한 관리가 필요하다. 알츠하이머성 치매를 가진 사람의 뇌에서 알루미늄이 과다 축적된 경향을 보이지만, 알루미늄이 알츠하이머성 치매를 일으킨다는 과학적 근거는 매우 부족하다.

48 심장질환이나 뇌졸중과 관련성이 큰 호모시스테인 대사에 관여하여 호모시스테인의 혈중 증가를 방지하는 효과가 있는 비타민은?

① 엽산, 비타민 B_{12}
② 비타민 C, 비타민 E
③ 비타민 B_6, 비타민 C
④ 엽산, 비타민 C
⑤ 엽산, 비타민 E

48 호모시스테인은 심장질환이나 뇌졸중의 위험인자로 인식되고 있는데, 엽산과 비타민 B_6, 비타민 B_{12}의 섭취가 부족할 때 혈중 농도가 증가한다.

49 식염 과잉 섭취로 인해 발생할 수 있는 노인기 건강문제로 가장 옳은 것은?

① 빈혈, 동맥경화
② 위염, 변비
③ 고혈압, 동맥경화
④ 변비, 골다공증
⑤ 골다공증, 게실염

49 식염 섭취가 지나치게 높을 경우 고혈압이나 동맥경화 등이 일어날 확률이 높다고 알려져 있다.

50 노인기의 영양관리에 대한 설명으로 가장 옳은 것은?

① 소화기능이 떨어지므로 식이섬유와 복합당질의 섭취를 줄인다.
② 단맛에 대한 감각이 저하되므로 설탕을 충분히 섭취한다.
③ 만성질환의 예방을 위하여 $\omega-6$ 지방산을 충분히 섭취한다.
④ 지방은 심혈관계 질환의 원인이 되므로 가급적 제한한다.
⑤ 노인의 기호나 치아상태 등을 고려하여 식품의 종류, 조리법을 조절한다.

50 노인기에 당질, 특히 서당과 과당의 과잉 섭취는 고중성지방혈증을 초래하므로 조심하여야 한다. 또한 변비 및 당뇨병 등의 예방을 위해 식이섬유와 복합당질을 충분히 섭취한다. 충분한 지방 섭취는 에너지와 필수지방산의 공급에 매우 중요하나 과잉 섭취 시 순환기질환의 원인이 되므로 불포화지방산, 특히 $\omega-3$ 지방산의 섭취가 부족하지 않도록 한다.

정답 47. ⑤ 48. ① 49. ③ 50. ⑤

51 노인기 나트륨 만성질환위험감소섭취량에 대한 설명으로 옳은 것은?

① 성별에 따라 구분되어 설정되어 있다.
② 남성 65~74세에서는 2,300 mg/d로 설정되어 있다.
③ 여성 65~74세에서는 2,100 mg/d로 설정되어 있다.
④ 75세 이상 여성에서는 2,000 mg/d로 설정되어 있다.
⑤ 만성질환위험감소섭취량을 목표로 섭취량을 감소시켜야 한다.

52 텔로미어 가설(telomere shortening theory)과 관련된 노화 가설은?

① 노화시계설
② 노화유전자설
③ 산화적 손상설
④ 식이제한설
⑤ 유해물질축적설

53 노인의 근력 약화를 회복시키는 등의 기전을 통해 노화방지 호르몬 보충요법으로 사용된 적이 있으나, 당뇨병이나 악성 종양 발생의 위험이 있는 호르몬은?

① 인슐린
② 안드로겐
③ 성장호르몬
④ 에스트로겐
⑤ DHEA(Dehydroepiandrosterone)

51 만성질환위험감소섭취량은 이 기준치보다 높게 섭취할 경우 전반적으로 섭취량을 줄이면 만성질환에 대한 위험을 감소시킬 수 있다는 근거를 중심으로 도출되었으며 이 기준치 이하를 목표로 하라는 의미는 아니다. **성별 구분 없이 65~74세에서는 2,100 mg/d, 75세 이상에서는 1,700 mg/d로 설정**되어 있다.

52 텔로미어설은 유전시계이론이라고도 하는데, 텔로미어는 염색체 끝부분에 위치한 유전자 조각으로서, **세포분열 때마다 그 길이가 조금씩 짧아져서 아주 짧아지면 세포분열이 멈추고 수명이 다한다는 이론**이다.

53 2007년 발표된 메타연구 결과에 따르면 성장호르몬은 건강한 노인에서 근육량을 증가시키고 체지방을 감소시킨 것은 사실이지만 그 외 혈중 콜레스테롤 농도 등의 지질 수준, 골질량, 최대산소소비량 및 근력 등의 측면에서는 다른 긍정적인 효과가 없었기 때문에, 성장호르몬의 작용은 단지 근육의 수분 보유를 증가시킨 것으로 결론지었다.

정답 51. ③ 52. ① 53. ③

5 운동과 영양

학습목표 운동 시 에너지 대사와 영양관리를 이해한다.

01 운동 중 산소공급이 부족한 상황에서 근육세포가 이용할 수 있는 에너지원은?

① 콜레스테롤　② 아미노산
③ 지방산　④ 포도당
⑤ 중성지방

02 운동에 따른 주된 에너지 공급원을 바르게 연결한 것은?

① 역도 – 지방산
② 높이뛰기(8초 이하) – 글리코겐
③ 조깅(30분 이상) – 지방산
④ 수영(4분 이상) – 아미노산
⑤ 마라톤(2시간 이상) – 크레아틴 인산

03 높은 강도의 운동을 지속함으로 인해 피로가 발생하게 되는 원인으로 옳은 것은?

① 근력 증가
② 심박출량 증가
③ 젖산의 과도한 축적
④ 글리코겐 저장량 증가
⑤ 최대 산소소비량 증가

04 운동 전의 식사로 적당한 것은?

① 고잔사식　② 고에너지식
③ 고당질식　④ 고지방식
⑤ 고단백질식

01 운동 중에 이용되는 에너지는 주로 **탄수화물과 지방**이며, 단백질은 운동 중에 생성되는 근육의 재료로 중요하고 에너지원으로는 크게 기여하지 못한다. **탄수화물 중 포도당은 산소공급이 부족한 혐기적 상황에서도 에너지로 사용될 수 있는 유일한 에너지원이며, 호기적 상황에서는 포도당과 지방이 다 사용될** 수 있다.

02 운동의 에너지원은 지속시간과 강도에 따라 다르며 **10초 이하 강한 운동은 ATP-CP, 1~3분은 젖산계, 4분 이상은 호기적 경로에서의 포도당, 글리코겐과 지방산을** 에너지원으로 이용한다. 장시간 사용하는 에너지 급원은 운동의 강도 및 지속시간에 따라 결정될 수 있다.

03 운동강도가 고강도이거나 근육에 **산소가 불충분하게 공급될 때, 근육세포의 세포질에서 생성된 피루브산은 젖산이** 된다. 근육세포에 젖산이 빠르게 축적되면 **젖산으로 인해 산도가 증가하고 근육 피로감이 온다.**

04 운동 전에는 식이섬유가 많아 분변을 만들 수 있는 고잔사식은 피하는 것이 좋으며, 위에 오래 머물러 혈액이 위장으로 몰리는 고지방식보다는 **소화가 잘되며 에너지원으로 바로 쓸 수 있는 고당질식이 가장 적당하다.** 운동 후에도 고갈된 글리코겐을 보충하려면 고당질식이 바람직하다.

정답　01. ④　02. ③　03. ③
04. ③

05 격심한 운동을 2시간 이상 했을 경우, 체내의 영양상태에 대한 설명으로 옳은 것은?

① 혈중 알라닌 농도가 감소한다.
② 근육 내 젖산의 농도가 감소한다.
③ 간 내의 글리코겐 양이 증가한다.
④ 근육의 글리코겐 양이 저하된다.
⑤ 혈중 유리지방산의 농도가 감소한다.

05 격심한 운동은 근육에서 해당과정과 곁가지 아미노산의 분해를 초래한다. 그 각각의 결과로 생성된 **피루브산과 암모니아는 알라닌을 형성하여 간으로 이동하므로 혈중 알라닌 농도가 증가**한다. **근육의 해당과정 결과 글리코겐은 고갈되고 젖산은 증가**한다. **혈당을 공급하기 위해 간의 글리코겐이 고갈되며 지방조직으로부터 유리지방산이 근육으로 이동**하므로 **혈중 유리지방산의 농도가 증가**한다.

06 운동 시의 에너지에 대한 설명으로 옳은 것은?

① 낮은 강도의 운동을 장시간 지속 시 젖산 축적으로 근육피로를 초래한다.
② 지방은 지구력을 요하는 중등도 이하 강도의 운동에 좋은 에너지원이다.
③ 단백질은 운동 시 가장 좋은 에너지원이므로 필요량이 증가한다.
④ 근육 글리코겐은 8초 미만의 강한 운동 시 주요 에너지원이다.
⑤ 2~4분 정도의 강한 운동 시에는 근육세포의 ATP와 크레아틴 인산을 에너지원으로 이용한다.

06 운동 시 단백질이 에너지원으로 이용되는 비율은 **근육의 글리코겐 저장량에 따라 다른데, 근육에 글리코겐이 충분할 경우 운동 시 단백질을 에너지로 사용하는 비중은 낮아진다. 지방은 저, 중정도의 강도로 지속적인 운동을 할 때 사용되는 중요한 에너지원**이다. 8초 **이하의 강한 운동에는 ATP, 크레아틴 인산 등이 사용된다.**

07 운동이나 근육노동 시 체내 요구량이 증가하는 비타민은?

① 티아민, 리보플라빈
② 티아민, 비타민 C
③ 비타민 C, 비타민 D
④ 비타민 C, 니아신
⑤ 비타민 A, 비타민 D

07 **운동이나 근육노동 시**에는 에너지 필요량이 증가하므로 **에너지 대사에 조효소로 이용되는 티아민, 리보플라빈, 니아신의 요구량이 증가**한다.

08 운동성 빈혈의 원인으로 옳은 것은?

① 스트레스로 인한 에피네프린 분비 감소
② 탈수에 의한 전해질 불균형
③ 운동 전 과도한 단백질 섭취
④ 탈수에 의한 혈액량 감소
⑤ 혈액부피 증가로 헤모글로빈 농도 저하

08 운동성 빈혈은 **훈련을 통해 증가한 혈장 부피가 적혈구 증가를 훨씬 초과함으로써 발생하는 현상**이다.

정답 05. ④ 06. ② 07. ① 08. ⑤

09 운동 시 수분과 전해질의 변화 및 보충에 대한 설명으로 옳은 것은?

① 수분 부족으로 탈수 현상이 발생하면 심박동수와 혈압은 감소한다.
② 극단적인 지구력을 요하는 운동 시, 수분과 함께 전해질 용액의 보충이 필요하다.
③ 땀을 통한 칼륨의 손실이 매우 크므로 칼륨을 반드시 보충해 주어야 한다.
④ 심하게 땀을 흘리면 탈수로 인해 장수축이 일어날 수 있다.
⑤ 경기의 성과를 높이기 위해서는 운동 전에 충분한 수분을 섭취, 저장한 후 운동 중에는 수분 섭취를 하지 않는 것이 바람직하다.

09 지구력을 요하는 운동에서 수분만 공급 시 전해질 농도와 삼투압이 급격히 떨어지고, 심한 경우 저나트륨혈증을 일으켜 정신의 혼란 등이 나타날 수 있으므로, 전해질 용액의 공급도 필요하다. **신장이 정상이라면 땀으로 칼륨이 과도하게 손실되지 않으므로, 칼륨은 쉽게 고갈되지 않는다.** 또한 운동 중 수분손실이 없도록 충분한 물을 섭취하며, **땀을 많이 흘렸을 때 탈수로 인하여 근육수축이 나타날 수 있다.** 수분 부족으로 탈수현상이 발생하면, 혈액량 감소, 심장박동수와 혈압은 증가한다.

10 격심한 신체 훈련 시 나타날 수 있는 증상으로 옳은 것은?

① 고혈당증
② 빈혈
③ 이상지질혈증
④ 소변량의 증가
⑤ 혈장단백의 증가

10 격심한 운동을 하다 보면 운동성 빈혈이 나타날 수 있으며, 특히 월경하는 여자선수나 지구력 운동을 하는 운동선수에게서 나타나는데 훈련을 중단하면 사라진다. **원인은 혈액의 희석과 생리적인 적응 때문**이며 **격렬한 운동으로 인한 장의 출혈 및 장의 적혈구 세포의 파괴도 철 손실을 야기**하므로 운동을 심하게 할 때는 철의 보충도 중요하다.

11 근육 내 글리코겐의 저장량이 많으면 운동능력이 향상되는데, 이런 글리코겐 부하법이 가장 도움이 되는 운동종목은?

① 역도
② 마라톤
③ 높이뛰기
④ 단거리달리기
⑤ 농구

11 글리코겐은 강한 운동 시 근육의 에너지원으로 사용되나 체내에 저장되는 글리코겐은 제한되어 있다. **높은 에너지를 소비하는 지구력 운동선수에게는 고탄수화물 식사가 근육에 글리코겐을 더 많이 저장할 수 있게 하여 지구력을 향상**시킬 수 있다.

12 글리코겐 부하법의 특징에 대한 설명으로 옳은 것은?

① 고혈당 증세를 지연시킨다.
② 탈수 방지에는 도움이 되지 못한다.
③ 운동 수행능력을 증가시킨다.
④ 과다한 체중 증가를 억제해 준다.
⑤ 당질 섭취의 증가로 소화가 용이해진다.

12 **글리코겐 부하법은 근육에 글리코겐 저장량을 증가시키기 위한 식이처방**법이다. **장점으로는 저혈당 증세 지연, 근육의 운동 수행능력 향상, 탈수 방지(글리코겐 저장 시 3~4배의 수분과 함께 저장됨)**가 있으며, **단점으로는 과다한 체중 증가, 위와 장의 거북함, 고당질 식사의 어려움 등**이 있다.

정답 09. ② 10. ② 11. ② 12. ③

13 **경기 전의 식사에 대한 설명으로 옳은 것은?**

① 근육 발달을 위해 단백질을 충분히 섭취한다.
② 탈수 예방을 위해 물이나 희석한 과일 주스를 충분히 섭취한다.
③ 단거리 경주나 역도경기 전에는 설탕을 섭취한다.
④ 위와 장의 운동을 최소화하는 고지방 식품을 섭취한다.
⑤ 마라톤 경주 전에는 스포츠 음료를 섭취하지 않는다.

14 **경기 후의 식사 지침으로 옳은 것은?**

① 단백질 섭취 ② 지방 섭취
③ 당질 섭취 ④ 비타민 섭취
⑤ 무기질 섭취

13 **경기 전 위와 장의 운동을 최소화하는 식품으로 적당한 에너지(간과 근육의 글리코겐 저장을 위해 주로 탄수화물로 구성)를 섭취**하는 것이 좋다. **장시간의 경기 전 또는 경기 중에 탈수 예방을 위해 물, 희석한 과일 주스, 스포츠 음료 등을 충분히 섭취**한다. **단거리 경주나 역도경기 시는 체내 저장된 ATP와 근육의 글리코겐이 에너지로 이용**되므로 단순당을 먹는 것은 도움이 되지 않는다. 그러나 **지구력을 요하는 경기 전의 설탕 섭취는 글리코겐 저장량이 저하되었을 때 운동하는 근육에 포도당을 제공해 줄 수 있으므로 유익할** 수 있다.

14 근육의 글리코겐이 고갈되면 **경기 직후 글리코겐 합성효소의 활성이 증가하므로 장기간 운동 후 당질을 섭취**하는 것이 좋다.

정답 13. ② 14. ③

영양교육 3

1 영양교육과 사업의 요구도 진단
2 영양교육과 사업의 이론 및 활용
3 영양교육과 사업의 과정
4 영양교육의 방법 및 매체 활용
5 영양상담
6 영양정책과 관련기구
7 영양교육과 사업의 실제

1 영양교육과 사업의 요구도 진단

학습목표 영양교육의 목적과 필요성을 인지하고, 지역사회사업의 요구도 진단과정을 이해한다.

01 영양교육의 의의로 가장 적절한 것은?

① 영양과 건강에 대한 지식 습득
② 식생활에 대한 흥미 유도
③ 조리 기술 습득 능력
④ 영양 및 건강상태를 판정하기 위한 기술 습득
⑤ 영양 및 식생활 행동을 개선하여 스스로 실천

02 영양교육 수행의 가장 궁극적인 목적은?

① 식생활 개선
② 영양상태 판정 기술 습득
③ 식생활에 대한 관심 유도
④ 영양과 건강에 대한 지식 향상
⑤ 식태도 및 행동을 변화시켜 올바른 식생활 유도

03 영양교육의 최종 목표는?

① 만성질환의 조기진단
② 식생활에 관심 유도
③ 건강상태 판정의 기술 습득
④ 식행동의 변화
⑤ 영양과 건강에 관한 전문지식 습득

04 영양교육의 목표를 달성하기 위하여, 목표 수립 과정에서 고려해야 할 사항은?

① 목표 설정에 교육대상자의 의견을 반영한다.
② 도전적이고 장기적인 목표를 세운다.
③ 여러 개의 목표를 세워 대상자의 동기수준을 높인다.
④ 식행동 관련 대상자의 지식 변화에 중점을 둔다.
⑤ 한번 설정된 목표는 달성될 때까지 수정하지 않는다.

01 **영양교육**은 학습경험을 통해 개인이나 집단의 영양 및 건강의 개선에 관여하는 지식, 태도 및 행동 변화를 통하여 **식생활을 개선할 수 있도록 유도**하는 것이다. 자신의 의지를 **스스로 행동에 옮기고 유지하도록 뒷받침**하는 데에 가장 중요한 의의가 있다.

02 영양교육을 수행해야 하는 가장 궁극적인 목적은 대상자의 영양 개선, 건강 증진을 위해 **대상자가 스스로 건강한 식생활을 실천할 수 있도록 유도**하는 것이다.

03 영양교육의 하위 목표에는 영양지식의 이해, 식태도의 변화 등이 포함되나 이를 통해 궁극적으로 **식행동의 자발적 변화**를 불러오고자 한다.

04 영양교육의 목표 설정 과정에 대상자를 참여시키면 대상자의 현재 상황이 보다 잘 반영될 수 있고 동기수준을 높여 영양교육의 목표 달성에 효율적이다.

정답 01. ⑤ 02. ⑤ 03. ④ 04. ①

05 영양교육을 실시하는 데 있어 어려운 점으로 가장 옳은 것은?

① 교육에 대한 대상자의 흥미가 매우 높다.
② 대상자의 식태도와 식행동은 쉽게 변화한다.
③ 대상자의 영양에 관한 지식 및 교육수준이 다양하다.
④ 영양 관련 정보가 부족하여 영양교육의 의존도가 높다.
⑤ 영양교육의 실행은 어려운 과정이나 식행동 변화에 대한 교육의 효과는 대개 즉각적으로 나타난다.

05 영양교육 실시의 어려운 점으로는 **대상자의 구성이 다양**하여 나이, 성별, 교육수준, 노동정도, 경제수준, 기호도, 식생활 및 식습관 등에 차이가 많다는 점, 식행동 변화에 대한 **효과가 나타나는 데 소요되는 시간이 장기적이고 완속적(緩速的)**이라는 점, 대상자의 **식태도와 식행동은 오랜 기간 형성된 것이어서 변화가 쉽지 않다**는 점, 대상자의 **흥미를 유도하는 것이 어렵다는 점, 범람하는 영양 관련 정보가 대상자에게 혼란을 초래**하는 점, 식행동의 변화는 여러 가지 원인이 복합하여 나타나는 경우가 많아 **단기간 영양교육의 효과가 제한적일 수 있다**는 점 등을 들 수 있다.

06 현대사회에서 영양교육의 필요성이 강조되는 배경과 관련이 가장 높은 것은?

① 개인중심의 사회 속에 영양 관련 정보의 부족으로 인한 사회 환경적 변화
② 식품이나 영양에 관련된 생활습관병 감소 등 현대인의 질병구조 변화
③ 가공식품, 편의식품, 외식산업 등 식품산업 및 식생활 환경 변화
④ 식품소비 감소 등 식생활에 대한 가치관 변화로 인한 영양결핍
⑤ 국민의 건강수명 연장과 건강격차를 넓히기 위한 국가 정책적 변화

06 **영양교육**은 보건·의료나 예방의 어떤 한 단계에서 필요한 것이 아니라 모든 단계에서 **필요**하다. 그 **배경으로는 현대사회의 사회·환경적 변화, 질병구조의 변화, 식품산업과 식생활 환경의 변화, 국가 정책적 변화 등**을 들 수 있다.

07 우리나라의 국민건강증진법에 기초한 영양교육의 방향은?

① 질병 발생 이후의 건강증진
② 질병의 예방
③ 영양지식 향상
④ 질병의 치료
⑤ 식량 지원

07 우리나라도 보건문제에 대해 질병의 치료에 의존하기보다는 질병 발생 이전의 **건강증진**과 **질병예방**을 도모하는 적극적인 정책을 추진하기 위해 **국민건강증진법**을 제정하였다.

08 '어린이 식품안전보호구역 지정관리'에 대한 내용을 포함하고 있는 법은?

① 국민건강증진법
② 어린이 식생활안전관리 특별법
③ 식생활교육지원법
④ 국민영양관리법
⑤ 식품위생법

08 국가 영양정책으로 **국민건강증진법, 어린이 식생활안전관리 특별법, 식생활교육지원법, 국민영양관리법** 등이 제정되어 대국민 영양교육의 필요성을 강조하고 있다.

정답 05. ③ 06. ③ 07. ② 08. ②

09 영양교육 실시과정의 첫 단계인 **대상자의 진단**에서는 **대상자의 특성과 교육 요구도를 파악하고 대상자의 영양문제 및 영양문제의 원인과 관련 요인을 분석**하는 과정이 포함된다.

09 **영양교육 대상자의 진단과정에 포함되어야 하는 내용으로 적절한 것은?**

① 대상자의 영양문제 발견
② 교육자의 교육 요구도 파악
③ 영양교육의 중재방법 선택
④ 교육평가방법 계획
⑤ 교육매체의 선택

10 **대상자의 실태 파악방법**으로는 대상자의 식품 및 영양소 섭취량을 분석하는 **식사조사**, 영양소의 결핍증과 과잉증을 신체 증상과 징후로 알아보는 **임상조사**, 신장·체중·상완위·체지방률 등을 측정하는 **신체계측**, **혈액이나 조직 및 요의 영양소나 대사산물의 농도를 분석하는 생화학적 조사** 등이 있다. 철결핍 빈혈의 판정은 생화학적 조사방법인 혈액검사를 통하여 주로 이루어진다.

10 **영양교육 대상자의 진단과정에서 집단의 철결핍 빈혈 유병률을 알아내기 위한 실태 파악방법으로 옳은 것은?**

① 식사조사 ② 임상조사
③ 질환력조사 ④ 신체계측
⑤ 생화학적 조사

11 영양 서비스의 적절성을 평가하기 위해서는 **기존의 영양 서비스에 대한 검토**를 해야 한다. **대상자의 요구를 만족시키는 데 현존의 영양 서비스가 적절한지, 다른 영양 서비스가 기존의 영양 서비스와 중복되지 않는지, 다른 영양 서비스와 연계·협력할 수 있는지** 등의 방법으로 검토해야 한다.

11 **영양교육 대상자를 진단하는 과정에서 기존의 영양 서비스에 대한 검토방법으로 가장 거리가 먼 것은?**

① 현재의 영양 서비스가 대상자의 요구를 만족시키기에 적절한지 검토
② 계획하려는 다른 영양 서비스가 기존의 서비스와 중복되지 않는지 검토
③ 다른 영양 서비스와 항상 별도로 운영할 수 있는지 검토
④ 기존 영양 서비스의 문제점을 보완할 수 있는지 검토
⑤ 영양교육 프로그램이 정부의 정책적 차원에서 효과적으로 운영될 수 있는지 검토

12 영양교육 대상집단은 많은 영양문제를 지니는데, 먼저 해결해야 할 우선순위를 정할 때에는 대상자들에게 **가장 흔한 영양문제(이환율 등), 영양교육에 의해 개선의 가능성이 많은 문제, 영양교육을 하지 않았을 때 나타나는 문제의 긴급성과 심각성 등을 고려**한다. **정부나 영양 관련 기관, 지역단체의 정책 지원이나 법규, 지원의 정당성, 경제성, 수요성, 자원의 이용도** 등도 고려한다.

12 **영양교육 대상자의 진단 결과 많은 영양문제들이 발견된 경우, 영양문제의 해결을 위한 우선순위를 정할 때 고려해야 할 기준으로 가장 거리가 먼 것은?**

① 영양문제의 유병률
② 교육의 효과성
③ 영양문제의 심각성
④ 정부 및 영양교육 관련 공공기관의 정책지원
⑤ 교육 실시의 편리성

정답 09. ① 10. ⑤ 11. ③ 12. ⑤

13 고혈압 유병률 감소를 위한 영양교육 프로그램 개발을 위해 지역사회 주민 대상의 요구도를 파악하려고 한다. 지역사회를 대표할 수 있는 표본을 추출하여 조사를 계획하고, 주민의 참여를 높이기 위해 하루를 정해 오전 중에 조사를 마칠 수 있도록 하였다. 조사방법으로는 24시간 회상법을 이용한 식사조사 및 건강에 관한 설문조사와 혈압 등의 임상적 측정이 포함되었다. 이와 관련된 설명으로 가장 적절한 것은?

① 요구도 파악을 위한 조사는 전향적 설계로 수행되었다.
② 평균필요량을 기준으로 조사된 영양소 섭취량을 평가하여 고혈압으로 진단된 대상자들의 미량영양소 결핍 여부를 판정할 수 있다.
③ 대상자의 혈압 측정 결과와 식생활 행동 분석은 혈압을 증가시키는 데 관여하는 식생활을 교정하기 위한 프로그램 개발에 이용할 수 있다.
④ 고혈압으로 진단된 대상자와 정상인 대상자의 식사섭취 패턴을 비교·평가하면, 고혈압 예방을 위한 식사지침 개발을 할 수 있다.
⑤ 대상자 집단의 영양소 섭취량 변화를 효과평가지표로 설정하고, 개발 프로그램을 적용한 후 24시간 회상법으로 프로그램 적용 전후를 조사하여 분석하면, 프로그램 효과를 평가할 수 있다.

13 **단면조사 설계로서, 단면조사 설계에서 단순한 혈압 증가와 식생활 현황 간에는 그 선후관계를 알 수 없기 때문에 혈압증가의 원인이 되는 식생활을 단정할 수 없다.** 다만, 기존에 고혈압으로 진단받지 않아 고혈압 진단으로 인한 식생활 변화 가능성을 배제할 수 있다면 그 연관성을 추정할 수 있다. **하루의 섭취수준으로 개인의 미량영양소 섭취수준의 절대적인 평가는 할 수 없으나 집단의 평균섭취량을 프로그램의 도입 전후 간 비교하여 프로그램 효과평가의 지표로 사용할 수 있다.**

14 지역사회 내 영양교육 프로그램을 계획하기 전 진단 단계에서 활용할 수 있는 간접적 조사 자료의 예시에 해당하는 것은?

① 지역사회 건강조사 자료
② 지역사회 주민의 표본 집단에 대한 식사조사 자료
③ 지역사회 주민의 신체계측 자료
④ 지역사회 주민의 부종 상태 자료
⑤ 지역사회 주민 대상 혈당측정 자료

14 영양교육 프로그램 계획을 위한 진단과정에서 직접적인 조사방법과 간접적인 조사방법을 통하여 대상자의 교육요구도를 파악할 수 있다. **직접적인 조사방법으로는 식사조사, 신체계측, 임상조사, 생화학적 조사**가 포함되며, **간접적인 조사방법**에는 **기존에 실시된 지역사회의 특성, 사회·문화적 자료, 보건통계 자료, 영양 및 건강조사 자료** 등의 활용이 포함된다.

정답 13. ⑤ 14. ①

2 영양교육과 사업의 이론 및 활용

학습목표 영양교육과 지역사회영양사업의 이론을 이해하고 활용할 수 있다.

01 건강신념모델의 주요 구성요소에 대한 설명으로 가장 적절한 것은?

① 인지된 민감성 – 질병과 그 질병이 가져올 수 있는 결과의 심각성에 대한 인식
② 인지된 심각성 – 질병에 걸릴 가능성 정도에 대한 인식
③ 인지된 이익 – 행동 변화가 질병에 대한 위험도와 심각성을 낮출 것이라는 인식
④ 행동의 계기 – 행동변화가 가져올 물리적 또는 심리적 비용에 대한 인식
⑤ 자아효능감 – 변화를 촉발시키는 행동의 계기

02 교육대상자에게 유방암의 위험성과 유방암에 걸렸을 때 건강에 미치는 심각한 증상을 교육하고, 다양한 채소와 과일의 충분한 섭취와 지방 섭취를 줄였을 때의 장점을 교육한다면 이것은 어떤 건강행동이론을 적용한 것으로 볼 수 있는가?

① 사회학습이론
② 건강신념모델
③ 합리적 행동이론
④ 범이론적 모델
⑤ 계획적 행동이론

03 특정 건강행동에 대한 의향이 행동을 수행하는 직접적인 결정 요인이라고 보는 이론은?

① 계획적 행동이론
② 사회학습이론
③ 건강신념모델
④ 혁신확산이론
⑤ 범이론적 모델

01
① 인지된 민감성 : 질병에 걸릴 가능성 정도에 대한 인식
② 인지된 심각성 : 질병과 그 질병이 가져올 수 있는 결과의 심각성에 대한 인식
④ 행동의 계기 : 변화를 촉발시키는 행동의 계기
⑤ 자아효능감 : 특정 건강행동 수행에 대한 자신감

02 질병에 대한 위험과 심각성을 인지시키고 요구되는 행동이 주는 이득이 장애를 초과할 때 행동변화가 가능하다는 이론은 건강신념모델이다.

03 합리적 행동이론과 계획적 행동이론에서는 행동은 행동 의향을 측정함으로써 예측 가능하다고 본다.

정답 01. ③ 02. ② 03. ①

04 계획적 행동이론을 근거로 임신부에게 모유 수유에 관한 영양교육을 실시하려고 한다. 이들에게 공공장소에서 모유 수유하는 법, 유선염에 걸린 경우 모유 수유하는 법, 제왕절개를 했을 때 모유 수유하는 법에 대해 교육한다면, 이는 무엇을 목적으로 하는 것인가?

① 모유 수유에 대한 태도 증진
② 모유 수유에 대한 주관적 규범 증진
③ 순응동기 증진
④ 인지된 행동통제력 증진
⑤ 관찰학습 기회 증진

04 계획적 행동이론에서 어떤 행동에 대한 의향이 있어도 방해요인이 있으면 행동으로 옮기기 어렵다고 설명한다. 모유 수유의 **방해요인을 극복하는 방법을 교육하면 인지된 행동통제력을 증진**시켜 모유 수유를 실천할 수 있게 된다.

05 계획적 행동이론을 적용하여 영양교육을 실시하는 내용으로서 가장 적절한 것은?

① 특정 건강문제의 위험을 가지고 있음을 느끼게 한다.
② 보상을 제공하여 바람직한 식행동에 대해 내적·외적으로 강화시킨다.
③ 타인의 행동과 그 결과를 관찰함으로써 행동수행을 학습하게 한다.
④ 통제적 신념을 수정하기 위하여 올바른 식행동의 방해 요인을 극복하는 방법을 제시하고 행동 수행에 대한 자신감을 갖게 격려한다.
⑤ 통제적 신념을 수정하기 위한 방법으로 바람직한 영양지식을 습득할 수 있도록 교육한다.

05 **통제적 신념을 수정**하기 위해서는 올바른 식행동의 **방해 요인을 극복하는 방법을 제시**하고, 구체적으로 **식행동 변화를 초래할 수 있는 기술을 습득**하도록 하며, 바람직한 식행동을 실천할 기회를 제공한다.

06 사회인지론을 적용하여 영양교육을 계획하고 실시하는 내용으로 가장 적합한 것은?

① 개인적 요인과 함께 환경적 변화를 유도한다.
② 행동 수행 시 부정적 결과를 느끼게 하여 인식의 변화를 유도한다.
③ 자아효능감 증진을 위하여 모든 행동에 대하여 충고한다.
④ 행동수행력을 키우기 위하여 행동에 대한 개인적인 평가를 한다.
⑤ 주관적 규범, 인지된 행동통제력 등의 개념을 적용한다.

06 사회인지론을 적용할 경우 **행동결과에 대한 기대로서 행동 수행 시 긍정적 결과를 인식하게 하고, 부정적 결과는 덜 느끼도록 인식의 변화를 유도한다.** 사회인지론은 개인의 행동변화에 개인적 요인, 환경적 요인, 행동적 요인의 상호작용이 중요함을 강조한다.

07 사회인지론을 적용하여 초등학생을 대상으로 편식예방 교육을 실시하려고 할 때 환경적 요인을 활용한 예로 가장 적절한 것은?

① 학교급식에서 다양한 식품 섭취 기회를 제공한다.
② 편식의 장단점에 대해 설명한다.
③ 골고루 먹으려는 태도를 가지도록 유도한다.
④ 골고루 먹을 수 있다는 자신감을 향상시킬 수 있도록 한다.
⑤ 골고루 먹을 때 더욱 건강해짐을 인식시킨다.

07 **사회인지론은 개인의 행동이 개인적 요인, 행동적 요인, 환경적 요인의 상호동적인 작용에 의하여 영향을 받는다고** 설명한다. ①은 영양교육에 환경적 요인을 활용 예시이며, ②~⑤는 개인적 요인을 활용한 예시이다.

정답 04. ④ 05. ④ 06. ① 07. ①

08 직장인을 대상으로 나트륨 저감화 영양교육을 실시하려고 할 때 사회인지론의 행동적 요인을 적용한 예로 가장 적절한 것은?

① 저염식 실천을 통하여 혈압이 정상으로 회복된 사례를 소개한다.
② 직장 급식소에서 저염식을 제공한다.
③ 식품 선택 시 영양표시 중 나트륨의 함량을 확인하도록 한다.
④ 싱겁게 먹기를 실천하였을 때 직장에서 보상을 준다.
⑤ 간식으로 칼륨이 많이 포함된 채소와 과일을 제공한다.

08 사회인지론은 개인의 행동이 개인적 요인, 행동적 요인, 환경적 요인의 상호 동적인 작용에 의하여 영향을 받는다고 설명한다. 답가지 ①은 환경적 요인의 관찰학습, ②와 ⑤는 환경적 요인의 환경, ③은 행동적 요인의 행동수행력, ④는 환경적 요인의 강화를 적용한 예시이다.

09 35세 남성 홍길동 씨는 다음 달부터 체중감소를 목표로 밥 섭취량을 2/3로 줄이고자 한다. 범이론적 모델에 따른 홍길동 씨의 행동변화단계는?

① 고려 전 단계
② 고려 단계
③ 준비 단계
④ 행동 단계
⑤ 유지 단계

09 범이론적모델에 의하면 향후 1개월 이내에 의미 있는 행동변화를 실천할 의향이 있는 단계를 '준비' 단계로 본다.

10 행동변화단계에 따른 영양교육방법으로 가장 적절한 것은?

① 고려 전 단계 대상자에는 건강행동 실천의 장애요인 극복방안을 설명한다.
② 고려 단계 대상자에게 건강행동을 하겠다는 약속을 받는다.
③ 준비 단계 대상자의 인식변화에 초점을 둔다.
④ 행동 단계 대상자에게 행동수정을 위한 방법을 실천하도록 한다.
⑤ 유지 단계 대상자에게 바람직하지 못한 행동의 문제점을 인식하게 한다.

10 고려 전 단계에서는 인식 변화에 초점을 두어야 하며, 고려 단계에서는 건강행동의 장점을 더욱 인식할 수 있도록 하고, 준비 단계에서는 행동 변화에 대한 약속을 할 수 있도록 한다. 또한 유지 단계에서는 이전 습관으로 돌아가기 쉬운 상황에 대처하는 능력을 키운다.

11 비만 성인을 대상으로 영양교육을 실시하려고 한다. 교육대상자는 비만이 건강에 미치는 영향에 대한 인식이 부족하고 체중감량 시도도 하지 않고 있다. 교육대상자들에게 해당하는 행동변화단계와 이에 대한 적절한 교육의 연결이 옳은 것은?

① 고려 전 단계 – 비만의 위험성에 관한 강의
② 고려 전 단계 – 체중감량 식이요법에 대한 정보 제공
③ 준비 단계 – 비만의 위험성에 관한 비디오 상영
④ 준비 단계 – 목표 달성에 대한 보상
⑤ 행동 단계 – 저칼로리 음식 조리 시연

11 문제에 대한 인식 부족과 변화에 대한 의지가 부족한 것은 고려 전 단계이므로 인식 변화에 초점을 두는 교육을 실시한다.

정답 08. ③ 09. ③ 10. ④ 11. ①

12 범이론적 모델의 변화과정 구성요소와 이를 활용한 영양교육의 예가 옳게 짝지어진 것은?

① 의식증가 – 건강 식행동을 권장하는 사회적 분위기 조성
② 자기재평가 – 건강 식행동을 실천하는 자신에 대한 평가 활동
③ 자기방면 – 건강 식행동을 유도하는 환경 증대
④ 자극조절 – 행동개선에 대한 자신과의 약속 작성
⑤ 조력관계 – 건강하지 않은 식행동을 건강 식행동으로 대치

12
① 의식증가 : 문제 행동의 결과에 대한 정보 제공
③ 자기방면 : 행동변화에 대한 자신과의 약속
④ 자극조절 : 건강 식행동을 유도하는 환경 증대
⑤ 조력관계 : 지지모임 운영, 건강전문가와 긴밀한 관계 형성

13 당뇨병 환자에게 식품교환표 사용법, 간식과 외식 섭취 시 식품 선택법, 음주를 스스로 절제하는 법 등을 교육한다면 이는 주로 무엇을 목적으로 하는 것인가?

① 인지된 위협성 증대
② 주관적 규범 향상
③ 자아효능감 증진
④ 행동에 대한 태도 향상
⑤ 행동의 계기 제공

13 **자아효능감은 특정 행동을 성공적으로 할 수 있다는 개인의 자신감을 말**한다. 당뇨병 환자의 **식사요법 실천에 대한 자기효능감을 높이기 위해서는 식사요법 실천에 필요한 기술과 지식에 대한 교육**이 필요하다.

14 PRECEDE–PROCEED 모델에서 역학적 진단에 속하는 과정은?

① 주요 건강문제를 파악하고 이에 영향을 미치는 요인을 행동, 환경적 관점에서 알아본다.
② 프로그램을 수행하는 기관의 정책, 자원, 환경 등을 조사한다.
③ 삶의 질에 관한 대상 집단의 주관적인 관심사를 알아본다.
④ 행동과 환경적 요인에 영향을 미치는 요인을 구체적으로 찾는다.
⑤ 행정적으로 문제가 되는 부분이 무엇인지 진단한다.

14 PRECEDE–PROCEED 모델의 **역학적 진단 단계**에서는 대상 집단의 삶의 질과 관련된 **주요 건강문제를 파악**하고 이를 해결하기 위한 **행동적·환경적 목표를 설정**한다.

15 PRECEDE–PROCEED 모델에 대한 설명으로 가장 옳은 것은?

① PRECEDE는 요구진단에 근거하여 영양사업을 실행 및 평가하는 단계이다.
② PROCEED는 사회적 진단, 역학적 진단, 교육적 · 생태학적 진단 등이 포함된다.
③ PROCEED는 영양교육의 계획에 필요한 정보를 수집하는 요구진단 과정이다.
④ 이 모델을 활용하면 요구진단을 매우 체계적으로 할 수 있는 장점이 있다.
⑤ 요구진단에서 찾은 행동에 영향을 미치는 요인의 변화를 유도하기 위해 어떤 방법이나 전략을 써야 할지 상세히 분석할 수 있다.

15 PRECEDE–PROCEED 모델은 행동에 영향을 미치는 요인의 변화를 유도하기 위해 어떤 방법이나 전략을 써야 할지에 관한 부분은 미흡하다.

정답 12. ② 13. ③ 14. ① 15. ④

16 **과정평가**는 교육적 · 생태학적 진단을 통해 파악된 **동기부여, 행동강화, 행동가능성 요인**들이 프로그램 적용을 통해 목표하던 대로 변화하였는지를 **평가**하는 것이다. 이러한 요인들이 목표한 대로 변화하여 역학적 진단을 통해 나타난 건강과 관련된 **행동적 및 환경적 요인**에 긍정적인 변화를 유도하였는지를 **평가**하는 과정은 **영향평가**이다.

17 마케팅 믹스는 **제품(Product), 가격(Price), 유통경로(Places), 촉진(Promotion)의 4P로 사회마케팅 계획 시 각 요소별 전략 수립**이 요구된다. **제품은 구체적인 프로그램, 가격은 프로그램 참여와 건강행동 변화의 물적 · 정신적 · 신체적 비용, 유통경로는 프로그램의 시행장소, 촉진은 프로그램 참여 독려 메시지 및 전파경로** 설정에 관한 것이다.

18 문제 17번 해설 참고

19 **혁신확산이론은 지역사회 수준에서의 건강행동 변화를 설명하는 이론으로, 지역사회 내 건강행위의 실천을 확대시키기 위해 선구자적인 구성원의 효과를 나머지 구성원이 확인하고 동참하도록 유도하는 모델이다.** 건강신념모델과 합리적 행동이론은 건강행동 변화에 있어 개인적 요소를 설명하는 이론이며, 사회인지론은 개인의 행동수행력과 인지적 특성을 포함하는 개인적 요소와 환경적 요소를 고려하는 이론이고, 사회적 지지이론은 타인으로부터 얻을 수 있는 개인의 건강행동 변화에 도움이 되는 물질적 · 비물질적 지원에 관한 이론이다.

정답 16. ② 17. ③ 18. ①
19. ②

16 PRECEDE-PROCEED 모델에 대한 내용으로 가장 옳은 것은?

① 영양상태 증진을 포함한 건강증진 프로그램의 실행 및 평가를 체계적으로 하는 데 중점을 둔다.
② 요구진단은 사회적 진단, 역학적 진단, 교육적 · 생태학적 진단, 행정적 · 정책적 진단과정을 거친다.
③ 행정적 · 정책적 진단이 영양교육의 요구진단의 핵심단계이다.
④ 과정평가는 역학적 진단을 통해 나타난 건강과 관련된 행위가 프로그램 적용을 통해 어떤 변화를 가져왔는지를 평가하는 것이다.
⑤ 단계별 진단결과는 프로그램 실행 후 평가에 영향을 미치지 않는다.

17 과음예방 영양교육 계획 시 사회마케팅을 적용하는 전략으로 가장 옳은 것은?

① 술 섭취를 줄이기 위해 직장동료에게 도움을 요청한다.
② 술을 마셨을 때 나타나는 건강상의 문제점을 강조한다.
③ 표적 집단에 접근할 수 있는 가장 효과적인 경로를 모색한다.
④ 과음을 삼갔을 때 작은 선물, 물질적인 보상 등 강화를 이용한다.
⑤ 술 섭취를 줄이기 위한 행동계약서를 작성한다.

18 초등학생의 당류섭취 감소를 위해 가당음료 대신 물을 마시자는 프로그램 계획 시, 마케팅 믹스의 요소별 전략 수립에 관한 내용으로 가장 거리가 <u>먼</u> 것은?

① 프로그램의 제목 설정
② 프로그램의 구체적인 내용 설정
③ 프로그램 참여와 실천의 장애요인 파악
④ 프로그램 시행 장소의 결정
⑤ 프로그램 홍보 매체 결정

19 A 회사에서 직원 중 신청자를 받아 구내식당의 저염식단 이용과 그에 따른 건강상태를 주기적으로 관찰하는 프로그램을 시행하였다. 프로그램의 긍정적인 건강효과 소개와 함께 호응이 좋은 저염식단의 레시피 가이드를 제작하여 직장 내에서 홍보하고 가정에도 배포하여 저염식 실천 참여자를 증가시키고자 하였다. 이 프로그램은 어떤 이론에 근거하는가?

① 건강신념모델 ② 혁신확산이론
③ 사회인지론 ④ 사회지지이론
⑤ 합리적 행동이론

20 **초등학교 방과후 프로그램에서 범이론적 모델을 적용하여 비만예방을 위한 영양교육을 실시하고자, 대상 학생들의 행동변화 단계를 우선 파악하고 단계에 따라 교육내용을 다르게 계획하였다. 다음은 어느 단계의 대상자에게 가장 적합한 교육내용인가?**

- 서로의 건강 식행동을 격려하는 단짝 배정
- 문제 식행동을 파악하고 새로운 건강 행동을 찾아보는 브레인스토밍 활동
- 건강 식행동 실천에 대한 보상 제공

① 고려 전 단계 ② 고려 단계
③ 고려/준비 단계 ④ 준비/행동 단계
⑤ 행동/유지 단계

20 행동변화 단계 모델의 변화과정 중 **조력관계, 대체조절, 강화 등은 행동 또는 유지 단계의 대상자에게 효과적**이다.

21 **행동변화 단계에 대한 설명으로 옳은 것은?**

① 고려 전 단계 – 향후 12개월 이내에 건강 행동을 실천할 의향이 없다.
② 고려 단계 – 향후 3개월 이내에 건강 행동을 실천할 의향이 있다.
③ 준비 단계 – 향후 1개월 이내에 건강 행동을 실천할 의향이 있다.
④ 행동 단계 – 지난 2주 동안 건강 행동을 매일 실천하고 있다.
⑤ 유지 단계 – 지난 3개월 동안 건강 행동을 매일 실천하고 있다.

21 행동변화 단계 모델의 **행동 단계는 건강행동을 실천한 지 1개월 이상 되었으나 아직 6개월 미만인 경우**로 정의된다.

22 **노인을 대상으로 수분의 적정한 섭취에 대한 영양교육을 시행하고자 할 때, 건강신념모델의 '실행계기' 구성요소를 적용한 영양교육 방법으로 옳은 것은?**

① 탈수의 심각성에 대한 강의
② 수분 섭취의 건강상 장점에 대한 인쇄물 배포
③ 물 마시기 시간에 대한 알람문자 발송
④ 식재료별 수분함량에 대한 강의
⑤ 노인의 탈수 유병률 통계자료 제시

22 건강신념모델의 **실행계기 구성요소는 생각했던 바를 실제 행동으로 옮기도록 상기시킬 수 있는 계기**를 말한다.

정답 20. ⑤ 21. ③ 22. ③

3 영양교육과 사업의 과정

학습목표 영양교육과 사업의 계획, 실행 및 평가 과정을 이해한다.

01 영양교육 실시과정을 순서대로 옳게 나열한 것은?

① 대상의 진단 – 실행 – 평가 – 계획
② 계획 – 대상의 진단 – 실행 – 평가
③ 대상의 진단 – 계획 – 실행 – 평가
④ 계획 – 실행 – 평가 – 대상의 진단
⑤ 대상의 진단 – 계획 – 평가 – 실행

01 영양교육은 **대상의 진단, 계획, 실행, 평가의 순으로 실시**되며 평가의 결과를 계획에 반영함으로써 보다 좋은 계획을 수립하여 효과적인 영양교육이 될 수 있다.

02 영양교육 대상자를 진단한 후 계획 단계에 포함되어야 하는 내용으로 가장 적절한 것은?

① 목적을 달성하기 위한 적절한 영양중재방법을 선택한다.
② 대상 집단의 영양문제를 파악하기 위해 정보를 수집한다.
③ 대상 집단이 요구하는 영양서비스를 파악한다.
④ 영양교육의 방법과 기술을 이용하여 교육을 진행한다.
⑤ 구체적인 목표달성 여부를 파악하여 교육을 객관적으로 점검하고 확인한다.

02 **대상 집단의 영양문제 발견, 이의 원인분석, 요구도 파악** 등은 계획 수립 단계 이전의 **진단과정**에 포함되는 내용이며, **영양교육의 목표달성 여부의 파악은 평가 단계**의 내용이다.

03 일반 성인 대상의 영양교육을 계획할 때 고려할 사항으로 가장 옳은 것은?

① 단기 목표와 장기 목표는 실현 불가능하더라도 높게 설정한다.
② 교육내용은 복잡한 것에서 간단한 것으로 전개되게 구성한다.
③ 일반인들에게 전문적인 영양지식을 알려주기 위해 전문 용어를 많이 사용한다.
④ 교육 시 식생활 관련 이론과 원리를 많이 알려줄 수 있도록 구성한다.
⑤ 영양교육을 계획하기 전에 대상자의 영양교육에 대한 요구도를 파악한다.

03 영양교육은 **대상자의 요구도를 진단한 후 계획**되어야 하며, **단기 목표**(예 : 영양지식의 변화), 장기 목표(예 : 체중 변화)가 **구체적으로 측정할 수 있게 설정**되어야 한다. 영양교육은 논리적·체계적으로 진행되어야 하며, 일반인들의 **이해를 돕기 위해 전문적인 용어는 쉽게 풀어서 설명**한다. 그리고 실생활에 적용 가능한 방법을 위주로 구성한다.

정답 01. ③ 02. ① 03. ⑤

04 **영양교육을 실시하기 전 교육대상자를 진단해야 한다. 사회·경제적 여건을 진단할 때 포함되는 항목에 해당하는 것은?**

① 주거 상태, 학력, 소득
② 주거 상태, 소득, 주관적 행복도
③ 학력, 사회적 유대 관계, 식사섭취 규칙성
④ 결혼 상태, 주관적 행복도, 직업
⑤ 주거 상태, 직업, 신체활동 수준

05 **영양교육의 목표를 진행순서에 따라 옳게 연결한 것은?**

① 식행동의 변화－식태도의 변화－건강상태 개선
② 식행동의 변화－영양지식 이해－건강상태 개선
③ 영양지식 이해－식행동의 변화－식태도의 변화
④ 영양지식 이해－식태도의 변화－식행동의 변화
⑤ 식태도의 변화－식행동의 변화－영양지식 이해

06 **체중조절에 관한 영양교육을 실시할 경우, 영양교육의 중간목표에 해당하는 것으로 가장 거리가 먼 것은?**

① 교육대상자의 50%가 식사일지를 기록할 수 있다.
② 교육대상자의 50%가 자신의 섭취 에너지를 계산할 수 있다.
③ 교육대상자의 50%가 자신의 식단을 분석할 수 있다.
④ 교육대상자의 50%가 저에너지 샐러드드레싱을 만들 수 있다.
⑤ 교육대상자의 50%가 정상 체질량지수에 도달할 수 있다.

07 **여자 중학생들의 부적절한 식사행동에 의하여 나타나는 '체중감소'라는 영양문제의 원인은 건강한 체중조절에 대한 태도가 잘 형성되지 않았기 때문이라는 진단이 내려졌다. 이에 대해 영양문제를 개선하기 위한 영양교육에서 설정할 수 있는 목표로 가장 옳은 것은?**

① 대상 학생들이 영양소의 기능에 대해 잘 기억하게 한다.
② 대상 학생의 50%까지 체중조절에 대한 태도를 바람직하게 변화시킨다.
③ 대상 학생의 50%까지 체중조절로 체중을 2 kg 이상 감소시킨다.
④ 대상 학생들의 비만 위험성에 대한 정확한 지식을 증가시킨다.
⑤ 대상 학생의 50%까지 교육 전보다 에너지 소비를 감소시킨다.

04 교육대상자를 진단할 때 영양문제와 관련된 요인분석으로 **사회·경제적 여건을 진단**할 때 포함되는 항목에는 **주거 상태, 학력, 직업, 소득(수입), 사회적 유대관계** 등이 있다.

05 영양교육의 목표는 KAP(Knowledge : 영양지식의 이해, Attitude : 식태도의 변화, Practice : 식행동의 변화)와 관련된 것으로서, 영양지식의 이해를 통해 의욕이나 동기를 유발하고 이를 식생활에 실천하도록 한다.

06 **중간목표**에는 결과목표 달성과 관련된 **구체적인 지식, 신념, 기술, 태도의 증진 등이 포함**될 수 있다.

07 영양교육의 목표는 진단된 문제와 관련하여 구체적으로 설정하는 것이 좋다.

정답 04. ① 05. ④ 06. ⑤ 07. ②

08 영양교육 활동은 목적 달성을 위해 적절한 영양중재방법을 선택해야 한다. 철결핍성 빈혈이 부적절한 식품선택에 의해서 발생하였을 경우, 시도해야 하는 영양중재방법 중 가장 적절한 것은?

① 철 흡수율 향상을 위한 식품 선택에 대한 교육
② 철결핍성 빈혈의 증상에 대한 교육
③ 철의 영양적 기능에 대한 중요성에 대한 교육
④ 빈혈의 종류와 각각의 원인에 대한 교육
⑤ 교육대상자에게 우유를 제공

08 철결핍성 빈혈의 원인이 부적절한 식품선택이므로 철의 공급을 증가시키는 방법과 올바른 식품선택을 증진시키는 방법을 시도해야 한다.

09 영양교육을 계획대로 실행하기 어려운 경우의 대처방안으로서 가장 적절한 것은?

① 영양교육과정을 일부 수정하거나 근본적인 점검을 할 수 있는 융통성이 필요하다.
② 목적달성에 어려움이 있더라도 처음의 계획을 변경하지 않고 끝까지 밀고 나간다.
③ 경제적 손실을 최소화하기 위해서 목적이 달성되지 않았더라도 끝낸다.
④ 일반적으로 교육대상자의 선정에 문제가 있는 것이므로 대상자를 바꾸도록 한다.
⑤ 대상자의 불만이 있더라도 처음의 계획대로 여러 번 반복하여 실행하도록 한다.

09 영양교육은 계획대로 실행되기에 어려움이 있고, 교육기간 동안에 대상집단의 요구가 변하기도 하므로 영양교육과정에 일부 수정이 필요하고, 때로는 근본적인 점검이 필요하다. 따라서 **영양교육을 실행할 때 융통성과 적절한 관리능력이 요구**된다.

10 영양교육의 과정평가에 대한 설명으로 옳은 것은?

① 계획과정에서 설정된 목표 달성 여부에 대한 평가이다.
② 일종의 결과평가로 영양교육 실시 전후에 이루어진다.
③ 교육매체나 방법이 대상자의 수준에 적절한지를 평가한다.
④ 대상자의 영양지식, 식태도, 식행동의 변화를 알아본다.
⑤ 교육 후 일정기간이 지난 후 건강상태의 변화를 알아본다.

10 영양교육의 **과정평가**는 영양교육이 실행되는 과정에 대한 평가이다. 즉 **교육내용이 목적과 목표에 적합한지, 교육 매체나 방법이 대상자의 수준에 적절한지** 등을 알아보는 것이다. 효과평가는 목표 및 목적 달성 여부를 확인하는 것이다.

11 영양교육의 효과평가에 대한 설명으로 가장 옳은 것은?

① 대상자의 교육만족도를 평가한다.
② 계획과정에서 설정된 활동이 수행되었는지를 평가한다.
③ 교육이 목표한 대상자에게 전달되었는지 평가한다.
④ 교육을 마치고 일정시간 후 건강상태의 변화를 알아본다.
⑤ 영양교육에 사용된 자원이 적절하였는지 평가한다.

11 영양교육의 **효과평가는 목표 및 목적의 달성 여부를 확인**하는 것인데, 영양교육 실시 전후, 그리고 교육 후 일정한 기간이 지난 다음에 이루어진다. 교육 실시 전에 대상자의 지식, 태도, 행동 및 건강상태 수준을 파악한 다음, 교육 실시 후에 다시 수준을 조사하여 비교해 본다. 또 교육 실시 전에 대상자의 식행동 및 건강상태를 파악한 후, 교육을 실시하고 나서 일정한 기간이 지난 다음에 비교해 볼 수 있다.

정답 08. ① 09. ① 10. ③ 11. ④

12 **A 중학교의 영양교사가 한 차시의 영양교육 수업을 진행할 때, 수업의 각 단계와 내용이 옳게 짝지어진 것은?**

① 도입 – 대상자의 관심 증진을 위한 자료 제시
② 도입 – 학습 내용 정리
③ 전개 – 학습 목표 제시
④ 전개 – 학습 성취도 확인
⑤ 종결 – 주요 학습활동 진행

12 수업의 도입단계에서는 선행학습 내용 확인, 주의집중 및 관심 유도, 학습목표 제시 등을, 전개단계에서는 학습내용과 학습매체 제시 및 학습활동 진행을, 종결 단계에서는 학습내용 정리, 성취도 평가, 차시 수업의 예고 등이 주로 진행된다.

13 **A 지역에서 대사증후군의 유병률 감소를 목적으로 프로그램을 계획하면서, 과일·채소 섭취 증가 및 에너지 섭취의 양적·질적 관리를 위한 영양교육을 구상하였다. 프로그램의 목표로 가장 거리가 먼 것은?**

① 프로그램 종료 후 대상자는 과일·채소 섭취를 매 끼니 실천한다.
② 프로그램 종료 후 대상자의 탄수화물의 섭취 증가 여부를 조사한다.
③ 프로그램 종료 후 대상자의 90%는 다량영양소의 적절한 섭취비율을 이해한다.
④ 프로그램 종료 후 대상자 가정의 70% 이상은 식사구성안에서 권장하는 과일과 채소 섭취수준을 충족하는 식단을 구성한다.
⑤ 프로그램 종료 1년 이내에 대사증후군의 유병률이 5% 이상 감소한다.

13 영양교육의 목표 서술 시 교육자가 해야 하는 내용이 아닌 대상자가 달성해야 하는 내용을 서술한다.

14 **영양교육의 학습목표 진술방법에 대한 설명으로 옳은 것은?**

① 교육자가 달성해야 하는 내용과 행동이 포함되도록 진술한다.
② 학습목표 진술 영역은 인지적 영역, 정의적 영역, 심동적 영역으로 분류할 수 있다.
③ 하나의 학습목표에 가능한 한 두 가지 이상의 내용과 행동이 포함되는 것이 바람직하다.
④ 학습목표의 구체적 내용에 따라 대상자 또는 교육자의 입장에서 진술한다.
⑤ 학습목표는 추상적이고 측정 가능하도록 진술한다.

14 학습목표는 대상자가 교육 후 달성해야 하는 내용과 행동을 포함하도록 하며, 하나의 학습목표에 한 가지의 내용과 행동을 진술한다.

정답 12. ① 13. ② 14. ②

15 A 시에서 아동 결식 비율이 높아 아동급식지원사업 수혜대상인 어린이의 건강한 성장 · 발달을 지원하기 위한 프로그램을 개발하고자 한다. 프로그램의 개발과 평가 과정에 대한 설명 중 가장 거리가 먼 것은?

① 결식 위험 어린이의 결식 원인과 식사섭취, 식사환경, 성장상태에 대한 요구도 조사를 실시하였다.
② 요구도 조사결과를 바탕으로 지역아동센터를 통해 과일 · 채소 간식 지원과 건강한 식품선택능력을 함양하는 영양교육 프로그램을 구성하였다.
③ 프로그램의 효과평가 지표로 성장부진 대상자의 연령 대비 체중, 미량영양소 밀도, 영양지식 점수를 선택하였다.
④ 프로그램의 과정평가 지표로 프로그램 교육 횟수 준수와 대상자의 참여비율을 선택하였다.
⑤ 프로그램의 투입자원에 대한 평가 지표로 교육에 사용된 인적 및 물적 자원의 계획 대비 운영률을 선택하였다.

15 어린이의 건강한 성장에 대한 지표로 체중만을 평가하는 것은 적절하지 않다. 건강한 성장은 키 성장 잠재력의 충분한 발현과 키에 알맞은 체중을 가지는 것이다. 연령 대비 체중이 적절하더라도 저신장을 동반한 과체중의 위험이 있다.

16 영양교사 A씨가 초등학교 6학년을 대상으로 건강한 간식 섭취하기를 주제로 총 4차시의 교육을 실시하였다. 제시된 차시별 학습목표 중 심동적 영역에 속하는 것은?

① 교육 후 학생들은 영양표시의 당류 함량을 읽을 수 있다.
② 교육 후 학생들은 채소 간식의 맛에 대하여 긍정적인 태도를 갖는다.
③ 교육 후 학생들은 유제품과 과일을 이용한 간식을 직접 만들 수 있다.
④ 교육 후 학생들은 고열량 · 저영양 간식을 구별할 수 있다.
⑤ 교육 후 학생들은 건강한 간식 섭취를 즐겁게 여긴다.

16 학습목표의 서술 형식은 생각, 이해, 지식, 인지적 기술 등에 대한 인지적 영역, 태도, 느낌, 감정 등에 대한 정의적 영역, 신체적 · 조작적 기술 등에 대한 심동적 영역으로 구분된다.

17 고혈압 환자를 대상으로 영양교육 후 시행되는 평가의 종류와 내용이 옳게 짝지어진 것은?

① 과정평가 – 혈압관리 중요성에 대한 인식의 변화
② 과정평가 – 대상자의 혈압 변화
③ 효과평가 – 대상자의 교육 참석률
④ 효과평가 – 대상자의 DASH 식이 실천 정도
⑤ 효과평가 – 계획된 프로그램 활동의 실행 정도

17 영양교육의 평가에는 교육내용, 교육방법, 교육진행 등에 대한 과정평가와 교육목표의 달성 여부에 대한 효과평가(결과평가)가 있다.

정답 15. ③ 16. ③ 17. ④

영양교육의 방법 및 매체 활용

4

학습목표 교육 대상에 따른 영양교육의 방법을 비교하고, 각 방법별 구체적인 적용기법을 기술하며, 매체 제작 및 활용법을 익힌다.

01 영양교육방법의 유형에 대한 설명으로 가장 적절한 것은?

① 개인형 교육방법은 교육자와 대상자가 긴밀히 상호작용하는 형태로 적은 시간이 소요되지만 비능률적이다.
② 강의형 교육방법은 교육자가 다수의 대상자들에게 동시에 정보를 전달하므로 능률적이며 개인형 교육방법에 비해 효과가 크다.
③ 토의형 교육방법은 교육대상자들 간의 상호작용을 통하여 정보와 의견을 교환하고 결론을 이끌어내는 형태이다.
④ 실험형 교육방법은 교육자에 의하여 대상자들에게 일방적으로 다량의 정보가 전달되는 방법이다.
⑤ 독립형 교육방법은 교육자의 지시나 전문가에 의해 개발된 교육자료 없이 대상자가 혼자서 정보를 얻는 방법이다.

02 영양교육자가 갖추어야 할 자질로 가장 적절한 것은?

① 영양개선 활동에 대한 흥미와 열의가 있어야 하며 인내력을 갖고 일을 추진하는 노력이 있어야 한다.
② 모든 일에 유연하게 대처해야 하므로 내담자의 사정 및 상황에 따라 교육내용이나 교육원칙은 바꾸는 것이 좋다.
③ 지성과 냉철한 판단력을 거쳐야 하나 교육자의 입장에 따라 감정이 변하는 것은 상관이 없다.
④ 영양문제를 해결할 때에는 교육대상자의 입장보다는 교육자의 뚜렷한 주관을 가지고 추진하는 것이 좋다.
⑤ 교육대상자들은 자기의 잘못된 습관을 설명하려는 입장이 강하므로 잘 듣기보다는 먼저 설명하는 것이 좋다.

01 개인형 교육방법은 교육자와 대상자가 긴밀히 상호작용을 하면서 정보를 교환하는 형태로 가장 효과적이나 많은 시간과 인원이 필요하여 비능률적이다. 강의형 교육방법은 교육자가 다수의 대상자들에게 동시에 정보를 전달하므로 능률적이나 대상자 개개인의 능력이나 지식 등을 고려하지 않아서 개인형 교육방법에 비해 효과는 다소 떨어진다. 토의형 교육방법은 교육대상자들 간의 상호작용을 통하여 정보와 의견을 교환하고 결론을 이끌어내는 형태로 교육자는 대상자들 간의 상호작용을 조정하고 유익한 정보를 제공해 주는 역할을 한다. 실험형 교육방법은 교육대상자가 주어진 교육자료를 토대로 하여 스스로 배우는 형태로서 교육자는 교육 목적 및 목표에 맞는 교육자료를 제공해 주는 역할을 한다.

02 **상담자**는 사고의 **유연성**을 가지는 것이 필요하다. 내담자에게 비현실적인 목표를 제시하거나 기대하지 않아야 하며, 내담자의 말을 **경청**하고 **내담자의 변화 속도에 맞추어 유연하게 상담을 진행**하는 것이 바람직하다.

정답 01. ③ 02. ①

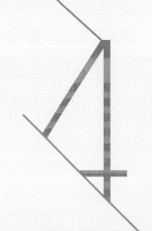

03 **가정지도**는 교육자가 대상자의 가정을 직접 방문하여 대상자의 **생활환경을 파악하고 이를 고려하여 영양교육 내용이 설정되므로 개별화된 맞춤형 교육이 가능**하여 효과적이다. 가정방문 전 미리 방문시간을 정하는 것이 좋다.

04 개인지도 또는 집단지도에서 다양한 종류와 내용의 시청각 매체를 이용하여 영양교육의 효과를 높일 수 있다.

05 질의응답에서 답변을 강요하면 교육 분위기가 침체될 수 있다.

06 **토의**는 강의에 비해 **시간과 노력**이 많이 **요구**되므로 다양하고 **많은 양의 내용을 다루기에는 부적절**하다는 단점이 있다.

정답 03. ② 04. ③ 05. ⑤ 06. ④

03 가정지도에 대한 설명으로 가장 적절한 것은?

① 교육내용 준비에 많은 시간이 요구되지만 교육효과는 적은 편이다.
② 가정방문은 대상자의 생활환경을 직접 파악하므로 개인 특성에 맞는 교육이 가능하다.
③ 각 가정의 생활환경을 고려하기 어려우므로 영양교육 효과는 적다.
④ 가정방문이 가능한 시간을 미리 정하지 않아도 수시로 지도할 수 있다.
⑤ 설치된 상담소에서 가족구성원 다수가 모여 교육을 받는 방법이다.

04 집단지도의 특징에 대한 설명으로 가장 옳은 것은?

① 개인지도에 비해 충분한 교육이 가능하고 교육효과가 높다.
② 시간, 재정 및 인력이 많이 필요한 방법이다.
③ 공통문제에 대해 관심을 가지고 있는 다수를 대상으로 교육하는 방법이다.
④ 대상자들에게 시청각 매체를 이용한 교육은 효과가 없으므로 매체 이용을 금한다.
⑤ 영양교육방법과 내용을 계획된 프로그램대로 반드시 진행해야 한다.

05 강의형 집단지도의 유의사항으로 가장 거리가 먼 것은?

① 교육자는 강의의 목적과 목표를 대상자에게 구체적으로 이해시킨다.
② 교육내용은 쉽고 간단한 것부터 복잡한 내용으로 구성한다.
③ 교육자가 교육에 대해 열성을 가지고 있음을 보여야 한다.
④ 교육자는 강의 분위기를 밝고 명랑하게 유지한다.
⑤ 강의 중 자주 질문을 하고 답변을 항상 받아서 내용의 이해도를 측정해야 한다.

06 토의형 집단지도의 특징으로 가장 옳은 것은?

① 원활한 토의를 위해서는 소수의 리더가 주도해야 한다.
② 참가자는 발표내용보다 발표자에 중점을 두고 감정을 적극적으로 표현해야 한다.
③ 참가자의 생각을 적극적으로 제시하지만, 태도의 변화와 실천으로 이어지기는 어렵다.
④ 교육자는 참가자들의 능동적인 참여를 유도하고 토의 진행을 조절해야 하는 등 관리에 주의를 기울여야 한다.
⑤ 강의에 비해 시간과 노력이 덜 요구되므로 한 가지 내용보다는 다양하고 많은 양의 주제를 다루기에 적절하다.

07 강단식 토의(symposium)의 특징으로 가장 옳은 것은?

① 질의응답 시간 전까지는 강사 상호 간에 토의를 하지 않는 것을 원칙으로 한다.
② 강사 1~2명이 강의 후 청중과 질의응답이나 토론을 하는 방법이다.
③ 강사는 여러 다른 주제에 대하여 경험이 많은 전문가로서 입장과 경험이 같은 사람으로 구성된다.
④ 강의의 내용에 변화가 없어서 지루하고 분위기가 산만해지기 쉬우므로 좌장의 역할이 어렵다.
⑤ 2~3일 정도의 일정으로 수준이 높은 특정 직종에 있는 사람을 대상으로 교육하는 데 적합하다.

07 강단식 토의는 강사 상호 간에 토론하지 않는 것을 원칙으로 하며 강사가 바뀌면서 강의의 내용에 변화가 있기 때문에 지루하지 않다. 그러나 강사들의 발표시간이 길어지면 청중은 지루함을 느끼고 분위기가 산만해지며 질의 토론시간도 짧아져서 효과가 낮아질 수 있다.

08 10~20명 정도의 같은 수준의 사람들이 참가하여 1회에 2~3시간 정도의 토의시간 내에 토의주제와 관련된 각자의 체험이나 의견을 발표한 후 좌장이 전체의 의견을 종합하는 영양교육방법은?

① 강의식 토의(lecture forum)
② 좌담회(round table discussion)
③ 배석식 토의(panel discussion)
④ 강단식 토의(symposium)
⑤ 공론식 토의(debate forum)

08 좌담회는 원탁식 토의라고도 하는데, 토의의 기본형식으로 교육이나 지식수준 또는 토의주제나 내용에 대한 관심도가 비슷한 동격자들이 10~20명 정도 모여서 토의주제와 관련된 각자의 체험이나 의견을 발표한 후 좌장이 전체 의견을 종합하는 방법이다.

09 6·6식 토의(six-six method)에 대한 설명으로 가장 적절한 것은?

① 총 10명 참가자 & 영양과 기호도를 고려한 급식 디저트 메뉴 선정
② 총 30명 참가자 & 계절별 제철재료를 이용한 주찬 메뉴 개발
③ 총 15명 참가자 & 교내 텃밭 프로젝트의 명칭 선정
④ 총 10명 참가자 & 교내 영양교육 프로그램 포스터 제작
⑤ 총 30명 참가자 & 10월 첫째 주 학교급식의 일품요리 메뉴 선정

09 6·6식 토의는 교육에 참가하는 인원이 많고 다루고자 하는 문제가 크고 다양한 경우에 많이 이용하는 방법이다. 참가자가 많아서 제한된 시간에 전체의 의견을 통합하기 어려우므로 참가자들을 소집단 또는 분단으로 나누어서 각 분단이 각각 다양한 작은 주제를 택하여 토의한 후 다시 분단대표가 주제 발표과정을 거쳐 전체 토의를 한다. 보통 6~8명씩 분단으로 나누고 한 사람이 1분씩 6분간 토의를 한다고 해서 6·6식이라고 하지만 꼭 6명씩 6분으로 제한되어 있는 것은 아니며 6~8명 정도로 10분간 토의해도 상관없다.

10 배석식 토의(panel discussion)에 대한 설명으로 옳은 것은?

① 일종의 공청회로서 한 가지 주제에 대하여 서로 다른 의견이 제시되는 형식이다.
② 4~8명의 전문가가 자유롭게 토의한 후 일반 청중들과 질의 토론하는 방법이다.
③ 강연 후 주제를 중심으로 일반 청중도 참가한 상태에서 추가토론을 하는 방법이다.
④ 모든 참가자들이 1회 이상씩 발언하는 형식이다.
⑤ 참가자가 많아 제한된 시간 내에 전체의 의견을 수렴할 수 있는 방법이다.

10 배석식 토의는 4~8명의 전문가가 특정 문제에 대해 토의한 후 청중들과 질의응답을 하는 방법이다.

정답 07. ① 08. ② 09. ② 10. ②

11 A 군에 소재한 보건소의 영양사들이 노인들을 대상으로 한 새로운 영양교육 매체를 개발하기 위해 모였다. 기존의 영양매체와 다른 새로운 매체를 개발하기 위해 참가자 전원이 자유롭게 서로의 생각이나 의견을 제시한 후 좋은 아이디어에 대해 토론하였다. 이것은 무슨 교육방법인가?

① 브레인스토밍
② 시범교수법
③ 시뮬레이션
④ 역할연기법
⑤ 연구집회

12 초등학교 영양사들이 방학 중에 모여 학교급식의 HACCP에 관해 서로 발표하고 토의하여 HACCP의 실행방안과 개선방법을 만들었다. 이때 적용된 영양교육방법은?

① 강단식 토의법
② 시범교수법
③ 연구집회
④ 역할연기법
⑤ 배석식 토의법

13 임신부들에게 빈혈개선 식단을 작성하는 방법을 단계적으로 교육시키고, 실제로 조리를 해 보이면서 적절한 설명을 하는 방식의 영양교육은?

① 심포지엄
② 역할연기법
③ 강연식토의법
④ 방법시범교수법
⑤ 결과시범교수법

14 지역주민들이 식생활 개선을 통하여 영양문제를 해결해 나가는 과정이나 경험을 하나의 사례로 제시함으로써 대상자들의 행동 개선을 유도하는 영양교육 방법은?

① 연구집회
② 방법시범교수법
③ 결과시범교수법
④ 시뮬레이션
⑤ 역할연기법

15 주부를 대상으로 어린이의 편식교정을 주제로 영양교육을 할 때 참가자들이 식탁에서 벌어질 수 있는 여러 상황을 즉흥적으로 직접 연기하고 문제를 제기하고, 끝난 후에 같이 토의하는 교육방법은?

① 연구집회
② 방법시범교수법
③ 결과시범교수법
④ 인형극
⑤ 역할연기법

11 참가자들이 **자유롭게 자신의 의견을 제시하고 토론을 통하여 이 중 좋은 방안을 도출하는 방법을 브레인스토밍**이라고 한다.

12 공통적인 관심사를 가진 사람들이 **모여 서로 경험하고 연구하고 있는 것을 토의하는 것은 연구집회**이다.

13 제기된 **문제를 해결해 나가는 과정을 단계적으로 천천히 정확하게 시범을 보이면서 교육**하는 것은 방법시범교수법(시연)이다.

14 결과시범교수법은 일종의 사례연구로서 성공한 활동에 대해서는 참가자들의 문제와 비교해 가면서 그 과정이나 방법 등을 배우고, 실패한 결과에 대해서는 그 원인을 파악하여 단점을 보완한다.

15 역할연기법은 같은 문제에 대하여 관심이 있는 사람들이 참가하여 그중 몇 사람이 단상에서 연기를 하고 청중들이 연기자의 입장을 재평가하면서 그것을 토의 소재로 삼는 교육방법으로서 시뮬레이션의 일종이다.

정답 11. ① 12. ③ 13. ④ 14. ③ 15. ⑤

16 전문가 4~8명이 특정 문제에 대해 토의를 한 후 강사 간의 토의내용을 소재로 청중들과 다시 질의 응답하는 토의방법은?

① 강단식 토의법(symposium)
② 배석식 토의법(panel discussion)
③ 강연식 토의법(lecture discussion)
④ 원탁식 토의법(round table discussion)
⑤ 공론식 토의법(debate discussion)

17 토의형 집단지도 중 청중이 없는 교육방법은?

① 강의식 토의
② 강단식 토의
③ 공론식 토의
④ 배석식 토의
⑤ 원탁식 토의

18 유아교육기관이나 초등학교 저학년 어린이들을 대상으로 20~25명 정도의 집단에 대해 사용할 수 있는 가장 적합한 영양교육방법은?

① 캠페인
② 시뮬레이션
③ 그림극
④ 역할연기법
⑤ 동물사육실험

19 영양교육 매체에 대한 설명으로 가장 적절한 것은?

① 교육자와 대상자 사이에서 시청각을 비롯한 인체의 감각기관을 동원하여 교육의 효과를 높이는 수단이다.
② 교육과 관련이 적더라도 재미있는 매체를 준비하도록 한다.
③ 매체는 일종의 교육 보조제이므로 보여주거나 들려주는 것만으로 충분하다.
④ 교육대상자들의 연령이 다를지라도 같은 종류와 내용의 매체를 이용한다면 교육의 효과는 커진다.
⑤ 매체가 사용되는 시간, 장소, 지도내용과 상관없이 매체의 종류를 선정해도 된다.

16 배석식 토의법은 단상에서 전문가들이 자유롭게 토의한 후 강사 간의 토의내용을 소재로 청중들과 질의 응답하는 토의방식이다.

17 원탁식 토의(좌담회)의 참가자들은 같은 수준의 동격자로서 10~20명이며, 청중은 없다.

18 그림극은 유아 또는 초등학교 저학년 어린이 약 20~25명을 대상으로 유용하게 사용할 수 있는 영양교육방법 중 하나이다.

19 영양교육 매체는 교육내용과 관련성을 가져야 하며, 대상자의 특성 및 교육환경 등을 고려하여 적절한 매체를 선정해야 한다.

정답 16. ② 17. ⑤ 18. ③ 19. ①

20 직접적 경험에 의한 교육은 **전달내용이 적은 대신 교육효과가 크며**, 반면에 말로 이루어지는 **상징적 경험은 전달내용은 많은 대신 교육효과는 상대적으로 작다.**

20 데일(E. Dale)의 경험원추 이론에 대한 설명으로 가장 옳은 것은?

① 데일의 경험원추 이론은 추상적인 것일수록 많이 활용되고, 구체적인 경험을 주는 것일수록 적게 활용됨을 제시하였다.
② 직접적 경험·구성된 경험 등은 상징적 단계에 속하고, 텔레비전·영화·사진 등은 영상적 단계, 말이나 글은 행동적 단계에 속한다.
③ 행동적 경험은 추상성이 크고, 상징적 경험은 구체성이 크며, 영상적 경험은 그 중간으로 대부분의 시청각 매체가 여기에 속한다.
④ 직접적 경험에 의한 교육은 전달내용이 많고 교육효과는 감소되며, 말로 이루어지는 상징적 경험은 전달내용은 적고 교육효과는 크다.
⑤ 구체적인 교육방법과 추상적인 교육방법을 적절히 통합할 때, 즉 행동적·영상적·상징적 단계가 골고루 혼합될 때 교육효과가 크다.

21 데일의 경험원추 이론에 따르면 가장 구체성이 높은 매체는?

① 도표 ② TV
③ 견학 ④ 인형극
⑤ 실습

22 매체 제작을 위해 전화, 우편, 인터넷, 집중집단면접, 면담 등을 이용해 대상자를 진단한다.

22 ASSURE 모형에 의하면 효과적인 매체를 개발하고 활용하기 위해서는 대상 집단에 대한 특성을 분석하는 것이 중요하다. 대상 집단의 특성을 분석하는 방법으로 적절하지 않은 것은?

① 집중집단면접
② 전화조사
③ 개별면담조사
④ 기존 매체에 대한 문헌조사
⑤ 우편조사

23 영양교육 매체를 선택할 때에는 **매체의 적절성, 신뢰성, 흥미, 조직과 균형, 기술적인 질, 경제성 등을 선택기준**으로 삼는다.

23 영양교육 매체를 선택할 때 고려해야 할 기준으로 옳은 것은?

① 적절성, 신뢰성, 흥미
② 간접성, 다양성, 경제성
③ 구성과 균형, 반복성
④ 속보성, 직접성, 반복성
⑤ 최신 기술의 사용, 정보의 양

정답 20. ⑤ 21. ⑤ 22. ④ 23. ①

24 영양교육 매체의 종류에 대한 분류로서 옳은 것은?

① 인쇄매체－게시판, 괘도, 도표, 그림자료, 사진 등
② 전시매체－팸플릿, 유인물, 광고지, 벽신문, 포스터 등
③ 입체매체－모형, 실물, 디오라마, 인형, 표본 등
④ 영사매체－라디오, VTR, TV, 컴퓨터, 팩시밀리 등
⑤ 전자매체－슬라이드, 실물환등, 영화, OHP 등

25 영양교육 매체 중 팸플릿(pamphlet)에 대한 설명으로 가장 적절한 것은?

① 강습회나 토의 등의 진행의 원활함을 위한 개요 안내, 설명 등을 위한 자료로 쓰인다.
② 사진이나 그림, 도표 등을 설명과 함께 넣어 이해하기 쉽도록 만든다.
③ 간단한 영양정보를 신속하고 인상적으로 전달할 수 있다.
④ 중심기사가 드러나게 하고 만화식 기사로 게재하기도 한다.
⑤ 최근 유행하는 말과 전문용어를 많이 넣어서 최신성과 신뢰성을 높인다.

26 보통 20×30 cm 정도 크기의 종이 한 장을 한 번 내지 두 번 접어서 만든 것으로 펴보면 한 장이 되는 형태로서 사진이나 그림과 함께 간단한 설명을 넣은 매체는?

① 팸플릿　② 리플릿
③ 마을통신　④ 광고지
⑤ 융판그림

27 유아들을 대상으로 '음식을 골고루 먹자'라는 내용의 영양교육을 할 때 가장 효과적인 교육방법은?

① 강연　② 인형극
③ 연구집회　④ 시범교수법
⑤ 집단토의

24
- 전시매체－게시판, 괘도, 도표, 그림자료, 사진 등
- 인쇄매체－팸플릿, 유인물, 광고지, 벽신문, 포스터 등
- 전사매체－라디오, VTR, TV, 컴퓨터, 팩시밀리 등
- 영사매체－슬라이드, 실물환등, 영화, OHP 등

25 팸플릿의 내용은 대상자의 수준과 특성에 알맞게 제작되어야 이해도를 높일 수 있으므로 최신 유행어나 전문용어의 사용은 가능한 한 삼가는 것이 좋다.

26 리플릿(leaflet)은 유인물이라고도 하는데, 사진이나 그림을 넣어서 시선을 끌도록 고안하되 내용을 집약해서 꼭 알아야 하는 5~6개의 주안점을 간단히 설명하는 형태로 제작하여 요점을 기억하는 데 도움이 되도록 작성한다.

27 인형극은 간접적이고 고안된 경험을 제공하여 상상력을 자극하므로 흥미를 유발할 수 있어서 어린이들에게는 매우 효과적인 교육방법이다.

정답 24. ③ 25. ② 26. ② 27. ②

28 인형극은 유치원 어린이의 흥미와 호기심을 충족시킬 수 있는 매체이다.

28 **유치원 어린이를 대상으로 5가지 식품군을 골고루 먹어야 한다는 영양교육을 실시할 때 전문적인 인형극단을 초청하여 공연을 했다. 이때 인형극이란 교육 매체를 선정한 가장 중요한 기준은 무엇인가?**

① 신뢰성
② 경제성
③ 편리성
④ 흥미
⑤ 조직과 균형

29 비연속적인 통계량을 집단별로 비교하여 나타낼 때는 막대도표가 적절하다.

29 **초등학교에서 잔반량을 줄이기 위하여 학년별 각 반의 잔반량에 대한 통계 결과를 제시하기로 하였다. 각 학년에서 학급 비교를 위해서는 다음 중 어떤 도표가 가장 적절한가?**

① 점도표
② 막대도표
③ 원도표
④ 다각형도
⑤ 그림도표

30 원도표는 원을 분할하여 전체에 대한 각 부분의 비율을 백분율로 나타내는 것으로, 영양소의 에너지 조성비를 표현할 때 적합하다.

30 **중학생들에게 영양교육을 할 때 탄수화물, 지방, 단백질의 에너지 조성비를 설명하기 위한 도표로서 가장 적합한 것은?**

① 산점도
② 원도표
③ 도수분포표
④ 꺾은선도표
⑤ 입체도표

31 포화지방 섭취량과 대장암 발생률을 각각 가로축과 세로축으로 하여 산점도를 제시하면 두 변수 간 연관성을 효과적으로 나타낼 수 있다.

31 **보건소 성인대상 영양교육에서 국가별 포화지방 섭취량과 대장암 발생률 간 연관성을 제시하고자 할 때 가장 적절한 도표는?**

① 산점도
② 막대도표
③ 원도표
④ 꺾은선도표
⑤ 히스토그램

32 디지털 기술의 발달로 교육자와 대상자 간 의사소통의 방법이 다양해지고 있다. SNS, 애플리케이션 등을 이용하면 **시간적 및 공간적 제약에 구애하지 않고 활발한 양방향 의사소통**이 가능하다.

32 **교육자와 대상자가 시간과 공간의 제약 없이 양방향 의사소통을 활발히 할 수 있는 매체로서 가장 적합한 것은?**

① 전화
② 대면상담
③ SNS
④ 녹화 영상자료
⑤ 영상통화

정답 28. ④ 29. ② 30. ②
31. ① 32. ③

영양상담

5

학습목표 영양상담의 특성, 실시과정, 상담기술을 습득하여 영양교육 및 상담에 활용한다.

01 보건소 영양사와 최근 당뇨병을 진단받은 내담자의 영양상담 대화 중 일부이다. 영양사가 사용한 상담기술은?

> 내담자 : 집에서 밥을 먹을 때는 괜찮은데 회사 식당이나 저녁 회식을 할 때는 무엇을 어떻게 먹어야 하는지 도대체 모르겠어요.
> 영양사 : 네, 대부분의 경우 외식을 하실 때 식사조절을 더 어려워하십니다. 당뇨 식사요법을 시작하신 지 얼마 되시지 않았으니 그리 느끼시는 것이 당연합니다.

① 반사　② 반영
③ 정당화　④ 조언
⑤ 직면

02 효과적인 상담을 위해 주의해야 할 사항으로 가장 적절한 것은?

① 비밀이 보장될 수 있는 적절한 환경을 조성한다.
② 상담자와 내담자 간에 긴밀한 애착관계를 형성한다.
③ 언제나 주관적으로 판단하여 상담한다.
④ 가능한 한 많은 질문을 통하여 내담자를 이해하도록 한다.
⑤ 효과적인 상담을 위해서는 상담자가 주체가 되도록 한다.

03 영양상담자가 상담과정에서 유의해야 할 사항으로 가장 적절한 것은?

① 내담자가 말하는 동안 부담되지 않도록 쳐다보지 않는다.
② 내담자가 하는 말과 행동에 침묵으로 반응한다.
③ 내담자에게 수집된 정보는 개인정보이므로 기록하면 안 된다.
④ 내담자에게 많은 질문을 하여 원하는 응답이 나오도록 한다.
⑤ 내담자에게 이해받고 있다는 인식을 준다.

01 내담자가 가지고 있는 생각이나 감정이 잘못된 것이 아니라 당연하고 타당한 것이라고 반응하는 것을 정당화라고 한다.

02 영양상담 시 내담자와 상담자 간 **적절한 수준의 친밀관계 형성**은 필요하지만, 지나친 애착관계를 형성할 경우 내담자가 나타내는 긍정적인 면만 보려고 하고 부정적인 것은 무시하는 경향이 생기게 된다. 또한 너무 많은 질문은 내담자에게 부담감을 주고, 피로하게 만들 수 있다. 꼭 **필요한 내용, 중요한 것을 질문하고, 내담자가 주체가 되는 느낌을 전달**하여야 상담의 효과를 높일 수 있다.

정답 01. ③ 02. ① 03. ⑤

04 영양상담 실시과정의 순서를 바르게 열거한 것은?

① 친밀관계 형성 – 자료수집 – 영양판정 – 목표설정 – 실행 – 효과평가
② 자료수집 – 친밀관계 형성 – 목표설정 – 영양판정 – 실행 – 효과평가
③ 예비조사 – 목표설정 – 자료수집 – 친밀관계 형성 – 영양판정 – 효과평가
④ 친밀관계 형성 – 예비조사 – 영양판정 – 목표설정 – 실행 – 효과평가
⑤ 목표설정 – 친밀관계 형성 – 자료수집 – 실행 – 영양평가 – 효과평가

04 영양상담은 친밀관계 형성, 자료수집, 영양판정, 목표설정, 실행, 효과평가의 단계로 실시한다.

05 CAN-Pro 영양평가용 프로그램에 대한 설명으로 옳은 것은?

① 개인의 영양상태 평가에는 적절하나, 집단의 영양상태 평가에는 활용하기 어렵다.
② 음식 데이터의 수정은 불가능하나 추가는 가능하다.
③ 전문가용 프로그램은 통계 프로그램과 연결하여 사용할 수 있다.
④ 목측량 단위를 이용하여 식품 섭취량을 입력할 수 있다.
⑤ 기본적으로 입력되어 있는 음식 레시피에서 재료 분량의 수정은 가능하나 새로운 재료를 추가하는 것은 어렵다.

05 CAN-Pro 전문가용은 **통계 프로그램과 연결**해서 쓸 수 있고, **개인이나 집단의 영양평가**를 목적으로 개발되었다. **음식 레시피의 재료 및 분량의 수정 및 음식 데이터의 추가와 수정이 가능**하며, **식품 섭취량의 입력은 중량 단위를 사용**해야 한다.

06 영양상담자가 갖추어야 할 태도로 가장 적절한 것은?

① 내담자의 영양 문제를 전문가적 식견을 바탕으로 주관적으로 판단한다.
② 내담자의 이야기를 주의하여 듣는 집중력을 가진다.
③ 내담자를 깊이 파악하기 위해 반드시 충고를 한다.
④ 내담자를 권위적으로 대한다.
⑤ 상담자가 판단하는 가장 효과적이고 실행 가능한 행동 절차를 따르게 한다.

06 상담자는 내담자에게 권위적이지 않아야 하고, 조력자로서 잘 경청하여야 하며, 실행 가능한 행동 절차에 대해 내담자와 합의하여 결정해야 한다.

07 영양상담의 결과에 영향을 미치는 내담자 요인으로 가장 적절하지 않은 것은?

① 영양문제의 심각성
② 내담자의 외모
③ 과거의 상담경험
④ 상담에 대한 높은 기대
⑤ 내담자의 동기 수준

07 결과에 영향을 주는 **내담자의 요인**으로는 **상담에 대한 기대, 영양문제의 심각성, 영양상담에 대한 동기, 내담자의 지식 수준, 정서 상태, 방어적 태도, 자아강도, 사회적 성취수준과 과거의 상담경험, 자발적인 참여도** 등이 있다.

정답 04. ① 05. ③ 06. ② 07. ②

08 효율적인 개인 영양상담을 하기 위한 의사소통 방법으로 옳은 것은?

① 상대의 의견에 동조하는 태도는 피한다.
② 감정이 상하더라도 필요한 조언은 반드시 한다.
③ 상대방 시선을 피하며 자유롭게 의사 표시를 한다.
④ 내담자의 이야기를 적절히 요약해 준다.
⑤ 상담내용에 대해 되도록 질문하지 않는다.

08 효율적인 상담을 위한 상담의 기술은 내담자의 태도를 수용하고, 내담자가 한 말을 가능한 한 다른 말을 사용하여 관심을 가지고 이해한다는 태도를 보이고, 내담자의 말을 명료화하며 질문을 통하여 탐색하고 적절히 요약하는 것이다.

09 SOAP 기록법에 따른 영역별 기록 내용으로 옳게 짝지어진 것은?

① S－식사의 문제점, 식사조사 분석 결과, 식습관
② S－식사의 문제점, 과거 영양상담, 식습관
③ O－혈액검사 자료, 식사조사 분석 결과, 과거 영양상담
④ O－혈액검사 자료, 신체계측 자료, 영양소 섭취 목표치
⑤ A－영양불량 여부, 문제 식습관, 영양소 섭취 목표치

09 SOAP 기록법에는 주관적 정보(S), 객관적 정보(O), 평가(A), 계획(P)이 포함된다.

10 영양상담 이론 중 상담의 주도권을 내담자가 갖고 상담자는 내담자가 문제를 해결하기 위한 자신의 능력을 발견하도록 도움을 주는 접근법은?

① 내담자 중심요법
② 인지주의 상담요법
③ 행동주의 상담요법
④ 가족요법
⑤ 현실요법

10 영양상담 시 유용한 상담이론 중 하나로 내담자 스스로 자신의 영양문제 인식, 목표 설정, 해결방안 탐구 등의 과정에 참여하여 문제해결 능력을 키우도록 도와주는 내담자 중심요법이 있다.

11 행동주의 상담요법에서 강조하는 행동수정 전략이 바르게 나열된 것은?

① 명상, 보상
② 자극조절, 인지재구조화
③ 자극조절, 공감
④ 보상, 모델링
⑤ 모델링, 공감

11 행동주의 상담요법에서는 내담자로부터 긍정적 행동을 유도할 수 있는 환경의 중요성을 강조하여, 보상, 모델링 자극조절 등의 전략이 유용하다고 설명한다.

12 영양상담 기술로서 적절한 것은?

① 평가적이기보다는 서술적으로 이야기한다.
② 문제 중심으로 이야기하기보다는 내담자를 다그쳐 이야기한다.
③ 잠정적으로 이야기하기보다는 확정적으로 이야기한다.
④ 상담자이므로 내담자보다 우월한 입장으로 수직적인 관계의 입장에서 이야기한다.
⑤ 너무 친근하면 상담의 진행이 어려울 수 있으므로 친근하게 이야기하기보다는 공식적으로 딱딱하게 이야기한다.

정답 08. ④ 09. ② 10. ① 11. ④ 12. ①

13 내담자를 나무라거나 비평하는 표현, 설교하거나 확신에 찬 어조로 표현하는 것, 협박 혹은 논쟁되는 표현, 융통성 없는 표현 등은 가급적 피한다.

17
- 어트리뷰팅 : 내담자가 주어진 행동을 하기에 성공적인 자질을 가지고 있다고 말해주는 것
- 심층질문 : 영양상담에서 내담자에 대한 정보를 좀 더 얻기 위하여 질문하는 것
- 해석 : 영양상담 시 내담자가 이야기하는 메시지에 근거하여 상담자가 자신의 이해나 새로운 개념을 추론을 통해 더해주는 것
- 요약 : 내담자의 감정과 말의 내용을 함께 함축해서 이야기하는 것

정답 13. ① 14. ④ 15. ② 16. ① 17. ①

13 영양상담 시 의사소통이 가장 잘된 예는?

① "음식점에서 식사조절이 잘 안돼서 속상하셨겠어요."
② "이번 주는 목표 행동 실천이 전혀 안 되었네요."
③ "앞으로 자기 자신을 조절하는 법을 확실히 배워야 하겠어요."
④ "자신을 위해서라도 저단백식사를 확실히 따르는 것이 좋을 거예요."
⑤ "콜레스테롤 제한식사를 하기 위해서는 한 가지 방법밖에 없어요."

14 영양상담 시 내담자가 모호한 말을 했을 때 상담자가 그 안에 담겨 있는 의미나 관계를 질문을 통해서 명확하게 해주는 과정은?

① 해석 ② 반영
③ 요약 ④ 명료화
⑤ 직면

15 영양상담 시 내담자가 언어적 또는 비언어적으로 표현하는 감정, 생각, 태도를 상담자가 이해하여 상담자의 언어로서 표현하는 것은?

① 해석 ② 반영
③ 요약 ④ 명료화
⑤ 직면

16 영양상담 시 내담자가 직접 진술하지 않은 내용을 과거 경험이나 진술을 토대로 추론해서 말하는 것은?

① 해석 ② 반영
③ 요약 ④ 명료화
⑤ 직면

17 영양상담 기술과 설명이 바르게 연결된 것은?

① 직면 : 내담자가 혼돈된 메시지를 가지고 있거나 왜곡된 견해를 가지고 있을 때 상담자가 그것을 드러내어 인지하도록 하는 기술
② 어트리뷰팅 : 영양상담에서 내담자에 대한 정보를 좀 더 얻기 위하여 질문하는 것
③ 심층질문 : 부연설명과 반영을 좀 더 넓게 하는 과정
④ 해석 : 내담자가 주어진 행동을 하기에 성공적인 자질을 가지고 있다고 말해주는 것
⑤ 요약 : 영양상담 시 내담자가 이야기하는 메시지에 근거하여 상담자가 자신의 이해나 새로운 개념을 추론을 통해 더해주는 것

18 체중조절이 필요한 비만 대상자와의 영양상담 대화 중 일부이다. 영양사가 사용한 상담기술은?

- 대상자 : 뷔페식당에서 음식섭취량을 조절하는 것이 너무 어려워요. 많이 안 먹으면 손해 보는 거 같고 맛있는 것도 너무 많구요.
- 영양사 : 뷔페식당에서 모임이 있으셨나 봅니다. 다음번 그런 경우에는 약속을 정하실 때 뷔페가 아닌 한식당을 제안해 보시는 건 어떨까요? 또는 뷔페식당에서 음식을 드시게 되는 경우 포만감이 크고 열량은 적은 샐러드 한 접시를 먼저 드시면 어떨까요?

① 반사
② 반영
③ 조언
④ 직면
⑤ 요약

18 대상자가 어려움을 호소하는 상황에 대한 **해결방안을 복수로 제시하고 스스로 선택하도록 유도하는 방법을 조언**이라고 한다.

19 영양상담의 개방형 질문으로 가장 적절한 것은?

① 아침식사를 매일 하시나요?
② 건강보조식품을 드시는 이유는 무엇인가요?
③ 편식을 하는 식품이 있으신가요?
④ A사 건강보조식품을 드시나요?
⑤ 현재 식사조절을 따라오는 게 힘드신가요?

19 영양상담의 질문방법
- 개방형 질문 : 내담자의 관점, 의견, 사고, 감정까지 끌어내 친밀감을 형성할 수 있고, 대화에 참여를 유도함으로써 심리적인 부담 없이 자신의 문제점을 드러내도록 한다.
- 폐쇄형 질문 : 신속히 질문한 사항에 대해 정확한 답변을 얻을 수 있지만 명백한 사실만을 요구하여 진행이 정지되기 쉽다.

20 다음은 혈압이 상당히 높아 식사조절이 필요한 고혈압 환자와의 영양상담 대화 중 일부이다. 영양사가 사용한 상담기술은?

영양사 : 조금 전에 혈압 조절을 위해 가공식품 섭취를 절대적으로 줄이시겠다고 하셨는데, 밤에 드시는 컵라면은 도저히 참기 어려워 어쩔 수 없다고 하시니 앞뒤가 맞지 않습니다.

① 반사
② 반영
③ 정당화
④ 조언
⑤ 직면

20 **내담자 내부의 불일치를 그대로 드러내어** 내담자가 **자신의 불합리성을 바라보도록 하는 기법**을 **직면**이라고 한다.

21 영양관리과정(NCP, Nutrition Care Process)의 진행단계 순서를 바르게 나열한 것은?

① 영양조사 – 영양판정 – 영양중재 – 영양모니터링 및 평가
② 영양진단 – 영양판정 – 영양중재 – 영양모니터링 및 평가
③ 영양판정 – 영양진단 – 영양중재 – 영양모니터링 및 평가
④ 영양판정 – 영양진단 – 영양모니터링 및 평가 – 영양중재
⑤ 영양진단 – 영양조사 – 영양중재 – 영양모니터링 및 평가

21 **영양관리과정**(NCP, Nutrition Care Process)은 **영양판정, 영양진단, 영양중재, 영양모니터링 및 평가의 총 4단계**로 진행된다.

정답 18. ③ 19. ② 20. ⑤ 21. ③

22 영양관리과정의 **영양진단** 단계에서는 영양판정 단계에서 수집된 자료를 바탕으로 **영양문제, 원인, 증상 및 징후를 파악하고 기술**한다.

23 영양관리과정의 **영양판정** 단계에서는 **환자의 영양 관련 문제와 원인을 찾기 위하여 다양한 자료를 수집, 검토, 해석**한다.

정답 20. ② 23. ①

22 영양관리과정(NCP, Nutrition Care Process)에서 영양문제, 병인, 징후/증상에 대하여 파악하고 기술하는 단계는?

① 영양판정 ② 영양진단
③ 영양중재 ④ 영양평가
⑤ 모니터링

23 영양관리과정(NCP, Nutrition Care Process)에서 신체계측, 혈액검사, 과거 병력 등의 자료를 수집, 검토, 해석하는 단계는?

① 영양판정 ② 영양진단
③ 영양중재 ④ 영양평가
⑤ 영양모니터링

영양정책과 관련기구

6

학습목표 우리나라와 외국의 최근 영양정책의 현황, 발전방향, 영양정책 관련기구들의 역할을 비교한다.

01 다음 정부기관 중 국민건강증진법과 한국인 영양소 섭취기준 등을 관리하고 있는 정부기관은?

① 교육부 ② 행정안전부
③ 고용노동부 ④ 농림축산식품부
⑤ 보건복지부

02 지역 보건소에서 주관하는 영양플러스 사업의 대상자 선정기준으로 옳은 것은?

① 만 1세 미만의 영아
② 만 1세~만 5세 미만의 유아
③ 출산 후 24개월까지의 모유수유부
④ 가구별 최저생계비 대비 100% 미만
⑤ 빈혈, 저체중, 성장부진, 영양섭취상태 불량의 위험요인 3개 이상 보유자

03 우리나라 보건복지부 내에 있는 행정기구의 역할 중 옳은 것은?

① 한국보건사회연구원 – 국민의 보건 향상에 관한 업무와 영양사 자격시험의 관장
② 국립보건원 – 국민건강영양조사에서 영양조사 부분을 주관
③ 한국보건산업진흥원 – 식품, 의약품, 화장품 등에 관한 검정 및 평가
④ 보건소 – 국민의 건강증진, 영양개선 사업, 응급의료에 관한 사항
⑤ 질병관리청 – 건강증진을 위한 사회복지 정책 수립

01 국민건강증진법과 한국인 영양소 섭취기준은 **보건복지부**에서 관장하고 있다.

02 영양플러스 사업의 영·유아 연령에 대한 선정기준은 만 1세 미만의 영아 또는 만 1세~만 6세 미만의 유아이다.

03 국민건강영양조사에서 영양조사 부분을 주관하는 곳은 **질병관리본부**이며, **영양사국가고시**의 관장은 **한국보건의료인국가시험원**(국시원)에서 시행하고 있다. **식품, 의약품, 화장품** 등에 관한 검정 및 평가는 **식품의약품안전처**가 담당한다.

정답 01. ⑤ 02. ① 03. ④

04 보건소의 업무에 해당하지 않는 것은?

① 구강건강 및 영양개선사업
② 노인보건사업
③ 전염병의 예방, 관리 및 치료
④ 의료인 및 의료기관에 대한 지도 등에 관한 사항
⑤ 취약계층에 대한 경제적 지원사업

05 시설별 영양교육 시 고려해야 할 요인이 바르게 연결된 것은?

① 보건소 – 균형식, 에너지 감소, 치료식이
② 병원급식 – 균형식, 에너지 감소, 치료식이
③ 요양원 – 치료식이, 에너지 감소, 당질섭취 제한
④ 학교급식 – 체위 향상, 균형식, 편식교정
⑤ 군대급식 – 균형식, 에너지 증가, 체위 향상

06 제5차 국민건강증진종합계획의 건강생활 실천확산의 5개 분야를 옳게 나열한 것은?

① 금연, 절주, 신체활동, 영양, 구강건강
② 금연, 절주, 예방접종, 영양, 구강건강
③ 금연, 절주, 신체활동, 예방접종, 구강건강
④ 금연, 절주, 신체활동, 향정신성 약물, 구강건강
⑤ 금연, 절주, 향정신성 약물, 영양, 신체활동

07 FAO가 하는 사업내용과 가장 관련이 깊은 것은?

① 에이즈 예방 및 보호
② 식량의 생산 증가
③ 장기긴급구호
④ 미량 영양소 개선사업
⑤ 전염병 및 유행병에 대한 대책 지원

08 영양표시제도의 효과로 가장 적절한 것은?

① 국민의 식중독 등의 급식 질환 발병을 감소하고 예방을 위한 식생활 변화를 기대할 수 있다.
② 생산자는 표시기준에 부합하지 않을 경우 제품의 영향 수준을 거부할 수 있다.
③ 소비자에게는 영양문제의 선택은 가능하나, 식품안전 문제를 해결하기는 어렵다.
④ 특정 건강식품의 영양성분을 강조 표시하는 오남용과 과대광고로 인한 소비자 피해가 커지는 단점이 있다.
⑤ 식품업계가 국민건강에 유용한 제품 개발을 위해 노력하도록 유도할 수도 있다.

---

04 보건소의 업무
- 국민건강증진, 보건교육, 구강건강 및 영양개선사업
- 전염병의 예방, 관리 및 치료
- 노인보건사업
- 공중위생 및 식품위생
- 의료인 및 의료기관에 대한 지도 등에 관한 사항
- 정신보건에 관한 사항

05 내담자의 개인별 상태에 따라 에너지 감소, 에너지 유지 혹은 에너지 증가를 해야 하며, **에너지 감소나 식사제한을 일률적으로 적용시키기는 어렵다.**

06 **제5차 국민건강증진종합계획의 건강생활 실천확산의 5개 분야는 금연, 절주, 신체활동, 영양, 구강건강**이다.

07 **FAO는 세계의 영양상태 개선을 목적으로 식량생산의 증가, 식량분배 개선, 생활수준의 향상** 등의 관련된 업무를 수행한다. **WHO는 전 인류의 건강 및 영양의 장애원인 제거를 목적으로 인류 보건 향상과 관련된 계획, 회의, 연구, 중재**의 업무를 수행한다. **UNICEF는 모자교육기관으로 특히 개발도상국의 어린이와 모자건강 및 영양 향상에 주력**하고 있다.

08 **영양표시제도**는 소비자에게 식품에 대한 **영양정보를 제공**할 수 있으며, **식품업계로부터 국민건강에 유용한 제품 개발의 노력을 가질 수 있도록 유도**할 수 있다.

정답 04. ⑤ 05. ④ 06. ①
07. ② 08. ⑤

09 어린이급식관리지원센터의 주요 사업내용으로 옳은 것은?

① 단체급식소 위생관리 실태 파악 및 컨설팅
② 단체급식소에서 파견 영양사로 근무
③ 단체급식소 위생관리 감독 및 처벌
④ 식단 작성 및 급식운영
⑤ 단체급식소 식자재 공급

10 우리나라에서 지역사회 영양사업의 필요성이 증가하는 이유로 가장 적합한 것은?

① 전통 식생활 증가
② 여성의 사회 참여 감소
③ 가정식의 증가
④ 지역사회 시민의 친밀도 증가
⑤ 질병 형태 및 식생활 패턴의 변화

11 현행 식품 및 식품첨가물공전에 정의된 특수의료용도식품의 항목이 아닌 것은?

① 당뇨환자용 영양조제식품
② 체중조절용 조제식품
③ 당뇨환자용 식단형 식품
④ 연하곤란자용 식품
⑤ 영유아용 특수조제식품

12 보건소에서 시행하고 있는 영양플러스 사업에서 대상자에게 제공되는 서비스로 옳은 것은?

① 건강검진 ② 급식서비스
③ 운동기능검사 ④ 가정 방문교육
⑤ 식품구입을 위한 현금 지급

13 서울시의 대사증후군 관리사업에서의 상담군 분류에 따른 맞춤형 상담의 내용이 옳게 연결된 것은?

① 정상군 – 연 1회 상담 제공 & 월 1회 건강 SMS 제공
② 약물치료군 – 연 3회 상담 제공 & 주 1회 건강 SMS 제공
③ 건강주의군 – 연 3회 상담 제공 & 월 1회 건강 SMS 제공
④ 건강위험군 – 연 6회 상담 제공 & 주 1회 건강 SMS 제공
⑤ 대사증후군 – 2년간 연 12회 상담제공 & 주 1회 건강 SMS 제공

09 어린이급식관리지원센터의 주요 사업내용에는 **단체급식소 위생관리 실태 파악 및 컨설팅, 방문 위생교육, 식단 작성 및 보급, 표준 레시피 개발 및 보급, 방문 영양교육** 등이 포함된다.

10 최근 우리나라는 식생활의 서구화, 만성 퇴행성 질환의 발병률과 사망률 증가, 여성의 사회진출, 가정 외 식생활의 비중 증가 등으로 영양교육자의 역할이 절실히 요구된다.

11 **환자를 대상으로 하는** 식품 시장 **확대**에 대응하여 **식품별 기준 및 규격의 일부 내용이 2022년 개편**되었다. **중분류인 특수의료용도식품을 대분류로 확대하고 하위에 표준형 영양조제식품, 맞춤형 영양조제식품, 식단형 식사관리식품 등 3개의 중분류와 11개의 식품 유형으로 세분화**하였다.

12 **영양플러스 사업**의 서비스에는 **개별상담, 집단교육, 가정 방문교육, 영양보충식품 제공**이 포함된다.

13 **서울시 대사증후군 관리사업**에서는 대상자의 건강상태에 따라 **4개의 상담군으로 분류하여 맞춤형 상담을 제공**하고 있다(대사증후군 : 12개월간 월 1회 상담 & 주 1회 건강 SMS 제공, 건강주의군 & 약물치료군 : 상담 연 3회 제공 & 주 1회 건강 SMS 제공, 정상군 : 연 2회 상담 제공 & 월 1회 건강 SMS 제공).

정답 09. ① 10. ⑤ 11. ② 12. ④ 13. ②

영양교육과 사업의 실제

학습목표 교수·학습과정안을 작성하고 활용할 수 있으며, 다양한 대상자에게 지역사회영양사업을 적용할 수 있다.

01 체계적인 영양교육 실시를 위한 교수·학습과정안의 작성은 영양교육의 어느 단계에 속하는가?

① 계획단계 ② 진단단계
③ 수업활동단계 ④ 평가단계
⑤ 피드백단계

02 영양교육 교수·학습과정안의 학습목표 진술방법으로 가장 적절한 것은?

① 포괄적이고 광범위한 목표를 설정한다.
② 영양교육 대상자의 변화 내용과 행동을 구체적으로 제시한다.
③ 학습활동의 방법과 내용에 초점을 맞추어 구체적으로 기술한다.
④ 영양교육자의 행동이나 활동을 학습목표로 한다.
⑤ 하나의 목표에 두 가지 이상의 성과를 포함한다.

03 영양교육 교수·학습과정안의 학습목표 진술방식에 가장 적절하게 작성된 것은?

① 식품교환표의 식품군 분류게임을 한다.
② 칼슘의 체내 기능과 급원식품을 암기한다.
③ 식품구성자전거의 식품군을 열거한다.
④ 청소년의 식생활문제에 관하여 토론한다.
⑤ 고지혈증 식사요법을 설명하고 이를 실생활에 적용한다.

01 영양교육의 설계 시 교수·학습과정안 작성은 교육을 실시하기 전 계획단계에서 작성한다.

02 학습목표는 영양교육의 결과로써 영양교육 대상자에게 예상되는 구체적인 변화를 구체적인 행동동사로 진술하며, 하나의 목표에 한 가지 성과만을 진술한다.

03 학습목표 진술은 대상자의 입장에서 서술하며, 학습활동이 아닌 학습활동으로 인한 학습성과를 서술한다. 하나의 학습목표에 한 가지 성과만 기술한다.

정답 01. ① 02. ② 03. ③

04 **영양교육의 교수·학습과정안의 조건에 대한 설명으로 가장 적절한 것은?**

① 학생들의 능력보다 높은 수준의 수업이 흥미를 유발할 수 있다.
② 수업내용보다 학생들의 흥미 수준에 가장 적합한 자료를 준비해야 한다.
③ 수업에서 각 단계의 시간을 예상해야 한다.
④ 과제는 수업내용보다 심화된 내용으로 포함하여야 한다.
⑤ 새로운 지식을 습득할 수 있도록 이전 수업과의 관련성이 적도록 고려하여야 한다.

05 **영양교육 교수·학습과정안에 대한 평가 내용으로 가장 거리가 먼 것은?**

① 교수·학습과정안 평가는 수업 후 학습자 스스로 하는 것이 효과적이다.
② 주제에 적합한 학습목표를 제시하였는지, 학습목표 진술방식에 맞게 진술하였는지를 평가한다.
③ 학습목표를 달성하기에 적합하면서 학생 수준에 맞는 내용으로 선정하였는지 평가한다.
④ 도입, 전개, 정리, 평가계획 등의 단계로 나누어 학습효과를 높이는 방향으로 체계적으로 전개되었는지 평가한다.
⑤ 동기유발 계획, 학생 활동에 대한 구체적인 전략, 교수·학습 매체의 적절한 활용계획과 학습목표를 달성하는 데 효과적인 방법인지 등을 평가한다.

06 **영양교육의 교수·학습과정안의 필수 구성요소가 옳게 나열된 것은?**

① 학습목표, 교육자료, 소요시간
② 학습목표, 소요시간, 과정안에 대한 평가계획
③ 교육자료, 교수·학습활동, 학습목표 달성 예상치
④ 교육자료, 소요시간, 과정안에 대한 평가계획
⑤ 교수·학습활동, 소요시간, 학습목표 달성 예상치

07 **유아기 부모를 대상으로 간식에 대한 교육을 실시하고자 한다. 간식에 대한 설명으로 적절한 것은?**

① 간식의 주요 목적은 심리적 만족감 충족이다.
② 간식은 세끼의 식사에서 부족한 영양소를 보충한다.
③ 성장기를 고려하여 주로 에너지를 보충하는 것이 좋다.
④ 간식을 통한 에너지의 섭취는 하루 필요한 에너지의 20%가 적당하다.
⑤ 간식의 섭취 횟수는 하루 4번이 가장 적절하다.

04 그 외의 조건으로는
- 적절한 목표 선택
- 적절한 과제 포함
- 교과서를 충분히 연구
- 이전 수업과의 관련성을 고려
- 수업 결과를 평가할 수 있어야 함
- 수업의 목적이 실현될 수 있도록 계획
- 학생의 능력과 흥미 수준을 고려하여 준비
- 수업에 활용이 가능한 가장 적합한 자료 준비
- 수업 상황에 따라서 계획의 조절이 가능하도록 신축성 있게 계획하기 등이 있다.

05 교수·학습과정안의 평가는 수업 후 교육자가 시행하는 것이 효과적이다.

06 교수·학습과정안에는 학습목표, 교육자료, 교육 시 유의점, 교수·학습활동, 소요시간, 결과평가계획 등이 포함된다.

07 간식으로 부족하기 쉬운 영양소를 보충해 주도록 하며 1일 에너지 필요량의 10% 정도가 적당하다.

정답 04. ③ 05. ① 06. ① 07. ②

08 선천적 대사장애는 유전적 소인을 지닌 대사장애로 일반적으로 흔히 나타나는 증상은 아니므로 일반 교육과정에서 흔히 포함하지는 않는다.

09 이 외에 유아교육기관의 영양교육 목표는 다음과 같다.

- 식사 준비에 참여하여 식품과 건강의 관계에 대한 이해를 증진시킨다.
- 건강에 이로운 식습관을 강조한다.
- 영·유아의 식품 또는 식사 선택에 영향을 주는 부모나 보육자의 영양지식을 증진시킨다.

만성질환 예방을 위한 식습관 교육은 성인 대상의 주요 영양교육 내용이다.

11 유아의 식습관은 대개 양육자의 영향이 가장 크다.

12 유아의 간식 섭취가 과다하면 다음 끼니의 결식으로 이어질 수 있으므로 주의가 필요하다.

정답 08. ② 09. ① 10. ① 11. ④ 12. ①

08 영·유아기의 영양과 건강에 관한 일반적인 영양교육 내용으로 가장 거리가 먼 것은?

① 이유 보충식
② 선천적 대사장애
③ 아기의 성장발달
④ 영아의 영양공급방법
⑤ 아기의 질병과 식사관리

09 유아교육기관의 영양교육 목표에 해당하는 내용으로 가장 적절한 것은?

① 식품에 대한 긍정적인 태도를 갖게 한다.
② 소화되기 쉬운 음식을 섭취하도록 한다.
③ 만성질환을 예방하기 위한 식습관을 강조한다.
④ 식량자원의 생산, 분배, 소비를 실천하도록 한다.
⑤ 올바른 신체상을 확립하도록 한다.

10 단위체중당 영양소 필요량이 가장 많은 시기는?

① 영아기 ② 유아기
③ 학령기 ④ 사춘기
⑤ 노년기

11 만 3세 유아가 김치를 먹지 않는 식습관이 생긴 이유로서 가장 가능성이 큰 것은?

① 가정의 경제 수준
② 영양교육과 지식수준
③ 대중매체와 광고
④ 양육자의 식습관
⑤ 지역의 시장구조

12 유아의 간식지도로 가장 적절한 것은?

① 간식은 다른 끼니 결식의 원인이 되므로 정해진 분량만큼 준다.
② 간식의 양은 유아가 원하는 대로 결정한다.
③ 간식은 세끼 식사와 마찬가지로 꼭 먹어야 한다.
④ 간식시간은 꼭 정해진 시간을 지켜야 한다.
⑤ 간식은 간편하게 인스턴트 음식을 이용한다.

13 청소년에 대한 영양교육의 내용으로 가장 옳은 것은?

① 충분한 에너지와 지방의 섭취를 권장한다.
② 만성질환 예방을 위해 저지방·고탄수화물식을 권장한다.
③ 학업 스트레스를 줄이기 위해 단순당류를 섭취할 것을 권장한다.
④ 성장과 성숙을 고려하여 간식을 자주 섭취할 것을 권장한다.
⑤ 적절한 골격발달을 위해 충분한 칼슘 섭취를 권장한다.

13 탄수화물과 지방의 에너지 구성 비율은 한국인 영양소 섭취기준의 AMDR 범위 내에서 섭취하는 것을 권장한다. 특별히 저지방·고탄수화물식 또는 고지방·저탄수화물식을 권장하지 않는다.

14 만 11세 비만 아이의 영양상담을 실시하고자 할 때 가장 적절한 것은?

① 비만아 자신이 식습관을 검토하여 문제점을 스스로 파악할 수 있도록 유도한다.
② 보호자와 같이 교육함이 바람직하며, 아동은 보호자의 의견에 따르도록 한다.
③ 타인이 있는 곳에서 체중을 재며, 몸무게 측정치를 정확히 본인과 주변에도 알린다.
④ 상담자가 세운 장기 및 단기 계획안대로 준수하여 따라오도록 지시한다.
⑤ 간식은 종류에 관계없이 절대 섭취하지 않도록 교육한다.

14 영양교육과 상담에서 주체는 내담자가 되도록 하여야 한다.

15 생활습관병 관련 환자의 영양교육 내용으로 가장 적절한 것은?

① 즉석식품의 전망과 이용방안을 설명한다.
② 식품영양표시제의 중요성과 그 활용방안을 설명한다.
③ 고단백, 고지방 식이를 권장하고 구체적인 조리법을 설명한다.
④ 적정 에너지 함량의 균형식 섭취방안을 설명한다.
⑤ 식생활로는 조절이 어려우므로 의사의 지시를 받도록 강요한다.

16 다음과 같은 영양교육을 실시하기에 알맞은 대상자 집단은?

• 아침식사의 중요성	• 건강에 좋은 간식
• 키 크는 식사관리	• 체중조절을 위한 식사관리

① 유아기 ② 수유기
③ 청소년기 ④ 성인기
⑤ 노년기

16 영양교육의 효과를 높이기 위해서는 **영양교육 대상자의 특성이 고려**되어야 한다. 아침식사 결식은 청소년의 주요 영양문제 중 하나이며, 청소년기는 성장기이므로 이에 대한 영양교육이 중요한 주제이다.

정답 13. ⑤ 14. ① 15. ④ 16. ③

17 다음과 같은 영양교육 내용에 알맞은 대상자 집단은?

- 한국의 명절 음식 만들기
- 외국 식재료를 대체할 수 있는 한국 식재료 찾아보기
- 김치 담기
- 한국 식재료 이름 익히기

① 다문화가정　② 독거노인
③ 중년 직장인　④ 고등학생
⑤ 대학생

18 산업체 급식에서 근로자를 위한 영양교육의 목표로 적절한 것은?

① 혈중 총 콜레스테롤이 300 mg/dL 이하인 사람의 비율을 증가시킨다.
② 체중을 줄인다.
③ 아침식사를 꼭 하도록 한다.
④ 가공식품을 섭취하지 않는다.
⑤ 과일을 통한 당류 섭취를 주의한다.

18 **혈중 콜레스테롤은 200 mg/dL 이하로 감소**시켜야 하며 **체중감소보다는 정상체중 유지**가 되도록 교육목표를 세워야 한다.

19 산업체에서 영양교육을 실시할 때 교육 내용으로 가장 적절한 것은?

① 영양보충제와 직업의 연관성
② 식생활과 만성질환의 연관성
③ 편식 교정에 관한 내용
④ 생산성을 향상시키기 위한 교육
⑤ 키 크는 식사에 관한 교육

19 우리나라 산업 현장의 질병 실태를 살펴보면 업무상 재해자 중 작업 조건 및 식습관 등 생활환경과 관련된 질환으로 인한 뇌·심혈관계 질환의 발생 비율이 높은 것으로 나타났다.

20 노동량이나 운동량이 많은 사람들에게 실시할 영양교육으로 가장 적절한 것은?

① 운동과 노동 강도에 따라 에너지가 증가함을 설명한다.
② 운동선수의 에너지원은 주로 지방이므로 지방 섭취를 늘리도록 지시한다.
③ 고열환경에서 작업하는 사람은 당의 섭취가 부족하지 않도록 한다.
④ 스트레스를 많이 받는 환경에 있는 사람은 탄수화물 섭취를 충분히 하도록 지시한다.
⑤ 중노동은 많은 땀 손실로 인해 칼슘 손실이 많을 수 있으므로 이를 주의한다.

20 **일반인과 마찬가지로 운동선수의 주요 에너지원은 탄수화물**이다. 땀 손실이 많은 경우 나트륨 손실을 주의해야 한다. 스트레스가 많을 경우 단백질 섭취를 충분히 하도록 한다.

정답 17. ① 18. ③ 19. ② 20. ①

21 성인 대상 2형 당뇨병 영양교육 내용으로 가장 적절한 것은?

① 설탕의 섭취를 엄격히 제한한다.
② 체중조절을 위해 심한 칼로리 제한을 한다.
③ 당뇨병에 좋은 보리밥은 무제한 먹어도 된다.
④ 인슐린과 혈당조절에 대해 설명한다.
⑤ 질병의 원인은 선천적으로 인슐린의 분비가 부족하기 때문이다.

22 임신부 대상의 영양교육 내용으로 가장 적절한 내용은?

① 임신부의 전반기 에너지 섭취는 평소보다 300 kcal/일이 더해져야 한다.
② 임신 중 채식 위주의 식사를 하여 변비를 방지하는 것이 좋다.
③ 임신 전 혹은 임신 중의 체중 변화는 태아의 체중에는 영향을 미치지 않는다.
④ 임신기는 빈혈이 빈번하므로 전반기부터 철을 복용하는 것이 좋다.
⑤ 임신기의 빈혈 판정은 Hb 수치가 11 g/dL 이하일 경우이다.

22 임신기는 빈혈 판정을 받은 경우 철 보충제 이용을 권하나, 빈혈이 아닐 경우 반드시 섭취해야 하는 것은 아니다. 임신기의 빈혈 판정 수치는 혈액량 증가를 반영하여 비임신 여성에 비하여 낮은 기준을 활용한다.

23 모유영양을 성공적으로 유도하기 위한 노력으로 가장 적절한 것은?

① 자신의 모유분비량과 모유성분에 대한 자신감을 갖고, 실천 동기를 갖게 한다.
② 기호에 맞지 않더라도 수유에 좋다는 음식을 찾아서 열심히 먹는다.
③ 과체중인 경우에는 엄격한 체중조절을 한다.
④ 정확한 시간에 맞추어 수유하는 방법을 지도한다.
⑤ 체력소모가 일어나지 않도록 몸의 움직임을 적게 한다.

23 성공적인 모유수유를 위해 본인의 적극적인 의지와 가족의 도움이 필요하며, 엄격한 체중관리는 모유분비량이 줄어들 우려가 있다.

24 환자의 식사지도 방법으로 가장 거리가 먼 것은?

① 교육자와 환자 사이의 신뢰감이 중요하다.
② 평상시 식생활을 충분히 이해한다.
③ 평상시 식생활을 전적으로 수정·개선해 나간다.
④ 환자의 식생활에 대한 기존 가치관을 존중한다.
⑤ 환자에게 바람직한 식단 및 표준식단을 제시한다.

24 식습관을 전면적으로 수정하면 심한 저항에 부딪히며 적응하기 힘들어 오히려 포기할 우려가 있으므로 서서히 단계별로 개선하도록 유도하는 것이 바람직하다.

정답 21. ④ 22. ⑤ 23. ① 24. ③

25 **고혈압**과 관련된 식이 요인으로 대표적인 것이 과잉의 염분 섭취와 고지방식이다. 따라서 이들의 섭취를 적정 수준에서 제한하여야 하고, 적정 체중을 유지하는 것이 필요하고, **혈관의 수축 방지를 위해 금연**이 필요하다. 대부분 고혈압은 비만과 동반되는 경우가 많으므로 포만감 증진 등을 위해 식이섬유 섭취를 늘린다.

26 골다공증을 예방하려면 유제품이나 녹색 채소를 통한 칼슘의 섭취 증대, 규칙적인 운동이 중요하며, **과도한 카페인 섭취는 칼슘 흡수율을 낮추므로 제한**하는 것이 필요하다.

28 고지혈증 및 심혈관질환을 예방하려면 열량 섭취, 동물성 지방, 콜레스테롤이 많은 음식의 섭취를 제한하고 짜게 먹지 않도록 한다. 수용성 식이섬유는 혈액의 콜레스테롤과 중성 지방의 수치를 낮춰서 심장병 예방에 도움이 된다.

정답 25. ④ 26. ① 27. ② 28. ④

25 고혈압 환자의 식사요법으로 가장 옳은 것은?

① 술, 담배는 제한하지 않는다.
② 카페인 섭취는 제한하지 않는다.
③ 식이섬유 섭취를 줄인다.
④ 부식은 싱겁게 먹는다.
⑤ 저단백, 고지방식을 권장한다.

26 골다공증 예방을 위한 영양교육의 내용으로 가장 적절한 것은?

① 우유 또는 유제품을 매일 1~2회가량 섭취한다.
② 골다공증과 운동은 관련이 없다.
③ 유당불내증이 있는 경우 요구르트, 치즈 등 유제품을 먹어서는 안 된다.
④ 고카페인 음료는 제한하지 않아도 된다.
⑤ 저지방육류를 자주 먹는다.

27 다음의 내용으로 진행되는 영양교육은 어떤 종류의 암을 예방하기 위한 것인가?

- 염장식품의 섭취를 피한다.
- 뜨거운 국이나 식품을 피한다.
- 불규칙한 식사를 하지 않는다.
- 잦은 음주를 피한다.

① 폐암　② 위암
③ 대장암　④ 식도암
⑤ 유방암

28 성인을 대상으로 고지혈증 및 심혈관질환 예방을 위한 영양교육 내용으로 가장 적절한 것은?

① 에너지가 과다하지 않게 탄수화물과 식이섬유의 섭취를 줄인다.
② 식물성 지방과 콜레스테롤이 많은 음식의 섭취를 줄인다.
③ 오메가-3 지방산이 많이 함유된 식품의 섭취를 줄인다.
④ 비만은 고지혈증의 위험요인이므로 적정체중을 유지한다.
⑤ 소화가 잘 되는 단순당질이 많이 함유된 식품의 섭취를 증가시킨다.

29 환자에 대한 영양교육으로 가장 적절한 것은?

① 환자 스스로 식사요법을 실천하려는 의지가 중요하므로 환자 본인만 교육한다.
② 입원환자보다 외래환자에 대한 지도가 중요하다.
③ 환자가 분량에 대한 감각을 습득하여 자신에 맞는 식사량을 알도록 지도한다.
④ 동일 질환 환자에 대한 교육내용과 방법은 일정하게 유지한다.
⑤ 교육의 효율성을 위해 개인상담보다는 집단교육을 우선한다.

29 환자의 식사요법은 본인과 가족의 협조하에 이루어지므로, 영양교육은 환자와 가족을 대상으로 이루어져야 한다.

30 다음 영양교육 내용의 대상자는 누구인가?

- 철 부족 시 나타나는 증상과 철 함유식품에 대해 설명한다.
- 부종의 원인과 식사요법에 대해 설명한다.
- 알코올 섭취의 위험성에 대해 설명한다.

① 암환자 ② 임신부
③ 노인기 여성 ④ 고혈압 환자
⑤ 청소년 여학생

31 병원 영양사의 영양교육 업무 내용으로 적절하지 <u>않은</u> 것은?

① 입원환자에 대한 병실 순회지도
② 당뇨환자에 대한 식사 교육
③ 외래환자에 대한 영양교육과 상담
④ 퇴원환자에 대한 영양교육
⑤ 병원 근처 지역사회 주민에 대한 조리교육

31 병원 영양사의 교육은 주로 환자에 대한 영양교육과 종업원에 관한 위생교육으로 이루어진다. 환자에 대한 교육은 입원, 외래환자뿐 아니라 퇴원환자를 대상으로 이루어지며, 현재 가장 많은 부분을 차지하고 있는 대상은 당뇨병 환자이다.

32 소화기계 암환자의 영양교육 내용으로 가장 거리가 <u>먼</u> 것은?

① 영양소 이용률의 변화
② 약물치료로 인한 미각 변화
③ 설사 증상의 대처방안
④ 1일 식사 섭취 횟수 감소의 필요성
⑤ 1회 섭취량 조절의 필요성

32 소화기계 암환자의 경우 1회의 섭취 식사량은 줄이고, 식사 횟수는 늘려서 부담이 적도록 한다.

정답 29. ③ 30. ② 31. ⑤ 32. ④

33 지방간과 통풍이 있는 경우는 지방의 섭취량을 줄이고, 동물성 식품의 섭취를 제한하는 것이 좋다.

35 보건소에서는 특별한 질병 환자를 대상으로 하기보다는 지역주민의 영양개선을 도모한다.

37 영양표시제를 읽고 식품을 선택하는 방법은 소비자에게 필요한 교육이다.

정답 33. ③ 34. ⑤ 35. ⑤ 36. ③ 37. ⑤

33 신장 165 cm, 체중 80 kg인 48세 성인 남자가 간에 지방이 많고 통풍 증상이 있다. 이 사람에 대한 영양교육 내용으로 가장 적절한 것은?

① 매일 우유 2컵, 두유 2컵을 마신다.
② 지방 섭취를 줄이고 단백질 위주의 식사를 한다.
③ 동물성 식품을 제한하고 잡곡, 채소, 과일을 많이 섭취한다.
④ 자유롭게 식사하고 의사 처방에 따라 약만 정확하게 복용한다.
⑤ 스트레스 받지 않고 충분한 휴식을 취하며, 먹고 싶은 것은 먹도록 한다.

34 비만 성인의 체중감소를 위한 영양교육으로 가장 적절한 것은?

① 육류 위주의 식사를 하고 탄수화물 섭취는 제한한다.
② 식사는 빠른 속도로 적은 양을 섭취한다.
③ 하루 두 끼만 섭취하되 규칙적으로 섭취한다.
④ 식이섬유가 적고 에너지가 적은 음식을 섭취한다.
⑤ 식사섭취량과 신체활동량의 조절을 적절히 병행한다.

35 보건소에서 실시하는 영양교육의 주된 내용은?

① 질병으로 인한 생리적 변화
② 입원환자에게 요구되는 영양소 필요량
③ 영양지식의 증진
④ 대사성 유전질환의 식사요법
⑤ 노인의 만성질환 예방법 및 식사요법

36 지역주민을 대상으로 임신과 출산에 의한 신체 변화, 영양요구량 변화, 모유 수유방법, 모유의 장점 등을 교육하기에 적절한 기관은?

① 요양병원
② 초등학교 급식실
③ 보건소
④ 상급종합병원 산부인과
⑤ 대학교 교직원식당

37 식품업체 대상의 영양교육 내용으로 가장 거리가 먼 것은?

① 영양표시제의 의의 및 의무사항을 교육한다.
② 식품생산이 국민의 건강과 직결됨을 교육한다.
③ 위생적인 생산, 가공과 식품의 영양적 의의를 교육한다.
④ 영양표시제도 실시로 제품판매의 불이익이 없음을 교육한다.
⑤ 식품에 표시된 영양표시제를 읽고, 선택하는 방법을 교육한다.

38 **보건소에서 영양불량 노인 대상의 식생활교육을 계획하고 있다. 영양불량 위험이 높은 노인을 선별하는 데에 유용한 영양 스크리닝 도구는?**

① NRS 2002
② MNA
③ SGA
④ PG-SGA
⑤ MUST

39 **노인의 영양교육을 위해서 식사조사를 하려고 한다. 가장 적절한 조사방법은 무엇인가?**

① 식사력 조사법
② 식사일기법
③ 24시간 회상법
④ 실측법
⑤ 식품섭취빈도 조사법

40 **최근 혼자 식사하는 사람이 많아지고 있다. 이들에게 바람직한 영양지도 내용으로 가장 적절한 것은?**

① 식사는 되도록 거르지 말고 균형 잡힌 식사를 한다.
② 건강관리를 위해 시간이 나는 대로 많은 운동을 한다.
③ 식사 준비가 간편한 인스턴트식품의 사용을 권장한다.
④ 매일 혼자 식사하면 사회성이 저하되므로 어울리는 식사모임을 자주 갖는다.
⑤ 여성의 경우 남성에 비하여 철 요구량이 높으므로 철 결핍에 더욱 유의한다.

41 **청소년기의 식생활에 대한 설명으로 가장 옳은 것은?**

① 학업에 따른 활동량 저하로 에너지필요추정량이 감소한다.
② 청소년기는 성장이 완만하므로 과도한 에너지섭취를 피한다.
③ 청소년기에는 거식증이나 식욕부진증의 발생이 거의 나타나지 않는다.
④ 스스로 선택해서 섭취하는 기호식품이 늘어남에 따라 영양의 균형을 이루기 쉽다.
⑤ 여성의 경우 남성에 비하여 철 요구량이 높으므로 철 결핍에 더욱 유의한다.

38 MNA(Mini Nutritional Assessment)는 노인의 영양불량 위험을 스크리닝하기 위한 목적으로 개발 및 평가된 도구이다.

39 노인의 경우에는 스스로 작성하는 형식의 식사조사 방법보다는 조사원과의 대면면접을 통해 실시되는 24시간 회상법이 적절하다.

정답 38. ② 39. ③ 40. ① 41. ⑤

42 질병에 따른 영양교육의 내용으로 가장 적절한 것은?

① 위궤양 – 한 끼 식사량은 줄이고, 식사 횟수를 늘린다.
② 동맥경화증 – 동물성 지방 및 식물성 지방을 증가시킨다.
③ 당뇨병 – 에너지를 증가시킨다.
④ 통풍 – 달걀, 우유를 제한한다.
⑤ 고혈압 – 식이섬유의 섭취를 줄인다.

43 보건소에서 실시하는 교육의 주된 내용으로 적절한 것은?

① 질환자의 생리적 변화
② 만성퇴행성질환의 예방 방법 및 식사요법
③ 입원환자에게 요구되는 영양소 필요량
④ 중년 이후의 피부관리 방법
⑤ 운동선수의 영양관리 방법

43 보건소에서는 인구집단에서 **유병률이 높은 만성질환의 예방 및 관리**에 대한 교육이 자주 시행된다.

정답 42. ① 43. ②

식사요법 및 생리학 4

1 영양관리과정
2 병원식과 영양지원
3 위장관 질환의 영양관리
4 간, 담도계, 췌장 질환의 영양관리
5 체중조절과 영양관리
6 당뇨병의 영양관리
7 심혈관계 질환의 영양관리
8 비뇨기계 질환의 영양관리
9 암의 영양관리
10 면역, 수술 및 화상, 호흡기 질환의 영양관리
11 빈혈의 영양관리
12 신경계 및 골격계 질환의 영양관리
13 선천성 대사장애 및 내분비 조절장애의 영양관리

1 영양관리과정

학습목표 영양관리과정, 영양판정 및 영양검색의 개념을 이해한다.

01 식사요법의 기본에 대한 설명으로 옳은 것은?

① 치료식은 환자의 증상을 완화시킨다.
② 스테인리스 재질의 식기가 가장 좋다.
③ 식욕촉진을 위해 약간 강하게 간한다.
④ 일반식은 특정 영양소의 공급을 제한한다.
⑤ 환자의 식품 기호도는 중요한 고려사항이 아니다.

02 만성콩팥병 환자의 자료를 근거로 젓갈류 및 김치류의 과다 섭취로 인한 '무기질 섭취 과다'라는 영양문제를 파악하고 기술하였을 때, 이는 영양관리과정(NCP) 중 어느 단계인가?

① 영양검색 ② 영양판정
③ 영양진단 ④ 영양중재
⑤ 영양모니터링과 평가

03 영양관리과정(NCP)의 순서로 옳은 것은?

① 영양검색 – 영양판정 – 영양진단 – 영양중재
② 영양판정 – 영양진단 – 영양중재 – 영양모니터링과 평가
③ 영양진단 – 영양판정 – 영양중재 – 영양모니터링과 평가
④ 영양중재 – 영양검색 – 영양판정 – 영양모니터링과 평가
⑤ 영양모니터링과 평가 – 영양판정 – 영양진단 – 영양중재

04 영양불량 등 영양적 문제가 있는 환자들을 조기에 가려내기 위해 시행되는 영양관리 방법은?

① 임상조사 ② 영양진단
③ 영양중재 ④ 영양모니터링
⑤ 영양상태 선별검사

---

01 스테인리스 식기는 식욕을 저하시키는 특징이 있다.

02 **영양관리과정**(NCP, Nutrition Care Process)은 임상영양관리와 관련된 업무의 전 과정을 표준화하여 보다 효과적으로 수행하도록 개발한 것으로 **1단계 영양판정, 2단계 영양진단, 3단계 영양중재, 4단계 영양모니터링과 평가**로 구성되어 있다. 영양진단은 영양판정을 통해 수집된 자료의 평가를 통해 영양사가 독립적으로 해결할 수 있는 영양문제를 규명하여 명시하는 과정이다.

03 문제 02번 해설 참고

04 영양불량이나 영양불량 위험요소를 지니고 있는 환자를 가려내는 영양평가 방법을 **영양검색(영양상태 선별검사, nutrition screening)**이라 한다.

정답 01. ① 02. ③ 03. ② 04. ⑤

05 영양판정 단계에서 영양검색에 사용하는 지표로만 짝지어진 것은?

① 체질량지수, 총 임파구 수
② 혈청 알부민 농도, 삼두근 피부두겹두께
③ 식사 섭취 상황, 혈청 크레아티닌 농도
④ 혈액요소질소, 혈색소
⑤ 체중변화, 혈청 트랜스페린

05 영양검색에 사용하는 지표는 혈색소, 헤마토크리트, 적혈구, 백혈구 수 등 일반 혈액 검사(CBC) 수치, 신장, 체중 등 신체계측치, 식사상황, 영양섭취에 관련된 문제들이다.

06 단백질 영양상태를 판정하는 신체지수는?

① 뢰러지수 ② 체질량지수
③ 카우프지수 ④ 크레아티닌－신장지수
⑤ 상대체중(%표준체중)

06 **크레아티닌－신장지수(creatinine-height index)는** 대상자의 24시간 크레아티닌 배설량을 신장별 요 크레아티닌 배설기준치와 비교하여 단백질 결핍 정도를 판정하는 지표이다.

07 환자의 영양불량 정도와 심각성을 가장 잘 나타내는 지표는?

① 체중 ② 신장
③ 허리둘레 ④ 체중 감소
⑤ 체지방량

07 **체중 감소는 영양불량의 정도와 심각성을 잘 나타내는 지표**로, 급격한 체중 감소는 단백질 조직의 빠른 손실과 탈수가 동반된 이화상태임을 의미한다.

08 병원에 입원한 환자의 키가 165 cm, 체중은 50 kg이었을 때, 체질량지수로 평가한 이 환자의 비만 정도는?

① 저체중 ② 정상
③ 과체중 ④ 경도비만
⑤ 중등도 비만

08 체질량지수 계산 결과는 50 kg ÷(1.65×1.65)≒18.4 kg/m^{2}로 저체중(18.5 kg/m^2 미만)에 속한다.

09 영양판정의 방법 중 영양불량이 시작되는 초기 상황에서 판별이 가능한 조사방법은?

① 식사섭취조사 ② 생화학적조사
③ 신체계측조사 ④ 임상조사
⑤ 병력조사

09 **영양결핍은 식사를 통한 부적절한 영양소의 섭취로 인해 시작**되며, 이와 같은 영양불량의 초기 단계는 식사섭취조사 방법을 통하여 판별이 가능하다.

10 대상자의 과거 만성적인 영양불량을 파악하는 데 유용하며, 방법이 비교적 간단하고, 다른 조사방법에 비하여 숙련되지 않은 조사원도 측정이 가능한 영양판정 방법은?

① 식사섭취조사 ② 생화학적조사
③ 신체계측조사 ④ 임상조사
⑤ 주관적 종합판정

10 신체계측은 다른 조사방법에 비해 **과거의 장기간에 걸친 영양상태에 대한 정보를 얻을 수 있으며, 조사대상자에게도 부담이 적고, 표준화된 방법을 준수하여 측정하면 방법 자체는 비교적 정확하다는 특징**이 있다.

정답 05. ① 06. ④ 07. ④ 08. ① 09. ① 10. ③

11 영양판정 방법 중 가장 객관적이고 정확한 자료를 얻을 수 있는 조사방법은?

① 식사섭취조사
② 생화학적조사
③ 신체계측조사
④ 임상조사
⑤ 영양검색

11 **생화학적조사 방법은 대상자로부터 채취한 소변, 혈액, 조직 등을 중심으로 특정 성분을 분석하는 것으로,** 다른 방법에 비하여 객관적이고 정확한 자료를 얻을 수 있다.

12 환자의 면역능력과 단백질 영양상태를 반영하는 것으로서 사용되는 검사 항목은?

① 총 임파구 수
② 적혈구 용적률
③ 혈색소
④ 혈액요소질소
⑤ 혈청 크레아티닌

12 혈액 총 임파구 수는 일반적으로 900~1,500 cells/mm^3일 때 중증도의 단백질 영양상태의 결핍 위험성을 의심한다.

13 입원 환자의 영양상태 평가를 위해 주로 사용하는 혈액 검사 항목은?

① 요산
② 알부민
③ 포도당
④ 중성지방
⑤ 프로트롬빈 타임

13 입원 환자의 영양상태 평가를 위해 일상적으로 측정하는 항목인 알부민은 단백질의 영양상태를 반영한다.

14 입원 환자의 영양상태를 조사한 결과, 체중이 정상체중의 92%, 혈청 알부민 농도가 2.8 g/dL이고, 사지에 부종이 있으며, 피부와 머리카락이 부분적으로 탈색되어 있었을 때 최종 영양판정은?

① 콰시오커
② 골다공증
③ 마라스무스
④ 단순 갑상선종
⑤ 철 결핍성 빈혈

14 **혈청 알부민 농도의 정상치는 3.5~5.2 g/dL이다.** 2.8~3.4 g/dL는 경도, 2.1~2.7 g/dL는 중등도, 2.1 g/dL 미만은 극심한 고갈상태이다.

15 단백질 영양상태를 평가하는 생화학적 검사 항목은?

① 혈청 페리틴
② 혈청 빌리루빈
③ 혈청 트랜스페린
④ 혈청 LDL-콜레스테롤
⑤ 적혈구 프로토포피린

15 **혈청 트랜스페린은 철 영양상태 평가를 위한 분석 항목이기도 하나, 단백질 부족,** 특히 내장 단백이 감소하면 혈중 트랜스페린 농도가 감소하여 단백질 영양상태의 지표로도 활용된다. **혈청 페리틴과 적혈구 프로토포피린은 철 결핍상태,** 혈청 빌리루빈은 간기능, 혈청 LDL-콜레스테롤은 고지혈증 여부를 판정하는 지표이다.

정답 11. ② 12. ① 13. ② 14. ① 15. ③

16 다음은 영양관리과정(NCP) 중 어느 단계에 해당하는 전략인가?

- 영양상담
- 영양교육
- 식품과 영양소 제공
- 영양관리

① 영양진단 ② 영양판정
③ 영양검색 ④ 영양중재
⑤ 영양모니터링과 평가

17 고지혈증 환자에 대한 영양관리과정(NCP) 중 다음은 어느 단계에 해당하는가?

이 환자의 문제는 '지방 섭취 과다'인 것으로 판단되었으며 원인은 잦은 외식이었다. 섭취량 조사 결과 하루 120 g의 지방을 섭취하는 것이 그 징후이다.

① 영양판정 ② 영양진단
③ 영양중재 ④ 영양모니터링
⑤ 영양평가

18 영양관리과정의 영양판정 단계에서 조사하는 과거력의 정보로 옳은 것은?

① 혈당
② 식행동
③ 식품과 영양소 섭취
④ 수술 및 질환 여부
⑤ 근육과 피하지방 손실 정도

19 영양관리과정 중 영양모니터링 및 평가 영역에서 진행하는 내용으로 가장 옳은 것은?

① 영양평가를 위한 지표를 선정한다.
② 환자의 영양과 관련된 행동을 변화시키는 데 주력한다.
③ 환자의 영양문제를 결정하기 위한 우선순위 기준을 선정한다.
④ 영양관리과정 첫 단계인 영양판정의 모든 영역을 다시 평가한다.
⑤ 영양진단 과정에서 도출된 영양문제를 해결하기 위한 영양중재의 달성도를 평가한다.

16 영양중재(nutrition intervention) 전략의 4개 영역은 식품과 영양소 제공, 영양교육, 영양상담, 영양관리 연계이다. 신체계측은 영양판정을 위한 영역이다.

17 영양진단 단계에서는 영양판정에서 발견된 영양문제의 병인 및 증상이나 징후 등을 고려하여 환자의 영양문제점을 확인하는 단계이다.

18 영양관리과정의 영양판정 단계에서는 과거력, 식품/영양소와 관련된 식사력, 신체계측, 영양 관련 신체검사, 생화학적 검사 등을 진행하게 되는데, **과거력으로는 병력(예 : 질환 및 수술 여부), 사회력(예 : 식품구매 능력)** 등을 조사한다.

19 **영양모니터링 및 평가 영역은 영양진단 과정에서 도출된 영양문제를 해결하기 위한 영양중재가 제대로 진행되었고, 목표를 달성하였는지 평가하는 과정**이다. 이때는 영양관리과정의 첫 단계인 영양판정 영역 중 과거력을 제외하고 평가하게 된다. 영양판정에 필요한 자료를 결정하고 자료를 수집하는 단계는 영양판정 단계, 환자의 영양과 관련된 행동을 변화시키는 과정은 영양중재 단계에서 진행된다.

정답 16. ④ 17. ② 18. ④ 19. ⑤

20 식사섭취를 조사하는 방법 중의 하나인 24시간 회상법은 조사원의 면접에 의해 응답자가 하루 전 24시간 동안 섭취했던 식품을 조사하는 방법으로 식사섭취조사에서 보편적인 방법으로 사용되고 있다.

20 식사섭취 조사방법 중 24시간 회상법에 대한 설명으로 옳은 것은?

① 섭취한 식품의 종류와 목측량을 기록한다.
② 섭취한 식품의 종류와 양을 저울로 측정해서 기록한다.
③ 과거의 특정 식품에 대한 섭취 빈도를 회상하여 기록한다.
④ 식품이나 음식 목록이 적힌 조사지에 섭취한 횟수와 양을 기록한다.
⑤ 지난 하루 동안 섭취한 식품의 양을 기억하여 조사자가 기록한다.

21 **철 결핍의 단계별 진단지표**
- 1단계(철 저장량 고갈 단계) : 혈청 페리틴 농도 측정
- 2단계(혈구 내의 철 고갈 단계) : 트랜스페린 포화도 검사, 적혈구 내 프로토포르피린
- 3단계(철 결핍성 빈혈의 발현 단계) : 혈색소 농도 측정, 평균혈구용적(MCV) 측정

21 철 결핍성 빈혈의 발현 단계를 진단하는 데 사용되는 지표는?

① 혈청 철
② 혈색소
③ 혈청 페리틴
④ 트랜스페린 포화도
⑤ 적혈구 프로토포르피린

22 여자 허리둘레 85 cm 이상인 경우 복부비만으로 판정한다.

22 40세 여성의 신체검사 결과가 다음과 같을 때, 이에 대한 판정으로 옳은 것은?

- 신장 160 cm
- 체중 60 kg
- 체지방률 30%
- 허리둘레 90 cm
- 엉덩이둘레 95 cm

① BMI 23.4 kg/m^{2}로 비만이다.
② 이상체중비 111%로 비만이다.
③ 체지방률 30%로 고도비만이다.
④ 허리둘레 90 cm로 복부비만이다.
⑤ 허리 - 엉덩이둘레비 0.95로 내장비만이다.

23 **티아민 결핍 시 나타나는 증상**
- 감각의 손실(sensory loss)
- 운동성 쇠약
- 자세감각 및 진동감각의 상실
- 발목 및 무릎반사 상실
- 종아리의 통증
- 말초신경질환(허약, 감각이상, 반사소실)
- 안근마비 등

23 임상조사결과 감각의 손실, 운동성 쇠약, 말초신경질환, 안근마비 등의 증상이 있을 때 결핍이 예상되는 영양소는?

① 티아민 ② 비타민 A
③ 비타민 C ④ 비타민 B_{12}
⑤ 리보플라빈

정답 20. ⑤ 21. ② 22. ④ 23. ①

병원식과 영양지원

2

학습목표 식단계획과 식품교환표, 병원식과 영양지원을 이해한다.

01 1교환단위당 에너지 함량이 가장 많은 것은?

① 식빵 ② 포도
③ 쇠갈비 ④ 참기름
⑤ 일반우유

02 1교환단위당 지방이 가장 많이 함유된 것은?

① 갈치 ② 달걀
③ 도미 ④ 물오징어
⑤ 프랑크소시지

03 1교환단위당 지방 함량이 가장 많은 것은?

① 꽁치 ② 달걀
③ 두부 ④ 버터
⑤ 일반우유

04 다음 채소 중 g당 에너지 함량이 가장 적은 것은?

① 더덕 ② 우엉
③ 단호박 ④ 시금치
⑤ 버섯류(생것)

05 사과 중간 크기 1/3개, 땅콩 8개, 양배추 70 g을 마요네즈 2작은술로 버무린 샐러드의 에너지는?

① 115 kcal ② 150 kcal
③ 165 kcal ④ 205 kcal
⑤ 255 kcal

01 1교환단위당 에너지 함량은 곡류군 100 kcal, 일반우유군 125 kcal, 과일군 50 kcal, 지방군 45 kcal, 고지방 어육류군 100 kcal이다.

02 식품교환표의 어육류군 중에서 1교환단위당 지방이 가장 많이 함유된 것은 고지방 어육류군에 속하는 치즈, 쇠갈비, 쇠꼬리, 프랑크소시지 등이다.

03 꽁치(중지방), 달걀(중지방), 두부(중지방), 버터의 1교환단위당 지방 함량은 5 g, 우유는 7 g이다.

04 더덕, 우엉, 단호박은 1교환단위가 40 g, 버섯류(생것)는 50 g, 시금치는 70 g이다.

05 과일군 1교환단위의 에너지는 50 kcal이고, 사과 1교환단위는 80 g으로 중 크기 1/3개이다. 채소군 1교환단위의 에너지는 20 kcal이고, 양배추 1교환단위는 70 g이다. 지방군 1교환단위의 에너지는 45 kcal이고, 마요네즈 1교환단위는 5 g으로 1작은술이고, 땅콩은 8개이다.

정답 01. ⑤ 02. ⑤ 03. ⑤ 04. ④ 05. ④

06 밤(60 g)은 곡류군으로 1교환단위의 에너지는 100 kcal, 일반우유 1교환단위는 125 kcal, 귤 1교환단위(120 g)는 50 kcal이므로 세 가지를 합하면 275 kcal가 된다.

06 간식으로 찐밤 큰 것 3개(60 g), 일반우유 1컵(200 mL), 귤 1개(120 g)를 제공할 때의 에너지는?

① 275 kcal
② 300 kcal
③ 325 kcal
④ 350 kcal
⑤ 375 kcal

07 일반우유군 1교환단위(125 kcal)에는 탄수화물 10 g, 단백질 6 g, 지방 7 g이 함유되어 있으며, 저지방우유군 1교환단위(80 kcal)에는 탄수화물 10 g, 단백질 6 g, 지방 2 g이 함유되어 있다.

07 식품교환단위의 식품군 중 탄수화물, 단백질, 지방을 모두 공급할 수 있는 식품군은?

① 어육류군
② 지방군
③ 채소군
④ 곡류군
⑤ 우유군

08 갈치, 꽁치, 고등어는 중지방 어육류이고, 달걀과 돼지고기 안심은 중지방 어육류군이며, 일반우유 200 mL의 영양가는 당질 10 g, 단백질 6 g, 지방 7 g이다. 밥 1/3공기는 곡류군 1교환단위이며, 사과 1교환단위의 에너지는 50 kcal이다.

08 당뇨 식품교환표에 대한 설명으로 옳은 것은?

① 갈치, 꽁치, 고등어는 고지방 어육류에 속한다.
② 중간 크기의 사과 1/3개의 에너지는 100 kcal이다.
③ 달걀과 돼지고기 안심은 저지방 어육류에 속한다.
④ 밥 1/3공기의 영양가는 단백질 2 g, 당질 23 g, 에너지 100 kcal이다.
⑤ 일반우유 200 mL의 영양가는 당질 11 g, 단백질 6 g, 지방 10 g이다.

09 환자의 영양과 질병 상태에 따라 영양권장량에서 에너지 및 필요한 영양소의 양을 가감하는 등의 조절이 요구된다. 치료식이라도 환자의 기호를 최대한 반영한다.

09 환자의 식사를 계획할 때 고려사항은?

① 환자가 설사를 할 때는 식이섬유를 보충해 준다.
② 환자의 소화를 위해서는 차가운 음식이 바람직하다.
③ 환자의 영양 상태에 따라 영양소 필요량을 결정한다.
④ 치료식의 경우 환자의 식품기호를 반영하지 않아도 된다.
⑤ 치료식의 특정 영양소 조절은 질병의 특성에 따라 계획한다.

10 특별치료식이 요구되지 않는 성인 환자의 경우 한국인 영양소 섭취기준에서 제시한 연령별 탄수화물, 단백질, 지질의 에너지 공급 적정비율을 따른다 **(19세 이상 탄수화물 : 단백질 : 지질 = 55~65% : 7~20% : 15~30%).**

10 특별히 영양소 함량의 조절이 필요하지 않은 54세 입원 환자의 에너지 공급 적정비율로 옳은 것은?

① 탄수화물 : 단백질 : 지질 = 55~65% : 7~20% : 15~30%
② 탄수화물 : 단백질 : 지질 = 50~60% : 7~20% : 15~20%
③ 탄수화물 : 단백질 : 지질 = 60~65% : 10~20% : 10~15%
④ 탄수화물 : 단백질 : 지질 = 55~65% : 15~25% : 10~20%
⑤ 탄수화물 : 단백질 : 지질 = 50~60% : 10~20% : 15~30%

정답 06. ① 07. ⑤ 08. ④ 09. ③ 10. ①

11 환자에게 연식이나 유동식을 줄 때 나타나기 쉬운 영양소 부족을 방지하기 위해 영양사가 취해야 할 사항은?

① 식사 횟수를 1일 4회 이하로 제한한다.
② 중심정맥영양(TPN)으로 영양소를 보충시킨다.
③ 가급적 단시일 내에 회복식이나 연식으로 이행한다.
④ 식사 내의 지방과 식이섬유 함량을 엄중히 제한한다.
⑤ 식사의 영양밀도는 높이고 점도는 최대한 낮게 조절한다.

11 연식이나 유동식에서 지방이나 식이섬유를 무조건 엄중하게 제한할 필요가 없다. 유동식의 점도는 연하 정도에 따라 조절해야 한다.

12 입원 환자의 식사에 대한 설명으로 옳은 것은?

① 연식에는 향신료의 사용에 제한이 없다.
② 연식은 충분한 영양소 공급이 가능하므로 별도의 영양지원을 고려하지 않아도 된다.
③ 맑은 유동식의 주목적은 영양 공급이다.
④ 맑은 유동식을 3일 이상 제공하는 것은 바람직하지 않다.
⑤ 일반 유동식은 죽식으로 치아상태가 좋지 않은 환자에게 제공된다.

12 유동식은 에너지를 비롯한 대부분의 영양소가 부족하기 쉬우므로 2~3일 정도 단기간 급식에만 제공해야 한다.

13 연식이나 유동식 공급 시 고려할 사항으로 옳은 것은?

① 식사횟수를 1일 5~6회 이상으로 늘린다.
② 식사 내의 지방과 식이섬유 함량을 엄격히 제한한다.
③ 완전정맥영양보다 영양공급량을 엄격히 제한한다.
④ 영양적인 면에서 일반식과 거의 비슷하므로 식사량을 동일하게 한다.
⑤ 연식 환자는 식이섬유 섭취량을 늘려 변비를 예방한다.

13 연식은 유동식에서 일반식으로 진행하는 과정에서 이행식이 필요할 때, 소화기능이 저하되어 있을 때, 구강과 식도에 장애가 있을 때 등에 사용하는 식사이다. 소화되기 쉽고 부드럽게 조리한 식사로, 식이섬유 및 강한 향신료를 제외하고 결체조직이 적은 식품으로 구성한다. 유동식과 연식은 영양밀도가 낮아, 식사횟수를 늘리거나 식사 외에 추가로 간식을 제공하여야 한다. 장기간 연식을 섭취해야 하는 경우 영양지원을 고려해야 한다.

14 수술 후의 환자에게 맑은 유동식으로 줄 수 있는 음식은?

① 옥수수차　② 채소주스
③ 오렌지주스　④ 묽은 된장국
⑤ 요구르트 음료

14 맑은 유동식은 수술 후의 환자에게 주로 수분 공급을 목적으로 주는 것으로서 소화작용에 전혀 부담을 주지 않는 것을 공급하는 것이 보통이다.

15 맑은 유동식에 대한 설명으로 옳은 것은?

① 환자의 영양 공급이 목적이다.
② 쇠고기국물, 어탕류의 국물이 허용된다.
③ 수술로 인해 삼키기가 어려운 환자에게 제공되는 식사이다.
④ 가급적 단기간에만 제공하고 일반유동식 등의 다음 단계로 이행한다.
⑤ 보통 1일 에너지 1,200~1,500 kcal, 당질 190~200 g, 단백질 40~50 g, 지질 30~40 g을 포함한다.

15 맑은 유동식은 보통 1일 에너지 600~800 kcal, 단백질 5~6 g, 지방 2 g 미만, 당질 150~180 g을 포함한다.

정답 11. ③ 12. ④ 13. ① 14. ① 15. ④

16 저작보조식(기계적 연식)은 내과적으로는 아무런 장애가 없으나 치과질환 등으로 씹기가 곤란하거나 식도, 구강 및 인후장애 또는 수술 등으로 인해 삼키기가 어려운 환자에게 제공하는 식사이다. 따라서 식사의 분량이나 성분은 상식과 거의 다름이 없으며, 씹거나 삼키기 쉬운 형태의 음식을 제공한다. 묽은 액체는 제한한다.

17 연식은 **기본적으로 강한 향신료의 사용이 제한되고, 씹고 삼키기 용이하도록 섬유질 및 결체조직이 적은 식품, 부드럽고 점성이 강하지 않은 음식**이 좋으며, 강한 조리법(볶음, 튀기기 등)은 가능한 한 사용하지 않는 것이 좋다.

18 **연식은 주식이 죽 정도의 부드러운 식사 형태**로, 일반식 적응이 어려운 환자에게 부드럽고 씹고 삼키기 쉬운 음식을 제공하기 위한 식사이다.

19 **저잔사식이란 식이섬유가 많은 식품뿐만 아니라 대변의 양을 늘리는 모든 식품을 제한하는 식사**이다. 우유는 식이섬유 함량은 낮지만 유당 때문에 대변의 양을 증가시키므로 제한한다. 조개류는 결체 조직 때문에 대변의 양을 늘릴 수 있으므로 제한한다.

20 **검사식의 특징**

- **5-HIAA 검사식** : 악성종양 진단을 위해 소변 중 5-hydroxyindoleacetic acid(5-HIAA) 함량을 측정하기 위한 식사이다. 복강 내에 악성종양이 있으면 세로토닌이 과잉 생성되어 소변으로 5-HIAA가 다량 배설된다.
- **레닌(renin) 검사식** : 고혈압 환자의 레닌 활성도를 평가하기 위해 나트륨 섭취를 제한하여 레닌이 생성되도록 자극하는 식사이다.
- **당 내응력 검사식** : 인슐린 분비기능, 혈당 조절능력을 조사하기 위한 고당질 식사이다.
- **400 mg 칼슘 검사식** : 고칼슘 식사(약 1,000 mg) 후 고칼슘뇨증 여부를 조사하여 신결석 여부를 진단한다.
- **지방변 검사식** : 소화흡수 불량에 따른 지방변을 진단하기 위한 식사이다.

정답 16. ① 17. ② 18. ③ 19. ① 20. ④

16 저작보조식(기계적 연식)의 식단에서 사용할 수 있는 음식은?

① 순두부찜, 푸딩
② 스크램블 에그, 요구르트
③ 사과주스, 달걀찜
④ 흰죽, 탕수육
⑤ 삶은 감자, 묽은 된장국

17 연식으로 제공하기에 가장 좋은 음식은?

① 근대나물 ② 가지나물
③ 연근조림 ④ 달걀후라이
⑤ 감자채볶음

18 다음 식품이 허용되는 병원식은?

흰죽, 달걀찜, 과일주스, 연한 닭고기

① 맑은 유동식 ② 일반식
③ 연식 ④ 전유동식
⑤ 퓨레식

19 저잔사식(low-residue diet)에 대한 설명으로 옳은 것은?

① 우유와 조개류를 제한한다.
② 저식이섬유식의 다른 표현이다.
③ 식이섬유만 제한하는 식사요법이다.
④ 지방 섭취량을 1일 20 g 이내로 제한한다.
⑤ 식이섬유를 하루 10~15 g 이내로 제한한다.

20 검사식이란 임상검사의 정밀도를 높이기 위해 임상진단검사 전에 처방되는 식사를 말한다. 다음 중 신장 결석 환자의 진단을 위한 검사식은?

① 5-HIAA 검사식
② 레닌(renin) 검사식
③ 당 내응력 검사식
④ 400 mg 칼슘 검사식
⑤ 지방변 검사식

21 **다음 영양문제의 환자에게 일차적으로 적용시켜야 할 식사요법의 종류는?**

> 음식물을 씹고 삼키는 데 어려움이 없으나 식욕부진이 심하다. 그리고 소화기관은 어느 정도 작동하지만 흡수불량의 문제가 있다.

① 상식 ② 맑은 유동식
③ 경관영양 ④ 경장성분영양
⑤ 중심정맥영양

22 **특별치료식으로 바르게 짝지어진 것은?**

① 당뇨식 – 글루텐제외식
② 고에너지식 – 연식
③ 식품알레르기식 – 저작보조식
④ 맑은 유동식 – 체중조절식
⑤ 케톤식 – 전유동식

23 **입원 환자의 에너지 필요량 산출 시 고려하지 않아도 되는 것은?**

① 연령 ② 비만도
③ 활동량 ④ 식욕 정도
⑤ 외상 여부

24 **연하곤란증이 있는 환자에게 줄 수 있는 음식 형태로 옳은 것은?**

① 가루음식
② 반고형 음식
③ 맑은 액체 음식
④ 끈적끈적한 음식
⑤ 작은 조각으로 된 음식

25 **연하곤란 환자에게 제한해야 할 음식은?**

① 푸딩 ② 으깬 감자
③ 오렌지주스 ④ 호상요구르트
⑤ 잘 익은 바나나

21 음식물의 저작 및 연하기능이 있으므로 경구급식을 한다. 또한 소화기관이 작동하는 환자에 대해서는 경장영양을 우선적으로 시행하는 것이 원칙이며, 흡수불량 여부에 따라 성분영양액을 사용할 수 있다. 이 환자는 식욕부진과 흡수불량의 문제가 있으므로 우선 성분영양제를 경구로 공급하여 영양상태를 개선하는 것이 좋다. 그 후 식욕과 흡수능력이 개선되면 연식부터 적용하여 상식으로 이행한다.

22 특별치료식은 환자의 질병과 상태, 기타 조건에 따라 에너지, 영양소의 구성 등을 다양하게 조절한 식사를 말한다.

23 연령, 체중, 신장, 비만도, 활동량 등이 에너지 필요량에 영향을 미치며, 뿐만 아니라 수술, 화상 등 외상이 심하면 단백조직의 손실을 보상하기 위해 에너지 공급량을 증가시켜야 한다.

24 **연하보조식으로 섭취하기 좋은 음식은 걸쭉한 액체나 질감이 균일한 반고형 음식**이다. 맑은 액체 음식, 질감이 거친 음식, 가루음식, 견과류, 생과일, 생채소는 사용하지 않는다. 맑은 액체 상태 음식은 시판 농후제를 사용하여 걸쭉하게 만들어 제공한다.

25 연하곤란증이 있는 환자에게 주는 식사를 연하보조식이라고 하는데, 질감이 균일한 반고형 음식과 걸쭉한 액체 음식이 좋고, 질감이 단단하거나 질긴 음식, 끈끈하여 입안에 달라붙는 음식은 제한해야 한다. 타액의 분비를 증가시키거나 타액의 점도를 증가시킬 수 있는 단 음식이나 감귤류 주스는 피한다.

정답 21. ④ 22. ① 23. ④ 24. ② 25. ③

26 연하곤란 환자에게 공급하는 음식은 부드럽고, 촉촉하고, 매끄럽게 조리하며 알맹이 형태는 가급적 피하고, 액체는 흡인 위험이 크므로 걸쭉하게 제공한다.

27 지질은 필수지방산 공급, 지용성 비타민의 용매로, 에너지 보충을 위해 유화형태의 지방이 포함되며, pH는 체액과 같은 7.35~7.45로 조절되고, 탄수화물 급원으로는 포도당 수화물이 공급된다. 질소 공급원으로는 필수 아미노산이 1/3 이상이 되도록 유리 아미노산의 혼합물을 이용하고, 무기질과 비타민의 혼합물, 항응고제로서 헤파린이 포함된다. 정맥영양액의 삼투압은 말초정맥영양은 800~900 mOsm/kg 이내로 해야 하나, 중심정맥영양은 1,200 mOsm/kg 이상인 고영양 수액을 사용할 수 있다.

28 질병 시 유당분해효소의 생성이 감소하기 때문에 대부분의 경장영양액에는 유당이 함유되어 있지 않다.

29 **경장영양은 위장관 기능은 정상이나 경구섭취량이 영양소필요량에 비해 크게 부족한 경우에 적용**한다. 경장영양의 금기 대상은 위장관 기능이 충분치 않거나 상당 기간 장의 휴식이 필요한 경우로서 단장증후군, 위장관의 폐색, 위장관 출혈이나 설사가 심한 경우, 매우 심한 구토가 있는 경우, 위장관 누공의 배출량이 많은 경우, 심한 대장염 등이다.

30 암 치료를 위해 화학요법을 받는 환자는 중심정맥영양(TPN) 시행이 도움이 되는 경우이고, 수술 직후 혹은 수술 직전 스트레스에 처한 환자는 중심정맥영양(TPN) 사용을 제한해야 한다.

정답 26. ⑤ 27. ② 28. ⑤ 29. ③ 30. ④

26 연하곤란 환자의 영양관리로 옳은 것은?

① 실온상태의 건조한 음식을 공급한다.
② 끈끈하고 단 음식을 공급한다.
③ 삼키기 쉬운 주스 형태로 공급한다.
④ 다양한 질감과 형태의 식품을 공급한다.
⑤ 걸쭉한 농도의 죽 형태 음식을 공급한다.

27 중심정맥영양(TPN)에서 공급하는 수액의 특징으로 옳은 것은?

① 지질은 대두유로 공급한다.
② 수액의 pH를 7.35~7.45가 되도록 조절한다.
③ 단백질 급원은 주로 알부민 형태로 제공된다.
④ 장기간 정맥영양 시에는 칼륨이 결핍될 수 있다.
⑤ 수액의 삼투압은 600 mOsm/kg 이내로 제한한다.

28 경장영양액 조성의 특징으로 옳은 것은?

① 지방원은 지방유화액 형태로 공급된다.
② 대부분의 경장영양액에는 유당이 함유되어 있다.
③ 장기간 공급 시 비타민과 무기질이 결핍될 수 있다.
④ 당질은 덱스트로즈 수화물 형태로 공급된다.
⑤ 단백질원으로는 카제인, 락트알부민, 대두단백이 주를 이룬다.

29 경장영양이 사용될 수 있는 상황은?

① 장천공이 된 상태
② 삼투압에 의한 설사가 있을 때
③ 식도염 및 식도 협착이 있을 때
④ 심한 화상으로 연동작용이 어려울 때
⑤ 화학요법으로 구토가 심하고 흡수능력이 저하될 때

30 환자 중 중심정맥영양 사용을 제한해야 하는 경우는?

① 췌장염이 심한 환자
② 설사와 구토가 심한 환자
③ 소장의 많은 부분을 절제한 환자
④ 수술 직전 스트레스에 처한 환자
⑤ 암 치료를 위해 화학요법을 받는 환자

31 정맥영양의 용액성분에 대한 설명으로 옳은 것은?

① 당질은 복합당질 형태로 공급한다.
② 단백질은 폴리펩티드 형태로 공급한다.
③ 지방은 유화액 형태로 공급한다.
④ 무기질은 전해질 균형이 유지되도록 영양권장량 이상으로 공급한다.
⑤ 모든 비타민은 정맥영양 용액에 혼합해서 공급한다.

32 장기적으로 경관급식을 하는 환자의 모니터링 중 매일 해야 하는 검사는?

① 혈당 ② 소변 배설량
③ 혈청 알부민 ④ 혈청 전해질
⑤ 혈중 중성지방

33 경관급식 중인 환자에게 변비가 발생하였을 때 그 대책으로 옳은 것은?

① 경장영양액의 주입속도를 높인다.
② 식이섬유 함유 영양액을 제공한다.
③ 경관급식을 중단하고 수액만을 공급한다.
④ 경관급식 영양액의 지방 함유량을 높인다.
⑤ 실온이나 체온 정도의 온도로 영양액을 주입한다.

34 경관급식 환자의 설사 원인은?

① 느린 주입속도
② 지방흡수불량
③ 위 배출 지연
④ 저장성 경장영양액
⑤ 미지근한 경장영양액의 온도

35 가수분해되지 않은 단백질, 지질, 탄수화물을 포함하고 있는 경장영양액 중 등장성 정도의 삼투압을 가진 경우, 경장영양액 1 mL 내 함유하고 있는 열량은?

① 0.5 kcal/mL ② 1 kcal/mL
③ 1.5 kcal/mL ④ 2 kcal/mL
⑤ 2.5 kcal/mL

31 정맥영양에서는 당질 급원으로 포도당 수화물을, 단백질 급원으로 아미노산 결정체를, 지방 급원으로 지방산, 글리세롤, 인지질이 함유된 유화액을 사용한다. 무기질은 전해질 균형을 유지하고 영양권장량을 충족하는 수준으로 공급한다. 비타민 K는 안정성의 문제로 정맥영양 내에 포함하지 않고 결핍이 의심될 경우 근육주사나 피하주사로 별도 공급한다.

32 **장기적으로 경관급식을 하는 환자의 경우 매일 모니터링을 해야 할 검사는 체중, 수분 섭취와 배설량(I/O), 위장관 기능**이며, 혈청 전해질, 혈청 알부민, 간기능 검사 등은 2~6개월마다 실시한다.

33 경관급식 환자의 경우 변비 발생이 빈번하며, 이럴 경우 그 원인을 규명하여 대처해야 한다. 수분상태 평가 후 수분을 충분히 보충하고, 굳게 막힌 변을 제거해 주고, 식이섬유 함유 영양액을 사용한다. 걷거나 활동이 불가능한 경우에는 복부 마사지가 도움이 된다.

34 **설사의 원인은 불충분한 식이섬유, 빠른 주입속도, 미생물 감염, 고장성 경장영양액, 당질흡수불량, 유당불내증, 지방흡수불량, 중쇄중성지방(MCT)의 빠른 주입, 빠른 위 배출, 차가운 경장영양액 공급, 항생제, 항암제, 제산제 등의 약물 사용** 등이다.

35 가장 보편적으로 사용하는 표준 경장영양액은 가수분해되지 않은 단백질, 지질, 탄수화물을 포함하고 있어 소화와 흡수 기능이 정상인 환자에게 적합하다. **1 kcal/mL의 에너지를 포함하는 경장영양액은 대부분 등장성**(약 300 mOsm/kg H_2O)이며, 에너지 밀도 1.5~2.0 kcal/mL로 농축한 경장영양액의 삼투압은 400~700 mOsm/kg H_2O이다.

정답 31. ③ 32. ② 33. ② 34. ② 35. ②

36 경장영양 환자의 영양액 선택에 대한 설명으로 옳은 것은?

① 에너지필요량은 환자의 비만도는 고려하지 않고 결정한다.
② 만성 신부전 환자는 단백질 보충 영양액을 사용한다.
③ 포도당 불내성 환자에게는 지방 공급을 늘린다.
④ 수분 손실이 지속될 경우 농축 고에너지 영양액을 사용한다.
⑤ 호흡기 질환자는 지방 에너지 비율을 높인 영양액을 사용한다.

37 정맥영양액 중 함유되어 있지 않은 비타민은?

① 비타민 A
② 비타민 D
③ 비타민 K
④ 티아민
⑤ 니아신

38 상업용 경장영양액의 성분에 대한 설명으로 옳은 것은?

① 주된 당질 급원은 유당이다.
② 지방은 주로 중쇄중성지방을 이용한다.
③ 단백질 급원은 카제인염, 농축유단백, 대두단백 등을 사용한다.
④ 식이섬유의 급원으로 옥수수 다당류를 이용한다.
⑤ 수분 함량이 약 85%인 경우 에너지 밀도가 2 kcal/mL이다.

39 24시간 동안 일정 속도로 경장영양액을 주입하는 방법으로, 다량 공급에 적응하지 못하는 환자에게 적절한 경장영양액 주입방법은?

① 지속적 주입
② 볼루스 주입
③ 간헐적 주입
④ 주기적 주입
⑤ 농축적 주입

40 위 기능이 정상이면서 3주 이하의 단기간 경관급식을 해야 할 경우 가장 적절한 공급경로는?

① 비위관
② 비십이지장관
③ 비공장관
④ 위조루관
⑤ 장조루관

---

36 당질은 총 에너지의 50~60%가 적당하며, 에너지필요량 결정 시 정상 체중은 부종이 없는 건조체중을, 비만은 표준체중을 기준으로 한다. 만성 신부전 환자는 단백질 제한 영양액을 사용하고, 수분 제한이 필요한 경우에는 농축 고에너지 영양액을 사용한다. 또한 호흡기 질환자의 경우 지방 비율을 높인 영양액을 사용한다.

37 비타민 K는 안정성 때문에 정맥영양 내에 혼합하지 않으며, 혈액 응고 시간 검사 결과에서 비타민 K의 결핍이 의심되면 근육주사, 피하주사로 별도 공급한다.

38 탄수화물의 주된 급원은 말토덱스트린(maltodextrin)이며, 이 밖에도 modified cornstarch나 corn syrup이 사용된다. 상당수의 환자들은 유당불내증이 있기 때문에 대부분의 상업용액에는 유당을 제외시킨다. 흔히 사용되는 지방은 옥수수유, 대두유, safflower oil 등의 식물성 기름이며, 주로 장쇄중성지방(LCT, Long-Chain Triglycerides)으로 되어 있고 필수지방산을 공급하며 맛을 증진시킨다. 또한 소량의 중쇄중성지방(MCT, Medium-Chain Triglycerides) 기름을 포함한다. 단백질 급원은 카제인염, 농축유단백, 대두단백 등을 사용한다. 수분 함량이 75~85%인 경우 에너지 밀도가 1 kcal/mL이고, 2 kcal/mL의 농축영양액 수분 함량은 약 70%로 수분 제한이 요구될 경우 사용한다.

39 지속적 주입은 24시간 동안 일정 속도로 경장영양액을 주입하는 방법으로, **볼루스나 간헐적 방법을 통한 다량 공급에 적응하지 못하는 환자를 대상으로 초반에는 목표 공급량의 25~50%로 시작해서 점차 주입속도를 증가시키**는 방법이다.

40 위 기능이 정상이면서 3주 이하의 단기간 경관급식을 실시할 경우에는 비위관을 사용하는 것이 좋고, **4주 이상 장기간 경관급식을 할 경우 위조루관을 이용**하는 것이 좋다.

정답 36. ⑤ 37. ③ 38. ③ 39. ① 40. ①

41 다음의 환자에게 적합한 경장영양 투여경로는?

K씨는 뇌출혈로 입원 후 5년간 경장영양을 주입하고 있으며, 위무력증과 흡인 위험이 높아 상부 위장관으로의 관 삽입이 어려운 환자이다.

① 비위관
② 비십이지장관
③ 공장조루술
④ 비공장관
⑤ 위조루술

41 장기 경관급식 환자, 흡인 위험이 높은 환자, 식도역류 환자, 상부 위장관으로 관 삽입이 어려운 환자, 위무력증 환자의 경우 공장조루술(jejunostomy)이 적합하다.

42 다음의 환자에게 적합한 영양공급방법은?

- 소장절제 환자
- 골수이식 환자
- 중등도 이상의 췌장 질환자
- 임신오조가 심한 환자

① 맑은 유동식
② 일반 유동식
③ 연식
④ 경관급식
⑤ 정맥영양

42 정맥영양은 영양소를 정상적인 경로인 소화관을 이용하지 않고 정맥으로 공급하는 방법이다. 위장관 소화흡수가 불량하거나 다량의 화학요법, 방사선요법을 받은 환자, 골수이식 환자, 췌장 질환자, 영양불량 여부에 상관없이 위장관을 사용하지 못하는 환자에게 적용한다.

43 특수 질환용 영양액 성분에 대한 설명으로 옳은 것은?

① 신장질환자용 영양액은 전해질 양을 높인다.
② 당뇨병 환자용 영양액의 경우 콩 다당류 함량을 증가시킨다.
③ 소화흡수에 이상이 있는 환자의 경우 중합체 영양액을 공급한다.
④ 호흡기질환자용 영양액의 경우 당질의 비중을 높이고 지방의 비율을 낮춘다.
⑤ 간질환용 영양액 내에 방향족 아미노산을 높이고 곁가지 아미노산을 낮춘다.

43 식이섬유가 포함된 상업용 영양액에는 식이섬유원으로 콩 다당류가 많이 사용되고 있다. 호흡기 질환의 경우 탄산가스의 생성을 최소화하기 위해 당질의 비중을 낮추고 지방의 비율을 높인다. 신장 질환의 경우 전해질, 무기질, 단백질 함량은 낮추면서 필수 아미노산의 비율을 높이고, 충분한 에너지 공급을 위해 지방 함량을 높인다. 소화흡수 기능이 저하된 환자에게는 중합체 영양액보다는 가수분해된 영양액을 공급하며, 간질환 환자의 경우 간성혼수를 예방하기 위해 총단백질 함량은 낮추면서 곁가지 아미노산의 비율을 높이고 방향족 아미노산의 비율은 낮춘다.

44 신장질환용 경장영양액에 대한 설명으로 옳은 것은?

① 장쇄중성지방을 함유하고 있다.
② 수분 제한을 위해 농축되어 있다.
③ 칼륨과 인 함량 조절은 고려되어 있지 않다.
④ 분지형 아미노산의 비율이 높고, 방향족 아미노산의 비율이 낮다.
⑤ 신장질환자는 투석 여부와 관계없이 경장영양액을 선택해도 상관없다.

44 **신장질환용 경장영양액은 신부전으로 수분 제한과 전해질, 특히 칼륨과 인 섭취 조절이 필요한 환자를 위한 경장영양액**이다. 투석하지 않는 만성 신부전 환자용 경장영양액은 단백질 함량이 낮지만, 투석환자용은 단백질 함량이 높다. 분지형 아미노산의 비율이 높고, 방향족 아미노산의 비율이 낮은 경장영양액은 간성혼수를 예방하기 위한 간질환용 경장영양액의 특성이다.

정답 41. ③ 42. ⑤ 43. ② 44. ②

45 **심한 영양불량 환자에게 영양공급을 시작하면 혈액 내 칼륨, 인, 마그네슘 등이 에너지 대사를 위해 세포 내로 이동해서 상대적으로 혈중 농도가 감소하는 증상을 보이는 것을 재급식증후군**이라 한다. 재급식증후군은 영양공급 시작 후 나타날 수 있는 대사적 합병증으로 주의 및 신중한 관리가 필요하다.

46 영양집중지원팀(NST, Nutrition Support Team)은 의사, 임상영양사, 약사, 간호사를 기본구성원으로 하며, 필요에 의해 사회사업가, 물리치료사, 임상병리사, 감염관리사 등이 포함될 수 있다.

47 **말기 질환은 경관급식 시 흡인이나 설사의 위험이 높고, 환자의 불편감을 초래**할 수 있다. 또한 소장을 광범위하게 절제한 단장증후군 환자는 남아있는 장의 흡수 능력이 낮아 경관급식이 어려울 수 있다.

48 경관급식은 **영양요구량에 비해 경구섭취가 부족하거나 불가능한 환자 또는 영양불량 상태이거나 영양불량의 위험이 높은 환자**에게 적용이 고려된다.

정답 45. ② 46. ② 47. ① 48. ④

45 심한 영양불량 환자에게 영양공급을 시작할 때 전해질의 혈중 농도가 감소하는 현상은?

① 대사증후군
② 재급식증후군
③ 고장성 탈수증
④ 흡인
⑤ 삼출

46 영양집중지원팀의 기본구성원으로 옳은 것은?

① 의사, 간호사, 임상병리사
② 의사, 임상영양사, 약사, 간호사
③ 의사, 임상영양사, 간호사, 임상병리사
④ 임상영양사, 감염관리사, 물리치료사
⑤ 임상영양사, 약사, 간호사, 사회사업가

47 경관급식을 사용할 수 있는 경우로 가장 옳은 것은?

① 화상환자
② 장천공이 된 상태
③ 심한 단장증후군
④ 위장관 출혈과 설사가 심한 경우
⑤ 말기 질환으로 소화·흡수 기능이 거의 없는 경우

48 다음의 환자에게 적합한 영양공급방법은?

- 식도폐색 환자
- 신경성 식욕부진증 환자
- 수술 전 심한 영양결핍 환자
- 혼수상태 환자

① 맑은 유동식
② 전유동식
③ 연식
④ 경관급식
⑤ 중심정맥영양

위장관 질환의 영양관리

3

학습목표 위장관의 기능과 소화흡수 및 식도와 위장관 질환의 영양관리를 이해한다.

01 다음 그림에서 빈칸에 들어갈 명칭으로 옳은 것은?

	(가)	(나)	(다)
①	인두	후두개	식도
②	인두	후두개	기도
③	후두개	인두	식도
④	후두개	인두	기도
⑤	후두개	악하선	식도

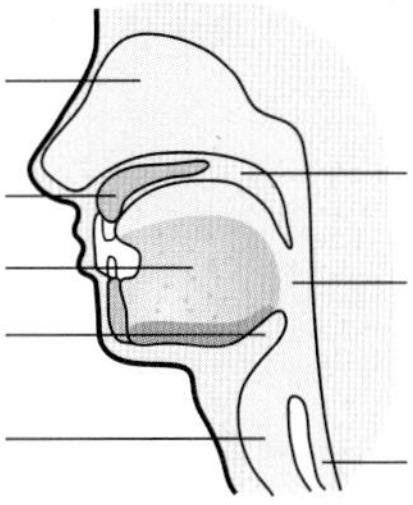

02 소장의 구조와 기능에 대한 설명으로 옳은 것은?

① 소장에서의 흡수는 대부분 공장과 회장에서 발생한다.
② 소장은 음식물이 들어왔을 때 표면적이 약 100배까지 확장된다.
③ 소장 내부 표면의 주름벽은 손가락 모양의 미세융모로 덮여 있다.
④ 소장 융모 안쪽의 유미관은 소장에서 흡수된 지방을 운반하는 통로이다.
⑤ 소장 말단에는 유문괄약근이 존재하여 소장의 내용물이 대장으로 이동하는 과정을 조절한다.

03 위의 구조와 기능에 대한 설명으로 옳은 것은?

① 위 운동은 미주신경에 의해 촉진된다.
② 하루 평균 분비되는 위액은 약 1,000 mL이다.
③ 세크레틴은 위액의 분비를 촉진시키는 호르몬이다.
④ 위선의 벽세포는 펩시노겐을 분비하고 주세포는 염산을 분비한다.
⑤ 위와 식도가 연결되는 부위에 존재하는 근육은 유문괄약근이라 한다.

01 인두는 인체의 목에 해당하는 부분으로 구강과 식도가 이어지는 사이에 위치한다. 후두개는 음식물이 기도로 들어가는 것을 막아준다. 식도는 구강에서 삼킨 음식물 덩어리가 이동하는 기관으로 기도 뒤쪽에 위치하며 위 상부까지 연결되어 있다.

02 소장에서의 흡수는 대부분 십이지장과 공장에서 발생하며, 음식물이 들어왔을 때 표면적은 약 600배까지 확장된다. 소장 내부 표면의 주름벽은 손가락 모양의 융모로 덮여 있다. 소장 말단에는 회맹괄약근이 존재한다.

03 위와 식도가 연결되는 부위에는 분문괄약근이 존재하고, 위와 십이지장이 연결되는 부위에는 유문괄약근이 있다. 위선의 주세포는 펩시노겐, 벽세포는 염산을 분비하며, 위액의 분비를 촉진시키는 호르몬은 가스트린이다. 위는 매일 1~3 L 정도의 위액을 분비한다.

정답 01. ① 02. ④ 03. ①

04 소화기관이 배열된 순서는 위-십이지장-공장-회장-상행결장-횡행결장-하행결장-직장의 순이다.

05 **소화관 벽의 구조는 점막층, 점막하부층, 근층, 장막층**의 네 층으로 구성되어 있다. 점막하부 조직에는 submucous plexus(Meissner's plexus)가, 근층에는 myenteric plexus(Auerbach's plexus)가 분포하고 있다.

06 위 배출은 위의 연동운동으로 혼합된 유미즙이 위에서 유문괄약근을 거쳐 십이지장으로 이동하는 과정이다. 위 배출속도는 위 내에 있는 음식물의 용량, 유미즙의 상태(유동 상태가 클수록 위 배출 촉진), 십이지장의 작용(십이지장 내 미즙이 많거나, 지방과 단백질의 분해산물 및 산성의 내용물이 적당량을 초과할 때 위 배출 지연), 소화기 호르몬(엔테로가스트론은 위의 운동과 위액 분비를 억제), 자율신경(부교감신경은 위 배출을 촉진), 정서 상태(기분이 좋을 때는 위 배출 촉진) 등 다양한 요인의 영향을 받는다.

07 **내적인자(intrinsic factor)는 위의 벽세포에서 분비**된다. 췌액의 중탄산이온은 pH 조절을 위한 것이며, 가스트린은 위 운동을 촉진하고, 세크레틴은 억제한다. 부교감신경은 소화운동을 촉진한다.

08 M세포는 사이토카인을 분비하여 더 많은 면역세포를 모아 외부로부터 침입한 항원을 공격하는 역할을 한다.

정답 04. ④ 05. ④ 06. ③ 07. ⑤ 08. ③

04 소화관의 상부로부터의 배열순서를 옳게 나열한 것은?

① 위 - 십이지장 - 상행결장 - 회장
② 위 - 횡행결장 - 공장 -직장
③ 위 - 직장 - 하행결장 - 공장
④ 위 - 공장 - 회장 - 상행결장 - 하행결장
⑤ 위 - 공장 - 회장 - 하행결장 - 횡행결장

05 소화관 벽의 구조 가운데 신경총(nerve plexus)이 분포되어 있는 층은?

① 점막층(mucosa)과 점막하부층(submucosa)
② 점막층과 근층
③ 점막층과 장막층
④ 점막하부층과 근층
⑤ 점막하부층과 장막층

06 위 배출속도를 증가시키는 요인으로 옳은 것은?

① 긴장, 공포상태
② 찬 음식 위주의 식사
③ 탄수화물 위주의 식사
④ 엔테로가스트론 분비
⑤ 십이지장 내 미즙의 높은 농도

07 소화작용에 대한 설명으로 옳은 것은?

① 교감신경이 활성화되면 위 운동이 촉진된다.
② 세크레틴(secretin)은 위액의 분비를 촉진한다.
③ 가스트린(gastrin)은 장 운동과 췌액 분비를 돕는다.
④ 내적인자(intrinsic factor)는 위의 주세포에서 분비된다.
⑤ 췌액의 중탄산염은 소화물의 pH를 조절하는 역할을 한다.

08 장점막 면역 시스템인 파이어판(payers patches)을 덮고 있으며, 사이토카인을 분비하여 더 많은 면역세포를 모아 항원을 공격하는 세포로 옳은 것은?

① L세포 ② P세포
③ M세포 ④ D세포
⑤ Z세포

09 침 분비와 연하반사의 중추는 어디에 있는가?

① 대뇌 ② 시상하부 ③ 연수
④ 척수 ⑤ 소뇌

09 연수에는 타액 분비, 저작반사, 연하반사, 구토, 위액 분비 등에 관여하는 소화에 관한 중추가 있다.

10 위의 선세포와 분비되는 물질을 바르게 연결한 것은?

① 경세포 – 펩시노겐(pepsinogen)
② 주세포 – 뮤신(mucin)
③ 주세포 – 내적인자(intrinsic factor)
④ 벽세포 – 염산
⑤ 벽세포 – 중탄산이온

10 펩시노겐은 주세포에서, 염산과 내적인자는 벽세포에서, 뮤신은 경세포에서 분비된다.

11 위산 분비를 자극하는 물질을 분비하는 선세포는?

① G–세포
② D–세포
③ 주세포(chief cell)
④ 벽세포(parietal cell)
⑤ 점막세포(mucous cell)

11 G–세포는 가스트린 호르몬을 분비하여 벽세포로 하여금 염산을 분비하도록 자극한다. D–세포는 소마토스타틴을 분비한다. 주세포는 펩시노겐을 분비하고, 벽세포는 염산과 내적인자를 분비하며, 점막세포는 점액을 분비한다.

12 위산의 기능에 대한 설명으로 옳은 것은?

① 단백질 소화에 도움
② 위 운동 억제
③ 완충제 작용
④ 트립신 활성화
⑤ 인슐린 분비 촉진

12 위산은 펩시노겐을 펩신으로 활성화시켜 단백질의 소화를 돕는다.

13 위에서 내용물(미즙)을 배출하는 데 영향을 주는 인자에 대한 설명으로 옳은 것은?

① 미즙의 유동성이 클수록 위 배출속도는 느려진다.
② 미즙의 지방 함량이 많을수록 위 배출속도는 빨라진다.
③ 위 내 미즙의 부피는 배출속도에 영향을 주지 않는다.
④ 엔테로가스트론은 위 내용물의 배출속도를 증가시킨다.
⑤ 십이지장 내에 미즙의 양이 많을수록 위 배출속도는 느려진다.

13 위 내 미즙의 유동성이 클수록, 부피가 클수록 위 내용물의 배출속도는 빨라진다. 위 내에 지방과 단백질의 분해산물이 많으면 엔테로가스트론이 분비되어 위 운동이 억제된다. 십이지장에 미즙의 양이 많아지면 소장–위장반사에 의해 위의 운동이 억제된다.

정답 09. ③ 10. ④ 11. ①
12. ① 13. ⑤

14 만성위축성 위염으로 인하여 빈혈이 발생한 이유로 옳은 것은?

① 벽세포에서 위산 분비 증가
② 위에서의 비타민 K 흡수 증가
③ 펩신의 혈색소 합성 저해
④ 낮은 pH 환경에서 적혈구 파괴
⑤ 내적인자(intrinsic factor) 분비 감소

14 위점막에서는 악성빈혈을 막아 주는 비타민 B_{12}의 운반과 흡수에 꼭 필요한 내적인자가 분비된다.

15 미주신경은 위와 내장기관에 분포한 자율신경으로 과거에 수술을 잘못하여 이 신경이 잘려졌다. 이것이 위의 작용에 영향을 주었는데 다음 중 어느 경우인가?

① 위상
② 장상
③ 위 배출
④ 뇌상
⑤ 위 수축

15 위액이 분비되는 기전은 위상, 장상, 뇌상으로 말할 수 있으며 상위중추인 뇌신경으로 영향을 받을 수 있는 경우는 뇌상뿐이다. 위 배출의 경우는 연동파의 도달로서 괄약근이 열리고 십이지장으로 내보내게 된다.

16 췌장의 중탄산염 분비를 자극하여, 십이지장으로 배출된 유미즙을 중화시킬 수 있는 호르몬은?

① 가스트린(gastrin)
② 아세틸콜린(acetylcholine)
③ 판크레오지민(pancreozymin)
④ 세크레틴(secretin)
⑤ 콜레시스토키닌(cholecystokinin)

16 세크레틴은 십이지장에서 분비되며, 십이지장 내의 산(acid)이나 펩티드에 의해 분비가 자극된다. 세크레틴은 **췌장의 중탄산염 분비, 담낭 수축 등을 자극하고, 위 운동이나 위 배출을 억제시키는 기능**이 있다.

17 소화관의 부분과 주된 운동형태를 바르게 연결한 것은?

① 소장 – 분절운동
② 결장 – 연동운동
③ 위 – 채찍운동
④ 식도 – 분절운동
⑤ 회장 – 집단운동

17 **소장과 결장은 분절운동**을 주로 하고, **위와 식도는 연동운동**을 주로 한다.

18 소화관에서의 분절운동과 연동운동은 수축방법에서 차이가 있는데 주요 차이는?

① 강도(strength)
② 시간(duration)
③ 방향(direction)
④ 연합(coordination)
⑤ 효과(effectiveness)

18 소화관의 내용물을 섞기 위하여 분절운동과 연동운동을 한다. **분절운동은 소화관을 가로질러 수축이 일어나 내용물을 나누어 주고, 연동운동은 소화관의 길이에 따라 수축이 일어나 내용물이 아래 방향으로 이동하게 한다.**

정답 14. ⑤ 15. ④ 16. ④ 17. ① 18. ③

19 소장액의 소화효소로 옳은 것은?

① 트립신
② 펩신
③ 프티알린
④ 락타아제
⑤ 뉴클레오티다제

19 펩신은 위에서 분비되는 소화효소이고, 트립신, 리파제, 뉴클레오티다제는 췌장에서 분비되는 소화효소이다. 프티알린은 타액에 포함되어 있는 소화효소이다.

20 회장 가까이 위치한 결장의 3가지 구조로 옳은 것은?

① 충수, 회맹판, S자 결장
② 충수, 맹장, S자 결장
③ 충수, 맹장, 회맹판
④ S자 결장, 맹장, 회맹판
⑤ 횡행결장, 맹장, 회맹판

20 회장 말단에 이어서 회맹판, 맹장, 맹장과 연결된 충수가 있다.

21 대장의 기능 중에서 일부 박테리아의 도움으로 이루어지는 기능에 대한 설명으로 옳은 것은?

① 대장의 내강으로부터 물과 이온을 흡수한다.
② 대장에서 흡수되지 못하는 비타민을 흡수한다.
③ 소장에서 흡수될 수 없었던 비타민을 분해한다.
④ 소화효소에 저항성이 있는 분자량이 큰 물질을 분해한다.
⑤ 대장의 소화운동 속도를 늦추어 영양소의 흡수를 돕는다.

21 대장 박테리아는 소장에서 각종 소화효소에 의해 소화 흡수되지 못한 물질들을 분해하는 일이다.

22 소화관과 소화효소, 작용 영양소의 구성으로 옳은 것은?

① 소장 – 펩신 – 단백질
② 구강 – 프티알린 – 지방
③ 소장 – 디펩티다제 – 단백질
④ 췌장 – 말타제 – 다당류
⑤ 위 – 트립신 – 단백질

22 문제 하단 해설 참고

소화효소의 작용

소화관	분비기관	소화효소	작용대상 영양소
구강	타액선	프티알린	탄수화물(전분)
위	위점막세포	펩신 리파제	단백질 지방
소장	췌장선	췌장액 아밀라제 트립신, 키모트립신 카르복시펩티다제 췌장액 리파제	전분, 덱스트린 폴리펩티드 폴리펩티드 지방
	장선	이당류 분해효소 (말타제, 수크라제, 락타아제) 아미노펩티다제 디펩티다제 리파제	이당류 폴리펩티드 디펩티드 지방, 디글리세리드

정답 19. ④ 20. ③ 21. ④ 22. ③

23 위대장반사는 음식물이 위에 들어가면서 위가 확장되고, 동시에 대장의 운동이 촉진되면서 대장의 내용이 직장으로 보내져 배변반사를 일으킨다. **팽기 수축(haustral contraction)은 맹장과 상행결장에서 주로 볼 수 있는 대장 운동으로 소장의 분절운동과 비슷한 작용과 양상을** 나타낸다.

24 문제 하단 해설 참고

25 위액 분비와 위 운동을 촉진하는 인자에는 가스트린, 부신피질자극 호르몬(ACTH), 히스타민, 흡연, 자극적인 음식(알코올음료, 매운 음식, 짠 음식, 신맛이 강한 식품, 강한 향미식품, 단단한 식품) 등이 있다.

26 트립신, 리파제, 아밀라제, 키모트립신, 카르복시펩티다제는 췌장에서 분비된다. 아미노펩티다제는 소장 점막에서 분비된다.

정답 23. ③ 24. ③ 25. ⑤ 26. ⑤

23 위대장반사의 원인과 결과로 옳은 것은?

① 회장 확장 : 팽기(haustral) 수축의 강도와 빈도 증가
② 회장 확장 : 회맹판 열림
③ 위 확장 : 직장으로 향한 대장 내용물의 이동
④ 위 확장 : 팽기 수축의 강도와 빈도 증가
⑤ 회장 확장 : 직장으로의 대장 내용물 이동

24 소화관 호르몬의 분비기관과 주요 기능을 바르게 연결한 것은?

① 가스트린 – 십이지장 – 위액 분비 촉진
② 콜레시스토키닌 – 위 – 담낭 수축 자극
③ 세크레틴 – 십이지장 – 췌장 중탄산이온 분비 촉진
④ 엔테로가스트론 – 췌장 – 췌장효소 분비 자극
⑤ 세크레틴 – 십이지장 – 위산 분비 촉진

소화관 호르몬

호르몬	분비기관	분비 조절 자극	주요 기능
콜레시스토키닌	십이지장	십이지장에서 지방산과 아미노산 자극	담낭 수축 자극 췌장효소 분비 자극
엔테로가스트론	십이지장	십이지장에서 산이나 펩티드 자극	위산 분비 억제 십이지장 운동 억제
세크레틴	십이지장	십이지장에서 산이나 펩티드 자극	위산 분비 억제 췌장에서 중탄산염 분비 자극
가스트린	위의 유문부	위 확장과 위 내용물 중 단백질 자극	위산 분비 촉진 펩시노겐 분비 촉진 위 운동 촉진

25 위액 분비와 위 운동을 촉진하는 인자는?

① 내적인자
② 단 음식
③ 지방이 풍부한 음식
④ 히스티딘
⑤ 부신피질자극 호르몬(ACTH)

26 소장 점막에서 분비되는 물질은?

① 트립신(trypsin)
② 카르복시펩티다제(carboxypeptidase)
③ 아밀라제(α-amylase)
④ 키모트립신(chymotrypsin)
⑤ 아미노펩티다제(aminopeptidase)

27 구토와 메스꺼움을 완화하기 위한 환자관리 요령으로 옳은 것은?

① 따뜻한 음료를 자주 공급한다.
② 음용수는 식간에 섭취하도록 한다.
③ 식후 바로 누워 휴식을 취하게 한다.
④ 고지방 음식을 주어 에너지를 보충시킨다.
⑤ 향신료가 강한 음식을 공급한다.

27 구토와 메스꺼움이 있는 경우 음료는 냉음료로 탄산음료나 주스를 공급한다. 음용수는 식간에 섭취시킨다.

28 위식도역류증에 대한 설명으로 옳은 것은?

① 식사 중 물 섭취를 가급적 제한한다.
② 자극성 있는 식품의 섭취를 피한다.
③ 저체중인 사람에서 발생 가능성이 높다.
④ 위팽창을 막기 위해 고지방, 고밀도 영양식을 소량 공급한다.
⑤ 하부식도괄약근의 압력 증가로 위 내용물이 역류하여 발생한다.

28 **위식도역류증이란 하부식도괄약근의 압력이 낮아져 근육 수축이 약화되어 위 내용물과 위산이 식도로 거꾸로 올라와 속 쓰림 등의 증상을 보이는 경**우로 만성화되면 식도염, 식도협착 및 식도암을 초래한다. 원인으로는 식도운동 이상, 비만, 과식, 과다한 위산 분비 등이 있다. 환자는 정상체중을 유지하며, 과식과 자극성 음식의 섭취를 피하고, 고지방식, 담배, 술, 박하, 마늘 등의 섭취도 제한한다.

29 식도염 환자의 하부식도괄약근의 압력 증가를 위해 도움이 되는 처방은?

① 기름진 음식을 피한다.
② 취침 직전에 식사를 한다.
③ 민트향 등 향신료를 사용한다.
④ 알코올, 카페인, 탄산음료 섭취를 늘린다.
⑤ 식사 후에 비스듬히 누워 휴식을 취한다.

29 **지방, 알코올, 초콜릿, 민트류, 카페인, 흡연은 하부식도괄약근의 압력을 낮추므로 제한**한다.

30 위식도 역류질환의 위험요인으로 옳은 것은?

① 저체중
② 식후 바로 움직이는 습관
③ 빠른 위 배출
④ 알코올
⑤ 고탄수화물 식사

30 **위 배출 지연, 식후 바로 눕는 습관, 비만, 임신, 허리나 배를 압박하는 옷 등은 역류 증상을 증가**시킬 수 있으며, 알코올, 카페인, 초콜릿, 흡연, 고지방식, 양파 등은 하부식도괄약근의 압력을 감소시켜 위식도 역류질환의 위험요인이다.

31 역류성 식도염 환자의 영양관리로 옳은 것은?

① 1회 섭취량을 늘린다.
② 감귤류와 토마토 등의 섭취를 늘린다.
③ 지방, 알코올, 카페인의 섭취를 제한한다.
④ 양파, 마늘 등 가스 발생식품의 섭취를 늘린다.
⑤ 메스꺼움을 피하기 위해 과온·과냉 식품을 섭취한다.

31 역류성 식도염의 영양관리 원칙은 하부식도괄약근의 압력을 낮추는 식품과 과다한 위산 분비를 촉진하는 식품의 섭취를 제한하고, 위 팽창으로 음식물이 역류하는 것을 최소화하기 위해 과식을 피하며, 염증이 있는 식도를 자극하지 않도록 하는 것이다. 따라서 한 번에 많이 먹기보다는 조금씩 나누어 먹는 것이 좋으며, 가스 발생 식품(양파, 마늘 등), 과온·과냉 식품, 지방, 알코올, 카페인, 초콜릿 등의 식품은 제한한다. 감귤류와 토마토는 식도 점막을 자극할 수 있으므로 제한한다.

정답 27. ② 28. ② 29. ①
30. ④ 31. ③

32 식도염을 앓고 있는 사람에 대한 식사요법으로 옳은 것은?

① 음용수는 식사와 함께 섭취한다.
② 초콜릿이나 카페인 음료를 금한다.
③ 식후 바로 누워 안정을 취해야 한다.
④ 자주 먹지 말고 하루 세 끼를 준수한다.
⑤ 에너지 보충을 위해 지방의 섭취를 늘린다.

33 급성 위염 환자의 영양관리에 대한 설명으로 옳은 것은?

① 증세가 심한 경우 절식을 한다.
② 구토를 할 경우 고밀도영양액을 공급한다.
③ 식욕을 돋우기 위해 향신료 사용을 늘린다.
④ 설사 시 우유를 주어 수분과 에너지를 공급한다.
⑤ 손상된 위점막 재생을 위해 단백질 공급량을 늘린다.

34 급성 위염에 대한 설명으로 가장 옳은 것은?

① 1~2일 절식 후에 증세가 호전되면 미음을 준다.
② 위액 분비가 저하되고 위 운동이 약화되어 생기는 병이다.
③ 부패된 식품의 섭취 시에 가장 많이 발생한다.
④ 식사요법은 금식 후 3부죽, 5부죽의 순서로 준다.
⑤ 식사는 위의 통증을 일으키므로 하루에 2번으로 한다.

35 위산과다성 위염 환자에게 적합한 식단은?

① 토스트, 샐러드, 커피
② 으깬 감자, 달걀, 오렌지주스
③ 흰죽, 갈치구이, 애호박나물
④ 라면, 튀김, 사이다
⑤ 설렁탕, 흰밥, 깍두기

36 저산성 위염 환자의 영양관리방법으로 옳은 것은?

① 식사 횟수는 3회로 제한한다.
② 요구르트, 주스는 피하도록 한다.
③ 식욕을 돋우는 향신료는 사용하지 않는다.
④ 굴, 흰살생선 등으로 단백질과 철을 보충한다.
⑤ 마요네즈, 버터와 같은 유화지방은 제한 없이 공급한다.

32 조금씩 자주 먹어 과식으로 인한 위산 분비가 증가되지 않도록 하여야 하고, 식후 바로 누우면 음식물이 역류할 수 있다.

33 양질의 단백질은 필요하지만 위를 자극하므로 적당량만 공급한다. 구토와 설사가 심한 경우 절식을 하고, 증세가 완화되면 유동식부터 시작하여 죽으로 진행한다. 위점막을 자극하지 않도록 무자극성식을 공급한다.

34 **급성 위염은 대개 특정한 원인이 있으므로 원인이 되는 물질을 제한**하고, 절식 후 이행식을 실시하여 만성 위염으로 진행되지 않도록 해야 한다.

35 **과산성 위염(미란성 위염)** 환자에게는 위점막을 자극하고 위산 분비를 증가시키는 음식을 제한한다. 연식을 기준으로 하고 매운 음식, 너무 뜨겁거나 찬 음식, 탄산음료, 카페인음료, 과일주스, 알코올 등은 위염 증상을 악화시키므로 제한한다.

36 **저산성 또는 무산성 위염**의 경우에는 식욕을 촉진하기 위해 적당히 양념을 사용하여 위산 분비를 촉진하도록 하며, 소화가 잘되는 단백질과 빈혈 예방을 위한 철을 섭취하도록 한다. 또한 지방은 위산 분비를 억제하므로 많은 양을 섭취하지 않도록 한다.

정답 32. ② 33. ① 34. ① 35. ③ 36. ④

37 소화가 잘되지 않는 위축성 위염을 가진 노인에게 적당한 식사요법은?

① 향신료의 사용을 금한다.
② 소금 섭취를 제한해야 한다.
③ 사이다 등의 기포성 음료는 금한다.
④ 흰살생선, 저지방 육류 등을 섭취한다.
⑤ 식사 횟수는 3회로 제한하고 간식은 금한다.

38 위산 분비를 촉진하는 음식은?

① 닭죽 ② 수란
③ 찐 감자 ④ 가자미찜
⑤ 초콜릿우유

39 다음은 어떤 질환에 대한 설명인가?

• 위산 분비가 잘 안 된다. • 단백질 소화능력이 약하다.
• 철 흡수율이 낮다. • 식욕부진이 흔하다.

① 무산성 위염 ② 소화성 궤양
③ 역류성 식도염 ④ 급성 위염
⑤ 위하수체

40 과산성 위염의 영양관리로 옳은 것은?

① 당질의 섭취를 제한한다.
② 꿀과 우유 섭취를 늘린다.
③ 단백질 섭취를 제한한다.
④ 공복상태를 길게 유지한다.
⑤ 지방은 유화지방 형태로 공급한다.

41 다음과 같은 식사요법을 취해야 하는 환자는?

• 식전에 연한 커피나 홍차, 주스 등의 섭취를 허용한다.
• 단백질은 소화가 어려우므로 적당량 섭취한다.
• 식욕이 저하되어 있으므로 소량의 알코올과 향신료 사용을 허용한다.
• 소량으로 영양가가 높고 소화가 잘되는 식품을 선택한다.

① 과산성 위염 환자 ② 위축성 위염 환자
③ 소화성 궤양 환자 ④ 덤핑증후군 환자
⑤ 위식도역류질환 환자

37 **위축성 위염 환자**는 위산 분비가 저하되어 있으므로 위산 분비를 촉진할 수 있는 식사요법을 해야 한다. 또한 위산 분비가 감소되면 철 흡수가 저하되어 빈혈에 걸리기 쉬우므로 철 섭취를 증가시켜야 한다.

38 우유는 일시적인 완충역할을 하나 단백질 성분으로 인한 위산 분비를 촉진하는 작용을 한다.

39 위산 분비가 되지 않아 살균작용이 불충분하고 단백질의 소화능력이 약한 무산성 위염은 음식을 충분히 익히고, 양질의 단백질을 천천히 먹도록 한다. 또한 철의 흡수가 저하되어 빈혈에 걸리기 쉬우므로 철 섭취를 증가시켜야 한다.

40 과산성 위염의 영양관리 원칙은 소화성 궤양과 같다. **당질과 유화지방은 위에 부담이 적으므로 충분히 준다.** 염증세포의 재생을 위해 적당량의 단백질을 섭취하고, 공복상태가 너무 오래 지속되지 않게 식사시간과 횟수를 조절한다. 꿀, 커피, 우유는 위산 분비를 촉진하므로 과도한 섭취를 피한다.

41 **위축성 위염**은 저산성 위염으로 소화능력과 식욕이 감소되어 있으므로 위산 분비를 촉진하기 위해 고기수프, 과일, 과즙, 향신료 및 소량의 알코올을 사용할 수 있으며, 식욕을 돋우기 위하여 식전에 연한 홍차, 커피, 주스 등을 섭취하게 할 수 있다.

정답 37. ④ 38. ⑤ 39. ① 40. ⑤ 41. ②

42 소화성 궤양의 원인으로 옳은 것은?

① 운동 부족 ② 섬유소 부족
③ 위산 분비 감소 ④ 점액 분비 저하
⑤ 위벽의 혈류순환 증가

43 소화성 궤양의 영양관리 목적으로 옳은 것은?

① 위산 분비의 증가 ② 위 운동 촉진
③ 궤양 병소 치유 ④ 체중 증가
⑤ 펩신 분비 촉진

44 소화성 궤양에 대한 영양관리방법으로 옳은 것은?

① 변비 예방을 위해 고섬유식 섭취
② 통증완화를 위해 불포화지방 섭취
③ 궤양 치유를 위해 충분한 단백질 섭취
④ 급성단계 출혈이 있는 경우 유동식 섭취
⑤ 위산 중화를 위해 우유 및 유제품 자주 섭취

45 증상이 있는 소화성 궤양 환자에게 금지되는 식품은?

① 곶감 ② 수란
③ 카스테라 ④ 호박나물
⑤ 시금치 된장국

46 위궤양 환자에게 흔한 합병증은?

① 비만 ② 산혈증
③ 고지혈증 ④ 철 결핍성 빈혈
⑤ 유당불내증

47 통증이 있는 위궤양 환자에게 허용되는 식품은?

① 흰밥, 햄, 딸기, 요구르트
② 흰죽, 닭튀김, 우유, 토마토
③ 흰죽, 으깬 감자, 우유, 대구찜
④ 흰밥, 오이소박이, 파이, 우유
⑤ 흰죽, 김치, 치즈, 달걀프라이

42 소화성 궤양의 원인은 폭식, 폭음, 단백질 섭취 부족, 스트레스 공격인자(위산, 펩신, 가스트린 등)와 방어인자(점막의 저항성, 점액 분비, 십이지장의 알칼리, 위벽의 혈류순환 등)의 불균형, 진통소염제, 스테로이드제 복용, 헬리코박터파일로리균 감염 등이다.

43 위·십이지장 궤양의 영양치료 목적은 영양결핍 해소, 위점막 자극 최소화, 위산 분비와 위 운동 억제, 궤양 병소 치유 등이다.

44 우유에 들어 있는 단백질과 칼슘은 위산 분비를 증가시키므로 너무 자주 섭취하는 것은 피한다.

45 말린 과일과 고식이섬유식은 위점막을 자극할 수 있다.

46 위궤양 환자에게 오는 합병증으로는 알칼리혈증, 에너지와 단백질 결핍증, 빈혈, 비타민 결핍증, 체중 감소 등이 있다.

47 위궤양 환자가 통증이 심할 때는 위에 자극을 주지 않는 부드럽고 소화되기 쉬운 음식을 소량씩 자주 공급하고, 고추, 후추, 카레 등 자극적인 조미료를 피한다. 식이섬유는 제한하지 않으나 환자에 따라 먹으면 속이 불편한 음식은 피한다. 지방은 위산의 분비와 위장 운동을 억제하므로 적당량 섭취한다. 우유는 위산 중화의 효과가 있으나 너무 많이 섭취하면 우유 단백질이 위산 분비를 증가시키고, 우유의 유당은 소화불량을 동반할 수 있으므로 하루 1컵 정도로 섭취한다.

정답 42. ④ 43. ③ 44. ③ 45. ① 46. ④ 47. ③

48 과산성 위염 환자에게 섭취를 제한해야 할 음식은?

① 수란 ② 으깬 감자
③ 애호박볶음 ④ 토마토주스
⑤ 복숭아통조림

49 소화성 궤양 환자에게 적합한 식단은?

① 흰밥, 달걀프라이, 배추김치
② 토스트, 잼, 크림수프, 오렌지주스
③ 흰죽, 가자미찜, 애호박나물
④ 흰죽, 고등어자반, 시금치나물
⑤ 오트밀, 스크램블드 에그, 베이컨

50 소화성 궤양의 식사요법으로 옳은 것은?

① 속 쓰림 방지를 위해 야식을 섭취한다.
② 위산 중화를 위해 우유를 수시로 섭취한다.
③ 식욕촉진을 위해 향신료를 사용한다.
④ 통증완화를 위해 식사를 하루 5~6회로 나누어 섭취한다.
⑤ 상처 회복을 위해 단백질을 적절히 섭취한다.

51 덤핑증후군의 식사요법으로 옳은 것은?

① 물은 식사와 함께 먹는다.
② 단백질은 소화가 어려우므로 제한한다.
③ 식사 횟수를 늘리고 1회 식사량을 줄인다.
④ 수분 함량이 많은 액체형 음식을 주로 공급한다.
⑤ 당질 급원으로는 소화흡수가 쉬운 단당류를 주로 이용한다.

52 덤핑증후군 증상에 대한 설명으로 옳은 것은?

① 초기 증상은 식후 2시간 후에 나타난다.
② 초기 증상은 탈력감, 무기력, 식은 땀 등이다.
③ 초기 증상은 소장 부위 순환혈액량이 감소되어 나타난다.
④ 초기 증상으로는 인슐린 과다 분비에 의해 저혈당이 나타난다.
⑤ 후기 증상 중 고혈당 증세는 급속한 포도당 흡수에 의한 것이다.

48 위산 분비를 증가시키는 음식을 제한하고 소화하기 쉬운 음식을 섭취한다. 유기산 성분이 많은 토마토와 같은 과일은 제한하는 것이 좋다.

49 소화성 궤양 환자의 식단은 무자극 연식을 기본으로 한다.

50 소화성 궤양의 식사요법에서는 **위점막을 자극하고 과량의 위산 분비를 유발하는 식품과 음료, 위장점막에 손상을 주는 음식을 제한**하고, 소화가 잘 되고 자극성이 없는 식사로 상처 회복에 필요한 영양소를 충분히 보충하는 것이 좋다. 우유 중 함유되어 있는 단백질은 일시적으로 위산의 분비를 중화하지만, 가스트린, 산, 펩신의 분비를 자극할 수 있다.

51 **위 절제 수술 후 덤핑증후군의 영양관리 원칙은 ① 에너지, 단백질 및 비타민의 충분한 섭취, ② 단순당의 섭취를 제한하고 복합당질 섭취, ③ 식사하면서 수분 섭취 제한, ④ 유당함유 식품의 제한 및 조절이다.**

52 **덤핑증후군의 초기 증상**은 식후 15~30분 후에 복부팽만감, 복통이 나타나는데, 장액의 삼투농도 상승에 따른 체액의 급속한 소장 유입으로 순환혈액량이 감소되어 나타난다. **후기 증상**으로는 식후 2~3시간 후에 탈력감, 식은 땀, 무기력 등이 나타나는데, 급속한 포도당 흡수로 혈당이 상승하고 인슐린이 과다 분비되어 나타나는 저혈당 증상이 나타난다.

정답 48. ④ 49. ③ 50. ⑤ 51. ③ 52. ③

53 위 절제 수술 후의 식사요법으로 옳은 것은?

① 소량씩 자주 먹는다.
② 식이섬유의 섭취를 제한한다.
③ 수분은 식사 시 함께 섭취한다.
④ 단순당 위주의 고당질식을 섭취한다.
⑤ 식사 후 20~30분 정도 바른 자세로 앉아 있는다.

53 위 절제 수술 후 식사 구성은 저당질, 고단백, 중지방으로 한다. 덤핑증후군 예방을 위해 삼투압을 높일 수 있는 단순당의 섭취를 제한한다. 식사 시에는 물이나 액체를 섭취하지 말고 식간에 섭취한다. 식사 후에는 20~30분 정도 누워있는 것이 좋다.

54 위 절제 수술 후 동반되는 영양장애에 대한 설명으로 옳은 것은?

① 혈액량 증가로 고혈압이 나타난다.
② 위산 부족에 의해 비타민 B_{12} 흡수가 저하된다.
③ 내적인자 분비 감소로 철 흡수가 저하된다.
④ 비타민 D 활성화 장애로 골다공증을 일으키는 경우가 있다.
⑤ 질소대사가 항진되어 소변 중 질소 배설량이 증가한다.

54 위 절제 수술 후에는 혈액량이 감소하여 기립성 저혈압이 발생할 수 있으며, 위산 부족에 의해 단백질, 철, 칼슘 흡수가 저하될 수 있고, 내적인자 분비 감소로 비타민 B_{12} 흡수가 저하되며, 질소대사가 항진되어 소변의 질소 배설량이 증가한다.

55 항암 치료를 받는 위암 환자 식사의 기본방침으로 옳은 것은?

① 고식이섬유식 공급
② 고열량식 공급
③ 저단백식 공급
④ 고지방식 공급
⑤ 고당질식 공급

55 식욕이 없으므로 입맛을 돋우는 산뜻한 음식을 공급해야 하며, 소화가 잘 되고 에너지가 높은 음식을 제공한다. 종양을 자극하지 않도록 저식이섬유식, 무자극식을 주며, 지방이 적은 양질의 단백질을 공급한다.

56 위암 환자의 식사 섭취량을 증가시키기 위한 가장 바람직한 방법은?

① 식사와 함께 음료를 마신다.
② 에너지 영양보충액을 섭취한다.
③ 초콜릿 등을 사용하여 입맛을 돋운다.
④ 고에너지 보충을 위해 고지방식이를 먹는다.
⑤ 식욕 증진을 위해 조미가 강한 음식을 먹는다.

56 암 환자가 식욕부진 시 식사와 함께 음료를 섭취하면 식사 섭취량이 감소하므로 음료는 식후 섭취하도록 한다. 레몬 등을 사용하여 입맛을 돋우는 것은 바람직하나, 조미가 강한 음식은 위에 자극을 줄 수 있고 강한 향으로 인해 음식 섭취에 대한 거부감을 줄 수 있다.

57 덤핑증후군에 대한 설명으로 옳은 것은?

① 모든 위 절제 환자에게서 초기에 나타나는 증상이다.
② 위 절제술 후 일주일 동안은 구강섭취를 금한다.
③ 단당류로 이루어진 식품을 주어 저혈당을 예방한다.
④ 초기 증상으로 저혈당, 무력감 등의 증세가 나타난다.
⑤ 초기에는 소화가 가능한 범위에서 고지방식을 실시한다.

57 초기에는 소화가 가능한 범위에서 지방의 에너지비를 30~40%로 구성한다. 덤핑증후군은 위 절제술을 받은 환자의 40~50% 정도에서 나타난다. 저혈당과 무력감은 후기증후군에 속한다. 위 수술 후 1~2일만 정맥 영양을 실시하고, 이어서 경장영양을 실시한다.

정답 53. ① 54. ⑤ 55. ②
56. ② 57. ⑤

58 **위하수증의 식사요법으로 옳은 것은?**

① 식이섬유가 많은 채소를 섭취한다.
② 단백질은 소화되기 어려우므로 적은 양을 공급한다.
③ 지방은 위산 분비를 억제하므로 기름진 음식을 섭취한다.
④ 소화가 잘되며 위에 장시간 머무르지 않는 음식을 선택한다.
⑤ 주식은 소화가 잘 안 되므로 수분 함량이 많은 부드러운 죽 종류로 공급한다.

58 위의 근육을 튼튼하게 하기 위해서 단백질을 충분히 섭취하며, 지방은 버터, 크림 등의 유화된 형태로 섭취하는 것이 좋다. 식사량이 소량이면서 소화가 잘되고 영양가가 높은 것을 섭취한다.

59 **유당불내증 환자에게 줄 수 있는 식품은?**

① 분유
② 치즈
③ 크림수프
④ 저지방 우유
⑤ 커스터드푸딩

59 유당불내증 환자에게 **치즈, 요구르트와 같이 부분적으로 가수분해된 발효유제품을 공급**할 수 있다.

60 **유당불내증이 있는 사람에게 도움이 될 수 있는 식사요법은?**

① 우유의 섭취를 제한하고 분유로 대치한다.
② 더운 우유보다 찬 우유를 마시는 것이 좋다.
③ 저지방 우유를 섭취하는 것이 증상을 완화시킨다.
④ 공복에 우유 섭취를 피하고 다른 음식과 함께 섭취한다.
⑤ 한 번에 필요한 양을 소비하여 우유 섭취 횟수를 줄인다.

60 분유 속의 유당 함량은 전유에 비하여 10배 이상 높다. 유당불내증은 유당을 포도당과 갈락토오스로 가수분해하는 효소인 락타아제가 없거나 부족해서 생긴다. 요구르트는 유당 함량이 낮고, 우유는 따뜻하게 소량씩 여러 번에 나누어 섭취하는 것이 좋으며, 저지방 우유의 유당 함량은 전지방 우유와 차이가 없다.

61 **MCT oil에 대한 설명으로 옳은 것은?**

① 6.3 kcal/g의 에너지를 낸다.
② 에너지가 비교적 낮으므로 비만환자에게 좋다.
③ 탄소 수 2~6개의 단쇄지방산을 가진 지방이다.
④ 불포화지방산의 함량이 높으므로 심장순환기계 환자에게 좋다.
⑤ 담즙의 도움 없이 소화흡수가 잘되므로 지방흡수불량증 환자에게 좋다.

61 MCT oil은 탄소 수가 8~10개인 중쇄지방산으로 이루어진 중성지방으로 8.3 kcal/g의 에너지를 낸다. 담즙 없이도 소량의 리파제로 쉽게 분해되며, 흡수가 빠르고 카일로미크론을 형성하지 않고 곧바로 문맥을 통해 혈류로 운반된다. MCT oil은 지방흡수불량증과 케톤식 등에 이용될 수 있다.

62 **지방흡수불량 증후군과 관계있는 장기로만 짝지어진 것은?**

① 위, 간, 폐
② 담낭, 대장, 췌장
③ 간, 담낭, 췌장
④ 위, 소장, 췌장
⑤ 담낭, 폐, 골수

62 간에서 담즙이 생성되어 담낭에 저장되었다가 분비되어 지방의 유화를 도우며, 췌장에서는 췌장 리파제가 분비되어 지방을 분해하고, 소장의 공장 부분에서 지방이 흡수된다.

정답 58. ④ 59. ② 60. ④ 61. ⑤ 62. ③

63 식이섬유 섭취를 제한해야 하는 질환은?

① 만성 이완성 변비
② 당뇨병
③ 만성 경련성 변비
④ 이상지질혈증
⑤ 대장암

63 만성 이완성 변비, 당뇨병, 이상지질혈증, 대장암 등의 질환을 가진 환자에게는 충분한 식이섬유 제공이 필요하다.

64 MCT oil의 사용이 가장 도움되는 질환은?

① 위하수증
② 당뇨
③ 지방변증
④ 신장염
⑤ 위궤양

64 MCT oil은 간질 환자를 위한 식사인 케톤식사나 지방변증과 같은 질병상태에 이용될 수 있다.

65 글루텐과민 장질환자가 자유롭게 섭취할 수 있는 식품은?

① 크래커
② 콩국수
③ 보리밥
④ 옥수수
⑤ 맥주

65 **글루텐 과민 장질환자**는 글루텐이 포함된 밀, 보리, 맥아, 귀리, 호밀눈 등이 함유된 곡류제품은 모두 섭취를 제한한다. 따라서 빵류, 크래커, 국수류, 보리밥, 곡류음료나 맥주 등의 섭취는 제한하여야 한다.

66 글루텐과민 장질환자에게 적합한 식단은?

① 오트밀, 우유, 스크램블 에그
② 흰밥, 불고기, 시금치나물
③ 보리밥, 생선조림, 김치
④ 햄버거, 오렌지주스, 감자튀김
⑤ 칼국수, 애호박나물, 달걀찜

66 **글루텐과민 장질환**은 글리아딘이라는 글루텐을 이루는 단백질의 한 성분에 의해 유발되는 것으로서 보리, 밀, 호밀, 오트밀(귀리) 같은 잡곡의 섭취를 제한해야 한다.

67 글루텐과민 장질환에 대한 설명으로 옳은 것은?

① 글루텐 중 글루테닌 단백질의 흡수장애로 인한 것이다.
② 밀, 보리, 호밀, 오트밀의 섭취를 권장한다.
③ 단백질의 섭취를 제한한다.
④ 지방성 설사로 수용성 비타민의 흡수불량이 심하다.
⑤ 칼슘, 철, 마그네슘, 아연 등의 흡수불량이 일어난다.

67 글루텐을 이루는 단백질 중 글리아딘의 흡수장애로 인한 것으로, 계속해서 섭취 시 지방성 설사로 인해 단백질뿐만 아니라 당질, 지질, 철, 칼슘, 마그네슘, 아연, 지용성 비타민 등의 흡수불량이 일어난다. 따라서 글루텐이 함유된 밀, 보리, 오트밀 등을 제한해야 한다.

68 이완성 변비에 대한 영양관리법으로 옳은 것은?

① 견과류 제한
② 생과일보다 주스 섭취 권장
③ 1일 4컵 이상 수분 섭취
④ 탄산음료, 농축당 섭취
⑤ 유제품 섭취 제한

68 **이완성 변비**가 있을 때는 고식이섬유식을 섭취하고, 수분을 1일 8컵 이상 섭취하며, 장의 자극을 위하여 탄산음료, 농축당(설탕과 꿀 등)의 섭취, 요구르트와 같은 유제품의 섭취가 도움이 된다.

정답 63. ③ 64. ③ 65. ④ 66. ② 67. ⑤ 68. ④

69 다음 중 식이섬유 함량이 가장 높은 음식은?

① 단감 ② 녹차
③ 들깨 ④ 바나나
⑤ 고사리 무침

69 식이섬유 함량은 녹차<단감<바나나<삶은 고사리<들깨 순이다.

70 경련성 변비에 대한 영양관리로 옳은 것은?

① 변을 부드럽게 하기 위해 식이섬유를 섭취한다.
② 장을 적당히 자극하기 위해 탄산음료를 준다.
③ 과민한 장을 자극하지 않도록 부드러운 음식을 준다.
④ 식욕을 촉진시키기 위해 자극성 있는 향신료를 사용한다.
⑤ 식욕을 촉진시키기 위해 식사 전에 과일이나 신 음료를 섭취한다.

70 경련성 변비의 식사요법에서는 **대장벽을 예민하게 작용시키는 원인을 제거**하고, 과도한 대장의 연동운동을 감소시킬 수 있도록 **가급적 기계적 자극이 적은 음식을 선택**하는 것이 좋다.

71 이완성 변비에서 제한해야 할 음료는?

① 우유 ② 맥주
③ 코코아 ④ 유자차
⑤ 사과주스

71 탄닌은 장에서 수렴작용을 하므로 탄닌이 많은 감, 파파야, 포도 껍질, 바나나, 쑥차, 도토리, 코코아, 초콜릿 등을 과식하게 되면 변비에 걸리기 쉽다.

72 이완성 변비의 식사요법으로 옳은 것은?

① 꿀 섭취를 제한한다.
② 탄산음료 섭취를 제한한다.
③ 부드러운 음식을 섭취한다.
④ 유당의 섭취를 제한한다.
⑤ 두류와 채소류의 섭취를 늘린다.

72 꿀은 당분과 유기산 함량이 높아 장 운동을 촉진한다. 탄산음료와 알코올 음료는 배변 작용을 촉진한다. 유당은 유산균에 의해 유산으로 전환되어 장의 연동운동을 촉진한다. 두류와 채소류에는 식이섬유가 많아 이완성 변비의 예방과 치료에 도움이 된다.

73 만성 설사 시 제한해야 하는 것은?

① 맑은 국류 ② 생채소와 생과일
③ 부드러운 채소 나물 ④ 결합조직이 적은 육류
⑤ 음료수

73 만성 설사 시 생채소 및 생과일은 피하고, 고영양식을 공급하며, 수분을 충분히 섭취하도록 한다.

74 만성 설사에 대한 영양관리로 가장 옳은 것은?

① 식욕이 저하되어 있으므로 음료는 차게 해서 준다.
② 탈수를 막기 위하여 영양밀도가 낮은 음식을 준다.
③ 비타민 공급을 위하여 생채소와 생과일을 충분히 공급한다.
④ 불용성 식이섬유는 제한하고 수용성 식이섬유를 공급한다.
⑤ 단백질 급원으로 소화되기 쉬운 우유 및 유제품을 충분히 준다.

74 **만성 설사** 시에는 수용성 식이섬유를 주로 공급하고, 초기에는 저식이섬유식으로 시작한다. 음료는 따뜻하게 데워 주어야 장을 덜 자극하며, 고에너지, 고영양식을 해야 한다. 우유 및 유제품은 제한하고, 생채소와 생과일보다는 과즙, 잘 익힌 채소를 섭취해야 한다.

정답 69. ③ 70. ③ 71. ③ 72. ⑤ 73. ② 74. ④

75 설사를 악화시킬 수 있는 음식은?

① 꿀물
② 부드러운 나물
③ 생선찜
④ 채소즙
⑤ 수프류

75 과량의 당알코올, 유당, 과당(꿀) 및 설탕의 섭취는 삼투성 설사를 악화시킬 수 있다.

76 과민성대장증후군에 대한 설명으로 옳은 것은?

① 결장과 직장의 점막층에 염증과 궤양이 나타나는 질환이다.
② 철, 엽산, 비타민 B_{12}의 흡수불량으로 인해 빈혈이 유발된다.
③ 규칙적인 배변습관을 기르고 스트레스를 피하며 운동을 규칙적으로 해야 한다.
④ 수분보충을 위해 하루 3L 이상의 수분을 공급해야 한다.
⑤ 1일 세 끼의 식사습관을 유지하고 식이섬유를 충분히 섭취해야 한다.

76 **과민성대장증후군**은 비정상적인 대장 운동에 의해 복통, 설사, 식후 팽만감, 가스 발생 등 불편을 호소하는 경우이다. 정확한 원인은 알려져 있지 않으나 식품, 약물, 스트레스 등이 관련되어 있다. 영양관리 방안으로 변비와 설사를 예방하기 위해 수분과 전해질 균형을 유지하며 고영양 식사를 해야 한다. 증세 완화 방법으로 장에 불편을 주는 식품을 확인하고 그 식품의 섭취를 피하며 과식을 피해야 한다. 또한 소량씩 자주 섭취하며 규칙적인 배변습관을 기르고 스트레스를 피하며 운동을 규칙적으로 해야 한다.

77 궤양성 대장염에 대한 설명으로 옳은 것은?

① 장 운동을 촉진하기 위해 식이섬유를 충분히 섭취한다.
② 대장의 자극을 최소화하기 위해 식사 횟수를 줄인다.
③ 영양불량을 막기 위해 고지방식사를 섭취한다.
④ 식욕촉진을 위해 향신료를 사용한다.
⑤ 증상이 심한 경우 영양지원을 실시한다.

77 **궤양성 대장염**은 만성적으로 나타나는 염증성 장질환으로 대장 점막 표면에 주로 발생하는 원인불명의 궤양성 염증이다. 치료 기간 동안 장의 휴식을 위해 정맥영양이나 경장영양으로 영양 지원을 실시하기도 하며, 영양소 결핍을 예방하기 위해 단백질, 철 등을 섭취하고, 저자극식, 저지방식, 저식이섬유식으로 소량씩 자주 공급한다.

78 염증성 장질환의 영양문제는?

① 식욕 증진
② 에너지 필요량 감소
③ 영양소의 섭취 증가
④ 에너지 소모량 증가
⑤ 약물에 의한 영양소 흡수 증가

78 **염증성 장질환**의 경우 염증과정에서 에너지 소모량이 증가하므로 에너지 및 영양소 필요량이 증가한다. 따라서 적절한 에너지와 단백질을 보충하지 않으면 체중이 감소한다. 더구나 발열이나 패혈증이 있는 환자와 수술환자의 경우에는 이화상태로서 영양소 필요량이 증가한다.

79 크론병에 대한 설명으로 옳은 것은?

① 백인에 비하여 흑인과 동양인에 많다.
② 병변이 발생부위에 연속적으로 나타난다.
③ 대장과 항문 부위에 국한하여 염증이 생긴다.
④ 합병증으로 장폐색, 천공, 출혈 등이 나타날 수 있다.
⑤ 대장의 점막과 점막하층에 국한된 염증반응을 일으킨다.

79 **크론병**은 만성 궤양성 대장염과 유사하나 소화기관 어디에서나 발생 가능하며, 소장과 대장 모두에서 나타난다. 병변은 비연속적으로 나타나며, 점막에서 장막까지 깊숙이 침범한다. 백인에게 다발하며, 궤양성 대장염에 비하여 장폐색, 협착이 흔히 나타난다.

정답 75. ① 76. ③ 77. ⑤ 78. ④ 79. ④

80 만성 염증성 장질환자에게 항염증제인 설파살라진을 투여하였다면 보충해야 할 영양소는?

① 단백질 ② 엽산
③ 칼슘 ④ 비타민 B_6
⑤ 비타민 A

81 만성 장염환자에게 줄 수 있는 음식은?

① 샐러드, 새우튀김 ② 병어조림, 호박나물
③ 생선 전유어, 무생채 ④ 미역나물, 청국장
⑤ 달걀프라이, 김치

82 유당불내증의 진단방법으로 옳지 <u>않은</u> 것은?

① 유당 제한식 섭취 후 증상 소멸 여부를 확인한다.
② 소장 조직의 생검으로 유당분해효소의 활성도를 측정한다.
③ 유당 대사 후 배출 공기에 함유된 수소 가스를 확인한다.
④ 식사력 조사로 우유 및 유제품 섭취 후 증상의 발현 여부를 파악한다.
⑤ 유당 50 g을 섭취 후 30, 60, 90, 120분 모두에서 혈당이 50 mg/dL 이상 상승되지 않는 경우 유당불내증으로 진단한다.

83 유당불내증이 있는 사람에게 우유를 공급하는 방법은?

① 찬 우유를 마시는 것이 좋다.
② 우유를 데워 마시는 것은 좋지 않다.
③ 우유를 계속 마셔 유당불내증을 없애도록 한다.
④ 우유를 조금씩 마셔 보고 점차 양을 증가시킨다.
⑤ 유당불내증 환자에게는 치즈와 요구르트도 금한다.

84 회장을 절제한 경우 부족하기 쉬운 비타민은?

① 티아민 ② 리보플라빈
③ 니아신 ④ 비타민 B_6
⑤ 비타민 B_{12}

80 **설파살라진은 엽산의 흡수를 저해**하므로 엽산의 섭취를 증가시켜야 한다.

81 **만성 장염** 시에는 저섬유, 저잔사식을 공급하고, 생채소와 생과일 식품을 피하며, 튀김, 볶음 등의 조리법을 피하고, 지방은 유화된 형태로 사용한다.

82 유당 50 g을 섭취 후 30, 60, 90, 120분 모두에서 혈당이 20 mg/dL 이상 상승되지 않는 경우 **유당불내증**으로 진단한다.

83 유당불내증 환자는 치즈, 요구르트 등 발효된 제품을 섭취할 수 있으며, **찬 우유보다는 따뜻한 우유로 소량씩 섭취**하되 내성이 생기면 그 양을 점점 늘려 간다.

84 비타민 B_{12}는 위에서 분비되는 내적인자(IF, Intrinsic Factor)와 결합하여 이동한 후 회장에서 흡수되므로, 위나 회장 절제 시 비타민 B_{12}가 결핍되어 빈혈을 초래할 수 있다.

정답 80. ② 81. ② 82. ⑤ 83. ④ 84. ⑤

85 회장조루술을 실시한 환자에게 부족하기 쉬운 영양소는?

① 비타민 B_6
② 비타민 B_{12}
③ 비타민 C
④ 단백질
⑤ 지방

86 게실증에 대한 설명으로 옳은 것은?

① 수분을 제한한 식사를 하여야 한다.
② 게실염은 주로 소장에서 가장 많이 발견된다.
③ 게실증은 연령이 증가함에 따라 발생률이 저하된다.
④ 자극을 피하기 위해 저식이섬유 식사를 주어야 한다.
⑤ 배변을 쉽게 하고 대장 내 압력을 저하시키기 위해 고식이섬유 식사를 권장한다.

87 십이지장 궤양의 발생요인으로 옳은 것은?

① 위산 분비 증가
② 위 배출시간 지연
③ 중탄산염 분비 증가
④ 위벽세포의 민감성 감소
⑤ 장점막 손상

88 단장증후군 환자의 식사요법으로 옳은 것은?

① 지방 섭취 제한
② 지용성 비타민 섭취 제한
③ 수분은 소변량 +500 mL로 제한
④ 손실된 수분은 보리차로 보충
⑤ 수산 함유 식품 보충

89 고식이섬유 식사가 필요한 질환은?

① 세균성 식중독
② 저산성 위염
③ 궤양성 장염
④ 경련성 변비
⑤ 이완성 변비

---

85 **회장조루술**은 결장과 직장을 모두 제거한 수술이므로 수분과 전해질의 손실이 크다. 따라서 전해질과 수분 균형을 규칙적으로 관찰하여 적절히 공급해야 한다. 또한 비타민 B_{12}가 회장에서 흡수되므로 회장의 일부가 절제되면 근육주사로 비타민 B_{12}를 보충해준다.

86 게실증은 식이섬유소의 섭취 부족과 노화로 인한 대장 근육의 긴장 약화로 게실(결장 장벽에 생긴 점막 주머니)이 생긴 것을 의미하며, 게실 내 세균이 번식하여 염증이 생기면 게실염이 발생하게 된다. 게실염은 주로 결장에서 발생하며, **배변량을 늘리고, 빠르고 쉬운 배변으로 대장 내 압력을 저하시키는 데 효과적인 고식이섬유식이 효과적**이다.

87 십이지장 궤양은 **위산의 과잉 분비와 위의 빠른 배출이 십이지장 내에서의 중화능력을 감소**시켜 발생할 수 있다.

88 **단장증후군 환자**는 1일 2회 이상 전해질이 많이 포함된 분비성 설사를 하므로 경구용 재수화용액 등을 사용하여 손실되는 수분과 전해질을 보충하여야 한다. 또한 회장은 담즙산의 흡수 부위이므로, 단장증후군 환자는 지방의 소화와 흡수가 어려울 수 있어 지방의 섭취를 제한한다.

89 이완성 변비의 경우 장 연동운동을 촉진하기 위해 규칙적인 식사와 배변습관, 고섬유소식 섭취, 충분한 수분 섭취가 필요하다.

정답 85. ② 86. ⑤ 87. ①
88. ① 89. ⑤

4

간, 담도계, 췌장 질환의 영양관리

학습목표 간과 담도계, 췌장의 기능 및 병태생리를 이해하고, 간, 담낭, 췌장 질환 환자의 영양관리를 이해한다.

01 음식물이 유미즙(chyme)의 형태로 소장으로 들어가면서 췌장액과 혼합되는데 이때 소장벽을 보호하기 위하여 일어나는 현상은?

① 중탄산이온 첨가
② 소화효소 배출
③ 소화효소 활성화
④ 점액 분비
⑤ 살균

02 장－간 순환(enterohepatic circulation)에 대한 설명으로 옳은 것은?

① 담즙염이 간에서 합성되어 담낭을 거쳐 십이지장으로 분비되는 과정을 말한다.
② 담즙산염이 간에서 합성되어 분비된 후, 소화과정을 거쳐 회장으로부터 간에 재흡수되는 과정을 말한다.
③ 콜레스테롤이 간에서 합성되어 분비된 후, 소화과정의 시작인 소장으로부터 간에 재흡수되는 과정을 말한다.
④ 분비단백질이 간에서 합성되어 분비된 후, 소화과정의 시작인 소장으로부터 간에 재흡수되는 과정을 말한다.
⑤ 담즙성분이 간에서 합성되어 분비된 후, 소화과정을 거쳐 십이지장으로부터 간에 재흡수되는 과정을 말한다.

03 췌장액에 대한 설명으로 옳은 것은?

① 췌장액의 pH는 약산성이다.
② 췌장액에 의하여 단백질 소화가 완성된다.
③ 췌장액은 공장 상부로 분비되어 작용한다.
④ 세크레틴(secretin)은 췌장액의 분비를 촉진시킨다.
⑤ 콜레시스토키닌(CCK)은 췌장액의 분비를 억제한다.

01 췌장액은 중탄산이온이 다량 함유되어 있어 산성 물질인 유미즙을 중화하여 소장벽을 보호한다.

02 **장－간 순환**이란 담즙산염이 간에서 합성되어 담낭에 저장되었다가 십이지장으로 배출되어 소장에서 지방의 소화 흡수를 돕고 회장에서 문맥을 거쳐 간으로 재흡수되는 담즙산염의 recycling pathway를 말한다.

03 췌장액은 중탄산이온을 다량 함유하고 있는 pH 8~8.5의 소화액으로, 십이지장으로 분비되며 세크레틴과 콜레시스토키닌(CCK)은 췌장액의 분비를 촉진한다. 단백질 소화는 장액에 의하여 완성된다.

정답 01. ① 02. ② 03. ④

04 **담즙**에는 지방의 유화작용을 하는 담즙산염이 함유되어 있으며 소화효소는 없다. 담즙은 간세포에서 생성되어 담낭에 저장되면서 농축된다. 담낭의 입구에는 Oddi 괄약근이 있어 담낭의 유출을 막고 있으므로 이 괄약근이 이완되어야 담즙이 유출된다.

05 십이지장 점막에 유미즙, 특히 지방과 단백질 등이 접촉하면 십이지장 점막에서 담낭을 수축시키는 **콜레시스토키닌**이 분비되어 담낭을 율동적으로 수축하여 담낭 담즙을 배출한다.

06 십이지장 내의 지방산, 염산, 단백질 분해산물, Ca^{2+} 등이 CCK를 분비하게 한다.

07 간문맥 혈관은 위, 소장, 대장을 거쳐 간으로 가는 정맥혈의 통로이다. 간문맥은 간으로 들어오는 혈액의 약 75%를 차지하고, 소화기관에서 혈액으로 흡수한 영양소를 다량 함유하고 있으며, 전신으로 보내지기 전에 간에서 해독작용을 거친다. 간병변 시 간문맥압이 크게 증가한다.

정답 04. ③ 05. ③ 06. ⑤ 07. ①

04 담즙에 대한 설명으로 옳은 것은?

① 담낭에서 생성되고 저장된다.
② 리파제가 들어 있어서 지방을 분해한다.
③ 십이지장으로 분비되어 지방을 유화시킨다.
④ 오디(Oddi) 괄약근이 수축되면서 담즙은 분비된다.
⑤ 지방의 소화 · 흡수를 돕는 역할을 한 후 대장을 통해 배출된다.

05 담석증 환자가 식사 중에는 통증이 없고 식후 일정 시간 이후에 통증이 있는 이유는?

① 위상이 끝날 때까지 총담관의 수축은 시작하지 않기 때문이다.
② 산성도가 높은 위 내용물이 담관이 열리는 곳으로 들어가는 데 시간이 걸리기 때문이다.
③ 위 배출 이후에야 십이지장으로부터 콜레시스토키닌이 분비되기 때문이다.
④ 간 분비 빌리루빈 농도는 식사 후 몇 시간 경과한 다음에 피크를 이루기 때문이다.
⑤ 식후 일정 시간이 경과해야 세크레틴이 췌장에서 중탄산이온 분비를 촉진하기 때문이다.

06 콜레시스토키닌(CCK)의 분비를 자극하는 성분으로 옳은 것은?

① Mg^{2+}
② 포도당
③ 아밀라제
④ 콜레스테롤
⑤ 단백질 분해산물

07 간문맥에 대한 설명으로 옳은 것은?

① 간경변 시 혈압이 크게 증가한다.
② 정맥계이지만 동맥혈을 함유한다.
③ 간에서 제거되어 영양소의 함량이 낮다.
④ 간에서 나와 복부정맥으로 들어가는 혈관이다.
⑤ 간으로 유입되는 혈액의 1/3 정도를 공급하는 혈관이다.

08 **간으로 들어가는 혈관은 간문맥과 간동맥의 두 가지 경로이다. 둘의 중요한 차이점은?**

① 간동맥으로 들어간 혈액만이 간정맥으로 돌아 나온다.
② 간동맥은 간의 좌엽을 통과하고 간문맥은 간의 우엽을 통과한다.
③ 간동맥은 간으로 혈액을 제공하고 간문맥은 간에서 혈액을 나가게 한다.
④ 간문맥은 영양소가 풍부한 혈액을 간에서 심장으로 제공한다.
⑤ 간문맥은 소화관에서 간으로 바로 가는 혈액이 통과하는 혈관이다.

08 간은 간동맥과 간문맥을 통하여 혈액을 공급받으며 안정 시 심박출량의 25%가 간을 관류하는데 이 중 75%는 간문맥을 통하여 흐른다. 간동맥은 다른 동맥과 같이 산소분압이 높고, 간문맥은 장관을 거쳐 간으로 합류한다. 관류된 혈액은 중심정맥에 모여서 간정맥을 통하여 빠져 나간다.

09 **담낭의 주요 역할은?**

① 담즙에 담즙염을 추가하여 더 농축한다.
② 담즙에 축적되어 있는 빌리루빈을 분해한다.
③ 담즙의 수분을 90% 제거하여 담즙을 농축한다.
④ 과다한 담즙염이 담석의 형태로 저장되어 배출된다.
⑤ 과다한 콜레스테롤을 제거하여 침전하는 것을 확실하게 막는 역할을 한다.

09 간에서는 지속적으로 담즙을 생성하고 있다. 음식을 섭취할 때에는 담즙이 바로 소화관으로 배출되어 소화에 사용되지만, 그렇지 않을 경우 담낭에 저장하여 농축함으로써 새로이 음식을 섭취하면 배출되어 소화작용을 한다.

10 **담석증이 있는 사람에게 부족하기 쉬운 영양소는?**

① 비타민 A
② 비타민 C
③ 엽산
④ 단백질
⑤ 인

10 **담석증**에서는 담즙 배설이 감소되므로 지용성 영양소의 흡수가 잘 일어나지 않는다.

11 **간의 기능으로 옳은 것은?**

① 담즙 농축
② 혈행 조절
③ 적혈구 생성
④ 콜레스테롤 합성
⑤ 산-염기 조절

11 간의 주요 기능으로는 담즙 형성 및 분비, 글리코겐과 지질 저장, 혈중 포도당, 아미노산, 지방산 농도 조절, 아미노산 전이, 콜레스테롤 합성 및 분비, 탄수화물을 지질로 변환, 해독작용, 비타민 및 무기질 저장 등이 있다.

12 **간에서 일어나는 대사에 대한 설명으로 옳은 것은?**

① 간은 과량의 당질을 지방으로 합성한다.
② 아연은 간에서 세룰로플라스민의 형태로 저장된다.
③ 간 면역작용은 쿠퍼세포의 항원-항체반응에 의해 수행된다.
④ 간에서 요소합성과정을 통해 아미노산의 분해 및 상호 전환이 일어난다.
⑤ 지방산은 주로 간에서 산화과정에 의해 피루브산으로 전환되어 에너지로 이용된다.

12 간에서 구리는 **세룰로플라스민**의 형태로 저장된다. 간 면역작용은 쿠퍼세포의 식세포작용에 의해 수행된다. 아미노산은 탈아미노반응과 아미노전이반응을 통해 분해 또는 상호 전환된다.

정답 08. ⑤ 09. ③ 10. ① 11. ④ 12. ①

13 **A형 간염**은 오염된 물이나 음식을 통해 감염되고, **B형 간염**은 혈청을 통해 감염된다. **B형과 C형**은 만성화되기 쉽다. 급성 간염 시 황달이 심하게 나타나 4~6주간 지속되며, 간질환 시 알부민의 합성은 감소하고 면역항체인 글로불린의 합성은 증가하므로 혈청 알부민과 알부민/글로불린 비율(A/G)이 감소한다.

13 급성 간염에 대한 설명으로 옳은 것은?

① A형은 면도기나 주사기를 공유함으로써 혈청을 통해 감염된다.
② B형은 오염된 음식을 통해 감염된다.
③ C형은 만성화되는 경우가 거의 없다.
④ 급성 간염 시 황달이 심해져서 4~6주간 지속된다.
⑤ 알부민/글로불린의 비가 급격히 증가한다.

14 **간염환자**는 회복기에 적극적으로 간조직을 보수하기 위하여 양질의 단백질을 충분히 섭취해야 한다.

14 간염환자의 회복식으로 충분히 제공해야 하는 영양소는?

① 인
② 단백질
③ 지방
④ 수분
⑤ 나트륨

15 **급성 간염**은 치료하지 않으면 만성 간염으로 발전할 가능성이 높다. 급성 간염 초기에는 우선 안정을 취하면서 유동식을 준다. 지방 섭취를 제한하고 소량을 유화지방으로 공급하며 술은 제한한다.

15 급성 간염에 대한 설명으로 옳은 것은?

① 고지방과 고단백식사로 급식한다.
② 갈증과 전신마비 등의 증상이 나타난다.
③ 만성 간염으로 발전될 가능성은 적다.
④ 술은 간염과 상관이 없으므로 제한할 필요가 없다.
⑤ 우선 안정을 취하면서 맑은 국물, 과즙 등을 주도록 한다.

16 급성 간염환자의 초기에 가장 문제가 되는 것은 식욕부진, 구토 등으로 인한 영양불량이다. 증세가 심할 때는 저지방식이 필요하지만, 일반적으로 에너지와 양질의 단백질을 충분히 섭취하고 중등지방을 기본으로 한 식사요법이 권장된다.

16 급성 간염 식사요법의 기본은?

① 고에너지, 저단백질, 중등지방, 고비타민, 저염식
② 고에너지, 저단백질, 저지방, 고비타민, 저염식
③ 고에너지, 중단백질, 중등지방, 고비타민, 저염식
④ 고에너지, 고단백질, 중등지방, 고비타민, 저염식
⑤ 고에너지, 중단백질, 저지방, 고비타민, 저염식

17 황달이 없어지고 간기능검사 결과가 정상으로 회복되기 전에는 운동을 금한다.

17 급성 간염의 치료에 대한 설명으로 옳은 것은?

① 염분과 수분을 제한한다.
② 체중감소를 예방하기 위해 에너지를 충분히 공급한다.
③ 황달이 나타나면 운동을 시작하여 단백질 대사를 돕는다.
④ 손상된 간세포의 재생을 도모하기 위해 양질의 지방을 충분히 공급한다.
⑤ 발병 초기에는 식욕부진을 극복하기 위해 맑은 유동식을 공급한다.

정답 13. ④ 14. ② 15. ⑤ 16. ④ 17. ②

18 급성 간염의 증상은?

① 황달 ② 정맥류 출혈
③ 체중증가 ④ 세균성 복막염
⑤ 간신장증후군

19 만성 간염환자의 식사요법으로 옳은 것은?

① 단백질은 0.6~0.8 g/kg으로 공급한다.
② 부종을 막기 위하여 무염식을 제공한다.
③ 지방은 주로 동물성 지방으로 공급한다.
④ 식사는 세 끼 이외에 간식을 제공하지 않는다.
⑤ 비만이나 지방간 예방을 위하여 적정 에너지를 공급한다.

20 급성 간염환자의 식사요법으로 옳은 것은?

① 에너지 섭취를 높이기 위해 고지방식 제공
② 단백질은 식물성으로 제공
③ 단백질 분해를 막기 위해 충분한 양의 에너지 공급
④ 증상이 심한 경우 금식
⑤ 수분과 식이섬유 충분히 제공

21 B형 간염에 대한 설명으로 옳은 것은?

① 주로 청소년기에 발생한다.
② 비경구 경로를 통해서 감염된다.
③ 회복률이 매우 낮은 위험한 질병이다.
④ 오염된 음식과 물을 통해서 감염된다.
⑤ 급성으로만 나타나고 만성으로 진행되지 않는다.

22 지방간에 대한 설명으로 옳은 것은?

① 간에 비정상적으로 콜레스테롤이 축적된 상태이다.
② 단백질 영양과다에 의해서 발생할 수 있다.
③ 비만한 지방간 환자는 고단백식을 권장한다.
④ 습관적인 과도한 음주로 발생할 수 있다.
⑤ 부종 방지를 위해 저염식을 권장한다.

18 **급성 간염**의 경우 주로 황달, 식욕부진, 체중감소, 피로와 권태, 발열과 오한, 두통 등 전신 증상이 나타난다.

19 **만성 간염환자**는 비만이나 지방간이 되지 않게 지나친 에너지 공급은 삼가고, 단백질은 양질로 1.5 g/kg으로 충분히 공급하되, 복수가 있을 때는 나트륨 섭취를 제한하고, 간성혼수가 있을 때는 저단백질 식사를 공급한다.

20 급성 간염환자는 충분한 휴식을 취하고 식사는 소량씩 자주 섭취하는 것이 좋다. 간손상을 막기 위해 알코올은 절대 금지하고, 단백질 소모를 막기 위해 에너지는 표준체중 kg당 35~40 kcal 정도로 충분히 제공한다. 급성 간염환자는 식욕부진으로 인해 식사를 통한 섭취가 불충분할 수 있으므로 적극적으로 영양지원을 계획해야 한다.

21 **B형 간염은 혈액이나 성접촉 등을 통한 비경구감염**으로, 회복률은 높으나 약 10% 정도는 만성화되어 간경변증으로 이행될 수 있다.

22 **지방간**은 간에 중성지방이 과도하게 축적된 상태이다. 간의 지방 대사 장애로 중성지방이 지나치게 증가하여 발생한다. 주원인은 비만, 당뇨, 과음이지만, 단백질 영양불량으로 지단백질 합성량이 감소하여 간에서 혈액으로 지질 방출이 잘 안될 때도 발생할 수 있다. 주요 원인이 비만인 경우 체중감량을 위해 열량 섭취가 과다하지 않도록 주의해야 한다.

정답 18. ① 19. ⑤ 20. ③ 21. ② 22. ④

23 지방간의 원인은?

① 자가면역질환
② 단백질 과다 섭취
③ 영양 불균형
④ 바이러스 감염
⑤ 과도한 운동

24 비알코올성 지방간 환자의 간에서 높은 비율로 증가하는 지방의 종류로 옳은 것은?

① 중성지방
② 콜레스테롤
③ 인지질
④ 지방산
⑤ 왁스

25 항지방간성 인자로 옳은 것은?

① 레티놀
② 콜린
③ 베타카로틴
④ 비타민 K
⑤ 비타민 C

26 간경변증의 식사요법으로 옳은 것은?

① 저에너지식사를 한다.
② 증상이 심하면 저지방식을 하면서 유화지방과 중쇄지방을 사용한다.
③ 혼수 증상이 나타나면 고단백식사를 한다.
④ 복수나 부종이 있을 경우 저칼륨식사를 한다.
⑤ 손상된 간세포 재생을 위해 고당질식사를 한다.

27 부종이 있는 간경변증 환자의 식사요법은?

① 나트륨 섭취 제한
② 에너지 섭취 제한
③ 잡곡을 충분히 섭취
④ 견과류를 충분히 섭취
⑤ 생채소를 충분히 섭취

28 간경변증 환자의 관리에 대한 설명으로 옳은 것은?

① 간성혼수가 있는 경우 단백질을 충분히 공급한다.
② 복수가 있으므로 열량 섭취는 제한한다.
③ 비타민과 무기질은 채소와 과일을 통해 충분히 공급한다.
④ 탄수화물은 간의 글리코겐을 증가시킬 수 있으므로 제한한다.
⑤ 식도 정맥류가 있는 경우 식이섬유소를 충분히 공급한다.

---

23 **지방간**은 비만, 과도한 음주, 영양 불균형, 당뇨, 지질 과다 섭취 등에 의해서 발생하며, 음주를 절제하고 균형 잡힌 식사와 적절한 운동을 하면 간기능을 정상화시킬 수 있다.

24 **정상적인 간은 간 내 중성지방이 5% 정도 존재하는데, 이보다 많은 지방이 축적된 경우를 지방간**이라 한다.

25 항지방간성 인자(antilipotropic factors)란 지방간을 예방 또는 개선하는 물질을 의미한다. 인지질 합성에 도움이 되는 물질(콜린, 이노시톨, 콜린 합성의 소재가 되는 메티오닌, 에탄올아민, 세린, 글리신 등), 콜레스테롤 및 지질 대사에 도움이 되는 물질[베타인(betaine), 비타민 B군(엽산, 비타민 B_6, 비타민 B_{12})] 등은 지방간에 효과가 있다.

26 **간경변증**의 경우 지방은 총 에너지의 20% 내외가 권장되는데, 증상이 심할 경우에는 저지방식을 하고, 가능한 한 유화지방과 중쇄지방을 사용한다. 열량은 건체중 kg당 30~35 kcal로 충분히 공급한다.

27 복수, 부종이 있는 간경변증 환자는 염분 섭취를 제한한다.

28 **간성혼수가 있는 경우 암모니아 농도 증가로 인해 중추신경계 장애가 나타날 수 있으므로 단백질의 제한**이 필요하며, 열량은 건체중 kg당 30~35 kcal로 충분히 공급한다. 탄수화물은 간의 글리코겐을 증가시키고 단백질을 절약하여 단백질의 주된 기능인 간 조직을 재생하도록 돕는다.

정답 23. ③ 24. ① 25. ②
26. ② 27. ① 28. ③

29 간 기능에 대한 설명으로 옳은 것은?

① 혈색소 합성
② 담즙 합성 및 분비
③ 칼슘과 인 대사 조절
④ 인슐린과 글루카곤 분비
⑤ 체내 수분량과 전해질 농도 조절

29 간은 영양소를 합성, 분해, 저장할 뿐만 아니라 알코올 대사, 해독작용, 담즙 생성, 요소 생산기능 등을 가지고 있다. 그러나 인슐린과 글루카곤을 합성하여 분비하는 장소는 췌장이다.

30 알코올성 간경변증 환자의 영양섭취 방법은?

① 간에 부담이 적은 저에너지식을 공급한다.
② 고지방 식사로 에너지를 공급한다.
③ 식욕 증진을 위해 염분 섭취량을 늘린다.
④ 간성혼수 방지를 위해 저단백식을 실시한다.
⑤ 생물가가 높은 단백질 식품을 공급한다.

30 간경변증 환자의 에너지 요구량은 개인차가 있으나 충분히 공급하는 것이 필요하며, **적당량의 탄수화물은 간의 글리코겐 증가 및 단백질 절약기능이 있으므로 탄수화물은 충분히 공급**한다. 간경변증에서 체조직 분해는 촉진되고 단백질 합성은 저하되기 때문에 단백질을 충분히 공급하지만, **간성혼수가 있는 경우 단백질의 제한이 필요**하다.

31 알코올성 간질환 환자의 영양관리로 옳은 것은?

① 비타민 보충제를 다량 복용한다.
② 간성혼수가 있으면 단백질 섭취를 제한한다.
③ 고에너지식을 위하여 유지류를 충분히 제공한다.
④ 식욕증진을 위하여 튀기거나 볶은 음식을 제공한다.
⑤ 저혈당이 발생할 수 있어 단순당을 충분히 제공한다.

31 **알코올성 간질환 환자**는 지속적인 알코올 섭취로 인해 영양불량이 되기 쉽다. 따라서 금주가 필수적이고 간세포 재생을 위해 충분한 단백질을 공급하고 아울러 비타민 및 무기질의 충분한 섭취가 필요하다. 에너지는 충분히 주되 정상체중을 유지하도록 개인별로 조정한다.

32 알코올성 간질환 환자의 체내 대사적 특징으로 옳은 것은?

① 티아민 등 비타민의 흡수가 감소한다.
② 지방산 산화가 증가한다.
③ 복수나 부종의 증상은 보이지 않는다.
④ 대사가 감소하여 동화작용이 증가한다.
⑤ 영양소 보충은 필요 없다.

32 과음 시 NAD^+**가 알코올 분해효소에 의한 반응에서 수소 수용체로 이용되어, NADH 생산이 증가하며, 이는 지방산 산화의 감소 및 중성지방의 축적을 야기**한다. 또한 알코올성 간질환 환자의 대부분에서 영양불량이 나타나고, 대사가 항진되어 이화작용이 증가하므로 부족해진 영양소를 보충하는 것이 필요하다.

33 단백질 공급을 제한해야 하는 간질환은?

① 간암 ② 지방간
③ 간경변증 ④ 간성혼수
⑤ 만성간염

33 간성혼수는 간에서 혈액 내 암모니아를 요소를 전환시켜 제거해 주는 능력이 저하된 상태이므로 간기능에 맞는 단백질의 양 및 종류를 조절하는 것을 영양치료 목표로 한다.

정답 29. ② 30. ⑤ 31. ②
32. ① 33. ④

34 간경변증에 나타나는 복수의 원인으로 옳은 것은?

① 혈장 삼투압 증가
② 나트륨 재흡수 증가
③ 혈청 알부민 합성 증가
④ 알도스테론 분비 감소
⑤ 신장에서의 항이뇨 호르몬 분비 감소

34 **간경변증 환자**의 복수는 배에 염분과 수분이 축적되는 현상으로 간문맥압 항진, 혈청 알부민 감소, 알도스테론 분비 증가에 의한 나트륨 재흡수 증가, 항이뇨 호르몬 분비 증가에 의한 소변량 감소 등에 기인한다.

35 복수가 있는 간경변증 환자에게 제한해야 할 음식은?

① 생선찜
② 두부
③ 김치
④ 흰죽
⑤ 생야채

35 복수가 있는 간경변증 환자의 경우 염분이 많이 함유되어 있는 김치, 젓갈 등은 제한한다.

36 만성 알코올 중독자인 55세의 K씨는 복수가 차고 부종이 나타나며, 음주 시 상복부에 통증을 느낀다. 최근에는 간혹 혼수상태가 나타나 병원에 입원해 있는데, 식도 정맥류로 인한 토혈 증상을 보이기도 하였다. K씨의 진단명으로 가장 옳은 것은?

① 위궤양
② 신부전
③ 고혈압
④ 간경변증
⑤ 뇌졸중

36 **간경변증**의 증상은 피로, 메스꺼움과 구토, 식욕부진, 황달 등이며, 질병이 진행되면 위식도정맥류, 출혈, 복수, 부종, 간성혼수 등을 보인다.

37 알코올 중독자인 50세 A씨는 최근 음주 시 상복부 통증을 느끼고 복수와 부종 증세를 보여 내원한 결과 간경변증으로 진단받았다. A씨의 식사요법으로 옳은 것은?

① 간에 부담이 적은 저에너지식을 공급한다.
② 비만 방지를 위해 저당질식을 공급한다.
③ 복수나 부종 시 나트륨을 제한한다.
④ 간성혼수 방지를 위해 지방 섭취를 제한한다.
⑤ 소량의 단백질을 생물가가 높은 식품으로 공급한다.

37 **알코올성 간경변증**의 경우 영양지원 등을 통하여 탄수화물, 지방, 단백질, 비타민과 무기질 모두 충분히 공급한다. 복수나 부종 시에는 나트륨을 제한하고 금주한다.

38 위식도 정맥류 증상을 보이는 간경변증 환자에게 피해야 할 식품은?

① 섭산적
② 사과주스
③ 연두부찜
④ 채소샐러드
⑤ 호상요구르트

38 위식도 정맥류가 있을 경우 혈관이 약해서 출혈 가능성이 높으므로 섬유질이 많고 거칠거나 자극적인 음식은 삼가고, 가능한 연하고 부드러우며 소화가 잘되는 음식을 소량씩 자주 공급하는 것이 좋다.

정답 34. ② 35. ③ 36. ④ 37. ③ 38. ④

39 **간성뇌증(혼수) 시의 식사요법 원칙은?**

① 저단백 고에너지 ② 고단백 고에너지
③ 저단백 저에너지 ④ 저지방 고에너지
⑤ 고지방 저에너지

40 **간성혼수는 혈중 어떤 물질이 상승하여 생기는가?**

① 콜레스테롤 ② 암모니아
③ 요산 ④ 케톤체
⑤ 지방산

41 **간성혼수 환자가 섭취하면 좋은 아미노산으로 바르게 짝지어진 것은?**

① 루신 – 페닐알라닌 ② 루신 – 이소루신
③ 발린 – 메티오닌 ④ 트립토판 – 발린
⑤ 이소루신 – 알라닌

42 **간성혼수에 대한 설명으로 옳은 것은?**

① 혈중 곁가지 아미노산의 농도가 증가된다.
② 혈중 방향족 아미노산의 농도가 저하된다.
③ 간성혼수 시에는 고단백 고당질식을 한다.
④ 체단백질 분해를 방지하기 위해 양질의 단백질로 에너지를 충분히 공급한다.
⑤ 혈액 내 암모니아와 아민류 농도가 증가하여 중추신경계의 독성을 일으켜 혼수상태에 빠지게 된다.

43 **180 cm, 90 kg인 40세 남자가 건강검진에서 지방간이 있는 것으로 진단되었을 때, 적절한 영양치료는?**

① 식이섬유는 하루에 10 g 미만으로 제한한다.
② 체중은 점차적으로 5~10 kg 정도 감량한다.
③ 단백질은 하루에 체중 1 kg당 2 g 이상 섭취한다.
④ 지방은 하루 총 에너지의 10% 미만으로 제한한다.
⑤ 탄수화물은 하루 총 에너지의 70% 이상 섭취한다.

39 **간성혼수**는 간기능의 저하로 인해 단백질의 분해산물인 암모니아가 요소 생성에 이용되지 못하고 순환계로 들어가 혈액 내 암모니아 농도를 높이게 되며, 이것이 뇌를 손상시켜 혼수상태를 유발하게 되는 것이다. 따라서 식이에 단백질을 제한하고 아울러 체단백의 분해를 막기 위해 에너지를 충분히 공급해야 한다.

40 **간성혼수**는 혈중 상승된 암모니아가 뇌조직으로 들어가 중추신경계에 이상을 일으켜 혼수상태를 유발하는 것이다.

41 **혈액 내 암모니아 증가가 간성혼수와 가장 밀접하게 관련**되어 있으며, 간성혼수 환자는 곁가지 아미노산(루신, 이소루신, 발린)을 근육에서 에너지원으로 이용함으로써 근육 감소를 최소화하며, 간의 단백질 합성을 촉진할 수 있다.

42 간성혼수는 간의 요소회로에 이상이 생기면서 암모니아가 요소합성으로 진행되지 않아 혈중 암모니아 농도가 증가하여 중추신경계 장애 증상이 나타나게 되는 것이다. **간 손상 시 곁가지 아미노산은 간에서 이상 분해되므로 혈중 농도는 낮아지는 반면, 방향족 아미노산은 간에서 대사되지 못하므로 혈중 농도가 높아진다.** 따라서 간성혼수 시에는 초반에 단백질을 제한하며, 급원으로는 곁가지 아미노산이 많이 함유되어 있는 식물성 단백질이나 유제품이 적절하다.

43 과체중의 지방간 환자의 경우 체중 감량이 우선이다.

정답 39. ① 40. ② 41. ②
42. ⑤ 43. ②

44 **간성혼수** 환자는 식사 후 혈중 암모니아 상승을 막기 위해 단백질 섭취를 줄여야 한다.

44 간성혼수 환자의 식사요법에서 가장 주의해야 할 것은?

① 에너지 섭취량 ② 단백질 섭취량
③ 지방 섭취량 ④ 염분 섭취량
⑤ 비타민 섭취량

45 **담석증** 환자는 담낭의 수축을 자극하는 지방의 섭취를 줄이고 자극성 식품이나 가스를 발생시키는 음식의 섭취를 제한해야 한다. 단백질도 담즙 분비를 어느 정도 촉진하므로 다량 섭취는 피한다.

45 담석증의 식사요법으로 옳은 것은?

① 동물성 단백질 섭취를 증가시킨다.
② 지방의 섭취를 증가시킨다.
③ 양념 사용을 늘려 식욕을 증진시킨다.
④ 당질을 주에너지원으로 공급한다.
⑤ 가스 발생 식품의 섭취를 증가시킨다.

46 담낭은 담즙을 저장하는 곳으로 담낭 절제 수술을 한 환자에게 지방질이 많은 식사를 주면 담낭이 자극 수축되므로 삼가고 지방질이 적은 흰죽을 준다.

46 담낭 절제 수술을 한 환자에게 적합한 음식은?

① 스테이크 ② 흰죽
③ 달걀프라이 ④ 잣죽
⑤ 아이스크림

47 식사를 통하여 섭취한 **지방은 담낭을 수축하여 통증을 유발하는 주요 원인**이 될 수 있다. 따라서 통증이 있거나 급성기에는 지방의 제한이 필요하다.

47 급성 담낭염에서 가장 섭취를 유의해야 하는 영양소는?

① 탄수화물 ② 지방
③ 단백질 ④ 칼슘
⑤ 비타민 D

48 담석증은 남자보다 여자에게서 많이 발생하며, 비만인 경우 혈중 콜레스테롤 수치가 높아 담석의 위험이 높다. 담석이 담낭 안에 있으면 통증과 황달이 없고, 총담관에 있으면 통증과 황달이 나타난다. 또한 담즙 분비는 지방이나 단백질에 의해 촉진될 수 있다.

48 담석증에 대한 설명으로 옳은 것은?

① 담석증의 증상은 통증과 황달이다.
② 40대 이후의 남성에게서 많이 발생한다.
③ 담석이 담낭 안에 있으면 황달이 생긴다.
④ 서구화된 식생활은 빌리루빈계 결석의 발병을 증가시킨다.
⑤ 당질 섭취로 담즙이 분비되면 담석의 위치가 이동되므로 증상도 달라진다.

49 **담석의 주된 성분은 콜레스테롤과 빌리루빈**이다.

49 담석증 환자에게서 나타나는 결석의 주된 성분은?

① 콜레스테롤과 빌리루빈 ② 칼슘과 옥살산
③ 칼슘과 지방산 ④ 지방산과 콜레스테롤
⑤ 빌리루빈과 콜산

정답 44. ② 45. ④ 46. ②
47. ② 48. ① 49. ①

50 **담석증 중 콜레스테롤 결석이 잘 생기는 경우는?**

① 남성 ② 저체중
③ 20대 ④ 스포츠인
⑤ 임신부

51 **담낭염의 식사요법으로 옳은 것은?**

① 무자극성식 – 저지방식
② 저에너지식 – 저단백식
③ 고단백식 – 고지방식
④ 규칙적 식사 – 저식이섬유식
⑤ 저당질식 – 고지방식

52 **췌장염의 식사요법에 대한 설명으로 옳은 것은?**

① 급성기에도 식사를 공급한다.
② 하루 세 끼 규칙적으로 정량을 공급한다.
③ 지방을 중심으로 한 부드러운 식사를 공급한다.
④ 영양결핍을 예방하기 위해 영양지원이 필요하다.
⑤ 식욕을 돋우기 위해 자극성 음식 및 향신료를 사용한다.

53 **회복단계의 급성 췌장염에 가장 좋은 반찬은?**

① 동태찜 ② 꽁치구이
③ 달걀프라이 ④ 고등어 통조림
⑤ 오징어튀김

54 **췌장염의 식사로 옳은 것은?**

① 고당질식 ② 고단백식
③ 고지방식 ④ 고식이섬유식
⑤ 저염식

55 **췌장기능을 확인하기 위한 기능검사는?**

① 세크레틴 자극검사
② GOT, GPT 검사
③ 빌리루빈 검사
④ 알부민 검사
⑤ 알카린 포스포타제(alkaline phosphatase) 검사

50 **콜레스테롤 결석이 잘 생기는 경우**는 4F라 하여 여성(Female), 비만(Fatness), 40대(Forty), 임신(Fertility)의 경우이다. 임신부의 경우 프로게스테론에 의해 담낭 용적이 증가하고, 담즙 내 콜레스테롤 농도 증가로 담석증이 증가하게 된다.

51 **담낭염**은 염증세포의 자극을 최소화하기 위해 소화가 쉬운 질감의 식품을 담백하게 조리하여 무자극식으로 공급하며, 규칙적으로 식사하고, 염증 회복을 위해 단백질을 충분히 공급하고, 식이섬유 공급을 늘리며, 지방과 콜레스테롤 섭취는 제한한다.

52 **췌장염**의 경우 지방 소화가 가장 어렵고, 단백질의 소화도 잘 안 되므로 가장 소화가 잘되는 당질 위주로 식사를 공급한다. 알코올음료나 향신료, 기타 자극성 있는 음식을 피해야 하며, 급성기에는 3~4일 금식하고 정맥을 통해 영양지원을 받도록 한다. 회복기에도 지방은 오랫동안 제한해야 하며, 점차 유화지방 위주로 조금씩 공급하도록 한다. 증세가 호전되면 단백질은 점차 늘려 공급한다.

53 췌장염 초기에는 단백질을 제한하다가 증세가 호전되면 소화가 잘되는 단백질을 충분히 공급하고 지방은 계속 제한해야 한다. 오징어와 동태는 저지방 어육류군, 달걀과 꽁치는 중지방 어육류군, 고등어 통조림은 고지방 어육류군에 속한다.

54 췌장염의 식사요법 시 당질은 비교적 소화가 잘되므로 당질을 위주로 한 식사를 이용한다. 지방과 단백질은 췌액 분비를 촉진하여 췌장에 자극을 주므로 급성기에는 모두 제한하고, 증세가 호전되면 췌장조직의 회복을 위해 단백질을 충분히 공급한다.

55 혈청 GOT, GPT, 빌리루빈, 알부민, 알카린 포스포타제 검사는 간기능 검사에 사용되는 지표이고, 세크레틴 자극검사, 내당검사, 72시간 분변검사는 췌장기능을 검사하는 지표이다. 세크레틴 자극검사에서는 세크레틴 자극에 대한 췌장의 분비능력을 검사한다.

정답 50. ⑤ 51. ① 52. ④ 53. ① 54. ① 55. ①

56 쉐장염 환자에게 가장 많이 제한해야 하는 영양소는?

① 단백질 ② 지방
③ 수분 ④ 칼슘
⑤ 당질

57 평소 술을 자주 마시던 K씨는 주량을 점차 늘리던 중, 최근 술을 마신 후 상복부에 심한 통증을 느끼며 식은 땀을 흘렸고 메스꺼움과 구토를 호소해 병원을 찾았더니 급성 췌장염이라고 진단받았다. K씨의 췌장염에 대한 식사요법으로 옳은 것은?

① 고칼슘식 ② 저지방식
③ 고식이섬유식 ④ 저당질식
⑤ 고단백질식

58 췌장염에 대한 설명으로 옳은 것은?

① 급성 췌장염의 주요 발생 원인은 당뇨병이다.
② 급성 췌장염은 췌장효소에 의한 자가소화에 의해 발생한다.
③ 만성 췌장염 환자에게는 반드시 정맥영양을 실시하여야 한다.
④ 만성 췌장염 환자에게 지방 제한은 하지 않는다.
⑤ 만성 췌장염 환자에게는 단백질 섭취 제한이 중요하다.

59 만성 췌장염 환자의 영양관리로 옳은 것은?

① 단백질과 지방의 섭취를 줄인다.
② 지용성 비타민의 섭취를 줄인다.
③ 지방은 중쇄지방산을 공급한다.
④ 부족한 에너지를 에너지보충군 식품으로 보충한다.
⑤ 위산 분비 촉진을 위해 단백질 섭취를 늘린다.

56 췌장은 소화효소를 분비하는 조직으로 염증이 있으면 소화효소 분비에 이상이 생겨 영양결핍이 되기 쉽다. 따라서 췌장의 자극을 최소화하는 방향으로 식사요법을 실시한다. 에너지는 주로 당질로 공급하고, 지방의 섭취는 계속적으로 제한하며, 단백질은 초기에는 제한하고 조직회복을 위하여 점차 증가시킨다.

57 **급성 췌장염 시 지방은 다른 영양소보다 췌장을 자극하므로 저지방식이로 제공**해야 한다. 또한 급성기에는 아미노산이 콜레시스토키닌 분비를 자극하여 췌액 효소 분비가 촉진되므로 단백질을 제한해야 하며, 환자의 증상이 호전됨에 따라 단백질 공급량을 늘려야 한다.

58 급성 췌장염은 췌장에서 생산되는 효소가 활성화되어 췌장조직을 자가소화하여 괴사 등이 나타나게 되며, **담석증과 알코올의 과잉 섭취가 주요인**이다. 급성기에는 엄격히 절식을 하여 췌장액 분비를 억제하여야 하고, 정맥영양 등을 통해 영양소를 공급하다가 서서히 탄수화물액으로 경구섭취를 시작해야 한다.

59 **만성 췌장염**의 식사요법은 급성 췌장염에 준한다. 단백질은 권장량 수준으로 공급하고, 지방은 30~40 g/day까지 허용한다. 췌장의 중탄산염 분비가 부족하므로 중탄산염과 제산제를 공급하여 최적 pH를 유지한다. 췌장의 인슐린 분비능력 감소로 당내성이 감소할 수 있으므로 당뇨병 환자에 준하는 영양관리가 필요하다. 또한 지방은 장액의 리파아제에 의해 쉽게 분해되는 중쇄지방산으로 제공하는 것이 좋다.

정답 56. ② 57. ② 58. ② 59. ③

5 체중조절과 영양관리

학습목표 비만, 저체중 및 대사증후군의 영양관리를 이해한다.

01 비만으로 유발될 수 있는 질병과 거리가 먼 것은?

① 염증성 장질환　② 동맥경화증
③ 고혈압　④ 당뇨병
⑤ 관상심장질환

01 비만은 고혈압, 성인 당뇨병, 동맥경화증, 관상심장질환 등 성인병의 발병요인이다. 따라서 체중을 정상으로 유지하는 것이 성인병 치료와 예방에 매우 중요하다.

02 비만으로 인한 동맥경화증의 식사요법으로 옳은 것은?

① 당질을 극도로 제한한다.
② 지방은 일체 섭취하지 않는다.
③ 동물성 식품은 전혀 섭취하지 않는다.
④ 동물성 단백질과 지방 섭취량을 증가시킨다.
⑤ 적정 체중을 유지하기 위하여 저에너지식사를 한다.

02 비만은 동맥경화증의 위험요인으로서 우선 정상체중을 유지하기 위하여 저에너지식을 해야 한다. 당질을 줄이되 극도로 제한하면 지방과 단백질 에너지에 의존하므로 더 해로울 수 있다. 단백질을 적절히 섭취하며 동물성 지방의 섭취를 제한하되 필수지방산의 섭취를 위하여 지방을 어느 정도 섭취한다.

03 브로카(Broca) 방법에 의하여 이상체중 계산 시 신장 150 cm 이상 160 cm 이하에 속하는 사람의 계산공식은?

① (신장－100 cm)×0.9　② (신장－90 cm)×1
③ (신장－100 cm)×1　④ (신장－150 cm)÷2＋50
⑤ (신장－90 cm)×0.9＋10

03 브로카법에 의한 이상체중(kg) 계산공식
- 160 cm 초과 : (신장－100 cm)×0.9
- 150 cm 이상 160 cm 이하 : (신장－150)÷2＋50
- 150 cm 미만 : (신장－100 cm)×1

04 A씨의 신체검사 결과가 신장 168 cm, 체중 69 kg이었을 때, 브로카법을 이용한 A씨의 표준체중과 비만 정도는?

① 61.2 kg, 정상　② 61.2 kg, 과체중
③ 61.2 kg, 비만　④ 67 kg, 정상
⑤ 68 kg, 정상

04 키가 160 cm 초과이므로 A씨의 표준체중은 (168－100)×0.9＝61.2 kg이다. 표준체중 대비 현재체중의 백분율은 112.7%이며, 89% 이하는 저체중, 90~110%는 정상, 111~119%는 과체중, 120% 이상은 비만으로 판정한다.

정답 01. ① 02. ⑤ 03. ④ 04. ②

05 비만 치료를 위한 식사요법으로 옳은 것은?

① 수분 제한
② 식이섬유 제한
③ 식물성 단백질 위주로 제공
④ 당질은 최소 1일 100 g 이상 제공
⑤ 지질은 총 에너지의 10% 이내 제공

06 어린이 비만의 특징으로 옳은 것은?

① 주로 복부 비만이 많다.
② 지방세포 비대형 비만이다.
③ 지방세포 증식형 비만이다.
④ 건강상의 장애가 적게 발생한다.
⑤ 식사요법으로 체중조절이 쉽게 될 수 있다.

07 비만예방을 위한 바람직한 식생활은?

① 당질 위주의 식사를 한다.
② 채소와 해조류의 섭취를 늘린다.
③ 하루 세 끼 외에 간식의 섭취를 제한한다.
④ 새벽의 공복감을 줄이기 위해 저녁을 충분히 먹는다.
⑤ 포만감을 위해 살코기보다 삼겹살이나 갈비의 섭취를 늘린다.

08 다른 합병증이 없는 비만인의 체중 감량을 위한 식사요법에서 일반적으로 권장되는 지질 공급량은?

① 총 에너지 공급량의 10%
② 총 에너지 공급량의 20%
③ 총 에너지 공급량의 35%
④ 총 에너지 공급량의 40%
⑤ 총 에너지 공급량의 50%

09 비만 환자에게 하루 1,000 kcal 이하의 열량을 공급할 때의 특징으로 옳은 것은?

① 케톤증은 우려할 필요가 없다.
② 체중 감량의 효과는 느린 편이다.
③ 비타민과 무기질 섭취에 신경 써야 한다.
④ 탄수화물 섭취는 충분히 해야 한다.
⑤ 순응도가 높으며, 효과가 매우 오래 지속된다.

---

05 비만의 바람직한 식사요법은 에너지는 제한하되 균형식을 섭취하는 것이다. 지방 섭취는 가능하면 줄이고 단백질은 충분히 섭취하며, 무기질과 비타민도 충분히 섭취한다. 지나친 저당질 식사는 케톤체 생성을 증가시켜 식욕이 감소되나 케톤증을 일으킬 수 있으므로 바람직하지 않다.

06 **어린이 비만**은 성인 비만에 비해 **지방세포의 수가 증가하는 세포증식형 비만이 많으며, 체중조절 후에도 지방세포의 수는 줄어들지 않으며** 성장 후에 성인 비만이 되기 쉽다.

07 비만은 식습관의 잘못에서 오는 경우도 많으므로 지방의 섭취를 줄이고 포만감을 줄 수 있는 과일, 채소, 해조류의 섭취를 늘린다. 또한 과식이나 결식을 하지 말고 하루 세 끼 식사를 규칙적으로 하며, 식사 중간에 소량의 간식을 섭취하는 등 같은 칼로리를 자주 조금씩 나누어 먹는 게 좋다.

08 합병증이 없는 비만자의 경우 체중감량을 위한 식사요법에서 지질은 정상인과 동일한 총 에너지 공급량의 15~30% 정도 공급할 것을 권장한다. 일정 수준의 지질은 공복감을 지연시키고, 지용성 비타민이나 필수지방산의 공급원이며 음식의 풍미를 주기 때문이다.

09 1일 1,000 kcal 이하의 열량을 공급하는 경우, 부족한 열량을 체지방으로부터 보충하기 때문에 **단기간 빠른 체중 감소가 이루어질 수 있으나 중간에 포기하는 경우가 많으며, 케톤증에 의한 탈수 등의 문제**가 야기될 수 있다. 따라서 케톤증을 예방할 수 있을 정도의 탄수화물, 질 좋은 단백질, 필수지방산이 포함된 최소한의 지방과 **섭취기준을 충족시킬 수 있는 비타민과 무기질이 포함된 식사로 구성**해야 한다.

정답 05. ④ 06. ③ 07. ②
08. ② 09. ③

10 비만인의 식사요법을 위한 식행동 평가에서 반드시 조사하지 않아도 되는 항목은?

① 식사 횟수 ② 식사의 규칙성
③ 식사 속도 ④ 식사 동반자
⑤ 야식 습관

11 체중 감량을 위한 상업적인 식사요법 프로그램을 선택할 때 고려해야 할 사항으로 옳지 않은 것은?

① 식사요법의 비용은 합리적인가?
② 최단기간에 체중이 감소하는가?
③ 장기간 체중 유지를 위한 방안이 있는가?
④ 식사가 모든 영양소를 균형 있게 함유하고 있는가?
⑤ 장기간 수행할 수 있는 순응도 높은 식사 형태인가?

12 비만판정을 위해 사용되는 체질량지수(BMI)의 특징으로 옳은 것은?

① 복부지방 축적량을 잘 반영한다.
② 신장과 체중을 가지고 산정한다.
③ 근육과 지방의 차이가 뚜렷이 구별된다.
④ 일반적으로 23 이상을 비만으로 판정한다.
⑤ 체지방이 많을수록 몸의 비중이 낮아지는 원리를 이용한 방법이다.

13 비만환자의 체중조절을 위해 활용되고 있는 행동수정요법에 대한 설명으로 옳은 것은?

① 식사일기 작성은 자극조절 단계이다.
② 식습관 변화는 자기강화 단계이다.
③ 자극조절 기법은 식품을 구매할 때만 사용하면 된다.
④ 자기관찰, 자극조절, 보상(자기강화)의 3단계로 구성된다.
⑤ 식사요법과 운동요법에 비해 체중감량 속도가 빠르다.

14 체지방률을 간접적으로 측정할 수 있는 방법은?

① 수중체중 측정법
② 전기저항 측정법
③ 컴퓨터단층촬영(CT)
④ 체질량지수
⑤ 자기공명영상(MRI)

10 자주 결식하거나 불규칙하게 먹고 빠르게 식사하며 야식을 즐기는 사람이 비만일 확률이 높다. 그러나 식사를 같이하는 사람의 특성이 비만에 직접적인 영향을 주지는 않는다.

11 체중 감량을 위한 가장 바람직한 식사요법은 일주일에 0.5~1 kg을 감소시키는 것이다. 단식 등의 단기간 내에 체중을 감소시키는 방법은 부작용을 일으키거나 요요현상을 일으키기 쉽다.

12 체질량지수는 신장과 체중을 가지고 산정하기 때문에 근육량이 많은 운동선수도 비만으로 평가될 수 있다는 제한점이 있다.

13 최근 비만환자의 행동수정요법이 체중조절에 효과적으로 이용되고 있다. **행동수정요법은 비만환자 스스로가 자신의 체중 증가와 관련된 행동요인을 발견하고 그러한 욕구를 억제하도록 함으로써 바람직한 행동의 강화를 통한 체중조절 효과를 거두도록 하는 방법**이다. **행동수정요법은 자기관찰, 자극조절, 보상(자기강화)의 3단계로 구성된**다. 식사일기 등 식사기록을 통해 자기관찰을 하고, 이를 통해 문제점 목록을 작성하여 식습관과 식사환경 및 운동습관과 신체활동을 조절하는 자극조절 단계(식품구매, 식사계획, 음식 관련 행동 및 식사행동 등 모든 식생활 단계에서 조절이 필요함)를 거쳐 바람직한 체중 변화가 나타나면 보상(자기강화)을 통해 행동수정이 이루어져 형성된 올바른 식습관을 유지하도록 하는 것이다.

14 비만을 판정하는 방법에는 체지방량을 직접 측정하는 방법과 간접적으로 신체지수를 이용하는 방법이 있다. **수중체중 측정법, 전기저항 측정법, CT, MRI, DEXA 등은 체지방량을 실제 측정하는 방법**이고, **체질량지수는 신장과 체중과 같은 신체계측 자표를 이용하는 간접적인 방법**이다.

정답 10. ④ 11. ② 12. ② 13. ④ 14. ④

15 고혈압, 당뇨병, 심혈관계 질환 등 성인병의 발생률이 높은 비만의 형태로 바르게 짝지어진 것은?

① 소아 비만 – 하체 비만
② 남성형 비만 – 상체 비만
③ 여성형 비만 – 복부 비만
④ 내장지방형 비만 – 서양배형 비만
⑤ 피하지방형 비만 – 지방세포 비대형 비만

16 비만 치료를 위해 식사요법과 운동요법을 병행할 때의 장점으로 옳은 것은?

① 기초대사율을 감소시킨다.
② 에너지 소비를 증가시킨다.
③ 산소 운반능력을 감소시킨다.
④ 제지방량을 감소시킨다.
⑤ 잘못된 생활습관을 교정한다.

17 다음 중 학동기 아동의 비만판정 시 주로 사용될 수 있는 지수로 옳은 것은?

① 체질량지수(body mass index)
② 폰더럴 지수(Ponderal index)
③ 뢰러 지수(Röhrer index)
④ 카우프 지수(Kaup index)
⑤ 퀘틀렛 지수(Quetelet's index)

18 비만의 예방과 치료에 가장 도움이 되는 식품은?

① 미역나물과 생채
② 수란과 커스터드 푸딩
③ 베이컨 샌드위치
④ 아이스크림과 비스킷
⑤ 과일 통조림과 보리빵

19 성인이 체중 감량을 시도할 때는 무리한 다이어트보다 일주일에 약 0.5 kg의 체중 감량을 시도하는 식사요법이 좋다. 이를 위해 하루에 몇 kcal의 에너지를 줄여야 하는가?

① 300 kcal
② 500 kcal
③ 800 kcal
④ 1,000 kcal
⑤ 1,200 kcal

---

15 **남성형 비만, 복부 비만, 사과형 비만**은 모두 같은 종류의 **상체 비만**에 속하며, **여성형 비만, 서양배형 비만인 하체 비만**에 비하여 성인병 발생률이 높다. 소아 비만은 지방세포 증식형 비만이며, 성인 비만은 지방세포 비대형 비만인데, 소아 비만이 성인병 발생률이 높다.

16 운동을 통한 제지방량(근육량 포함)의 증가는 기초대사량 증가를 유도하여, 장기적인 관점에서 볼 때 체중관리에 매우 효과적이다.

17 **학동기 아동의 비만판정으로 이용되는 것은 뢰러 지수**, 출생 후 만 5세까지의 영유아에 적합한 것은 카우프 지수이다. 퀘틀렛 지수는 체질량지수와 동일하며 성인의 비만 판정기준으로 적합하다. 폰더럴 지수는 12세 이하의 심혈관계 질환의 위험도 판정에 이용한다.

18 비만조절을 위해서는 에너지가 적으면서 공복감을 어느 정도 해소시킬 수 있는 식품을 많이 이용하는 것이 좋으며, 미역을 이용한 음식이나 생채가 좋다.

19 **인체에 저장된 체지방 조직의 에너지가는 약 7,700 kcal/kg이다.** 매일 약 **500 kcal의 에너지를 줄이면** 일주일에 약 3,500 kcal의 에너지 섭취량이 줄어들게 되고, 이는 약 0.5 kg의 체지방 조직이 줄어드는 효과를 가져올 수 있다.

정답 15. ② 16. ② 17. ③ 18. ① 19. ②

20 A씨는 체중감량을 위해 필요에너지보다 하루 500 kcal씩 적게 섭취하고 있다. 1개월 후 예상되는 체중 변화는?

① −1 kg ② −2 kg
③ −3 kg ④ −4 kg
⑤ −5 kg

20 하루 500 kcal의 에너지를 줄이면, 일주일에 약 3,500 kcal의 에너지 섭취량이 줄어들게 되고, 1달이면 2 kg의 체지방이 감소하는 효과가 있다.

21 체중감량을 위한 식품 선택으로 옳은 것은?

① 해조류는 나트륨 함량이 높으므로 제한한다.
② 국은 포만감을 제공하므로 육수를 이용한 국물요리를 권장한다.
③ 죽이나 국수는 쉽게 공복감을 느끼므로 제한한다.
④ 레몬소스나 간장소스보다는 프렌치드레싱을 사용한다.
⑤ 장아찌나 젓갈은 과식을 초래하므로 제한한다.

21 체중감량 시 해조류는 식이섬유가 많고 에너지가 적으므로 많이 이용한다. 국은 포만감을 제공하므로 충분히 섭취하는 것이 좋으나 육수보다는 멸치 국물이 좋고, 채소를 이용한 맑은 국을 권장하며, 간은 싱겁게 한다. 죽이나 국수는 수분 함량이 높아서 포만감을 제공한다. 열량이 높은 프렌치드레싱이나 마요네즈보다는 레몬소스나 간장을 이용한 드레싱을 사용한다.

22 비만인의 체중조절을 위한 운동요법으로 옳은 것은?

① 강도 높은 운동을 한다.
② 체중부하가 많은 운동을 한다.
③ 중강도의 운동을 지속적으로 한다.
④ 체지방 연소를 위해 무산소운동을 중점적으로 한다.
⑤ 빨리 달리기가 좋다.

22 강도 높은 운동을 하면 주에너지원이 당질에서 공급되고 근육에 젖산이 축적되어 피로를 빨리 느끼게 되므로 장시간 운동을 하기가 힘들다. 체지방 연소를 위해서는 중강도 정도의 운동을 지속적으로 하는 것이 좋다. 무산소운동보다는 유산소운동이 체지방 연소에 효과적이다. 체중부하가 많고 운동강도가 센 빨리 달리기보다는 걷기 또는 빨리 걷기 정도의 운동이 좋다.

23 운동에 의한 비만치료에 대한 설명으로 옳은 것은?

① 인슐린 저항성을 상승시킨다.
② 식사요법에 비해 감량속도가 빠르다.
③ 근육이 증가되어 기초대사량이 감소한다.
④ 다이어트와 관련된 우울증 해소에 도움이 된다.
⑤ 체지방을 연소시키는 최적의 운동은 무산소운동이다.

23 운동으로 근육이 증가하면 기초대사량이 증가하여 에너지 섭취량이 같아도 체중감소가 잘 된다.

24 단식 초기에 나타나는 체중감소의 주요 성분은?

① 체단백과 글리코겐 감소
② 뼈의 무기질과 피하지방
③ 복부지방과 뼈의 무기질
④ 체수분과 체내 나트륨
⑤ 근육 글리코겐과 체나트륨

24 단식의 초기에는 체수분과 체내 나트륨의 손실로 체중이 급격하게 줄어든다.

정답 20. ② 21. ⑤ 22. ③ 23. ④ 24. ④

25 키가 160 cm, 체중이 70 kg인 성인 여성의 체질량지수와 비만 판정 결과로 옳은 것은?

① 21.3으로 저체중에 속한다.
② 23.3으로 정상체중에 속한다.
③ 25.3으로 비만에 속한다.
④ 27.3으로 비만에 속한다.
⑤ 29.3으로 비만에 속한다.

25 **체질량지수(BMI)는 체중/신장^2(kg/m^2)**으로 성인의 비만판정에 이용된다. 70/1.6^{2}를 계산하면 27.3이 나오며, 이 수치는 대한비만학회의 분류에 의하면 비만에 속하게 된다. 대한비만학회의 BMI에 의한 비만의 분류(고도비만 : BMI>30, 비만 : BMI=25.1~30.0, 과체중 : BMI=23.1~25.0, 정상 : BMI=18.5~23.0, 저체중 : BMI<18.5)

26 비만의 원인으로 옳은 것은?

① 갑상샘호르몬 분비 증가
② 성장호르몬 분비 증가
③ 유전적인 기초대사율 증가
④ 부신피질호르몬의 분비 감소
⑤ 에스트로겐 분비 감소

26 부신피질자극호르몬이나 부신피질호르몬의 분비 증가, 갑상샘호르몬과 에스트로겐의 분비 감소, 유전적으로 기초대사율이 낮은 경우 비만 위험이 증가한다.

27 어린이 비만의 식사요법으로 옳은 것은?

① 식사 횟수를 줄인다.
② 질소평형이 음(−)으로 유지되도록 한다.
③ 식사량을 엄격히 제한하여 체중을 감량한다.
④ 성장에 지장을 주지 않는 범위에서 체중조절을 시도한다.
⑤ 당질과 지방 섭취 비율을 늘린다.

27 **어린이 비만**일 경우 성장에 지장을 주지 않는 범위에서 체중조절을 시도해야 한다. 따라서 식사 제한을 엄격히 하여 무리하게 체중감소를 시도하는 것은 바람직하지 않다.

28 섭식장애에 대한 설명으로 옳은 것은?

① 신경성 식욕부진증은 폭식 후 장 비우기를 교대로 반복하는 것이다.
② 신경성 폭식증은 다이어트에 실패한 경험이 많은 비만인에게 자주 일어난다.
③ 폭식장애는 자신의 행동이 비정상적임을 인정한다.
④ 신경성 폭식증은 중년 이후 여성에서 많이 나타난다.
⑤ 신경성 식욕부진증은 극도로 말랐음에도 자신이 비만하다고 생각한다.

28 **신경성 식욕부진증**은 자신이 비만하다고 왜곡되게 믿고 극도로 수척할 때까지 굶으며 자신의 행동이 비정상적임을 인정하지 않으나, 신경성 폭식증은 자신의 행동이 비정상임을 인정하고 비밀리에 폭식과 장 비우기를 시도한다. 폭식장애는 다이어트에 실패한 경험이 많은 비만인에게서 자주 일어나며, 장기간 계속해서 먹는 형과 단시간에 폭식하는 두 가지 형이 있다.

정답 25. ④ 26. ⑤ 27. ④ 28. ⑤

29 **다음 중 장기간 지속되면 저체중, 무월경, 골다공증, 빈혈, 갑상샘 기능 저하, 맥박수 감소 등의 생리적 변화를 가져올 수 있는 섭식장애는?**

① 포만중추장애 ② 마구먹기장애
③ 대사증후군 ④ 신경성 폭식증
⑤ 신경성 식욕부진증

29 **신경성 식욕부진증**은 자신의 체형에 대하여 불만족하여 식사를 기피하거나 약제를 사용하여 강제 배설을 하여 극심한 체중감소를 초래하는 정신적 질환이다. 주로 사춘기 소녀에게 많으며 이것이 장기간 지속되면 무월경, 골다공증, 빈혈, 갑상샘 기능 저하, 맥박수의 감소 등 생리적 변화를 가져올 수 있으며 질병에 대한 저항력도 떨어진다.

30 **신경성 식욕부진증이 장기간 지속될 때 나타날 수 있는 건강 문제는?**

① 고혈당
② 치아 에나멜층 파괴
③ 성적 성숙 지연
④ 월경 빈도 증가
⑤ 갑상샘 기능 항진

30 젊은 여성의 경우 성호르몬 분비가 불균형이거나 감소되어 월경불순, 무월경이 나타나기 쉽다.

31 **대사증후군(metabolic syndrome)의 진단기준으로 옳은 것은?**

① 혈압 : 140/90 mmHg 이상
② 공복혈당 : 100 mg/dL 이상
③ 허리둘레 : 남자 80 cm 이상
④ 혈청 중성 지질 : 200 mg/dL 이상
⑤ 혈청 HDL-콜레스테롤 : 여자 40 mg/dL 미만

31 **혈청 중성 지질은 150 mg/dL 이상, 공복혈당은 100 mg/dL 이상, 혈압은 130/85 mmHg 이상, 허리둘레 기준치는 남자 90 cm 이상, 여자 85 cm 이상, 혈청 HDL-콜레스테롤은 남자 40 mg/dL 미만, 여자 50 mg/dL 미만이 대사증후군의 진단기준**이다. 대사증후군은 위에 제시한 5가지 위험요인 중 3개 이상이 해당될 때로 정의한다.

32 **대사증후군의 증상을 야기하는 주요 원인으로 가장 옳은 것은?**

① 인슐린 저항성 증가
② 소화기능 감소
③ 칼슘 대사의 이상
④ 철 결핍
⑤ 단백질 결핍

32 인슐린 저항성 증가로 인하여 공복혈당이 정상 이상으로 상승하게 되며, 인슐린 저항성으로 인해 **고인슐린혈증 상태가 되면 간에서 VLDL과 중성지방의 생성 및 분비가 증가**하여 혈청 중성 지방 증가 및 HDL 콜레스테롤 농도 감소가 나타난다.

정답 29. ⑤ 30. ③ 31. ②
32. ①

6 당뇨병의 영양관리

학습목표 당뇨병의 분류, 대사, 합병증과 당뇨병 환자의 영양관리를 이해한다.

01 **당뇨병에 대한 설명으로 옳은 것은?**

① 다음·다뇨·다식증을 나타낸다.
② 만성 합병증으로 케톤산증이 유발된다.
③ 급성 합병증으로 동맥경화증이 유발된다.
④ 모든 당뇨병 환자는 인슐린 분비 부족을 보인다.
⑤ 공복 혈당치가 126 mg/dL 이상이 되면 당뇨가 나타난다.

02 **대한당뇨병학회에서 정한 당뇨병 진단 기준에서 당뇨병으로 진단 시 공복 혈당은 얼마 이상인가?**

① 70 mg/dL ② 100 mg/dL
③ 126 mg/dL ④ 140 mg/dL
⑤ 150 mg/dL

03 **당뇨병 진단 시 사용하는 C-peptide의 의미로 옳은 것은?**

① 인슐린 활성 진단지표
② 인슐린 저항성 판정지표
③ 인슐린 분비량 진단지표
④ 혈당의 중증도 판정지표
⑤ 최근 3개월간 당뇨관리의 정도 판정

04 **당뇨병을 진단하는 지표 중 장기간의 혈당치 변화 양상을 볼 수 있는 지표는?**

① 공복 혈당 ② 경구당부하검사
③ 당화혈색소 ④ C-peptide
⑤ 소변 중 당

01 당뇨병은 췌장 호르몬인 인슐린의 분비가 부족하거나(**1형 당뇨병**) 체내조직에서 인슐린이 이용되지 못하여(**2형 당뇨병**) 발생하는 만성 대사질환이다. 혈당치가 신장의 포도당 재흡수 역치인 170~180 mg/dL 이상의 경우 신세뇨관에서 포도당 재흡수가 불가능하여 소변으로 당이 나오는 당뇨증상이 나타난다. 혈당 상승에 의해 다음, 다뇨, 다식의 3다 증상이 나타나고, **급성 합병증으로는 당뇨병성 케톤산증, 고삼투압성 비케톤성 혼수, 저혈당증**이 나타나며, **만성 합병증으로는 망막증, 신장질환, 신경병증, 심혈관계 질환 및 피부질환** 등이 발생한다. 당뇨병 환자의 대부분은 체내에서 인슐린을 적절히 이용하지 못하여 증상이 나타나는 2형 당뇨병이다.

02 대한당뇨병학회에서는 **공복 혈당이 126 mg/dL 이상, 당부하 2시간 혈당이 200 mg/dL 이상이면 당뇨로 정**의한다.

03 혈중 C-peptide는 **췌장에서 인슐린 분비량을 알 수 있는 진단지표로 1형 당뇨병 진단에 사용될** 수 있다.

04 당화혈색소는 산소를 운반하는 혈색소 분자가 혈액 속의 포도당과 결합한 비율을 나타내는 것으로 **혈당이 높아지면 혈색소 중에 포도당이 비효소적으로 결합하여 당화혈색소가 증가**하게 된다. 당화혈색소 검사 결과는 대략 2~3개월 동안의 장기적 혈당치를 나타낼 수 있다.

정답 01. ① 02. ③ 03. ③ 04. ③

05 당뇨병의 발생 원인에 대한 설명으로 옳은 것은?

① 유전적인 요인은 크게 작용하지 않는다.
② 당뇨병의 발생률은 인종별로 비슷하게 나타난다.
③ 당뇨병의 발생률은 전 연령에서 비슷하게 나타난다.
④ 임신당뇨병 환자는 출산 후 모두 정상으로 회복한다.
⑤ 운동 부족 및 과식에 의한 비만은 2형 당뇨병의 원인이 된다.

05 당뇨병은 유전적 요인을 가지고 있는 사람에게 비만, 스트레스, 내분비 이상, 세균이나 바이러스 감염 및 약물 남용 등의 환경적 발병인자가 영향을 미침으로써 발병하는데, 소아 및 청소년기에 발생하는 1형 당뇨병보다는 중년 이후에 발생하는 2형 당뇨병이 대부분을 차지한다.

06 1형 당뇨병에 대한 설명으로 옳은 것은?

① 대개 청년기 이후에 발병한다.
② 케톤증이 잘 나타나지 않는다.
③ 식사요법을 잘하면 혈당 조절이 가능하다.
④ 약물치료 시 경구혈당강하제를 처방한다.
⑤ 유전성은 없으며 바이러스 감염이 주된 발병 원인이다.

06 **1형 당뇨병은 소아 및 청소년 시기에 많이 발생하며, 인슐린 결핍이 문제가 되므로 약물치료는 반드시 인슐린으로 진행**하고, 식사요법만으로 혈당조절이 가능하지 않다. 또한 당뇨병성 케토산증은 인슐린이 절대적으로 부족한 1형 당뇨병에서 흔하다.

07 1형 당뇨병의 특징으로 옳은 것은?

① 저혈당의 위험성이 크지 않다.
② 혈액 인슐린 농도는 정상이거나 증가되어 있다.
③ 외부로부터 인슐린을 필수적으로 공급해야 한다.
④ 인슐린 수용체가 예민하지 않아 인슐린 저항성이 높다.
⑤ 당뇨병 환자의 대부분을 차지하며 중년 이후에 발병하는 경우가 많다.

07 1형 당뇨병은 소아기, 청소년기, 젊은 성인층(30세 이전)에서 많이 발생하고, **세균이나 바이러스 등에 의한 감염, 독성물질 등에 의하여 췌도의 β-세포의 기능 상실과 이에 따른 인슐린 결핍을 특징**으로 한다.

08 2형 당뇨병이 비만한 사람에게서 많은 가장 큰 이유는?

① 당신생 촉진
② 지방 대사 촉진
③ 췌장 기능 저하
④ 인슐린 분비 저하
⑤ 인슐린 수용체 민감도 저하

08 비만은 당뇨병 발병의 주요 인자로 비만인 사람이 체중을 줄이면 당뇨 증세가 가벼워진다. 이는 비만의 경우 조직의 인슐린 수용체 수가 감소하고 인슐린에 대한 민감도가 저하되어 인슐린 저항이 나타나기 때문이다.

09 임신당뇨병에 대한 설명으로 옳은 것은?

① 임신 중 인슐린 저항성 감소로 인해 발생한다.
② 출산 후 2형 당뇨병 발생 위험이 증가한다.
③ 당뇨병으로 진단받은 여성이 임신한 경우를 일컫는다.
④ 임신당뇨병 선별은 50 g 포도당 경구당부하검사로 시행한다.
⑤ 저체중아 출산 위험이 증가한다.

09 **임신당뇨병은 임신 중에 처음으로 진단된 당뇨병을 의미하며, 임신 중 인슐린 저항성 증가로 인해 발생한다. 임신 24~28주 사이에 검사**하고, 50 g, 75 g, 100 g 경구당부하검사 등을 사용하며, 선천적 기형, 거대아 출산 위험이 증가한다.

정답 05. ⑤ 06. ④ 07. ③ 08. ⑤ 09. ②

10 당뇨병의 증상으로 옳지 않은 것은?

① 쉽게 공복감을 느낀다.
② 갈증과 다뇨증이 나타난다.
③ 혈액이 알칼리성으로 된다.
④ 고혈당과 당뇨현상이 생긴다.
⑤ 쉽게 피로하고 면역기능이 저하된다.

11 당뇨병 환자의 혈당이 증가하는 이유로 옳은 것은?

① 체지방의 분해가 감소하므로
② 포도당 신생작용이 감소하므로
③ 뇌의 케톤체 이용률이 증가하므로
④ 소변으로 배설되는 포도당이 감소하므로
⑤ 혈액 포도당의 조직으로의 이동이 감소하므로

12 정상인의 경우 당 섭취 후 정상 혈당치로 돌아오는 데 필요한 시간은?

① 30분 ② 1시간
③ 2시간 ④ 4시간
⑤ 6시간

13 당뇨병 환자에서 인슐린 작용의 저하로 인한 당질 대사의 변화에 대한 설명으로 옳은 것은?

① 포도당 신생작용이 감소된다.
② 말초조직 포도당 산화가 증가된다.
③ 말초조직 포도당 유입이 증가한다.
④ 간 글리코겐의 합성이 감소된다.
⑤ 간 글리코겐의 분해가 감소된다.

14 췌장으로부터 인슐린이 분비되었을 때의 생리적 반응은?

① 지방조직에서 지방 합성이 촉진된다.
② 지방조직에서 포도당 이용률이 감소된다.
③ 간에서 글리코겐을 포도당으로 분해한다.
④ 근육, 뼈, 유선에서 아미노산 이용률이 감소된다.
⑤ 간, 근육, 지방조직에서 포도당 이용률이 감소된다.

---

10 당뇨병의 주요 증세로는 갈증, 다뇨증, 공복감, 식욕항진, 케톤증, 전신권태, 시력장애 등이 있다.

11 당뇨병 환자의 경우에는 인슐린 작용의 저하로 인해 혈액 포도당이 조직으로 이동되지 못하고 체내조직에서의 에너지원의 이용이 원활하게 이루어지지 못한다.

12 정상인은 포도당 투여 후 30~60분에서 최고 혈당치를 나타내고 그 후 점차 감소하여 2시간 경과 후에는 처음 수준 정도로 되돌아온다.

13 인슐린이 당질, 지질, 단백질 대사에 미치는 작용

1. 당질 대사
   ㉠ 포도당 이용 증진
   - 근육, 간, 지방조직으로의 포도당 유입 증가
   - 포도당 인산화를 촉진함으로써 해당과정 촉진
   - 포도당 산화 증가

   ㉡ 포도당 신생작용의 감소
   ㉢ 글리코겐 저장 증가
   - 간, 근육에서 글리코겐 합성 증가
   - 글리코겐 분해 감소
2. 지질 대사
   ㉠ 지질 생성 증가
   - 지단백 분해효소 활성도 증가
   - 지방조직으로의 유리지방산 유입 증가
   - 지방산 합성 증가
   - 글리세롤 인산 형성 증가

   ㉡ 지방 분해 감소
   ㉢ 케톤체 형성 감소
3. 단백질 대사
   ㉠ 단백질 동화 증가
   - 아미노산 이용 증가
   - 단백질 합성 증가

   ㉡ 단백질 이화 감소

14 혈당이 상승하였을 때 분비되는 인슐린은 근육조직, 연골, 뼈, 섬유조직, 혈구, 유선 등에서의 포도당 이용률을 증가시키고 글리코겐 합성 증가, 아미노산 이용률 증가를 유도한다. 간에서는 글리코겐 합성을 증가시킨다. 지방조직에서는 포도당 이용률이 증가하고 글리코겐과 지방 합성이 증가한다. 혈당이 낮아지게 되면 인슐린 분비는 감소하고 글루카곤의 분비가 증가하면서 간에서 글리코겐이 분해되어 포도당을 생성하고 이를 혈액 중으로 방출한다.

정답 10. ③ 11. ⑤ 12. ③ 13. ④ 14. ①

15 당뇨병 환자의 단백질 대사에 대한 설명으로 옳은 것은?

① 체단백질 분해가 증가한다.
② 비필수 아미노산의 합성이 증가한다.
③ 아미노산의 포도당 신생작용이 감소한다.
④ 근육조직으로 아미노산의 유입이 촉진된다.
⑤ 요소합성작용의 감소로 간성혼수가 나타난다.

15 **인슐린은 아미노산 이용 증가, 단백질 합성 증가와 같이 단백질 동화작용을 증가시키고, 이화는 감소**시킨다. 따라서 당뇨병 환자의 경우 체단백질 분해가 증가하는 양상을 보이게 된다.

16 혈당 감소 작용을 하는 호르몬은?

① 인슐린 ② 글루카곤
③ 아드레날린 ④ 성장 호르몬
⑤ 글루코코르티코이드

혈당조절에 관여하는 여러 호르몬의 기능

분류	호르몬	분비기관	작용기관	작용
혈당 감소	인슐린	췌장	간, 근육, 피하조직	글리코겐 합성 증가, 포도당 신생합성 억제, 근육과 피하조직으로 혈당의 유입 증가
혈당 증가	글루카곤	췌장	간	간의 글리코겐을 분해시켜 혈당 방출 증가, 간의 포도당 신생합성 증가
	에피네프린 노르에피네프린	부신수질 교감신경말단	간, 근육	간의 글리코겐을 분해시켜 혈당 방출 증가, 간의 포도당 신생합성 증가, 근육의 포도당 흡수 억제, 체지방 사용 촉진, 글루카곤 분비 촉진, 인슐린 분비 저해
	글루코코르티코이드	부신피질	간, 근육	간의 포도당 신생합성 증가, 근육에서의 당의 사용 억제
	성장 호르몬	뇌하수체 전엽	간, 근육, 피하조직	간의 당 방출 증가, 근육으로 당 유입 억제, 지방의 이동과 사용 증가
	갑상샘 호르몬	갑상샘	간, 소장	간의 포도당 신생합성·글리코겐 분해과정 증가, 소장의 당 흡수 촉진

16 문제 하단 해설 참고

17 영양소 대사에 관여하는 인슐린의 작용으로 옳은 것은?

① 케톤체 형성을 증가시킨다.
② 단백질 분해를 증가시킨다.
③ 지방의 합성을 감소시킨다.
④ 포도당의 신생합성을 감소시킨다.
⑤ 간·근육에서 글리코겐의 분해를 증가시킨다.

17 **인슐린은 세포 내로의 혈당 유입을 증가시키고 간과 근육에 글리코겐으로의 저장, 단백질 및 지방 합성을 촉진**함으로써 혈당을 낮춘다.

정답 15. ① 16. ① 17. ④

18 **당뇨성 케톤증이란 2형 당뇨병에서 인슐린 주사를 중단했을 때나 식사량이 적을 때 인슐린 부족이 심해지면서 나타나는 증세로**, 체내에서 포도당의 이용이 감소되어 저장지방이 에너지원으로 되는 과정에서 중간대사물인 케톤체의 생성이 증가하여 초래되는 일종의 산독증이다. 구토, 탈수, 호흡곤란이 나타나며 호흡에서 아세톤 냄새가 나고 얼굴이 붉어지고 심하면 혼수상태에 빠져 사망에 이를 수 있다.

19 약물요법을 사용하는 당뇨병 환자의 경우 식사 섭취 부족이나 식사의 지연, 약물의 과량 투여, 식전의 심한 운동, 설사 등으로 인해 혈당이 70 mg/dL 이하로 낮아지는 상태를 저혈당이라 한다.

20 당대사의 이상으로 인해 지방 산화가 촉진되어 케톤체가 다량 방출되는데, 요로 배설될 때에는 상당량의 염기성 물질이 필요하게 된다. 결국 산·염기 균형을 파괴시켜 산독증상을 유발하게 된다.

21 당뇨병 환자에게 높은 수준으로 존재하는 포도당이나 케톤체가 소변으로 배설되는 경우 많은 수분을 동반하게 되므로 많은 양의 소변을 보게 되고, **당과 함께 많은 양의 수분이 배설되므로 신체 내 수분이 부족**하게 된다. 또한 인슐린 작용 결함으로 인해 지방이 과다하게 산화되어 케톤체가 과잉 형성된다.

22 **당뇨병의 만성 합병증**으로는 당뇨병성 망막증, 당뇨병성 신장질환, 당뇨병성 신경병증, 심혈관계 합병증, 당뇨병성 피부병 등 다양하게 나타난다. 한편 **급성 합병증**으로는 케톤산증과 고혈당 비케톤성 혼수, 저혈당증이 있다.

정답 18. ⑤ 19. ① 20. ③ 21. ④ 22. ⑤

18 당뇨성 케톤증의 증세에 대한 설명으로 옳은 것은?

① 산성 물질 배설의 증가로 체내 혈액이 알칼리화된다.
② 케톤증 발생 시에는 고혈당으로 인해 얼굴이 창백해진다.
③ 인슐린의 과잉 사용으로 인해 나타나는 부작용이다.
④ 발한 및 경련을 동반한 의식장애가 주로 나타난다.
⑤ 지방분해 증가로 케톤체가 증가하여 호흡 시 아세톤 냄새가 난다.

19 약물요법을 사용하는 당뇨병 환자가 식사 섭취량이 부족하거나 식사시간이 지연되거나 식전에 심한 운동을 한 경우에 발생할 수 있는 증상은?

① 저혈당 ② 단백뇨증
③ 고혈압 ④ 당뇨병성 신증
⑤ 산독증

20 당뇨병 환자가 인슐린 주사를 맞지 않고 당질을 다량 섭취하면 일어날 수 있는 증상은?

① 복수 ② 부종
③ 산독증 ④ 저혈압
⑤ 알칼리혈증

21 당뇨병의 증상에 대한 설명으로 옳은 것은?

① 포도당신생작용이 저하되어 체근육 손실이 나타난다.
② 당과 함께 많은 양의 수분이 재흡수되면서 신체 내에 수분이 부족하다.
③ 소변량이 줄어드는 핍뇨의 증세가 나타난다.
④ 포도당이 신장에서 모두 재흡수되지 못해 소변으로 당이 배설된다.
⑤ 지방의 합성이 촉진되어 케톤체가 많이 생성된다.

22 당뇨병의 만성 합병증으로만 짝지어진 것은?

① 비만, 고혈당 비케톤성 혼수
② 신증, 케톤증
③ 저혈당, 신경병증
④ 심근경색, 고혈당
⑤ 망막증, 심혈관계 질환

23 당뇨병 환자에게서 나타나는 저혈당 증세에 대한 설명으로 옳은 것은?

① 갈증 증상이 심하게 나타난다.
② 빠른 호흡과 저혈압 증상이 나타난다.
③ 식욕이 감퇴하고 토기, 구토, 복통 등이 생긴다.
④ 인슐린 과잉 사용으로 인해 나타나는 부작용이다.
⑤ 지방 대사 이상으로 혈액 내 케톤체가 증가하여 호흡 시 아세톤 냄새가 난다.

23 **저혈당증**은 인슐린을 과다 사용했을 때, 식사를 제때에 하지 않았거나 식사를 못했을 때, 식전에 심한 운동을 했을 때 등 혈당이 70 mg/dL 이하가 되어 나타난다. 증세로는 탈력감, 불안, 공복감, 어지러움, 식은 땀, 두통이 나타나고 오래 지속되면 의식장애와 경련이 일어난다.

24 산독증(acidosis)의 원인으로 옳은 것은?

① 콜레스테롤 담석
② 단백질 섭취 부족
③ 당질 이용 부족
④ 과다한 인슐린 사용
⑤ 케톤체 증가

24 당질이 부족하면 지방은 불완전 연소하여 케톤체가 축적되거나 소변으로 배설되는 산독증을 일으킨다. 산독증은 당뇨병 환자에게서 체내 포도당이 에너지원으로 이용되지 못하는 대신 체내에 저장된 지방이나 단백질이 에너지원으로 이용되는 과정에서 중간 대사산물인 케톤체의 생성이 증가하여 생길 수 있다.

25 1형 당뇨병의 치료법으로 옳은 것은?

① 가능한 정제된 당질을 공급한다.
② 운동 시에는 인슐린 투여량을 늘린다.
③ 섭취한 음식량에 따라 인슐린의 양을 조정한다.
④ 운동은 장시간 약간 심한 정도로 하는 것이 좋다.
⑤ 식사 섭취량을 조절하면 인슐린을 투여하지 않아도 된다.

25 문제 하단 해설 참고

1형 당뇨병과 2형 당뇨병의 비교

분류	1형 당뇨병	2형 당뇨병
발병시기	주로 소아기 발병(평균 12세)	주로 성인기 발병(40세 이후)
발병원인	인슐린 생성 부족, 면역반응 저하	인슐린 저항성 증가, 고인슐린혈증, 비만
증상	비교적 심함 다식, 다뇨, 다갈, 체중감소	비교적 적음 다갈, 피로감, 혈관계·신경계 합병증
인슐린	매우 낮음	정상 또는 높거나 낮음
케톤증 발생	가능	별로 없음
치료법	인슐린 치료 약물요법 식이 및 운동요법 권장	식사요법 약물요법 운동요법

26 12세인 K군은 운동하기를 좋아하고 건강하였는데, 방과 후 운동 중 식은 땀을 흘리며 갑자기 의식을 잃고 쓰러졌다. 응급실에서 응급처치 후 의식을 되찾았지만 그 당시 혈당이 550 mg/dL로 1형 당뇨병으로 진단받았다. K군의 당뇨병 치료방법으로 옳은 것은?

① 고단백식
② 고당질식
③ 저지방식
④ 인슐린 요법
⑤ 경구혈당강하제 복용

26 1형 당뇨병은 인슐린이 결핍된 상태이기 때문에 **인슐린 요법을 필수적으로 하고, 식이 및 운동요법이 권장된다.**

정답 23. ④ 24. ⑤ 25. ③ 26. ④

27 당뇨병의 진단을 위한 검사로는 **공복혈당 측정, 경구당부하 검사, 당화혈색소 검사, 요당 검사, 인슐린과 C-펩티드 농도 측정** 등이 있다.
(문제 하단 표 참고)

27 당뇨병의 진단에 사용되는 검사법으로 옳지 않은 것은?

① 단백뇨 검사
② 경구당부하 검사
③ 당화혈색소 검사
④ 공복 시 혈당치 측정
⑤ C-펩티드 농도 측정

당뇨병 검사 기준치 비교

검사항목	정상 기준치
공복 시 혈당	70~100 mg/dL
당화혈색소	5.7% 미만
요당	검출 안 됨
C-펩티드	공복 시 1~2 ng/mL, 당부하 시 4~6 ng/mL

28 공복혈당장애는 공복 혈장포도당 농도가 100~125 mg/dL, **내당능장애는 75 g 경구당부하 2시간 후 혈장 포도당 수준이 140~199 mg/dL인 경우**를 말한다. 당뇨병은 당화혈색소 6.5% 이상 또는 공복 혈장포도당 125 mg/dL 이상 또는 75 g 경구당부하 2시간 후 혈장 포도당 수준 200 mg/dL 이상인 경우를 말한다.

28 직장검진을 받은 C씨의 공복혈당 수준은 120 mg/dL, 75 g 경구당부하 2시간 후 혈장 포도당 수준은 135 mg/dL였을 때, C씨의 진단명으로 가장 옳은 것은?

① 공복혈당장애
② 내당능장애
③ 당뇨병
④ 저인슐린혈증
⑤ 저C-peptide혈증

29 **2형 당뇨병에서 운동의 효과는** ① 인슐린 감수성 증가와 말초조직에서의 혈당 이용 증가로 혈당 저하, ② 비만 치료, ③ 혈청 지질 농도 조절 등이 있다.

29 2형 당뇨병의 치료에서 기대되는 운동효과로 옳지 않은 것은?

① 비만 치료
② 저혈당 발생 예방
③ 인슐린 감수성 증가
④ 혈청 지질 농도 조절
⑤ 말초조직에서의 혈당 이용 증가

30 운동은 혈당조절에 도움을 주나, **합병증이 심한 경우나 혈당치가 300 mg/dL 이상이거나 100 mg/dL 이하인 경우에는 주의를 요한다. 인슐린 투여 후 1시간 이후, 식사 후 1~2시간 후에 실시하는 것이 안전하다.** 당뇨병 환자가 운동을 하게 되면 인슐린 감수성 증가의 효과가 있기 때문에 인슐린 투여량을 조절할 수 있다.

30 당뇨병 환자의 운동요법에 대한 설명으로 옳은 것은?

① 심한 강도의 운동일수록 혈당조절에 효과적이다.
② 운동은 인슐린 투여 직후에 하는 것이 효과적이다.
③ 운동을 실시하는 경우에는 인슐린 투여량을 늘린다.
④ 운동은 혈당치가 300 mg/dL 이상인 경우가 가장 효과적이다.
⑤ 운동은 조직세포의 인슐린 감수성을 증가시켜 혈당조절에 도움을 준다.

정답 27. ① 28. ① 29. ② 30. ⑤

31 당뇨병의 약물요법으로 옳은 것은?

① 2형 당뇨병 환자는 인슐린 주사가 필요 없다.
② 경구혈당강하제는 1형 당뇨병 환자에게 효과적이다.
③ 인슐린 주사를 맞는 당뇨병 환자는 식사요법이 필요 없다.
④ 약물요법 후 심한 운동이나 절식을 할 경우 고혈당이 유발될 수 있다.
⑤ 지속성 인슐린을 사용하는 당뇨병 환자에게 야식을 제공한다.

32 당뇨병 환자식의 설명으로 옳은 것은?

① 혈당지수가 높은 식품은 제한 없이 먹을 수 있다.
② 인슐린 처방 시에는 식사 간격보다는 식사량의 조절이 더 중요하다.
③ 섭취 지방의 총량이 중요하므로 지방산의 종류는 고려하지 않도록 한다.
④ 설탕의 과잉 사용을 억제하기 위해 안전한 인공감미료의 사용이 허용된다.
⑤ 식이섬유의 과잉 섭취는 장 이동속도를 촉진하므로 급격한 혈당 상승을 유발한다.

33 당뇨병의 관리에 대한 설명으로 가장 옳은 것은?

① 운동을 하여 인슐린 저항성을 높인다.
② 식이요법을 잘하면 인슐린 투여량이나 경구혈당강하제의 사용을 줄일 수 있다.
③ 식이섬유소의 섭취는 당뇨병 관리에 도움이 되지 않는다.
④ 2형 당뇨병 환자는 경구혈당강하제만 사용하여 약물요법을 해야 한다.
⑤ 당뇨병 환자에게 에너지 섭취량 조절은 불필요하다.

34 당뇨병 환자의 영양관리로 옳은 것은?

① 농축 당류 섭취 증가
② 복합당질 섭취 제한
③ 단백질 섭취 제한
④ 콜레스테롤 섭취 제한
⑤ 인공감미료 사용 금지

31 1형 당뇨병 환자의 약물요법에는 주로 인슐린이 사용되고, 2형 당뇨병 환자에게는 경구혈당강하제인 설폰 요소, 비구아나이드, α-글루코시다제 억제제 등이 사용되는데, 심한 경우에는 2형 당뇨병 환자에게도 인슐린이 사용된다. 약물요법 후 심한 운동이나 절식을 할 경우 저혈당이 유발될 수 있다. 지속성 인슐린은 효과가 24시간 지속되므로, 공복이 지속되는 새벽에 저혈당증이 올 수 있으므로 잠들기 전에 야식을 주도록 한다.

32 당뇨병 환자의 경우 **1일 섭취량 100~150 g 이하의 당질 제한은 케톤산증을 유발**하며, **당질 제한을 위해 인공감미료의 적절한 사용이 허용**된다. 식이섬유 섭취는 음식의 이동 및 흡수속도를 지연시킴으로써 포만감을 갖게 하며 식후 혈당의 급격한 상승을 방지하는 효과가 있다.

33 운동을 하면 인슐린 저항성이 감소하여 혈당관리에 도움이 된다. **2형 당뇨병 환자가 경구혈당강하제만으로 관리가 어려울 경우 인슐린 제제를 사용**하며, 비만인 당뇨병 환자의 경우 에너지 섭취 조절로 체중이 감량되면 혈당 개선의 효과를 볼 수 있다.

34 식이섬유를 함유한 복합당질은 단순당에 비해 소화흡수시간이 길고, 특히 식이섬유는 음식의 이동 및 흡수속도를 지연시킴으로써 만복감을 갖게 하여 **식후 혈당의 급격한 상승을 억제하고 혈중 콜레스테롤을 저하시키는 효과**가 있으므로 섭취가 권장된다. 당뇨병 환자의 지질 섭취는 일반인에 대한 기준을 따르나 비정상적인 지질 대사로 인하여 심혈관계 합병증이 유발될 수 있으므로 포화지방산과 콜레스테롤 함량이 낮은 식사가 바람직하다.

정답 31. ⑤ 32. ④ 33. ② 34. ④

35 당뇨병 환자에게 사용되는 식품교환표에서 곡류군 1교환단위의 당질 함량과 에너지는?

① 11 g, 50 kcal
② 23 g, 100 kcal
③ 33 g, 150 kcal
④ 50 g, 200 kcal
⑤ 100 g, 250 kcal

36 당뇨병 환자의 당질 섭취방법으로 옳은 것은?

① 콩, 현미 같은 식이섬유가 많은 식품이 좋다.
② 다당류보다는 단당류 형태로 섭취하도록 한다.
③ 인공감미료의 사용은 금한다.
④ 당질 섭취는 줄이고 대신 단백질 섭취를 늘린다.
⑤ 당질은 최소 1일 200 g 이상 섭취하도록 한다.

37 혈당지수가 가장 높은 식품은?

① 떡
② 고구마
③ 아이스크림
④ 우유
⑤ 대두콩

38 당뇨병 환자의 식사요법으로 옳은 것은?

① 당질 섭취량보다 당질 종류가 혈당치에 영향을 준다.
② 설탕 대신 과당(fructose) 섭취는 혈당 조절에 도움이 된다.
③ 고단백 식사는 당뇨성 신증을 일으킬 수 있다.
④ 과다한 알코올 섭취는 저HDL-콜레스테롤혈증을 유발할 수 있다.
⑤ 2형 당뇨병 환자는 우선 체중감량이 권장된다.

39 당뇨병 환자에게 가장 적당한 메뉴는?

① 토스트, 딸기잼, 커피
② 쌀밥, 명란젓, 김치
③ 콩밥, 아욱된장국, 삼치조림
④ 케이크, 오렌지주스, 콜라
⑤ 돈가스, 스파게티, 감자튀김

35 우리나라 당뇨병 환자를 위한 식품교환표에서 곡류군의 1교환단위의 당질 함량은 23 g이고, 에너지는 약 100 kcal이다.

36 당뇨병 환자의 단백질 권장량도 일반 건강한 성인과 같다. 당질은 총 에너지의 50~60% 정도를 권장하며, 고단백식이는 당뇨성 신증 위험을 높이므로 주의한다. 설탕 대신 소량의 인공감미료를 사용할 수 있으며, **케톤증 예방을 위해 당질은 하루 100 g 이상 섭취**하도록 한다.

37 떡, 흰 밥, 구운 감자, 시리얼(콘플레이크)은 70 이상의 높은 당지수 식품이며, 고구마, 아이스크림, 페이스트리 등은 56~69 정도의 중간 당지수 식품, **현미밥, 호밀빵, 쥐눈이콩 및 대두콩, 우유는 55 이하의 낮은 당지수 식품**이다.

38 과체중 또는 비만인 2형 당뇨병 환자들은 우선 체중감량이 필요하나, 2형 당뇨병 환자라고 해서 모두 다 과체중이나 비만은 아니고 간혹 저체중인 경우도 있다. **총 에너지의 25% 이상의 고단백 식사는 당뇨성 신증 위험을 높이므로 주의**해야 한다. 식후 혈당치를 결정하는 가장 중요한 인자는 당질 섭취량이다. 즉, **섭취한 당질의 종류보다 당질 섭취량이 혈당치에 더 큰 영향을 끼친다.** 과당은 대사 시 인슐린을 필요로 하지 않고, 식후 혈당을 소폭 상승시키나, 혈중 LDL 콜레스테롤과 중성지방 수치를 증가시키므로 당뇨병 환자가 설탕 대신 과당을 섭취한다고 해서 더 유익한 것은 아니다. 과도한 알코올 섭취는 고혈당증과 고중성지방혈증을 일으킬 수 있으므로 주의한다.

39 당뇨병 환자는 **혈당지수(GI)가 낮은 콩류 및 채소류가 포함된 식사가 바람직하며, 단순당이나 나트륨이 많이 함유되어 있는 식품, 지방이 많이 들어가는 식품이나 조리법은 피하는 것이** 좋다.

정답 35. ② 36. ① 37. ①
38. ③ 39. ③

40 고혈당으로 인한 당뇨성 혼수 시 적절한 치료법은?

① 금식한다.
② 설탕, 꿀물을 공급한다.
③ 고단백 식사를 공급한다.
④ 인슐린, 전해질 및 수분을 공급한다.
⑤ 충분한 비타민과 무기질을 공급한다.

41 저혈당증(인슐린 쇼크)이 일어났을 때의 응급조치법은?

① 우유 섭취 ② 인슐린 주사
③ 맑은 고기국물 섭취 ④ 설탕, 꿀물 섭취
⑤ 수분, 염분 섭취

42 2형 당뇨병으로 진단받은 B씨는 체중조절을 위해 운동강도 및 운동시간을 늘린 후, 구토, 전신무력, 발한 등의 증세를 보였다. 증상 해결을 위해 B씨가 먹어야 하는 식품으로 가장 옳은 것은?

① 우유 ② 물
③ 오렌지주스 ④ 원두커피
⑤ 채소주스

43 인슐린 주사를 맞고 있는 당뇨병 환자의 식사요법에 대한 설명으로 옳은 것은?

① 인슐린 주사를 맞을 때는 단백질을 엄격하게 배분한다.
② 인슐린 주사의 지속성에 따라 당질 및 식사배분을 한다.
③ 인슐린 주사를 맞으면 당질량의 세 끼 배분을 동일하게 한다.
④ 당뇨병 환자가 인슐린 주사를 맞는 경우 식사요법은 필요 없다.
⑤ 인슐린 주사를 맞는 환자는 하루에 여섯 번의 식사를 해야 한다.

44 당뇨병 환자가 심한 운동 중에 갑자기 식은 땀이 나고 어지러운 증세를 호소하였을 때 알맞은 응급처치방법은?

① 단순당을 섭취시킨다.
② 비타민제를 투여한다.
③ 빨리 물을 마시게 해야 한다.
④ 양질의 단백질을 섭취시킨다.
⑤ 빨리 인슐린 주사를 맞도록 해야 한다.

40 **당뇨성 혼수**는 신속히 치료하지 않으면 치명적인 손상을 가져올 수 있으므로 즉시 인슐린 주사와 함께 수분을 공급하는 것이 필요하다.

41 인슐린을 과다 사용하였거나 식전에 격심한 운동으로 인하여 저혈당증(인슐린 쇼크)이 일어날 경우 즉시 흡수되기 쉬운 형태의 당질을 공급해야 한다.

42 **당뇨병 환자가 운동강도 및 운동시간을 늘려 격심한 운동을 하면 저혈당 증세**가 나타날 수 있다. 저혈당 증세를 해결하기 위해서는 설탕(15 g), 꿀 1숟가락(15 mL), 요구르트 1개(100 mL), 주스나 청량음료 3/4컵, 사탕 3~4개 정도의 단순당이 함유된 음료를 섭취해야 한다.

43 **인슐린 주사제**는 종류에 따라 효과 발현시간, 최대 효과시간, 효과 지속시간이 다르므로 종류별 당질 및 식사배분을 달리해야 한다. 또한 인슐린 주사 후 최적시간과 식사시간이 잘 맞아야 효력이 좋으므로 식사시간을 철저히 잘 지켜야 한다.

44 당뇨병 환자가 평소보다 운동량이나 활동량이 많은 경우 비정상적으로 혈당이 낮아지는 저혈당 증세를 보일 수 있다. 이때는 혈당을 급히 상승시킬 수 있는 응급처치가 필요하다.

정답 40. ④ 41. ④ 42. ③ 43. ② 44. ①

45 공복/식전 혈당 150 mg/dL, 취침 전 혈당 175 mg/dL, 당화혈색소 8.7%, 비만도 118%인 환자가 자유롭게 섭취할 수 있는 식품은?

① 현미밥
② 두부조림
③ 과일 샐러드
④ 우무묵 무침
⑤ 저지방 우유

46 혈당지수(glycemic index)가 가장 낮은 식품은?

① 감자
② 두부
③ 오이
④ 식빵
⑤ 바나나

47 당뇨병의 합병증으로 신부전이 동반된 당뇨병성 신증의 식사요법으로 옳은 것은?

① 당뇨병성 신증의 심각도 및 치료 특성에 따라 단백질 섭취의 조절이 필요하다.
② 당뇨병 식사에 비해 당질의 섭취가 제한된다.
③ 당뇨병 식사에 비해 지방의 섭취가 제한된다.
④ 당뇨병 식사와 같이 채소 선택이 자유롭다.
⑤ 당뇨병 식사와 달리 인공감미료가 허용되지 않는다.

48 2형 당뇨병 환자의 식사요법으로 옳은 것은?

① 당질 섭취는 1일 100 g 미만으로 제한한다.
② 지방은 총 에너지의 30% 이상 섭취한다.
③ 고지혈증 예방을 위해 단백질 섭취를 제한한다.
④ 과체중 또는 비만인 경우 저에너지식을 한다.
⑤ 1형 당뇨병 식사와 달리 사탕, 젤리 등이 허용된다.

49 K씨는 2형 당뇨병 환자로서 체중 감량이 필요한 상황이다. K씨가 아래와 같이 아침식사를 하였을 때 섭취하게 되는 에너지는?

- 토스트 2쪽
- 버터 1작은술
- 저지방 우유 200 mL
- 블랙커피 1잔
- 딸기 150 g

① 275 kcal
② 320 kcal
③ 375 kcal
④ 420 kcal
⑤ 570 kcal

---

45 2형 당뇨병 환자로 체중조절이 필요하므로 식사량이 적어 공복감을 느낄 때 비교적 에너지가 낮은 상추, 시금치, 오이, 김, 미역, 다시마, 우무묵, 곤약 같은 식품을 자유로이 섭취할 수 있다.

46 대두콩, 사과, 배 등의 과일류, 호밀빵, 해조류, 채소류 등의 혈당지수는 대체로 낮은 편이다.

47 당뇨병 환자의 단백질 필요량은 일반인과 같으며, 양질의 단백질을 기준으로 총 에너지의 15~20% 정도를 섭취하도록 한다. 당뇨병성 신증 초기의 당뇨병 환자에게 단백질 섭취를 엄격히 제한하지는 않으나, **투석 전이면서 만성 신부전 4단계 이상인 경우에는 0.8 g/kg 정도로 단백질을 제한**하는 것이 바람직하다.

48 **2형 당뇨병 환자는 과체중인 경우가 많은데, 체중을 조절함으로써 인슐린 저항성이 개선**되고 혈당 조절이 용이해지므로 열량 섭취를 감소시키는 것이 바람직하다.

49 곡류 2교환단위(200 kcal), 지방군 1교환단위(45 kcal), 저지방 우유군 1교환단위(80 kcal), 딸기 1교환단위(50 kcal)를 섭취하게 된다.

정답 45. ④ 46. ③ 47. ①
48. ④ 49. ③

50 다음 중 당뇨병 환자의 식사 시 제공 가능한 음식으로 옳은 것은?

① 취나물무침 ② 찹쌀밥
③ 감자볶음 ④ 요구르트
⑤ 자반고등어조림

51 정상 성인의 체내 혈당조절에 대한 설명으로 옳은 것은?

① 공복 시 혈당은 100~125 mg/dL로 유지된다.
② 인슐린, 렙틴, 레닌 등이 혈당조절에 관여한다.
③ 식후 1시간 이내에 혈당이 정상 수준으로 회복된다.
④ 호르몬, 신경계 등에 의해서 혈당의 항상성이 유지된다.
⑤ 고혈당 시 포도당은 간이나 근육에서 에너지로 모두 소모된다.

52 조절되지 않는 당뇨병 환자에게서 체내 지방이 비정상적으로 대사되어 소변으로 다량 배설되는 물질은?

① 요산 ② 단백질
③ 케톤체 ④ 빌리루빈
⑤ 크레아티닌

50 취나물은 식이섬유소 함량이 높아 식후 혈당상승 지연에 도움을 줄 수 있으며, 찹쌀 및 감자는 혈당지수가 높은 편에 속한다. 요구르트는 단당류가 함유되어 있고, 자반고등어조림은 나트륨 함량이 높아 당뇨병 환자의 식단에 적절하지 않다.

정답 50. ① 51. ④ 52. ③

심혈관계 질환의 영양관리

학습목표 심혈관계의 생리와 심혈관계 및 뇌혈관계 질환의 영양관리를 이해한다.

01 심장의 구조와 기능에 대한 설명으로 옳은 것은?

① 부교감신경의 자극은 심박출량을 증가시킨다.
② 심실확장기에는 대동맥으로 혈액 박출이 일어난다.
③ 심장의 박동은 심방과 심실이 동시에 수축, 이완되어 일어난다.
④ 교감신경의 자극은 방실 수축력을 감소시켜 심박수를 감소시킨다.
⑤ 심박수는 심방과 심실의 팽창성과 수축성 등에 의해 결정되며 대개 1분당 60~85회이다.

01 **심박수**는 심방과 심실의 팽창성과 수축성, 대동맥과 폐동맥의 압력 등에 의해 결정되며 **1분당 60~85회**이다. **심방과 심실은 따로 수축되고 이완되**어 심장주기를 결정한다. **부교감신경의 자극**은 방실 수축력을 감소시켜 **심박수를 감소시키고** 결과적으로 **심박출량의 감소**를 초래한다. **교감신경의 자극**은 그 **반대**의 역할을 한다. 심실확장기에는 **대정맥으로부터의 혈액 유입**이 일어난다.

02 심장이상에 대한 설명으로 옳지 <u>않은</u> 것은?

① 협심증 : 관상동맥에 죽상경화가 일어나 혈액공급의 부족으로 초래되는 질환
② 허혈증 : 저혈압으로 인해 충분한 양의 혈액이 전신에 공급되지 못하는 질환
③ 심부전 : 심장의 펌프 기능이 저하되어 필요한 혈액을 공급할 수 없는 질환
④ 심근경색 : 관상동맥의 일부가 막혀 혈관이 분포한 영역의 세포가 죽어 굳는 질환
⑤ 동맥경화증 : 손상이 일어난 동맥벽 부위에 지질이 침착하여 혈관이 섬유화되는 질환

02 **협심증**은 관상동맥에 죽상경화가 일어나 **심장에 혈액공급이 부족하게 됨**으로써 발생한다. **심근경색은 관상동맥의 일부가 막혀** 모세혈관에 혈액이 공급되지 않고 이로 인하여 그 혈관이 분포된 영역의 세포가 괴사하는 것이다. **동맥경화증**은 고혈압 등으로 인해 손상이 일어난 동맥벽 부위에 지질이 침착하여 시작되며 **혈관이 섬유화되는 상태**를 말한다. 허혈성 심장질환은 관상동맥경화증으로 인한 동맥의 협착이 주요 원인이나 동맥염, 대동맥 판막증 등도 원인이 될 수 있다. **심부전은 심장의 기능 저하로 신체에 혈액을 제대로 공급하지 못하는 상태**이다.

정답 01. ⑤ 02. ②

03 혈압에 대한 설명으로 옳은 것은?

① 혈압이 가장 높은 값을 이완기 혈압이라고 한다.
② 에피네프린과 아세틸콜린은 혈관을 수축시켜 혈압을 높인다.
③ 신세뇨관에서의 나트륨(sodium) 재흡수는 혈압 상승을 촉진한다.
④ 운동 시 심박동수 증가와 혈관의 수축 및 이완을 조절하는 것은 부교감신경이다.
⑤ 혈압계를 사용하여 혈압을 측정할 때 혈류가 사라질 때의 압력은 동맥에서 최저압이 되고, 이를 수축기 혈압이라고 한다.

03 에피네프린은 혈관수축에, 아세틸콜린은 혈관이완에 관여한다. 심실 수축 시 혈액을 심장 밖 혈관으로 밀어낼 때의 압력을 수축기 혈압(최고 혈압), 심방 확장 시 혈관에서 유지되는 압력을 이완기 혈압(최저 혈압)이라고 한다. 또한 부교감신경이 활성화되어 아세틸콜린 분비가 증가하면 심장박동 억제, 혈압 강하가 된다.

04 다음 설명 중 옳은 것은?

① 심박출량을 결정하는 심박동수는 매우 일정하다.
② 1회 박동 시 심실에서 나오는 혈액은 약 70 mL가 된다.
③ 심박수(heart rate)란 분당 맥박수를 말하며, 약 35회/min이다.
④ 정상인의 심박출량(cardiac output)은 약 2,000 mL/min 정도이다.
⑤ 심박출량(cardiac output)이란 1회 박동 시 심실에서 나오는 혈액의 양이다.

04 심박출량(CO, Cardiac Output) = 심박동수(HR, Heart Rate) × 박동량(SV, Stroke Volume)
HR은 60～100 beats/min이며, SV는 70 mL/beat이다.

05 왼쪽 심실이 오른쪽 심실보다 더 두꺼운 벽을 이루고 있는 이유는?

① 왼쪽 심실이 오른쪽보다 용량이 더 적기 때문이다.
② 왼쪽 심실이 더 많은 혈액을 공급받기 때문이다.
③ 왼쪽 심실에서 내보내는 혈액이 체순환 전체를 이루기 때문이다.
④ 왼쪽이 높은 압력을 지탱하기 위한 결체조직을 더 함유하기 때문이다.
⑤ 오른쪽 심실은 혈액의 펌프 역할에 소극적이기 때문에 근육량이 적다.

05 **좌심실은 체순환을 시작**하고 우심실은 **폐순환을 시작**하는데, 폐의 순환은 작은 힘만으로 가능하지만 **체순환을 위해서는 높은 압력**으로 내보내야 하기에 좌심실의 근육층이 더 두껍다.

06 심방 수축 없이 정상적으로 심실에 혈액이 차는 정도는 어느 정도인가?

① 30% 정도
② 50% 정도
③ 70% 정도
④ 80% 정도
⑤ 100%

06 심주기에서 심실의 확장기에는 심실 내압이 떨어지므로 동맥판막이 닫혀서 혈류의 역류를 막는다. 심실 내압의 감소는 방실판막을 열리게 하고 대정맥의 혈액이 심방을 통해 직접 심실로 들어가 **심방이 수축하기도 전에 이미 70% 정도가 들어가며** 심방의 수축을 통하여 나머지 30%의 혈액이 심실로 더 들어간다.

정답 03. ③ 04. ② 05. ③ 06. ③

07 심박동수에 대한 설명으로 옳은 것은?

① 심박동수는 체온에 따라 변화한다.
② 아세틸콜린은 심박동수를 증가시킨다.
③ 안정 시 정상인의 심박동수는 50회 정도이다.
④ 중추신경계 자극 증가 시 심박동수가 감소한다.
⑤ 에피네프린과 노르에피네프린은 심박동수를 감소시킨다.

07 **심박동수는 체온, 신경, 호르몬, 화학물질** 등에 의해 좌우된다. 심박동수는 개인에 따라 차이가 있으나 분당 70~75회 정도이고, 부교감신경이 활성화되어 아세틸콜린 분비가 증가하면 심박동수가 감소한다. 교감신경이 활성화되어 에피네프린과 노르에피네프린이 분비되면 심박동수는 증가하며, 자율신경계 외에 중추신경계 자극 증가 시 심박동수가 증가한다.

08 혈액순환에 대한 설명으로 옳은 것은?

① 혈액과 간질액 사이의 교환은 세동맥에서 일어난다.
② 혈관의 직경이 작을수록 혈류저항이 적으므로 혈류량은 많아진다.
③ 혈류량은 혈류저항에 반비례하기 때문에 점성이 클수록 많아진다.
④ 혈압은 대동맥으로부터 말초세동맥으로 갈수록 낮아지며, 대정맥의 혈압은 20 mmHg 이하이다.
⑤ 혈류의 추진력이 부족하여 뇌로의 혈액의 흐름과 산소 공급이 부족하여 어지러운 상태를 정맥환류라고 한다.

08 **혈류량**은 **혈압차**(ΔP)**에 비례**하고, **혈류저항(R)에 반비례**한다($F = \Delta P/R$). 그리고 **혈류저항(R)**은 **점성**(η)**과 혈관의 길이(L)에 비례**하고, **내경(r)의 4승에 반비례**한다($R = 8\eta L/\pi r^4$).
혈액과 간질액 사이의 교환은 모세혈관에서 일어난다. 정맥환류는 심장으로 혈액을 회귀시키는 현상이다.

09 혈류 속도에 영향을 주는 인자가 아닌 것은?

① 혈액의 점성
② 혈관의 두께
③ 혈관의 단면적
④ 혈관의 길이
⑤ 혈관 양단의 압력차

09 **혈류 속도에 영향을 주는 인자**는 **혈관의 저항**으로, 저항의 크기는 **혈관의 길이, 안지름, 혈액의 점성, 혈류 양단의 압력차이** 등에 따라 달라진다.

10 말초저항이 증가하면 이완기와 수축기의 혈압은 어떻게 변화하는가?

① 이완기 감소, 수축기 증가
② 이완기 감소, 수축기 불변
③ 이완기 증가, 수축기 불변
④ 이완기 증가, 수축기 증가
⑤ 이완기 증가, 수축기 감소

10 말초저항이 증가하면 혈액이 말초로 흐르지 못하고 대동맥이나 동맥계에 혈액이 수용되므로 혈압이 전반적으로 상승한다.

11 신체 내 혈액량의 대부분이 함유되어 있는 곳은?

① 심장
② 동맥계
③ 정맥계
④ 모세혈관
⑤ 폐혈관

11 총 혈액량의 75% 정도는 정맥계에 존재한다.

정답 07. ① 08. ④ 09. ② 10. ④ 11. ③

12 혈관수축에 관여하는 안지오텐신(angiotensin)의 생산에 반드시 필요한 효소로, 신장에서 분비되는 것은?

① TPP
② LDH
③ 레닌
④ PKC
⑤ cytochrome P450

12 **혈압이 낮아지면 신장에서 레닌이 분비되어** 간에서 생산된 안지오텐시노겐(angiotensinogen)을 안지오텐신 I으로 전환시키고 이 물질은 순환기계에 존재하는 기타 효소에 의해 안지오텐신 II로 전환된다. 안지오텐신 II는 강력한 혈관수축인자로 작용한다.

13 오랫동안 서 있는 경우 때로 동맥혈압이 감소하기도 한다. 그 이유는 무엇이 증가했기 때문인가?

① 모세혈관 구멍의 크기
② 심박출량
③ 모세혈관의 수압
④ 정맥혈의 흐름
⑤ 총 혈장량

13 모세혈관에서 물이 간질액으로 빠진 후 유효여과압이 높으면 모두 혈액으로 되돌아오지만, 서 있는 경우 중력이 더 가세하여 흡수되는 수분량을 줄이게 되고, 이에 따라 총 혈장량이 감소하며, 신체의 하부에는 부종과 같은 현상이 나타나는 것이다.

14 우리나라 성인의 고혈압 진단기준에서 제1기 고혈압의 기준치는?

① 수축기 혈압 130 mmHg 혹은 이완기 혈압 85 mmHg
② 수축기 혈압 140 mmHg 혹은 이완기 혈압 90 mmHg
③ 수축기 혈압 160 mmHg 혹은 이완기 혈압 95 mmHg
④ 수축기 혈압 170 mmHg 혹은 이완기 혈압 100 mmHg
⑤ 수축기 혈압 180 mmHg 혹은 이완기 혈압 110 mmHg

14 대한고혈압학회에서 제시한 우리나라 성인의 고혈압 진단기준 수치는 **제1기 고혈압은 수축기 혈압 140~159 mmHg 또는 이완기 혈압 90~99 mmHg, 제2기 고혈압은 수축기 혈압 160 mmHg 이상 또는 이완기 혈압 100 mmHg 이상**이다.

15 혈압 조절과 직접적인 관련성이 있는 것은?

① 글루카곤
② 세로토닌
③ 트롬복산
④ 류코트리엔
⑤ 콜레시스토키닌

15 **트롬복산**은 혈관을 수축시켜 혈압을 증가시킨다.

16 심혈관계 질환에 대한 설명으로 옳은 것은?

① 고혈압과 동맥경화와는 아무런 관계가 없다.
② 허혈성 심질환에는 협심증, 심근경색 등이 있다.
③ 관상동맥 경화로 좁아진 혈관에 혈전 덩어리가 막히면 뇌졸중이 된다.
④ 좌심실성 울혈성 심부전의 주요증상은 소변량 증가, 체중 감소 등이다.
⑤ 심근의 산소 소비량에 비해 관상동맥으로부터의 산소 공급량이 부족한 것은 울혈성 심부전이다.

16 **울혈성 심부전**은 **심장이 혈액을 충분히 박출하지 못하여** 심박출량이 저하되고 정맥이 울혈되는 질환이다. 고혈압은 동맥 내벽에 상처를 유발하고 여기에 콜레스테롤 등이 축적되어 동맥경화가 발생하기 쉽다. 허혈성 심장질환은 혈류 공급이 원활하지 않아 산소의 공급과 수요에 불균형 상태를 야기하여 심근조직에 산소 부족이 초래된 상태를 말한다. 심근경색은 심장에 산소를 운반해주는 관상동맥의 혈류가 일부 중단되어 나타날 수 있고, 심근의 산소 소비량에 비해 관상동맥으로부터의 산소 공급이 부족하여 나타나는 증상은 협심증이다.

정답 12. ③ 13. ③ 14. ② 15. ③ 16. ②

17 이상지질혈증이 주요 원인이 되어 발병하는 것이 아닌 것은?

① 협심증 ② 게실염
③ 뇌경색 ④ 뇌졸중
⑤ 심근경색

18 한국 성인의 이상지질혈증 진단기준으로 옳은 것은?

① HDL−콜레스테롤 < 50 mg/dL
② LDL−콜레스테롤 ≥ 130 mg/dL
③ 중성지방 ≥ 150 mg/dL
④ 총 콜레스테롤 ≥ 240 mg/dL
⑤ Non−HDL 콜레스테롤 ≥ 100 mg/dL

19 K씨의 건강검진 결과 혈청 콜레스테롤 수준이 260 mg/dL였을 때, K씨가 섭취를 제한해야 하는 식품으로 가장 옳은 것은?

① 우유 ② 난황
③ 돼지고기(등심) ④ 가자미
⑤ 두부

20 프랭크−스탈링의 법칙과 가장 관계 깊은 것은?

① 심박동량 ② 심방 용적
③ 대동맥 혈압 ④ 혈액의 산소 분압
⑤ 혈액의 이산화탄소 분압

21 울혈성 심부전증의 증상으로 옳지 않은 것은?

① 단백뇨 ② 부종
③ 호흡곤란 ④ 복수
⑤ 기침

22 우리나라 사람들의 1일 평균 나트륨 섭취량이 3,600 mg이라고 할 때, 이를 소금 섭취량으로 추정하면 어느 정도인가?

① 5 g ② 7 g
③ 9 g ④ 12 g
⑤ 15 g

---

17 **게실염**은 식이섬유 **섭취 부족**과 대장 내 압력의 증가로 일어난다.

18 **총 콜레스테롤 240 mg/dL 이상, HDL−콜레스테롤 40 mg/dL 이하, 중성지방 200 mg/dL 미만, LDL−콜레스테롤 160 mg/dL 이상**을 이상지질혈증으로 판정한다. Non−HDL 콜레스테롤은 총 콜레스테롤에서 HDL−콜레스테롤을 뺀 값이며, 소아·청소년 이상지질혈증의 진단기준으로 사용된다.

19 검진 결과 K씨는 **고콜레스테롤혈증(240 mg/dL 이상)**이 진단되었으며, 따라서 콜레스테롤 함량이 높은 식품인 난황, 메추리알, 오징어류, 생선알젓류 등의 섭취를 제한하는 것이 좋다.

20 프랭크−스탈링의 법칙은 이완기 끝의 심실 용적이 증가할수록 심박동량이 증가하는 현상이다.

21 **울혈성 심부전**은 심장 수축력이 저하되어 혈액을 전신으로 보급하지 못해 말초기관에서 혈액순환이 감소하여 간, 신장, 뇌, 폐 등 장기에 장애를 일으킨다. **심박출량 감소**로 **신혈류량이 감소**하면 레닌−안지오텐신계가 활성화되고 **체내 나트륨과 수분이 보유**되어 복부, 다리, 발목 등에 **부종**이 일어난다. 움직이거나 누울 때 숨이 차고 가래를 동반한 기침을 하며 폐부종, 사지 무력감, 빈맥, 저혈압 등이 나타난다.

22 **나트륨 약 400 mg**은 **소금 1 g**에 포함된 나트륨의 양이다.

정답 17. ② 18. ④ 19. ② 20. ① 21. ① 22. ③

23 소금 1 g(= 1,000 mg)에 들어 있는 나트륨 양은 대략 얼마인가?

① 100 mg ② 200 mg
③ 300 mg ④ 400 mg
⑤ 500 mg

23 소금에는 약 40% 정도의 나트륨이 들어 있으므로 소금 1 g에는 나트륨이 0.4 g, 즉 400 mg 정도 들어 있다.

24 우리나라 사람들의 높은 소금 섭취량에 주요 기여 음식이 아닌 것은?

① 젓갈 ② 김치
③ 면류 ④ 국
⑤ 나물

24 우리나라 사람들은 김치류와 국, 찌개를 통해 가장 많은 소금을 섭취한다.

25 고혈압의 주요 위험인자로 가장 바르게 짝지어진 것은?

① 흡연 – 저체중
② 고HDL-콜레스테롤혈증 – 노인
③ 나트륨 섭취 과다 – 마그네슘 섭취 부족
④ 고혈압 가족력 – 폐경 이전 여성
⑤ 카페인 섭취 과다 – 칼륨 섭취 과다

25 고혈압의 주요 위험인자는 심혈관 질환의 가족력, 성별(남성과 폐경 이후 여성), 식사성 요인(나트륨, 지방 및 알코올의 과잉 섭취, 칼륨, 칼슘, 마그네슘의 섭취 부족), 카페인, 흡연 및 음주, 이상지질혈증, 60세 이후의 노인층 등이 있다.

26 저염식에 대한 설명으로 옳은 것은?

① 국의 염도는 2% 정도로 맞춘다.
② 튀김이나 볶음의 조리법을 사용하지 않는다.
③ 채소나 생선 요리의 간을 미리 하지 않는다.
④ 마가린과 토마토케첩의 사용은 제한하지 않는다.
⑤ 어육난류는 나트륨 함량이 낮으므로 자유롭게 사용한다.

26 튀김이나 볶음은 기름의 고소한 맛에 의해 싱거워도 맛있게 먹을 수 있으므로 적절히 이용한다. 인스턴트식품, 국이나 찌개, 소스류에는 나트륨 함량이 많으므로 저염식에서는 섭취를 줄여야 한다. 어육난류 같은 동물성 식품은 자연적으로 함유된 나트륨 함량이 높은 편이다.

27 저염식에서 자유롭게 사용할 수 있는 조미료는?

① 버터 ② 마요네즈
③ 식초 ④ 토마토케첩
⑤ 베이킹 소다

27 소금 대신 맛을 내기 위하여 설탕, 식초, 겨자를 사용한다. 토마토케첩을 사용할 때는 소금 양을 제한해야 한다[소금 1 g(1/2작은술)은 토마토케첩 30 g (2큰술)에 해당].

28 나트륨 제한 식사에서 제공 가능한 음식은?

① 어묵국
② 마요네즈로 버무린 과일 샐러드
③ 마가린을 바른 토스트
④ 마른 과일 간식
⑤ 고등어자반구이

28 마가린, 마요네즈, 토마토케첩에는 소금이 함유되어 있다.

정답 23. ④ 24. ⑤ 25. ③ 26. ③ 27. ③ 28. ④

29 기름진 음식은 풍미로 짠맛을 보완해 주지만 지방이 많고, 식욕을 돋우어 과식하게 된다. 즉 볶음이나 튀김음식을 자주 먹으면 에너지와 지방이 과다해지므로 주의해야 한다.

30 본태성 고혈압에서 체중 감소, 소금 섭취량 감소, 알코올 섭취량 감소는 혈압을 저하시키는 데 도움이 되는 반면, **양질의 단백질은 충분히 섭취**해야 혈관이 튼튼하게 유지된다.

31 **식품 100 g당 칼륨·나트륨 함량**

식품	칼륨(mg)	나트륨(mg)
백미	88	2
양송이	382	5
오이	196	3
숙주	84	4
고구마	375	8

32 소금 1 g(0.2작은술)에 해당하는 양념의 양 = 된장 0.5큰술, 진간장 0.5큰술, 고추장 1큰술, 케첩 2.5큰술, 마요네즈 6큰술

33 성인의 나트륨 1일 만성질환 위험감소 섭취량은 2,300 mg이며, 이는 나트륨 섭취량을 1일 2,300 mg 이하로 감소시키라는 의미가 아니라, **나트륨 섭취량이 1일 2,300 mg보다 높을 경우 전반적으로 섭취량을 줄이면 만성질환 위험을 감소시킬 수 있다는 근거를 중심으로 도출된 섭취기준**이다.

정답 29. ⑤ 30. ① 31. ②
32. ① 33. ③

29 고혈압 환자를 위해 저염식을 준비하는 데 필요한 사항으로 옳지 않은 것은?

① 쑥갓, 미나리 등의 향미채소를 이용한다.
② 사과, 유자 등의 향기가 강한 과일을 부재료로 이용한다.
③ 생채소를 조리할 때 소금 대신 식초나 레몬즙으로 맛을 낸다.
④ 불고기는 소금이나 간장을 넣지 않고 양념하여 석쇠에 굽는다.
⑤ 기름진 음식은 풍미로 짠맛을 보완해 주므로 볶음이나 튀김음식을 자주 한다.

30 본태성 고혈압의 식사요법으로 옳지 않은 것은?

① 단백질 섭취량 감소
② 체중 감소
③ 소금 섭취량 감소
④ 알코올 섭취량 감소
⑤ 칼륨 섭취 증가

31 나트륨(Na)에 비해 칼륨(K)의 함량이 가장 높은 식품은?

① 백미 ② 양송이
③ 오이 ④ 숙주
⑤ 고구마

32 소금 1 g에 해당하는 양념의 양으로 옳은 것은?

① 된장 0.5큰술 ② 케첩 1큰술
③ 진간장 1큰술 ④ 고추장 2큰술
⑤ 마요네즈 4큰술

33 한국인 영양소 섭취기준에서는 심혈관질환과 고혈압에 대하여 나트륨의 만성질환 위험감소를 위한 섭취기준을 설정하였다. 성인의 나트륨 1일 만성질환 위험감소 섭취량은?

① 2,000 mg ② 2,100 mg
③ 2,300 mg ④ 2,500 mg
⑤ 2,600 mg

34 칼륨 섭취와 고혈압의 관계가 옳지 않은 것은?

① 칼륨은 혈압을 저하시키는 작용을 한다.
② 신부전 합병증이 있는 고혈압 환자는 고칼륨혈증에 주의한다.
③ 칼륨 함량이 많은 식품은 두류, 종실류, 어패류, 채소류 등이다.
④ 강압 이뇨제를 복용하는 환자는 Na/K의 섭취 비율이 2 정도가 좋다.
⑤ 고혈압 환자에게는 칼륨 함량은 많지만 나트륨 함량이 적은 식품이 좋다.

34 칼륨은 나트륨의 혈압 상승에 대해 길항작용을 하므로 나트륨 저감 효과를 높여 준다. 고혈압 환자 중 강압 효과를 위해 이뇨제를 복용하는 환자는 Na/K의 섭취비를 1 또는 그 이하가 되도록 한다.

35 K씨가 고혈압 진단을 받고 생활습관을 변경하고자 할 때, 다음 중 옳은 개선 방법은?

① 수분 섭취를 제한한다.
② 잠자기 전에 과일을 많이 먹는다.
③ 매일 저녁 공원에서 1시간씩 걷는다.
④ 담배는 즐겨 피지만 술은 전혀 마시지 않는다.
⑤ 스트레스가 쌓이면 달고 기름진 음식을 먹어 풀어 버린다.

35 흡연은 말초혈관 수축으로 혈압을 상승시킬 수 있으며, 스트레스 해소는 바람직하지만 달고 기름진 음식은 비만이나 고지혈증, 동맥경화를 일으키기 쉬워 혈압 상승을 야기할 수 있다.

36 나트륨의 혈압상승에 대한 길항작용으로써 칼륨이 가지는 기능은?

① 세동맥 수축
② 레닌 분비 증가
③ 나트륨-칼륨 펌프 활성 저해
④ 교감신경의 흥분작용 촉진
⑤ 수분 배출

36 칼륨은 세동맥을 확장하고, 교감신경의 흥분작용을 완화하며 레닌 분비를 감소시키고, 수분과 나트륨의 배설을 촉진한다. 또한 나트륨-칼륨 펌프의 활성을 자극하여 혈압 강하에 도움을 준다.

37 동맥경화의 예방 및 치료를 위해 오메가-3 지방산의 섭취를 늘리려고 할 때, 다음 식품 중 오메가-3 지방산의 좋은 식물성 급원은?

① 참기름　② 포도씨유
③ 콩기름　④ 들기름
⑤ 올리브유

37 들기름은 오메가-3 지방산의 함량이 높은 식물성유지이다. 올리브유에는 단일불포화지방산인 올레인산이 많이 들어 있고 오메가-3 지방산은 거의 없다.

38 이상지질혈증의 식사요법으로 옳은 것은?

① 총 지질 섭취량 → 총 에너지 섭취량의 20% 이내
② 콜레스테롤 섭취량 → 1일 250 mg 미만
③ 포화지방산 섭취량 → 총 에너지 섭취량의 7% 이내
④ n-6계 다가불포화지방산 섭취량 → 총 지질 섭취량 범위에서 충분히
⑤ 트랜스지방산 섭취량 → 3% 이상

38 지질동맥경화학회에서 권장하는 이상지질혈증을 위한 식이요법(2022년)의 권고안은 다음과 같다. 총 지질 섭취량은 총 에너지 섭취량의 30% 이내, 포화지방산 섭취량은 총 에너지 섭취량의 7% 이내를 섭취하고, 포화지방산 섭취를 줄이기 위해 단일 또는 다가 불포화지방산 섭취로 대체하며, 트랜스지방산의 섭취를 피한다. 고콜레스테롤혈증인 경우 콜레스테롤 섭취량을 줄인다.

정답 34. ④ 35. ③ 36. ⑤ 37. ④ 38. ③

39 혈청 중성지방 증가는 **탄수화물, 특히 단당류의 섭취와 관련**이 있으므로 밥 섭취량이 늘어나고 탄산음료를 마시고 벌꿀차를 마신 것이 원인이 된다.

39 다음 글을 읽고 K씨의 혈청 중성지방이 증가된 원인으로 유추되는 것은?

> K씨는 일전의 건강진단에서 혈청 콜레스테롤 260 mg/dL, HDL－콜레스테롤 30 mg/dL, 혈청 중성지방 270 mg/dL란 진단을 받고 그날 이후로는 고기를 일체 먹지 않았으며 그 대신 밥 섭취량을 조금 늘렸고(기존 대비 30%) 회식에서 생선회를 즐겨 먹었다(일주일에 2~3회, 한 번에 2인분 이상). 그리고 운동은 하루에 30분씩 매일 하기 시작했으며 운동 후에는 탄산음료 1캔을 마셨고 술자리에서도(일주일에 2~3회) 알코올 대신 탄산음료 1캔을 마셨다. 그리고 취침 전에는 피로회복에 좋다는 벌꿀차를 1잔씩 마셨다. K씨는 6개월 후에 검진을 받았으나 혈청 콜레스테롤은 별다른 변화가 없었으며 혈청 중성지방은 오히려 더 증가되어 몹시 실망하였다.

① 고기를 먹지 않은 것
② 운동을 매일 한 것
③ 생선회를 많이 먹은 것
④ 술을 끊은 것
⑤ 알코올 대신에 탄산음료를 마신 것

40 **당류의 과잉 섭취는 중성지방의 증가와 밀접한 관련성**이 있다. 또한 과도한 탄수화물의 섭취는 간의 중성지방 합성을 자극하여 고중성지방혈증을 악화시킬 수 있다.

40 고중성지방혈증의 식사요법에서 고콜레스테롤혈증과 다르게 좀 더 고려가 필요한 영양소로 옳은 것은?

① 당류 ② 단백질
③ 지방 ④ 칼슘
⑤ 나트륨

41 협심증의 발작 후 식사요법은 심장을 쉬게 하기 위하여 에너지 섭취량을 1,200~1,500 kcal로 조정하여 공급하고 소금(5 g 이내)과 지방, 커피, 알코올을 제한한다. 수분은 특별히 제한하지 않는다. 식사요법 초기에는 2~3일간 유동식을 주고 이후 연식으로 이행할 수 있다.

41 협심증의 발작으로 입원한 환자의 식사관리에 대한 설명으로 옳은 것은?

① 소금 섭취를 5~10 g으로 제한한다.
② 부종에 대비하여 수분 섭취를 제한한다.
③ 고지방의 단백질 식품을 섭취한다.
④ 심장의 휴식을 위하여 초기에 에너지 섭취를 제한한다.
⑤ 심장에 부담을 주지 않기 위해 1주일 이상 유동식을 준다.

42 혈관계 질환이 발생하기 쉬우므로 혈청 콜레스테롤을 낮추기 위해 튀김과 같은 고지방식은 삼간다. 수분의 체내 보유를 유도하는 건어물 등의 짠 식품도 제한한다.

42 부종이 있는 울혈성 심부전 환자에게 식사로 제공하기에 적합한 것은?

① 단호박튀김 ② 간고등어구이
③ 멸치볶음 ④ 쇠고기장조림
⑤ 두릅숙회

정답 39. ⑤ 40. ① 41. ④ 42. ⑤

43 다음 중 이상지질혈증 관리를 위한 식사구성으로 가장 옳은 것은?

① 쌀밥 – 된장국 – 불고기 – 비름나물 – 배추김치
② 잡곡밥 – 미역냉국 – 두부구이 – 무생채
③ 콩밥 – 참치김치찌개 – 오징어채무침 – 백김치
④ 햄치즈샌드위치 – 마요네즈로 버무린 채소 샐러드 – 우유
⑤ 쌀밥 – 고등어조림 – 채소튀김 – 열무김치

44 이상지질혈증 식사에서 섭취를 조심해야 하는 식품으로 바르게 짝지어진 것은?

① 돼지고기 살코기 – 치즈
② 통곡류 – 달걀
③ 베이컨 – 버터
④ 옥수수유 – 호두
⑤ 콩 – 갈비

45 심근경색 환자의 식사요법으로 옳지 않은 것은?

① 첫 6~24시간 동안은 절식한다.
② 식사는 적은 양으로 자주 섭취한다.
③ 나트륨을 제한하고 소화가 잘되는 식품을 섭취한다.
④ 식사는 미음부터 시작하여 점차 전죽 형태로 섭취한다.
⑤ 소화기계에 부담을 줄이기 위해 회복 후에도 저섬유소 식사를 한다.

46 K씨는 직업상의 어려움으로 인한 스트레스를 받고 있는 과체중의 50세 남성으로서 고혈압으로 진단을 받았으며 혈압의 평균은 175/105이었다. 최근 그가 약물치료와 함께 저에너지식과 중정도 저염식인 2 g 나트륨 제한식(소금 5 g/day)의 식사 처방을 받았을 때, 고혈압인 K씨에게 줄 수 있는 음식으로 옳은 것은?

① 된장찌개 ② 갈치조림
③ 배추김치 ④ 모듬 생야채
⑤ 불고기

47 나트륨 제한 식사의 필요성이 낮은 환자는?

① 심부전 ② 고혈압
③ 요산 결석 ④ 만성 신부전
⑤ 당뇨병

43 이상지질혈증 관리를 위해서는 밥을 주식으로 하여도 잡곡, 통밀 등 통곡류 식품의 비중을 높이고, 부식으로는 다양한 식품을 선택하는 것이 중요하며, 생채소류, 콩류, 생선류가 풍부하도록 식사를 구성하고 적색육이나 가공육의 섭취는 줄이는 노력이 필요하다.

44 **이상지질혈증에서는 햄, 소시지, 베이컨 등 고지방 육가공품은 피하고** 살코기류, 달걀, 생선, 콩, 두부 등은 섭취할 수 있다. 또한 유지류에서도 버터, 돼지기름, 쇼트닝, 마가린, 치즈 등은 피하고 옥수수유, 올리브유, 들기름, 대두유, 호두 등의 견과류는 섭취할 수 있다.

45 **심근경색 발작** 시에는 심장에 부담을 주지 않는 소화가 잘되는 **맑은 유동식부터 시작하여 회복상태에 따라 전유동식, 연식, 일반식으로 서서히 이행**한다. 저에너지식을 소량씩 자주 섭취하며, 단순당의 섭취를 제한하고, 식이섬유소, 양질의 단백질, 비타민, 무기질을 충분히 섭취한다. 포화지방, 콜레스테롤, 나트륨, 알코올, 카페인의 섭취는 제한한다.

46 저염식은 나트륨 함량이 높은 국, 찌개, 조림, 김치, 장아찌 등의 섭취를 제한한다.

47 **심혈관계질환, 신장질환, 당뇨병 등에는 저염식이 필요**하다. 요산 결석 환자의 경우 체내에서 요산을 형성하는 퓨린 함량이 높은 식품의 섭취를 제한한다.

정답 43. ② 44. ③ 45. ⑤ 46. ④ 47. ③

48 동맥경화의 영양관리에 대한 설명으로 옳지 않은 것은?

① 알코올 섭취를 제한한다.
② 단백질의 섭취를 제한한다.
③ 적정 체중을 유지할 정도의 에너지를 섭취한다.
④ 탄수화물 섭취 시 주로 복합탄수화물로 섭취한다.
⑤ 콜레스테롤은 1,000 kcal당 100 mg 이하로 섭취하여 하루에 300 mg을 넘지 않도록 한다.

48 **동맥경화증**에서는 손상된 혈관의 재생을 위해서 **충분한 양질의 단백질 섭취**가 필요하다.

49 동맥경화증의 식사요법에서 권장되는 지방의 종류로 가장 옳은 것은?

① 포화지방산
② 중성지방
③ 오메가-3 지방산
④ 콜레스테롤
⑤ 인지질

49 **오메가-3계 필수지방산인 EPA와 DHA는 중성지방을 감소시키는 효과와 함께 프로스타사이클린의 생성을 증가**시킴으로써 혈소판 응집작용을 억제하는 역할을 한다.

50 나트륨 제한식의 허용 식품은?

① 식초, 치즈, 흑설탕
② 레몬, 파, 계핏가루
③ 버터, 케이크, 복합조미료
④ 베이킹파우더, 들기름, 우유
⑤ 계핏가루, 쇠고기, 생선통조림

50 **나트륨 제한식은 짠맛 대신 단맛, 신맛, 고소한 맛 또는 향미가 있는 식품을 활용**하여 음식의 맛을 낸다. 나트륨이 포함된 조미료, 버터, 치즈, 베이킹파우더, 가공식품 등의 사용을 제한한다.

51 혈청 콜레스테롤의 증가 요인이 아닌 것은?

① 장관으로부터 담즙 흡수가 감소될 때
② 담즙의 십이지장 배설에 장애가 생겼을 때
③ 간에서의 콜레스테롤 합성이 증가하였을 때
④ 포화지방이 많은 음식을 장기간 섭취하였을 때
⑤ 심한 변비증상으로 콜레스테롤 배설이 저하되었을 때

51 콜레스테롤을 원료로 만들어지는 담즙산과 콜레스테롤을 함유하고 있는 **담즙은 체내 콜레스테롤 배설의 주요 경로**이다. 지방의 소화를 돕기 위해 소장으로 배설된 담즙은 소화작용을 돕고 난 후 장에서 대부분 흡수되어 재사용되므로 장관으로부터 담즙 흡수가 감소하면 체외로 콜레스테롤의 배설은 증가한다.

52 혈청 콜레스테롤을 낮추는 데 적당한 유지류는?

① 팜유
② 야자유
③ 대두유
④ 마가린
⑤ 버터

52 **팜유나 야자유**는 식물성 유지이나, **포화지방이 높아** 혈청 콜레스테롤을 낮추는 데는 부적합하다. 대두유에는 오메가-3 지방산 함량이 높아 콜레스테롤 저하에 도움이 된다.

정답 48. ② 49. ③ 50. ② 51. ① 52. ③

53 혈청 콜레스테롤 증가에 가장 많은 영향을 주는 것은?

① 포화지방산 ② 불포화지방산
③ 섬유소 ④ 단백질
⑤ 소금

53 **포화지방산의 섭취가 많으면** 체내에서 **콜레스테롤의 합성이 증가**하여 혈중 콜레스테롤이 높아진다.

54 뇌졸중의 치료로 와파린을 복용할 때 섭취량을 일정하게 조절해야 하는 것은?

① 비타민 C ② 비타민 D
③ 비타민 K ④ 칼륨
⑤ 섬유소

54 항응고제인 와파린(warfarin)은 비타민 K가 카르복실효소의 보조인자로 작용할 수 있는 형태인 환원된 형태의 비타민 K로 전환되는 데 관여하는 효소의 작용을 저해하여 혈액 응고를 막는 약물이다. 따라서 비타민 K의 섭취량이 일정하지 않으면 와파린의 효능이 일정하지 않게 된다. **와파린 복용 시에는 비타민 K 섭취를 일정하게 조절**해야 한다.

55 뇌졸중 예방 및 재발의 방지를 위한 영양관리에 대한 설명으로 옳지 않은 것은?

① 식이섬유의 섭취를 제한한다.
② 콜레스테롤 섭취량을 줄인다.
③ 지방은 총 에너지의 30% 이내로 과다하지 않도록 섭취한다.
④ 정상 체중을 유지할 정도의 에너지를 섭취한다.
⑤ 포화지방산은 총 에너지의 7% 이하로 섭취한다.

55 뇌졸중 예방 및 재발 방지를 위한 영양관리는 비만, 동맥경화증, 고혈압 등 심혈관계 질환의 생활습관 수정 내용을 적용한다. 또한 변비를 막기 위해 식이섬유를 충분히 섭취하여야 한다.

56 출혈성 뇌졸중으로 수술을 받고 혈전 억제를 위해 항응고제 치료를 받고 있는 A씨에게 제공을 제한해야 하는 식품은?

① 느타리버섯 ② 근대
③ 감자 ④ 당근
⑤ 우유

56 비타민 K는 출혈 방지 기능이 있어 항응고제와 상충하므로 **항응고제 치료 기간**에는 **비타민 K가 다량 함유된 식품을 제한**한다. 비타민 K 고함유 식품은 시금치, 부추, 근대, 케일, 브로콜리와 같은 녹색채소, 콩류, 간, 난황, 아보카도 등이 있다.

57 저콜레스테롤식을 해야 하는 환자의 식단에 콜레스테롤 함량의 변화 없이 포함시킬 수 있는 식품은?

① 버터 ② 마요네즈
③ 우유 ④ 카놀라유
⑤ 생크림

57 콜레스테롤은 식물성 식품에 함유되어 있지 않다.

정답 53. ① 54. ③ 55. ①
56. ② 57. ④

58 **울혈성 심부전**은 심박출량 감소로 혈압이 저하되고, 신혈류량이 감소하여 레닌-안지오텐신계가 활성화되며, 체내 나트륨과 수분이 보유되어 **부종**이 나타나므로 **나트륨 섭취의 제한**이 필요하다.

60 DASH 다이어트는 채소와 과일을 위주로 하면서 저지방 유제품, 전곡류, 가금류를 섭취하고 붉은색 고기, 단 음식, 가당음료의 섭취를 줄이는 식단이다.

정답 58. ① 59. ③ 60. ①

58 치료를 위해 나트륨 제한 식사가 시급한 질환은?

① 울혈성 심부전 ② 담석증
③ 식도염 ④ 췌장염
⑤ 고중성지방혈증

59 신장 175 cm, 체중 90 kg인 성인 남자의 혈중 총 콜레스테롤 농도가 270 mg/dL일 때, 이 남자에게 적합한 식사요법으로 옳은 것은?

① 식이섬유 섭취 감소
② 탄수화물 섭취 증가
③ 총 에너지 섭취 감소
④ 포화지방산 섭취 증가
⑤ 불포화지방산 섭취 감소

60 고혈압 환자를 위한 DASH 다이어트에서 권장하는 식품은?

① 통곡물 ② 가당음료
③ 전지분유 ④ 치즈케이크
⑤ 붉은색 육류

8 비뇨기계 질환의 영양관리

학습목표 신장의 구조와 기능, 신장질환 및 신장 요로결석의 영양관리를 이해한다.

01 네프론에서 칼륨의 분비가 일어나는 부분으로 옳은 것은?

① A, B
② B, C
③ C, E
④ A, D
⑤ D, E

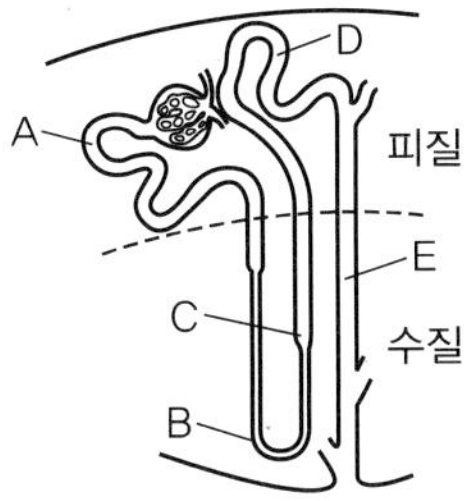

02 비뇨기계에 속하지 않는 기관은?

① 신장 ② 방광
③ 요도 ④ 신우
⑤ 시누소이드

03 신장의 구조와 기능에 대한 설명으로 옳은 것은?

① 요도는 신장의 일부로 신장 하부에 있다.
② 신장에서는 수분의 재흡수가 일어나지 않는다.
③ 세뇨관의 주요 기능은 전해질과 영양소의 재흡수이다.
④ 신장의 단면구조에서 바깥쪽은 수질, 안쪽은 피질이다.
⑤ 사구체는 네프론이라고도 하며 소변을 생성하는 기능을 담당한다.

04 신장의 기능으로 옳은 것은?

① 혈압 조절 ② 면역 조절
③ 아미노산 흡수 ④ 요소 합성
⑤ 해독작용

01 체내 칼륨이 필요량보다 많은 양이 존재할 때 신장의 **원위세뇨관과 집합관**은 여과액으로 칼륨을 분비하여 **과도한 칼륨을 제거**한다.

02 **비뇨기계는 신장, 신우, 요관, 방광, 요도**로 이루어진다. 시누소이드는 간소엽에 분포된 모세혈관을 의미한다.

03 신장에서는 물질의 여과, 재흡수, 분비가 일어나며, 재흡수하는 물질 중에 양적으로 가장 많은 것이 수분이다. 요도는 소변을 배설하는 통로로 방광에서 연결되어 있다. 신장 단면구조에서 바깥쪽은 피질이고, 안쪽은 수질이다. **신장의 기능적 단위인 네프론**은 **사구체**와 이를 감싼 **보우만주머니**, 그리고 **근위세뇨관, 헨레고리, 원위세뇨관, 집합관**으로 구성된다.

04 신장의 기능은 **배설 및 재흡수 기능, 체액의 평형 유지, 혈압 조절, 조혈작용, 무기질 평형 유지** 등이 있다.

정답 01. ⑤ 02. ⑤ 03. ③ 04. ①

05 여자의 사구체여과율(GFR)이 110 mL/min/1.73m^{2}이고, 남자는 125 mL/min/1.73m^{2}라 하였을 때, 사구체에서 하루에 여과되는 혈장량은?

① 110∼125 mL
② 1,100∼1,250 mL
③ 1.5∼1.8 L
④ 15∼18 L
⑤ 150∼180 L

06 신장으로 흘러 들어가는 혈장량은 1분 동안 600 mL라고 한다. 그러나 생성되는 요량은 1분에 1 mL 정도라고 하는데 그 이유는?

① 혈장 600 mL가 모두 걸러져서 599 mL는 재흡수되기 때문이다.
② 혈장의 1/100이 걸러지고, 6 mL 중 5 mL가 재흡수되기 때문이다.
③ 혈장 600 mL의 1/600만이 걸러져 보우만주머니로 들어가기 때문이다.
④ 혈장의 1/5이 걸러지고, 그 120 mL 중 119 mL가 재흡수되기 때문이다.
⑤ 혈장의 1/2이 걸러져 보우만주머니로 들어가고, 그 300 mL 중 299 mL가 재흡수되기 때문이다.

07 어떤 물질의 신제거율(renal clearance)이 사구체여과율(GFR)과 동일하다는 의미는?

① 사구체에서 여과되고 세뇨관에서 재흡수되며 분비되는 물질이다.
② 사구체에서 여과되지 않는 물질로 세뇨관에서 분비만 되는 물질이다.
③ 사구체에서 여과되고 세뇨관에서 재흡수되며 분비되지 않는 물질이다.
④ 사구체에서 여과되고 세뇨관에서 재흡수되지도, 분비되지도 않는 물질이다.
⑤ 사구체에서 여과되고 세뇨관에서 재흡수되지 않으며, 분비만 되는 물질이다.

08 네프론에서의 나트륨과 칼륨의 재흡수와 분비를 조절하는 호르몬은?

① 아드레날린
② 레닌
③ 글루카곤
④ 알도스테론
⑤ 코티졸

---

05 **사구체여과율(GFR)이 여자 110 mL/min/1.73 m^{2}이고, 남자 125 mL/min/1.73 m^{2}이므로** 하루의 여과량은 (110∼125 mL) × 60min × 24hr = 150∼180 L/day가 된다.

06 **성인 남자의 사구체여과율은** 약 125 mL/min/1.73 m^{2}이며 실제 배설되는 수분과 전해질은 일반적으로 여과된 양의 1% 미만이다.

07 물질의 배설조정의 4가지 형태는 ① 여과만 되는 경우, ② 여과+재흡수, ③ 여과+분비, ④ 여과+재흡수+분비 등이며, 이들의 성질을 이용하여 신 기능검사에 이용하고 있다. GFR은 단위시간에 사구체에서 여과되는 혈장량으로, 어떤 물질이 여과는 되지만 신세뇨관에서 재흡수나 분비가 일어나지 않는다면 그 물질의 제거율은 곧 GFR과 같다. 이러한 물질로 inulin이 있다.

08 **알도스테론**은 부신피질에서 분비되는 호르몬으로 신장의 원위세뇨관에 직접 작용하여 **나트륨 이온의 재흡수와 칼륨 이온의 배출을 증가**시키는 작용을 한다.

정답 05. ⑤ 06. ④ 07. ④ 08. ④

09 정상인의 신장에서 재흡수되는 비율이 바르게 짝지어진 것은?

① 물 – 70%
② 포도당 – 100%
③ 요소 – 80%
④ 나트륨 – 70%
⑤ 칼륨 – 85%

09 1일 사구체에서 여과되는 포도당은 100% 재흡수된다. 정상 성인에서 나트륨, 염소 및 수분의 재흡수율은 99% 이상이며, 칼륨은 약 93% 정도이다.

10 포도당에 대한 신장의 혈장 clearance가 0일 때의 상황으로 옳은 것은?

① 신장의 기능이 비정상이다.
② 세뇨관에서 포도당이 전량 분비된다.
③ 소변으로 포도당의 배설이 거의 없다.
④ 세뇨관에서 포도당의 재흡수율이 0이다.
⑤ 사구체여과액에는 포도당의 농도가 0이다.

10 **신장의 clearance란 혈장으로부터 신장이 물질을 제거하는 능력**을 뜻하므로 그 값이 0이라 함은 혈장의 성분(이 경우 포도당)이 소변에 전혀 나타나지 않았음을 뜻한다.

11 포도당의 신장 역치에 대한 설명으로 옳은 것은?

① 신장의 역치는 100 mg/dL이다.
② 신장의 역치가 높아지면 혈당이 낮아도 당뇨가 보일 수 있다.
③ 혈당이 신장 역치 이상이 되면 소변에 당이 배설되기 시작한다.
④ 혈당이 신장 역치보다 낮을 때는 사구체여과액 속의 포도당 농도는 0이다.
⑤ 신장에서 포도당 흡수의 최대용량에 해당되는 혈중 포도당 농도를 의미한다.

11 신장의 역치 이상의 혈당 농도에서는 재흡수되고 남은 포도당이 소변으로 나오기 시작한다. 포도당의 신장 역치는 약 170 mg/dL 정도이다. 신장의 역치가 낮아지면 요당이 쉽게 발생한다.

12 최종적으로 형성된 요의 삼투농도는 어느 위치에서 특징적인 변화를 통하여 결정되는가?

① 헨레고리 상행각 ② 헨레고리 하행각
③ 집합관 ④ 사구체주머니
⑤ 근위세뇨관

12 요의 삼투농도는 이중 역류계를 통하여 이루어지는데, 최종적으로 빠져나가는 **요의 농축 정도**는 **집합관**에서 수질방향으로 수분이 빠져나가 농축이 이루어진다.

13 대부분 이뇨제는 혈액량을 감소시키는데 그 방법으로 옳은 것은?

① 나트륨 분비 감소
② 나트륨 재흡수 감소
③ 사구체여과율 감소
④ 사구체여과율 증가
⑤ 집합관의 물 투과성 증가

13 이뇨제는 세포외액의 주요 양이온인 Na을 **배출**시킴으로써 삼투질 농도 조절을 통하여 세포외액의 함량을 낮춘다.

정답 09. ② 10. ③ 11. ③ 12. ③ 13. ②

14 요 중에 단백질이 발견되었는데, 이는 어느 부분의 손상으로 볼 수 있는가?

① 근위세뇨관 세포
② 보우만주머니 형성 세포
③ 사구체 모세혈관 기저막
④ 구심성 소동맥의 벽
⑤ 원심성 소동맥의 혈관 상피세포

14 사구체를 형성하는 모세혈관은 분자량이 비교적 큰 단백질이 통과하지 못하는 작은 구멍으로 형성되는 것이 정상이다.

15 신장의 혈류량이 적어지면 사구체 근처에서 분비되어 혈장의 효소계를 활성화하고 부신피질에서 분비되는 호르몬을 증가시켜 물의 재흡수를 일으키는 것은?

① 알도스테론 ② 항이뇨 호르몬
③ 레닌 ④ 안지오텐신
⑤ 글루카곤

15 **신장의 혈류량이 감소**되면 사구체 근처에서 **레닌이 분비**되어 혈장의 안지오텐신계를 활성화시키고 알도스테론을 분비시켜 Na과 물을 재흡수하게 한다.

16 신장의 정상 역할과 인공신장의 투석의 원리를 생각할 때, 투석액의 크레아티닌 농도와 pH는 혈장과 비교하면 어떤 상태인가?

① 크레아티닌 농도는 높아야 하고 pH도 높아야 한다.
② 크레아티닌 농도는 높아야 하고 pH는 낮아야 한다.
③ 크레아티닌 농도는 낮아야 하고 pH는 높아야 한다.
④ 크레아티닌 농도는 낮아야 하고 pH도 낮아야 한다.
⑤ 크레아티닌 농도는 혈장과 같아야 하고 pH도 같아야 한다.

16 크레아티닌 농도는 투석액이 혈장보다 낮아야 배설될 수 있으며, **수소이온 농도는 pH가 높아야 적게 들어 있으므로 투석액이 혈장보다 높아야 한다.**

17 네프론의 구성요소별 기능으로 옳은 것은?

① 집합관에서 소변의 pH가 조정된다.
② 세뇨관에서 알도스테론을 분비한다.
③ 신소체에서 비타민 E를 활성화시킨다.
④ 세뇨관에서 다량의 수분과 무기이온 등이 재흡수된다.
⑤ 사구체에서 혈액 성분 중 체내에 불필요한 성분들만 여과된다.

17 **집합관**은 원위세뇨관으로부터 **소변이 수집되는 곳**이며, 소변의 pH 조정에는 관여하지 않는다. 알도스테론은 부신피질에서 분비되며, 비타민 D가 신장에서 활성화된다. 사구체에서는 혈액성분 중 단백질, 혈구 등 사구체 모세혈관막을 통과하지 못하는 큰 물질을 제외하고 물, 전해질, 포도당, 아미노산 등 작은 물질이 대부분 여과된다.

18 신장에서 분비되는 물질은?

① 레닌 ② 코르티솔
③ 알도스테론 ④ 안지오텐시노겐
⑤ 항이뇨 호르몬

18 코르티솔, 알도스테론은 부신피질에서, 안지오텐시노겐은 간에서, 항이뇨 호르몬은 뇌하수체 후엽에서 분비된다. **레닌은 신장에서 분비되는** 효소이다.

정답 14. ③ 15. ③ 16. ③ 17. ④ 18. ①

19 신장의 기능으로 옳은 것은?

① 혈액응고인자를 분비한다.
② 혈압 상승 시 혈압 저하 기전이 작동한다.
③ 혈당 저하 시 포도당 신생합성이 일어난다.
④ 비타민 D를 25(OH) 비타민 D로 활성화시킨다.
⑤ 신장의 산소 분압이 올라가면 에리트로포이에틴을 분비한다.

19 **신장**은 산소 분압이 떨어지면 **에리트로포이에틴**(erythropoietin)**을 분비**하여 골수에서 적혈구의 생성을 촉진하고, **혈압이 저하되면 알도스테론, 항이뇨 호르몬, 레닌-안지오텐신 시스템 등을 통해** 나트륨과 수분의 재흡수 조절, 혈관수축 등으로 **혈압을 상승**시킨다. 25(OH) **비타민 D를 1,25(OH)$_2$ 비타민 D로 활성화**시키고, 혈당 유지를 위해 간과 함께 **포도당 신생합성**을 담당한다.

20 신장의 기능 단위는?

① 피질　② 네프론
③ 세뇨관　④ 신우
⑤ 수질

20 **네프론**은 **신장의 기능적 단위**로 한쪽 콩팥에 약 100만 개가 존재한다. 네프론은 **사구체**와 **보먼주머니**로 이루어진 신소체, **근위세뇨관**, **헨레고리**, **원위세뇨관**, **집합관**의 다섯 부위로 구성된다.

21 건강한 성인의 소변 검사에서 검출되는 성분은?

① 백혈구　② 포도당
③ 알부민　④ 빌리루빈
⑤ 크레아티닌

21 소변 중 포도당이 검출되면 당뇨병이고, 알부민이나 농이 검출되면 신장염이 발병한 경우이다.

22 신증후군의 전형적인 증상이 아닌 것은?

① 부종　② 황달
③ 단백뇨　④ 고지혈증
⑤ 저알부민혈증

22 **신증후군**의 전형적인 증상은 **부종**, **단백뇨**와 그로 인한 **저알부민혈증**, **고지혈증**이다. 황달은 간질환의 대표적인 증상이다.

23 만성 신부전 환자에게서 흔히 나타날 수 있는 증상으로 옳은 것은?

① 빈혈　② 고혈당
③ 요붕증　④ 저인산혈증
⑤ 피하지방 축적

23 **만성 신부전** 시 수분 및 나트륨 대사장애로 인해 **부종** 및 **고혈압**이 발생하고, 에리트로포이에틴 합성 감소에 의해 골수에서의 적혈구 생성이 감소되어 **빈혈**이 나타나기도 한다. 그러나 신부전으로 피하지방이 축적되지는 않고 **혈중 인산 농도는 상승**된다. 요붕증은 비정상적으로 많은 양의 소변이 생성되고 과도한 갈증이 동반되는 증상이다.

24 다음 검사 중 신기능의 부전을 잘 나타내며, 노폐물 배설기능을 나타내는 검사 지표는?

① 칼슘　② 혈구
③ 나트륨　④ 빌리루빈
⑤ 크레아티닌

24 신기능 부전 시 사구체여과율이 감소하며, **사구체여과율을 평가하는 지표로 크레아티닌**, **이눌린** 등이 사용된다.

정답 19. ③ 20. ② 21. ⑤ 22. ② 23. ① 24. ⑤

25 사구체여과율에 대한 설명으로 옳은 것은?

① 신장에서 1분당 걸러지는 알부민의 양이다.
② 120 mL/min/1.73 m^2 미만이면 신부전으로 진단한다.
③ 15 mL/min/1.73 m^2 미만이면 투석 또는 신장이식을 고려한다.
④ 사구체여과율이 감소하면 혈청 크레아티닌 농도가 감소한다.
⑤ 사구체여과율이 감소하면 신장의 인 배설능력이 증가한다.

25 **사구체여과율은 1분당 걸러지는 혈액의 양**으로, 60 mL/min/1.73 m^2 미만으로 3개월 이상 지속되면 신부전으로 진단하고, **15 mL/min/1.73 m^2 미만이면 투석 또는 신장이식을 고려**한다. 사구체여과율이 감소하면 혈청 크레아티닌 농도가 증가하고, 신장의 인 배설능력이 감소한다.

26 신증후군의 증상에 대한 설명으로 옳은 것은?

① 소변량이 급격히 감소한다.
② 부종이 없는 고혈압 증상이 나타난다.
③ 혈소판 수가 감소하여 혈전이 오기 쉽다.
④ 노폐물 배설의 감소로 요독증이 나타난다.
⑤ 혈장의 주요 단백질인 알부민이 소변으로 배설된다.

26 **신증후군은 사구체 모세혈관 기저막의 손상**으로 사구체 투과도가 증가하면서 **단백뇨**가 나타난다. 단백뇨로 인한 단백질의 손실로 **근육소모, 부종, 면역글로불린 소실, 빈혈, 골격약화, 고지혈증** 등의 증상이 나타난다.

27 신증후군에서 나타날 수 있는 증상에 대한 설명으로 옳은 것은?

① 글로불린 배설 증가로 감염에 취약할 수 있다.
② 알부민 배설 감소로 인해 부종이 나타날 수 있다.
③ 셀룰로플라스민의 손실로 빈혈이 나타날 수 있다.
④ 혈중 지질 제거 증가로 이상지질혈증이 나타날 수 있다.
⑤ 비타민 D 결합 단백질의 손실로 신경 이상이 나타날 수 있다.

27 신증후군은 **사구체 투과성의 증가로 단백질의 손실이 크며, 혈액 내 면역글로불린(감염), 트랜스페린(빈혈), 비타민 D 결합 단백질(구루병, 골격질환) 등의 손실로 다양한 질환을 유발**할 수 있다. 또한 간에서 지단백질의 합성은 증가하고, 혈중 지질 제거는 감소하여 이상지질혈증이 나타나기도 한다.

28 급성 사구체신염에 대한 설명으로 옳지 <u>않은</u> 것은?

① 주로 아동과 젊은 사람들이 많이 걸린다.
② 부종, 혈뇨, 혈압 상승과 같은 증세를 보인다.
③ 세균독소에 대하여 생긴 항체와 항원 사이의 반응으로 일어난다.
④ 편도선염, 인두염, 감기 등을 앓고 나서 1~3주의 잠복기 후 유발된다.
⑤ 사구체 투과성이 증가되어 소변을 통한 단백질 손실량이 1일 3~3.5 g 이상이다.

28 **급성 사구체신염은 사구체에 급성 염증이 나타난 것**이다. 세균감염으로 인한 경우가 가장 흔하며, 바이러스와 약물도 원인이 된다. 편도선염, 인두염, 감기 등을 앓고 나서 1~3주간의 잠복기를 거친 뒤에 **급격한 요량 감소, 부종, 혈뇨, 고혈압** 등이 나타나고, 약간의 단백뇨가 나타날 수 있다. 사구체 모세혈관 기저막의 손상으로 투과율이 증가하여 심한 단백뇨를 보이는 질환은 신증후군이다.

29 15세 남자가 급성 사구체신염으로 진단받았고, 사구체여과율은 50 mL/min/1.73 m^2, 수축기 혈압은 160 mmHg, 소변량은 150 mL/일이다. 식사요법 원칙으로 옳은 것은?

① 충분한 단백질 공급 ② 충분한 에너지 공급
③ 칼륨 보충 ④ 나트륨 보충
⑤ 수분 공급

29 **급성 사구체신염 환자는 사구체여과율 감소, 혈압 증가, 핍뇨**(200 mL/일)가 생긴다. 적절한 식사요법은 **충분한 에너지 공급, 단백질 제한, 나트륨/칼륨/수분의 제한**이다.

정답 25. ③ 26. ⑤ 27. ①
28. ⑤ 29. ②

30 신장질환 환자를 위한 식품교환표에서 조절을 고려하지 않는 영양소는?

① 단백질 ② 에너지
③ 지질 ④ 나트륨
⑤ 칼륨

30 신장질환 환자를 위한 식품교환표에서는 **단백질, 나트륨, 칼륨, 인, 에너지**의 조절을 고려한다.

31 신장질환 환자를 위한 식품교환표에서 칼륨 고함량 식품으로 묶인 것은?

① 깻잎, 숙주, 귤 ② 배추, 양파, 단감
③ 풋고추, 당근, 사과 ④ 오이, 파인애플, 포도
⑤ 시금치, 근대, 바나나

31 **칼륨 고함량 식품은 시금치, 근대, 바나나, 양송이, 고춧잎, 아욱, 쑥갓, 죽순, 곶감, 머스크멜론, 참외, 토마토** 등이 있다. ①~④의 채소, 과일은 칼륨 저함량 식품들이다.

32 신장질환 환자를 위한 식품교환표에서 1교환단위당 나트륨 함량이 가장 많은 식품군은?

① 곡류군 ② 어육류군
③ 채소군 ④ 우유군
⑤ 과일군

32 1교환단위당 나트륨 함량은 곡류군 2 mg, 어육류군 50 mg, 채소군과 과일군은 미량, 우유군은 100 mg이다.

33 신장질환 환자를 위한 식품교환표에서 칼륨 함량에 따라 분류된 식품군으로 바르게 짝지어진 것은?

① 곡류군 – 과일군
② 어육류군 – 우유군
③ 채소군 – 과일군
④ 과일군 – 지방군
⑤ 곡류군 – 채소군

33 신장질환 환자를 위한 식품교환표에서 채소군과 과일군은 칼륨 함량에 따라 칼륨 저함량, 중등함량, 고함량으로 각각 세분화되어 있으며, **채소군과 과일군의 1교환단위당 칼륨 함량은 저함량군에서 100 mg, 중등함량군에서 200 mg, 고함량군에서 400 mg**이다.

34 투석하지 않는 만성 신부전 환자의 식사요법으로 옳은 것은?

① 칼륨을 제한한다.
② 단순당을 제한한다.
③ 고단백식이를 제공한다.
④ 수분을 충분히 제공한다.
⑤ 고섬유소식사를 제공한다.

34 **투석하지 않는 만성 신부전 환자**의 식사요법의 원칙은 **단백질의 섭취를 제한**하고(체중 kg당 0.6~0.8 g), 정상체중 유지를 기준으로 **충분한 에너지**를 제공하여 근육의 이화작용을 예방하며, **나트륨을 제한**하여 부종을 예방하고 혈압을 조절한다. 만성 신부전 환자의 칼륨 농도는 사구체여과율이 감소하면서 증가하기 때문에 식사 시 제한해야 한다.

정답 30. ③ 31. ⑤ 32. ④ 33. ③ 34. ①

35 만성 신부전 환자가 복막투석을 하는 경우, 투석을 하지 않거나 혈액투석을 하는 경우에 비해 에너지를 적게 제공하는 이유는?

① 복막투석 시 피하지방의 축적이 증가되므로
② 복막투석이 요소질소의 재이용을 증가시키므로
③ 복막투석 시 투석액의 당분이 일부 흡수되기 때문에
④ 복막투석 시 인슐린 분비를 촉진하여 포도당 이용률이 증가되므로
⑤ 복막투석이 갑상선 호르몬 분비를 감소시켜 기초대사량이 감소하므로

35 **복막투석액에는 포도당이 함유되어 있어** 투석 시 **포도당의 일부가 체내로 흡수**된다. 따라서 투석하지 않거나 혈액투석을 하는 경우에 비해 에너지 공급을 감소시킨다.

36 고혈압과 고칼륨혈증이 있는 만성 신부전 환자에게 줄 수 있는 음식은?

① 설탕과 기름으로 조린 콩장
② 저염 간장으로 조미한 근댓국
③ 저염 간장으로 조미한 배춧국
④ 참기름과 마늘로 조미한 가지무침
⑤ 고춧가루와 깨소금으로 무친 마른 오징어채

36 **검정콩이나 노란콩, 근대에는 칼륨이 많고**, 배추와 가지는 나트륨도 적고 칼륨 저함유 식품이다. **저염 간장**에는 나트륨은 적으나 대신 **KCl로 만들어 칼륨이 많다.** 마른 오징어채와 같은 건어물은 나트륨이 많아 주의해야 한다.

37 투석을 하지 않는 만성 신부전 환자의 골이영양증을 예방하기 위해 섭취를 제한해야 하는 영양소는?

① 인
② 칼슘
③ 아연
④ 에너지
⑤ 비타민 D

37 **만성 신부전 환자**의 경우 신장 기능 감소로 **혈중 인 농도가 상승**하고 칼슘 농도가 저하되어 **부갑상선 호르몬 분비가 증가**하고 **골격 칼슘이 방출**되어 골격 질환이 야기된다. 이를 **신성 골이영양증**(renal osteodystrophy)이라고 한다. 따라서 인 섭취량을 제한하거나 인 저해제를 이용하고 칼슘을 충분히 섭취해야 한다.

38 투석치료를 하지 않는 만성 신부전 환자 K씨는 현재 체중이 65 kg이고, 부종이 없을 때의 건체중이 60 kg이다. K씨의 단백질 공급량으로 적절한 것은?

① 30 g
② 33 g
③ 42 g
④ 65 g
⑤ 80 g

38 **투석하지 않을 경우 단백질은 건체중 또는 표준체중 1 kg당 0.6~0.8 g 정도**를 제공한다.

39 신장질환 식사요법에 대한 설명으로 옳은 것은?

① 수분 섭취를 제한할 필요는 없다.
② 소변량이 많으면 칼륨 섭취량을 제한해야 한다.
③ 신장 기능 향상을 위해 식물성 단백질 섭취가 바람직하다.
④ 섭취한 단백질이 열량원으로 대사되지 않도록 열량을 충분히 섭취한다.
⑤ 신장질환 시 불가피하게 인의 배출이 많아지므로 충분히 인을 섭취한다.

39 신장질환에서 **소변량이 감소하면 칼륨, 인 등의 배출이 감소하여 고칼륨혈증, 고인산혈증이 나타날 수 있으므로 섭취를 제한**해야 한다. 또한 체단백 소모로 인한 영양불량이 나타나지 않도록 하기 위해 생물가가 높은 양질의 동물성 단백질을 적절히 섭취하는 것이 바람직하다.

정답 35. ③ 36. ④ 37. ① 38. ③ 39. ④

40 **만성 신부전 환자 중 식사요법으로만 조절하는 경우의 설명으로 옳은 것은?**

① 적절한 에너지 섭취를 통해 체단백 분해를 방지한다.
② 부종이 심한 경우 이뇨제 사용과 함께 나트륨을 허용한다.
③ 고지혈증 예방을 위해서 단백질은 주로 식물성으로 선택한다.
④ 식사 섭취율이 낮을 경우 염화칼륨 등 식염대용품을 허용한다.
⑤ 배변을 용이하게 하기 위해 잡곡류와 견과류 및 유제품의 사용을 허용한다.

41 **칼륨을 제한해야 하는 신부전 환자에게 허용되는 식품은?**

① 당근　② 바나나
③ 시금치　④ 토마토
⑤ 미나리

42 **신장질환 환자를 위한 식사요법 시 칼륨과 인의 함량이 높아 주의해야 하는 식품은?**

① 현미밥　② 백미
③ 식빵　④ 크래커
⑤ 국수

43 **신증후군의 식사요법에 대한 설명으로 옳은 것은?**

① 인, 칼륨의 섭취를 철저히 제한한다.
② 부종 예방과 이뇨를 위해 나트륨을 제한한다.
③ 에너지 보충을 위해 지방을 충분히 공급한다.
④ 손실된 단백질 보충을 위해 고단백식을 공급한다.
⑤ 사구체여과율이 감소하면 단백질 공급을 증가시킨다.

44 **혈액 투석 환자에게 심장부정맥, 심장마비 등을 유발할 수 있어 제한하는 식품은?**

① 근대　② 설탕
③ 포도　④ 백미
⑤ 콩나물

40 **부종이 심할 경우 이뇨제**의 사용과 함께 **엄격한 염분 제한**(하루 1,000 mg 이하)을 해야 한다. 저칼륨혈증 치료를 제외하고는 염화칼륨을 사용하지 않으며, **저단백식이**이므로 **생물가가 높은 단백질원을 사용**하고, 인의 제한을 위해 잡곡류와 견과류 및 유제품의 사용은 제한한다.

41 칼륨 고함량 식품은 바나나, 참외, 토마토, 시금치, 미나리, 근대 등이다. **당근은 칼륨 저함량 채소군**에 포함된다.

42 **잡곡류와 감자, 고구마 등은 칼륨이나 인의 함량이 높아** 신장질환 환자를 위한 식사 시 섭취를 제한하는 것이 좋다.

43 **신증후군**의 주요 임상증상은 부종, 단백뇨, 고지혈증이며, 식사요법으로 **나트륨의 제한, 포화지방과 콜레스테롤의 감소, 적절한 양질의 단백질**과 체단백 분해를 막기 위한 **충분한 에너지의 공급이 필요**하다. 그러나 **사구체여과율이 감소하면 단백질을 제한**한다.

44 **고칼륨혈증**은 **심장마비**와 **심장부정맥**을 일으키므로 칼륨이 많은 염화칼륨(식염대용품)과 고칼륨 식품인 근대는 제한해야 한다.

정답　40. ①　41. ①　42. ①　43. ②　44. ①

45 복막투석 환자 M씨의 혈액 검사결과가 혈청 알부민 3.5 g/dL, 혈장 칼륨 6.2 mEq/L, 혈장 인 6.5 mg/dL로 나왔다. 이 환자에게 우선 섭취를 제한해야 하는 식품은?

① 우유 ② 당근
③ 가지 ④ 단감
⑤ 꿀

46 지속성 외래 복막투석 환자의 영양소별 고려사항으로 옳은 것은?

① 부종이 없는 한 수분은 제한할 필요가 없다.
② 충분한 에너지 섭취를 위해 고지방식이를 공급한다.
③ 고칼륨혈증의 예방을 위해 고칼륨 식품을 엄중 제한한다.
④ 투석액으로 단백질 손실이 크므로 체중 kg당 0.8~1.0 g의 단백질을 공급한다.
⑤ 에너지는 총 필요량에 투석액을 통해 손실되는 포도당 에너지를 더해서 공급한다.

47 만성 신부전 환자 M씨는 혈액투석을 하였으나, 최근 복막투석으로 바꾸었다. 다음 중 섭취량 증가가 필요한 영양소는?

① 인 ② 칼슘
③ 칼륨 ④ 단백질
⑤ 에너지

48 혈액투석 환자의 투석 간 체중 증가를 억제하기 위하여 제한해야 할 식품은?

① 당근 ② 쌀밥
③ 보리차 ④ 쇠고기
⑤ 바나나

49 혈액투석 시 영양소별 고려사항으로 옳지 않은 것은?

① 단백질은 0.6~0.8 g/kg으로 제한 공급한다.
② 인은 하루 800~1,000 mg으로 제한 공급한다.
③ 나트륨은 하루 2,000 mg 이하로 제한 공급한다.
④ 수분은 전날 소변량에 1,000 mL 더한 양을 공급한다.
⑤ 정상 체중 시에는 에너지를 30~35 kcal/kg으로 충분히 공급한다.

---

45 알부민의 정상범위는 3.5~5.2 g/dL, 혈장 칼륨은 3.5~5.5 mEq/L, 혈장 인은 2.5~4.5 mg/dL이다. **고인혈증이 신성 골이영양증인 골다공증의 원인**이 되므로 인을 많이 함유한 식품인 우유, 잡곡류, 견과류 등을 제한해야 한다.

46 **복막투석액에 포함된 포도당의 약 80%가 체내로 흡수**되므로 **이 에너지만큼 제하고** 주어야 체중 증가를 막을 수 있다. 또한 복막투석 시에는 혈중 칼륨 농도가 정상 수준으로 유지될 수 있으므로 항상 칼륨을 제한할 필요는 없다. 그러나 단백질을 충분히 공급하기 위해 사용하는 고단백식품 등이 고칼륨혈증을 유발할 수 있으므로 고칼륨 식품은 중정도로만 제한한다. 또한 복막투석은 혈액투석에 비해 장시간 동안 이루어지기 때문에 총 단백질 손실량은 더 많고, 따라서 표준체중 kg당 1.2~1.3 g 정도로 높여 공급한다.

47 **복막투석** 시 1일 에너지는 투석액으로부터 흡수되는 에너지 양(300~800 kcal)을 감해야 한다. 단백질 손실은 혈액투석보다 많아, **단백질 섭취량은 표준체중 kg당 1.2~1.5 g 정도**로 충분히 섭취하여야 한다.

48 **혈액투석 환자**의 경우 매 투석 간 1일 체중 증가량을 0.5 kg 이하로 하기 위해서는 **1일 수분 허용량이 소변량에 500~700 mL 정도 더 추가한 양**이므로 음료와 아이스크림, 젤라틴 같은 **상온에서 액체인 식품은 제한**한다.

49 **혈액투석 환자**는 투석 중 아미노산의 손실이 있기 때문에 **단백질의 섭취량을 1.2 g/kg 표준체중**으로 충분히 공급하여야 한다.

정답 45. ① 46. ① 47. ④ 48. ③ 49. ①

50 **고혈압이 있는 신부전 환자에게 나트륨 섭취를 줄이기 위해 제한해야 하는 식품은?**

① 치즈 ② 두부
③ 꽁치 ④ 삼치
⑤ 쇠고기

51 **복막투석을 하는 M씨의 최근 검사결과가 혈청 알부민 2.5 g/dL, 혈장 칼륨 6.0 mEq/L, 혈색소 8.0 g/dL, 혈중 중성지방 450 mg/dL로 나왔다. M씨가 해야 할 식사요법으로 옳은 것은?**

① 설탕, 사탕, 꿀 등 단순당의 섭취를 제한한다.
② 조림이나 찜보다는 전이나 튀김 등의 조리법을 사용한다.
③ 에너지는 표준체중 1 kg당 35 kcal 정도로 충분히 공급한다.
④ 단백질 섭취를 표준체중 kg당 0.6~0.8 g 정도로 제한한다.
⑤ 토마토, 오렌지 등으로 충분한 비타민과 무기질을 공급한다.

52 **혈액요소질소(BUN) 33 mg/dL, 혈청 크레아티닌 2.1 mg/dL, 혈청 알부민 2.7 g/dL, 혈장 칼륨 6.5 mEq/L의 환자가 식사요법으로만 조절할 때 제한해야 하는 식품으로 옳은 것은?**

① 설탕 ② 현미밥
③ 새우튀김 ④ 꿀차
⑤ 계란찜

53 **신장 결석 환자의 식사요법으로 옳은 것은?**

① 시스틴 결석 환자에게 고단백식을 제공한다.
② 칼슘 결석 환자에게 수산 함유 식품을 제공한다.
③ 요산 결석 환자에게 육류, 어류 등을 제공한다.
④ 요산 결석과 시스틴 결석 환자는 수분을 제한한다.
⑤ 수산 결석 환자에게 칼슘 섭취를 지나치게 제한하지 않는다.

54 **신장의 수산 결석 환자의 식사요법으로 옳은 것은?**

① 유제품의 섭취를 제한한다.
② 퓨린 함유 식품을 제한한다.
③ 칼륨 함량이 높은 식품을 제한한다.
④ 함황 아미노산의 섭취를 감소시킨다.
⑤ 권장량 이상의 비타민 C 섭취를 금한다.

---

50 **고혈압이 있는 신부전 환자에게 나트륨 섭취를 제한**시키기 위해서 특히 금지시켜야 하는 것은 햄, 소시지, 치즈, 어묵, 생선통조림 등의 가공식품이다.

51 **복막투석**을 하는 환자의 경우 고중성지방혈증이 나타날 수 있다. **에너지는 복막투석액으로부터 흡수되는 에너지를 감하고 공급하며, 지방 및 단순당의 섭취를 제한한다.** 혈청 알부민 농도가 감소하였으므로 **충분한 단백질을 공급하여야** 한다. 혈중 칼륨 농도가 정상 범위인 3.5~5.5 mEq/L를 초과하여 **고칼륨혈증이 나타났으므로 칼륨이 많은 채소와 과일의 섭취를 제한**한다. 빈혈이 있는 경우 **충분한 철** 및 조혈작용에 관여하는 영양소의 공급과 조혈호르몬 치료가 필요하다.

52 만성 신부전 환자의 생화학적 검사결과로 **혈장 칼륨이 높으므로 잡곡보다는 쌀밥**으로, 채소나 과일 등 **칼륨 함량이 높은 식품은 제한**하거나 껍질을 벗기고 물에 담가 두었다가 데쳐서 사용한다.

53 **수산 결석일 경우** 칼슘 섭취를 심하게 제한하면 장에서 수산 흡수가 증가하여 수산이 많이 배설되므로 좋지 않다. 따라서 **칼슘 섭취를 극도로 제한하지 말아야 한다.**

54 신장 결석 환자의 식사요법의 원칙은 결석을 용해시켜 제거하기 위해 물을 가급적 많이 섭취하며, 결석의 종류에 따라 결석 성분의 섭취를 제한해야 한다. 그러므로 **수산 결석은 수산이 많이 함유되어 있는** 시금치, 아스파라거스, 초콜릿, 코코아, 홍차 등을 **제한**하고, 수산의 전구체인 **비타민 C도 과량 섭취하는 것을 금한다.** 함황 아미노산의 섭취 제한은 시스틴 결석의 경우에 해당한다.

정답 50. ① 51. ① 52. ② 53. ⑤ 54. ⑤

55 신장에서 요산을 함유한 결석이 발견된 환자의 식사요법으로 옳은 것은?

① 수분의 섭취를 제한한다.
② 비타민 C의 과잉 섭취를 제한한다.
③ 채소, 과일, 우유의 섭취를 제한한다.
④ 등푸른 생선, 내장육의 섭취를 제한한다.
⑤ 칼슘 함량이 높은 식품의 섭취를 제한한다.

55 요산의 과다한 배출은 **요산 결석의** 원인이 된다. 요산은 핵단백질의 대사로 생성된 퓨린에서 유도되므로 **단백질과 퓨린 함량이 높은 식품의 섭취를 제한하고, 수분을 많이 섭취**해야 하며, **퓨린 함량이 높은 식품은 내장고기, 등푸른 생선, 거위 등이다.** 산성의 요에서 형성되는 요산 결석을 중화하기 위하여 채소, 과일, 우유 등 **알칼리성 식품의 섭취를 증가**시켜야 한다.

56 신장에서 발견되는 결석에 해당하지 <u>않는</u> 것은?

① 시스틴
② 수산칼슘
③ 빌리루빈칼슘
④ 인산칼슘
⑤ 요산

56 **빌리루빈칼슘**은 **담석의 성분**이다.

57 신장에서 결석이 발견된 A씨는 과량의 비타민 C와 칼슘 섭취를 제한하고 평상시에 많이 먹던 시금치와 양배추, 커피를 줄이고, 물을 충분히 마실 것을 처방받았다. A씨의 신장에서 발견된 결석성분은?

① 마그네슘알모늄
② 수산칼슘
③ 빌리루빈칼슘
④ 인산칼슘
⑤ 요산

57 **수산칼슘 결석 환자**의 경우 **칼슘이 많은 식품을 제한**하고, 수산은 **비타민 C의 최종대사산물**이므로 **과량 섭취를 피해야 한다.**

58 요산 결석과 시스틴 결석 환자에게 바람직한 식품은?

① 과일
② 돼지고기
③ 달걀
④ 콩
⑤ 고등어

58 **요산 결석은 산성뇨에서 형성되기 쉽고, 시스틴 결석은 알칼리성에서 용해도가 증가**하므로 산성 식품의 섭취는 피하고 **알칼리성 식품(과일, 채소, 우유 등)을 충분히 섭취**하는 것이 좋다.

59 다양한 결석 환자들에게 공통적으로 섭취를 증가시키면 좋은 것은?

① 수분
② 수산
③ 칼슘
④ 나트륨
⑤ 마그네슘

59 신장 결석 시의 **수분 섭취는 소변이 농축되지 않도록 하고, 소변이 희석되어 결석 형성 물질의 농도를 상대적으로 낮추는 효과**가 있으므로 충분히 섭취하는 것이 필요하다.

정답 55. ④ 56. ③ 57. ② 58. ① 59. ①

60 감기 증상이 있는 소아가 갑자기 혈뇨, 핍뇨, 부종 증상이 나타나 병원에 왔을 때, 처방하는 식사요법으로 옳은 것은?

① 칼륨 함량이 높은 식품을 공급한다.
② 충분한 에너지와 단백질을 공급한다.
③ 수분은 하루 1,500~2,000 mL 공급한다.
④ 회복기에도 수분은 계속 제한한다.
⑤ 나트륨은 1일 1,000 mg 이하로 제한한다.

60 급성사구체신염의 식사요법은 초기 단백질 제한, 증상 완화 시 증가, 충분한 에너지 공급, 나트륨 제한, 수분 조절 등이다.

61 고혈압을 동반한 핍뇨기의 만성콩팥병 환자에게 적합한 식사요법은?

① 저염식, 고단백식
② 저염식, 고지방식
③ 저염식, 수분제한식
④ 저단백식, 고지방식
⑤ 고단백식, 수분제한식

61 핍뇨기에는 전날 소변량+500 mL로 수분을 제한한다.

정답 60. ⑤ 61. ③

9 암의 영양관리

학습목표 암의 예방과 암 환자의 영양관리를 이해한다.

01 대장암 예방을 위한 식사요법에 대한 설명으로 옳은 것은?

① 식이섬유 섭취를 증가시킨다.
② 베타카로틴 정제의 섭취를 증가시킨다.
③ 우유 및 유제품을 1일 3회 이상 섭취한다.
④ 양질의 단백질 급원식품 위주의 고단백 식사를 한다.
⑤ 불포화지방산이 많이 함유된 식물성 지방 섭취를 감소시킨다.

01 **대장암을 유발**하는 식사적 요인은 **고지방식, 저섬유소식**이다. 대장암 예방을 위해서는 식이섬유 섭취를 증가시키고 포화지방 섭취를 감소시킨다.

02 암 예방을 위한 식사방안으로 옳지 않은 것은?

① 버섯 섭취를 늘린다.
② 탄 음식 섭취를 피한다.
③ 녹황색 채소 섭취를 늘린다.
④ 등푸른 생선 섭취를 늘린다.
⑤ 붉은색 육류 섭취를 늘린다.

02 암 예방을 위하여 녹황색 채소, 버섯, 콩 및 된장, 등푸른 생선, 해조류, 마늘 및 양파 등의 섭취를 늘리고, 탄 음식의 섭취를 피하는 것이 좋다.

03 암을 예방하는 것으로 알려진 채소 및 과일의 성분으로 옳지 않은 것은?

① 엽산
② 비타민 C
③ 식이섬유
④ 니트로사민
⑤ 플라보노이드

03 **니트로사민**은 육가공품의 발색제로 사용되는 아질산염과 체내 아민류의 결합물로서 **발암요인**이다.

04 위암의 위험인자는?

① 과다한 지방 섭취
② 과다한 섬유질 섭취
③ 과다한 단백질 섭취
④ 과다한 탄수화물 섭취
⑤ 염장식품의 과량 섭취

04 위암의 식이요인은 염장식품, 훈제식품, 짠 음식, 탄 음식, 뜨거운 음식의 섭취 등이다.

정답 01. ① 02. ⑤ 03. ④ 04. ⑤

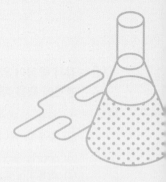

05 각 암의 발생과 관련된 식사요인을 바르게 연결한 것은?

① 유방암 – 저지방 식사
② 위암 – 고단백 식사
③ 전립선암 – 고지방 식사
④ 간암 – 고섬유소 식사
⑤ 식도암 – 요오드 제한 식사

06 우리나라에서 과거에 비해 유병률이 높아지는 암으로 가장 옳은 것은?

① 대장암 ② 폐암
③ 위암 ④ 방광암
⑤ 신장암

07 암 발생과 지방의 관계에 대한 설명으로 옳은 것은?

① 비가시적 지방은 암 발생과 관련이 없다.
② 포화지방의 섭취 부족은 암 발생을 증가시킨다.
③ 담즙산의 과잉 분비는 암 발생을 촉진시킬 수 있다.
④ 오메가-3 지방 섭취가 많을 때 암 발생이 증가한다.
⑤ 지방의 과잉 섭취는 위암, 구강암, 식도암 등의 발생과 밀접한 관계가 있다.

08 암 환자들에게서 흔히 볼 수 있는 악액질(cachexia)의 징후와 증상은?

① 불면증, 두통, 구토
② 설사, 근육 경련, 부종
③ 체중감소, 근육소모, 식욕부진
④ 식욕증대, 근육증가, 이미각증
⑤ 체중증가, 대사율 감소, 소화불량

09 암 악액질의 대사적 영향에 대한 설명으로 옳은 것은?

① 지질 분해가 감소한다.
② 기초대사량이 감소한다.
③ 체단백질 합성이 증가한다.
④ 코리회로의 활성이 증가한다.
⑤ 간의 포도당 신생합성이 감소한다.

05 **유방암**의 발생은 **고지방 식사**와 관련이 있고, **위암**은 **자극성 식품, 고염식, 훈제식품** 등과, **전립선암**은 **고지방 식사**와, **간암**은 **알코올**과, **식도암**은 **뜨거운 음식**의 섭취와 관련이 있다.

06 최근 우리나라에서도 **서구화된 식생활로 인하여 대장암, 유방암, 전립선암, 췌장암 등 서구형 암의 발생빈도가 높은 추세**이다.

07 **지방의 과잉 섭취는 유방암, 대장암, 자궁내막암, 난소암, 전립선암, 당뇨암 등과 관련**이 있다. 포화지방산의 과잉 섭취 시 담즙산 분비가 증가하고, 담즙산은 발암물질인 2차 담즙산으로 전환된다. 또한 포화지방산의 과잉은 체내 콜레스테롤의 합성을 증가시켜 발암물질로 전환되는 콜레스테롤의 대사산물의 생성을 증가시킨다. **오메가-3 지방산의 섭취는 암 발생의 위험을 감소**시키며, 비가시적 지방은 삼겹살과 같이 눈에 보이는 가시적 지방과는 달리 눈에 보이지 않는 지방을 의미하고, 암 발생에도 영향을 미칠 수 있다.

08 암 환자에게 있어 **악액질은 식욕부진, 이미각증, 대사율 항진**, 화학요법 사용 등으로 인해 **극도로 체중과 근육이 감소된 허약한 상태**를 말한다.

09 **암 악액질**은 가속적인 **체조직 소모, 현저한 체중감소** 등을 나타내는데, 이는 악액질이 단백질 전환, 체단백질 분해, 골격근 이화 등을 증대시켜 음의 질소평형을 나타내기 때문이다. 또한 **포도당 전환, 간의 포도당 신생합성, 코리회로 활성 등의 증대**를 통해 포도당 생성은 증대시키고, **지방분해도 증가되어, 혈청 유리지방산의 농도가 증가**한다.

정답 05. ③ 06. ① 07. ③ 08. ③ 09. ④

10 암 환자를 위한 식사요법의 일차적인 목표는?

① 충분한 미량영양소 섭취
② 충분한 수분 섭취
③ 영양불량 방지
④ 에너지 섭취 증가
⑤ 과일과 채소의 충분한 섭취

11 암의 치료와 관련된 영양문제 및 식사관리 방법에 대한 설명으로 옳은 것은?

① 수술 시 체조직 손상이 나타날 수 있으므로 단백질 섭취를 제한해야 한다.
② 항암제 복용 시 영양불량을 야기할 수 있으므로 고단백, 고지방식을 제공해야 한다.
③ 소화기계 암 환자에서 방사선치료 시 식욕저하를 야기할 수 있다.
④ 암 수술 전에는 고열량과 고지방식을 공급하여 수술 후 부작용 발생을 최소화한다.
⑤ 대장암 수술 시 덤핑증후군, 지방흡수불량이 나타날 수 있다.

12 위암에 대한 설명으로 옳은 것은?

① 짜게 먹는 식습관은 위암 발생과 관련이 없다.
② 우유의 다량 섭취는 위암 발생 확률을 높인다.
③ 신선한 녹황색 채소의 섭취는 위암 발생 확률을 높인다.
④ 훈연식품의 충분한 섭취는 위암 발생 확률을 낮춘다.
⑤ 뜨거운 음식의 섭취는 위암 발생 확률을 높인다.

13 위암을 예방하기 위해 권장되는 식생활은?

① 염장식품 ② 훈연식품
③ 가공식품 ④ 채소와 과일
⑤ 직화구이 식품

14 암 환자의 구토증상을 줄이기 위한 식사방법으로 옳은 것은?

① 식사를 천천히 섭취한다.
② 식사는 음료와 함께 공급한다.
③ 자극성이 강한 음식을 이용한다.
④ 세 끼 식사 외에 간식의 섭취를 제한한다.
⑤ 찬 음식을 피하고 상온의 상태로 공급한다.

---

10 암 환자는 전신쇠약, 식욕부진 등의 증상을 보이며 **영양불량이 야기되고, 이는 결국 암 치료의 예후에도 부정적인 요인으로 작용**할 수 있다. 따라서 암 환자를 위한 식사요법은 영양불량을 방지하는 것을 가장 최우선의 목표로 해야 한다.

11 위암 수술 시 덤핑증후군, 지방흡수불량 문제가 나타날 수 있고, 대장암 수술 시에는 수분/전해질 불균형 및 비타민, 무기질 흡수불량이 나타날 수 있다. **암 수술 전에는 충분한 열량과 고단백식을 공급**하여 수술 후 나타날 수 있는 체조직 손상 및 대사항진을 예방하며, **수술 후에도 고단백식을 공급하고 충분한 양의 비타민을 공급**하는 것이 좋다.

12 위암의 발생원인으로는 고염식과 탄 음식의 섭취, 단백질 및 녹색 채소나 과일의 섭취 부족 등의 식사성 요인 이외에도 만성 위염 및 위궤양, 스트레스, 가족력, 헬리코박터파이로리균의 감염 등이 있다.

13 단백질, 녹황색 채소, 비타민의 섭취가 적은 나라에서 위암 발생 확률이 높다. 훈연식품, 염장식품, 짜고 맵고 자극적인 식품, 불에 그을린 식품의 섭취는 위암의 위험인자이다.

14 아침에는 메스꺼움이 덜하므로 **아침에 식사를 충분히 공급**하고, 차가운 음식이 메스꺼움을 줄인다. 또한 소량씩 자주 공급하여 속이 거북하지 않도록 한다. 구토증상이 있을 때는 지방이 적고, 마른 음식, 상온 이하의 음식을 소량씩 자주, 천천히 섭취하도록 한다. 식사 중에 수분 공급을 피하고 섭취 후 바로 눕지 않도록 한다.

정답 10. ③ 11. ③ 12. ⑤ 13. ④ 14. ①

15 항암제 치료를 받으면서 오심, 구토가 심한 환자가 비교적 잘 먹을 수 있는 식품은?

① 커피 ② 토스트
③ 채소 샐러드 ④ 따끈한 우유
⑤ 갈비찜

16 암 환자의 영양소 대사 변화에 대한 설명으로 옳은 것은?

① 지방 합성이 증가한다.
② 기초대사량이 감소한다.
③ 인슐린에 대한 민감도가 증가한다.
④ 코리회로(Cori cycle)에 의한 당신생합성이 감소한다.
⑤ 단백질 합성이 감소하고 혈청 알부민 농도가 떨어진다.

17 위암으로 인해 위 절제 수술을 받은 환자의 식사요법으로 옳지 않은 것은?

① 충분한 영양 공급
② 양질의 고단백식 공급
③ 식사 시 충분한 수분의 섭취
④ 부드러운 무자극성 음식 공급
⑤ 담백하고 지방이 적은 음식 공급

18 갑상선 암의 검사와 치료를 위해 실시되는 요오드 제한식에 포함시킬 수 있는 음식은?

① 미역국 ② 고등어구이
③ 배추김치 ④ 멸치볶음
⑤ 흰죽

19 암 환자의 치료 시 나타나는 부작용 증상에 따른 대책으로 옳은 것은?

① 식욕부진 - 소량씩 자주 공급
② 메스꺼움 - 지방이 많은 음식 공급
③ 이미각증 - 따뜻하게 공급
④ 구강건조증 - 사탕이나 껌 섭취 제한
⑤ 설사 - 수분이 많은 음식 제한

15 **오심과 구토가 심한 환자**에게는 **지방이 적은 것, 맑고 차가운 음료, 크래커나 토스트 같은 마른 음식을 준다.**

16 암 환자는 병이 진행될수록 기초대사량이 증가하며, 인슐린 민감도가 감소하여 당불내증이 나타나고, 젖산, 아미노산 등을 이용한 당신생이 증가한다. 단백질의 분해는 증가하고 합성은 감소한다. 지방의 분해가 증가하고 합성은 감소하며, 혈중 유리지방산의 농도가 증가한다.

17 위암으로 인한 **위 절제 수술 환자**의 경우, 덤핑증후군이 나타날 수 있으므로 **식사 도중 액체의 섭취를 피하고** 식간에 조금씩 마시도록 한다.

18 **요오드 제한식**에서는 요오드 함량이 높은 **해조류와 어패류, 천일염이 들어간 염장식품 등을 제한**한다.

19 **메스꺼움 증상**이 있는 경우 공복시간이 길어지지 않도록 하며, 기름지거나 당 함량이 높은 음식을 피하고, **조금씩 자주 섭취**하도록 한다. 이미각증이 나타나면 입안을 자주 헹구도록 하고, 보기 좋고 냄새도 좋은 식품을 제공하며, 음식을 차게 하여 섭취하는 것이 도움이 될 수 있다. 구강건조증이 나타나면 국물에 음식을 적셔 먹고, 수분을 자주 섭취하도록 하고, 사탕이나 껌을 먹는 것도 침 분비에 도움이 된다.

정답 15. ② 16. ⑤ 17. ③ 18. ⑤ 19. ①

20 악성종양의 특징으로 옳은 것은?

① 세포 성장이 느리다.
② 세포 모양이 규칙적이다.
③ 신생혈관 생성이 감소한다.
④ 수술 후 재발 가능성이 낮다.
⑤ 주위 세포조직으로 쉽게 침윤된다.

21 암 치료의 부작용으로 인해 식사가 어려운 환자의 식사요법은?

① 영양밀도가 높은 음식을 제공한다.
② 소화를 위해 맑은 유동식을 유지한다.
③ 식욕이 없더라도 억지로 먹도록 한다.
④ 식욕촉진을 위해 기름진 음식을 제공한다.
⑤ 정규 식사를 충실히 하기 위해 간식을 제한한다.

정답 20. ⑤ 21. ①

10 면역, 수술 및 화상, 호흡기 질환의 영양관리

학습목표 면역, 알레르기, 수술 및 화상, 호흡기 질환의 영양관리를 이해한다.

01 면역반응에 대한 설명으로 옳은 것은?

① T세포는 골수에서 성숙, 분화한 림프구이다.
② 보체는 B 임파구 활성화를 통해 항원 제거에 기여한다.
③ 식세포작용을 하는 세포는 호염기성구와 대식세포이다.
④ 후천성 면역은 비특이적 면역으로 피부, 장점막, 기관지와 같은 기관들이 관여한다.
⑤ 선천성 면역은 신체에 이미 노출된 적이 있는 특정 외부 물질에 대항하여 선별적으로 나타나는 면역반응이다.

02 세포나 조직이 손상되었을 경우 이전의 상태로 돌아가고자 하는 항상성 유지기전은?

① 면역　② 염증
③ 두드러기　④ 알레르기
⑤ 식균작용

03 부족 시 면역기능 저하와 관련이 적은 영양소는?

① 철　② 아연
③ 단백질　④ 비타민 A
⑤ 비타민 K

04 세균이나 바이러스의 침입에 대해 특이적인 항체를 생성하여 면역작용을 수행하는 것은?

① B 임파구　② T 임파구
③ 대식세포　④ 호중구
⑤ 자연살해세포

01 **선천성 면역**(비특이적 면역)에 해당하는 기관은 **피부, 장점막, 기관지**로, 외부와 내부를 차단하는 기능을 한다. 선천성 면역 중 **식세포작용**을 하는 세포는 **호중성구, 대식세포**와 간, 뇌, 폐, 비장 등에서 식작용을 하는 식세포들이 있다. **보체**는 혈액에 존재하는 면역반응 단백질로 선천성 면역 이외에도 **후천성 면역**에 관여하는 **B 임파구의 활성화**를 통해 항원 제거에 기여한다. **후천성 면역**은 신체에 이미 노출된 적이 있는 특정 외부 물질에 대항하여 선별적으로 나타나는 면역반응으로 **T세포**와 **B세포**가 관여한다.

02 **염증**은 **세포 손상의 선천적이고 비특이적 반응**으로 손상 이전의 상태로 돌아가고자 하는 항상성 유지기전이다.

03 대부분의 영양소가 면역기능에 영향을 미친다. 단백질이 부족하면 림프조직이 위축되어 세포성 면역기능이 저하된다. 아연이 부족하면 T 임파구의 면역응답과 B 임파구의 항체 생성능력이 저하된다. 철이 부족하면 세포성 면역능력과 대식세포의 살균능력이 감소한다. 비타민 A가 부족하면 T 임파구 및 B 임파구의 반응이 감소하고 상호 면역응답능력이 감소한다.

04 B 임파구는 **항체를 생성하여 체액성 면역기능**을 담당하고, T 임파구는 **세포매개성 면역기능**을 담당한다. **대식세포와 호중구**는 **비특이성 면역기능**을 담당하는 세포이다.

정답 01. ② 02. ② 03. ⑤ 04. ①

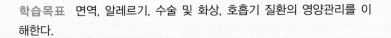

05 혈액 성분 중 면역기능을 나타내는 지표는?

① 알부민
② 총 임파구 수
③ 트랜스페린
④ 혈색소
⑤ 총 빌리루빈

05 영양판정에서 면역기능을 측정하는 지표로 **총 임파구 수**와 **지연형 피부 반응 정도**가 사용된다.

06 다음 중 면역조절 기능을 가지고 있는 영양소는?

① 티아민
② 니아신
③ 엽산
④ 비타민 D
⑤ 인

06 비타민 D는 **선천면역을 증진시키**는 효과가 있고 **적응면역은 억제**하는 효과가 있다.

07 항체 중 항균, 항바이러스 작용이 있으며 태반을 통과할 수 있는 것은?

① IgA
② IgE
③ IgG
④ IgD
⑤ IgM

07 IgG는 면역 혈청에 가장 많으며 항균, 항바이러스 작용이 있고 유일하게 **태반을 통과할 수 있는 항체**이다.

08 우유 알레르기에 대한 설명으로 옳은 것은?

① 주로 성인에게 발병한다.
② 유당불내증과 동일하다.
③ 락타아제 결핍이 원인이다
④ 성장함에 따라 증상이 완화된다.
⑤ 치즈, 요거트는 섭취 가능하다.

08 **우유 알레르기는 우유 알레르겐에 대한 속발형 과민반응**이고, 유당불내증은 락타아제 결핍 또는 활성 감소에 의해 위장관 증상이 유발되는 것이다. 우유 알레르기는 주로 영아에서부터 발병하고 성장함에 따라 증상이 완화되거나 사라진다. 치즈, 요거트 등의 우유 발효식품의 섭취도 우유 알레르기 증상을 유발할 수 있다.

09 우유가 알레르기 항원으로 작용할 때, 우유를 대체할 수 있는 식품으로 옳은 것은?

① 두유
② 치즈
③ 요구르트
④ 버터
⑤ 크림수프

09 **식품이 알레르기 항원으로 작용시, 영양성분이 비슷한 다른 식품으로 대체**하여 영양소의 균형을 이루어야 한다. 우유가 알레르기 항원식품일 때 치즈, 아이스크림, 요구르트, 버터, 크림수프 등은 피해야 한다.

10 결핍 시 T 임파구의 면역응답과 B 임파구의 항체 생성능력을 저하시키는 영양소는?

① 칼슘
② 아연
③ 비타민 K
④ 비타민 D
⑤ 엽산

10 아연은 면역기능에 깊이 관여하는 영양소로 결핍 시 항체반응과 세포매개성 반응이 손상되며 특히 면역반응에 참여하는 임파구 수 감소와 깊은 관련이 있다. 따라서 **아연이 결핍되면 T 임파구의 면역응답과 B 임파구의 항체 생성능력이 저하**된다.

정답 05. ② 06. ④ 07. ③ 08. ④ 09. ① 10. ②

11 IgE 항체와 비만세포에 의해 일어나는 가장 보편적인 알레르기 반응은?

① 제1형(속발형 과민반응)
② 제2형(세포독성형)
③ 제3형(항원항체 복합형)
④ 제4형(지연형 과민반응)
⑤ 제5형(T 임파구 매개 과민반응)

11 제1형은 전신성 과민반응의 형태로 아낙필락시스 반응을 나타내며 **식품 알레르기**를 포함한 대부분의 알레르기 반응이 여기에 속하고 **IgE가 관련**이 된다.

12 후천성 면역결핍 증후군(AIDS) 환자의 식사요법으로 옳지 않은 것은?

① 충분한 수분 보충이 필요하다.
② 발열이 있을 경우 에너지를 보충해준다.
③ 단백질은 신장과 간의 상태에 따라 조절한다.
④ 비타민, 무기질, 항산화제 등을 충분히 공급한다.
⑤ 섭취량이 저하되므로 고지방식을 처방하여 에너지를 보충한다.

12 지방의 소화, 흡수기능은 개인에 따라 다른데, 흡수불량일 경우에는 저지방식이나 중쇄중성지방을 이용한다. 오메가-3 지방산을 병용하면 염증 발생이 덜하므로 권장된다.

13 알레르기를 가장 적게 일으키는 식품은?

① 쌀 ② 달걀
③ 메밀 ④ 고등어
⑤ 복숭아

13 모든 식품은 알레르기를 일으킬 수 있으며 특히 동·식물에 있는 단백질은 알레르겐이 될 수 있다. 곡류 중 쌀은 알레르기를 잘 일으키지 않는다.

14 식품 알레르기에 대한 설명으로 옳지 않은 것은?

① 식품 알레르기는 영유아보다 노인에서 잘 발생한다.
② 겨자, 고추, 향신료는 신경성 알레르기를 잘 일으킨다.
③ 히스타민과 콜린이 함유된 식품이 알레르기를 잘 일으킨다.
④ 식사요법으로는 원인이 되는 식품을 먹지 않는 것이 최선책이다.
⑤ 오래된 생선은 트리메틸아민 함량이 높아 알레르기를 잘 일으킨다.

14 **영유아**는 **면역력이 약하고, 위장관 발달이 미숙**하여 식품 알레르기가 잘 발생한다.

15 달걀에 대한 알레르기를 가지고 있는 사람이 먹어도 괜찮은 것은?

① 핫케이크 ② 인스턴트라면
③ 프렌치토스트 ④ 마요네즈
⑤ 요구르트

15 달걀이 포함된 어떤 식품도 섭취를 삼가야 한다. 요구르트에는 달걀이 포함되어 있지 않다.

정답 11. ① 12. ⑤ 13. ①
14. ① 15. ⑤

16 들기름은 들깨를 짠 기름이므로 대두 및 두류에 알레르기가 있는 사람은 제한할 필요가 없다.

17 IgE는 혈액이나 조직에 존재하며 **식품 알레르기** 반응에 관여한다. IgA는 눈물, 콧물, 장점막 등에서 분비되며 여기에 들어온 **세균을 방어**한다. IgG는 면역 혈청에 가장 많으며 주로 **항균 및 항바이러스 작용**을 한다.

18 **식사성 알레르기**의 식사요법은 먼저 **원인이 되는 식품의 섭취를 제한**하고, 제한식품으로 인해 결핍될 수 있는 영양소를 함유한 **대체식품을 섭취**하는 것이다. 식품을 선택할 때는 신선한 것으로 하고, 채소와 과일, 수분 등을 충분히 섭취한다.

19 문제 하단 해설 참고

정답 16. ④ 17. ② 18. ② 19. ⑤

16 대두 및 두류에 알레르기를 가지고 있는 사람에게 제한하지 않아도 되는 식품은?

① 콩가루 ② 대두유
③ 청국장 ④ 들기름
⑤ 마가린

17 항체 중 식품 알레르기 반응과 관련 있는 것은?

① IgA ② IgE
③ IgM ④ IgG
⑤ IgD

18 식사성 알레르기의 식사요법으로 옳지 않은 것은?

① 식품재료는 신선한 것으로 사용한다.
② 원재료를 알아볼 수 없도록 하여 사용한다.
③ 의심스러운 식품은 식사에서 완전히 제거한 후 관찰한다.
④ 일상식품으로 꼭 필요한 경우는 해당 영양소가 함유된 유사한 식품으로 대체한다.
⑤ 비타민 B 복합체, 비타민 C가 많이 함유된 과일, 채소를 충분히 섭취한다.

19 기아와 스트레스 상황에서 일어나는 대사변화에 대한 설명으로 옳은 것은?

① 기아 시에는 혈당이 증가하나 스트레스 상황에서는 감소한다.
② 기아 시에는 체단백이 분해되나 스트레스 상황에서는 보존된다.
③ 기아 시에는 인슐린이 증가하나 스트레스 상황에서는 감소한다.
④ 기아 시에는 케톤 합성이 감소하나 스트레스 상황에서는 증가한다.
⑤ 기아 시에는 기초대사량이 감소하나 스트레스 상황에서는 증가한다.

기아와 스트레스의 대사 비교

요건	기아(starvation)	대사적 스트레스
기초대사량	↓	↑
글루카곤	↑	↑
인슐린	↓	
당신생	↑	↑↑
혈당	↓	↑
케톤 합성	↑	↓
혈청 지질 농도	↑	↑↑
체단백	보존	분해
내장단백	보존	분해
주요 에너지원	지방	복합(mixed)

20 **심한 스트레스 상황에서 분비량이 증가하지 않는 호르몬은?**

① 글루카곤 ② 인슐린
③ 에피네프린 ④ 코르티솔
⑤ 노르에피네프린

21 **수술 전 식사요법으로 옳은 것은?**

① 나트륨 섭취를 제한한다.
② 수분 섭취는 1 L를 넘지 않는다.
③ 총 에너지의 40% 이상을 지방으로 공급한다.
④ 일반적으로 수술 2~3일 전부터 금식을 시행한다.
⑤ 양질의 단백질 섭취를 증가시켜 양의 질소평형을 유지한다.

22 **수술 후 환자의 회복기에 나타나는 증상으로 옳은 것은?**

① 포도당 배설이 증가한다.
② 질소평형이 나타난다.
③ 생리적 스트레스가 증가한다.
④ 수분 배설이 증가한다.
⑤ 나트륨 배설이 감소한다.

23 **수술 후 환자에게 탄수화물을 충분히 공급해 주어야 하는 이유는?**

① 체지방의 분해를 억제하므로
② 에너지 이용 효율이 가장 크므로
③ 소화 흡수가 잘되는 영양소이므로
④ 단백질의 절약 작용을 할 수 있으므로
⑤ 에너지를 농축된 형태로 제공하므로

24 **소장 절제 수술이 영양소 흡수에 미치는 영향으로 옳은 것은?**

① 지방의 흡수는 비교적 잘 일어난다.
② 담즙산의 흡수는 비교적 잘 일어난다.
③ 당 흡수는 비교적 잘 일어난다.
④ 칼슘의 흡수는 비교적 잘 일어난다.
⑤ 지용성 비타민의 흡수는 비교적 잘 일어난다.

20 **스트레스 상황에서 증가**하는 호르몬은 **에피네프린, 노르에피네프린**과 같은 **카테콜아민과 글루카곤, 코르티솔** 등이며 인슐린이나 성장 호르몬 분비는 증가하지 않는다.

21 일반적으로 수술 전날 금식을 시행하고, **수술 전 식사의 원칙은 고에너지, 고단백, 고비타민** 식사이다. 탈수 상태에서의 수술은 위험하므로 충분한 수분과 전해질을 공급한다.

22 **회복기**에는 생리적 스트레스가 줄어들면서 **이화호르몬 분비가 감소**한다. 따라서 인체가 질소와 칼륨을 보유하며 나트륨과 수분 배설이 증가하고, 수술 후에는 체단백이 분해되어 소변으로 질소 배설량이 증가하면서 질소평형은 음의 상태가 된다. 또한 수술 후에는 출혈, 구토, 열, 땀을 통해 다량의 수분과 전해질이 유실된다.

23 **수술 후에는 체조직의 합성이 필요**하고 탄수화물과 같은 에너지원이 부족하면 단백질이 체조직 재생에 쓰이지 못하고 에너지원으로 사용되므로, 이를 막기 위해 충분한 양의 탄수화물을 공급해 준다.

24 **소장을 절제**한 경우에는 단백질과 당의 흡수는 비교적 잘 일어나나 **지방의 흡수는 매우 저하**된다. 또한 소장 하부 절제 시 담즙산 및 비타민 B_{12} 등의 흡수 장애가 일어난다. 흡수가 안 된 지방이 변에 남아 있으면 칼슘 또는 마그네슘과 결합하여 이들 영양소의 결핍을 일으키게 된다.

정답 20. ② 21. ⑤ 22. ④ 23. ④ 24. ③

25 **덤핑증후군**은 **위 절제 후**에 덜 소화된 음식이 공장으로 빨리 내려오면서 상복부 통증, 복부 팽만감, 메스꺼움, 구토 등 복합증세를 나타내는 것이다. 식사요법으로 **단순당 섭취를 줄이고 복합당질과 펙틴 섭취를 증가시키며, 지방은 중정도 섭취하고, 단백질은 체중유지와 상처회복을 위하여 충분히 공급**한다. 식사 중에 음료를 마시지 않으며, 식후에 비스듬히 누워 소화물이 내려가는 속도를 완화시킨다. 유당이 함유된 식품은 제한 및 조절한다.

26 **수술 전** 장 내용물을 적게 하기 위해 섬유소, 우유, 육류의 결체조직을 적게 함유한 **저잔사식**을 제공한다.

27 **수술 후 에너지 대사가 항진**되므로 에너지 필요량을 10% 정도 증가시키며, **이화작용 역시 항진되기 때문에 음의 질소평형이 나타나고 적극적인 단백질 공급이 필요**하다. 또한 수술 후 가능하면 일반식으로 이행하는 것이 영양공급의 측면에서는 바람직하지만, 환자의 상태(영양결핍의 정도, 수술로 인한 위장관 상태의 정도 등)에 따라 다르게 접근해야 한다.

28 **편도 절제 후** 환자는 감귤류나 뜨거운 음식 등 **기계적·화학적 자극을 주는 음식을 피해야 한다.**

정답 25. ④ 26. ④ 27. ⑤ 28. ④

25 위 절제 후 덤핑증후군을 예방하기 위한 식사요법으로 옳은 것은?

① 식사 중간에 물을 충분히 마신다.
② 칼슘 보충을 위해 우유를 충분히 마신다.
③ 식후에는 눕지 않고 똑바른 자세를 유지한다.
④ 단순당의 섭취를 줄이고 복합당질과 펙틴을 섭취한다.
⑤ 소화에 부담이 되는 지방과 단백질의 섭취를 제한한다.

26 수술 전 장 내용물을 적게 하기 위해 처방되는 식사는?

① 연식
② 경관급식
③ 중심정맥영양
④ 저잔사식
⑤ 구강외과 미음

27 수술 후 환자의 영양관리 방법으로 옳은 것은?

① 수술 후 장이 자극되는 것을 막기 위해 고잔사식을 해야 한다.
② 수술 후 에너지 대사가 항진되므로 에너지 필요량은 감소시켜도 된다.
③ 수술 후 동화작용이 항진되기 때문에 단백질의 적극적 공급은 필요하지 않다.
④ 적극적 영양공급을 위해 수술 후 바로 유동식, 연식, 밥식으로의 이행이 필요하다.
⑤ 수술 직후 수술로 인한 탈수와 쇼크를 방지하기 위해 수분과 전해질의 보충이 필요하다.

28 다음은 어떤 환자에게 적합한 식사요법인가?

- 전유동식의 형태이다.
- 오렌지주스 등 감귤류의 주스는 피한다.
- 수프, 커피 등 뜨거운 음식은 피한다.
- 처음 24시간 동안은 미음, 우유, 과일 넥타 등을 제공한다.

① 위 절제　　② 담낭 절제
③ 소장 절제　　④ 편도 절제
⑤ 대장 절제

29 **수술 후 단백질을 공급할 때 양질의 단백질을 공급하는 것이 좋은 이유는?**

① 체내에서 에너지 효율이 가장 크기 때문에
② 소화 흡수가 잘되어 인체가 이용하기 쉬우므로
③ 회복기에 필요한 에너지를 쉽게 공급할 수 있으므로
④ 체지방 합성에 필요한 비필수 아미노산을 많이 함유하고 있으므로
⑤ 단백질 합성에 필요한 필수 아미노산을 골고루 함유하고 있으므로

29 **수술 후**에는 상처 치료를 위해 새로운 체조직의 합성이 증가한다. 따라서 체단백 합성에 필요한 필수 아미노산을 고루 함유한 **양질의 단백질을 공급**해야 한다.

30 **수술 부위별 식사요법으로 옳은 것은?**

① 직장 수술 – 고섬유식
② 장 절제 수술 – 고지방식
③ 담낭 절제 수술 – 지방 제한
④ 위 절제 수술 – 저단백식
⑤ 편도선 수술 – 찬 음식 제한

30 직장 수술 후에는 수술 부위의 자극을 줄이기 위해 저잔사식을 제공하고, 소장을 절제한 경우 단백질과 당질의 흡수는 비교적 잘 유지되나 지방 흡수가 어려우므로 고에너지, 고단백식으로 정상체중을 유지하도록 한다. 담낭 절제 수술 후에는 담즙 분비가 충분하지 못하므로 저지방식을 공급하며, 편도선 수술 후에는 뜨거운 음식을 제한한다. 위 절제 수술 후에는 덤핑증후군이 나타날 수 있는데, 단순당은 소장에서 가수분해가 빨라 덤핑 증상을 가속화하기 때문에 엄격히 제한한다.

31 **화상 환자의 식사요법에 대한 설명으로 옳지 않은 것은?**

① 화상 환자의 에너지 요구량은 화상 크기에 따라 다르다.
② 경구섭취가 가능할 경우 고단백, 고에너지식을 제공한다.
③ 화상 부위가 60% 이상이면 정맥영양을 병행 공급한다.
④ 심한 화상 환자일 경우 수분과 전해질의 공급이 가장 중요하다.
⑤ 단백질 공급량은 화상 부위가 20% 이상인 경우 1 g/kg 정도가 좋다.

31 **화상 환자의 단백질 요구량은 화상 정도에 따라** 다르며, 화상 부위가 체표면적의 20% 미만이면 체중 kg당 1.5 g, 20% 이상이면 2 g을 공급한다.

32 **화상 시 요구량이 증가하는 영양소로 옳은 것은?**

① 열량 ② 지방
③ 엽산 ④ 비타민 E
⑤ 비타민 K

32 **화상으로 인한 호르몬의 변화는 대사항진을 유발하기 때문에 에너지 요구량이 증가**한다. 지방은 양보다 조성이 중요하여 생선 지방에 풍부한 오메가-3 지방산은 항염작용 및 면역작용 향상의 효과가 있다.

33 **화상 환자의 식사요법으로 옳지 않은 것은?**

① 아연 섭취가 충분하도록 한다.
② 125~150 g의 단백질을 공급한다.
③ 3,500~5,000 kcal의 에너지를 공급한다.
④ 조직의 콜라겐 합성을 위해 비타민 C를 충분히 공급한다.
⑤ 고혈당과 간기능 저하 우려가 있으므로 당질은 에너지의 50% 이하로 공급한다.

33 단백질이 에너지로 사용되지 않게 하고, 고혈당과 간기능 저하 우려가 있으므로 당질은 에너지의 60~65%로 공급한다.

정답 29. ⑤ 30. ③ 31. ⑤ 32. ① 33. ⑤

34 체표면적의 60% 이상 화상을 입은 소아 환자가 소화기 이상으로 충분한 용량의 영양공급이 어려울 때나 패혈증이 동반되어 장 마비가 있을 때는 **정맥영양**을 병행한다.

35 **위 절제 수술 후** 내적인자의 감소로 비타민 B_{12}의 흡수가 억제되어 비타민 B_{12} 결핍 증상인 **악성빈혈 발생 위험이 증가**한다.

36 화상 환자는 단백질과 체액의 손실이 증가하여 수분 및 전해질의 불균형을 초래할 수 있다. 따라서 신속하게 **수분과 전해질을 공급**하지 않을 경우 저혈량증에 의한 쇼크가 올 수 있다.

37 **화상 환자**는 **비타민 A, 비타민 C**를 충분히 공급하고, **나트륨, 칼륨**이 저하되지 않도록 한다. 또한 **칼슘, 아연, 인** 등의 보충이 필요하다. **비타민 C**는 콜라겐 합성과 관련이 있으므로 상처의 치료 시 요구량이 증가된다.

38 **내호흡**은 **모세혈관**과 **조직세포** 사이의 기체 교환을 일컫는다.

정답 34. ② 35. ③ 36. ①
37. ③ 38. ②

34 체표면적의 60% 이상 화상을 입은 소아 환자가 소화기 이상으로 충분한 용량의 영양공급이 어려울 때 병행 가능한 식사처방은?

① 고지방 미음
② 중심정맥영양(TPN)
③ 맑은 유동식
④ 경관급식
⑤ 고단백 고지방 미음

35 위 절제 수술 후 생기기 쉬운 빈혈의 유형은?

① 엽산결핍성 빈혈
② 용혈성 빈혈
③ 악성빈혈
④ 비타민 E 결핍성 빈혈
⑤ 아연결핍성 빈혈

36 체표면적의 30% 이상 3도 화상을 입은 환자에게 가장 먼저 해야 할 조치는?

① 수분과 전해질을 공급한다.
② 고단백 저에너지식을 공급한다.
③ 저단백 고에너지식을 공급한다.
④ 고단백 고에너지식을 공급한다.
⑤ 비타민 C와 비타민 K를 다량 공급한다.

37 화상 환자에게 섭취량의 증가가 필요한 영양소로 짝지어진 것은?

① 비타민 D, 철
② 비타민 E, 칼슘
③ 비타민 C, 아연
④ 비타민 E, 칼륨
⑤ 비타민 A, 철

38 용어에 대한 설명으로 옳지 않은 것은?

① 폐포 – 기체 교환이 일어나는 장소
② 내호흡 – 폐포와 그 주위 혈관 간의 기체 교환
③ RQ – 호흡 시 생산된 탄산가스와 소비된 산소의 용적비
④ 폐활량 – 최대 흡기에 이어 최대로 호출할 수 있는 공기량
⑤ 기도 – 비강, 인두, 후두 기관, 기관지를 포함하는 호흡기계

39 안정 시 호흡운동에 필요한 것이 아닌 것은?

① 횡경막
② 내늑간근
③ 외늑간근
④ 복부근육
⑤ 표면활성제(surfactant)

39 내늑간근은 노력형 호식 시 필요한 기관이다. 표면활성제는 폐의 표면장력을 감소시키는 중요한 물질이다.

40 용적이나 용량 중에서 가장 작은 수치에 해당하는 것은?

① 1회 호흡량(tidal volume)
② 호흡 무효공간(사강, dead space)
③ 잔기량(residual volume)
④ 폐활량(vital capacity)
⑤ 폐용량(lung volume)

40 건강한 성인 남자의 **무효공간은 약 150 mL, 1회 호흡량은 약 500 mL, 잔기량은 1,200 mL이다.** 폐활량은 폐 용적에서 잔기량을 뺀 양이며, 폐용량은 최대로 공기를 흡입하였을 때로 폐활량에 잔기량을 합한 양이다.

41 일호흡용적(=1회 호흡량)에 대한 설명으로 옳은 것은?

① 호식용량과 흡식용량을 더한 값이다.
② 흡식용량에서 기능적 잔기용량을 뺀 값이다.
③ 성인의 일호흡용적(1회 호흡량)은 약 1,500 mL이다.
④ 총 폐용량(=전폐용량)에서 기능적 잔기용적을 제외한 양이다.
⑤ 폐활량에서 흡식성 예비용적과 호식성 예비용적을 제외한 부분이다.

41 **폐활량**은 일호흡용적에 흡식성 예비용적(3,000 mL)과 호식성 예비용적(1,100 mL)을 더한 값이다.

42 호흡과 혈액의 pH 변화의 관계에 대한 설명으로 옳은 것은?

① 혈액의 pH가 낮아지면 호흡수가 증가한다.
② 과잉호흡일 경우 호흡성 산혈증이 일어난다.
③ 호흡수가 감소할 경우 호흡성 알칼리증이 일어난다.
④ 호흡곤란으로 CO_2 배설이 저해되면 혈액의 pH는 높아진다.
⑤ 구토 등으로 대사성 알칼리증이 되면 빠르고 깊은 호흡을 한다.

42 조직에서 혈액으로 CO_2가 들어가면 혈액의 CO_2 농도가 높아지고, CO_2는 혈액 중에서 약산으로 작용하여 혈액의 pH가 낮아진다. 감소된 pH는 호흡조절중추를 자극하여 호흡을 증대시킨다.

43 혈색소의 산소 포화도에 대한 설명으로 옳은 것은?

① 온도가 올라가면 혈색소와 산소의 결합이 더 단단해진다.
② 이산화탄소가 높으면 혈색소와 산소의 결합이 느슨해진다.
③ 산소 분압이 증가하면 혈색소와 산소의 결합이 느슨해진다.
④ 수소의 농도가 높으면 혈색소와 산소의 결합이 더 단단해진다.
⑤ 혈색소와 산소에 대한 친화도는 일산화탄소와의 친화도보다 높다.

43 혈색소의 산소해리곡선을 보면 체조직의 이산화탄소 분압이 높은 부분에서는 산소를 해리하고, 산소 분압이 높은 폐포에서는 산소와 결합한다.

정답 39. ② 40. ② 41. ⑤ 42. ① 43. ②

44 조직에서 발생된 이산화탄소가 폐로 운반되는 기전이 아닌 것은?

① 혈장 단백질과 결합하여 운반
② 혈장 내에서 탄산가스 형태로 운반
③ 적혈구 내의 탄산가스 형태로 운반
④ 적혈구 내 혈색소와 결합하여 운반
⑤ 적혈구 세포질 내 단백질과 결합하여 운반

44 이산화탄소는 혈액 내에서 물에 용해되거나 탄산가스 형태 또는 단백질에 결합되어 운반된다. 이 중 약 75%는 적혈구에서, 나머지는 혈장에서 운반된다. 적혈구 내에서 이산화탄소는 탄산가스, 탄산이온 형태나 혈색소와 결합하여 운반된다.

45 순환하는 혈액 중의 산소 농도를 감지하는 화학수용체가 위치하는 곳은?

① 뇌간 ② 뇌간과 경동맥
③ 뇌간과 대동맥 ④ 경동맥과 대동맥
⑤ 경동맥과 모세혈관

45 대동맥의 상행부와 분지에 **대동맥체**가 있고, 경동맥의 분지되는 부위에 **경동맥체**가 있어 이를 **화학수용체**라 하는데, 중추화학수용체와 구분하여 말초화학수용체라 한다. 이러한 말초의 감각신경(미주신경과 설인신경)은 그 정보를 중추로 전달한다.

46 호흡운동의 조절에 대한 사항으로 옳은 것은?

① 호흡운동 조절중추는 간뇌에 있다.
② 호흡가스의 분압은 연수에서도 감지한다.
③ 호흡반사의 원심신경은 미주신경계 내에 있다.
④ 혈중 산소 농도가 증가함에 따라 호흡운동이 촉진된다.
⑤ 대동맥의 화학감수기는 산소의 분압에 대해 가장 민감하다.

46 호흡반사의 구심신경은 미주신경 내에 있으며 대동맥의 화학감수기는 H^+의 농도에 대해 가장 예민하게 반응한다. 이산화탄소의 증가에 따라 교감신경이 흥분되어 호흡운동이 촉진된다.

47 만성 폐쇄성 폐질환(COPD)이 생기는 것은 궁극적으로 호흡계의 어떤 부분이 문제가 된 것인가?

① 폐포의 감소
② 늑막내압의 감소
③ 호기 근육의 수축
④ 기도 공간이 좁아짐
⑤ 인두의 감소

47 만성 폐쇄성 폐질환은 하부기도 공간이 좁아져서 기도저항이 증가되는 것이 특징인 폐질환이다.

48 호흡기의 기능이 아닌 것은?

① 약물 해독 ② 기체 교환
③ pH 조절 ④ 발성
⑤ 면역 기능

48 **호흡기는 기체 교환, 면역 기능, 체액의 pH 조절, 체온 조절, 발성** 등의 기능을 한다.

정답 44. ⑤ 45. ④ 46. ②
47. ④ 48. ①

49 심한 고열과 호흡곤란이 있는 급성기의 폐렴 환자에게 적절한 음식은?

① 뜨거운 음료
② 젤리 수프와 된죽
③ 우유
④ 뜨거운 미역국
⑤ 잣죽

49 **폐렴**은 폐렴구균에 감염되어 발생하는데, 초기에는 심한 고열과 호흡곤란으로 음식 섭취가 어렵다. 따라서 안정을 취하면서 열을 내리고 **충분한 수분**을 섭취할 수 있도록 우유, 요구르트, 과즙, 고기국물 등 **영양이 풍부한 유동식**을 준다. 점차 회복되면 **연식과 상식으로 이행**한다.

50 감염으로 인한 발열 시의 체내 대사 변화에 대한 설명으로 옳은 것은?

① 호흡수가 감소한다.
② 심박수가 감소한다.
③ 체단백 분해가 억제된다.
④ 지방의 합성이 촉진된다.
⑤ 체내 글리코겐 저장량이 감소한다.

50 감염 시에는 호흡수와 심박수가 증가하고 발한, 구토, 설사로 인해 수분과 염분의 손실이 증가한다. 인슐린 저항성이 증가하고, 글리코겐의 분해와 당신생합성이 증가한다. 지방과 근육 단백질의 분해가 증가하고, 질소 손실량이 증가하며, 발한, 구토, 설사로 인해 수분과 염분의 손실이 증가한다.

51 폐렴 환자의 식사요법으로 옳은 것은?

① 칼슘 섭취 제한
② 수분 섭취 제한
③ 나트륨 섭취 제한
④ 비타민 A, B_1, C를 충분히 공급
⑤ 식물성 단백질 위주의 고단백식

51 **폐렴 환자**의 식사 원칙은 **고에너지, 고단백질, 고비타민** 식사이다. 단백질 소모가 증가하므로 동물성 단백질 급원을 포함한 양질의 단백질을 충분히 제공하고, 발열에 의한 수분과 나트륨 손실을 보충하며, 특히 비타민 A, B_1, C의 소비량이 증가하므로 이를 충분히 공급하여야 한다.

52 부종이 없는 폐결핵 환자의 식사요법으로 옳지 <u>않은</u> 것은?

① 수분 섭취를 감소시킨다.
② 칼슘 섭취를 증가시킨다.
③ 에너지를 충분히 공급한다.
④ 비타민 섭취를 증가시킨다.
⑤ 양질의 고단백 식사를 한다.

52 폐결핵은 결핵균 감염에 의해 발생하며, 영양관리의 목표는 체중과 체조직 소모방지, 탈수와 합병증 방지이다. 따라서 **에너지를 충분히 공급**하고 **고단백식이**를 하되 동물성 단백질을 40~50% 정도 섭취한다. 또한 폐결핵이 치유될 때 폐조직이 석회화되어 **칼슘의 필요량이 증가하므로 고칼슘식이**를 하고, 합병증 예방과 세균에 대한 저항력 증가를 위해 **비타민을 보충**한다. 부종이 없을 때는 **수분을 충분히 공급**한다.

53 체온이 1℃ 상승하면 기초대사율은 얼마나 증가하는가?

① 3%
② 7%
③ 13%
④ 20%
⑤ 30%

53 발열 시에는 **열이 1℃ 상승함에 따라 기초대사율이 13% 증가**하므로 평상시의 에너지 필요량에 열 발생에 따른 여분의 에너지를 공급해 주어야 한다.

정답 49. ③ 50. ⑤ 51. ④ 52. ① 53. ③

54 발열 환자의 식사요법으로 옳지 않은 것은?

① 당질을 충분히 공급한다.
② 고단백 식사를 제공한다.
③ 충분한 염분을 공급한다.
④ 되도록 수분공급을 자제한다.
⑤ 에너지 밀도가 높은 식품을 공급한다.

54 발열 환자의 경우 수분을 충분히 (3,000~5,000 mL) 공급해 준다.

55 수술 후 체내 대사 변화에 대한 설명으로 옳은 것은?

① 당신생 감소
② 지방 합성 증가
③ 질소 배설 증가
④ 칼륨 배설 감소
⑤ 나트륨 배설 증가

55 수술 후에는 에너지 생성 증가, 당생성 촉진, 음의 질소평형, 체지방량 감소, 소변량 및 나트륨 배설 감소, 칼륨, 황, 인상 배설 증가와 같은 변화가 나타난다.

56 콜레라 환자에게 우선적으로 공급해 주어야 하는 것은?

① 단백질
② 에너지
③ 당질
④ 섬유소
⑤ 수분과 전해질

56 **콜레라 환자**는 심하게 설사하므로 손실되는 **수분과 전해질**을 신속하게 공급해 주어야 한다.

57 감염성 질환의 증세 및 생리적 변화로 옳은 것은?

① 혈액의 산독증
② 기초대사의 감소
③ 단백질 대사 저하
④ 탈수 및 전해질 손실
⑤ 코르티솔 분비 감소

57 **감염성 질환**의 대표적인 증세가 **발열**이다. 따라서 **기초대사가 상승**하며 **탈수 및 전해질 손실**을 초래하고, 단백질 대사가 항진하여 체단백이 분해된다. 또한 고열은 혈류속도와 **호흡수를 증가**시켜 **알칼리혈증**을 유발한다. 코르티솔은 열이 나기 직전 또는 열이 날 때 분비량이 증가한다.

58 감염 시 체내 대사의 변화로 옳은 것은?

① 기초대사량이 감소한다.
② 나트륨의 배설이 증가한다.
③ 양의 질소 균형이 나타난다.
④ 체내 수분 축적이 증가한다.
⑤ 글리코겐 저장량이 증가한다.

58 문제 57번 해설 참고

정답 54. ④ 55. ③ 56. ⑤ 57. ④ 58. ②

59 **폐결핵 환자의 식사요법으로 옳은 것은?**

① 저칼슘식 ② 고섬유식
③ 저에너지식 ④ 철 보충식
⑤ 고지방식

60 **기계적 환기장치를 착용하고 있는 호흡부전 환자의 식사요법으로 옳은 것은?**

① 저에너지식 ② 고당질식
③ 고지방식 ④ 칼슘 보충식
⑤ 수분 제한

61 **호흡부전에 대한 설명으로 옳은 것은?**

① 호흡부전 시 대사저해가 나타나 영양결핍의 위험성이 높아진다.
② 호흡부전에 사용되는 경장영양액은 지방의 비율이 높고 탄수화물의 비율이 낮아야 한다.
③ 호흡부전 환자에게는 수분을 충분히 제공해야 한다.
④ 호흡부전 환자에게는 에너지를 필요량의 130% 수준으로 초과 공급해야 한다.
⑤ 호흡부전 환자에게는 오메가-6 지방산을 보충하는 것이 좋다.

59 **폐결핵 환자는 고에너지, 고단백식**과 함께 폐결핵 병소의 석회화를 위하여 **칼슘과 비타민 D의 보충**이 필요하다. 각혈 등으로 인해 빈혈이 나타날 수 있으므로 **철과 구리가 풍부한 식품**을 공급한다. 비타민 A와 C가 풍부한 식품을 제공하고, **결핵치료제인 이소나이아지드는 비타민 B_6을 배설**시키므로 처방에 따라 보충한다.

60 **호흡부전**은 대기와 순환혈액 간 기체교환의 손상으로 나타나는 위중한 질환으로, **기계적 환기**가 필요하다. 기계적 환기장치인 **인공호흡기 착용 시 휴식 시 에너지 소비량 외에 30~35% 정도의 부가 에너지가 필요**하며, 이산화탄소의 생성을 최소화하기 위해 **탄수화물의 섭취를 제한**하고, **지방의 이용**을 권장한다. 수액을 통한 **수분 평형 유지**가 중요하다.

61 호흡부전은 호흡계가 정상적인 기능을 수행하지 못하여 체조직에 산소를 충분히 공급하지 못하거나 이산화탄소를 충분히 제거하지 못하는 상태를 말한다. **탄수화물은 지질보다 이산화탄소를 더 많이 생성**하는 특징이 있다. 호흡부전 환자에게는 폐부종 발생률이 높으므로 수분이 제한된 농축제품을 주로 사용한다. 호흡부전 시 대사항진이 나타나고 영양결핍의 위험성이 커지며, 에너지를 초과 공급하는 경우 이산화탄소 생산이 증가되는 양상을 보인다. 또한 염증성 매개물질은 폐에 염증을 일으키고 폐포 손상과 관계되므로 오메가-3 지방산을 보충하는 것이 바람직하다.

정답 59. ④ 60. ③ 61. ②

11 빈혈의 영양관리

학습목표 혈액의 조성과 기능 및 빈혈의 영양관리를 이해한다.

01 신체 내 수분에 대한 설명으로 옳은 것은?

① 1일 필요한 수분량은 약 1,500 mL이다.
② 수분의 손실 경로는 소변, 피부, 대변이다.
③ 탈수가 심하면 저체온, 경련 현상이 일어난다.
④ 신진대사에 의한 대사수는 1일 약 300 mL이다.
⑤ 사람에게 공급되는 수분은 음료수와 음식물에 의한다.

02 다음 설명 중 옳은 것은?

① 혈장 중 5%는 혈소판이다.
② 호중구와 호산구는 적혈구에 속한다.
③ 성인의 경우 조혈작용은 간, 비장, 골수에서 일어난다.
④ 혈액에서 분리한 혈장 중에는 알부민과 글로불린이 포함된다.
⑤ 혈액 중에서 백혈구가 차지하는 용적 %를 헤마토크릿(hematocrit)이라 한다.

03 다음 설명 중 옳지 않은 것은?

① 적혈구의 수명은 약 120일이다.
② 총 혈액 중 혈청이 차지하는 비율은 약 55%이다.
③ 신체 내에서 혈액이 차지하는 비율은 약 8%이다.
④ 혈색소는 글로빈 4분자와 헴 1분자로 구성된다.
⑤ 혈장 단백질 중에는 알부민이 총 혈장 단백질의 55%로 가장 많다.

04 혈장 단백질의 기능이 아닌 것은?

① 산소를 운반한다.
② 혈액 내 항체를 구성한다.
③ 혈관 내의 수분을 유지한다.
④ 혈액 응고에 중요한 역할을 한다.
⑤ 혈액 내 소수성질의 물질을 이동시킨다.

01 사람에게 1일 필요한 수분량은 2,500 mL이며, 물의 공급은 음료수 1,000 mL, 음식 1,200 mL, 대사수 300 mL로 이루어진다. 탈수가 심하면 산증과 체온 상승, 맥박 증가, 갈증, 피부 건조 현상이 나타나며 부종이 심할 경우는 구토, 경련, 혼수상태가 일어난다.

02 혈액은 크게 **세포성분과 혈장**으로 분리되며 **세포성분 중에는 적혈구, 백혈구, 혈소판**이 속한다. 백혈구에는 호중구, 호산구, 호염기구, 림프구, 단핵구가 있다. 혈장의 6~8% 정도는 알부민, 글로불린 등의 혈장 단백질이 함유되어 있다. 헤마토크릿은 혈액 중 적혈구가 차지하는 용적 %이다. 출생 직후에는 간, 비장에서도 조혈작용이 일어나지만 이 작용은 생후 4개월경부터 소실된다.

03 혈색소는 글로빈 4분자(α형 2분자와 β형 2분자)와 헴 4분자로 구성된다.

04 산소를 운반하는 것은 적혈구이며 혈장 단백질에 속하지 않는다.

정답 01. ④ 02. ④ 03. ④ 04. ①

05 적혈구에 대한 설명으로 옳지 않은 것은?

① 평균 수명은 약 120일이다.
② 적혈구는 골수에서 생성된다.
③ 순환계로 나오기 직전에 탈핵된다.
④ 혈액의 고형성분 중 가장 크기가 작다.
⑤ 수는 혈액 1 mm^3당 450~500만 개이다.

05 **적혈구**는 **골수에서 생성**되어 혈관으로 나오기 직전에 **탈핵**된다. 혈액의 고형성분 중 가장 작은 것은 혈소판이며, 적혈구의 **수명은 평균 120일**이다. 적혈구의 수는 혈액 1 mm^3당 450~500만 개이다.

06 적혈구 조혈의 조절에 대한 설명으로 옳은 것은?

① 에스트로젠에 의해 촉진된다.
② 대기압의 상승은 조혈 촉진 요인이다.
③ 적혈구 조혈은 황색골수에서 활발히 일어난다.
④ 적혈구 조혈인자가 신장에서 분비된다.
⑤ 세포에 산소가 많으면 적혈구 조혈은 활발해진다.

06 **적혈구 조혈인자는 신장에서 분비**되며 대기압 저하, 빈혈 등의 상황에서 적혈구 조혈은 적색골수에서 활발히 일어나게 된다. 에스트로젠은 적혈구 조혈을 억제하는 적혈구 조혈 억제인자로 작용한다.

07 혈장 단백질이 아닌 것은?

① 알부민
② 글로불린
③ 피브리노겐
④ 혈색소
⑤ 트랜스페린

07 **혈색소**는 **적혈구에 함유되어 있는 단백질**이고, 트랜스페린은 철과 결합하는 혈장 단백질이다.

08 헤마토크릿의 정의는?

① 적혈구 중 혈색소의 함량(%)
② 전 혈구 중 적혈구가 차지하는 수(%)
③ 전 혈구에 대한 적혈구의 용적 비(%)
④ 전 혈액 중 적혈구가 차지하는 용적(%)
⑤ 전 혈액 중 혈색소의 함량(g/100 mL)

08 **헤마토크릿은 전 혈액 중 적혈구가 차지하는 용적(%)**으로, 평균 42% 정도이다.

09 철 결핍에 가장 민감하게 반응하는 지표로 옳은 것은?

① 혈청 철
② 혈청 페리틴
③ 총 철결합능
④ 트랜스페린 포화도
⑤ 적혈구 프로토포피린

09 페리틴은 아포페리틴이란 단백질에 철이 결합된 상태로, **체내 철이 고갈되면 조직 페리틴 양이 감소하고, 이것이 바로 혈청 페리틴 수준에 반영**되기 때문에 철 결핍에 가장 민감하게 반응하는 지표이다.

정답 05. ④ 06. ④ 07. ④ 08. ④ 09. ②

10 혈장 단백질에 대한 설명으로 옳은 것은?

① γ-글로불린은 호산구에서 생성된다.
② 피브리노겐은 주로 운반단백질 역할을 한다.
③ 혈장 단백질은 혈액의 산염기 평형을 조절한다.
④ 혈장에서 글로불린은 혈액량을 유지하도록 한다.
⑤ 알부민은 간에서 합성되는 응고단백질이다.

11 지혈의 과정에 관련되지 않는 내용은?

① 혈액 응고 ② 혈관 강직
③ 혈관 복구 ④ 혈소판 응집
⑤ 혈관 손실

12 백혈구에 대한 설명으로 옳지 않은 것은?

① 림프구는 골수에서 생성된다.
② 백혈구 중 호중성구는 강한 식균작용을 한다.
③ 백혈구는 골수 간세포 및 림프 조직에서 생산된다.
④ 알레르기 질환에 대처하는 백혈구는 호염기성구이다.
⑤ B 임파구는 항체를 생성하여 면역반응에 중요한 역할을 한다.

13 혈액의 응고에 관여하는 물질이 아닌 것은?

① 혈소판 ② 트롬보키나제
③ 칼슘 ④ 인터페론
⑤ 비타민 K

14 항응고제가 아닌 것은?

① 쿠마린 ② EDTA
③ 세로토닌 ④ 플라스민
⑤ 헤파린

15 항응고제와 그 기전에 대한 설명으로 옳은 것은?

① 헤파린 – 항트롬빈 활성화
② EDTA – 비타민 K 작용 억제
③ 와파린 – 혈소판 마개 형성 억제
④ 아스피린 – 프로트롬빈의 트롬빈 전환 억제
⑤ 구연산염 – 혈소판 활성인자(트롬복산) 작용 억제

---

10 혈장 단백질의 기능은 양성 전해질 역할을 하므로 산염기 평형을 조절하고, γ-글로불린은 혈장세포에서 생성된다. 또한 트랜스페린이나 세룰로플라즈민 등의 무기이온 결합단백질은 α 또는 β-글로불린을 형성한다.

11 **지혈**은 손상된 작은 혈관으로부터 혈액 손실이 되는 것을 방지하며, **혈관 강직, 혈소판 응집, 혈액 응고**와 같은 세 단계를 포함한다.

12 **알레르기 질환**에 **대처**하는 백혈구는 **호산성구**이다.

13 인터페론은 이물질에 대한 생체방어기능에 관여하는 물질이다.

14 세로토닌은 혈액 응고과정 중 혈소판 파괴 시 생성되는 물질이다.

15 EDTA, 구연산염은 혈액응고인자 IV에 결합하여 프로트롬빈이 트롬빈으로 전환되는 것을 억제한다. 와파린은 혈액응고인자인 II, VII, IX의 합성에 보조인자로 작용하는 비타민 K의 작용을 억제하여 간에서 프로트롬빈의 합성을 감소시킨다. 아스피린은 혈소판 활성인자(트롬복산)의 합성을 촉진하는 COX 작용을 억제하여 결과적으로 혈소판 마개 형성을 억제한다.

정답 10. ③ 11. ③ 12. ④ 13. ④ 14. ③ 15. ①

16 혈액형에 대한 설명으로 옳지 않은 것은?

① 응집원에는 A와 B의 두 종류가 있다.
② 한국인의 혈액형은 Rh^+형이 절대다수이다.
③ 혈액형은 적혈구막의 응집원의 종류와 유무에 의해 결정된다.
④ 태아적아구증은 태아가 Rh^-, 모체가 Rh^+일 때 발생할 수 있다.
⑤ AB형은 혈장에 응집소가 없어 모든 형의 혈액 수혈이 가능하다.

16 태아적아구증은 태아 Rh^+ 혈액이 모체 Rh^- 혈액 중으로 흘러 들어가 모체혈액에 생기게 된 Rh 항체가 다시 태반을 통해 Rh^+인 태아에 작용하여 그 태아의 조혈조직과 기타 조직을 파괴하여 생길 수 있다.

17 용혈의 원인이 아닌 것은?

① 말라리아 감염
② 적혈구의 미성숙
③ 비타민 K 부족
④ 비타민 E 부족
⑤ 비정상적인 형태의 적혈구

17 비타민 K 부족 시에는 지혈이 잘 안된다.

18 혈액 응고에 관여하는 비타민과 무기질을 바르게 연결한 것은?

① 비타민 A－Mg
② 비타민 K－Ca
③ 비타민 C－Na
④ 티아민－K
⑤ 엽산－P

18 **혈액 응고작용**에 관여하는 영양소는 **비타민 K**와 Ca이다.

19 혈장에 대한 설명으로 옳지 않은 것은?

① 혈장의 50%가 물로 구성되어 있다.
② 혈장 중 가장 많은 무기물은 Na^+과 Cl^-이다.
③ 혈액으로 운반되는 물질의 매개체 역할을 한다.
④ 대표적인 혈장 단백질인 알부민은 삼투압 조절에 매우 중요하다.
⑤ 혈장 단백질을 제외한 모든 혈장성분은 모세혈관을 통해 자유로이 확산된다.

19 혈장은 액성 물질로서 90%가 물로 구성되어 있다.

20 적혈구에 대한 설명으로 옳은 것은?

① 구형
② 담낭에서 파괴
③ 핵이 없음
④ 황색골수에서 생성
⑤ 수명 12일

20 **적혈구**는 **적색골수에서 생성**되며, **간, 지라, 골수 등에서 파괴**된다. 성숙된 적혈구는 **핵이 없는 원반형**이며, **수명은 약 120일** 정도이다.

정답 16. ④ 17. ③ 18. ②
19. ① 20. ③

21 혈장 중 철은 **철 운반 단백질인 트랜스페린**에 결합하여 운반된다.

22 **혈청 페리틴**은 **철의 체내 저장량**을 나타내는 지표로서 철 저장량이 감소하면 가장 빨리 감소하는 지표이다.

23 총 철결합능(TIBC, Total Iron-Binding Capacity)은 철과 결합하지 않은 트랜스페린의 철 결합 능력을 의미한다. 혈청을 분리하여 과량의 철을 첨가하면 철이 결합되지 않았던 트랜스페린도 모두 철과 결합하게 되며, 따라서 총 철결합능은 철 부족 시 증가하는 지표이다.

24 **평균 적혈구 용적은 한 적혈구의 평균 크기**를 의미하며, 정상범위는 82~92 mm^3이다. 철 결핍성 빈혈과 저색소성 빈혈에서 감소하고, 거대적아구성 빈혈에서 증가한다.

25 **철 결핍 시**에는 혈색소 합성이 저하되고 세포분열 횟수가 많아지면서 **소적혈구성 저색소성 빈혈**이 나타난다.

26 **철과 구리 결핍 시**에는 **소적혈구성 저색소성 빈혈, 엽산, 비타민 B_{12} 결핍 시**에는 **거대적아구성 빈혈, 비타민 E 결핍 시**에는 **용혈성 빈혈**이 나타난다.

정답 21. ③ 22. ④ 23. ⑤ 24. ② 25. ① 26. ⑤

21 혈장에서 철을 운반하는 단백질은?

① 혈색소 ② 헤마토크릿
③ 트랜스페린 ④ 페리틴
⑤ 알부민

22 철 결핍 시에 가장 먼저 감소하는 지표는?

① 혈색소 ② 헤마토크릿
③ 트랜스페린 포화도 ④ 혈청 페리틴
⑤ 혈청 철

23 철 결핍성 빈혈에서 증가되는 것은?

① 혈색소 농도 ② 트랜스페린 포화도
③ 헤마토크릿 ④ 혈청 철 농도
⑤ 총 철결합능

24 빈혈의 종류 중 평균 적혈구 용적(MCV) 수치가 정상보다 커지는 경우는?

① 철 결핍성 빈혈 ② 거대적아구성 빈혈
③ 구리결핍 빈혈 ④ 출혈성 빈혈
⑤ 용혈성 빈혈

25 철 결핍성 빈혈의 특징은?

① 소적혈구성 저색소성 빈혈
② 겸상적혈구성 저색소성 빈혈
③ 대적혈구성 고색소성 빈혈
④ 소적혈구성 고색소성 빈혈
⑤ 대적혈구성 저색소성 빈혈

26 빈혈의 종류와 그 부족이 원인이 되는 영양소를 바르게 연결한 것은?

① 용혈성 빈혈 – 엽산
② 거대적아구성 빈혈 – 비타민 E
③ 소적혈구성 저색소성 빈혈 – 비타민 B_{12}
④ 거대적아구성 빈혈 – 구리
⑤ 소적혈구성 저색소성 빈혈 – 철

27 철 흡수율이 증가하는 경우가 아닌 것은?

① 빈혈이 있을 때
② 이용률이 증가했을 때
③ 제산제와 같이 먹을 때
④ 오렌지주스와 같이 먹을 때
⑤ 2가의 환원형 상태로 섭취할 때

27 체내 철 저장량의 감소, 출혈, 임신 등은 철 흡수율을 증가시키고, 비타민 C는 산화형 철(Fe^{3+})을 환원형 철(Fe^{2+})로 환원시킴으로써 소장의 알칼리성 환경에서 잘 용해되도록 하여 비헴철의 흡수를 증진시킨다. 제산제는 위산을 묽게 하여 철의 용해도를 떨어뜨려 흡수율이 감소한다.

28 철 결핍성 빈혈의 원인으로 옳은 것은?

① 철 섭취량 과다
② 철의 흡수 증가
③ 철 배설량 감소
④ 임신
⑤ 폐경

28 성장, 임신, 수유, 월경 등에 의해 체내 철 요구량이 증가하게 된다.

29 여성의 경우 헴철(heme iron)의 흡수율은?

① 2~5% ② 6~9%
③ 10~13% ④ 13~16%
⑤ 23~35%

29 몸에 500 mg의 철이 저장되어 있을 때 헴철의 흡수율은 약 23%이고, 저장량이 고갈되어 있을 때는 35%이다.

30 빈혈 치료를 위한 식단을 작성할 때 가장 제한해야 할 것은?

① 커피 ② 쇠고기
③ 깻잎 ④ 굴
⑤ 조기

30 **커피**는 조혈에 필요한 영양소가 함유되어 있지 않을 뿐만 아니라, **탄닌** 등이 **철 흡수를 방해**한다.

31 헴철(heme iron)이 많이 함유되어 있는 식품으로 옳은 것은?

① 땅콩 ② 닭고기
③ 우유 ④ 달걀
⑤ 오렌지

31 식물성 식품에 함유되어 있는 철은 모두 비헴철이며, **동물성 식품에 함유되어 있는 철의 약 40%는 헴철이다.** 그러나 헤모글로빈과 미오글로빈을 함유하지 않는 달걀과 유제품에 함유된 철은 비헴철이다.

32 철 결핍성 빈혈을 진단받은 K씨에게 바람직한 식품은?

① 녹차 ② 쇠고기
③ 우유 ④ 잡곡류
⑤ 도토리묵

32 **차나 커피의 탄닌, 카페인, 수산, 인산, 곡류의 피틴산, 다른 2가 이온 등은 철의 흡수를 저하**시키므로 지나친 섭취는 피하는 것이 좋다. 도토리, 차 등에는 탄닌이 많이 함유되어 있다.

정답 27. ③ 28. ④ 29. ⑤ 30. ① 31. ② 32. ②

33 M씨의 비타민 B_{12} 결핍 원인으로 옳은 것은?

32세의 여성 M씨는 현재 신장 160 cm, 체중 60 kg이다. 5년 전 출산 후 과도한 체중 증가로 인해 위 절제 수술을 받았고, 위 절제 수술 후 위액 분비가 감소되고 식욕 저하, 피로, 시각 이상, 두통 등의 증상이 나타났다. 수술 이후 우유나 유제품을 섭취하는 경우 설사와 복통이 나타나 유제품 대신 가끔 두유를 섭취하고 있고, 매일 간식으로 신선한 과일을 많이 섭취하고 있다. 하루 한 끼 이상 육류를 포함한 식사를 하고 있고, 업무상의 이유로 1주에 2회 이상 저녁 회식 자리에서 1회 소주 2잔 정도의 음주를 하고 있다. 그런데 최근에 실시한 건강검진에서 비타민 B_{12}의 결핍으로 인한 빈혈을 진단받았다.

① 과체중
② 위액 분비 감소
③ 유제품 섭취 부족
④ 과일 섭취 과다
⑤ 육류 섭취 과다

33 **위 절제술이나 위액 분비 감소로 인해 내적인자의 분비가 줄어들면 비타민 B_{12}의 흡수가 저하된다.** 비타민 B_{12}는 동물성 식품에만 함유되어 있으므로 채식주의자의 경우에 결핍되기 쉽다. 또한 일정량 이상의 음주는 전반적인 영양소 흡수를 저해시킨다.

34 철 결핍성 빈혈의 예방을 위해 가장 바람직한 식품 조합은?

① 돈가스, 김치, 녹차
② 계란찜, 치즈, 홍차
③ 쇠간, 멸치볶음, 우유
④ 쇠고기구이, 굴전, 오렌지주스
⑤ 쇠고기 스테이크, 시금치, 커피

34 **육류, 어패류는 헴철의 좋은 급원이고, 비타민 C, 유기산 등은 철의 흡수를 높인다.** 피틴산, 수산, 탄닌, 식이섬유소, 다른 무기질 섭취 과잉, 위액 분비 저하는 철 흡수를 저해한다.

35 철의 흡수와 이용이 잘되는 경우로 옳은 것은?

① 곡류를 많이 섭취했을 때
② 인산염을 많이 섭취했을 때
③ 다른 무기질을 많이 섭취했을 때
④ 식물성 지방을 많이 섭취했을 때
⑤ 동물성 단백질을 많이 섭취했을 때

35 육류, 어류, 가금류 및 비타민 C의 섭취는 철의 흡수와 이용을 촉진하며, **피틴산, 옥살산, 탄닌, 과량의 칼슘, 인 등의 무기질은 철의 흡수와 이용을 방해한다.**

36 6개월 전 암으로 인하여 소장 절제술(회장 부분)을 받은 A씨가 얼마 전 빈혈 진단을 받았을 때, A씨에게 특히 섭취가 권장되는 식품은?

① 쇠고기
② 오렌지주스
③ 들기름
④ 잡곡
⑤ 우유

36 회장 부분의 절제는 비타민 B_{12}의 흡수를 저해시킬 수 있으므로 악성빈혈의 위험이 예상된다. 따라서 비타민 B_{12}의 급원식품의 섭취를 권장한다.

정답 33. ② 34. ④ 35. ⑤ 36. ①

37 **비타민 B_{12} 결핍성 빈혈의 치료와 식사요법으로 옳지 않은 것은?**

① 고단백식
② 비타민 B_{12}의 피하주사
③ 녹황색 채소의 섭취 증가
④ 간, 쇠고기, 달걀의 섭취 증가
⑤ 커피, 녹차, 홍차 등의 섭취 증가

37 비타민 B_{12} 외에도 단백질, 철 그리고 다른 비타민의 섭취량도 증가시키는 것이 좋으며, 녹황색 채소에는 철과 엽산이 많다.

38 **거대적아구성 빈혈에 걸리기 쉬운 사람은?**

① 채식주의자
② 비만 환자
③ 운동선수
④ 당뇨병 환자
⑤ 위산과다증 환자

38 비타민 B_{12} 섭취가 불량할 경우 거대적아구성 빈혈에 걸리기 쉬운데, 비타민 B_{12}는 대개 동물성 식품에 함유되어 있다.

39 **식품 100 g당 엽산 함량이 가장 높은 것은?**

① 쇠간
② 돼지간
③ 굴
④ 아스파라거스
⑤ 시금치

39 100 g당 엽산 함량 : 쇠간 300 μg, 돼지간 220 μg, 굴 240 μg, 시금치 200 μg, 아스파라거스 100 μg

40 **거대적아구성 빈혈에 대한 설명으로 옳은 것은?**

① 염증성 장질환은 발병 위험인자가 아니다.
② 임신 초기 엽산 보충제 섭취는 예방효과가 있다.
③ 엽산 단독 결핍 시 비타민 B_{12} 투여는 효과적이다.
④ 엽산과 비타민 B_{12} 결핍은 동시에 발생하지 않는다.
⑤ 흡수불량증 환자에게 비타민 B_{12} 경구투여는 효과적이다.

40 엽산과 비타민 B_{12} 결핍은 동시에 발생하기 쉽고, 결핍 영양소를 정확하게 파악하여 해당 영양소를 보충하여야 한다. 엽산 단독 결핍 시 비타민 B_{12} 투여는 증세를 악화시킬 수 있다. 흡수불량증과 염증성 장질환 등의 위장관 질환은 엽산 및 비타민 B_{12}의 결핍과 거대적아구성 빈혈 발병 위험을 높이고, 경구투여보다는 근육주사나 피하주사로 결핍된 영양소를 투여하는 것이 보다 효과적이다.

41 **엽산 결핍성 빈혈의 엽산 섭취에 대한 설명으로 옳지 않은 것은?**

① 음주는 엽산 요구량을 증가시킨다.
② 엽산은 열에 약하여 쉽게 파괴된다.
③ 녹황색 채소에 많이 함유되어 있다.
④ 동물성 식품에는 엽산이 함유되어 있지 않다.
⑤ 체내 저장량이 적으므로 매일 섭취해야 한다.

41 **엽산**은 **신선한 과일**과 **녹황색 채소**, **간**, 육류, 견과류에 함유되어 있다. 알코올은 엽산의 흡수를 저해시켜 엽산의 요구량을 증가시킨다.

정답 37. ⑤ 38. ① 39. ① 40. ② 41. ④

42 혈색소 단백질인 글로빈을 코딩하는 DNA상의 결함에 의해 초래되는 빈혈은 겸상적혈구(낫세포) 빈혈이다.

43 **비타민 E가 부족**하거나 불포화지방을 과다하게 섭취하면 활성산소나 과산화 지질이 쌓이면서 적혈구막을 손상시켜 적혈구가 터지는 **용혈현상이 증가**한다.

44 **저장철을 혈장으로 이동**하는 데 필요한 **구리 함유 단백질**은 **세룰로플라스민**이다. 따라서 구리가 결핍되면 철이 저장되어 있어도 이동하지 않아 빈혈증상이 나타난다.

45 구리는 철의 흡수와 이용을 돕는다.

46 빈혈의 판정에 사용하는 지표에는 혈색소, 헤마토크릿, 적혈구지수(평균 적혈구 용적, 평균 혈색소 농도, 평균 적혈구 혈색소 농도), 트랜스페린 포화도, 혈장 페리틴, 적혈구 프로토포르피린 등이 있다.

정답 42. ⑤ 43. ⑤ 44. ②
45. ③ 46. ④

42 악성빈혈에 대한 설명으로 옳지 않은 것은?

① 내적인자의 부족이 관련된다.
② 비타민 B_{12}의 결핍이 원인이다.
③ 거대적아구성 빈혈 증상이 나타난다.
④ 적혈구, 백혈구, 혈소판의 수가 감소한다.
⑤ 혈색소의 아미노산 구성의 결함이 원인이 될 수 있다.

43 용혈성 빈혈의 발생과 관련 있는 것은?

① 비타민 E 섭취 과다
② 비타민 B_{12} 결핍
③ 철 결핍
④ 단백질과 에너지 섭취 과다
⑤ 불포화지방 섭취 과다

44 저장철을 운반하는 데 관여하는 구리 함유 단백질은?

① 페리틴
② 세룰로플라스민
③ 혈장 알부민
④ 헤모시데린
⑤ 트랜스페린

45 철의 흡수와 이용을 도와 빈혈 예방에 도움을 주는 영양소는?

① 칼슘
② 아연
③ 구리
④ 마그네슘
⑤ 요오드

46 빈혈의 판정에 사용하는 지표는?

① 당화혈색소(HbA1c)
② 프로트롬빈 타임
③ 혈장 알부민
④ 트랜스페린 포화도
⑤ 혈장 셀룰로플라스민

47 헴철이 풍부한 식품은?

① 돼지고기 안심 ② 달걀흰자
③ 깻잎 ④ 오렌지
⑤ 시금치

48 철 결핍의 마지막 단계에서 낮아지는 지표는?

① 혈청 철 함량
② 총 철결합능
③ 혈색소 농도
④ 혈청 페리틴 농도
⑤ 트랜스페린 포화도

47 헴철은 동물성 식품에 함유되어 있으며, 달걀에서 철은 주로 난황에 함유되어 있으며 비헴철이다.

48 철 결핍 마지막 단계에서 혈색소 농도는 감소하고 적혈구의 크기는 작아진다.

정답 47. ① 48. ③

12 신경계 및 골격계 질환의 영양관리

학습목표 신경계 및 골격계 질환의 영양관리를 이해한다.

01 뇌의 구조에서 뇌척수액에 대한 설명으로 옳은 것은?

① 전해질의 전달경로이다.
② 충격에서의 완충작용을 한다.
③ 뇌의 혈관에서 생성된다.
④ 대뇌동맥에 있는 혈액으로 재흡수된다.
⑤ 혈액의 영양성분만이 흡수되어 만들어진다.

01 뇌척수액은 뇌실의 맥락총에서 만들어지며, 뇌척수의 경로로 순환되어 다시 맥락총에서 흡수되는 등 생성과 흡수를 반복한다. 뇌의 혈관은 교세포로 싸여 있어 관문을 형성하므로 뇌세포와 혈관과는 직접 관계하지 못한다.

02 신경세포에서 일어나는 일에 대한 설명으로 옳은 것은?

① 재분극 동안 나트륨이온은 세포 외로 빠져나간다.
② 탈분극 동안 세포 내로 칼륨이온이 이동한다.
③ 안정막 전압일 경우는 외부가 양극이고 내부가 음극이다.
④ 안정막 전압의 외부는 칼륨이온이 배치되어 양극을 나타낸다.
⑤ 탈분극 동안 신경원의 막은 외부가 양극이고 내부가 음극이다.

02 **안정막 전압의 외부는 나트륨이온이 배치되어 양극을 나타낸다.** 탈분극은 외부에 있던 나트륨이온이 막의 내부로 진입하여 분극상태가 없어지는 것이며, 재분극에서는 세포 내에 존재하던 칼륨이 외부로 빠져나가 즉시 재분극을 이룬다. 이후 나트륨과 칼륨이온의 펌프에 의하여 원래의 안정막 전압을 유지하는 상태로 회복된다.

03 시냅스는 한 뉴런이 그 세포의 표적세포(다른 뉴런 또는 다른 종류의 세포)와 만나는 곳이다. 각 시냅스에서는 전기적인 자극을 화학적 자극으로 전환하는 과정에 신경전달물질을 분비하는 신호로서 꼭 필요한 영양소가 있다. 어떤 영양소인가?

① 마그네슘
② 칼슘
③ 칼륨
④ 나트륨
⑤ 철

03 활동전위의 탈분극의 파동이 축삭에 이르면 축삭말단막에는 칼슘채널이 있어서 탈분극에 의하여 열린다. 이로 인해 궁극적으로 시냅스 소포 내의 신경전달물질은 시냅스 간극으로 이동하여 시냅스 후 세포막의 수용체에 결합한다.

04 말초신경의 재생을 담당하는 세포는?

① 랑비에결절
② 희돌기세포
③ 수초
④ 축삭둔덕
⑤ 슈반세포

04 슈반세포의 식작용에 의하여 축삭이 잘린 말초신경의 퇴화가 유도되며, 재생관을 형성한 후 신경세포의 재생을 유도한다.

정답 01. ② 02. ③ 03. ②
04. ⑤

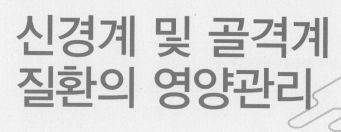

05 신체의 신경전달물질은 시냅스에서 작용을 하며 그 종류는 매우 다양하다. 다음 중 말초신경계에서 사용되는 신경전달물질은?

① 퓨린
② 아세틸콜린
③ 아미노산
④ 아민류
⑤ 세로토닌

06 뇌교에 존재하는 중추는?

① 호흡조절중추
② 심장중추
③ 위액분비중추
④ 연하중추
⑤ 혈관운동중추

07 소뇌(cerebellum)의 손상이 가져오는 결과는?

① 혼수
② 근육마비
③ 지각감각의 상실
④ 언어 이해의 어려움
⑤ 신체 움직임의 부조화

08 신경핵들이 무리지어 있는 회백질의 큰 덩어리로, 대뇌와 중뇌의 사이에 놓여 있으며 뇌하수체의 내분비 기능을 조절하고 기본적인 정서반응과 관련이 있는 뇌의 부분은?

① 뇌교
② 연수
③ 추체로
④ 시상하부
⑤ 피개

09 신체운동 및 자세 조정에 보조적 역할을 하여 손상 시 파킨슨씨병(Parkinson's disease)에 걸리는 뇌의 부분은?

① 대뇌피질
② 연수
③ 시상
④ 기저핵
⑤ 중뇌

10 뇌신경으로서 자율신경계에 속하는 것은?

① 삼차신경
② 미주신경
③ 부신경
④ 설하신경
⑤ 후신경

05 말초신경계에 작용하는 신경전달물질은 아세틸콜린, 노르에피네프린, 에피네프린이며, 중추신경계에 작용하는 신경전달물질은 아민류, 아미노산, 퓨린 등이다.

06 연수에는 호흡중추, 심장중추, 혈관운동중추, 연하중추, 구토중추, 발한중추, 타액 및 위액분비중추 등이 있다. 호흡조절중추는 뇌교에 존재한다.

07 소뇌에서의 작용은 운동과 관련되어 대뇌피질의 명령에 따라 조화로운 운동이 일어나도록 한다.

08 대뇌와 중뇌의 사이에 놓여 있는 회백질의 두 덩어리 중 대뇌 쪽은 시상, 중뇌 쪽의 것은 시상하부이다. 시상하부에는 여러 개의 신경핵들이 모여 있고 내분비 기능, 정서반응, 신진대사 및 체온 조절, 수면 등의 기능과 관련이 있다.

09 기저핵이 손상되면 운동기능의 통합이 불완전하게 되어 이상운동이 나타난다. 수의운동이 과도하게 불수의적으로 나타나는 임상증세를 파킨슨씨병이라 한다.

10 뇌신경 중 자율신경계인 부교감신경계는 동안신경, 안면신경, 설인신경, 미주신경이다.

정답 05. ② 06. ① 07. ⑤ 08. ④ 09. ④ 10. ②

11 기억 중추는 대뇌피질과 해마에 있으며, 해마가 제거되면 1차 기억이 2차 기억으로 이동하지 못하여 장기 기억이 손상된다.

12 교감신경은 척수의 흉수와 요수에서 시작되며, 부교감신경은 뇌간 및 척수의 천수에서 시작된다.

13 **구심성 신경은 말초감각신경에서 중추신경으로 자극을 전달하는 역할을** 하며, 원심성 신경은 중추에서 말초의 운동신경으로 운동을 명령하는 통로이다.

14 **교감신경계**는 주로 긴급사태에 대응하는 신경계로, **동공 확대, 장관이나 평활근 등의 이완, 기관지 근육 이완, 심혈관계 기능의 촉진(심박수 증가), 소화관 운동 억제(담즙 분비 억제), 요 배설 억제(방광 이완), 타액 분비 억제 등**의 기능을 하고, **부교감신경계는 그 반대**의 기능을 한다.

15 문제 14번 해설 참고

정답 11. ④ 12. ② 13. ④ 14. ① 15. ⑤

11 장기 기억 중추가 있는 곳은?

① 시상
② 연수
③ 기저핵
④ 해마
⑤ 중뇌

12 교감신경계가 시작되는 곳은?

① 뇌와 천수
② 흉수와 요수
③ 요수와 천수
④ 뇌교와 중뇌
⑤ 대뇌피질과 변연계

13 구심성 신경의 정보운반에 대한 설명으로 옳은 것은?

① 중추신경계에서 운동신경으로 전달되는 척수(spinal cord) 부분
② 중추신경계에서 감각신경계로 가는 척수의 배측(dorsal root) 신경절
③ 운동신경에서 중추신경계로 자극을 전달하는 척수(spinal cord) 부분
④ 감각신경계에서 중추신경계로 자극을 전달하는 척수의 배측(dorsal root) 신경절
⑤ 중추신경계에서 운동신경으로 전달되는 척수의 배측(dorsal root) 신경절

14 부교감신경계의 작용이 아닌 것은?

① 기관지 확장
② 심박수 감소
③ 소화운동 촉진
④ 담즙의 분비 촉진
⑤ 소화관의 괄약근 이완

15 다음 자율신경계의 작용 중 부교감신경계의 활동이 아닌 것은?

① 방광 수축
② 동공 수축
③ 심박수 감소
④ 타액 분비 증가
⑤ 기관지 근육 이완

16 교감신경계의 활동으로 옳은 것은?

① 심박수 감소
② 소화운동 촉진
③ 요 배설 억제
④ 담즙의 분비 촉진
⑤ 소화관의 괄약근 이완

16 문제 14번 해설 참고

17 교감신경계와 부교감신경계에서 절전 신경섬유가 분비하는 것은?

① 모두 아세틸콜린을 분비한다.
② 모두 노르에피네프린을 분비한다.
③ 교감신경계에서는 아세틸콜린을, 부교감신경계에서는 에피네프린을 분비한다.
④ 교감신경계에서는 노르에피네프린을, 부교감신경계에서는 아세틸콜린을 분비한다.
⑤ 교감신경계에서는 아세틸콜린을, 부교감신경계에서는 노르에피네프린을 분비한다.

17 절전섬유에서는 모두 아세틸콜린을 분비하지만, 절후섬유에서 교감신경계는 아세틸콜린과 노르에피네프린을, 부교감신경에서는 아세틸콜린을 분비한다.

18 대부분 대뇌반구는 신체 반대편의 운동기능을 통제하는데, 그 이유는?

① 정보는 뇌량(corpus collosum)을 지나면서 교차되기 때문이다.
② 각 대뇌반구의 영역은 신체의 양쪽 부위를 대표하기 때문이다.
③ 한쪽 반구의 피질 영역이 다른 쪽 반구로 정보를 보내기 때문이다.
④ 각 반구는 척수의 양쪽으로 가지를 뻗는 축삭을 내보내기 때문이다.
⑤ 종뇌(telencephalon)를 떠난 정보는 연수에서 교차되어 운반되기 때문이다.

18 수의운동은 대뇌피질의 운동영역에서 시작된 흥분이 하행성 운동 신경로(추체로와 추체외로)를 따라 척수와 근육에 전달되어 이루어진다. **추체로는 대부분 연수에서 교차**되기 때문에 한쪽 대뇌반구는 신체의 반대쪽 운동기능을 지배하게 된다.

19 연하의 어려움이 있는 치매환자의 식사요법으로 옳지 않은 것은?

① 흡인이 되지 않았는지 확인한다.
② 식사는 똑바로 앉아서 하도록 한다.
③ 미음과 맑은 국 등의 액상 음식을 제공한다.
④ 연하 촉진을 위해 후두 위쪽을 쓰다듬어 준다.
⑤ 입안의 음식을 모두 삼킨 후 액체를 마시도록 한다.

19 액상 음식은 환자의 연하능력에 따라 적절한 점도로 조절하여 제공한다.

정답 16. ③ 17. ① 18. ⑤ 19. ③

20 다음 중 뇌출혈이나 뇌경색에 의해 나타나는 치매는?

① 헌팅턴병
② 혈관성치매
③ 알츠하이머성 치매
④ 크로이츠펠트-야곱 치매
⑤ 베르니케-코르사코프증후군

20 베르니케-코르사코프증후군은 만성알코올중독으로 발생하며, 티아민의 결핍으로 당질 대사가 원활하지 않아 뇌조직의 에너지원인 포도당의 공급 부족으로 나타나는 증상이다. 헌팅턴병은 유전적 장애로 나타나는 치매이며, 크로이츠펠트-야곱 치매는 프리온(prion)이라는 감염성 단백질에 의한 치매이다.

21 알츠하이머 치매의 원인이 될 수 있는 영양소로 가장 옳은 것은?

① 지방
② 나트륨
③ 니아신
④ 알루미늄
⑤ 비타민 A

21 **납, 알루미늄, 구리 및 아연은 유리라디칼의 생성을 초래하기 때문에 알츠하이머 치매 발병과의 관련성**에 대해 보고되고 있다.

22 골격근에 대한 설명으로 옳지 <u>않은</u> 것은?

① 골격근 수축 시에는 ATP가 사용된다.
② 골격근의 수축에는 아세틸콜린이 관여한다.
③ 골격근은 평활근(smooth muscle)에 속한다.
④ 우리가 의도적으로 수축할 수 있는 근육이다.
⑤ 근육의 수축과 이완에는 칼슘이온이 관여한다.

22 **골격근**은 **횡문근**에 속한다.

23 근육의 종류는 횡문근과 평활근으로 구분된다. 다음 중 평활근으로 되어 있는 기관으로 옳은 것은?

① 안면 근육
② 다리 근육
③ 위장근
④ 심근
⑤ 상완근

23 **소화관**의 근육과 **자궁**의 근육은 **평활근**으로 되어 있다.

24 칼슘은 근육의 수축에 개시반응을 하는데, 이 방법의 설명으로 옳은 것은?

① ATP를 가수분해한다.
② 미오신은 트로포미오신에 결합한다.
③ 칼슘이온은 굵은 섬유 부위에 결합한다.
④ 굵은 섬유를 트로포미오신에 결합시킨다.
⑤ 굵은 섬유가 액틴과 상호작용을 하도록 허락한다.

24 **칼슘이온**은 가는 섬유의 **트로포닌의 결합 부위에서 결합**하여 액틴과 미오신의 극성 머리부분과의 결합으로 교차 다리를 형성하여 **근육을 수축**하도록 한다.

정답 20. ② 21. ④ 22. ③ 23. ③ 24. ⑤

25 운동신경의 신경 – 근 종판에서 유리되는 물질은?

① 나트륨이온 ② 아세틸콜린
③ 칼륨이온 ④ 에피네프린
⑤ 크레아틴

26 구루병에 대한 설명으로 옳은 것은?

① 성인기 이후 위험률이 증가한다.
② 자외선 노출이 증가하면 위험이 높아진다.
③ 부갑상선 호르몬의 분비 증가가 위험요인이다.
④ 모유 수유를 오랫동안 한 경우 발생 위험이 낮아진다.
⑤ 예방과 치료를 위해 칼슘과 비타민 D를 충분히 섭취한다.

27 뼈에 대한 설명으로 옳지 않은 것은?

① 골질은 치밀골과 해면골로 되어 있다.
② 골수는 혈구 성분을 만드는 조혈기관이다.
③ 뼈의 성장은 골단의 성장판에서 일어난다.
④ 뼈 중 칼슘염은 주로 탄산칼슘으로 되어 있다.
⑤ 골질량은 조골세포와 파골세포 활성의 균형에 의한 것이다.

28 근육의 이완을 일으키는 요인이 아닌 것은?

① ATP의 공급 중단
② 활동전위의 공급 중단
③ 교차에 쓰였던 미세섬유(filament)의 원위치
④ 근(육)세포질세망에서의 칼슘의 재흡수(reuptake)
⑤ 아세틸콜린에스터라제(acetylcholinesterase)에 의한 아세틸콜린의 제거

29 평활근의 운동 시 칼모듈린과 결합하여 수축을 일으키는 무기질은?

① 칼슘 ② 인
③ 마그네슘 ④ 나트륨
⑤ 칼륨

25 아세틸콜린을 분비하는 신경은 **체성 운동신경, 부교감신경의 절후섬유, 자율신경의 절전섬유**가 해당된다. 이들 신경섬유의 말단에는 콜린에스테라제라는 분해효소가 있어 신경–근 종판의 자극 전달 후 바로 분해된다.

26 **구루병**은 주로 **비타민 D의 결핍**으로 인해 뼈의 석회화가 잘 이루어지지 않아 어린 시절에 발생하며, 비타민 D의 섭취 부족과 자외선 노출 감소가 원인이 된다. 모유에는 비타민 D가 부족한 편으로 자외선 노출과 적절한 이유식을 통해 비타민 D의 결핍을 예방하여야 한다.

27 **뼈 중 칼슘**은 주로 인산칼슘의 형태로 함유되어 있으며, **히드록시아파타이트(hydroxyapatite)**라고 한다.

28 ATP가 공급되지 않으면 근육이 수축상태를 유지한다.

29 평활근에서는 **칼슘**이 칼모듈린과 결합하여 **근수축**을 일으킨다.

정답 25. ② 26. ⑤ 27. ④ 28. ① 29. ①

30 평활근에서 Ca^{2+}과 결합하여 근 필라멘트의 결합을 촉진하는 단백질은?

① 액틴
② 미오신
③ 칼모듈린
④ 트로포닌 C
⑤ 트로포미오신

30 평활근의 세포질에서 칼슘을 결합하여 근수축을 유도하는 단백질은 칼모듈린으로 칼모듈린-Ca 복합체는 myosin light chain kinase를 활성화시킨다.

31 사후강직(경직)의 원인은?

① 도체 내 ATP 부족 때문이다.
② 근수축 기구의 분해 때문이다.
③ 근섬유가 파괴되었기 때문이다.
④ 근육의 불응기가 짧기 때문이다.
⑤ 근수축에 관여하는 효소가 부족하기 때문이다.

31 **동물의 사후에는 ATP가 고갈**되어 비가역적인 **강축현상**이 일어나는데 이를 **사후강직**(경직)이라고 한다.

32 류마티스성 관절염의 특징으로 옳은 것은?

① 면역이상 질환이다.
② 남자가 여자보다 많다.
③ 퇴행성 관절질환이다.
④ 무릎 통증이 가장 흔한 증상이다.
⑤ 노화와 더불어 쉽게 나타나는 현상이다.

32 관절염은 관절에 생기는 염증(inflammation)이다. 류마티스성 관절염은 체내 면역이상으로 나타나는 염증성 질환으로, 나이가 들어 나타나는 퇴행성 관절질환과 구분된다. 여자가 남자보다 많이 발생하며, 원인은 확실하지 않다. 손과 발 등의 마디에 대칭적으로 나타나고, 관절이 부풀어 올라 아프며, 근육이 경련성으로 수축하여 관절이 변형되기도 하고, 심하면 관절연골이 차차 파괴되어 단단한 골조직이 생김으로써 운동범위가 좁아지고 근육이 위축된다.

33 뼈의 생성을 맡고 있는 것은?

① 골세포(osteocyte)
② 조골세포(osteoblast)
③ 파골세포(osteoclast)
④ 뼈의 기질(bone matrix)
⑤ 뮤코다당체(mucopolysaccharide)

33 **뼈의 생성**을 맡고 있는 것은 **조골세포**이다.

34 골다공증의 유발요인이 <u>아닌</u> 것은?

① 폐경
② 비만
③ 운동 부족
④ 스테로이드 장기복용
⑤ 노화

34 **골다공증**의 위험요인에는 폐경, 노화, 운동 부족, 저체중 등이 있으며, **칼슘과 비타민 D의 섭취 부족 및 동물성 단백질, 나트륨, 인 등의 과잉**과 같은 식이요인이 있다.

정답 30. ③ 31. ① 32. ① 33. ② 34. ②

35 골다공증의 분류에 대한 설명으로 옳은 것은?

① 약물이나 질환이 원인이 되는 종류도 있다.
② 노인성 골다공증은 50~60세에 주로 발병한다.
③ 노인성 및 폐경 후 골다공증은 이차성 골다공증이다.
④ 노인성 골다공증은 여성보다 남성에서 발병률이 높다.
⑤ 이차성 골다공증은 심장질환으로 인해 발생할 수 있다.

35 골다공증은 일차성과 이차성으로 분류되며, 일차성에는 **폐경 후 골다공증과 노인성 골다공증**이 있다. 폐경 후 골다공증은 자연적으로 오는 경우가 많으나, 산부인과 수술 등 인위적으로 폐경상태가 되어 발생하는 경우도 있다. **노인성 골다공증은 대개 70세 이상**의 노인에게 발생하며, 여자가 많기는 하나 남자에게도 흔히 발생한다. 이차성 골다공증은 특정 질환이나 약물에 의해 골다골증이 유발되는 것이다.

36 뼈에 칼슘의 침착을 도와주는 호르몬은?

① 코르티솔　② 알도스테론
③ 에스트로겐　④ 인슐린
⑤ 부갑상선 호르몬

36 **부갑상선 호르몬과 코르티솔**은 뼈로부터의 **칼슘 용출을 촉진**하고, **에스트로겐과 칼시토닌**은 **뼈에 Ca이 침착되는 것을 돕는다.**

37 비타민 D의 작용으로 옳지 않은 것은?

① 뼈에서 파골세포 억제
② 혈중 칼슘 농도 증가
③ 뼈에서 칼슘의 용출 증가
④ 소장에서 칼슘의 흡수 증가
⑤ 신장에서 칼슘의 재흡수 증가

37 **비타민 D는 소장에서 칼슘의 흡수를, 신장에서 칼슘의 재흡수**를 증가시키고, **뼈로부터는 칼슘을 혈액으로 이**동시킨다.

38 다음과 같은 기능을 하는 호르몬은?

- 뼈에서 칼슘의 용출 억제
- 비타민 D의 활성화 억제
- 칼슘의 재흡수 저해

① 부갑상선 호르몬　② 갑상선 호르몬
③ 에스트로겐　④ 칼시토닌
⑤ 인슐린

38 칼시토닌과 부갑상선 호르몬은 칼슘의 항상성 유지에 관여한다. **혈액 내 칼슘이 감소하면 부갑상선 호르몬이 분비되고, 혈액 내 칼슘 함량이 증가하면 칼시토닌이 분비**되어 뼈에서 칼슘의 용출을 억제한다.

39 우리나라 성인(19~29세) 남녀의 칼슘 권장섭취량은 각각 얼마인가? (2020 한국인 영양소 섭취기준)

① 500 mg, 400 mg　② 650 mg, 550 mg
③ 750 mg, 650 mg　④ 800 mg, 700 mg
⑤ 900 mg, 800 mg

39 우리나라 성인 남녀의 1일 칼슘 권장섭취량은 **남자(19~49세) 800 mg, 여자(19~49세) 700 mg**이다.

정답 35. ① 36. ③ 37. ①
38. ④ 39. ④

40 고단백식, 고염식, 알코올, 카페인은 신장에서의 칼슘의 재흡수를 억제하여 칼슘 배설량을 증가시킨다.

41 동물성 단백질의 함황 아미노산은 소변을 산성화시켜 소변으로 칼슘 배설을 촉진한다.

42 **난소를 절제**하여 여성 호르몬 분비가 안 되는 **조기폐경**과 동시에 체지방이 적은 **마른 여자**일 경우 **골다공증의 위험**이 가장 크다. 비만한 여성은 지방세포에 의해 에스트로겐이 합성되므로 마른 여성보다 골다공증 위험이 낮다.

43 ①, ②, ③은 골연화증, ④는 류마티스성 관절염에 대한 설명이다.

44 칼슘 섭취에 비해 인 섭취가 지나치면 부갑상선 호르몬 분비가 증가하고 뼈의 칼슘 유출이 증가해 골다공증의 위험이 크다.

정답 40. ④ 41. ① 42. ①
43. ⑤ 44. ③

40 칼슘 배설량을 높이는 요인으로 옳은 것은?

① 저염식
② 저지방식
③ 저단백식
④ 알코올 섭취
⑤ 인과 칼슘의 유사한 비율

41 과다 섭취 시 골다공증 발병의 원인이 될 수 있는 것은?

① 동물성 단백질
② 마그네슘
③ 비타민 C
④ 아연
⑤ 불소

42 골다공증의 위험이 가장 큰 사람은?

① 난소를 절제한 마른 여자
② 평소 운동을 좋아하는 마른 여자
③ 출산 경험이 많은 마른 여자
④ 다이어트에 실패를 많이 한 비만인
⑤ 평소 운동을 싫어하는 비만인

43 골다공증에 대한 설명으로 옳은 것은?

① 골격의 석회화 장애이다.
② 성인에게서 나타나는 구루병이다.
③ 비타민 D의 결핍이 주된 원인이다.
④ 손이나 발 마디에 대칭적으로 나타나는 경향이 있다.
⑤ 골량의 감소와 미세구조 이상이 특징적이다.

44 골다공증의 예방법으로 옳지 않은 것은?

① 지나친 커피의 섭취를 삼가고 금연한다.
② 젊은 시절부터 우유를 꾸준히 섭취한다.
③ 인의 섭취가 충분한 식품을 많이 먹는다.
④ 폐경기 이후에는 운동을 더욱 열심히 한다.
⑤ 중년 이후 과다한 동물성 단백질의 섭취를 삼간다.

45 골다공증의 예방을 위해 가장 바람직한 식품 조합은?

① 계란찜, 치즈, 와인
② 돈가스, 김치, 녹차
③ 두부부침, 시금치, 커피
④ 쇠고기구이, 멸치볶음, 비타민 D 강화우유
⑤ 잡곡밥, 굴무침, 저지방우유

45 **칼슘 흡수에 도움을 주는 요인은 비타민 D, 유당, 단백질**(권장량 수준) 등이다. **칼슘 흡수를 방해하는 요인은 섬유소, 수산, 피틴산, 나트륨, 인, 아연, 마그네슘, 지방, 카페인, 흡연, 음주** 등이다.

46 골다공증의 예방과 치료를 위한 식사요법으로 옳은 것은?

① 인의 섭취를 증가시킨다.
② 인과 칼슘의 섭취는 2 : 1로 한다.
③ 대두 및 대두식품의 섭취를 증가시킨다.
④ 비타민 D의 섭취 증가가 우선되어야 한다.
⑤ 동물성 급원으로 단백질의 섭취를 증가시킨다.

46 비타민 D는 칼슘의 흡수를 증가시키지만 골용해를 증가시키므로 과량 섭취하지 않도록 해야 한다. 과잉의 동물성 단백질 섭취는 칼슘 배설을 증가시키며, **인과 칼슘의 섭취는 1 : 1이 바람직**하지만 현대인의 식사에서는 인의 섭취 비율이 월등히 높은 추세이다.

47 이소플라빈에 대한 설명으로 옳지 <u>않은</u> 것은?

① 뼈 손실 억제효과를 나타낸다.
② 강력한 에스트로겐 기능이 있다.
③ 대두 및 대두제품이 주요 급원이다.
④ 폐경 후 골다공증의 예방과 치료에 효과적이다.
⑤ 에스트로겐과 유사한 구조를 가진 식물성 에스트로겐이다.

47 **이소플라빈**은 약한 에스트로겐 작용이 있으므로 폐경 후 골다공증의 예방과 치료에 도움이 된다.

48 통풍에 대한 설명으로 옳지 <u>않은</u> 것은?

① 알칼리성 식품을 섭취하는 것이 좋다.
② 주로 30세 이후 남성에게 많이 일어난다.
③ 통풍은 요산이 우리 몸 안에 과도하게 축적되어 발생하는 질환이다.
④ 통풍환자는 퓨린의 섭취를 제한하는 것이 좋다.
⑤ 통풍환자에게 적당한 식품은 육류와 어패류이다.

48 **통풍환자는 육류와 어패류 등 퓨린 함량이 많은 음식은 피한다.** 알칼리성 식품으로는 채소, 과일 등이 있고 소변을 알칼리화하여 요산 배설을 촉진한다.

49 통풍의 원인으로 옳은 것은?

① 퓨린 섭취 감소
② 퓨린 분해물의 증가
③ 요산의 배설 증가
④ 요산 생성의 감소
⑤ 퓨린의 혈중 농도 감소

49 **통풍**은 **퓨린 생성의 증가, 퓨린 분해물의 증가**, 퓨린이 요산으로 바뀌는 **요산 생성 증가, 요산의 배설기능 감소**로 인하여 **요산염이 관절에 쌓이면서** 일어난다.

50 류마티스성 관절염의 식사요법으로 옳은 것은?

① 고에너지식
② 저단백식
③ 고항산화비타민식
④ 고철분식
⑤ 저잔사식

50 **류마티스성 관절염**의 식사요법은 **균형식, 항염증식사, 충분한 양의 비타민, 무기질, 항산화 영양소 섭취**이다. 적정 체중 유지를 위해 과체중이나 비만인 경우 저에너지식을 제공할 필요가 있다.

정답 45. ④ 46. ③ 47. ② 48. ⑤ 49. ② 50. ③

51 M씨는 신장 170 cm, 체중 80 kg인 65세의 남성이고, 최근 골관절염 진단을 받았다. M씨에게 가장 적절한 영양관리방법은?

① $\omega-6$ 지방산의 섭취를 증가시킨다.
② 우유 및 유제품을 하루 2회 섭취한다.
③ 염증 감소를 위해 고단백 식사를 제공한다.
④ 적정 체중 유지를 위해 섭취 에너지를 감소시킨다.
⑤ 체단백 분해를 막기 위해 당질 섭취를 증가시킨다.

52 다음의 단백질 식품 중 퓨린 함량이 낮은 식품은?

① 멸치 ② 고기 국물
③ 달걀 ④ 청어
⑤ 고등어

53 통풍 환자의 식사에 포함할 수 있는 단백질 식품으로 가장 바람직한 것은?

① 달걀말이 ② 연어구이
③ 쇠간전 ④ 멸치볶음
⑤ 콩조림

54 통풍 환자의 식사요법으로 옳지 않은 것은?

① 지방 섭취를 제한한다.
② 표준체중을 유지하도록 한다.
③ 매일 3 L의 수분을 섭취한다.
④ 퓨린 함량을 하루 600~1,000 mg으로 제한한다.
⑤ 알코올, 커피, 홍차, 간, 콩팥, 고등어, 연어 등을 피한다.

55 통풍 환자의 식사로 가장 바람직한 것은?

① 콩밥, 쇠고기국, 배추김치
② 쌀밥, 조개탕, 고등어구이
③ 보리밥, 계란국, 배추김치
④ 쌀밥, 시금치국, 간전
⑤ 떡국, 멸치볶음, 콩조림

51 **골관절염**의 식사요법은 **균형식, 항염증식사, 충분한 양의 비타민과 무기질 섭취**(칼슘, 비타민 D, 항산화영양소)이다. 염증 감소를 위해 $\omega-6$ 지방산의 섭취를 감소시키고, **ω-3 지방산의 섭취를 증가**시킨다. 과체중 및 비만이 골관절염의 위험인자이므로 적정 체중 유지를 위해 종종 저에너지식을 제공할 필요가 있다.

52 **고퓨린 함량 식품**은 식품 100 g당 100~1,000 mg의 퓨린체를 함유한 것으로 **멸치, 고기 국물, 청어, 콩팥, 간, 고등어, 연어, 쇠고기** 등이 있다.

53 곡류와 일반적인 채소류, 과실류는 퓨린 함량이 적으며, 단백질 함유 식품 중 달걀, 치즈, 우유가 퓨린 함량이 적은 식품에 속한다.

54 **통풍 환자**는 **표준체중을 유지**하며, **지방과 퓨린 함량이 많은 식품 및 술을 제한**하고, **충분한 수분을 섭취**하여 비만과 혈관질환을 예방하도록 한다. 정상인의 하루 평균 퓨린 섭취량은 600~1,000 mg이며, 통풍 환자는 하루 100~150 mg으로 제한한다.

55 내장고기, 육즙, 거위, 등푸른 생선류, 가리비는 퓨린 함량이 높은 식품이며, 콩류·고기류·가금류·생선류·조개류와 채소류 중 시금치·버섯·아스파라거스는 퓨린 함량이 중간인 식품이다. 곡류와 일반적인 채소류, 과실류, **달걀, 치즈, 우유는 퓨린 함량이 적은 식품이다.**

정답 51. ④ 52. ③ 53. ① 54. ④ 55. ③

13 선천성 대사장애 및 내분비 조절장애의 영양관리

학습목표 선천성 대사장애 및 내분비 조절장애의 영양관리를 이해한다.

01 페닐케톤뇨증(PKU)은 어느 효소의 부족으로 오는가?

① 페닐알라닌 옥시다제(phenylalanine oxidase)
② 페닐알라닌 케톨라제(phenylalanine ketolase)
③ 페닐알라닌 포스파타제(phenylalanine phosphatase)
④ 페닐알라닌 히드록실라제(phenylalanine hydroxylase)
⑤ 페닐알라닌 디히드로제나제(phenylalanine dehydrogenase)

02 PKU 어린이에게 일어나는 증상으로 옳은 것은?

① 빠른 성장
② 지능 저하
③ 티로신 합성 증가
④ 멜라닌 색소 증가
⑤ 혈액의 페닐아세트산 감소

03 페닐케톤뇨증에 대한 설명으로 옳지 않은 것은?

① 백인에게 많은 상염색체 열성유전이다.
② 페닐알라닌이 완전히 제거된 식이를 공급한다.
③ 페닐알라닌 수산화효소의 유전적인 결함 때문에 생긴다.
④ 혈청 페닐알라닌 농도를 2~10 mg/dL로 유지하도록 식사요법이 필요하다.
⑤ 인공감미료 아스파탐은 페닐알라닌 함량이 높아 페닐케톤뇨증 아동에게는 사용할 수 없다.

01 PKU는 선천적으로 **페닐알라닌을 티로신으로 전환하는 히드록실라제가 부족**하여 생긴다.

02 PKU 증상이 있는 어린이에게는 페닐알라닌이 티로신으로 대사되지 못하고 **페닐피루브산, 페닐아세트산으로 전환되어 혈액이나 소변으로 나가게 된다.** 또한 페닐알라닌과 대사물질들은 **뇌를 손상**시켜 **경련**을 일으키거나 지능이 저하되기 쉬우며, 티로신으로부터 합성되는 **멜라닌 색소도 저하**된다. 티로신 합성 저하로 **기초대사율이 저하**되어 **성장 저하**가 발생된다.

03 전형적인 페닐케톤뇨증인 경우에는 혈청 페닐알라닌 농도가 2~10 mg/dL로 유지되도록 **페닐알라닌 섭취량을 조절해야 하나, 어린이의 성장에 필요한 만큼은 제공**되어야 한다. 또한 체단백이 분해되지 않도록 충분한 에너지가 공급되어야 한다.

정답 01. ④ 02. ② 03. ②

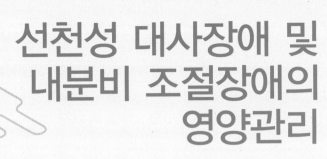

04 PKU의 식사요법에서 가장 주의하여 섭취해야 하는 식품은?

① 치즈 ② 녹말가루
③ 잼 ④ 옥수수
⑤ 기름

04 페닐알라닌 함량이 많은 식품은 모든 빵류, 치즈류, 달걀, 말린 채소이다.

05 PKU 조제식에 대한 설명으로 옳은 것은?

① 페닐케톤뇨증 어린이의 치료식이다.
② 페닐알라닌과 티로신 함량이 거의 없다.
③ 맛이 좋아 환아들의 과잉 섭취가 우려된다.
④ 우유 단백질에 페닐알라닌을 첨가한 것이다.
⑤ 현재로서는 우리나라에서 생산되지 않는다.

05 PKU 조제식은 티로신을 강화한 것으로 우리나라에서 PKU-1과 PKU-2가 생산되고 있는데 특유한 맛과 냄새 때문에 어린아이들이 싫어한다.

06 갈락토오스혈증이 있는 어린이에게 권장할 만한 식품은?

① 우유 ② 두유
③ 아이스크림 ④ 탈지분유
⑤ 요구르트

06 갈락토오스혈증 환자에게는 갈락토오스가 함유된 우유 및 유제품과 이를 이용한 음식을 제한한다.

07 갈락토오스혈증의 원인은?

① 갈락토오스를 흡수하지 못하기 때문
② 젖산이 갈락토오스로 분해되지 못하기 때문
③ 갈락토오스가 젖산으로 전환되지 못하기 때문
④ 포도당이 갈락토오스로 전환되지 못하기 때문
⑤ 갈락토오스가 포도당으로 전환되지 못하기 때문

07 갈락토오스혈증은 체내에서 갈락토오스대사에 필요한 효소의 부족으로 갈락토오스가 포도당으로 전환되지 못하여 나타난다. 결핍이 가장 흔한 효소는 갈락토오스 1-인산 유리딘 전이효소이다.

08 갈락토오스혈증이 나타난 어린이에게 섭취가 제한되는 식품은?

① 흰죽 ② 깨죽
③ 크림수프 ④ 감자
⑤ 달걀찜

08 갈락토오스혈증 환자에게는 갈락토오스가 함유된 우유 및 유제품과 이를 이용한 음식을 제한한다.

09 산화적 탈탄산화를 촉진시켜 단풍당뇨증을 일으키는 아미노산은?

① 티로신 ② 리신
③ 페닐알라닌 ④ 이소루신
⑤ 트립토판

09 단풍당뇨증은 루신, 이소루신, 발린 등의 곁가지 아미노산의 산화적 탈탄산반응에 관여하는 효소의 결합으로 발생하는 선천성 대사장애 질환이다.

정답 04. ① 05. ① 06. ② 07. ⑤ 08. ③ 09. ④

10 호모시스틴뇨증(homocystinuria)에 대한 설명으로 옳지 않은 것은?

① type II와 III에서는 호모시스틴과 메티오닌 모두가 축적된다.
② type I은 cystathionine β-synthase가 결핍된 경우로 가장 흔한 형태이다.
③ type I의 경우 메티오닌을 제한하고 시스틴을 보충시킨 조제식을 이용해야 한다.
④ 함황 아미노산 대사에 관여하는 효소의 결핍으로 혈액과 요 중에 호모시스틴의 함량이 높은 질환이다.
⑤ type I인 경우에는 비타민 B_6를 하루에 1,500 mg 정도 대량 투여하면 효소 활성도를 높일 수도 있다.

10 type II(methyl THFA reductase 결핍)와 type III(THFA-homocysteine transmethylase 결핍)에서는 호모시스틴은 축적되나 메티오닌은 감소된다. 따라서 이 경우에는 메티오닌의 제한 식사는 불필요하다.

11 케톤식(ketogenic diet)은 어느 질병의 치료에 쓰이는가?

① 심장병 ② 신장병
③ 간질 ④ 고혈압
⑤ 빈혈

11 케톤식(ketogenic diet)은 **저탄수화물 고지방식**으로서 체내에서 케톤체가 생성되도록 유도하여 **간질 발작을 완화시키는 식사**이다.

12 소아의 간질 경련을 조절하기 위한 식사 제공 시 지방과 지방이 아닌 에너지 영양소의 무게 비율은?

① 1 : 1 ② 2 : 1
③ 4 : 1 ④ 1 : 2
⑤ 1 : 3

12 **뇌전증 환자를 위한 케톤식**은 지방과 지방이 아닌 에너지 영양소의 무게 비율을 **4 : 1 정도**로 한다.

13 케톤식에 대한 설명으로 옳은 것은?

① 고탄수화물, 고지방식을 제공한다.
② 쿠키, 아이스크림을 간식으로 제공한다.
③ 무기질과 비타민 부족 시에는 정제로 보충한다.
④ 탈수를 예방하기 위해 수분은 충분히 보충한다.
⑤ 지방은 중쇄중성지방보다 장쇄중성지방으로 제공한다.

13 케톤식(ketogenic diet)은 성장에 충분한 에너지와 단백질을 제공하도록 하고, 곡류와 과일의 섭취가 제한되므로 비타민, 무기질, 식이섬유의 보충이 필요하다. 제한된 양의 수분을 공급하는 것이 간질 발작 완화에 도움이 된다. 쿠키는 탄수화물 함량이 높으며, 중쇄중성지방은 케토산증을 유발할 수 있으므로 지방은 중쇄중성지방으로 제공한다.

14 류신, 이소류신, 발린의 대사에 장애가 있는 선천성 질환은?

① 단풍당뇨증 ② 티로신혈증
③ 페닐케톤뇨증 ④ 갈락토오스혈증
⑤ 호모시스틴뇨증

정답 10. ① 11. ③ 12. ③ 13. ③ 14. ①

영양사 국가시험
영양교사 중등임용고시를 위한

영양사 문제집

초판 1쇄 발행 2008년 7월 15일 | **13판 1쇄 발행** 2023년 9월 8일

지은이 영양사 국가시험 교육연구회
펴낸이 류원식
펴낸곳 **교문사**

편집팀장 성혜진 | **책임진행** 윤지희 | **디자인** 신나리 | **본문편집** 디자인이투이

주소 10881, 경기도 파주시 문발로 116
대표전화 031-955-6111 | **팩스** 031-955-0955
홈페이지 www.gyomoon.com | **이메일** genie@gyomoon.com
등록번호 1968.10.28. 제406-2006-000035호

ISBN 978-89-363-2518-3 (13590)
정가 39,000원

잘못된 책은 바꿔 드립니다.

교수님 성함	
교수님 연구	
교수님 이메일	
수업시간	
강의실	
강의교재	
과제	
중간고사 시험범위	
기말고사 시험범위	
참고도서	

2023

최신판

2020 한국인 영양소 섭취기준 반영

2교시

1 식품학 및 조리원리
2 급식관리
3 식품위생
4 식품·영양 관계법규

영양사 국가시험
영양교사 중등임용고시를
위한

영양사 문제집

영양사 국가시험 교육연구회 지음

교문사

잠깐!

문제 풀이 중 내용의 오류를 발견하였다면,
교문사 **홈페이지 – 문의하기 – 1 : 1 문의** 게시판에 해당 내용을 남겨주세요.

확인된 오류는 정오표를 바로바로 만들어 홈페이지에 게시하겠습니다.
정오표는 교문사 **홈페이지 – 커뮤니티 – 자료실**에서 다운로드해 주세요.

교문사 홈페이지 www.gyomoon.com

PREFACE

국민의 건강관리에서 영양관리의 역할이 매우 강조되고 있는 현대사회에서 영양전문가의 역할과 책임감은 더욱 중요해지고 직업적 요구는 확대되고 있다. 영양전문가란 식품개발, 급·외식 관리, 보건사업관리, 임상영양 분야 등에서 식품개발 및 평가, 식사계획 및 급식관리, 질병예방 및 건강증진을 위한 영양개선사업 및 질병치료의 영양서비스를 제공하는 전문가를 말하며, 관련 학과를 졸업하고 국가시험을 통과하면 자격이 주어진다.

영양사 자격은 대학에서 식품학 또는 영양학 전공자로 소정의 학점을 이수한 졸업(예정)자가 영양사 국가시험에 응시하고 합격하여야 취득이 가능하다. 국가시험을 대비하려면 ① 영양학 및 생화학, ② 영양교육, 식사요법 및 생리학, ③ 식품학 및 조리원리, ④ 급식, 위생 및 관계법규의 4개 분야와 분야별로 다양한 관련 과목들을 공부하여야 하며, 면허시험에서는 이론 및 직무를 수행할 수 있는지를 평가하는 문제들이 출제된다.

본 문제집은 영양사 국가시험을 준비하는 예비 전문영양인들이 체계적인 방법으로 영양전문가가 갖추어야 할 지식을 습득하여 국가시험의 관문을 무난히 통과하는 것을 목표로 하였다. 집필진은 영양사 국가시험 출제에 다년간 참여하고 풍부한 경험을 갖춘 영양사 국가시험 교육연구회 소속의 현직 식품영양학과 교수들이다. 국가시험 출제범위를 토대로 단원별 정리, 다양한 관점에서의 문제풀이, 새로운 문항 개발, 상세한 해설을 덧붙였고, 수험생의 편의를 위해 각 과목을 국가시험 진행 순서에 따라 배열하였으며, 각 과목 문항 수는 과목별 비중과 시험 문항 수를 고려하여 개발하였다. 2023년 개정판은 최근의 정책 변화와 관련 법규의 개정을 반영하고, 최근 개정된 2020 한국인 영양소 섭취기준을 근거로 문제를 수정하였으며, 국가시험원 출제기준에 맞춘 새로운 유형의 문제를 제시하여, 수험생들이 본서로 영양사 국가시험을 효율적으로 공부하고, 실무에 필요한 식품영양의 최신 지식을 습득, 정리할 수 있도록 내용을 보강하였다.

집필진은 본 수험서로 영양사 국가시험을 준비하는 수험생들이 전공지식을 총정리하고, 영양사 국가시험을 완벽하게 대비할 수 있도록 개발하였다. 문항 개발에 최선을 다해주신 영양사 국가시험 교육연구회 교수님들과 출간에 도움을 주신 교문사 여러분들에게 감사를 전하며, 본서로 시험을 준비하는 모든 수험생에게 합격의 기쁨이 함께하기를 기원한다.

2023년 8월

영양사 국가시험 교육연구회

영양사 시험 안내

01 2017년 이후 시험 관련 변경사항 안내

2015년 5월 19일 개정된 국민영양관리법 시행규칙 제9조에 따라 2017년도부터는 영양사 국가시험이 다음과 같이 변경되어 시행된다.

제9조(영양사 국가시험 과목 등) ① 영양사 국가시험의 과목은 다음 각 호와 같다. 〈개정 2015. 5. 19.〉

1. 영양학 및 생화학(기초영양학 · 고급영양학 · 생애주기영양학 등을 포함한다)
2. 영양교육, 식사요법 및 생리학(임상영양학 · 영양상담 · 영양판정 및 지역사회영양학을 포함한다)
3. 식품학 및 조리원리(식품화학 · 식품미생물학 · 실험조리 · 식품가공 및 저장학을 포함한다)
4. 급식, 위생 및 관계법규(단체급식관리 · 급식경영학 · 식생활관리 · 식품위생학 · 공중보건학과영양 · 보건의료 · 식품위생 관계법규를 포함한다)

② 영양사 국가시험은 필기시험으로 한다.

③ 영양사 국가시험의 합격자는 전 과목 총점의 60퍼센트 이상, 매 과목 만점의 40퍼센트 이상을 득점하여야 한다. 〈개정 2015. 5. 19.〉

④ 영양사 국가시험의 출제방법, 배점비율, 그 밖에 시험 시행에 필요한 사항은 영양사 국가시험관리기관의 장이 정한다.

02 시험시간표

구분	시험과목(문제 수)	총 문제 수	시험형식	입장시간	시험시간
1교시	1. 영양학 및 생화학(60) 2. 영양교육, 식사요법 및 생리학(60)	120	객관식	~08 : 30	09 : 00~10 : 40 (100분)
2교시	1. 식품학 및 조리원리(40) 2. 급식, 위생 및 관계법규(60)	100	객관식	~11 : 00	11 : 10~12 : 35 (85분)

03 시험 형식

시험 과목 수	문제 수	배점	총점	문제 형식
4	220	1점/1문제	220점	객관식 5지선다형

04 시험 일정

구분		일정	비고
응시원서 접수	기간	인터넷 접수 : 2023. 9. 6.(수)~9. 13.(수) ※ 다만, 외국대학 졸업자로 응시자격 확인서류를 제출해야 하는 자는 접수기간 내에 반드시 국시원 별관(2층 고객지원센터)에 방문하여 서류 확인 후 접수 가능함	• 응시수수료 : 90,000원 • 인터넷 접수시간 : 해당 시험직종 원서 접수 시작일 09 : 00부터 접수 마감일 18 : 00까지
	방법	인터넷 접수 : 국시원 홈페이지 [원서접수]	
응시표 출력기간		시험장 공고일 이후부터 출력 가능	2023. 11. 8.(수) 이후
시험 시행	일시	2023. 12. 16.(토)	응시자 준비물 : 응시표, 신분증, 필기도구 지참(컴퓨터용 흑색 수성사인펜은 지급함) ※ 식수(생수)는 제공하지 않음
	방법	국시원 홈페이지 [시험안내] – [영양사] – [시험장소(필기/실기)]	
합격자 발표	일시	2024. 1. 4.(목)	휴대전화번호가 기입된 경우에 한하여 SMS 통보
	방법	국시원 홈페이지 [합격자 조회]	

05 응시자격

국민영양관리법 시행규칙[시행 2016. 3. 1.] [보건복지부령 제315호, 2015. 5. 19. 일부개정]에 따르면 응시자격은 다음과 같다.

✔ 교과목 및 학점이수 기준

다음 교과목 중 각 영역별 최소이수 과목(총 18과목) 및 학점(총 52학점) 이상을 전공과목(필수 또는 선택)으로 이수해야 한다.

(1) 2016년 3월 1일 이후 입학자

국민영양관리법 제15조 ① 영양사가 되고자 하는 사람은 다음 각 호의 어느 하나에 해당하는 사람으로서 영양사 국가시험에 합격한 후 보건복지부장관의 면허를 받아야 한다.

1. 「고등교육법」에 따른 대학, 산업대학, 전문대학 또는 방송통신대학에서 식품학 또는 영양학을 전공한 자로서 교과목 및 학점이수 등에 관하여 보건복지부령으로 정하는 요건을 갖춘 사람

국민영양관리법 시행규칙 제7조 ① 법 제15조 제1항 제1호에서 "보건복지부령으로 정하는 요건을 갖춘 사람"이란 별표 1에 따른 교과목 및 학점을 이수하고, 별표 1의2에 따른 학과 또는 학부(전공)를 졸업한 사람 및 제8조에 따른 영양사 국가시험의 응시일로부터 3개월 이내에 졸업이 예정된 사람을 말한다. 이 경우 졸업이 예정된 사람은 그 졸업예정시기에 별표 1에 따른 교과목 및 학점을 이수하고, 별표 1의2에 따른 학과 또는 학부(전공)를 졸업하여야 한다.

(2) 다음 각 호에 모두 해당하는 자

- 다음의 학과 또는 학부(전공) 중 1가지
  - 학과 : 영양학과, 식품영양학과, 영양식품학과
  - 학부(전공) : 식품학, 영양학, 식품영양학, 영양식품학

  ※ 학칙에 의거한 '학과명' 또는 '학부의 전공명'이어야 하며, 위와 명칭이 상이한 경우 반드시 담당자 확인 요망(1544-4244)

- 교과목(학점) 이수 : '영양 관련 교과목 이수증명서'로 교과목(학점) 확인 가능(국시원 홈페이지 [시험안내 홈] → [영양사 시험선택] → [서식모음 7.] 첨부파일 참조)
  - 영양 관련 교과목 이수증명서에 따른 18과목 52학점을 전공(필수 또는 선택)과목으로 이수해야 함
  - 2016년 3월 1일 이후 영양사 현장실습 교과목 이수 시 80시간 이상(2주 이상), 영양사가 배치된 집단급식소, 의료기관, 보건소 등에서 현장 실습하여야 함
  - 법정과목과 그에 해당하는 유사인정과목은 동일한 과목이므로, 여러 개 이수해도 1개 과목 이수로만 인정(단, 학점은 합산 가능)

✔ 별표 1. 영역별 교과목과 최소이수 과목 및 학점

영역	교과목	유사인정과목	최소이수 과목 및 학점
기초	생리학	인체생리학, 영양생리학	총 2과목 이상 (6학점 이상)
	생화학	영양생화학	
	공중보건학	환경위생학, 보건학	
영양	기초영양학	영양학, 영양과 현대사회, 영양과 건강, 인체영양학	총 6과목 이상 (19학점 이상)
	고급영양학	영양화학, 고급인체영양학, 영양소 대사	
	생애주기영양학	특수영양학, 생활주기영양학, 가족영양학, 영양과 (성장)발달	
	식사요법	식이요법, 질병과 식사요법	
	영양교육	영양상담, 영양교육 및 상담, 영양정보관리 및 상담	
	임상영양학	영양병리학	
	지역사회영양학	보건영양학, 지역사회 영양 및 정책	
	영양판정	영양(상태)평가	
식품 및 조리	식품학	식품과 현대사회, 식품재료학	총 5과목 이상 (14학점 이상)
	식품화학	고급식품학, 식품(영양)분석	
	식품미생물학	발효식품학, 발효(미생물)학	
	식품가공 및 저장학	식품가공학, 식품저장학, 식품제조 및 관리	
	조리원리	한국음식연구, 외국음식연구, 한국조리, 서양조리	
	실험조리	조리과학, 실험조리 및 관능검사, 실험조리 및 식품평가, 실험조리 및 식품개발	
급식 및 위생	단체급식관리	급식관리, 다량조리, 외식산업과 다량조리	총 4과목 이상 (11학점 이상)
	급식경영학	급식경영 및 인사관리, 급식경영 및 회계, 급식경영 및 마케팅 전략	
	식생활관리	식생활계획, 식생활(과)문화, 식문화사	
	식품위생학	식품위생 및 (관계)법규	
	식품위생 관계법규	식품위생법규	
실습	영양사 현장실습	영양사 실무	총 1과목 이상 (2학점 이상)

06 응시원서 교부 및 접수

✔ 인터넷을 통한 응시원서 접수

(1) 인터넷 접수 대상자

'방문접수 대상자'를 제외하고 모두 인터넷 접수만 가능

※ 단, 응시자격 확인에 대한 책임은 본인에게 있음

(2) 인터넷 접수 준비사항

- 회원가입
- 응시원서 : 국시원 홈페이지 [시험안내 홈] → [응시원서 접수]에서 직접 입력

  ※ 실명인증 : 성명과 주민등록번호를 입력하여 실명인증을 시행, 외국국적자는 외국인 등록증이나 국내거소신고증상의 등록번호 사용. 금융거래 실적이 없을 경우 실명인증이 불가능함

  ※ 코리아크레딧뷰로(02－708－1000)에 문의
- 사진파일 : jpg 파일(컬러), 276×354픽셀 이상 크기, 해상도는 200dpi 이상

(3) 응시수수료 결제

- 결제 방법 : [응시원서 작성 완료] → [결제하기] → [응시수수료 결제] → [시험선택] → [온라인계좌이체 / 가상계좌이체 / 신용카드] 중 선택
- 마감 안내 : 인터넷 응시원서 등록 후, 접수 마감일 18 : 00까지 결제하지 않았을 경우 미접수로 처리

(4) 시험장 선택

- 방법 : 응시수수료 결제 완료 화면에서 응시하고자 하는 시험장을 선택
- 시험장 선택제 실시 : 2017년도 제41회 영양사 국가시험부터 응시지역 및 응시하고자 하는 시험장을 선택하여야 함

  ※ 시험장소 공고 7일 전까지 선택하지 않을 경우 임의 배정됨

(5) 접수결과 확인

- 방법 : 국시원 홈페이지 [시험안내 홈] → [응시원서 접수] → [응시원서 접수결과]
- 영수증 발급 : http://www.easypay.co.kr에서 열람·출력

(6) 응시원서 기재사항 수정

- 방법 : 국시원 홈페이지 [시험안내 홈] → [마이페이지] → [응시원서 수정]
- 기간 : 시험 시작일 하루 전까지만 가능
- 수정 가능 범위
  - 응시원서 접수기간 : 아이디, 성명, 주민등록번호를 제외한 나머지 항목
  - 응시원서 접수기간~시험장소 공고 7일 전 : 응시지역 및 시험장
    ※ 변경하고자 하는 시험장의 잔여좌석이 없을 경우 선택 불가함
  - 마감~시행 하루 전 : 비밀번호, 주소, 전화번호, 전자우편, 학과명 등
  - 단, 성명이나 주민등록번호는 개인정보(열람, 정정, 삭제, 처리정지) 요구서와 주민등록초본 또는 기본증명서, 신분증 사본을 제출하여야만 수정 가능(국시원 홈페이지 [시험안내 홈] → [시험정보] → [서식모음]에서 「개인정보(열람, 정정, 삭제, 처리정지) 요구서」 참고)

(7) 응시표 출력

- 방법 : 국시원 홈페이지 [시험안내 홈] → [응시표 출력]
- 기간 : 시험장 공고일부터 시험 시행일 아침까지 가능
- 기타 : 흑백으로 출력하여도 관계없음

✔ 방문을 통한 응시원서 접수

(1) 방문접수 대상자(인터넷 접수 불가)

보건복지부장관이 인정하는 외국대학 졸업자 중 국가시험에 처음 응시하는 경우는 응시자격 확인을 위해 방문접수만 가능

(2) 보건복지부장관이 인정하는 외국대학 졸업자의 방문접수 시 제출서류

- 응시원서 1매(국시원 홈페이지 [시험안내 홈] → [시험정보] → [서식모음]에서 「보건의료인국가시험 응시원서 및 개인정보 수집·이용·제3자 제공 동의서(응시자)」 참고)
- 동일 사진 2매(3.5×4.5cm 크기의 인화지로 출력한 컬러사진)
- 개인정보 수집·이용·제3자 제공 동의서 1매(국시원 홈페이지 [시험안내 홈] → [시험정보] → [서식모음]에서 「보건의료인국가시험 응시원서 및 개인정보 수집·이용·제3자 제공 동의서(응시자)」 참고)

- 면허증사본 1매
- 졸업증명서 1매
- 성적증명서 1매
- 출입국사실증명서 1매
- 응시수수료(현금 또는 카드결제)

※ 면허증사본, 졸업증명서, 성적증명서는 현지의 한국 주재공관장(대사관 또는 영사관)의 영사 확인 또는 아포스티유(Apostille) 확인 후 우리말로 번역 및 공증하여 제출. 단, 영문서류는 번역 및 공증을 생략할 수 있음(단, 재학사실확인서는 필요시 제출)

(3) 응시수수료 결제

- 결제 방법 : 현금, 신용카드, 체크카드 가능
- 마감 안내 : 방문접수 기간 18 : 00까지(마지막 날도 동일)

07 합격자 결정 및 발표

✔ 합격자 결정

- 합격자 결정은 전 과목 총점의 60% 이상, 매 과목 만점의 40% 이상 득점한 자를 합격자로 한다.
- 응시자격이 없는 것으로 확인된 경우에는 합격자 발표 이후에도 합격을 취소한다.

✔ 합격자 발표

- 합격자 명단 확인방법
  - 국시원 홈페이지 [시험안내 홈] → [시험정보] → [합격자조회]
  - 국시원 모바일 홈페이지
- 휴대전화 번호가 기입된 경우에 한하여 SMS로 합격 여부 통보

※ 휴대전화 번호가 010으로 변경되어, 기존 01* 번호를 연결해 놓은 경우 반드시 변경된 010 번호로 입력(기재)하여야 함

08 교과목별 출제 범위(2019년도 제43회부터 적용)

시험과목	분야	영역	세부영역
1. 영양학 및 생화학	1. 영양학 및 생화학	1. 개요	1. 영양섭취기준, 영양섭취실태, 영양 밀도, 영양과 성장, 영양표시, 세포의 구조와 기능
		2. 탄수화물 영양	1. 탄수화물의 소화, 흡수 2. 혈당조절 3. 탄수화물의 생리적 기능 4. 탄수화물 섭취기준, 급원, 탄수화물 섭취 관련 문제 5. 식이섬유
		3. 탄수화물 대사	1. 해당작용, TCA 회로, 전자전달계, 오탄당인산회로 2. 포도당 신생 3. 글리코겐 대사
		4. 지질 영양	1. 지질의 소화, 흡수 2. 지질의 운반 3. 지질의 생리적 기능 4. 지질 섭취기준, 급원, 지질 섭취 관련 문제
		5. 지질 대사	1. 중성지방 대사 2. 케톤체 대사 3. 콜레스테롤 대사
		6. 단백질 영양	1. 단백질의 소화, 흡수 2. 단백질의 생리적 기능 3. 단백질의 질 평가 4. 단백질 섭취기준, 급원, 단백질 섭취 관련 문제
		7. 아미노산 및 단백질 대사	1. 아미노산의 대사 2. 질소 배설 3. 핵산 4. 단백질 생합성, 유전자 발현 5. 효소
		8. 에너지 대사	1. 에너지 필요량 2. 에너지 섭취기준, 에너지 섭취 관련 문제 3. 에너지 대사의 통합적 조절 4. 알코올 대사
		9. 지용성 비타민	1. 지용성 비타민 종류, 기능 2. 지용성 비타민의 흡수, 대사 3. 지용성 비타민 결핍, 과잉 4. 지용성 비타민의 섭취기준, 급원
		10. 수용성 비타민	1. 수용성 비타민 종류, 기능 2. 수용성 비타민의 흡수, 대사 3. 수용성 비타민 결핍, 과잉 4. 수용성 비타민의 섭취기준, 급원

(계속)

시험과목	분야	영역	세부영역
1. 영양학 및 생화학	1. 영양학 및 생화학	11. 다량 무기질	1. 다량 무기질 종류, 기능 2. 다량 무기질 흡수, 대사 3. 다량 무기질 결핍, 과잉 4. 다량 무기질의 섭취기준, 급원
		12. 미량 무기질	1. 미량 무기질 종류, 기능 2. 미량 무기질의 흡수, 대사 3. 미량 무기질 결핍, 과잉 4. 미량 무기질의 섭취기준, 급원
		13. 수분	1. 수분의 기능 2. 인체 수분 균형, 필요량
	2. 생애주기 영양학	1. 임신기, 수유기 영양	1. 임신기의 생리적 특성 2. 임신기의 영양관리 3. 임신부 영양 관련 문제 4. 수유기의 생리적 특성 5. 수유기 영양 관련 문제
		2. 영아기, 유아기(학령전기) 영양	1. 영아기의 생리적 특성 2. 영아기의 영양관리 3. 이유기의 영양관리 4. 영아기 영양 관련 문제 5. 유아기(학령전기)의 생리적 특성, 영양관리 6. 유아기(학령전기) 영양 관련 문제
		3. 학령기, 청소년기 영양	1. 학령기의 생리적 특성, 영양관리 2. 학령기 영양 관련 문제 3. 청소년기의 생리적 특성, 영양관리 4. 청소년기 영양 관련 문제
		4. 성인기, 노인기 영양	1. 성인기의 생리적 특성, 영양관리 2. 성인기 영양 관련 문제 3. 노인기의 생리적 특성, 영양관리 4. 노인기 영양 관련 문제
		5. 운동과 영양	1. 운동 시 에너지 대사, 영양관리
2. 영양교육, 식사요법 및 생리학	1. 영양교육	1. 영양교육과 사업의 요구도 진단	1. 영양교육과 지역사회사업의 요구도 진단 과정
		2. 영양교육과 사업의 이론 및 활용	1. 영양교육의 이론 및 활용 2. 지역사회영양사업의 이론 및 활용
		3. 영양교육과 사업의 과정	1. 영양교육과 사업의 계획 및 실행 2. 영양교육과 사업의 평가
		4. 영양교육의 방법 및 매체 활용	1. 영양교육의 방법 2. 영양교육의 매체 활용
		5. 영양상담	1. 영양상담
		6. 영양정책과 관련 기구	1. 영양정책 2. 영양행정기구 역할
		7. 영양교육과 사업의 실제	1. 영양교육 실행 시 교수학습과정안 작성 및 활용 2. 지역사회 영양사업의 실제

(계속)

시험과목	분야	영역	세부영역
2. 영양교육, 식사요법 및 생리학	2. 식사요법 및 생리학	1. 영양관리과정	1. 영양관리과정(NCP)의 개념 2. 영양판정과 영양검색
		2. 병원식과 영양지원	1. 식단계획과 식품교환표 2. 병원식 3. 영양지원
		3. 위장관 질환의 영양관리	1. 위장관의 기능과 소화흡수 2. 식도 질환의 영양관리 3. 위 질환의 영양관리 4. 장 질환의 영양관리
		4. 간, 담도계, 췌장 질환의 영양관리	1. 간, 담도계, 췌장의 기능과 영양대사 2. 간 및 담도계 질환의 영양관리 3. 췌장 질환의 영양관리
		5. 체중조절과 영양관리	1. 비만의 영양관리 2. 저체중의 영양관리 3. 대사증후군의 영양관리
		6. 당뇨병의 영양관리	1. 당뇨병의 분류 2. 당뇨병의 대사 3. 당뇨병의 합병증과 관리 4. 당뇨병의 영양관리
		7. 심혈관계 질환의 영양관리	1. 심혈관계의 생리 2. 심혈관계 질환의 영양관리 3. 뇌혈관 질환의 영양관리
		8. 비뇨기계 질환의 영양관리	1. 콩팥의 구조와 기능 2. 콩팥 질환의 영양관리 3. 콩팥/요로 결석의 영양관리
		9. 암의 영양관리	1. 암의 예방을 위한 영양관리 2. 암환자의 영양관리
		10. 면역, 수술 및 화상, 호흡기 질환의 영양관리	1. 면역과 영양관리 2. 알레르기와 영양관리 3. 수술 및 화상의 영양관리 4. 호흡기 질환의 영양관리
		11. 빈혈의 영양관리	1. 혈액의 조성과 기능 2. 빈혈의 영양관리
		12. 신경계 및 골격계 질환의 영양관리	1. 신경계 질환의 영양관리 2. 골격계 질환의 영양관리
		13. 선천성 대사장애 및 내분비 조절장애의 영양관리	1. 선천성 대사장애의 영양관리 2. 내분비 조절장애의 영양관리

(계속)

시험과목	분야	영역	세부영역
3. 식품학 및 조리원리	1. 식품학 및 조리원리	1. 개요	1. 조리의 기초
		2. 수분	1. 수분의 특성
		3. 탄수화물	1. 탄수화물의 분류 및 특성
		4. 지질	1. 지질의 분류 및 특성
		5. 단백질	1. 단백질의 분류 및 특성 2. 식품의 효소
		6. 식품의 색과 향미	1. 식품의 색 2. 식품의 맛과 냄새
		7. 식품 미생물	1. 미생물의 생육과 영향인자 2. 식품 관련 미생물
		8. 곡류, 서류 및 당류	1. 곡류의 성분과 조리 2. 서류의 성분과 조리 3. 당류의 성분과 조리
		9. 육류	1. 육류의 성분 2. 육류의 조리 및 가공
		10. 어패류	1. 어패류의 성분 2. 어패류의 조리 및 가공
		11. 난류	1. 난류의 성분과 조리
		12. 우유 및 유제품	1. 우유 및 유제품의 성분과 조리 및 가공
		13. 두류	1. 두류의 성분과 조리 및 가공
		14. 유지류	1. 유지의 조리 및 가공
		15. 채소류 및 과일류	1. 채소류의 성분과 조리 2. 과일류의 성분과 조리
		16. 해조류 및 버섯류	1. 해조류의 성분과 조리 2. 버섯류의 성분과 조리
4. 급식, 위생 및 관계법규	1. 급식관리	1. 개요	1. 급식유형 및 체계 2. 급식계획 및 조직
		2. 식단관리	1. 식단작성 및 평가 2. 메뉴개발 및 관리
		3. 구매관리	1. 구매 2. 검수 3. 저장 4. 재고관리
		4. 생산 및 작업관리	1. 수요예측 2. 다량조리 3. 보관과 배식 4. 급식품질관리 5. 급식소 작업관리
		5. 위생·안전관리	1. 작업공정별 식재료 위생 2. 급식관련자 위생·안전 교육과 관리 3. 급식 시설·기기 위생관리

(계속)

시험과목	분야	영역	세부영역
4. 급식, 위생 및 관계법규	1. 급식관리	6. 시설·설비관리	1. 급식소 시설·설비 관리
		7. 원가 및 정보관리	1. 원가 및 재무관리 2. 사무 및 정보관리
		8. 인적자원관리	1. 인적자원 확보, 유지, 보상 2. 인적자원 개발 3. 리더십과 동기부여, 의사소통
		9. 마케팅관리	1. 마케팅관리
	2. 식품위생	1. 식품위생관리	1. 식품위생관리 대상 및 방법
		2. 세균성 식중독	1. 감염형 2. 독소형 3. 바이러스성
		3. 화학물질에 의한 식중독	1. 화학적 식중독 2. 자연독 3. 곰팡이독 4. 환경오염 5. 식품첨가물
		4. 감염병, 위생동물, 기생충	1. 경구감염병과 인축공통 감염병 2. 위생동물과 기생충
		5. 식품안전관리인증기준	1. 식품안전관리인증기준(HACCP)
	3. 식품·영양 관계법규	1. 식품위생법	1. 총칙 2. 식품등의 기준, 규격과 판매 금지 3. 영업(영양사와 종사원의 준수사항) 4. 조리사 등 5. 보칙(집단급식소와 식중독)
		2. 학교급식법	1. 학교급식 관리·운영
		3. 기타 관계법규	1. 국민건강증진법(국민영양조사, 영양개선) 2. 국민영양관리법 3. 농수산물의 원산지 표시 등에 관한 법률 (집단급식소에서의 원산지 표시) 4. 식품 등의 표시·광고에 관한 법률

2 교시

CONTENTS

1

식품학 및 조리원리

1 개요

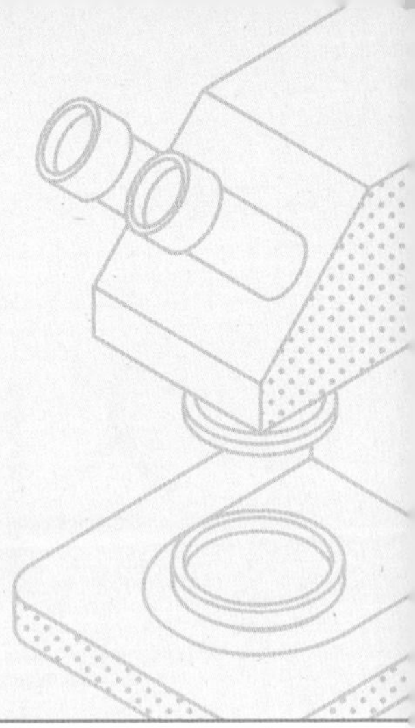

학습목표 조리원리의 목적과 조리과정에 필수적인 물과 열 및 계량법을 이해하고, 이를 과학적인 조리를 하는 데 활용한다. 또한 합리적인 조리 조작법과 가열조리방법을 이해하고, 음식을 만드는 데 응용한다.

01 영양소의 손실을 최소화하기 위한 조리방법으로 옳은 것은?

① 감자는 채 썬 후 씻는다.
② 쌀을 불린 물은 밥을 지을 때 사용하지 않는다.
③ 중조를 넣고 채소를 데치면 영양소 손실을 줄일 수 있다.
④ 시금치는 소금을 조금 넣고 데친다.
⑤ 마른 표고버섯 불린 물은 찌개에 사용하지 않는다.

02 조리의 목적으로 옳은 것은?

① 식품의 기호성이 낮아진다.
② 식품의 품질이 낮아진다.
③ 식품의 저장성이 감소된다.
④ 식품의 소화흡수율이 낮아진다.
⑤ 식품의 위생적 안전성이 높아진다.

03 교질용액 상태로 존재하는 것은?

① 두유 ② 소금물
③ 간장 ④ 꿀
⑤ 전분물

04 교질용액을 안전한 상태로 유지하는 것은?

① 수소결합 ② 반데르발스 결합
③ 분자 운동 ④ 이온결합
⑤ 브라운 운동

01 영양소의 손실을 줄이기 위해 감자는 통째로 씻은 다음 썰고, 쌀을 불린 물을 조리수로 사용한다. 또한 시금치를 데칠 때 소금을 첨가하면 비타민 C의 파괴를 막을 수 있으며 채소를 데칠 때 중조를 사용하면 비타민이 파괴된다. 표고버섯 불린 물을 조리수로 사용한다.

02 **조리의 목적**은 식품의 기호성, 품질, 저장성, 위생적 안전성, 소화흡수율을 높이는 것이다.

03 교질용액(콜로이드용액)은 **분산된 물질의 크기가 진용액보다 크지만 침전되지 않고 분산되어 있는 상태**이며 두유가 대표적 예이다. 진용액은 1 nm 이하의 분자나 이온이 용해된 것으로 소금물, 설탕물이 대표적 예이다. 교질용액을 형성하는 입자의 크기는 1~100 nm이다.

04 교질용액(콜로이드용액)은 중력에 저항하는 **브라운 운동**, 현탁액은 중력에 의한 운동, 진용액은 분자 운동을 한다.

정답 01. ④ 02. ⑤ 03. ①
04. ⑤

05 물에 분산되어 교질용액을 형성하는 것으로 옳은 것은?

① 소금 ② 수용성 비타민
③ 무기질 ④ 단백질
⑤ 설탕

05 소금과 설탕, 수용성 비타민, 무기질은 물에 녹아 **진용액**을 형성한다.

06 현탁액의 특성을 설명하는 용어로 옳은 것은?

① 흡착 ② 점성
③ 가소성 ④ 침전
⑤ 겔화

06 **흡착, 점성, 가소성, 겔화**는 교질용액의 특성을 설명하는 용어이다.

07 공기가 조리열의 전달매체인 조리법으로 옳은 것은?

① 볶기 ② 튀기기
③ 끓이기 ④ 삶기
⑤ 구이

07 **기름**은 볶기와 튀기기, **공기**는 구이와 브로일링, 로스팅의 열전달매체이다. 삶기, 끓이기, 데치기, 졸이기의 열전달매체는 **물**이다.

08 조리 시 물의 역할로 옳은 것은?

① 전분의 호화를 억제한다.
② 식품의 저장성을 향상시킨다.
③ 글루텐의 형성을 방해한다.
④ 식품의 텍스처, 맛 등에 영향을 주지 않는다.
⑤ 식품에 열을 전달하는 매체로 작용한다.

08 조리 시 물은 **전분의 호화와 글루텐 형성을 돕고, 식품의 변질과 텍스처, 맛 등에 영향**을 주며 이물질과 미생물 제거, 건조한 식품의 수분 부여 등의 역할을 한다.

09 전자레인지용 용기의 재질로 적당한 것은?

① 종이, 유리
② 스테인리스 스틸, 사기
③ 나무, 비내열성 플라스틱
④ 스테인리스 스틸, 나무
⑤ 도자기, 비내열성 플라스틱

09 **전자레인지 용기로 적당한 것은 도자기, 유리, 나무, 종이, 내열 플라스틱**이며, 부적당한 것은 금속장식이 있는 식기, 철기 등이다. 접시에 금속 테두리가 있으면 이 부분이 타게 되므로 부적당하다.

10 조리용 계량기기로 옳은 것은?

① 계량컵, 저울 ② 계량컵, 오븐
③ 계량스푼, 믹서 ④ 계량스푼, 그릴
⑤ 계량스푼, 거품기

10 **조리용 계량기기에는 계량컵, 계량스푼, 저울** 등이 있다.

정답 05. ④ 06. ④ 07. ⑤ 08. ⑤ 09. ① 10. ①

11 식품의 계량법으로 옳은 것은?

① 밀가루는 체로 친 후 계량컵에 꼭꼭 눌러 담아 계량한다.
② 물엿은 계량컵에 흘러넘치지 않도록 가득 담아 계량한다.
③ 황설탕은 계량컵에 꼭꼭 눌러 담아 계량한다.
④ 마가린은 녹인 후에 계량컵에 빈 공간 없이 담아 계량한다.
⑤ 꿀은 반드시 액체 계량컵을 사용하여 수북하게 담아 계량한다.

11 **밀가루**는 계량 직전에 반드시 체로 쳐서 누르지 말고 자연스럽게 계량컵에 담는다. **물엿, 꿀** 등과 같이 점성 있는 액체는 위로 볼록하게 올라올 정도로 담은 다음 편평하게 깎아서 계량하고, 분할된 계량컵을 사용하는 것이 좋다. **황설탕**은 설탕 입자가 서로 달라붙으므로 꼭꼭 눌러 담아 계량하고 계량 후 계량컵의 안쪽에 버터나 마가린이 남아 있지 않도록 잘 긁어내야 한다.

12 종자치환법(종실법)을 이용하여 부피를 측정하는 식품으로 옳은 것은?

① 버터
② 떡
③ 흰설탕
④ 물엿
⑤ 전분

12 떡, 빵, 만두와 같은 식품은 물을 흡수하므로 부피 측정에 물을 이용할 수 없다. 따라서 이들 식품은 좁쌀 등을 이용한 **종자치환법(종실법)**으로 부피를 측정해야 한다.

13 우리나라 1C의 표준용량으로 옳은 것은?

① 200 mL
② 240 mL
③ 300 mL
④ 400 mL
⑤ 450 mL

13 1C의 국제표준용량은 240 mL이다.

14 국제표준용량을 기준으로 할 때 계량 단위에 대한 설명으로 옳은 것은?

① 1 C = 200 mL
② 1 Ts = 3 ts
③ 1 ts = 15 mL
④ 1 Ts = 10 mL
⑤ 1 C = 10 Ts

14 1 Ts = 3 ts, 1 C = 16 Ts
1 Ts = 15 mL, 1 ts = 5 mL

15 1C을 계량하는 방법으로 옳은 것은?

① 물엿 계량에는 액체계량컵을 사용한다.
② 슈거파우더는 체로 친 후 계량컵에 담아 꾹꾹 눌러서 계량한다.
③ 쇼트닝은 냉장고에 넣어 고체상태로 만든 다음 계량한다.
④ 흑설탕은 덩어리 없이 곱게 부순 다음 자연스럽게 담아 계량한다.
⑤ 밀가루는 직접 계량컵에 수북하게 체 친 후 표면을 편평하게 깎아 준다.

15 **버터, 마가린, 쇼트닝**은 실온에 방치하여 부드럽게 한 후 컵에 꼭꼭 눌러 담은 후 윗면을 수평이 되도록 하여 계량한다.

정답 11. ③ 12. ② 13. ① 14. ② 15. ⑤

16 **맛에 대한 설명으로 옳은 것은?**

① 신맛에 대한 민감도는 온도에 따른 차이가 있다.
② 4가지 기본 맛 중 쓴맛에 대한 역가가 가장 높다.
③ 4가지 기본 맛 중 단맛에 대한 역가가 가장 높다.
④ 맛의 역가는 온도에 따라 차이가 없다.
⑤ 역가란 맛을 감지할 수 있는 최대농도를 의미한다.

16 신맛은 온도에 따라 민감도의 차이가 없고, 쓴맛의 역가가 가장 낮으며, 온도가 높아질수록 역가가 높아진다. **역가란 맛을 감지할 수 있는 최소농도**이다.

17 **삼투압에 대한 설명으로 옳은 것은?**

① 조미료는 분자량이 작은 것을 먼저 넣는다.
② 채소를 소금에 절이면 삼투작용에 의해 수분이 빠져나온다.
③ 채소의 세포막은 반투막으로 분자가 큰 것은 통과하기 쉽다.
④ 진한 소금 용액에 풋콩을 넣으면 풋콩의 부피가 증가한다.
⑤ 농도차가 클수록 탈수현상이 적다.

17 **채소의 세포막은 반투막**으로 분자가 큰 것은 통과하기 어렵고 진한 소금 용액에 풋콩을 넣으면 풋콩에서 수분이 빠져나가 쪼그라든다. 농도차가 클수록 탈수현상이 잘 일어난다.

18 **122°F를 섭씨(℃)로 바르게 환산한 것은?**

① 30℃　　② 50℃
③ 70℃　　④ 100℃
⑤ 120℃

18 **(화씨온도 − 32) × (5/9) = 섭씨온도**

19 **열의 이동에 대한 설명으로 옳은 것은?**

① 복사, 대류, 전도 중 가장 속도가 빠른 열 전달방법은 전도이다.
② 데운 음식의 온도를 유지하려면 열전도율이 낮은 것이 좋다.
③ 전도는 물이나 공기를 통한 열 전달방법이다.
④ 오븐 내의 온도가 가장 높은 곳은 중심부이다.
⑤ 용기의 표면이 희고 반질반질할수록 열을 잘 흡수하여 온도를 빨리 높인다.

19 **열의 전달속도는 복사, 대류, 전도의 순**이며 전도는 고체를 통해, 대류는 액체 및 기체를 통해 열을 전달하는 방법이다. **열전도율이 낮은 용기**는 음식의 열 손실이 적으므로 **보온성이 좋다.** 오븐 내에서 온도가 가장 일정한 곳이 중심부이다. 복사열은 용기의 표면이 검고 거칠거칠할수록 빨리 흡수한다.

20 **가열조리조작에서 열전달에 대한 설명으로 옳은 것은?**

① 끓이기와 삶기는 복사에 의해 열이 전달된다.
② 튀김은 복사에 의한 조리법이다.
③ 구이는 복사와 전도에 의한 조리법이다.
④ 마이크로웨이브 조리는 열효율이 나쁘다.
⑤ 기름은 물보다 비열이 크기 때문에 일정 온도 유지가 쉽다.

20 끓이기와 삶기는 대류와 전도에 의해 열이 전달되며, 튀김은 대류와 전도에 의해 열이 전달된다. **마이크로웨이브는** 열효율이 크기 때문에 단시간에 조리가 가능하며, **기름은 물보다 비열이 작기 때문에** 일정하게 온도를 유지하기가 어렵다. 기름의 비열은 0.47 cal/g·℃이고 물의 비열은 1 cal/g·℃이다.

정답 16. ③ 17. ② 18. ② 19. ② 20. ③

21 물의 대류에 의한 조리법으로는 삶기와 끓이기 등이 있다.

22 공기, 물, 수증기, 기름이 조리열을 전달하는 매체이다. 공기와 기름은 건열조리 시의 열 전달매체이다. 공기는 로스팅, 베이킹과 같은 구이에서, 기름은 튀김, 볶음, 부침에서 조리열을 전달한다. 한편 물과 수증기는 습열조리 시의 열 전달매체이다. 끓이기, 삶기, 데치기에서는 물이, 찌기에서는 수증기가 조리열을 전달한다.

23 육류는 찬물에 넣고 끓여야 국물맛이 잘 우러나고, 마이크로웨이브 조리는 열효율이 높아 가열 시간이 짧으며 영양소 파괴가 적고 수분증발이 일어난다. 찌기는 식품 모양 유지는 좋으나 조리 도중 조미가 어려우며, 어육식품은 냉동 시 단백질 변성으로 인하여 해동하였을 때 질감이 달라진다.

24 담그기를 하는 이유는 건조식품의 수분 재흡수, 변색 방지, 텍스처 향상, 조미 성분의 침투, 좋지 않은 맛 성분 제거를 위함이다.

25 조리 방법 중 삶기, 찌기, 끓이기와 같이 열 전달매체로 물을 사용하는 것이 습열조리법이다. 튀기기, 볶기, 굽기와 같이 기름이나 복사열을 열 전달매체로 사용하는 것은 건열조리법이다.

정답 21. ④ 22. ⑤ 23. ②
24. ① 25. ①

21 물의 대류에 의해 열이 식품의 표면에서 내부로 이동되며 수용성 비타민의 손실이 큰 조리법은?

① 굽기
② 튀기기
③ 볶기
④ 삶기
⑤ 찌기

22 조리법과 조리열의 전달매체를 연결한 것으로 옳은 것은?

① 굽기 – 물
② 데치기 – 수증기
③ 볶기 – 공기
④ 찌기 – 물
⑤ 삶기 – 물

23 조리방법에 대한 설명으로 옳은 것은?

① 국물 맛을 우려내기 위해 육류는 따뜻한 물에 넣고 끓이는 것이 좋다.
② 삶기를 할 때 수용성 영양 성분이 조리수로 빠져나간다.
③ 마이크로웨이브 조리는 영양소 파괴가 적으나 열효율이 나쁘다.
④ 찌기는 식품의 모양 유지에 좋고 조리 도중 조미도 쉽게 할 수 있다.
⑤ 어육식품은 해동하면 식품의 질감이 그대로 유지된다.

24 식품의 조리조작 중 담그기를 하는 이유로 옳은 것은?

① 좋지 않은 맛 성분 제거
② 영양소 흡수율의 증진
③ 수용성 비타민 용출 감소
④ 채소나 과일의 변색 촉진
⑤ 조미 성분의 침투 억제

25 음식과 조리방법을 연결한 것으로 옳은 것은?

① 닭찜 – 습열조리
② 통닭구이 – 습열조리
③ 수란 – 건열조리
④ 스튜(stew) – 건열조리
⑤ 튀김 – 습열조리

26 튀기기에 대한 설명으로 옳은 것은?

① 표면만 가열할 음식은 저온에서 장시간 가열해야 한다.
② 튀김옷을 얼음물로 반죽하면 점도가 높게 유지되어 끈적거리게 된다.
③ 가열 온도가 높아 영양소 손실이 많다.
④ 너무 높은 온도에서 튀기면 기름을 많이 흡수한다.
⑤ 기름의 대류 작용으로 열이 식품에 전달되는 방법이다.

26 **튀김은 기름의 대류 작용으로 열이 식품에 전달되는 조리방법**이다. 튀김옷을 얼음물로 반죽하면 점도가 낮아져 바삭해진다. 또한 너무 높은 온도에서 튀기면 속은 익지 않고 겉은 타게 되며 너무 낮은 온도에서 튀기면 많은 양의 기름이 흡수되므로 흡유량이 증가한다.

27 썰기에 대한 설명으로 옳은 것은?

① 편육은 근섬유방향과 직각으로 썰면 부드러워진다.
② 비가식 부분의 이용효율을 높인다.
③ 잡채용 고기는 형태 유지를 위해 근섬유방향과 직각으로 썬다.
④ 재료의 표면적이 증가되어 조미 성분이 쉽게 침투할 수 없다.
⑤ 소화흡수율이 낮아진다.

27 **식품을 써는 목적**은 먹을 수 없는 부분(불가식부)을 제거하고, 열의 전도와 조미료 침투가 용이하도록 하며, 가열시간을 단축시켜 연료를 절약시키고 형태나 크기를 가지런히 하여, 먹기 쉬운 형태나 크기로 만들어 외관을 아름답게 하고 소화흡수가 잘되게 하는 것이다.

28 수증기의 기화열을 이용한 조리법으로 옳은 것은?

① 찌기 ② 삶기
③ 끓이기 ④ 데치기
⑤ 졸이기

28 **찌기는 수증기의 기화열을 이용한 조리법이다.**

29 건열조리법으로 옳은 것은?

① 삶기 ② 졸이기
③ 데치기 ④ 끓이기
⑤ 볶기

29 **삶기, 졸이기, 데치기, 끓이기는 습열조리법이다.**

30 마이크로웨이브 조리에 대한 설명으로 옳은 것은?

① 마이크로웨이브는 열효율이 나쁘다.
② 마이크로웨이브는 조리시간이 짧다.
③ 식품 표면의 갈변이 잘 일어난다.
④ 금속용기는 마이크로웨이브를 흡수한다.
⑤ 종이와 나무는 마이크로웨이브를 반사한다.

30 **마이크로웨이브 조리** 시 식품의 표면은 갈변되지 않으며 금속용기는 마이크로웨이브를 반사하여 사용에 제한이 있다. 공기, 종이, 유리, 나무 등은 마이크로웨이브를 투과한다.

정답 26. ⑤ 27. ① 28. ① 29. ⑤ 30. ②

31 식품의 냉각이 빨리 진행되기 위한 조건으로 옳은 것은?

① 용기의 열전도율이 낮다.
② 식품의 표면적이 작다.
③ 식품과 주위의 온도차가 작다.
④ 식품을 미지근한 물에 담근다.
⑤ 식품의 크기가 작고 두께가 얇다.

31 용기의 열전도율이 높고, 식품 표면적이 크며, 식품과 주위의 온도차가 크고, 얼음물에 담가야 **냉각**이 빨리 진행된다.

32 조리 시 첨가되는 소금의 역할로 옳은 것은?

① 육류 조리 시 2~3%를 첨가하면 보수성이 감소한다.
② 채소를 삶을 때 클로로필의 변색을 억제한다.
③ 밀가루 반죽의 결착을 도와 부침요리를 딱딱하게 만든다.
④ 과일이나 채소의 조리 시 비타민 C 파괴가 증가된다.
⑤ 조리 시 처음부터 넣으면 음식이 부드러워진다.

32 **소량의 소금은 보수성을 증가시키**나 과량 첨가되면 삼투압으로 인해 탈수되어 질겨진다. 또한 소금은 **아스코비나제를 억제**하여 비타민 C 보유를 도와준다. 그런데 조리 시 처음부터 소금을 넣으면 음식이 부드러워지지 않으므로 음식이 익은 후에 넣는다.

33 조리 시 첨가되는 중조의 역할로 옳은 것은?

① 글루텐 생성을 촉진한다.
② 콩을 단단하게 한다.
③ 밀가루 제품의 색을 누렇게 변화시킨다.
④ 콩의 티아민 파괴를 억제한다.
⑤ 시금치의 색깔을 누렇게 변화시킨다.

33 **글루텐의 생성을 촉진하는 조미료는 소금**이고, **중조**는 콩을 연화시키고 티아민을 파괴하며 밀가루의 색을 황색이나 갈색으로 변화시킨다.

34 여러 가지 조미료를 써야 할 때 설탕 → 소금 → 식초의 순으로 쓰는 이유는?

① 조미의 강도가 큰 것부터 넣어야 조미료 맛의 조화가 잘 이루어지므로
② 조미의 강도가 약한 것부터 넣어야 조미료 맛의 조화가 잘 이루어지므로
③ 분해속도가 빠른 것을 먼저 넣어야 하므로
④ 분자량이 클수록 빨리 흡수되므로
⑤ 분자량이 작을수록 빨리 흡수되므로

34 **분자량이 작을수록 빨리 흡수되므로 분자량이 큰 것부터 넣는다.** 분자량이 큰 설탕(분자량 : 342.2)을 먼저 넣고 식품의 내부까지 충분히 침투되었을 때 소금(분자량 : 58.5)을 넣는 것이 좋으며 식초(분자량 : 18)는 분자량의 크기로 볼 때도 가장 나중에 넣는 것이 바람직하다. 또한 식초는 휘발성이 강하고 클로로필 계열의 색소를 황록색으로 변하게 하기 때문에 가장 나중에 넣는 것이 좋다.

35 복합가열조리법으로 옳은 것은?

① 브레이징(braising)
② 그릴링(grilling)
③ 베이킹(baking)
④ 브로일링(broiling)
⑤ 로스팅(roasting)

35 **브레이징**은 건열과 습열을 이용하는 조리법이다. 먼저 식품을 고온으로 구운 후 물을 넣고 뚜껑을 닫아 서서히 익혀낸다.

정답 31. ⑤ 32. ② 33. ③ 34. ⑤ 35. ①

36 채소수프를 만들 때 미리 밀가루를 우유에 잘 섞어 가열한 후 채소즙을 섞는 이유는?

① 카제인 입자의 응고를 방지하기 위해
② 전해질 물질의 흡착을 형성시키기 위해
③ 산소이온이 들어 있기 때문
④ 카제인 입자의 응고를 촉진하기 위해
⑤ 우유의 갈변이 일어나는 것을 방지하기 위해

36 **우유의 카제인은 산에 의해 응고되므로 채소즙을 섞기 전에 밀가루와 잘 섞어 가열해 주어야 한다.**

37 조리 시 영양소 손실을 줄이는 방법으로 옳은 것은?

① 녹색채소는 소금을 조금 넣고 데친다.
② 두류는 살짝 익혀서 먹는다.
③ 채소는 높은 온도에서 장시간 삶는다.
④ 채소는 많은 양의 물을 넣고 삶는다.
⑤ 채소는 잘게 썬 후 씻는다.

37 **녹색채소를 삶을 때** 소금을 조금 넣어 주면 색깔 변화도 방지하고 비타민 C 손실도 감소시킨다. **두류는 충분히 익혀야 트립신 저해제가 불활성화되며**, 채소는 높은 온도에서 단시간 데치는 것이 영양소 손실을 줄일 수 있다.

38 마이크로웨이브 조리의 특징으로 옳은 것은?

① 조리시간을 단축할 수 있다.
② 금속 테두리가 있는 사기그릇을 사용할 수 있다.
③ 수분 손실이 거의 없어 촉촉하다.
④ 유리그릇을 사용할 수 없다.
⑤ 식품이 고르게 가열된다.

38 **전자레인지**는 극초단파를 이용해서 식품을 가열하는 전자조리기기이다. 전자레인지 내부나 그릇은 차게 남아 있고 **열이 내부에서 발생하기 때문에 표면이 타거나 갈변되지 않는다.** 보통의 전기나 가스레인지에서보다 매우 빨리 조리된다. 조리된 식품의 재가열과 냉동식품의 해동을 매우 신속하게 해 준다. 단점은 가열이 고르게 일어나지 않고 사용할 수 있는 용기가 제한되어 있다.

39 국이나 스튜(stew) 등의 지미성분이 우러나오도록 조리해야 할 때의 불 조절로 옳은 것은?

① 처음부터 센 불로
② 처음부터 중간 불로
③ 처음에는 센 불에서, 끓기 시작하면 중간 불로
④ 처음에는 약한 불에서, 끓기 시작하면 중간 불로
⑤ 처음에는 중간 불에서, 끓기 시작하면 센 불로

39 **불의 조절은 센 불에서 끓이기 시작하여 한 번 끓은 후에는 중불(80℃)에서 약 20분간 끓이도록 한다.**

정답 36. ① 37. ① 38. ① 39. ③

2 수분

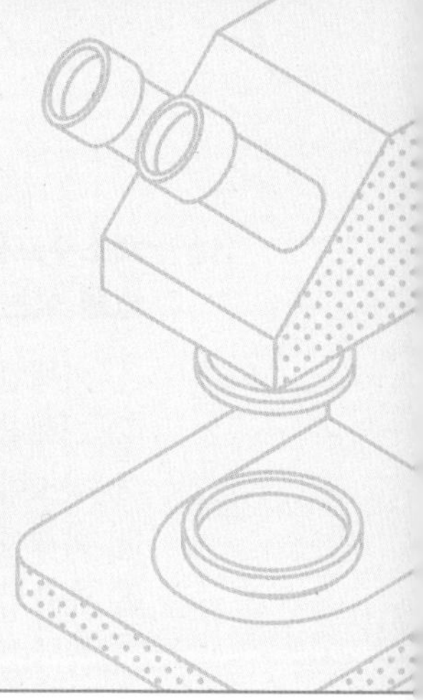

학습목표 식품 중 물의 형태, 수분활성도와 식품의 관계를 이해하고, 이를 식품 품질관리에 활용한다.

01 식품의 결합수에 대한 설명으로 옳은 것은?

① 미생물의 생육과 번식에 이용되지 못한다.
② 4℃에서 부피가 가장 크다.
③ 대기압하에서는 0℃ 이하에서 쉽게 언다.
④ 용매로 작용할 수 있다.
⑤ 건조하면 쉽게 제거된다.

01 **결합수**는 수증기압이 보통의 물보다 낮아 대기압하에서 100℃ 이상 가열하여도 제거되지 않으며 −20℃ 이하에서도 잘 얼지 않는다. 미생물의 생육과 번식에 이용되지 못하며 용매로 작용하지 못한다.

02 식품의 자유수에 대한 설명으로 옳은 것은?

① 식품 중 자유수의 함량이 높으면 수분활성도는 감소한다.
② 식품 내의 화학반응에는 관여하지 않는다.
③ 결합수보다 수증기압이 낮다.
④ 용질을 녹이는 용매로서 작용한다.
⑤ 미생물의 생육과 번식에 이용되지 못한다.

02 **자유수**는 함량이 높으면 수분활성도가 증가하고, 결합수보다 수증기압이 높으며 용매로 작용한다. 식품 내 여러 화학반응에 관여하고, 미생물의 생육에 잘 이용된다.

03 수분활성도(Aw)에 대한 설명으로 옳은 것은?

① 식품의 수분활성도는 1보다 작다.
② 식품 속의 수분 함량을 % 함량으로 표시한 것이다.
③ 임의의 온도에서 그 식품의 수증기압을 말한다.
④ 수분활성도는 식품 중 용매의 양에 의해 영향을 받는다.
⑤ 식품의 수분활성도는 식품별 저장 기간과는 관계없다.

03 **수분활성도(Aw)란 어떤 임의의 온도에서 순수한 물의 수증기압에 대한 같은 온도에서 식품 중 수분이 나타내는 수증기압의 비**로 정의된다. 식품의 수분활성도는 1보다 작고 식품 중 물에 녹아 있는 용질의 종류와 양에 의해 영향을 받으며 식품의 저장성에 영향을 준다.

정답 01. ① 02. ④ 03. ①

04 식품의 수분활성도와 여러 반응과의 관계에 대한 설명으로 옳은 것은?

① 세균류는 수분활성도가 0.8 이하일 때 성장이 가능하다.
② 효소활성은 수분활성도가 높아질수록 감소한다.
③ 비효소적 갈변반응은 수분활성도 0.6~0.7에서 가장 잘 일어난다.
④ 유지의 산화반응 속도는 수분활성도 0.2~0.4에서 가장 잘 일어난다.
⑤ 가수분해반응은 수분활성도가 낮아질수록 증가한다.

04 **세균**은 수분활성도가 0.9 이상에서 생육이 가능하고 **효소활성**은 단분자층 영역에서 거의 정지되나 **리파제는 단분자층 영역에서도 활성을 나타낸다. 비효소적 갈변반응**은 수분활성도 0.6~0.7에서 최대가 되고 **가수분해반응**은 수분활성도가 낮은 영역에서는 거의 정지된다. **유지의 산화**는 단분자층 영역에서 수분활성도가 높아질수록 반응 속도가 증가한다.

05 물의 밀도가 최대가 되는 온도로 옳은 것은?

① 0℃ ② 2℃
③ 4℃ ④ 8℃
⑤ 10℃

05 **물의 온도가 낮아지면 부피가 감소되어 4℃에서 부피가 가장 작아져 밀도가 최대가 된다.** 4℃보다 온도가 낮아지면 부피가 다시 증가하고 0℃에서 물이 얼면 부피가 9% 정도 증가하여 밀도가 더 낮아진다. 얼음은 물보다 밀도가 작기 때문에 물 위에 뜨게 된다.

06 수분활성도가 가장 낮은 식품은?

① 쌀 ② 돼지고기
③ 사과 ④ 고등어
⑤ 식빵

06 식품의 수분활성도는 **쌀 0.60~0.64**, 식빵 0.90~0.95, 육류 0.96~0.98, 생선류 0.98~0.99이다.

07 등온흡습곡선에 대한 설명으로 옳은 것은?

① 등온흡습곡선 영역 Ⅰ의 수분은 용매로 작용할 수 있다.
② 등온흡습곡선 영역 Ⅱ의 수분은 이온 및 공유결합을 이루고 있다.
③ 등온흡습곡선 영역 Ⅲ의 수분은 미생물 성장에 사용될 수 없다.
④ 등온흡습곡선은 식품이 수분을 흡습할 때 얻어지는 곡선이다.
⑤ 등온흡습곡선은 일반적으로 U자 모양이다.

07 등온흡습곡선은 **역S자형**을 하고 있으며 기울기가 다른 **3개의 영역(Ⅰ영역, Ⅱ영역, Ⅲ영역)으로 나누어진다. Ⅰ영역의 수분은 단분자층**을 **형성**하고 있으며 용매로 작용하지 못한다. **Ⅱ영역 수분은 수소결합**으로 이루어져 있으며 **다분자층을 형성**한다. **Ⅲ영역 수분은 미생물 성장에 사용되며, 용매로 작용할 수 있고 모세관 응축수로 존재한다.**

08 식품에서 물의 역할로 옳은 것은?

① 식품의 조직감에 영향을 주지 않는다.
② 물은 식품 내의 가수분해반응에 영향을 주지 않는다.
③ 식품의 부패 미생물의 성장에 영향을 주지 않는다.
④ 맛 성분 등을 용해시키는 용매로 작용한다.
⑤ 식품 중에서 일어나는 여러 화학반응에 영향을 주지 않는다.

08 **수분의 함량이 높은 채소는 아삭한 느낌을 주고** 건조된 채소는 질긴 질감을 갖는다. 식품 중의 물은 가수분해 작용, 부패 미생물의 생육, 여러 화학반응에 영향을 준다.

정답 04. ③ 05. ③ 06. ① 07. ④ 08. ④

09 식품의 등온흡습곡선에 대한 설명으로 옳은 것은?

① 두 개의 특징적인 영역으로 나누어진다.
② 식품 중의 물은 대부분 모세관 응축수로 존재하는 Ⅲ영역의 물이다.
③ 평형수분함량과 절대온도 사이의 관계를 표시한 곡선이다.
④ 단분자층을 형성하는 Ⅰ영역의 물은 수소결합을 하고 있다.
⑤ 다분자층을 형성하는 Ⅱ영역의 물은 이온결합을 하고 있다.

09 **등온흡습곡선과 등온탈습곡선은 평형수분함량과 상대습도 사이의 관계를 표시한 곡선이다. Ⅰ영역**의 수분은 식품의 반응성이 큰 분자들과 주로 이온결합을 하여 단분자층을 형성하고 있으며 **Ⅱ영역**의 수분은 수소결합에 의해 다분자층을 형성한다. **Ⅲ영역** 수분은 모세관 응축수로 존재하며 식품 중 수분의 대부분(95% 이상)을 차지한다.

10 식품의 수분활성도에 대한 설명으로 옳은 것은?

① 효소활성에 영향을 주지 않는다.
② 미생물의 생육에 영향을 준다.
③ 조성이 같은 동일 식품이라도 수분활성도에는 큰 차이가 있다.
④ 비효소적 갈변반응은 수분활성도의 영향을 받지 않는다.
⑤ 식품의 수분활성도는 그 속에 함유된 용질의 종류와 양과는 상관이 없다.

10 **수분활성도는 효소활성, 미생물 생육, 비효소적 갈변반응에 영향을 준다.** 수분활성도는 식품 중 수분에 녹아 있는 용질의 종류와 양에 따라 다르며, 동일한 식품에서는 그 조성이 변하지 않는 한 수분활성도는 비슷한 값을 갖는다.

11 식품의 등온흡습곡선과 등온탈습곡선에 대한 설명으로 옳은 것은?

① 동일한 수분활성도에서 탈습 시의 수분함량이 흡습 시의 수분함량보다 높다.
② 등온흡습곡선과 등온탈습곡선은 완전히 일치한다.
③ 등온흡습곡선은 식품이 수분을 방출할 때 얻어지는 곡선이다.
④ 동일한 수분함량에서 탈습 시의 수분활성도가 흡습 시의 수분활성도보다 높다.
⑤ 등온흡습곡선과 등온탈습곡선은 온도에 따라 변화되지 않는다.

11 대부분의 식품에서 **등온흡습곡선과 등온탈습곡선은 완전히 일치하지 않으며 이를 이력현상(히스테리시스)이라 한다.** 동일한 수분활성도에서 수분함량은 탈습 시가 더 높고, 동일한 수분함량에서 수분활성도는 흡습 시가 더 높다. 두 곡선은 온도에 따라 변화된다.

정답 09. ② 10. ② 11. ①

탄수화물 3

학습목표 탄수화물의 종류, 성질, 조리 및 가공 중의 변화를 이해하고, 이를 식품학에 활용한다.

01 이당류에 속하는 것은?

① 갈락토스(galactose) ② 자일로스(xylose)
③ 글루코스(glucose) ④ 리보스(ribose)
⑤ 말토스(maltose)

02 단당류 중 에피머(epimer)의 관계에 있는 것은?

① D–글루코스와 D–갈락토스
② D–갈락토스와 D–만노스
③ D–글리세르알데히드와 L–글리세르알데히드
④ α–D–글루코스와 β–D–글루코스
⑤ D–프럭토스와 D–글루코스

03 글루코스에 대한 설명으로 옳은 것은?

① 글루코스에서 D형과 L형을 결정하는 탄소는 1번 탄소이다.
② 글루코스의 모든 환상구조는 피라노스(pyranose)이다.
③ D–글루코스와 D–프럭토스는 에피머(epimer) 관계이다.
④ α–D–글루코스의 이성체 수는 16개이다.
⑤ α–D–글루코스와 β–D–글루코스는 에피머(epimer) 관계이다.

04 글루코스 분자의 6번 탄소의 CH_2OH가 산화되어 –COOH기로 된 것은?

① 글루콘산(gluconic acid)
② 글루코스산(glucose acid)
③ 글루카르산(glucaric acid)
④ 글루쿠론산(glucuronic acid)
⑤ 글루시톨(glucitol)

01 갈락토스, 자일로스, 글루코스, 리보스는 단당류이다. 갈락토스와 글루코스는 탄소수가 6개인 알도헥소스(육탄당)이고 자일로스와 리보스는 탄소수가 5개인 알도펜토스(오탄당)이다. **말토스는 두 개의 글루코스가 결합한 이당류이다.**

02 에피머는 단당류 중 단 한 개의 비대칭 탄소원자에서의 구조가 다른 이성질체를 말한다. 에피머 관계인 단당류로는 'D–글루코스와 D–갈락토스', 'D–글루코스와 D–만노스'가 있다.

03 **글루코스에서 D형과 L형을 결정하는 탄소는 5번 탄소이고 환상구조는 피라노스와 푸라노스가 있다.** α–D–글루코스는 부제탄소 4개(2, 3, 4, 5번 탄소)를 가지므로 이성체의 수는 2^4, 즉 16개이다. α–D–글루코스와 β–D–글루코스는 아노머(anomer) 관계이다.

04 알도헥소스의 6번째 탄소에 결합된 히드록시기(–OH)가 산화되어 카복실기(–COOH)로 된 당 유도체를 **당산**이라고 하며, 글루코스의 당산은 글루쿠론산이다.

정답 01. ⑤ 02. ① 03. ④ 04. ④

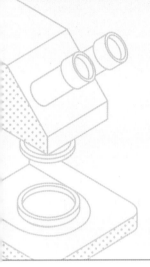

05 올리고당에 속하는 것은?

① 자일로스(xylose)
② 말토스(maltose)
③ 리보스(ribose)
④ 스타키오스(stachyose)
⑤ 락토스(lactose)

05 **자일로스와 리보스는 단당류이고, 말토스와 락토스는 이당류이며, 스타키오스는 4당류이다.**

06 프럭토스에 대한 설명으로 옳은 것은?

① 습도에 비교적 안정하다.
② 점도가 수크로스나 글루코스보다 높다.
③ 쉽게 고체상태가 된다.
④ 천연당류 중 용해도가 가장 낮다.
⑤ 천연당류 중 단맛이 가장 강하다.

06 **프럭토스**는 흡습성이 강하여 결정화하기 어려우며 천연당 중 가장 단맛이 강하고 용해도가 크다. 포화되기 쉽고 점도가 글루코스나 수크로스보다 작다.

07 단당류에 대한 설명으로 옳은 것은?

① 오탄당은 인체 내 소화효소에 의해 분해된다.
② 글루코스, 프럭토스, 아라비노스는 육탄당이다.
③ 자일로스, 리보스는 효모에 의해 발효되지 않는다.
④ 자일로스는 핵산 성분으로 생체 내에서 매우 중요하다.
⑤ 단당류는 비환원당이다.

07 **오탄당(자일로스, 리보스, 아라비노스)을 분해하는 소화효소가 없다.** 자일로스와 리보스는 효모에 의해 발효되지 않고 리보스는 핵산 성분이다. 단당류는 환원당이다.

08 당류와 구성성분의 연결이 옳은 것은?

① 전화당 → 글루코스+글루코스
② 라피노스 → 갈락토스+글루코스+글루코스
③ 락토스 → 글루코스+갈락토스
④ 말토스 → 글루코스+프럭토스
⑤ 스타키오스 → 글루코스+갈락토스+글루코스+프럭토스

08 **전화당**은 글루코스 + 프럭토스, **라피노스**는 갈락토스 + 글루코스 + 프럭토스, **말토스**는 글루코스 + 글루코스, **스타키오스**는 갈락토스 + 갈락토스 + 글루코스 + 프럭토스로 구성되어 있다.

09 오탄당에 속하는 단당류를 나열한 것으로 옳은 것은?

① 자일로스, 갈락토스
② 리보스, 글루코스
③ 자일로스, 만노스
④ 갈락토스, 만노스
⑤ 자일로스, 아라비노스

09 **자일로스, 아라비노스, 리보스는 오탄당**이고 글루코스, 만노스, 갈락토스는 육탄당이다.

정답 05. ④ 06. ⑤ 07. ③ 08. ③ 09. ⑤

10 **전화당에 대한 설명으로 옳은 것은?**

① 전화당은 좌선성당이다.
② 전화당은 비환원당이다.
③ 전화당은 글루코스와 프럭토스가 1 : 2로 함유되어 있다.
④ 수크로스는 알칼리에 의해 가수분해되어 전화당을 생성한다.
⑤ 수크로스를 가수분해하는 효소인 인버타제의 최적 pH는 6이다.

10 **수크로스는 우선성당이지만 전화당은 좌선성당이다.** 전화당은 환원당이고, 글루코스와 프럭토스가 1 : 1로 함유되어 있다. 수크로스는 산이나 효소에 의해 가수분해되어 전화당을 생성하며 인버타제의 최적 pH는 4~4.5이다.

11 **아밀로스와 아밀로펙틴을 비교 설명한 것으로 옳은 것은?**

① 아밀로스의 요오드 반응은 적자색, 아밀로펙틴의 요오드 반응은 청색이다.
② 아밀로스는 직쇄의 구조이고 아밀로펙틴은 가지를 친 구조이다.
③ 아밀로스는 아밀로펙틴보다 분자량이 크다.
④ 아밀로스는 글루코스만으로 구성되어 있고 아밀로펙틴은 글루코스와 프럭토스로 구성되어 있다.
⑤ 아밀로스는 요오드와 포접화합물을 형성하지 못하고 아밀로펙틴은 요오드와 포접화합물을 형성한다.

11 **아밀로스**와 **아밀로펙틴**은 모두 α-글루코스로 구성되어 있고 아밀로스는 α-글루코스가 α-1,4 결합으로 연결되어 있다. 아밀로펙틴은 α-1,4 결합을 주로 하고 있고 군데군데 α-1,6 결합을 하므로 가지 모양의 형태를 이루고 있어 분자량이 아밀로스보다 크다. **요오드 반응에서 아밀로스는 청색이고 아밀로펙틴은 적자색인데** 이는 아밀로스가 요오드와 포접화합물을 형성하기 때문이다.

12 **전분의 호화에 대한 설명으로 옳은 것은?**

① 전분을 170℃의 건열로 가열하여 덱스트린을 형성하는 것이다.
② 전분이 호화되면 무정형 구조인 미셀이 결정형으로 된다.
③ α형 전분이 β형 전분으로 되는 현상이다.
④ 모든 호화 전분은 V도형의 X선 회절도를 나타낸다.
⑤ 호화되면 효소의 작용을 받기가 어렵다.

12 **전분의 호화**란 전분에 물을 넣고 가열 시 전분입자가 팽윤되어 점도가 큰 콜로이드 용액이 되는 현상을 말하며 생전분인 β형 전분이 호화되어 α형 전분으로 변화된다. **호화된 전분은 결정성 구조가 파괴되어 V도형의 X선 회절도를 나타낸다.** 또한 호화된 상태는 효소의 작용이 용이하여 소화가 잘 된다.

13 **전분의 호화에 의한 변화로 옳은 것은?**

① 투명도 저하
② 분자 간 수소결합 증가
③ 점성 감소
④ 겔(gel) 상태
⑤ 복굴절 소실

13 전분이 호화하면 분자 간 수소결합이 약해지고 **투명도와 점성이 증가**한다. **졸(sol) 상태가 되고 복굴절이 소실**된다.

14 **전분의 노화에 영향을 미치는 인자들에 대한 설명으로 옳은 것은?**

① 냉동온도 보관은 노화를 촉진한다.
② 알칼리성에서는 노화가 촉진된다.
③ 유화제를 첨가하면 노화가 촉진된다.
④ 아밀로펙틴 함량이 높을수록 노화가 촉진된다.
⑤ 수분 함량이 30~60%일 때 노화가 잘 일어난다.

14 **노화**는 아밀로스 함량이 높을수록, pH가 산성일수록 촉진된다. 무기염류는 노화를 억제하지만 황산염은 노화를 촉진시키고 유화제는 노화를 지연시키는 작용을 한다.

정답 10. ① 11. ② 12. ④ 13. ⑤ 14. ⑤

15 전분의 노화에 대한 설명으로 옳은 것은?

① 설탕을 첨가하면 노화가 지연된다.
② X선 회절도는 V도형에서 A도형으로 변화한다.
③ 입자가 큰 전분은 노화하기 쉽다.
④ 전분이 노화하면 졸 상태를 이룬다.
⑤ 노화는 냉장온도보다 냉동온도에서 더 촉진된다.

15 **전분이 노화하면 A, B, C도형이 B 도형으로 변화**하고 전분입자가 작을수록 노화되기 쉽다. 노화가 가장 잘 일어나는 온도는 0~5℃이다.

16 전분이 산이나 효소에 의해 가수분해될 때 글루코스나 말토스로 되기 전에 생성되는 가수분해 중간물질로 옳은 것은?

① 아크로모덱스트로스
② 아밀로덱스트로스
③ 에리스로덱스트로스
④ 가용성 전분
⑤ 말토덱스트로스

16 **전분은 글루코스가 중합된 것으로 최종적으로는 글루코스로 분해된다.** 분해 과정 중에 가수분해 중간산물로 가용성 전분, 아밀로덱스트린, 에리스로덱스트린, 아크로모덱스트린, 말토덱스트린, 말토스 등이 생성된다.

17 환원당에 대한 설명으로 옳은 것은?

① 이당류 중 글리코시드성 히드록시기(–OH)가 있는 것은 비환원당이다.
② 말토스, 락토스, 수크로스는 환원당이다.
③ 환원당은 펠링 용액의 구리이온을 환원시키는 성질을 갖는다.
④ 라피노스와 스타키오스는 환원당이다.
⑤ 글루코스, 프럭토스, 자일로스는 비환원당이다.

17 이당류 중 **글리코시드성 히드록시기(–OH)가 있는 말토스, 락토스는 환원당**이며, 수크로스는 글리코시드성 히드록시기(–OH)가 없는 비환원당이다. 라피노스와 스타키오스는 비환원당이다. **모든 단당류는 환원당**이다. 환원당은 **펠링 시험**에서 펠링 용액 중의 구리이온을 환원시켜 붉은색의 산화구리 침전을 형성한다.

18 동물의 저장 다당류인 글리코겐이 가수분해되면 생성되는 물질은?

① 프럭토스　② 수크로스
③ 글루코스　④ 갈락토스
⑤ 전분

18 **글리코겐**은 동물의 간이나 근육에 존재하는 저장 다당류로 구성단위는 α–글루코스이고 전분의 아밀로펙틴과 비슷한 구조를 가지며 산이나 효소로 처리하면 덱스트린, 말토스를 거쳐 글루코스까지 분해된다.

19 올리고당류에 대한 설명으로 옳은 것은?

① 올리고당은 물에 잘 용해되며 산과 알칼리에는 분해되지 않는다.
② 올리고당 중 라피노스는 사당류로 환원성이 없다.
③ 스타키오스는 면실과 대두에 많이 함유되어 있는 비환원당이다.
④ 이소말토올리고당은 락토스로부터 제조하여 사용한다.
⑤ 젠티아노스는 글루코스 3분자가 결합한 환원당이다.

19 올리고당은 산에 의해 쉽게 분해된다. **라피노스**는 삼당류이며 비환원당이다. **이소말토올리고당**은 주로 글루코스나 전분으로부터 제조된다. **젠티아노스**는 프럭토스 1분자와 글루코스 2분자가 결합한 비환원당이다.

정답 15. ① 16. ④ 17. ③ 18. ③ 19. ③

20 펙틴질에 대한 설명으로 옳은 것은?

① α-D-글루쿠론산(glucuronic acid)으로만 구성된 복합다당류이다.
② 펙틴질은 프로토펙틴, 펙틴, 펙틴산 등의 총칭이다.
③ 펙틴은 적당량의 설탕만을 넣고 가열하면 겔을 형성한다.
④ 펙틴의 양은 신맛과 관계있다.
⑤ 과일이 성숙할수록 프로토펙틴의 양이 증가한다.

20 펙틴의 주요 구성단위는 D-갈락투론산(D-galacturonic acid)이고 과일이 미숙할수록 **프로토펙틴**의 함량이 높다. **펙틴겔** 형성에는 펙틴과 적당량의 산 및 설탕이 필요하다.

21 펙틴질 중 펙틴산에 대한 설명으로 옳은 것은?

① 미숙한 과일에 존재한다.
② 불용성이므로 찬물에는 잘 녹지 않는다.
③ 프로토펙틴이 중합되어 생성된다.
④ 카복실기 일부가 메틸에스터화되어 있다.
⑤ 모든 카복실기는 유리상태로 존재한다.

21 펙틴산은 성숙한 과일에 존재하고 물과 콜로이드 용액을 형성한다. 프로토펙틴이 가수분해되어 생성되고, 카복실기가 메틸에스터($-COOCH_3$) 및 유리 카복실기로 존재한다. 펙트산은 모든 카복실기가 유리상태로 존재한다.

22 α-글루코스로 구성된 다당류로 옳은 것은?

① 글리코겐
② β-글루칸
③ 이눌린
④ 헤미셀룰로스
⑤ 셀룰로스

22 β-글루칸과 셀룰로스는 β-글루코스, 이눌린은 β-프럭토스로 구성된 다당류이다.

23 전분의 호정화에 의해 생성된 덱스트린에 대한 설명으로 옳은 것은?

① 호화 전분보다 물에 잘 녹지 않는다.
② 덱스트린은 분자량이 호화되지 않은 생전분보다 크다.
③ 효소작용을 받지 못한다.
④ 토스트, 강냉이를 만들 때 호정화가 일어난다.
⑤ 전분에 물을 가하고 160~170℃로 처리하였을 때 생성되는 것이다.

23 **덱스트린**은 생전분보다 분자량이 비교적 작아 물에 잘 풀어지고, 효소작용도 더 잘 받게 되며, 전분에 물을 가하지 않고 160~170℃ 건열처리할 때 생성된다.

24 글루코스가 β-1,4 결합으로 연결된 다당류로 옳은 것은?

① 이눌린
② 글리코겐
③ 셀룰로스
④ 키틴
⑤ 헤미셀룰로스

24 **셀룰로스는 β-글루코스가 β-1,4 결합으로 연결되어 있다.** 키틴은 아미노당이 β-1,4 결합되어 있다.

정답 20. ② 21. ④ 22. ① 23. ④ 24. ③

25 검물질에 대한 설명으로 옳은 것은?

① 잔탄검은 미생물이 만들어내는 검으로 발효과정에서 형성된다.
② 카라기난 중 κ-카라기난은 겔을 형성하지 못한다.
③ 알긴산은 글루쿠론산, 글루코스, 만노스로 구성되어 있다.
④ 아라비아검은 콩 종자의 배유 부분을 마쇄한 것이다.
⑤ 해조류에서 얻어지는 대표적인 검은 로커스트콩검이다.

25 잔탄검과 젤란검은 미생물이 생산하는 검질이다. 카라기난 중 **λ-카라기난**은 겔을 형성하지 못하며 **알긴산**은 만누론산과 글루쿠론산으로 구성되어 있다. **아라비아검**은 아카시아나무수액에서 얻어지며 **해조류에서 추출된 대표적인 검은 한천, 알긴산, 카라기난** 등이 있다. 로커스트콩검과 구아검은 콩과식물의 종자의 배유 부분을 마쇄하여 얻어지는 종자검질이다.

26 글루코스가 환원된 당알코올로 옳은 것은?

① 솔비톨
② 자일리톨
③ 만니톨
④ 이노시톨
⑤ 리비톨

26 당알코올은 단당류의 첫 번째 탄소의 카보닐기가 히드록시기로 환원된 당 유도체이다. 솔비톨은 글루코스의, 자일리톨은 자일로스의, 만니톨은 만노스의, 리비톨은 리보스의 당알코올이다. **이노시톨**은 환상구조의 당알코올로 두류, 과일과 같은 식물체뿐 아니라 동물의 근육, 뇌 등에도 많이 존재한다.

27 식이섬유에 대한 설명으로 옳은 것은?

① 헤미셀룰로스는 묽은 알칼리에 잘 녹는다.
② 셀룰로스는 글루코스가 α-1,4 결합으로 연결되어 있다.
③ 이눌린은 프럭토스가 α-1,2 결합으로 연결되어 있다.
④ 펙틴질은 동물세포 사이의 세포간질에 존재한다.
⑤ 귀리와 보리에 많이 함유된 β-글루칸은 인체에서 소화효소 작용을 받는다.

27 **셀룰로스**는 글루코스가 β-1,4 결합으로 연결되어 있으며 **이눌린**은 프럭토스가 β-1,2 결합으로 연결되어 있다. **펙틴질**은 식물세포 사이의 세포간질에 존재한다.

28 아노머 관계에 있는 단당류를 짝지은 것으로 옳은 것은?

① α-D-글루코스와 β-D-글루코스
② β-D-글루코스와 α-D-갈락토스
③ β-D-프럭토스와 β-D-글루코스
④ α-D-글루코스와 β-D-갈락토스
⑤ α-D-글루코스와 α-D-만노스

28 **아노머**는 당의 α형과 β형의 이성질체이다. D-글루코스와 D-갈락토스, D-글루코스와 D-만노스는 에피머 관계이다.

29 육탄당에 속하는 알도스인 단당류로 옳은 것은?

① 아라비노스
② 리보스
③ 자일로스
④ 갈락토스
⑤ 프럭토스

29 **알도스**인 육탄당으로 글루코스, 갈락토스, 만노스가 있다. 아라비노스, 리보스, 자일로스는 알도스에 속하는 오탄당이다.

정답 25. ① 26. ① 27. ① 28. ① 29. ④

30 **변선광 현상을 보이는 당으로 옳은 것은?**

① 트레할로스 ② 라피노스
③ 스타키오스 ④ 수크로스
⑤ 말토스

30 결정상태의 환원당을 물에 녹이면 처음에는 α형 또는 β형으로 고유의 선광도를 나타내지만 점차 α형과 β형 이성체 사이에 일정한 비율에서 평형을 이루어 **선광도가 변하는 현상이 일어나는데 이를 변선광이라고 한다.**

31 **단당류 유도체를 연결한 것으로 옳은 것은?**

① 배당체 – 글루코사민, 갈락토사민
② 아미노당 – 티오글루코스
③ 당알코올 – 자일리톨, 솔비톨
④ 데옥시당 – 아미그달린, 솔라닌
⑤ 티오당 – 람노스, 푸코스

31 글루코사민과 갈락토사민은 **아미노당**, 티오글루코스는 티오당, 람노스와 푸코스는 **데옥시당**이다. 아미그달린은 겐티오비오스가 결합한 배당체이며, 솔라닌은 글루코스, 갈락토스, 람노스가 결합한 **배당체**이다.

32 **해조류 검질 중 찬물에는 녹지 않고 30~35℃에서 겔을 형성하는 것으로 옳은 것은?**

① 잔탄검 ② 구아검
③ 아라비아검 ④ 한천
⑤ 로커스트콩검

32 **잔탄검은 미생물검질이고 구아검과 로커스트콩검은 종자검질이며 아라비아검은 식물 삼출물이다.** 한천은 80~100℃의 뜨거운 물에 용해되어 식히면 30~35℃ 부근에서 유동성을 잃고 겔을 형성한다.

33 **D–프럭토스의 입체이성체 개수는?**

① 2개 ② 4개
③ 8개 ④ 16개
⑤ 32개

33 부제탄소가 n개이면 가능한 입체이성체의 수는 2^n개이다. 프럭토스는 3개의 부제탄소(3, 4, 5번 탄소)를 가지므로 이성체의 수는 2^3, 즉 8개이다.

34 **D–갈락토스의 첫 번째 탄소의 –CHO가 $-CH_2OH$로 환원된 것은?**

① 둘시톨 ② 만니톨
③ 솔비톨 ④ 리비톨
⑤ 자일리톨

34 첫 번째 탄소의 –CHO가 $-CH_2OH$ 환원된 것을 당알코올이라고 한다. 둘시톨은 갈락토스의 당알코올이다.

35 **에피머(epimer) 관계인 오탄당으로 옳은 것은?**

① D–갈락토스와 D–프럭토스
② D–자일로스와 D–리보스
③ D–만노스와 D–프럭토스
④ D–글루코스와 D–프럭토스
⑤ D–자일로스와 D–아라비노스

35 D–자일로스, D–리보스, D–아라비노스는 오탄당이다. 이 중 D–자일로스와 D–리보스는 부제탄소인 3번 탄소에서 구조가 다른 에피머이다.

정답 30. ⑤ 31. ③ 32. ④ 33. ③ 34. ① 35. ②

36 쇄상구조의 프럭토스가 고리 모양의 환상구조를 형성할 때 C_2에 글리코시드성 히드록시기(–OH)가 생기고 이 글리코시드성 –OH의 입체배치에 따라 두 개의 이성체, 즉 α형 또는 β형이 된다.

37 쇄상구조의 글루코스가 고리 모양의 환상구조를 형성할 때 C_1에 글리코시드성 히드록시기(–OH)가 생긴다.

38 프럭토스는 육탄당인 케토스(케토헥소스)이다. 갈락토스와 만노스는 육탄당인 알도스(알도헥소스), 자일로스와 아라비노스는 오탄당인 알도스(알도펜토스)이다.

39 말토스는 2 분자의 α–글루코스가 α–1,4 결합을 한 환원당이다. 말토스는 수크로스의 40~50% 정도의 단맛을 내며 효모에 의해 발효된다.

40 수크로스는 글리코시드성 –OH기가 없는 비환원당으로 α형 및 β형 이성질체가 존재하지 않기 때문에 온도에 따른 감미의 변화가 적다.

정답 36. ② 37. ① 38. ④ 39. ⑤ 40. ⑤

36 α–프럭토스와 β–프럭토스를 결정하는 히드록시기(–OH)가 존재하는 탄소로 옳은 것은?

① C_1
② C_2
③ C_3
④ C_4
⑤ C_5

37 쇄상 글루코스가 고리 모양의 α–글루코스를 형성할 때 글리코시드성 히드록시기(–OH)가 존재하는 탄소로 옳은 것은?

① C_1
② C_2
③ C_3
④ C_4
⑤ C_5

38 단당류 중 케토스에 속하는 육탄당은?

① 갈락토스
② 만노스
③ 자일로스
④ 프럭토스
⑤ 아라비노스

39 말토스에 대한 설명으로 옳은 것은?

① 글루코스 한 분자와 갈락토스 한 분자가 결합한 이당류이다.
② 수크로스보다 단맛이 강하다.
③ 글리코시드성 –OH기가 없는 비환원당이다.
④ 효모에 의해 발효되지 않는다.
⑤ 전분을 β–아밀라제로 가수분해할 때 생성된다.

40 수크로스가 감미료의 표준물질로 사용되는 이유로 옳은 것은?

① 흡습성이 크기 때문이다.
② 천연 감미료 중 가장 강한 단맛을 내기 때문이다.
③ 용해도가 매우 높기 때문이다.
④ 수크로스의 단맛에 대한 기호도가 가장 높기 때문이다.
⑤ 글리코시드성 –OH기가 없기 때문이다.

지질

4

학습목표 지질의 분류, 지방산의 종류 및 성질, 각종 지질의 이화학적 성질 및 산패로 인한 변화를 이해하고, 이를 지질 식품 관련 연구에 활용한다.

01 유지의 성질에 대한 설명으로 옳은 것은?

① 극성 용매에는 녹지만 비극성 용매에는 녹지 않는다.
② 구성지방산의 탄소수가 증가할수록 물에 대한 용해도는 증가한다.
③ 상온에서 고체인 것을 유(oil), 액체인 것을 지(fat)라고 한다.
④ 단순지질을 가수분해하면 지방산과 글리세롤(glycerol)을 생성한다.
⑤ 불포화지방산 함량이 높은 유지는 상온에서 고체 특성을 지닌다.

01 유지는 에테르 등의 비극성 용매에 잘 녹고 구성지방산의 탄소수가 증가할수록 물에 대한 **용해도**는 감소한다. 상온에서 고체인 것을 지(fat), 액체인 것을 유(oil)라고 한다.

02 지방산의 물리화학적 성질에 대한 설명으로 옳은 것은?

① 지방산은 탄소수가 많을수록 녹는점이 낮아진다.
② 부티르산은 물에 용해되지만 탄소수가 증가할수록 물에 녹기 어렵다.
③ 불포화지방산은 포화지방산에 비해 산화에 비교적 안정하다.
④ 같은 탄소수를 가진 지방산 중 이중결합 개수가 많은 지방산의 녹는점이 높다.
⑤ 포화지방산 함량이 높을수록 점도가 낮아진다.

02 지방산은 탄소사슬 길이가 길수록, 포화도가 높을수록 녹는점이 높으며, 물에 대한 용해도가 낮은 경향을 나타낸다. 포화지방산 함량이 높을수록 점도가 증가하며, 지방산의 불포화도가 높을수록 쉽게 산화한다.

03 식용유지의 녹는점(융점)에 대한 설명으로 옳은 것은?

① 불포화지방산은 같은 수의 탄소를 가진 포화지방산에 비해 녹는점이 높다.
② 비공액이중결합 고도불포화지방산에 비해 공액이중결합 고도불포화지방산의 녹는점이 낮다.
③ 버터는 라드에 비해 저급지방산 함량이 낮아 녹는점이 높다.
④ 콩기름은 쇠기름보다 녹는점이 높다.
⑤ 트랜스(trans)지방산은 시스(cis)지방산보다 녹는점이 높다.

03 버터는 포화지방산은 많지만 저급지방산이 많아 다른 동물성 유지에 비하여 녹는점이 낮아 녹기 쉽다. 식용유지는 구성지방산 종류가 다양하여 **넓은 범위의 녹는점**을 나타낸다. 비공액이중결합 고도불포화지방산보다 공액이중결합 고도불포화지방산의 녹는점이 높다.

정답 01. ④ 02. ② 03. ⑤

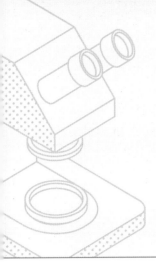

04 아실글리세롤과 왁스는 각각 지방산과 글리세롤, 지방산과 고급 알코올의 에스터인 **단순지질**에 속하며, **복합지질**은 단순지질에 인산, 당, 아민이 결합된 화합물로 레시틴 등의 인지질과 당지질이 있다. 스테롤은 유도지질이다.

05 천연유지에 함유되어 있는 지방산은 **짝수 개의 탄소원자**를 가지고 말단에 1개의 카복실기를 가지는 화합물이다. 분자 내의 이중결합의 유무에 따라 포화지방산과 불포화지방산으로 분류하며 불포화지방산은 대부분 **시스(cis)** 형으로 존재하고 천연에 흔히 존재하는 포화지방산은 팔미트산과 스테아르산이다.

06 과산화물값은 유지의 산화 정도를 나타내는 값으로, **유지 1 kg에 함유된 과산화물의 밀리당량수**로 표시하며, 산화과정 중 최고값에 도달한 후 분해가 빠르게 진행되면서 감소하므로 유지의 산화 초기에 유용한 지표값이다.

07 라이헤르트-마이슬값은 **버터의 위조검정**을 알아보기 위한 것이고, 야자유 구별에는 폴렌스케값이 사용된다.

정답 04. ① 05. ⑤ 06. ③ 07. ②

04 복합지질에 대한 설명으로 옳은 것은?

① 복합지질은 단순지질에 인산, 당, 아민 등이 결합된 화합물이다.
② 복합지질은 지방산과 글리세롤이 에스터결합한 아실글리세롤이다.
③ 스테롤은 인지질에 속한다.
④ 레시틴은 당지질에 속한다.
⑤ 밀랍 등의 왁스는 당지질에 속한다.

05 천연유지 중에 존재하는 지방산에 대한 설명으로 옳은 것은?

① 2개의 카복실기를 가진다.
② 불포화지방산은 대부분 트랜스(trans)형으로 존재한다.
③ 동물성 급원에서 가장 주된 불포화지방산은 팔미트산(palmitic acid)이다.
④ 포화지방산은 불포화지방산보다 분자 내에 이중결합이 많다.
⑤ 대부분 짝수 개의 탄소를 가진다.

06 과산화물값(peroxide value)에 대한 설명으로 옳은 것은?

① 과산화물값은 유지 100 g에 부가되는 요오드의 g수로 표시한다.
② 유지 산화과정에서 과산화물값은 계속 증가한다.
③ 유지의 산화 초기에 산화 정도를 나타내는 유용한 지표이다.
④ 고체지방은 액체기름에 비해 과산화물값이 높다.
⑤ 과산화물값은 유지의 불포화도를 나타내는 척도이다.

07 유지의 화학적 시험 중 라이헤르트-마이슬값(Reichert Meissel value)에 대한 설명으로 옳은 것은?

① 야자유와 다른 유지의 구별에 사용된다.
② 버터의 위조검정에 사용된다.
③ 지질을 구성하는 지방산의 불포화도 측정에 사용된다.
④ 유리지방산의 함량으로 나타낸다.
⑤ 유지 중 과산화물의 양을 알 수 있다.

08 **비누화값(Saponification value)이 큰 유지는?**

① 저급지방산이 많은 유지
② 고급지방산이 많은 유지
③ 포화지방산이 많은 유지
④ 불포화지방산이 많은 유지
⑤ 고도불포화지방산이 많은 유지

08 비누화값이란 **유지 1 g을 비누화하는 데 필요한 KOH의 mg 수**이며 저급지방산을 많이 함유한 유지일수록 비누화값은 커진다.

09 **유지의 가소성에 대한 설명으로 옳은 것은?**

① 유지는 일정한 온도 범위 내에서만 가소성이 있다.
② 버터의 활용도는 가소성 온도 범위가 좁을수록 유리하다.
③ 가소성이 좋은 유지는 냉장고에 보관했을 때 단단하여 잘 펴 발라지지 않는다.
④ 대부분 동물성 지방이 가소성 온도 범위가 넓다.
⑤ 액체 식용유지는 고체 식용유지보다 가소성이 높다.

09 가소성이란 **외부에서 힘이 가해져 변형이 일어난 후 힘이 제거된 뒤에도 변형된 상태를 유지하는 성질**로, 가소성이 좋은 유지는 온도가 낮아도 잘 펴 발라지며, 가소성 온도 범위가 넓을수록 활용도가 좋다. 대개 동물성 지방은 가소성 온도 범위가 좁아 펴 바르기 부적당하며, 버터, 쇼트닝, 초콜릿의 품질에 영향을 주는 중요한 특성이다. 고체 지방을 계속 가온하여 완전히 액체 성질을 갖게 되면 가소성을 잃게 된다.

10 **유화제의 성질을 가진 지질은?**

① 레시틴
② 트리아실글리세롤
③ 올레산
④ 아라키돈산
⑤ 리놀렌산

10 유화제는 분자 내에 **친수성과 소수성기를 동시에 가지고 있어야 하며**, 종류로는 레시틴, 모노아실글리세롤, 다이아실글리세롤, 담즙산 등이 있다. 트리아실글리세롤은 분자 내에 친수성기가 없다.

11 **유지의 자동산화에 관여하는 인자에 대한 설명으로 옳은 것은?**

① 유지의 산화는 0℃ 이하에서 정지된다.
② 철 등의 금속이온은 산소분자의 활성화를 방지하여 산화를 지연시킨다.
③ 광선은 유도기간을 단축하고 과산화물(hydroperoxide)의 분해를 촉진한다.
④ 공액이중결합을 가진 지방산은 산화가 일어나지 않는다.
⑤ 유지의 산화는 식품의 수분 함량과는 관계가 없다.

11 유지식품을 0℃ 이하에서 저장했을 경우 지방의 산화가 빠르게 일어나는데 이는 동결에 의하여 얼음결정이 석출되어 수용성 잔여 부분에 금속촉매의 농도가 증가되기 때문이다. 구리, 철은 산화촉매제이며 자유라디칼 및 일중항 산소의 생성 등으로 유도기간을 단축시키고 산화를 촉진한다. 공액이중결합을 가진 지방산은 산화가 더욱 잘되고 식품의 수분 함량과도 관계가 있다.

12 **유지의 자동산화 중 생성되는 불안정한 중간생성물질은?**

① 알데히드(aldehyde)
② 과산화물(hydroperoxide)
③ 케톤(ketone)
④ 암모니아(ammonia)
⑤ 저급 알코올(alcohol)

12 유지의 자동산화 과정에서 과산화물이 중간생성물로 생기고, 이 물질이 더 분해하여 알데히드, 케톤, 알코올, 카복실산 등이 생성된다.

정답 08. ① 09. ① 10. ① 11. ③ 12. ②

13 라우르산(C12 : 0), 팔미트산(C16 : 0), 스테아르산(C18 : 0)은 포화지방산이고, 올레산(C18 : 1), 리놀렌산(C18 : 3)은 불포화지방산으로 **불포화도가 높을수록 산화가 빨리 일어난다.**

14 유지의 산화 측정방법에는 과산화물값, TBA값, 카보닐값, 활성산소법(AOM), oven test, 크라이스 시험법(Kreis test) 등이 있다.

15 가수분해적 산패는 **리파제(lipase)에 의해 중성지질이 글리세롤과 유리지방산으로 분해**되어 불쾌한 냄새를 낸다.

16 불포화유지에 수소를 첨가하는 반응인 **경화과정** 중 이중결합 일부가 시스지방산으로부터 열역학적으로 안정한 트랜스지방산으로 전환된다. 버터는 대표적인 유중수적형 유화식품이다.

17 **로단값**은 유지분자 내의 불포화 정도를 나타내는 척도이고, **아세틸값**은 유지 속에 존재하는 수산기(−OH)를 가진 지방산의 함량을 나타내는 척도이며, **폴렌스케값**은 유지 중의 비수용성인 휘발성 지방산 함량을 나타내는 척도이다. TBA값은 유지의 산화 정도를 나타내는 척도이다.

정답 13. ② 14. ⑤ 15. ②
16. ⑤ 17. ①

13 산화가 가장 빠르게 일어나는 지방산은?

① 라우르산(lauric acid)
② 리놀렌산(linolenic acid)
③ 스테아르산(stearic acid)
④ 올레산(oleic acid)
⑤ 팔미트산(palmitic acid)

14 유지의 산화 정도를 측정하는 방법으로 옳은 것은?

① 전기영동법
② 요오드 반응
③ 뷰렛 반응
④ 베네딕트 반응
⑤ 과산화물값

15 유지의 가수분해적 산패(hydrolytic rancidity)에 대한 설명으로 옳은 것은?

① 상온에서 대기 중의 산소에 의해 서서히 자연 발생적으로 일어난다.
② 중성지질(트리아실글리세롤)이 글리세롤과 유리지방산으로 분해된다.
③ 리폭시다제(lipoxidase)에 의해 일어난다.
④ 불포화 지방산의 이중결합이 산소와 결합하여 알데히드, 케톤을 만들어 나쁜 냄새를 유발한다.
⑤ 구리나 철과 같은 금속, 열, 빛에 의해 촉진된다.

16 유지에 대한 설명으로 옳은 것은?

① 유지의 경화과정에서는 일부 불포화지방산이 포화지방산으로 변하고 트랜스지방산이 시스지방산으로 변화한다.
② 버터는 대표적인 수중유적형 유화 식품이다.
③ 경화유는 액체 유지에 질소를 첨가하여 제조하며, 고체상태 유지 함량이 증가한다.
④ 가열에 의해 유리지방산은 계속적으로 감소하게 된다.
⑤ 저장 시 유지의 산소 흡수 정도는 유지를 구성하고 있는 지방산의 불포화도에 따라 다르다.

17 유지 1 g 중의 유리지방산을 중화하는 데 필요한 KOH의 mg 수로 표시되는 값은?

① 산값(acid value)
② 로단값(rodan value)
③ TBA값
④ 아세틸값(acetyl value)
⑤ 폴렌스케값(polenske value)

18 **산화방지제에 대한 설명으로 옳은 것은?**

① 유지의 산화를 완전히 방지하는 역할을 한다.
② 구연산, 인산 등은 스스로도 산화방지활성이 크며, 상승효과도 있어 상승제라고 한다.
③ 대부분의 산화방지제는 유리라디칼 생성을 억제하는 역할을 한다.
④ 세사몰은 들기름에 존재하는 천연 산화방지제이다.
⑤ 합성산화방지제에는 토코페롤, 아스코르브산, BHA 등이 있다.

18 **산화방지제**는 유지의 산화를 촉진시키는 **라디칼 생성을 억제**함으로써 유지의 산화를 지연시키며, 세사몰은 참기름에 들어 있는 주요 산화방지제이다. 토코페롤과 아스코르브산은 천연산화방지제에 속하며 BHA와 BHT는 합성산화방지제이다.

19 **유지를 높은 온도에서 가열할 때 생성되는 화합물로 옳은 것은?**

① 피롤 화합물
② 아미노산
③ 아크롤레인
④ 글루코스
⑤ 피라진

19 유지를 높은 온도에서 **가열**하면 분해되어 **유리지방산, 모노아실글리세롤, 다이아실글리세롤, 아크롤레인** 등을 생성한다.

20 **유지의 경화에 대한 설명으로 옳은 것은?**

① 불포화지방산을 수증기 증류하여 순도를 높이는 과정이다.
② 유지의 불포화도가 증가하여 녹는점이 높아진다.
③ 불포화지방산의 이중결합 일부가 트랜스형으로 전환된다.
④ 포화지방산에 수소가 첨가되어 산화에 안정해진다.
⑤ 경화에 의해 유지의 녹는점이 낮아진다.

20 불포화지방산의 이중결합에 수소를 첨가하여 포화지방산으로 전환하는 과정으로 **녹는점이 높은 고체상태**가 되며 불포화도의 감소로 인하여 **산화에 안정**해진다. 또한 천연에 존재하는 시스(cis)형 이중결합이 일부 **트랜스(trans)형**으로 전환된다.

21 **복합지질로 옳은 것은?**

① 콜레스테롤(cholesterol)
② 에르고스테롤(ergosterol)
③ 레시틴(lecithin)
④ 스쿠알렌(squalene)
⑤ 시토스테롤(sitosterol)

21 콜레스테롤, 에르고스테롤, 스쿠알렌, 시토스테롤은 유도지질이다.

22 **식물성 스테롤로 곰팡이나 효모에서 얻어지고 버섯에서도 발견되며 자외선 조사에 의해 쉽게 비타민 D_2로 변환되는 것은?**

① 스티그마스테롤
② 에르고스테롤
③ 시토스테롤
④ 콜레스테롤
⑤ 토코페롤

22 콜레스테롤은 동물성이며 스티그마스테롤, 에르고스테롤, 시토스테롤은 식물성이다.

정답 18. ③ 19. ③ 20. ③ 21. ③ 22. ②

23 유지의 발연점에 대한 설명으로 옳은 것은?

① 유지는 정제과정을 거치면 발연점이 낮아진다.
② 참기름에 비해 콩기름의 발연점이 낮다.
③ 튀김 횟수가 증가할수록 튀김기름의 발연점이 높아진다.
④ 발연점이 낮을수록 튀김 조리에 적합한 식용유이다.
⑤ 유지의 유리지방산 함량이 높을수록 발연점이 낮다.

24 유지의 고체지방지수에 대한 설명으로 옳은 것은?

① 전체 유지 중 고체상태 유지가 차지하는 실험적인 값이다.
② 온도가 증가함에 따라 부피가 감소하여 고체지방지수는 감소한다.
③ 쇼트닝의 크림성에 매우 중요한 물리 특성이다.
④ 10℃에서의 고체지방지수는 쇠기름에 비해 라드가 높다.
⑤ 유지의 고체지방지수는 녹는점과 관련 없다.

25 트리아실글리세롤(TAG, triacylglycerol)의 다형현상(polymorphism)에 대한 설명으로 옳은 것은?

① 다형현상으로 인해 TAG의 녹는점은 매우 좁은 범위를 보인다.
② α형이 β형에 비해 안정하므로 녹는점이 높다.
③ 하나의 TAG가 2개 이상의 결정구조로 존재하는 현상으로 β형에 비해 β'형이 더 안정하다.
④ α형 결정이 β형 결정에 비해 크다.
⑤ 초콜릿의 블루밍(blooming) 현상에 영향을 끼친다.

26 지질 산화에 영향을 주는 요인에 대한 설명으로 옳은 것은?

① 클로로필은 빛이 함께 있을 때 지질의 산화를 억제한다.
② 토코페롤(tocopherol)은 농도와 상관없이 지질 산화를 억제한다.
③ 카로티노이드(carotenoid)는 지질의 광산화를 촉진한다.
④ 안토시아닌, 카테킨 등은 지용성 화합물로 지질 산화 억제에 효과적이다.
⑤ 고기의 미오글로빈 등에서 유래한 철 이온은 지질 산화를 촉진한다.

---

23 유지는 정제과정을 거치면서 **유리지방산 등이 제거되어 발연점이 높아지지만**, 튀김 횟수가 증가하면 지질이 분해되어 유리지방산 함량이 증가하므로 발연점이 낮아진다.

24 고체지방지수는 유지의 녹는점에 영향을 받으며, **일정 온도에서 총 유지 중 고체상태 유지가 차지하는 실험적인 비율로**, 고체상태에 비해 액체상태의 유지 분자가 느슨하게 배열되므로 온도가 증가하면 부피가 팽창하여 고체지방지수가 감소한다. 고체지방지수는 버터 등의 퍼짐성(spreadability)에 매우 중요하다.

25 **다형현상이란 TAG가 2개 이상의 결정구조(α, β', β형)로 존재하는 현상으로** TAG의 넓은 녹는점 범위는 다형현상으로 인해 나타난다. α형 결정은 불안정하고 가장 낮은 녹는점을 가지며, 다형현상은 쇼트닝의 **크림성**과 초콜릿의 **블루밍**에 영향을 나타낸다. α형 결정의 크기는 약 5 μm이며, β'은 약 1 μm이고, β형은 20~45 μm로 β형 결정의 크기가 α형 결정보다 크다. 결정의 안정성은 $\beta > \beta' > \alpha$ 순으로 낮아진다.

26 **클로로필**은 광산화를 촉진하지만 **카로티노이드**는 광산화를 억제한다. 또한 **토코페롤**은 효과적인 산화방지제이지만 매우 높은 농도에서는 오히려 산화를 촉진한다. 안토시아닌과 카테킨 등은 기름에 잘 용해되지 않는다.

정답 23. ⑤ 24. ① 25. ⑤ 26. ⑤

27 **철, 구리 등 금속이온을 킬레이트함으로써 지질 산화를 억제할 수 있는 물질은?**

① 인지질　② 세사몰
③ 토코페롤　④ BHA
⑤ 카로티노이드

27 **세사몰, 토코페롤**, BHA는 대표적인 **라디칼 소거제**이며 카로티노이드는 라디칼 소거 작용으로 지질 산화를 억제한다.

28 **지질 자동산화에서 유도기간에 대한 설명으로 옳은 것은?**

① 유지에 의한 산소 흡수량이 급격히 증가한다.
② 유지 내에서 빠른 속도로 라디칼이 생성된다.
③ 과산화물값이 최대에 도달한다.
④ 산화방지제를 첨가하면 유도기간이 길어진다.
⑤ 온도 증가는 유도기간을 연장시킨다.

28 지질 자동산화의 유도기간에서는 **산소 흡수량이 서서히 증가**하며, 온도가 낮을수록 유도기간은 길어진다.

29 **유도지질에 속하는 것은?**

① 세레브로시드　② 세팔린
③ 스핑고신　④ 갱글리오시드
⑤ 스핑고미엘린

29 유도지질은 단순지질 또는 복합지질의 가수분해로 생성되며 유리지방산, 스테롤, 스핑고신, 스쿠알렌, 지용성 색소, 지용성 비타민 등이 있다. 세레브로시드, 갱글리오시드, 스핑고미엘린은 스핑고신을 기본구조로 하는 복합지질이다.

30 **유지의 불포화도를 나타내는 값으로 옳은 것은?**

① 요오드값(iodine value)
② 산값(acid value)
③ 폴렌스케값(polenske value)
④ 검화값(saponification value)
⑤ 아세틸값(acetyl value)

30 불포화지방산은 요오드에 의해 쉽게 부가반응을 일으켜 이중결합이 단일결합으로 바뀌며, 이중결합이 많은 유지는 요오드가가 높다. 아세틸가는 유지에 존재하는 유리된 -OH기의 양을 나타내며 유지가 변패하면 아세틸가가 증가한다.

31 **건성유에 속하는 것으로 옳은 것은?**

① 참기름　② 들기름
③ 면실유　④ 코코넛유
⑤ 옥수수유

31 건성유에는 카놀라유, 아마인유, 들기름 등이 있고, 반건성유에는 참기름, 면실유, 콩기름, 옥수수유 등이 있으며, 불건성유에는 팜유, 코코넛유, 올리브유, 땅콩기름, 버터 등이 있다. 건성유가 가장 불포화도가 높으며 반건성유, 불건성유 순으로 낮아진다.

정답 27. ① 28. ④ 29. ③ 30. ① 31. ②

32 유지의 자동산화과정 중 개시단계(initiation step)에서 일어나는 반응으로 옳은 것은?

① 과산화물(hydroperoxide)이 라디칼로 분해됨
② 불포화지방산에서 수소 라디칼이 떨어져 나감
③ 퍼옥시 라디칼이 수소 라디칼과 결합하여 과산화물(hydroperoxide) 생성
④ 과산화물(hydroperoxide)에서 카보닐화합물 생성
⑤ 라디칼이 결합하여 중합체 형성

32 유지의 자동산화는 가열, 햇빛, 금속이온 등에 의해 불포화지방산(RH)의 이중결합 옆 탄소에서 수소 라디칼(H·)이 떨어져 나가고 유리 라디칼(R·)을 생성하면서 시작된다.

33 유지의 변향(flavor reversion)에 대한 설명으로 옳은 것은?

① 유지의 변향이 일어나면 산패취와 같은 냄새가 난다.
② 변향은 리놀렌산 함량이 높은 유지에서 발생한다.
③ 유지의 변향은 자동산화에 의해 과산화물 함량이 높을 때만 일어난다.
④ 유지의 변향은 비정제 대두유에서 발생한다.
⑤ 유지의 변향은 산패가 일어난 후에만 발생한다.

33 유지의 변향은 정제한 식용유를 상온에 방치하면 수일 내에 좋지 않은 냄새를 내는 현상으로 콩냄새, 풀냄새, 비린 냄새 등을 생성한다. 변향은 자동산화 전에도 발생하며 산패취와 다르다. 변향은 대두유에서 잘 일어나며 리놀렌산이 관여한다. 대두유는 탈취 등의 정제과정에서 콩 비린내를 제거했음에도 저장 수일 내에 정제 전의 냄새가 날 수 있다.

34 유지의 유도기간 측정 방법으로 옳은 것은?

① TBA값
② 카보닐값
③ 헤너값
④ 활성산소법
⑤ 과산화물값

34 유도기간 측정에는 활성산소법, 랜시매트법, 샬오븐시험법 등이 이용된다. 활성산소법은 유지를 97℃의 물에 중탕하면서 공기를 주입하고 유지가 일정한 과산화물값에 도달할 때까지 걸리는 시간을 측정하는 것이다.

35 유지가 가열에 의해 산패될 때 일어나는 변화로 옳은 것은?

① 유지의 유리지방산 감소
② 유지의 발연점 증가
③ 유지의 갈변반응 감소
④ 유지의 요오드가 증가
⑤ 유지의 점도 증가

35 유지는 가열하면 가열산화가 발생하여 유리지방산 증가, 발연점 감소, 아크롤레인 생성으로 불쾌취 증가, 점도 증가(중합체 형성), 갈색으로 착색(갈변반응), 요오드가 감소(이중결합 감소) 등이 일어난다.

정답 32. ② 33. ② 34. ④ 35. ⑤

36 다른 항산화제와 함께 사용하면 항산화력을 크게 증가시키는 상승제로 작용하는 물질은?

① BHA
② BHT
③ 레시틴
④ 세사몰
⑤ 시트르산(구연산)

37 녹는점이 높고 거친 천연 라드를 바람직한 물성과 특성으로 변화시키는 데 이용되는 반응은?

① 경화(hydrogenation)
② 검화(saponification)
③ 탈산(deacidification)
④ 동유처리(winterization)
⑤ 에스터교환(interesterification)

38 조지질 정량방법으로 옳은 것은?

① 크라이스 시험법(kreis test)
② 활성산소법(active oxygen method)
③ 속슬렛법(soxhlet)
④ 샬오븐시험법(schaal oven test)
⑤ 랜시매트법(rancimat)

36 상승제는 자신은 항산화력이 없거나 매우 작지만 항산화제와 함께 사용하면 항산화력을 크게 증가시키는 물질로 시트르산(구연산), 인산, 타르타르산(주석산), 아스코르브산(비타민 C) 등이 대표적이다. BHA와 BHT는 합성항산화제, 레시틴과 세사몰은 천연항산화제이다.

37 천연 라드는 β형 결정으로 제과제빵에 적합하지 않으므로 에스터교환에 의해 β'형 결정을 만들어 이용한다.

38 크라이스 시험법은 지질 산화에 의해 생성된 카보닐 화합물을 측정하여 산화정도를 평가하는 방법이다. 활성산소법, 샬오븐시험법, 랜시매트법은 지질의 산패 유도기간을 측정하는 방법이다.

정답 36. ⑤ 37. ⑤ 38. ③

5 단백질

학습목표 아미노산의 화학적 구조와 일반적 성질, 단백질의 구조, 종류, 성질 및 변성과 이용에 관한 내용을 이해하고, 이를 단백질 식품 관련 연구에 활용한다.

01 천연에 존재하는 아미노산은 **L형**이고 분자 내에 1개 이상의 아미노기와 카복실기를 가지고 있는 **양쪽성 물질**이다. 대부분 α 탄소에 아미노기가 결합되어 있는 α-아미노산이다. 대부분 물, 염류용액에 잘 녹으며 고유한 **등전점**(아미노산의 전하가 0이 되고 양극이나 음극으로 이동하지 않을 때의 pH)을 가지고 있다.

02 타우린은 아미노산의 카복실기 대신 **술포닐기를 가진 아민 화합물**로 단백질 합성에 사용되지 않고 대부분의 동물조직과 생체액에서 유리된 형태로 존재한다.

03 당단백질은 **당질과 단백질이 결합**된 복합단백질로 달걀흰자의 오보무신(ovomucin)이 이에 속한다. 윤활작용 및 조직의 보호작용을 하고, 동물조직의 점액, 소화액 뮤신 등이 당단백질에 속한다. 리포비텔린은 지질이 결합한 지단백질이다.

04 뮤신은 당단백질, 미오글로빈과 시이토크롬은 색소단백질, 리포비텔린은 지단백질이다. 인단백질에는 우유의 카제인과 달걀노른자의 비텔린, 베텔레닌이 있다.

정답 01. ① 02. ② 03. ③ 04. ②

01 식품 단백질을 구성하는 아미노산에 대한 설명으로 옳은 것은?

① 아미노산의 종류에 따라 등전점이 다르다.
② 에테르나 벤젠에 잘 용해된다.
③ 모든 아미노산은 분자 내에 아미노기와 카복실기를 1개씩 가지고 있다.
④ 식품 단백질을 구성하는 아미노산은 대부분 D-아미노산이다.
⑤ 식품 단백질은 대부분 β-아미노산으로 구성되어 있다.

02 단백질의 구성성분이 되지 않고, 유리상태 또는 비타민 등 특수한 화합물의 구성성분으로 존재하는 화합물은?

① 페닐알라닌(phenylalanine) ② 타우린(taurine)
③ 알라닌(alanine) ④ 발린(valine)
⑤ 리신(lysine)

03 당단백질에 대한 설명으로 옳은 것은?

① 단순단백질과 지질이 결합된 복합단백질이다.
② 산소운반, 호흡작용 및 산화환원작용에 관여한다.
③ 동물조직의 점액, 소화액 뮤신 등이 여기에 속한다.
④ 달걀노른자의 리포비텔린이 여기에 속한다.
⑤ 사람의 혈장, 혈청에도 존재한다.

04 인단백질에 속하는 것은?

① 뮤신(mucin) ② 카제인(casein)
③ 미오글로빈(myoglobin) ④ 시토크롬(cytochrome)
⑤ 리포비텔린(lipovitellin)

05 단백질에 대한 설명으로 옳은 것은?

① 곡류의 종자에 많이 함유되어 있는 단백질 종류는 프롤라민이다.
② 카제인은 당단백질로 우유에 많이 함유되어 있다.
③ 엘라스틴은 물에 용해되지 않으며 동물의 뿔 등에 함유되어 있다.
④ 헤모글로빈은 지단백질로 모든 동식물 세포에 들어 있다.
⑤ 콜라겐은 힘줄, 혈관 등의 탄성조직에 함유되어 있다.

05 **카제인은 인단백질**이며 모발에 주로 함유된 단백질은 케라틴이다. 헤모글로빈은 색소단백질로 동물의 혈액에 존재한다. 콜라겐은 피부 및 결합조직을 구성하는 단백질이다.

06 물에는 거의 녹지 않고 가열에 의해 응고되는 단백질 종류는?

① 글루텔린 ② 프롤라민
③ 알부민 ④ 히스톤
⑤ 글로불린

06 알부민은 물에 녹으며, 프롤라민, 글루텔린, 글로불린은 물에는 녹지 않는다. 알부민과 글로불린은 가열에 의해 응고되나 글루텔린과 프롤라민은 가열에 의해 응고되지 않는다.

07 단백질의 구조에 대한 설명으로 옳은 것은?

① 단백질의 2차 구조인 α-나선구조와 β-병풍구조는 펩타이드사슬에 의하여 안정화된다.
② 아미노산 배열에 의한 기본 구조를 단백질의 2차 구조라고 한다.
③ 천연 단백질이 열, 산, 알칼리 등의 작용으로 2차 구조가 변형되면 생리적 활성을 잃는다.
④ 섬유상 단백질에는 콜라겐과 엘라스틴이 있다.
⑤ 일부 단백질은 2차 구조를 형성한 여러 개의 단백질 분자가 모여 집합체를 이룬다.

07 단백질의 아미노산 배열 기본 구조는 1차 구조이며 펩타이드사슬 내에 α-나선구조, β-병풍구조, 무작위코일 구조와 같은 입체구조를 형성하는 것을 2차 구조라 한다. 2차 구조는 수소결합에 의해 안정화되고, 단백질의 3차 구조가 변형되면 활성을 상실하게 되며, 헤모글로빈과 같은 단백질은 3차 구조를 형성한 4개의 단위체가 모여 4차 구조를 이룬다.

08 단백질의 1차 구조를 안정화시키는 결합으로 옳은 것은?

① 이황화결합(디설피드 결합)
② 수소결합
③ 소수성 결합
④ 펩타이드 결합
⑤ 이온결합

08 1차 구조에 관여하는 결합은 **펩타이드 결합**, 2차 구조에는 **수소결합**, 3차 구조에는 **이온결합, 수소결합, 정전기적 결합, 이황화(disulfide)결합, 소수성 결합 등**이 있다.

09 단백질의 변성에 대한 설명으로 옳은 것은?

① 변성되면 용해도가 증가한다.
② 변성되면 생물학적 활성이 증가한다.
③ 단백질의 1차 구조가 변한다.
④ 변성되면 점도가 감소한다.
⑤ 열, 동결, 건조, 산, 알칼리 등에 의해 변성이 일어난다.

09 변성이 일어난 단백질은 생물학적 활성의 감소, 점도의 증가와 용해도의 감소로 등전점의 변화, 응고, 침전 등의 현상이 수반되나, **단백질의 1차 구조는 변화되지 않는다.**

정답 05. ① 06. ⑤ 07. ④ 08. ④ 09. ⑤

10 오보뮤코이드, 콘알부민, 오브알부민, 리소자임은 달걀흰자에 함유된 단백질이다.

11 젤라틴은 35~40℃에서 용해되며 **친수성 콜로이드**를 형성하고, 레몬즙은 젤라틴의 응고를 억제하고, 설탕은 젤라틴 겔의 강도를 약하게 한다.

12 등전점에서는 분자 속의 양전하와 음전하가 중화되어 **전기적으로 중성**이 되므로 전기장 내에서 전극의 어느 쪽으로도 이동하지 않는다. **용해도**, 점도, 삼투압 등은 등전점에서 **최소**가 되고, 흡착성, 기포력, 침전 등은 최대가 된다.

13 산성 아미노산이 많으면 산성 쪽으로 등전점을 갖고, 등전점에서 **용해도와 삼투압은 최소**가 되는 반면 기포성과 흡착성은 최대가 된다. 그리고 식품 대부분의 등전점은 pH 4~6 범위이다.

14 우유 단백질인 카제인은 산을 첨가하면 등전점인 pH 4.6 부근에서 침전 응고하고 효소 레닌의 작용에 의해서도 응고가 일어난다. 이를 이용하여 치즈와 요구르트를 만든다.

정답 10. ⑤ 11. ② 12. ② 13. ① 14. ④

10 달걀노른자에 함유된 단백질은?

① 오보뮤코이드 ② 콘알부민
③ 오브알부민 ④ 리소자임
⑤ 리포비텔린

11 젤라틴에 대한 설명으로 옳은 것은?

① 레몬즙은 젤라틴의 응고를 촉진한다.
② 젤라틴 함량이 높을수록 더 단단한 겔이 형성된다.
③ 젤라틴은 상온의 물에서 용해가 잘된다.
④ 젤라틴은 소수성 콜로이드를 형성한다.
⑤ 설탕 농도가 증가할수록 젤라틴 겔의 강도가 높아진다.

12 단백질 용액의 등전점에서 일어나는 변화로 옳은 것은?

① 흡착성은 최소가 된다.
② 용해도가 최소가 된다.
③ 삼투압이 최대가 된다.
④ 침전은 최소가 된다.
⑤ 기포력이 최소가 된다.

13 단백질 등전점에 대한 설명으로 옳은 것은?

① 양이온과 음이온의 수가 같아서 실제 전하가 0이 되는 pH이다.
② 산성 아미노산이 많으면 알칼리성 쪽으로 등전점을 갖는다.
③ 등전점에서는 기포성과 흡착성이 최소가 된다.
④ 등전점에서는 용해도와 삼투압이 최대가 된다.
⑤ 식품단백질의 등전점은 대부분이 pH 7~10의 범위이다.

14 우유 단백질의 응고에 대한 설명으로 옳은 것은?

① 카제인은 가열하면 응고한다.
② 락트알부민은 가열에 의해 용해도가 증가한다.
③ 우유에 염을 첨가하여 제조한 음료가 요구르트이다.
④ 카제인은 산을 넣어 pH 4.6 부근이 되면 응고된다.
⑤ 카제인이 효소 레닌에 의해 응고되는 성질을 이용하여 버터를 제조한다.

15 **2개 이상의 펩타이드사슬을 가진 단백질이 청색의 구리 이온(Cu^{2+})을 보라색으로 변색시키는 성질을 이용한 단백질의 정색 반응은?**

① 디지토닌 반응 ② 뷰렛 반응
③ 밀론 반응 ④ 닌하이드린 반응
⑤ 잔토프로테인 반응

15 **닌하이드린 반응**은 프롤린 또는 α-아미노산과 반응하여 청자색 또는 적자색을 나타낸다. **잔토프로테인 반응**은 방향족 고리를 가진 아미노산(티로신, 페닐알라닌, 프립토판)에 의해 등황색을 나타낸다. 밀론 반응은 방향족 고리를 가지고 있는 티로신이 존재할 때 일어나는 반응으로 적색을 띤다.

16 **조단백질을 정량하는 대표적인 방법은?**

① 속슬렛법(soxhlet)
② 소모기법(somogi)
③ 킬달법(kjeldahl)
④ 모어법(mohr)
⑤ 칼피셔법(karl fisher)

16 식품 중의 조단백질 함량은 **킬달법**으로 측정한다. **속슬렛법**은 조지방 정량법, **소모기법**은 탄수화물 정량법, 모어법은 염화나트륨의 정량법, **칼피셔법**은 수분정량법이다.

17 **조리 시 단백질의 변성에 대한 설명으로 옳은 것은?**

① 가열 중 단백질 일부는 가수분해되어 영양 가치가 높아진다.
② 단백질은 적당히 가열하면 효소의 작용을 받기 쉬워진다.
③ 모든 아미노산의 가열에 의한 파괴속도는 일정하다.
④ 단시간 가열은 아미노산에 영향을 주지 못한다.
⑤ 단백질의 소화율은 가열에 의해 변화가 없다.

17 아미노산의 파괴속도는 종류에 따라 차이가 있어 **히스티딘>아르기닌>루신 순**이다. 또한 가수분해에 의한 아미노산의 파괴로 영양가는 감소한다.

18 **광학활성이 없는 아미노산으로 옳은 것은?**

① 페닐알라닌 ② 리신
③ 알라닌 ④ 글리신
⑤ 발린

18 아미노산은 글리신을 제외하고는 모두 비대칭 탄소원자를 가지므로 **D형, L형의 광학이성질체**가 존재한다.

19 **효소의 특성에 대한 설명으로 옳은 것은?**

① 효소는 많은 기질에 두루 작용한다.
② 효소반응에는 최적 온도와 최적 pH가 있다.
③ 효소는 기질과 동일한 양으로 생체반응을 가속화시킨다.
④ 활성화 에너지를 높여주어 반응속도를 빠르게 한다.
⑤ 효소 자체는 강산, 강알칼리에 강하므로 활성에 영향을 주지 않는다.

19 **효소는 기질 특이성이 있고 반응의 활성화 에너지를 낮추며 최적 온도와 최적 pH를 가진다.** 단백질이므로 열, 강산, 강알칼리에 의해 변성되고 기질에 비해 매우 적은 양으로 생체반응을 촉진시킨다.

정답 15. ② 16. ③ 17. ② 18. ④ 19. ②

20 효소에 대한 설명으로 옳은 것은?

① 효소는 복합단백질로만 구성되어 있다.
② 복합단백질로 구성된 효소의 단백질부분을 홀로(holo)효소라고 한다.
③ 효소의 특이성을 결정하는 것은 조효소이다.
④ 복합단백질효소에서 비단백질부분을 보결분자단(prosthetic group)이라고 한다.
⑤ 단백질부분과 비단백질부분이 결합한 효소를 아포(apo)효소라고 한다.

20 효소는 **단순단백질과 복합단백질**로 이루어져 있고 복합단백질 효소는 단백질부분(**아포효소**)과 비단백질부분(**보결분자단**)이 결합되어 **홀로효소**가 되어 효소 활성을 나타낸다. 효소의 특이성을 결정하는 것은 아포효소이다.

21 효소반응에 대한 설명으로 옳은 것은?

① 효소 펩신(pepsin)의 최적 pH는 9.0 부근이다.
② 수분활성도가 증가할수록 일반적으로 효소반응 속도가 증가한다.
③ 효소는 반응 종류와 상관없이 기질에 대한 선택성을 갖고 있다.
④ 모든 효소반응은 금속이온의 영향을 받는다.
⑤ 효소반응은 대부분 50~60℃에서 잘 일어난다.

21 효소는 최대 활성을 나타내는 **최적의 pH와 온도**가 있으며 일반적으로 30~44℃의 최적 온도를 보인다. 펩신의 최적 pH는 2 부근이며 효소에 따라 금속이온의 영향을 받지 않는 것도 있다. 또한 효소는 특정 기질과 반응에만 선택적으로 작용하는 특이성을 보인다.

22 한 기질에서 다른 기질로 원자단을 옮기는 반응에 관여하는 효소는?

① 이성화효소(isomerase) ② 산화효소(oxidase)
③ 전이효소(transferase) ④ 탈수소효소(dehydrogenase)
⑤ 가수분해효소

22 **이성화효소**는 분자 내에서 이성화 반응을 촉매하는 효소, **산화효소**는 생체성분의 산화를 일으키는 효소, **탈수소효소**는 탈수소반응에 의하여 생체성분을 산화시키는 효소, **가수분해효소**는 물분자를 가하여 기질의 공유결합을 가수분해시키는 효소이다.

23 β-아밀라제(amylase)에 대한 설명으로 옳은 것은?

① 액화를 일으키는 효소이다.
② 글루코스 제조에 이용된다.
③ 전분의 α-1,4 결합과 α-1,6 결합을 분해한다.
④ 전분을 비환원성 말단에서 말토스(맥아당) 단위로 분해한다.
⑤ 전분을 무작위로 가수분해한다.

23 **β-아밀라제**는 전분분자의 **비환원성 말단에서 말토스 단위로 분해**하여 말토스(맥아당)를 유리시키므로 당화를 일으키는 효소라고 한다. 이 효소는 α-1,4 결합만을 분해하고 α-1,6 결합의 가지 부분에서 가수분해가 중지된다.

24 불포화지방의 산화를 촉매하며 콩류와 그 가공품 특유의 콩비린내 생성에 관여하는 효소는?

① 아밀라제(amylase) ② 펩티다제(peptidase)
③ 트립신(trypsin) ④ 레닌(rennin)
⑤ 리폭시게나제(lipoxygenase)

24 **아밀라제**는 탄수화물의 분해효소, **펩티다제**는 펩티드 분해효소, **트립신**은 단백질 분해효소, **레닌**은 우유 단백질인 카제인을 응고시키는 효소이다.

정답 20. ④ 21. ② 22. ③ 23. ④ 24. ⑤

25 전분을 분해하는 효소로 옳은 것은?

① 포스파타제(phosphatase) ② 펙티나제(pectinase)
③ 우레아제(urease) ④ 아밀라제(amylase)
⑤ 프로테아제(protease)

25 포스파타제는 **인산분해효소**이고 우레아제는 요소를 가수분해하여 이산화탄소와 암모니아를 생성하는 효소이다.

26 효소와 그 기능을 연결한 것으로 옳은 것은?

① 포스파타제(phosphatase) – 감귤류 껍질의 쓴맛 제거
② 글루코아밀라제(glucoamylase) – 순수글루코스의 제조
③ 셀룰라제(cellulase) – 과일주스의 청징제
④ β–아밀라제(amylase) – 과당 시럽의 제조
⑤ 말타제(maltase) – 전화당의 제조

26 감귤류 껍질의 쓴맛 제거는 **나린지나제(naringinase)**, 과일주스의 청징에는 **펙티나제(pectinase)**를 이용한다. 셀룰라제는 셀룰로스를 글루코스와 셀로비오스로 가수분해한다. β–아밀라제는 전분의 α–1,4 결합을 가수분해하여 말토스를 생산하고 말타제는 말토스를 글루코스로 가수분해한다. 전화당 제조에는 인버타제가 사용된다.

27 비가수분해적인 방법으로 기질에서 카복실기, 알데히드기, 물 또는 암모니아 등의 원자단을 분리하고 기질에 이중결합을 생성하기도 하며, 반대로 이중결합에 이 원자단을 부가시키는 반응을 촉매하는 효소는?

① 리아제(lyase)
② 이성질화효소(isomerase)
③ 전이효소(transferase)
④ 가수분해효소(hydrolase)
⑤ 산화환원효소(oxidoreductase)

27 **이성질화효소**는 이성화 반응을 촉매하는 효소, **전이효소**는 두 기질 사이에 원자단을 전달하는 효소, **가수분해효소**는 가수분해 반응을 촉진하는 효소, **산화환원효소**는 산화·환원을 촉매하는 효소이다.

28 효소와 그 작용을 연결한 것으로 옳은 것은?

① 글루코아밀라제(glucoamylase) : 전분 → 덱스트린+말토스
② 리폭시게나제(lipoxygenase) : 지질 → 지방산+글리세롤
③ 펩신(pepsin) : 단백질 → 아미노산
④ 레닌(rennin) : 카파 카제인(κ–casein) → 파라 카파 카제인(p–κ–casein)
⑤ 말타제(maltase) : 전분 → 락토스

28 **글루코아밀라제**는 전분을 글루코스로, **리폭시게나제**는 지방산을 산화시켜 알데히드계통의 불쾌한 냄새물질을 생성하고, **펩신**은 단백질을 폴리펩타이드로, **말타제**는 전분을 말토스로 분해한다.

29 효소작용을 촉진하는 물질로 옳은 것은?

① 산, 알칼리 ② 중금속류
③ 금속이온 ④ 유기용매
⑤ 단백질 침전제

29 Cu^{2+}, Mg^{2+}, Fe^{2+}과 같은 금속이온은 효소작용을 촉진하며 산, 알칼리, 중금속류, 유기용매, 단백질 침전제 등은 효소작용을 억제한다.

정답 25. ④ 26. ② 27. ① 28. ④ 29. ③

30 펙티나제는 과일주스나 포도주의 혼탁함을 제거하는 데 사용한다. 리폭시게나제는 콩 비린내 생성에 관여한다.

31 홍차 제조 시의 갈변은 효소적 갈변이며 나머지는 비효소적 갈변이다.

32 파파인은 육류의 연화, 맥주의 혼탁 방지에 이용하는 효소이며, 글루타미나제는 글루타민을 가수분해하여 글루탐산과 암모니아를 생성하는 효소이다.

33 펩신은 단백질 분해효소이며 나머지는 탄수화물 분해효소이다.

정답 30. ③ 31. ⑤ 32. ⑤ 33. ③

30 갈변을 일으키는 효소로 옳은 것은?

① 펙티나제
② 리폭시게나제
③ 폴리페놀옥시다제
④ 퍼옥시다제
⑤ 카탈라제

31 효소적 갈변반응으로 옳은 것은?

① 커피콩을 볶는 과정에서의 갈변
② 분말 오렌지 저장 시의 갈변
③ 감자 튀김 시 갈변
④ 토마토케첩의 갈변
⑤ 홍차 제조 시의 갈변

32 다음의 설명에 해당되는 효소는?

- 덜 익은 감귤류에 존재하는 물질을 가수분해함
- 과즙 제조 시 백탁을 방지하는 역할
- 최적 pH는 3.5
- 최적 온도는 60℃

① 셀룰라제(cellulase)
② 펙티나제(pectinase)
③ 파파인(papain)
④ 글루타미나제(glutaminase)
⑤ 헤스페리디나제(hesperidinase)

33 단백질을 분해하는 효소로 옳은 것은?

① 셀룰라제(cellulase)
② 아밀라제(amylase)
③ 펩신(pepsin)
④ 헤미셀룰라제(hemicellulase)
⑤ 펙티나제(pectinase)

34 효소반응을 저해하는 물질인 저해제에 대한 설명으로 옳은 것은?

① 대두에는 트립신의 작용을 저해하는 트립신 저해제가 함유되어 있다.
② 트립신 저해제는 내열성이 커서 열에 의해서도 변성되지 않고 활성을 갖는다.
③ 저해제는 유리형태의 효소에만 작용한다.
④ 효소 저해제는 건열에서는 내열성이 낮다.
⑤ 난백에는 트립신 저해활성이 있는 오브알부민이 있다.

34 **효소 저해제**는 유리형태의 효소뿐 아니라 기질과 결합된 상태에서도 작용하고, 열에 의해 변성되어 불활성화되지만 **건열에서는 내열성이 크다.** 난백에 함유되어 있는 **오보뮤코이드**는 트립신 저해활성이 있다.

35 단백질의 수화에 대한 설명으로 옳은 것은?

① 단백질의 수화력은 등전점에서 가장 높다.
② 식품 내 단백질은 대부분 pH 4~5일 때 가장 큰 수화력을 보인다.
③ 2M 염용액은 단백질의 수화력을 증가시킨다.
④ 단백질의 수화력은 온도가 증가할수록 커진다.
⑤ 약간 변성된 단백질은 천연단백질에 비해 수화력이 크다.

35 단백질의 수화력은 **등전점에서 가장 낮고, 대부분 식품 단백질은 pH 9~10에서 가장 수화력이 크다. 0.2M 이하의 염용액은 수화력을 증가**시키지만 고농도 염용액은 수분이 염용액의 수화된 이온에 결합하여 수화력이 감소한다. 또한 **온도가 증가하면 수소결합이 감소하여 단백질 수화력은 감소**하고 약간 변성된 단백질은 천연단백질에 비해 표면적이 커지므로 수화력이 커진다.

36 단백질의 겔(gel) 형성에 대한 설명으로 옳은 것은?

① 단백질의 농도와 관계없이 겔을 형성한다.
② 겔은 pH가 등전점보다 멀리 떨어질수록 잘 형성된다.
③ 용액의 이온 세기(ionic strength)가 클수록 투명한 겔을 형성한다.
④ 소수성 결합에 의해 형성된 단백질 겔은 가역적이다.
⑤ 단백질 겔은 단백질을 가열 후 냉각하여 단백질 분자끼리 회합시킴으로써 만들어진다.

36 단백질은 겔을 형성할 수 있는 **임계농도**가 있으며 등전점에서 멀어지면 같은 전하끼리의 반발로 인해 응집되지 않는다. 단백질 겔 형성에는 **이온결합, 수소결합, 소수성 결합, 디설피드 결합** 등이 관여하며 수소결합에 의해 형성된 겔은 가역적이고, 소수성 결합에 의해 형성된 겔은 비가역적이다. 이온 강도가 너무 크면 탁한 겔이 형성된다.

37 과일 숙성 중 조직의 연화 현상에 관여하는 효소로 옳은 것은?

① 펙틴에스테라제(pectin esterase)
② 프로테아제(protease)
③ 아밀라제(amylase)
④ 폴리페놀옥시다제(polyphenol oxidase)
⑤ 카탈라제(catalase)

37 **펙틴에스테라제**는 과일의 펙틴질을 분해하여 조직을 연화시킨다. **폴리페놀옥시다제(폴리페놀산화효소)**는 폴리페놀의 산화 반응에 의해 갈색 색소인 멜라닌을 형성하여 과일, 채소의 갈변을 일으킨다. **카탈라제**는 과산화수소를 물과 산소로 분해하는 반응을 촉매한다.

정답 34. ① 35. ⑤ 36. ⑤ 37. ①

38 산성 아미노산은 곁사슬에 카복실기가 존재하여 카복실기의 수가 아미노기의 수보다 많은 아미노산으로 아스파르트산, 글루탐산 등이 있다.

39 곁사슬에 아미노기를 갖고 있어 아미노기의 수가 카복실기의 수보다 많은 아미노산을 염기성 아미노산이라고 하며 리신, 아르기닌, 히스티딘 등이 있다.

40 황(S)을 함유한 함황 아미노산에는 시스테인, 메티오닌 등이 있다.

41 페닐알라닌은 곁사슬에 페닐기를, 세린은 곁사슬에 히드록시기(−OH)를 가지고 있다.

42 세린과 트레오닌은 곁사슬에 히드록시기(−OH)가 존재하는 아미노산이다.

정답 38. ③ 39. ① 40. ②
41. ② 42. ①

38 곁사슬(side chain)에 카복실기가 존재하는 아미노산으로 옳은 것은?

① 글리신(glycine)
② 메티오닌(methionine)
③ 아스파르트산(aspartic acid)
④ 티로신(tyrosine)
⑤ 히스티딘(histidine)

39 곁사슬에 아미노기가 존재하는 아미노산으로 옳은 것은?

① 리신(lysine)
② 발린(valine)
③ 세린(serine)
④ 트립토판(tryptophan)
⑤ 시스테인(cysteine)

40 황(S)을 함유한 함황 아미노산에 속하는 것은?

① 페닐알라닌(phenylalanine)
② 메티오닌(methionine)
③ 트레오닌(threonine)
④ 프롤린(proline)
⑤ 알라닌(alanine)

41 곁사슬에 페닐기가 있는 아미노산으로 옳은 것은?

① 알라닌(alanine)
② 페닐알라닌(phenylalanine)
③ 세린(serine)
④ 프롤린(proline)
⑤ 히스티딘(histidine)

42 곁사슬에 히드록시기(−OH)가 존재하는 아미노산으로 옳은 것은?

① 트레오닌(threonine)
② 메티오닌(methionine)
③ 리신(lysine)
④ 글루탐산(glutamic acid)
⑤ 알라닌(alanine)

43 알코올에 잘 녹는 아미노산으로 옳은 것은?

① 리신(lysine)
② 프롤린(proline)
③ 세린(serine)
④ 시스테인(cysteine)
⑤ 글리신(glycine)

43 대부분의 아미노산은 알코올에 녹지 않으나 프롤린과 히드록시프롤린은 알코올에 잘 녹는다.

44 아미노산의 성질에 대한 설명으로 옳은 것은?

① 티로신은 물에 잘 녹는다.
② 아미노산은 등전점에서 흡착성과 기포성이 최소가 된다.
③ 함황 아미노산은 자외선을 흡수한다.
④ 글루탐산의 Na염은 단맛이 있다.
⑤ 글리신을 제외한 모든 아미노산은 광학활성이 있다.

44 대부분의 아미노산은 물과 같은 극성 용매, 묽은 산과 알칼리, 염류용액에 잘 녹고 유기용매에 잘 녹지 않는다. 그러나 티로신과 시스테인은 물에 잘 녹지 않는다. 아미노산은 등전점에서 흡착성과 기포성이 최대이다. 방향족 아미노산(티로신, 페닐알라닌 등)은 자외선을 흡수하는 성질이 있으며, 글루탐산의 Na염은 구수한 맛을 낸다. 글리신은 부제탄소가 존재하지 않으므로 광학활성이 없다.

45 식품과 식품에 존재하는 글로불린에 속하는 단백질을 연결한 것으로 옳은 것은?

① 육류 – 미오겐
② 쌀 – 오리제닌
③ 보리 – 호르데인
④ 옥수수 – 제인
⑤ 대두 – 글리시닌

45 육류의 미오겐은 알부민, 쌀의 오리제닌은 글루텔린, 보리의 호르데인과 옥수수의 제인은 프롤라민에 속한다.

46 섬유상 단백질을 나열한 것으로 옳은 것은?

① 미오신, 오브알부민
② 미오겐, 엘라스틴
③ 락트알부민, 콜라겐
④ 콜라겐, 글리시닌
⑤ 콜라겐, 엘라스틴

46 오브알부민, 미오겐, 락트알부민, 미오신, 글리시닌은 구상 단백질이다. 섬유상 단백질에는 콜라겐, 엘라스틴, 케라틴이 있다.

47 단백질의 2차 구조인 α–나선구조와 β–병풍구조를 형성하여 안정화시키는 결합으로 옳은 것은?

① 이황화결합
② 이온결합
③ 소수성결합
④ 반데르발스 결합
⑤ 수소결합

47 단백질의 2차 구조인 α–나선구조와 β–병풍구조는 폴리펩타이드사슬 간의 수소결합에 의해 입체구조가 형성되고 안정화된다.

정답 43. ② 44. ⑤ 45. ⑤ 46. ⑤ 47. ⑤

6 식품의 색과 향미

학습목표 색소의 구조와 특성, 식품의 가공·조리 중에 일어나는 변화, 인체가 맛과 냄새를 인식하는 원리, 식품 중에 함유된 맛과 냄새 성분의 화학적 구조와 특성을 이해하고, 이를 식품학에 활용한다.

01 클로로필에 대한 설명으로 옳은 것은?

① 포르피린 고리의 중앙에 마그네슘이 결합된 구조를 가지고 있다.
② 알칼리로 처리하면 페오피틴이 형성된다.
③ 클로로필과 페오피틴은 수용성이다.
④ 산으로 처리하면 갈색의 클로로필린을 형성한다.
⑤ 클로로필라제가 작용하면 페오피틴이 형성된다.

01 클로로필(엽록소)은 알칼리에 의하여 피톨기가 유리되어 선명한 녹색의 수용성인 클로로필리드(chlorophyllide)를 형성하며 산에 의하여 포르피린에 결합된 마그네슘이 수소이온으로 치환되어 갈색의 페오피틴을 형성한다.

02 포르피린 고리 구조를 갖는 색소로 옳은 것은?

① 카로티노이드
② 안토시아닌
③ 안토잔틴
④ 클로로필
⑤ 탄닌

02 클로로필(엽록소)은 포르피린 고리의 중앙에 마그네슘(Mg)이 결합되어 있는 기본구조를 가진다.

03 클로로필이 효소인 클로로필라제에 의해 일어나는 변화로 옳은 것은?

① Mg^{2+}이 OH^-로 치환된다.
② 피톨(phytol)이 유리된다.
③ Mg^{2+}이 H^+로 치환된다.
④ 녹갈색의 클로로필리드로 변한다.
⑤ 녹색의 페오포비드로 변한다.

03 클로로필을 효소인 클로로필라제로 처리하면 피톨이 유리되면서 수용성인 녹색의 클로로필리드가 생성된다. 클로로필리드는 바로 식물조직 내의 유기산과 반응하여 갈색의 페오포비드로 변하여 녹색을 잃는다.

04 클로로필을 알칼리로 처리했을 때의 변화로 옳은 것은?

① 클로로필이 페오피틴으로 변화한다.
② 클로로필이 페오포비드로 변화한다.
③ 클로로필이 클로로필리드로 변화한다.
④ 클로로필 중의 마그네슘 이온이 구리(Cu)로 치환된다.
⑤ 클로로필 중의 마그네슘 이온이 철(Fe)로 치환된다.

04 클로로필은 산으로 처리하면 갈색의 페오피틴으로 변화하며, 알칼리에서는 클로로필리드를 형성한다.

정답 01. ① 02. ④ 03. ② 04. ③

05 **클로로필 유도체 중 갈색을 띠는 것은?**

① 철-클로로필　② 구리-클로로필
③ 클로로필린　④ 페오피틴
⑤ 클로로필리드

06 **붉은색 토마토에 함유된 카로틴류 색소로 옳은 것은?**

① 리코펜　② 루테인
③ 아스타잔틴　④ 지아잔틴
⑤ 탄닌

07 **카로티노이드의 특징에 대한 설명으로 옳은 것은?**

① 일광건조에도 안정하여 퇴색되지 않는다.
② 이소프렌 단위가 결합한 테트라터펜 기본구조로 되어 있다.
③ 모든 물질이 비타민 A의 전구체가 된다.
④ 약산과 약알칼리에 안정하나 열에는 약하다.
⑤ 자연계에 존재하는 카로티노이드의 공액이중결합은 모두 시스형이다.

08 **헤스페리딘을 함유한 식품으로 옳은 것은?**

① 자몽　② 달걀
③ 마늘　④ 포도
⑤ 김

09 **안토시아닌에 대한 설명으로 옳은 것은?**

① 철과 결합하면 고운 청색을 띠는 복합체를 형성한다.
② 알칼리 용액에서 칼콘(chalcone)을 형성한다.
③ 황색, 오렌지색 색소로서 화황소라고도 한다.
④ 분자 내에 공통적으로 이오논 고리를 가지고 있다.
⑤ 대부분 당과 결합하지 않은 비배당체로 존재한다.

10 **산성 pH에서 안토시아닌 색소의 색깔로 옳은 것은?**

① 무색　② 적색
③ 회색　④ 청색
⑤ 흑갈색

05 **페오피틴**은 산에 의해 클로로필의 마그네슘이 수소이온으로 치환되어 생성되며 갈색을 띤다.

06 **루테인, 아스타잔틴, 지아잔틴은 잔토필류에 속한다.**

07 **카로티노이드계 색소는 산화에 민감**하며 자연계에 존재하는 카로티노이드의 **공액이중결합은 대부분 트랜스(trans)형**이다. 또한 β-이오논 고리(β-ionone ring)**를 가지고 있는** α**-카로틴,** β**-카로틴,** δ**-카로틴은 비타민 A의 효력이 있으며 열, 약산과 약알칼리에** 안정한 성질을 가지고 있으나 **빛에는 약하다.**

08 **헤스페리딘은 감귤류(citrus fruit)에 주로 존재하는 플라보노이드(안토잔틴)이다.**

09 **안토시아닌계 색소**는 꽃, 과실, 채소 등에서 주로 **당과 결합한 배당체의 형태로 존재하는 적색, 자색, 청색의 수용성 색소로서 화청소라고도 한다.** 구조는 2개의 벤젠핵이 탄소로 연결된 C_6-C_3-C_6의 기본골격을 가진다. 알칼리 용액에서 칼콘을 형성하는 것은 안토잔틴계 색소이다.

10 **안토시아닌 색소는 산성에서 적색, 중성에서 무색-자색, 알칼리성에서 청색을 나타낸다.**

정답 05. ④ 06. ① 07. ② 08. ① 09. ① 10. ②

11 **안토잔틴계 색소**는 수용성으로서 식물세포의 액포 중에 배당체의 형태로 존재한다. **산에는 안정하나 알칼리에 불안정하여 칼콘을 형성하여 황변, 갈변한다.** 일부 금속과 결합하여 복합체를 형성한다. 즉 주석과 결합한 복합체는 뚜렷한 색깔 변화는 없으며, 철과 결합하면 처음에는 녹색으로 착색되나 곧 갈색으로 변한다.

12 **카로티노이드와 클로로필은 지용성 색소로 엽록체에 존재한다.** 안토시아닌, 안토잔틴, 베탈레인은 수용성 색소이다.

13 **클로로필은 테트라피롤(tetrapyrrole) 구조**를 가지며, 테트라터펜 구조를 갖는 것은 카로티노이드이다. **아스타잔틴은 β-이오논 고리(β-ionone ring)가 없어** 비타민 A로의 전환이 어렵고, **안토시아닌의 비배당체는 안토시아니딘이며, 탄닌은 원래 무색이며 산화되면 갈색으로 변한다.**

14 탄닌은 **폴리페놀(polyphenol)성 화합물**로 여러 금속이온과 결합하여 복합체를 형성하는데, 특히 **제1철 이온과 반응하면 회색으로, 제2철 이온과 반응하면 흑청색으로 변화한다.** 과실이 익으면 불용성 물질로 변화하여 떫은맛이 감소한다. 단백질과 결합하면 침전된다.

15 콜레미오글로빈은 햄의 포르피린 핵이 산화되어 생성되며 녹색을 띠며 설프미오글로빈도 녹변을 일으킨다. **메트미오글로빈**은 2가의 철이온이 3가의 철이온으로 산화되어 갈색을 띤다.

정답 11. ④ 12. ④ 13. ② 14. ③ 15. ②

11 안토잔틴에 대한 설명으로 옳은 것은?

① 식물의 꽃과 열매에 포함된 지용성 색소이다.
② 산성 조건에서 불안정하여 진한 황색을 띤다.
③ 철과 결합하여 복합체를 형성하나 색에는 변화가 없다.
④ 알칼리 용액에서 칼콘(chalcone)이 되어 황색이나 갈색으로 변한다.
⑤ 식물체에서는 주로 단백질과 결합하여 존재한다.

12 지용성 색소에 속하는 것으로 옳은 것은?

① 안토시아닌
② 탄닌
③ 베탈레인
④ 클로로필
⑤ 안토잔틴

13 식품의 색소에 대한 설명으로 옳은 것은?

① 클로로필은 테트라터펜 구조를 가진다.
② 카로티노이드는 우유, 난황, 당근 등에 존재한다.
③ 아스타잔틴은 체내에서 분해되어 비타민 A로 전환된다.
④ 안토시아닌의 비배당체는 프로안토시아니딘이다.
⑤ 탄닌은 산화되면 연한 갈색이나 무색으로 변한다.

14 탄닌에 대한 설명으로 옳은 것은?

① 갈색의 폴리페놀 화합물을 총칭한다.
② 산화되면 녹색으로 변한다.
③ 탄닌은 제2철 이온과 결합하여 흑청색의 복합체를 형성한다.
④ 과실이 익어감에 따라 수용성 물질로 변화하여 떫은맛이 감소한다.
⑤ 단백질과 결합하면 물에 쉽게 녹는다.

15 선명한 붉은색을 띠는 미오글로빈 유도체로 옳은 것은?

① 설프미오글로빈
② 옥시미오글로빈
③ 메트미오글로빈
④ 니트로소미오글로빈
⑤ 콜레미오글로빈

16 **육류에 아질산염을 첨가할 때 생성되는 미오글로빈 유도체로 옳은 것은?**

① 메트미오글로빈
② 니트로소미오글로빈
③ 옥시미오글로빈
④ 설프미오글로빈
⑤ 메트미오크로모겐

16 아질산염에서 생성된 일산화질소가 환원형미오글로빈과 결합하여 니트로소미오글로빈을 형성한다.

17 **이소프레노이드 유도체의 구조를 가진 색소로 옳은 것은?**

① 클로로필
② 안토시아닌
③ 미오글로빈
④ 카로티노이드
⑤ 안토잔틴

17 식품색소의 화학적 구조에 따른 분류
- 테트라피롤 유도체 : 클로로필, 헤모글로빈, 미오글로빈
- 이소프레노이드 유도체 : 카로티노이드
- 벤조피렌 유도체 : 플라보노이드 (안토시아닌, 안토잔틴)

18 **미오글로빈 색소의 변화에 대한 설명으로 옳은 것은?**

① 갈색의 육색소는 Fe^{2+} 상태의 메트미오글로빈이다.
② 햄의 분홍색은 설프미오글로빈이다.
③ 산소가 결합된 육류의 선홍색은 Fe^{3+} 상태의 옥시미오글로빈이다.
④ 신선육의 적자색은 Fe^{2+} 상태의 환원형 미오글로빈이다.
⑤ CO가 결합된 육류의 선명한 적색은 Fe^{2+} 상태의 콜레미오글로빈이다.

18 환원형 미오글로빈과 옥시미오글로빈은 Fe^{2+} 상태, 메트미오글로빈은 Fe^{3+} 상태이며, 햄의 분홍색의 니트로소미오글로빈이다. 콜레미오글로빈은 녹색이다.

19 **게나 가재를 익혔을 때 나타나는 붉은 색소로 옳은 것은?**

① 아스타신
② α-카로틴
③ 리코펜
④ 지아잔틴
⑤ 루테인

19 게, 가재를 가열하면 아스타잔틴과 결합해 있던 단백질이 변성되어 분홍색의 아스타신이 유리된다.

20 **미오글로빈에 대한 설명으로 옳은 것은?**

① 포르피린 고리의 질소원자들은 마그네슘과 공유 결합과 및 배위 결합을 하고 있다.
② 가열하면 헤마틴과 글로빈이 분리되어 색소가 선홍색으로 안정화된다.
③ 글로빈 폴리펩타이드사슬 4개와 헴 4분자가 결합한 것이다.
④ 복합단백질로 철 포르피린 구조가 있다.
⑤ 벤조피렌 유도체에 속한다.

20 미오글로빈에서 헴(heme)은 포르피린 고리의 질소원자들이 철과 공유 및 배위 결합으로 형성된 철 포르피린 구조이며, 미오글로빈은 1분자의 헴과 1개의 글로빈 단백질이 결합하여 형성된 색소이다. 미오글로빈은 가열하면 헤마틴과 변성된 글로빈으로 분리되어 갈색을 나타낸다.

정답 16. ② 17. ④ 18. ④ 19. ① 20. ④

21 설프미오글로빈은 육류를 저장하는 동안 세균의 작용에 의해 생성되는 물질로 녹색색소이다.

22 유색미의 적색소는 안토시아닌이고, 감자의 갈변은 효소작용에 의한 갈변으로 티로시나제의 작용으로 갈색색소인 멜라닌이 생성되기 때문에 일어난다. 참치에는 붉은 색소인 미오글로빈이 함유되어 있고, 비트의 붉은색은 베탈레인 색소이다.

23 루테인은 잔토필류에 속하고, α-카로틴, β-카로틴, δ-카로틴, 리코펜은 카로틴류에 속한다.

24 안토시아닌은 알칼리에 의해 청색이 되며 철과 반응하면 고운 청색을 띤다. 안토시아나제는 안토시아닌을 분해하여 식품의 색을 퇴색시킨다. 마그네슘을 갖고 있는 식물성 색소는 클로로필이다.

25 루테인과 지아잔틴은 잔토필류에 속하지만 비타민 A로 전환되지 않는다. β-카로틴과 리코펜은 카로틴류이다.

정답 21. ④ 22. ④ 23. ④ 24. ① 25. ④

21 미오글로빈의 포르피린 핵이 산화되어 형성되는 녹색색소로 옳은 것은?

① 환원형 미오글로빈
② 설프미오글로빈
③ 메트미오글로빈
④ 콜레글로빈
⑤ 옥시미오글로빈

22 식품의 색소에 대한 설명으로 옳은 것은?

① 유색미의 적색소의 주성분은 탄닌이다.
② 감자의 갈변은 비효소적 작용으로 멜라노이딘이 생성되기 때문이다.
③ 참치의 붉은색은 카로티노이드에 의한 것이다.
④ 갈치껍질은 구아닌과 요산이 섞인 침전물이 빛을 반사하기 때문에 은색을 띤다.
⑤ 비트의 붉은색은 안토시아닌에 속하는 색소이다.

23 잔토필류에 속하는 색소로 옳은 것은?

① α-카로틴
② β-카로틴
③ δ-카로틴
④ 루테인
⑤ 리코펜

24 안토시아닌 색소의 조리 시 변화로 옳은 것은?

① 산에 의해서 선명한 적색이 된다.
② 알칼리에 의해서 보라색이 된다.
③ 금속이온이 있으면 적색 유지가 잘된다.
④ 안토시아나제가 작용하면 붉은색이 진해진다.
⑤ 마그네슘 이온이 결합된 형태로 존재한다.

25 카로티노이드 중 체내에서 비타민 A로 전환되는 잔토필류 색소로 옳은 것은?

① 루테인
② β-카로틴
③ 리코펜
④ 크립토잔틴
⑤ 지아잔틴

26 바닷물고기의 신선도가 저하됨에 따라 생성되는 비린내의 성분으로 옳은 것은?

① 메틸머캅탄 ② 트리메틸아민
③ 아세톤 ④ 벤즈알데히드
⑤ 아크롤레인

26 바닷물고기는 신선도가 저하됨에 따라 트리메틸아민, 피페리딘(peperidine), δ-아미노발레르산(δ-aminovaleric acid) 등이 형성되어 특유의 비린내를 낸다. 주 냄새성분인 **트리메틸아민은 트리메틸아민옥시드(trimethylamine oxide)로부터 형성된다.**

27 맛에 대한 설명으로 옳은 것은?

① 쓴맛을 내는 모든 물질은 -OH기를 함유하고 있다.
② 자몽에 함유되어 있는 나린진은 신맛을 낸다.
③ 감귤류에 함유된 구연산(시트르산)은 단맛을 증가시킨다.
④ NaCl은 가장 순수한 짠맛을 낸다.
⑤ 알라닌, 세린, 프롤린은 짠맛을 내는 아미노산이다.

27 **단맛을 내는 모든 물질이 -OH기를 함유하고 있으며, 나린진은 쓴맛을 내는 성분이다.** 구연산은 단맛을 감소시킬 수 있고, 아미노산 중 알라닌, 세린, 프롤린은 단맛을 낸다.

28 매운맛을 내는 물질로 옳은 것은?

① 말토스 ② 글리신
③ 자일리톨 ④ 시날빈
⑤ 아스파탐

28 **시날빈은 백겨자에 있는 매운맛 성분이다.** 말토스, 글리신, 자일리톨, 아스파탐은 단맛을 내는 물질들이다.

29 식품의 쓴맛 성분 중 알칼로이드에 속하는 것은?

① 테오브로민 ② 글리시리진
③ 나린진 ④ 큐커비타신
⑤ 휴물론

29 쓴맛을 내는 물질 중 **카페인과 테오브로민은 알칼로이드, 나린진과 큐커비타신은 배당체, 휴물론은 케톤류에 속한다. 글리시리진은 감초의 감미성분**이다.

30 밀감의 껍질에 있는 쓴맛 성분으로 옳은 것은?

① 카페인 ② 나린진
③ 염화마그네슘 ④ 루풀론
⑤ 쿼세틴

30 **카페인**은 커피, **나린진**은 밀감의 껍질, **염화마그네슘**은 간수, **루풀론**은 홉(맥주 원료), **쿼세틴**은 양파에 들어 있는 쓴맛 성분이다.

31 오이 꼭지의 쓴맛 성분으로 옳은 것은?

① 휴물론 ② 큐커비타신
③ 리모닌 ④ 쿼세틴
⑤ 사포닌

31 **휴물론**은 홉(맥주 원료), **쿼세틴**은 양파, **사포닌**은 콩이나 도토리의 쓴맛 성분이다.

정답 26. ② 27. ④ 28. ④ 29. ① 30. ② 31. ②

32 **생강의 매운맛 성분으로 옳은 것은?**

① 커큐민 ② 쇼가올
③ 시남알데히드 ④ 산스홀
⑤ 유게놀

33 **겨자의 매운맛을 내는 물질의 전구물질로 옳은 것은?**

① 시니그린 ② 알린
③ 알리신 ④ 캡사이신
⑤ 피페린

34 **고추의 매운맛 성분으로 옳은 것은?**

① 차비신 ② 알리신
③ 캡사이신 ④ 진저론
⑤ 바닐린

35 **식품과 떫은맛 성분을 연결한 것으로 옳은 것은?**

① 감 - 클로로겐산
② 차 - 시부올
③ 커피 - 카테킨
④ 밤 - 엘라그산
⑤ 고구마 - 이포메아마론

36 **핵산계 감칠맛 성분으로 옳은 것은?**

① MSG ② 5′-IMP
③ 글리신(glycine) ④ 타우린(taurine)
⑤ 베타인(betaine)

37 **레몬의 주된 향기성분으로 옳은 것은?**

① γ-데카락톤 ② 아밀 아세테이트
③ 아밀 이소발레레이트 ④ 시트랄
⑤ 누트카톤

32 **쇼가올**은 생강에, **산스홀**은 산초에 함유된 매운맛 성분이다. **커큐민**은 강황의, **시남알데히드**는 계피의 매운맛 성분이며, **유게놀**은 계피의 냄새성분이다.

33 **겨자과 채소의 냄새 성분은 전구물질인 알릴 글루코시놀레이트인 시니그린(sinigrin)이 티오글루코시다제에 속하는 미로시나제에 의해 맵고 코를 찌르는 휘발성의 알릴 이소티오시아네이트인 겨자기름(mustard oil)으로 분해된 것이다.**

34 **차비신**은 후추, **알리신**은 마늘, **진저론**은 생강, **바닐린**은 바닐라의 매운맛 성분이다.

35 **식물성 식품의 떫은맛은 주로 탄닌에 의하며 갈릭산, 카테킨, 시부올, 클로로겐산 등이 있다.** 클로로겐산은 커피와 고구마, 시부올은 감, 카테킨은 차, 엘라그산(ellagic acid)은 밤의 떫은맛 성분이다. 이포메아마론은 고구마가 흑반병에 걸릴 때 생성되는 쓴맛이 나는 물질이다.

36 **5′-IMP**(inosine-5′-monophosphate)는 대표적인 핵산계 감칠맛 물질이다. **MSG, 글리신, 타우린, 베타인**은 모두 아미노산계의 감칠맛 성분이다.

37 **γ-데카락톤**은 복숭아, **아밀 아세테이트와 아밀 이소발레레이트**는 바나나, **누트카톤**은 자몽의 향기성분이다.

정답 32. ② 33. ① 34. ③ 35. ④ 36. ② 37. ④

38 유지방의 가수분해에 의해 생성되어 좋지 않은 냄새를 내는 물질로 옳은 것은?

① 아스파르트산
② 올레산
③ 엘라이드산
④ 부티르산
⑤ 말론알데히드

38 우유 지방은 부티르산, 카프로산, 카프릴산, 카프르산과 같은 저급 포화 지방산을 상당량 함유하고 있는데, 이들 저급 지방산은 우유와 유제품의 독특한 풍미뿐 아니라 우유에서 발생할 수 있는 이취미(off-flavor)와도 관계가 있다.

39 맛의 상승작용에 의한 현상으로 옳은 것은?

① 오징어를 먹은 직후에 밀감을 먹으면 쓴맛을 느낀다.
② 설탕용액에 소량의 소금을 넣으면 단맛이 증가한다.
③ 쓴 약을 먹은 직후에 물을 마시면 단맛을 느낀다.
④ 설탕용액에 사카린을 넣으면 단맛이 증가한다.
⑤ 신맛이 강한 과일에 설탕을 섞으면 신맛이 억제된다.

39 맛의 대비는 서로 다른 맛 성분이 혼합되었을 경우 주된 맛 성분의 맛이 강해지는 것이다. 맛의 변조는 한 가지 맛을 느낀 후에 다른 맛을 정상적으로 느끼지 못하는 것이며, 맛의 억제는 서로 다른 맛 성분이 혼합되었을 때 주된 맛 성분이 다른 맛에 의해 약화되는 것이다. ①과 ③은 맛의 변조, ②는 맛의 대비, ⑤는 맛의 억제이다.

40 두 개의 아미노산으로 구성된 합성감미료로 옳은 것은?

① 사카린
② 아세설팜
③ 아스파탐
④ 스테비오사이드
⑤ 수크랄로스

40 아스파탐은 아스파르트산과 페닐알라닌이 결합한 디펩티드이다.

41 식품과 매운맛 성분을 연결한 것으로 옳은 것은?

① 겨자 – 알리신
② 마늘 – 캡사이신
③ 강황 – 커큐민
④ 산초 – 차비신
⑤ 고추 – 시니그린

41 알리신은 마늘, 캡사이신은 고추, 차비신은 후추, 시니그린은 겨자의 매운맛 성분이다.

42 파슬리의 향기 성분으로 옳은 것은?

① 바닐린
② 캄펜
③ 커큐민
④ 아피올
⑤ 헥센알

42 바닐린은 바닐라, 캄펜은 생강, 커큐민은 강황, 아피올(apiol)은 파슬리, 헥센알은 찻잎에 들어 있는 향기 성분이다.

43 알코올류에 속하는 냄새 성분으로 옳은 것은?

① 멘톨 – 박하
② 시트랄 – 레몬
③ 미르센 – 미나리
④ 유게놀 – 계피
⑤ 누트카톤 – 자몽

43 유게놀은 계피에 함유된 알코올류의 냄새 성분이다.

정답 38. ④ 39. ④ 40. ③ 41. ③ 42. ④ 43. ④

44 신선한 우유의 향기 성분은 저급지방산, 아세톤, 아세트알데히드, 메틸설피드 등이다. 아세토인과 디아세틸은 버터, 시남알데히드는 계피의 향기 성분이다.

44 신선한 우유의 향기 성분으로 옳은 것은?

① 아세토인 ② 아세톤
③ 시남알데히드 ④ 디아세틸
⑤ 피라진

45 피라진, 피롤, 피리딘은 육류 가열 시 생성되는 냄새 성분이다.

45 단백질의 부패에 의한 냄새 성분으로 옳은 것은?

① 인돌 ② 피라진
③ 피롤 ④ 피리딘
⑤ 트리메틸아민

46 코페인과 큐베벤, 리모넨은 레몬·오렌지·자몽의 냄새 성분이며, 시트랄은 레몬과 라임의 냄새 성분이다.

46 박하의 냄새 성분으로 옳은 것은?

① 코페인 ② 큐베벤
③ 시트랄 ④ 멘톤
⑤ 리모넨

47 C=O, −N=N−, −C=S, −NO는 발색단이며, −OH, $-NH_2$는 발색을 돕는 조색단이다.

47 색소 분자의 색을 내는 발색단으로 옳은 것은?

① C=O, −OH ② −N=N−, $-NH_2$
③ −C=S, −OH ④ $-NH_2$, −OH
⑤ −N=N−, −C=S

48 베탈레인은 비트, 순무에 존재하는 수용성 색소이며 질소를 함유하고 있다.

48 비트에 함유된 붉은색을 띠는 색소로 옳은 것은?

① 안토시아닌 ② 안토잔틴
③ 베탈레인 ④ 카로티노이드
⑤ 아스타잔틴

49 클로로필(엽록소)과 카로티노이드는 지용성 색소이고, 안토시아닌, 안토잔틴, 베탈레인은 수용성 색소이다.

49 물에 녹는 색소를 나열한 것으로 옳은 것은?

① 안토시아닌, 클로로필
② 안토잔틴, 카로티노이드
③ 클로로필, 카로티노이드
④ 카로티노이드, 베탈레인
⑤ 안토잔틴, 안토시아닌

정답 44. ② 45. ① 46. ④
47. ⑤ 48. ③ 49. ⑤

50 클로로필이 산과 반응하면 갈색으로 변하는 이유로 옳은 것은?

① 포르피린 고리의 Mg^{2+}이 H^{+}로 치환되어 페오피틴이 형성되었기 때문
② 포르피린 고리의 Mg^{2+}이 Cu^{2+}로 치환되어 동클로로필이 형성되었기 때문
③ 포르피린 고리의 Mg^{2+}이 Fe^{2+}로 치환되어 철클로로필이 형성되었기 때문
④ 피톨기가 유리되어 클로로필리드가 형성되었기 때문
⑤ 피톨기가 유리되어 클로로필린이 형성되었기 때문

50 클로로필은 유기산 등에 의해 포르피린 고리의 Mg^{2+}이 H^{+}로 치환되어 갈색의 페오피틴을 형성하므로 갈색을 띠게 된다. 클로로필을 알칼리(중조 등)로 처리하면 피톨기가 유리되고 수용성인 청록색의 클로로필리드가 형성되며, 계속 반응시키면 클로로필리드에서 메틸기가 떨어져 나가 청록색의 클로로필린이 형성된다.

51 카로티노이드 중 카로틴류에 속하는 것을 나열한 것으로 옳은 것은?

① 빅신, 크로세틴
② 리코펜, β-카로틴
③ 루테인, 지아잔틴
④ 크로세틴, 리코펜
⑤ 루테인, 아스타잔틴

51 α-카로틴, β-카로틴, γ-카로틴, 리코펜은 카로틴류에 속하는 카로티노이드이다. 루테인, 빅신, 크로세틴, 지아잔틴, 아스타잔틴은 잔토필류에 속한다.

52 테트라피롤 유도체 구조를 가진 색소로 옳은 것은?

① 안토시아닌　② 미오글로빈
③ 카로티노이드　④ 탄닌
⑤ 안토잔틴

52 미오글로빈과 클로로필은 테트라피롤 유도체 구조를 가진 색소이다.

53 안토잔틴 중 플라바논에 속하며 감귤류에 많이 존재하는 것은?

① 헤스페리딘　② 아핀
③ 다이진　④ 루틴
⑤ 카테킨

53 안토잔틴은 구조에 따라 플라본(flavone), 플라보놀(flavonol), 플라바논(flavanone), 플라바놀(flavanol), 이소플라본(isoflavone) 등이 존재한다.
• 플라본 : 아핀
• 플라보놀 : 루틴, 퀘르시트린, 미리시트린
• 플라바논 : 헤스페리딘, 나린진
• 플라바놀 : 카테킨, 갈로카테킨, 에피카테킨
• 이소플라본 : 다이진, 제니스틴

54 안토잔틴 중 이소플라본에 속하며 대두에 많이 존재하는 것은?

① 다이진　② 나린진
③ 아핀　④ 루틴
⑤ 네오헤스페리딘

54 루틴은 플라보놀에 속하고, 나린진과 네오헤스페리딘은 플라바논에 속하며, 아핀은 플라본에 속한다.

정답 50. ① 51. ② 52. ② 53. ① 54. ①

55 질소를 함유한 수용성 색소로 옳은 것은?

① 안토시아닌
② 베탈레인
③ 탄닌
④ 미오글로빈
⑤ 안토잔틴

56 마이얄 반응에서 초기단계에 일어나는 반응으로 옳은 것은?

① 리덕톤(reductone) 생성반응
② 당의 탈수반응
③ 당의 분열반응
④ 푸르푸랄(furfural) 생성반응
⑤ 환원당과 아미노 화합물의 축합반응

57 다음 당류 중 마이얄 반응속도가 가장 높은 것은?

① 수크로스
② 프럭토스
③ 글루코스
④ 자일로스
⑤ 말토스

58 미맹에 대한 설명으로 옳은 것은?

① 페닐 티오카바마이드(PTC)의 단맛을 느끼지 못함
② 페닐 티오카바마이드(PTC)의 신맛을 느끼지 못함
③ 페닐 티오카바마이드(PTC)의 짠맛을 느끼지 못함
④ 페닐 티오카바마이드(PTC)의 쓴맛을 느끼지 못함
⑤ 페닐 티오카바마이드(PTC)의 감칠맛을 느끼지 못함

55 베탈레인은 질소를 함유한 수용성 색소로 비트에 존재한다. 베탈레인은 베타시아닌과 베타잔틴으로 나누어지고, 베타시아닌은 배당체로 존재하며 베타닌이 대표적 물질이다. 베타닌은 산성에서는 붉은색을 띠고 pH가 증가함에 따라 보라색으로 변화하며 알칼리성에서는 가수분해되어 황색~갈색을 나타낸다.

56 마이얄 반응의 초기단계에서는 환원당과 아미노 화합물의 축합반응, 아마도리 전위반응(amadori rearrangement)이 일어난다. 당의 탈수반응, 당의 분열반응은 중간단계에서 일어나는 반응이다. 푸르푸랄과 리덕톤은 당의 탈수반응에 의해 생성된다.

57 마이얄 반응에서 당의 반응속도는 오탄당>육탄당>이당류 순이다.

58 미맹은 페닐 티오카바마이드(PTC)의 쓴맛을 느끼지 못하는 것으로 다른 맛은 정상적으로 인식한다. 백인의 30% 정도가 미맹으로 황색인이나 흑인보다 많다.

정답 55. ② 56. ⑤ 57. ④ 58. ④

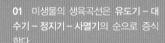

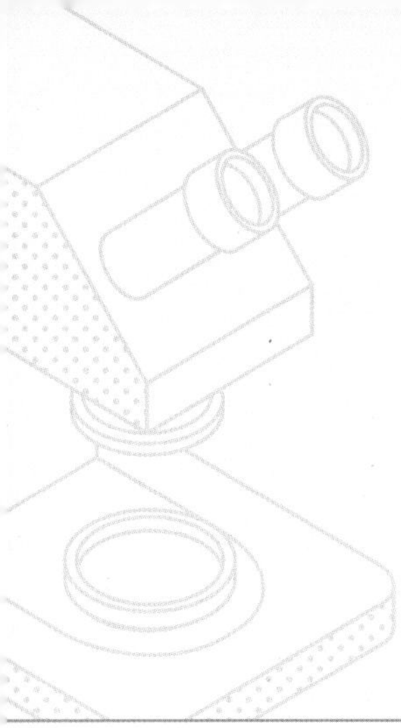

식품 미생물

7

학습목표 식품 중에 존재하는 미생물의 생존에 미치는 여러 가지 영향 인자를 이해함으로써 미생물의 생육 촉진과 증식 억제 방법을 설명하는 데 활용한다.

01 미생물의 생육곡선의 순서로 옳은 것은?

① 대수기 – 유도기 – 정지기 – 사멸기
② 대수기 – 유도기 – 사멸기 – 정지기
③ 유도기 – 대수기 – 사멸기 – 정지기
④ 유도기 – 대수기 – 정지기 – 사멸기
⑤ 유도기 – 정지기 – 대수기 – 사멸기

02 세균의 증식곡선 중 대수기의 특징에 대한 설명으로 옳은 것은?

① 생균수가 최대에 도달하는 시기이다.
② 세포의 크기가 가장 큰 시기이다.
③ 열에 대한 내성이 가장 높다.
④ 세대시간이 가장 짧다.
⑤ 세균수가 더 이상 증가하지 않는다.

03 미생물의 생육곡선이 의미하는 것은?

① 균체의 크기
② 균체의 모양
③ 균체의 활성도
④ 균체의 수
⑤ 균체의 성분

04 세균의 성장과 생육곡선에 대한 설명으로 옳은 것은?

① 세대시간은 세균이 분열하고 나서 다음 분열이 일어나기까지 걸리는 시간이다.
② 새로 생기는 세균과 사멸하는 세균의 수가 같은 시기를 유도기라 한다.
③ 사멸기는 배지의 영양성분이 고갈되어 모든 세균이 사멸되는 시기이다.
④ 열저항성은 유도기의 세균에서 가장 낮다.
⑤ 대수기에서는 세균의 증식속도가 영양물질에 농도의존적으로 증가한다.

01 미생물의 생육곡선은 **유도기 – 대수기 – 정지기 – 사멸기**의 순으로 증식한다.

02 대수기는 유도기를 지난 세포가 **왕성하게 증식**하는 시기로 효소의 분비가 시작되고 세대시간이 가장 짧아 세포수가 대수적으로 증가하는 시기이며, 물리화학적인 처리에 감수성이 가장 예민한 시기이다. 생균수가 최대에 도달하는 시기는 정지기이다.

03 미생물 생육곡선은 미생물의 증식 과정에 있어서 **생균수의 증가와 배양 시간과의 사이**를 곡선으로 나타낸 것이다.

04 대수기에서는 세대시간이 가장 짧고 균수가 대수적으로 증가하여 직선에 가까운 증식곡선을 나타낸다. 정지기는 배양기간 중 세포수가 최대에 도달하는 시기로 영양물질의 고갈, 대사물질의 축적, pH의 변화나 산소의 부족 등 생육환경이 악화된다. 사멸기에는 세포의 사멸속도가 증식속도보다 빨라져서 생균수가 감소하는 시기이다.

정답 01. ④ 02. ④ 03. ④ 04. ①

05 미생물의 성장과 밀접한 관련이 있는 식품의 요소 중 성질이 다른 하나는?

① 저장온도
② 수분활성도
③ 영양소 함량
④ pH
⑤ 산화환원전위

05 미생물의 성장에 영향을 미치는 식품의 인자는 **내적 인자**(식품의 수분활성도, 산화환원전위, 영양소 함량, pH, 생물학적 구조 등)와 **외적 인자**(저장온도, 상대습도, 대기조성)로 구분된다.

06 미생물의 발육과 증식에 영향을 주는 요인으로 옳은 것은?

① 미생물의 발육과 증식을 위해서는 산소가 반드시 필요하다.
② 모든 미생물은 냉장 온도에서 잘 발육, 증식하지 못한다.
③ 곰팡이와 효모는 세균에 비해 높은 pH에서 증식이 잘된다.
④ 식품의 수분 함량이 높을수록 미생물의 발육과 증식이 잘된다.
⑤ 미생물의 발육과 증식에는 탄소원과 질소원만 공급되면 충분하다.

06 미생물은 생육하기 위해 **탄소원, 질소원** 이외에도 **비타민, 무기질**이 공급되어야 한다. 또한 미생물 종류에 따라 **온도, 산소 분압**의 영향은 차이를 보인다.

07 곰팡이의 내열성이 가장 강한 pH는?

① pH 2
② pH 4
③ pH 6
④ pH 8
⑤ pH 10

07 곰팡이 증식에 적합한 **pH는 5.0~6.5 부근**이므로 이때가 내열성이 가장 강하다.

08 pH가 7.0보다 높아 미생물이 제대로 성장하기 어려운 식품은?

① 육류
② 달걀흰자
③ 당근
④ 바나나
⑤ 우유

08 각 식품의 pH는 육류 5.4~6.9, **달걀흰자 8.6~9.6**, 당근 5.0~6.0, 바나나 4.5~4.7, 우유 6.3~6.6으로, 달걀흰자의 높은 pH가 미생물의 침투를 막는 역할을 한다.

09 미생물의 생육과 pH 관계에 대한 설명으로 옳은 것은?

① 대부분의 곰팡이와 효모의 최적 pH는 7.0~8.0이다.
② 대부분의 세균과 방선균은 최적 pH가 4.0~7.0이다.
③ 젖산균은 pH 3.5의 낮은 pH에서도 잘 생육된다.
④ 대장균(*E. coli*)은 pH 2.0에서도 잘 자란다.
⑤ 초산균의 최적 생장 pH는 3.0~4.5이다.

09 미생물 생육의 최적 pH는 **곰팡이와 효모는 pH 4.0~6.0**이고, **세균과 방선균은 pH 7.0~8.0**이고, 대장균(*E. coli*)은 pH 3.0 이하에서 잘 자라지 못한다. 초산균은 pH 5.0~6.5에서 잘 자란다.

정답 05. ① 06. ④ 07. ③ 08. ② 09. ③

10 **가장 낮은 pH에서 성장할 수 있는 미생물은?**

① *Salmonella* Typhi
② *Escherichia coli*
③ *Penicillium expansum*
④ *Saccharomyces cerevisiae*
⑤ *Clostridum botulinum*

10 세균, 효모, 곰팡이 중 **곰팡이가 가장 낮은 pH에서도 성장이 가능**하다. *Salmonella* Typhi와 *Escherichia coli*는 세균이므로 pH 4.4~4.5 정도가 최소 성장 pH가 되며, 효모(yeast)는 pH 2.5, 곰팡이는 pH 1.5~2.0에서도 성장이 가능하다.

11 **식품의 수분활성도와 미생물의 생육에 대한 설명으로 옳은 것은?**

① 수분활성도가 0.8 이하인 식품은 미생물 생육이 불가능해 장기간 보관할 수 있다.
② 딸기잼은 생딸기에 비해 수분활성도가 높아 미생물이 더 잘 생육한다.
③ 식품에 소금을 첨가하여 수분활성도를 높임으로써 미생물 생육을 억제할 수 있다.
④ 일반적으로 세균은 곰팡이에 비해 수분활성도가 낮아도 생육 가능하다.
⑤ 호삼투압성 효모는 수분활성도가 0.6인 환경에서도 잘 자란다.

11 수분활성도가 0.8인 상태에서는 곰팡이 등의 미생물이 생육이 가능해 장기간 보관할 수 없으며, 식품에 당이나 염을 첨가하면 **수분활성도**를 낮추어 미생물 생육을 감소시킬 수 있다. 미생물의 생육 가능한 수분활성도는 **세균 0.94 이상, 효모 0.88, 곰팡이 0.80, 내건성 곰팡이 0.65, 호삼투압성 효모 0.60 정도이다.**

12 **가장 낮은 수분활성도에서 자라는 미생물은?**

① 산막효모　② 일반세균
③ 일반 곰팡이　④ 호삼투압성 효모
⑤ 포자형성균

12 미생물의 생육 가능한 수분활성도는 **세균 0.94 이상, 효모 0.88, 곰팡이 0.80, 내건성 곰팡이 0.65, 호삼투압성 효모 0.60 정도**이다.

13 **성장에 필요한 최소 수분활성도가 가장 낮은 세균은?**

① *Staphylococcus aureus*
② *Escherichia coli*
③ *Salmonella* Typhi
④ *Campylobacter jejuni*
⑤ *Pseudomonas fluorescens*

13 성장에 필요한 최소 수분활성도는 대부분의 세균이 0.9 이상이며, ***Staphylococcus aureus***는 0.83~0.86으로 세균 중 매우 낮은 수분활성도에서 성장하는 것으로 알려져 있다.

14 **건조에 대한 저항성이 강한 순으로 나열된 것은?**

① 곰팡이 > 효모 > 세균　② 곰팡이 > 세균 > 효모
③ 효모 > 곰팡이 > 세균　④ 효모 > 세균 > 곰팡이
⑤ 세균 > 곰팡이 > 효모

14 미생물이 증식 가능한 최저 수분활성도는 세균 0.91, 효모 0.88, 곰팡이 0.80이므로 **곰팡이가 건조에 대한 저항성이 가장 강한** 반면, 세균은 건조에 대한 저항성이 가장 약하다.

정답 10. ③ 11. ⑤ 12. ④ 13. ① 14. ①

15 자외선은 254~280 nm에서 살균 효과가 가장 크다.

15 자외선 중에서 살균효과가 가장 큰 파장은?

① 200 nm
② 215 nm
③ 230 nm
④ 245 nm
⑤ 260 nm

16 *Clostridium perfringens*와 *Clostridium botulinum*은 편성혐기성균이고, *Salmonella* Typhimurium과 *Lactococcus lactis*는 통성혐기성균이며, *Campylobacter jejuni*는 미호기성/호기성균이다.

16 미생물의 종류에 따라 산소의 유무가 생육에 큰 영향을 미치게 되는데, 이와 관련한 용어와 해당 미생물의 연결이 옳은 것은?

① 통성혐기성(Facultative anaerobic) – *Clostridium perfringens*
② 혐기성(Anaerobic) – *Salmonella* Typhimurium
③ 혐기성(Anaerobic) – *Campylobacter jejuni*
④ 호기성(Aerobic) – *Clostridium botulinum*
⑤ 통성혐기성(Facultative anaerobic) – *Lactococcus lactis*

17 호기성균은 Cytochrome계 효소를 가지고 있으며, 유리 산소를 이용하여 영양소를 산화, 분해한다. 고층배지의 위쪽에 생육한다.

17 호기성균에 대한 설명으로 옳은 것은?

① 유리 산소가 있으면 생육이 저해된다.
② 시토크롬(Cytochrome)계 효소가 없다.
③ 고층배지의 위쪽에 생육한다.
④ 동물 장관과 토양에 광범위하게 존재한다.
⑤ 산화환원전위가 낮은 곳에서만 생육이 가능하다.

18 소금에 의한 미생물 생육 억제효과는 ① 삼투압에 의한 원형질 분리, ② 효소활성의 저해, ③ 산소용해도의 감소, ④ 세포의 CO_2 감수성 증가, ⑤ Cl^-의 독작용 때문이다.

18 소금이 미생물의 생육을 저해하는 중요 메커니즘은?

① 효소활성의 증가
② 세포의 CO_2 감수성 감소
③ 원형질 결합작용
④ 삼투압 작용
⑤ 용존산소의 증가

19 *Pediococcus halophilus*는 간장, 된장 등의 **내염성** 세균, *Saccharomyces rouxii*는 간장, 된장 등의 내염성 효모, *Torulopsis versalitis*는 간장 발효덧의 내염성 효모이다. 그러나 *Saccharomyces cerevisiae*는 알코올 발효효모로 내염성이 약하다.

19 간장, 된장 및 절임식품과 같이 소금농도가 높은 환경에서 생존하기 어려운 균은?

① *Saccharomyces cerevisiae*
② *Torulopsis versalitis*
③ *Pediococcus halophilus*
④ *Saccharomyces rouxii*
⑤ *Debaryomyces hansenii*

정답 15. ⑤ 16. ⑤ 17. ③ 18. ④ 19. ①

20 고온성이며 포자를 생성하는 미생물은?

① *Pseudomonas* 속
② *Bacillus* 속
③ *Vibrio* 속
④ *Candida* 속
⑤ *Fusarium* 속

20 *Bacillus* 속 세균들은 **포자**를 형성하는 내열성균이다.

21 저온균(psychrophiles)에 속하는 세균은?

① *Pseudomonas fluorescens*
② *Bacillus subtilis*
③ *Listeria monocytogenes*
④ *Shigella dysenteriae*
⑤ *Staphylococcus aureus*

21 *Staphylococcus aureus, Shigella dysenteriae, Pseudomonas fluorescens*와 *Bacillus subtilis*는 중온균이며 ***Listeria monocytogenes***는 낮은 온도에서도 생육이 가능한 저온균에 속한다.

22 고온균(thermophiles)에 대한 설명으로 옳은 것은?

① 효소를 포함한 세포 단백질이 열에 안정하다.
② 세포막 조성에 불포화지방산의 함량이 높다.
③ 열에 민감한 리보솜(ribosome)을 가지고 있다.
④ 세포의 분열 속도가 빠르다.
⑤ 식품의 생균수 측정에 포함된다.

22 고온균은 **열에 안정한 단백질과 리보솜**을 가지고 있으며 세포막에 포화지방산의 함량이 높아 고온에서의 세포 안정성이 높다. 식품의 생균수 측정은 중온균을 대상으로 표준한천배지를 사용하여 실시된다.

23 내열성이 강한 포자를 형성하는 미생물로 옳은 것은?

① *Torulopsis* 속
② *Escherichia* 속
③ *Saccharomyces* 속
④ *Clostridium* 속
⑤ *Listeria* 속

23 *Bacillus* 속과 *Clostridium* 속의 세균은 포자형성균으로 heat shock를 주면 포자에 활성을 주어 포자의 발아율이 증대한다.

24 산막효모에 해당하는 것은?

① *Saccharomyces* 속
② *Pichia* 속
③ *Kluyveromyces* 속
④ *Rhodotorula* 속
⑤ *Lypomyces* 속

24 산막효모는 절대호기성균으로 식품의 표면 위에서 **막을 형성**하며 산화력이 매우 강한 균으로 ***Hansenula* 속, *Pichia* 속, *Debaryomyces* 속** 등이 있다. *Saccharomyces* 속은 발효에는 관여하나 산막은 형성하지 않는다.

정답 20. ② 21. ③ 22. ① 23. ④ 24. ②

25 산막효모의 생리적 특징으로 옳은 것은?

① 산소요구도가 낮다.
② 알코올 발효력이 약하다.
③ 산화적 당대사를 한다.
④ 액체 내부에 피막을 형성한다.
⑤ 에테르 생성 능력이 있다.

25 산막효모는 **절대호기성균**으로 식품의 표면 위에서 막을 형성하며, 산화력이 매우 강하여 알코올 발효 시에는 유해균이다.

26 산소 부재 시에 잘 생육할 수 있는 미생물은?

① *Clostridium* 속
② *Aspergillus* 속
③ *Bacillus* 속
④ *Lactobacillus* 속
⑤ *Acetobacter* 속

26 *Clostridium* 속은 편성혐기성균이고, *Aspergillus* 속, *Acetobacter* 속은 편성호기성균, *Lactobacillus* 속은 통성혐기성균이다.

27 내열성이 강한 장독소(enterotoxin)를 생산하는 세균은?

① *Staphylococcus aureus*
② *Lactobacillus bulgaricus*
③ *Listeria monocytogenes*
④ *Bacillus subtilis*
⑤ *Salmonella* Enteritidis

27 *Staphylococcus aureus*는 **내열성이 강한 장독소**를 생산한다.

28 호염균이 고농도의 소금 용액에서 생존할 수 있는 이유로 옳은 것은?

① 호염성 효소의 존재
② 칼슘 등 다양한 무기질의 존재
③ 세포질의 낮은 투과성
④ 세포막의 큰 장력 유지
⑤ 세포막 조성에 포화지방산의 함량이 높기 때문

28 호염균은 생장, 분열에 NaCl을 필요로 하며, 삼투질(osmolyte)이라고 하는 작은 분자를 축적한다.

29 고농도의 소금이 미생물 생육에 저해를 주는 원인으로 옳은 것은?

① 삼투압에 의한 원형질 분리
② Na^+ 이온 발생에 의한 살균작용
③ CO_2에 대한 감수성 감소
④ 세포 내의 수분활성 증가
⑤ 라디칼 생성

29 고농도의 소금은 높은 삼투압으로 인해 미생물의 원형질 분리가 일어나 생육이 억제된다.

정답 25. ③ 26. ① 27. ① 28. ① 29. ①

30 자외선의 살균에 대한 설명으로 옳은 것은?

① 파장 200~250 nm에서 강한 살균력을 갖는다.
② 자외선 살균은 주로 고체와 액체의 내부까지 침투한다.
③ 자외선은 물속에서 오존을 발생시켜 살균력을 갖는다.
④ 균체의 DNA를 손상시켜 DNA 복제에 장애를 일으킨다.
⑤ 근자외선보다 살균효과가 적다.

30 자외선 살균 효과는 254~280 nm에서 가장 크며, 근자외선에 비해 효과가 크다.

31 저온균으로 식중독을 일으키는 세균은?

① *Sarcina* ② *Micrococcus*
③ *Listeria* ④ *Proteus*
⑤ *Pseudomonas*

31 *Listeria* 만이 식중독세균이고, 나머지는 모두 식품의 부패에 관여한다.

32 호기적인 조건하에서 이루어지는 발효과정은?

① 알코올 발효 ② 젖산 발효
③ 초산 발효 ④ 부티르산 발효
⑤ 혼합 유기산 발효

32 초산 발효는 **호기성균인 초산균**에 의하여 호기적 조건하에서 발효된다.

33 수분활성 대신 pH를 조절하여 미생물 생육을 억제시켜 식품의 저장성을 개선하는 방법은?

① 초절임 ② 소금절임
③ 농축 ④ 건조
⑤ 당절임

33 초절임은 식품에 산을 첨가시켜 pH 값을 낮춤으로써 식품을 보존하는 방법이며 건조, 농축 또는 설탕, 소금 첨가는 식품의 수분활성도를 낮추는 방법이다.

34 식품을 미생물의 번식으로부터 보호하고 장기 저장하기 위해서는 식품의 내적인자 및 외적인자들을 전, 후 또는 병용 적용함으로써 미생물의 번식을 막아야 한다. 이와 같이 미생물의 성장에 여러 개의 장벽을 적용하여 식품의 부패를 막는 개념은?

① 허들 기술(Hurdle technology)
② HACCP
③ 리콜(Recall)
④ 방사선조사(Irradiation)
⑤ GMP

34 식품의 내적 및 외적인자를 동시에 조절함으로써 미생물의 성장 및 번식을 최소화하는 개념은 Hurdle technology이다. HACCP은 식품위해요소중점관리기준, Recall은 식품회수제도, Irradiation은 식품의 방사선 조사, 그리고 GMP(Good Manufacturing Practice)는 우수제조관리기준이다.

정답 30. ④ 31. ③ 32. ③ 33. ① 34. ①

35 식품을 냉장보존 시에는 온도 변화에 따른 미생물의 생육 억제로 유도기를 연장시켜 보존기간을 연장시킨다.

36 생선의 부패를 야기하는 세균으로는 *Flavobacterium* 속, *Pseudomonas* 속, *Achromobacter* 속, *Vibrio* 속 등이 있다.

37 *Clostridium sporogenes*는 **그람 양성**이고 **포자**를 형성하는 **편성혐기성균**이다.

38 *Morganella morganii*는 히스티딘(histidine)으로부터 탈탄산작용에 의해 **히스타민(histamine)**을 생성시켜 알레르기성 식중독을 일으킨다.

39 *Penicillium expansum*은 저장 중의 사과 및 배에 연부병을 일으킨다. *Penicillium roqueforti*는 치즈 숙성에 이용되고 *Penicillium notatum*과 *Penicillium cyclopium*은 페니실린 생산, *Penicillium citrinum*은 황변미 원인균이다.

정답 35. ② 36. ① 37. ②
38. ③ 39. ③

35 식품을 냉장 또는 냉동 보관하는 방법의 주목적은?

① 영양가의 손실 방지
② 미생물의 생육 억제
③ 유지의 산패 방지
④ 미생물의 살균작용
⑤ 단백질의 변성 방지

36 생선의 부패와 관련 있는 세균은?

① *Flavobacterium* 속
② *Bacillus* 속
③ *Yersinia* 속
④ *Acetobacter* 속
⑤ *Salmonella* 속

37 부패한 통조림에서 미생물을 순수 분리하여 동정(identification)한 결과, 그람양성균이며 포자를 형성하는 균이었다. 추정이 가능한 미생물은?

① *Bacillus subtilis*
② *Clostridium sporogenes*
③ *Zygosaccharomyces sojae*
④ *Saccharomyces cerevisiae*
⑤ *Saccharomyces rouxii*

38 단백질이 풍부한 생선을 먹고 몇 시간 후, 알레르기성 식중독이 발생하였다. 추정 가능한 미생물과 원인물질은?

① *Clostridium botulinum* – 장독소(enterotoxin)
② *Morganella morganii* – 히스티딘(histidine)
③ *Morganella morganii* – 히스타민(histamine)
④ *Salmonella* Enteritidis – 히스타민(histamine)
⑤ *Bacillus cereus* – 히스티딘(histidine)

39 저장 중인 사과 및 배에 무름병(연부병)을 일으키는 곰팡이는?

① *Penicillium roqueforti*
② *Penicillium notatum*
③ *Penicillium expansum*
④ *Penicillium cyclopium*
⑤ *Penicillium citrinum*

40 **과즙 제조 시 과즙에 효소를 처리하여 맑은 주스를 만드는 데 이용되는 미생물과 효소와의 관계가 옳은 것은?**

① *Aspergillus niger* – 펙티나제(pectinase)
② *Aspergillus oryzae* – 아밀라제(amylase)
③ *Aspergillus niger* – 아밀라제(amylase)
④ *Aspergillus oryzae* – 프로테아제(protease)
⑤ *Aspergillus sojae* – 펙티나제(pectinase)

40 과즙 청징 시 사용되는 효소는 펙티나제(pectinase)로 *Aspergillus niger*의 펙티나제(pectinase) 생산능력이 우수하다.

41 **치즈와 버터 제조 시 스타터(starter)로 사용되는 균은?**

① *Leuconostoc mesenteroides*
② *Lactobacillus plantarum*
③ *Lactobacillus brevis*
④ *Lactobacillus bulgaricus*
⑤ *Streptococcus lactis*

41 버터와 치즈의 스타터로 사용되는 균은 *Streptococcus lactis*와 *Streptococcus cremoris*가 있다.

42 **김치 발효에 관여하는 젖산균은?**

① *Lactobacillus casei*
② *Penicillium roqueforti*
③ *Propionibacterium shermanii*
④ *Lactobacillus plantarum*
⑤ *Penicillium camemberti*

42 *Lactobacillus plantarum*은 김치 발효에 관여하는 젖산균이다.

43 **젖산 발효 시 이상발효(hetero fermentation) 젖산균으로부터 생성되는 물질로만 짝지어진 것은?**

① 에탄올, 시트르산
② 락트산, 에탄올
③ 락트산, 시트르산
④ 시트르산, 아세트산
⑤ 부티르산, 아세트산

43 이상발효 시 에탄올, 락트산, 아세트산(초산)은 생성되나 시트르산(구연산)은 생성되지 않는다.

44 **장류나 주류 제조 시에 주로 *Aspergillus oryzae*를 코지균으로 이용하고 있는 이유는?**

① 프로테아제(protease)와 리파제(lipase)의 생산력이 강하다.
② 아밀라제(amylase)와 리파제(lipase)의 생산력이 강하다.
③ 프로테아제(protease)와 펙티나제(pectinase)의 생산력이 강하다
④ 프로테아제(protease)와 아밀라제(amylase)의 생산력이 강하다.
⑤ 아밀라제(amylase)와 프로토펙티나제(protopectinase)의 생산력이 강하다.

44 장류와 주류 제조 시에는 프로테아제(protease)와 아밀라제(amylase) 생산력이 강한 *Aspergillus oryzae*를 이용한다.

정답 40. ① 41. ⑤ 42. ④ 43. ② 44. ④

45 *Lactobacillus plantarum*은 김치 발효, *Streptococcus themophilus*, *Lactobacillus casei*와 *Penicillium rogueforti*는 요구르트 또는 치즈 제조에 이용되는 젖산균이다. *Leuconostoc mesenteroides*는 덱스트란(dextran)을 생산하는 균주이다.

46 김치는 *Lactobacillus plantarum*, 된장에는 *Aspergillus oryzae*, 포도주는 *Saccharomyces ellipsoideus*, 젖산 발효는 *Lactobacillus brevis*가 관여한다.

47 *Propionibacterium freudenreichii*는 락테이트를 발효시켜 아세테이트, 프로피오네이트, 이산화탄소를 생성시킴으로써 **에멘탈 치즈 제조**에서 매우 중요한 역할을 한다. *Brucella*는 인간, 동물에 *brucellosis*를 일으키는 병원성 세균이다.

48 김치나 간장의 표면에 산막효모가 자라 균막을 형성하게 되는데 *Zygosaccharomyces japonicus*가 원인균이다.

49 간장, 된장 제조에는 *Aspergillus oryzae* 속의 곰팡이를 주로 사용하는데 이들 곰팡이는 주로 아밀라제, 인버타제, 셀룰라제, 펙티나제, 프로테아제, 리파제, 카탈라제 등의 효소를 생산한다.

정답 45. ⑤ 46. ⑤ 47. ③ 48. ④ 49. ⑤

45 미생물과 발효 생산물과의 관계가 옳은 것은?

① *Lactobacillus plantarum* – 요구르트 제조
② *Streptococcus themophilus* – 김치 발효
③ *Leuconostoc mesenteroides* – 덱스트린 제조
④ *Lactobacillus casei* – 버터 제조
⑤ *Penicillium rogueforti* – 치즈 제조

46 미생물과 발효식품과의 관계가 옳은 것은?

① 김치 – *Asperigillus oryzae*
② 된장 – *Lactobacillus plantarum*
③ 포도주 – *Lactobacillus brevis*
④ 빵 – *Saccharomyces ellipsoideus*
⑤ 청국장 – *Bacillus subtilis*

47 에멘탈(Emmental) 치즈 제조에 매우 중요한 역할을 하는 미생물은?

① *Brucella*
② *Lactobacillus*
③ *Propionibacterium*
④ *Lactococcus*
⑤ *Leuconostoc*

48 김치나 간장 제조 시에 곱이라는 회백색의 균막을 형성하는 미생물은?

① *Saccharomyces cerevisiae*
② *Candida utilis*
③ *Zygosaccharomyces sojae*
④ *Zygosaccharomyces japonicus*
⑤ *Saccharomyces rouxii*

49 간장이나 된장을 제조할 때 쓰이는 미생물로 옳은 것은?

① *Saccharomyces cerevisiae*
② *Zygosaccharomyces sojae*
③ *Saccharomyces ellipsoideus*
④ *Lactobacillus casei*
⑤ *Aspergillus oryzae*

50 김치 발효에 관여하는 미생물로 옳은 것은?

① *Lactococcus lactis*
② *Leuconostoc mesenteroides*
③ *Lactobacillus thermophilus*
④ *Lactobacillus casei*
⑤ *Lactobacillus bulgaricus*

50 김치 발효 초기에는 젖산균인 *Leuconostoc mesenteroides*, 후기에는 *Lactobacillus plantarum*균이 증식하여 김치를 시게 한다.

51 김치와 깍두기를 담글 때 설탕을 넣으면 끈끈한 점질물이 생성된다. 이 점질물을 생성하는 미생물과 성분으로 옳은 것은?

① *Lactobacillus* 속 – 덱스트린(dextrin)
② *Leuconostoc* 속 – 덱스트린(dextrin)
③ *Leuconostoc* 속 – 덱스트란(dextran)
④ *Lactobacillus* 속 – 덱스트란(dextran)
⑤ *Streptococcus* 속 – 덱스트란(dextran)

51 김치의 점질물은 *Leuconostoc mesenteroides* **균주**가 생산하는 덱스트란(dextran)이 원인물질이다.

52 곰팡이 독소에 대한 설명으로 옳은 것은?

① 곰팡이 독소는 주로 동물 식품자원에서 발견되며, 사람과 가축에 식중독이나 이상 생리작용을 유발한다.
② 곰팡이 독소는 매우 건조한 환경에서 많이 생성된다.
③ 파툴린(patulin)은 흔히 발효사과주, 사과주스 등 사과 가공품에서 발견된다.
④ 아플라톡신(aflatoxin)은 열에 약하여 일반 가열 조리에 의해 분해된다.
⑤ 제아렐라논(zearelanone)은 *Fusarium* 속 곰팡이가 생산하는 곰팡이 독소이다.

52 곰팡이 독소는 곡류 등 주로 식물 식품자원에서 발견되며, 습기가 많은 환경에서 많이 생성된다. **파툴린**은 흔히 사과에서 발견되나 발효 사과에서는 발견되지 않는다. **아플라톡신**은 열에 매우 강하여 일반 가열 조리로는 분해되지 않는다.

53 캠필로박터(*Camphylobacter*) 세균에 대한 설명으로 옳은 것은?

① 산소 분압이 높은 환경을 좋아하는 저온 세균이다.
② 캠필로박터에 의한 식중독인 캠필로박터증은 발열을 수반하지 않는다.
③ 곡류와 과일에서 흔하게 발견된다.
④ 저온 저장한 고기는 날것으로 먹어도 캠필로박터로부터 안전하다.
⑤ 심한 경우 복통 외에 수막염, 요도감염, 반응성 관절염 등의 합병증을 보인다.

53 캠필로박터는 산소 분압이 낮은 환경을 좋아하는 **저온 세균**으로 가금육, 소, 돼지와 사람의 장에서 흔하게 발견되며, 덜 익은 고기를 섭취하여 발열, 복통, 설사 등의 증상을 나타낸다.

정답 50. ② 51. ③ 52. ⑤ 53. ⑤

54 감염자의 대변 혹은 구토물에 의해 오염된 물이나 음식을 먹거나 혹은 접촉하는 등 식수와 개인위생 불량이 주된 원인인 식중독은?

① 장염비브리오 식중독
② 황색포도상구균 식중독
③ 보툴리니우스 식중독
④ 살모넬라 식중독
⑤ 노로바이러스 식중독

54 노로바이러스 식중독은 감염자의 대변 혹은 구토물에 있는 **바이러스**에 의해 오염된 **물**이나 음식을 먹거나 혹은 접촉하는 등 위생 상태 불량이 주된 원인으로 식품을 제조, 조리하는 사람들의 개인위생과 식수의 철저한 관리가 필요하다.

55 미생물에 의한 식중독에 대한 설명으로 옳은 것은?

① 바이러스성 장염은 세균성 장염에 비해 전파 속도가 빠르다.
② 세균성 식중독에 비해 바이러스성 식중독이 음식물 섭취 후 증상 발현까지 오래 소요된다.
③ 바이러스성과 세균성 식중독 모두 겨울보다 여름에 더 빈번히 발생한다.
④ 우리나라에서 자주 발생하는 식중독의 주된 원인세균은 병원성 대장균, 황색포도상구균, 리스테리아(Listeria)이다.
⑤ 비브리오에 의한 식중독 발생에는 다른 식중독균에 비해 많은 수의 균이 필요하다.

55 세균성보다 바이러스성 식중독은 더 즉각적으로 발생하며 전파 또한 빠르다. 노로바이러스 식중독은 기온이 낮은 **겨울에 더 높은 빈도**로 발생하며 리스테리아에 의한 식중독은 우리나라에서 흔하지 않다. 비브리오에 의한 식중독은 다른 식중독 세균에 비해 적은 수의 균으로도 발병 가능하다.

56 청국장 제조에 직접 작용하는 미생물은?

① 락토바실루스(*Lactobacillus*) 속
② 누룩곰팡이(*Aspergillus*) 속
③ 사카로미세스(*Saccharomyces*) 속
④ 바실루스(*Bacillus*) 속
⑤ 아세토박터(*Acetobacter*) 속

56 청국장은 증자한 콩에 *Bacillus subtilis*를 접종하여 2~3일 정도 발효시켜 만든다.

정답 54. ⑤ 55. ① 56. ④

8 곡류, 서류 및 당류

학습목표 곡류와 서류 및 당류의 식품학적 성질을 이해하고, 조리원리를 파악하여 조리 및 저장에 활용한다.

01 **곡류 외피의 주요 구성성분은?**

① 조섬유 ② 지질 ③ 비타민 C
④ 철 ⑤ 전분

02 **곡류의 입자 중 전분이 다량 함유되어 있는 부분은?**

① 과피 ② 호분층 ③ 종피
④ 배아 ⑤ 배유

03 **찹쌀과 멥쌀에 대한 설명으로 옳은 것은?**

① 찹쌀의 아밀로스 함량은 멥쌀보다 높다.
② 찹쌀은 반투명하고 멥쌀은 투명하다.
③ 멥쌀은 찹쌀보다 가볍다.
④ 찹쌀 전분의 호화온도는 멥쌀 전분보다 낮다.
⑤ 찹쌀과 멥쌀은 요오드와 반응하여 각각 적자색, 청색을 띤다.

04 **찹쌀, 찰옥수수 같은 찰 곡류의 아밀로스 함량은?**

① 0~6% ② 15~20% ③ 30~50%
④ 60~70% ⑤ 100%

05 **옥수수에 대한 설명으로 옳은 것은?**

① 옥수수의 탄수화물은 주로 섬유소이다.
② 주 단백질은 메티오닌(methionine)이다.
③ 지질은 대부분 배유에 들어 있다.
④ 옥수수의 마이신(maysin) 성분은 발암성 물질이다.
⑤ 옥수수의 노란색은 크립토잔틴(cryptoxanthin)에 의한 것이다.

01 곡류의 외피에 있는 성분은 조섬유, 조단백, 무기질 등이다.

02 곡류는 **배유, 배아, 외피**로 이루어져 있는데 그중 배유에 전분이 다량 함유되어 있다.

03 멥쌀은 80% 정도가 **아밀로펙틴**이고 나머지가 아밀로스이며, 찹쌀은 아밀로스를 거의 함유하고 있지 않고 아밀로펙틴이 대부분이다. 멥쌀은 반투명하고 찹쌀은 유백색을 띤다. 찹쌀과 멥쌀의 호화온도는 각각 70℃, 65℃로 찹쌀이 호화되기 어렵다. 전분에 대한 요오드 반응은 아밀로펙틴에 대해서는 적자색, 아밀로스에 대해서는 청색을 나타낸다. 요오드 반응에 차이를 보이는 것은 아밀로펙틴 분자 내에 나선 구조가 부족한 데 기인한다.

04 찰전분은 아밀로스를 거의 함유하지 않는다.

05 옥수수의 탄수화물은 주로 전분이며, 주 단백질은 **제인**이고, **리신과 트립토판 함량이 낮다.** 지질은 배아에 존재한다. 옥수수의 마이신(maysin) 성분은 항암 및 항균효과가 있다.

정답 01. ① 02. ⑤ 03. ⑤ 04. ① 05. ⑤

06 쌀에 대한 설명으로 옳은 것은?

① 백미는 도정 과정 중 영양 성분이 제거되므로 현미보다 영양가가 떨어진다.
② 찹쌀은 아밀로펙틴으로만 되어 있어 호화 시 팽윤하기 어렵다.
③ 쌀의 비타민과 무기질은 도정 과정 중 거의 제거되지 않는다.
④ 쌀의 최대 수분 흡수량은 60~70% 정도이다.
⑤ 쌀은 필수 아미노산인 리신이 풍부하다.

06 쌀의 비타민과 무기질은 도정 과정 중 대부분 제거되며, 쌀의 단백질은 필수 아미노산인 **리신이 부족**하다. 쌀의 최대 수분 흡수량은 20~30% 정도이며, 찹쌀은 호화 시 팽윤하기 쉽다. 아밀로스에 비해 아밀로펙틴의 구조가 더 느슨하다.

07 쌀 전분을 완전히 호화시키기 위한 가열 조건으로 옳은 것은?

① 80℃, 30분
② 70℃, 25분
③ 98℃, 20분
④ 110℃, 10분
⑤ 65℃, 40분

07 쌀 전분을 충분히 호화시키려면 **98℃에서 20~30분**, 90℃에서는 2~3시간, 65℃에서는 10시간이 소요된다.

08 쌀로 밥을 지을 때 일어나는 전분의 주요 변화로 옳은 것은?

① 전분 분자가 규칙적인 모양을 유지한다.
② 요오드와의 정색반응이 나타나지 않는다.
③ 전분이 결합하여 분자량이 큰 덱스트린이 형성된다.
④ 전분 입자가 팽윤된다.
⑤ 전분의 노화가 일어난다.

08 전분을 물과 함께 가열하면 호화가 일어나며, 호화 과정 중 결정구조(micelle) 내 수소결합이 파괴되면서 전분 입자가 붕괴된다.

09 밥 짓기에 대한 설명으로 옳은 것은?

① 쌀은 3회 씻으면 15%의 수분을 흡수한다.
② 쌀은 물에 담그는 동안 20~30%의 수분을 흡수한다.
③ 밥 짓는 물의 양은 증발량을 고려해서 쌀 중량의 1.2배가 좋다.
④ 쌀은 온도상승기에 호화되지 않는다.
⑤ 비등기에는 내부온도가 90℃이고 쌀은 호화되어 끈기가 생긴다.

09 쌀은 3회 씻는 동안 10%의 수분을 흡수한다. 밥을 지으면 쌀 중량의 2.3배가 되므로 밥 짓는 물의 양은 쌀 중량의 1.3배가 필요하지만, 증발량을 고려해서 1.4~1.5배의 물을 첨가한다. 밥을 지을 때 온도상승기란 가열을 시작해서 밥이 끓기 시작할 때까지를 말한다. 이때 쌀은 **수분을 흡수하고 팽윤되며 60~65℃에서 호화가 시작**된다. 비등기에 쌀은 수분을 흡수하면서 계속 움직이다가 쌀 전분이 호화되고 끈기가 생기면 쌀알이 움직이지 않게 되는데, 이때 내부온도는 100℃ 정도이다.

10 밥 짓는 물의 양에 대한 설명으로 옳은 것은?

① 묵은 쌀은 햅쌀보다 물의 양을 적게 첨가한다.
② 채소밥을 지을 때는 물의 양을 늘려야 한다.
③ 쌀의 양이 많아지면 쌀에 대한 물의 비율이 높아진다.
④ 물의 양은 증발량과 쌀의 호화에 필요한 양을 합한 것이다.
⑤ 10인분의 밥을 지을 때는 쌀 부피의 2.0배의 물을 첨가한다.

10 **밥물의 양은 가열 시의 증발량과 호화에 필요한 양을 합한 것**이다. 채소밥의 경우 부재료에 들어 있는 수분의 양을 고려하여야 한다. 채소류는 함유 수분이 많고 따로 쓰이는 용도가 없으므로 첨가하는 물의 양을 줄여야 한다. 쌀의 양이 많아지면 쌀에 대한 물의 비율은 낮아지며, 묵은 쌀은 햅쌀보다 물의 양을 많이 첨가한다.

정답 06. ① 07. ③ 08. ④ 09. ② 10. ④

11 밥을 지을 때 쌀의 중량을 기준으로 한 물의 분량으로 옳은 것은?

① 1.0배
② 1.1배
③ 1.2배
④ 1.3배
⑤ 1.5배

11 보통 밥을 지을 때 물의 양은 쌀 부피의 1.2배, 쌀 무게의 1.5배가 적당하다.

12 곡류 식품과 각 식품에 함유된 단백질을 연결한 것으로 옳은 것은?

① 밀 – 제인
② 쌀 – 오리제닌
③ 보리 – 글리시닌
④ 호밀 – 호르데닌
⑤ 옥수수 – 글루테닌

12 보리에는 호르데인과 호르데닌, 옥수수에는 제인, 밀에는 글리아딘과 글루테닌이라는 단백질이 함유되어 있다. 글리시닌은 대두에 함유된 단백질이다.

13 밥맛에 대한 설명으로 옳은 것은?

① 아밀로스가 많은 것이 찰기가 있다.
② 쌀알이 통통하고 광택이 있는 것으로 밥을 지어야 맛이 있다.
③ 열전도율이 높은 돌솥으로 지어야 밥맛이 좋다.
④ 압력솥을 사용하면 호화도가 낮아 밥맛이 좋다.
⑤ 첨가하는 물의 pH가 산성일 때 밥맛과 외관이 좋다.

13 맛있는 쌀이란 쌀알이 통통하고 광택이 나며 부서진 낱알이 없어야 한다. 밥맛을 결정하는 인자로는 **외관, 찰기, 질감, 향 등**이 있는데 쌀의 호화온도, **흡수속도, 아밀로스 함량** 등에 따라 달라진다. 아밀로스의 함량이 낮을수록 찰기가 있으며, 물의 pH는 7~8일 때 밥의 외관이나 맛이 좋고, 산성일수록 나빠진다. 압력솥을 사용하면 호화도가 높아 밥맛이 좋으며, 돌솥은 열전도율이 낮아 가열 후 뜸들이기에 적합하다.

14 밥의 노화를 억제하기 위한 방법으로 옳은 것은?

① 식초를 뿌려 둔다.
② 냉장고 시원한 칸에 넣어 둔다.
③ 소금을 뿌려 둔다.
④ 바람이 잘 통하는 곳에 펼쳐 말린다.
⑤ 냉동하여 둔다.

14 **냉장온도와 산성 pH에서 노화는 촉진된다.** 단시간의 노화 방지를 위해서는 따뜻한 온도를 유지하거나 장시간의 노화 방지를 위해서는 냉동한다.

15 발효에 의해 제조된 떡은?

① 백설기
② 인절미
③ 화전
④ 증편
⑤ 송편

15 **증편**은 효모를 이용하여 만든 **발효떡**이다.

정답 11. ⑤ 12. ② 13. ② 14. ⑤ 15. ④

16 전분의 호화는 **미셀구조가 파괴**되면서 점성과 투명도가 큰 **알파 전분**으로 되는 현상이다. 설탕은 30%까지는 점도를 상승시키지만 과량 첨가 시 호화에 필요한 수분에 설탕이 결합하여 호화를 지연시키며 지방은 전분입자를 코팅하여 물의 흡수를 방해함으로써 호화를 억제한다.

17 **엿기름에서 추출한 아밀라제**에 의해 밥의 전분이 가수분해되어 말토스와 글루코스가 생성되므로 단맛이 생긴다.

18 밀가루 단백질의 대부분은 불용성의 글리아딘과 글루테닌이며 이 두 단백질은 밀가루에 물을 넣고 반죽하면 글루텐을 형성한다. 글리아딘은 프롤라민에, 글루테닌은 글루텔린에 속하는 단백질이다.

19 글루텐은 **글리아딘과 글루테닌**으로 이뤄지며 오래 반죽할수록 많이 형성되어 빵에 **점성과 탄성**을 준다. 글리아딘은 점성을, 글루테닌은 탄성을 부여한다. 글루텐 형성에는 글루텐 무게의 2배의 수분이 필요하다.

20 과일즙, 채소즙, 우유와 같은 액체는 소금 등을 용해시켜 균일하게 혼합되도록 하고 베이킹파우더와 베이킹소다의 이산화탄소 생성을 도우며 글루텐 형성 및 전분 호화에 필요한 수분을 제공한다. 물에 대해 설탕이 경쟁적으로 결합하여 글루텐 형성을 억제하므로 글루텐 형성 후 넣는 것이 좋다. 소금은 글루텐의 망상 구조를 조밀하게 하여 반죽의 점탄성을 높여주고 지방은 글루텐 형성을 억제하여 제품을 부드럽게 해준다.

정답 16. ④ 17. ② 18. ③ 19. ③ 20. ④

16 전분의 호화에 대한 설명으로 옳은 것은?

① 전분의 호화는 알파 전분이 베타 전분으로 바뀌는 현상이다.
② 호화는 전분의 미셀구조가 형성되는 것이다.
③ 설탕을 많이 첨가할수록 호화가 잘 일어난다.
④ 지방은 전분입자를 코팅하여 호화를 억제시킨다.
⑤ 알칼리성에서는 가수분해가 일어나 호화가 잘 일어나지 않는다.

17 식혜는 전분이 당으로 분해되어 단맛이 나는 음식이다. 이것은 다음 중 어떤 과정에 의해 변화된 것인가?

① 산에 의한 분해 증가
② 아밀라제(amylase)에 의한 분해 증가
③ 인버타제(invertase)에 의한 분해 증가
④ 락타제(lactase)에 의한 분해 증가
⑤ 알칼리에 의한 분해 증가

18 밀가루 단백질에 대한 설명으로 옳은 것은?

① 글루텐이 가장 많이 함유되어 있다.
② 가용성단백질인 글리아딘과 글루테닌이 함유되어 있다.
③ 글루텐은 글루테닌과 글리아딘의 복합체(complex)이다.
④ 글리아딘은 글루텔린에 속하는 단백질이다.
⑤ 글루테닌은 프롤라민에 속하는 단백질이다.

19 글루텐 형성에 대한 설명으로 옳은 것은?

① 밀가루에 10% 정도의 물을 넣고 반죽하면 글루텐이 형성된다.
② 반죽 시간이 길어짐에 따라 글루텐 형성은 감소한다.
③ 반죽할 때 강력분은 박력분에 비해 더 많은 양의 수분이 필요하다.
④ 글루테닌은 글루텐에 점성을 부여한다.
⑤ 글리아딘은 글루텐에 탄성을 부여한다.

20 첨가재료가 밀가루 글루텐 형성에 미치는 영향에 대한 설명으로 옳은 것은?

① 과일즙, 채소즙은 글루텐 형성을 도와주고 전분의 호화를 억제한다.
② 난백은 유화작용이 있어 액체와 지방을 고루 분산시킨다.
③ 지방은 글루텐 형성을 도와 반죽을 단단하게 한다.
④ 설탕은 글루텐 형성을 억제한다.
⑤ 소금은 글루텐 강도를 낮춰 반죽을 부드럽게 한다.

21 각 밀가루 제품에 적합한 밀가루의 종류를 연결한 것으로 옳은 것은?

① 식빵 – 박력분
② 케이크 – 강력분
③ 마카로니 – 박력분
④ 튀김옷 – 세몰리나
⑤ 과자 – 박력분

21 **식빵, 마카로니는 강력분**, 케이크, 튀김옷은 박력분으로 만든다.

22 밀가루 제품에서 지방의 역할에 대한 설명으로 옳은 것은?

① 전분의 호화를 도와준다.
② 글루텐의 형성을 도와준다.
③ 밀가루 제품의 부피를 감소시킨다.
④ 밀가루 제품에 층을 형성하고 바삭하게 한다.
⑤ 밀가루 제품을 단단하게 한다.

22 지방은 **연화작용**을 하여 글루텐이 길게 연결되는 것을 막아 주기 때문에 밀가루 제품이 부드러워진다. 또한 파이와 같은 밀가루 제품에서는 얇은 층을 형성하고 바삭바삭하게 한다. 고체 지방은 **크리밍(creaming)** 과정에서 공기가 들어가 밀가루 제품의 부피를 증가시킨다.

23 글루텐이 팽창된 상태로 구조가 고정되도록 도와주는 요인으로 옳은 것은?

① 달걀을 첨가한다.
② 물을 한꺼번에 첨가한다.
③ 입자가 큰 밀가루를 사용한다.
④ 설탕을 첨가한다.
⑤ 식용유를 첨가한다.

23 달걀은 베이킹 시, 후반부에 응고되면서 팽창된 상태로 구조가 고정되도록 도와 제품의 형태가 유지되도록 한다. 설탕은 단맛을 주고 캐러멜 반응을 일으켜 먹음직스러운 갈색을 띠게 한다.

24 팽창제에 대한 설명으로 옳은 것은?

① 수증기가 주된 팽창제인 경우에는 밀가루에 대한 물의 비율이 낮아야 한다.
② 생물학적 팽창제에는 베이킹소다, 베이킹파우더 등이 있다.
③ 화학적 팽창제에는 *Saccharomyces cerevisiae*가 있다.
④ 공기는 크리밍, 폴딩(folding), 난백 거품 내기 등의 과정을 통해 밀가루 반죽에 혼합된다.
⑤ 팽창제는 많이 사용할수록 효과적이다.

24 수분은 가열 시 증기가 되면서 부피가 증가하여 팽창하게 된다. **생물학적 팽창제**는 효모(이스트)이고, **화학적 팽창제**는 베이킹소다(중조), 베이킹파우더 등이다. 제과 제빵에서의 폴딩은 재료를 젓지 않고 살살 섞어 주는 것을 말한다.

25 생물학적 팽창제에 대한 설명으로 옳은 것은?

① 빵 효모(*Saccharomyces cerevisiae*)는 당을 발효하여 이산화탄소와 에탄올을 생성한다.
② 소금은 빵 효모의 발효작용에 영향을 주지 않는다.
③ 빵 효모 발효의 최적 온도는 40~50℃이다.
④ 설탕이 많을수록 빵 효모 발효가 잘 일어난다.
⑤ 빵 효모 발효의 최적 pH는 7이다.

25 빵 효모는 글루코스, 프럭토스, 설탕 등을 발효하여 **이산화탄소를 생성**한다. 적당량의 설탕과 소금은 발효를 도와주지만 지나치게 많으면 오히려 발효가 억제된다. 효모 발효의 최적의 pH는 4.8~5.5이며 최적 온도는 27~29℃이다.

정답 21. ⑤ 22. ④ 23. ① 24. ④ 25. ①

26 밀가루 반죽의 팽창에 도움을 주는 첨가물은?

① 레몬즙 ② 난백거품
③ 난황 ④ 식용유
⑤ 고농도의 소금물

26 물, 우유 등의 액체 재료는 가열 시 **수증기를 발생시켜 팽창**에 도움을 준다. 고농도의 소금물은 글루텐의 점착성을 저하시킨다. 난백을 거품 내기 위해 휘젓는 과정에서 공기가 혼입되어 거품이 생기고 부피가 증가한다. 난백거품은 스펀지케이크 같은 거품케이크에서 팽창제로 작용한다.

27 밀가루 제품을 만들 때 이산화탄소에 의한 팽창효과를 내기 위한 방법으로 옳은 것은?

① 밀가루를 체 치지 않고 사용한다.
② 분유를 첨가한다.
③ 베이킹파우더를 넣는다.
④ 분말 달걀을 사용한다.
⑤ 효모를 넣고 냉장온도에서 발효한다.

27 체에 치거나 저어줄 때 유입된 공기가 반죽을 부풀리며, 물은 가열 시 증기를 형성하고, 효모는 이산화탄소를 형성하면서 **팽창제**의 역할을 한다.

28 글루텐 형성에 영향을 주는 요인에 대한 설명으로 옳은 것은?

① 물을 소량씩 여러 번에 나누어 첨가하면 더 많은 글루텐이 형성된다.
② 반죽을 방치하면 신장성이 감소한다.
③ 반죽온도가 낮을수록 글루텐이 더 빨리 생성된다.
④ 밀가루 반죽시간은 글루텐 형성에 영향을 주지 않는다.
⑤ 밀가루에 30% 정도의 물을 넣고 반죽하면 글루텐이 잘 형성된다.

28 반죽을 일정 시간 반죽하면 신장성이 커져서 밀기 쉬워진다. 반죽온도가 낮으면 수화가 천천히 진행되어 글루텐 생성속도가 느리다. 밀가루의 50~60%의 물을 넣고 반죽해야 글루텐이 잘 형성된다.

29 제빵 시 설탕을 첨가하는 목적으로 옳은 것은?

① 갈색화
② 이스트의 발효 억제
③ 제빵류의 부피 감소
④ 글루텐 형성 작용
⑤ 수분활성도 증가

29 제빵 시 설탕은 갈색화, **이스트의 영양원, 팽창, 단백질의 연화작용 등**을 한다. 또한 설탕은 수분활성도를 저하시켜 미생물의 활성을 저하시킨다.

30 제빵에 대한 설명으로 옳은 것은?

① 소금은 이스트 발효 시 영양분으로 사용되어 발효를 촉진시킨다.
② 중조는 밀가루 반죽의 황변을 억제하기 위해 첨가한다.
③ 설탕은 마이얄(Maillard) 반응을 일으켜 빵에 향을 제공한다.
④ 중조는 분해되어 생성된 이산화탄소에 의해 반죽을 팽창시킨다.
⑤ 굽는 동안 설탕과 밀가루 단백질 간의 캐러멜화 반응이 일어나 좋은 향을 제공한다.

30 소금은 향미와 반죽을 단단하게 하고, 윤기, 텍스처 등을 증진시키며, 유통기간을 연장시키는 역할을 하지만, 영양분으로 쓰이는 것은 아니다. 설탕은 비환원당으로 마이얄 반응에 참여할 수 없다. 중탄산나트륨(중조)은 밀가루 반죽에 넣고 가열하면 이산화탄소를 생성하여 반죽을 팽창시킨다. **캐러멜화 반응**은 당을 고온으로 가열할 때 일어난다.

정답 26. ② 27. ③ 28. ① 29. ① 30. ④

31 **밀가루 반죽에 달걀을 넣었을 때 얻을 수 있는 효과는?**

① 색깔 저하 ② 글루텐 형성 방해
③ 팽창제 역할 ④ 단백질의 연화작용
⑤ 향미 감소

31 밀가루 반죽에서 달걀의 열 응고성은 **글루텐의 구조 형성**을 도와주고, 난백의 기포성과 수분은 **팽창 효과**를 부여하며 난황은 반죽에 색과 향미를 부여한다.

32 **제빵 시 첨가되는 물의 역할은?**

① 증기를 형성하여 팽창제로 작용한다.
② 설탕, 소금 등을 응집시킨다.
③ 반죽의 온도를 유지시킨다.
④ 글루텐 형성을 억제하여 제품이 부드러워진다.
⑤ 전분의 호화를 방해한다.

32 액체 재료의 역할은 각 성분의 용매, 글루텐 형성, 전분의 호화, 증기에 의한 팽창효과, 효모세포 등 성분 분산, 베이킹파우더의 반응유도 등을 들 수 있다.

33 **중조(중탄산나트륨)를 넣고 빵을 찔 때 누렇게 되는 이유는?**

① 밀가루의 글루텐에 알칼리가 작용했기 때문이다.
② 밀가루의 안토잔틴(anthoxanthin) 색소에 알칼리가 작용했기 때문이다.
③ 밀가루의 카로틴(carotene)에 알칼리가 작용했기 때문이다.
④ 밀가루의 당이 캐러멜화 반응을 일으켰기 때문이다.
⑤ 밀가루의 글루텐에 자가 효소가 작용했기 때문이다.

33 밀가루의 주된 색소는 **황색의 안토잔틴계** 색소로 알칼리 작용 시 누렇게 변하는 성질이 있다.

34 **화이트 소스를 만들 때 밀가루의 역할은?**

① 맛을 좋게 한다.
② 밀가루의 글루텐이 카제인 응고를 억제한다.
③ 밀가루의 단백질 분해효소가 카제인을 분해한다.
④ 밀가루의 전분이 카제인의 결착을 방해한다.
⑤ 밀가루의 전분이 카제인의 소화흡수를 도와준다.

34 화이트 소스에 있는 호화된 전분은 우유에 있는 카제인을 둘러쌈으로써 카제인이 서로 합쳐지는 것을 방해한다.

35 **소프트 쿠키와 하드 쿠키는 어떤 원료 차이로 구분되는가?**

① 소금 ② 우유
③ 달걀 ④ 밀가루
⑤ 유지

35 쿠키 제조 시 유지를 많이 넣으면 **소프트 쿠키**, 유지를 적게 넣으면 **하드 쿠키**가 된다.

정답 31. ③ 32. ① 33. ②
34. ④ 35. ⑤

36 스펀지케이크는 기본재료로 **지방을 거의 사용하지 않으며** 많은 양의 달걀을 사용한다. 스펀지 케이크는 공기구멍이 고르며 껍질이 얇고 부피가 크다.

37 달걀은 열응고성이 있어 글루텐 형성을 도우며, 소금은 글루텐 망상구조를 치밀하게 한다. 설탕은 반죽 내 수분을 흡수하여 글루텐 형성을 방해하고, 과즙은 전분의 호화에 필요한 수분을 제공하여 호화가 잘 일어나도록 도와준다.

38 토란의 미끄러움은 갈락탄이라고 하는 점성물질 때문으로 갈락탄은 당단백질 형태로 존재한다. 토란의 아린 맛은 호모겐티스산(homogentisic acid)이다. 토란의 점질물은 쌀뜨물이나 소금물에 데치거나 소금으로 문질러 제거할 수 있다. 토란의 조리 시 조미 전에 가열하여 점질물을 용출시켜야 조미료가 침투하기 쉽다.

39 감자는 껍질을 벗기거나 썰어 두면 갈변이 일어난다. 이것은 감자에 존재하는 티로신이 **티로시나제(tyrosinase)**의 작용을 받아 **멜라닌(melanin)을 생성**하기 때문이다. 티로시나제는 **수용성**이므로 껍질을 벗기거나 썬 감자를 물에 담가 두면 갈변을 억제할 수 있다. 또한 가열하면 이 효소가 불활성화되므로 갈변이 억제된다.

40 고구마에 있는 **β-아밀라제는 열에 비교적 강해** 가열 시에도 활성이 남아 있게 된다. 55~65℃에서 서서히 가열하면 β-아밀라제는 전분을 분해하여 말토스를 형성하여 익힌 고구마의 단맛이 증가한다.

정답 36. ③ 37. ① 38. ③ 39. ④ 40. ②

36 스펀지케이크의 특징으로 옳은 것은?

① 공기구멍이 고르지 않다.
② 많은 지방을 함유하고 있다.
③ 많은 양의 달걀을 사용한다.
④ 껍질이 두껍다.
⑤ 부피가 작다.

37 밀가루 반죽에 첨가되는 식품 재료에 대한 설명으로 옳은 것은?

① 유지는 글루텐 표면을 둘러싸 반죽을 부드럽게 한다.
② 달걀을 넣고 가열하면 단백질이 글루텐을 부드럽게 한다.
③ 소금은 글루텐 단백질을 연화시킨다.
④ 설탕은 글루텐 망상구조를 치밀하게 하여 반죽을 질기고 단단하게 한다.
⑤ 과즙은 전분의 호화를 방해한다.

38 토란에 대한 설명으로 옳은 것은?

① 토란은 쌀뜨물에 넣고 삶아도 점액질 성분이 제거되지 않는다.
② 토란의 미끄러운 성분은 프럭토스(fructose)가 결합된 당단백질이다.
③ 토란에 있는 옥살산(수산)은 피부의 가려움증을 유발한다.
④ 토란의 아린 맛은 클로로겐산(chlorogenic acid)이다.
⑤ 토란의 점질물은 조미료 침투를 도와준다.

39 감자의 갈변에 대한 설명으로 옳은 것은?

① 티로시나제(tyrosinase)는 지용성이다.
② 감자를 썰어서 물에 담가 두면 갈변이 촉진된다.
③ 썬 감자를 그대로 두어도 갈변을 막을 수 있다.
④ 감자의 갈변으로 멜라닌(melanin)이 형성된다.
⑤ 감자를 삶으면 갈변이 촉진된다.

40 고구마를 찌면 단맛이 강해지는데 이때 관여하는 효소는?

① α-아밀라제(amylase) ② β-아밀라제
③ 리파제(lipase) ④ 트립신
⑤ 옥시다제(oxidase)

41 **고구마 절단 시 나오는 유백색의 점액 물질은?**

① 이포메아마론(ipomeamarone) ② 얄라핀(jalapin)
③ 알긴산(alginic acid) ④ 카라기난(carrageenan)
⑤ 푸코산(fucosan)

41 고구마를 자르면 절단면에서 유백색의 점액이 분비된다. 이 물질은 **얄라핀(jalapin)**이라는 배당체로 물에 녹지 않고 공기 중에서 검은색으로 변한다. **이포메아마론**은 흑반병이 생길 때 형성되는 독성물질로 특이한 냄새와 함께 강한 쓴맛을 낸다.

42 **감자에 대한 설명으로 옳은 것은?**

① 포테이토칩을 제조할 때는 실온 저장 감자를 사용하는 것이 좋다.
② 점질 감자를 소금과 물을 1 : 1로 혼합한 소금물에 넣으면 물 위에 뜬다.
③ 분질 감자는 점질 감자에 비해 전분함량이 낮고 전분입자가 작다.
④ 감자볶음을 할 때는 저온에서부터 천천히 볶는 것이 좋다.
⑤ 티로신 함량이 낮은 감자에서 갈변현상이 잘 일어난다.

42 점질 감자는 1 : 11(소금 : 물)로 혼합한 소금물에 넣으면 물 위에 뜨고, 티로신 함량이 높은 감자는 티로신이 티로시나제와 반응하여 멜라닌 색소를 생성하므로 갈변현상이 잘 일어난다. 실온에서 감자를 저장하면 감자의 호흡작용으로 당이 소모된다. 당의 함량이 높은 감자를 튀기면 색이 지나치게 진해지므로 포테이토칩을 제조할 때는 실온 저장 감자를 사용하는 것이 좋다.

43 **고구마의 관수현상에 대한 설명으로 옳은 것은?**

① 삶는 도중 불이 꺼진 상태로 방치될 때 나타난다.
② 높은 온도에서 단시간 가열할 때 나타나는 현상이다.
③ 관수현상이 일어난 고구마를 삶으면 조직의 연화가 일어난다.
④ 칼슘이온과 마그네슘이온의 결합으로 나타나는 현상이다.
⑤ 칼슘이온과 펙틴의 결합으로 수용성염을 형성하여 나타나는 현상이다.

43 관수현상은 고구마를 **너무 낮은 온도에서 천천히 가열**하거나 삶는 도중 불이 꺼진 상태에서 방치되는 등 물에 오래 담겨 있을 때 조직이 연화되지 않고 **생고구마 질감**을 나타내는 현상이다. 칼슘이나 마그네슘 등의 이온이 펙틴과 결합하여 불용성 염을 형성하기 때문이다.

44 **설탕의 조리성에 대한 설명으로 옳은 것은?**

① 설탕은 단백질의 열 응고온도를 낮춘다.
② 설탕은 효모의 발효를 방해한다.
③ 설탕은 캐러멜화하여 식품에 좋은 향미를 준다.
④ 설탕은 난백 거품의 안정성을 낮춘다.
⑤ 설탕은 전분의 호화를 도와준다.

44 설탕은 단백질의 열 응고온도를 높여 응고를 지연시키며 전분의 호화를 방해한다. 적당량의 설탕은 효모의 영양원이 되어 발효를 도와준다. 설탕은 난백 거품에 안정성과 윤기를 준다.

45 **당의 조리성에 대한 설명으로 옳은 것은?**

① 설탕은 달걀찜의 열에 의한 응고를 지연시킨다.
② 고농도의 당은 식품의 저장성을 저하시킨다.
③ 난백의 거품에 설탕을 첨가하면 기포가 불안정해진다.
④ 전화당이 생성되면 큰 결정이 생성되며 흡습성과 감미가 높아진다.
⑤ 설탕은 폴리페놀 옥시다제에 의한 변색을 촉진시킨다.

45 설탕이 산·열·효소 등에 의해 가수분해되어 **전화당**이 생성되면 당의 결정이 미세하게 되며 흡습성과 감미가 높아진다. 설탕과 전화당을 혼합할 경우에도 용해도와 감미가 증가되고 결정의 석출이 억제된다. 고농도의 당은 식품의 저장성을 개선시키며, 설탕은 폴리페놀 옥시다제에 의한 변색을 억제시키고, 난백의 거품에 설탕을 첨가하면 기포가 안정해진다.

정답 41. ② 42. ① 43. ① 44. ③ 45. ①

46 당류에 대한 설명으로 옳은 것은?

① 감미가 약한 당이 물에 쉽게 용해된다.
② 케이크를 촉촉하게 유지하려면 전화당 함량이 낮은 꿀을 사용하면 효과적이다.
③ 당은 전분의 호화와 노화를 촉진한다.
④ 전화당이 생성되면 흡습성과 감미성이 낮아진다.
⑤ 당 결정체의 순도가 높을수록 녹는점이 높다.

46 당은 전분의 호화를 지연시켜 서서히 일어나게 하는 한편 호화된 전분의 노화를 지연시킨다. 이것은 **당의 탈수성과 보수성**이 전분의 노화를 방지하기 때문이다. 감미가 강한 당이 물에 쉽게 용해되고, 전화당이 생성되면 흡습성과 감미성이 높아진다. 케이크를 촉촉하게 유지하려면 전화당 함량이 높은 꿀을 사용한다.

47 당류에 대한 설명이 옳게 연결된 것은?

① 수크로스 – 단맛이 가장 강하며 쉽게 결정화하지 않는다.
② 조청 – 주된 당은 수크로스로 수분을 농축시키면 강엿이 된다.
③ 꿀 – 단맛의 기준물질이며 쉽게 결정을 이루는 당이다.
④ 프럭토스 – 흡습성이 강하며 결정을 잘 생성한다.
⑤ 락토스 – 단맛이 매우 약하며, α–락토스의 용해성은 β–락토스보다 낮다.

47 조청은 곡류의 전분을 맥아로 당화시켜 오랫동안 가열하여 수분을 증발시켜 농축한 것으로 주된 당은 **말토스, 글루코스** 등이다. 단맛의 기준물질은 수크로스이며, 프럭토스는 용해도가 커서 쉽게 결정화가 어렵다.

48 물엿에 대한 설명으로 옳은 것은?

① 전분을 강산이나 효소로 가수분해하여 만든다.
② 글루코아밀라제를 사용하면 말토스 함량이 더 높은 물엿이 된다.
③ 가수분해 정도가 높아지면 물엿의 단맛이 약하고 점도가 낮아진다.
④ 수크로스에 비해 단맛은 약하고 보습성이 좋다.
⑤ 전분의 가수분해 정도는 말토스 당량(maltose equivalent)으로 나타낸다.

48 물엿은 전분을 약산이나 효소로 가수분해하여 만든다. β–아밀라제를 사용하면 말토스 함량이 높고, 글루코아밀라제를 사용하면 글루코스 함량이 더 높은 물엿이 된다. 전분의 가수분해 정도는 글루코스 당량(DE, glucose equivalent)으로 나타낸다. DE가 높으면 가수분해 정도가 높아 단맛이 강하고, DE가 낮으면 단맛은 적으나 점도와 흡습성이 높다.

49 천연 당류 중 차게 마시는 음료의 감미료로 가장 옳은 것은?

① 글루코스 ② 수크로스
③ 프럭토스 ④ 말토스
⑤ 락토스

49 프럭토스는 천연 당류 중 단맛이 가장 강하며 상쾌하여 감미료로 사용되며 용해도가 크고 과포화되기 쉽다. 프럭토스는 온도가 낮아지면 단맛이 강한 β형으로 변한다.

50 당의 용해성에 대한 설명으로 옳은 것은?

① 당은 친수기인 –OH기가 있어 물에 잘 녹지 않는다.
② 수크로스는 물의 온도에 따라 용해도에 큰 차이가 없다.
③ 같은 조건에서 프럭토스, 수크로스, 글루코스 순으로 용해한다.
④ 감미와 용해도는 상관성이 없다.
⑤ 프럭토스는 온도가 올라갈수록 단맛이 증가한다.

50 수크로스는 물의 온도에 따라 용해도의 차이가 매우 크며 이러한 성질을 이용해 캔디를 제조한다. 또한 대체로 감미가 강한 당이 쉽게 용해한다. 프럭토스는 온도가 내려갈수록 감미가 증가한다.

정답 46. ⑤ 47. ⑤ 48. ④ 49. ③ 50. ③

51 **설탕에 대한 설명으로 옳은 것은?**

① 천연 당류 중 감미도가 가장 높다.
② 설탕 농도가 증가하면 설탕용액의 끓는점은 감소한다.
③ 설탕을 녹여서 만든 액상의 가공설탕을 시럽(syrup)이라 한다.
④ 흡습성이 낮아 공기 중의 수분도 쉽게 흡수한다.
⑤ 백설탕에는 칼슘, 철, 인 등이 함유되어 있다.

51 설탕 농도가 증가하면 설탕용액의 끓는점도 증가하며, 흡습성이 높아 공기 중의 수분도 쉽게 흡수한다. 황설탕에는 칼슘, 철, 인 등이 함유되어 있으며 천연 당류 중 프럭토스가 감미도가 가장 높다.

52 **수크로스의 전화(inversion)에 대한 설명으로 옳은 것은?**

① 수크로스 용액에 레몬주스를 넣고 가열하면 전화가 일어난다.
② 수크로스가 전화되면 흡습성이 낮아진다.
③ 전화당의 감미는 수크로스의 30% 정도이다.
④ 전화당은 비환원당이다.
⑤ 전화당은 우선성이다.

52 수크로스를 산이나 효소로 가수분해하면 전화당이 생성된다. 전화당은 수크로스의 가수분해에 의해 생성된 글루코스와 프럭토스의 동량 혼합물이다. 전화당은 수크로스에 비해 흡습성이 크고 환원당이다. 수크로스는 우선성이고 전화당은 좌선성이다.

53 **설탕으로 캔디를 만드는 기본 원리는?**

① 설탕용액의 온도에 따른 용해도 차이
② 증류에 의한 용액 분리
③ 갈변화에 의한 색 발현
④ 당의 분해에 의한 연화작용
⑤ 당의 가열에 의한 분해반응

53 설탕을 고농도로 고온에서 녹인 후 식히면 핵이 생기고 핵 주위로 결정이 성장하여 캔디가 만들어진다. 따라서 **온도에 따른 용해도 차이를 이용하여 캔디**를 만든다.

54 **설탕의 결정 형성에 대한 설명으로 옳은 것은?**

① 결정화하려면 먼저 핵이 형성되어야 한다.
② 과포화용액과 포화용액이 결정을 형성한다.
③ 설탕용액의 농도가 낮을수록 핵이 많이 형성된다.
④ 용액 중의 먼지는 결정의 핵이 되지 못한다.
⑤ 불순물이 존재하면 결정 형성을 방해하기 때문에 큰 결정이 된다.

54 **과포화 설탕용액**만이 결정을 형성할 수 있고, 설탕용액 중의 먼지도 결정의 핵이 될 수 있다.

55 **설탕의 결정 형성에 영향을 주는 요인으로 옳은 것은?**

① 설탕 시럽의 과포화도가 높을수록 큰 결정이 형성된다.
② 결정 형성온도가 높을수록 작은 결정이 형성된다.
③ 전화당은 결정 형성을 방해한다.
④ 젓는 속도가 빠를수록 큰 결정이 형성된다.
⑤ 설탕 시럽을 빨리 식힐수록 작은 결정이 형성된다.

55 **결정 형성온도**가 높을수록 큰 결정이 형성되며, **젓는 속도**가 빠를수록 작은 결정이 형성되고, 설탕 시럽을 빨리 식히면 설탕 결정이 형성되지 않고, 유리 같은 비결정 상태로 굳어버린다. 설탕 시럽의 과포화도가 높을수록 작은 결정이 형성된다.

정답 51. ③ 52. ① 53. ①
54. ① 55. ③

56 설탕의 결정화에서 시딩(seeding)에 대한 설명으로 옳은 것은?

① 결정 형성을 위해 미리 고운 결정을 첨가하는 것
② 설탕용액을 가열 농축하는 것
③ 미세 결정 형성을 위해 전분을 첨가하는 것
④ 미세 결정 형성을 위해 소금을 첨가하는 것
⑤ 결정 형성을 억제하기 위해 크림을 첨가하는 것

56 시딩(seeding)은 결정 형성을 위해 외부에서 미리 고운 결정을 첨가하는 것을 말한다.

57 결정형 캔디의 종류로 옳은 것은?

① 캐러멜(caramel)
② 마시멜로(marshmellow)
③ 태피(taffy)
④ 브리틀(brittle)
⑤ 퍼지(fudge)

57 **결정형 캔디**로는 폰던트, 퍼지, 디비니티 등이 있고 **비결정형 캔디**로는 브리틀, 태피, 캐러멜, 마시멜로, 토피 등이 있다.

58 결정형 캔디의 특성에 대한 설명으로 옳은 것은?

① 폰던트는 결정 형성을 위해 114℃ 정도까지 계속 저으며 가열한 후 식힌다.
② 결정 형성을 위해 시럽을 찬물에서 급속히 식히든지 가열 후 바로 휘저어 식힌다.
③ 뜨거운 온도에서 시럽이 결정화되면 결정의 크기가 작고 곱다.
④ 결정 형성을 위해 핵이 생겨야 하고 핵 주위로 용질이 쌓여 결정이 커진다.
⑤ 적당한 크기의 결정 형성 시 첨가물의 작용은 중요하지 않다.

58 **결정 형성을 위해 시럽의 온도를 서서히 내려 핵 주위로 결정이 성장하도록 하여야 한다.** 찬물로 급속히 식힌다든지 하면 결정의 성장이 진행되지 못해 결정형 캔디를 만들 수 없다. 뜨거운 시럽에서는 당분자 덩어리들이 쉽게 해체되므로 형성되는 결정수가 적고 크기는 더 크며 일정 시간 안에 결정 표면에 붙는 당분자의 수가 많으므로 질감이 거칠다. 또한 적당한 크기의 결정 형성을 위해 첨가물의 작용도 중요하다. 폰던트는 결정 형성을 위해 114℃ 정도까지 젓지 않고 가열한 후 식힌다.

59 결정형 캔디에 대한 설명으로 옳은 것은?

① 결정형 캔디에는 캐러멜(caramel), 태피(taffy), 브리틀(brittle) 등이 있다.
② 기본적인 과정은 설탕의 용해 → 농축 → 결정의 단계로 이루어진다.
③ 가열 농축된 용액을 젓거나 긁지 않고 다른 용기에 붓는다.
④ 크림 형태인 것은 결정이 작은 것으로 곧 부스러지는 성질이 있다.
⑤ 찬물에 천천히 식히면 결정의 성장이 진행되지 않는다.

59 농축된 용액에 젓는 조작을 가해 결정이 형성된다. 찬물에 급속히 냉각시키면 결정의 성장이 진행되지 않고, 크림 형태인 것은 결정이 작은 것이나 부스러지는 것은 결정체가 큰 것이다.

정답 56. ① 57. ⑤ 58. ④ 59. ②

60 폰던트(fondant)에 대한 설명으로 옳은 것은?

① 퍼지, 디비니티(divinity)와 다른 종류에 속한다.
② 결정 형성 방해물질로는 레몬즙, 타르타르 크림 등이 있다.
③ 가열 농축된 용액을 젓거나 긁은 후 다른 용기에 붓는다.
④ 설탕용액을 100℃까지 가열한 후 농축시킨다.
⑤ 결정 형성을 위해 121℃ 정도까지 저으며 가열한 후 식힌다.

60 폰던트는 설탕용액을 114℃까지 가열 농축한 후 40℃로 냉각하여 캔디를 만들며, 가열 농축하거나 냉각 시에 젓지 않는다.

61 비결정형 캔디에 대한 설명으로 옳은 것은?

① 결정이 생기지 않게 하기 위해 고온 처리를 하지 않는다.
② 대부분 다량의 시럽을 사용해 결정 형성을 억제한다.
③ 모든 비결정형 캔디의 질감은 끈적끈적하다.
④ 당용액의 점성이 낮을 때 결정 형성이 어렵다.
⑤ 마시멜로는 설탕시럽과 젤라틴, 난백의 거품을 조합시킨 것이다.

61 결정이 생기지 않게 하기 위해 고온처리하며, 끈적이는 것, 질깃한 것, 견고한 것 등 다양한 질감의 캔디가 있다. 또한 당용액의 점성이 지나치게 높으면 결정 형성이 어렵고 **브리틀**은 고온으로 인한 갈색화와 소다 첨가로 인한 특이한 방향을 가지며 부석부석한 질감을 갖는다.

62 당의 종류와 특성에 대한 설명으로 옳은 것은?

① 꿀은 프럭토스의 양이 많아 설탕보다 흡습성이 약하다.
② 당 알코올에는 솔비톨, 만니톨, 자일리톨 등이 있다.
③ 올리고당은 소화효소에 의해 분해된다.
④ 설탕 시럽은 설탕에 물을 넣고 중불에서 잘 저어 준다.
⑤ 페닐케톤뇨증 환자는 아스파탐의 섭취에 주의하지 않아도 된다.

62 꿀은 설탕보다 흡습성이 강하며, **올리고당은 소화효소에 의해 분해되지 않는다.** 당 알코올에는 솔비톨, 만니톨, 자일리톨 등이 있다. 설탕 시럽을 만들 때는 설탕과 물을 1 : 1 비율로 하여야 하며, 젓지 않아야 한다. 한편, 페닐케톤뇨증 환자는 아스파탐 섭취에 주의해야 한다.

63 비결정형 캔디로 옳은 것은?

① 폰던트 ② 퍼지
③ 얼음사탕 ④ 캐러멜
⑤ 디비니티

63 **결정형 캔디**로는 폰던트, 퍼지, 얼음사탕, 디비니티 등이 있고, **비결정형 캔디**로는 캐러멜, 브리틀 등이 있다.

64 당류의 조리 특성 중 캔디 제조에서 가장 중요한 것은?

① 흡습성 ② 발효성
③ 결정성 ④ 연화성
⑤ 캐러멜화

64 당류의 조리 특성은 흡습성, 발효성, 펙틴의 젤리화, 결정성, 마이얄 반응, 캐러멜화 등이 있으며, 캔디 제조에서는 결정성이 가장 중요하다. 연화성은 유지의 조리기능성에 해당된다.

정답 60. ② 61. ⑤ 62. ② 63. ④ 64. ③

65 설탕 대신 꿀을 사용하여 케이크를 만들 때 주의할 점은?

① 액체 사용량
② 결정의 형성 여부
③ 재료를 섞는 순서
④ 케이크의 에너지
⑤ 케이크의 형태

66 보리에 대한 설명으로 옳은 것은?

① 프롤라민에 속하는 호르데닌과 글루텔린에 속하는 호르데인이 있다.
② 겉보리는 압맥이나 할맥 제조에 이용한다.
③ 맥주 제조에는 여섯줄보리를 이용한다.
④ 불용성 식이섬유인 베타글루칸이 함유되어 있다.
⑤ 보리를 발아시킨 장맥아는 식혜, 물엿 제조에 이용한다.

67 식품과 식품의 주 단백질을 연결한 것으로 옳은 것은?

① 감자 – 튜베린
② 고구마 – 이눌린
③ 토란 – 제인
④ 호밀 – 이포마인
⑤ 카사바 – 타피오카

68 옥수수 수염에 존재하는 항암물질로 옳은 것은?

① 솔라닌
② 마이신
③ 셉신
④ 이포메아마론
⑤ 호모젠티스산

69 고구마와 감자의 구성성분에 대한 설명으로 옳은 것은?

① 고구마의 수분 함량은 감자보다 높다.
② 가식부 100 g당 열량은 고구마가 감자보다 높다.
③ 고구마의 비타민 C는 감자보다 열에 약해 쉽게 파괴된다.
④ 고구마의 이포마인, 감자의 튜베린은 알부민에 속하는 단백질이다.
⑤ 고구마는 감자에 비해 당질 함량이 낮다.

65 케이크나 쿠키를 만들 때 설탕 대신 꿀을 넣고 만들면 흡습성이 강해 오랫동안 수분을 보유하여 마르지 않게 보관할 수 있어서 좋은데, 이때는 설탕을 사용할 때보다 **액체 사용량을 줄이고 낮은 온도**에서 굽도록 한다.

66 보리의 단백질인 호르데인은 프롤라민에, 호르데닌은 글루텔린에 속한다. 겉보리는 보리차, 쌀보리는 압맥이나 할맥 제조에 이용한다. 맥주 제조에는 두줄보리를 이용하고 보리의 베타글루칸은 수용성이다. 맥아(엿기름) 중 장맥아는 식혜, 물엿, 고추장 제조에, 단맥아는 맥주 제조에 이용된다. 아밀라제 활성은 장맥아가 더 높다.

67 제인은 옥수수, 이포마인은 고구마의 주 단백질이다. 이눌린은 프럭토스의 중합체로 돼지감자에 존재하며 타피오카는 카사바에서 분리한 전분이다.

68 솔라닌은 감자의 녹변 부위나 발아 부위에 존재하며, 셉신은 감자가 썩기 시작하면 생성되는 독성물질이다. 이포메아마론은 흑반병에 걸린 고구마에 생성되는 강한 쓴맛을 내는 물질이고, 호모젠티스산은 토란의 아린 맛 성분이다.

69 고구마는 감자에 비해 수분 함량이 낮고, 가식부 100 g당 열량이 더 높으며, 당질을 더 많이 함유하고 있어 단맛이 강하다. 고구마와 감자의 비타민 C는 열에 상당히 안정하다. 고구마의 이포마인, 감자의 튜베린은 글로불린에 속하는 단백질이다.

정답 65. ① 66. ⑤ 67. ① 68. ② 69. ②

육류

9

학습목표 육류의 구조와 구성성분을 이해하고, 사후경직과 연화법 및 육류의 조리원리를 파악하여 육류의 조리 및 가공에 적절하게 적용한다.

01 **근육조직 중 주로 식용으로 이용하는 것은?**

① 평활근 ② 골격근
③ 심근 ④ 관절근
⑤ 피근

02 **육색소들 중 3가의 철원자(Fe^{3+})를 가지는 것은?**

① 옥시미오글로빈 ② 환원형 미오글로빈
③ 니트로소미오글로빈 ④ 메트미오글로빈
⑤ 헤모글로빈

03 **육류의 색소에 대한 설명으로 옳은 것은?**

① 육류의 미오글로빈 함량은 돼지고기가 쇠고기보다 높다.
② 운동을 많이 한 근육일수록 붉은색이 진하다.
③ 미오글로빈이 산화되면 선홍색의 메트미오글로빈이 된다.
④ 미오글로빈은 산소화되면 갈색의 옥시미오글로빈이 된다.
⑤ 미오글로빈 분자는 가열에 의해 콜레글로빈이 된다.

04 **고기의 연한 정도에 대한 설명으로 옳은 것은?**

① 결합조직이 많은 고기가 질기다.
② 마블링 형성이 잘된 고기가 질기다.
③ 근섬유의 굵기가 가늘수록 고기가 질기다.
④ 근육에 지방이 많이 쌓인 고기가 질기다.
⑤ 어린 고기가 질기다.

01 식용 근육은 대부분 횡문근이다. 횡문근이 관절과 연결되어 있는 것이 관절근, 피부와 연결된 것이 피근, 골격과 연결된 것이 골격근이며, 이 중 **골격근을 식용으로 이용**하고 있다.

02 미오글로빈을 오랜 시간 계속해서 공기 중에 방치하면 산화되어 **메트미오글로빈**으로 되어 갈색으로 변하는데 이때 헴의 철은 Fe^{3+}로 된다.

03 미오글로빈이 산화되면 갈색의 메트미오글로빈이 되고, 숙성에 의해 산소화되면 선명한 적색의 **옥시미오글로빈**으로 변한다.

04 **결합조직이 많은 고기**는 질기고, 동물이 성장함에 따라 결합조직이 많아져 질겨진다.

정답 01. ② 02. ④ 03. ② 04. ①

05 육류의 단백질은 종류에 따라 다르나 약 15~20%이다. **근장단백질**에는 미오글로빈, 헤모글로빈 등의 색소단백질과 효소 등이 포함된다. 육류의 색은 도살 직후에는 암적색을 띠나 사후경직 후 숙성과정에서 산소가 충분히 공급되면 미오글로빈이 옥시미오글로빈으로 산소화하여 선명한 붉은색으로 변한다. 고온에서 가열하면 콜라겐이 분해되어 부드러워지나 장시간 가열하면 근육조직이 수축하여 질겨진다.

05 육류에 대한 설명으로 옳은 것은?

① 육류는 근육조직, 결합조직, 지방조직으로 구성되어 있다.
② 육류의 단백질 함량은 약 40%이다.
③ 근장단백질은 근원섬유 간에 용해되어 있는 미오신, 액틴 등을 함유한다.
④ 도살 후 근육이 절단되었을 때 처음에는 붉은색을 띠나 점차 암적색으로 변한다.
⑤ 고온에서 장시간 가열하면 젤라틴이 콜라겐으로 분해되어 부드러워진다.

06 **사후경직**이 일어나면 액토미오신이 생성되어 고기가 단단해지며 근섬유의 보수성도 크게 떨어져 이 상태에서 조리하면 육질이 부드러워지지 않는다. 몸집이 큰 동물일수록 사후경직에 소요되는 시간이 길고, 온도가 낮을수록 사후경직에 오랜 시간이 소요된다.

06 육류의 사후경직에 대한 설명으로 옳은 것은?

① 사후경직 중에 조리해야 육질이 부드럽다.
② 사후경직 중에 액토미오신은 액틴과 미오신으로 분해된다.
③ 몸집이 큰 동물일수록 사후경직에 소요되는 시간이 길다.
④ 온도가 높을수록 사후경직에 오랜 시간이 소요된다.
⑤ 사후경직 중에는 근섬유의 보수성이 증가한다.

07 **숙성 중에는 고기의 보수성이 좋아지고** 유리아미노산과 핵산분해물질 등 **맛 성분이 증가**하며 미오글로빈이 산소와 결합하여 **옥시미오글로빈**으로 변하게 된다.

07 육류의 숙성 중 일어나는 변화로 옳은 것은?

① 고기의 보수성이 낮아진다.
② 액토미오신이 분해되어 육질이 부드러워진다.
③ 유리아미노산의 함량이 감소한다.
④ IMP와 같은 핵산분해산물의 함량이 감소한다.
⑤ 육색소인 옥시미오글로빈은 메트미오글로빈으로 변한다.

08 **돼지고기를 찬물에 넣고 삶으면 속이 분홍색을 띤다.**

08 돼지고기 편육의 속이 분홍색을 띠는 이유로 옳은 것은?

① 결합조직이 많은 부위를 사용했기 때문이다.
② 토마토를 넣고 삶았기 때문이다.
③ 찬물에 넣고 삶기 시작했기 때문이다.
④ 삶은 후 실온에 보관했기 때문이다.
⑤ 너무 오래 삶았기 때문이다.

09 **브로멜린, 파파인, 피신, 액티니딘은 연육 효소이다.**

09 육류의 숙성에 관여하는 효소로 옳은 것은?

① 브로멜린　② 파파인
③ 피신　④ 카텝신
⑤ 액티니딘

정답 05. ① 06. ③ 07. ② 08. ③ 09. ④

10 육류를 연화시키는 방법으로 옳은 것은?

① 생파인애플즙에 재워 놓는다.
② 식초를 첨가하여 pH를 5~6 정도로 맞춘다.
③ 10%의 소금을 뿌려 둔다.
④ 끓여서 식힌 배즙에 재워 놓는다.
⑤ 배즙의 파파인 성분을 이용한다.

11 고기의 연화방법으로 옳은 것은?

① 1.3~1.5%의 식염은 단백질의 수화력을 감소시킨다.
② pH 4~5에서는 고기가 수축하여 연화되지 않는다.
③ 기계적 방법으로 근섬유를 짧게 잘라 주면 부드러워진다.
④ 연육 효소의 활성은 실온에서 가장 높다.
⑤ 다량의 설탕을 첨가한다.

12 육류의 가열조리에 대한 설명으로 옳은 것은?

① 물을 넣고 가열하면 젤라틴이 콜라겐으로 변한다.
② 육즙이 생성되고 중량은 변하지 않는다.
③ 미오글로빈은 적갈색의 변성된 글로빈 헤미크롬으로 된다.
④ 유리아미노산, 핵산분해물질이 생성되어 맛이 좋아진다.
⑤ 근육 단백질이 열변성에 의해 분해된다.

13 육류의 조리법에 대한 설명으로 옳은 것은?

① 편육은 고기를 찬물에 넣어 끓여야 맛이 좋다.
② 장조림은 처음부터 고기와 간장, 설탕을 함께 넣고 조려야 부드럽다.
③ 육수를 만들 때는 고기를 끓는 물에 넣고 끓인다.
④ 고기는 약한 불에서 오래 구워야 육즙 손실이 방지된다.
⑤ 돼지고기를 삶을 때, 생강은 고기가 익은 후에 넣어야 냄새 제거 효과가 좋다.

14 햄버거 패티를 만들 때 식염 첨가의 결과로 일어나는 현상은?

① 액틴이 용출된다.
② 액토미오신이 용출된다.
③ 미오신이 용출된다.
④ 미오겐이 용출된다.
⑤ 트로포미오신이 용출된다.

10
① **생파인애플즙에는 단백질 분해효소인 브로멜린(bromelin)**이 들어 있어 고기를 연하게 해 준다. 가열한 파인애플즙은 브로멜린이 불활성화되어 연화효과를 내지 못한다.
② **pH가 5~6 정도 되면 등전점이 되어 고기가 단단해진다.**
③ **고기에 소량의 소금(1.3~1.5%)을 첨가하면 육질이 부드러워지나** 과량의 소금을 첨가하면 탈수작용에 의해 육질이 질겨진다.
④ 배즙의 단백질 분해효소는 가열에 의해 활성을 잃는다.
⑤ **파파인은 파파야의 연육 효소**이다.

11 **1.3~1.5%의 식염**은 단백질의 수화력을 증가시킨다. **근육단백질의 등전점(pH 5~6)**보다 낮으면 수화력이 증가하여 육질이 연화되며 **연육 효소는 60~70℃에서 잘 작용**한다. **과량의 설탕은 탈수작용**을 일으켜 육질이 질겨진다.

12 **물을 넣고 가열하면 콜라겐은 젤라틴화**하여 연해진다. 또한 육즙이 손실되어 중량이 감소하고 근육 단백질은 열변성에 의해 수축이 일어나 질겨진다. 미오글로빈은 단백질인 글로빈이 변성되면서 갈색을 띠게 된다.

13 **편육은 끓는 물에 넣어야 고기의 맛을 보유**할 수 있으며, 고기를 조릴 때 **간장과 설탕을 처음부터 넣고 끓이면** 삼투압으로 인해 고기의 수분이 빠져나오면서 **질겨진다.** 또한 **고기는 강한 불에서 굽기 시작**하면 단백질의 변성이 일어나 육즙의 손실을 막을 수 있다.

14 고기는 도살하면 사후경직이 발생하는데, 이후 **식염을 첨가하면** 염에 의해 **액토미오신이 용출**된다.

정답 10. ① 11. ③ 12. ④ 13. ⑤ 14. ②

15 쇠고기 편육의 조리에 대한 설명으로 옳은 것은?

① 양지머리, 안심, 사태와 같이 결합조직이 적은 부위를 사용한다.
② 삶은 고기를 뜨거울 때 눌러야 겔이 졸로 변하여 모양이 잘 유지된다.
③ 생강은 처음부터 고기와 함께 넣고 끓여야 냄새가 잘 제거된다.
④ 물이 끓을 때 고기를 넣어 육즙이 빠져나오지 않도록 한다.
⑤ 편육은 근섬유의 길이 방향과 평행하게 썰어야 부드럽다.

15 편육은 뜨거울 때 눌러야 졸이 겔로 변하고 생강은 편육이 거의 익은 다음에 넣어야 냄새 제거 효과가 있다. **편육은 결합조직이 많은 부위를 사용하며 근섬유 방향과 직각으로 썰어야 부드럽다.**

16 육수의 조리에 대한 설명으로 옳은 것은?

① 고기의 표면적이 넓을수록 수용성 맛 성분의 용출량이 적다.
② 고기는 뜨거운 물에 넣고 끓이면 수용성 맛 성분이 잘 우러난다.
③ 중불에서 장시간 끓여야 수용성 맛 성분이 충분히 용출된다.
④ 처음부터 고기와 소량의 소금을 함께 넣고 끓이면 단백질의 용해가 감소한다.
⑤ 고기는 찬물에 넣고 끓이면 수용성 맛 성분이 잘 우러나지 않는다.

16 **육수는 처음부터 찬물에 소량의 소금과 고기를 함께 넣고 끓이면 단백질의 용해를 도와 육수의 맛이 좋아지며** 고기의 표면적이 넓을수록 맛 성분의 용출량이 많아진다.

17 국을 끓일 때 쇠고기를 찬물에 넣고 끓이는 이유로 옳은 것은?

① 맑은 국물이 만들어지기 때문이다.
② 쇠고기의 맛 성분이 국물에 충분히 용출되기 때문이다.
③ 국물에 수용성 젤라틴이 유출되기 때문이다.
④ 쇠고기의 독특한 냄새가 제거되기 때문이다.
⑤ 쇠고기에 삼투압 현상이 일어나는 것이 억제되기 때문이다.

17 국을 끓일 때 **찬물에 쇠고기를 넣고 끓이면 쇠고기의 맛 성분이 국물에 충분히 용출된다.**

18 건열조리에 적합한 고기 부위로 옳은 것은?

① 사태 ② 등심
③ 양지 ④ 꼬리
⑤ 도가니

18 사태, 양지, 도가니, 꼬리는 습열조리에 적합하다.

19 키위에 함유된 연육 효소로 옳은 것은?

① 피신 ② 파파인
③ 브로멜린 ④ 액티니딘
⑤ 카텝신

19 파파인은 파파야, 피신은 무화과, 브로멜린은 파인애플에 함유된 연육 효소이다.

정답 15. ④ 16. ③ 17. ② 18. ② 19. ④

20 **장조림의 조리에 대한 설명으로 옳은 것은?**

① 장조림은 주로 안심 부위를 이용한다.
② 장조림은 맛 증진을 위해 간장과 설탕을 함께 넣고 조리한다.
③ 장조림의 염도는 소고기 채소 볶음 요리보다 높다.
④ 근육조직이 많은 부위가 조리에 적합하다.
⑤ 단백질이 응고된 후 간장을 넣어야 질겨지지 않는다.

20 **장조림용에는 홍두깨살, 우둔육, 대접살 등 비교적 결합조직이 많은 부위가 적합하다.** 장조림의 적정 염도는 1%, 소고기 채소 볶음 요리는 1.5%이다.

21 **육류의 단백질에 대한 설명으로 옳은 것은?**

① 근장단백질은 근원섬유단백질과 결합조직단백질로 구성되어 있다.
② 근원섬유단백질은 미오신, 액틴, 엘라스틴으로 이루어져 있다.
③ 근장단백질에는 미오글로빈, 헤모글로빈 등이 있다.
④ 근장단백질은 염용성, 근원섬유단백질은 불용성이다.
⑤ 콜라겐은 근원섬유단백질에 속한다.

21 **근원섬유단백질**은 액틴, 미오신, 트로포미오신으로 이루어져 있다. **근장단백질은 수용성, 근원섬유단백질은 염용성, 육기질(결합조직)단백질은 불용성**이다.

22 **닭 조리에 대한 설명으로 옳은 것은?**

① 살모넬라 등의 미생물에 감염되기 쉬우므로 완전히 익혀 먹어야 한다.
② 냉동된 닭을 조리할 때 뼈가 검게 변하는 것은 맛에 영향을 준다.
③ 지방의 융점이 높아 식은 후에 먹어도 입안의 촉감이 좋다.
④ 냉동 닭은 해동 후에 조리하면 뼈의 변색을 줄일 수 있다.
⑤ 어린 조육류는 습열조리가 적합하다.

22 **뼈의 색이 변하는** 것은 냉동과 해동에 의해 **골수가 파괴**되었기 때문으로 **맛에는 영향을 주지 않는다. 냉동 닭은 해동하지 않고 조리**해야 뼈의 변색을 줄일 수 있다.

23 **닭고기를 냉동 저장하는 방법으로 옳은 것은?**

① 통째로 씻지 않고 냉동한다.
② 통째로 깨끗이 씻어 냉동한다.
③ 내장은 제거하고 씻지 않고 냉동한다.
④ 내장은 빼내어 깨끗이 씻은 후 닭고기 속에 다시 넣어 냉동한다.
⑤ 내장은 빼내고 닭고기 속을 깨끗이 씻은 후 분리하여 냉동한다.

23 **닭고기를 냉동할 때는 내장을 제거**하여야 하며 식용하기 위한 내장은 따로 포장하여 냉동저장한다.

24 **냉동된 닭을 해동하는 방법으로 가장 옳은 것은?**

① 뜨거운 물로 해동시킨다.
② 냉동실에서 꺼내어 상온에서 해동시킨다.
③ 냉장실 아래 칸에서 하루 정도 서서히 해동시킨다.
④ 포장봉지에서 꺼내어 그대로 수돗물에 담가 서서히 해동시킨다.
⑤ 전자레인지를 이용하여 해동시킨다.

24 **급히 해동시킬 경우 비닐봉지에 잘 넣어서 흐르는 찬물에 담가 해동시킨다.** 상온에 오래 두거나, 전자레인지로 오래 해동시키면 세균 번식의 위험성이 높다.

정답 20. ⑤ 21. ③ 22. ① 23. ⑤ 24. ③

25 **결합조직에 가장 많이 존재하는 단백질은 콜라겐**이며 엘라스틴은 고무와 같은 탄성을 가진다. **콜라겐은 3개의 폴리펩타이드사슬이 삼중 나선구조**를 형성한다.

26 **리신 0.57%**, 티로신 0.22%, 메티오닌 0.14%, 시스틴 0.01%, 트립토판 0.01% 정도 함유되어 있다.

27 육류는 도축 후 **사후경직**이 일어나는데, 이때 **혐기적 해당작용이 일어나고 근육의 pH는 낮아지며** 보수성이 크게 감소한다. 또한 액토미오신이 형성되어 고기가 단단해진다.

28 **훈연 시** 가열로 인해 육류의 수분이 감소되어 **수분활성도가 낮아진다.**

29 헤모글로빈은 혈액의 붉은색을 나타내는 색소이며, **근육의 붉은색은 대부분 미오글로빈에 의해 나타난다.**

정답 25. ① 26. ④ 27. ① 28. ③ 29. ④

25 결합조직을 구성하는 단백질에 대한 설명으로 옳은 것은?

① 콜라겐, 엘라스틴, 레티큘린은 결합조직을 구성하는 단백질이다.
② 결합조직에 가장 많이 함유된 단백질은 엘라스틴이다.
③ 레티큘린은 고무와 같은 탄성을 갖는 단백질이다.
④ 콜라겐은 물을 넣지 않고 65℃ 이상 가열하면 젤라틴으로 변한다.
⑤ 콜라겐은 2개의 폴리펩타이드사슬이 나선구조를 형성하고 있다.

26 쇠고기에 가장 많이 함유된 필수 아미노산은?

① 메티오닌 ② 시스틴
③ 트립토판 ④ 리신
⑤ 티로신

27 육류의 사후경직 시 일어나는 현상으로 옳은 것은?

① 혐기적 해당작용이 일어난다.
② 글루카곤이 젖산으로 분해된다.
③ 근육의 pH가 높아진다.
④ 보수성이 낮아지고 연해진다.
⑤ 액토미오신이 감소된다.

28 훈연의 효과로 옳은 것은?

① 육질의 변화는 일어나지 않는다.
② 미생물의 증식이 활발해진다.
③ 훈연 특유의 맛과 향을 갖게 된다.
④ 수분활성도가 높아진다.
⑤ 항산화력을 잃는다.

29 쇠고기의 붉은색을 나타내는 주된 색소는?

① 헤모글로빈 ② 안토시아닌
③ 카로티노이드 ④ 미오글로빈
⑤ 아스타잔틴

30 조리방법에 따른 쇠고기의 부위 선택으로 옳은 것은?

① 찜 – 등심, 안심
② 국, 곰탕 – 안심, 갈비
③ 스테이크 – 등심, 양지
④ 장조림 – 홍두깨살, 우둔살
⑤ 구이, 볶음 – 사태, 도가니

30 **질긴 부위는 습열 조리에 적당하며, 연한 부위는 건열 조리에 이용된다.**
① 찜 – 양지, 사태
② 국, 곰탕 – 갈비, 앞다리, 양지, 사태
③ 스테이크 – 안심, 등심, 채끝
④ 장조림 – 홍두깨살, 우둔살
⑤ 구이, 볶음 – 목심, 갈비

31 고기의 수용성 단백질, 지방, 무기질, 엑기스분 등을 최대한으로 섭취할 수 있는 조리법은?

① 찜
② 탕
③ 조림
④ 구이
⑤ 볶음

31 **탕을 끓이는 동안에 수용성 단백질, 지방, 무기질, 엑기스분 등이 국물에 용출**되어 맛을 내므로 최대한으로 섭취할 수 있다.

32 편육을 끓는 물에 삶아 내는 이유는?

① 고기 냄새를 없애기 위해서
② 고기 모양을 보존하기 위해서
③ 지방 용출을 적게 하기 위해서
④ 육질을 단단하게 하기 위해서
⑤ 국물에 맛 성분이 용출되지 않게 하기 위해

32 **편육은** 찬물에서 서서히 익히면 익는 동안 근육 내의 수용성 물질의 손실이 크다. 맛 성분은 수용성 물질로, 물에 추출되어 나오면 편육이 맛이 없어지므로 **끓는 물에 삶아야 단백질 변성으로 육추출물의 손실이 방지된다.**

33 미오글로빈의 함량이 가장 높은 고기의 종류는?

① 쇠고기
② 닭고기
③ 오리고기
④ 송아지고기
⑤ 돼지고기

33 **미오글로빈**은 근육의 적색 색소로 **말고기, 쇠고기 등 적색이 짙은 고기에 많이 함유**되어 있으며, 돼지고기, 송아지고기, 닭고기, 오리고기에는 비교적 적게 함유되어 있다.

34 돼지고기 찜에 토마토를 넣어 음식을 만들고자 할 때 토마토를 넣는 시기로 옳은 것은?

① 돼지고기를 미리 토마토와 섞은 후 가열 조리한다.
② 돼지고기와 토마토를 동시에 넣어서 끓인다.
③ 돼지고기 찜을 한 후 식탁에서 토마토를 넣어 먹는다.
④ 완전히 조리된 후 먹기 직전에 토마토를 섞는다.
⑤ 돼지고기를 먼저 가열하여 단백질이 응고된 다음에 토마토를 넣는다.

34 토마토를 사용한 돼지고기 찜을 만들 경우에는, **돼지고기의 단백질이 응고된 후에 토마토를 넣어 조리**한다. 처음부터 토마토를 넣어 함께 조리하면 단백질이 토마토의 색소인 리코펜과 흡착/결합하여 불쾌한 붉은색을 띠기 때문이다.

정답 30. ④ 31. ② 32. ⑤ 33. ① 34. ⑤

35 닭은 냉동, 해동 과정에서 뼈 골수의 적혈구가 파괴되어 가열 조리 시 짙은 갈색으로 변색된다.

35 닭을 가열 조리하였더니 닭 뼈가 짙은 갈색으로 변하였다. 그 이유로 옳은 것은?

① 병에 걸린 닭이기 때문이다.
② 나이가 많아 운동량이 많은 닭이기 때문이다.
③ 냉동되었던 닭이기 때문이다.
④ 자기소화과정의 닭이기 때문이다.
⑤ 어린 닭이기 때문이다.

36 **스터핑**이란 달걀, 닭고기, 생선, 채소, 버섯 등의 다른 재료를 내부에 채워 넣는 것으로 스터핑을 한다고 해서 조리 시간이 단축되지는 않는다. **로스팅은 일반적으로 163℃에서 조리**하며, 5~7주 정도 되거나 적어도 **1년 미만의 어린 닭을 사용**한다. 닭은 부위별로 육질의 특성이 다르므로 익는 정도도 다르다.

36 치킨 로스팅에 대한 설명으로 옳은 것은?

① 스터핑을 하면 조리 시간이 단축된다.
② 1년 미만의 어린 닭을 사용한다.
③ 오븐의 온도는 100℃가 적당하다.
④ 익는 정도는 닭의 부위에 따른 차이가 없다.
⑤ 허벅지 근육 속의 온도가 50℃가 될 때까지 익힌다.

37 콜라겐은 결합조직에 가장 많이 존재하며, 3개의 폴리펩타이드사슬이 합쳐진 트로포콜라겐 형태로 이루어져 있다. 콜라겐에 가장 많이 존재하는 아미노산은 글리신이며, 섬유상 단백질이다.

37 육류 단백질인 콜라겐에 대한 설명으로 옳은 것은?

① 콜라겐은 결합조직에 가장 소량 존재하는 단백질이다.
② 콜라겐은 물을 넣고 65℃ 이상 가열하면 수용성 젤라틴으로 변한다.
③ 콜라겐은 두 개의 폴리펩타이드사슬이 합쳐진 트로포콜라겐으로 이루어져 있다.
④ 콜라겐에 가장 많이 존재하는 아미노산은 프롤린이다.
⑤ 콜라겐은 구상 단백질이다.

38 파파야에는 파파인, 무화과에는 피신, 키위에는 액티니딘이 연육 효소로 함유되어 있다. 육류는 카텝신에 의해 자가소화가 이루어져 육질의 연화가 일어난다.

38 식품과 식품에 존재하는 연육 효소를 연결한 것으로 옳은 것은?

① 파인애플 – 브로멜린 ② 파파야 – 피신
③ 무화과 – 파파인 ④ 키위 – 카텝신
⑤ 배 – 액티니딘

정답 35. ③ 36. ② 37. ② 38. ①

어패류 10

학습목표 어패류의 종류와 구성성분 및 영양가를 이해하고, 신선도와 어취 제거방법을 파악하여 어패류 조리에 활용한다.

01 **홍어, 가오리의 신선도 저하 시 강한 냄새를 내는 물질로 옳은 것은?**

① IMP
② TMAO(trimethylamine oxide)
③ 호박산(succinic acid)
④ 암모니아
⑤ AMP

02 **어패류와 주된 맛 성분을 연결한 것으로 옳은 것은?**

① 조개류 – 호박산(숙신산)
② 문어 – 히스티딘
③ 가다랑어 – 베타인
④ 연어 – 트리메틸아민 옥시드
⑤ 고등어 – 글루탐산

03 **생선이 가장 맛있는 시기는?**

① 산란기 전
② 산란기 후
③ 산란기
④ 산란기 전후 생태기
⑤ 회유기

04 **어류의 부패를 측정하는 방법으로 옳은 것은?**

① 트리프로필아민 함량 측정
② 히스티딘 함량 측정
③ 휘발성 이산화탄소 함량 측정
④ ADP 분해생성물 측정
⑤ 수소이온 농도 측정

01 홍어, 가오리는 신선도가 떨어지면 요소가 효소에 의해 분해되어 암모니아를 생성하여 강한 암모니아 냄새를 낸다.

02 조개류는 호박산, 오징어나 문어는 타우린, 가다랑어는 5′-IMP, 해수어는 유리아미노산, 뉴클레오티드 및 관련 물질 등이 맛 성분이다.

03 회유(migration)란 환경의 변화와 먹이, 번식 등 생활의 편리를 위해 생활 장소를 이동하는 것을 말한다.

04 어류의 부패를 측정하는 방법으로는 관능적 방법, 휘발성 염기질소 함량 측정, 트리메틸아민(TMA) 함량 측정, 히스타민 함량, pH의 변화, ATP 분해생성물의 측정, 세균 수 측정 등이 있다.

정답 01. ④ 02. ① 03. ① 04. ⑤

05 생선은 청주나 맛술을 이용하면 **알코올에 의해 비린내 성분이 같이 휘발**되어 어취가 감소한다. 산을 첨가하면 트리메틸아민과 결합하여 중화되어 어취가 제거된다.

05 청주나 맛술을 사용하면 생선 비린내가 제거되는 이유로 옳은 것은?

① 비린내 성분인 트리메틸아민이 알코올과 결합하여 중화되기 때문이다.
② 알코올이 비린내 성분을 흡착하기 때문이다.
③ 알코올이 휘발할 때 비린내 성분이 함께 휘발되기 때문이다.
④ 알코올이 미각을 둔화시키기 때문이다.
⑤ 알코올이 후각을 둔화시키기 때문이다.

06 **해감할 때는 2% 소금물을 사용**한다. 바닷물의 소금 농도가 3%이므로 바닷물보다 높은 농도의 소금물을 이용하면 조갯살이 탈수되어 질겨진다.

06 조개류 해감에 적합한 소금물의 농도로 옳은 것은?

① 2% ② 4%
③ 6% ④ 8%
⑤ 10%

07 **식초**는 생선의 비린내 성분인 트리메틸아민을 중화시키며, **pH를 낮추어 생선살을 단단하게 만든다.**

07 생선의 비린내를 감소시키고 생선살을 단단하게 하는 데 사용되는 조미료는?

① 설탕 ② 소금
③ 식초 ④ 간장
⑤ 겨자

08 **어획 전 운동량이 많은 생선**은 적은 것에 비해 사후경직이 빠르고 지속시간도 짧다. **붉은 살 생선**은 흰 살 생선보다 **사후경직이 빠르고 지속시간도 짧다.** 어획 후 바로 냉동하지 않고 **실온에 오래 방치할수록 사후경직이 빠르다.**

08 생선의 사후경직에 대한 설명으로 옳은 것은?

① 운동량이 적은 생선은 운동량이 많은 생선에 비해 사후경직의 지속시간이 짧다.
② 붉은 살 생선은 흰 살 생선보다 사후경직의 지속시간이 길다.
③ 어획 후 바로 냉동한 생선은 사후경직이 빠르다.
④ 운동량이 적은 생선은 운동량이 많은 생선에 비해 사후경직이 빠르다.
⑤ 붉은 살 생선은 흰 살 생선보다 사후경직이 빠르다.

09 **어육에 2%의 소금을 넣고 갈아서 만들어진 고기풀을 가열하여 겔화한 것이 어묵이다.**

09 어묵의 제조에 대한 설명으로 옳은 것은?

① 생선의 단백질을 농축한 것이다.
② 생선의 단백질을 산에 의해 변성시킨 것이다.
③ 생선에 소금을 넣어 만들어진 고기풀의 겔화를 이용한 것이다.
④ 생선과 젤라틴을 결합하여 가열한 것이다.
⑤ 생선의 단백질을 냉동처리에 의해 변성시킨 것이다.

정답 05. ③ 06. ① 07. ③ 08. ⑤ 09. ③

10. 생선 조리 시 껍질이 수축되거나 살이 굽어지는 이유로 옳은 것은?

① 단백질이 응고되기 때문이다.
② 콜라겐이 수축하기 때문이다.
③ 지방이 용해되기 때문이다.
④ 액토미오신이 형성되기 때문이다.
⑤ 콜라겐이 젤라틴으로 변하기 때문이다.

10 생오징어를 삶으면 말리는 것도 **콜라겐이 수축**하기 때문이다.

11 생선 소금구이에 적합한 소금의 농도로 옳은 것은?

① 2% ② 5%
③ 10% ④ 15%
⑤ 20%

11 **소금 농도가 2%를 넘으면 미오신과 액틴이 용출**되고 서로 결합하여 졸이 되고 냉각되거나 가열하면 겔을 형성한다.

12 생선을 가열할 때 석쇠나 프라이팬에 달라붙는 열응착성에 관여하는 물질로 옳은 것은?

① 미오신 ② 미오겐
③ 액틴 ④ 액토미오신
⑤ 트로포미오신

12 **열응착성은 미오겐 단백질 사슬**의 결합이 끊어지고 펩타이드사슬이 흩어져서 생성된 **활성기가 금속면과 닿아 반응을 일으키기 때문에 일어난다.**

13 생선 육질이 쇠고기 육질보다 연한 이유는?

① 히스티딘의 함량이 낮기 때문이다.
② 콜라겐과 엘라스틴의 함량이 낮기 때문이다.
③ 불포화지방산의 함량이 높기 때문이다.
④ 탄수화물의 함량이 낮기 때문이다.
⑤ 미오신의 함량이 낮기 때문이다.

13 **생선은 육류에 비해 결합조직인 콜라겐과 엘라스틴의 함량이 낮아 연하다.**

14 생선의 신선도를 화학적으로 측정하는 데 이용되는 물질로 옳은 것은?

① 휘발성 산화물질 ② 유기산
③ 페닐화합물 ④ 휘발성 염기질소
⑤ 함황물질

14 생선의 신선도를 화학적으로 측정하는 방법으로는 **암모니아, 트리메틸아민, 휘발성 염기질소, 인돌, 휘발성 유기산, 휘발성 환원물질, 히스타민 측정법** 등이 있다.

정답 10. ② 11. ① 12. ② 13. ② 14. ④

15 어류는 사후경직 후 **자기소화가 일어나면서 선도가 저하**하고 미생물이 번식하여 **부패하게 된다. 어류 변질 시, 트리메틸아민옥시드(TMAO)는 트리메틸아민(TMA)으로,** 붉은 살 생선에 많은 **히스티딘은 히스타민으로 된다.**

15 어류의 변질에 대한 설명으로 옳은 것은?

① 생선의 미오글로빈이 세균의 작용으로 분해된다.
② 사후경직 후 자기소화가 일어난다.
③ 근육이 뼈에서 쉽게 분리되지 않는다.
④ 트리메틸아민이 트리메틸아민옥시드로 되었다.
⑤ 붉은 살 생선에 많은 히스타민이 히스티딘으로 되었다.

16 **생강은 어육 단백질이 열 변성된 후에 넣어야** 어취 제거에 효과적이다.

16 생선의 비린내 제거를 위해 생선이 익은 후에 넣는 것이 효과적인 향신료로 옳은 것은?

① 겨자
② 생강
③ 고추냉이
④ 후추
⑤ 고추

17 **신선한 생선**은 어체의 외형이 확실해야 하고 **손으로 눌렀을 때 탄력이 있고 피부와 윤택 있는 비늘이 밀착되어** 있으며, 눈이 싱싱하고 안으로 들어가 있지 않아야 한다. **아가미는 선홍색**이고, 내장은 밖으로 나와 있지 않으며 생선 특유의 취기를 갖는 것이 신선한 생선이다.

17 신선한 생선 감별법으로 옳은 것은?

① 내장이 약간 나와 있어야 한다.
② 복부가 탄력성이 있어 팽팽해야 한다.
③ 아가미가 회색이며 냄새가 없어야 한다.
④ 윤택이 없는 비닐이 고르게 밀착되어 있어야 한다.
⑤ 눈알이 불투명하면서 안으로 들어가 있어야 한다.

18 **어패류**는 육류에 비해 몸집이 작아 **저장된 글리코겐이 적어 사후경직의 시작이 빠르고 지속시간도 짧다.**

18 어패류가 육류에 비해 사후경직의 시작이 빠르고 지속시간이 짧은 이유로 옳은 것은?

① 결합조직이 적기 때문이다.
② 저장된 글리코겐 양이 적기 때문이다.
③ 근섬유 길이가 짧기 때문이다.
④ 수분 함량이 높기 때문이다.
⑤ 지방 함량이 높기 때문이다.

19 새우나 게의 껍데기에 존재하는 **아스타잔틴은 가열하면 분홍색의 아스타신으로 변화**한다. 오모크롬은 오징어와 낙지의 표피색소이며 트립토판으로부터 합성된다.

19 새우, 게의 껍데기에 존재하는 색소로 옳은 것은?

① 미오글로빈
② 카로틴
③ 멜라닌
④ 아스타잔틴
⑤ 오모크롬

정답 15. ② 16. ② 17. ② 18. ② 19. ④

난류 11

학습목표 조리에서 달걀의 구조와 성분을 이해하고, 달걀의 품질판정과 조리원리를 파악하여 조리 및 저장에 활용한다.

01 달걀에 대한 설명으로 옳은 것은?

① 단백가, 생물가가 낮은 식품이다.
② 난백은 난황보다 콜레스테롤 함량이 높다.
③ 난황에는 레시틴이 존재하므로 유화제로 작용할 수 있다.
④ 난백에는 지질이 1% 정도 함유되어 있다.
⑤ 아르기닌, 리신이 영양적으로 부족하다.

01 난백에는 **가식부 기준 0.1% 지질**이 함유되어 있고 껍데기 포함 전체 기준으로는 0.03% 함유되어 있다. **콜레스테롤은 난황**에 많으며 난백에는 거의 함유되어 있지 않다.

02 신선한 달걀에 대한 설명으로 옳은 것은?

① 껍데기가 까칠까칠하다.
② 난황이 팽창되어 있다.
③ 농후난백이 적다.
④ 공기집(기실)이 크다.
⑤ pH가 높아진다.

02 **신선한 달걀의 표면이 까칠까칠**한 것은 난각의 큐티클 때문이다. **오래된 달걀은 수양난백(묽은난백)이 많아지고** 수분의 증발로 **공기집이 커지며**, 탄산가스의 증발로 **pH가 상승**한다. 난황은 난백 속의 수분이 난황막을 통해 침투되어(냉장온도에서 하루에 5 mg 정도의 수분이 침투) **난황이 팽창**된다.

03 노후란의 공기집(기실)이 커지는 이유는?

① 수양난백이 늘어나기 때문이다.
② 수분이 난백에서 난황으로 이동되기 때문이다.
③ 수분이 난각을 통해 발산되기 때문이다.
④ 호흡으로 인해 탄산가스가 생성되기 때문이다.
⑤ 난백의 pH가 올라가기 때문이다.

03 달걀의 껍데기는 다공성으로 되어 있어서 내부의 수분이나 탄산가스가 밖으로 증발되는데 **달걀의 수분 함량이 감소된 만큼 두 개의 난각막 사이에 있는 공기집에 공기가 들어가 공기집이 커진다.**

04 달걀의 구조에 대한 설명으로 옳은 것은?

① 사료 중 칼슘이 풍부하면 난각이 쉽게 부서진다.
② 알끈은 농후난백이 묽어지는 것을 막아준다.
③ 겉껍데기의 색에 따라 영양가에 차이가 있다.
④ 신선한 달걀은 겉껍질이 매끈하다.
⑤ 공기집(기실)의 크기는 신선도를 판정하는 중요한 요소이다.

04 **알끈은 노른자의 위치를 고정하는 역할**을 하며 **겉껍질의 색은 영양과 관련이 없다. 신선란의 겉껍질은** 큐티클층 때문에 **까칠까칠하다.**

정답 01. ③ 02. ① 03. ③ 04. ⑤

05 난황의 50% 정도가 수분이며 **단백질이 약 15%, 지질이 약 23.5% 함유**되어 있다. 난황의 **pH는 산성이며, 난황은 전란의 20~25%를 차지**한다.

06 **오보뮤코이드와 오보뮤신**은 다당류와 결합한 **당단백질**이다. 난백단백질 중 가장 많은 것은 오브알부민이고 리소자임은 용균능력이 있다.

07 **난백의 90% 정도가 수분이며 난백은 달걀의 60% 정도**를 차지한다. 난백에는 농후난백(된난백)과 수양난백(묽은난백)이 있으며 **저장하면 수양난백의 비율이 증가**한다.

08 **신선한 난백**일수록 기포 형성이 어렵지만 기포의 안정성은 증가한다. **설탕**을 첨가하면 기포 형성은 어렵지만 거품을 형성시킨 후 설탕을 서서히 첨가하면 안정성이 높은 기포를 얻을 수 있다. **기름**은 난백의 기포 형성을 방해하고 안정성을 저하시키며, **레몬즙**을 첨가하여 오브알부민의 등전점 근처가 되면 기포가 잘 형성되고 안정성이 증가한다.

09 **오보글로불린은 기포 형성에, 오보뮤신은 기포 안정성에 영향을 준다.**

정답 05. ④ 06. ④ 07. ③ 08. ① 09. ①

05 난황에 대한 설명으로 옳은 것은?

① 고형분 중 지질이 30%, 단백질이 65%를 차지한다.
② 난황의 중량은 전란의 50%를 차지한다.
③ 신선한 난황의 pH는 약알칼리성이다.
④ 난황의 노란색은 루테인과 지아잔틴에 의한다.
⑤ 난황에는 당지질인 세팔린이 미량 함유되어 있다.

06 난백의 단백질에 대한 설명으로 옳은 것은?

① 아비딘은 비오틴의 흡수를 촉진한다.
② 난백단백질 중 가장 적은 것은 오브알부민이다.
③ 리소자임은 용균능력이 없다.
④ 난백의 기포 안정성에 관여하는 것은 오보뮤신이다.
⑤ 오보뮤코이드는 내열성의 인단백질이다.

07 난백에 대한 설명으로 옳은 것은?

① 난백은 60% 정도의 수분을 함유하고 있다.
② 난백은 달걀의 40% 정도를 차지한다.
③ 난백은 리보플라빈에 의해 약간 담황색을 띤다.
④ 난백은 점도가 높은 수양난백과 점도가 낮은 농후난백으로 구성된다.
⑤ 달걀을 저장하면 농후난백의 비율이 증가한다.

08 난백의 기포 형성에 대한 설명으로 옳은 것은?

① 난백에 레몬즙을 첨가하면 기포가 잘 형성된다.
② 수양난백이 많을수록 기포 형성이 어렵다.
③ 난백은 20℃ 정도에서 기포가 가장 잘 형성된다.
④ 난백에 기름을 첨가하면 기포가 잘 형성된다.
⑤ 난백에 설탕을 첨가하면 기포가 잘 형성된다.

09 난백의 기포가 형성되는 데 가장 큰 영향을 주는 단백질은?

① 오보글로불린 ② 콘알부민
③ 오보뮤코이드 ④ 오브알부민
⑤ 리소자임

10 **날로 먹는 것보다 익혀서 먹을 때 난백의 소화성이 향상되는 이유로 가장 옳은 것은?**

① 오브알부민이 가열 변성되기 때문이다.
② 아비딘이 가열 변성되기 때문이다.
③ 리소자임이 가열 변성되기 때문이다.
④ 오보뮤신이 가열 변성되기 때문이다.
⑤ 오보뮤코이드가 가열 변성되기 때문이다.

10 **오보뮤코이드**는 췌장액 중에 존재하는 **트립신의 작용을 억제**하는 기능이 있는데, 가열 시 변성되어 그 기능을 상실하기 때문에 소화성이 향상된다.

11 **달걀 단백질 중 비오틴의 흡수를 방해하는 성분은?**

① 오보글로불린 ② 콘알부민
③ 오브알부민 ④ 아비딘
⑤ 리소자임

11 **아비딘은 비오틴에 대한 항비타민 작용**을 하며 가열하면 불활성화된다.

12 **달걀의 열 응고성에 대한 설명으로 옳은 것은?**

① 달걀은 낮은 온도에서 삶을수록 빨리 응고된다.
② 달걀은 높은 온도에서 삶을수록 응고물이 단단하다.
③ 소금은 달걀의 응고를 방해한다.
④ 설탕은 달걀의 응고를 촉진한다.
⑤ 산은 달걀의 응고를 방해한다.

12 **달걀의 응고는 소금, 우유, 산을 첨가하면 촉진되고 설탕은 방해한다.** 염(Na^+, Ca^{2+})이 달걀의 응고를 돕기 때문에 달걀에 소금이나 우유를 첨가하면 응고가 빠르다. 한편 산을 첨가하여 오브알부민 등전점(pH 4.8) 부근으로 이동하면 응고가 잘 일어난다.

13 **완숙 달걀의 난황 주위가 암녹색으로 변색되는 것에 대한 설명으로 옳은 것은?**

① 난백의 황과 난황의 철이 결합하여 황화철(FeS)을 형성한 것이다.
② 신선도가 높을수록 변색이 더 잘 일어난다.
③ 100℃의 끓는 물에서 15분 이상 삶으면 변색을 방지할 수 있다.
④ 삶는 시간을 15분 이내로 하고 삶은 직후 상온에서 식히면 변색을 방지할 수 있다.
⑤ 노후난일수록 변색이 되지 않는다.

13 **달걀의 변색**은 지나친 가열로 **난백에서 생성된 황화수소가 난황으로 이동하여 난황의 철과 결합하여 불용성 황화제일철(FeS)을 생성하기 때문**에 일어난다. 신선한 달걀을 선택하여 오랜 시간 가열하지 않고, 삶은 직후 냉수에 담가 두면 변색을 방지할 수 있다.

14 **마요네즈를 만들 때 유화제의 역할을 하는 것은?**

① 식초 ② 소금
③ 설탕 ④ 난황
⑤ 식용유

14 **난황에 함유된 레시틴**이 마요네즈에서 유화제의 역할을 한다.

정답 10. ⑤ 11. ④ 12. ② 13. ① 14. ④

15 난백의 기포성을 이용한 것으로 옳은 것은?

① 머랭
② 수란
③ 커스터드
④ 달걀찜
⑤ 완숙란

16 달걀의 유화성을 이용한 것으로 옳은 것은?

① 머랭
② 커스터드
③ 마요네즈
④ 스펀지케이크
⑤ 수플레

17 난황이 난백에 비해 기포성이 적은 이유로 옳은 것은?

① 흰자보다 단백질과 인지질이 부족하기 때문이다.
② 흰자보다 수분이 부족하기 때문이다.
③ 흰자보다 단백질 구조가 불안정하기 때문이다.
④ 흰자보다 포화지방산과 콜레스테롤이 적기 때문이다.
⑤ 흰자보다 표면장력이 낮기 때문이다.

18 달걀의 저장 중 변화에 대한 설명으로 옳은 것은?

① 난백의 점도가 증가한다.
② 공기집(기실)이 작아진다.
③ 난황막이 약해져 터지기 쉽다.
④ 겉껍데기가 희고 까칠까칠하다.
⑤ 난백의 pH가 감소한다.

19 첨가물질이 난백의 기포성에 미치는 영향에 대한 설명으로 옳은 것은?

① 난백에 설탕을 넣으면 안정한 기포가 형성된다.
② 난백에 소량의 식초를 넣으면 기포 형성을 방해한다.
③ 난백에 우유를 넣으면 기포가 잘 형성된다.
④ 난백에 소금을 넣으면 기포가 잘 형성된다.
⑤ 난백에 기름을 넣으면 기포가 잘 형성된다.

15 **머랭은 난백에 설탕을 넣어 충분히 거품을 낸 후 오븐에서 구워낸 것이다.** 수란, 커스터드, 달걀찜, 완숙란은 달걀의 열응고성을 이용한 것이다.

16 **커스터드, 달걀찜은 달걀의 열응고성을 이용**한 음식이다. **수플레(soufflé)**는 달걀흰자를 거품 내어 오븐에 구운 달콤한 요리이며 **머랭은 기포성을 이용**한 것이다.

17 난황은 난백보다 단백질, 인지질, 포화지방산, 콜레스테롤이 많다. 그러나 **난황은 독자적으로는 거품을 형성하기 어렵다.** 이는 **수분이 난백의 반 정도이고 대부분이 다른 고형분과 결합되어 있으며 단백질 구조가 안정적이기 때문이다.**

18 달걀을 저장하면 난백이 묽어지고 알끈이 약해져 난황이 중앙에 위치하지 못한다. 또한 공기집이 커지고 **난백의 pH가 9.4 정도까지 높아진다.**

19 난백에 설탕을 넣으면 기포 형성에는 시간이 걸리나 안정한 기포를 형성한다. 소량의 산을 넣으면 기포 형성이 잘되며 우유, 소금, 기름을 넣으면 기포 형성을 방해한다.

정답 15. ① 16. ③ 17. ② 18. ③ 19. ①

우유 및 유제품 12

학습목표 유즙의 성분과 영양가 및 우유의 처리 가공방법을 이해하고, 조리에 응용한다.

01 우유에 존재하는 햇빛에 민감한 비타민으로 옳은 것은?

① 티아민 ② 리보플라빈
③ 비타민 B_6 ④ 비타민 B_{12}
⑤ 비오틴

02 우유가 흰색으로 보이는 이유로 옳은 것은?

① 우유성분의 기능성 그룹이 적외선 파장을 흡수하기 때문이다.
② 우유에는 티아민이 존재하기 때문이다.
③ 우유 카제인 미셀과 지방구에 의해 빛이 산란되기 때문이다.
④ 균질화된 지방구에 의해 빛이 산란되기 때문이다.
⑤ 우유 카제인 미셀과 지방구에 의해 빛의 굴절률이 크기 때문이다.

03 우유를 균질화시키는 목적으로 옳은 것은?

① 우유의 크리밍(creaming) 억제
② 유지방 산화 방지
③ 미생물 생육 억제
④ 유지방의 소화 흡수 저해
⑤ 우유의 점도 감소

04 우유를 가열하면 익은 냄새(cooked flavor)가 나는 이유는?

① 리보플라빈이 분해되었기 때문이다.
② β-락토글로불린의 열변성으로 황화수소(H_2S)가 생성되었기 때문이다.
③ 유지방이 산화되었기 때문이다.
④ 히드록시산이 락톤으로 전환되었기 때문이다.
⑤ 락트알부민의 열변성으로 아세트알데히드가 생성되었기 때문이다.

01 햇빛에 약한 비타민은 **리보플라빈**이다.

02 우유는 카제인 미셀에 의해 200~380 nm의 빛을 흡수하고, 지용성 색소(carotenoid) 때문에 400~520 nm의 빛을 흡수하며, **카제인 미셀과 유지방구에 의한 가시광선의 산란으로 백색으로 보인다.**

03 우유의 균질화는 지방구를 작게 하는 과정으로 **크리밍이 지연되고, 크림층 형성도 방지하며, 우유의 맛을 균일화시킨다.**

04 우유를 75℃ 이상 가열하면 **익은 냄새가 나는 것은 β-락토글로불린이 열변성되어 H_2S가 생성되기 때문**이며 UHT 멸균 과정에서 가열취의 원인이 된다. H_2S는 휘발성이고 불안정하므로 가공 1주일 정도 후면 사라지기 때문에 멸균제품에 영향을 주지 않는다.

정답 01. ② 02. ③ 03. ① 04. ②

05 유청단백질인 **락트알부민과 락토글로불린은 열에 불안정하여 가열·변성되면서 피막을 형성한다.** 카제인은 우유의 주 단백질로 우유 단백질 함량의 76~86%를 차지하며, 열에 안정한 편이다.

06 우유를 가열하면 **우유 단백질이 락토스와 반응**해 갈색화하는 마이얄 반응이 일어난다.

07 우유지방은 부티르산 등 탄소수 4~10개의 **저급지방산**이 대부분이며, 레시틴 등의 인지질로 이루어진 유지방구막에 의해 직경이 0.1~20 μm인 지방구의 형태로 **수중유적형** 유화상태를 유지한다. **지방은 약 3~4% 함유**되어 있다.

08 **카제인은 가열에 안정**하여 일반 조리과정 중에는 응고되지 않는다. 가열 시 피막을 형성하는 것은 유청단백질이다.

09 카제인은 레닌과 같은 단백분해효소나 산에 의해 응고가 일어나고 **유청단백질은 가열에 의해 응고**가 일어난다.

10 우유의 카제인 단백질은 **산이나 레닌에 의해 침전**된다.

정답 05. ② 06. ⑤ 07. ② 08. ① 09. ④ 10. ②

05 우유를 끓일 때 표면에 피막을 생성하는 단백질로 옳은 것은?

① 락트알부민, 카제인
② 락트알부민, 락토글로불린
③ 락토글로불린, 카제인
④ 락트알부민, 면역글로불린
⑤ 락토글로불린, 면역글로불린

06 우유를 가열할 때 나타나는 변화로 옳은 것은?

① 당류 변성
② 카제인 응고
③ 유지방 감소
④ 황화수소 감소
⑤ 마이얄 반응

07 유지방에 대한 설명으로 옳은 것은?

① 유지방은 탄소수 16개 이상인 지방산 함량이 높다.
② 유지방은 지방구막으로 둘러싸여 안정화되어 있다.
③ 우유의 지방 함량은 8~10%이다.
④ 유지방에는 지용성 비타민이 비교적 적게 함유되어 있다.
⑤ 유중수적형 유화상태로 존재한다.

08 우유 단백질인 카제인에 대한 설명으로 옳은 것은?

① 우유 중의 칼슘과 결합하여 존재한다.
② 레닌에 의해 용해된다.
③ 산에 의해 분해된다.
④ 가열에 의해 쉽게 응고된다.
⑤ 가열하면 피막을 형성한다.

09 유청단백질을 응고시키는 방법으로 옳은 것은?

① 레닌
② 유산균 발효
③ 산 첨가
④ 가열
⑤ 당 첨가

10 우유의 카제인 단백질을 응고시키는 방법으로 옳은 것은?

① 알칼리를 첨가한다.
② 레몬즙을 첨가한다.
③ 레닌을 제거한다.
④ 염화칼슘을 제거한다.
⑤ 설탕을 첨가한다.

11 카제인의 산 응고물에는 함유되어 있지 않으나 레닌 응고물에는 함유되어 있는 무기질로 옳은 것은?

① Fe^{2+} ② Ca^{2+}
③ Mg^{2+} ④ Na^{+}
⑤ K^{+}

11 카제인은 열에 안정한 반면 산이나 염에 의해 응고되며, **레닌을 첨가하면 파라-카파-카제인(para-κ-casein)의 칼슘염이 형성**되어 응고된다.

12 저지방 우유에 대한 설명으로 옳은 것은?

① 저지방 우유는 유지방 함량이 5% 이하이다.
② 저지방 우유는 일반 우유보다 점성이 낮다.
③ 저지방 우유는 일반 우유보다 고소한 맛이 강하다.
④ 저지방 우유는 유지방 이외의 영양소 함량이 전유(whole milk)보다 낮다.
⑤ 저지방 우유는 탈지유(스킴밀크)라고도 한다.

12 **저지방 우유는 유지방 함량을 2% 이하**로 낮춘 것으로 유지방을 제외한 다른 영양소 함량은 전유와 동일하게 조정한 것이다. **지방이 제거되어 점성이 낮고 고소한 맛이 약하다.** 탈지유는 무지방 우유이며 유지방 함량이 0.5% 이하이다.

13 유제품에 대한 설명으로 옳은 것은?

① 전지분유는 탈지분유에 비해 단백질 함량이 낮다.
② 아이스크림은 공기가 혼입되어 열전도율이 높다.
③ 커피크림은 유지방 함량이 10% 내외이다.
④ 농후발효유는 1 mL당 유산균이 1만 마리 이상이다.
⑤ 버터는 수중유적형 유화형태이다.

13 **아이스크림은 공기가 혼입되어 있으므로 열전도율이 낮아** 아이스케이크보다 입안이 얼얼하지 않다. **커피크림은 유지방 함량이 20% 내외**이며, 탈지분유는 지방 제거로 인해 단백질 함량이 35~40%로 높다. **농후발효유는 1 mL당 유산균이 1억 마리 이상**, 일반 발효유는 1 mL당 유산균이 1,000만 마리 이상이다.

14 분유를 저장하는 동안 일어나는 갈변 현상에 대한 설명으로 옳은 것은?

① 분유 중 비타민 C가 산화되기 때문에 일어나는 반응이다.
② 분유 저장 중 수분활성도가 낮아졌기 때문이다.
③ 분유 중의 락토스와 유단백질 사이에서 마이야 반응이 일어나기 때문이다.
④ 분유 중 락토스가 환원되어 락티톨로 전환되었기 때문이다.
⑤ 분유 중 유지방구가 파괴되었기 때문이다.

14 **분유를 저장하면 분유 중의 락토스와 유단백질(casein 등) 사이에서 마이얄 반응이 일어나 갈변된다.** 마이얄 반응은 유리 알데히드(aldehyde)기나 케토(keto)기와 같은 카보닐기를 가진 당류가 아미노산, 아민, 펩티드, 단백질과 같이 아미노기를 가진 질소 화합물과 공존할 때 반응하여 갈색의 멜라노이딘(melanoidin) 색소를 형성하는 것이다.

15 치즈의 눈이 있는 경질치즈로 옳은 것은?

① 체다 ② 고르곤졸라
③ 에멘탈 ④ 카망베르
⑤ 파마산

15 **체다는 치즈의 눈이 없는 경질치즈**이다. 고르곤졸라는 반경질치즈, 파마산은 초경질치즈, 카망베르는 연질치즈이다.

정답 11. ② 12. ② 13. ① 14. ③ 15. ③

16 우유 단백질의 대부분(80%)을 차지하는 것은 카제인이고 락토스는 용해도가 낮아 결정화되기 쉬우며 칼슘 흡수를 촉진한다. 우유에는 철, 구리가 부족하고 비타민 C가 거의 없다.

16 우유의 구성성분에 대한 설명으로 옳은 것은?

① 우유 단백질의 대부분(80%)을 차지하는 것은 유청단백질이다.
② 우유는 비타민 C의 좋은 급원이다.
③ 유지방의 대부분을 차지하는 것은 중성지방이다.
④ 우유는 철과 구리가 풍부하다.
⑤ 락토스는 용해도가 높고 칼슘 흡수를 방해한다.

17 레닌은 10~65℃에서 작용하고 최적 온도는 40~45℃이며 낮은 온도에서는 서서히 응고되어 부드러운 응고물을 형성한다. 산 응고물에 비해 단단하고 칼슘을 함유하고 있다.

17 레닌에 의한 우유 단백질의 변화로 옳은 것은?

① 낮은 온도에서는 단단한 응고물을 형성한다.
② 높은 온도에서는 부드러운 응고물을 만든다.
③ 카제인에 작용하여 파라-κ-카제인의 칼슘염을 형성한다.
④ 레닌에 의해 생성된 응고물은 산 응고물에 비해 부드럽다.
⑤ 레닌은 20~65℃에서 작용하며 최적 온도는 30℃이다.

18 버터는 유중수적형 유화액으로 일반버터의 지방 함량은 80% 이상이다. 발효버터는 천연버터에 비해 수분 함량이 높다.

18 버터에 대한 설명으로 옳은 것은?

① 발효버터는 신맛이 나므로 사우어크림이라고 한다.
② 일반버터의 지방 함량은 70% 이상이다.
③ 유크림에서 분리한 지방입자가 물에 분산된 수중유적형 유화액이다.
④ 발효버터는 천연버터에 비해 수분 함량이 낮다.
⑤ 가공버터의 지방 함량은 30% 이상이다.

19 로케포르와 고르곤졸라는 반경질치즈, 에멘탈은 경질치즈, 파마산은 초경질치즈이다.

19 연질치즈에 속하는 것으로 옳은 것은?

① 카망베르
② 로케포르
③ 고르곤졸라
④ 에멘탈
⑤ 파마산

20 유지방 함량은 탈지우유(무지방우유) 0.5% 이하, 저지방우유 0.6~2.6%이다.

20 탈지우유(skim milk)의 지방 함량으로 옳은 것은?

① 0%
② 0.2% 이하
③ 0.5% 이하
④ 0.7% 이하
⑤ 1.0% 이하

정답 16. ③ 17. ③ 18. ⑤ 19. ① 20. ③

두류 13

학습목표 식물성 단백질의 공급원인 두류의 특성과 성분 및 영양가를 이해하고, 두류의 조리와 가공에 응용한다.

01 두류에 대한 설명으로 옳은 것은?

① 단백질과 지질 함량이 낮은 두류에는 대두와 땅콩이 있다.
② 팥이나 녹두 등은 양갱이나 당면의 원료로 쓰인다.
③ 두류 단백질은 메티오닌(methionine)의 함량이 높아 곡류의 단백가를 보완하는 데 효과적이다.
④ 생대두에는 유익 단백질인 트립신 저해제, 헤마글루티닌 등이 존재한다.
⑤ 성숙한 콩은 연하므로 단시간에 조리하며 일반 채소와 같이 취급한다.

01 대두와 땅콩은 단백질과 지질 함량이 높으며, 녹두, 동부, 완두 등은 단백질과 탄수화물 함량이 높다. 두류 단백질은 이소루신, 루신, 페닐알라닌, 트레오닌, 발린이 풍부하며, 특히 곡류의 제1제한 아미노산인 **리신의 함량이 높아서** 콩을 함께 섞어 식사를 하면 단백가를 보완하는 데 효과적이다.

02 두류 중 단백질 함량이 가장 높은 것은?

① 대두 ② 팥
③ 땅콩 ④ 완두
⑤ 녹두

02 콩(대두)의 단백질 함량은 약 40%, 기타 두류는 약 20%이다.

03 두류를 조리하기 전 물에 침지시킬 때 가장 옳은 것은?

① 1%의 소금물에 담가 두었다 가열하면 콩이 더 쉽게 물러진다.
② 3%의 중조를 사용하면 조리시간이 단축되며, 비타민 파괴를 억제할 수 있다.
③ 연수보다 경수로 침지하고 삶으면 연화가 쉽다.
④ 팥은 특히 초기에 흡수량이 많으므로 단시간 침지시킨다.
⑤ 산성의 조리수에서는 세포벽의 헤미셀룰로스가 쉽게 용출되어 조리시간이 단축된다.

03 콩을 소금 용액에 침지하면 **나트륨이 세포벽 펙틴(pectin)의 칼슘을 대체**함으로써 조리시간이 단축되고 0.3% 중조를 사용하면 티아민이 파괴되나 조리수가 알칼리성이므로 헤미셀룰로스의 용해가 촉진되며 단백질이 쉽게 팽윤되어 조리시간이 단축된다. 또한 경수로 삶으면 피트산의 칼슘염이 형성되어 연화가 저해된다. 팥은 15~25시간 침지 후 흡수량이 최대이며 산성의 조리수에서는 헤미셀룰로스 용출이 어려워 조리시간이 길어진다.

정답 01. ② 02. ① 03. ①

04 대두의 연화에 대한 설명으로 옳은 것은?

① 침지에 의한 흡수와 팽윤은 온도가 낮을수록 효과적이다.
② 0.1% 정도의 소금물에 침지시키면 연화가 촉진된다.
③ 가열 중 찬물을 첨가하면 떡잎의 팽윤이 촉진된다.
④ 식소다(중조)를 사용하면 연화가 억제된다.
⑤ 조리 시 경수는 콩의 연화를 저해시킨다.

04 경수는 콩의 연화를 억제한다.

05 콩의 가열시간을 줄이기 위해 사용하면 좋은 것은?

① 1% 간장
② 0.3% 중조
③ 0.1% 식초
④ 2% 설탕
⑤ 1% MSG

05 콩은 콩 중량의 0.3% 중조를 넣고 가열하면 단시간에 부드러워진다.

06 콩을 가열처리할 때 일어나는 변화로 옳은 것은?

① 트립신 저해제(trypsin inhibitor)의 활성이 촉진된다.
② 조리할 때 미리 물에 담가서 팽윤시킨 뒤 가열하는 것이 좋다.
③ 헤마글루티닌(haemagglutinin)이 활성화되어 적혈구 응집이 잘 발생한다.
④ 검은콩을 끓일 때 철 냄비를 사용하면 카로티노이드계 색소가 철 이온과 결합하여 검은색을 유지한다.
⑤ 소화성이 떨어진다.

06 콩의 외피는 보통 물을 투과시키지 않으므로 **물에 침지하여 팽윤시킨 뒤 가열**하는 것이 좋다. 콩을 가열하면 헤마글루티닌이 불활성화되고, 트립신 저해제가 파괴되어 아미노산의 이용률이 높아진다.

07 콩 비린내와 관계된 효소는?

① 미로시나제(myrosinase)
② 리폭시게나제(lipoxygenase)
③ 펙티나제(pectinase)
④ 프로테아제(protease)
⑤ 아밀라제(amylase)

07 **미로시나제**는 겨자의 향미 형성에 관여하는 효소이며, **펙티나제**는 펙틴을 분해시키는 효소이다. **리폭시게나제**는 지질 산화효소로 콩 비린내 화합물을 생성하는 데 관여한다.

08 대두의 가공품에 대한 설명으로 옳은 것은?

① 두부를 소금물을 넣고 가열하면 Ca^{2+} 결합이 촉진되어 단단해진다.
② 두유는 우유에 비해 칼슘, 비타민 A, 메티오닌이 더 많이 함유되어 있다.
③ 동결건조두부는 두부를 동결시켜 탈수 건조한 것으로 보존성이 줄어든다.
④ 콩나물은 콩보다 비타민 C, 섬유소, 아스파르트산(aspartic acid)이 부족하다.
⑤ 청국장의 감칠맛은 아미노산인 글루탐산에서 비롯된다.

08 두부를 80℃ 이상의 온도로 가열 조리 시 두부가 단단해지게 되는데, 그 이유는 두부 안에 존재하는 잉여 **칼슘 이온과 콩단백질의 결합이 촉진되고, 가열에 의한 단백질 변성**으로 수분이 빠져나오기 때문이다. 두부가 단단해지는 것을 방지하기 위해서는 두부를 1% 소금물에 담가 둔 다음 이미 소금간을 한 물에서 조리하는 것이 좋고, 두유를 우유의 대용으로 사용할 때는 부족한 영양소의 보급이 고려되어야 한다. 콩나물은 콩보다 비타민 C와 섬유소, 아스파르트산이 풍부하다.

정답 04. ⑤ 05. ② 06. ②
07. ② 08. ⑤

09 **콩 조리법에 대한 설명으로 옳은 것은?**

① 콩자반은 불린 콩을 삶은 후 간장, 설탕 순으로 넣어서 조린다.
② 검은콩을 끓일 때 철 냄비를 사용하면 안토잔틴계 색소가 철이온과 결합하여 검은색이 유지된다.
③ 삶은 콩을 갈면 리폭시게나제에 의해 콩 비린내가 난다.
④ 두부를 만들 때 사용하는 응고제로는 염화마그네슘, 황산칼슘, 염화칼슘 등이 있다.
⑤ 조미액을 나눠서 넣어 주면 삼투압에 의한 탈수현상이 나타난다.

09 **철과 안토시아닌계 색소가 반응하여 검은색**이 유지되고, 콩을 삶으면 리폭시게나제가 불활성화된다.

10 **콩나물에 대한 설명으로 옳은 것은?**

① 아미노산인 피트산(phytic acid)이 풍부하여 숙취 해소에 효과적이다.
② 콩나물에는 올리고당과 피트산이 다량 함유되어 있다.
③ 가열 시 비타민 C 파괴 방지를 위해 설탕을 첨가한다.
④ 비린내 억제를 위해 뚜껑을 열고 닫고를 반복하며 삶는다.
⑤ 콩나물은 뿌리에 영양 성분이 많으므로 뿌리까지 먹는 것이 좋다.

10 콩나물을 삶을 때 뚜껑을 열면 **리폭시게나제(lipoxygenase)가 불포화지방산의 산화**에 관여하므로 뚜껑을 닫고 산소의 접촉을 피하고 조리수의 온도를 올려 효소를 불활성화시킨다. 아스파라긴은 숙취해소에 도움이 되며 콩나물의 뿌리 부분에 많이 존재한다.

11 **두부 제조에 대한 설명으로 옳은 것은?**

① 두부는 두유에 무기염류를 첨가하여 콘글리시닌(conglycinin)을 응고시킨 것이다.
② 염화칼슘을 응고제로 사용한 두부는 부드럽다.
③ 응고제는 두유 온도가 80~90℃일 때 첨가한다.
④ 가열시간이 길면 두부가 부드러워진다.
⑤ 응고제의 양이 적을수록 두부가 단단해진다.

11 두부는 두유에 녹아 있는 단백질인 **글리시닌을 무기염류에 의해 침전**시킨 대두가공품이다. 응고제는 두유의 온도가 70~90℃ 정도일 때 첨가한다. 응고제의 사용량이 많거나 가열시간이 길면 두부가 단단해진다. 글루코노델타락톤 응고제를 첨가하면 부드러운 두부를 얻을 수 있다.

12 **두부 제조과정에 대한 설명으로 옳은 것은?**

① 콩은 침지하는 과정에서 중량의 5~7배의 물을 흡수한다.
② 대두를 물과 함께 마쇄하면 (+)전하의 교질현탁액이 된다.
③ 두유를 끓이는 과정 중 거품을 제거하기 위해 식물성기름, 규소수지(silicon resin) 등을 소포제로 사용한다.
④ 두유가 90℃가 되었을 때 2~4%의 황산칼슘($CaSO_4$)을 가한다.
⑤ 응고된 두부를 수침하면 여분의 응고제 및 염분이 제거되어 맛이 나빠진다.

12 **콩은 중량의 2.2~2.3배의 물을 흡수**한다. 침지시간은 봄, 가을에 10시간, 여름에는 8시간, 겨울에는 12~15시간이다. 여분의 응고제를 침출시키면 쓴맛 및 염분이 제거되어 맛이 증진되며 냉수에 담가 두부의 중심온도를 재빨리 식힘으로써 미생물 증식을 억제할 수 있다. 대두의 글리시닌은 물에 불용성이나 물과 함께 마쇄하면 대두 내의 각종 염류가 용출되어 염용성 글리시닌으로 되어 전하를 띤 현탁액이 된다. 황산칼슘은 두유가 80℃일 때 첨가한다.

정답 09. ④ 10. ⑤ 11. ③ 12. ③

13 대두 발효식품에 대한 설명으로 옳은 것은?

① 한국 재래간장은 소금 함량이 6% 전후이다.
② 간장은 짠맛 외에 메티오놀(methionol)인 메틸메캅토프로판올(methylmercaptopropanol)에 의한 특이향이 난다.
③ 개량식 메주는 *Bacillus subtilis*의 단일 균종의 종국을 사용하여 제조한다.
④ 된장국물은 산, 알칼리 첨가에 의해 pH가 변하게 된다.
⑤ 청장은 마이얄 반응에 의해 색이 진한 간장으로 주로 조림, 초, 포 등에 이용한다.

13 **청장은 담근 지 얼마 되지 않은 색이 맑은 간장**으로 주로 국이나 찌개, 나물무침에 이용되며, 간장을 숙성시키면 마이얄 반응에 의해 시간이 지날수록 색이 점점 짙어지는데 이것을 진간장이라 하고 조림, 초, 포 등에 사용한다.

14 대두의 구성성분에 대한 설명으로 옳은 것은?

① 이소플라본(isoflavone)은 항암작용을 한다.
② 날콩에는 유익 물질인 트립신 저해제(trypsin inhibitor)가 있다.
③ 응고성이 있는 사포닌(saponin)이 있다.
④ 대두의 주 단백질은 알부민(albumin)이다.
⑤ 대두에는 비타민 C가 많다.

14 **트립신 저해제**에 의해 콩의 소화가 어려워지므로 유해물질이라 할 수 있고, 이는 가열을 통해 제거할 수 있다. 대두의 주 단백질은 글리시닌과 콘글리시닌으로 70% 이상이 함유되어 있고, 알부민은 5% 정도 함유하고 있다.

15 두류 중 비타민 C가 가장 많이 함유되어 있는 것은?

① 대두 ② 팥
③ 땅콩 ④ 녹두
⑤ 풋완두

15 비타민 C는 풋콩, 풋완두에는 풍부하지만 대부분의 두류에는 거의 함유되어 있지 않다.

16 두류 중 탄수화물 함량이 가장 높은 것은?

① 동부 ② 대두
③ 풋콩 ④ 땅콩
⑤ 풋완두

16 탄수화물 함량이 가장 높은 두류에는 동부, 완두, 팥(적두), 강낭콩 등이 있다.

17 두류 중 앙금을 만드는 데 이용되는 것은?

① 대두 ② 팥
③ 땅콩 ④ 풋콩
⑤ 풋완두

17 앙금 제조에는 탄수화물이 풍부한 팥, 녹두, 동부 등을 이용한다.

정답 13. ② 14. ① 15. ⑤ 16. ① 17. ②

유지류 14

학습목표 유지류의 식품학적 특성을 파악하여 이를 유지 관련 식품의 조리에 활용한다.

01 유지의 특성에 대한 설명으로 옳은 것은?

① 유지의 불포화도가 낮을수록 산화되기 쉽다.
② 동일한 지방산 조성을 가진 유지의 녹는점은 같다.
③ 유지의 발연점이 낮을수록 튀김기름으로 좋은 유지이다.
④ 유지는 불포화도가 높을수록 점도가 낮아진다.
⑤ 탄소수가 같을 경우, 지방산의 불포화도가 높을수록 녹는점이 높다.

01 유지를 구성하는 지방산의 불포화도가 높을수록 산화되기 쉽고 녹는점은 낮다. **유지는 한 가지의 중성지방에서 결정형에 따라 녹는점이 다르다.**

02 유지의 녹는점에 대한 설명으로 옳은 것은?

① 저급지방산이 많은 유지일수록 녹는점은 높아진다.
② 포화지방산이 많은 유지일수록 녹는점은 낮아진다.
③ 유지는 일정한 온도에서 녹는다.
④ 불포화지방산이 많은 유지일수록 녹는점은 낮아진다.
⑤ 동물성 지방은 식물성 유지에 비해 녹는점이 낮아 대부분 실온에서 고체상태를 유지한다.

02 유지는 구성지방산의 탄소수가 많을수록, **포화도가 높을수록 녹는점이 높아진다.** 유지는 넓은 온도 범위에서 녹는다. 일반적으로 동물성 지방은 식물성 유지에 비해 포화지방산의 함량이 높아 녹는점이 높고 실온에서 고체상태를 유지한다.

03 유지의 발연점에 대한 설명으로 옳은 것은?

① 유리지방산 함량이 높은 기름은 발연점이 높다.
② 사용했던 기름을 재사용하면 발연점이 높아진다.
③ 튀김유로는 발연점이 높은 기름이 적합하다.
④ 불순물은 발연점에 영향을 주지 않는다.
⑤ 발연점은 유지의 가열온도나 시간과는 관계없다.

03 유지를 고온에서 가열할 때 연기가 나기 시작하는 온도를 발연점이라 하며, 이는 유지의 에스터결합이 분해되어 생성된 **글리세롤이 더 분해되어 휘발성인 아크롤레인을 생성**하기 때문에 발생한다. 기름의 재사용, 표면적, 불순물 등의 영향을 받는다.

정답 01. ④ 02. ④ 03. ③

04 유지의 산패에 대한 설명으로 옳은 것은?

① 기름을 투명한 병에 보관하면 산패를 억제할 수 있다.
② 기름을 어두운 곳에 보관하면 산패가 촉진된다.
③ 산, 금속이온은 유지의 산패를 억제한다.
④ 리파제(lipase)는 유지 산패를 억제한다.
⑤ 알데히드, 케톤 등이 유지 산패취의 원인화합물이다.

05 튀김용 기름에 대한 설명으로 옳은 것은?

① 대두유는 발연점이 낮아 튀김기름으로 적당하다.
② 유화제가 첨가된 쇼트닝은 튀김 기름으로 적당하다.
③ 튀김 기름의 사용 횟수가 많으면 발연점은 높아진다.
④ 불포화도가 높은 유지가 튀김기름으로 적합하다.
⑤ 튀김 기름은 가열 중 산화되어 점성과 기포성이 증가한다.

06 튀김을 할 때 기름의 흡수량에 대한 설명으로 옳은 것은?

① 재료 중에 당의 함량이 낮으면 기름의 흡수량이 많아진다.
② 글루텐 형성이 적으면 기름의 흡수량이 많아진다.
③ 튀김 기름의 온도가 높으면 기름의 흡수량이 많아진다.
④ 재료 중에 수분 함량이 낮으면 기름의 흡수량이 많아진다.
⑤ 식품의 표면적이 작으면 기름의 흡수량이 많아진다.

07 튀김 시 발생하는 유지의 변화로 옳은 것은?

① 중합도의 증가
② 점도의 감소
③ 토톡스 값(totox value)의 감소
④ 불포화지방산의 증가
⑤ 요오드 값의 증가

08 튀김옷에 대한 설명으로 옳은 것은?

① 튀김옷용 밀가루로는 강력분이 가장 좋다.
② 튀김옷을 반죽하는 물의 온도는 30℃가 가장 적당하다.
③ 밀가루에 달걀을 혼합하면 튀김옷이 딱딱해진다.
④ 반죽하는 물의 양은 밀가루 중량의 3배가 적당하다.
⑤ 채소튀김 시 밀가루에 중조를 혼합하면 튀김옷은 오랫동안 바삭한 질감을 유지할 수 있다.

---

04 햇빛, 산, 리파제, 금속은 유지의 산패를 촉진한다. 따라서 기름이 햇빛과 산소에 노출되지 않도록 갈색 병에 저장하여 뚜껑을 꼭 닫아 밀폐하여 보관한다.

05 **튀김용 기름은 발연점이 높고 불포화도가 낮은 기름이 적합**하다. 유화제인 모노글리세리드나 디글리세리드는 튀김 중 가수분해되어 유리지방산을 생성하므로 유화제가 첨가된 기름은 튀김기름으로 적합하지 않다. 또 기름의 사용 횟수가 많아지면 지방의 산패에 의해 발연점이 낮아지며, 계속적인 산화에 의해 점성과 기포성이 커지고 기호성과 영양가는 감소한다.

06 튀기는 식품에 당, 수분의 함량이 높거나 식품의 표면적이 크면 기름의 흡수량이 많아지며, 튀김 기름의 온도가 낮거나 글루텐 형성이 적어도 기름의 흡수량이 많아진다.

07 유지를 가열하면 중합이 일어나면서 요오드 값은 감소한다. 토톡스 값은 과산화물 값의 2배 값과 아니시딘 값의 합이다.

08 **튀김옷용 밀가루는 글루텐 함량이 낮은 박력분을 사용**하는 것이 가장 좋다. 글루텐 함량이 높으면 튀김옷이 바삭거리지 않고 눅눅하게 된다. 박력분이 없을 때는 튀김옷을 묽게 만들거나 전분을 혼합해서 사용하면 좋다. 튀김옷을 반죽하는 물의 양은 밀가루 중량의 1.5~2.0배가 좋으며, 물의 온도는 15℃가 적당하다. 튀김옷을 만들 때 밀가루에 달걀이나 중조를 혼합하기도 한다. 달걀을 배합하면 튀길 때 탈수율과 팽화율이 좋고 적당한 단단함과 바삭바삭한 질감을 준다. 중조는 보통 밀가루의 0.2%를 사용하며, 채소와 같이 수분 함량이 높은 식품의 튀김에 이용하는데 중조를 사용하면 튀김옷이 비교적 오랫동안 바삭한 질감을 유지할 수 있으나 아스코르브산, 티아민과 같은 비타민이 파괴된다.

정답 04. ⑤ 05. ⑤ 06. ②
07. ① 08. ⑤

09 **튀김할 때 주의해야 할 사항으로 옳은 것은?**

① 발연점이 낮은 기름을 사용한다.
② 낮은 온도에서 오랜 시간 튀기는 것이 바람직하다.
③ 튀김 용기는 두꺼운 금속으로 된 직경이 넓은 용기를 사용하는 것이 좋다.
④ 재료 중 지방 함량이 높으면 흡유량이 많아진다.
⑤ 한꺼번에 많은 양을 튀겨 내면 흡유량이 감소한다.

09 한꺼번에 많은 양의 식품을 넣고 튀기면 기름의 온도가 저하되어 흡유량이 증가한다. 튀기는 용기의 넓이가 발연점에 영향을 줄 수 있으며, 기름의 표면적이 넓을수록 발연점이 낮아져 연기를 쉽게 낼 수 있으므로 튀김 용기로는 좁고 우묵한 용기가 바람직하다.

10 **유지의 가공 처리 방법 중 냉장온도에서 혼탁을 일으키지 않도록 하는 방법으로 옳은 것은?**

① 탈색 처리
② 윈터리제이션(winterization)
③ 경화(수소화) 처리
④ 알칼리 처리
⑤ 정제 처리

10 유지의 가공 처리 방법 중 **윈터리제이션**은 액체유를 냉각시켜 고체화하고 여과처리하는 과정으로, 냉장 보관 시 녹는점이 높은 지방이 고체화되어 뿌옇게 되는 현상을 방지하기 위해서 한다.

11 **버터크림이나 파운드케이크를 만들 때 버터, 쇼트닝을 설탕과 함께 교반해 주면 부드러운 상태가 된다. 이때 유지의 성질은?**

① 유화성
② 쇼트닝성
③ 크림성
④ 점성
⑤ 가소성

11 버터, 마가린, 쇼트닝을 교반해 주면 공기가 내포되면서 부드러운 크림상태로 되는 것을 **크림성**이라 한다. **유화성**이란 서로 성질이 달라서 섞일 수 없는 두 액체가 유화제에 의해 잘 섞여 있는 상태로 되는 성질을 말한다. **쇼트닝성**이란 밀가루 반죽 제품에서 밀가루 제품의 텍스처를 부드럽고 바삭바삭하며 부스러지기 쉽게 하는 연화작용과 각종 빵이나 케이크의 부피가 크게 팽창되는 것을 돕는 작용을 통틀어 말한다. **가소성**이란 물체가 외부에서 힘을 받아 형태가 바뀐 뒤 그 힘을 없애도 원래의 상태로 돌아가지 않는 성질을 말한다.

12 **기름의 쇼트닝 작용에 영향을 미치는 인자로 옳은 것은?**

① 밀가루의 종류
② 달걀 등의 첨가물
③ pH
④ 유지의 색
⑤ 이산화탄소

12 기름의 쇼트닝 작용은 유지의 종류, 유지의 양에 의해 영향을 받으며 온도와 첨가물도 유지가 반죽을 에워싸는 능력에 영향을 준다.

13 **유지의 쇼트닝 작용에 대한 설명으로 옳은 것은?**

① 섞이지 않는 두 가지 액체를 서로 섞이게 하는 작용이다.
② 밀가루 반죽의 글루텐 형성을 방해하여 연화시키는 작용이다.
③ 튀김 시 튀김옷의 색을 갈변시키는 작용이다.
④ 밀가루 반죽을 팽창시키는 작용이다.
⑤ 유지가 효소에 의해 가수분해되는 작용이다.

13 ①은 유화작용, ③은 갈변작용, ④는 팽창작용, ⑤는 가수분해적 산패작용을 말한다.

정답 09. ④ 10. ② 11. ③ 12. ② 13. ②

14 마요네즈는 영구적 유화액이다. 반영구적 유화액은 시럽, 꿀 등을 넣어 만든 된 수프와 같이 어느 정도의 안정성이 유지되는 유화액이다. **프렌치 드레싱**은 유화제가 첨가되지 않아 흔들어줄 때만 유화가 형성되는 **일시적 유화액이다.**

14 유화에 대한 설명으로 옳은 것은?

① 마요네즈는 반영구적 유화액이다.
② 프렌치 드레싱은 일시적 유화액이다.
③ 버터는 수중유적형 유화액이다.
④ 마가린은 수중유적형 유화액이다.
⑤ 우유는 유중수적형 유화액이다.

15 마요네즈는 수중유적형(oil-in-water) 유화를 형성하며 영구적 유화액이다.

15 마요네즈에 대한 설명으로 옳은 것은?

① 유화액의 분산상은 크기가 작을수록 불안정하다.
② 마요네즈는 일시적 유화액이다.
③ 난황의 레시틴이 유화제로 작용한다.
④ 마요네즈는 점성이 낮아 분산상의 이동이 자유롭다.
⑤ 마요네즈는 유중수적형 유화를 형성한다.

16 마요네즈를 만들 때는 한 방향으로 저어 주어야 한다. 마요네즈를 재생할 때는 노른자에 분리된 마요네즈를 조금씩 넣으며 세게 젓거나, 분리된 마요네즈에 분리되지 않은 마요네즈를 조금씩 넣으며 계속 저어 준다.

16 마요네즈 제조 또는 저장 시 분리가 일어나지 않는 경우로 옳은 것은?

① 기름을 나누어 조금씩 여러 차례 넣어 만들었을 때
② 고온에 저장했을 때
③ 유화제(난황)에 비해 기름이 많았을 때
④ 냉동보관하였을 때
⑤ 여러 방향으로 계속해서 저어 주면서 만들었을 때

17 프렌치 드레싱은 유화제가 들어 있지 않은 일시적 유화액이다.

17 일시적 유화액으로 옳은 것은?

① 마요네즈 ② 아이스크림
③ 우유 ④ 프렌치 드레싱
⑤ 버터

18 마요네즈, 우유, 아이스크림은 수중유적형 유화액이고, 버터와 마가린은 유중수적형 유화액이다.

18 유화액의 특성과 대표식품을 연결한 것으로 옳은 것은?

① 수중유적형 유화액 – 마요네즈
② 일시적 유화액 – 버터
③ 수중유적형 유화액 – 마가린
④ 유중수적형 유화액 – 우유
⑤ 일시적 유화액 – 아이스크림

정답 14. ② 15. ③ 16. ①
17. ④ 18. ①

19 유중수적형 유화액으로 옳은 것은?

① 난황
② 크림수프
③ 우유
④ 버터
⑤ 마요네즈

19 버터만 유중수적형이고 나머지는 수중유적형 유화액이다.

20 동식물 유지에 대한 설명으로 옳은 것은?

① 대두유의 변향을 억제하기 위하여 윈터리제이션(winterization)을 하는 것이 좋다.
② 쇠고기 기름은 녹는점이 낮아 더운 요리에 이용하거나 공업용으로 이용한다.
③ 식물성 기름은 녹는점이 높으므로 상온에서도 액체로 존재한다.
④ 참기름은 불포화지방산 함량이 높지만 천연의 산화방지제가 있어서 산화에 안정하다.
⑤ 어유에는 고도 불포화지방산 함량이 높아 산화에 안정하다.

20 대두유의 **변향**은 리놀렌산에 의한 것으로, 변향을 억제하고 저장 수명을 높이기 위해서는 **경화** 처리를 한다.

21 유지식품에 대한 설명으로 옳은 것은?

① 유지의 변향은 산패가 일어난 후에 발생한다.
② 유지의 변향에 주로 관여하는 지방산은 올레산이다.
③ 쇠기름은 녹는점이 높아 실온에서 액체로 존재한다.
④ 어유는 포화지방산 함량이 높아 실온에서 액체상태이다.
⑤ 버터는 크림을 교반하여 유지방을 분리하여 만든다.

21 유지의 **변향은 산패가 일어나기 전**에 생기며 **리놀렌산이 많아서 일어난다.** 쇠기름은 녹는점이 높아 실온에서 고체로 존재, 어유에는 불포화지방산이 많다.

22 인지질에 대한 설명으로 옳은 것은?

① 인지질은 소수기만을 가지고 있다.
② 두부, 치즈 등의 응고제로 사용된다.
③ 지방산, 글리세롤, 복합다당류로 구성되어 있다.
④ 주된 구성성분은 알코올, 지방산, 인산, 황화합물이다.
⑤ 레시틴, 세팔린은 인지질에 속한다.

22 인지질에는 레시틴, 세팔린, 포스파티딜이노시톨 등이 있으며 유화제로 사용되고, 알코올, 지방산, 인산, 질소 화합물로 이루어져 있다.

정답 19. ④ 20. ④ 21. ⑤ 22. ⑤

23 기름은 정제함에 따라 인지질(탈검), 유리지방산(탈산), 색소(탈색), 토코페롤(탈취) 등이 제거됨으로써 함량이 줄어들어 결과적으로 정제기름에는 트리아실글리세롤 함량이 증가한다.

24 약과는 튀김 온도가 낮으면 기름 흡수가 많아지고, 너무 높은 온도에서 튀기면 표면이 타게 된다. 반죽할 때 기름 사용량이 너무 많으면 튀길 때 반죽이 풀어진다.

정답 23. ④ 24. ②

23 기름을 정제함에 따라 함량이 증가하는 구성성분으로 옳은 것은?

① 유리지방산
② 토코페롤(tocopherol)
③ 인지질
④ 트리아실글리세롤(triacylglycerol)
⑤ 색소

24 약과를 튀길 때 기름 흡수가 많은 이유로 옳은 것은?

① 지나치게 오래 반죽했기 때문에
② 튀김 온도가 낮기 때문에
③ 밀가루가 기름과 잘 혼합되지 않았기 때문에
④ 튀김 온도가 높기 때문에
⑤ 반죽할 때 너무 많은 양의 기름을 사용했기 때문에

채소류 및 과일류

15

학습목표 채소류 및 과일류의 식품학적 성질을 이해하고, 조리 시 일어나는 원리를 파악하여 조리 및 저장에 활용한다.

01 완두콩 통조림에 중조를 넣고 가열 조리할 때 일어나는 변화로 옳은 것은?

① 티아민의 생성
② 떫은맛의 제거
③ 셀룰로스의 연화
④ 녹색의 퇴색
⑤ 아스코르브산 생성

02 오이김치가 익어가면서 녹갈색을 띠게 하는 클로로필 유도체는?

① 클로로필린
② 플라보노이드
③ 구리 클로로필
④ 페오피틴
⑤ 철 클로로필

03 안토시아닌 색소에 대한 설명으로 옳은 것은?

① 식초를 넣으면 푸른색이 더 진해진다.
② 알칼리에서는 붉은색을 띤다.
③ 기름을 넣어 조리하면 안토시아닌 색소가 우러나온다.
④ 포도, 앵두 등의 과일 껍질에 함유되어 있다.
⑤ 중성 pH에서는 흰색을 띤다.

04 녹색 채소를 자를 때 유리되는 클로로필라제의 작용에 의해 생성되는 물질로 옳은 것은?

① 포르피린
② 클로로필리드
③ 페오피틴
④ 철-클로로필
⑤ 구리-클로로필

01 조리 시 중조를 첨가하게 되면 알칼리성으로 인해 티아민, 아스코르브산 등이 파괴되며 섬유소의 연화, 클로로필린의 생성으로 초록색이 선명해진다.

02 클로로필은 산성 조건에서 Mg^{2+}이 수소이온으로 치환되어 녹갈색의 페오피틴을 형성한다.

03 안토시아닌은 산에서는 붉은색, 중성에서는 보라색, 알칼리에서는 푸른색을 띠는 수용성 색소로 물에 녹는다.

04 클로로필라제의 최적 온도는 75~80℃이며, 이 효소작용에 의해 피톨기가 가수분해되어 수용성인 녹색의 클로로필리드가 형성되면서 조리수에 침출된다.

정답 01. ③ 02. ④ 03. ④ 04. ②

05 연근을 하얗게 삶는 방법으로 옳은 것은?

① 묽은 식초 물에 삶는다.
② 철이 녹아 있는 물에 삶는다.
③ 묽은 소금물에 삶는다.
④ 묽은 설탕물에 삶는다.
⑤ 중조를 넣은 물에 삶는다.

06 배추의 조리에 대한 설명으로 옳은 것은?

① 물이 끓으면 배추를 넣고 조리한다.
② 배추는 오래 가열할수록 향미가 좋아진다.
③ 배추는 압력냄비에서 조리하면 향미가 좋아진다.
④ 썰거나 다지면 효소작용으로 향미가 제거된다.
⑤ 중조를 첨가하면 배추조직이 단단해진다.

07 시금치를 데칠 때 초록색을 유지하기 위한 방법으로 옳은 것은?

① 식초를 넣고 데친다.
② 끓는 물에 넣고 장시간 데친다.
③ 설탕을 넣고 데친다.
④ 뚜껑을 닫고 데친다.
⑤ 소금을 넣고 데친다.

08 채소를 데칠 때 소금을 넣는 이유로 옳은 것은?

① 채소를 단단하게 한다.
② 좋지 않은 맛 성분을 제거한다.
③ 흰색 채소를 더욱 희게 한다.
④ 토란의 점질물을 제거한다.
⑤ 색소의 용출을 억제한다.

09 채소의 조리방법으로 옳은 것은?

① 시금치는 오래 데칠수록 녹색이 선명해진다.
② 당근은 기름에 볶으면 카로틴이 잘 흡수된다.
③ 우엉은 레몬즙을 넣고 삶으면 진한 갈색을 띤다.
④ 배추는 뚜껑을 닫고 장시간 데치면 향미가 좋아진다.
⑤ 셀러리는 중조를 넣고 데치면 더 아삭아삭하다.

---

05 **연근은 묽은 식초 물에 넣고 삶으면 하얗게 된다.**

06 배추, 양배추, 무, 브로콜리 등과 같은 **배추류**는 향미가 강한 채소이다. 이들 **채소는 자르거나 가열하면 효소작용에 의해 자극성의 강한 향미를 낸다.** 자극성의 향미는 황화합물이 생성되기 때문이다. **황화합물은 가열시간이 길수록 생성량이 많아진다.** 또한 **유기산은 이들 화합물의 생성을 촉진**하므로 다량의 조리수를 사용하여 비휘발성 유기산을 희석시켜야 한다. 마늘, 파 등과 같은 **파류** 채소도 썰거나 다지면 효소작용에 의해 자극성이 강한 향미 물질이 생성된다. 그러나 **가열하면 자극성이 약해진다.**

07 시금치의 초록색을 유지하기 위해서는 **충분한 양의 끓는 물에 넣은 후 뚜껑을 열고 단시간 데친다. 소금을 조금 넣어 주면 녹색이 잘 유지된다.**

08 **소금은 토란의 점질물을 제거하여** 토란탕이 끓어 넘치는 것을 방지한다.

09 **클로로필을 함유한 식품**은 처음 2~3분간 **뚜껑을 열어 휘발성 유기산을 신속히 증발시켜야** 누렇게 변하지 않으며, **우엉**은 안토잔틴 색소를 함유한 식품으로 **레몬즙을 넣으면 하얗게 된다. 카로노이드 색소는 지용성이므로 기름에 볶아서 조리**하면 흡수율을 높일 수 있다.

정답 05. ① 06. ① 07. ⑤ 08. ④ 09. ②

10 마늘의 독특한 매운 냄새를 내는 물질은?

① 피루브산 ② 시니그린
③ 리그닌 ④ 알릴이소티오시아네이트
⑤ 알리신

10 시니그린은 겨자과 식물의 향기 성분 전구체이며 알릴이소티오시아네이트는 시니그린이 미로시나제에 의해 가수분해되어 생성된 물질이다. 마늘은 백합과 식물로, 썰거나 다지면 전구체인 알린 조직 안에 들어 있는 알리나제가 작용하면서 알리신이 형성된다.

11 무, 배추에 함유된 시니그린을 가수분해하는 효소인 미로시나제가 작용하는 최적 온도로 옳은 것은?

① 10~15℃ ② 20~25℃
③ 30~35℃ ④ 45~50℃
⑤ 55~60℃

11 미로시나제의 최적 온도는 30~40℃이다.

12 과일의 숙성 중 나타나는 변화로 옳은 것은?

① 전분이 분해되어 단맛이 증가한다.
② 탄닌이 불용성 염류를 형성하여 떫은맛이 증가한다.
③ 계속적인 호흡으로 산이 분해되어 신맛이 증가한다.
④ 가용성 펙틴이 불용성 프로토펙틴으로 변화한다.
⑤ 카로티노이드가 분해되어 비타민 함량이 감소한다.

12 과일은 숙성되면서 크기의 증가, 과일 특유의 색으로 전환, 유기산의 함량 감소, 전분의 분해로 인한 당 함량 증가, 수용성 탄닌의 감소, 불용성 프로토펙틴에서 가용성 펙틴으로 전환되어 조직의 연화 등의 현상이 일어난다.

13 펙틴겔을 이용한 식품 중, 감귤이나 오렌지의 겉껍질을 잘게 썬 조각이 들어 있는 것은?

① 젤리 ② 잼
③ 프리저브 ④ 컨저브
⑤ 마멀레이드

13 프리저브는 잼을 의미하는 경우가 많으나 과일의 형태가 남아 있는 펙틴겔 식품이고, 컨저브는 감귤류 과일과 여러 가지 과일을 혼합하여 만든 잼이다. 잼은 과육을 으깨거나 잘게 썰어 다량의 설탕을 넣고 농축한 것이다.

14 과일을 잘랐을 때 일어나는 효소적 갈변에 의해 생성되는 갈색색소로 옳은 것은?

① 탄닌 ② 페오피틴
③ 피라진 ④ 멜라노이딘
⑤ 멜라닌

14 과일이나 채소의 효소적 갈변은 폴리페놀 옥시다제(폴리페놀산화효소), 산소, 기질(폴리페놀)이 공존하는 상태에서 일어난다. 즉, 과일의 껍질을 벗기거나 상처를 입어 과육이 공기 중의 산소에 노출되면 과일 중의 폴리페놀 옥시다제가 작용하여 페놀화합물을 산화시키고 멜라닌 색소를 형성한다.

15 펙틴겔 형성에 적합한 설탕의 농도로 옳은 것은?

① 30~35% ② 40~45%
③ 50~55% ④ 60~65%
⑤ 70~75%

15 펙틴겔을 형성 조건은 설탕 60~65%, 펙틴 1~1.5%, 산 0.3%(과일의 유기산) 또는 pH 2.8~3.4이다.

정답 10. ⑤ 11. ③ 12. ① 13. ⑤ 14. ⑤ 15. ④

16 고메톡실 펙틴에 대한 설명으로 옳은 것은?

① 고메톡실 펙틴겔은 저메톡실 펙틴겔보다 탄력성이 적다.
② 펙틴 농도 1~1.5%에서 적당한 젤리 강도를 형성한다.
③ pH 8에서 겔의 최대 강도를 형성한다.
④ 저메톡실 펙틴겔보다 무르다.
⑤ 메톡실기의 함량이 5% 이상이다.

16 고메톡실 펙틴은 메톡실기 함량이 7% 이상이다. **저메톡실 펙틴겔이 더 부서지기 쉽고 탄력성이 적다.**

17 포도에 많이 존재하는 유기산으로 옳은 것은?

① 주석산(타르타르산)
② 사과산(말산)
③ 구연산(시트르산)
④ 수산(옥살산)
⑤ 호박산(숙신산)

17 **사과산은 사과에, 구연산은 감귤류에** 많이 존재하는 유기산이다. **호박산은 조개류에 존재**하는 구수한 맛 성분이다.

18 양파를 썰 때 눈물이 나오게 하는 물질로 옳은 것은?

① 알린
② 알리신
③ 프로판티올 S-옥시드
④ 알릴이소티오시아네이트
⑤ 프로필머캅탄

18 **프로필머캅탄은 가열한 양파의 단맛을 내는 물질이다.**

19 양파를 가열하면 단맛이 강해지는데 이때 관여하는 물질로 옳은 것은?

① 프로필머캅탄
② 페릴라틴
③ 메틸머캅탄
④ 바닐린
⑤ 커큐민

19 양파를 가열하면 단맛이 나는 프로필머캅탄이 생성된다. 메틸머캅탄은 무, 페릴라틴은 차조기잎의 단맛 성분이다. 바닐린은 바닐라콩, 커큐민은 강황의 매운맛 성분이다.

20 뚜껑을 열고 시금치를 데치는 이유로 옳은 것은?

① 휘발성 유기산을 휘발시키기 위해서
② 비휘발성 유기산을 희석하기 위해서
③ 클로로필라제를 불활성화하기 위해서
④ 피톨기가 유리되는 것을 억제하기 위해서
⑤ 클로로필의 분해를 억제하기 위해서

20 뚜껑을 열고 시금치를 데치면 휘발성 유기산이 제거되어 페오피틴 생성을 억제하여 초록색을 유지할 수 있다. 또한 데칠 때 많은 양의 조리수를 사용하면 비휘발성 유기산의 농도가 희석되어 변색을 막을 수 있다.

정답 16. ② 17. ① 18. ③ 19. ① 20. ①

해조류 및 버섯류

16

학습목표 해조류와 버섯류의 종류와 성분을 이해하고, 조리에 활용한다.

01 **해조류에 대한 설명으로 옳은 것은?**

① 소화율이 높아 에너지원으로서 가치가 있다.
② 김에는 구수한 맛을 내는 글루탐산이 풍부하다.
③ 해조류는 요오드, 칼슘과 같은 무기질 함량이 높다.
④ 해조류는 필수 아미노산인 메티오닌이 풍부하다.
⑤ 미역, 다시마는 트립토판 함량이 낮다.

01 **감칠맛을 내는 글루탐산**은 다시마에 풍부하고 **구수한 맛을 내는 글리신**은 김에 많다. 해조류는 일반적으로 메티오닌 함량이 낮고 미역, 다시마에는 트립토판 함량이 높으나 김은 낮다.

02 **해조류에 대한 설명으로 옳은 것은?**

① 해조류는 칼슘, 철, 요오드 등과 비타민 A가 미량 함유되어 무기질 급원식품으로 가치가 없다.
② 녹조류에 존재하는 알긴산은 안정제, 유화제로 사용된다.
③ 김의 주된 방향 성분은 디메틸설피드(dimethyl sulfide)이다.
④ 홍조류의 방향 성분은 터펜(terpene)계 물질이다.
⑤ 다시마의 주된 맛 성분은 글리신, 알라닌이다.

02 점도를 증가시키는 데 사용되는 알긴산은 미역과 다시마 등 갈조류에 풍부하며, 다시마의 주된 맛 성분은 글루탐산, 아스파르트산 등이다. 김의 맛은 글리신에 의하며 냄새는 디메틸설피드에 의해 생긴다. 갈조류의 독특한 방향 성분은 터펜계 물질이다.

03 **양송이버섯의 영양학적 의의에 대한 설명으로 옳은 것은?**

① 생식기관인 균사체와 영양기관인 자실체로 되어 있다.
② 버섯 종류 중 식이섬유를 가장 많이 함유한다.
③ 티로시나제(tyrosinase)에 의한 산화 반응으로 갈변된다.
④ 적외선에 의해 비타민으로 전환될 수 있는 에르고스테롤(ergosterol)을 함유한다.
⑤ 주로 버섯 육수를 내는 데 이용된다.

03 버섯은 Fungi에 속하며, 영양기관인 균사체와 생식기관인 자실체로 되어 있다. 양송이버섯은 버섯 종류 중 식이섬유를 가장 적게 함유하고 있고, 자외선에 의해 비타민으로 전환될 수 있는 에르고스테롤을 함유하고 있다.

정답 01. ③ 02. ③ 03. ③

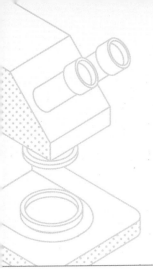

04 **알긴산**은 **다시마, 미역 등**에 많이 들어 있는 끈적끈적한 물질이다. 한천, 라미나린, 카라기난, 푸코산은 해조류에 함유된 복합다당류이다.

05 말티톨은 말토스가 환원된 것으로 저칼로리 감미료로 이용되고 있는 당알코올이다. **만니톨**은 만노스가 환원된 것으로 **곶감, 건미역, 고구마에 생기는 흰 가루 성분**으로 당뇨환자의 감미료로 이용되기도 한다.

06 파래와 청각은 녹조류에 속하고 김과 우뭇가사리는 홍조류에 속하며, 미역·다시마·톳은 갈조류에 속한다.

07 5′-GMP는 표고버섯의 맛 성분이고, 레티난은 표고버섯에 존재하는 베타글루칸이며, 에리타데닌은 혈중 콜레스테롤 농도를 조절하는 물질이다.

08 버섯은 일반적으로 섬유소 함량이 높아 에너지가 낮으며, 티아민, 리보플라빈, 니아신이 풍부하나 비타민 C는 거의 없다. **렌티오닌**은 표고버섯에 특징적인 향을 제공하며, 주된 맛 성분은 **구아닐산**이다.

정답 04. ③ 05. ⑤ 06. ②
07. ② 08. ④

04 미역의 끈적끈적한 성분은?

① 한천(agar)
② 라미나린(laminarin)
③ 알긴산(alginic acid)
④ 카라기난(carrageenan)
⑤ 푸코산(fucosan)

05 다시마 표면에 있는 흰 분말의 성분은?

① 솔비톨(sorbitol) ② 말티톨(maltitol)
③ 둘시톨(dulcitol) ④ 자일리톨(xylitol)
⑤ 만니톨(mannitol)

06 다음 중 연결이 옳은 것은?

① 녹조류 – 미역
② 홍조류 – 우뭇가사리
③ 갈조류 – 파래
④ 녹조류 – 다시마
⑤ 홍조류 – 톳

07 송이버섯의 향 성분으로 옳은 것은?

① 5′-GMP ② 마츠다케올
③ 레티난 ④ 에리타데닌
⑤ 에르고스테롤

08 표고버섯에 대한 설명으로 옳은 것은?

① 비타민 C와 니아신이 풍부하다.
② 단백질 함량과 에너지가 높다.
③ 글리신과 아스파르트산이 주된 맛 성분이다.
④ 특징적인 향 성분은 렌티오닌(lenthionine)이다.
⑤ 전분 함량이 높다.

09 한천 겔에 대한 설명으로 옳은 것은?

① 녹인 한천액은 45~55℃에서 응고한다.
② 한천 겔 형성 시 설탕을 30% 첨가하면 한천 분자 간의 결합을 억제시킨다.
③ 한천 겔 형성 시 소금을 30% 첨가하면 겔의 탄력성과 투명성이 증가한다.
④ 한천 용액에 산을 가하여 가열하면 겔 형성 능력이 증가한다.
⑤ 한천은 0.2~0.3%에서 겔을 형성한다.

09 설탕은 탈수작용을 하여 한천 분자에 수화된 물을 빼앗아 분자 간의 결합을 촉진시킨다. 산에 의해 한천이 가수분해되면 망상구조의 형성이 어려워진다. 한천은 소화가 되지 않는 복합다당류여서 저칼로리 식품으로 각광받고 있다. 한천은 0.2~0.3%에서 겔을 형성한다.

10 한천에 대한 설명으로 옳은 것은?

① 양갱은 팥앙금과 한천이 분리되지 않도록 70℃를 유지하면서 응고시킨다.
② 한천은 홍조류의 세포벽 성분으로 주성분은 다당류인 갈락탄(galactan)이다.
③ 한천은 물에 침지시켜 80% 정도 흡수했을 때 40~60℃에서 융해한다.
④ 한천 농도가 1% 이상이고 설탕 농도가 40% 이상이면 시네레시스(syneresis)가 일어나지 않는다.
⑤ 우유 지방과 단백질을 첨가하면 한천 겔의 구조가 단단해진다.

10 한천은 갈락토스가 기본 단위인 **아가로스와 아가로펙틴**의 두 부분으로 구성된다. 한천의 융해온도는 80~100℃로, 물을 가해 80% 정도 흡수팽윤 후 가열하면 융해한다. 팥앙금은 한천 겔이 응고되기 직전인 40℃ 정도에서 첨가한다.

11 이장현상, 시네레시스(synersis)에 대한 설명으로 옳은 것은?

① 한천 겔은 고온에서 보관해야 한다.
② 한천 농도가 높고 가열시간이 길면 이액률이 낮아진다.
③ 한천 농도가 1% 이상, 설탕 농도가 60% 이상이면 잘 일어난다.
④ 우유나 설탕을 첨가하면 이액률이 높아진다.
⑤ 산을 첨가하면 이액률이 감소한다.

11 이장현상은 시간의 경과에 따라 **한천 겔의 표면에서 물이 분리**되어 빠져나오는 현상이다. 겔의 방치 온도가 낮고 우유나 설탕을 첨가한 경우 이액률이 낮아진다. 이액현상은 한천 농도가 1% 이상, 설탕 농도가 60% 이상이면 일어나지 않는다. 한천 농도를 높이고 한천 용액의 가열시간을 길게 하고 설탕 농도를 60% 이상으로 하며 응고시키는 시간을 길게 하면 이액량을 최소화할 수 있다.

12 버섯류 중 식이섬유와 철 함량이 가장 높은 것은?

① 표고버섯 ② 팽이버섯
③ 양송이버섯 ④ 목이버섯
⑤ 석이버섯

12 석이버섯은 건물, 생물 모두 식이섬유와 철 함량이 버섯류 중 가장 높으며 식이섬유는 약 52.87%(생물), 철은 54.6 mg%(건물)가 함유되어 있다.

정답 09. ⑤ 10. ② 11. ② 12. ⑤

13 triterpenoid는 영지버섯의 쓴맛 성분이며 **렌티오닌은 표고버섯의 향 성분으로 유황을 함유**한다. 베타글루칸은 버섯류의 면역증강 성분이다.

14 베타인은 어패류의 맛 성분이고, 만니톨은 트레할로스와 함께 버섯류의 풍미성분이다. 콜린은 비단백유기질소화합물이다.

15 김의 독특한 냄새를 내는 물질은 디메틸설피드이다. 디아세틸은 버터의 냄새성분이다.

정답 13. ① 14. ① 15. ①

13 마른 표고버섯의 맛 성분에 해당하는 것은?

① 5′-GMP(guanylmonophosphate)
② 트레할로스(trehalose)
③ 베타글루칸(β-glucan)
④ 트리터페노이드(triterpenoid)
⑤ 렌티오닌(lenthionine)

14 식용버섯류에 대한 설명으로 옳은 것은?

① 생버섯류는 2~3%의 단백질, 0.2~0.5%의 지질을 함유한다.
② 비타민 A와 C가 풍부하다.
③ 버섯의 소화율은 단백질의 경우 약 45~60%이다.
④ 주요 맛 성분은 만니톨(mannitol), 베타인(betaine), 콜린(choline) 등이다.
⑤ 가식비율이 낮은 식품류이다.

15 김의 독특한 냄새를 내는 물질로 옳은 것은?

① 디메틸설피드(dimethyl sulfide)
② 디알릴설피드(diallyl sulfide)
③ 디알릴디설피드(diallyl disulfide)
④ 디메틸머캅탄(dimethyl mercaptan)
⑤ 디아세틸(diacetyl)

급식관리 2

1 개요

학습목표 단체급식의 의의와 목적을 이해하며, 단체급식의 유형 및 체계, 급식계획 및 조직 등을 학습하여 단체급식관리에 관한 지식을 활용한다.

01 단체급식에 대한 설명으로 옳은 것은?

① 기숙사, 병원, 대중음식점 등에서 영리를 목적으로 특정 다수인을 대상으로 계속적으로 식사를 공급하는 것
② 학교, 병원, 대중음식점 등에서 영리를 목적으로 하지 않고 불특정 다수인을 대상으로 계속적으로 식사를 공급하는 것
③ 사업장, 학교, 병원 등에서 영리를 목적으로 특정 다수인을 대상으로 계속적으로 식사를 공급하는 것
④ 기숙사, 학교, 병원 등에서 영리를 목적으로 하지 않고 특정 다수인을 대상으로 계속적으로 식사를 공급하는 것
⑤ 대중음식점, 휴게음식점, 열차식당 등에서 영리를 목적으로 특정 다수인을 대상으로 계속적으로 식사를 공급하는 것

02 단체급식의 공통적인 목적으로 옳지 않은 것은?

① 급식 고객의 건강 회복, 유지, 증진을 도모한다.
② 급식비를 합리적으로 관리하고 균형 잡힌 식사를 공급한다.
③ 단체의 소속감, 연대감을 통해 정신적 만족을 준다.
④ 급식을 통해 가정과 지역사회의 건강증진에 기여한다.
⑤ 식수 증대를 통해 기업 이윤을 증가시킨다.

03 단체급식소의 공통적인 목적으로 옳은 것은?

① 급식대상자의 영양 확보로 건강 증진을 도모한다.
② 환자의 질병상태에 적합한 식사를 제공한다.
③ 기업의 생산성 향상에 기여한다.
④ 아동들의 바람직한 식습관을 확립한다.
⑤ 구성원의 복리후생에 이바지한다.

01 단체급식이란 기숙사, 학교, 병원, 기타 후생기관 등에서 영리를 목적으로 하지 않고, 구성원들에게 계속적으로 식사를 제공하는 것이다.

02 식수 증대를 통해 기업 이윤을 증가시키는 것은 위탁급식의 목적에 해당된다.

03 단체급식의 공동 목적은 급식대상자의 영양 확보로 건강 증진, 사회성과 도덕성 함양으로 인간관계 육성, 공동체 의식 고취, 급식을 통한 가정·지역사회의 건강에 기여이다. 단체급식 유형별 고유 목적으로 병원급식은 환자의 질병 치료, 학교급식은 아동들의 올바른 식습관 형성 및 편식 교정, 사업체 급식은 기업의 생산성 향상과 복리후생이 있다.

정답 01. ④ 02. ⑤ 03. ①

04 급식산업을 비상업성 급식과 상업성 급식으로 구분할 때 상업성 급식에 속하는 것은?

① 학교 급식 ② 병원 급식
③ 항공기 내 급식 ④ 사업체 급식
⑤ 사회복지시설 급식

05 국내 단체급식의 현황에 대한 설명으로 옳은 것은?

① 중·고등학교 급식소의 위탁률이 점차 증가되고 있다.
② 급식산업이 상업성과 비상업성으로 점차 뚜렷하게 구분되고 있다.
③ 사업체 급식은 위탁에서 직영으로 운영방식을 전환하는 경우가 증가하고 있다.
④ 학교급식이 전면 무상으로 운영된다.
⑤ 사회복지시설 급식에서의 영양사 채용이 감소하고 있다.

06 단체급식의 운영상 특징에 대한 설명으로 옳은 것은?

① 총 원가에 이익을 가산하여 최종 메뉴가격을 결정한다.
② 제한된 시간 내에 대량의 음식을 생산한다.
③ 주기메뉴나 변동메뉴보다는 고정메뉴를 주로 사용한다.
④ 셀프서비스 방식보다는 주로 테이블서비스 방식으로 운영된다.
⑤ 운영 효율화를 위한 식단의 선택권은 사용하지 않는다.

07 단체급식의 본원적 역할은?

① 영양개선 및 건강증진을 통한 조직의 목적 달성 지원
② 식생활 교육을 통한 바람직한 식습관 형성
③ 조직원의 소속감 및 공동체 의식 형성
④ 휴식처와 사교의 장 제공
⑤ 도덕성 및 사회성 함양으로 인간관계 육성

08 현행법상 영양사를 두어야 하는 곳은?

① 1회 급식인원 50인 미만의 산업체
② 1회 급식인원 50인 이상의 노인양로시설
③ 1회 급식인원 50인 미만의 소방서
④ 1회 급식인원 50인 미만의 어린이집
⑤ 1회 급식인원 50인 이상의 호텔레스토랑

04
- 비상업성 급식(단체급식 부문) : 학교 급식, 사업체 급식, 병원 급식, 사회복지시설 급식, 군대 급식, 교정시설 급식 등
- 상업성 급식(외식업 부문) : 일반음식점, 휴게음식점, 출장음식 및 도시락업, 호텔 및 숙박시설 식당, 스포츠시설 및 휴양지 식당, 교통기관 식당, 자동판매기 등

05 학교급식소는 직영 운영이 원칙이고, 사업체 급식의 위탁률은 증가하고 있다. 한편 급식산업에서의 상업성, 비상업성의 경계는 차츰 흐려지고 있다.

06 단체급식은 제한된 시간 내 대량의 음식을 생산해야 하는 체계로서 급식대상자 개개인에 맞춘 개별적인 영양공급에 제한이 있으나, 최근 선택식단 적용이 확대되고 있다. 상업적 외식은 원가에 이익을 가산하여 메뉴가격을 결정하지만, 단체급식은 주로 이익을 가산하지 않고 원가만을 고려하여 가격을 결정하고, 지원금이 있는 경우는 무상 급식이 실시되기도 한다.

08 식품위생법 제52조 제2항에 따르면 1회 급식인원 100명 미만의 산업체에서는 영양사를 두지 아니하여도 된다. 영유아보육법 시행규칙에 영유아 100명 이상을 보육하는 어린이집의 경우 영양사 1명을 두는 것이 원칙이다. 노인복지법 시행규칙 별표 2에 따르면 노인양로시설 1회 급식인원이 50인 이상인 경우 영양사를 두어야 한다.

정답 04. ③ 05. ④ 06. ② 07. ① 08. ②

09 식품위생법에 정의된 영양사의 직무 조항에는 ①, ②, ③, ⑤ 외에도 집단급식소에서의 식단작성, 종업원에 대한 식품위생교육 등이 포함되어 있다.

10 영양사의 직무는 식단, 식재료, 시설설비, 위생, 작업, 인력관리 등 사람, 시설 및 운영에 관련된 사무이며, 급식단가의 최종 결정 및 예산 확보는 경영진이 한다.

12 병원급식에서의 식사제공은 환자의 치료를 돕기 위한 것이므로 환자의 기호에 맞는 음식만을 선택할 수는 없다.

정답 09. ④ 10. ⑤ 11. ①
12. ⑤

09 식품위생법 제52조 제2항에 규정된 영양사의 직무로 옳지 않은 것은?

① 검식 및 배식관리
② 종업원에 대한 영양지도
③ 급식시설의 위생적 관리
④ 구매식품 납품업체 관리
⑤ 급식소의 운영일지 작성

10 급식시설에서 영양사의 직무가 아닌 것은?

① 급식원가 관리
② 급식인사 관리
③ 급식시설설비 관리
④ 식재료 관리
⑤ 급식예산 확보

11 영양사의 급식관리 업무의 수행 순서를 옳게 나열한 것은?

① 식단작성 – 식품구입 – 조리감독 – 배식관리
② 조리감독 – 식단작성 – 식품구입 – 배식관리
③ 식단작성 – 식품구입 – 배식관리 – 잔식처리
④ 식품구입 – 식단작성 – 조리감독 – 배식관리
⑤ 식품구입 – 조리감독 – 배식관리 – 잔식처리

12 영양사의 급식관리 업무에 대한 설명으로 옳은 것은?

① 급식관리 업무는 위생관리 업무를 제외한 영양계획, 식단작성, 조리감독 및 배식관리를 말한다.
② 병원급식 영양사는 의사의 식사처방에 따라 식단을 작성하며, 환자의 기호에 적합한 음식을 위주로 선택한다.
③ 병원급식 영양사는 월 1회 입원환자의 식사섭취 상황을 조사하고 환자에 대한 영양지도를 수행한다.
④ 영양사는 피급식자의 기호도만을 고려하여 식단을 구성한다.
⑤ 영양사는 조리종사자의 작업 능률화, 적정한 배치, 작업량의 배분 등의 작업관리를 수행한다.

13 급식위탁 계약방법에 대한 설명으로 옳은 것은?

① 식단가제 계약에서는 급식소에서 사용된 실비 외 일정 비율의 위탁수수료만 추가로 지급받는다.
② 관리비제 계약은 식수 변동이 적고 규모가 큰 사업체 급식에서 많이 채택된다.
③ 식단가제 계약에는 식단가에 식재료비, 인건비, 경비가 포함되고 위탁수수료는 포함되지 않는다.
④ 관리비제 계약에서는 급식소에서 사용된 식재료비, 인건비, 경비 등의 사용 내역을 위탁기관에 청구하여 정산한다.
⑤ 식단가제 계약은 중소 규모의 사업체나 기숙사 급식 등에서 많이 채택된다.

13 급식위탁 계약의 종류에는 크게 **식단가제 계약**과 **관리비제 계약**이 있다. 식단가제는 식사의 단가(주로 판매가격)를 기준으로 계약하는 방법으로, 식단가에는 재료비, 인건비, 기타 경비(광열비, 수도료 등)와 위탁수수료가 포함되며, 식수 변동이 적고 규모가 큰 사업체 급식에서 많이 채택된다.

14 급식소 경영을 직영에서 위탁의 형태로 전환할 경우 위탁기관이 기대할 수 있는 효과는?

① 급식 식단가 상승
② 급식종사원의 이직률 저하
③ 경영진의 급식관리 업무 증가
④ 위탁기관의 급식품질 통제 용이
⑤ 급식고객의 서비스에 대한 불만 감소

14 **위탁급식의 기대효과**
- 재정 측면 : 급식 예산의 보장, 원가 절감, 자본투자 유치
- 인적자원관리 측면 : 유능한 관리자 활용, 인건비 절감, 노사문제로부터의 해방, 직원들의 훈련 및 개발 프로그램의 선진화
- 급식운영 측면 : 서비스 불평 감소, 위생관리 체계의 강화, 관리부담 경감
- 감독 측면 : 경영진들이 급식업무로부터 자유로워짐, 급식관리자의 업무수행 개선
- 설비 측면 : 낙후된 시설·설비 개선, 보수 및 수리를 위한 자본금의 부족 해결

15 직영급식의 장점은?

① 노사문제로부터의 해방
② 경영진의 급식관리 부담 감소
③ 자본 투자 유치
④ 급식품질의 통제 용이
⑤ 직원 훈련 프로그램의 선진화

16 위탁급식회사에서 급식위탁업무를 진행하는 절차로 옳은 것은?

① 위탁의뢰 → 유사기관 현장 방문 → 제안서 작성 → 위탁의뢰기관 사전조사 → 업체별 설명회 → 결과 확인 및 선정 후 작업
② 위탁의뢰 → 위탁의뢰기관 사전조사 → 제안서 작성 → 결과 확인 및 선정 후 작업 → 유사기관 현장 방문 → 업체별 설명회
③ 위탁의뢰 → 위탁의뢰기관 사전조사 → 제안서 작성 → 유사기관 현장 방문 → 업체별 설명회 → 결과 확인 및 선정 후 작업
④ 위탁의뢰 → 제안서 작성 → 위탁의뢰기관 사전조사 → 업체별 설명회 → 결과 확인 및 선정 후 작업 → 유사기관 현장 방문
⑤ 위탁의뢰 → 제안서 작성 → 위탁의뢰기관 사전조사 → 업체별 설명회 → 유사기관 현장 방문 → 결과 확인 및 선정 후 작업

16 위탁급식회사에서 단체급식 위탁의뢰를 받게 되면 먼저 의뢰기관에 대한 사전조사를 통해 제안서를 작성하게 되고, 유사기관에 대한 현장 방문과 업체별 설명회를 거친다. 그리고 의뢰기관으로부터 수탁 결과를 확인한 뒤, 개점 준비를 위한 사후 작업에 들어가게 된다.

정답 13. ④ 14. ⑤ 15. ④ 16. ③

17 식재료 구입부터 전처리, 조리, 분배가 모두 한 장소에서 이루어지며, 음식을 만든 후 짧은 시간 내에 공급해야 하므로 숙련된 조리인력이 항상 필요한 형태의 급식체계는?

① 전통적 급식체계
② 조리저장식 급식체계
③ 중앙공급식 급식체계
④ 조합식 급식체계
⑤ 편이식 급식체계

17 중앙공급식 급식체계, 조리저장식 급식체계, 편이식 급식체계는 기존의 전통적 급식체계의 인건비 증대, 숙련된 조리인력 부족의 문제 등을 보완하기 위해 등장하고 있는 변형된 급식체계들이다.

18 음식의 생산과정과 시설 등을 한 곳으로 중앙 집중화하여 가공처리 되지 않은 원재료, 약간의 가공처리가 된 식품들을 구입하며, 조리한 후 각 단위급식소에 분배하는 급식체계는?

① 전통적 급식체계
② 조리저장식 급식체계
③ 중앙공급식 급식체계
④ 조합식 급식체계
⑤ 편이식 급식체계

18 **중앙공급식 급식체계**는 1970년대 미국의 학교급식 프로그램이 확대되자 새로운 급식체계의 필요성이 대두되어 도입되었다. 우리나라 초등학교 급식에서는 공동조리방식이라 불리며, 급식품을 생산하는 학교는 공동조리교, 급식품을 받는 학교는 비조리교라 한다. 조리인력과 시설설비의 절감효과를 거둘 수 있다.

19 조리저장식 급식체계에 대한 설명으로 옳은 것은?

① 피크타임에 인력이 집중적으로 요구되므로 작업에 대한 스트레스가 크다.
② 음식의 생산과 소비가 시간적으로 분리되어 계획생산이 가능하다.
③ 식재료의 가격 변화에 따라 메뉴를 수정할 수 있는 융통성이 있다.
④ 급식 운반을 위한 보온 차량이 필요하다.
⑤ 음식의 생산과 소비가 공간적으로 분리되어 미생물적·관능적 품질 유지가 쉽다.

20 조리냉장식 급식체계(cook-chill system)에 대한 설명으로 옳은 것은?

① 급식용 음식 운반을 위한 보온 차량이 필요하다.
② 초기 투자비용의 요구가 적다.
③ 피크타임에 인력이 집중적으로 요구되어 인력관리에 어려움이 따른다.
④ 음식의 생산과 소비가 모두 같은 장소에서 연속적으로 이루어진다.
⑤ 국내에서는 주로 기내식에서 활용되고 있다.

20 **조리냉장식 급식체계**는 음식 생산 후에 급속냉각기(blast chiller) 등을 이용하여 급속냉각 후 엄격하게 통제된 3℃ 온도대의 냉장상태로 저장해 두었다가 배식 직전에 오븐 등에서 재가열하여 제공된다(3~4일간 냉장저장 가능).

정답 17. ① 18. ③ 19. ② 20. ⑤

21 **음식 재료를 플라스틱파우치에 진공포장하여 완전조리 혹은 반조리한 후 급속냉각하여 냉장온도로 보관하였다가 배식 전 재가열하여 제공하는 급식제도는?**

① 조리냉장식(cook-chill) 급식체계
② 조리냉동식(cook-freeze) 급식체계
③ 수비드(sou-vide) 급식체계
④ 조합식 급식체계
⑤ 편이식 급식체계

22 **중앙공급식 급식체계에 대한 설명으로 옳은 것은?**

① 음식을 미리 조리해 두었다가 냉동상태 혹은 냉장상태로 보관한다.
② 조리-냉장(cook-chill) 방식, 조리-냉동(cook-freeze) 방식이 있다.
③ 고객들의 다양한 요구를 맞추기 쉽다.
④ 급식시설이 없는 소규모 학교에서도 급식을 제공할 수 있다.
⑤ 노동생산성이 떨어지고 인건비가 많이 소요되는 것이 가장 큰 단점이다.

22 중앙공급식 급식체계(commissary foodservice system)는 조리교(공동조리장)에서 조리를 마친 상태로 음식을 준비하여 비조리교로 운송한 후 약간의 재가열 과정을 거친 후 배식된다. 따라서 생산과 소비가 공간적으로 분리되며, 대량 생산으로 인한 식재료비 절감과 비조리교의 시설을 최소화하는 이점이 있다.

23 **숙련된 조리인력이 거의 필요치 않으며 조리된 가공음식을 구입하여 음식을 데우거나 조리하지 않고 최종 조합만을 하여 음식을 제공하는 형태의 급식체계는?**

① 조리냉장식 급식체계 ② 조리냉동식 급식체계
③ 중앙공급식 급식체계 ④ 전통적 급식체계
⑤ 편이식 급식체계

23 완전하게 조리되어 제품화된 음식을 구입하여 제공하거나, 최소한의 조리만을 필요로 하는 식재료를 구매한 후 가열과정을 거쳐 소비자에게 급식하는 생산체계를 **편이식 또는 조합식 급식체계**라고 한다. 냉장, 냉동 또는 건조식품 등 편이식품(대량 또는 1인분 단위)을 구입하여 제공한다.

24 **급식체계에 대한 설명으로 옳은 것은?**

① 전통적 급식체계 : 음식의 생산, 분배, 서비스가 같은 장소에서 이루어진다.
② 중앙공급식 급식체계 : 음식이 필요한 시간보다 앞서 생산된 다음 저장되었다가 재가열되어 제공된다.
③ 편이식 급식체계 : 공동조리장(central kitchen)을 두어 다량으로 음식을 생산한 후 인근의 급식소(satellite kitchen)로 운송하여 서비스한다.
④ 조리저장식 급식체계 : 식재료를 구매할 때 전처리과정이 거의 필요하지 않은 가공 및 편이식품을 대량 구입한다.
⑤ 조합식 급식체계 : 음식의 생산이 원재료로부터 이루어지기 때문에 조리인력이 많이 필요하다.

정답 21. ③ 22. ④ 23. ⑤ 24. ①

25 ①은 조리저장식 급식체계, ②는 전통적 급식체계, ③은 조합식 급식체계에 대한 설명이며, 공동조리장의 최종급식소에서는 제공받은 음식을 재가열하여 급식자에게 제공하므로 숙련된 조리인력을 필요로 하지 않는다.

26 중앙공급식 급식체계는 음식의 생산과정과 시설 등을 한곳에 중앙집중화하고, 가공처리되지 않은 원재료나 약간의 가공처리가 된 식품들을 구매하여 조리한 후 각 단위급식소에 분배하므로 생산과 소비(서비스)는 다른 장소에서 이루어진다는 특징이 있다.

27 **조리저장식 급식체계의 장점**
- 생산과 소비가 시간적으로 분리되므로 계획적으로 작업일정 관리 가능
- 하루 8시간의 정상근무를 가능하게 하여 종업원의 직무만족도를 향상
- 조리종사원들의 서비스 및 조리교육 등에 더 많은 시간을 활용하여 급식의 질을 향상
- 인건비가 절약되고 생산성 향상
- 사전 계획에 의한 조리로 소비자 기호에 부응하는 다양한 선택메뉴의 제공 가능

28
- 전통적 급식체계 : 노동생산성이 낮고, 인건비가 많이 든다.
- 조리저장식(예비식) 급식체계 : 초기의 시설, 설비 투자비가 많이 소요된다.

정답 25. ④ 26. ① 27. ③ 28. ②

25 공동조리 급식체계에 대한 설명으로 옳은 것은?

① 수주~수개월 후에 제공할 음식을 미리 조리한 후 저장한다.
② 최종 급식소에서도 숙련된 조리인력이 항상 필요하다.
③ 조리를 최소화함으로써 조리인력이 거의 필요 없다.
④ 식재료의 대량 구입과 조리로 식재료비, 인건비 절감 효과를 기대할 수 있다.
⑤ 작업의 피크 타임(peak-time)으로 인한 스트레스를 해소할 수 있다.

26 조리시설 및 경비의 절약을 위해 도서·벽지 지역의 소규모 학교 급식에서 도입하고 있는 급식형태는?

① 공동조리제도 ② 공동관리제도
③ 선택식 메뉴 ④ 주문조리 급식
⑤ 조리저장식 제도

27 조리저장식 급식체계를 도입할 경우에 얻을 수 있는 장점으로 옳은 것은?

① 조리에 투여되는 노동시간을 최소화할 수 있다.
② 급식의 품질 안전성에 대한 위험요소가 적다.
③ 인력 계획이나 작업 스케줄 계획이 용이하다.
④ 급식종사자의 노사문제로부터 해방된다.
⑤ 생산 시설 투자를 위한 자본 소요가 적다.

28 급식체계에 대한 설명으로 옳은 것은?

① 전통적 급식체계는 노동생산성이 높아 인건비가 적게 든다.
② 중앙공급식 급식체계는 음식의 조리와 소비가 공간적으로 분리되어 있다.
③ 조리저장식 급식체계는 시설, 설비 투자가 적게 소요된다.
④ 조합식 급식체계에는 조리냉장식과 조리냉동식이 있다.
⑤ 조리저장식 급식체계에서는 중앙주방에서 음식을 대량으로 조리한다.

29 **조합식 급식체계에 대한 설명으로 옳은 것은?**

① 급식대상자의 기호를 충분히 만족시킨다.
② 식단에 사용하는 식품의 종류가 한정적이다.
③ 병원급식과 같이 개별적인 환자 치료식 제공에 적합하다.
④ 식재료의 가격변화에 따라 메뉴를 융통성 있게 수정할 수 있다.
⑤ 숙련된 조리원이 필요하다.

29 조합식 급식체계는 식품제조업체나 가공업체로부터 완전히 조리되어 상품화된 음식을 구입하여 제공하는 형태이므로 급식대상자의 개별적인 기호를 충족하기가 쉽지 않다. 조리작업은 거의 필요 없으며 구입 식품의 해동이나 재가열 정도만 필요하다.

30 **병원급식에 대한 설명으로 옳은 것은?**

① 병원급식 업무 중 가장 중요한 업무는 영양관리이다.
② 병원급식의 식수는 거의 일정하므로 정확한 식수 파악이 가능하다.
③ 다른 급식 유형에 비해 생산성이 높다.
④ 근래에는 직영으로 운영되는 병원급식이 증가하는 추세이다.
⑤ 식사 종류의 변동이 적다.

30 병원급식에서의 식수와 식사의 종류는 환자의 질환상태에 따라 결정되며 입·퇴원 등으로 인한 잦은 식수 변동으로 정확한 식수 파악이 어렵다.

31 **병원의 영양사가 일반 영양사에 비해 특별히 수행하는 임무는?**

① 식단작성 ② 식품관리
③ 조리감독 ④ 임상영양관리
⑤ 작업관리

31 병원급식의 영양사가 수행하는 특수한 업무로 환자들의 질병 치료를 돕기 위한 임상영양관리를 들 수 있다.

32 **병원급식에서 영양사는 무엇에 따라 식단을 작성해야 하는가?**

① 입원실의 등급 ② 환자의 기호
③ 전날의 급식 수 ④ 의사의 식사 처방
⑤ 영양사 자신의 판단

32 환자들의 식단작성은 의사의 식사처방(diet order) 지시에 따라야 한다.

33 **학교급식의 목적으로 옳지 <u>않은</u> 것은?**

① 식품 선별능력 함양
② 편식 교정
③ 올바른 식사태도 형성
④ 균형 있는 영양섭취
⑤ 바람직한 식습관 형성

33 학교급식의 목적은 ① 균형 있는 영양섭취, ② 편식 교정, ③ 올바른 식사태도와 바람직한 식습관 형성, ④ 공동체의식 고취, ⑤ 지역사회의 식생활 개선, ⑥ 정부의 식량 소비정책에 기여 등이다.

정답 29. ② 30. ① 31. ④ 32. ④ 33. ①

34 우리나라의 학교급식은 전쟁고아나 극빈아동에 대한 구호책의 일환으로 시작되었다.

34 우리나라의 학교급식 발달과정에 대한 설명으로 옳은 것은?

① 우리나라의 학교급식법은 1981년에 제정되었다.
② 우리나라의 학교급식은 성장기 아동의 발육과 건강증진을 목적으로 처음 시작되었다.
③ 우리나라의 급식 전면실시는 중학교에서 가장 먼저 이루어졌다.
④ 2006년에는 직영급식의 위탁전환을 포함하는 학교급식법 전면개정이 이루어졌다.
⑤ 현재 우리나라는 약 80%의 학교에서 급식이 실시되고 있다.

35 캔자스주립대학교의 교수였던 스피어즈 교수가 제시한 급식 시스템 모형은 투입, 변환과정, 산출로 이루어진 기본 시스템 모형과 이에 더하여 통제, 기록, 피드백을 포함하는 확장 시스템 모형으로 이루어져 있다.

35 시스템 접근법을 급식조직에 적용할 때 기본 시스템 모형의 구성요소를 나열한 것으로 옳은 것은?

① 투입, 변환과정, 통제
② 통제, 기록, 피드백
③ 투입, 산출, 기록
④ 통제, 기록, 변환과정
⑤ 투입, 변환과정, 산출

36 기본 시스템 모형은 투입(input), 변환과정(transformation), 산출(output)의 세 가지 요소로 구성되어 있다. 확장 시스템 모형에는 여기에 통제(control), 기록(memory), 피드백(feedback)의 세 가지 요소가 추가된다.

36 급식 시스템 모형(foodservice system model)을 구성하는 확장 시스템 모형의 요소로 옳은 것은?

① 투입(input) ② 변환과정(transformation)
③ 산출(output) ④ 통제(control)
⑤ 성과(outcomes)

37 **급식 시스템**의 산출(output) 요소에 해당하는 것으로는 양적·질적으로 고객의 요구를 충족시키는 음식과 고객만족 및 종업원 만족을 들 수 있으며, 경영면에서 경제적 성과는 매출액, 시장점유율, 투자수익률, 노동생산성 등이며, 사회적 성과는 기업이미지와 사회적 책임의 수행정도 등이 있다.

37 급식 시스템을 구성하는 요소 중 산출(output)에 해당하는 것은?

① 배식 ② 식재료
③ 생산 ④ 운영자원
⑤ 고객 만족

38 **변환과정**은 투입을 산출로 만드는 모든 과정 및 활동을 의미하며, 통제는 운영평가 시 표준이 된다. 기록은 시스템 운영에 필요한 정보나 과거 기록을 계속적으로 저장하고 보관하는 것이며, 피드백은 시스템이 환경 변화에 적응하도록 도움을 준다.

38 개방 시스템 모형을 이루는 구성요소에 대한 설명으로 옳은 것은?

① 변환과정 : 운영평가의 표준 활동
② 통제 : 투입을 산출로 만드는 모든 활동
③ 산출 : 투입을 전환하여 만든 모든 결과물
④ 피드백 : 운영에 필요한 정보나 과거 기록을 저장, 보관하는 일
⑤ 기록 : 시스템이 환경 변화에 적응하도록 돕는 일

정답 34. ① 35. ⑤ 36. ④ 37. ⑤ 38. ③

39 기능적인 하위 시스템에 대한 설명으로 옳은 것은?

① 기능적인 하위 시스템에는 투입, 변환과정, 산출이 포함된다.
② 급식업소의 특징에 따라 시스템 내의 기능적인 하위 시스템은 달라질 수 있다.
③ 연결과정은 의사소통, 의사결정, 균형을 포함한다.
④ 경영관리기능은 계획, 조직, 충원, 지휘, 통제를 말한다.
⑤ 병원급식은 단순한 하위 시스템을 가지고 있다.

39. 기능적인 하위 시스템은 구매, 생산, 위생-유지, 분배-서비스가 포함된다. 급식업소의 특징에 따라 시스템 내의 하위 시스템은 달라질 수 있다. 고급 레스토랑은 주문이 들어오면 조리하고 배식하며, 학교급식은 식수에 맞춰 대량조리 후 배식이 이루어진다. 병원급식은 적온의 양질의 음식을 병동에 분산되어 있는 환자에게 일시에 제공해야 하므로 분배와 서비스 과정의 통제의 어려움이 있어 복잡한 하위 시스템을 지니게 된다.

40 급식 서비스 모형에서 투입되는 자원들을 연결한 것으로 옳은 것은?

① 표준자원 – 시간, 자본, 정보
② 물적자원 – 음식, 서비스
③ 인적자원 – 기술, 지식, 노동력
④ 운영자원 – 기기, 재료, 설비
⑤ 연결자원 – 메뉴, 계약서

40 **경영자원의 종류**
- 인적자원 : 기술, 지식, 노동력
- 물적자원 : 기기, 재료
- 운영자원 : 시간, 자본, 정보

41 급식 시스템에서 투입에 해당하는 것으로 옳은 것은?

① 식재료 ② 고객 만족
③ 식품위생법 ④ 메뉴
⑤ 재정적 수익

41 **투입요소**는 조직의 목적을 달성하기 위해 필요한 인적, 물적(식재료), 운영자원을 의미한다.

42 급식 시스템에서 통제에 해당하는 것으로 옳은 것은?

① 잔반량 ② 고객 만족
③ 식품위생법 ④ 인사기록
⑤ 재무정보

42 **통제**는 시스템의 길잡이 역할을 한다. 내부 통제 요소는 조직의 목적, 목표와 같은 다양한 계획들이고, 외부 통제 요소는 정부나 행정기관의 법규나 규제 등이다.

43 다음은 급식 시스템 모형의 구성요소 중 어떠한 요소를 설명하고 있는가?

> 일반적인 급식형태가 아닌 고급 레스토랑 수준의 프리미엄 급식소를 열기로 하였다면 이에 맞는 능력을 갖춘 조리사를 고용하고 필요한 식자재와 물품을 계획해야 하며 시설과 인테리어도 여기에 맞추어야 할 것이다.

① 투입 ② 변환
③ 산출 ④ 통제
⑤ 기록

43 급식 시스템의 투입요소는 시스템의 목적을 달성하기 위해 필요한 모든 인적, 원료, 시설 및 운영자원들을 일컫는다.

정답 39. ② 40. ③ 41. ①
42. ③ 43. ①

44 계획의 계층을 바르게 나타낸 것은?

① 목표 → 방법 → 절차 → 방침
② 목표 → 방침 → 방법 → 절차
③ 목표 → 절차 → 방침 → 방법
④ 목표 → 절차 → 방법 → 방침
⑤ 목표 → 방침 → 절차 → 방법

44 **계획**은 일련의 계층을 이루고 있으며, 계획의 첫 단계로 설정되는 조직의 목표는 하위 계획 설정의 기초가 되어 방침, 절차, 방법의 순으로 구체화된다.

45 표준은 경영관리과정 중 어느 단계에서 설정되는가?

① 계획
② 통제
③ 조직
④ 인사배치
⑤ 평가

45 **표준**은 계획수립과정에서 세워지는 것이 바람직하다. 계획수립과정은 경영관리과정의 첫 단계로 조직의 목표를 세우고, 미래의 활동 정도를 설정하며, 이에 대한 설계와 구상을 하는 과정이다.

46 계획의 단계에 대한 설명으로 옳은 것은?

① 계획은 목표, 방침, 방법, 절차 순으로 구체화된다.
② 상위 경영층은 세부 업무 기능의 수행 절차를 구체화한다.
③ 방침, 절차에 비해 목적이나 목표의 수가 많다.
④ 중간관리층은 부서의 방침과 절차를 확립한다.
⑤ 계획의 첫 단계는 방침을 구체화하는 것이다.

46 **계획**은 일련의 계층을 이루고 있으며, 계획의 첫 단계로 설정되는 조직의 목표는 하위 계획 설정의 기초가 되어 방침, 절차, 방법의 순으로 구체화된다. 목적이나 목표는 그 수가 적고 광범위한 계획인 반면, 방침이나 절차, 방법은 그 수가 많고 보다 구체적인 계획이라 할 수 있다.

47 계획수립에 대한 설명으로 옳은 것은?

① 미래에 대한 정확한 예측이 가능하다.
② 조직이 지향해야 하는 구체적 목표를 제시하여 경영자의 동기부여의 원천이 된다.
③ 기술혁신과 정치, 사회, 경제의 급속한 환경변화에 대응하여 단기적인 전략수립을 가능하게 한다.
④ 계획은 관리자가 종업원에게 모든 권한을 위양한다.
⑤ 계획은 관리기능의 시발점이 되는 동시에 조직의 직무수행에 대한 통제기준을 제공한다.

47 계획수립을 한다고 해서 미래에 대한 정확한 예측이 가능해지는 것은 아니며, 계획수립을 통해서 미래의 불확실성과 환경변화에 대처할 수 있다는 데 의의가 있다. 계획은 조직이 지향해야 하는 구체적 목표를 제시하여 종업원의 조직화된 협력을 촉진할 수 있다. 즉 조직구성원의 노력을 한 방향으로 이끌게 하며 종업원을 동기부여 시키는 원천이 된다. 계획은 조직의 환경변화에 대응하여 장기적인 전략수립을 가능하게 한다.

48 계획의 종류와 그 예를 연결한 것으로 옳은 것은?

① 목표 – 21세기 급식산업의 리더 실현
② 방침 – 검수방법
③ 절차 – 인사방침
④ 방법 – 표준조리법
⑤ 규칙 – 구매지침

48 **계획의 종류와 그 예**
① 목표의 예 : 급식시장 점유율 30% 달성
② 방침의 예 : 인사방침, 교육방침, 구매지침
③ 절차의 예 : 발주 절차, 창고 내 저장품 출고 절차
④ 방법의 예 : 입찰 구매 방법, 표준조리법, 검수방법
⑤ 규칙의 예 : 조리원 위생수칙

정답 44. ⑤ 45. ① 46. ④ 47. ⑤ 48. ④

49 조직의 단위와 전체의 목표 간에 일관성 있는 성과 목표를 분명히 하기 위해 종업원이 상사와 협의하여 목표를 결정하고 이에 대한 성과를 부하와 상사가 함께 측정하고 고과하는 것은?

① 인사고과
② 스왓(SWOT)분석
③ 종합적 품질경영
④ 목표관리법
⑤ 관리격자

50 목표관리법(MBO, Management By Objective)에 대한 설명으로 옳은 것은?

① 목표는 상위자가 결정하고 하위자는 이에 따른다.
② 경영자와 부하가 목표 설정에 공동으로 관여한다.
③ 종업원 스스로 성과를 검토·평가하므로 통제가 어렵다.
④ 강점과 약점을 분석하여 유리한 전략계획을 수립하는 기법이다.
⑤ 특정 분야의 우수한 상대를 기준으로 목표를 설정하는 기법이다.

50 목표관리법은 드러커가 목표의 중요성을 강조하면서 시작되었다. 목표관리법은 상위자와 하위자가 목표 설정에 공동으로 관여하며, 목표 달성을 위해 공동으로 노력하고, 공동으로 과업을 평가하도록 함으로써 조직과 개인의 목표를 전체 시스템 관점에서 통합될 수 있도록 관리하는 체계이다.

51 인적 자원과 물적 자원을 분배하여 조직 내 다양한 작업들을 그룹화하고, 종적·횡적 관계를 조정하는 관리기능은?

① 계획
② 조직화
③ 지휘
④ 통제
⑤ 실행

51 전체 조직수준에서의 조직화란 사업부, 부서, 팀 등의 대단위로 전체 조직구조를 설계하여 업무를 효과적으로 배분, 조정하는 일이며, 실무부서 수준에서는 개인의 직무를 적절하게 설계하고 배분함으로써 사람과 일을 결합시키는 기능이다.

52 조직 내에서 공식적인 관계는 권한, 의무, 책임의 세 가지 기본 관계로 형성되며, 이 세 가지는 직무에 동등하게 부여되어야 한다는 조직화의 원칙은?

① 전문화의 원칙
② 명령일원화의 원칙
③ 권한위임의 원칙
④ 삼면등가의 원칙
⑤ 감독한계적정화의 원칙

53 병원급식소에서 조리종사자가 치료식 업무만 전담하여 숙달되도록 한 것은 조직화의 어떤 원칙인가?

① 직무세분화의 원칙
② 전문화의 원칙
③ 권한위임의 원칙
④ 계층단축화의 원칙
⑤ 업무의 분산원칙

53 **분업(전문화)의 원칙**의 특징은 ① 구성원의 독자적인 소질과 전문적인 지식 및 기술에 따라서 가능한 한 하나의 특정업무를 전문적으로 수행하도록 업무를 분담시키는 것으로, ② 직무수행의 유효성과 능률이 보장되고 감독 및 교육훈련이 용이하지만, ③ 과도한 전문화는 구성원들의 자기실현과 잠재력 개발 기회를 박탈한다.

정답 49. ④ 50. ② 51. ② 52. ④ 53. ②

54 대학 급식소 내에 아래와 같은 상황이 발생한다면 바람직한 모색 방안은?

- 관리자가 일상적인 조리작업지시와 감독에 너무 많은 시간을 소비한다.
- 창고관리가 잘 되지 않아 물품손실이 빈번히 발생한다.
- 위생관리를 위해 각 생산 단계별로 조리온도와 시간을 측정해야 한다.

① 조리종사원이 각자 전문적인 업무를 담당하도록 한다.
② 업무수행을 위한 책임만 부여하지 말고 권한도 함께 주도록 상부에 건의한다.
③ 급식소 각 부문 내에서 유사한 업무를 수행하도록 분업화한다.
④ 관리자가 통솔하고 있는 조리종사원 수를 적당한 한계로 정한다.
⑤ 관리자 업무의 일부를 권한과 함께 조리책임자에게 위임하도록 한다.

54 관리자가 일상적이고 단순, 반복적인 업무를 하위자에게 위양함으로써 상사의 부담을 줄일 수 있고, 인재 육성이 가능하다. 또한 부하의 능력을 발견할 수 있고, 직무의 신속한 처리가 가능하며, 종업원의 사기가 올라간다.

55 권한 위임 시의 장점은?

① 위임된 업무는 책임을 지지 않아도 된다.
② 인건비가 절감된다.
③ 부하의 효율적인 통제가 가능하다.
④ 신속한 의사결정이 가능하다.
⑤ 지휘에 대한 안정감이 증대된다.

55 권한을 위임하였다고 해서 업무 결과에 대한 궁극적인 책임까지 떠넘기거나 포기하게 되는 것은 아니다. 그러므로 누구에게 권한을 위임할 것인지 신중하게 선택하고, 업무수행에 필요한 지원을 하며, 수행에 대한 피드백을 제공해야 한다.

56 조직화의 원칙 중 한 사람의 관리자가 직접 통제하는 하위자의 수를 적정하게 제한해야 한다는 원칙은?

① 권한과 책임의 원칙
② 계층단축화의 원칙
③ 감독범위 적정화의 원칙
④ 명령일원화의 원칙
⑤ 권한위임의 원칙

57 조직도에 대한 설명으로 옳지 않은 것은?

① 조직화(organizing) 결과로 만들어진다.
② 조직의 공식적인 구조, 작업의 분담 상황을 나타낸다.
③ 감독관계, 의사소통 경로를 나타낸다.
④ 수직적인 계층구조 및 직무 간의 상호관계를 도식화한다.
⑤ 처음에 만들기는 어려우나 한 번 만든 후에는 계속 사용된다.

57 조직은 시간 흐름에 따라 유동적으로 변화되므로 이에 맞게 조직도도 지속적으로 수정·보완할 필요가 있다. **조직도**는 조직에서 각 부서 간의 관계, 업무 분담 및 책임 관계를 공식적으로 명시해 놓은 표이다. 조직의 기능, 조직의 명령체계, 의사소통체계, 직위, 활동규모를 제시하고 있다.

정답 54. ⑤ 55. ④ 56. ③ 57. ⑤

58 명령계통이 일원화됨으로써 통솔력이 강하고 빠른 의사결정과 전달이 가능한 조직의 형태는?

① 직능식 조직 ② 라인 조직
③ 프로젝트 조직 ④ 직계참모 조직
⑤ 매트릭스 조직

58 **라인 조직**이란 최상위에서부터 최하위단계에 이르는 모든 직위가 단일명령권한의 라인으로 연결된 조직을 의미한다.

59 직능식 조직(functional organization)에 대한 설명으로 옳은 것은?

① 명령일원화의 원칙과 조직의 질서 유지를 중요시한다.
② 통솔력이 강하고, 빠른 의사결정과 전달이 가능하다.
③ 전문성이 요구되는 문제 해결이 용이하다.
④ 경영관리자들이 독단적인 처사를 할 우려가 있다.
⑤ 중간관리자들이 의욕과 창의성을 발휘하기 어렵다.

59 **직능식 조직**은 라인 조직이 갖는 단점 중 하나인 직공장 양성의 어려움을 해결하기 위해 테일러가 고안해낸 조직으로서 각 직능별로 전문가를 두는 조직형태이다. 따라서 각 부문마다 관리자를 두어 전문적으로 지휘, 감독하므로 전문화의 원칙이 특징적으로 나타나지만, 명령계통이 일원화되지 못함으로써 조직의 혼란을 가중시키고 조직 내 갈등이 발생할 우려가 크다는 단점이 있다.

60 라인 조직(line organization)에 대한 설명으로 옳은 것은?

① 심도 있는 기술 훈련을 지원할 수 있다.
② 부문마다 관리자를 두어서 전문적으로 지휘, 감독한다.
③ 전문화의 원칙이 특징적으로 나타난다.
④ 조직 내 갈등이 일어날 우려가 크다.
⑤ 의사결정이 신속하게 일어난다.

60 **라인 조직**은 통솔력이 강하고, 빠른 의사결정과 전달이 가능하다.

61 라인과 스태프 조직(line and staff organization)에 대한 설명으로 옳은 것은?

① 소규모의 기업 조직에 유리하다.
② 기능적 전문화의 원칙에 의해 조직이 구성된다.
③ 스태프의 주 임무는 지시나 명령이다.
④ 라인 경영자의 업무 부담이 경감된다.
⑤ 부서 간 갈등이 발생할 소지가 높다.

61 **라인과 스태프 조직**은 라인 조직에 이를 지원하는 스태프 전문가를 결합시킨 형태이다. 전문적인 기술이나 지식을 가진 사람들이 참모가 되어 보다 효과적인 경영활동을 할 수 있도록 협조하는 것이다. 그러나 라인과 스태프 간의 권한의 혼동으로 인해 갈등이 생길 수 있으며, 스태프의 조언을 받기 위하여 의사결정과정이 늦어지는 단점이 있다.

62 병원영양팀에서 HACCP 인증을 받기로 결정하고, 구체적인 계획을 시행하기 위해 재무팀, 시설관리팀, 인사팀 등 각기 다른 분야의 전문가로 팀을 이루어 구성하는 조직의 형태는?

① 직능식 조직 ② 라인 조직
③ 프로젝트 조직 ④ 사업부제 조직
⑤ 위원회 조직

정답 58. ② 59. ③ 60. ⑤
61. ④ 62. ③

63 **분권적 조직**은 권한이 분산되므로 하부관리자의 자주성·창의성이 증가하고, 사기도 높아지며, 책임감도 강해진다. 또한 관리계층의 단계가 감소되므로 의사소통이 신속, 정확하게 이루어질 수 있으며, 최고 경영층은 일상적 업무에 대한 부담이 경감되므로 보다 중요한 업무에 전념할 수 있다.

64 **집권적 조직**의 단점은 최고경영층이 독재적으로 지배하려는 경향이 커서 하위관리자의 창의성 발휘가 어렵고, 관리계층의 단계가 증가되어 명령, 지시가 신속, 정확성을 잃게 되고 보고가 늦어지게 된다는 것이다.

65 호손 실험에서 존재가 밝혀지고 그 중요성이 인정된 **비공식 조직**은 명확한 계획이나 노력 없이 혈연, 지연, 학연, 취미, 성격 등에 의해 자연스럽게 형성되는 관계의 네트워크로, 때로는 공식 조직보다 큰 영향력을 행사하기도 한다.

66 **공식 조직**은 조직도상에 나타난 조직으로 의식적·인위적으로 형성된 조직이며 조직 내의 권한 및 책임관계, 구성원 간의 의사전달 방식, 직무의 한계 등을 분류시킨 조직이다.

67 **사업부제 조직**은 각 사업부별로 운영되는 분권관리방식으로 시장의 요구에 빠르게 대처할 수 있을 뿐 아니라 사업의 성패에 대한 책임소재도 분명히 할 수 있어서 대기업에서 보편적으로 택하고 있다.

정답 63. ③ 64. ⑤ 65. ①
66. ④ 67. ②

63 분권적 조직에 대한 설명으로 옳은 것은?

① 각 부문의 정책, 계획, 관리가 통일적이다.
② 조직의 규모가 확대되면 한계에 부딪치게 된다.
③ 관리계층의 단계가 감소되어 신속한 의사소통이 가능하다.
④ 하층 부문에서 창의성 발휘가 어렵고 상층부의 지배경향이 크다.
⑤ 명령과 지시가 신속, 정확하고 보고가 빨라 의사결정이 신속하다.

64 집권적 조직에 대한 설명으로 옳은 것은?

① 하층 부문 관리자의 자주성·창의성이 증가한다.
② 사업부제 조직으로 시장 위험을 분산할 수 있다.
③ 자주적 의사결정을 하므로 유능한 경영자를 양성할 수 있다.
④ 업무가 중복되어 낭비가 발생할 수 있다.
⑤ 관리계층 단계가 증가될수록 신속한 의사소통과 의사결정이 어렵다.

65 비공식 조직에 대한 설명으로 옳은 것은?

① 자연발생적으로 형성된 조직이다.
② 조직의 목표달성을 위해 구성되는 조직이다.
③ 조직도상에 보여지는 각 부서 간의 조직 관계이다.
④ 권위에 의해 직무와 권한이 배분된 인위적 조직이다.
⑤ 조직 운영에 부정적으로 작용하므로 제한한다.

66 공식 조직에 대한 설명으로 옳은 것은?

① 행렬식 조직이라고도 한다.
② 사회적 친분이나 감정의 논리에 따라 움직인다.
③ 조직 구성원에게 심리적인 불안감을 조성한다.
④ 권위에 의한 직무와 권한에 의해 형성된다.
⑤ 비공식 조직보다 상대적인 중요성이 낮다.

67 각 부문별로 계획과 관리 면에서 권한을 주어 운영하는 관리형태로서 독자적인 제품이나 지역, 고객에 따라 부문화된 조직으로 운영되는 방식으로 대기업에서 많이 택하고 있는 조직은?

① 위원회 조직
② 사업부제 조직
③ 프로젝트 조직
④ 직능식 조직
⑤ 매트릭스 조직

68 **경영 조직에 대한 설명으로 옳은 것은?**

① 라인과 스태프를 구별하는 이유는 전문화된 서비스를 제공하고 적절한 견제와 균형을 유지하기 위함이다.
② 스태프 부문은 경영활동의 목표를 효과적으로 달성하기 위해서 권한을 갖고 집행기능을 수행하는 기본적인 기능을 담당한다.
③ 라인 부문은 스태프 부문에 조언과 서비스를 제공하는 부문이다.
④ 라인은 공식 조직이고, 스태프는 비공식 조직이다.
⑤ 프로젝트 조직은 프로젝트 수행을 위해서 새로운 조직원을 선발하여 조직된 영구적인 조직이다.

68 **라인**은 경영활동의 목표를 효과적으로 달성하기 위해서 권한을 갖고 집행기능을 수행하는 기본적인 기능을 담당하며, **스태프**는 이러한 라인 부문에 조언과 서비스를 제공하는 부문이다. 프로젝트 조직은 영구적인 조직이 아니며 프로젝트 목표 달성이 끝나면 해산된다.

69 **조직의 질서를 유지하기 위해서 구성원은 한 사람의 직속 상사로부터 명령, 지시를 받아야 한다는 조직화의 원칙은?**

① 전문화의 원칙
② 권한위양의 원칙
③ 권한, 책임의 원칙
④ 직능화의 원칙
⑤ 명령일원화의 원칙

69 명령일원화의 원칙이 잘 지켜지면 조직 내 질서가 잡히고 결과에 대한 책임소재가 명확해지며 각 구성원의 행동의 통일성과 책임의 일원성이 확보된다.

70 **경영관리기능에 대한 설명으로 옳지 않은 것은?**

① 계획수립이란 조직의 목표를 설정하고 달성하기 위한 전략을 수립하며, 목표수행방법을 모색하는 포괄적인 과정이다.
② 계획수립은 조직구성원 행동의 기초가 되며, 각 부문이 사전에 계획되므로 비용을 최소화시키는 기능이 있다.
③ 지휘는 관리과정의 세 번째 단계로서 확정된 계획을 실행하기 위해 인적·물적 자원을 분배하는 기능이다.
④ 조직도는 조직의 공식적인 구조, 작업의 분담상황, 감독관계, 수직적 계층구조 등을 도식화한 것이다.
⑤ 조직화 기능에는 부문화, 책임권한 부여 등이 있다.

70 확정된 계획을 실행하기 위해 인적·물적 자원을 분배하는 기능은 조직화 기능이다.

71 **급식종사원의 사기가 저하되었을 때 높이는 방법으로 옳은 것은?**

① 관리자의 전제적 리더십 발휘
② 조직 내 의사소통 차단
③ 비공식 조직의 활성화
④ 권한 위임 제한
⑤ 이직 권고

71 사기를 높이는 방법으로는 지도자의 리더십, 조직 내 원활한 의사소통, 적재적소의 배치, 비공식 조직의 활성화, 적당한 자존심의 인정, 합당한 경제적 보수 등이 있다.

정답 68. ① 69. ⑤ 70. ③ 71. ③

72 기업환경이 동적으로 다양하게 변화하고 기술혁신이 급격하게 진행됨에 따라 발생하게 되었으며, 특정 사업을 일정 기간 일시적으로 실행하기 위해 형성되었다가 마무리되면 해체되는 조직의 형태는?

① 사업부제 조직 ② 위원회 조직
③ 프로젝트 조직 ④ 라인 조직
⑤ 직능식 조직

73 경영관리 계층에 대한 설명으로 옳은 것은?

① 일선 감독자는 자신이 속한 부서에 대한 책임을 진다.
② 중간 관리자는 현장의 작업 감독, 통솔에 대한 책임을 진다.
③ 상위 경영자는 조직의 전반적인 관리를 책임진다.
④ 일선 감독자는 중간관리층에 속한다.
⑤ 최고 경영자는 각 부서에서의 총괄책임을 맡는다.

73 일선 감독자는 하위관리자에 속하며 현장에서의 작업 감독을 맡고 있다. 중간 관리자는 부서의 계획과 총괄책임을 지며, 상위 경영자는 조직의 전반적인 관리를 책임진다.

74 급식산업과 같이 인력 의존도가 높은 산업에서 관리자에게 더욱 강조되는 능력은?

① 인력관리 능력(human skill)
② 개념적 능력(conceptual skill)
③ 기술적 능력(technical skill)
④ 정보수집 능력(information skill)
⑤ 통제적 능력(controlling skill)

74 카츠는 경영관리자에게 필요한 기본적인 관리능력을 **기술적 능력, 인력관리 능력, 개념적 능력**으로 표현하였으며, 급식산업에서는 특히 인력관리 능력이 중요하다.

75 급식관리자가 대량조리를 위한 표준레시피를 작성한다든지, 신입 직원을 대상으로 한 기기작동법의 훈련 등과 같은 업무를 수행하기 위해 갖추어야 하는 능력은?

① 개념적 능력 ② 인력관리 능력
③ 기술적 능력 ④ 정보수집 능력
⑤ 리더십 능력

75 기술적 능력은 일상적인 업무 수행에 필요한 기술을 갖추는 것으로, 예를 들어 대량 조리 기술, 기기 작동 기술, 급식 전산 프로그램을 다루는 기술 등이 여기에 해당된다.

76 경영관리 계층과 이들에게 필요한 관리능력에 대한 설명으로 옳은 것은?

① 일선 감독자에게는 인력관리 능력이 가장 중요하다.
② 중간관리자에게는 기술적 능력이 가장 중요하다.
③ 인력관리 능력은 경영관리 계층과 무관하게 중요하다.
④ 상위 경영자에게는 기술적 능력이 가장 중요하다.
⑤ 개념적 능력이 가장 중요시되는 계층은 중간관리자층이다.

76 카츠는 세 가지 관리능력이 모든 경영관리 계층에 필요한 능력이지만, 관리자 계층에 따라 관리능력의 상대적 중요성이 달라진다고 하였다. 개념적 능력은 상위 경영층으로 갈수록 중요해지며, 기술적 능력은 일선 감독자층으로 갈수록 중요하다고 하였다. 인력관리 능력은 모든 계층의 관리자에게 동일하게 필요한 능력이라고 하였다.

정답 72. ③ 73. ③ 74. ①
75. ③ 76. ③

77 **경영관리과정(management process)으로 옳은 것은?**

① 계획수립 - 조직화 - 통제 - 조정 - 지휘
② 계획수립 - 조직화 - 지휘 - 조정 - 통제
③ 계획수립 - 조정 - 조직화 - 통제 - 지휘
④ 계획수립 - 조직화 - 조정 - 지휘 - 통제
⑤ 계획수립 - 조정 - 지휘 - 조직화 - 통제

77 **경영관리과정**은 계획수립(planning) - 조직화(organizing) - 지휘(directing) - 조정(coordinating) - 통제(controlling) 기능의 순환이다.

78 **급식만족도 조사, 메뉴별 잔반량 평가, 급식 원가계산 등은 어떠한 관리기능에 해당되는가?**

① 계획 수립 기능
② 조직화 기능
③ 지휘 기능
④ 조정 기능
⑤ 통제 기능

78 통제 기능은 계획과 성과를 비교 평가하는 것으로, 급식관리자들이 수행하는 급식만족도 조사나 잔식 조사, 급식 원가계산이 이에 해당된다.

79 **경영의 관리적 기능에 대한 설명으로 옳지 않은 것은?**

① 경영관리과정은 서로 밀접한 관계를 가지고 하나의 순환체계를 이루게 되므로 이를 관리의 순환과정(management cycle)이라 부른다.
② 경영관리 순환체계는 PDS 혹은 POC cycle이 대표적이다.
③ 경영관리 축 모형(wheel of management) 중 바퀴살에 해당되는 내용은 계획, 조직, 지휘, 조정, 통제이다.
④ 통제 기능은 설정한 계획과 성과의 차이를 측정하고 필요한 수정 조치를 취하는 경영기능으로, 업무가 완료된 후에 이루어져야 한다.
⑤ 지휘 기능은 다른 종업원들을 이끌어 가는 행위이며 리더십, 동기부여, 의사소통 등의 내용이 포함된다.

79 통제 기능은 업무가 완료된 후에만 이루어지는 것이 아니라 진행 도중이나 사전점검 시에도 이루어질 수 있다.

80 **경영관리기능에 대한 설명으로 옳지 않은 것은?**

① 계획수립이란 조직의 목표를 설정하고 달성하기 위한 전략을 수립하는 과정이다.
② 계획수립은 미래 지향성, 통제의 용이, 의사결정 촉진의 의의가 있다.
③ 조직화 과정에서 동기부여, 의사소통 등이 필요하다.
④ 조직화는 수립된 계획을 성공적으로 달성하기 위해서 어떠한 형태로 조직을 구성할 것인가를 결정하고 인적 자원과 물적 자원을 배분하는 행위이다.
⑤ 지휘란 조직의 목표를 달성하기 위하여 요구되는 업무를 잘 수행하도록 다른 종업원들을 이끌어가는 행위이다.

80 **리더십, 동기부여, 의사소통은 지휘과정**에서 필요한 세부적인 기능이다.

정답 77. ② 78. ⑤ 79. ④ 80. ③

81 직책과 기능에 따라 각자의 업무를 명시해 놓은 것은?

① 조직도
② 작업과정표
③ 작업일정표
④ 업무분장표
⑤ 공정분석표

82 식품공급업체와 급식소 또는 고객과 급식소 간의 관계를 원활하게 하는 것은 경영자로서 어떠한 역할을 수행하는 것인가?

① 대표자
② 연결자
③ 정보제공자
④ 문제해결자
⑤ 협상자

83 민츠버그(Mintzberg)의 경영자의 역할 중 조직의 성장과 발전을 위해 새로운 사업기획이나 아이디어 개발을 하는 것은?

① 대표자
② 기업가
③ 정보탐색자
④ 협상자
⑤ 문제해결자

84 급식관리자가 수행하는 관리기능 중 평가기능으로 옳은 것은?

① 식단작성
② 검수
③ 종사원 교육
④ 고객만족도 조사
⑤ 배식

85 학교급식에서 제육볶음의 중심온도가 70℃로 측정되어 허용기준을 벗어났다. 조리사가 제육볶음의 가열온도 기준에 도달하기 위해 제육볶음을 좀 더 조리하여 75℃ 이상으로 조리를 완료하여 기록하였다. 이때 조리사가 취한 행동은 어떤 통제의 유형인가?

① 계획통제
② 동시통제
③ 사전통제
④ 사후통제
⑤ 성과통제

---

81 직책과 기능에 따라 각자의 업무를 명시해 놓은 것은 **업무분장표**이다.

82 조직 외부 사람들뿐만 아니라 조직 내 다른 부서 사람들과도 효과적인 관계를 유지하는 것은 **연결자**의 역할을 수행하는 것이다.

83 민츠버그는 경영자의 역할을 3가지로 분류하고, 이를 다시 10개의 세부 역할로 나누어 제시하였다.
- **대인 간 역할** – 대표자, 지도자, 연결자
- **정보 관련 역할** – 정보탐색자, 정보제공자, 대변인
- **의사결정 역할** – 기업가, 문제해결사, 자원배분가, 협상자

84 관리기능의 순환과정(management cycle)은 계획(plan), 실시(do), 평가(see) 기능으로 구성되어 있으며, 계획기능에는 식단작성, 구매계획, 인력계획, 교육 및 훈련계획 등이, 실시기능에는 구매, 검수, 저장, 조리, 배식, 종사원 교육 등이, 평가기능에는 급식원가분석, 잔식이나 잔반 조사, 고객만족도 조사 등이 포함된다.

85 동시통제는 진행통제라고도 하며, 업무가 수행되는 동안 최종 결과가 나타나기 전에 수정·보완이 필요한 행동이 나타날 때마다 교정해 나가는 통제이다.

정답 81. ④ 82. ② 83. ② 84. ④ 85. ②

식단관리

2

학습목표 급식대상자를 위한 올바른 영양관리 방법을 이해하고, 식단작성 및 평가, 메뉴개발 및 관리에 응용할 수 있다.

01 작성된 식단에서 영양면을 평가하기 위해 확인하는 것으로 가장 옳은 것은?

① 식품군이 고르게 배합되었는지 평가한다.
② 식품구입의 방법과 계절식품의 활용이 잘 되었는지 검토한다.
③ 식단의 변화가 있는지 평가한다.
④ 인력의 안배와 기구 사용빈도의 균형이 잘 이루어졌는지 검토한다.
⑤ 각 식단에서 색, 맛, 질감 및 조리방법 등이 조화를 이루었는지 평가한다.

01 영양면의 평가를 위해서는 식품군이 고루 배합되었는지를 평가하여야 한다.

02 단체급식관리를 위한 기호조사의 목적으로 옳지 않은 것은?

① 경제적인 면을 고려하기 위해서
② 급식의 효과 판정을 위해서
③ 전반적인 기호의 경향을 파악하기 위해서
④ 음식의 잔반 발생 이유를 파악하기 위해서
⑤ 조리방법의 변화를 주기 위해서

02 기호조사는 기호도를 고려하여 잔반의 발생을 없애고 제공하는 식사가 완전히 섭취될 수 있도록 하여 영양적인 효과를 높이기 위함이며, 경제적인 면을 고려하기 위한 것은 아니다.

03 단체급식소 영양사의 식단관리업무에 해당하지 않는 것은?

① 급식대상 및 급식목적의 파악
② 급식대상자의 기호도 파악
③ 구입식품의 품질판정 및 평가
④ 급식대상자의 식습관 파악
⑤ 조리 소요시간 및 조리방법 계획

03 구입식품의 품질판정 및 평가는 물품 구매 시 **검수과정**에서 이루어진다.

정답 01. ① 02. ① 03. ③

04 식단표의 기능에 대한 설명으로 옳지 않은 것은?

① 급식업무의 요점
② 급식관리계획
③ 식습관이 고려된 식생활 설계도
④ 급식기록서 및 보고서
⑤ 조리사에 대한 작업지시서

05 학교급식 식단작성 시 주의할 점으로 옳은 것은?

① 학생들의 기호나 좋아하는 식품을 식단에 반영하기보다는 급식소의 기기, 인력 여건의 제약에 맞춰 식단을 작성하는 것이 옳다.
② 가공식품이나 인스턴트 식품이라도 선호도가 좋고 시간을 절약할 수 있다면 자주 사용하는 것이 바람직하다.
③ 식단은 영양계획과 식품구성계획에 근거하여 식품선택, 기호, 비용, 인력, 기기 설비 등의 다양한 측면을 함께 고려해야 한다.
④ 선호도가 떨어지는 식품인 경우 영양적으로 필요한 음식이라면 잔반이 많이 남더라도 반드시 식단에 포함시켜야 한다.
⑤ 식단작성 시 영양교육적 의미를 염두에 두기는 어려우므로 별개로 영양교육을 실시하는 것이 좋다.

06 환자식은 치료식의 일환이므로 의사가 지시한 식사처방전을 토대로 작성되어야 한다.

06 병원급식에서 환자식단을 작성할 때 가장 중요시해야 하는 것은?

① 환자의 기호
② 식단가
③ 환자의 요구식단
④ 의사의 식사처방전
⑤ 기초식품군

07 단체급식의 식사를 계획할 때는 영양과잉이나 부족의 확률을 낮게 하면서 적정한 영양을 공급하기 위해 기준치를 적절하게 사용해야 한다. 평상시 섭취의 분포가 부족하거나 과잉의 위험이 적도록 하기 위해서 평균필요량이나 상한섭취량을 이용해서 계획을 세워야 한다.

07 단체급식의 식사를 계획할 때는 대상자들의 영양섭취 목표는 섭취량이 (　　　) 미만인 사람의 비율과 (　　　) 이상인 사람의 비율을 최소화하는 것이다. 괄호 안에 알맞은 용어를 순서대로 나열한 것은?

① 상한섭취량, 권장섭취량
② 충분섭취량, 상한섭취량
③ 권장섭취량, 상한섭취량
④ 평균필요량, 충분섭취량
⑤ 평균필요량, 상한섭취량

08 영양소에 대한 사전 지식이 없는 일반인에게 영양섭취기준을 만족시킬 만한 식사를 제공할 수 있도록 식품군별 대표식품과 섭취횟수를 이용하여 식사의 기본 구성 개념을 설명한 것은?

① 식품교환법
② 여섯 가지 기초식품군
③ 식사구성안
④ 식품구성표
⑤ 영양출납표

정답 04. ③ 05. ③ 06. ④ 07. ⑤ 08. ③

09 식사구성안(2020 개정)에서 식품군별 대표식품 및 1인 1회 분량과 에너지가 올바르게 연결된 것은?

① 곡류 - 쌀밥 1공기(210 g) - 125 kcal
② 고기·생선·달걀·콩류 - 두부 60 g - 80 kcal
③ 채소류 - 배추김치 40 g - 15 kcal
④ 과일류 - 오렌지주스 200 g - 50 kcal
⑤ 우유·유제품류 - 액상요구르트 1컵 200 g - 125 kcal

09 식사구성안에서 곡류는 300 kcal, 두부는 80 g, 100 kcal, 액상요구르트 1컵은 150 g, 125 kcal이다.

10 30~49세 성인 남자의 1일 식사에 있어서 '고기, 생선, 달걀 및 콩류군'의 바람직한 섭취 횟수는? (2020 한국인 영양소 섭취기준)

① 3회 ② 4회
③ 5회 ④ 6회
⑤ 7회

10 **식사구성안**에서는 성인 남자 1일 식사에서 '고기, 생선, 달걀 및 콩류군'의 섭취 횟수를 5회 분량으로 권장하고 있다.

11 일반적으로 초등학교 점심 급식에서 제공해야 할 영양소량은 1일 영양기준량의 어느 정도인가?

① 1/2 ② 2/3
③ 1/3 ④ 3/4
⑤ 1/4

11 학교급식법에 따르면 1일 영양기준량의 1/3을 공급해 주도록 하고 있다.

12 식단의 작성순서로 옳은 것은?

① 3식의 영양배분 → 주식량, 부식량의 결정 → 급여영양량의 결정 → 미량영양소의 보급방법 → 조리의 배합
② 급여영양량의 결정 → 3식의 영양배분 → 주식량, 부식량의 결정 → 미량영양소의 보급방법 → 조리의 배합
③ 급여영양량의 결정 → 주식량, 부식량의 결정 → 3식의 영양배분 → 미량영양소의 보급방법 → 조리의 배합
④ 주식량, 부식량의 결정 → 급여영양량의 결정 → 미량영양소의 보급방법 → 3식의 영양배분 → 조리의 배합
⑤ 급여영양량의 결정 → 미량영양소의 보급방법 → 3식의 영양배분 → 주식량, 부식량의 결정 → 조리의 배합

12 식단작성을 위해서는 우선 급식대상자의 영양소 필요량을 결정하여 3식의 영양량 배분을 한 뒤, 주식과 부식량을 결정하고, 부족하기 쉬운 미량영양소를 보완시켜 주고, 조리방법을 결정하되 동일한 조리법이 반복되지 않도록 한다.

13 성인 대상 식단작성에서 권장되는 3대 영양소의 에너지 적정 비율은?

① 탄수화물 40~65%, 지질 15~30%, 단백질 7~30%
② 탄수화물 55~65%, 지질 10~25%, 단백질 7~35%
③ 탄수화물 55~65%, 지질 15~30%, 단백질 7~20%
④ 탄수화물 45~70%, 지질 20~25%, 단백질 7~30%
⑤ 탄수화물 70~80%, 지질 10~15%, 단백질 7~25%

13 2020 한국인 영양소 섭취기준에서는 탄수화물, 지질, 단백질로부터의 열량 섭취 비율을 각각 총 에너지의 55~65%, 15~30%, 7~20%로 권장하고 있다.

정답 09. ③ 10. ③ 11. ③ 12. ② 13. ③

14 **식품구성**은 영양성분량이 비슷한 식품군별로 식품의 종류와 분량을 결정하여 제시한 것으로 **식사구성안**과 **식품교환표**가 있다.

14 식품구성에 대한 설명으로 옳은 것은?

① 영양성분이 비슷한 식품군별로 식품의 종류와 분량을 제시한 것이다.
② 환자를 위한 식사계획 시 식사구성안을 이용한다.
③ 개인의 기호에 따라 식품군의 구성은 차별화된다.
④ 밥류, 주찬, 국, 김치, 부찬, 간식 등의 구체적인 메뉴와 중량을 의미한다.
⑤ 급식소의 영양목표량 결정 시 이용한다.

15 식단작성 시 참고하는 자료는?

① 구매요청서 ② 발주서
③ 물품명세서 ④ 시장물가표
⑤ 위생점검표

16 **주기 메뉴(회전식 식단)**는 일정 기간 반복해서 사용되는 식단으로서 식단의 주기는 급식소의 특징에 따라 주기(1주일, 10일, 15일, 1개월 등)가 각각 달라지며, 반복적인 식단 사용으로 생산과정이 잘 통제되며 구매관리가 용이하다.

16 주기 메뉴(cycle menu)에 대한 설명으로 옳은 것은?

① 구매 및 생산의 통제를 용이하게 한다.
② 반복주기는 적어도 1개월 이상이어야 한다.
③ 소비자의 요구에 탄력적으로 대응할 수 있다.
④ 패스트푸드점에서 사용하기에 적당하다.
⑤ 고정 메뉴에 비해 운영경비가 상승하는 단점이 있다.

17 선택식단 운영은 발주-조리-배식 단일식단에 비해 복잡하나, 고객의 선택의 폭을 넓혀 만족도를 향상시킬 수 있다.

17 단체급식소의 선택식단 운영에 대한 설명으로 옳은 것은?

① 발주를 단순하게 할 수 있다.
② 수요 예측이 쉽다.
③ 고객 만족도를 높일 수 있다.
④ 조리과정이 간단하다.
⑤ 군대급식에서 많이 적용한다.

18 식사구성안은 6개 식품군으로 구성되어 있고, 쇠고기, 돼지고기는 살코기를 기준으로 1인 1회 분량이 산출되었다. 쌀밥 210 g은 300 kcal에 해당되며, 토마토주스는 채소류에 포함되고, 땅콩과 호두는 고기·생선·달걀·콩류에 포함된다.

18 식사구성안에 대한 설명으로 옳은 것은?

① 5개 식품군으로 구성되어 있다.
② 돼지고기의 1인 1회 분량은 살코기를 기준으로 한다.
③ 쌀밥, 건면, 식빵 각 100 g은 모두 300 kcal에 해당한다.
④ 토마토와 오렌지주스는 과일류에 포함되어 있다.
⑤ 땅콩과 호두는 유지 및 당류에 속한다.

정답 14. ① 15. ④ 16. ①
17. ③ 18. ②

19 한국인 영양소 섭취기준에 대한 설명으로 옳은 것은?

① 모든 영양소에 대해 상한섭취량이 정해져 있다.
② 연령별, 성별, 지역별 구분이 있다.
③ 중등활동 정도의 사람을 기준으로 한다.
④ 개인편차에 따른 안전율은 무시하였다.
⑤ 5년마다 개정되며 최근 개정은 2010년도에 이루어졌다.

19 영양섭취기준(DRI, Dietary Recommended Intakes)은 평균섭취량, 권장섭취량, 충분섭취량, 상한섭취량으로 구성되어 섭취부족과 과잉의 기준을 함께 정했으며, 건강인으로서 중등활동 인구를 대상으로 연령별군, 성별로 제시된다. 이때 개인편차에 의한 안전율을 고려하여 책정한다.

20 부식을 결정할 때 가장 먼저 결정해야 하는 영양소는?

① 칼슘 ② 지방
③ 단백질 ④ 비타민
⑤ 무기질

20 에너지영양소로서 가장 부족하기 쉬운 필수영양소는 단백질이므로 부식 결정 시 가장 먼저 고려한다.

21 일반적으로 식단작성 시 아침, 점심, 저녁의 영양소 배분비율로 옳은 것은?

① 1 : 1 : 1 ② 1 : 2 : 2
③ 1 : 1 : 2 ④ 2 : 2 : 1
⑤ 2 : 1.5 : 1.5

21 아침, 점심, 저녁의 영양소 배분비율은 1 : 1 : 1 또는 1 : 1.5 : 1.5 등으로 하는 것이 보통이다.

22 식단작성 시 영양 면에서 고려할 사항으로 옳은 것은?

① 한국인의 식사에서 가장 부족하기 쉬운 무기질은 칼슘과 철이다.
② 한국인의 식사에서 가장 부족하기 쉬운 비타민은 비타민 D이다.
③ 지방은 되도록 적게 섭취하고 전체 에너지의 15% 이하가 되도록 구성한다.
④ 필요한 단백질은 모두 식물성 급원으로만 구성하는 것이 이상적이다.
⑤ 매 끼니별로 영양소 조성이 완전한 식사를 계획하지 않아도 된다.

22 지방은 총 에너지의 15~30% 정도가 되도록 구성하고, 단백질은 동물성 급원이 식물성 급원에 비해 효율이 좋으므로 이를 고려하여 구성한다. 또한, 식단작성 시에는 매 끼니 영양적으로 완전한 식사를 계획하는 것이 원칙이다.

23 단체급식소에서 급식대상자의 영양개선을 위해 고려해야 할 사항으로 옳은 것은?

① 식단작성 시 특정 식품군을 집중하여 구성한다.
② 음식조리 시 기호도가 높은 튀김, 볶음을 적극 활용한다.
③ 영양가가 높은 계절식품을 주로 이용한다.
④ 국의 염도는 1.0% 정도를 유지한다.
⑤ 기호도가 높은 식품만으로 식단을 구성한다.

정답 19. ③ 20. ③ 21. ① 22. ① 23. ③

24 **식단표의 기능으로 옳은 것은?**

① 급식대상자의 정보 ② 급식결과 판정표
③ 하루 세끼의 영양배분표 ④ 작업기록서
⑤ 조리작업지시서

25 **카페테리아 방식의 선택식 식사제공 시 장점으로 옳은 것은?**

① 영양이 풍부한 식사이다.
② 설비투자비용을 줄일 수 있다.
③ 식비를 줄일 수 있다.
④ 메뉴를 고민할 필요가 없다.
⑤ 급식고객의 기호를 존중할 수 있다.

26 조·중·석식의 합리적인 배분은 생활시간, 노동 정도, 식습관에 따라 결정된다.

26 **하루 세끼의 영양배분량은 어떤 것을 기준으로 해야 하는가?**

① 식량구성표 ② 생활시간조사
③ 기초식품군 ④ 식품분석표
⑤ 영양소 섭취기준

27 단체급식은 특정 다수인에게 계속적으로 공급하므로 대상자의 영양 및 건강에 대한 책임이 수반된다.

27 **단체급식 영양관리의 특징으로 가장 옳은 것은?**

① 급식 기준이 정해져 있다.
② 주기 메뉴(cycle menu)를 사용한다.
③ 식재료를 저렴한 가격으로 구매한다.
④ 특정 다수인에게 계속적으로 공급한다.
⑤ 급식대상자가 다양하다.

28 급식대상자의 연령, 성별, 노동강도, 건강상태를 고려하여 영양량을 설정한다.

28 **식단작성 시 영양량을 정할 때 고려해야 할 사항은?**

① 기호도 ② 기초식품군
③ 식습관 ④ 계절식품
⑤ 노동강도

29 식단작성 시 급식대상자의 영양필요량을 만족하고, 다양한 식재료의 균형 있는 배합과 조리법, 급식대상자의 식습관과 기호를 고려하며 예산에 맞게 한다.

29 **단체급식소의 식단작성 시 고려해야 할 사항은?**

① 식재료의 원산지 ② 급식대상자의 영양섭취기준
③ 재고량 ④ 식재료의 브랜드
⑤ 발주량

정답 24. ⑤ 25. ⑤ 26. ②
27. ④ 28. ⑤ 29. ②

30 단체급식소의 식단을 작성할 때 일반적인 고려사항으로 옳은 것은?

① 급식대상자의 기호도보다는 급식소 예산을 우선적으로 고려한다.
② 가공식품과 냉동식품을 최대한 활용한다.
③ 급식대상자의 1인 분량을 최소한으로 설정한다.
④ 조리법의 종류를 최소화한다.
⑤ 메뉴의 색깔과 맛의 조화를 고려한다.

31 식단작성에서 가장 먼저 해야 하는 일은?

① 식품구성의 결정 ② 세끼의 영양배분
③ 미량영양소의 보급방법 ④ 급여영양량의 결정
⑤ 조리의 배합

31 식단작성 순서는 급여영양량 결정, 세끼 영양배분, 주식과 부식의 식품구성 결정, 미량영양소 보급, 조리방법의 배합 등으로 진행된다.

32 단체급식관리에서 기호도 조사를 하는 목적이 아닌 것은?

① 경제적인 비용 절감 ② 급식 효과 판정
③ 급식만족도 상승 ④ 음식 잔반 발생원인 파악
⑤ 조리방법의 개선

33 학교급식의 알레르기 유발물질 표시 대상에 해당하는 식품은?

① 고등어 ② 곤드레
③ 애호박 ④ 망고
⑤ 양고기

33 식품 등의 표시·광고에 관한 법률 시행규칙 [별표 2]의 소비자 안전을 위한 표시사항(제5조 제1항 관련)에 따르면 알레르기 유발물질 표시 대상은 알류(가금류), 우유, 메밀, 땅콩, 대두, 밀, 고등어, 게, 새우, 돼지고기, 복숭아, 토마토, 아황산류(이를 첨가하여 최종 제품에 이산화황이 1킬로그램당 10밀리그램 이상 함유된 경우), 호두, 닭고기, 쇠고기, 오징어, 조개류(굴, 전복, 홍합 포함), 잣이다.

34 식단평가기준에 속하지 않는 것은?

① 영양소 균형 ② 식단의 다양성
③ 식재료의 저장성 ④ 음식의 맛
⑤ 음식의 조화

34 식단평가기준은 음식의 영양적인 가치 및 균형, 식단의 다양성, 음식의 맛, 음식의 조화(외양) 등이다.

35 식단을 평가할 때 바람직한 평가항목이 아닌 것은?

① 배식할 음식을 50~60℃로 보관하였는가?
② 음식의 1인 분량이 적절한가?
③ 구입한 범위 내에서 식단이 작성되었는가?
④ 여섯 가지 식품군이 골고루 포함되었는가?
⑤ 조리기기 사용이 적절히 배분되었는가?

35 **식단평가**는 식단작성 후 생산을 하기 전 적합성을 점검하는 단계에서 진행한다.

정답 30. ⑤ 31. ④ 32. ①
33. ① 34. ③ 35. ①

36 조리종사원의 수에 따라 음식생산량을 결정하는 것은 아니다.

36 단체급식에서 음식생산량을 결정하는 데 고려하지 않아도 되는 요인은?

① 급식인원 수　② 1인분 분량
③ 식품 폐기율　④ 조리종사원 수
⑤ 조리 시 손실률

37 급식운영에서 가장 중추적인 역할을 담당하는 관리 및 통제의 도구이자 중요한 마케팅의 도구는?

① 표준레시피　② 메뉴
③ 장표　④ 식권
⑤ 작업일지

38 메뉴는 메뉴 품목의 변화에 따라 **순환 메뉴, 변동 메뉴, 고정 메뉴**로 분류할 수 있고, 그 선택성에 따라 **단일 메뉴, 부분선택식 메뉴, 선택식 메뉴**로 분류할 수 있다.

38 메뉴 품목의 변화에 따른 메뉴의 분류에 해당하는 것은?

① 단일 메뉴　② 부분선택식 메뉴
③ 선택식 메뉴　④ 알라 카르테 메뉴
⑤ 고정 메뉴

39 메뉴를 계획할 때 고려해야 하는 급식관리 측면의 요인은?

① 영양적 요구　② 식습관
③ 음식의 관능적 특성　④ 인력과 조리기기
⑤ 기호도

40 주반찬은 주로 동물성 식품을, 부반찬은 식물성 식품을 이용하여 작성하는 것이 일반적이다.

40 메뉴 작성에 대한 설명으로 옳은 것은?

① 메뉴는 1주일 주기 식단으로 작성한다.
② 1일 1식을 제공하는 경우에는 식사계획단계에서 설정된 영양량의 1/2을 제공하는 것이 일반적이다.
③ 가공식품과 냉동식품은 가격도 저렴하고 맛도 좋으므로 자주 활용하는 것이 좋다.
④ 주반찬은 주로 식물성 식품을, 부반찬은 동물성 식품을 이용하여 작성하는 것이 일반적이다.
⑤ 아침, 점심, 저녁의 영양량 배분을 1 : 1 : 1 또는 1 : 1.5 : 1.5 등으로 한다.

정답 36. ④ 37. ② 38. ⑤ 39. ④ 40. ⑤

41 메뉴 엔지니어링에 대한 설명으로 옳은 것은?

① 메뉴 엔지니어링은 마케팅적 접근에 의해 메뉴의 기호도와 선호도를 평가하는 기법이다.
② 단일메뉴를 배식하는 단체급식소에서 적용 가능하다.
③ dog 영역의 메뉴는 공헌마진은 높지만 인기도가 낮은 아이템이므로 판매 촉진 대책을 마련해야 한다.
④ plowhorse 영역의 메뉴는 수익성이 낮으므로 우선적으로 판매가격을 올려 공헌마진을 상향조정해야 한다.
⑤ 메뉴 엔지니어링 분석 시에는 급식대상자의 수요량, 메뉴믹스비율, 공헌마진 등을 고려해야 한다.

42 메뉴 엔지니어링 분석 결과 plowhorse로 판정된 메뉴에 대한 대책으로 옳은 것은?

① 원가가 높은 다른 품목들과 함께 세트 메뉴로 판매한다.
② 1인 분량을 늘린다.
③ 메뉴의 가격을 낮춘다.
④ 메뉴의 부재료를 줄여서 원가를 낮춘다.
⑤ 메뉴표에서의 위치를 조정하여 고객의 눈에 보다 잘 띄도록 한다.

42 **메뉴 엔지니어링**의 분석 결과 plowhorse로 판정된 메뉴는 수익성은 낮으나 인기도가 높은 메뉴이므로 수익성을 높일 수 있는 대책을 세워야 한다.

43 고객 측면과 급식관리자 측면을 종합적으로 평가할 수 있는 메뉴 평가 방법은?

① 메뉴 엔지니어링
② 기호도 조사
③ 잔반량 조사
④ 고객 만족도 조사
⑤ 잔식량 조사

44 순환메뉴에 대한 설명으로 옳은 것은?

① 변동메뉴라고도 한다.
② 외식업소에서 주로 사용되는 메뉴이다.
③ 메뉴의 주기가 너무 짧은 경우에는 고객의 불만이 커질 수 있다.
④ 학교급식처럼 급식대상자가 고정되어 있는 급식소에 적합한 메뉴 형태이다.
⑤ 식재료 재고관리나 작업통제가 어렵다는 단점이 있다.

정답 41. ⑤ 42. ④ 43. ① 44. ③

45 여름에는 식품안전을 고려해 일부 메뉴나 식재료 사용을 제한하는 것이 바람직하다. 한 식사에 같은 재료의 반복 사용은 피한다.

45 급식식단 계획으로 가장 옳지 않은 것은?

① 학교급식소에서 식재료비가 전체 급식 예산의 60~70% 정도를 차지하도록 한다.
② 종업원의 숙련도가 낮으면 가공식품의 활용을 늘린다.
③ 여름철 식단 계획 시 콩국과 콩비지의 사용을 제한한다.
④ 뜨거운 음식과 차가운 음식을 함께 포함한다.
⑤ 식재료비를 절감하기 위해 주찬과 부찬에 같은 식재료를 활용한다.

46 학교급식법의 영양관리기준은 한 끼의 기준량을 제시한 것으로 연속 5일간의 평균 영양공급량으로 평가한다. 비타민 A, 티아민, 리보플라빈, 비타민 C, 칼슘, 철은 영양관리기준의 권장섭취량 이상을 공급해야 한다.

46 학교급식 식단관리에 대한 설명으로 옳은 것은?

① 학교급식법의 영양관리기준은 하루의 기준량을 제시한 것이다.
② 식단의 영양량은 연속 7일간의 평균 영양공급량으로 평가한다.
③ 식단의 단백질량은 총 공급 에너지 중 단백질이 차지하는 비율이 20%를 넘지 않도록 한다.
④ 다양성을 주기 위해 학교급식에서는 계절별 주기식단을 이용한다.
⑤ 비타민 A, 티아민, 리보플라빈, 비타민 C, 칼슘, 철은 영양관리기준의 충분섭취량 이상을 공급해야 한다.

47 점심식사로 1일 에너지 필요추정량 중 오전과 오후 간식의 에너지 공급량을 제외한 에너지의 1/3 수준을 제공한다. 오후 간식의 에너지는 오전과 같거나 약간 더 많이 제공한다.

47 어린이집 식단관리에 대한 설명으로 옳은 것은?

① 점심식사로 1일 에너지 필요추정량의 1/3을 제공한다.
② 오후 간식으로 1일 에너지 필요추정량의 10% 정도를 제공한다.
③ 오후 간식보다 오전 간식의 에너지 비중을 높게 한다.
④ 다양한 식품을 경험하는 시기이므로 다양한 향신료를 활용한다.
⑤ 우유 알레르기가 있는 아동에게는 우유 대신 발효유를 제공한다.

48 **유아의 간식으로 선택 시 주의해야 할 식품**
- 파인애플 – 단백질분해효소인 브로멜린이 구강의 단백질을 분해하여 구강염을 일으킬 수 있음
- 인절미, 경단 – 기도를 막을 수 있음

48 어린이집 간식으로 제공 시 주의가 필요한 식품은?

① 인절미, 경단 ② 사과
③ 호상요구르트 ④ 핫도그
⑤ 잔치국수

정답 45. ⑤ 46. ③ 47. ② 48. ①

구매관리 3

학습목표 단체급식소에서 이루어지는 구매, 검수, 저장, 재고관리 원칙을 이해하고 각 급식소 현장에 맞게 응용할 수 있다.

01 급식소에서 구매관리의 의의로 가장 옳은 것은?

① 식생활 개선
② 건강 유지 및 향상
③ 계절식품의 다량 구매
④ 양질의 식품의 경제적 구입
⑤ 식품의 수급 조절

02 단체급식소의 구매절차로 옳은 것은?

㉮ 필요한 품목과 수량 결정
㉯ 구입 필요성 확인
㉰ 가격 확인과 발주
㉱ 공급원 선정
㉲ 기록과 파일(file)의 보관
㉳ 검수 및 물품 수령
㉴ 입고

① ㉮ → ㉯ → ㉰ → ㉱ → ㉴ → ㉲ → ㉳
② ㉯ → ㉮ → ㉰ → ㉱ → ㉴ → ㉳ → ㉲
③ ㉯ → ㉮ → ㉱ → ㉰ → ㉴ → ㉳ → ㉲
④ ㉯ → ㉮ → ㉱ → ㉰ → ㉳ → ㉴ → ㉲
⑤ ㉮ → ㉯ → ㉱ → ㉰ → ㉳ → ㉴ → ㉲

03 급식소의 구매활동 단계를 옳게 나열한 것은?

① 품목 및 필요량 결정 → 재고량 조사 및 발주량 결정 → 발주서 작성 → 배달 및 검수 → 공급처 선정 → 저장 및 재고관리
② 품목 및 필요량 결정 → 발주서 작성 → 재고량 조사 및 발주량 결정 → 배달 및 검수 → 공급처 선정 → 저장 및 재고관리
③ 품목 및 필요량 결정 → 공급처 선정 → 재고량 조사 및 발주량 결정 → 발주서 작성 → 배달 및 검수 → 저장 및 재고관리
④ 품목 및 필요량 결정 → 재고량 조사 및 발주량 결정 → 발주서 작성 → 공급처 선정 → 배달 및 검수 → 저장 및 재고관리
⑤ 품목 및 필요량 결정 → 발주서 작성 → 재고량 조사 및 발주량 결정 → 배달 및 검수 → 저장 및 재고관리 → 공급처 선정

01 식품구매는 양질의 식품을 저렴한 가격으로 구입하여 안전하게 보관, 관리함으로써 급식관리를 경제적 안정으로 발전시키는 데 의의가 있다.

02 **구매절차**는 구입 필요성 확인, 필요한 품목과 수량 결정, 공급원 선정, 가격 확인과 발주, 검수 및 물품 수령, 입고, 기록과 파일(file)의 보관 등의 순서로 진행된다.

정답 01. ④ 02. ④ 03. ③

04 구매절차는 구매 필요성이 인지되면 필요 품목의 종류와 수량을 결정하고 가격정보 및 제품에 대한 정보를 바탕으로 급식소의 용도 및 형태에 맞는 제품을 선택하여 식품구매명세서를 작성하게 된다. 그다음 최적의 공급자를 선정하여 가격을 결정하고 이를 토대로 물품주문서를 작성, 발송한다. 공급자가 물품을 납품하면 검수과정을 거쳐 문제가 없을 경우 대금을 지불하고 물품을 입고함으로써 구매과정이 완료된다.

05 식품구매 시에는 식품의 규격과 품질이 좋은 것인지, 계절식품으로 저렴하고 영양가가 높은 것인지, 폐기율이 낮고 가식부율이 높은 것인지, 그리고 식품의 유통단계로 보아 저렴하게 구입 가능한 장소인지 등을 고려하도록 한다.

06 **구매청구서**는 물품사용부서에서 구매부서로 송부하는 서식이며, 구매부서에서는 견적 비교를 위해 견적조회서를 사용한다. 구매부서에서 업체로 보내는 서식이 **발주서**이며, 납품업체에서는 납품 시에 **납품서**를 첨부한다.

정답 04. ④ 05. ① 06. ② 07. ③

04 단체급식소의 식품구매 절차로 옳은 것은?

㉮ 공급자 선정 및 가격 결정
㉯ 필요 품목의 종류와 수량 결정
㉰ 물품의 납품과 검수
㉱ 식품구매명세서의 작성
㉲ 물품주문서의 발송
㉳ 대금 지불 및 물품의 입고
㉴ 급식소의 용도 및 형태에 맞는 제품의 선택

① ㉯ → ㉮ → ㉱ → ㉴ → ㉲ → ㉰ → ㉳
② ㉴ → ㉯ → ㉱ → ㉮ → ㉲ → ㉰ → ㉳
③ ㉴ → ㉱ → ㉯ → ㉲ → ㉮ → ㉰ → ㉳
④ ㉯ → ㉴ → ㉱ → ㉮ → ㉲ → ㉰ → ㉳
⑤ ㉯ → ㉴ → ㉲ → ㉱ → ㉮ → ㉰ → ㉳

05 식품구매 시 고려해야 할 사항으로 옳은 것은?

① 계절식품
② 가장 낮은 가격의 식품
③ 폐기율이 높은 식품
④ 장기저장이 필요한 식품
⑤ 인기 있는 식품

06 구매절차 진행에 따라 사용되는 장표의 순서로 옳은 것은?

① 구매청구서 – 발주서 – 견적조회서 – 납품서
② 구매청구서 – 견적조회서 – 발주서 – 납품서
③ 발주서 – 구매청구서 – 견적조회서 – 납품서
④ 발주서 – 견적조회서 – 구매청구서 – 납품서
⑤ 견적조회서 – 구매청구서 – 발주서 – 납품서

07 식재료 구매요령으로 옳은 것은?

① 모든 식재료는 매일 구입해야 한다.
② 값이 싼 식재료는 한꺼번에 대량 구입해 둔다.
③ 저장품은 발주하기 전에 재고량을 파악하여 구매량을 조절한다.
④ 납품업자의 견적에 따라 가격을 정하여 구입한다.
⑤ 모든 재료는 재고가 남지 않도록 구입한다.

08 식품공급업자 선정 시 유의할 점으로 옳은 것은?

① 과거의 실적보다는 현재의 거래조건을 잘 검토하는 것이 유리하다.
② 업계 전문지나 업체 명부에 의해 공급자 리스트(list)를 작성하는 것은 좋지 못하다.
③ 거래처 선정 시에는 공급업체의 위치와 품질관리 정도를 고려한다.
④ 거래처의 경영규모나 기술수준은 중요한 고려사항이 되지 못한다.
⑤ 공급업자의 선정은 기술수준, 신용상태 등 주관적 자료에 의해 이루어져야 한다.

08 공급자 리스트(list) 작성 시 거래실적, 영업사원과의 면담, 카탈로그(catalogue), 업계 명부, 업계지, 광고 등이 정보원이 될 수 있다. 공급자 선정을 위한 거래처 실태조사 항목으로는 경영규모, 설비사항, 기술수준, 경영재정, 신용상태, 자본능력, 경영방침, 경영자의 성격 등이 있다. 공급업자 선정은 객관적 자료에 의해서 이루어져야 하며, 이때 공급업자의 위치, 공급자의 검사방법이나 품질관리의 기준을 고려한다.

09 급식업장에서 식품감별 시 가장 중요한 수단으로 사용되는 것은?

① 문헌에서의 지식
② 식품계량 기술
③ 식품분석기기
④ 발췌검사 기술
⑤ 식품감별자의 지식과 경험

09 실제 식품감별에는 **관능검사**가 많이 이용되며, 관능검사에서 가장 중요한 것은 개인의 직접적인 경험이다.

10 경제적이고 영양가 있는 식품을 선택하는 방법으로 옳은 것은?

① 인근의 시장을 이용하여 식품을 구입한다.
② 수입농산물을 이용한다.
③ 가공식품을 최대한 활용한다.
④ 제철식품을 이용한다.
⑤ 폐기량이 많은 식품을 우선 선택한다.

10 인근 시장의 식품가격은 소매 가격이 비쌀 수 있다.

11 시장의 일반적 기능으로 옳지 <u>않은</u> 것은?

① 판매자와 소비자 간의 정보교환
② 판매자로부터 소비자에게로 상품정보 전달
③ 판매자로부터 소비자에게로 소유권 이동
④ 판매자의 물품 가공 및 보관
⑤ 소비자로부터 판매자에게로 금전의 이동

11 시장은 일반적으로 경영활동의 수행장소, 판매자와 소비자 간의 정보교환 장소, 판매자로부터 소비자로 소유권 교환장소, 소비자로부터 판매자에게로 시장정보 전달, 판매자로부터 소비자에게로 상품정보 전달, 판매자로부터 소비자로 물품이동 장소로서의 기능을 한다.

12 거래가격 결정의 요인으로 옳지 <u>않은</u> 것은?

① 제품의 성질 ② 원가
③ 유통마진 ④ 시장수요의 탄력성
⑤ 급식소의 저장능력

정답 08. ③ 09. ⑤ 10. ④ 11. ④ 12. ⑤

13 수도권에서 100개 지점을 운영하는 위탁급식업체에 가장 적합한 구매유형은?

① 독립구매 ② 중앙구매
③ 창고클럽구매 ④ 공동구매
⑤ 단독구매

14 급식업체 A가 인접지역에 소재한 10개교의 학교급식을 위탁받았을 때, 식재료 및 물품의 적합한 구매유형은?

① 독립구매 ② 공동구매
③ 창고클럽구매 ④ 중앙구매
⑤ 단독구매

15 분산구매의 장점으로 옳은 것은?

① 구매가격 인하 ② 비용의 절감
③ 자주적 구매 가능 ④ 품질관리의 용이
⑤ 구매력의 향상

16 수의계약에 의해 식재료를 구입했을 때의 장점으로 옳은 것은?

① 계약절차가 복잡하다.
② 구매절차상의 시간이나 경비가 절약된다.
③ 상대방의 사정을 알 수 있어 유리한 거래가 가능하다.
④ 계약에 공정성을 기할 수 있다.
⑤ 새로운 업자를 발견하기 쉽다.

17 공급자 선정 시 비공식적인 구매절차를 택하는 것이 공식적 구매절차를 따르는 것보다 유리하다고 판단되는 상황은?

① 구매과정에서 생길 수 있는 의혹을 제거시키고자 할 경우
② 소규모의 급식소에서 간단한 절차로 구매하고자 할 경우
③ 저장성이 높은 품목을 정기적으로 구매하고자 할 경우
④ 새로운 업자를 발견하여 계약을 맺고자 할 경우
⑤ 좀 더 경제적인 조건에서 구매하고자 할 경우

---

13 **구매유형**
- **독립구매** : 각 급식점에서 개별적으로 구매하는 방식
- **중앙구매** : 여러 곳의 체인점에 필요한 물건을 본사 구매부서에서 집중 구매하는 방식
- **창고클럽구매** : 판매원의 도움 없이 구매자가 직접 창고에 진열된 물품을 선택하여 구매하는 방식
- **공동구매** : 소유주가 다른 급식소들에서 함께 공동으로 구매하는 방식

14 중앙구매(집중구매)는 동일 업체 내의 구매담당 부서에서 필요한 물품을 집중시켜 구매하는 방법이다. 일관된 구매방침을 확립할 수 있으며, 구매비용이 절약된다는 이점과 긴급 시에 비능률적이라는 단점이 있다.

15 분산구매는 구매수속이 간단하여 비교적 단기간에 가능하며, 자주적 구매가 가능하다. 긴급수요의 경우에 유리하며, 거래업자가 근거리에 있을 경우 운임 등 기타 경비가 절감되고, 차후 서비스면에서 유리하다.

17 공식적 구매절차는 **경쟁입찰 계약**에 의한 방법이고, 비공식적 구매절차는 **수의계약**에 의한 방법이다. 소규모 급식소에서 간단한 절차로 구매하고자 할 경우에는 비공식적 구매절차인 수의계약이 더 유리하다.

정답 13. ② 14. ④ 15. ③ 16. ② 17. ②

18 구매계약에서 경쟁입찰의 장점으로 옳은 것은?

① 절차가 간편하다.
② 긴급을 요하는 식품의 구입에 유리하다.
③ 공급업자와 장기적인 관계를 유지할 수 있다.
④ 절차가 공정하다.
⑤ 신속하고 안전한 구매가 가능하다.

18 **경쟁입찰**
- 경쟁입찰이 적합한 경우 : 구입물량이 많을 때, 시간이 충분할 때, 업체의 규모가 커서 공식구매가 필요할 때, 물품 공급업자가 많을 때
- 장점 : 공평하고 경제적이다. 새로운 업자를 발견하기 쉽다.
- 단점 : 경쟁입찰의 공고일로부터 낙찰까지 수속이 복잡하다. 긴급을 요하는 식품의 구입에 불리하다.

19 식품구매 시 공급자와 구매자 간의 원활한 의사소통을 위해 구매관리자가 식품에 관한 정보를 공급자 측에 송부하는 서식은?

① 구매요청서 ② 구매명세서
③ 발주서 ④ 납품서
⑤ 구매표

19 **식품구매명세서**를 작성하여 공급자 측에 송부하면 급식소에서 원하는 품질의 제품을 구매할 수 있게 된다.

20 중앙구매의 장점으로 옳은 것은?

① 구매절차 간단 ② 긴급 시 구매 편리
③ 인건비 절감 ④ 빠른 입고
⑤ 구매가격 인하

20 구매 방법에는 중앙구매와 독립구매(분산구매)가 있으며, 중앙구매를 할 경우 구매가격 인하, 비용의 절감, 일관된 구매방침 확립 등의 효과가 있으나, 구매부서를 거치기 때문에 구매절차와 수속이 복잡해진다.

21 같은 지역에 위치한 어린이집 급식소 10곳에서 원가절감을 위해 도입할 수 있는 구매방법으로 옳은 것은?

① 독립구매 ② 창고클럽구매
③ 위탁구매 ④ 중앙구매
⑤ 공동구매

21 공동구매는 구매량이 많아 할인을 받을 수 있으므로 원가절감 효과를 기대할 수 있고, 개별 구매의 경우보다 공신력 있는 공급업체를 선정할 수 있어 공급력이 개선될 수 있다. 우리나라 일부 어린이집에서는 공동구매가 지역적으로 적극 도입되고 있다.

22 일반경쟁입찰에 대한 설명으로 옳은 것은?

① 신속하고 안전한 구매가 가능하다.
② 불리한 가격으로 계약하기 쉽다.
③ 신용, 경험이 불충분한 업자는 응찰할 수 없다.
④ 절차가 간편하여 경비를 줄일 수 있다.
⑤ 긴급할 때는 조달시기를 놓치기 쉽다.

22 일반경쟁입찰의 경우 새로운 업자를 발견할 수 있고 정실, 의혹을 방지할 수 있다는 장점이 있으나, 신용, 경험이 불충분한 업자가 응찰하기 쉽고 긴급할 때는 조달시기를 놓치기 쉽다는 단점이 있다.

정답 18. ④ 19. ② 20. ⑤
21. ⑤ 22. ⑤

23 일반공개경쟁입찰은 가장 저렴한 가격으로 원하는 물품을 납품하는 공급업체를 선정하는 것이므로 다른 구매방법에 비해 저렴하게 물품을 구매할 수 있다.

24 중앙구매는 집중구매라고도 하며, 구매담당 부서에서 필요한 물품을 집중시켜 일괄적으로 구매하는 방법이다.

26 농수산물 및 가격에 관한 법률에 의하면, **매매 참가인**이란 농수산물도매시장 또는 농수산물공판장에 상장된 농수산물을 직접 매수하는 가공업자, 슈퍼마켓, 체인스토어와 같은 대량 수요자로서 도매시장 거래 품목을 정기적으로 구입하는 상인들을 말한다.

정답 23. ② 24. ① 25. ⑤ 26. ⑤ 27. ②

23 식품을 다량으로 구입할 때 가격을 가장 저렴하게 구입할 수 있는 방법은?

① 도매상회에서 원가로 구입
② 일반공개경쟁입찰을 통해 구입
③ 물품견적을 통하여 구입
④ 지명공개입찰을 통해 구입
⑤ 특정상인을 통하여 구입

24 30곳의 급식소를 위탁운영하고 있는 중소위탁급식업체에서는 본사의 구매팀에서 모든 식재료를 일괄 구매한 후 각 급식소로 매일 배송한다. 이러한 구매방법은?

① 중앙구매 ② 분산구매
③ 공동구매 ④ 위탁구매
⑤ 수시구매

25 공급업체 선정 시 수의계약 방법에 대한 설명으로 옳은 것은?

① 공평하고 객관적이다.
② 저렴한 가격으로 살 수 있다.
③ 구매계약 시 발생할 수 있는 부조리를 방지할 수 있다.
④ 담합의 우려가 있다.
⑤ 절차가 간편하여 경비를 줄일 수 있다.

26 슈퍼마켓, 체인스토어와 같은 대량 수요자로서 도매시장 거래 품목을 정기적으로 구입하는 상인은?

① 중매인 ② 지정 도매인
③ 도매시장 개설자 ④ 소매상
⑤ 매매 참가인

27 구입하려는 제품의 품질과 특성에 관해 기록한 것으로, 품질 및 원가 통제의 기준이 되고 공급업자와의 의사소통에 필요한 서류는?

① 구매청구서 ② 구매명세서
③ 발주서 ④ 거래명세서
⑤ 납품서

28 **식품구매명세서에 대한 설명으로 옳은 것은?**

① 식품구매청구서라고도 한다.
② 급식소명과 주소, 공급업체명과 주소, 납품일자 등의 내용을 포함한다.
③ 급식소에서만 필요한 서식으로 공급업체에는 송부하지 않는다.
④ 현실적이어야 하므로 최신 상품명을 기입하는 것이 좋다.
⑤ 구매부문, 납품업자, 검사부분의 3자가 사용하는 명세서는 동일해야 한다.

28 **구매명세서**의 내용은 물품 또는 서비스의 용도 및 요구사항, 물품 또는 서비스에 대한 정확한 명칭, 상품명, 품질 및 등급, 크기, 형태 폐기율, 포장규격, 포장단위, 포장의 재질, 가공공정 및 저장방법, 산지, 숙성 정도 등을 포함한다.

29 **식품구매명세서에 포함되지 <u>않는</u> 내용은?**

① 품질등급
② 발주량
③ 일반적으로 통용되는 상품명
④ 포장 단위 및 용량
⑤ 품종이나 산지

29 식품구매명세서에는 구매하고자 하는 품목에 대한 자세한 정보를 담는 것이므로 구매 수량은 기재하지 않는다.

30 **구매요구서에 대한 설명으로 옳은 것은?**

① 구매부서에서 작성한다.
② 총 3부를 작성하여 구매부서로 보낸다.
③ 구매부서에 송부된다.
④ 발주전표라고도 불린다.
⑤ 검수 시에 기준으로 활용된다.

30 **구매요구서(구매청구서)**는 물품을 사용하는 부서에서 작성하여 구매부문에 송부되는데, 보통 2통을 작성하여 정본은 구매부서에 보내고 부본은 물품을 요구한 부문에서 보관하게 된다.

31 **거래명세서라고도 하며 물품명, 수량, 단가, 공급가액, 공급자명 등이 기재된 서식은?**

① 구매요청서
② 발주서
③ 납품서
④ 식품구매요구서
⑤ 식품구매명세서

31 검수 담당자는 납품된 물품이 납품서에 적힌 것과 일치하는가를 확인해야 하며, 납품서는 검수가 끝난 후 물품대금 청구의 근거로 사용된다.

32 **식품재료를 검수할 때 공급자로부터 반드시 받아야 할 서류는?**

① 공급자 재고량표
② 발주표
③ 납품서
④ 구매요구서
⑤ 구매명세서

32 물품검수 시에는 공급자가 납품하는 물품의 목록인 납품서를 받아야 한다.

정답 28. ⑤ 29. ② 30. ③ 31. ③ 32. ③

33 구매명세서를 작성할 때 유의할 점으로 옳은 것은?

① 구매부서와 검수자가 사용하는 구매명세서만 동일해도 된다.
② 구매명세서는 간단하고 정확하게 작성되어야 한다.
③ 구매명세서에는 시장에서 유통되는 상표의 물품을 지정하지 않는 것이 좋다.
④ 구매명세서는 구매물품의 양이 적을 때 필수적이다.
⑤ 구매명세서는 우수한 단일 납품업자가 응찰할 수 있도록 작성되어야 한다.

34 급식 수요예측에서 가장 기본이 되는 자료는?

① 전문서적 ② 배식 소요시간
③ 조리 기술수준 ④ 음식 생산체계
⑤ 과거의 식수기록

35 식품구매에 필요한 식품의 종류와 양을 결정하기 위해 필요한 사항은?

① 표준레시피 1인 분량, 잔반량
② 예상 급식인원수, 식품별 폐기율
③ 예상 급식인원수, 식재료 가격
④ 출고계수, 식품브랜드
⑤ 출고계수, 잔반량

36 폐기율이 있는 식재료의 발주량 산출방법으로 옳은 것은?

① (1인분당 중량 ÷ 가식부율) × 예상식수
② 1인분당 중량 × 출고계수 × 100 × 예상식수
③ (1인분당 중량 ÷ 폐기율 × 100) × 예상식수
④ [1인분당 중량 ÷ (100 − 폐기율)] × 100 × 예상식수
⑤ 1인분당 중량 × 가식부율 × 예상식수

37 급식인원이 1,200명인 단체급식소에서 고등어구이를 하려고 한다. 고등어의 1인분 급식 분량은 100 g, 고등어의 폐기율이 40%일 때 고등어의 발주량은?

① 150 kg ② 200 kg
③ 250 kg ④ 300 kg
⑤ 350 kg

33 구매명세서 작성 시 유의점
- 구매부문, 납품업자, 검사부문의 3자가 사용하는 구매명세서는 동일해야 한다.
- 구매명세서는 가능한 한 현실적이어야 한다.
- 구매명세서는 가능한 한 간단하고 명확해야 한다.
- 구매명세서에서 지정하는 물품은 가능한 한 시장에 나와 있는 상표의 것을 지정하는 것이 좋다.
- 구매명세서는 모든 납품업자에 대해서 공평하게 작성되어야 한다.
- 구매명세서는 많은 납품업자가 응할 수 있도록 작성되어야 한다.
- 구매명세서는 명료하고 융통성 있게 작성되어야 한다.
- 단, 납품하고자 하는 물품의 양이 적을 경우는 오히려 번거롭고 비경제적이다.

34 급식소에서 수요예측 시 자료가 되는 것은 문헌 고찰, 급식예상 인원, 종업원의 기술수준, 급식소에서의 음식 생산체계 등이 포함될 수 있으나, 가장 기본적인 것은 급식소에서 보유하고 있는 과거의 식수기록이다.

35 구매가 필요한 식품의 종류와 양은 식단에 근거하여 결정된다. 식품의 필요량을 산출할 때는 표준레시피의 1인 분량, 예상 급식인원수, 식품별 폐기율 또는 출고계수를 알아야 한다.

36 발주량

$= 1인분당\ 중량 \times \frac{100}{(100 - 폐기율)} \times 예상식수$

$= 1인분당\ 중량 \times \frac{100}{가식부율} \times 예상식수$

$= 1인분당\ 중량 \times 출고계수 \times 예상식수$

37 발주량
= 1인분당 중량 / 가식부율 × 100 × 예상식수
= 100 g / 60 × 100 × 1,200명
= 200 kg

정답 33. ② 34. ⑤ 35. ② 36. ④ 37. ②

38 가지무침에 사용할 가지를 구매하고자 한다. 1인 분량이 40 g이고, 예상식수가 1,500명, 가지의 폐기율이 20%일 때 가지의 발주량은?

① 65 kg ② 70 kg
③ 75 kg ④ 80 kg
⑤ 85 kg

38
- 가지 출고계수
 = 100 / (100 − 20) = 1.25
- 가지 필요량
 = 40 g × 1,500식 × 1.25
 = 75,000 g = 75 kg

39 다음과 같은 특징을 가진 물품 발주방식은?

- 고가의 물품이어서 재고부담이 크다.
- 조달에 시간이 오래 걸린다.

① 선입선출방식
② 정기발주방식
③ 정량발주방식
④ 경제적 발주량 방식
⑤ 계속실사 발주방식

39 **정기발주방식(fixed-order period system)**은 정기실사방식이라고도 하며, 정기적으로 일정한 발주시기에 부정량(최대 재고량 − 현재 재고량)을 발주하는 유형이다. 조달기간이 오래 걸리는 품목에 유리하다.

40 검수담당자의 업무로 옳은 것은?

① 물품의 중량 확인, 재고량 확인
② 물품의 신선도 확인, 가격 확인
③ 물품의 재고량 확인, 신선도 확인
④ 물품의 중량 확인, 신선도 확인
⑤ 물품의 위생상태 확인, 재고량 확인

40 검수담당자는 납품된 물품의 품질, 신선도, 위생, 수량, 규격이 주문내용과 일치하는지 확인한다. 재고량을 확인하는 것은 창고담당자의 업무이다.

41 식품재료를 검수할 때 품목 및 수량 확인을 위해 필요한 문서로 옳은 것은?

① 식단표 ② 재고조사표
③ 납품서 ④ 품질보증서
⑤ 축산물등급판정서

41 발주서에 작성한 대로 납품되었는지를 확인하고 납품서에도 착오가 없는지 확인한다.

정답 38. ③ 39. ② 40. ④ 41. ③

42 급식소의 일반적인 검수절차로 옳은 것은?

① 배달물품과 송장, 발주서 대조 → 물품의 수량, 신선도 확인 → 창고 및 주방 입고 → 검수에 관한 기록 기재 → 물품의 인수 및 반환
② 배달물품과 송장, 발주서 대조 → 물품의 수량, 신선도 확인 → 물품의 인수 및 반환 → 창고 및 주방 입고 → 검수에 관한 기록 기재
③ 배달물품과 송장, 발주서 대조 → 물품의 인수 및 반환 → 물품의 수량, 신선도 확인 → 창고 및 주방 입고 → 검수에 관한 기록 기재
④ 물품의 수량, 신선도 확인 → 물품의 인수 및 반환 → 배달물품과 송장, 발주서 대조 → 창고 및 주방 입고 → 검수에 관한 기록 기재
⑤ 물품의 수량, 신선도 확인 → 창고 및 주방 입고 → 배달물품과 송장, 발주서 대조 → 물품의 인수 및 반환 → 검수에 관한 기록 기재

43 납품검사의 방법에 대한 설명으로 옳은 것은?

① 송장검사법은 저가품의 검사에 적합하다.
② 전수검사법은 납품된 모든 품목을 일일이 검사하는 방법이다.
③ 전수검사법이 가장 현실적인 검사 방법이다.
④ 발췌검사법은 고가품의 검사에 적합하다.
⑤ 납품검사의 방법에는 전수검사법과 송장검사법이 있다.

43 납품검사의 방법에는 **전수검사법(납품된 모든 물품을 일일이 검사하는 방법으로 고가품의 검사에 적합)**과 **발췌검사법(부분적으로 발췌하여 검사하는 방법)**이 있으며, 발췌검사법이 보다 현실적인 검사방법이다.

44 전수검사법에 대한 설명으로 옳은 것은?

① 납품된 물품을 부분적으로 검사하는 방법
② 불량품을 검사하는 방법
③ 납품된 물품을 보관하고 체크하는 방법
④ 납품된 물품을 통계처리 판정하는 방법
⑤ 납품된 물품을 전부 검사하는 방법

44 고가 품목의 경우 세밀히 검사하여 조금이라도 불량품이 없도록 하는 검사의 방법을 전수검사법이라고 한다.

45 발췌검사법에 대한 설명으로 옳은 것은?

① 납품된 물품을 전부 검사하는 방법이다.
② 고가의 물품을 검사하는 방법으로 적당하다.
③ 전수검사법에 비해 시간이 오래 소요된다.
④ 검사항목을 일부 생략하기 위한 방법이다.
⑤ 검사항목이 많은 경우 시료 일부를 뽑아 조사하는 것이다.

45 발췌검사법이란 납품된 물품 중 일부의 시료를 뽑아 조사하여 그 결과를 판정기준과 대조하여 합격, 불합격을 판정하는 검사법이다. 검사항목이 많을 경우, 검사 비용 및 시간을 절약하고자 할 경우, 생산자에게 품질 향상 의욕을 자극할 경우에 전량을 모두 검사하지 않고 일부분만 발췌하여 검사하는 것이 효과적이다. 그러나 발췌검사를 한다고 해서 검사해야 할 항목을 생략하는 것은 아니다.

정답 42. ② 43. ② 44. ⑤ 45. ⑤

46 **단체급식의 식재료 구입에 대한 설명으로 옳은 것은?**

① 구매자의 기호를 최우선으로 한다.
② 영양가가 높은 고가격의 식재료를 구입한다.
③ 계절에 다량 출하되는 식품을 구입한다.
④ 신선도가 높고 폐기율이 높은 식품을 구입한다.
⑤ 영양적으로 우수한 수입 식재료를 구입한다.

47 **검수 시 배달된 물품이 검수 기준에 미달되는 경우 처리 방법으로 옳은 것은?**

① 물품의 하자를 배달자와 함께 확인한다.
② 일단 입고시킨 후 공급자에게 연락한다.
③ 물품 반환사유는 별도로 기록하지 않는다.
④ 별도의 처리를 하지 않는다.
⑤ 공급자의 허락을 얻어 반품한다.

48 **검수 시 식품감별의 목적으로 옳은 것은?**

① 영양성분의 추출
② 식생활 개선
③ 식재료 선도 판정
④ 계절식품 선별
⑤ 식품 기호도 파악

48 식품감별의 주목적은 식품 중 유해 성분을 감별하고, 식재료의 선도 및 위생상태를 판정하기 위한 것이다.

49 **좋은 품질의 식품에 대한 설명으로 옳은 것은?**

① 새우젓 중 맛이나 품질 면에서 최상인 것은 오젓이다.
② 오징어는 몸통이 원통이며 흰색을 띤 것이 좋다.
③ 쇠고기는 선홍색이 나는 것이 좋다.
④ 귤은 쪽수가 많고 신맛이 많은 것이 좋다.
⑤ 달걀은 광택이 있고 기공이 없어야 한다.

49
① 새우젓 중에는 육젓이 최상이다.
② 오징어는 붉은색이나 초콜릿색으로 탄력성이 있는 것이 좋다.
③ 쇠고기는 선홍색이 나는 것이 좋다.
④ 귤은 쪽수가 적고 단맛이 많은 것이 좋다.
⑤ 달걀은 광택과 기공이 없는 것이 좋다.

50 **급식소에서 식품검수 시 식품 품질을 판단하기 위해 많이 이용되는 검사는?**

① 화학적 검사
② 미생물학적 검사
③ 생화학적 검사
④ 관능적 검사
⑤ 중량 검사

50 관능검사란 인간의 오감을 이용하여 음식의 맛, 향미, 질감, 외관 등을 평가하는 것으로 급식소의 식품검수 시 보편적으로 사용되고 있다.

정답 46. ③ 47. ① 48. ③ 49. ③ 50. ④

51 신선한 어패류에 대한 설명으로 옳은 것은?

① 조개류는 껍데기가 얇은 것이 좋다.
② 생선류는 아가미가 선홍색인 것이 좋다.
③ 생선류는 손으로 눌렀을 때 탄력성이 없는 것이 좋다.
④ 생선류는 비늘이 모두 제거되어 있는 것이 좋다.
⑤ 조개류는 입이 벌어져 있는 것이 좋다.

51 조개류의 껍데기는 얇은 것이 어린 것이며, 손으로 만져도 입을 오므리지 않고 벌린 채 있으면 죽은 것이다.

52 어류의 감별법으로 옳은 것은?

① 고등어 – 등에 특유한 청흑색의 반점이 있고, 큰 것일수록 맛이 좋다.
② 삼치 – 등이 회청색이고 윤기와 탄력이 있는 것으로 가을에 맛이 좋다.
③ 조기 – 비늘이 은빛이고 산란 후의 암컷이 맛이 좋다.
④ 조개 – 껍데기가 두껍고 입을 오므리지 않는 것이 좋다.
⑤ 갈치 – 은분이 벗겨지지 않은 것으로 살에 탄력이 있는 것이 좋다.

52 고등어는 중간 크기가 맛이 좋고, 삼치는 등이 회청색이고 윤기가 흐르며 몸살이 곧고 단단하며 탄력이 있는 것이 좋고, 가장 맛이 있는 시기는 겨울이다. 조기는 비늘이 은빛이고 살이 탄력 있는 것이 좋으며 산란 직전의 것이 맛이 좋으므로 복부가 불룩한 암컷을 고른다. 갈치는 은분이 벗겨지지 않은 것으로 살이 탄력이 있고 약간 무른 것이 좋다.

53 채소류의 감별법으로 옳은 것은?

① 배추 – 껍질이 두껍고 잎이 벌어진 것
② 양파 – 껍질이 잘 벗겨지며 약간 흰색을 띠는 것
③ 마늘 – 쪽수가 많으면서 마늘통이 작고 싹이 난 것
④ 시금치 – 잎 수가 많고 두터우며 뿌리는 붉고 선명한 것
⑤ 오이 – 많이 휘어 있고 꼭지가 마른 것

53 양파의 빛깔은 선명한 적황색이 좋으며, 껍질은 얇고 잘 벗겨지지 않는 것이 좋다.

54 효율적인 물품수령을 위한 방법으로 옳은 것은?

① 물품배달원이 조리실로 물품을 가져오게 한다.
② 물품수령은 가급적 한 번에 많이 받도록 하여 시간을 절약해야 한다.
③ 물품수령을 위해 충분한 공간을 확보해야 하며 저장고와 가까워야 한다.
④ 물품수령자는 기본적인 위생관리방법 및 검사방법 등에 대해 잘 알지 못해도 된다.
⑤ 물품수령을 위해서는 물품배달원이 가위, 도장, 칼, 저울 등 수령에 필요한 장비를 구비해야 한다.

54 물품수령은 일에 방해가 되지 않는 시간에 하되 한 번에 많이 받는 경우에는 본작업에 영향을 미칠 수 있을 뿐만 아니라 식품의 품질을 저하시킬 우려가 있으므로 피해야 한다.

정답 51. ② 52. ⑤ 53. ④ 54. ③

55 **급식인원이 600명인 급식소를 관리하는 영양사는 내일 점심 메뉴 중 풋고추조림을 제공하기 위해 발주량을 산정하고 있다. 풋고추조림의 재료별 순사용량은 풋고추 30 g, 멸치 10 g, 식용유 5 g이며, 현재 재고로 풋고추 5 kg, 멸치 1 kg이 있다. 풋고추의 폐기율은 10%, 멸치의 폐기율은 0%일 때, 풋고추와 멸치의 적정 발주량은?**

① 풋고추 15 kg, 멸치 5 kg
② 풋고추 15 kg, 멸치 6 kg
③ 풋고추 18 kg, 멸치 5 kg
④ 풋고추 18 kg, 멸치 6 kg
⑤ 풋고추 20 kg, 멸치 6 kg

55 풋고추 필요량 = 30 g×1.1×600명 ≒ 20 kg, 멸치 필요량 = 10 g×600명 = 6 kg이다. 여기에서 각 식품의 재고량을 제외한 양을 발주량으로 한다.

56 **효율적인 검수활동을 위한 고려사항으로 옳지 않은 것은?**

① 검수활동에 관계되는 기록을 작성하고 필요한 서식을 갖춘다.
② 물품의 배달시간을 조정하여 세심한 검수에 차질이 없게 한다.
③ 공급업체와 친밀한 관계를 유지해 물품검수 시 소요시간을 절약한다.
④ 식품에 대한 지식을 갖추도록 훈련을 받는다.
⑤ 구매담당자, 생산관리부서, 회계부서 등과 유기적 관계를 유지한다.

56 공급업체와의 친밀한 관계 유지는 공정한 물품검사를 방해하는 요인이 될 수 있다.

57 **급식 식재료 검수 시 온도계로 식품의 온도를 측정해야 할 항목은?**

① 쌀
② 감자
③ 껍질 깐 양파
④ 건미역
⑤ 참치통조림

57 검수 시 온도 측정 항목은 냉장식품 및 조리식품이며, 전처리된 식재료는 10℃ 이하, 신선편의식품 및 훈제연어는 5℃ 이하, 냉동식품은 냉동상태를 유지해야 한다.

58 **발주량을 결정할 때 고려해야 할 사항으로 옳지 않은 것은?**

① 창고의 저장능력
② 재고량
③ 식품의 포장상태와 포장단위
④ 식품의 가식부율
⑤ 급식대상자의 식품 선호도

58 급식대상자의 식품 선호도는 식단 작성 시 고려한다.

정답 55. ① 56. ③ 57. ③ 58. ⑤

59 물품의 입고량, 출고량 및 재고량의 조사는 창고담당자가 수행한다.

59 검수담당자의 업무가 아닌 것은?

① 물품의 중량과 개수가 주문서대로 납품되었는지를 확인한다.
② 납품한 물품의 품질과 신선도 상태를 판정한다.
③ 잘못된 물품이나 신선하지 못한 물품은 되돌려 보내고 이에 대해 기록한다.
④ 물품수령 후 전표를 작성하여 검수인을 찍고 회계부서에 송부한다.
⑤ 물품을 입고한 후 입고량 및 출고량을 기록하고 그날의 재고량을 조사한다.

60 달걀 껍데기의 색이 황색인 것과 흰 것은 품종의 차이이지 품질의 차이를 나타내는 것은 아니다.

60 좋은 난류에 대한 설명으로 옳은 것은?

① 달걀 껍데기가 황색인 것
② 10% 소금물에 담갔을 때 위로 떠오르는 것
③ 흔들어 보았을 때 소리가 나는 것
④ 깨어 보았을 때 난황계수가 더 낮은 것
⑤ 표면이 꺼칠꺼칠하고 광택이 없는 것

61 신선한 쇠고기의 육색은 선홍색 또는 암적색을 띤다.

61 쇠고기의 신선한 육색으로 옳은 것은?

① 백색
② 담황색
③ 담적색
④ 암갈색
⑤ 암적색

62 관능검사법은 사람의 감각을 가지고 판별하는 것을 말한다. 비중, 당도, 산도, 중량은 이화학적 방법에 해당한다.

62 식품감별법 중 관능적인 방법만으로 묶인 것은?

① 비중, 맛, 냄새, 당도
② 외관, 색, 당도, 중량
③ 외관, 중량, 산도, 맛, 냄새
④ 정도, 당도, 비중, 중량
⑤ 외관, 색, 광택, 맛, 냄새

63 쌀알이 고르고 투명하며 광택이 나고 단단한 것이 좋은 쌀이다.

63 좋은 쌀에 대한 설명으로 옳은 것은?

① 쌀알이 투명하고 광택이 나며, 경도가 높다.
② 쌀알이 불투명하고 광택이 안 나며, 경도가 높다.
③ 쌀알이 불투명하고 광택이 나며, 경도가 낮다.
④ 쌀알이 고르고 광택이 안 나며, 경도가 높다.
⑤ 쌀알이 투명하고 돌이 없으며, 경도가 낮다.

정답 59. ⑤ 60. ⑤ 61. ⑤ 62. ⑤ 63. ①

64 **좋은 감자에 대한 설명으로 옳지 않은 것은?**

① 굵고 상처가 없는 것
② 덥고 습기가 많은 곳에서 나온 것
③ 껍질의 색이 노르스름한 것
④ 춥고 건조한 지방에서 나온 것
⑤ 발아되지 않은 것

64 감자는 춥고 건조한 지방에서 나온 것이 좋다.

65 **좋은 토란에 대한 설명으로 옳은 것은?**

① 모양이 둥글고 푸른색을 띠며 끈적끈적한 감이 없는 것
② 모양이 각지고 끈적끈적한 감이 있는 것
③ 모양이 길쭉하고 푸른빛이 나는 것
④ 잘랐을 때 연한 것
⑤ 원형의 모양으로 잘랐을 때 단단하고 끈적끈적한 감이 강한 것

65 토란은 원형 모양으로 잘랐을 때 단단하고 끈적끈적한 감이 강한 것, 껍질을 벗겼을 때 흰색인 것이 좋다.

66 **식품을 창고에 보관하려고 할 때 보관 용기나 포장에 기입해야 할 내용은?**

① 수량, 사용일자, 상표
② 수량, 구입일자, 사용일자
③ 수량, 폐기량, 품명
④ 수량, 품명, 구입일자
⑤ 상표, 수량, 폐기량

66 수량, 구입 품명, 구입일자를 기입해야 한다.

67 **항상 일정량의 식품재료를 보관해 두는 것은?**

① 안전재고량
② 월간재고량
③ 긴급재고량
④ 보존재고량
⑤ 상시재고량

67 일정량의 식품재료를 항시 보관하는 것을 **표준재고량 또는 기본재고량, 안전재고량**이라 한다.

68 **재고회전율이 표준보다 높을 때 나타나는 현상으로 옳은 것은?**

① 식품이 부정 유출될 가능성이 있다.
② 자본이 동결되므로 이익이 감소한다.
③ 심리적으로 식품의 낭비가 많아진다.
④ 고가로 물품을 긴급히 구매할 경우가 발생한다.
⑤ 식품손실이 커진다.

68 **재고회전율**이 표준보다 높다는 것은 재고량이 적다는 것을 의미하며, 긴급하게 소량 구매로 인한 식재료 비용 증가, 생산 지연, 종업원의 사기 저하, 고객만족 저하의 문제가 발생할 수 있다.

정답 64. ② 65. ⑤ 66. ④ 67. ① 68. ④

69 저장 품목의 경우에는 구입하기 전에 재고량을 조사해야 한다.

70 **후입선출법**을 사용할 경우 나중에 들어온 물품을 먼저 사용한 것으로 기록하므로 가장 오래된 식품의 단가가 마감 재고액에 반영된다.

71 정기발주방법은 정기적으로 일정한 시기마다 부정량(최대 재고량 – 현 재고량)을 발주하는 방법으로, 가격이 고가품이어서 재고부담이 큰 품목이나 조달에 오랜 기간이 소요되는 품목에 적용한다. 정량발주방법은 부정기적으로 발주점에 도달했을 때 일정량을 발주하는 방법으로, 재고부담이 적은 저가품이거나 항상 수요가 있어서 일정한 재고를 보유해야 하는 품목에 적용한다.

72 비저장식품이라도 발주는 조달기간을 고려하여 최소한 3일~1주일 전에 하도록 한다. 또한 저장식품의 경우는 적정재고량을 보유하도록 재고관리를 해야 하며, 가격이 싸고 조달하기 쉬우며 재고부담이 적은 품목은 정량발주가 더 적합하다. 또한 발주서는 구매부서에서 재료명, 수량, 납품업체, 납품일시와 장소를 작성한 후 판매업자, 회계부서로 보내게 되므로 이 세 곳에서 보관하고 있어야 한다.

정답 69. ② 70. ④ 71. ④ 72. ④

69 저장 품목의 식품재료 구입 시 정확한 구매 수량을 정하기 위해 반드시 조사해야 하는 내용은?

① 급식부서의 인원
② 재고량
③ 시장 가격
④ 가식부
⑤ 배식량

70 구입한 지 가장 오래된 식품의 단가가 마감 재고액에 반영되는 재고자산 평가방법은?

① 실제구매가법
② 총 평균법
③ 선입선출법
④ 후입선출법
⑤ 최종구매가법

71 정기발주방법에 대한 설명으로 옳은 것은?

① 발주점에 이르면 일정량을 발주하게 된다.
② 경제적 발주량을 산출하여 사용한다.
③ 항상 일정량의 재고를 유지하고자 할 때 이 방법을 사용한다.
④ 일정한 시기마다 부정량을 발주하게 된다.
⑤ 가격이 저렴한 제품의 경우 사용한다.

72 발주업무관리에 대한 설명으로 옳은 것은?

① 비저장식품은 저장 비용이 증가하므로 사용일 하루 전에 발주한다.
② 저장식품은 일정 기간 내의 사용량을 산정한 후 재고량이 최소화되도록 한다.
③ 가격이 싸고 조달하기 쉬우며 재고부담이 적은 것은 정기발주를 하는 것이 좋다.
④ 발주서는 판매업자, 구매부서, 회계부서 세 곳에서 보관하고 있어야 한다.
⑤ 구매명세서에는 재료명, 수량, 납품업체, 납품 일시와 장소를 기록하도록 한다.

73 창고관리 시 물품의 부정적인 유출을 방지하기 위한 방법으로 옳지 않은 것은?

① 창고에 잠금장치를 설치한다.
② 관계자 외에는 창고에 접근을 제한한다.
③ 창고 출입을 특정 시간으로 제한한다.
④ 창고 출입은 식품의 온도에 따라 달리한다.
⑤ 창고 열쇠는 사용하지 않을 때에는 안전한 장소에 보관한다.

74 검수업무에 필요한 시설·설비조건으로 옳은 것은?

① 통풍, 환기시설 설비
② 540 lux 이상 밝기의 조명시설
③ 냉장 및 냉동 시설
④ 적절한 기울기의 배수로
⑤ 저장공간보다 큰 공간

75 효율적인 저장관리를 위한 원칙으로 옳지 않은 것은?

① 후입선출의 원칙
② 공간활용의 원칙
③ 분류저장의 원칙
④ 저장위치 표시의 원칙
⑤ 품질보존의 원칙

75 효율적인 저장관리를 위한 원칙으로는 저장위치 표시의 원칙, 분류저장의 원칙, 품질보존의 원칙, 선입선출의 원칙, 공간활용의 원칙이 있다.

76 식재료를 보관하는 창고의 관리원칙이 아닌 것은?

① 안전성 및 보안을 유지해야 한다.
② 적정 보관기한 내에 소비해야 한다.
③ 재고회전율을 최대한으로 감소시켜야 한다.
④ 먼저 입고된 물품부터 우선 출고해야 한다.
⑤ 적정 재고량을 유지해야 한다.

76 재고의 회전율이 너무 낮아지면 불필요한 재고를 과다 보유하게 되어 저장 비용이 증가하게 된다.

77 효율적인 저장관리를 위한 방법으로 옳은 것은?

① 식품과 비식품류를 분리하여 저장하도록 한다.
② 냉장저장 시에는 냉장고 용량의 70% 이상을 보관한다.
③ 저장 공간은 넓을수록 좋다.
④ 저장 창고는 검수구역과 되도록 떨어져 있는 것이 좋다.
⑤ 후입선출의 원칙을 지킨다.

77 저장 공간은 물품이 저장되는 양과 부피, 물품운반장비의 이동 공간을 고려하여 결정하며, 필요 이상으로 넓을 경우에는 유지관리비가 많이 소요된다.

정답 73. ④ 74. ② 75. ① 76. ③ 77. ①

78 식품창고는 상온에서 보관이 가능한 식품을 저장하는 곳으로 직사광선을 피하고, 내부 온도는 섭씨 21℃를 넘어서는 안 되며, 환기는 자연 환기보다 기계 환기가 효율적이다. 창고 내 선반은 벽에서 약간 떨어져야 수량 파악 및 환기에 좋으며, 설탕이나 밀가루 등과 같이 습기를 잘 흡수하는 식품은 선반의 높은 곳에 보관해야 한다.

79 규모가 큰 위탁급식업체나 대규모 체인 음식점은 일반적으로 중앙구매를 많이 한다.

80 발주서는 보통 3부씩 작성되어 원본은 공급업자에게 보내지고, 1부는 구매부서에 보관되며, 나머지 1부는 회계부서로 보내서 물품 납입 후에 대금 지불의 근거로 사용되며, 구매청구서에 근거하여 작성된다.

82 냉장고 용량의 70% 이하로 식품을 보관하고, 내부 온도는 5℃ 이하로 유지한다.

정답 78. ② 79. ③ 80. ③ 81. ③ 82. ④

78 식품창고가 갖추어야 할 조건은?

① 공간을 효율적으로 사용하기 위해 비식품을 함께 보관한다.
② 습기를 제거하고 곰팡이에 의한 피해를 줄이기 위해 내부 온도는 21℃ 미만이어야 한다.
③ 환경오염을 고려하여 기계 환기보다는 자연 환기를 이용하는 것이 좋다.
④ 창고 내의 선반은 효율적 공간관리를 위하여 벽에 붙이는 것이 좋다.
⑤ 설탕, 밀가루 등을 보관할 때에는 선반의 맨 아래쪽에 두는 것이 좋다.

79 독립구매에 대한 설명으로 옳은 것은?

① 소규모일수록 급식단가가 낮아지는 장점이 있다.
② 일반적으로 큰 위탁급식업체나 대규모 체인 음식점에서 주로 사용된다.
③ 중앙구매나 공동구매에 비하여 절차가 간단하다.
④ 양질의 식재료를 저렴한 단가로 구입할 수 있다.
⑤ 소유주가 다른 급식소가 공동으로 구매하는 형태이다.

80 발주서에 대한 설명으로 옳지 않은 것은?

① 원본은 공급업자에게 보낸다.
② 보통 3부씩 작성한다.
③ 시방서라고도 하며 간단명료하게 작성한다.
④ 물품 납입 후에 대금 지불의 근거로 사용된다.
⑤ 구매청구서에 근거하여 작성한다.

81 독립구매를 수행하는 급식소에서 필요한 서류가 아닌 것은?

① 물품구매명세서 ② 발주서
③ 물품구매청구서 ④ 물품검수서
⑤ 납품서

82 급식소의 냉장고에 식품을 보관하는 방법으로 옳은 것은?

① 냉장고 용량의 90% 이하로 식품을 보관한다.
② 내부 온도는 0℃ 이하로 유지되도록 관리한다.
③ 후입선출의 원칙을 지킨다.
④ 날 음식은 하부에, 익은 음식은 상부에 보관한다.
⑤ 냉장고 보관식품으로 곡류와 건어물이 있다.

83 **재고관리 기법 중 ABC 관리방식에서 각 유형별 식품의 종류로 옳은 것은?**

① A형 – 조미료류
② B형 – 밀가루
③ C형 – 유제품류
④ A형 – 육류
⑤ C형 – 채소류

83 ABC 관리방식
- A형 – 육류, 해산물
- B형 – 과일, 채소, 유제품
- C형 – 밀가루, 설탕, 조미료 등

84 **재고자산의 평가방법 중, 특정 기간 동안 구입된 물품의 총액을 전체 구입 수량으로 나누어 산출한 평균 단가를 이용하여 재고량을 평가하는 방법은?**

① 실제구매가법
② 총 평균법
③ 후입선출법
④ 최종구매가법
⑤ 선입선출법

85 **영구재고조사(perpetual inventory)에 대한 설명으로 가장 옳은 것은?**

① 정기적으로 창고 내 재고수량을 검사하는 것이다.
② 구매하여 입고 및 출고되는 물품의 양을 계속적으로 기록하는 것이다.
③ 저가의 품목들에 대해 주로 사용하는 재고조사법이다.
④ 재고조사에 경비가 적게 소요된다.
⑤ 전산화되면서 최근에는 활용되는 빈도가 적다.

85 창고의 물품의 입출고를 계속적으로 기록하는 방법으로 고가의 품목에 주로 적용하며, 비용과 경비가 많이 소요된다는 단점이 있으나, 최근 전산 시스템 도입으로 정확한 재고 수량 파악에 도움을 주고 있다.

86 **영양사가 물품의 입고와 출고시점에 물품의 수량을 기록하면서 재고 목록과 수량을 파악하였을 때 사용한 재고관리방법은?**

① 실사재고 시스템
② 영구재고 시스템
③ 선입선출 시스템
④ 후입선출 시스템
⑤ 적정재고 시스템

86 재고관리방법
- 실사재고 시스템 : 정기적으로 모든 저장창고에 보유하고 있는 물품의 수량을 직접 세고 기록하는 재고관리방법
- 영구재고 시스템 : 물품의 입고와 출고시점에 수량을 계속 기록하여 현재의 재고 목록과 수량을 파악할 수 있는 재고관리방법

87 **재고 회전율에 대한 설명으로 옳은 것은?**

① 재고 회전율은 평균재고액을 당기 식재료비의 총액으로 나눈 값이다.
② 재고 회전율이 표준치보다 높은 경우는 재고량이 과잉 수준임을 의미한다.
③ 재고 회전율이 표준치보다 낮은 경우는 재고량이 적다는 것을 의미한다.
④ 재고 회전율은 일정 기간 동안 저장고에 있는 물품의 평균 사용횟수이다.
⑤ 재고 회전율은 현재의 자금 상태를 평가하는 척도이다.

87 재고 회전율(inventory turnover)
- 재고 회전율 : 일정 기간 동안 저장고에 있는 물품의 평균 사용횟수
- 재고 회전율이 표준치보다 낮다는 것은 재고량이 과잉 수준임을 의미
- 재고 회전율이 표준치보다 높다는 것은 재고량이 적다는 것을 의미

정답 83. ④ 84. ② 85. ② 86. ② 87. ④

88 단체급식소의 12월 31일 현재의 식초 재고가 22병 남아 있었다. 구입일자별로 확인해보니 11월 20일 구입한 것이 7병, 12월 10일 구입한 것이 7병, 12월 30일 구입한 것이 8병이었다. 최종 구매가법(최종매입원가법)으로 재고자산을 평가한 결과는?

입고일	구입량(병)	구매 단가(원/병)
11월 20일	20	4,100
12월 10일	15	4,500
12월 30일	20	4,400

① 90,200원
② 95,400원
③ 96,800원
④ 97,000원
⑤ 99,000원

88 4,400원 × 22병 = 96,800원

- 개별법(실제 구매가법) : 각 물품의 실제 입고 가격으로 재고자산을 평가하는 방법
- 선입선출법(first-in first-out method) : 먼저 입고된 물품을 먼저 사용하였다는 가정하에 재고자산을 산출하는 방법
- 후입선출법(last-in first-out method) : 최근 구입한 물품부터 사용했다는 가정하에 가장 오래된 물품이 재고로 남았다고 보는 방법
- 최종매입원가법(최종 구매가법) : 재고 물품의 수량에 대해 가장 최근의 구입 단가를 적용하는 방법
- 총평균법 : 일정 기간 동안 구입한 물품의 평균 단가를 이용하는 평균원가법

정답 88. ③

생산 및 작업관리

4

학습목표 합리적인 급식생산 계획과 관리를 위해 과학적인 수요예측기법과 다량조리 및 음식의 보관과 배식방법을 이해하고, 급식품질관리 및 효율적인 생산관리를 위한 작업관리 원칙과 방법을 학습하여 생산성 향상에 활용할 수 있다.

01 지난 1월부터 5월까지의 과거 식수자료를 참고하여 3개월간의 단순 이동평균법을 이용해 6월의 식수를 예측하면 몇 식에 해당하는가?

월	제공 식수
1	1,000
2	1,200
3	1,100
4	1,000
5	900

① 950
② 1,000
③ 1,050
④ 1,100
⑤ 1,150

02 급식소의 수요를 예측하는 방법 중 주관적 예측법에 속하는 것은?

① 지수평활법
② 선형회귀분석법
③ 다중회귀분석법
④ 가중이동평균법
⑤ 델파이기법

03 급식 식수 예측방법 중 지수평활법에 대한 설명으로 옳은 것은?

① 정성적 식수 예측방법의 하나이다.
② 과거 일정 기간의 식수 자료의 평균으로 다음 기간의 식수를 예측한다.
③ 수요 발생의 인과관계를 파악하여 수요를 예측하는 인과형 예측 모델이다.
④ 바로 직전 달의 식수에 가장 큰 비중을 두어 다음 달의 식수를 예측한다.
⑤ 전문가의 경험 및 견해와 같은 주관적 요소를 이용하여 수요를 예측한다.

01 **이동평균법**은 새로운 기록이 생기면 오래된 기록은 배제하고 가장 최근의 기록만을 이용하여 평균을 산출하여 식수를 예측하는 방법이다.
(1,100 + 1,000 + 900) / 3 = 1,000

02 수요예측기법
① **시계열분석법** : 시간적 변화를 고려하여 식수를 예측하는 방법
- 이동평균법 : 새로운 기록이 생기면 오래된 기록은 배제하고 가장 최근의 기록만을 이용하여 평균을 산출하여 식수를 예측하는 방법
- 지수평활법 : 가장 최근의 기록에 비중을 더 주어 식수를 예측하는 방법

② **인과형 예측법** : 식수에 영향을 주는 많은 요인들을 고려하는 회귀분석을 하여 식수를 예측하는 방법
③ **주관적 예측법** : 전문가의 주관에 따라 식수를 예측하는 방법

정답 01. ② 02. ⑤ 03. ④

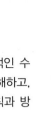

04 잘못된 수요예측으로 인해 과잉 생산이 되었을 때 발생할 수 있는 문제점은?

① 고객 불만의 초래
② 추가 생산으로 인한 작업 증가
③ 종사자의 스트레스
④ 인력 및 시설 비용 손실
⑤ 긴급 발주로 인한 비용 상승

05 표준레시피에 대한 설명으로 옳은 것은?

① 특정 음식을 모든 급식소에 맞도록 만들어졌다.
② 표준레시피에는 조리 후 중량이 포함되어 있다.
③ 표준레시피에는 계절식품이 표시되어 있다.
④ 표준레시피에는 거래처가 포함되어 있다.
⑤ 표준레시피는 조리종사자들의 생산성을 떨어뜨린다.

05 표준레시피에는 메뉴명, 재료명과 재료량, 조리법 및 순서, 총 생산량(total yield), 1인 분량(portion size), 생산 식수, 배식에 대한 정보, 조리기구 및 조리시간 등의 정보가 포함된다.

06 표준레시피 작성에 포함되어야 하는 항목이 아닌 것은?

① 1인분 제공량
② 구입 시 중량과 가식부 중량
③ 총 생산량
④ 대량조리방법
⑤ 거래처

06 **표준레시피** 작성 시에는 최소한 50인분 이상의 대량조리를 위한 식재료의 구입 시 중량(AP, As Purchased)과 가식부 중량(EP, Edible Portion), 조리법, 총 생산량, 조리시간 및 온도, 대량조리방법, 1인 분량(portion size) 등이 반드시 표기되어야 하며, 필요에 따라 1인 제공 영양소, 단가 등을 계산하여 제시하기도 한다.

07 표준레시피로 조리한 음식의 평가 점수가 낮았을 때 해결방안으로 옳은 것은?

① 조리사를 조리기술이 좋은 사람으로 바꾼다.
② 1인 식재료 분량을 변경한다.
③ 배식 시 필요한 기기를 바꾼다.
④ 급식 환경과 기구를 바꾼다.
⑤ 급식소 상황에 맞는 새로운 표준레시피를 개발한다.

07 관리자는 조리작업의 표준화를 위해 실제 일어나는 현상을 기록하고 자료를 수집하여 몇 번이라도 수정하고 교정하여 그 급식시설의 상황에 맞는 고유의 표준레시피를 개발해야 한다.

08 표준레시피 활용 시 장점은?

① 조리기기의 활용빈도 증가
② 종사원의 동기부여
③ 판매가격 상승
④ 일정한 음식품질 유지
⑤ 잔식량 증가

08 표준레시피는 급식 생산의 합리화를 위한 것이며, 조리기기의 활용빈도가 특별히 증가하는 것은 아니다.

정답 04. ④ 05. ② 06. ⑤ 07. ⑤ 08. ④

09 표준레시피에 기록하는 사항으로 바르게 짝지어진 것은?

① 조리공정, 재료원가
② 식품재료명, 인건비
③ 재료분량, 조리공정
④ 재료분량, 인건비
⑤ 음식분류코드, 재료원가

10 표준레시피에 반드시 명시되어야 할 사항은?

① 사용되는 재료의 분량
② 조리 후의 식단평가
③ 재료를 혼합하는 방법
④ 식재료의 원산지
⑤ 음식의 잔반량

10 표준레시피에는 조리를 위한 모든 정보를 명시해야 한다.

11 식품을 대량조리할 때 주의할 점으로 옳은 것은?

① 모든 식품은 가열조리 후 제공한다.
② 가열조리 후 모든 음식은 급속 냉각하는 것이 좋다.
③ 냉동가공식품은 적절한 방법으로 해동 후 튀기는 것이 좋다.
④ 전유어 재료에 밀가루와 달걀을 한꺼번에 미리 묻혀 둔다.
⑤ 조리 완료 후 실온에서 보관 후 배식할 때에는 2시간 이내로 배식을 완료한다.

11 조리 완료 후 배식까지의 시간은 가급적 단축시키고 실온에서 배식 시에는 2시간을 초과하지 않도록 관리한다.

12 대량조리에 대한 설명으로 옳은 것은?

① 분산조리를 활용하면 품질 유지에 도움이 된다.
② 조리시간과 온도 통제를 별도로 하지 않아도 된다.
③ 표준레시피가 필요하지 않다.
④ 조리기기보다 수작업을 많이 활용한다.
⑤ 일반조리에 비해 다양한 조리법을 활용할 수 있다.

12 대량조리는 일반조리에 비해 조리시간이 한정되어 있고 조리방법도 다르다.

13 일시에 대량으로 조리하지 않고 배식시간에 맞게 나누어 조리하는 방식은?

① 분산조리
② 대량조리
③ 교차조리
④ 소량조리
⑤ 만능조리

14 건열조리법에 해당되는 것은?

① 끓이기(boiling)
② 튀기기(frying)
③ 찌기(steaming)
④ 삶기(poaching)
⑤ 데치기(blanching)

14 **습열조리법**은 물이나 증기에 의해 음식을 조리하는 것으로 끓이기, 찌기, 삶기, 데치기 등이 이에 해당하며, 튀기기, 굽기는 **건열조리법**에 속한다.

정답 09. ③ 10. ① 11. ⑤ 12. ① 13. ① 14. ②

15 액체를 계량할 때에는 요철 렌즈와 동일한 위치에서 아랫부분을 읽어야 한다.

16 스팀솥은 불고기와 같이 가열한 조리기구에 소량의 기름을 이용하여 식품을 고온에서 단시간에 익힐 때 사용한다.

17 sauting은 기름을 적당히 붓고 음식을 볶는 방법, deep-fat frying은 기름을 많이 넣고 튀기는 방법, poaching은 80℃ 정도의 물에서 음식을 익혀내는 방법, stewing은 조리액에 식품을 넣고 오래 끓이는 방법, broiling은 열원 위에서 직접 구워 내는 방법이다.

19 검식은 시설의 장과 영양사가 책임을 맡으며, 조리책임자와 함께하기도 한다.

정답 15. ① 16. ⑤ 17. ①
 18. ⑤ 19. ②

15 식품을 계량하는 방법으로 옳은 것은?

① 흑설탕은 꼭꼭 눌러 담아 계량한다.
② 버터는 냉장된 상태에서 계량컵에 가볍게 담아 계량한다.
③ 우유는 계량컵의 눈금과 액체의 요철 렌즈와 동일한 눈높이에서 윗부분을 읽어야 한다.
④ 밀가루는 계량컵에 꾹꾹 눌러 담고 윗부분을 깎아 내어 계량한다.
⑤ 모든 식품은 부피로 계량하는 것이 가장 정확하다.

16 학교급식에서 불고기를 볶을 때 적합한 조리기기는?

① 콤비스팀오븐 ② 그리들
③ 튀김기 ④ 브로일러
⑤ 스팀솥

17 조리방법과 음식을 바르게 연결한 것은?

① sauting – 채소볶음
② deep-fat frying – 감자구이
③ poaching – 알찜
④ stewing – 돼지불고기
⑤ broiling – 생선조림

18 조리방법과 조리기기의 연결이 옳지 <u>않은</u> 것은?

① 삶기 – 스팀솥
② 조림 – 스팀컨벡션오븐
③ 부치기 – 번철
④ 볶음밥 – 가스회전식 국솥
⑤ 달걀프라이 – 브로일러

19 검식에 대한 설명으로 옳은 것은?

① 검식은 매 배식 후 실시한다.
② 검식일지에는 음식의 맛, 조리상태, 위생 등에 대한 내용을 기록한다.
③ 검식 결과 이상이 있는 경우 배식을 완료하고 다음 조리 시에 해당 메뉴를 배제한다.
④ 검식은 일주일 단위로 실시한다.
⑤ 검식은 반드시 그 시설의 장이 해야 하며 다른 사람이 행한 것은 무의미하다.

20 검식에 대한 설명으로 옳은 것은?

① 조리하는 과정에서 음식의 양과 질을 검사하는 것
② 식단 작성과정에서 음식의 조화를 미리 검토하는 것
③ 납품된 식재료의 수량, 품질, 위생 상태를 확인하는 것
④ 조리된 음식의 맛과 질을 배식하기 전에 검사하는 것
⑤ 식중독 사고에 대비하여 제공된 음식을 냉장 보관하는 것

20 검식(food inspection)은 완성된 요리가 계획된 식사 내용으로 적정한가를 평가하기 위해 배식하기 전에 1인분의 양을 상차림하여 영양, 분량, 관능, 기호, 위생적인 면을 종합적으로 평가하여 기록, 보관하는 급식관리의 한 절차이다.

21 검식일지에 기록해야 할 항목이 <u>아닌</u> 것은?

① 식단평가 ② 식단명
③ 관능평가 ④ 위생평가
⑤ 섭취영양량

21 섭취영양량은 급식일지에 기록할 사항이다.

22 급식관리 중 보존식 실시에 대한 설명으로 옳은 것은?

① 보존식 전용 용기가 없을 경우 식판을 사용한다.
② 별도의 기록은 필요하지 않다.
③ 각 메뉴별로 10 g씩 채취한다.
④ 5℃ 이하 냉장고에서 144시간 이상 보관해야 한다.
⑤ 식중독이나 경구전염병 발생 시 원인규명을 위해 실시한다.

22 보존식 전용 용기를 사용하지 않고 식판을 사용할 경우 뚜껑이 없어 보관 도중 교차오염이 발생할 우려가 있다. 보존식은 매회 1인 분량을 세척, 소독된 보존식 용기에 담아 －18℃ 이하에서 144시간 이상 보관한다.

23 보존식 관리에 대한 설명으로 옳은 것은?

① 보존식은 배식 후 소독된 보존식 전용 용기에 보관한다.
② 보존식은 5일간 냉동 보관한다.
③ 보존기간이 지나면 해동 후 재활용한다.
④ 보존식 용기는 각 음식물이 독립적으로 보존되어야 한다.
⑤ 가공된 완제품을 그대로 제공하는 식재료의 경우 보존식에 포함시키지 않는다.

24 보존식에 대한 설명으로 옳은 것은?

① 식중독 사고가 발생했을 때 검사용으로 남겨 놓은 음식
② 다음 식사 시에 사용하기 위하여 남겨 놓은 음식
③ 오랫동안 저장할 수 있는 음식
④ 가열에 의해 소독된 음식
⑤ 음식의 관능적 특성 변화를 살펴보기 위한 시험용 음식

24 보존식이란 식중독, 전염병 등의 사고가 발생했을 때 원인을 규명하기 위하여 검사용으로 음식을 보관하는 것이다. 검사용 음식은 매회 1인 분량을 −18℃ 이하에서 144시간 이상 보관해야 한다.

정답 20. ④ 21. ⑤ 22. ⑤ 23. ④ 24. ①

25 표준 재고의 설정은 재고관리에 해당되는 내용으로 단체급식에서 생산되는 음식의 품질관리와 직접적인 관련성은 크지 않다.

27 정확한 온도관리를 위해 오븐 조리 시 식품 내부 온도를 측정하는 별도의 온도계를 사용한다.

정답 25. ⑤ 26. ⑤ 27. ① 28. ② 29. ④

25 단체급식소에서의 음식 품질관리방법에 해당하지 않는 것은?

① 배식시간 및 온도관리 ② 검식관리
③ 표준레시피 활용 ④ 물품구매명세서 작성
⑤ 표준 재고의 설정

26 급식소에서 생산되는 음식의 품질을 일정하게 유지하기 위한 방법으로 옳지 않은 것은?

① 표준레시피의 사용
② 정기적인 생산일지 작성
③ 사용하는 식자재의 표준화
④ 종업원의 교육훈련
⑤ 매출과 원가의 조절

27 급식소에서 음식의 품질을 일정하게 유지하기 위한 작업 방법으로 옳은 것은?

① 조리 시간을 타이머로 측정한다.
② 오븐 조리의 경우 별도로 식품 내부 온도를 측정하지 않는다.
③ 육류 요리 시 여열조리를 고려하여 조리시간을 약간 더 길게 한다.
④ 안전성을 확보하기 위해 레시피의 기준보다 3~5분 정도 더 가열한다.
⑤ 음식의 최종 조리온도는 식품 외부 온도를 기준으로 측정한다.

28 제품을 주된 상품으로 하는 기업의 생산관리에 대응하는 개념으로, 서비스를 주된 상품으로 하는 기업에서 사용되는 개념은 (　　)관리이다. 괄호 안에 들어갈 용어는?

① 소비 ② 운영
③ 회계 ④ 용역
⑤ 품질

29 급식관리자가 음식의 품질을 통제하기 위한 관리방법으로 옳은 것은?

① 조리에 소요되는 시간과 온도를 측정하여 식품수불부를 작성한다.
② 종사원에게 서비스 교육을 실시한다.
③ 제공하는 음식에 대해 식품사용일계표를 사용한다.
④ 표준레시피를 개발하고 활용한다.
⑤ 제공하는 음식에 대해 주관적인 관능검사를 시행한다.

30 **병원의 입원환자나 거동이 불편한 노인을 위한 배식방법으로 적당한 것은?**

① 드라이브-스루 서비스 ② 테이블 서비스
③ 드라이브-인 서비스 ④ 쟁반 서비스
⑤ 셀프 서비스

30 **쟁반 서비스(tray service)**는 음식이 쟁반 위에 조합되고 배식원이 각각의 급식대상자에게 운반해 주는 배식방법으로, 주로 식당시설의 사용이 불가능한 경우에 사용된다.

31 **병동배선방법의 장점으로 옳은 것은?**

① 인건비가 적게 든다.
② 영양사가 배선을 감독하기 쉽다.
③ 식기소독과 보관이 쉽다.
④ 적온급식이 유리하다.
⑤ 식품비와 시설비가 절약된다.

31 **병동배선방법**은 적온급식에서는 유리한 점이 있으나, 인건비가 많이 들고 배선 작업 감독이나 식기의 위생적인 관리가 어렵다는 단점이 있다.

32 **병원에서 사용하는 분산식 배선방법(decentralized meal assembly)의 특징으로 옳은 것은?**

① 식사온도를 맞추기 위해 소량씩 조리한다.
② 작업의 분업이 일정하지 못하나 생산성은 높다.
③ 완전 조리된 식품을 구입하여 배식만 한다.
④ 중앙배선방법에 비해 인력이 더 필요하다.
⑤ 큰 용량의 냉장고 및 냉동고를 필요로 한다.

32 **분산식 배선방법**이란 병동배선방법을 말하며, 중앙배선방법에 비해 인력이 많이 필요한 배선방식이다.

33 **병원급식에서 사용하고 있는 중앙배선방법과 병동배선방법에 대한 설명으로 옳은 것은?**

① 병동배선은 중앙의 조리장에서 식사 상차림을 완료하여 병동으로 운반한다.
② 중앙배선은 적온급식에서 유리한 면이 있다.
③ 중앙배선방법은 노동력 통제가 용이하다.
④ 최근의 경향은 점차 병동배선으로 이동하는 추세이다.
⑤ 병동배선은 위생관리 면에서 유리한 측면이 있다.

33 **중앙배선**은 중앙의 조리장에서 식사 상차림을 완료하여 병동으로 운반하게 되므로 온도 유지를 위한 운반차(보온 카트 등)의 비치가 필수적이다. 병동배선은 병동으로 조리된 음식을 운송하여 병동에서 상차림을 하게 되므로 환자에게 세심한 서비스나 적온급식에서 유리한 면이 있지만, 노동력 통제가 어렵고 위생관리 면이 문제시될 수 있어 최근에는 점차 중앙배선으로 이동하는 추세이다.

34 **카페테리아 서비스에 대한 설명으로 옳은 것은?**

① 주로 학교급식에서 이용된다.
② 서비스에 드는 인건비가 절감된다.
③ 직선식 형태에 비해 분산식이 더 적은 배식 공간을 차지한다.
④ 일정 금액을 내면 음식량과 선택 횟수에 제한이 없다.
⑤ 분산식 형태가 직선식에 비해 서비스 속도가 늦다.

34 **카페테리아 서비스**는 고객이 기호에 맞는 음식을 선택하고 그에 해당하는 가격을 지불하는 방식으로, 산업체나 대학교급식에서 선호된다. 셀프서비스 방식으로 서비스 인력을 절감할 수 있다.

정답 30. ④ 31. ④ 32. ④ 33. ③ 34. ②

35 잔반은 고객이 식사 후에 남긴 음식이다. 이를 감소시키기 위해서는 적정 1인 분량을 제공하고, 고객의 기호를 고려하여 식단을 계획하며 음식의 품질을 향상시킨다. 정확한 수요예측은 잔식을 감소시키기 위한 방법이다.

36 중앙배선은 상차림 감독이 쉽고, 인건비와 식재료비가 절약된다.

37 일정한 표준에 맞는 물품을 만들어 내기 위하여 사용기구를 규격화하고 작업방법이나 절차를 일정하게 하는 것을 작업의 표준화라고 한다.

38 작업자의 업무능력을 평가하는 인사고과는 작업관리라기보다는 인적자원관리 영역에 해당된다.

39 음식을 차에 싣고 집으로 배달하는 가정배달급식(home delivered meals program : meals on wheels)은 노령과 질환으로 스스로 식사 준비를 할 수 없는 노약자에게 급식하는 방법이다.

정답 35. ② 36. ① 37. ④ 38. ⑤ 39. ④

35 음식물 쓰레기 감량화를 위한 방법으로 옳은 것은?

① 폐기율이 높은 식재료로 조리한다.
② 고객의 기호를 고려하여 식단을 계획한다.
③ 정량 배식을 실시한다.
④ 식재료의 재고를 최대로 확보한다.
⑤ 표준레시피를 활용하지 않는다.

36 병원에서 중앙배선방법을 적용할 때 기대할 수 있는 장점은?

① 식품비가 절감된다.
② 특별한 기기 없이도 적온 유지가 용이하다.
③ 고객과의 의사소통이 원활하다.
④ 배선 후 서비스까지 시간이 적게 소요된다.
⑤ 주조리장이 협소해도 배선이 용이하다.

37 일정한 품질의 음식을 생산하기 위해 작업방법이나 절차를 일정하게 규격화시키는 것은?

① 작업의 단순화 ② 작업의 전문화
③ 작업의 기계화 ④ 작업의 표준화
⑤ 작업의 최적화

38 작업관리의 내용에 대한 설명으로 옳지 않은 것은?

① 작업개선을 위한 합리적인 계획을 수립한다.
② 작업의 개선이나 표준작업방법을 개발한다.
③ 표준작업을 수행하기 위해 소요되는 표준시간을 설정한다.
④ 적정 인원을 배치하고 직무를 배분한다.
⑤ 인사고과에 반영하기 위해 작업자의 작업능력을 평가한다.

39 노령과 질환으로 스스로 식사 준비를 할 수 없는 노약자에게 급식하는 방법은?

① 트레이 급식 ② 카페테리아 급식
③ 드라이브인 급식 ④ 가정배달급식
⑤ 푸드트럭

40 작업관리에 대한 설명으로 옳은 것은?

① 작업측정은 합리적인 작업방법을 결정하기 위함이다.
② 방법연구에 의해 적정인원을 배치하게 된다.
③ 작업측정은 표준작업시간을 결정하기 위함이다.
④ 동작분석은 작업측정의 기법이다.
⑤ 시간연구법, 워크샘플링법은 방법연구의 기법이다.

40 **작업관리**는 합리적인 작업방법을 결정하기 위한 **방법연구**와 표준작업시간을 결정하기 위한 **작업측정**의 두 영역으로 나뉜다. 방법연구는 공정분석, 작업분석, 동작분석 등의 방법을 통하여 작업조건 개선, 작업의 표준화, 작업표준서 작성 등에 사용된다. 작업측정의 기법으로는 시간연구법, PTS법, 실적기록법, 워크샘플링법 등이 있다.

41 작업의 진행 절차와 방법의 개요를 시간 순으로 나타낸 것은?

① 조직도
② 직무명세표
③ 작업일정표
④ 직무기술서
⑤ 업무분장표

42 급식작업에 필요한 종업원 수를 결정할 때 고려해야 할 사항으로 옳지 않은 것은?

① 급식대상자 수
② 배식방법
③ 급식의 횟수
④ 급식 운영형태
⑤ 시설유지관리 비용

42 이외에도 종업원의 능력이나 종업원의 성별 등도 고려할 필요가 있다.

43 특정 작업에 관한 표준시간을 설정하는 작업측정기법으로 옳은 것은?

① 공정분석
② 워크샘플링법
③ 동작분석
④ 작업분석
⑤ 동작연구

43 방법연구의 기법으로는 공정분석, 작업분석, 동작분석이 있으며, 작업측정의 기법으로는 시간연구법, 예정동작시간(PTS)법, 실적기록법, 워크샘플링법이 있다.

44 작업측정 시 이용되는 워크샘플링법(work sampling)에 대한 설명으로 옳은 것은?

① 정기적인 간격으로 관찰을 통해 작업을 측정하여 작업에 필요한 표준시간을 산정한다.
② 간헐적이고 무작위적이며 순간적인 관찰을 통해 일정 시간 동안에 작업별 소요시간 비율을 산정한다.
③ 작업에 기본이 되는 동작단위에 소요되는 시간을 측정하여 특정 직무에 소요되는 전체 작업시간을 합산한다.
④ 일곱 개의 기본이 되는 작업요소를 조합하여 더 큰 복합요소를 개발하는 방법이다.
⑤ 지속적인 관찰을 통해 순 작업시간, 지연시간에 대한 비율을 산정한다.

44 **워크샘플링법**은 무작위로 추출된 관측시간에 연구대상을 순간적으로 관측하여 미리 작성한 관측표에 작업 종류별로 기록한 다음, 하루의 관측이 완료된 후 각 항목별로 관측 횟수를 총 관측기록 횟수로 나누어 작업요소들의 구성비율을 추정하는 방법이다. 한 작업에 관여하는 작업자 수가 많고, 최종 제품이 생산되기까지 사이클이 길며, 작업내용이 불규칙적, 비연속적 성질을 가지는 경우 유리하다.

정답 40. ③ 41. ③ 42. ⑤ 43. ② 44. ②

45 길브레스 부부는 동작과 미세 동작에 대한 연구를 통해 가장 쉽고 최소한의 피로를 느끼게 하는 동작으로 구성된 최적의 작업 방법을 제시하였다.

45 작업자의 동작을 관측하여 불필요한 동작을 제거하고 반드시 필요한 동작만으로 작업방법을 개선하고자 하는 동작연구 기법을 개발한 사람은?

① 간트 ② 길브레스
③ 포드 ④ 테일러
⑤ 티펫

46 작업 공정연구에 대한 설명으로 옳지 않은 것은?

① 작업방법
② 공정의 작업순서 분석
③ 작업자의 훈련방법
④ 작업 장애요인 개선
⑤ 작업장 내 기기 배치

47 **작업일정표(작업배치표)**는 작업원별, 근무시간대별로 주요 담당내용이 포함된 것으로, ①~④의 효과 외에도 신입사원의 훈련에 유용하고 관리자와 작업원 간의 의사소통 수단이 된다.

47 작업일정표를 작성하여 얻을 수 있는 효과가 아닌 것은?

① 작업순서를 알 수 있다.
② 작업에 대한 책임소재가 명확하다.
③ 작업원과 급식관리자 간의 의사소통이 원활해진다.
④ 체계적인 작업이 이루어진다.
⑤ 작업원의 평가가 쉽다.

48 작업에 대한 직무배분표를 바르게 설명한 것은?

① 개인의 기능을 적절히 이용하고 있는지를 기술한 것
② 개인의 능력, 노력의 정도를 설명한 것
③ 개인의 작업분담현황을 알기 쉽게 기록한 것
④ 개인의 직무 수행 정도를 기록한 것
⑤ 개인의 기능을 이용하여 작업시간을 기술한 것

49 단체급식의 생산성 지표를 계산할 때 투입요소로는 인력과 비용이 사용되고, 산출요소로는 음식(식수), 식당량, 서빙 수가 사용된다.

49 단체급식의 생산성 지표를 계산할 때 산출요소로 사용되는 것은?

① 1식당 인건비 ② 비용
③ 노동시간 ④ 식수
⑤ 인력

정답 45. ② 46. ③ 47. ⑤ 48. ③ 49. ④

50 **동작경제의 원칙으로 옳은 것은?**

① 공구류는 되도록 한 가지 기능에 특화된 것을 사용한다.
② 양팔의 동작은 비대칭적으로 동시에 행한다.
③ 조명은 가능한 한 가장 밝게 한다.
④ 작업의자를 활용하지 않는다.
⑤ 양손은 동시에 동작을 시작하고 완료시킨다.

50 **동작경제의 원칙**을 적용하면 양손을 동시에 사용하고 양팔은 대칭적으로 움직이며 작업자의 키에 작업대 높이를 맞춘다.

51 **음식이 어떤 순서에 따라 누구에 의해 수행되는지를 구체적으로 보여 주는 표는?**

① 종합작업일정표 ② 교대작업일정표
③ 세부작업일정표 ④ 작업지시서
⑤ 작업공정흐름도

52 **조리작업 일정 계획 시 고려사항이 아닌 것은?**

① 메뉴 항목의 수
② 음식의 생산량
③ 시설의 배치와 디자인
④ 고객의 기호도
⑤ 종업원의 숙련도

53 **급식생산성을 높이는 방법이 아닌 것은?**

① 전처리 식품을 이용한다.
② 다양한 생산성 지표를 활용한다.
③ 자동화 기계를 이용한다.
④ 조리종사원에게 조리교육을 실시한다.
⑤ 우수한 수행을 보이는 직원에게 인센티브를 제공한다.

54 **병원급식소의 생산성이 초등학교 급식소의 생산성에 비해 낮은 이유는?**

① 낮은 종업원의 숙련도
② 다양한 치료식의 생산
③ 높은 수작업 의존도
④ 조리인력의 부족
⑤ 식대의 보험화

54 병원급식소는 한 끼에 다양한 치료식을 생산하며, 개인별로 찬기에 음식을 담아 입원실까지 배달해 주므로, 단일 식단을 제공하고 학생이 배식에 참여하는 학교급식에 비해 생산성이 낮다.

정답 50. ⑤ 51. ③ 52. ④ 53. ② 54. ②

55 다음 중 안전한 조리 작업방식은?

① 뜨거운 냄비를 옮길 때는 젖은 행주를 이용한다.
② 칼은 수시로 갈아서 잘 드는 것을 사용한다.
③ 바닥에 떨어진 음식은 작업 종료 시 한 번에 청소한다.
④ 솥에 음식을 끓일 때는 솥의 90% 정도를 채운다.
⑤ 조리실에서는 땀이 증발되기 쉽도록 앞이 열린 작업화를 신는다.

55 조리실 바닥에 음식이 떨어지면 바로 제거하여 미끄럽지 않도록 하고, 솥에 물이나 음식을 끓일 때는 70~80% 정도만 채운다. 작업화는 바닥이 미끄럽지 않고 발등을 덮는 것을 선택하여 만일의 부상을 예방한다.

56 대학교 급식소에서 1주간 밥류는 3,200식, 면류가 1,000식(면류는 0.5식당량) 급식되었다. 급식소의 1주일 동안 총 작업시간이 200시간이라면 작업시간당 식당량은?

① 16식당량/시간 ② 17.5식당량/시간
③ 18.0식당량/시간 ④ 18.5식당량/시간
⑤ 21.0식당량/시간

56 작업시간에 차이가 있는 2개 이상의 메뉴가 제공되는 경우, 작업시간당 식당량(meal equivalents per labor hours) = 일정 기간 총 제공식당량 ÷ 일정 기간 총 노동시간(시간)
= {3,200식당량 + (1,000 × 0.5식당량)} ÷ 200시간
= 18.5식당량/시간

57 주당 근무시간이 40시간인 조리원 5명과 주당 근무시간이 25시간인 조리원 2명이 근무하는 학교급식소에서 1주간 총 4,000식을 제공했을 때 이 학교급식소의 작업시간당 식수는?

① 12식/시간 ② 14식/시간
③ 16식/시간 ④ 18식/시간
⑤ 20식/시간

57 작업시간당 식수(meals per labor hours) = 일정 기간 총 제공식수 ÷ 일정 기간 총 노동시간(시간)
= 4,000식 ÷ (5명 × 40시간 + 2명 × 25시간)
= 16식/시간

58 단체급식소의 총 노동시간이 주당 280시간이고 조리원의 법정 근로시간인 주당 40시간을 준수할 경우, 필요한 조리원의 수는?

① 3명 ② 4명
③ 5명 ④ 6명
⑤ 7명

59 1일 식수는 600식이고, 5명의 조리종사원이 1일 8시간씩 근무하는 급식소의 노동시간당 식수와 1식당 노동시간은?

① 20식/시간, 4분/식 ② 20식/시간, 3분/식
③ 15식/시간, 4분/식 ④ 15식/시간, 3분/식
⑤ 10식/시간, 3분/식

59
- 작업시간당 식수(meals per labor hours) = 일정 기간 총 제공식수 ÷ 일정 기간 총 노동시간(시간)
  = 600식 ÷ 40시간
  = 15식/시간
- 1식당 작업시간(minutes per meal)
  = 일정 기간 총 노동시간(분) ÷ 일정 기간 총 제공식수
  = (40시간 × 60분) ÷ 600식
  = 4분/식

정답 55. ② 56. ④ 57. ③ 58. ⑤ 59. ③

5 위생·안전관리

학습목표 제공되는 식사의 위생과 안전을 확보하기 위해 필요한 작업공정별 식재료 위생관리, 급식관련자의 위생·안전 교육과 관리, 급식시설·기기 위생관리를 이해하여 급식소 위생관리에 적용할 수 있다.

01 단체급식에서 위생관리의 궁극적인 목적으로 옳은 것은?

① 해충의 구제와 방역 ② 조리사의 건강 증진
③ 식중독의 발생 방지 ④ 조리장 작업환경 개선
⑤ 식품의 저장기술 향상

01 다수의 사람을 대상으로 하는 단체급식에서 식중독이 발생하면 다수의 환자가 발생할 가능성이 높으므로 위생관리를 더욱 철저히 해야 한다.

02 대량조리한 음식을 배식할 때 지켜야 할 위생수칙으로 옳은 것은?

① 가열조리하는 음식은 외부 온도가 충분히 올라가도록 가열하여 제공한다.
② 조리된 음식은 배식 전까지 냉장고, 온장고를 사용하여 적정 온도를 유지한다.
③ 조리한 음식이라도 일단 식혀 냉장고에 보관한 것은 하루 정도 두어 사용해도 무방하다.
④ 두부를 차게 제공할 경우에는 조리하지 않고 그대로 제공한다.
⑤ 생선회나 날 음식은 제공하지 않는다.

02 가열조리 음식은 중심 온도가 75도에서 1분 이상 가열되어야 한다. 조리된 음식은 바로 소비하는 것이 바람직하다. 만일 조리된 음식을 즉시 소비하지 않을 경우 충분히 재가열한 후 먹는 것이 안전하다.

03 작업장의 위생구분에 대한 설명으로 옳은 것은?

① 검수구역 – 청결구역 ② 전처리구역 – 청결구역
③ 조리구역 – 일반구역 ④ 배선구역 – 청결구역
⑤ 식기보관구역 – 일반구역

03 작업장 내에서의 **교차오염**을 방지하기 위해서는 작업구역별로 **일반구역(검수구역, 식재료저장구역, 전처리구역, 세정구역)**과 **청결구역(조리구역, 조리음식보관구역, 배선구역, 식기보관구역)**으로 구획·구분한다.

04 단체급식소에서 세균성 식중독을 방지할 수 있는 가장 효과적인 방법은?

① 조리 완료 시점에서 식사까지 시간을 단축시킨다.
② 주방 내의 온도를 낮춘다.
③ 식품 중의 수분을 줄인다.
④ 식기를 청결히 보관한다.
⑤ 주방과 식품창고를 자주 소독한다.

04 단체급식소에서 음식의 조리는 대개 실온에서 이루어지는데 실온에 방치된 시간이 길수록 세균 증식이 기하급수적으로 늘어나므로 조리에서 배식할 때까지의 시간을 단축시키는 것이 가장 효과적인 방법이다.

정답 01. ③ 02. ② 03. ④ 04. ①

05 조도가 가장 높아야 하는 곳은 검수실이다. 작업장은 오염 정도에 따라 일반구역과 청결구역으로 구분된다.

06 열탕소독은 끓는 물을 이용하는 것으로 간단한 용기만을 이용하여 실시할 수 있다. 기타의 방법은 여러 가지 기기나 화학품이 필요하다.

07 기기 소독방법
- 열탕소독·증기소독 : 식기구, 조리기구
- 자외선 : 공기, 도마, 칼
- 역성 비누 : 조리기계, 찬장, 조리대

08 자외선은 투과력이 약하여 빛이 닿는 부분만 살균되므로 식기 등을 포개지 않고, 수분이 있으면 살균력이 감소되므로 건조 후 소독한다. 광부활성화 현상이 있을 수 있어 살균이 완료된 후 소독기에 그대로 보관한다.

09 급식소 식중독 사고의 주요 원인은 ① 부적절한 냉각, ② 조리 후 식품섭취까지 장시간 경과, ③ 개인위생 불량, 감염자에 의한 식품 취급, ④ 생으로 먹는 식품에 의한 오염, ⑤ 부적절한 온도에서의 조리, ⑥ 부적절한 저장, ⑦ 부적절한 재가열, ⑧ 안전하지 못한 식자재 사용, ⑨ 교차오염 등이다.

정답 05. ③ 06. ① 07. ⑤ 08. ② 09. ③

05 조리작업장의 위생관리 조건으로 옳은 것은?

① 건어물을 장기간 보관 시 냉장시설을 이용하면 좋다.
② 집단급식소 시설 중 조도가 가장 높아야 하는 곳은 조리실이다.
③ 전처리 식품을 보관하는 냉장시설이 근접해 있어야 한다.
④ 작업장은 모두 청결구역으로 지정한다.
⑤ 싱크는 생선용, 육류용, 채소용, 과일용으로 구분한다.

06 식기의 소독방법 중 특별한 기기나 약품이 없이도 간단히 할 수 있는 것은?

① 열탕소독 ② 약물소독
③ 증기소독 ④ 자외선 소독
⑤ 훈증소독

07 열탕소독에 가장 적합한 기기는?

① 조리대 ② 찬장
③ 조리기계 ④ 도마
⑤ 식기구

08 자외선 소독기의 사용방법으로 옳은 것은?

① 컵을 포개서 살균하였다.
② 플라스틱 재질 도마를 살균하였다.
③ 식기에 물기가 있는 상태에서 살균하였다.
④ 소독 후 먹을 수 있는 물로 식기를 헹구었다.
⑤ 살균이 완료된 후 외부 선반으로 식기를 옮겨서 보관하였다.

09 단체급식소에서 식중독 예방을 위해 가장 중요하게 관리해야 하는 항목은?

① 신뢰할 수 있는 식품 공급업자 선정
② 조리장의 청결 유지
③ 잠재적 위해식품에 대한 온도 - 시간관리
④ 낙후된 시설 개선
⑤ 급식대상자에 대한 위생교육

10 독성이 적고 투명하며 살균력이 강력해 소독제로 사용할 수 있는 것은?

① 중성 비누 ② 역성 비누
③ 우유 비누 ④ 음성 비누
⑤ 알칼리성 비누

10 **역성 비누**는 살균력이 강하고 자극성, 부식성, 독성이 적으므로 손, 식기 소독에 주로 사용한다. 일반 비누는 소독력이 없다.

11 단체급식소에서 조리종사원으로 일할 수 있는 경우는?

① 세균성 이질에 감염되었을 때
② 화농성 피부병이 있을 때
③ 결핵이 있을 때
④ 만성 소화 불량증이 있을 때
⑤ 콜레라에 감염되어 있을 때

11 식품위생법 시행규칙에 따르면 콜레라, 장티푸스, 파라티푸스, 세균성이질, 장출혈성대장균감염증, A형간염, 결핵(비감염성인 경우는 제외), 피부병 또 그 밖의 화농성 질환에 걸린 사람은 영업에 종사하지 못한다.

12 생채소의 살균에 사용되는 소독제로 적합한 것은?

① 차아염소산나트륨액 ② 역성 비누
③ 중성세제 ④ 과산화수소액
⑤ 암모니아수

12 가장 많이 사용되는 소독제는 **차아염소산나트륨액(락스)**이다. 예를 들어 유효잔류 염소 4%의 차아염소산나트륨 용액 사용 시 물 2 L에 약 5 mL을 가하면 100 ppm의 용액이 만들어진다.

13 급식 위생관리에 대한 설명으로 옳은 것은?

① 뜨거운 음식과 찬 음식은 구별하여 작업한 뒤 한곳에 보관하도록 한다.
② 생식용 채소는 물로 깨끗이 세척하면 반드시 소독할 필요는 없다.
③ 음식을 그릇에 담을 때는 적절한 배식도구를 사용한다.
④ 소독할 물컵은 자외선 살균등이 켜진 곳에 입구가 아래로 향하게 세워 둔다.
⑤ 선반은 바닥에서 10 cm 정도 떨어져야 한다.

13 생채소의 살균을 위해서는 **유효염소 농도** 100 ppm에서 5분간 담갔다가 충분히 헹구어야 하며, 자외선 살균등은 물체를 투과하지 못하므로 소독할 물컵은 위로 가게 하여 살균등이 직접 표면에 조사되도록 한다.

14 적절한 소독방법을 연결한 것으로 옳은 것은?

① 손 – 염소소독
② 찬장, 조리대 – 자외선 소독
③ 칼 – 열탕소독
④ 음용수 – 포르말린 소독
⑤ 조리기계 – 자외선소독

정답 10. ② 11. ④ 12. ① 13. ③ 14. ③

15 세척 효과는 담아 놓은 물보다는 흐르는 물에서, 찬물보다는 더운물에서, 물만 사용할 때보다는 비누나 소독제를 사용하여 실시할 때 세균 제거효과가 더욱 좋다.

16 위해요소의 종류
① **생물학적 위해** : 세균(bacteria), 바이러스(virus), 기생충(parasites), 곰팡이(fungi) 등
② **화학적 위해** : 천연독소, 곰팡이독소, 살충제, 식품첨가물 및 보존제, 세척제, 유독한 중금속 및 화학성분 등
③ **물리적 위해** : 유리 파편, 돌, 수세미 조각, 금속 조각, 머리카락 등

17 식품 중에서 미생물이 생육 빠르게 일어나는 위험 온도 범위는 5~60℃이다.

18 수분활성도가 0.85 이상이고, pH가 4.6~7.5에 해당되는 식품을 온도-시간관리가 필요한 식품(TCS food, Time-temperature Controlled for Safety food)이라고 하며, 쇠고기, 돼지고기, 양고기 등의 육류와 닭고기, 오리고기 등의 가금류, 어패류, 난류, 우유 및 유제품, 익힌 감자나 콩, 익힌 채소와 밥, 두부, 다진 양념류나 소스류, 종자발아식품, 토마토, (슬라이스한) 멜론 등이 이에 해당된다.

19 조리 후 배식까지 위험온도대를 피하여 보관하도록 하며 2시간을 초과하지 않도록 한다.

20 역성 비누는 독성이 적고 투명하며 살균력이 강한 소독용 비누이다. 그러나 역성 비누는 세척력은 약하다.

정답 15. ⑤ 16. ② 17. ③ 18. ② 19. ① 20. ③

15 세척 효과가 가장 좋은 경우는?

① 담아 놓은 찬물로 비누를 사용하여 씻은 경우
② 흐르는 찬물로 비누를 사용하여 씻은 경우
③ 흐르는 찬물로 크레졸 용액을 사용하여 씻은 경우
④ 담아 놓은 온수로 비누를 사용하여 씻은 경우
⑤ 흐르는 온수로 비누를 사용하여 씻은 경우

16 건강에 위해를 주는 요소 중 생물학적 위해에 해당하는 것은?

① 아플라톡신 ② 노로바이러스
③ 살충제 ④ 식품첨가물
⑤ 천연독소

17 미생물이 빠르게 증식하는 식품의 위험 온도 범위는?

① 0~30℃ ② 5~40℃
③ 5~60℃ ④ 10~80℃
⑤ 60~85℃

18 미생물이 쉽게 증식할 수 있는 잠재적 위해식품으로 온도-시간관리가 필요한 식품에 해당하는 것은?

① 딸기잼 ② 새싹 채소
③ 버터 ④ 통조림 식품
⑤ 젓갈

19 음식을 대량조리할 때 주의사항으로 옳은 것은?

① 조리하여 완성된 음식은 뚜껑을 덮어 보관한다.
② 조리한 음식은 소분하지 않고 한꺼번에 서서히 식히는 것이 좋다.
③ 냉동육류를 조리할 때는 실온에 두어 빨리 해동시킨 후 사용한다.
④ 조리 후 서빙할 때까지 잠재적인 위해식품은 위험온도대에 5시간 이상 노출시키지 않는다.
⑤ 조리된 음식을 배식 때까지 실온에 보관한다.

20 역성 비누의 특징으로 옳은 것은?

① 독성이 많다. ② 살균력이 약하다.
③ 무색투명하다. ④ 세척력이 강하다.
⑤ 도마, 칼 소독에 적합하다.

21 단체급식소 주방에서의 위생관리에 대한 내용으로 옳은 것은?

① 생채소 소독에는 10 ppm의 염소 소독액을 사용한다.
② 대장균은 50℃에서 10분간 가열하면 살균된다.
③ 조리작업대 소독은 효과를 높이기 위해 역성 비누와 일반 비누를 함께 사용한다.
④ 손 소독 시 70% 알코올을 사용한다.
⑤ 식품 세척에 필요한 알코올의 농도는 0.15~0.25%이다.

21 식품 세척에 0.15~0.25% 농도의 중성세제가 쓰이며, 채소류 소독에 100 ppm의 염소 소독액을 사용한다. 역성 비누는 손 소독을 비롯하여 조리기구, 작업대, 식기류에 널리 쓰인다. 역성 비누는 일반 비누와 함께 사용하면 살균효과가 떨어지므로 병행하여 사용하지 않는다. 또한 알코올을 분무하여 조리원의 손을 소독하는 방법도 사용되고 있다.

22 우유에 에탄올을 첨가하여 응고물의 생성 여부를 알아내는 방법은 우유의 무엇을 알기 위한 것인가?

① 산도(pH) ② 지방함량
③ 세균 수 ④ 신선도
⑤ 유당의 유무

22 알코올 침전법은 우유의 신선도를 알아내는 데 사용하며 응고가 일어나면 신선하지 않은 것이다.

23 생채소를 씻는 중성세제의 농도는 몇 % 정도가 적당한가?

① 0.01~0.05% ② 0.05~0.1%
③ 0.15~0.25% ④ 0.3~0.4%
⑤ 0.4~0.5%

24 생채소를 소독할 때 차아염소산나트륨의 농도는 몇 ppm이 적당한가?

① 70 ② 100
③ 140 ④ 150
⑤ 200

24 차아염소산나트륨을 사용하여 과일류나 채소류 등을 살균하고자 하는 경우에는 제품에 따라 유효염소 80~130 ppm을 함유하는 용액에 5분간 침지하였다가 흐르는 물에 2~3회 이상 세척한다.

25 급식소의 소독방법으로 옳은 것은?

① 행주는 자외선 조사 살균등으로 소독한다.
② 도마는 끓는 물을 이용해 소독한다.
③ 생채소는 염소 소독을 실시한다.
④ 손은 중성세제로 소독한다.
⑤ 칼은 세정 후 알코올 소독한다.

25 중성세제는 소독력이 없으므로 손의 소독에는 적합하지 않으며 일반적으로 역성 비누를 사용한다. 행주는 열탕소독, 도마는 자외선 조사 살균등으로 소독한다.

정답 21. ④ 22. ④ 23. ③ 24. ② 25. ③

26 냉기의 원활한 순환을 위해 식품은 냉장고 내부 공간의 70% 이하로 보관한다. 냉장고는 식품을 저온으로 보관하기 위한 것이므로 뜨거운 것을 식히기 위한 목적으로 사용하지 않는다.

26 냉장고의 사용방법으로 옳은 것은?

① 냉장고의 온도는 하루에 1회 측정한다.
② 냉장고 내부 중 온도가 가장 낮은 곳의 온도를 측정한다.
③ 뜨거운 소스를 빨리 냉각시키기 위해 냉장고에 보관한다.
④ 조리된 음식은 맨 위 선반에 보관한다.
⑤ 냉장고 내부의 90% 이상을 채워 공간을 효율적으로 활용한다.

27 손, 얼굴에 상처나 종기가 있는 자는 조리에 참여하지 않도록 업무를 조정해야 한다.

27 조리종사자의 위생관리에 대한 설명으로 옳지 않은 것은?

① 정기적인 건강진단을 받도록 한다.
② 매일 조리작업 전에 조리종사자의 건강상태를 체크해야 한다.
③ 발열·설사·복통·구토하는 자는 조리에 참여시키지 말고 의사의 진단을 받도록 한다.
④ 본인 및 가족 중에 법정 감염병 보균자가 있을 경우 완쾌 시까지 조리작업의 참여를 금한다.
⑤ 손, 얼굴에 상처나 종기가 있는 자는 상처를 소독한 후 조리에 참여시킨다.

28 현재 식품위생법에 정해진 조리종사자의 건강진단 횟수는?

① 매월 1회
② 매분기 1회
③ 6개월 1회
④ 1년 1회
⑤ 수시로

29 학교급식 종사자는 6개월에 1회 건강진단을 해야 한다.

29 학교급식법에 정해진 조리종사자의 건강진단 횟수는?

① 매월 1회
② 매 분기 1회
③ 6개월 1회
④ 1년 1회
⑤ 수시로

30 비활동성 결핵이나 비전염성 간염으로 판정된 경우에는 조리에 종사할 수 있다.

30 조리에 종사할 수 없는 질환으로 옳은 것은?

① 비활동성 결핵
② 비전염성 간염
③ B형 간염
④ 소화기계 감염병
⑤ 만성 소화 불량증

정답 26. ④ 27. ⑤ 28. ④ 29. ③ 30. ④

31 손을 씻지 않아도 되는 경우는?

① 음식을 조리하는 도중에 1시간 간격으로
② 지폐를 세고 난 후
③ 재채기를 한 후
④ 담배를 피운 후
⑤ 달걀을 만진 후

31 조리작업 시작 전, 얼굴이나 머리, 전화를 만졌을 경우, 화장실을 이용한 후, 쓰레기나 청소도구를 취급한 후, 육류·어류·난류 등 미생물의 오염원으로 우려되는 식품을 만졌을 경우, 음식을 먹은 다음 또는 차를 마시고 난 후, 담배를 피운 후, 코를 풀거나 재채기·기침을 한 경우 등에는 손을 씻어야 한다.

32 올바른 손 씻기 요령으로 알맞은 것은?

① 깨끗이 씻기 위해서 손바닥만 문질러 씻는다.
② 손톱용 브러시를 이용한다.
③ 거품을 내어 10초 이상 비빈다.
④ 손과 팔목까지 씻는다.
⑤ 씻은 후 면타월로 닦는다.

32 손을 씻은 후에는 종이타월로 닦거나 에어타월로 건조시켜야 한다. 비누를 충분히 칠한 뒤, 손톱 사이사이를 씻어 주고, 손바닥에 손톱을 문질러 씻는다. 손과 팔꿈치까지 씻는다. 거품을 내어 30초 이상 비빈다.

33 식품의 원료관리, 제조·가공·조리·소분·유통의 모든 과정에서 위해한 물질이 식품에 섞이거나 식품이 오염되는 것을 방지하기 위하여 각 과정의 위해요소를 확인·평가하여 중점적으로 관리하는 기준은?

① 식품위생관리기준
② 식품위생감시기준
③ 식품안전관리인증기준
④ 식품품질인증기준
⑤ 식품품질위생확인기준

33 급식소나 외식업소는 식품안전관리인증 HACCP(Hazard Analysis and Critical Control Point) 자율적용 대상이다.

34 냉동했던 식재료를 해동하는 방법으로 옳은 것은?

① 20℃ 이상 실온에서 빠르게 해동시킨다.
② 5℃ 이하의 냉장고에서 해동 후 실온에 방치한다.
③ 40℃ 이상의 미온수에 2시간 이상 담가 해동한다.
④ 전자레인지를 이용하여 단시간에 해동한다.
⑤ 해동하는 과정에서 필요시 재냉동할 수 있다.

34 실온에서 해동하게 되면 먼저 해동된 식재료 덩어리의 바깥 부분은 위험온도대에서 장시간 노출되면서 미생물이 급속히 번식하게 된다. 5℃ 이하의 냉장고에서 자연해동하거나, 흐르는 물에서 해동, 직접 조리하는 과정에서 해동시키는 방법이 있다.

35 교차오염에 의한 식중독이 일어날 수 있는 경우는?

① 돼지고기를 썬 도마를 물로 헹군 뒤 샐러드용 양배추를 썰었을 때
② 양배추를 소독하지 않고 양배추 샐러드 재료로 사용했을 때
③ 닭볶음을 충분히 가열하지 않고 배식했을 때
④ 콩나물무침을 오전에 만들어서 실온에서 보관 후 석식 메뉴로 배식했을 때
⑤ 전처리용 고무장갑을 끼고 식기세정작업을 했을 때

35 교차오염으로 인한 식중독 사고는 조리종사원의 개인위생이 불량한 경우나 고무장갑이나 조리기구를 용도별로 구분하여 사용하지 않았을 때 발생할 수 있다.

정답 31. ① 32. ② 33. ③ 34. ④ 35. ①

36 채소류 세척 시 사용한 바구니를 물로만 헹군 후 소독한 채소류를 담으면 교차오염이 발생할 수 있다.

37 단체급식에서 생산하는 메뉴는 **비가열조리공정 메뉴(샐러드류, 생채류, 젓갈류 등), 가열 후 처리공정 메뉴(숙채류, 비빔밥류, 냉면류 등), 가열조리공정 메뉴(밥류, 국류, 찌개류, 볶음류, 조림류, 구이류, 튀김류 등)** 등 크게 3가지 공정으로 구분할 수 있으며 이 중 가열조리 후 바로 배식이 이루어지는 가열조리공정 메뉴들의 위해 발생 가능성이 가장 낮다.

38 학교급식에서는 차가운 음식은 5℃ 이하 뜨거운 음식은 57℃ 이상에서 보관한다.

39 집단급식소 조리종사자는 연 1회 **건강검진**을 받아야 하지만, 학교급식 조리종사자는 6개월에 1회 건강검진을 받아야 한다. 오염물질이 있으므로 검수 후 식품의 외부 포장지를 제거하고 유통기한, 보관방법 등을 기록한 라벨을 붙여 냉장고에 보관한다.

정답 36. ② 37. ⑤ 38. ③ 39. ④

36 급식소에서 식중독 사고가 발생할 수 있는 상황은?

① 양파를 다 썰고 나서 그 도마를 이용하여 대파를 썰었다.
② 채소류 세척 시 사용한 바구니를 물로 헹군 뒤 소독한 채소류를 담았다.
③ 별도의 용기에 담아 검식을 실시한 후 용기에 남은 음식은 폐기하였다.
④ 어류, 육류, 채소류의 세척용기를 구분해서 사용하며 사용 전후에 충분히 세척 · 소독했다.
⑤ 조리 후 1시간이 지난 후 음식을 배식하였다.

37 위해 발생 가능성이 가장 낮은 메뉴는?

① 생굴무생채 ② 햄샐러드
③ 콩나물무침 ④ 오징어젓갈
⑤ 설렁탕

38 집단급식소에서 조리가 완료된 식품은 보온 또는 보냉이 가능한 배식대에 옮겨 뜨거운 음식은 ( )℃ 이상, 차가운 음식은 ( )℃ 이하로 보관해야 하며, 조리 후 ( )시간 이내에 제공하여야 한다. ( ) 안에 알맞은 수치는?

① 50, 10, 2 ② 65, 5, 4
③ 60, 5, 2 ④ 57, 10, 3
⑤ 70, 5, 3

39 학교급식 조리종사자의 행동으로 옳은 것은?

① 1년에 1번 건강검진을 받았다.
② 조리작업 전 싱크대에서 온수로 30초간 손을 씻었다.
③ 유통기한과 보관방법 정보가 적힌 외부 포장지에 담은 채 식품을 냉장고에 보관하였다.
④ 샐러드용 양상추를 차아염소산나트륨 희석액 100 ppm에 소독하였다.
⑤ 조리 후 닭튀김의 외부 온도가 75℃를 넘는지 확인하였다.

40 **한 개의 도마를 사용하는 급식소에서 교차오염 방지를 위해 도마를 사용하는 순서로 옳은 것은?**

① 채소 → 육류 → 어류 → 가금류
② 채소 → 어류 → 육류 → 가금류
③ 채소 → 가금류 → 육류 → 어류
④ 어류 → 가금류 → 채소 → 육류
⑤ 어류 → 채소 → 육류 → 가금류

40 한 개의 도마를 사용할 경우 교차오염 예방을 위해 채소 → 육류 → 어류 → 가금류 순으로 사용해야 한다.

41 **MSDS(Material Safety Data Sheet : 물질안전보건자료)에 대한 설명으로 옳은 것은?**

① 한번 작성한 MSDS의 내용은 갱신·보완 작업을 하지 않아도 된다.
② 화학물질에 응급조치 요령만 표시하면 된다.
③ MSDS를 근로자가 쉽게 볼 수 있는 장소에 비치해야 한다.
④ MSDS 경고표지는 그림문자로 유해와 위험성을 표시해주면 된다.
⑤ 급식소에서 취급하는 생물학적 물질을 안전하게 취급할 수 있도록 하기 위해서 구비한다.

41 MSDS는 화학물질에 대한 유해성·위험성, 안전취급, 응급조치 요령 등에 관한 내용의 화학물질안전사용설명서로, 작업장에서 화학물질을 안전하게 취급할 수 있게 한다. 작성된 MSDS 내용은 주기적으로 갱신 및 보완하는 작업을 해야 하며, MSDS를 근로자가 쉽게 볼 수 있는 장소에 비치하고, 종업원이 충분히 알 수 있도록 교육하여 이를 준수하도록 해야 한다. MSDS 경고표지는 명칭, 그림문자(GHS), 신호어, 유해·위험 문구, 예방조치 문구, 공급자 정보가 포함되어야 한다.

정답 40. ① 41. ③

6 시설·설비관리

학습목표 급식시설 및 설비를 효율적이며 과학적으로 설계·배치하여 쾌적한 작업환경을 제공함으로써 급식대상자의 요구를 만족시킬 수 있는 우수한 음식을 생산·공급하는 데 활용한다.

01 최근 급식소 시설·설비의 변화 양상에 대한 설명으로 옳은 것은?

① 급식소의 시설설비는 급식시스템의 개발로 대형화되는 추세이다.
② 식중독 등 위생문제를 해결하고자 HACCP의 요건에 부합하는 주방기기 및 레이아웃을 도입하는 곳이 늘어나고 있다.
③ 과거 주로 기계를 이용하여 조리하던 방식에서 점차 사람의 수작업에 의존하는 조리방법으로 변화하고 있다.
④ 에너지 효율이 낮은 기기의 보급이 확산되고 있다.
⑤ 학교급식에서는 관련법령에 따른 시설기준에 부합하지 않는 급식시설이 증가되고 있다.

01 급식소의 시설·설비는 과거 사람에 의존하던 조리방법에서 벗어나 기계를 이용한 **자동화**가 빠르게 진전되며 **현대화**되고 있다. 급식시설 설비는 현대화 추세이며, 에너지 효율이 높은 기기의 보급이 확산되고 있다.

02 급식소의 설계원리 중 표준화된 크기, 공간, 기기의 기능을 제공하는 것은?

① 단순성 ② 모듈성
③ 용이성 ④ 유연성
⑤ 효율성

02 **급식소 설계원리**에는 유연성, 모듈성, 단순성, 재료와 인력의 원활한 흐름, 위생관리의 용이성, 감독 용이성, 공간의 효율성 등이 포함된다.

03 조리기기를 선정할 때 가장 먼저 고려해야 할 사항은?

① 조리방법 ② 조리기구의 능력
③ 내구성 ④ 유지관리의 용이성
⑤ 디자인

03 조리기기를 선정할 때에는 **조리방법, 조리기구의 능력, 내구성, 유지관리의 용이성** 등을 고려하게 되며 조리방법에 맞게 어떠한 기기를 사용할 것인가를 정하는 것이 첫 단계이다.

04 급식소에서 따뜻하게 조리한 음식의 적온 배식을 위해 사용하는 기기는?

① 냉장고 ② 냉동고
③ 식기 소독고 ④ 온장고
⑤ 배선차

정답 01. ② 02. ⑤ 03. ① 04. ④

05 조리기기와 그 용도를 바르게 연결한 것은?

① 슬라이서(slicer) – 채소 다지기
② 초퍼(chopper) – 쇠고기 다지기
③ 블렌더(blender) – 케이크 반죽
④ 필러(peeler) – 채소 자르기
⑤ 그라인더(grinder) – 채소 껍질 벗기기

05 **슬라이서(slicer)**는 육류를 일정한 두께로 저미는 데 사용하며, **블렌더(blender)**는 액체를 교반하여 일정하게 만드는 데 사용된다. 식품을 다지는 데는 **그라인더(grinder)**가, 케이크 반죽 등 여러 가지 재료를 혼합할 때는 **믹서(mixer)**를 사용한다.

06 기기와 그 용도를 바르게 연결한 것은?

① 필러(peeler) – 육류의 뼈를 절단할 때
② 초퍼(chopper) – 감자나 당근의 껍질을 벗길 때
③ 믹서(mixer) – 액체를 교반할 때
④ 육절기(bone saw) – 식재료를 다질 때
⑤ 연육기(meat tenderizer) – 고기를 연하게 만들 때

06 **믹서(mixer)**는 고형의 재료를 혼합하는 기기로서 제과, 제빵 등에 자주 사용되며 액체 교반기는 **블렌더(blender)**라고 한다.

07 전처리 구역에 있어야 하는 기구는?

① 운반차
② 취반기
③ 식기보관기
④ 만능조리기
⑤ 탈피기

08 감자나 당근의 껍질을 벗기는 데 이용되는 기기는?

① 슬라이서(slicer)
② 필러(peeler)
③ 초퍼(chopper)
④ 커터(cutter)
⑤ 믹서(mixer)

09 가열조리기기에 속하는 것은?

① 필러(peeler)
② 로터리 비터(rotary beater)
③ 분쇄기(chopper)
④ 브로일러(broiler)
⑤ 그라인더(grinder)

09 **그라인더(grinder)**는 식재료를 갈 때 사용하는 기구이다. **로터리 비터(rotary beater)**는 달걀, 크림 등을 휘저어 섞거나 거품이 나게 하는 수동기기이다. **필러(peeler)**는 채소 껍질을 벗기는 기구이다.

10 냄새와 증기를 직접 배출시키는 환기시설은?

① 후드
② 트렌치
③ 트랩
④ 카트
⑤ 스티머

10 후드는 조리하는 곳에서 냄새와 증기를 뽑아내는 국소환기시설이다.

정답 05. ② 06. ⑤ 07. ⑤ 08. ② 09. ④ 10. ①

11 **후드의 형태**는 4방 개방형이 가장 효율적이다.

12 **후드의 크기**는 조리기구보다 15 cm 이상 넓게 스테인리스스틸로 제작하며 적정각도 30도를 유지하여야 한다.

13 **트랩**과 **트렌치**는 배수장치이고, 창문은 자연환기시설이다.

15 일반적으로 주문제작 시 제작경비가 비싸진다. **명세서**에는 기계에 대한 세부사항 이외에도 일반적 조건을 제시하여 구매한다. 실수요자의 요청에 의해 기계의 디자인과 용량을 결정할 수 있으며, 기기가 입고되기까지의 기간이 기성품보다 길다.

정답 11. ④ 12. ③ 13. ① 14. ③ 15. ②

11 가장 효율이 좋은 후드(hood)의 형태는?

① 1방 개방형 ② 2방 개방형
③ 3방 개방형 ④ 4방 개방형
⑤ 폐쇄형

12 후드(hood)에 대한 설명으로 옳은 것은?

① 전체적 환기가 가능하다.
② 후드의 크기는 열 발생 기구보다 150 mm 이상 작은 것이 좋다.
③ 후드의 경사각은 30°가 좋다.
④ 오염원으로부터 멀리 설치해야 효율이 좋다.
⑤ 3방 개방형이 가장 효율적이다.

13 주방시설 중 기계적 환기장치로 옳은 것은?

① 후드(hood) ② 트랩(trap)
③ 트렌치(trench) ④ 창문(window)
⑤ 그리스 필터(grease filter)

14 트랩(trap)을 설치해야 하는 이유로 옳은 것은?

① 주방의 바닥청소를 효과적으로 하기 위해서
② 더러운 물이 배수구로 직접 흘러들어 가게 하기 위해서
③ 하수도로부터의 악취를 방지하기 위해서
④ 온수를 공급하기 위해서
⑤ 연기, 증기, 냄새를 배출하기 위해서

15 급식소에서 주문제작방식으로 기기를 구입할 때 관련된 사항으로 옳은 것은?

① 구두로 편리하게 주문한다.
② 명세서에는 기계에 대한 세부사항 이외에도 일반적인 조건을 제시하여 구매한다.
③ 일반적으로 가격이 기성품보다 저렴하다.
④ 피급식자의 요청에 의해 기계의 디자인과 용량을 결정할 수 있다.
⑤ 일반적으로 기기가 입고되기까지의 기간이 기성품보다 짧다.

16 배수의 형식 중 수조형에 속하는 것은?

① S 트랩 ② P 트랩
③ U 트랩 ④ 그리스 트랩
⑤ 직선 트랩

16 **배수의 형식**에는 곡선형과 수조형이 있는데 곡선형에 속하는 것은 S, P, U 트랩이, 수조형에 속하는 것은 관 트랩, 드럼 트랩, 그리스 트랩, 실형 트랩이 있다.

17 찌꺼기가 많은 오수를 취급할 때 특히 지방이 하수구로 들어가는 것을 방지하기 위한 배수관의 형태는?

① 드럼 트랩 ② P 트랩
③ 그리스 트랩 ④ S 트랩
⑤ U 트랩

17 찌꺼기가 많은 오수의 경우는 **수조형**이 효과적이며, 특히 지방이 하수관 내로 들어가는 것을 방지하기 위해 **그리스 트랩**이나 **샌드 트랩**을 사용하는 것이 좋다.

18 단체급식에서 대량조리기기를 사용하는 목적으로 가장 옳은 것은?

① 외관 향상 ② 연료비 절감
③ 능률적인 작업 ④ 식품의 사용 편리성
⑤ 조리의 균질화

18 단체급식에서는 단시간에 대량조리를 하므로 능률적인 작업을 실시하기 위하여 **대량조리기기** 도입이 필요하다. 또한 인건비 절감, 조리 작업원의 피로 경감, 식품의 위생적 처리 등을 위해서도 기기를 도입한다.

19 급식시설의 실내 바닥마감재의 조건으로 옳은 것은?

① 내구성을 고려하면 단단할수록 좋다.
② 벽돌, 대리석 등의 재질을 사용한다.
③ 습기와 기름기가 잘 스며들어야 한다.
④ 내구성이 좋으면 가격이 높아도 상관없다.
⑤ 미끄럽지 않고 산, 염, 세제 용액에 강해야 한다.

20 급식시설의 실내 바닥마감재에 대한 설명으로 옳은 것은?

① 내수성, 내산성, 내염기성 재질을 사용한다.
② 유지비가 높아도 능률성, 안전성이 우월하면 무방하다.
③ 내구성이 낮고 값이 저렴해야 한다.
④ 기름이나 오물이 스며들어도 상관없다.
⑤ 영구적으로 색상을 유지할 필요는 없다.

20 **급식시설**에 사용하는 마감재 시공의 경우 유지비도 함께 고려해야 한다.

21 급식시설의 설계를 계획할 때 고려할 사항으로 옳은 것은?

① 작업 동선 ② 급식 대상자
③ 관리자 인원수 ④ 표준레시피 수
⑤ 기기 가격

21 **대량조리시설의 설비계획**은 식재료의 반입에서 가공, 조리되어 반출될 때까지의 과정을 기능별로 구분하여 각 부문에서 필요한 설비기기와 부대시설 등을 검토한다.

정답 16. ④ 17. ③ 18. ③ 19. ⑤ 20. ① 21. ①

22 주방 시설설비에 대한 설명으로 옳은 것은?

① 온장고 내의 적당한 온도는 55℃이다.
② 주방 내의 증기, 냄새, 습기를 뽑아내는 것은 트랩이다.
③ 공장이나 사업체 급식의 주방면적은 식당면적의 1/4이 적합하다.
④ 급식실 바닥은 구배(기울임)를 두어야 한다.
⑤ 전처리 공간과 배식공간은 연결되어 있어야 한다.

22 **온장고** 내의 적당한 온도는 65℃이며, **주방면적**은 식당면적의 1/3이 적합하다. 주방 내 증기, 냄새, 습기를 뽑아내는 환기시설은 **후드**이다. 전처리 공간은 **일반구역**, 배식공간은 **청결구역**이므로 분리되어야 한다.

23 저장시설은 어느 구역 사이에 설치하는 것이 바람직한가?

① 검수구역과 조리구역 ② 조리구역과 식당구역
③ 검수구역과 식당구역 ④ 출입구역과 조리구역
⑤ 출입구역과 검수구역

24 식품창고를 관리하는 방법으로 옳은 것은?

① 저장식품과 바로 사용할 채소류는 함께 저장한다.
② 검수에 적당한 조도를 유지한다.
③ 방충망을 설치하고, 통풍과 환기를 위해 창을 만든다.
④ 조리공간과 식당 사이에 위치하는 것이 좋다.
⑤ 살충제, 소독약을 함께 보관해 둔다.

24 **창고**에는 곤충의 침입을 막는 설비가 필요하며, 통풍·환기가 고려되어야 한다. 또한 저장 식품과 바로 사용할 채소류는 따로 저장하는 것이 좋으며, 창고의 습도 조절도 중요하다. 그러나 식품창고 내에 살충제나 소독약과 같은 비식품류나 세제류를 함께 보관하면 실수로 식품류에 섞이거나 살충제 중에서는 밀가루 등과 성상이 유사하여 자칫 혼동될 수 있으므로 절대로 같이 보관하지 않는다. 창고와 같은 저장공간은 **검수구역과 조리구역 사이**에 위치하는 것이 좋으며, 검수구역과 같이 조도를 유지할 필요는 없다.

25 창고의 크기를 결정하는 데 고려해야 할 조건은?

① 창고 위치 ② 보관기간
③ 채광과 보관품의 관계 ④ 사용시간
⑤ 바닥재 재질

26 조리장의 면적을 산출하는 데 고려해야 할 요인으로 가장 옳은 것은?

① 표준레시피 수 ② 검식 인원수
③ 조리기기의 종류 및 수 ④ 조리실 내벽 높이
⑤ 후드의 크기

26 **주방면적**을 산출할 때는 식단, 급식 인원수, 조리기기, 조리인원 등을 고려해야 한다.

27 주조리실의 작업공간 배치에서 가장 중요한 사항은?

① 최소한의 경비를 들인다.
② 작업원의 반복동선을 최소화한다.
③ 동력의 종류별로 기기를 배치한다.
④ 창을 충분히 확보하여 채광에 유의한다.
⑤ 배식수보다 식단을 먼저 고려한다.

27 작업대, 공간구획 등의 **작업공간 배치**에서 고려해야 할 기본 원칙 중 가장 중요한 것은 작업동선의 효율화로, 십자 교차나 같은 길을 되돌아가게 하는 **반복동선을 최소화**하여 조리와 배식이 작업순서대로 거침없이 진행되어야 한다.

정답 22. ④ 23. ① 24. ③
25. ② 26. ③ 27. ②

28 **식당 통로의 폭으로 알맞은 길이는?**

① 0.5~0.8 m ② 0.8~1.0 m
③ 1.0~1.5 m ④ 1.5~2.0 m
⑤ 2.0~2.5 m

28 **식당 통로**의 폭은 1.0~1.5 m가 적당하며, 배식대 앞은 1.5~2.0 m가 좋다.

29 **주방의 시설설비에 대한 설명으로 옳은 것은?**

① 식당의 면적 – 급식대상자 1인당 1 m^2 이상
② 조리작업대의 높이 – 90~100 cm
③ 산업체 주방의 면적 – 식당 면적의 1/4~1/5
④ 식당의 위치 – 지하 2층
⑤ 식재료 창고의 위치 – 지상 2층

29 **조리작업대의 높이**는 한국인의 평균 신장을 고려한 82~90 cm가 적당하고, 식당의 위치는 지하보다는 지상 1층이 좋다. 지하의 시설은 채광, 통풍, 온도, 습도, 환기, 배수 등의 문제가 있고, 지상 2층 이상의 경우는 식재료의 반입과 폐기물의 반출 등 작업능률상 불리한 문제가 있다. **산업체 주방 면적**은 식당 면적의 1/3~1/2이 적당하다.

30 **열효율이 가장 좋은 것은?**

① 천연가스 ② 프로판가스
③ 석유 ④ 갈탄
⑤ 전기

30 **전기의 열효율**은 65~70%, LNG는 60~65%, 프로판가스와 석유는 55~65%로 열원 중 효율이 가장 높은 것은 전기이다.

31 **일반적인 식탁의 높이로 옳은 것은?**

① 55 cm ② 60 cm
③ 70 cm ④ 75 cm
⑤ 80 cm

31 보통 식탁의 높이는 70 cm이다.

32 **급식소에서 사용하는 싱크의 표준 높이로 옳은 것은?**

① 600 mm ② 650 mm
③ 700 mm ④ 750 mm
⑤ 800 mm

33 **단체급식소의 싱크 재질로 가장 적당한 재료는?**

① 시멘트 ② 알루미늄 합금
③ 타일 ④ 스테인리스 스틸
⑤ 아연합금

33 스테인리스 스틸로 만들어진 싱크대가 반영구적이고 청소가 용이하다.

정답 28. ③ 29. ① 30. ⑤
31. ③ 32. ⑤ 33. ④

34 시설의 종류, 급식인원, 작업인원, 메뉴의 종류, 조리기기의 배열, 배선방법 등을 고려하여 **급식실의 면적**을 결정한다.

35 증기, 연기, 냄새 등이 많이 발생되는 곳에서는 보통 $0.25 \sim 0.5\ m^3/s$의 **흡입력을 갖춘 후드를 설치**하고, 후드의 경사각은 30도가 적당하다.

36 조리와 급식방법은 주방의 기기 및 배치에 중대한 영향을 미친다.

37 일반적으로 고객 1인당 필요로 하는 면적은 $1.2 \sim 1.7\ m^2$이다.

39 자외선 살균등의 조사는 단시간으로 큰 효과가 없으며, 자외선 살균기에는 컵을 바로 놓아야 안쪽까지 살균이 된다.

정답 34. ③ 35. ⑤ 36. ⑤ 37. ③ 38. ② 39. ②

34 급식실의 면적을 결정할 때 고려하는 요인이 아닌 것은?

① 메뉴의 종류
② 급식인원
③ 환기, 채광
④ 작업조건
⑤ 배선방법

35 환기설비에 대한 설명으로 옳은 것은?

① 후드의 경사각은 45도가 적당하다.
② 공기의 흐름은 일반작업구역에서 청결작업구역으로 흘러가도록 한다.
③ 후드와 덕트는 천정공사가 시공된 후에 마지막에 한다.
④ 증기, 연기, 냄새 등이 많이 발생되는 곳에서는 보통 $0.1\ m^3/s$의 흡입력을 갖춘 후드를 설치한다.
⑤ 후드 크기는 열 발생 기기보다 15 cm 이상 넓어야 한다.

36 주방의 기기 및 배치계획을 결정하는 데 가장 중대한 영향을 미치는 요인은?

① 급식대상자
② 종업원 수
③ 조리원 수
④ 식품의 보관상태
⑤ 조리와 급식방법

37 1회에 500인을 수용하는 사업체 급식소의 식당면적으로 적절한 것은?

① $300\ m^2$
② $500\ m^2$
③ $600\ m^2$
④ $1,000\ m^2$
⑤ $1,500\ m^2$

38 급식시설 설비를 개선할 때 개선 방향으로 옳은 것은?

① 최신 조리기구로 개선
② 조리 공정의 단순화
③ 보기 좋은 모양으로
④ 일반구역을 청결구역으로 통일
⑤ 잔반, 오수처리의 기계화

39 자외선 살균에 대한 설명으로 옳은 것은?

① 공기와 물질을 투과하여 표면 살균에 적합하다.
② 조도, 습도, 조사거리에 따라 살균효과가 다르다.
③ 조사 후 피조사물에 물리적 변화를 남긴다.
④ 자외선 살균기에 컵을 겹쳐 놓지 않고 엎어서 놓으면 살균효과가 좋다.
⑤ 충분한 시간 동안 조사하지 않아도 효과가 있다.

40 온장고에서 식품을 보관하기에 적절한 온도는?

① 35~70℃
② 45~60℃
③ 55~70℃
④ 65~80℃
⑤ 75~90℃

40 온장고의 내부온도는 내열성 세균의 증식을 억제하는 높은 온도와 식품 성분의 변화를 일으키지 않는 최저온도를 유지하는 것이 좋다.

41 저장실의 공간계획에 대한 설명으로 옳은 것은?

① 저장실의 출입구는 배식실과 연결되어야 한다.
② 저장실은 작업능률상 배선실에 인접시켜야 한다.
③ 저장실은 가능하면 식품 검수실과 가까운 곳에 설치한다.
④ 저장실에는 냉장고, 냉동고만 갖추어져 있으면 된다.
⑤ 저장실의 크기는 식품 반입 횟수, 저장품의 양, 종류에 상관없이 넓을수록 좋다.

41 저장실은 식품 검수실과 조리실에 인접한 곳으로 하는 것이 작업동선에서 효율적이다.

42 급식소의 시설·설비에 대한 설명으로 옳은 것은?

① 바닥은 배수구를 향하여 1/10 구배로 마감되어야 한다.
② 전기콘센트는 바닥에서부터 1 m 이상이어야 한다.
③ 배수로는 깊이 30 cm 이상이 확보되어야 한다.
④ 창면적은 작업장 바닥면적의 40% 이상이 되어야 한다.
⑤ 효율적인 후드의 경사각은 20°가 적당하다.

42 구배는 1/100 정도가 좋고, 배수로는 폭 20 cm 이상, 깊이 15 cm 이상이 확보되어야 한다. 창의 면적은 바닥면적의 1/4 이상이 되어야 한다.

43 단체급식소의 시설·설비에 대한 설명으로 옳은 것은?

① 전기콘센트는 바닥에서부터 50 cm 떨어지게 설치한다.
② 바닥은 배수구를 향하여 1/10 구배로 마감한다.
③ 내벽과 바닥이 만나는 모서리 부분은 직각으로 처리한다.
④ 창문에 이동식 방충망을 설치한다.
⑤ 후드의 크기는 열 발생 기기보다 사방 15 cm 넓게 설치한다.

43 전기콘센트는 바닥에서 1 m 이상 위에 설치한다.

44 조리실 내 기기 설비의 배치 시 가장 중요한 고려사항은?

① 동작의 순서
② 작업 동선
③ 동력의 종류
④ 조리실 내 미관
⑤ 사용하기 쉬운 순서

정답 40. ④ 41. ③ 42. ②
43. ⑤ 44. ②

45 시설 · 설비기준
① 천장은 바닥에서부터 3 m 이상이 되어야 한다.
②, ③ 창면적은 벽면적의 70% 혹은 바닥 면적의 20~30%가 적당하다.
④ 식당 면적은 총 급식 수 × 1.2 m^2로 산출한다.
⑤ 전처리공간과 조리공간은 220 lux 이상 되어야 한다.

45 단체급식소의 시설 · 설비에 대한 사항으로 옳은 것은?

① 천장의 높이 = 최소 3.5 m 이상
② 창면적 = 벽면적의 20~30% 정도
③ 창면적 = 바닥면적의 70%
④ 식당면적 = 총 급식 수 × 1.2 m^2
⑤ 조리장의 조도 = 200~300 lux

46 조리기기를 배치할 때 고려해야 하는 사항으로 가장 옳은 것은?

① 기기 설비는 비싼 가격으로 하여 작업능률을 올린다.
② 동선을 넓혀 작업원의 피로도를 감소시킨다.
③ 작업의 순서에 따라 배치한다.
④ 가열기기는 분산 배치한다.
⑤ 조리기기의 종류는 최소화한다.

47 단체급식소에서 구이, 찜, 데침, 볶음, 튀김 등의 다양한 조리가 가능하며, 공간절약의 장점이 있는 기기는?

① 번철 ② 튀김기
③ 브로일러 ④ 스팀쿠커
⑤ 스팀컨벡션 오븐

48 그리즈트랩은 하수로 버려지는 기름을 회수하여 **하수가 역류하거나 기름이 정화조로 유입되는 것을 방지**하는 설비이다.

48 배수설비에 대한 설명으로 옳은 것은?

① 배수관은 사용하는 물의 양에 관계없이 일정한 크기로 설치한다.
② 그리즈 트랩은 악취의 우려가 있으므로 개폐가 되지 않도록 한다.
③ 배수로는 폭 40 cm 이상, 깊이 15 cm 이상이 확보되어야 한다.
④ 그리즈 트랩은 하수가 역류하거나 기름이 정화조로 유입되는 것을 방지한다.
⑤ 트랩은 곡선형과 수조형보다는 직선형이 많이 사용된다.

49 학교급식에서의 시설 · 설비관리에 대한 설명으로 가장 옳은 것은?

① 급식 실시에 필요한 최소한의 시설과 설비를 갖추는 것이 좋다.
② 가능한 한 넓은 공간과 많은 수의 기기 설비를 갖추어야 한다.
③ 위생과 안전, 작업효율성이 함께 고려된 시설 · 설비를 갖추어야 한다.
④ 학생들의 학습 여건보다는 운반과 배식에 편리한 곳으로 설치한다.
⑤ 도로, 운동장, 교실로부터 가까운 곳에 설치해야 한다.

정답 45. ④ 46. ③ 47. ⑤ 48. ④ 49. ③

50 **조리실 내 작업장 구획에서 청결구역에 속하는 것은?**

① 검수 구역 ② 전처리 구역
③ 식품저장 구역 ④ 식기세정 구역
⑤ 급식배선 구역

50 **일반구역**은 검수 구역, 전처리 구역, 식품저장 구역, 세척 구역이며, **청결구역**은 조리 구역, 배선 구역, 식기보관 구역이다.

51 **급식시설의 작업구역 중 조도가 가장 높으며, 저장구역과 전처리 구역에 인접한 구역은?**

① 검수구역 ② 배식구역
③ 세척구역 ④ 조리구역
⑤ 서비스 구역

51 검수구역의 조도는 540 lux로 가장 높다.

52 **작업공간별 주요 기기를 바르게 연결한 것은?**

① 배식공간 : 보온고, 식기소독보관고, 잔반처리대
② 보관 : 보온고, 보냉고, 운반차
③ 검수공간 : 식품검수대, 온도계, 저울
④ 전처리공간 : 국솥, 만능조리기, 취반기
⑤ 조리공간 : 구근탈피기, 슬라이서, 세미기

53 **작업공간별 설계 시 유의사항으로 옳은 것은?**

① 저장창고는 전처리 구역과 조리 공간 사이에 위치하는 것이 가장 좋다.
② 전처리 공간은 공간의 면적을 최소화하여 설계한다.
③ 최근에는 재고 보유를 최소화하기 위해 물류센터에서 당일 배송하는 급식업장이 늘어나면서 저장공간의 면적을 최소화하는 추세이다.
④ 기기 점유면적으로 식당의 면적을 계산한다면 기기 점유면적의 4배가 적당하다.
⑤ 후생시설은 주방을 통과하도록 배치한다.

53 **저장창고의 위치**는 검수구역과 조리구역 사이에 위치하는 것이 좋으며, 최근에는 저장공간을 최소화하는 추세이다. **전처리 공간**은 기기의 사용빈도가 높고 일시적으로 많은 사람이 작업을 하거나 운반차 등이 통행하기 때문에 충분한 면적이 필요하다. **식당 면적**은 기기 점유면적의 2.5~3.5배가 적당하다. 후생시설은 주방이나 식당을 통과하지 않도록 배치하는 것이 바람직하다.

54 **급식소의 예상 고객 수가 1,000명이고, 좌석 수가 400개이며, 1좌석당 바닥면적이 1.5 m^2일 때, 필요한 식당 면적은?**

① 400 m^2 ② 500 m^2
③ 600 m^2 ④ 700 m^2
⑤ 800 m^2

54
- 식당면적 = (급식수 × 좌석당 면적) / 좌석회전율
- 좌석회전율 = 이용고객 수 / 좌석 수

정답 50. ⑤ 51. ① 52. ③ 53. ③ 54. ③

55 어느 학교급식소의 식수가 700명이고, 식당의 좌석 수는 500석일 때, 이 급식소의 좌석회전율은?

① 1.1 ② 1.4
③ 1.7 ④ 2.0
⑤ 2.3

56 급식 유형별로 필요한 물의 양(1인 1식 기준)을 살펴보면 학교 급식은 4~6 L, 병원 급식은 10~20 L, 사업체 급식은 5~10 L, 기숙사 급식은 7~15 L이다.

56 급식 유형 중 조리용, 세척용, 소독용수를 포함하여 1인 1식을 제공하는 데 사용되는 물의 양이 가장 많은 곳은?

① 학교 급식 ② 병원 급식
③ 사업체 급식 ④ 기숙사 급식
⑤ 군대 급식

57 식기 재질별 특징
- **플라스틱** : 가볍고 견고하며 열전도율이 낮고 냉각상태에서 잘 견디나 음식에 의한 변색에 주의해야 함
- **유리** : 급격한 온도 변화와 충격에 약하며 보관에 주의해야 함
- **스테인리스 스틸** : 부식되지 않고 영구적이나, 열전도가 고르지 못하고 무거우며 가격이 비쌈
- **폴리카보네이트** : 내구성이 있으며 가볍고 냄새가 배지 않고 산성에 강하며 내열성, 내약품성이 있어 자동식기세척기 사용 시 건조 열풍에 강함
- **멜라민수지** : 가격이 저렴하고 견고하며 디자인과 색상이 다양하나 열에 주의해야 함

57 식기 재질과 그 특징을 바르게 연결한 것은?

① 플라스틱 – 가볍고 열전도율이 낮으며 냉각상태에서 잘 견디나 음식의 색에 의한 변색에 주의해야 한다.
② 유리 – 열전도가 고르지 못하고 가격이 비싸다.
③ 스테인리스 스틸 – 부식되지 않고 영구적이나 급격한 온도 변화나 약품에 약하다.
④ 폴리카보네이트 – 자동식기세척기 사용 시 열풍에 약하다.
⑤ 멜라민수지 – 가격이 비싸고 열에 강하며 디자인과 색상이 다양하다.

정답 55. ② 56. ② 57. ①

원가 및 정보관리

7

학습목표 사무 개선의 의의, 각종 장표와 장부의 활용, 원가의 개념과 재무제표에 대해 올바르게 이해함으로써 급식 원가 및 정보관리를 원활히 수행할 수 있다.

01 사무 개선의 기본 목표로 가장 옳은 것은?

① 다양성 ② 집약성
③ 정확성 ④ 일치성
⑤ 합리성

01 사무 개선의 기본목표는 용이성, 정확성, 신속성, 경제성으로 집약된다.

02 사무 개선을 시작하기 위한 기본적인 과제는?

① 사무관리조직을 만드는 일
② 사무작업계획을 세우는 일
③ 현재의 사무처리 상황을 분석하는 일
④ 종업원의 전 능력을 발휘하도록 교육을 계획하는 일
⑤ 자기 부서와 타 부서의 정보 흐름을 원활히 해주는 일

02 사무개선의 가장 기본적인 과제는 사무처리 상황을 정확히 분석·파악하는 일이다.

03 급식소의 경비에 해당하는 것은?

① 임금, 보험료 ② 식재료비, 전력비
③ 보험료, 감가상각비 ④ 퇴직금, 수도광열비
⑤ 상여금, 본사관리비

04 장부와 전표의 기능을 함께 갖는 장표로 옳은 것은?

① 영양출납표 ② 검식부
③ 식품수불부 ④ 식단표
⑤ 급식일지

04 단체급식에서 사용하는 **서류(장표)**들은 장부와 전표로 나뉜다. **장부**란 일정한 장소에 비치되어 동종의 기록이 계속적, 반복적으로 기입되는 서식으로 고정성과 집합성을 지닌다. 이에 비해 **전표**는 의사전달이 필요할 때마다 작성되어 업무의 흐름에 따라 이동하는 서식으로 이동성과 분리성을 지닌다. 장부에는 식품수불부, 영양출납표, 영양소요량 산출표, 건강관리부, 검식부, 급식일지, 급식일보가 있고, 전표에는 식수표, 식사표, 납품전표, 발주전표, 식단표와 식품사용일계표가 있으며, 식단표와 식품사용일계표는 장부의 성질도 가진다.

05 전표에 속하는 것은?

① 발주서 ② 검식부
③ 영양출납표 ④ 식품수불부
⑤ 영양소요량 산출표

05 식수표, 식사표, 납품전표, 발주전표는 전표에 속한다.

정답 01. ③ 02. ③ 03. ③ 04. ④ 05. ①

06 장부에 속하는 것은?

① 납품전표 ② 식수표
③ 급식일지 ④ 발주전표
⑤ 식단표

07 단체급식소에서 장부의 성질 및 기능으로 옳은 것은?

① 업무의 흐름에 따라 이동함
② 업무의 흐름에 따라 분리성을 지님
③ 표준과 비교하여 관리하는 대상을 통제하는 기능
④ 경영의사를 각 담당자에게 전달해 주는 기능
⑤ 낱장의 성질을 지님

08 장표류의 기본적인 성질과 기능을 바르게 연결한 것은?

① 급식일지 – 장부 – 이동성 ② 식품수불부 – 전표 – 집합성
③ 구매청구서 – 전표 – 분리성 ④ 검식일지 – 장부 – 이동성
⑤ 발주서 – 전표 – 고정성

09 장표류 관리 시 유의할 사항으로 옳은 것은?

① 자료를 기입할 란 이외에 불필요한 칸은 만들지 않는다.
② 장표는 고정성이 있어야 한다.
③ 장표는 쉽게 자료 기입을 하지 못하도록 어렵게 만든다.
④ 경제적으로 복사할 수 없도록 만든다.
⑤ 장표의 종류는 최소한으로 하되 사용 용도에 맞는 것이어야 한다.

10 손익분기점에 대한 설명으로 옳은 것은?

① 판매액과 총 비용이 일치하는 점
② 출고액과 판매액이 일치하는 점
③ 판매액과 생산액이 일치하는 점
④ 손해액과 이익액이 일치하는 점
⑤ 이익과 총 비용이 일치하는 점

---

06 **장부**의 종류에는 식품수불부, 영양출납부, 영양소요량 산출표, 건강관리부, 검식부, 급식일지, 급식일보 등이 있다. 식단표, 식품사용일계표는 낱장인 전표를 모아서 철을 하면 장부의 기능을 갖는다.

07 경영의사를 전달하는 기능은 전표의 기능이다.

08
① **장부**
- 성질 : 고정성, 집합성
- 기능 : 기록, 현상의 표시, 대상의 통제
- 종류 : 식품수불부, 영양출납표, 검식부, 급식일지

② **전표**
- 성질 : 이동성, 분리성
- 기능 : 경영의사의 전달, 대상의 상징화
- 종류 : 식단표, 식품사용일계표, 발주서, 납품서

09 **장표의 기본원칙**
- 필요한 자료를 기입할 수 있는 칸이 있어야 한다.
- 그 이용자에 대해 중요한 것이라는 인상을 줄 수 있어야 한다.
- 자료를 용이하게 얻을 수 있도록 작성한다.
- 자료의 기입 및 이용에 착오가 발생하지 않도록 만든다.
- 경제적으로 복사할 수 있도록 만든다.

10 총 비용과 판매액이 일치하는 시점에서는 이익도 손실도 발생하지 않게 되는데 이러한 점을 **손익분기점(break-even point)**이라 한다.

정답 06. ③ 07. ③ 08. ③ 09. ⑤ 10. ①

11 손익계산서에 대한 설명으로 옳은 것은?

① 자산과 부채, 그리고 자본의 대조를 나타낸 것이다.
② 일정 시점에서의 기업의 재무상태를 나타낸다.
③ 자산이 어떠한 형태로 얼마만큼 있는지 나타내는 것이다.
④ 수익에는 판매비와 일반관리비가 포함된다.
⑤ 회기 동안의 영업실적에 대한 비교자료의 기초가 된다.

11 **손익계산서**(profit and loss statement, income statement)는 일정 기간 동안의 기업의 경영성과를 나타낸 것으로 회기 동안의 영업실적에 대한 비교자료의 기초가 된다. 한편, **재무상태표**(statement of financial position)는 일정 시점에 있어서 기업의 재무상태를 나타내는 표로서, 기업의 영업활동에 사용되고 있는 자산이 어떠한 형태로 얼마만큼 있으며 그것이 어떠한 자본으로 조달되고 있는가를 나타낸다.

12 재무상태표에 대한 설명으로 옳은 것은?

① 재무상태표에 적용되는 회계 등식은 '자본 = 자산+부채'이다.
② 자산은 과거의 거래 혹은 경제적인 사건의 결과 기업이 갖게 될 미래의 경제적 효익을 의미한다.
③ 부채는 고정자산의 소모에 의한 가치감소를 계산하여 그 자산가격을 감소시켜 나가는 것이다.
④ 자본은 부채의 원천을 말한다.
⑤ 유동자산은 재고자산의 일부이다.

12 고정자산의 소모에 의한 가치 감소를 계산하여 자산가격을 감소시켜 나가는 것은 **감가상각**이라고 부른다.

13 손익분기분석을 할 때 변동비로 분류해야 하는 항목은?

① 감가상각비 ② 관리자 급여
③ 보험료 ④ 식재료비
⑤ 건물임대료

13 **원가의 종류**
- **고정비**(fixed costs) : 생산량, 작업량, 작업시간 등의 변화에 관계없이 항상 일정하게 발생하는 원가(임대료, 세금, 광고비, 수선유지비, 사무비, 감가상각비, 보험료, 복리후생비 등)
- **변동비**(variable costs) : 생산량, 작업량, 작업시간 등의 증가에 따라 직접 비례하여 증감하는 원가(식품재료비, 1회용 그릇 비용 등)
- **반변동비**(semi-variable costs) : 고정비와 변동비의 요소를 둘 다 포함하고 있는 원가(인건비 : 정규직 + 시간제 종업원)

14 매출액의 증감과 관계없이 발생하는 고정비용에 해당하는 것은?

① 식재료비 ② 급여
③ 보너스 ④ 감가상각비
⑤ 소모품비

15 단체급식소에서 취반기, 오븐 등 기기의 가치를 연도에 따라 할당하여 자산가치를 감소시켜 처리하는 비용은?

① 외상매출금 ② 외상매입금
③ 식재료비 ④ 감가상각비
⑤ 임대료

15 감가상각비는 구입한 기기들이 사용기간이 지남에 따라 손상되어 감소하는 가치를 연도에 따라 할당하여 자산가격을 감소시켜 나가는 것으로, 이때 감소된 금액이 감가상각비이다.

정답 11. ⑤ 12. ② 13. ④ 14. ④ 15. ④

16 구입가격 3,500,000원, 잔존가격 500,000원, 내용연수 5년인 다목적용 믹서기의 감가상각비를 정액법으로 계산하기로 하였다. 1년에 감가하게 되는 금액은?

① 800,000원
② 700,000원
③ 600,000원
④ 500,000원
⑤ 400,000원

17 원가의 3요소로 옳은 것은?

① 인건비, 재료비, 경비
② 직접비, 간접비, 반직접비
③ 변동비, 고정비, 반변동비
④ 간접경비, 제조원가, 일반관리비
⑤ 제조원가, 간접경비, 직접경비

18 경비에 해당하는 것은?

① 주식비
② 상여금
③ 수당
④ 소모품비
⑤ 감가상각비

19 급식원가의 대부분을 차지하기 때문에 주요 원가라 부르는 원가에 해당하는 것은?

① 식재료비, 경비
② 식재료비, 인건비
③ 식재료비, 고정비
④ 인건비, 경비
⑤ 인건비, 고정비

20 단체급식소에서 음식 생산량 증가에 따라 비례하여 증감하는 원가는?

① 임대료
② 감가상각비
③ 인건비
④ 식재료비
⑤ 광고비

21 원가의 구조에 대한 설명으로 옳은 것은?

① 제조원가는 직접재료비, 직접노무비, 직접 경비로 구성된다.
② 직접원가는 직접재료비와 직접노무비로 구성된다.
③ 제조원가는 직접원가에 일반관리비를 합한 원가이다.
④ 총원가는 제조원가에 일반관리비와 판매경비를 가산한 것이다.
⑤ 판매가격은 직접원가에 제조간접비를 합산하여 결정한다.

16
- 정액법 : 매 기간 같은 금액을 상각하는 방법
- 감가상각비
= (구입가격 − 잔존가격) / 내용연수
= (3,500,000원 − 500,000원) / 5년
= 600,000원

18 주식비와 소모품비는 재료비에 해당하며, 상여금과 수당은 인건비에 해당한다.

19
- **원가 구성 3요소** : 재료비, 노무비(인건비), 경비
- 주요 원가(기초 원가) : 식재료비, 인건비

20 **원가의 종류**
- **고정비**(fixed costs) : 생산량, 작업량, 작업시간 등의 변화에 관계없이 항상 일정하게 발생하는 원가(임대료, 세금, 광고비, 수선유지비, 사무비, 감가상각비, 보험료, 복리후생비 등)
- **변동비**(variable costs) : 생산량, 작업량, 작업시간 등의 증가에 따라 직접 비례하여 증감하는 원가(식품재료비, 1회용 그릇 비용 등)
- **반변동비**(semi-variable costs) : 고정비와 변동비의 요소를 둘 다 포함하고 있는 원가(인건비 : 정규직 + 시간제 종업원)

21 **판매가격**은 제조원가, 판매비, 일반관리비를 합산한 총 원가(판매원가)에 이윤을 합산하여 결정된다.

정답 16. ③ 17. ① 18. ⑤ 19. ② 20. ④ 21. ④

22 원가계산의 목적은?

① 제품 판매 가격 결정, 공급업체 계약관리
② 예산 편성 기초 자료, 감가상각비 산출
③ 제품 판매 가격 결정, 식재료 구매량 산출
④ 재무제표 작성, 손익분기점 산출
⑤ 예산 편성 기초 자료, 제품 판매 가격 결정

22 원가계산의 목적은 가격 결정, 예산 편성, 원가 관리, 재무제표 작성 등에 있다.

23 일정 기간 동안 운영 성과를 나타내는 재무제표는?

① 재무상태표 ② 급식운영일지
③ 손익계산서 ④ 제조원가명세서
⑤ 좌석회전율

23 **손익계산서**(profit and loss statement, income statement)는 일정 기간 동안의 수익과 비용을 정리하여 경영 성과를 나타내는 재무제표이다. 수익에서 비용을 차감한 것이 이익(profit) 또는 손실(loss)이 된다.

24 손익계산서에 대한 설명으로 옳은 것은?

① 제조원가, 판매비, 일반관리비는 비용에 속한다.
② 손익계산서의 매출은 순매출액에서 예정원가를 뺀 것이다.
③ 비용은 수익을 발생시키기 위하여 지출한 비용이다.
④ 순이익은 매출에서 비용을 차감한 것이다.
⑤ 손익계산서는 일정 시점에서의 기업의 재무상태를 나타낸다.

24 **일정 시점에서의 기업의 재무 상태**를 나타내는 것은 **재무상태표**이다. 매출원가, 판매비, 일반관리비는 비용에 속한다. 손익계산서의 매출은 순매출액이다. 순이익은 수익에서 비용을 차감한 것이다.

25 재무상태표에 대한 설명으로 옳은 것은?

① 자산 항목에는 자금 조달형태를 나타낸다.
② 일정 시점에서 기업의 재무 상태를 나타낸다.
③ 부채와 자산의 합이 자본이다.
④ 자산항목은 유동성이 작은 순으로 기입한다.
⑤ 부채항목은 상환기간이 긴 순으로 기입한다.

25 재무상태표는 일정 시점에서의 기업의 재무상태를 나타내 주기 위하여 작성되는 재무제표로서 자산, 부채, 자본으로 구성된다. **자산 = 부채 + 자본**의 회계등식이 성립하므로 자금의 조달형태를 나타내는 **차변(부채와 자본 항목)**과 자금의 운용을 나타내는 **대변(자산 항목)**의 합은 항상 같아야 한다. 자산항목은 유동성이 큰 순으로 기입하고, 부채상환은 상환기간이 짧은 순으로 기입한다.

26 사업체 급식소 점심 식단을 4,000원에 판매하고 있다. 이 급식소에서 1일 기준으로 지출되는 고정비가 400,000원, 1식당 변동비가 3,200원일 경우 손익분기점의 판매량은?

① 400식 ② 450식
③ 500식 ④ 550식
⑤ 600식

26 손익분기점 판매량
= 고정비 / (메뉴별 판매가격 − 메뉴별 변동비)
= 400,000 / (4,000 − 3,200) = 500식

정답 22. ⑤ 23. ③ 24. ③ 25. ② 26. ③

27 **1주에 필요한 총 노동시간이 200시간이고 1주일 동안의 정규직 법정 근로기준 시간이 40시간일 경우 FTEs(Full-Time Equivalents)는?**

① 5명 ② 10명
③ 15명 ④ 20명
⑤ 25명

28 **원가의 개념에 대한 설명으로 옳은 것은?**

① 특정 제품의 제조 및 판매를 위해 직·간접적으로 소비된 경비
② 특정 제품의 제조 및 판매를 위해 직·간접적으로 소비된 인건비
③ 특정 제품의 제조 및 판매를 위해 직·간접적으로 소비된 재료비
④ 특정 제품의 제조 및 판매를 위해 직·간접적으로 소비된 경제가치
⑤ 특정 제품의 제조 및 판매를 위해 직·간접적으로 소비된 경비 산출가

29 **인건비는 정규직 직원과 계약직 직원의 인건비로 구분된다. 각각 인건비의 형태는?**

① 고정비, 반변동비 ② 고정비, 변동비
③ 변동비, 반변동비 ④ 변동비, 고정비
⑤ 반고정비, 변동비

30 **재무상태표에서 자산에 포함되는 항목은?**

① 사채 ② 미지급급여
③ 외상매출금 ④ 단기차입금
⑤ 외상매입금

31 **급식소의 메뉴 단위당 판매가격이 5,000원, 단위당 변동비는 3,000원이다. 이 급식소에서 1일 고정비가 400,000원인 경우, 손익분기점에서의 매출액은?**

① 1,000,000원 ② 1,200,000원
③ 1,600,000원 ④ 1,800,000원
⑤ 2,000,000원

27 정규직환산수(FTEs) = 총 노동시간 ÷ 필요기간의 정규직 법정 근로기준 시간
= 200 ÷ 40 = 5명

28 원가란 특정 제품의 제조 및 판매를 위해 직·간접적으로 소비된 경제가치를 말한다.

30 자산의 구성
- 자산 : 개인 또는 법인이 소유하고 있는 금전적 가치가 있는 물건 및 권리
- 부채 : 앞으로 타인에게 돈을 갚아야 할 의무가 있는 것(기업이 소유하는 재산이므로 자산에 포함)
- 자본 : 자산에서 부채를 차감한 순수한 재산(자산 – 부채)

31
- 손익분기점 매출액 = 고정비 / 공헌이익비율
- 공헌이익비율 = 1 – 변동비율
- 변동비율 = 메뉴별 변동비 / 메뉴별 판매가격

∴ 손익분기점 매출액
= 400,000 / [1 – (3,000 / 5,000)]

정답 27. ① 28. ④ 29. ② 30. ③ 31. ①

32 고정비에 해당하는 것은?

① 감가상각비, 식재료비, 정규직 인건비
② 식재료비, 임시직 인건비, 임대료
③ 보험료, 식재료비, 임대료
④ 감가상각비, 세금, 임대료
⑤ 감가상각비, 보험료, 임시직 인건비

32 원가의 종류
- **고정비**(fixed costs) : 생산량, 작업량, 작업시간 등의 변화에 관계없이 항상 일정하게 발생하는 원가(임대료, 세금, 광고비, 수선유지비, 사무비, 감가상각비, 보험료, 복리후생비 등)
- **변동비**(variable costs) : 생산량, 작업량, 작업시간 등의 증가에 따라 직접 비례하여 증감하는 원가(식품재료비, 1회용 그릇 비용 등)
- **반변동비**(semi-variable costs) : 고정비와 변동비의 요소를 둘 다 포함하고 있는 원가(인건비 : 정규직 + 시간제 종업원)

정답 32. ④

8 인적자원관리

학습목표 급식 인적자원관리의 개념과 관리 영역에 대해 설명하고 인적자원 확보, 유지, 보상, 개발관리에 대해 이해할 수 있다. 리더십과 동기부여, 의사소통의 개념을 이해하고 응용해 볼 수 있다.

01 인적자원관리의 개념으로 옳은 것은?

① 종업원의 능력에 따라 임금을 지불하는 것이다.
② 종업원들의 기술능력을 최대한 활용하는 것이다.
③ 최대의 기술로 좋은 상품을 만들어 이익을 올리는 것이다.
④ 종업원의 안전, 보호, 후생 등에 가장 큰 가치를 두는 것이다.
⑤ 조직원의 잠재적 능력을 최대화하여 이를 효과적으로 이용하는 것이다.

02 인사관리의 발전 단계로 옳은 것은?

① 전제적 관리 → 인간관계론 → 과학적 관리 → 행동과학
② 과학적 관리 → 인간관계론 → 전제적 관리 → 행동과학
③ 인간관계론 → 전제적 관리 → 과학적 관리 → 행동과학
④ 전제적 관리 → 과학적 관리 → 인간관계론 → 행동과학
⑤ 행동과학 → 인간관계론 → 전제적 관리 → 인간관계론

03 조리과정의 전처리 업무만 담당하던 조리원에게 냉장고 관리 업무를 추가로 맡겼다. 이와 같이 종업원이 직무를 수행하는 데 일어나는 개별적인 활동의 수를 증가시키는 것은?

① 직무순환 ② 직무다양화
③ 직무충실화 ④ 직무확대
⑤ 직무단순화

04 인적자원관리 중 개발 기능에 속하는 것은?

① 임금관리 ② 인사고과
③ 직무평가 ④ 교육과 훈련
⑤ 모집과 선발

01 인적자원관리의 개념은 인적자원을 최대한 효과적으로 활용하는 것으로 기술능력은 인적자원을 생산하기 위한 하나의 도구로 취급하는 것이지 최대한 활용하는 데에 있지 않다.

02 인사관리의 발전과정은 **전제적 관리 → 과학적 관리 → 인간관계론 → 행동과학**으로 발전해 왔다. 18C 산업혁명 이후 자본주의 초기 단계에서는 주로 권위에 의존하는 전제적인 관리방식이 대부분이었으며 일부에서는 온정적 관리를 나타내었다. 19C 말 테일러의 과학적 관리가 등장하였고 그 이후 과학적 관리방법이 인간적 요소가 결여되었다는 것에 대한 반성으로 인간관계에 중심한 관리방법이 등장하였다. 제2차 세계대전 이후에는 행동과학이라는 새로운 인사관리방법이 등장하여 산업의 각 분야에 적용되었다.

정답 01. ⑤ 02. ④ 03. ④ 04. ④

05 **인적자원관리의 영역에 속하는 것은?**

① 인적자원의 확대관리　② 인적자원의 유지관리
③ 인적자원의 일정관리　④ 인적자원의 판매관리
⑤ 인적자원의 마케팅관리

06 **인적자원관리의 주요 기능과 세부 내용을 바르게 연결한 것은?**

① 보상 – 직무분석　② 확보 – 직무평가
③ 개발 – 임금관리　④ 유지 – 인사이동
⑤ 보상 – 교육과 훈련

07 **인적자원관리체계에서 유지 기능에 속하는 것은?**

① 임금관리　② 직무평가
③ 인사고과　④ 모집과 선발
⑤ 교육과 훈련

08 **인적자원을 모집하는 방법 중 외부모집에 의한 방법은?**

① 승진　② 전직
③ 직무순환　④ 채용공고
⑤ 재고용

09 **승진에 대한 설명으로 옳은 것은?**

① 직무순환을 말한다.
② 인사비용이 절감된다.
③ 권한과 책임이 커진다.
④ 직무분석의 결과로 이루어진다.
⑤ 종업원의 관리 범위가 좁아진다.

10 **영양사의 직무를 분석하고 있다. 이때 다양한 직무에 대해서 신속하게 정보를 수집할 수 있는 장점이 있는 반면, 영양사가 진실하지 않게 응답하는 경우 신뢰도에 문제가 발생할 수 있는 직무분석 방법은?**

① 관찰법　② 면접법
③ 기록법　④ 질문지법
⑤ 요소비교법

05 인적자원관리는 조직에 인적자원을 최대한 효율적으로 활용하고자 하는 관리기능으로 주요 기능은 **인적자원의 확보, 개발, 보상, 유지관리**의 과정이다.

06 **인적자원관리의 기능**
- **확보** : 조직·인력계획, 직무분석 및 직무설계, 모집과 선발 및 배치활동
- **개발** : 교육과 훈련, 경력개발, 조직문화개발
- **보상** : 직무평가, 임금 및 보상관리
- **유지** : 인사고과, 인사이동과 징계관리, 안전·보건관리

07 종업원의 유능하고 자발적인 노동력의 지속적인 유지를 위한 활동으로 인사고과, 인사이동과 징계관리, 안전·보건관리 등이 속한다.

08 인적자원의 모집방법에는 **내부모집과 외부모집**이 있다. 이 중 내부모집 방법으로는 내부승진, 이동배치, 직무순환, 재고용이나 재순환 등이 있다.

09 **승진**은 종업원을 직무 서열 또는 자격 서열에서 높은 수준의 직위 또는 직급으로 수직적 상향 이동시키는 것을 의미하며 이때 **보수, 권한, 책임, 관리 범위가 확대**되고 주로 인사고과의 결과로 이루어진다.

정답 05. ② 06. ④ 07. ③ 08. ④ 09. ③ 10. ④

11 신입사원 채용을 위한 면접 방법 중 지원자를 압박하는 질문이나 요구를 통해 감정의 안정성과 좌절에 대한 인내 정도를 관찰하는 면접 방법은?

① 구조화된 면접
② 비구조화된 면접
③ 스트레스 면접
④ 패널 면접
⑤ 집단 면접

12 종업원 채용 시 가장 먼저 고려해야 할 사항은 직무분석을 통한 적정 인원의 계획이다.

12 종업원 채용 시 가장 먼저 고려해야 할 사항은?

① 직무분석을 통한 적정 선발인원 예측계획
② 종업원 교육훈련 프로그램 개발
③ 종업원 모집공고계획
④ 종업원 직무평가서 개발
⑤ 종업원 배치기준 마련

13 채용예정인원 = 전체 노동량 / 한 사람의 노동수행량
미래에 필요한 인적자원을 사전에 예측하여 채용예정인원을 산정한다.

13 급식소에서 충원예정 인원 수를 결정할 때 필요한 항목은?

① 이직자 수
② 다른 급식소의 채용인원 수
③ 한 사람의 노동수행량
④ 노동수행의 정도
⑤ 전체 종업원 수

14 인적자원 선발의 일반적인 과정으로 옳은 것은?

① 지원서 접수 → 면접 → 서류전형 또는 선발시험 → 신체검사 → 선발 결정
② 지원서 접수 → 서류전형 또는 선발시험 → 면접 → 신체검사 → 선발 결정
③ 지원서 접수 → 신체검사 → 면접 → 서류전형 또는 선발시험 → 선발 결정
④ 지원서 접수 → 서류전형 또는 선발시험 → 신체검사 → 면접 → 선발 결정
⑤ 지원서 접수 → 신체검사 → 서류전형 또는 선발시험 → 면접 → 선발 결정

정답 11. ③ 12. ① 13. ③ 14. ②

15 **직원 선발 시 시행하는 적성검사의 효과로 옳은 것은?**

① 직무 적응기간의 연장
② 잠재적 능력의 개발 및 측정
③ 훈련효과의 반복
④ 지능 측정
⑤ 직원의 이직률 상승

15 **적성검사** 결과는 각 개인의 적성에 맞는 교육훈련 실시를 통해 훈련효과를 높이고 생산성을 올리기 위한 자료로서, 각 개인의 잠재적 능력이나 인격 특성에 알맞은 진로를 선택할 수 있도록 지도·조언하기 위한 자료로 사용될 수 있으며 현장에서 직무 적응기간을 단축하고 종업원의 이직률을 저하시키는 효과가 있다.

16 **기업에서 필요한 노동력을 확보하는 방법 중 외부모집에 대한 설명으로 옳은 것은?**

① 모집 비용이 절감된다.
② 조직 내부의 종업원을 대상으로 승진과 이동에 의해 충원하는 방법이다.
③ 연고모집과 일반공고모집이 있다.
④ 기업 문화에 익숙한 사람을 채용한다.
⑤ 시간제 근무자 중 근무태도가 우수한 사람을 채용하는 방법이다.

16 모집이란 종업원들의 결원을 보충하기 위해 지원자를 확보하는 과정으로 조직 내부에서 적절한 사람을 추천하여 채용하는 내부모집과 조직 외부에서 적절한 사람을 채용하는 외부모집방법이 있다. **내부모집의 장점**은 모집비용의 절감, 조직 및 직무에 대한 친숙도가 높은 직원의 채용, 조직 구성원에 대한 승진 기회 제공 등이다.

17 **종업원을 충원하기 위한 방법 중 연고모집의 내용으로 옳은 것은?**

① 구인 애플리케이션을 통한 모집
② 현직 종업원을 통한 모집
③ 교육기관을 통한 추천의뢰 모집
④ 대중매체를 통한 모집
⑤ 실습제도를 통한 모집

17 종업원을 모집하는 방법 중 외부모집방법으로 연고모집과 일반공고모집이 있는데, **연고모집**에는 현직 종업원이나 아는 사람을 통해서 인력을 채용하는 비공식적인 모집방법이 있고, **일반공고모집**은 신문 또는 매스컴을 통한 광고, 공공직업소개소를 통한 모집, 교육기관을 이용한 모집, 인터넷 및 매스컴을 통한 모집, 실습제도 및 노동조합을 이용한 모집, 게시광고를 통한 모집 등이 있다.

18 **인적자원 확보 기능의 세부 내용으로 옳은 것은?**

① 직무분석
② 직무설계
③ 승진
④ 직무평가
⑤ 훈련

18 **승진**은 인적자원의 유지기능으로 인사이동 중 **수직적 이동**에 해당된다. 인적자원의 **확보**는 **인력계획, 직무분석, 직무설계, 모집, 선발** 등이 있다.

19 **적재적소 배치에 대한 설명으로 옳은 것은?**

① 적성검사를 실시하는 것
② 직무요구와 개개인의 자질과 능력을 맞추는 것
③ 직무평가와 인사고과를 비교하는 것
④ 자기신고서를 받아서 본인의 의견을 듣는 것
⑤ 종업원이 그 직무에 만족을 나타내는 것

19 **적재적소의 배치**란 주어진 직무를 효과적으로 수행할 수 있는 자격을 갖춘 적격자를 직무가 요구하는 바에 따라 최대한의 능력을 발휘할 수 있는 곳에 배치하는 것이다.

정답 15. ② 16. ③ 17. ② 18. ① 19. ②

20 **인사이동**은 종업원에 대한 배치의 변경 또는 전환을 뜻하는 것으로 이동으로 인한 새로운 직무에 대한 기회를 부여하여 근로 의욕을 쇄신시키기 위해서 한다. 인사이동의 의의와 목적은 유능한 후계자 양성, 적재적소 배치, 승진요구의 자극에 의한 높은 모랄(사기진작)의 형성, 동일 직위에 의한 정착화 배제와 종업원의 근로의욕 쇄신 등이다.

21 **직무분석**의 가장 중요한 목적은 분석자료에 기초한 **직무기술서 · 직무명세서** 작성으로 합리적인 채용관리 및 적재적소 배치를 위한 자료를 제공하고, **직무평가**를 위한 기초자료로 사용하기 위함이다. 이를 통해 종업원들의 책임 및 권한, 업무의 내용을 분명하게 하고, 기타 조직 내 인사관리를 위한 유용한 기본자료를 제공한다.

22 **직무분석**의 산물인 **직무명세서와 직무기술서**는 종업원의 채용 및 선발의 기준, 교육내용의 결정, 인사고과 및 인적자원관리의 기초자료로 활용된다.

23 **직무분석**은 분화된 기업의 직무를 효율적으로 수행하기 위해 직무의 내용을 분석하여 직무를 구성하는 업무의 내용과 **직무에 필요한 인적요건 및 작업조건** 등 직무에 관한 정보를 획득하는 과정이다.

24 직무수행에 필요한 인적능력은 직무명세서에 기재하는 내용이다.

정답 20. ⑤ 21. ③ 22. ① 23. ① 24. ④

20 인사이동을 실시하는 목적으로 옳은 것은?

① 유능한 후계자 배치
② 새로운 직무를 접할 수 있는 기회 박탈
③ 동일한 지위에 의한 정착화와 근무의욕 쇄신
④ 한 종업원에게 여러 직무를 수행하게 하여 노동 수요 증가
⑤ 새로운 직무에 대한 기회 제공

21 직무분석의 목적으로 옳은 것은?

① 기업의 홍보자료로 이용
② 종업원들의 능력 비교
③ 합리적인 채용관리
④ 구매명세서 작성
⑤ 기업의 재무관리 자료로 이용

22 직무성격에 적합한 종업원을 선발하고 교육훈련을 시키기 위해 필요한 인사관리의 도구로 옳은 것은?

① 직무기술서
② 구매명세서
③ 자기신고서
④ 조직도
⑤ 직무평가서

23 인적자원관리의 기초과정으로 직무를 구성하는 업무의 내용, 직무에 필요한 인적 요건 및 작업조건 등을 조사 · 연구하는 것은?

① 직무분석
② 인사고과
③ 직무평가
④ 직무단순화
⑤ 직무확대

24 직무명세서에 명시되어야 할 항목으로 옳은 것은?

① 직무구분
② 다른 직무와의 관계
③ 수행해야 할 의무
④ 직무수행에 필요한 인적능력
⑤ 감독, 피감독의 범위

25 직무분석의 결과로 얻어진 정보를 일정한 양식에 따라 기록한 문서로, 직무요건 중 인적요건을 중점적으로 다루고 있는 것은?

① 직무기술서 ② 인사고과평가서
③ 직무명세서 ④ 직무수행서
⑤ 직무평가서

26 인사고과의 기법에 해당하는 것은?

① 질문지법 ② 분류법
③ 목표관리법 ④ 요소비교법
⑤ 점수법

27 직무분석에 대한 설명으로 옳은 것은?

① 직무에 관한 정보를 획득하는 과정이다.
② 다른 직무와 비교하여 직무의 상대적인 가치를 결정한다.
③ 직무의 중요성, 위험성, 책임성을 평가한다.
④ 기업의 홍보자료로 쓰인다.
⑤ 조직 구성원의 업무성과를 평가한다.

28 채용 기준의 합리적인 설정을 위한 기초자료 제공과 가장 관계 깊은 것은?

① 조직분석 ② 직무분석
③ 인사고과 ④ 직무평가
⑤ 직무설계

29 특정 직무를 수행하기 위해 직무 담당자가 갖추어야 할 자격 요건을 기록한 양식으로, 인적 요건을 강조하여 선발의 기초자료로 쓰이는 것은?

① 직무기술서 ② 직무명세서
③ 직무평가서 ④ 직무고과표
⑤ 직무수행표

25 **직무분석**의 결과로 얻어지는 서식으로 직무기술서와 직무명세서가 있다. **직무기술서**는 **직무에 대한 내용을 기록**하고, **직무명세서**는 **직무를 성공적으로 수행하는 데 필요한 능력, 기술, 교육요건, 경험 및 숙련요건** 등 직무에 요구되는 인적요건을 기술한 것이다.

26
① 목표관리법은 계획수립, 인사고과의 기법에 해당된다.
② **직무설계전략**
- **직무단순화** : 작업절차를 단순화하여 전문화된 과업에 종업원 배치
- **직무확대** : 종업원이 수행하는 과업의 수적 증가, 직무의 다양성 증가와 책임의 증가로 품질 향상
- **직무순환** : 여러 가지 직무를 주기적으로 순환, 종업원에게 다양한 경험과 기회를 제공
- **직무충실화** : 과업의 수적 증가뿐만 아니라 직무에 대해서 갖는 통제 범위(자율성)를 증가시켜 수평적인 업무의 추가와 더불어 수직적으로 책임을 부여
- **직무특성** : 종업원의 직무만족과 조직의 효율성 증진을 유도하는 기술의 다양성, 업무의 정체성, 업무의 중요성, 자율성, 피드백의 5가지 요소로 구성

27 **직무분석**은 조직 합리화를 위한 기초자료 제공, 채용, 배치, 이동, 승진의 기준, 책임의 명확화, 인사고과의 기초작업, 종업원 훈련 및 개발을 위한 기초자료, 직무급(직무기준 임금관리) 도입을 위한 기초작업을 위하여 실시된다.

28 **인사고과**는 주로 인사이동에 대한 자료를 제공하며 **직무분석**은 채용, 배치, 전환을 위한 자료를 제공하고 **직무평가**는 임금 결정을 위한 자료를 제공한다.

정답 25. ③ 26. ③ 27. ①
28. ② 29. ②

30 **직무기술서**는 특정 직무에 있어서 주요책무, 작업환경조건, 업무수행에 사용되는 자원 혹은 기구 등에 관하여 조직적이고 사실적으로 정보를 제공하는 일정 양식의 표로서 주로 일 중심으로 묘사하고 대부분의 3영역(**직무명, 직무구분, 직무내용**)으로 구성되어 있다. **직무명세서**는 직무를 성공적으로 수행하는 데 필요한 능력, 기술, 자질 등의 인적 요건을 명시한 것이다.

31 **직무명세서**는 직무분석의 결과로 작성되며 특히 특정 직무를 수행하는 데 있어 **직무담당자가 갖추어야 할 인적 요건을 기록한 양식**이다.

32 **직무분석**은 분화된 기업의 직무를 효율적으로 수행하기 위하여 각각의 **직무 내용, 특징, 직무수행상 요구되는 자격 요건** 등을 설정한다.

33 **직무분석**의 일차적인 용도는 **직무기술서와 직무명세서를 작성**하기 위한 것이며 이러한 양식은 종업원의 채용 및 선발의 기준, 교육내용의 결정, 인사고과 등 인적자원관리의 기초자료로 활용된다.

정답 30. ② 31. ④ 32. ①
33. ① 34. ①

30 직무기술서에 대한 설명으로 옳은 것은?

① 인적자원관리의 기초자료로 활용된다.
② 특정 직무에 대한 주요 책무, 작업환경 조건 등의 정보를 기술한다.
③ 직무담당자가 갖추어야 할 인적요건을 기록한다.
④ 직무분석을 통해 능력, 기술, 자질 등의 인적 요건을 명시한다.
⑤ 직무평가 결과를 반영하여 작성된다.

31 직무명세서에 특히 상세히 기술되는 항목은?

① 직무내용
② 직무요건
③ 직무개요
④ 인적요건
⑤ 작업조건

32 직무분석을 통해 얻게 되는 사항으로 옳은 것은?

① 직무의 자격 요건
② 작업수행방법
③ 종업원의 숙련도
④ 직무평가 결과
⑤ 노조활동내용

33 직무분석의 용도로 옳은 것은?

① 직무기술서의 작성
② 직무의 중요성 평가
③ 직무의 책임성 평가
④ 다른 직무와의 비교
⑤ 노조활동의 기초자료

34 직무분석방법 중 질문지법에 대한 설명으로 옳은 것은?

① 다양한 자료를 신속하게 수집할 수 있다.
② 직무분석자의 주관적 의견이 반영될 가능성이 높다.
③ 직무에 관한 정확하고 상세한 정보를 얻을 수 있다.
④ 수량화된 정보를 얻기 어렵다.
⑤ 질문지 개발이 쉽다.

35 직무분석방법 중 면담법에 대한 설명으로 옳은 것은?

① 직무에 대한 정보를 빠른 시간 내에 얻을 수 있다.
② 질문지 개발에 시간과 노력이 많이 소요된다.
③ 직무에 관해 정확하지 않은 정보를 얻을 수도 있다.
④ 수량화된 정보를 얻기 쉽다.
⑤ 직무분석자의 주관성이 개입되기 쉽다.

35 직무분석에 널리 사용되고 있는 방법으로 **질문지법, 관찰법, 면담법**이 있으며 질문지법은 질문지의 내용 및 구성 방식, 응답자의 적성, 능력, 태도 등이 중요하다. 여러 직무에 대한 정보를 빠른 시간 내에 비교적 정확하게 얻을 수 있고, 수량화할 수 있는 반면 질문지 개발에 시간과 비용이 많이 소요되고 응답자가 진실하지 않은 응답을 할 수도 있다.

36 직무충실화에 대한 설명으로 옳은 것은?

① 직무를 세분화한다.
② 작업절차를 표준화·단순화한다.
③ 직무를 수행하는데 일어나는 개별적인 활동의 수를 증가시킨다.
④ 과업의 수적 증가뿐 아니라 직무가 갖는 책임과 통제범위를 증가시킨다.
⑤ 여러 가지 직무를 주기적으로 순환하여 다양한 경험과 기회를 제공한다.

36 **직무확대**(job enlargement)는 종업원이 담당하는 과업의 수와 다양성의 증가를 그 내용으로 하고, 직무충실은 종업원에게 관리기능상 계획과 통제까지 위임하는 것을 말한다. **직무충실화**란 과업의 수적 증가뿐만 아니라 직무에 대해서 갖는 통제범위를 증가시켜 수평적인 업무의 추가와 더불어 수직적으로 책임을 부여하는 것을 말한다.

37 직무평가의 주요 용도로 옳은 것은?

① 모집 및 선발
② 임금체계 수립
③ 교육 및 훈련
④ 오리엔테이션
⑤ 인력 및 경력계획

37 **직무평가**는 직무기술서와 직무명세서를 기초로 직무의 중요성, 위험성, 책임성, 난이성, 복합성 등을 평가하여 **다른 직무와 비교하여 직무의 상대적 가치를 결정하는 체계적인 방법**으로, 가장 큰 목적은 조직 내 합리적인 임금체계를 수립하는 데 내적, 외적 일관성을 유지하는 것이다.

38 직무평가의 방법으로 옳은 것은?

① 서열법
② 체크리스트법
③ 서술법
④ 행동기준고과법
⑤ 평가척도법

38 **직무평가 방법**에는 **서열법, 분류법, 점수법, 요소비교법**이 있다.

39 직무평가 방법과 그 설명을 바르게 연결한 것은?

① 서열법 – 타 직무를 기준 직무에 비교하여 임률을 결정
② 점수법 – 평가요소별로 분류하여 직무의 중요성에 따라 점수를 부여
③ 분류법 – 점수 대신 임금비율로 기준 직무(key job)를 평가
④ 요소비교법 – 직무를 비교하여 우열에 따라 순위를 매기는 방법
⑤ 평가척도법 – 일정한 기준이 없어 판단자의 기준에 따라 점수가 달라짐

39 **직무를 평가**하는 방법 중 **비계량적 평가방법에는 서열법과 분류법**이 있고, 계량적 평가방법에는 점수법과 요소비교법이 있다. 서열법은 각 직무의 중요도와 장점을 따라서 순위를 정하여 평가하는 방법이며 분류법에서는 직무를 여러 가지 수준이나 등급으로 분류하여 평가한다. **요소비교법**(factor comparison method)에서는 직무를 평가요소별로 분류하고 점수 대신 임금비율로 **기준 직무**(key job)를 평가한 후 타 직무를 기준 직무에 비교하여 임률을 결정한다. 일정한 기준이 없어 판단자의 기준에 따라 점수가 달라지는 것은 서열법이다.

정답 35. ⑤ 36. ④ 37. ②
38. ① 39. ②

40 직무평가의 정의로 옳은 것은?

① 기업 내 직무의 상대적 가치 결정
② 직무의 인적 요건 결정
③ 직무담당자의 업적 평가
④ 직무담당 능력의 비교 평가
⑤ 직무담당자의 자격요건 결정

41 신입사원 교육을 위하여 본사 강당에서 신입사원 전원을 모아 두고 교육자가 현장 업무 수행 시 지켜야 할 수칙에 대해 설명하는 방식으로 교육을 진행했다면 이는 어떠한 교육법에 해당하는가?

① 강의식 방법
② 통신식 방법
③ 회의식 방법
④ 목표관리 방법
⑤ 시청각교육 방법

42 교육훈련의 효과에 대한 설명으로 옳은 것은?

① 직무태도 태만
② 의사소통 감소
③ 노동생산성 증가
④ 이직률 및 결근율의 증가
⑤ 작업시간 증가

43 프로그램 학습방법의 특징에 대한 설명으로 옳은 것은?

① 훈련에 소요되는 시간이 강의법보다 많이 든다.
② 소규모 조직에서는 활용도가 낮은 방법이다.
③ 훈련의 표준화가 불가능하다.
④ 학습자의 능력에 따라 훈련과정의 속도 조절이 어렵다.
⑤ 학습자의 능력에 맞는 수준별 훈련이 어렵다.

44 구체적인 직무를 수행하는 과정에서 직속상관이 부하에게 직무와 연관된 지식과 기술을 습득시키는 교육훈련 방법은?

① 직장 내 훈련
② 직장 외 훈련
③ 자기 개발
④ 감수성 훈련
⑤ 지도자 훈련

---

40 **직무평가**란 각각 직무가 지니는 책임도, 업무 수행상의 곤란도, 위험도 등을 평가하여 타 직무와 비교한 직무의 상대적 가치를 결정하는 체계적 방법으로 합리적인 임금체계를 위한 기초자료로 이용된다. 직무를 평가할 때는 **기술, 노력, 책임, 작업조건** 등의 네 가지 요소를 주로 평가한다.

41
- **교육훈련의 일반적 방법** : 강의식 방법, 통신식 방법, 회의식 방법, 시청각 교육 방법, 사례연구 방법, 역할연기법 등
- **교육훈련의 특수방법** : JIT, TWI, MTP, Brain storming 등

42 **교육훈련**으로 작업시간을 단축하여 노동생산성을 높일 수 있으며, 종업원의 직무태도가 개선되고 조직 내 의사소통의 향상으로 이직률 및 결근율을 감소시키며, 사고율의 감소, 품질개선 등 이들의 종합적 결과로 관리부분의 효율성을 증가시킬 수 있다.

43 **프로그램 학습**이란 강사나 훈련자 없이 피훈련자가 스스로 속도를 조절하면서 **자율적**으로 학습하는 방법이다. 이 경우 자기학습을 위한 도구가 되는 교재 개발에 많은 비용과 시간이 투입되므로 소규모 조직에서는 활용하기 어렵다.

44
- **직장 내 훈련**(on–the–job training, OJT) : 직무를 수행하면서 직접 지도하고 훈련시키는 방식
- **직장 외 훈련**(off–the–job trainning) : 직무에서 벗어나 직장 외부에서 일정 기간 교육에만 전념할 수 있도록 하는 방식
- **자기 개발**(self development) : 종업원 스스로 직무에 대한 목적 달성의 기회에 부응하기 위하여 스스로 부족한 점을 개발하는 방식

정답 40. ① 41. ① 42. ③ 43. ② 44. ①

45 각 인적자원의 유형별로 적합한 교육훈련 프로그램에 대한 설명으로 옳은 것은?

① 신입사원 - 오리엔테이션
② 중간감독관리층 - 서류함기법, 경영게임법
③ 일선종업원 - TWI
④ 최고경영층 - 브레인스토밍, MTP
⑤ 최고경영층 - 사례연구법, 역할연기법

45 TWI(Training Within Industry) 방법은 기업에서 채택하고 있는 전형적인 감독자 훈련방법으로 감독자들에 대해 업무작업지도, 작업개선방법, 부하통솔방법 등에 대해 훈련시킨다. MTP (Management Training Program)는 중간관리자를 대상으로 하며, TWI와 유사한 내용이 중심이 되며 이외에도 관리자에게 직책수행에 필요한 항목이 포함된다. **최고경영층의 교육훈련**에는 **경영게임법, 서류함기법** 등이 더 적합하다. **사례연구방법**은 고위층 훈련에 유용하고 **역할연기방법**은 감독자의 인간관계훈련에 특히 효과적이다.

46 소집단 내에서 일정 시간 동안 자유롭게 의견을 제시하여 구체적 문제해결을 위한 창의적 아이디어를 얻어 내는 방법으로 옳은 것은?

① 관리자 훈련계획(management training plan)
② 직무지도 훈련(job instruction training)
③ 감독자 훈련(training within industry)
④ 브레인스토밍(brain storming)
⑤ 사례연구(case study)

46 **브레인스토밍(brain storming)**은 아이디어 개발을 위한 기술개발훈련으로 소집단 내에서 일정 시간 자유롭게 어떤 과제에 대해 아이디어를 제출하게 하여 독창적인 아이디어를 얻어 내는 기법을 말한다.

47 직장 외 훈련(off the job training)의 장점으로 옳은 것은?

① 지식과 기술을 상사로부터 직접 배울 수 있다.
② 상사와 원활한 접촉이 가능하다.
③ 다수의 종업원이 전문가에게 지도 받을 수 있다.
④ 직무수행에 지장을 주지 않는다.
⑤ 비용이 적게 든다.

47 **직장 내·외 훈련**
- **직장 내 훈련**: 직무와 연관된 지식과 기술을 **상사로부터 직접 배우는 훈련** 방법
- **직장 외 훈련**: 직장 밖의 다른 공간에서 **일정 기간 동안 교육에만 전념할 수 있는 훈련** 방법

48 직장 내 훈련(OJT)의 장점으로 옳은 것은?

① 많은 종업원들에게 통일된 훈련을 할 수 있다.
② 훈련과 현장 실무가 직결되어 실질적이다.
③ 교육훈련 내용이 간접적이다.
④ 장소 이동의 필요성이 있다.
⑤ 피교육자의 이해수준을 파악하기 어려워 참여도가 저조하다.

48 **직장 내 훈련**은 직장 내부에서 수행되는 교육으로 주로 직무와 연관된 지식과 기술을 직속상관으로부터 직접적으로 습득하는 훈련으로 현실적이며 교육효과를 높일 수 있다는 장점이 있다.

49 교육훈련의 효과를 측정하는 방법으로 옳지 <u>않은</u> 것은?

① 피훈련자의 근무상태와 태도 등을 관찰
② 교육훈련 후 피훈련자의 인간관계 측정
③ 실시 시험
④ 훈련 전후의 작업 실적의 비교
⑤ 훈련 후 피훈련자와의 면접

49 종업원의 교육훈련은 종업원의 직무수행능력을 향상시킴으로써 현재 또는 미래의 업적 및 성과가 개선되도록 하기 위한 노력이다.

정답 45. ① 46. ④ 47. ③ 48. ② 49. ②

50 종업원들의 업무성과, 능력, 근무태도 등에 대해 공식적이고 객관적으로 평가하는 절차는?

① 직무평가 ② 인사고과
③ 직무분석 ④ 목표관리
⑤ 벤치마킹

51 직무의 중요도, 위험도, 책임의 정도, 난이도를 고려하여 다른 직무와의 상대적 가치를 결정하여 임금구조의 합리적 운영을 목적으로 하는 것은?

① 직무평가 ② 직무분석
③ 직무순환 ④ 직무충실화
⑤ 직무확대

52 인사고과에 대한 설명으로 옳은 것은?

① 피고과자가 수행하는 직무 정보를 획득하는 과정
② 피고과자와 그가 맡은 직무의 관계에서 사람과 직무를 모두 평가
③ 피고과자의 현재뿐 아니라 과거 실적과 앞으로 발휘될 능력도 평가
④ 직무수행에 관계되지 않아도 피고과자가 지닌 특성은 모두 고과 대상
⑤ 종업원들의 능력 비교 및 적재적소 배치를 위한 인사이동 자료 목적

53 직무평가방법에 대한 설명으로 옳은 것은?

① 서열법, 점수법은 주관적 평가방법이다.
② 분류법은 중심직무를 선택하여 각 기준 요소별로 기본임금비율을 정한다.
③ 서열법은 직무를 비교하여 서열을 매기는 방법이다.
④ 점수법은 사전에 정해 놓은 등급에 따라 각 직무의 가치를 구분하는 방법이다.
⑤ 요소비교법은 평가요소를 등급별로 점수화하여 직무의 가치를 결정하는 방법이다.

50 **직무평가**는 직무 자체의 가치를 평가하는 데 비하여 인사고과는 조직원의 업무성과, 능력 등을 평가한다.

51 **직무평가**는 직무기술서와 직무명세서를 기초로 직무의 중요성, 위험성, 책임성, 난이성, 복잡성 등을 평가하여 **다른 직무와 비교**함으로써 직무의 상대적 가치를 결정하는 방법으로, 가장 큰 목적은 조직 내 공정한 **임금구조를 합리화하기 위한 기준**을 마련하는 것이다.

52 **인사고과**는 **상벌 결정(승진, 승급, 징계 등)**, 적재적소 배치를 위한 인사이동자료, 인력 개발, 종업원들의 능력 비교, 근로의욕 향상 등을 목적으로 한다. 인사고과 순서는 **인사고과 설계 → 성과자료 수집 → 성과 평가 → 고과면담 → 최종평가**이다.

53 직무평가의 방법 중 서열법, 분류법은 주관적 평가방법이며, 요소비교법, 점수법은 객관적 평가방법이다.
- **서열법** : 종업원과 경영자의 대표들로 구성된 위원회에서 두 개의 직무를 비교하여 서열을 매긴 후에 그 두 직무와 다른 직무를 비교하면서 계속해서 서열을 매긴다.
- **분류법** : 평가자가 각 직무의 숙련도, 지식, 책임감 등에 대해 주관적으로 종합 판단하여 사전에 정해 놓은 등급에 따라 각 직무의 가치를 구분한다.
- **요소비교법** : 평가의 표준이 될 수 있는 중심 직무(key jobs)를 선택하여, 평가기준을 근거로 중심 직무의 각 기준 요소별로 기본 임금비율을 정한다.
- **점수법** : 평가요소를 등급별로 점수화하고, 각 직무를 평가요소별로 등급을 매김으로써 얻어진 점수들의 합계를 계산하여 직무의 가치를 결정한다.

정답 50. ② 51. ① 52. ⑤ 53. ③

54 인사고과제도를 실시하는 목적으로 가장 옳은 것은?

① 임금관리의 기초자료로 쓰기 위해
② 종업원 개개인의 잠재능력 비교와 징계를 목적으로
③ 종업원의 업무수행능력을 주관적으로 평가하기 위해
④ 평가의 타당도와 신뢰도를 높이기 위해
⑤ 종업원의 직무정보를 획득하기 위해

55 조리원 30명의 인사고과를 A부터 E까지 다섯 등급으로 평가한 결과 A 20명, B 3명, C 2명, D 2명, E 3명이었다. 이는 인사고과 과정 중 발생할 수 있는 오류 중 어디에 해당되는가?

① 현혹효과 ② 논리오차
③ 유사성 오류 ④ 중심화 경향
⑤ 관대화 경향

56 인사고과에 사용되는 방법으로만 묶인 것은?

① 서열법, 요소비교법
② 평가척도법, 요소비교법
③ 목표관리법, 서류함기법
④ 체크리스트법, 강제할당법
⑤ 서류함기법, 주요사건기술법

57 인사고과 시 피고과자의 외모나 인상 등이 성과를 평가하는 데 영향을 준다든지 혹은 출석률이 좋다고 해서 창의력을 높이 평가하게 되는 경우는 어떠한 오류에 해당되는가?

① 관대화 경향(leniency tendency)
② 논리적 오류(logical error)
③ 현혹효과(halo effect)
④ 편견(bias)
⑤ 중심적 경향(centralization tendency)

58 인사고과과정에서 중심화 경향의 오류가 발생할 가능성이 가장 많은 평가방법은?

① 서열법 ② 평가척도법
③ 대조법 ④ 강제할당법
⑤ 자유서술법

54 인사고과란 **종업원들의 업무수행능력을 객관적으로 평가하는 제도**로 조직에서 구성원 개개인의 잠재능력, 성격, 근무태도, 업적 등을 평가하여 공정한 인사관리, 임금관리의 기초자료, 인사이동의 자료, 종업원 간의 능력 비교 등에 사용한다.

56 분류법은 직무평가방법이다. **인사고과방법**은 다음과 같다.
- **체크리스트법**(checklists, **대조법**)
- **평가척도법**(graphic rating scales)
- **서열법**(ranking method)
- **서술법**(descriptive essays)
- **주요 사건기술법**(critical incident technique)
- **행동기준 평가법**(BARS, Behaviorally Anchored Rating Scales)
- **강제할당법**
- **목표관리법**(MBO, Management By Objective)

57 **현혹효과**(halo effect)는 피고과자의 전반적인 인상이나 어느 특정한 고과 요소가 다른 고과요소에 영향을 주는 오류를 말한다. 한 분야에 대한 특정인의 호의적 혹은 비호의적인 인상은 다른 분야의 평가에 영향을 주는 경향이 있다.

58 **중심화 경향**은 평가자가 고과표를 기입할 때 대부분의 대상자를 '중' 또는 '보통'으로 평가하여 분포도가 중심에 집중되는 경향으로 고과자가 극단적인 평가를 피하려는 심리적인 현상에서 발생하는 오류로서 직무 수행에 필요한 종업원의 능력, 자질 및 특성을 척도에 근거하여 평가하는 방법인 평가척도법에서 평가자의 오류로 가장 발생하기 쉽다.

정답 54. ① 55. ⑤ 56. ④ 57. ③ 58. ②

59 채용시험에서 매우 우수한 성적으로 합격한 종업원의 근무 성적이 열등한 경우 그 채용시험은 다음 중 어느 속성에 문제가 있다고 할 수 있는가?

① 출제빈도
② 객관도
③ 난이도
④ 신뢰도
⑤ 타당도

60 인사고과의 방법에 대한 설명으로 옳은 것은?

① 교대서열법, 쌍대비교법은 미리 정해 놓은 비율에 맞추어 할당하는 객관적 평가방법이다.
② 도식척도법은 중심 직무를 선택하여 각 기준 요소별로 기본 임금 비율을 정한다.
③ 목표관리법은 성과목표를 협의하여 업무 목표를 결정한 다음 목표 설정에 따른 결과를 상사와 부하가 함께 평가한다.
④ 체크리스트법은 사전에 정해 놓은 등급에 따라 각 직무의 가치를 구분하는 방법이다.
⑤ 특정사실기술법은 평가요소를 등급별로 점수화하여 직무의 가치를 결정하는 방법이다.

61 인사고과 시에 성과수준을 종합하거나 요소별 성과 순위를 주어 종합한 결과에 따라 1, 2, 3등의 순위를 결정했다면 이는 어떠한 인사고과방법을 사용한 것인가?

① 짝비교법법
② 서열법
③ 체크리스트법
④ 도식척도법
⑤ 강제할당법

62 단체급식소 영양사가 조리원 평가 시 '친절하게 고객을 응대하였는가?'의 수행 여부를 평가하였다면 이는 어떠한 인사고과방법을 사용한 것인가?

① 평가척도법
② 서열법
③ 체크리스트법
④ 행동기준고과법
⑤ 주요사건기술법

---

59 채용시험은 형식에 따라 실기시험, 필답시험, 면접시험이 있고 목적에 따라 지능검사, 적성검사, 능력검사, 성격검사 등이 있으며 신뢰도, 타당도, 출제빈도, 판별도 등에 적절해야 한다.

60 **인사고과의 방법**
- **서열법** : 동일한 직무를 수행하는 종업원들의 성과를 순위로 평가하는 방법으로 서열을 정하는 방법에 따라 교대서열법(alternative-ranking method)과 쌍대비교법(paired comparison method)이 있다.
- **도식척도법** : 고과자가 종업원의 특성을 각 항목별로 점수화하여 평가하는 방법이다.
- **체크리스트법** : 정해진 체크리스트에 따라 해당 내용을 체크하는 방법으로 대조법이라고도 한다.
- **특정사실기술법** : 종업원 행동에서의 특정 사실이란 직무수행과정에서 나타난 성공이나 실패 사실, 직무수행상 특정적인 행동, 동료들과의 특이한 유대관계 등을 말하며, 고과자는 종업원의 행동을 주시하면서 바람직한 사실(favorable incidents)과 바람직하지 못한 사실(unfavorable incidents)을 구분하여 기록·평가한다.

61 **서열법**(ranking method)은 종업원의 수행능력에 대하여 순위를 정하는 방법이다. 평가가 용이하고 저비용이나 대상이 많아지면 분석이 어렵다는 단점이 있다.

정답 59. ⑤ 60. ③ 61. ② 62. ③

63 인사고과방법에 대한 설명으로 옳은 것은?

① 서열법은 직무를 수행하는 종업원들의 성과를 주관적인 판단에 의해 평가하는 것이다.
② 대조법은 사전에 정해 놓은 단계적 척도로 평가하는 방법이다.
③ 자율서술법은 종업원의 행동에서의 특정 사실에 대하여 기술하는 것이다.
④ 강제할당법은 고과자가 미리 정해 놓은 비율에 맞추어 비고과자들의 실적을 강제로 할당하는 방법이다.
⑤ 목표관리법은 종업원의 성과나 행동특성을 자유로이 서술하는 것이다.

63 **자유서술법**은 종업원의 성과나 행동 특성을 주어진 평가요소를 중심으로 피평가자에 대하여 자유로이 서술하는 방법이며, 종업원 행동에서의 특정 사실에 대하여 기술하는 방법은 **특정사실 기술법**이다.

64 현대적 신인사고과방법에 속하는 것은?

① 자기신고법(self-description), 체크리스트법(checklist method)
② 목표관리법(management by objective), 평가척도법
③ 평가센터법(assessment centers method), 자기신고법(self-description)
④ 행동기준평가법(behaviorally anchored rating scales), 서열법
⑤ 강제할당법, 서술법

64 **체크리스트법, 평가척도법, 서열법, 서술법**은 전통적 고과방법이며 평가대상자의 개인적인 특성에 중점을 두고 평가한다. 현대적 신인사고과방법은 행동접근방식으로 직무의 수행 결과와 관련된 정보를 동시에 평가하는 방식이다.

65 인사고과 시 발생할 수 있는 오류에 대한 설명으로 옳은 것은?

① 상동적 태도란 사람에 대한 선입견을 가지지 않고 타인을 평가하는 것이다.
② 현혹효과는 수행도가 높다고 해서 창의력을 높게 평가하는 오류이다.
③ 논리적 오차는 어떤 요소가 우수하게 평가되면 논리적으로 상관이 없는 다른 요소도 우수하다고 인식하고 평가하는 오류이다.
④ 관대화 경향은 평가대상자가 아주 좋은 평가나 나쁜 평가를 피해 중간 점수로 평가하려는 것이다.
⑤ 최근의 실적이나 능력을 근거로 평가하지 않고, 평가기간 전체를 평가하는 것은 시간적 오류이다.

65 **인사고과의 오류**
- **상동적 태도(stereotyping, 편견)** : 성별, 연령, 혈연, 지연, 경제, 정치, 종교 등의 요소에 의해 만들어진 선입관을 가지고 평가하는 것
- **현혹효과(halo effect)** : 한 분야에 있어서 특정인의 호의적 혹은 비호의적인 인상이 다른 분야에 있어서의 평가에 영향을 주는 경향
- **논리적 오차(logical error)** : 고과자가 논리적으로 상관관계가 있다고 생각하는 특성 사이에 나타나는 오류로, 어떤 요소가 우수하게 평가되면 논리적으로 상관성이 있는 다른 요소도 우수하다고 인식하고 평가하는 오류
- **관대화 경향(tendency of leniency)** : 평가대상자의 실제 수행력보다 더 높게 평가하는 것
- **중심화 경향(central tendency error)** : 평가자는 일반적으로 점수를 중간수준으로 평가, 평가자가 확실한 평가기준이 없거나 평가대상자를 잘 알지 못할 때 나타남

66 인사고과 시 나타나기 쉬운 오류인 중심화 경향에 대한 설명으로 옳은 것은?

① 평가대상자에게 실제 점수보다 후한 점수를 주게 된다.
② 평가자가 평가대상자를 잘 알지 못할 때 나타나는 현상이다.
③ 평가 내용이 객관적이지 못할 때 나타나기 쉽다.
④ 고과자가 관대한 가치체계를 가지고 있을 때 나타난다.
⑤ 고과요소끼리 서로 논리적인 상관성이 있는 경우에 나타난다.

66 **중심화 경향**은 평가 점수가 평가척도상의 중심에 집중되는 현상이다. 이 현상은 평가자가 평가대상자를 잘 모를 때, 평가방법에 대해 회의적일 때, 평가자의 능력이 부족할 때, 또는 낮게 평가할 경우 피평가자와의 대립을 우려할 때 나타나는 현상이다.

정답 63. ④ 64. ③ 65. ② 66. ②

67 노동조합의 가입형태로 사용자가 근로자를 채용할 때 조합원과 비조합원의 차별을 두지 않고 채용하는 방법은?

① 오픈숍
② 유니온숍
③ 클로즈드숍
④ 에이전시숍
⑤ 메인터넌스숍

68 인사고과의 오류 중 하나인 관대화 경향을 방지하기 위해 이용되는 방법은?

① 서열법
② 평정척도법
③ 대조표법
④ 특정사실기술법
⑤ 강제할당법

69 인사고과 평정과정 중에 평가자가 흔히 범하게 되는 오류는?

① 현혹효과, 극대화 경향
② 중심화 경향, 편견
③ 편견, 차이성 오류
④ 논리오차, 객관적 평가
⑤ 관대화 경향, 오래된 행동에 따른 오류

70 인사고과 시 발생하는 오류를 줄이기 위한 방안으로 옳은 것은?

① 객관적인 고과방법 한 가지만을 활용한다.
② 평가 후 피드백을 제공하지 않는다.
③ 피평가자를 위한 훈련 프로그램을 도입한다.
④ 다양한 평가자로부터 성과 평가를 실시하여 신뢰성을 높인다.
⑤ 평가 결과는 피고과자에게 비밀로 한다.

71 기본급의 유형 중 직능급에 대한 설명으로 옳은 것은?

① 직무의 중요도에 따라 임금 결정
② 근무 연한에 따라 임금 결정
③ 직무의 수행능력에 따라 임금 결정
④ 근무 성과에 따라 임금 결정
⑤ 직무의 난이도에 따라 임금 결정

68 **강제할당법**을 이용하면 고과자가 미리 정해 놓은 비율에 맞추어 피고과자들의 실적을 강제로 할당하게 되므로 고과자의 엄격함이나 관대함을 피할 수 있다.

69 **인사고과의 오류**
- **현혹효과** : 피고과자의 전반적인 인상이나 어느 특정한 고과요소가 다른 고과 요소에 대해 영향을 주는 오류
- **중심화 경향** : 피고과자를 평가하는 데 있어서 평가 결과가 정규분포를 이루지 못하고 평균에 지나치게 치우치는 경향
- **편견** : 피고과자의 성별, 연령, 출신학교, 지역, 직종에 대한 고과자의 편견이 평가에 영향을 미치는 오류
- **논리오차** : 고과요소끼리 서로 논리적인 상관성이 있는 경우에 한 가지 요소에 대한 평가 결과가 다른 요소의 평가에 영향을 미치는 오류

70 평가 결과에 대해 피고과자에게 피드백을 제공하여 인사고과가 인사개발도구로 잘 활용될 수 있도록 한다.

71 **직능급**이란 직무담당자의 직무수행능력의 종류와 정도(능력)를 기준으로 하는 임금체계이다. 직무수행능력에 따라 임금의 차이를 두는 것이다. 직무급은 직무를 기준으로 하여 임금을 결정하는 임금체계로 동일한 직무에 같은 임금이 지급된다. **직무급**의 임금형태에서는 종업원의 노력이나 성과에 상관없이 직무분석과 직무평가에 의한 임금체계로 종업원이 담당하고 있는 직무에 의해 임금이 결정되므로 능력 있는 종업원이 그만한 능력을 요구하지 않는 직무를 담당하고 있다면 자기 능력보다 낮은 임금을 받을 수도 있다.

정답 67. ① 68. ⑤ 69. ② 70. ④ 71. ③

72 직무급 체계에 대한 설명으로 옳은 것은?

① 동일 직무에 대하여 차등임금을 지급한다는 사고에 입각한 것이다.
② 직무의 절대적 가치를 분석·평가하고 그 결과에 준하여 임금을 결정한다.
③ 직무의 표준화와 객관화, 합리적인 배치와 승진의 기준 확립을 전제조건으로 한다.
④ 노무비가 상승하게 되므로 노동생산성이나 작업능률을 향상시키기 어렵다.
⑤ 젊고 유능한 인재의 확보가 어렵다.

72 **직무급**은 직무 중심으로 인사관리를 합리화할 수 있으므로 학력, 연령, 근속연수 등의 요소를 중심으로 구성된 임금체계인 연공급과 같은 불합리한 노무비의 상승을 방지하여 노동생산성이나 작업능률을 향상시킬 수 있다.

73 직무급 제도에서 임금이 결정되는 방법으로 옳은 것은?

① 같은 직무를 맡더라도 능력 차이에 따라 임금이 다르다.
② 같은 직무에서는 담당자의 능력 차이가 있더라도 임금은 같다.
③ 능력요소보다 업적요소를 중시한다.
④ 직무의 상대적 가치와 개인의 능력 및 노력을 모두 고려한다.
⑤ 조직의 목적 및 방침에 따라 결정된다.

73 **직무급** 제도에서는 **동일 직무**를 수행하는 사람들에게 **동일한 임금**을 지급한다. 직무의 중요성과 난이도 등에 따라 직무의 가치를 평가한다.

74 동일직무, 동일임금의 원칙에 근거한 임금 유형은?

① 연공급　② 직무급
③ 직능급　④ 생활급
⑤ 능력급

74 **직무급**의 경우 직무가 같으면 개인의 학력이나 근무 연한, 연령에 관계없이 동일한 임금이 지불된다.

75 종업원이 수행한 작업량에 상관없이 근무한 시간을 단위로 하여 정액으로 지급하는 임금형태는?

① 성과급　② 고정급
③ 연공급　④ 직무급
⑤ 직능급

75 **시간급**은 수행한 작업의 양과 질에 관계없이 단순히 근로시간을 기준으로 하여 임금을 산정하여 지불하는 방식으로 일급, 주급, 월급 등으로 임금을 정액 지급하기 때문에 **고정급 또는 정액급**이라고 한다.

76 성과급에 대한 설명으로 옳은 것은?

① 종업원의 작업성과에 따라 임금을 산정, 지불한다.
② 종업원의 근로 시간을 기준으로 산정, 지불한다.
③ 업무의 성격에 따라 산정, 지불한다.
④ 노동조합에서 책정한 임금제도이다.
⑤ 법률에 의해 결정한 임금제도이다.

76 **성과급제(output payment)**는 노동성과를 측정하여 측정된 성과에 따라 임금을 지급하는 임금형태이다.

정답 72. ③ 73. ② 74. ②
75. ② 76. ①

77 종업원의 연령과 근속연수가 많을수록 임금이 많아지는 임금체계는?

① 연공급 ② 직무급
③ 직능급 ④ 연봉급
⑤ 능력급

78 기업의 복리후생제도 중 법정 복리후생으로 옳은 것은?

① 경조비 ② 사내 보육시설
③ 교육보험 ④ 주택자금 보조
⑤ 고용보험

79 법정 복리후생으로만 묶인 것은?

① 건강보험, 국민연금, 생활보조, 주택대여
② 국민연금, 산재보험, 유급휴가, 급식비지원
③ 건강보험, 생활보조, 급식비지원, 주택대여
④ 건강보험, 국민연금, 산재보험, 고용보험
⑤ 고용보험, 산재보험, 국민연금, 교육비지원

80 안전사고 예방을 위한 인적 요인의 예방 조치에 포함되는 것은?

① 채용 후 배치 시 적성검사와 상관없이 신체검사 결과를 참고한다.
② 종업원의 능력이 아닌 자질의 변화에 맞게 배치 전환시킨다.
③ 비정기적인 안전교육을 시킨다.
④ 업무성과를 평가하여 상벌을 준다.
⑤ 정기적인 교육훈련을 통해 작업에 필요한 지식과 기능을 습득시킨다.

81 종업원들의 임금 결정에 영향을 주는 외부적 요소는?

① 정부의 법적 규제 ② 직무의 가치
③ 기업의 지급능력 ④ 직원 역량
⑤ 단체교섭

77 **연공급**은 근무한 연수, 연령의 상승에 따라 임금이 올라가는 임금체계이다.

78 **복리후생제도**는 법에 의해 종업원들과 그 가족원들에게 **사회보장(의료보험, 연금보험, 산재보험, 고용보험)**을 제공하는 **법정 복리후생**과 조직체가 자발적으로 제공하는 **비법정 복리후생** 프로그램이 있다.

79 법정 복리후생제도는 법률에 의해 의무적으로 가입해야 하는 사회보험 제도이며, 건강보험, 국민연금보험, 산업재해보상보험, 고용보험이 이에 속한다.

80 인적 요인에 대한 사고 예방은 배치 시에 적성검사, 신체검사를 통해 적격자를 채용하고, 채용 후에도 수시로 각종 검사를 통해 종업원의 능력, 자질의 변화에 따라 배치 전환시키며, 정기적인 교육훈련을 통해 작업에 필요한 지식과 기능을 충분히 습득시킴으로써 사고를 예방하고자 하는 것이다.

81 외부적 요소는 최저 임금제도와 같은 정부의 임금 통제, 노동조합의 요구, 노동시장 내 인력 수급 상황, 동일산업 내 임금 수준, 조직 간 경쟁 제도 등이며, 기업의 지급능력은 임금 결정에 영향을 주는 조직의 내부적 요소에 속한다.

정답 77. ① 78. ⑤ 79. ④ 80. ⑤ 81. ①

82 임금 수준을 결정할 때의 고려사항으로 가장 거리가 먼 것은?

① 기업의 지불능력
② 종업원의 생계비
③ 평사원의 수
④ 사회 일반의 임금 수준
⑤ 노동력 수급관계

83 법정 복리후생에 관계되는 항목은?

① 주택자금 보조
② 유급휴가 및 무급휴가
③ 연금보험
④ 금융지원
⑤ 교육비 지원

84 비자발적 이직에 해당하는 것은?

① 사직
② 휴직
③ 정리해고
④ 승진
⑤ 전직

85 직종에 관계없이 동일 산업에 종사하는 근로자가 조직하는 노동조합의 형태는?

① 직능별 노동조합
② 일반 노동조합
③ 기업별 노동조합
④ 산업별 노동조합
⑤ 직업별 노동조합

86 노동쟁의 행위 중 사용자 측의 행위는?

① 파업
② 시위
③ 태업
④ 불매운동
⑤ 직장폐쇄

87 인사상담(counselling) 시 방법으로 옳은 것은?

① 상담자가 충분히 이야기한다.
② 상담자가 문제해결방안을 최대한 제시한다.
③ 상대방의 감정이나 태도를 그대로 받아들인다.
④ 상담자는 질문을 많이 한다.
⑤ 상담실이 아닌 곳에서 진행하는 것이 좋다.

82 **임금 결정에 영향을 주는 요소**
- **외부적 요소** : 최저 임금제도와 같은 정부의 임금 통제, 노동조합의 단체교섭을 통한 임금 인상 요구, 호황 또는 불황과 같은 국가의 경제적 상황, 인건비 절감을 통한 조직의 경쟁력 확보 필요성, 노동시장 내 인력 수급 상황, 노동시장 조건, 지리적 위치, 생활비 수준, 정부의 입법활동 등
- **내부적 요소** : 기업 내 경영 상태에 따른 임금 지급 능력 정도, 경영자들이 갖는 종업원 보상에 대한 태도, 직무 평가 등에 의해 결정된 직무의 가치, 직무 수행자가 보유한 업무 기술이나 능력 등

83 복리후생은 조직이 구성원과 그의 가족의 생활수준을 향상시킬 목적으로 제공하는 임금 이외의 급여를 총칭하며, 시간 외 수당은 임금에 속한다. **법정 복리후생**에는 **의료보험, 연금보험, 산재보험, 고용보험**이 있고 **비법정 복리후생**은 **자녀교육비, 경조비, 주택자금 보조, 휴양시설 이용, 사내 보육시설** 등이 있다.

84 **이직의 종류**
- **자발적 이직** : 사직(resignation), 휴직(leave)
- **비자발적 이직** : 정리해고, 해고(discharge), 정년퇴직(retirement)

86 노동쟁의는 여러 가지 근로조건에 관하여 노동조합과 사용자 간에 불일치하는 주장을 보여 발생하는 분쟁이다. 노동자 측에서 할 수 있는 쟁의행위에는 파업, 태업, 기업 내부 및 외부 집회가 있으며, 사용자 측에서 할 수 있는 쟁의행위에는 직장폐쇄가 있다.

87 상담자가 문제해결방안을 찾아 주기보다는 내담자가 스스로 문제해결을 할 수 있게 도와주어야 한다.

정답 82. ③ 83. ③ 84. ③ 85. ④ 86. ⑤ 87. ③

88 병원 영양과에서 조리조와 배선조를 나누어 역할을 분담하고, 작업조를 6개월이나 1년마다 바꾸어 줌으로써 동일 작업에 고착되어 발생하는 불만을 감소시키려고 노력했을 때 적용한 직무설계방법은?

① 직무단순화
② 직무확대
③ 직무충실화
④ 직무순환
⑤ 직무특성에 의한 직무설계

88 **직무순환**은 서로 다른 임무를 갖는 직무에 대해서 주기적으로 종업원을 순환시켜 다양한 과업을 수행하도록 하는 전략이다.

89 종업원이 갖고 있는 기능에 관한 정보(인적사항, 채용정보, 보유자격 및 기능, 교육훈련, 경력, 인사고과 정보 등)를 인사 파일 형태로 보관해 두었다가 인력의 채용이 필요할 때 이를 활용하는 방법은?

① 사내공모제도
② 기능재고제도
③ 직무순환
④ 재소환
⑤ 배치전환

89 **기능재고제도**는 종업원이 가지고 있는 기능에 관한 정보를 파일의 형태로 보관해 두는 것으로 최근에는 전산화된 인적자원정보시스템을 활용하고 있다.

90 개인이 조직에 제공한 노동에 대한 대가로 지불되는 보상 중 간접적 보상은?

① 퇴직금
② 상여금
③ 의료보험
④ 수당
⑤ 인센티브

90 의료보험은 복리후생의 예로 복리후생은 간접적 보상방법이다.

91 전제형 리더십에 대한 설명으로 옳은 것은?

① 하위자에게 명령과 복종이라는 형태의 리더십을 행사한다.
② 책임을 가지고 스스로 노력하는 구성원의 역할이 강조된다.
③ 구성원들의 협력을 바탕으로 조직의 목표를 달성해 간다.
④ 하위자에게 권한을 위임하고 분산시킨다.
⑤ 하위자들을 의사결정에 참여시킨다.

91 리더의 다양한 행동 스타일이 종업원의 만족 및 업적에 영향을 미친다는 **행동이론**은 **리더십 유형**을 **전제형**(autocratic), **자유방임형**(laissez-faire), **민주형**(democratic)으로 **분류**하였다.

92 위기상황이나 선택의 여지가 없는 상황에서 효과적인 리더십으로, 의사결정의 신속성을 위한 지도자의 유형은?

① 전제적 리더
② 참여적 리더
③ 자유방임적 리더
④ 온정형 리더
⑤ 민주적 리더

정답 88. ④ 89. ② 90. ③ 91. ① 92. ①

93 리더십에는 전제적·자유방임적·민주적 리더십이 있다. 다음 중 현장 감독자가 취해야 할 태도로 옳은 것은?

① 민주적 리더십을 취한다.
② 전제적 리더십을 취한다.
③ 자유방임형 리더십을 취한다.
④ 민주적 리더십과 자유방임적 리더십을 취한다.
⑤ 상황에 따라 세 가지 리더십을 구분하여 취한다.

94 리더의 형태는 네 가지로 분류될 수 있다. 이 중에서 생산성을 향상시키기 위해 인간적 요소를 배제하고 과업을 최고로 중시하며 냉정하게 처리하는 유형은?

① 온정적 유형　② 전제적 유형
③ 민주적 유형　④ 자유방임적 유형
⑤ 지원적 유형

95 매슬로(Maslow)의 욕구계층이론에서 연금을 보장받고 싶어하는 욕구는?

① 안전 욕구　② 생리적 욕구
③ 사회적 욕구　④ 존경 욕구
⑤ 자아실현 욕구

96 허즈버그의 이요인이론 중 동기부여요인에 해당하는 것은?

① 성취감　② 작업조건
③ 임금　④ 지위
⑤ 대인관계

97 맥그리거(McGregor)의 XY이론 중 Y이론에 대한 설명으로 옳은 것은?

① 인간은 조직 목표를 달성하기 위하여 통제되고 강제되어야 한다.
② 인간은 조직의 요구에 수동적이다.
③ 인간은 책임지기를 싫어하고 지휘받기를 좋아한다.
④ 인간은 천성적으로 일하기를 싫어한다.
⑤ 인간은 근본적으로 발전하고 책임을 지려는 노력을 한다.

93 일반적으로 볼 때는 민주적 리더십이 가장 이상적이겠으나 상황에 따라 세 가지 리더십을 구분하여 취해야 한다.

94 **과업형(전제적 유형)**은 관리자는 오로지 효율적인 과업이나 생산에만 관심을 가지고 인간에 대한 관심은 매우 낮은 유형이다. 빠른 의사결정이 요구될 때는 여러 사람의 의견을 수렴하는 방법보다 1인의 결정으로 이루어지는 전제적 리더십이 필요하다.

95 **매슬로(Maslow)의 욕구계층이론**에 의하면 인간의 욕구 수준은 **생리적 욕구, 안전 욕구, 사회적 욕구, 존경 욕구, 자아실현 욕구의 5단계의 계층을 형성**하고 있으며, 보다 높은 단계의 욕구들이 활성화되기 위해서는 하위 단계의 욕구가 먼저 충족되어야 한다고 하였다.

96 **허즈버그의 이요인이론(동기-위생요인이론)**에서 **동기부여요인**은 **직무에 대한 성취감, 인정, 승진, 직무자체, 성장가능성, 책임감** 등의 여섯 가지이다. **위생요인**은 직무를 둘러싼 환경요인으로 **작업조건, 임금, 동료, 감독자, 부하, 회사정책, 고용 안정성, 대인관계** 등이 이에 포함된다.

97 **맥그리거(McGregor)**는 인간의 본성에 대하여 가지고 있는 기본 가정을 X, Y의 두 가지로 나누고 그 가설에 따라서 조직구조의 형성, 정책 수립, 리더십 방향이 달라진다고 하였다. **Y이론**은 인간은 근본적으로 발전과 책임을 지는 노력을 한다고 보는 견해이며 민주적 리더로서 인간은 자신에게 부과된 목표를 달성하기 위해서 책임을 가지고 스스로 노력하기 때문에 관리자는 도와주는 역할만을 수행해야 한다고 주장하고 구성원을 의사결정에 참여시킨다. **X이론**은 전제적 리더이고 인간본질에 대하여 인간은 원래부터 일을 싫어하고 가능하면 회피하기 때문에 조직목표를 달성하기 위해서는 처벌로 강제하고 통제해야 한다고 주장한다. 또한 구성원을 의사결정에 참여시키지 않는다는 특징이 있다.

정답 93. ⑤ 94. ② 95. ① 96. ① 97. ⑤

98 **맥그리거(McGregor)의 XY이론 중 X이론에 대한 설명으로 옳은 것은?**

① 수동적인 인간관에 입각한 것이다.
② 자아현실을 위해 노력하는 존재이다.
③ 고차원의 욕구에서 동기부여가 이루어진다.
④ 일은 작업조건만 맞으면 놀이처럼 자연스러운 것이다.
⑤ 동기부여가 된다면 자기지시적이고 창의적이 될 수 있다.

99 **의사소통의 종류 중 상향식 의사소통에 속하는 것은?**

① 명령 ② 지시
③ 편람 ④ 보고
⑤ 지침서 전달

100 **조직 내에서 이루어지는 하향식 의사소통에 대한 설명으로 옳은 것은?**

① 종업원 참여적 의사결정
② 고충 처리
③ 업무지침 전달
④ 의견제시함
⑤ 하급자 주도형 의사소통

101 **상향식 의사소통에 해당하는 것은?**

① 제안 ② 명령
③ 편람 ④ 회람
⑤ 회의

102 **구두명령에 대한 설명으로 옳은 것은?**

① 정확한 의사전달이 가능하다.
② 쌍방 간의 의사소통이 촉진된다.
③ 사실에 대한 정보전달 시 사용된다.
④ 구두명령을 내린 후에 문서명령으로 재확인한다.
⑤ 보다 공식적이며 권위 있는 방법이다.

98 **맥그리거(McGregor)**는 인간의 본성에 따라 달라지는 작업자의 태도나 동기부여의 관계를 설명하기 위해 XY이론을 제시하였다. **X이론**이란 인간의 본성에 대해 부정적 견해를 갖고 있는 전통적인 인간관에 입각한 것이며, **Y이론**은 정반대로 긍정적 견해를 갖는 현대적인 인간관에 입각한 것이다.

99 **보고**는 **상향식 의사소통**에 속한다. **하향식 의사소통**은 상사로부터 하급자에게 전달되는 의사소통이며 작업지시, 주요 정책 설명, 절차 및 지침서 전달 등의 역할을 한다.

100 업무지침 시달, 상급자로부터의 지시, 전달 등은 하향식 의사소통방법이다. **상향식 의사소통**은 하급자로부터 상사에게로 메시지가 전달되며 종업원에 관한 정보 및 종업원의 작업에 대한 생각 파악이 가능하고 고충처리제도, 제안제도, 의견제시함, 설문지, 상담시간 이용, 옴부즈맨 등이 있다.

101 **상향식 의사소통**이란 조직의 **하층 부문에서 상위 계층으로 메시지가 전달**되는 것으로 업무보고, 제안제도 등이 해당된다. **하향식 의사소통**은 조직의 권한 계층을 따라 **상층 부문에서 하층 부문으로 전달**되는 의사소통으로 조직 내의 회의, 공문 발송, 편람, 지시 등이 해당된다.

102 명령의 종류에는 문서명령과 구두명령이 있으며 문서명령은 정확한 의사전달이 가능하고 사실에 대한 정보전달 시 사용되며 보다 공식적이고 권위 있는 방법이다. 구두명령은 문서명령을 내린 후 재확인하기 위해 사용될 수 있으며 쌍방 간의 의사소통이 촉진된다.

정답 98. ① 99. ④ 100. ③ 101. ① 102. ②

103 **급식부서의 매니저가 구매부서의 부서장을 경유하지 않고 구매 담당직원에게 주문 내용을 알리는 경우는 어떤 의사소통 유형에 해당하는가?**

① 하향적 의사소통 ② 상향적 의사소통
③ 수평적 의사소통 ④ 대각적 의사소통
⑤ 비공식적 의사소통

104 **기업의 경영이나 작업의 수행에 관한 개선책을 일반 종업원으로 하여금 건의하도록 하고 이를 심사, 채택하면서 제안자에게는 적당한 보상을 하는 제도는?**

① 보상제도 ② 평가제도
③ 심사제도 ④ 제안제도
⑤ 경쟁제도

105 **제안제도 운영의 효과에 대한 설명으로 옳은 것은?**

① 승진, 승급, 징계 등의 상벌 결정을 위한 자료가 된다.
② 조리 종사원의 능력과 성격에 맞게 적재적소의 배치가 가능해진다.
③ 잠재능력과 자질개발을 위한 자료를 얻을 수 있다.
④ 제안에 관한 피드백을 제공하여 동기부여와 사기를 진작시킬 수 있다.
⑤ 종업원의 능력 평가에 따른 성과급 지급이 가능해진다.

106 **제안제도를 효과적으로 운영하기 위한 조건으로 옳은 것은?**

① 관리자의 권한 강화
② 임금체계의 조성
③ 제안의 의무화
④ 제안에 따른 공정한 보상
⑤ 상벌의 도입

107 **종업원들이 직무에 대해 느끼는 불평과 불만을 해결하기 위한 제도는?**

① 보상제도 ② 고충처리제도
③ 경영참가제도 ④ 단체교섭제도
⑤ 제안제도

103 **의사소통 유형**
- **수직적 의사소통** : 조직의 권한계층에 따라 **상사로부터 하급자에게로** 전달되는 의사소통
- **상향적 의사소통** : 조직의 권한계층에 따라 **하급자로부터 상사에게로** 전달되는 의사소통
- **수평적 의사소통 : 권한계층은 같으나 부서나 직무단위가 다른 사람 간**의 의사소통
- **대각적 의사소통 : 직무단위가 다르고 권한계층도 다른 사람 간**의 직접적인 의사소통

104 제안제도의 효과로는 종업원에게 작업방법 개선이나 기업 운영에 관한 참여 및 연구의욕을 자극하여 작업의욕 향상을 위한 동기를 유발시킴으로써 경영에 적극 참여하도록 한다.

105 **제안제도**는 조직 내에서 고충처리와 더불어 중요한 **상향식 의사소통**의 하나로, 제안에 관한 피드백을 제공함으로써 동기부여와 사기증대효과가 있다.

106 제안제도가 효과적으로 운영되려면 제안의 신속한 처리 및 심사, 제안에 따른 공정한 보상이 필요하다.

107 **고충처리제도**란 종업원들이 직무에 대한 불평을 공식적으로 문서화한 것이며, 고충처리과정은 종업원의 불평과 불만을 해결하기 위해 확립된 체계로 제안제도와 함께 조직 내 중요한 상향식 의사소통의 하나이다. 고충처리는 먼저 불평이 있는 노동자와 일선 감독자, 노조현장대표가 해결책을 모색하여, 실패하면 최고경영층과 노조대표로 구성된 고정처리위원회에 회부된다.

정답 103. ④ 104. ④ 105. ④ 106. ④ 107. ②

108 허즈버그의 이요인이론에서 설명하는 동기부여요인의 예로 옳은 것은?

① 작업조건 ② 임금
③ 고용안정성 ④ 대인관계
⑤ 인정

109 관리자가 조직의 이곳저곳을 돌아다니면서 구성원이나 고객들과의 대화를 통하여 원하는 정보를 주고받는 것으로, 이는 경영자가 직접 찾아다니면서 의견을 청취하고 개진하므로 조직에 활력을 불어넣는 역할을 하게 된다. 이는 어떠한 의사소통 유형인가?

① 공식적 의사소통 ② 성과피드백
③ 배회관리 ④ 대각적 의사소통
⑤ 규칙과 절차 설명

110 관리격자이론의 리더십 유형 중 관리자가 과업과 종업원에 모두 관심을 가지며, 구성원들은 상호 신뢰적 관계에서 공통의 이해관계를 위해 조직의 목적을 달성해 나가는 유형은?

① 팀형 ② 친목형
③ 과업형 ④ 무기력형
⑤ 중도형

111 불완전하지만 신뢰할 만한 정보를 근거로 의사결정을 해야 하는 상황은?

① 확실성의 상황 ② 위험의 상황
③ 불확실성의 상황 ④ 상충하는 상황
⑤ 직관적인 상황

112 의사결정에 대한 설명으로 옳은 것은?

① 전략적 의사결정은 주로 하위경영층이 하게 된다.
② 비정형적 의사결정은 주로 하위경영층이 하게 된다.
③ 관리적 의사결정은 주로 상위경영층이 하게 된다.
④ 업무적 의사결정은 주로 상위경영층이 하게 된다.
⑤ 의사결정은 여러 대안들 중에서 가장 효율적이고 합리적인 것을 선택하는 과정이다.

---

108 **허즈버그의 이요인이론**
- **위생요인** : 직무를 둘러싼 환경요인으로 기업정책과 경영, 고용안전성, 임금, 작업조건, 동료, 감독자 등이 포함된다. 이러한 요인이 충족되지 않으면 불만을 느끼게 되므로 불만요인 또는 유지요인이라 한다(**작업조건, 임금, 동료, 감독자, 부하, 회사정책, 고용안정성, 대인관계 등**).
- 동기부여요인 : 만족요인이라고도 부르며, 모든 직무의 내적인 측면과 관련이 있다. 직무에 대한 성취감, 성취에 대한 인정, 직무 자체, 책임감의 증대, 능력과 지식의 신장, 승진 등이 포함된다(**성취감, 인정, 승진, 직무자체, 성장가능성, 책임감 등**).

109 **배회관리**는 **비공식적 의사소통**의 하나로, 특히 공식적인 커뮤니케이션이 작동하지 않을 경우에 매우 중요하다.

110 **관리격자이론**은 X축(9개 눈금)을 직무에 대한 관심, Y축(9개 눈금)을 종업원에 대한 관심으로 표시하여 5가지의 기본 리더십 스타일을 나타낸 것이다.

111 **의사결정 상황**
- **확실성의 상황** : 의사결정자가 문제의 내용, 대안적 해결책과 예상되는 결과에 대한 **충분한 정보**를 가지고 있는 상황
- **위험의 상황** : **불완전하지만 신뢰할 만한 정보를 근거**로 의사결정을 해야 하는 상황
- **불확실성의 상황** : 문제의 성질, 대안적 해결책과 결과에 대한 **실제 정보를 거의 갖고 있지 않은 상황**
- **상충하는 상황** : 다수의 의사결정자가 동시에 **경쟁적인 관계**에 있을 때 **존재하는 상황**

112 **의사결정**은 조직에 주어진 문제를 성공적으로 해결하기 위해 여러 개의 대안을 설정하고 그 중에서 **가장 효율적이고 합리적인 것을 선택하는 과정**이다.

정답 108. ⑤ 109. ③ 110. ① 111. ② 112. ⑤

113 의사결정 유형에 대한 설명으로 옳은 것은?

① 전략적 의사결정은 기업의 내부 환경과의 관계에 관한 결정이다.
② 업무적 의사결정은 상위경영자들에게서 주로 이루어진다.
③ 예산 배분, 생산일정의 계획수립, 생산량, 재고수준에 대한 결정은 업무적 의사결정이다.
④ 신제품 개발계획, 새로운 환경변화에 대한 적응대책의 결정은 관리적 의사결정이다.
⑤ 조직편성, 권한 및 책임관계 체계에 관한 결정은 전략적 의사결정에 포함된다.

113 의사결정 유형

- **전략적 의사결정** : 기업의 내부 문제보다는 **기업과 외부 환경과의 관계에 관한 결정**
- **관리적 의사결정** : **기업의 내부 문제에 관한 결정**으로 전략적 의사결정을 구체화하는 데 필요한 의사결정
- **업무적 의사결정** : **업무의 구체적 수행**에 있어서 능률 또는 **수익성을 높이기 위한 의사결정**

114 학교급식의 전문가 집단을 구성하고 학교급식 평가 시 중요 항목에 대한 의견을 도출하기 위해 설문지를 보내 익명의 의견을 수합한 후 분석 결과를 다시 발송하여 합의점을 도출해내는 집단 의사결정 기법은?

① 의사결정나무
② 브레인스토밍
③ 노미널 집단기법
④ 포커스 집단
⑤ 델파이 집단기법

114 집단 의사결정 기법

- 브레인스토밍 : 6~12명으로 구성된 집단이 리더에 의해 설명된 문제해결을 위해 모두가 자유롭게 아이디어를 제출하는 방법
- 노미널 집단기법 : 성원들이 독자적으로 적은 문제해결 아이디어를 돌아가며 제시한 후 구성원들이 평가하여 가장 높은 점수를 얻은 아이디어를 채택하는 기법
- 포커스 집단 : 10~20명의 중요 고객을 대상으로 하여 2시간 정도 만나서 문제점을 토론한 후에 의견을 제시하도록 하는 방법
- 델파이 집단기법 : 설문지를 보내 익명의 의견을 수합한 후 분석 결과를 다시 각 성원에게 발송하는 것을 반복하여 의견이 일치되도록 하는 기법

정답 113. ③ 114. ⑤

9 마케팅관리

학습목표 마케팅관리의 필요성과 마케팅관리 개념을 이해하여 이를 급식마케팅에 활용할 수 있다.

01 마케팅 믹스(marketing mix) 4P로 옳은 것은?

① 가격, 물리적 단서, 유통, 제품
② 제품, 가격, 사람, 유통
③ 가격, 시장, 유통, 프로세스
④ 제품, 가격, 시장, 촉진
⑤ 제품, 가격, 유통, 촉진

01 마케팅 믹스는 Product(제품), Price(가격), Place(유통), Promotion(촉진)이 종합된 것으로 모두 P로 시작하여 4P라고도 부른다. Physical evidence(물리적 단서), Process(프로세스), People(사람)을 추가하여 7P라고도 한다.

02 서비스(service)의 특성으로 옳은 것은?

① 무형성
② 분리성
③ 저장가능성
④ 동질성
⑤ 일관성

02 서비스의 특성은 무형성, 생산과 소비의 비분리성(동시성), 이질성(또는 비일관성), 저장불능성(또는 소멸성)이며, 물리적인 제품의 특성은 유형성, 분리성, 동질성, 저장성이다.

03 단체급식의 ( )은/는 ( )와/과 ( )의 성격을 동시에 소유한다. 괄호 안에 들어갈 단어를 순서대로 나열한 것은?

① 제품, 상품, 서비스
② 서비스, 제품, 상품
③ 서비스, 상품, 용역
④ 상품, 제품, 서비스
⑤ 서비스, 제품, 용역

03 단체급식은 제품의 생산과 동시에 서비스의 제공이 동반되는 산업이다.

04 마케팅 믹스에 대한 설명으로 옳은 것은?

① 마케팅 믹스는 주요 구성 요소 간의 상호의존성이 매우 낮다.
② 전통적인 마케팅 믹스는 상품, 가격, 시장, 서비스의 4가지 요소로 구성된다.
③ 서비스 산업에서는 전통적인 마케팅 믹스에 유통, 물리적 증거, 서비스 과정 등을 추가하여 7P로 불리는 확장된 마케팅 믹스가 적용된다.
④ 마케팅 믹스는 세분시장 내에서 최적의 믹스가 존재한다고 가정한다.
⑤ 마케팅 믹스는 기업이 표적시장의 고객들로부터 원하는 반응을 얻기 위하여 사용하는 통제 불가능한 마케팅 변수의 배합이다.

04 마케팅 믹스는 기업이 표적시장의 고객들로부터 원하는 반응을 얻기 위하여 사용하는 통제 가능한 마케팅 변수의 배합이다.

정답 01. ⑤ 02. ① 03. ④ 04. ④

05 급식 상품관리의 방법과 하위 믹스요소를 바르게 연결한 것은?

① 음식관리 - 급식 머천다이징, 브랜드 네이밍
② 푸드 코디네이션 - 식공간 연출, 메뉴 디자인
③ 메뉴 프레젠테이션 - 메뉴 설명, 테이블 데커레이션
④ 급식 머천다이징 - 푸드 코디네이션, 메뉴 프레젠테이션
⑤ 서비스관리 - 음식 품질관리, 급식 머천다이징

06 급식 가격에 영향을 미치는 요인 중 외부요인에 해당하는 것은?

① 경쟁업장의 가격
② 급식 제공 시간대
③ 서비스 유형
④ 원가
⑤ 가격 책정의 한계

06 **가격결정 요인**
- **내부요인** : 원가와 다른 마케팅 요소들
- **외부요인** : 시장과 수요의 성격, 경쟁, 인플레이션, 경기, 이자율 등

07 촉진관리의 수단과 방법을 바르게 연결한 것은?

① 홍보 - 소식지, 리베이트
② 광고 - 경품추첨, 무료시식회
③ 판매촉진 - 가격할인, 쿠폰발행
④ 광고 - 쿠폰 발행, 프리퀀시 프로그램
⑤ 판매촉진 - 프리퀀시 프로그램, 소식지

07 **촉진의 종류**
- **촉진** : 잠재고객을 대상으로 적절한 방법을 통하여 그들의 욕구가 수요로 전환되도록 수행하는 모든 활동, 광고, 인적판매, 판매촉진, 홍보가 포함됨
- **광고** : 대가를 지불하고 대중매체를 통하여 기업의 정보를 알리는 커뮤니케이션 수단
- **판매촉진** : 가격할인, 리베이트, 샘플, 쿠폰, 현상경품, 프리퀀시 프로그램 등
- **홍보** : 대가를 지불하지 않고 대중매체를 이용하여 서비스에 관한 소식을 고객에게 제공하는 활동

08 마케팅적 접근에 의해 메뉴의 인기도와 수익성을 동시에 고려하여 메뉴를 평가하는 기법으로, 단체급식이나 레스토랑에서 많이 이용하는 메뉴 평가방법은?

① 점수 척도법 ② 잔반량 조사
③ 기호도 조사 ④ 메뉴 엔지니어링
⑤ 고객만족도 조사

08 **메뉴 엔지니어링**은 메뉴가격 결정 시 일정 기간 동안의 메뉴믹스와 공헌이익을 동시에 고려하여 메뉴를 분석하는 방법이다.

09 전체 시장의 다양한 욕구를 가진 고객을 욕구가 유사한 집단으로 구분하는 활동은?

① 포지셔닝 ② 시장세분화
③ 관계 마케팅 ④ 표적시장 선정
⑤ 집중화 마케팅

09 동일한 세부시장 내에서 소비자들의 욕구는 동질적이야 하고, 세분시장 간에는 이질적일수록 좋다.

정답 05. ④ 06. ① 07. ③ 08. ④ 09. ②

10 다음은 어떠한 마케팅 촉진활동에 대한 설명인가?

> 대가를 지불하지 않고 TV, 라디오, 신문, 잡지, 인터넷 등의 매체를 이용하여 서비스에 관한 소식을 고객에게 제공하는 활동이다.

① 광고
② 홍보
③ 거래촉진
④ 인적판매
⑤ 판매촉진

11 마케팅 전략에 대한 설명으로 옳은 것은?

① 집중화 마케팅은 대다수 소비자의 욕구를 충족시킬 수 있는 상품과 마케팅 계획을 수립하여 대응하는 전략이다.
② 세분시장은 고객지향적인 사고에 따라 개별 고객들의 모든 욕구를 충족시킬 수 있도록 해야 한다.
③ 고객의 욕구는 점차 단순화되고 있기 때문에 마케팅 관리자가 고려해야 하는 시장세분화 변수는 점점 증가한다.
④ 비차별화 마케팅은 집중화 마케팅보다 특정 세분시장에 불황이 닥칠 때 위험에 직면할 가능성이 높다.
⑤ 차별화 마케팅은 각 세분시장마다 별도의 마케팅 활동을 수행해야 하므로 마케팅 계획 및 조사, 판매예측 및 분석 등을 위한 비용이 증대된다.

11 **표적시장 전략**
- **비차별화 마케팅** : 세분시장의 차이를 고려하지 않고 하나의 제품이나 서비스로 전체 시장을 공략하는 전략
- **차별화 마케팅** : 각 세분시장마다 별도의 마케팅 활동을 수행하는 전략
- **집중화 마케팅** : 하나 혹은 소수의 세분시장에 마케팅 노력을 집중하는 전략

12 급식소의 서비스를 제품처럼 재고화하거나 저장할 수 없는 것은 서비스의 어떠한 특징에 해당하는 것인가?

① 무형성
② 소멸성
③ 일관성
④ 이질성
⑤ 비분리성

12 **서비스의 특징**으로는 무형성, 소멸성(저장불능성), 이질성, 비분리성(동시성)이 있다. 소멸성은 서비스를 제품과 같이 재고화할 수 없고 저장이 불가능함을 의미한다.

13 다음에서 설명하는 급식서비스의 특성은?

> 산업체 급식소 영양사가 석식에 100인분의 식사를 준비했는데, 직원들의 회식으로 인하여 40인분의 식사가 남았다. 이후 영양사는 잔식이 남는 것을 예방하기 위해 효과적인 수요·공급관리 전략을 세웠다.

① 동시성
② 유형성
③ 소멸성
④ 이질성
⑤ 비분리성

정답 10. ② 11. ⑤ 12. ② 13. ③

14 **급식소에서 생산과 소비가 동시에 발생하기 때문에, 정확하고 능숙한 업무 수행 및 종업원의 선발과 훈련을 강조하였다. 이는 서비스의 어떤 특성을 개선하기 위한 전략인가?**

① 동시성　② 유형성
③ 소멸성　④ 이질성
⑤ 비분리성

15 **서비스 마케팅에 대한 설명으로 옳은 것은?**

① 기업이 직원들을 교육시키고, 동기를 부여하며 보상하는 활동들이 외부 마케팅이다.
② 서비스 마케팅은 인적 자원에 의해서 제공되는 모든 서비스를 대상으로 하는 마케팅 활동이다.
③ 서비스가 고객에게 전달되기 전에 기업이 고객에게 전달하는 모든 것들이 내부 마케팅으로 간주될 수 있다.
④ 상호작용적 마케팅은 '실제 마케팅(real-time marketing)'이라고 불리며, 고객과 종업원의 상호작용을 대상으로 한다.
⑤ 외부 마케팅을 통해 약속했던 서비스 내용이 내부 마케팅을 통해 정확하게 고객에게 전달될 수 있도록 관리하는 것이 중요하다.

15 서비스 마케팅
- **서비스 마케팅** : 인적·물적 자원에 의해서 제공되는 모든 서비스를 대상으로 하는 마케팅 활동
- **외부 마케팅** : 조직이 소비자를 대상으로 하는 마케팅 활동
- **상호작용적 마케팅** : 고객과 종업원의 상호작용을 대상으로 하는 마케팅 활동
- **내부 마케팅** : 조직 내부의 고객인 종업원을 대상으로 하는 마케팅 활동

16 **급식서비스 마케팅 전략과정을 순서대로 나타낸 것은?**

① 마케팅 목표 설정 → 시장세분화 → 표적시장 선정 → 포지셔닝 전략
② 마케팅 목표 설정 → 표적시장 선정 → 시장세분화 → 포지셔닝 전략
③ 표적시장 선정 → 마케팅 목표설정 → 시장세분화 → 포지셔닝 전략
④ 표적시장 선정 → 시장세분화 → 포지셔닝 전략 → 마케팅 목표 설정
⑤ 시장세분화 → 마케팅 목표 설정 → 표적시장 선정 → 포지셔닝 전략

16 **STP 전략과정의 순서**는 시장세분화(Segmentation) → 표적시장 선정(Targeting) → 포지셔닝(Positioning) 전략이다.

17 **기업이 몇 개의 세분시장을 표적으로 삼고, 각 세분시장마다 별도의 마케팅 활동을 수행하는 마케팅 전략은?**

① 대중화 마케팅　② 비차별화 마케팅
③ 세분화 마케팅　④ 집중화 마케팅
⑤ 차별화 마케팅

18 **시장과 목표고객의 마음속에 명백하고 특색 있는 바람직한 장소에 제품을 배치하는 것은?**

① 마케팅 목표 설정　② 시장세분화
③ 표적시장 선정　④ 포지셔닝
⑤ STP 전략

18 STP 분석
- 시장세분화 : 전체 시장의 다양한 욕구를 가진 고객을 욕구가 유사한 집단으로 구분하는 것
- 표적시장 선정 : 세분시장 중 어떤 시장을 공략할 것인지를 결정하는 것
- 포지셔닝 : 제품을 시장과 목표고객의 마음속에 명백하고 특색 있고 바람직한 장소에 배치하는 것

정답 14. ⑤ 15. ④ 16. ①
17. ⑤ 18. ④

식품위생 3

식품위생관리

학습목표 식품위생의 개념을 인지하고 식품위생관리를 급·외식 관리 및 식품개발 직무에서 적용할 수 있다.

01 식품위생의 목적으로 옳지 않은 것은?

① 식품으로 인한 위해의 방지
② 식품을 통한 건강 증진 및 질병예방
③ 식품의 안전성, 건전성 및 완전성 확보
④ 근로자의 건강장해의 방지 및 치료
⑤ 식품영양의 질적 향상 도모

02 식품위생법에서 정의하는 안전한 식품에 속하지 않는 것은?

① 부패되거나 변질되지 않은 식품
② 유독 또는 유해물질이 함유되어 있지 않은 식품
③ 병원성 미생물에 의해 오염되지 않은 식품
④ 불결한 것이나 이물이 존재하지 않는 식품
⑤ 비타민, 무기질 등 영양소가 풍부하지 않은 식품

03 개인이나 단체가 취할 식품위생관리 대책이 아닌 것은?

① 생산시설 위생관리 대책
② 위생적인 조리 대책
③ 균형 잡힌 영양관리 대책
④ 식품의 부패변질 방지 대책
⑤ 유통과정에서의 위생관리 대책

01 근로자의 건강장해 방지 및 치료는 산업위생에서 다루어져야 하는 분야이다. 식품위생은 오늘날 인체 건강에 유해한 요인이 너무 많아 절대기준보다는 식품의 섭취가 건강장해의 원인이 되지 않는 안전수준을 정하여 엄격히 관리하는 안전성이 고려되고 있다.

03 영양은 위생 대책과는 다른 개념이다.

정답 01. ④ 02. ⑤ 03. ③

04 집단급식소의 시설 중에서 가장 조도가 높아야 하는 곳은?

① 전처리장 ② 조리가열대
③ 검수장소 ④ 냉장고 내부
⑤ 건저장고

04 집단급식소 시설 중에서 가장 조도가 높아야 하는 곳은 **검수장소로 540 lx 이상**이며, **조리장은 220 lx 이상**이어야 한다.

05 식품으로 인하여 위해를 유발하는 물질 중 내인성 인자는?

① 복어독 ② 중금속
③ 잔류농약 ④ 니트로사민
⑤ 에틸카바메이트

05 식품으로 인하여 건강에 장애를 유발하는 위해요소 중에서 내인성 물질은 식물성 자연독, 동물성 자연독, 식이성 알레르기 유발 물질 등이 있다.

06 식품으로 인하여 위해를 유발하는 물질 중 외인성 인자는?

① 버섯독 ② 솔라닌
③ 베네루핀 ④ 잔류농약
⑤ 아크릴아미드

06 식품으로 인하여 건강에 장애를 유발하는 위해요소 중에서 외인성 물질은 원료에 함유되지 않고 외부에서 혼입된 것으로 세균성 식중독, 곰팡이독, 잔류농약, 환경오염물질, 중금속 등이 있다.

07 식품으로 인하여 위해를 유발하는 물질 중 유인성(유기성) 인자는?

① 중금속 ② 곰팡이독
③ 벤조피렌 ④ 다이옥신
⑤ 아마니타톡신

07 유인성(유기성) 위해요소는 원료에는 함유되지 않고 식품을 가공, 조리, 저장하는 과정에서 생성되는 것으로 니트로소 화합물, 벤조피렌, 아크릴아미드, 에틸카바메이트 등이 있다.

08 검체를 실험동물에 1회 투여한 후 반수치사량(LD_{50})을 구하는 독성시험은?

① 발암성시험 ② 급성독성시험
③ 만성독성시험 ④ 변이원성시험
⑤ 아급성독성시험

08 급성독성시험은 검체를 실험동물에 1회 투여하여 실험동물의 반수가 치사하는 반수치사량(LD_{50})을 구하는 방법이다.

09 실험동물의 독성을 알아내는 반수치사량(LD_{50})에 대한 설명으로 옳은 것은?

① 값이 클수록 독성이 강하다.
② 변이원성시험에 이용한다.
③ 만성독성시험으로 알아낼 수 있다.
④ 최대무작용량을 구하는 데 이용한다.
⑤ 실험동물의 반수가 치사하는 양이다.

09 급성독성시험은 검체를 실험동물에 1회 투여하여 실험동물의 반수가 치사하는 반수치사량(LD_{50})을 구하는 방법이다.

정답 04. ③ 05. ① 06. ④ 07. ③ 08. ② 09. ⑤

10 초등학교 급식영양사 A가 급식용 우유를 검수하다가 배달 트럭의 냉장 시스템이 고장 나서 온도가 높은 것을 발견하였을 때 취해야 할 행동은?

① 트럭 저장고의 온도를 확인하여 실온 이하이면 배달받은 우유를 그대로 사용한다.
② 개봉 후 관능적 평가와 시음을 거쳐 이상이 없으면 사용한다.
③ 유통기한을 확인하여 유통기한 이내이면 그대로 사용한다.
④ 우유를 전량 반품·폐기하고 새로 배달하도록 한다.
⑤ 고온살균법을 사용한 제품이면 그대로 사용한다.

11 71℃ 이상의 온도로 식기세척기를 통과하는 경우, 식판에 별도의 소독이 필요 없게 된다.

11 학교급식소의 식기세척기를 통과한 식판에 별도의 소독을 하지 않으려면 식판 부착 thermo-label로 확인한 온도가 몇 ℃ 이상이어야 하는가?

① 65℃ 이상
② 71℃ 이상
③ 76℃ 이상
④ 85℃ 이상
⑤ 91℃ 이상

12 현재 가능한 과학정보에 의해 평가된 것으로 사람이 평생 동안 매일 지속적으로 섭취해도 아무런 병변현상이 없는 최대량을 의미하는 것은?

① 최대무작용량
② 최대잔류허용량
③ 1일 섭취허용량
④ 사용허용량
⑤ 최대사용허용량

13 일반세균수는 물 1 mL에서 100 CFU 이하이고, 대장균군은 물 100 mL에서 불검출되어야 한다.

13 식품처리시설에서 사용하는 물의 미생물학적 안전성에 대한 기준으로 옳은 것은?

① 대장균군은 50 mL에서 불검출
② 대장균군은 100 mL에서 불검출
③ 일반세균수는 100 mL에서 100 CFU 이하
④ 일반세균수는 10 mL에서 200 CFU 이하
⑤ 대장균, 분원성 대장균군은 50 mL에서 불검출

14 만성독성시험은 2종류 이상의 동물에 검체를 투여하여 실험하는 방법으로 최대무작용량을 구할 수 있다.

14 최대무작용량을 구할 수 있는 독성시험은?

① 발암성시험
② 급성독성시험
③ 만성독성시험
④ 최기형성시험
⑤ 아급성독성시험

정답 10. ④ 11. ② 12. ③
13. ② 14. ③

15 식품위생검사를 위한 시료의 채취 및 취급방법에 대한 사항으로 옳은 것은?

① 시료가 불균질한 경우에는 균질한 경우보다 일반적으로 소량의 시료를 채취해야 한다.
② 미생물학적 검사용 시료일지라도 분유, 통조림 등과 같이 시료가 잘 부패·변질되지 않는 것도 반드시 저온에서 운반한다.
③ 미생물학적 검사용 시료를 운반 시 저온을 유지하기 위해 사용하는 얼음이나 녹은 물은 시료에 직접 접촉하지 말아야 한다.
④ 미생물학적 검사를 요하는 시료는 무균적으로 채취하고 무균운반기에 넣어 운반하되 저온(0℃)이 유지되는 경우에는 12시간 이내에 검사기관으로 운반하여야 한다.
⑤ 곡분이나 분유와 같이 쉽게 변질·부패되지 않는 검체는 밀봉하지 않아도 된다.

15 미생물적 검사용 시료는 **저온(0~4℃)을 유지**하면서 **즉시(4시간 이내)** 식품위생검사기관에 운반하여야 한다.

16 식품위생검사에서 검사식품의 생균 수를 측정하는 목적은?

① 주로 검출되는 특정 식중독균이 오염되었는지 그 여부를 알기 위해
② 위생기준 내에 적합한 미생물적 품질을 지녔는지를 알기 위해
③ 관능특성의 유지 여부를 알기 위해
④ 분변 오염의 여부를 알기 위해
⑤ 조리적성을 알기 위해

16 식품위생검사에서 생균 수를 측정하는 목적은 식품에 얼마나 많은 생균이 있는지를 측정함으로써 위생기준에 적합하거나 부적합한지의 여부를 가리기 위해서이다.

17 대장균을 MPN법으로 검사할 때 사용하는 배지의 당은?

① lactose ② sucrose
③ maltose ④ fructose
⑤ glucose

18 주방기구인 칼, 도마, 식기류의 위생검사에서 시료를 채취하는 방법은?

① swab법 ② rinse법
③ glove juice법 ④ stomacher법
⑤ pour plate법

18 swab법은 멸균한 면봉을 생리식염수로 적셔 검사하고자 하는 **기구 표면의 일정 면적을 완전히 닦아내어 균을 채취**하는 방법이다.

정답 15. ③ 16. ② 17. ① 18. ①

19 대장균군의 정량시험법으로는 주로 최확수법(Most Probable Number)이 이용된다.

20 MPN(최확수법)은 **검체 100 mL 중의 대장균 수**이므로, 검체 1 L 중에는 250×(1,000/100) = 2,500마리의 대장균이 있는 것으로 추정한다.

21 미생물의 생육에 영향을 미치는 요인은 대개 **온도, 수소이온농도(pH), 수분, 산소, 삼투압** 등이다.

22 대부분의 식품 부패세균은 최적 온도가 **25~37℃인 중온균**에 속한다.

23 멸균은 모든 미생물과 포자까지 사멸시켜 무균 상태를 만든다.

24 금속용기, **도마 등에는 자외선 소독을, 손에는 역성비누와 알코올을** 사용한 소독을 실시한다. **생채소는 차아염소산나트륨을 100 ppm** 농도로 희석하여 소독하고, **행주는 끓는 물**에서의 자비소독을 한다.

정답 19. ③ 20. ③ 21. ④ 22. ② 23. ④ 24. ①

19 대장균군의 정량시험법으로 사용되는 방법으로 시료 원액을 단계적으로 희석하여 이의 일정량을 시험관에서 배양한 후, 대장균군 양성시험관수로부터 원액 중의 균수를 추정하는 방법은?

① 유당배지법
② 표준평판법(TPC)
③ 최확수법(MPN법)
④ 한도시험법
⑤ 추정시험법

20 대장균 검사 시 MPN이 250이라면 검체 1 L 중에 있는 대장균의 수는?

① 25
② 250
③ 2,500
④ 25,000
⑤ 250,000

21 식품에 변질을 일으키는 미생물의 생육에 가장 영향이 적은 요소는?

① 수분
② 수소이온농도(pH)
③ 온도
④ 압력
⑤ 삼투압

22 증식하는 온도대로 분류하는 경우 대부분의 식품부패세균은 어느 균에 포함되는가?

① 저온균
② 중온균
③ 내열균
④ 고온균
⑤ 초고온균

23 미생물의 영양세포 및 포자까지 사멸시키는 방법은?

① 소독
② 방부
③ 정균
④ 멸균
⑤ 항균

24 소독방법과 소독대상을 연결한 것으로 옳은 것은?

① 자외선을 이용한 소독 – 도마
② 역성비누를 이용한 소독 – 채소
③ 차아염소산나트륨을 이용한 소독 – 행주
④ 석탄산을 이용한 소독 – 손
⑤ 포르말린을 이용한 소독 – 음용수

25 물리적 소독법 중 가열에 의한 방법에 대한 설명으로 옳은 것은?

① 자비소독법 - 끓는 물에서 30분 정도 살균하는 방법으로 포자까지 살균된다.
② 고압증기멸균법 - Koch 증기멸균기를 이용하는 살균방법으로 포자까지 살균한다.
③ 간헐멸균법 - Autoclave를 이용하는 살균방법이다.
④ 증기소독법 - 끓는 물의 수증기를 이용하는 살균방법이다.
⑤ 건열멸균법 - 화염을 이용하는 살균방법이다.

25 자비소독으로는 세균의 포자까지 살균되지 않으며, 고압증기멸균법이나 간헐멸균법에 의해서만 포자까지 살균된다. 고압증기멸균법은 고압멸균기(autoclave)를, 간헐멸균법은 Koch 증기멸균기를 이용하여 살균한다.

26 자외선 살균법의 특징으로 옳은 것은?

① 잔류효과가 있다.
② 투과력이 약하다.
③ 채소 소독에 적당하다.
④ 완제품의 살균에 이용한다.
⑤ 살균력이 가장 강한 파장은 350 nm이다.

26 자외선은 투과력이 약하여 표면을 살균하고 살균력이 강한 파장은 260 nm이다.

27 식품안전에 문제가 되는 방사성 동위원소로 물리학적 반감기가 짧지만 핵분해 시 생성률이 비교적 커 특히 갑상선에 문제를 일으킬 수 있는 물질은?

① ^{90}Sr ② ^{137}CS
③ ^{131}I ④ ^{238}U
⑤ ^{135}Ar

28 방사선 조사식품에 대한 설명으로 옳은 것은?

① 높은 온도로 가열하지 않고 살균하여 냉살균이라고도 한다.
② 주요 사용 방사선의 선원 및 선종은 ^{137}Cs의 베타선이다.
③ 식품의 멸균에는 효과적이나 발아억제, 숙도조절 등의 효과는 없다.
④ 조사식품을 원료로 사용한 경우 제조·가공 후 다시 조사를 할 필요가 있다.
⑤ 식품의 방사선조사에서 ^{60}Co는 사용할 수 없다.

29 식품의 살충 및 살균의 목적으로 사용되는 방사선 중 조사기준이 되는 것은?

① 알파선 ② 베타선
③ 감마선 ④ UV
⑤ 가시광선

정답 25. ④ 26. ② 27. ③ 28. ① 29. ③

30 손의 소독에는 흔히 역성비누와 승홍수를 사용한다. 승홍수는 피부 점막을 자극하므로 손 이외의 소독에는 사용하지 않으며, 손의 피부에는 0.1% 수용액으로 희석하여 사용한다. 역성비누는 일반비누와 함께 사용하면 살균효과가 떨어지므로 병행하여 사용하지 않는다.

31 손소독에는 에탄올과 역성비누가 사용되는데 그중에서 계면활성제인 것은 역성비누이다.

33 어패류의 주요 부패균은 저온균인 *Pseudomonas fluorescens*이다.

34 장구균(Enterococcus)은 냉동상태에서 저항성이 강하여 냉동식품의 분변오염지표균으로 이용된다.

35 **단백질 식품**이 부패될 때는 **암모니아, 아민, 황화수소, 메르캅탄, 인돌, 스카톨** 등의 물질이 생성된다.

정답 30. ② 31. ⑤ 32. ① 33. ③ 34. ① 35. ③

30 화학적 소독법에 대한 설명으로 옳은 것은?

① 승홍수는 피부점막을 자극하므로 손의 소독에는 사용하지 않는다.
② 에틸알코올의 살균력은 70% 수용액일 때 가장 높다.
③ 역성비누의 살균 효과를 높이려면 일반비누와 함께 사용한다.
④ 우물물이나 수영장에는 요오드를 이용하여 소독한다.
⑤ 과산화수소는 창고나 발효실의 소독에 사용한다.

31 손을 소독할 때 사용할 수 있는 계면활성제는?

① 차아염소산나트륨 ② 요오드팅크
③ 포름알데히드 ④ 에탄올
⑤ 역성비누

32 통조림을 부패시키고 식중독을 일으키는 균은?

① *Clostridium botulinum*
② *Pseudomonas fluorescens*
③ *Salmonella* Enteritidis
④ *Bacillus cereus*
⑤ *Vibrio parahaemolyticus*

33 어패류의 부패와 관련이 깊은 세균은?

① *Salmonella* Enteritidis
② *Escherichia coli*
③ *Pseudomonas fluorescens*
④ *Bacillus cereus*
⑤ *Staphylococcus aureus*

34 냉동식품의 위생지표균은?

① 장구균 ② 대장균
③ 바실러스 ④ 대장균군
⑤ 슈도모나스

35 단백질 식품이 부패될 때 생성되는 물질은?

① 에탄올 ② 히스티딘
③ 황화수소 ④ 글리세롤
⑤ 과산화지질

36 단백질 식품의 부패도를 측정하는 지표가 될 수 있는 것은?

① 휘발성 염기질소 ② 아세틸가
③ 과산화물가 ④ 카르보닐가
⑤ TBA가

36 단백질 식품의 **부패도는 휘발성 염기질소**(VBN, Volatile Basic Nitrogen), **히스타민**(histamine), **트리메틸아민**(trimethylamine) 등을 검사함으로써 판정하며, **카르보닐가, 과산화물가, 아세틸가, TBA가 등은 유지의 산패도**를 측정하는 데 사용한다.

37 식품의 초기 부패를 판정하는 기준이 아닌 것은?

① 생균 수
② 휘발성 염기질소 함량
③ TMA(trimethylamine) 함량
④ pH
⑤ 단백질 함량

37 생균 수가 10^7~10^8, 휘발성 염기질소 함량이 30~40 mg%, TMA 함량이 3~4 mg%, pH가 6.2~6.5일 때 초기 부패로 판정한다. 부패가 되어도 단백질 함량은 변화가 없다.

38 부패에 대한 설명으로 옳지 않은 것은?

① 부패란 미생물의 증식으로 식품성분이 분해되어 가식성을 잃는 현상이다.
② 단백질 식품이 부패되면 암모니아, 아민(amine), 황화수소(H_2S), 인돌(indole) 등이 생성된다.
③ 히스타민(histamine)은 어패류의 부패 시 생성되며, 전구체는 히스티딘(histidine)으로 붉은살 생선에 함유량이 높다.
④ 바다 생선의 부패 시 비린내의 원인은 트리메틸아민옥시드(trimethylamine oxide)이며, 그 전구체는 트리메틸아민(trimethylamine)이다.
⑤ 식품의 초기 부패란 세균수가 식품 1 g당 10^7~10^8인 때이다.

38 바다 생선의 부패 시 **비린내의 원인은 트리메틸아민**이고 그 **전구체는 트리메틸아민옥시드**이다.

39 부패판정의 방법에 대한 설명으로 옳지 않은 것은?

① 어육, 수조육은 부패하면 pH가 저하되므로 부패판정 시 pH의 저하를 측정한다.
② 시각 · 촉각 · 후각 등을 이용하여 판정 대상인 식품의 몇 항목의 선도표준판정표를 작성하여 관능검사를 실시한다.
③ 식품 중의 생균 수를 측정하여 선도 혹은 부패 정도를 판정한다.
④ 화학적 판정에 주로 이용되는 것은 암모니아, 트리메틸아민, 유기산의 측정이다.
⑤ 수조어육에서는 사후에 고기의 탄성과 저항력이 감소하나 아직은 부패의 척도로 사용되지 못한다.

39 수조육은 죽은 후 초기에는 **자가소화로 고기의 pH가 저하**되나 **부패가 진행되면 다시 상승**한다.

정답 36. ① 37. ⑤ 38. ④ 39. ①

40 Fecal Streptococci는 장구균으로 대장균군에 포함되지 않는다.

41 **지표미생물은 오염환경에서 병원성 미생물과 거의 유사한 기간 동안 살아남아야** 지시미생물을 검출함으로써 병원성 미생물의 오염을 예측할 수 있다.

42 분변오염의 지표균으로 사용되는 **대장균군**은 장내세균과에 속하는 **그람음성의 간균으로 포자를 생성하지 않으며, 유당을 분해하여 산과 가스를 생산**한다.

43 대장균과 같은 지표미생물의 검출은 식중독 오염 가능성이 높음을 추정할 수 있게 하는 것이지 반드시 식중독균이 들어 있다는 것을 확정 짓는 것은 아니다.

정답 40. ④ 41. ③ 42. ② 43. ④

40 식품위생 지표미생물(Indicator microorganism)로 간주되는 대장균군에 대한 설명으로 옳지 않은 것은?

① 대장균은 대장균군에 포함된다.
② 유당을 분해하여 산을 형성한다.
③ 유당을 분해하여 가스를 형성한다.
④ Fecal Streptococci는 대장균군에 포함된다.
⑤ 식품에서 대장균군의 존재는 식품위생에 문제가 될 가능성이 높다는 것이다.

41 식품의 오염을 나타내주는 지표미생물의 조건으로 옳지 않은 것은?

① 사람의 배설물에 다수 존재하는 것
② 실험실에서 쉽고 빠르게 분리 검출될 것
③ 병원성 미생물보다 더 장기간 살아남을 것
④ 배설물이 아닌 다른 곳에서는 검출되지 않을 것
⑤ 살균 처리 시 병원성 미생물과 유사한 방식으로 반응할 것

42 대장균군에 대한 설명으로 옳지 않은 것은?

① 분변오염의 지표균이다.
② 그람양성의 간균이다.
③ 포자를 생성하지 않는다.
④ 유당을 분해하여 산과 가스를 생산한다.
⑤ 장내세균과에 속한다.

43 지표미생물인 대장균군과 장구균에 대한 설명으로 옳지 않은 것은?

① 대장균군 시험은 추정시험, 확정시험, 완전시험의 3단계로 구분된다.
② 장구균 시험은 냉동식품의 오염지표로 이용할 수 있다.
③ 장구균의 분포는 사람이나 가축 분변에 의한 오염과 관련이 있음을 알려준다.
④ 식품에서 대장균군이 검출되면 식중독균이 반드시 들어 있다.
⑤ 대장균군은 외계에서 저항성이 약하다.

세균성 식중독

2

학습목표 세균성 식중독의 종류, 식중독 발생 특징을 이해하고 세균성 식중독 예방에 활용한다.

01 경구감염병과 비교한 세균성 식중독의 특징은?

① 주로 수인성으로 전파된다.
② 잠복기가 길다.
③ 2차 감염이 일어난다.
④ 다량의 균으로 감염된다.
⑤ 회복 후 면역이 생긴다.

02 독소형 식중독균으로 옳은 것은?

① *Salmonella* Enteritidis
② *Clostridium botulinum*
③ *Yersinia enterocolitica*
④ *Vibrio parahaemolyticus*
⑤ *Campylobacter jejuni*

03 독소형 식중독균으로 옳은 것은?

① *Clostridium perfringens, Staphylococcus aureus*
② *Clostridium botulinum, Staphylococcus aureus*
③ *Yersinia enterocolitica, Clostridium botulinum*
④ *Campylobacter jejuni, Clostridium botulinum*
⑤ *Staphylococcus aureus, Bacillus cereus*

04 *Escherichia coli* O157 : H7이 속하는 것은?

① 장관괴사성대장균
② 장관출혈성대장균
③ 장관침투성대장균
④ 장관병원성대장균
⑤ 장관독소원성대장균

01 감염형 세균성 식중독은 사람이 비고유 숙주이며, 다량의 균에 의해서 감염되고, 2차 감염이 일어나지 않으며, 잠복기가 짧고, 면역이 생기지 않는다.

02 *Clostridium botulinum*은 독소형 식중독균이다.

03 *Clostridium perfringens*는 감염독소형(생체내독소형) 식중독균이며, *Y. enterocolitica*는 감염형 식중독균이다.

04 *Escherichia coli* O157 : H7은 햄버거를 먹고 식중독의 원인으로 알려졌으며 장관출혈성대장균이다.

정답 01. ④ 02. ② 03. ② 04. ②

05 *Salmonella*는 그람음성 간균인 감염형 식중독균으로 *Salmonella* Typhimurium, *Salmonella* Enteritidis 등이 식중독을 발생시킨다.

05 살모넬라에 의한 식중독의 특성으로 옳은 것은?

① *Salmonella* Typhimurium, *Salmonella* Enteritidis가 주로 식중독을 발생시킨다.
② 열과 건조에 대한 저항력이 매우 강하다.
③ 세계적으로 가장 많이 발생하는 독소감염형 식중독균이다.
④ 식중독 발생 시 잠복기는 평균 6시간 정도이다.
⑤ 치사율이 매우 높다.

06 살모넬라균은 그람음성의 간균으로 통성혐기성, 주모성 편모를 가지고 있으며 포자를 생성하지 않는다.

06 살모넬라 식중독균의 특징으로 옳은 것은?

① 나선균
② 그람음성
③ 무편모균
④ 포자생성
⑤ 편성혐기성

07 *Salmonella* Typhimurium, *Salmonella* Enteritidis, *Salmonella* Thompson, *Salmonella* Derby는 살모넬라 식중독균이지만, ***Salmonella* Typhi는 장티푸스균**이다.

07 살모넬라 식중독의 원인균으로 옳지 않은 것은?

① *Salmonella* Typhi
② *Salmonella* Typhimurium
③ *Salmonella* Thompson
④ *Salmonella* Enteritidis
⑤ *Salmonella* Derby

08 장염 비브리오(*V. parahaemolyticus*)는 사망하는 경우가 극히 드물지만, **비브리오 패혈증(*V. vulnificus*)은 치사율이 50%로 매우 높다.**

08 장염 비브리오 식중독에 대한 설명으로 옳지 않은 것은?

① 원인균은 Gram 음성, 호염성 간균이다.
② 여름철에 가열하지 않은 수산물의 섭취로 인해 발생한다.
③ 치사율이 50% 정도로 매우 높아 주의해야 한다.
④ 60℃에서 15분 이상 가열로 사멸된다.
⑤ 복통, 설사, 구토와 보통 37~39℃의 열이 동반되며, 쌀뜨물 같은 변을 보기도 한다.

09 장염 비브리오균에 대한 설명으로 옳지 않은 것은?

① 약 3%의 식염을 포함한 배지에서의 생육이 좋은 호염성 균이다.
② 그람음성균이며 포자를 형성하지 않는다.
③ 산성 상태에서 최적의 생장을 보인다.
④ 편모를 가지며 운동성이 있다.
⑤ *Vibrio parahaemolyticus*가 원인세균으로 증식속도가 빠르다.

정답 05. ① 06. ② 07. ① 08. ③ 09. ③

10 *Vibrio parahaemolyticus*의 특징으로 옳은 것은?

① 호염성균이다.
② 그람양성균이다.
③ 포자를 형성한다.
④ 독소형 식중독균이다.
⑤ 겨울철에 집중적으로 발생한다.

10 *Vibrio parahaemolyticus*는 장염 비브리오 식중독의 원인균으로 3~5%의 식염농도에 잘 자라는 호염균이며 그람음성 무포자 간균이다.

11 해산어패류가 주요 원인식품이 되는 호염성 식중독균은?

① *Bacillus cereus*
② *Clostridium botulinum*
③ *Listeria monocytogenes*
④ *Vibrio parahaemolyticus*
⑤ *Yersinia enterocolitica*

11 *Vibrio parahaemolyticus*는 그람음성의 호염성 간균으로 해산어패류를 오염시켜 식중독을 일으킨다.

12 장관출혈성 대장균이 생성하는 독소는?

① 베로톡신(verotoxin)
② 삭시톡신(saxitoxin)
③ 신경독소(neurotoxin)
④ 엔테로톡신(enterotoxin)
⑤ 테트로도톡신(tetrodotoxin)

12 장관출혈성 대장균은 베로톡신(verotoxin)을 생성한다.

13 엔테로톡신(enterotoxin)을 생산하여 여행자 설사증을 일으키는 병원성 대장균은?

① 장관출혈성 대장균
② 장관독소원성 대장균
③ 장관침투성 대장균
④ 장관병원성 대장균
⑤ *Escherichia coli* O157 : H7

14 돼지고기가 식중독의 원인으로 급성위장염, 맹장염 통증과 유사한 복통을 일으키는 식중독균은?

① *Salmonella* Enteritidis
② *Campylobacter jejuni*
③ *Yersinia enterocolitica*
④ *Staphylococcus aureus*
⑤ *Listeria monocytogenes*

14 여시니아균은 돼지장염균으로 알려져 있으며, 5℃ 이하의 저온에서도 생육이 가능하고 급성위장염, 패혈증, 맹장염 통증과 유사한 증상을 유발한다.

정답 10. ① 11. ④ 12. ①
13. ② 14. ③

15 여시니아(*Yersinia*) 식중독의 예방법으로 옳은 것은?

① 소고기가 주 오염원으로 소고기에 대한 오염 방지대책이 중요하다.
② 식품의 재료는 75℃에서 3분 이상 가열한다.
③ 식품을 4℃ 이하 냉장 온도에서 보관한다.
④ 진공포장 상태의 식품을 보관한다.
⑤ 식품을 알카리성 환경에서 보관한다.

16 박스 속 내용은 모두 캠필로박터 식중독 세균에 대한 설명으로, 선진국 등에서는 가장 흔한 식중독균으로 알려져 있는데 최근 우리나라에서도 이 균에 의한 식중독이 보고된 바 있다.

16 다음과 같은 특성을 보이는 식중독 세균은?

- 낮은 산소농도(5~10%)에서만 성장하는 microaerophilic 균이다.
- 매우 느린 성장속도를 보여 최적온도에서도 한 시간에 한 번 이분한다.
- 닭, 칠면조 등의 내장에 서식하며 조류에게는 식중독균이 되지 않는다.
- 건조한 표면에 노출되면 곧 사멸한다.

① *Listeria monocytogenes* ② *E. coli* O157 : H7
③ *Campylobacter jejuni* ④ *Shigella* spp.
⑤ *Clostridium perfringens*

17 *Campylobactor jejuni*에 의한 감염형 식중독이다. 장염과 여행자 설사의 원인은 장관독소원성 대장균으로 주로 저개발국가에서 식중독을 일으킨다.

17 캠필로박터 식중독에 대한 특징으로 옳은 것은?

① 미국에서 가장 발생 빈도가 높은 식중독이며, 한국에서는 발생된 적이 없다.
② *Campylobactor jejuni*에 의한 독소형 식중독이다.
③ 닭, 칠면조, 소 등의 가축과 개, 고양이 같은 애완동물이 매개체로 보균하고 있다.
④ 장염과 여행자 설사의 원인으로 저개발 국가에서 주로 발생한다.
⑤ 잠복기는 2~5주로 다른 감염형 식중독에 비해서 길다.

18 *Listeria monocytogenes*는 그람양성 통성혐기성 간균으로 5℃ 이하의 저온에서도 증식이 가능하다.

18 무포자 그람양성으로 저온에서 증식이 가능한 감염성 식중독균은?

① *Bacillus cereus*
② *Campylobacter jejuni*
③ *Clostridium botulinum*
④ *Listeria monocytogenes*
⑤ *Vibrio parahaemolyticus*

정답 15. ② 16. ③ 17. ③ 18. ④

19 뇌염과 자연유산이나 사산, 패혈증, 기형을 일으킬 수 있으며, 태반이나 분만과정 중에 태아에게 감염될 수 있는 식중독균에 의한 증상은?

① 리스테리아증 ② 여시니아증
③ 캠필로박터증 ④ 살모넬라증
⑤ 비브리오증

19 리스테리아증(Listeriosis)은 뇌염과 자연유산이나 사산, 패혈증, 기형을 일으키는 것을 말하며, 태반이나 분만과정 중에 태아에게 감염될 수 있다.

20 리스테리아 식중독이 발생하기 쉬운 식품으로 옳지 않은 것은?

① 훈제연어 ② 샐러드
③ 치즈 ④ 멸균처리된 우유
⑤ ready-to-eat food

20 열처리하지 않은 우유는 리스테리아 식중독이 발생하기 쉽다.

21 식중독이 발병하기 위해 필요로 하는 균수가 가장 적은 식중독균은?

① *Salmonella* Enteritidis ② *Staphylococcus aureus*
③ *Listeria monocytogenes* ④ *E. coli* O157 : H7
⑤ *Vibrio paraheamolyticus*

21 식중독이 발병하기 위해 필요로 하는 식품 중의 식중독균 수
- *Salmonella* : 약 10^5~10^7 CFU/g
- *Staphylococcus aureus, Bacillus cereus*(구토형) : 약 10^6~10^7 CFU/g
- *E. coli* O157 : H7 : 10~100 CFU/g
- *Vibrio paraheamolyticus* : 약 10^4~10^7 CFU/g
- *Listeria monocytogenes* : 약 10^2~10^3 CFU/g

22 식중독균인 황색포도상구균의 특성으로 옳지 않은 것은?

① 황색포도상구균은 화농성 질환 원인균으로 계절에 관계없이 발생한다.
② Enterotoxin이라는 장독소를 생성하여 식중독을 발생시킨다.
③ 100℃에서 30분 가열하여도 파괴되지 않는 독소를 생산한다.
④ 5℃ 이하에 저장하면 독소 생성을 억제할 수 있다.
⑤ 그람양성 간균으로 황색 색소를 생산한다.

23 다음과 같은 식품에서 가장 문제가 되기 쉬운 식중독균은?

- 육류, 가금류, 달걀 등 단백질이 풍부한 식품
- 가공 조리 단계에서 사람의 손이나 여러 용기에 접촉이 많은 식품
- 슈크림과 같이 크림이 든 제빵류
- 온도의 위험지대인 5~57℃에서 보통 준비시간보다 오래 방치된 식품
- 개인위생이 좋지 않은 사람이 다룬 음식

① *Staphylococcus aureus* ② *Salmonella* Enteritidis
③ *Listeria monocytogenes* ④ *Shigella dysenteriae*
⑤ *Campylobacter jejuni*

23 제시된 식품들은 황색포도상구균이 번식하기 쉬운 조건을 갖춘 것들이다.

정답 19. ① 20. ④ 21. ④ 22. ⑤ 23. ①

24 쇠고기 불고기를 일반 조리형식으로 100℃로 20분간 충분히 가열한 후 섭취하였는데 식중독이 발생하였다면 어느 식중독균에 의한 것인가?

① *Campylobacter jejuni* ② *Salmonella* Enteritidis
③ *Yersinia enterocolitica* ④ *Listeria monocytogenes*
⑤ *Staphylococcus aureus*

24 *S. aureus*가 생산하는 **장독소는** 강한 **내열성으로** 100℃로 20분간 가열 시 **파괴되지 않는다.**

25 황색포도상구균의 장독소(enterotoxin) 중에서 가장 많이 생성되는 독소는?

① A형 ② B형
③ C형 ④ D형
⑤ E형

25 황색포도상구균의 장독소는 항원성에 따라 A형에서 E형까지 생성되고 이 중에서 A형이 90%를 차지한다.

26 *Staphylococcus aureus*의 식중독을 방지하기 위한 가장 효과적인 방법은?

① 섭취 전에 반드시 가열한다.
② 식재료를 깨끗한 물에 충분히 세척한다.
③ 냉장고를 사용하여 저온에서 보관한다.
④ 교차오염을 방지한다.
⑤ 조리장에 애완동물을 기르지 않는다.

26 *Staphylococcus aureus*에 의한 식중독을 방지하려면 우선 원인균의 오염경로를 차단하기 위해 식품 취급자의 **개인위생을 철저히 준수**하여야 하고, 균 증식을 억제하기 위하여 **저온에서 식품을 보관**하여야 한다. 실온에 음식을 방치하여 균이 일정 수준 이상으로 증식하면 장관독소가 생성되는데, 내열성이 매우 강하므로 가열하여도 파괴하기 어려워 가열 섭취 후에도 식중독이 발생할 수 있다.

27 식중독균들 중에서 이들이 일으키는 식중독의 잠복기가 가장 짧은 것은?

① *Staphylococcus aureus* ② *Salmonella* Enteritidis
③ *Vibrio parahaemolyticus* ④ *Campylobacter jejuni*
⑤ *Listeria monocytogenes*

27 독소형 식중독은 음식에 오염된 균이 증식하여 독소를 생성한 후 이를 음식과 함께 섭취함으로써 식중독이 유발되므로 감염형보다 잠복기가 짧은 편이다. 특히 황색포도상구균(*Staphylococcus aureus*)의 장독소는 잠복기가 2~6시간으로 가장 짧다.

28 다음은 어느 식중독균의 특징에 대한 설명인가?

- 건강인의 경우라도 손, 얼굴, 콧속, 상처 부위에 분포하는 경우가 많다.
- 크림빵, 김밥, 감자 샐러드, 잡채 등과 같이 가열한 후 손으로 조리를 하는 식품에 의한 발생률이 높다.
- 황색 색소를 형성하는 균만 식중독을 일으킨다.

① *Salmonella* Enteritidis ② *Staphylococcus aureus*
③ *Listeria monocytogenes* ④ *E. coli* O157 : H7
⑤ *Vibrio paraheamolyticus*

28 *Staphylococcus aureus*의 경우, 건강인의 경우에도 다수의 보균자가 있다. 가열처리를 통해 식품에 존재하는 모든 균이 사멸된 후 손을 통해 균이 오염된 경우, 매우 잘 증식하여 독소를 생성한다.

정답 24. ⑤ 25. ① 26. ③ 27. ① 28. ②

29 손가락에 화농성의 창상을 가진 조리사가 만든 음식을 섭취하고 식중독이 발생하였을 때 이는 어느 독소에 의한 것인가?

① ergotoxin ② neurotoxin
③ enterotoxin ④ venerupin
⑤ tetrodotoxin

29 화농성의 창상으로 미루어 *Staphylococcus aureus*에 의한 식중독임을 알 수 있다. 따라서 *Staphylococcus aureus*가 생성한 장관독(enterotoxin)에 의한 식중독으로 추정된다.

30 황색포도상구균의 특징으로 옳은 것은?

① 간균 ② 그람양성
③ 포자 형성 ④ 주모성 편모
⑤ 베로톡신 생성

30 황색포도상구균은 그람양성의 구균이고 포자를 형성하지 않고 편모가 없다.

31 잠복기가 가장 짧은 식중독은?

① 살모넬라 식중독 ② 장염 비브리오 중독
③ 포도상구균 식중독 ④ 보툴리누스 식중독
⑤ 리스테리아 식중독

31 *Staphylococcus aureus* 식중독은 잠복기가 2~6시간(평균 3시간)으로 짧다.

32 다음 증상을 일으키는 식중독균은?

- 메스꺼움, 구토, 복통을 일으킨다.
- 시력장애와 사물이 둘로 보이는 복시현상이 일어난다.
- 신경장애, 두통이 일어난다.
- 침을 삼키기가 어렵고 호흡부진으로 사망한다.

① *Salmonella* Enteritidis ② *Clostridium botulinum*
③ *Yersinia enterocolitica* ④ *Vibrio parahaemolyticus*
⑤ *Clostridium perfringens*

32 *Clostridium botulinum*은 **신경독**으로 사망률이 50%에 이른다.

33 보툴리누스(Botulinus) 식중독 발병 시 나타나는 주요 증상은?

① 급성위장염 증상을 일으킨다.
② 초기 발열이 심하다.
③ 구토와 혈변을 반복한다.
④ 패혈증을 일으킨다.
⑤ 신경장애로 근육마비 증상을 일으킨다.

33 보툴리누스 식중독은 *Clostridium botulinum*에 의한 식중독을 말하는 것으로 초기에는 발열이 없으며, 식중독의 일반 증상을 보이다 차차 신경마비에 의한 장해가 나타난다. 즉, **눈 주위 근육이 마비**되어 복시로 보이고, **말하거나 음식을 삼키기가 곤란**해지다가 **호흡기 계통 근육이 마비되면** 호흡에 곤란이 초래되어 **결국 질식사**하는 등 치사율이 높다.

정답 29. ③ 30. ② 31. ③ 32. ② 33. ⑤

34 *C. botulinum*은 독소형 식중독균으로 **사망률이 매우 높다.**

34 세균성 식중독균 중 식중독 발생 시 사망률이 가장 높은 균은?

① *Salmonella* Enteritidis
② *Clostridium botulinum*
③ *Yersinia enterocolitica*
④ *Vibrio parahaemolyticus*
⑤ *Clostridium perfringens*

35 혐기성 균인 *Clostridium botulinum*에 의한 식중독이므로 **혐기성 환경**이 조성될 수 있는 **병조림, 통조림**이 불충분하게 살균되어 제조된 경우에 발생 가능성이 높다.

35 보툴리누스(Botulinus) 식중독이 가장 일어나기 쉬운 식품은?

① 인분에 오염된 채소
② 부패한 식육류
③ 집에서 만든 완두콩 병조림
④ 가판대의 김밥
⑤ 유방염에 걸린 젖소의 우유

36 *Clostridium botulinum*에 의한 식중독은 신경독소에 의한 식중독으로 호흡곤란, 연하곤란, 복시, 신경마비 등의 신경이상 증상이 나타난다.

36 호흡곤란, 연하곤란, 복시, 신경마비 등의 증상이 나타나는 식중독 원인균은?

① *Salmonella* Enteritidis
② *Vibrio parahaemolyticus*
③ *Staphylococcus aureus*
④ *Clostridium botulinum*
⑤ *Listeria monocytogenes*

37 *Clostridium botulinum*은 편성혐기성균으로 내열성 포자를 형성하므로 통조림의 살균이 불충분할 때 포자가 살아남았다가 혐기성상태에서 증식하여 독소를 생성함으로써 식중독을 일으킬 수 있다.

37 살균이 불충분한 통조림을 먹고 식중독이 일어났을 때 원인균으로 추정되는 세균은?

① *Clostridium botulinum*
② *Escherichia coli*
③ *Salmonella* Enteritidis
④ *Staphylococcus aureus*
⑤ *Vibrio parahaemolyticus*

38 식중독 원인균인 *Clostridium botulinum*의 발육한계 pH는?

① 3.5　② 4.5
③ 5.5　④ 6.5
⑤ 7.5

정답 34. ② 35. ③ 36. ④ 37. ① 38. ②

39 식중독 세균 중에서 내열성이 가장 강한 것은?

① *Clostridium botulinum*
② *Salmonella* Typhi
③ *Staphylococcus aureus*
④ *Salmonella* Enteritidis
⑤ *Vibrio vulnificus*

40 집단급식소에서 동물성 단백질 식품을 다량으로 가열 · 조리하여 실온에 오랫동안 방치한 경우 증식하기 쉬운 식중독균은?

① *Bacillus cereus*
② *Campylobacter jejuni*
③ *Staphylococcus aureus*
④ *Clostridium perfringens*
⑤ *Listeria monocytogenes*

40 *Clostridium perfringens*는 그람양성 간균으로 포자를 형성하는 편성혐기성균이다. 원인식품은 동물성 단백질 식품과 가열 · 조리한 후 대량으로 용기에 담아서 장시간 방치한 식품이다.

41 생체 내 독소를 형성해 식중독을 일으키는 균은?

① *Salmonella* Enteritidis
② *Vibrio parahaemolyticus*
③ *Staphylococcus aureus*
④ *Clostridium botulinum*
⑤ *Clostridium perfringens*

41 *Clostridium perfringens*는 **사람의 장내에서 포자를 형성할 때 독소를 만들어 식중독을 일으키는 독소감염형 식중독균**이다.

42 *Clostridium perfringens*에 대한 설명으로 옳지 않은 것은?

① 사람이나 동물의 소화기계에 상재한다.
② 생체 내 독소를 만들어 식중독을 일으킨다.
③ 그람양성의 혐기성 간균이다.
④ 단백질 식품이 식중독의 주요 원인식품이다.
⑤ 식중독의 원인 균주는 주로 내열성인 B형이다.

42 *Clostridium perfringens*는 그람양성의 혐기성 간균으로 내열성 포자를 생산한다. 식중독 원인균의 대표는 내열성의 A형 균이다. A형 균은 사람의 장내에서 포자를 형성할 때 설사증의 원인물질인 엔테로톡신을 만드는 생체 내 독소형 식중독 원인균으로 주로 **단백질 식품이 식중독의 원인식품**이 된다. F형 균에 의한 식중독은 잠복기가 짧고 심한 설사와 복통으로 연중 대규모로 집단 발생하는 특징이 있다.

43 *Bacillus cereus* 식중독에 대한 설명으로 옳지 않은 것은?

① 소스, 푸딩, 볶음밥 등이 식중독의 원인 식품이다.
② 내열성 포자를 형성한다.
③ Enterotoxin을 생산한다.
④ 증세에 따라 구토형과 설사형이 있다.
⑤ 겨울철에 가장 많이 발생한다.

정답 39. ① 40. ④ 41. ⑤ 42. ⑤ 43. ⑤

44 *Morganella morganii*가 알레르기성 식중독을 발생시킨다.

46 노로바이러스 식중독의 원인식품은 굴 등의 어패류와 오염된 지하수가 대표적이다.

48 *Cronobacter sakazakii*는 조제분유 등 영유아 식품에 존재하여 면역결핍 신생아 수막염, 괴사성 장염, 패혈증 등을 일으키는 치사율이 높은 식중독 원인균이다.

정답 44. ③ 45. ① 46. ①
47. ② 48. ⑤

44 등푸른 생선류에서 알레르기성 식중독을 일으키는 식중독균은?

① *Pseudomonas fluorescens*
② *Clostridium perfringens*
③ *Morganella morganii*
④ *Escherichia coli*
⑤ *Listeria monocytogenes*

45 알레르기성 식중독을 일으키는 독소 원인물질은?

① histamine
② ergotoxin
③ neurotoxin
④ cicutoxin
⑤ tetrodotoxin

46 집단급식소에서 지하수를 사용하거나 어패류를 섭취하여 발생하기 쉬운 식중독의 원인균은?

① *Norovirus*
② *E. coli* O157 : H7
③ *Clostridium perfringens*
④ *Vibrio parahaemolyticus*
⑤ *Pseudomonas fluorescens*

47 다음 설명에 해당하는 바이러스는?

> 유아에서 성인까지 전 연령층에 감염성 위장염을 일으키며, 주요 증상은 메스꺼움, 구토, 설사, 복통으로 때로는 두통, 오한 및 근육통을 유발하기도 한다. 증상은 보통 1~2일 정도로 짧게 나타나며 자연히 치유되지만 어린이나 노약자 등 면역력이 약한 환자의 경우 구토와 설사로 인한 심한 탈수 증세가 나타나 심하면 사망에 이르는 환자도 있다. 치료를 위한 별도의 제제가 개발되지 않아 일반적인 대증요법과 심한 경우 수액치료를 하는, 겨울에 주로 발생하는 식중독의 원인이다.

① 폴리오바이러스
② 노로바이러스
③ 아데노바이러스
④ 인플루엔자바이러스
⑤ 로타바이러스

48 조제분유 등 영유아 식품에 오염되어 신생아의 수막염, 괴사성 장염, 패혈증 등을 일으키는 식중독균은?

① *Bacillus cereus*
② *Campylobacter jejuni*
③ *Salmonella* Enteritidis
④ *Morganella morganii*
⑤ *Cronobacter sakazakii*

화학물질에 의한 식중독

3

학습목표 화학물질에 의한 식중독의 종류와 작용기전의 특징을 이해하고 예방에 활용한다.

01 어패류에 오염될 가능성이 크며 신경에 이상을 가져올 수 있는 물질로, 일본의 미나마타병의 원인물질이기도 한 것은?

① 납 ② 카드뮴
③ 수은 ④ 비소
⑤ 주석

02 장기간 노출되어 만성중독이 되면 골절이 쉽게 일어나는 골연화증을 유발하는 중금속은?

① 납 ② 수은
③ 크롬 ④ 비소
⑤ 카드뮴

03 메틸수은의 오염 가능성이 가장 큰 식품 종류는?

① 육류 ② 어패류
③ 유제품 ④ 식용유
⑤ 통조림

04 우리나라에서 임부 또는 임신을 계획하고 있는 여성에게 주 1회 이하로 섭취할 것을 권고하고 있는 수산물은?

① 황새치 ② 연어
③ 새우 ④ 송어
⑤ 옥돔

01 유기수은은 독성이 심하며, 식품 중에서는 어패류의 오염도가 가장 크다. 1952년 일본에서 **수은중독**으로 인하여 **사지 저림, 보행장애, 어지러움, 시력 및 청력 상실, 태아의 신경과 근육의 이상 발달** 등을 나타내는 **미나마타병이 발생**하였다.

02 카드뮴이 오염된 지역에서 경작된 농산물 등을 섭취하여 만성중독이 되면 작은 충격에도 골절이 생기는 골연화증, 다발성 골절, 뼈의 기형 등이 생긴다.

04 우리나라는 **상어, 황새치, 냉동참치**에 대하여 임부, 임신을 계획하고 있는 여성에게 주 1회 이하로 섭취할 것을 권고하고 있다.

정답 01. ③ 02. ⑤ 03. ②
04. ①

05 체내에 흡수되면 주로 뼈에 저장되며, 조혈작용과 뇌에 독성작용이 가장 크게 나타나는 물질은?

① 납 ② 수은
③ 카드뮴 ④ DDT
⑤ 다이옥신

06 납에 중독되면 **안면창백, 연연, 말초신경염 등**이 나타나며 헤모글로빈 합성 저해에 의한 **빈혈**이 일어난다.

06 헤모글로빈 합성 저해에 의한 빈혈을 일으키는 중금속은?

① 납 ② 수은
③ 카드뮴 ④ 비소
⑤ 구리

07 납에 중독되면 연연(잇몸 가장자리에 흑녹색의 띠)이 일어나며 뼈의 경조직 등에 침범하여 빈혈 등의 혈액장애를 일으킨다.

07 중독되면 연연(lead line)이 일어나며 뼈의 경조직 등에 침범하여 빈혈 등의 혈액장애를 일으키는 중금속은?

① 납 ② 카드뮴
③ 수은 ④ 비소
⑤ 크롬

08 조제분유 중독사건과 산분해간장 중독사건은 첨가물에 비소가 오염되어서 발생했던 사건이다.

08 일본에서 조제분유 중독사건에서 문제가 되었던 중금속은?

① 납 ② 카드뮴
③ 수은 ④ 비소
⑤ 크롬

09 **주석**은 통조림통을 만들 때 사용되며 **산성 과일제품 통조림에서 용출**되어 중독을 일으킬 수 있으므로 우리나라에서는 그 용출 허용량을 150~200 ppm 이하로 규제하고 있다.

09 통조림통을 만들 때 사용되며 산성식품의 통조림에서 용출되어 나와서 중독을 일으킬 수 있는 금속은?

① 구리 ② 철
③ 주석 ④ 아연
⑤ 크롬

10 통조림 용기의 철이 녹스는 것을 막기 위해 용기 내부에 주석을 입히는데 이 주석은 산성이 강한 주스, 과일통조림 등에서 이온화되어 용출될 가능성이 높다. 이를 방지하기 위해 **주석 표면을 수지로 코팅**하는데 포크나 젓가락에 의해 이 **코팅이 벗겨져 주석이 녹아 나올 수 있다.**

10 통조림 용기에 상처가 있거나 내용물이 산성일 때 용해되어 나올 수 있는 유해금속은?

① 구리 ② 비소
③ 카드뮴 ④ 아연
⑤ 주석

정답 05. ① 06. ① 07. ①
08. ④ 09. ③ 10. ⑤

11 유해중금속과 그 중독 증상을 연결한 것으로 옳은 것은?

① 수은 - 골연화증
② 비소 - 흑피증, 손톱의 횡초백선
③ 카드뮴 - 빈혈
④ 납 - 언어장애, 난청
⑤ 주석 - 중추신경계 장애

12 부족 시 심근증, 면역성, 근육량, 인지능력, 항산화능력, 골밀도, 갑상선 기능, 염증, 항노화, 우울증 등에서 문제 증상을 나타낼 수 있으며, 과다섭취 시 급성독성으로 타액 분비의 과다, 구토, 호흡 시 마늘냄새가 나는 특징을 보이고, 만성독성으로 머리카락과 손톱의 변화, 피부의 손상, 말초감각 저하(peripheral hypoethesia), 말단지각이상(acroparesthesia), 과다반사(hyperreflexia) 등의 임상적인 신경장애가 나타날 수 있는 무기질은?

① 구리
② 셀레늄
③ 크롬
④ 아연
⑤ 주석

13 유기염소제에 대한 설명으로 옳은 것은?

① 아코니타제의 작용 억제
② 벼에 사용되는 침투성 농약
③ 파라티온, 디아지논 등이 있음
④ 콜린에스터나아제의 작용 억제
⑤ 지용성으로 섭취하면 인체에 축적됨

13 유기염소제는 토양에서 잔류성이 크고, 인체에 들어오면 지방세포에 녹아 축적되며, DDT, DDD, γ-BHC 등이 있다.

14 신경전달물질인 아세틸콜린 가수분해효소의 작용을 저해하여 아세틸콜린의 축적에 의한 중독증상을 나타내는 농약은?

① 유기염소제
② 니코틴제
③ 유기불소제
④ 유기인제
⑤ 금속함유농약

14 **유기인제 농약은 카바메이트계 농약**과 마찬가지로 **콜린에스테라제 저해제로 작용**하여 체내 **아세틸콜린의 축적을 유발**하며, **환경에 잔류하는 기간이 짧아** 식품오염보다는 농약사용자의 중독이 더욱 심하다. 대표적인 유기인제 농약에는 파라티온(parathion)과 말라티온(malathion)이 있다.

15 생체 내에 들어가서 단백질의 변성을 일으켜 단백질의 일반기능이나 특정 효소의 작용을 저해하고 종자소독, 방미제, 토양살균 등의 목적으로 사용되며 인체에 축적성이 커 만성중독을 일으키는 농약은?

① 유기인제
② 유기불소제
③ 유기수은제
④ 유기염소제
⑤ 카바메이트제

정답 11. ② 12. ② 13. ⑤ 14. ④ 15. ③

16 유기염소계 농약을 살포한 후 시간이 어느 정도 경과한 지역에서 채취한 것 중 잔류량이 가장 높을 것으로 예상되는 것은?

① 지표수 ② 수생플랑크톤
③ 소형 어류 ④ 대형 어류
⑤ 어류를 잡아먹는 조류

17 식품에 잔류하는 농약에 대한 설명으로 옳은 것은?

① 농약은 인체조직에 흡수·축적되나 체외 배설되는 속도가 빨라 독성 제거가 용이하다.
② 농약은 과일 내부로 침투하지 못하므로 껍질을 제거하면 안전하다.
③ 모든 농약은 잔류기간이 2주일 이내이므로 수확 2주 이내에만 살포하면 안전하다.
④ 같은 종류의 농약에 대량 노출되는 것이 여러 가지 농약을 적은 양 섭취하는 것보다 안전하다.
⑤ 농약에 따라 독성작용이 다르므로 총량 대신 유사농약의 섭취량만 일일섭취 허용기준 내에 있으면 안전하다.

18 독성이 강해 중독사고가 많이 일어나나 분해가 빨라 만성중독의 위험이 없는 농약은?

① 카바메이트제 ② 유기염소제
③ 유기수은제 ④ 유기인제
⑤ 유기불소제

19 콜린에스테라제(cholinesterase)의 작용을 저해하는 농약은?

① 유기인제 ② 유기염소제
③ 유기불소제 ④ 항생물질제
⑤ 유기수은제

20 아코니타제(aconitase)에 대한 강력한 저해작용을 나타내는 농약은?

① 유기인제 ② 유기염소제
③ 유기불소제 ④ 카바메이트제
⑤ 유기수은제

16 **생물농축은 환경 속의 특정한 물질**이 생물체 안에 축적되어 **먹이 사슬을 거치면서 생체 내의 농도가 증가하는 현상**이다. 생물체가 분해하기 어려운 **디디티(DDT), 유기 수은, 폴리염화 바이페닐 따위**의 화학물질이 흡수된 경우에 이들 물질이 먹이 사슬을 거칠 때마다 점점 농도가 증가하여 축적된다.

17 농약의 독성은 화합물의 종류에 따라 기전이 다르며, 이 기전에 따라 독성작용을 나타내는 양이 결정되므로 총량보다는 유사화합물의 섭취량이 중요하다. 따라서 작용기전이 다른 여러 가지 농약을 적은 양 섭취하는 것이 같은 종류의 농약에 대량 노출되는 것보다 안전하다.

19 유기인제와 카바메이트제 농약은 콜린에스테라제의 작용을 저해하여 아세틸콜린의 축적에 의한 중독을 일으킨다.

20 유기불소제 농약은 체내에서 아코니타제에 대한 강력한 저해작용을 갖는 모노플루오로시트르산으로 전환되어 체내에 구연산의 축적에 의한 중독을 일으킨다. 심장장해와 중추신경증상, 심하면 보행 및 언어장해 등 마비성 경련으로 사망한다.

정답 16. ⑤ 17. ⑤ 18. ④ 19. ① 20. ③

21 독성이 적어 급성독성 사고는 적으나 잔류성이 커 지방조직에 축적되어 만성독성을 일으켜 DDT 등과 같은 살충제는 사용이 금지된 농약은?

① 유기인제 ② 유기염소제
③ 유기불소제 ④ 카바메이트제
⑤ 유기수은제

22 항생물질에 의한 문제점 중 가장 심각한 문제가 되는 것은?

① 급성독성 ② 만성독성
③ 알레르기 발현 ④ 균교대증
⑤ 내성균의 출현

22 항생물질은 급성독성, 만성독성 알레르기 발현, 균교대증, 내성균의 출현 등의 문제점을 가지고 있으나, **내성균의 출현**이 가장 심각한 문제가 된다.

23 컵라면 용기에서 용출되어 내분비 장애물질로 작용할 가능성이 시사되어 문제를 일으켰던 물질은?

① 인쇄용매인 toluene
② PVC의 잔류 단량체인 vinyl chloride
③ PVC의 가소제인 DBP와 DOP(DEHP)
④ Polystyrene의 저중합체인 styrene oligomer
⑤ Glyceride의 염소치환체인 MCPD

24 유아용 젖병, 장난감, 플라스틱 그릇 등에서 검출될 수 있어 사용이 금지된 내분비계 교란 물질은?

① 포름알데히드 ② 스틸렌
③ 에틸렌 ④ 비스페놀A
⑤ 디에틸헥실아디페이트

25 플라스틱을 유연하게 만드는 가소제로, 인체 내 호르몬의 작용을 방해하고 플라스틱이나 코팅된 종이 용기에 뜨거운 식품을 포장할 경우 용출이 우려되는 내분비계 장애 물질은?

① 메틸알코올 ② 프탈레이트
③ 비스페놀A ④ 1,2－벤조피렌
⑤ 포름알데히드

정답 21. ② 22. ⑤ 23. ④ 24. ④ 25. ②

26 식용유 등 유지를 고온에서 가열하면 글리세롤이 생성되고 글리세롤이 탈수되어 자극적인 냄새와 맛이 나는 아크롤레인이 된다.

27 **벤조피렌**은 돼지고기 바비큐나 구운 소시지 등 **훈연이나 직화구이** 같은 조리과정 중 생성되며, 커피나 견과류를 강하게 볶을 때도 생성된다. 또한 유기물질이 불완전 연소하면서 생성되므로 자동차 배기가스나 건물 굴뚝 등에서도 배출되어 환경으로부터 식품에 유입되기도 한다.

29 벤조피렌은 육류를 태울 때 생성되는 발암성 물질이다.

30 **아질산은 햄, 베이컨, 소시지 등에 발색 및 보존을 목적으로 첨가**하는 화합물이며, 질산염으로부터 체내에서 환원되기도 한다. 2급 아민은 동물성 식품에 흔히 존재한다. 니트로사민은 아질산염을 처리한 육류제품의 섭취 등에 의해 생성될 수 있는 독성이 강한 물질이다.

정답 26. ② 27. ① 28. ①
29. ① 30. ②

26 유지를 고온에서 가열할 때 생성되는 물질로 자극적인 냄새가 나는 것은?

① 벤조피렌
② 아크롤레인
③ 니트로사민
④ 아크릴아미드
⑤ 에틸카바메이트

27 다환방향족 탄화수소(PAH)에 속하는 물질로 커피를 강하게 볶을 때나 육류의 직화구이 및 훈연 중에 발생하는 발암물질은?

① 벤조피렌(benzopyrene)
② 아크릴아미드(acrylamide)
③ 말론알데히드(malonaldehyde)
④ 에틸카바메이트(ethylcarbamate)
⑤ 니트로사민(N-nitrosamine)

28 열에 의해 유기물질이 분해된 후 재결합되는 과정에서 생성되고, 발암성을 지니며, 동물성 식품의 과도한 직화구이로 생성되고, 태우거나 훈제로 생성이 증가되는 것은?

① PAH
② PCB
③ DDT
④ 다이옥신
⑤ DOP

29 육류를 태울 때 생성되는 발암성 물질은?

① 벤조피렌
② 니트로사민
③ 메탄올
④ 트리할로메탄
⑤ 말론알데히드

30 식품의 가공 조리 시 아질산과 2급 아민이 반응하여 생기는 발암물질은?

① 아크릴아미드(acrylamide)
② 니트로사민(N-nitrosamine)
③ 벤조피렌(benzopyrene)
④ 말론알데히드(malonaldehyde)
⑤ PCB(polychlorinated biphenyl)

31 식품의 제조 · 가공과정에서 생성된 니트로사민(nitrosamine)이 인체에 미치는 유해한 영향은?

① 발암성 ② 골연화증
③ 시각장애 ④ 언어장애
⑤ 중추신경계 장애

31 니트로사민 등 n-니트로소 화합물은 인체에 암을 유발할 수 있는 발암성 식중독 물질이다.

32 과실주의 발효과정에서 생성되는 독성물질로 시신경에 염증을 일으켜 시각 장애를 초래할 수 있는 물질은?

① 벤조피렌 ② 니트로사민
③ 메탄올 ④ 트리할로메탄
⑤ 다이옥신

32 메탄올은 과실주의 발효과정에 펙틴으로부터 생성될 수 있는 독성물질로 **두통, 현기증 등을 일으키며, 시신경에 염증**을 일으켜 **실명**이 되는 경우도 있다.

33 비중격천공을 일으키는 중금속은?

① 구리 ② 수은
③ 크롬 ④ 비소
⑤ 주석

33 크롬은 도금공장이나 광산에 폐수를 통하여 오염을 유발하고, 복통, 빈혈, 간장장애, 비중격천공 등을 일으킨다.

34 감자 등 전분이 함유된 식품을 120℃ 이상 고온에서 조리 · 가공할 때 생성되는 것은?

① 메탄올 ② 벤조피렌
③ 아크릴아미드 ④ 말론알데히드
⑤ 에틸카바메이트

34 아크릴아미드는 감자, 곡류 등 전분 함유 식품을 고온에서 처리할 때 아스파라긴과 당이 반응하여 생성된다. 국제암연구소에서 발암유력물질(그룹 2A)로 분류하고 있다.

35 지질의 산패에 의해서 생성되는 발암성 물질은?

① 벤조피렌 ② 니트로사민
③ 메탄올 ④ 트리할로메탄
⑤ 말론알데히드

35 말론알데히드는 지질의 산패에 의해서 생성되는 발암성 물질이다.

36 수돗물의 염소 소독과정에서 생성되는 발암성 물질은?

① 벤조피렌 ② 니트로사민
③ 메탄올 ④ 트리할로메탄
⑤ 말론알데히드

36 수돗물을 염소 소독하는 과정에서 유기물질과 반응하여 **트리할로메탄이라는 발암성 물질**이 생성된다.

정답 31. ① 32. ③ 33. ③ 34. ③ 35. ⑤ 36. ④

37 PCB와 같이 생분해가 느린 유기오염물질은 지방 부위에 축적되며, 먹이사슬을 따라 이행된다.

37 PCB(Polychlorobiphenyls)와 같은 유기오염물질이 높은 농도로 발견될 가능성이 큰 식품의 부위로만 짝지어진 것은?

① 어류 지방, 돼지고기 삼겹살
② 어류 지방, 쇠고기 뼈
③ 쇠고기 뼈, 돼지고기 삼겹살
④ 돼지고기 삼겹살, 근채류 등의 땅속 작물
⑤ 과일류, 어류 지방

38 월남전에서 사용된 고엽제의 합성 부산물로 잘 알려진 다이옥신은 탄소와 염소가 혼합된 물질이 불완전 연소하게 되면 쉽게 생성되기 때문에 산업장이나 노천소각장 등에서 많이 발생한다. 지방에 대한 용해도가 매우 높아 생체 내에서 배설이 잘 이루어지지 않고 먹이사슬을 따라 축적된다. 또한 구조적으로 매우 안정하여 산, 염기, 열, 물 등에 의해 쉽게 파괴되지 않으며 미생물에 의해 분해되지 않아 환경에 축적된다.

38 주로 지방함량이 많은 식품 및 먹이 사슬의 윗부분에 있는 식품에서 검출되는 물질로 산업장, 소각장 등에서 발생하는 발암성 환경오염 물질은?

① 비스페놀 A
② 다이옥신
③ 납
④ 벤조피렌(benzopyrene)
⑤ PBB(polybrominated biphenyl)

39 문제 38번 해설 참고

39 월남전에서 고엽제로 사용되었으며 소각장에서 불완전 연소로 인하여 생성되는 것은?

① 다이옥신 ② 프탈레이트
③ 아크롤레인 ④ 메틸알코올
⑤ 비스페놀 A

40 다이옥신은 생태계에서 잘 분해되지 않기 때문에 축적되어 먹이사슬 상부의 동물일수록 그 농도가 높다.

40 오염물질의 식품 내 분포에 대한 설명으로 옳은 것은?

① 수산식품이 중금속 등의 오염물질에서 가장 안전하다.
② 금속 오염물질은 육류의 지방부위에서 주로 관찰된다.
③ 다이옥신은 초식동물보다 육식동물에 더 높은 농도로 존재한다.
④ 근채류는 땅속에서 수확하기 때문에 오염도가 가장 높은 식물이다.
⑤ 다이옥신 등의 유기오염물질은 식물성 식품에서 주로 관찰된다.

41 식품에 오염되는 방사성 물질 중에서 ^{90}Sr과 ^{137}Cs는 생성률이 크고 반감기가 길어서 인체에 미치는 영향이 크다.

41 식품에 오염되는 방사성 물질 중 생성률이 크고 반감기가 길어서 인체에 미치는 영향이 큰 것은?

① ^{60}Co, ^{65}Zn ② ^{90}Sr, ^{137}Cs
③ ^{106}Ru, ^{140}Ba ④ ^{95}Zr, ^{141}Ce
⑤ ^{59}Fe, ^{235}U

정답 37. ① 38. ② 39. ①
40. ③ 41. ②

42 반감기가 가장 짧은 방사성 물질은?

① ^{131}I ② ^{90}Sr
③ ^{60}Co ④ ^{137}Cs
⑤ ^{226}Ra

42 반감기가 극히 짧아서 젖소가 피폭 직후 오염된 목초를 섭취하면 쉽게 흡수되고 바로 우유에 나타나게 되는 방사성 물질은 ^{131}I 핵종이다.

43 유전자 변형 식품을 도입한 이유로 옳지 않은 것은?

① 내성이 강한 품종 확보 ② 수확량 증가
③ 안전성 확보 ④ 영양성분 강화
⑤ 품질 개량

43 유전자 변형 식품은 **품종개량을 통해 병원성 미생물, 해충과 잡초 등에 내성이 강한 품종 확보** 및 **수확량 증가** 등 식량 증산, **영양성분 강화** 및 **질병관리**를 통해 식량문제를 해결하기 위해 도입되었다.

44 폐수 오염의 지표에 대한 설명으로 옳은 것은?

① 유기물의 분해성 물질이 많으면 용존산소량이 적어진다.
② 부패성 물질이 많으면 BOD가 낮아진다.
③ 유기물 오염도가 높으면 COD가 낮아진다.
④ pH는 수질 오염 판단 기준으로 사용되지 않는다.
⑤ 위생하수의 기준량은 BOD 20 ppm 이상, DO 4 ppm 이상이다.

45 식중독을 유발하는 동물성 독소는?

① tetrodotoxin ② solanine
③ gossypol ④ aconitine
⑤ muscarine

45 tetrodotoxin은 복어가 생산하는 동물성 독소이다.

46 청매(미숙매실)에 함유되어 있는 독성물질은?

① 사프롤(safrole) ② 고시폴(gossypol)
③ 아미그달린(amygdalin) ④ 프타퀼로사이드(ptaquiloside)
⑤ 렉틴(lectin)

47 콩에 존재하는 펩티드 물질로 단백질분해효소 저해제 역할을 하여 소화장애 및 영양장애를 가져오는 물질은?

① 콜린에스테라제 저해제(choline esterase inhibitor)
② 이소플라본(isoflavone)
③ 피틴산(phytate)
④ 전분분해효소 저해제(α-amylase inhibitor)
⑤ 트립신 저해제(trypsin inhibitor)

47 트립신 저해제는 가장 널리 알려진 단백질분해효소 저해제로 콩뿐 아니라, 감자, 옥수수, 쌀, 호박씨 등에도 함유되어 있으며, 영양저해효과 이외에도 췌장으로부터 단백질분해효소를 계속 생산하도록 하여 췌장비대증을 유발하기도 한다.

정답 42. ① 43. ③ 44. ①
45. ① 46. ③ 47. ⑤

48 아플라톡신은 **내열성**으로 열에 의해 쉽게 파괴되지 않는다.

48 아플라톡신에 대한 설명으로 옳은 것은?

① 독버섯의 독소이다.
② *Penicillium*속이 생성한다.
③ 이열성으로 쉽게 파괴된다.
④ 발암성을 가진 독소이다.
⑤ 중추신경계에 영향을 준다.

49 Benzopyrene은 식물성 독버섯의 유독성분이 아니고 **고기 단백질이 탈 때 나오는 발암성 물질**이다.

49 독버섯의 유독성분으로 옳지 <u>않은</u> 것은?

① Muscarine ② Benzopyrene
③ Neurine ④ Choline
⑤ Muscaridine

50 콜린에스터라아제의 작용을 억제하여 용혈작용, 운동중추 마비를 유발하는 것은 감자의 녹색 부위나 싹에 있는 솔라닌이다.

50 콜린에스터라아제의 작용을 억제하여 식중독 증상을 나타내는 것은?

① 고시폴(gossypol) ② 솔라닌(solanine)
③ 무스카린(muscarine) ④ 사이카신(cycasin)
⑤ 리코린(lycorine)

51 히스타민 식중독은 히스티딘을 많이 함유하는 **고등어, 삼치, 가다랑어, 전갱이** 등 등푸른 생선을 상온에 잘못 보관 시 발생한다.

51 히스타민 식중독의 주요 원인 식품은?

① 고등어 ② 복어
③ 도미 ④ 갈치
⑤ 진주담치

52 시구아테라 중독의 독성분인 시구아톡신은 냉온감각의 이상을 보이는 드라이아이스 센세이션을 유발한다.

52 냉온감각 이상을 보이는 드라이아이스 센세이션(dry ice sensation)을 일으키는 식중독 성분은?

① 삭시톡신(saxitoxin)
② 테트라민(tetramine)
③ 베네루핀(venerupin)
④ 시구아톡신(ciguatoxin)
⑤ 테트로도톡신(tetrodotoxin)

정답 48. ④ 49. ② 50. ②
51. ① 52. ④

53 조개류에 함유되어 있어 마비성 패독을 일으키는 유독성분은?

① 시구아톡신(ciguatoxin)
② 테트라민(tetramine)
③ 삭시톡신(saxitoxin)
④ 테트로도톡신(tetrodotoxin)
⑤ 아마톡신(amatoxin)

53 삭시톡신은 가리비, 모시조개, 섭조개, 홍합 등의 조개류에 함유되어 있는 독소로 적조현상을 나타내는 바닷말의 급속적 성장에 의한다. 입술 및 손발의 마비, 운동장애에 이은 호흡장애로 사망까지 이르게 하는 강한 독이며, 중성이나 산성에서 열에 안정하여 일반조리법으로는 파괴가 어렵다. ciguatoxin은 ciguatera속 독어류(조개류가 아닌)에 있고 신경마비증상을 갖는다.

54 테트로도톡신에 대한 설명으로 옳은 것은?

① 난소와 간 등에 많이 있다.
② 열에 의하여 쉽게 파괴된다.
③ 조개에 있는 독이다.
④ 산에 불안정하다.
⑤ 수용성이다.

55 열대나 아열대 해역의 산호초 주변에 서식하는 어류에서 생성되는 독소로 주로 내장이나 알에 축적되면 일반 가열 조리로 파괴하기 어려우며 전신마비 등 신경계 이상을 일으킬 수 있는 물질은?

① tetrodotoxin
② ciguatoxin
③ cicutoxin
④ brevetoxin
⑤ domoic acid

56 메로나 눈다랑어 등으로 허위로 판매되기도 하였고 태평양, 대서양, 지중해 등에 분포하며, 섭취하면 근육 중의 왁스 성분에 의해 배변 전에 악취가 나는 유상물질을 배설하는 등 특이한 형태의 설사와 함께 구토와 복통을 유발해 식품원료로 사용이 금지된 어류는?

① 돗돔
② 동갈치
③ 칼납자루
④ 장갱이
⑤ 기름치

57 치즈의 제조에 이용되는 곰팡이는?

① *Aspergillus flavus*
② *Fusarium vetillioides*
③ *Penicillium roqueforti*
④ *Penicillium islandicum*
⑤ *Aspergillus ochraceus*

57 *Penicillium roqueforti*는 Blue cheese 제조 시 이용되는 곰팡이이다.

정답 53. ③ 54. ① 55. ②
56. ⑤ 57. ③

58 땅콩이나 옥수수 등 탄수화물이 풍부한 식물성 식품이 오염될 수 있는 독소로, 강한 간독성을 보이는 곰팡이독소는?

① 오크라톡신(ochratoxin)
② 아플라톡신(aflatoxin)
③ 시트리닌(citrinin)
④ 에르고톡신(ergotoxin)
⑤ 테트라민(tetramine)

58 아플라톡신은 *Aspergillus flavus*와 *A. parasiticus*가 생성하는 독소로 **땅콩, 보리, 쌀, 옥수수** 등에서 발생하며, 아플라톡신에 오염된 사료를 먹은 칠면조가 집단으로 사망한 예가 있다. 이 독소는 **물에 잘 녹지 않고 열에 강하여 280~300℃로 가열해도 분해가 되지 않는다.**

59 곰팡이독(mycotoxin)으로 옳은 것은?

① venerupin
② cicutoxin
③ saxitoxin
④ ochratoxin
⑤ muscarine

59 ochratoxin은 *Aspergillus ochracesu*가 옥수수에 기생하여 생산한다.

60 호밀, 귀리, 보리 등에 서식하는 곰팡이가 생성하는 맥각독은?

① 아플라톡신(aflatoxin)
② 제아랄레논(zearalenone)
③ 트리코테신(trichothecene)
④ 에르고톡신(ergotoxin)
⑤ 오크라톡신(ochratoxin)

60 **에르고톡신은 호밀, 귀리, 보리에** 서식하는 *Claviceps purpurea*와 *C. paspali*가 생성하는 **맥각 알칼로이드**로 혈관수축으로 인한 혈압상승작용이 있어 **맥각독**을 장기간 섭취하면 지나친 혈관 수축으로 인하여 사지와 수족의 괴저를 유발한다. 또 다른 맥각독으로는 **에르고타민(ergotamine), 에르고메트린**(ergometrine) 등이 있다.

61 동남아시아의 쌀에 많은 황변미 중독의 원인이 되는 곰팡이는?

① *Penicillium islandicum*
② *Fusarium solani*
③ *Aspergillus parasiticus*
④ *Claviceps purpurea*
⑤ *Alternaria tenuis*

61 우리나라를 비롯한 동남아시아에서는 저장곡류의 수분 함량을 조절하기에 어려움이 있어 특히 황변미 발생이 많다. *Penicillium islandicum*은 **황변미 독소인** *luteoskyrin, islanditoxine* 등을 생성한다.

62 저장된 쌀을 황색으로 변화시키는 황변미독소로 태국산 쌀에서 최초로 발견된 곰팡이독소는?

① 시트리닌(citrinin)
② 아플라톡신(aflatoxin)
③ 테트로도톡신(tetrodotoxin)
④ 아마톡신(amatoxin)
⑤ 색시톡신(saxitoxin)

62 황변미독소는 *Penicillium*속과 *Aspergillus*속 곰팡이들이 습도와 기온이 높은 환경에서 저장된 쌀에 기생하면서 쌀을 황색으로 변화시키면서 생성하는 독소로 주로 신장 장애를 일으킨다. 태국산 쌀에서 최초로 발견된 황변미독소는 시트리닌이다.

정답 58. ② 59. ④ 60. ④ 61. ① 62. ①

63 주로 부패한 사과, 배, 포도 또는 과일 주스 등의 가공품에 오염된 페니실린속 곰팡이(*Penicillium expansum*)가 생성하는 독소로, 중독 시 증상이 초조, 경련, 호흡곤란, 부종 등인 곰팡이독소의 이름은?

① 퓨모니신(fumonisin)
② 제랄레논(zearalenone)
③ 파툴린(patulin)
④ 오크라톡신(ochratoxin)
⑤ 시트리닌(citrinin)

63 **파툴린은 초조, 경련, 호흡곤란, 부종, 궤양 등을 일으키는 독성**이 있으며, 우리나라에서는 **사과주스, 사과농축액, 과일주스**에서 50 μg/kg 이하, 어린이 사과제품 또는 영유아 곡류제품에 10 μg/kg 이하로 기준을 정하고 있다.

64 *Aspergillus ochraceus*와 *Penicillium viridicatum* 등이 생산하며 주로 신장장애를 나타내나 신장암을 유발하기도 하며, 간에도 손상을 주는 곰팡이독으로, 주요 발생 식품은 쌀, 보리, 밀, 옥수수, 콩, 커피 등인 곰팡이독은?

① 시트리닌(citrinin)
② 퓨모니신(fumonisin)
③ 파툴린(patulin)
④ 제랄레논(zearalenone)
⑤ 오크라톡신(ochratoxin)

65 섭취하면 6~24시간의 잠복기를 거친 후 심한 메스꺼움, 구토, 설사, 혈변, 토혈, 침 흘림 등 소화기 위장장애와 더불어, 경련과 신경마비증상을 가지는 콜레라 증상을 수반하면서 간장의 비대, 황달, 혼수상태 후 1~3일 내에 사망할 수 있는 버섯은?

① 화경버섯
② 굽은외대버섯
③ 알광대버섯
④ 독깔대기버섯
⑤ 노란다발버섯

66 식물성 자연독 중에서 식품과 함유되어 있는 청산배당체 조합의 연결이 옳지 <u>않은</u> 것은?

① 청매 – 아미그달린
② 수수 – 듀린
③ 오색콩 – 파세오루나틴
④ 소철 – 사이카신
⑤ 라마콩 – 리나마린

66 사이카신은 소철에 들어 있는 배당체로 청산 잔기를 포함하지 않는다.

정답 63. ③ 64. ⑤ 65. ③ 66. ④

67 독미나리에 존재하는 독성물질은?

① 시큐톡신
② 아마니타톡신
③ 테물린
④ 테트로도톡신
⑤ 아코니틴

68 섭조개, 홍합, 대합조개 등에 존재하며 마비성 중독 증세를 일으키는 조개독은?

① 베네루핀
② 오카다익산
③ 테트로도톡신
④ 테트라민
⑤ 삭시톡신

69 부적절하게 조리된 원추리로 만든 나물을 먹고 발생한 식중독의 원인물질은?

① 콜히친(colchicine)
② 리코린(lycorine)
③ 코나인(coniine)
④ 시큐톡신(cicutoxin)
⑤ 디기톡신(digitoxin)

70 식품과 자연독의 연결이 옳지 않은 것은?

① 바지락 – 베네루핀
② 청매 – 아미그달린
③ 독미나리 – 시큐톡신
④ 감자 – 솔라닌
⑤ 독보리 – 사이카신

71 간장독 작용을 나타내고 간암을 일으키는 곰팡이독소는?

① 시트리닌
② 시트레오비리딘
③ 파툴린
④ 아플라톡신
⑤ 시트레오마이세틴

72 신경독 작용을 나타내는 황변미독소는?

① luteoskyrin
② islanditoxin
③ cyclochlorotin
④ citrinin
⑤ citreoviridin

67 독미나리에는 시큐톡신(cicutoxin)이 함유되어 있으며, 아마니타톡신은 버섯독, 테물린은 독보리의 독, 테트로도톡신은 복어독, 아코니틴은 바꽃의 독이다.

68 **섭조개**, **홍합**, **대합조개** 등에 존재하며 마비성 중독 증세를 일으키는 조개독은 구아니딜 유도체인 **삭시톡신**이며, **베네루핀**은 **굴**, **모시조개**, **바지락**에 존재하는 간장독, **오카다익산**은 **섭조개**, **가리비**, **민들조개** 등에 존재하는 설사독, **테트로도톡신**은 **복어**에 존재하는 마비성 신경독, **테트라민**은 **소라고둥**, **조각매물고둥** 등에 존재하는 독성물질이다.

69 **원추리**에 의한 식중독은 우리나라 봄철에 자주 발생하며, 원인 물질은 **콜히친**이다. **어린 순을 충분히 삶았다 물에 담그면 독성물질을 제거**할 수 있다.

70 독보리의 독소는 테무린이고 사이카신은 소철의 독소이다.

71 곰팡이독소 중 간장독 작용을 나타내는 것에는 아플라톡신, 오클라톡신, 루부라톡신, 루테오스카이린 등이 있으며, 파툴린, 시트레오비리딘은 신경독, 시트리닌, 시트레오마이세틴은 신장독이다.

72 황변미 독소 중에서 신경독 작용을 나타내는 것은 citreoviridin이며, citrinin은 신장독, luteoskyrin, islanditoxin, cyclochlorotin은 간장독 작용을 나타낸다.

정답 67. ① 68. ⑤ 69. ① 70. ⑤ 71. ④ 72. ⑤

73 보리에 맥각을 형성하여 독소를 생산하는 맥각균은?

① *Aspergillus flavus*
② *Claviceps purpurea*
③ *Fusarium solani*
④ *Penicillium citrinum*
⑤ *Penicillium rubrum*

73 맥각균은 *Claviceps purpurea*이다.

74 피마자에 함유되어 있는 독성 단백질은?

① 사포닌 ② 솔라닌
③ 리신 ④ 아코니틴
⑤ 테무린

74 **피마자**에 함유되어 있는 **독성 단백질은 리신**이다. **사포닌은 대두, 솔라닌은 싹이 난 감자**에 함유되어 있는 독성 배당체이며, **아코니틴은 바꽃, 테무린은 독보리**에 함유되어 있는 독성 알칼로이드이다.

75 고사리에 들어 있는 식물성 자연독은?

① 리신 ② 쿠마린
③ 카테킨 ④ 프타퀼로사이드
⑤ 피로페오포르바이드-A

75 고사리의 유독성분은 프타퀼로사이드(ptaquiloside)로 발암물질이다. 고사리의 떫고 쓴맛을 우려내는 과정에서 분해된다.

76 목화씨유에 함유될 수 있는 천연항산화제이자 출혈성 신염, 신장염, 심장비대, 간장해 등의 독성을 유발할 수 있는 물질은?

① 리신 ② 고시폴
③ 듀린 ④ 시큐톡신
⑤ 피로페오포르바이드-A

77 고구마의 상처 부위에서 생성되는 항생물질로, 섭취 시 간과 폐에 강한 독성을 보이는 물질은?

① 리신 ② 쿠마린
③ 카테킨 ④ 피토알렉신
⑤ 피로페오포르바이드-A

77 고구마의 상처 부위에서 발견되는 항생물질은 피토알렉신이다.

78 시안생성 독소를 함유한 식품은?

① 겨자 ② 수수
③ 목화씨 ④ 고사리
⑤ 독미나리

78 **시안배당체**를 함유한 식품에는 **아몬드, 살구씨, 청매, 죽순, 수수, 아마씨** 등이 있다.

정답 73. ② 74. ③ 75. ④ 76. ② 77. ④ 78. ②

79 식품첨가물에는 천연물질이나 영양물질 등 인위적으로 첨가한 모든 물질이 포함된다. 각 국가별로 식품첨가물에 대한 기준과 규격을 설정한다.

81 식품첨가물은 식품의 보존과 저장성, 기호도, 영양학적 가치 등 식품의 품질을 높이기 위하여 사용한다.

79 식품첨가물에 대한 설명으로 옳은 것은?

① 식품에 첨가되는 비영양물질을 일컫는다.
② 식품에 사용되는 화학적 합성품을 일컫는 용어다.
③ 전 세계적으로 국제식품규격위원회의 규격을 공통 규격으로 준수한다.
④ 식품가공과정에서 변형되었거나 제거되어 최종 제품이 남아 있지 않은 물질도 포함된다.
⑤ 식품첨가물에 넣는 물질은 화학반응을 일으켜 얻은 물질을 말한다.

80 식품첨가물 표시기준에서 표시하지 <u>않아도</u> 되는 것은?

① 제품명 ② 제조연월일
③ 원료명 ④ 사용기준
⑤ 사용날짜

81 식품첨가물의 사용 목적으로 옳은 것은?

① 저장성 향상
② 생산성 향상
③ 식품의 산화 촉진
④ 식품의 가격 인하
⑤ 식품의 품질 저하

82 식품첨가물의 사용기준은 식품첨가물공전을 따른다. 다음 중 식품첨가물공전에 그 내용이 규정되어 있지 <u>않은</u> 것은?

① 제조기준 ② 성분기준
③ 일반사용기준 ④ 허용식품
⑤ 확인시험법

83 식품의 제조 과정에서 기술적 목적을 달성하기 위하여 의도적으로 사용되고 최종 제품 완성 전 분해, 제거되어 잔류하지 않거나 비의도적으로 미량 잔류할 수 있는 식품첨가물은?

① 거품제거제 ② 젤형성제
③ 증점제 ④ 산도조절제
⑤ 가공보조제

정답 79. ④ 80. ⑤ 81. ①
82. ② 83. ⑤

84 식품첨가물이 아닌 것은?

① 청관제 ② 추출용제
③ 이형제 ④ 세척제
⑤ 살균제

85 식품의 입자 등이 서로 부착되어 고형화되는 것을 감소시키는 식품첨가물은?

① 산화방지제 ② 고결방지제
③ 분사제 ④ 안정제
⑤ 이형제

86 Ascorbyl palmitate의 주요 사용 목적은?

① 정균작용을 이용한 보존료
② 식용유의 산화 방지
③ 색소의 산화 방지
④ 표백효과
⑤ 착색효과

87 분유의 단백질 함량이 높은 것으로 보이기 위하여 불법첨가함으로써 전 세계적으로 식품위해를 발생시킨 물질은?

① 멜라민 ② 멜라닌
③ 카제인 ④ 젖산
⑤ 프로테인

88 사용이 금지된 식품첨가물이 아닌 것은?

① 시클로메이트 ② 둘신
③ 에틸렌 글리콜 ④ 사카린
⑤ 포름알데하이드

89 식품첨가물 중 착색효과와 영양강화 현상의 이중 효과를 얻을 수 있는 첨가물은?

① Ascorbic acid ② Caramel
③ Beta-carotene ④ Vitamin C
⑤ Sorbic acid

84 식품첨가물의 용도
- 청관제 : 식품에 직접 접촉하는 스팀을 생산하는 보일러 내부의 결석, 물때 형성, 부식 등을 방지하기 위하여 투입하는 식품첨가물
- 추출용제 : 유용한 성분 등을 추출하거나 용해시키는 식품첨가물
- 이형제 : 식품의 형태를 유지하기 위해 원료가 용기에 붙는 것을 방지하여 분리하기 쉽도록 하는 식품첨가물
- 살균제 : 식품 표면의 미생물을 단시간 내에 사멸시키는 작용을 하는 식품첨가물

정답 84. ④ 85. ② 86. ②
87. ① 88. ④ 89. ③

90 스테아릴젖산나트륨은 유화제로 사용되는 식품첨가물이다.

91 발색제는 식품 중에 존재하는 유색물질과 결합하여 색을 안정하게 하거나 선명하게 하는 물질이다.

94 피막제로는 쉘락, 쌀겨왁스, 카나우바왁스 등이 사용된다.

95 유지의 추출에는 n-헥산이 사용되며, 이소프로필알코올은 설탕의 추출에 사용할 수 있으며, 규소수지는 소포제로, 피페로닐부톡사이드는 방충제로, 유동파라핀은 이형제로 사용할 수 있다.

정답 90. ③ 91. ② 92. ⑤ 93. ② 94. ② 95. ②

90 증점제로 사용할 수 없는 식품첨가물은?

① 알긴산
② 메틸셀룰로오스
③ 스테아릴젖산나트륨
④ 아르긴산나트륨
⑤ 펙틴

91 식품의 색을 안정화시키거나, 유지 또는 강화시키기 위하여 사용하는 식품첨가물은?

① 착색료
② 발색제
③ 강화제
④ 보존료
⑤ 품질개량제

92 사용량을 별도로 정하고 있지 않은 식품첨가물의 사용 가능한 양으로 옳지 않은 것은?

① 물리적 효과를 달성하는 데 필요한 최소량
② 영양학적 효과를 달성하는 데 필요한 최소량
③ 기술적 효과를 달성하는 데 필요한 최소량
④ 목적을 달성하는 데 필요한 최소량
⑤ 사용량에 제한 없음

93 허용첨가물인 레시틴의 주된 사용 용도는?

① 조미작용
② 유화작용
③ 방부작용
④ 향미작용
⑤ 보존향상

94 과일이나 채소의 표면에 처리하여 호흡작용을 적당히 제한하고, 수분의 증발을 방지할 목적으로 첨가하는 식품첨가물은?

① 고결방지제
② 피막제
③ 보존료
④ 습윤제
⑤ 표면처리제

95 유지의 추출에 사용되는 식품첨가물은?

① 이소프로필알코올
② n-헥산
③ 규소수지
④ 피페로닐부톡사이드
⑤ 유동파라핀

96 우리나라 식품첨가물 관리에 대한 설명으로 옳은 것은?

① 식품의약품안전처장이 고시한 식품첨가물만 사용할 수 있다.
② 한번 사용이 허가된 식품첨가물이 취소되는 경우는 없다.
③ 일반안정인증물질(Generally Recognized As Safe)은 우리나라 특유의 식품첨가물관리 제도이다.
④ 사용 식품과 양에 제한이 없는 첨가물은 포장에 표시할 필요가 없다.
⑤ 우리나라 식품첨가물 기준은 국제식품규격위원회의 국제기준과 같다.

96 일반안정인증물질(GRAS)은 미국의 독특한 식품첨가물 제도이다.

97 착색과 영양강화의 효과를 동시에 나타내는 식품첨가물은?

① 토코페롤 ② β-카로틴
③ 아스코르빈산 ④ 오라민
⑤ 아질산나트륨

97 β-카로틴은 착색제와 영양강화제로 사용되는 식품첨가물이다.

98 식품 내의 수분활성도를 낮추고자 할 때 효과가 가장 <u>적은</u> 방법은?

① 용질첨가 ② 친수성 콜로이드화
③ 수분 결정화 ④ pH 조절
⑤ 건조

99 생선류에서 아민(amine)을 생성하여 알레르기성 식중독을 발생시키는 것은?

① *Pseudomonas fluorescens*
② *Clostridium perfringens*
③ *Morganella morganii*
④ *Escherichia coli*
⑤ *Listeria monocytogenes*

99 *Morganella morganii*가 알레르기성 식중독을 발생시킨다.

100 알레르기성 식중독을 일으키는 독소 원인물질은?

① histamine ② ergotoxin
③ nerotoxin ④ cicutoxin
⑤ tetrodotoxin

정답 96. ① 97. ② 98. ④ 99. ③ 100. ①

101 급성독성시험은 단회투여독성 시험이라고도 하며, 실제 식품에서 섭취될 예상량보다 훨씬 많은 양을 투여하고, 독성을 관찰하며 투여량에 따른 **증상 정도와 빈도를 관찰**하고, **반수치사사량, 최소치사량 등**을 구하는 시험이다.

101 시험물질을 농도별로 시험동물에 1회 투여 후 2주 정도 관찰하여 최소치사량, 반수치사량 등을 알아내기 위하여 수행하는 독성 시험법은?

① 급성독성시험 ② 아급성독성시험
③ 아만성독성시험 ④ 만성독성시험
⑤ 발암성독성시험

102 최대무독성용량은 동물에게 바람직하지 않은 영향을 나타내지 않는 최대투여 용량이다.

102 식품 안전성에 대한 설명으로 옳지 <u>않은</u> 것은?

① 급성독성시험은 시험물질을 단 1회 투여하였을 때 단기간에 나타나는 독성을 질적·양적으로 검사하는 시험이다.
② 1일 섭취허용량(ADI, Acceptable Daily Intake)은 사람이 일생 동안 섭취했을 때 바람직하지 않은 영향이 나타나지 않을 것으로 예상되는 물질의 1일 최대 섭취량으로 최대무독성요량을 안전계수로 나눈 값이다.
③ 식품의 방사선 조사는 주로 ^{60}Co을 사용하며 온도를 높이지 않고도 살균이 가능하여 냉살균(cold sterilization)이라고 불린다.
④ 위해평가(risk assessment)는 위험성 확인, 위험성 결정, 노출평가, 위해도 결정 단계를 통해 해당 식품에 오염된 위해요소에 의한 유해 발생 가능성을 평가하는 과정이다.
⑤ 최대무독성용량(NOAEL)은 사람에게 아무런 영향을 주지 않는 투여의 최대량이다.

103 LD_{50}는 실험동물의 50%가 사망할 때의 투여량이다. Lethal Dose 50의 약자로 반수치사량을 의미한다.

103 LD_{50}에 대한 설명으로 옳은 것은?

① 실험동물의 50%가 사망하는 투여량
② 실험동물이 사망하는 투여량의 50%
③ 실험동물 50마리가 사망하는 투여량
④ 실험동물 50마리가 급성중독으로 사망하는 투여량
⑤ 실험동물 50마리가 만성중독으로 사망하는 투여량

104 사용하고자 하는 첨가물의 LD_{50}의 값이 크다는 것은 무엇을 의미하는가?

① 독성이 작다. ② 독성이 크다.
③ 보존성이 작다. ④ 보존성이 크다.
⑤ 값이 비싸다.

정답 101. ① 102. ⑤ 103. ①
104. ①

105 LD_{50}의 값으로 표현하는 것은?

① 급성독성 ② 만성독성
③ 발암성 ④ 최기형성
⑤ 첨가물 물성

106 실험동물 수명의 1/10 정도(흰쥐 1~3개월)의 기간 동안 연속 경구투여하고 증상을 관찰하는 독성 시험법은?

① 급성독성시험 ② 아급성독성시험
③ 번식독성시험 ④ 만성독성시험
⑤ 발암성독성시험

정답 105. ① 106. ②

4 감염병, 위생동물, 기생충

학습목표 경구감염병, 인축공통감염병, 기생충 및 위생동물의 특징을 이해하고 방제대책에 활용한다.

01 어류를 통해 감염되는 기생충은?

① 간흡충 ② 회충
③ 편충 ④ 십이지장충
⑤ 요충

02 *Bacillus anthracis*가 원인으로 발생하는 인수공통감염병은?

① 결핵 ② 야토병
③ 파상열 ④ 성홍열
⑤ 탄저병

03 인수공통감염병은?

① 브루셀라 ② A형 간염
③ 장티푸스 ④ 디프테리아
⑤ 이질아메바

04 가축에서는 유산을 일으키고 사람에서는 불규칙한 발열을 일으키는 인수공통감염병은?

① Q열 ② 파상열
③ 야토병 ④ 탄저병
⑤ 돈단독

01 간흡충은 민물고기를 날로 먹을 때 감염될 수 있다.

02 *Bacillus anthracis*의 세균에 감염되어 발생하는 인수공통감염병은 탄저병이다.

03 인수공통감염병은 사람과 동물을 공동숙주로 하는 병원체에 의해 일어나는 감염병으로 **탄저, 브루셀라증, 결핵, 야토병, 돈단독, 비저, 렙토스피라증, Q열, 리스테리아증, 광우병**이 있다.

04 파상열은 Brucella속 세균이 원인으로 소, 돼지 등 가축에서는 유산을 일으키고, 사람에게는 불규칙한 발열을 특징으로 하는 열병을 일으킨다.

정답 01. ① 02. ⑤ 03. ① 04. ②

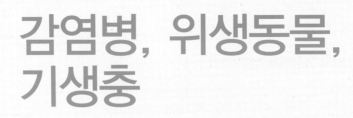

05 공중보건과 위생이 불량한 국가에서 자주 유행하는 경구감염병으로 쌀뜨물 같은 설사와 구토, 탈수 등이 주요 증상인 감염병은?

① 장티푸스 ② 콜레라
③ 디프테리아 ④ 성홍열
⑤ 파라티푸스

05 콜레라는 우리나라에서도 1976년에 유행하여 많은 사상자를 발생시킨 감염병이다.

06 식품을 매개로 이환하는 감염병 질환 중에서 환자나 보균자의 분변과 소변에 의해 전염되는 것은?

① 장티푸스 ② 콜레라
③ 디프테리아 ④ 성홍열
⑤ 렙토스피라증

06 장티푸스의 감염원은 환자나 보균자의 혈액, 대변과 소변으로, 손이나 식기류, 조리용 기구 또는 파리 등을 매개로 하여 음식물이 오염된 경우 이를 섭취함으로써 발병한다.

07 불현성 감염을 보이는 감염병은?

① 장티푸스 ② 콜레라
③ 디프테리아 ④ 성홍열
⑤ 급성 회백수염

07 급성 회백수염은 소아마비로 불현성 감염이 많고, 가장 감염되기 쉬운 연령은 1~2세로 환자의 50%를 차지한다.

08 기생충에 대한 설명으로 옳은 것은?

① 유구조충은 민촌충이라고 하며 소의 체내에서 기생한다.
② 회충은 가장 보편적인 기생충으로 채소를 통해 성충으로 경구감염된다.
③ 기생충은 경구, 경피 및 태반 등으로 감염되는데 경구감염이 식품위생과 밀접한 관련이 있다.
④ 구충은 어린아이에게서 많이 감염되고 산란을 위해 항문으로 나오기 때문에 항문 주위나 회음부에 소양증이 잘 생긴다.
⑤ 요충은 유충 상태로 경피감염이 가능하다.

08 회충은 성충으로 감염되는 것이 아니라 성숙란으로 감염되며 유구조충은 갈고리 촌충으로 돼지고기를 날로 먹어 감염된다. 경피감염이 가능한 기생충은 구충이다. 회음부에 소양증을 생기게 하는 것은 요충이다.

09 구충(십이지장충)의 특성으로 옳지 않은 것은?

① 충란은 인체 외부로 대변과 함께 배출되어 1회 부화한다.
② 감염된 유충은 인체 내에서 순환하며 성충이 된다.
③ 감염은 경구, 경피 감염으로 이루어진다.
④ 감염은 경구적으로만 이루어진다.
⑤ 성충에 의해 빈혈을 초래한다.

09 구충은 경구감염 외에도 경피감염된다.

정답 05. ② 06. ① 07. ⑤ 08. ③ 09. ④

10 **무구조충은 쇠고기 생식**에 의해 감염된다.

10 쇠고기를 생식하면 감염될 수 있는 기생충은?

① 유구조충
② 선모충
③ *Toxoplasma gondii*
④ 무구조충
⑤ 회충

11 **아니사키스**의 제1숙주가 크릴새우, 제2숙주가 해산어류인 **고등어, 전갱이, 청어, 가자미** 등이고, **제3숙주는** 사람, 종말숙주는 해산 포유류인 **고래와 돌고래**이다.

11 기생충과 숙주의 연결이 옳지 않은 것은?

① 광절열두조충 – 제1숙주는 물벼룩
② 스파르가눔증 – 제1숙주는 물벼룩
③ 광절열두조충 – 제2숙주는 담수어 및 반담수어인 연어, 숭어, 농어 등
④ 스파르가눔증 – 제2숙주는 담수어, 뱀, 개구리 등
⑤ 아니사키스 – 제1숙주는 해산어류인 고등어, 전갱이, 청어, 가자미 등

12 위생곤충에 대한 설명으로 옳지 않은 것은?

① 파리는 이질, 콜레라, 장티푸스의 질병을 일으키는 병원미생물을 오염시킨다.
② 가주성 바퀴는 주로 독일바퀴, 이질바퀴, 검정바퀴(먹바퀴), 일본바퀴(집바퀴)의 4종이다.
③ 바퀴는 야간 활동성이고 잡식성이며 고온 다습한 기후를 좋아한다.
④ 진드기류는 일반적으로 몸길이 1 mm 전후의 작은 진드기(mite)와 1~2 cm 길이의 큰 진드기(tick)로 나뉜다.
⑤ 개미가 옮기는 병은 서교열, 흑사병, 살모넬라 등이다.

13 살충제나 살서제를 사용하는 것이 화학적 방법이고, 발생원 제거는 환경적 방법, 방충망이나 포충기 설치는 물리적 방법, 천적 이용은 생물학적 방법이다.

13 식품에서 위생해충의 피해를 줄이기 위한 방충대책 중 화학적 방법은?

① 천적 이용
② 방충망 설치
③ 살충제 사용
④ 발생원 제거
⑤ 포충기 사용

정답 10. ④ 11. ⑤ 12. ⑤ 13. ③

14 동물에게는 유산을 일으키며 사람에게는 열병을 일으키는 인수공통감염병은?

① 탄저 ② 결핵
③ 파상열(브루셀라증) ④ 돈단독
⑤ Q-열

14 파상열은 **동물에게는 유산**을 일으키며 **사람에게는 열이 주기적으로 오르내리는 열성 질병**을 일으킨다.

15 리케치아에 의해서 일어나는 인수공통감염병은?

① 탄저 ② 결핵
③ 파상열 ④ 돈단독
⑤ Q-열

15 Q-열은 *Coxiella burnetti*라는 리케치아에 의해서 일어나는 인수공통감염병이다.

16 고래, 물개 등 해산 포유동물을 종말숙주로 하며, 우리나라에서는 주로 고등어, 대구, 청어, 조기, 갈치, 가자미, 명태, 아나고, 오징어 등의 생식 후 메스꺼움, 상복부의 급성 복통 등의 식중독을 일으키는 기생충은?

① 장흡충 ② 요코가와흡충
③ 아니사키스 자충 ④ 선모충
⑤ 광절열두조충

17 장티푸스를 일으키는 병원균은?

① *Salmonella* Enteritidis
② *Salmonella* Typhimurium
③ *Salmonella* Typhi
④ *Salmonella* Choleraesuis
⑤ *Salmonella* Paratyphi

17 *Salmonella* Enteritidis, *Salmonella* Typhimurium, *Salmonella* Choleraesuis는 살모넬라 식중독 원인균이며 *Salmonella* Typhi는 장티푸스균, *Salmonella* Paratyphi는 파라티푸스균이다.

18 콜레라의 원인균은?

① *Salmonella* Typhi
② *Vibrio cholerae*
③ *Shigalla flexneri*
④ *Yersinia pseudotuberculosis*
⑤ *Vibrio parahaemolyticus*

18 콜레라의 원인균은 *Vibrio cholerae*이며, *Salmonella* Typhi는 장티푸스균, *Shigalla flexneri*는 이질균, *Yersinia pseudotuberculosis*는 천열균, *Vibrio parahaemolyticus*는 장염비브리오 식중독균이다.

정답 14. ③ 15. ⑤ 16. ③ 17. ③ 18. ②

19 장티푸스, 콜레라, 천열은 세균에 의해서 발생하며, 급성회백수염은 바이러스에 의하여 발생하고, **이질은 세균 또는 원생생물**(*Entamoeba histolytica*)에 의해서 발생한다.

19 세균 또는 원생생물에 의해서 발생할 수 있는 경구감염병은?

① 장티푸스 ② 콜레라
③ 이질 ④ 천열
⑤ 급성회백수염

20 이질 발생과 관련된 미생물은?

① *Shigella* ② *Salmonella*
③ *Staphylococcus* ④ *Clostridium*
⑤ *Escherichia*

21 오염된 목초지에서 포자에 의해 초식동물이 감염되며, 사람은 감염된 동물과 접촉하거나 감염동물의 고기를 먹어 감염된다. 최근에는 생물테러에 활용될 수 있어 특히 관심이 높아지고 있는 인수공통감염병은?

① 탄저병 ② 브루셀라증
③ 쓰쓰가무시증 ④ 렙토스피라
⑤ 고병원성 조류인플루엔자

22 **아니사키스증은 고래회충증**이라고도 하며, 아니사키스는 고래, 돌고래, 물개 등 해산포유동물을 종말숙주로 한다. 사람은 **해산어류나 오징어, 문어, 붕장어(아나고) 등을 생식할 때 감염**된다.

22 부산에 사는 50대 A씨는 저녁으로 식당에서 붕장어회를 먹은 후 집에 와서 급격한 복통으로 응급실을 찾았다. 처음에는 위염이 의심되었으나 위 내시경 결과 기생충이 발견되어 제거하였다. 원인으로 의심되는 기생충은?

① 간흡충 ② 선모충
③ 요코가와흡충 ④ 광절열두조충
⑤ 아니사키스 자충

23 **선모충은 돼지고기**에 의해서 매개되는 기생충이다.

23 돼지고기를 통해 감염되는 기생충은?

① 회충 ② 요충
③ 십이지장충 ④ 편충
⑤ 선모충

24 회충은 채소에 충란이 부착된 상태로 먹게 되면 감염되며 중간숙주를 갖지 않는다.

24 중간숙주가 없는 기생충은?

① 간흡충 ② 유극악구충
③ 민촌충 ④ 톡소플라스마
⑤ 회충

정답 19. ③ 20. ① 21. ① 22. ⑤ 23. ⑤ 24. ⑤

25 **채독증을 일으키는 기생충은?**

① 회충 ② 요충
③ 십이지장충 ④ 편충
⑤ 동양모양선충

25 십이지장충은 채독증의 원인이 되는 기생충이다.

26 **간흡충에 대한 설명으로 옳지 않은 것은?**

① 민물고기를 생식하는 습관을 가진 사람들에서 감염률이 높다.
② 중간숙주는 왜우렁이이다.
③ 주요 증상은 쇠녹색의 가래, 혈담, 각혈, 미열 등이다.
④ 조리기구를 통해 다른 음식에 오염될 수 있다.
⑤ 가열조리해 먹으면 예방된다.

26 간흡충 감염의 주요 증상은 간과 비장의 비대, 복수, 소화기장애, 황달, 빈혈, 야맹증이다.

27 **어패류가 매개가 되는 기생충은?**

① 편충 ② 구충
③ 선모충 ④ 광절열두조충
⑤ 유구조충

27 **어패류**가 매개하는 기생충으로는 **간흡충, 폐흡충, 광절열두조충, 유극악구충, 아니사키스** 등이 있다.

28 **인체 내에 기생하여도 분변에서 충란이 발견되지 않는 기생충은?**

① 아니사키스 ② 유구조충
③ 무구조충 ④ 회충
⑤ 요충

28 **유극악구충, 만손열두조충, 아니사키스**는 사람이 종말숙주가 아니므로 **인체 내에서 성충으로 자라지 못하고** 충란을 만들지 못한다.

29 **돼지고기에 의해 감염되는 기생충은?**

① 회충 ② 무구조충
③ 톡소플라스마 ④ 간흡충
⑤ 요충

29 돼지고기에 의해 감염되는 기생충으로는 유구조충, 선모충, 톡소플라스마 등이 있다.

30 **폐흡충의 제1중간숙주와 제2중간숙주로 옳은 것은?**

① 왜우렁이 – 담수어류
② 다슬기 – 민물갑각류
③ 다슬기 – 민물어류
④ 물벼룩 – 반담수어류
⑤ 해산갑각류 – 해산어류

정답 25. ③ 26. ③ 27. ④ 28. ① 29. ③ 30. ②

31 우리나라에서 가장 흔하게 발견되는 바퀴벌레는 **독일바퀴**이다.

31 우리나라에서 가장 흔하게 발견되는 바퀴벌레는?

① 일본바퀴 ② 미국바퀴
③ 독일바퀴 ④ 이질바퀴
⑤ 먹바퀴

32 곡류, 곡분, 빵, 과자류 등에서 발견되며 우리나라에서 가장 흔한 진드기는 **긴털가루진드기**이다.

32 곡류, 곡분, 빵, 과자류 등에서 발견되며 우리나라에서 가장 흔한 진드기는?

① 긴털가루진드기 ② 수중다리가루진드기
③ 작은가루진드기 ④ 보리가루진드기
⑤ 설탕진드기

33 진드기의 번식요인으로는 **온도, 습도, 영양**이 있다.

33 진드기의 번식요인으로 옳은 것은?

① pH ② 온도
③ 햇빛 ④ 압력
⑤ 산소

정답 31. ③ 32. ① 33. ②

5 식품안전관리 인증기준

학습목표 식품안전관리인증기준(HACCP)을 이해하고 식품안전관리에 활용한다.

01 식품안전관리인증기준(HACCP)의 7원칙에 대한 설명으로 옳은 것은?

① HACCP팀을 구성한다.
② 개선조치방법을 수립한다.
③ 직원 교육과정을 설정한다.
④ 공정흐름도를 작성한다.
⑤ 제품설명서를 작성한다.

02 집단급식소의 안전관리인증을 받고자 할 때의 적용 순서로 옳은 것은?

㉮ 모든 잠재적 위해요소 분석	㉯ 개선조치방법 수립
㉰ HACCP팀 구성	㉱ 중요관리점 결정

① ㉮－㉯－㉰－㉱
② ㉮－㉰－㉱－㉯
③ ㉰－㉮－㉯－㉱
④ ㉰－㉮－㉱－㉯
⑤ ㉰－㉯－㉱－㉮

03 다음 식품위생프로그램 중 가장 체계적인 위생관리체계는?

① HACCP(Hazard Analysis Critical Control Point)
② SSOP(Sanitation Standard Operating Procedure)
③ GMP(Good Manufacturing Practice)
④ FSIS(Food Safety Inspection Service)
⑤ FDA(Food and Drug Administration)

01 ①, ④, ⑤는 HACCP 계획의 준비 단계에 속한다.

03 FSIS와 FDA는 미국의 식품위생을 담당하고 있는 부서의 이름으로 위생을 처리하는 방법은 아니다. 나머지는 식품 생산 시 위생을 체계적으로 할 수 있도록 개발된 방법들이다.

정답 01. ② 02. ④ 03. ①

04 식품 · 축산물의 위해요소를 예방 · 제어하거나 허용 수준 이하로 감소시켜 당해 식품 · 축산물의 안전성을 확보할 수 있는 중요한 단계 · 과정 또는 공정은?

① 위해요소　② 중요관리점
③ 한계기준　④ 모니터링
⑤ 선행요건

05 중요관리점에 설정된 한계기준을 적절히 관리하고 있는지 여부를 확인하기 위하여 수행하는 일련의 계획된 관찰이나 측정하는 행위는?

① 위해요소　② 위해요소 분석
③ 개선조치　④ 모니터링
⑤ 검증

06 HACCP을 적용하기 위한 선행요건으로 시설 등 적정 제조기준은 우수제조기준(GMP)이다.

06 HACCP을 적용하기 위한 선행요건으로, 시설과 위생 및 공정에 관한 제조기준은?

① CCP　② GMP
③ GAP　④ AMP
⑤ SSOP

07 HACCP의 7원칙을 적용하기 위한 사전단계는 HACCP팀 구성이다.

07 HACCP의 7원칙을 적용하기 위한 사전단계는?

① 위해요소 분석
② 중요관리점 결정
③ 한계기준 설정
④ HACCP팀 구성
⑤ 개선조치방법 수립

08 안전관리인증 적용업소로 인증받은 업소에 대한 준수 여부를 정기 조사하여야 하는 빈도는?

① 연 4회　② 연 2회
③ 연 1회　④ 2년 1회
⑤ 3년 1회

정답 04. ② 05. ④ 06. ② 07. ④ 08. ③

09 매일 온도계를 이용해 온도를 측정하여 HACCP이 적정하게 실시되고 있는지를 판단하는 원칙은?

① 검증절차 및 방법 수립 ② 기록유지방법 설정
③ 한계기준 설정 ④ 모니터링체계 확립
⑤ 중요관리점 결정

09 관리기준이 잘 지켜지고 있는지 확인하는 것은 원칙 4 모니터링체계 확립 단계이다.

10 HACCP의 7원칙 중 원칙 5에 해당하는 것은?

① 위해요소 분석 ② 한계기준 설정
③ 검증절차 및 방법 수립 ④ 개선조치방법 수립
⑤ 중요관리점 결정

10 HACCP의 7원칙은 ① **위해요소 분석, ② 중요관리점 결정, ③ 한계기준 설정, ④ 모니터링체계 확립, ⑤ 개선조치방법 수립, ⑥ 검증절차 및 방법 수립, ⑦ 문서화, 기록유지방법 설정** 순으로 구성되어 있다.

11 HACCP 시스템이 효과적으로 실행되고 있는지 확인하는 단계는?

① 검증절차 및 방법 수립 ② 개선조치방법 수립
③ 모니터링체계 확립 ④ 기록유지방법 설정
⑤ 중요관리점 결정

11 HACCP 시스템이 적절하고 효과적으로 실행되고 있는지 평가하는 단계는 검증절차 및 방법 수립 단계이다.

12 곡류를 저장할 때 중점적으로 관리해야 하는 요소는?

① 니트로사민의 생성 ② 지방 산화
③ 곰팡이 오염 및 독소 ④ 세균 오염
⑤ 감염병 관리

12 곡류의 경우 수분 함량이 적으므로 세균의 번식은 크게 문제 되지 않는다.

13 식품안전관리인증기준 적용업체에서 특별히 규정된 것을 제외하고 모든 기록의 최소한의 보관기간은?

① 1년 ② 2년
③ 3년 ④ 4년
⑤ 5년

13 식품안전관리인증기준 적용업체의 기록의 최소한의 보관기간은 2년이다.

14 HACCP의 7원칙으로 옳은 것은?

① 한계기준 설정 ② HACCP팀 구성
③ 공정흐름도 작성 ④ 제품의 용도 확인
⑤ 제품의 특징 기술

14 HACCP의 7원칙은 ① **위해요소 분석, ② 중요관리점 결정, ③ 한계기준 설정, ④ 모니터링체계 확립, ⑤ 개선조치방법 수립, ⑥ 검증절차 및 방법 수립, ⑦ 문서화, 기록유지방법 설정** 순으로 구성되어 있다.

정답 09. ④ 10. ④ 11. ①
12. ③ 13. ② 14. ①

15 HACCP의 7원칙 중 리콜과 밀접한 관계가 있는 단계는 문서화, 기록유지방법 설정이다.

16 HACCP의 7원칙 중에서 식품을 중점적으로 관리하여 위해요소를 예방, 제거, 허용수준 이하로 감소시켜 안전성을 확보할 수 있는 단계는 원칙 2 중요관리점 결정이다.

17 중요관리점(CCP)의 위해를 예방, 배제, 허용범위 내로 관리되어야 하는 것은 원칙 3 한계기준 설정이다.

정답 15. ⑤ 16. ⑤ 17. ③ 18. ④ 19. ① 20. ⑤

15 **HACCP의 7원칙 중 리콜과 밀접한 관계가 있는 단계는?**

① 한계기준 설정
② 모니터링체계 확립
③ 개선조치방법 수립
④ 검증절차 및 방법 수립
⑤ 문서화, 기록유지방법 설정

16 **식품의 위해요소를 예방, 제거, 허용수준 이하로 감소시켜 안전성을 확보할 수 있는 HACCP 단계는?**

① 모니터링체계 확립 ② 개선조치방법 수립
③ 위해요소 분석 ④ 한계기준 설정
⑤ 중요관리점 결정

17 **중요관리점의 위해를 예방하기 위하여 허용범위 내로 관리되어야 하는 기준을 설정하는 HACCP 원칙은?**

① 원칙 1 ② 원칙 2
③ 원칙 3 ④ 원칙 4
⑤ 원칙 5

18 **식품의 생물학적 위해요인 중 위해도가 높지 <u>않은</u> 것은?**

① *Clostridium botulinum* ② *Salmonella* Typhi
③ *E. coli* O157 : H7 ④ *Bacillus spp.*
⑤ *Vibrio cholera*

19 **식품의 화학적 위해요인 중 위해도가 가장 <u>큰</u> 것은?**

① 마비성패독 ② 식품첨가물
③ 곰팡이독소 ④ 잔류농약
⑤ 중금속

20 **HACCP에서 관리기준을 측정하는 데 사용하는 기준요소로 옳지 <u>않은</u> 것은?**

① 온도 ② 시간
③ pH ④ 금속량
⑤ 산소농도

식품·영양 관계법규

4

식품위생법

학습목표 식품위생관계법규의 중심을 이루는 식품위생법의 학습을 통하여 식생활 안전의 현실적 개념을 이해하고 사회적으로 구속력을 가지는 현실규범을 익힘으로써 법 적응력을 키우는 데 활용한다.

식품위생법 법률 제18967호, 2022. 6. 10. 일부개정
식품위생법 대통령령 제32686호, 2022. 6. 7. 일부개정
식품위생법 총리령 제1860호, 2023. 1. 30. 일부개정

총칙

01 식품위생법의 제정연도는?

① 1945년 ② 1953년
③ 1962년 ④ 1972년
⑤ 1988년

01 식품위생법은 1962년 1월 20일 법률 제1007호로 **제정**되었다.

02 식품위생법을 공포하는 자는?

① 대통령 ② 법제처장
③ 국무총리 ④ 보건복지부장관
⑤ 식품의약품안전처장

02 식품위생법은 국회의 의결을 거쳐 **대통령이 공포**한다.

03 식품위생법의 목적으로 옳은 것은?

① 식품으로 인한 위생상의 위해 방지와 식품에 관한 올바른 정보 제공
② 학생의 건전한 심신의 발달과 국민 식생활 개선
③ 체계적인 국가영양정책의 수립 및 시행
④ 합리적인 원산지 표시로 소비자의 알 권리를 보장
⑤ 어린이들에게 안전하고 영양을 고루 갖춘 식품 제공

03 [법 제1조] 식품위생법은 식품으로 인하여 생기는 **위생상의 위해를 방지**하고 식품영양의 질적 향상을 도모하며 식품에 관한 **올바른 정보를 제공**하여 국민 건강의 보호 증진에 이바지함을 목적으로 한다.

정답 01. ③ 02. ① 03. ①

04 식품위생법의 목적에 해당하지 않는 것은?

① 식품으로 인하여 생기는 위생상의 위해 방지
② 식품영양의 질적 향상 도모
③ 식품에 관한 올바른 정보 제공
④ 국민 건강의 보호 증진
⑤ 소비자 보호

04 문제 03번 해설 참고

05 식품위생법에서 정의하고 있는 내용은?

① 기구, 용기, 포장
② 식품위해물질
③ 건강기능식품
④ 식품이물보고
⑤ 식품안전관리인증기준

05 [법 제2조]
4. "기구"란 음식을 먹을 때 사용하거나 담는 것 또는 식품 또는 식품첨가물을 채취·제조·가공·조리·저장·소분·운반·진열할 때 사용하는 것으로서 식품 또는 식품첨가물에 직접 닿는 기계·기구나 그 밖의 물건(농업과 수산업에서 식품을 채취하는 데에 쓰는 기계·기구나 그 밖의 물건 및 「위생용품 관리법」 제2조 제1호에 따른 위생용품은 제외한다)을 말한다.
5. "용기·포장"이란 식품 또는 식품첨가물을 넣거나 싸는 것으로서 식품 또는 식품첨가물을 주고받을 때 함께 건네는 물품을 말한다.

06 식품위생법에서 말하는 식품의 정의로 옳은 것은?

① 모든 음식물
② 의약으로 섭취하는 것을 제외한 모든 음식물
③ 용기·포장을 제외한 모든 음식물
④ 화학적 합성품을 제외한 모든 음식물
⑤ 식품첨가물을 제외한 모든 음식물

06 [법 제2조]
1. "식품"이란 모든 음식물(의약으로 섭취하는 것은 제외한다)을 말한다.

07 식품위생법에서 말하는 식품첨가물의 정의로 옳은 것은?

① 식품을 제조하는 과정에서만 감미 목적으로 식품에 사용되는 물질
② 식품을 가공하는 과정에서만 착색 목적으로 식품에 사용되는 물질
③ 식품을 조리하는 과정에서만 산화방지 목적으로 식품에 사용되는 물질
④ 기구를 살균·소독하는 데에 사용되어 직접적으로 식품으로 옮아갈 수 있는 물질
⑤ 식품을 제조·가공·조리 또는 보존하는 과정에서 감미, 착색, 표백 또는 산화방지 등을 목적으로 식품에 사용되는 물질

07 [법 제2조]
2. "식품첨가물"이란 식품을 제조·가공·조리 또는 보존하는 과정에서 감미, 착색, 표백 또는 산화방지 등을 목적으로 식품에 사용되는 물질을 말한다. 이 경우 기구·용기·포장을 살균·소독하는 데에 사용되어 **간접적으로 식품으로 옮아갈 수 있는 물질**을 포함한다.

정답 04. ⑤ 05. ① 06. ② 07. ⑤

08 식품위생법은 화학적 합성품을 '화학적 수단으로 원소 또는 화합물에 ______ 반응 외의 화학 반응을 일으켜서 얻은 물질'로 정의하고 있다. 밑줄 친 곳에 들어갈 단어는?

① 첨가　② 치환
③ 중합　④ 분해
⑤ 추출

09 식품위생법에서 말하는 기구에 해당하는 것은?

① 조리용 칼
② 채소, 과일 등을 씻는 데 사용되는 제제
③ 식품의 용기나 가공기구, 조리기구 등을 씻는 데 사용되는 제제
④ 그물
⑤ 위생 물수건

10 식품위생법에서 정의하는 '식품위생'의 대상으로 옳은 것은?

① 식품, 화학적 합성품, 기구, 용기·포장
② 물, 식품첨가물, 기구, 용기·포장
③ 식품, 천연물, 기구, 용기·포장
④ 식품, 물, 식품첨가물, 용기·포장
⑤ 식품, 식품첨가물, 기구, 용기·포장

11 집단급식소의 정의로 옳은 것은?

① 영리를 목적으로 한다.
② 간헐적으로 음식물을 제공한다.
③ 불특정 다수인에게 음식물을 공급한다.
④ 기숙사, 학교, 기타 후생기관의 급식시설이다.
⑤ 1회 30명 이상에게 식사를 제공하는 급식소이다.

12 식품이력추적관리란 '식품을 ______단계부터 ______단계까지 각 단계별로 정보를 기록·관리하여 그 식품의 안전성 등에 문제가 발생할 경우 그 식품을 추적하여 원인을 규명하고 필요한 조치를 할 수 있도록 관리하는 것'을 말한다. 밑줄 친 곳에 들어갈 말로 바르게 짝지어진 것은?

① 생산－판매　② 제조·가공－판매
③ 생산－소비　④ 제조·가공－소비
⑤ 생산－폐기

---

08 [법 제2조]
3. "화학적 합성품"이란 화학적 수단으로 원소 또는 화합물에 **분해 반응 외의 화학 반응**을 일으켜서 얻은 물질을 말한다.

09 문제 05번 해설 참고

10 [법 제2조]
11. "식품위생"이란 식품, **식품첨가물, 기구 또는 용기·포장**을 대상으로 하는 음식에 관한 위생을 말한다.

11 [법 제2조]
12. "집단급식소"란 **영리를 목적으로 하지 아니하면서 특정 다수인**에게 계속하여 음식물을 공급하는 기숙사, 학교, 병원, [사회복지사업법] 제2조 제4호의 사회복지시설, 산업체, 국가, 지방자치단체 및 「공공기관의 운영에 대한 법률」 제4조 제1항에 따른 공공기관, 그 밖의 후생기관 등의 급식시설로서 대통령령으로 정하는 시설을 말한다.
[영 제2조] 집단급식소는 **1회 50명 이상**에게 식사를 제공하는 급식소를 말한다.

12 [법 제2조]
13. "식품이력추적관리"란 식품을 **제조·가공단계부터 판매단계**까지 각 단계별로 정보를 기록·관리하여 그 식품의 안전성 등에 문제가 발생할 경우 그 식품을 추적하여 원인을 규명하고 필요한 조치를 할 수 있도록 관리하는 것을 말한다.

정답 08. ④ 09. ① 10. ⑤ 11. ④ 12. ②

13 식품위생법에서 말하는 식중독의 정의로 옳은 것은?

① 식품 섭취로 인하여 인체에 유해한 미생물 또는 유독물질에 의하여 발생하였거나 발생한 것으로 판단되는 감염성 질환 또는 독소형 질환
② 식품의 섭취를 통한 인체에 유해한 농약으로 인해 발생한 질환
③ 식품의 섭취를 통한 인체에 유해한 유독물질에 의해 발생한 감염성 질환
④ 첨가물의 섭취를 통한 인체에 유해한 화학물질에 의해 발생한 질환
⑤ 의약품 섭취를 통한 인체에 유해한 유독물질에 의해 발생한 독소형 질환

14 식품위생법에서 정의한 '집단급식소에서의 식단' 작성 시 고려해야 할 사항은?

① 급식대상 집단의 영양섭취기준
② 원산지
③ 음식물 쓰레기
④ 식품기구
⑤ 식품용기

식품등의 기준 및 규격

15 판매가 금지된 식품은?

① 영업자가 소분한 식품
② 수입 신고가 된 식품
③ 안전성 심사를 받은 농산물로 제조가공한 식품
④ 썩거나 상한 것으로 인체의 건강을 해칠 우려가 있는 것
⑤ 식품의약품안전처장이 인체의 건강을 해칠 우려가 없다고 인정한 물질이 함유된 식품

16 동물의 고기, 뼈, 젖, 장기 또는 혈액을 식품으로 판매할 수 있는 질병은?

① 살모넬라병
② 리스테리아병
③ 파스튜렐라병
④ 선모충증
⑤ 구간낭충

13 [법 제2조] 14. "식중독"이란 식품 섭취로 인하여 인체에 유해한 미생물 또는 유독물질에 의하여 발생하였거나 발생한 것으로 판단되는 감염성 질환 또는 독소형 질환을 말한다.

14 [법 제2조] 15. "집단급식소에서의 식단"이란 **급식대상 집단의 영양섭취기준**에 따라 음식명, 식재료, 영양성분, 조리방법, 조리인력 등을 고려하여 작성한 급식계획서를 말한다.

15 [법 제4조] 누구든지 다음 각 호의 어느 하나에 해당하는 식품등을 판매하거나 판매할 목적으로 채취·제조·수입·가공·사용·조리·저장·소분·운반 또는 진열하여서는 아니 된다.

1. 썩거나 상하거나 설익어서 인체의 건강을 해칠 우려가 있는 것
2. 유독·유해물질이 들어 있거나 묻어 있는 것 또는 그러할 염려가 있는 것. 다만, 식품의약품안전처장이 인체의 건강을 해칠 우려가 없다고 인정하는 것은 제외한다.
3. 병(病)을 일으키는 미생물에 오염되었거나 그러할 염려가 있어 인체의 건강을 해칠 우려가 있는 것
4. 불결하거나 다른 물질이 섞이거나 첨가(添加)된 것 또는 그 밖의 사유로 인체의 건강을 해칠 우려가 있는 것
5. 제18조에 따른 안전성 심사 대상인 농·축·수산물 등 가운데 안전성 심사를 받지 아니하였거나 안전성 심사에서 식용(食用)으로 부적합하다고 인정된 것
6. 수입이 금지된 것 또는 「수입식품안전관리 특별법」 제20조 제1항에 따른 수입신고를 하지 아니하고 수입한 것
7. 영업자가 아닌 자가 제조·가공·소분한 것

16 [법 제5조, 규칙 제4조] 「축산물위생관리법 시행규칙」 별표 3 제1호 다목에 따라 도축이 금지되는 가축전염병과 리스테리아병, 살모넬라병, 파스튜렐라병 및 선모충의 질병에 걸렸거나 걸렸을 염려가 있는 동물이나 그 질병에 걸려 죽은 동물의 고기·뼈·젖·장기 또는 혈액을 식품으로 판매하거나 판매할 목적으로 채취·수입·가공·사용·조리·저장·소분 또는 운반하거나 진열하여서는 아니 된다.

정답 13. ① 14. ① 15. ④ 16. ⑤

17 식품의약품안전처장은 국민보건을 위하여 필요하면 판매를 목적으로 하는 식품 또는 식품첨가물의 ________에 관한 규격을 고시하여야 한다. 밑줄 친 곳에 들어갈 단어는?

① 제조
② 가공
③ 사용
④ 조리
⑤ 성분

18 식품 또는 식품첨가물에 관한 기준과 규격을 정하여 고시하는 자는?

① 식품의약품안전처장
② 보건복지부장관
③ 시·도지사
④ 시장·군수·구청장
⑤ 국무총리

19 식품 등의 한시적 기준 및 규격의 인정 대상은?

① 국내에서 새로 원료로 사용하려는 농산물·축산물·수산물 등
② 농산물로부터 추출·농축·분리 등의 방법으로 얻은 식품첨가물
③ 개별 기준 및 규격이 정하여진 식품첨가물
④ 개별 기준 및 규격이 고시된 기구 또는 용기·포장
⑤ 수출할 식품 또는 식품첨가물

20 식품 등의 한시적 기준 및 규격을 정하여 고시하는 자는?

① 식품의약품안전처장
② 보건복지부장관
③ 국무총리
④ 질병관리청장
⑤ 국립보건원장

21 기준과 규격이 고시되지 아니한 식품 또는 식품첨가물의 기준과 규격을 인정받으려는 자는 누구에게 인정받아야 하는가?

① 보건복지부장관
② 식품의약품안전처장
③ 국립보건원장
④ 시·도 보건환경연구원장
⑤ 농림축산식품부장관

17 [법 제7조] ① 식품의약품안전처장은 국민 건강을 보호·증진하기 위하여 필요하면 판매를 목적으로 하는 식품 또는 식품첨가물에 관한 다음 각 호의 사항을 정하여 고시한다.
1. 제조·가공·사용·조리·보존 방법에 관한 기준
2. **성분에 관한 규격**

18 문제 17번 해설 참고

19 [규칙 제5조] 한시적으로 제조·가공 등에 관한 기준과 성분에 관한 규격을 인정받을 수 있는 식품 등은, ① 국내에서 새로 원료로 사용하려는 농산물·축산물·수산물 등 혹은 농산물·축산물·수산물 등으로부터 추출·농축·분리 등의 방법으로 얻은 것으로서 식품으로 사용하려는 원료, ② 개별 기준 및 규격이 정하여지지 아니한 식품첨가물, ③ 개별 기준 및 규격이 고시되지 아니한 식품 및 식품첨가물에 사용되는 기구 또는 용기·포장이다.

20 [규칙 제5조] 한시적으로 인정하는 식품등의 제조·가공 등에 관한 기준과 성분의 규격에 관하여 필요한 세부 검토기준 등에 대해서는 식품의약품안전처장이 정하여 고시한다.

21 [법 제7조] ② **식품의약품안전처장**은 제1항에 따라 기준과 규격이 고시되지 아니한 식품 또는 식품첨가물의 기준과 규격을 인정받으려는 자에게 제1항 각 호의 사항을 제출하게 하여 「식품·의약품분야 시험·검사 등에 관한 법률」 제6조 제3항 제1호에 따라 식품의약품안전처장이 지정한 식품전문 시험·검사기관 또는 같은 조 제4항 단서에 따라 총리령으로 정하는 시험·검사기관의 검토를 거쳐 제1항에 따른 기준과 규격이 고시될 때까지 그 식품 또는 식품첨가물의 기준과 규격으로 인정할 수 있다.

정답 17. ⑤ 18. ① 19. ①
20. ① 21. ②

22 식품등의 기준 및 규격 관리 기본계획에서 노출량 평가와 관리가 포함되어야 하는 유해물질은?

① 중금속
② 곰팡이 독소
③ 유기성 오염물질
④ 제조·가공 과정에서 생성되는 오염물질
⑤ 위의 물질 모두 해당

22 [규칙 제5조의4] 식품등의 기준 및 규격 관리 기본계획에는, **중금속, 곰팡이 독소, 유기성 오염물질, 제조·가공 과정에서 생성되는 오염물질**, 그 밖에 식품등의 안전관리를 위하여 식품의약품안전처장이 노출량 평가·관리가 필요하다고 인정한 유해물질에 대한 **노출량 평가·관리**가 포함되어야 한다.

23 식품의약품안전처장이 관리계획과 식품등의 기준 및 규격 관리 시행계획을 수립·시행할 때에 바탕으로 하는 자료는?

① 유해물질 오염도
② 국민건강영양조사
③ 표시기준
④ 식생활 섭취실태
⑤ 식중독 위험도

23 [규칙 제5조의4] 식품의약품안전처장은 관리계획 및 식품등의 기준 및 규격 관리 시행계획을 수립·시행할 때에는 ① 식품등의 유해물질 오염도에 관한 자료, ② 식품등의 유해물질 저감화(低減化)에 관한 자료, ③ 총식이조사(TDS, Total Diet Study)에 관한 자료, ④ 국민영양관리법에 따른 영양 및 식생활조사에 관한 자료를 바탕으로 하여야 한다.

24 식품등의 기준 및 규격의 재평가를 할 때에는 누구의 심의를 받아야 하는가?

① 식품안전정책위원회
② 소비자단체협의회
③ 규제개혁위원회
④ 식품위생심의위원회
⑤ 국가과학기술위원회

24 [규칙 제5조의5] 식품의약품안전처장은 식품등의 기준 및 규격의 재평가를 할 때에는 미리 그 계획서를 작성하여 식품위생심의위원회의 심의를 받아야 한다.

25 기준과 규격이 고시되지 아니한 기구 및 용기, 포장의 기준과 규격을 인정받기 위해서는 식품의약품안전처장이 지정한 식품전문 시험·검사기관 또는 총리령으로 정하는 시험·검사기관의 검토를 거쳐야 한다. 위의 시험·검사기관에 해당하는 곳은?

① 농산물품질관리원
② 축산물품질관리원
③ 한국보건산업진흥원
④ 한국식품정보원
⑤ 시·도 보건환경연구원

25 [법 제9조] 식품의약품안전처장은 기준과 규격이 고시되지 아니한 기구 및 용기·포장의 기준과 규격을 인정받으려는 자에게 「식품·의약품분야 시험·검사 등에 관한 법률」 제6조 제3항 제1호에 따라 식품의약품안전처장이 지정한 식품전문 시험·검사기관 또는 같은 조 제4항 단서에 따라 총리령으로 정하는 시험·검사기관의 검토를 거쳐 기준과 규격이 고시될 때까지 해당 기구 및 용기·포장의 기준과 규격으로 인정할 수 있다.
[식품의약품 시험검사 등에 관한 법 시행규칙 제3조]에 따른 별표 3. 총리령으로 정하는 시험·검사기관에는 식품의약품안전평가원, 지방식품의약품안전청, 농림축산검역본부, 시·도 보건환경연구원 등이 있다.

정답 22. ⑤ 23. ① 24. ④ 25. ⑤

표시

26 식품의약품안전처장은 유전자변형식품의 표시의무자, 표시대상 및 ________ 등에 관한 표시사항을 정해야 한다. 밑줄 친 곳에 들어갈 단어는?

① 표시날짜 ② 표시장소
③ 표시방법 ④ 표시기준
⑤ 표시절차

26 [법 제12조의2(유전자변형식품등의 표시)] ③ **표시의무자, 표시대상 및 표시방법 등**에 필요한 사항은 식품의약품안전처장이 정한다.

27 유전자변형식품등의 표시대상에 대한 설명으로 옳은 것은?

① 인위적으로 유전자를 변형하여 재배된 농산물을 원재료로 하여 제조·가공한 식품은 모두 표시대상이다.
② 표시대상은 제조·가공 후에 유전자변형 DNA가 남아 있는 유전자변형식품등에 한정한다.
③ 세포융합기술을 활용하여 재배된 축산물은 모두 표시대상이다.
④ 품종 개량의 농산물을 원재료로 하여 제조·가공한 식품은 모두 표시대상이다.
⑤ 표시의무자, 표시대상 및 표시방법 등에 필요한 사항은 농림축산식품부장관이 정한다.

27 [법 제12조의2] ① 인위적으로 유전자를 재조합하거나 유전자를 구성하는 핵산을 세포 또는 세포 내 소기관으로 직접 주입하는 기술, 분류학에 따른 과(科)의 범위를 넘는 세포융합기술을 활용하여 재배·육성된 농산물·축산물·수산물 등을 원재료로 하여 제조·가공한 식품 또는 식품첨가물은 유전자변형식품임을 표시하여야 한다. 다만, **제조·가공 후에 유전자변형 DNA 또는 유전자변형 단백질이 남아 있는 유전자변형식품등에 한정**한다.

검사등

28 식품등의 공전을 작성하여 보급해야 하는 사람은?

① 보건복지부장관
② 식품의약품안전처장
③ 농림축산식품부장관
④ 질병관리청장
⑤ 식품안전관리인증원장

28 [법 제14조] 식품의약품안전처장은 다음 각 호의 기준 등을 실은 식품등의 공전을 작성·보급하여야 한다.
1. 제7조 제1항에 따라 정하여진 식품 또는 식품첨가물의 기준과 규격
2. 제9조 제1항에 따라 정하여진 기구 및 용기·포장의 기준과 규격

29 위해평가에서 평가하여야 할 위해요소로 옳은 것은?

① 트랜스지방 ② 영양성분
③ 잔류농약 ④ 나트륨
⑤ 방사선조사 식품

29 [영 제4조] ② 위해평가에서 평가하여야 할 위해요소는, 잔류농약, 중금속, 식품첨가물, 잔류 동물용 의약품, 환경오염물질 및 제조·가공·조리과정에서 생성되는 물질 등 화학적 요인, 식품등의 형태 및 이물 등 물리적 요인, 식중독 유발 세균 등 미생물적 요인으로 한다.

정답 26. ③ 27. ② 28. ② 29. ③

30 위해평가의 일반적 순서를 나열한 것으로 옳은 것은?

① 위험성 확인, 위험성 결정, 노출평가, 위해도 결정
② 위험성 확인, 위험성 결정, 위해도 결정, 노출평가
③ 위험성 결정, 노출평가, 위험성 확인, 위해도 결정
④ 위해도 결정, 위험성 결정, 노출평가, 위험성 확인
⑤ 위해도 결정, 위험성 확인, 위험성 결정, 노출평가

30 [영 제4조] ③ 위해평가는 다음 각 호의 과정을 순서대로 거친다. 다만, 식품의약품안전처장이 현재의 기술수준이나 위해요소의 특성에 따라 따로 방법을 정한 경우에는 그에 따를 수 있다.
1. 위해요소의 인체 내 독성을 확인하는 **위험성 확인과정**
2. 위해요소의 인체노출 허용량을 산출하는 **위험성 결정과정**
3. 위해요소가 인체에 노출된 양을 산출하는 **노출평가과정**
4. 위험성 확인과정, 위험성 결정과정 및 노출평가과정의 결과를 종합하여 해당 식품등이 건강에 미치는 영향을 판단하는 **위해도 결정과정**

31 위해평가의 위험성 결정과정에 대한 설명으로 옳은 것은?

① 위해요소의 인체 내 독성을 확인하는 과정
② 위해요소의 인체노출 허용량을 산출하는 과정
③ 위해요소가 인체에 노출된 양을 산출하는 과정
④ 위험성 확인과정, 위험성 결정과정 및 노출평가과정의 결과를 종합하는 과정
⑤ 위해요소가 건강에 미치는 영향을 판단하는 과정

31 문제 30번 해설 참고

32 식품의약품안전처장, 시·도지사 또는 시장·군수·구청장은 같은 영업소에 의하여 같은 피해를 입은 ____ 이상의 소비자, 소비자단체 또는 시험·검사기관이 식품등 또는 영업시설 등에 대하여 출입·검사·수거 등을 요청하는 경우에는 이에 따라야 한다. 밑줄 친 곳에 들어갈 단어는?

① 3명 ② 5명
③ 7명 ④ 10명
⑤ 15명

32 [법 제16조, 영 제6조(소비자 등의 위생검사등 요청)] 같은 영업소에 의하여 같은 피해를 입은 **5명 이상**의 소비자를 말한다.

33 위해식품의 긴급대응방안에 포함되어야 할 사항은?

① 해당 식품의 종류
② 해당 식품의 판매처
③ 식품등의 유형
④ 식품등의 영업자
⑤ 식품등의 제조장소

33 [법 제17조(위해식품등에 대한 긴급대응)] ② 제1항에 따른 긴급대응방안은 다음 각 호의 사항이 포함되어야 한다.
1. 해당 식품등의 종류
2. 해당 식품등으로 인하여 인체에 미치는 위해의 종류 및 정도
3. 제조·판매등의 금지가 필요한 경우 이에 관한 사항
4. 소비자에 대한 긴급대응요령 등의 교육·홍보에 관한 사항
5. 그 밖에 식품등의 위해 방지 및 확산을 막기 위하여 필요한 사항

정답 30. ① 31. ② 32. ② 33. ①

34 유전자변형식품이 안전성 심사를 받은 지 몇 년 후에 다시 안전성 심사를 받아야 하는가?

① 2년
② 3년
③ 5년
④ 7년
⑤ 10년

35 식품의약품안전처장등이 수입식품안전관리특별법에 따라 식품등을 검사한 결과에 이의가 있는 영업자는 재검사를 요청할 수 있다. 이에 대한 설명으로 옳은 것은?

① 검체는 검사한 제품과 같은 날에 같은 영업시설에서 같은 제조 공정을 통하여 제조·생산된 제품이어야 한다.
② 국외 검사기관의 검사성적서는 인정하지 않는다.
③ 검사기관은 3곳 이상이어야 한다.
④ 해당 식품등의 기준이나 규격에서 정한 검사항목을 모두 검사하여야 한다.
⑤ 보세창고료는 식품의약품안전처장이 부담한다.

36 식품등의 재검사 대상에서 제외되는 것은?

① 단백질
② 잔류동물용의약품
③ 무기질
④ 비타민
⑤ 수분함량

37 자가품질검사에 대한 설명으로 옳은 것은?

① 식품등을 판매하는 영업자는 제조·가공하는 식품등이 기준과 규격에 맞는지를 검사하여야 한다.
② 자가품질검사 주기의 적용시점은 제품 판매일을 기준으로 산정한다.
③ 자가품질검사의 항목은 영업자가 정한다.
④ 즉석식품류는 자가품질검사를 하지 않아도 된다.
⑤ 식품안전관리인증기준적용업소가 식품안전관리인증기준을 지키는 경우 자가품질검사를 면제할 수 있다.

---

34 [영 제9조] 법 제18조 제1항에서 "최초로 유전자변형식품등을 수입하는 경우 등 대통령령으로 정하는 경우"란 다음 각 호의 어느 하나에 해당하는 경우를 말한다.
3. 그 밖에 법 제18조에 따른 안전성 심사를 받은 후 10년이 지나지 아니한 유전자변형식품등으로서 식품의약품안전처장이 새로운 위해요소가 발견되었다는 등의 사유로 인체의 건강을 해칠 우려가 있다고 인정하여 심의위원회의 심의를 거쳐 고시하는 경우

35 [법 제23조(식품등의 재검사)] 식품의약품안전처장이 인정하는 국내외 검사기관 2곳 이상의 검사성적서 또는 검사증명서를 첨부하면 된다. 이때 시간이 경과함에 따라 검사 결과가 달라질 수 있는 검사항목 등은 재검사 대상에서 제외하며, 재검사 수수료와 보세창고료 등 재검사에 드는 비용은 영업자가 부담한다.

36 [규칙 제21조(식품등의 재검사 제외대상)] 재검사 대상에서 제외하는 항목은, 이물, 미생물, 곰팡이독소, 잔류농약 및 **잔류동물용의약품**이다.

37 [법 제31조의2] 식품의약품안전처장 또는 시·도지사는 식품안전관리인증기준적용업소가 다음 각 호에 해당하는 경우에는 총리령으로 정하는 바에 따라 자가품질검사를 면제할 수 있다.
1. 식품안전관리인증기준적용업소가 검사가 포함된 식품안전관리인증기준을 지키는 경우
2. 조사·평가 결과 그 결과가 우수하다고 총리령으로 정하는 바에 따라 식품의약품안전처장이 인정하는 경우

정답 34. ⑤ 35. ① 36. ② 37. ⑤

영업

38 **총리령으로 정하는 시설기준에 맞는 시설을 갖추지 않아도 되는 영업은?**

① 즉석판매제조, 가공업
② 식품수입업
③ 식품소분, 판매업
④ 식품접객업
⑤ 위탁급식영업

38 [법 제36조(시설기준), 영 제21조(영업의 종류)] 참고

39 **유통기간이 얼마 이상의 완제품을 넣어 판매하는 경우에 식품자동판매기영업에서 제외하는가?**

① 5일 이상 ② 1주일 이상
③ 2주일 이상 ④ 3주일 이상
⑤ 1개월 이상

39 [영 제21조] 소비기한이 **1개월 이상인 완제품만**을 자동판매기에 넣어 판매하는 경우는 식품자동판매기영업에서 **제외**한다.

40 **식품접객업 중 음식류를 조리·판매하는 영업으로서 식사와 함께 부수적으로 음주행위가 허용되는 영업은?**

① 휴게음식점영업
② 일반음식점영업
③ 위탁급식영업
④ 단란주점영업
⑤ 제과점영업

40 [영 제21조] **일반음식점영업은, 음식류를 조리·판매하는 영업으로서 식사와 함께 부수적으로 음주행위가 허용**되는 영업이다. 휴게음식점영업은 음주행위가 허용되지 아니하며, 단란주점영업은 손님이 노래를 부르는 행위가 허용된다. 유흥주점영업은 손님이 노래를 부르거나 춤을 추는 행위가 허용되나, 제과점영업은 음주행위가 허용되지 아니하는 영업이다.

41 **영업장의 면적이 일정 규모 이상인 백화점, 슈퍼마켓, 연쇄점 등에서 식품판매를 하려면 시설기준에 맞는 시설을 갖추어야 한다. 이에 해당하는 영업장의 면적은?**

① 100제곱미터
② 200제곱미터
③ 300제곱미터
④ 400제곱미터
⑤ 500제곱미터

41 [규칙 제39조] 기타 식품판매업에서 "총리령으로 정하는 일정 규모 이상의 백화점, 슈퍼마켓, 연쇄점 등"이란 **백화점, 슈퍼마켓, 연쇄점** 등의 영업장의 **면적이 300제곱미터 이상**인 업소를 말한다.

정답 38. ② 39. ⑤ 40. ② 41. ③

42 영업허가를 받아야 하는 업종으로 옳은 것은?

① 단란주점영업, 식품첨가물제조업, 식품 등 수입판매업
② 유흥주점영업, 식품조사처리업, 식품첨가물제조업
③ 식품조사처리업, 단란주점영업, 식품첨가물제조업
④ 유흥주점영업, 식품첨가물제조업, 식품 등 수입판매업
⑤ 유흥주점영업, 단란주점영업, 식품조사처리업

43 품목제조보고서를 영업의 등록관청에 제출해야 하는 영업자는?

① 식품첨가물제조업자 ② 즉석판매제조가공업자
③ 식품조사처리업자 ④ 식품소분업자
⑤ 식품 냉동, 냉장업자

44 소분판매가 가능한 것은?

① 통·병조림 제품 ② 레토르트식품
③ 전분 ④ 체중조절용 조제식품
⑤ 식초

45 식품의약품안전처장으로부터 영업허가를 받아야 하는 업종은?

① 식품첨가물제조업 ② 식품제조·가공업
③ 즉석판매제조업 ④ 식품운반업
⑤ 식품조사처리업

46 특별자치시장·특별자치도지사 또는 시장·군수·구청장에게 영업신고를 하여야 하는 업종은?

① 식품운반업 ② 식품제조·가공업
③ 단란주점영업 ④ 식품첨가물제조업
⑤ 식품조사처리업

47 품목제조보고서는 제품생산 시작 후 며칠 이내에 등록관청에 제출하여야 하는가?

① 7일 ② 14일
③ 21일 ④ 30일
⑤ 60일

42 [영 제23조] 허가를 받아야 하는 영업 및 해당 허가관청은 다음 각 호와 같다.
1. 식품조사처리업 : 식품의약품안전처장
2. 단란주점영업과 유흥주점영업 : 특별자치시장·특별자치도지사 또는 시장·군수·구청장

43 [규칙 제45조] ① **식품 또는 식품첨가물의 제조·가공**에 관한 보고를 하려는 자는 품목제조보고서에 다음 각 호의 서류를 첨부하여 제품생산 시작 전이나 제품생산 시작 후 **7일 이내**에 등록관청에 제출하여야 한다.

44 [규칙 제38조(식품소분업의 신고대상)] 영업의 대상이 되는 식품 또는 식품첨가물(수입되는 식품 또는 식품첨가물을 포함한다)과 벌꿀(영업자가 자가채취하여 직접 소분·포장하는 경우를 제외한다)을 말한다. 다만, 어육제품, 특수용도식품(**체중조절용 조제식품은 제외**한다), 통·병조림 제품, 레토르트식품, 전분, 장류 및 식초는 소분·판매하여서는 아니 된다.

45 문제 42번 해설 참고

46 [영 제25조(**영업신고**를 하여야 하는 업종)] 즉석판매제조·가공업, **식품운반업**, 식품소분·판매업, 식품냉동·냉장업, 용기·포장류제조업(자신의 제품을 포장하기 위하여 용기·포장류를 제조하는 경우 제외), 휴게음식점영업, 일반음식점영업, 위탁급식영업 및 제과점영업은 특별자치시장·특별자치도지사 또는 시장·군수·구청장에게 신고를 하여야 한다.

47 문제 43번 해설 참고

정답 42. ⑤ 43. ① 44. ④ 45. ⑤ 46. ① 47. ①

48 영업자의 지위를 승계한 자는 몇 개월 이내에 신고해야 하는가?

① 1개월 ② 2개월
③ 3개월 ④ 4개월
⑤ 5개월

48 [법 제39조] 영업자의 지위를 승계한 자는 1개월 이내에 그 사실을 식품의약품안전처장 또는 특별자치시장·특별자치도지사·시장·군수·구청장에게 신고하여야 한다.

49 건강진단을 받아야 하는 사람은?

① 식품을 조리하는 일에 직접 종사하는 영업자 및 종업원
② 화학적 합성품을 제조하는 영업자
③ 완전 포장된 식품을 운반하거나 판매하는 자
④ 기구 등의 살균, 소독제를 제조하는 종업원
⑤ 화학적 합성품을 운반하는 종업원

49 [규칙 제49조] ① 건강진단을 받아야 하는 사람은 식품 또는 식품첨가물(**화학적 합성품 또는 기구 등의 살균·소독제는 제외**한다)을 채취·제조·가공·조리·저장·운반 또는 판매하는 일에 직접 종사하는 영업자 및 종업원으로 한다. 다만, **완전 포장된 식품 또는 식품첨가물을 운반**하거나 판매하는 일에 종사하는 사람은 **제외**한다.

50 건강진단을 받아야 하는 영업자 및 종업원이 건강진단을 받아야 하는 시기는?

① 영업 시작 전
② 영업 시작 후 1주일 이내
③ 영업 시작 후 2주일 이내
④ 영업 시작 후 3주일 이내
⑤ 영업 시작 후 4주일 이내

50 [규칙 제49조] ② 건강진단을 받아야 하는 영업자 및 그 종업원은 **영업 시작 전 또는 영업에 종사하기 전**에 미리 건강진단을 받아야 한다.

51 식품위생법상 영업에 종사하지 못하는 질병은?

① 파상열 ② 피부병
③ B형간염 ④ 소아마비
⑤ 신증후군출혈열

51 [규칙 제50조] 법 제40조 제4항에 따라 영업에 종사하지 못하는 사람은 다음의 질병에 걸린 사람으로 한다. 「감염병의 예방 및 관리에 관한 법률」 제2조 제3호 가목에 따른 결핵(비감염성인 경우는 제외한다), 「감염병의 예방 및 관리에 관한 법률 시행규칙」 제33조 제1항 각 호의 어느 하나에 해당하는 감염병, 피부병 또는 그 밖의 화농성(化膿性)질환, 후천성면역결핍증(「감염병의 예방 및 관리에 관한 법률」 제19조에 따라 성병에 관한 건강진단을 받아야 하는 영업에 종사하는 사람만 해당한다)

52 식품위생교육을 받지 않아도 되는 영업자는?

① 식품제조·가공업자
② 식품소분·판매업자
③ 식용얼음판매업자
④ 식품보존업자
⑤ 식품접객업자

52 [영 제27조(식품위생교육의 대상)] 법 제41조 제1항에서 "대통령령으로 정하는 영업자"란 다음 각 호의 영업자를 말한다.

1. 제21조 제1호의 식품제조·가공업자
2. 제21조 제2호의 즉석판매제조·가공업자
3. 제21조 제3호의 식품첨가물제조업자
4. 제21조 제4호의 식품운반업자
5. 제21조 제5호의 식품소분·판매업자(식용얼음판매업자 및 식품자동판매기영업자는 제외한다)
6. 제21조 제6호의 식품보존업자
7. 제21조 제7호의 용기·포장류제조업자
8. 제21조 제8호의 식품접객업자

정답 48. ① 49. ① 50. ① 51. ② 52. ③

53 건강진단 결과 일반음식점영업에 종사할 수 있는 사람은?

① 장티푸스 환자
② 결핵 환자
③ 후천성면역결핍증 환자
④ 화농성질환자
⑤ 세균성이질 환자

54 유흥종사자를 둘 수 있는 식품접객업 영업자의 종업원에게 요구되는 식품위생교육 횟수는?

① 1개월 1회
② 2개월 1회
③ 6개월 1회
④ 1년 1회
⑤ 2년 1회

55 집단급식소에 종사하는 영양사가 교육을 받아야 하는 기간은?

① 3개월
② 6개월
③ 9개월
④ 1년
⑤ 2년

56 위탁급식영업자의 준수사항 중 물수건 및 기타 주방용구에 대한 준수사항으로 옳지 않은 것은?

① 살균 · 소독제 방법으로 소독
② 열탕 방법으로 소독
③ 자외선살균 방법으로 소독
④ 전기살균 방법으로 소독
⑤ 방사선살균 방법으로 소독

57 위탁급식영업자가 수돗물이 아닌 지하수 등을 식품의 조리 · 세척에 사용하는 경우 먹는 물 수질검사기관에서 모든 항목을 검사하여야 하는 주기는?

① 6개월
② 1년
③ 2년
④ 3년
⑤ 4년

53 [감염병예방및관리에관한법 시행규칙 제33조] ① 법 제45조 제1항에 따라 일시적으로 업무 종사의 제한을 받는 감염병환자등은 다음 각 호의 감염병에 해당하는 감염병환자등으로 하고, 그 제한 기간은 감염력이 소멸되는 날까지로 한다.
1. 콜레라
2. 장티푸스
3. 파라티푸스
4. 세균성이질
5. 장출혈성대장균감염증
6. A형간염

54 [법 제41조] 유흥종사자를 둘 수 있는 식품접객업 영업자의 종업원은 **매년** 식품위생에 관한 교육을 받아야 한다.

55 [법 제56조] 식품의약품안전처장은 식품위생 수준 및 자질의 향상을 위하여 필요한 경우 조리사와 영양사에게 교육(조리사의 경우 보수교육을 포함한다. 이하 이 조에서 같다)을 받을 것을 명할 수 있다. 다만, **집단급식소에 종사하는 조리사와 영양사는 1년마다 교육**을 받아야 한다.

56 [규칙 제57조] 별표 17. 식품접객영업자 등의 준수사항. 물수건, 숟가락, 젓가락, 식기, 찬기, 도마, 칼, 행주 그 밖에 주방용구는 기구 등의 **살균 · 소독제, 열탕, 자외선살균 또는 전기살균의 방법으로 소독**한 것을 사용하여야 한다.

57 [규칙 제57조] 별표 17. 위탁급식영업자가 수돗물이 아닌 지하수 등을 먹는 물 또는 식품의 조리 · 세척 등에 사용하는 경우에는 먹는 물 수질검사기관에서 일부 항목 검사는 1년마다, **모든 항목 검사는 2년마다** 실시하여야 한다.

정답 53. ③ 54. ④ 55. ④ 56. ⑤ 57. ③

58 위해식품등의 회수를 성실히 이행하여 행정처분을 면제받을 수 있는 수준은?

① 회수계획량의 1/4 이상 회수
② 회수계획량의 4/5 이상 회수
③ 회수계획량의 2/3 이상 회수
④ 회수계획량의 1/2 이상 회수
⑤ 회수계획량의 1/3 이상 회수

59 우수업소로 지정받을 수 있는 영업은?

① 식품제조·가공업
② 식품소분·판매업
③ 식품운반업
④ 식품보존업
⑤ 식품접객업

60 위해식품등의 회수계획에 포함되는 것은?

① 식품의 제조량
② 식품의 원료
③ 식품의 제조일
④ 회수 식품의 폐기 등 처리방법
⑤ 미회수량에 대한 조치 계획

61 식품 및 축산물의 안전관리인증기준으로 옳은 것은?

① 식품·축산물의 원료 관리, 제조·가공·조리·소분·유통·판매의 모든 과정에서 위해한 물질이 식품 또는 축산물에 섞이거나 식품 또는 축산물이 오염되는 것을 방지하기 위하여 각 과정의 위해요소를 확인·평가하여 중점적으로 관리하는 기준
② 인체의 건강을 해할 우려가 있는 생물학적, 화학적 또는 물리적 인자나 조건
③ 식품·축산물 안전에 영향을 줄 수 있는 위해요소와 이를 유발할 수 있는 조건이 존재하는지 여부를 판별하기 위하여 필요한 정보를 수집하고 평가하는 일련의 과정
④ 식품·축산물의 위해요소를 예방·제어하거나 허용 수준 이하로 감소시켜 당해 식품·축산물의 안전성을 확보할 수 있는 중요한 단계·과정 또는 공정
⑤ 중요관리점에서의 위해요소 관리가 허용범위 이내로 충분히 이루어지고 있는지 여부를 판단할 수 있는 기준이나 기준치

58 [영 제31조] 위해식품등의 회수에 필요한 조치를 성실히 이행한 영업자가 그 위반행위에 대한 행정처분을 면제받으려면 회수계획에 따른 회수계획량의 5분의 4 이상을 회수하여야 한다.

59 [규칙 제61조] ① 법 제47조 제1항에 따른 우수업소 또는 모범업소의 지정은 다음 각 호의 구분에 따른 자가 행한다.
1. 우수업소의 지정 : 식품의약품안전처장 또는 특별자치시장·특별자치도지사·시장·군수·구청장
2. 모범업소의 지정 : 특별자치시장·특별자치도지사·시장·군수·구청장
② 영 제21조 제1호의 식품제조·가공업 및 같은 조 제3호의 식품첨가물제조업은 우수업소와 일반업소로 구분하며, 영 제2조의 집단급식소 및 영 제21조 제8호 나목의 일반음식점영업은 모범업소와 일반업소로 구분한다.

60 [규칙 제59조] 회수계획에 포함되어야 할 사항은 다음과 같다.
1. 제품명, 거래업체명, 생산량(수입량을 포함한다) 및 판매량
2. 회수계획량(위해식품 등으로 판명 당시 해당 식품 등의 소비량 및 유통기한 등을 고려하여 산출하여야 한다)
3. 회수 사유
4. 회수방법
5. 회수기간 및 예상 소요시간
6. 회수되는 식품 등의 폐기 등 처리 방법
7. 회수 사실을 국민에게 알리는 방법

61 [법 제48조] ① 식품의약품안전처장은 식품의 원료관리 및 제조·가공·조리·소분·유통의 모든 과정에서 위해한 물질이 식품에 섞이거나 식품이 오염되는 것을 방지하기 위하여 각 과정의 위해요소를 확인·평가하여 중점적으로 관리하는 기준(이하 "식품안전관리인증기준"이라 한다)을 식품별로 정하여 고시할 수 있다.

정답 58. ② 59. ① 60. ④ 61. ①

62 식품안전관리인증기준적용업소의 종업원이 매년 정기교육을 받아야 하는 시간은?

① 2시간
② 3시간
③ 4시간
④ 5시간
⑤ 6시간

63 식품안전관리인증을 취소할 수 있는 최소한의 행정처분 기간은?

① 영업정지 2개월
② 영업정지 3개월
③ 영업정지 4개월
④ 영업정지 5개월
⑤ 영업정지 6개월

64 식품안전관리인증의 인증기간은 인증을 받은 날부터 몇 년인가?

① 1년
② 2년
③ 3년
④ 4년
⑤ 5년

65 식품안전관리인증기준 대상 식품에 해당하지 않는 것은?

① 어묵
② 조미가공품
③ 다류
④ 레토르트식품
⑤ 식품제조·가공업의 영업소 중 전년도 총 매출액이 100억 원 이상인 영업소에서 제조·가공하는 식품

[규칙 제62조(식품안전관리인증기준 대상 식품)] ① "총리령으로 정하는 식품"이란 다음 각 호의 어느 하나에 해당하는 식품을 말한다.
1. 수산가공식품류의 어육가공품류 중 어묵·어육소시지
2. 기타수산물가공품 중 냉동 어류·연체류·조미가공품
3. 냉동식품 중 피자류·만두류·면류
4. 과자류, 빵류 또는 떡류 중 과자·캔디류·빵류·떡류
5. 빙과류 중 빙과
6. 음료류[**다류(茶類) 및 커피류는 제외**한다]
7. 레토르트식품
8. 절임류 또는 조림류의 김치류 중 김치(배추를 주원료로 하여 절임, 양념혼합과정 등을 거쳐 이를 발효시킨 것이거나 발효시키지 아니한 것 또는 이를 가공한 것에 한한다)
9. 코코아가공품 또는 초콜릿류 중 초콜릿류
10. 면류 중 유탕면 또는 곡분, 전분, 전분질원료 등을 주원료로 반죽하여 손이나 기계 따위로 면을 뽑아내거나 자른 국수로서 생면·숙면·건면
11. 특수용도식품
12. 즉석섭취·편의식품류 중 즉석섭취식품
12의2. 즉석섭취·편의식품류의 즉석조리식품 중 순대
13. 식품제조·가공업의 영업소 중 전년도 총 매출액이 100억 원 이상인 영업소에서 제조·가공하는 식품

62 [규칙 제64조] ① 법 제48조 제5항에 따라 식품안전관리인증기준적용업소의 영업자 및 종업원이 받아야 하는 교육훈련의 종류는 다음 각 호와 같다.
1. 영업자 및 종업원에 대한 신규 교육훈련
2. 종업원에 대하여 매년 1회 이상 실시하는 정기교육훈련
3. 그 밖에 식품의약품안전처장이 식품위해사고의 발생 및 확산이 우려되어 영업자 및 종업원에게 명하는 교육훈련

③ 제1항에 따른 교육훈련의 시간은 다음 각 호와 같다.
1. 신규 교육훈련 : 영업자의 경우 2시간 이내, 종업원의 경우 16시간 이내
2. 정기교육훈련 : 4시간 이내
3. 제1항 제3호에 따른 교육훈련 : 8시간 이내

63 [법 제48조] ⑧ 식품의약품안전처장은 식품안전관리인증기준적용업소가 다음 각 호의 어느 하나에 해당하면 그 인증을 취소하거나 시정을 명할 수 있다.
1. 식품안전관리인증기준을 지키지 아니한 경우
1의2. 거짓이나 그 밖의 부정한 방법으로 인증을 받은 경우
2. **영업정지 2개월 이상**의 행정처분을 받은 경우
3. 영업자와 그 종업원이 교육훈련을 받지 아니한 경우
4. 그 밖에 제1호부터 제3호까지에 준하는 사항으로서 총리령으로 정하는 사항을 지키지 아니한 경우

64 [법 제48조의2] 인증의 유효기간은 **인증을 받은 날부터 3년**으로 하며, 같은 항 후단에 따른 변경 인증의 유효기간은 당초 인증 유효기간의 남은 기간으로 한다.

65 문제 하단 해설 참고

정답 62. ③ 63. ① 64. ③ 65. ③

66 식품이력추적관리 등록을 반드시 하여야 하는 자가 아닌 것은?

① 영유아식 제조·가공업자
② 특수의료용도등 식품 제조·가공업자
③ 체중조절용 조제식품 제조·가공업자
④ 임산·수유부용 식품 제조·가공업자
⑤ 환자용 식품 제조·가공업자

66 [규칙 제69조의2(식품이력추적관리 등록 대상)] "총리령으로 정하는 자"란 다음 각 호의 자를 말한다.
1. 영유아식(영아용 조제식품, 성장기용 조제식품, 영유아용 곡류 조제식품 및 그 밖의 영유아용 식품을 말한다) 제조·가공업자
2. 임산·수유부용 식품, 특수의료용도등 식품 및 체중조절용 조제식품 제조·가공업자
3. 영 제21조 제5호 나목 6) 및 이 규칙 제39조에 따른 기타 식품판매업자

67 식품제조·판매업자가 등록하는 국내 식품의 식품이력추적관리를 위한 등록항목에 해당하지 않는 것은?

① 영업소의 명칭
② 제품명과 식품의 유형
③ 원산지(국가명)
④ 소비기한 및 품질유지기한
⑤ 보존 및 보관방법

67 [규칙 제70조] 식품이력추적관리의 등록사항 : 국내식품의 경우 영업소의 명칭(상호)과 소재지, 제품명과 식품의 유형, 소비기한 및 품질유지기한, 보존 및 보관방법을, 수입식품의 경우 영업소의 명칭(상호)과 소재지, 제품명, 원산지(국가명), 제조회사 또는 수출회사를 등록하여야 한다.

조리사등

68 조리사를 두어야 하는 식품접객업자는?

① 복어를 조리·판매하는 영업
② 단란주점영업
③ 일반음식점영업
④ 휴게음식점영업
⑤ 유흥주점영업

68 [법 제51조(조리사), 영 제36조(조리사를 두어야 하는 식품접객업자)] 식품접객업 중 **복어를 조리·판매**하는 영업을 하는 자는 **조리사를 두어야 한다.**

69 집단급식소에 근무하는 조리사의 직무로 옳은 것은?

① 식단 작성
② 운영일지 작성
③ 구매식품의 검수 및 관리
④ 종업원에 대한 영양 지도 및 식품위생교육
⑤ 식단에 따른 조리업무

69 [법 제51조] 집단급식소에 근무하는 조리사는 집단급식소에서의 식단에 따른 조리업무, 구매식품의 검수 지원, 급식설비 및 기구의 위생·안전 실무, 그 밖에 조리실무에 관한 사항을 수행한다.

정답 66. ⑤ 67. ③ 68. ① 69. ⑤

70 집단급식소의 영양사에 대한 설명으로 옳은 것은?

① 집단급식소에 조리사가 초과되면 영양사를 두지 않아도 된다.
② 집단급식소 운영자는 조리사가 있으면 영양사를 두지 않아도 된다.
③ 1회 급식인원 200명 미만의 산업체인 경우에는 영양사를 두지 아니하여도 된다.
④ 집단급식소 운영자 자신이 조리사로서 직접 영양 지도를 하는 경우에는 영양사를 두지 않을 수 있다.
⑤ 집단급식소 운영자 자신이 영양사로서 직접 영양 지도를 하는 경우에는 영양사를 두지 않을 수 있다.

70 [법 제52조] ① 집단급식소 운영자 **자신이 영양사로서 직접 영양 지도를** 하는 경우, 1회 급식인원 100명 미만의 산업체인 경우, 조리사가 영양사의 면허를 받은 경우에는 영양사를 두지 않아도 된다.

71 학교, 병원에서 운영하는 집단급식소 중 영양사를 두어야 하는 규모는?

① 1회 50명 이상 식사 제공
② 1회 100명 이상 식사 제공
③ 1회 200명 이상 식사 제공
④ 1회 300명 이상 식사 제공
⑤ 규모에 관계없이 고용

71 [법 제52조(영양사), 영 제2조(집단급식소의 범위)] 집단급식소 운영자는 영양사를 두어야 하나, 1회 급식인원 100명 미만의 산업체인 경우 영양사를 두지 아니하여도 된다. 참고로, 집단급식소는 **1회 50명 이상**에게 식사를 제공하는 급식소를 말한다.

72 집단급식소에 근무하는 영양사의 직무로 옳은 것은?

① 식단에 따른 조리업무
② 구매식품의 검수 지원
③ 종업원에 대한 영양 지도 및 식품위생교육
④ 조리 실무
⑤ 급식설비 및 기구의 위생·안전 실무

72 [법 제52조] ② 집단급식소에 근무하는 영양사는 다음 각 호의 직무를 수행한다.
1. 집단급식소에서의 식단 작성, 검식 및 배식관리
2. 구매식품의 검수 및 관리
3. 급식시설의 위생적 관리
4. 집단급식소의 운영일지 작성
5. 종업원에 대한 영양 지도 및 식품위생교육

73 조리사의 면허를 발급하는 자는?

① 식품의약품안전처장
② 특별자치시장·특별자치도지사·시장·군수·구청장
③ 보건복지부장관
④ 시·도지사
⑤ 지방식품의약품안전청장

73 [법 제53조] 조리사가 되려는 자는 「국가기술자격법」에 따라 해당 기능분야의 자격을 얻은 후 특별자치시장·특별자치도지사·시장·군수·구청장의 면허를 받아야 한다.

정답 70. ⑤ 71. ① 72. ③ 73. ②

74 **조리사 면허를 받을 수 있는 경우는?**

① 정신질환자
② 감염병환자
③ 마약이나 기타 약물 중독자
④ 청각장애자
⑤ 조리사 면허 취소처분을 받고 그 취소된 날로부터 1년이 지나지 아니한 자

75 **집단급식소에 종사하는 조리사와 영양사의 교육 주기와 교육시간은?**

① 1년마다 4시간
② 1년마다 6시간
③ 1년마다 8시간
④ 2년마다 6시간
⑤ 2년마다 8시간

76 **집단급식소에 종사하는 조리사 및 영양사에 대한 식품위생 관련 교육내용에 포함되지 않는 것은?**

① 식품위생법령 및 시책
② 집단급식 위생관리
③ 식중독 예방 및 관리를 위한 대책
④ 조리사 및 영양사의 자질 향상에 관한 사항
⑤ 집단급식의 위생검사 방법

77 **조리사 및 영양사 교육에 관한 규정에 대해 잘못 설명한 것은?**

① 교육대상자는 집단급식소에 근무하는 조리사 및 영양사로 한다.
② 교육시간은 6시간으로 한다.
③ 교육은 2년마다 실시한다.
④ 식품의약품안전처장은 조리사 및 영양사에게 교육받을 것을 명할 수 있다.
⑤ 교육을 받아야 하는 조리사 및 영양사가 식품의약품안전처장이 정하는 질병 치료 등 부득이한 사유로 교육에 참석하기가 어려운 경우 교육교재를 배부하여 이를 익히고 활용하도록 함으로써 교육을 갈음할 수 있다.

74 [법 제54조] 다음에 해당하는 자는 조리사 면허를 받을 수 없다.
1. 「정신건강증진 및 정신질환자 복지서비스 지원에 관한 법률」 제3조 제1호에 따른 정신질환자. 다만, 전문의가 조리사로서 적합하다고 인정하는 자는 그러하지 아니하다.
2. 「감염병의 예방 및 관리에 관한 법률」 제2조 제13호에 따른 감염병환자. 다만, 같은 조 제4호 나목에 따른 B형간염환자는 제외한다.
3. 「마약류관리에 관한 법률」 제2조 제2호에 따른 마약이나 그 밖의 약물 중독자
4. 조리사 면허의 취소처분을 받고 그 취소된 날부터 1년이 지나지 아니한 자

75 [법 제56조, 규칙 제84조] 집단급식소에 종사하는 조리사와 영양사는 1**년마다** 교육을 받아야 하며, 교육시간은 **6시간**으로 한다.

76 [규칙 제84조] 조리사 및 영양사 교육기관의 교육내용으로, 식품위생법령 및 시책, 집단급식 위생관리, 식중독 예방 및 관리를 위한 대책, 조리사 및 영양사의 자질 향상에 관한 사항, 그 밖에 식품위생을 위하여 필요한 사항을 포함하여야 한다.

77 [규칙 제83조(조리사 및 영양사의 교육)] 교육은 1년마다 실시한다.

정답 74. ④ 75. ② 76. ⑤ 77. ③

78 1차 위반 시 조리사의 면허가 취소되는 경우는?

① 업무정지기간 중에 조리사 업무를 한 때
② 면허를 타인에게 대여하여 사용하게 한 때
③ 식중독 발생에 직무상의 책임이 있을 때
④ 교육을 받지 아니한 때
⑤ 위생 관련 중대한 사고 발생에 직무상의 책임이 있는 경우

79 식품위생법에 의해 국가 및 지방자치단체는 건강 위해가능 영양성분의 과잉섭취로 인한 국민보건상 위해를 예방하기 위하여 노력하여야 한다. 식품위생법에서 정한 건강 위해가능 영양성분 3종류를 나열한 것으로 옳은 것은?

① 나트륨, 당류, 포화지방
② 나트륨, 당류, 콜레스테롤
③ 나트륨, 당류, 트랜스지방
④ 나트륨, 당류, 지방
⑤ 나트륨, 당류, 불포화지방

80 식품이력추적관리와 식품안전에 관한 업무는 어디에서 수행하는가?

① 한국식품산업협회 ② 식품안전정보원
③ 식품안전연구센터 ④ 식품안전관리인증원
⑤ 동업자조합

보칙 · 벌칙

81 식중독 환자를 진단한 의사 · 한의사는 누구에게 보고해야 하는가?

① 보건소장
② 특별자치시장 · 시장 · 군수 · 구청장
③ 식품의약품안전처장
④ 시 · 도지사
⑤ 보건복지부장관

82 식중독이 발생하여 식중독에 대한 보고를 받은 시장 · 군수 · 구청장은 누구에게 이를 보고해야 하는가?

① 식품의약품안전처장 ② 국립보건원장
③ 보건복지부장관 ④ 질병관리청장
⑤ 식품안전정보원장

78 [법 제80조] 식품의약품안전처장 또는 특별자치시장 · 특별자치도지사 · 시장 · 군수 · 구청장은 조리사가 다음 각 호의 어느 하나에 해당하면 그 면허를 취소하거나 6개월 이내의 기간을 정하여 업무정지를 명할 수 있다. 다만, 조리사가 **제1호 또는 제5호**에 해당할 경우 **면허를 취소하여야 한다.**
1. 제54조 각 호의 어느 하나에 해당하게 된 경우(결격사유)
2. 교육을 받지 아니한 경우
3. 식중독이나 그 밖에 위생과 관련한 중대한 사고 발생에 직무상의 책임이 있는 경우
4. 면허를 타인에게 대여하여 사용하게 한 경우
5. **업무정지기간 중에 조리사의 업무를 하는 경우**

79 [법 제70조의7] 국가 및 지방자치단체는 식품의 **나트륨, 당류, 트랜스지방** 등 영양성분의 과잉섭취로 인한 국민보건상 위해를 예방하기 위하여 노력하여야 한다.

80 [법 제67조] 식품의약품안전처장의 위탁을 받아 식품이력추적관리업무와 식품안전에 관한 업무를 효율적으로 수행하기 위하여 식품안전정보원을 둔다.

81 [법 제86조] ① **식중독 환자**나 식중독이 의심되는 자를 진단하였거나 그 사체를 검안한 **의사 또는 한의사**, 집단급식소에서 제공한 식품등으로 인하여 식중독 환자나 식중독으로 의심되는 증세를 보이는 자를 발견한 집단급식소의 설치 · 운영자는 지체 없이 **관할 특별자치시장 · 시장 · 군수 · 구청장**에게 보고하여야 한다.

82 [법 제86조] ② 특별자치시장 · 시장 · 군수 · 구청장이 식중독에 관한 보고를 받은 때에는 지체 없이 그 사실을 **식품의약품안전처장 및 시 · 도지사에게 보고**하고, 대통령령으로 정하는 바에 따라 원인을 조사하여 그 결과를 보고하여야 한다.

정답 78. ① 79. ③ 80. ② 81. ② 82. ①

83 식중독 원인의 조사방법 중 식중독의 원인이 된 식품등과 환자 간의 연관성을 확인하기 위한 조사방법은?

① 미생물학적 시험에 의한 조사
② 이화학적 시험에 의한 조사
③ 환경조사
④ 역학적 조사
⑤ 물리학적 조사

84 식중독 발생의 효율적인 예방 및 확산 방지를 위한 식중독대책협의기구의 구성기관은?

① 교육부　② 질병관리청
③ 여성가족부　④ 과학기술정보통신부
⑤ 행정안전부

85 식중독 환자를 진단한 의사가 환자의 혈액을 보관할 때 보관용기에 표시해야 하는 것은?

① 식중독의 원인　② 진단 연월일
③ 환자의 전화번호　④ 채취자의 성명
⑤ 채취자의 전화번호

86 의사 또는 한의사가 식중독 환자를 보고할 때 포함해야 하는 사항은?

① 보고자의 주소　② 환자의 전화번호
③ 식중독 발생장소　④ 역학조사 결과
⑤ 섭취 음식

87 집단급식소를 설치·운영하려는 자는 누구에게 신고해야 하는가?

① 보건복지부장관
② 특별자치시장·특별자치도지사·시장·군수·구청장
③ 시·도지사
④ 보건소장
⑤ 식품의약품안전처장

83 [영 제59조] ② 특별자치시장·시장, 군수, 구청장이 수행할 식중독 원인의 조사방법으로, **식중독의 원인이 된 식품등과 환자 간의 연관성을 확인**하기 위해 실시하는 **설문조사, 섭취음식 위험도 조사 및 역학적 조사**, 식중독 환자나 식중독이 의심되는 자의 혈액·배설물 또는 식중독의 원인이라고 생각되는 식품등에 대한 미생물학적 또는 이화학적 시험에 의한 조사, 식중독의 원인이 된 식품등의 오염경로를 찾기 위하여 실시하는 환경조사가 있다.

84 [법 제87조] 식품의약품안전처장은 식중독 발생의 효율적인 예방 및 확산 방지를 위하여 교육부, 농림축산식품부, 보건복지부, 환경부, 해양수산부, 식품의약품안전처, 시·도 등 유관기관으로 구성된 식중독대책협의기구를 설치·운영하여야 한다.

85 [영 제59조] ① 식중독 환자나 식중독이 의심되는 자를 진단한 의사나 한의사는 다음 각 호의 어느 하나에 해당하는 경우 해당 식중독 환자나 식중독이 의심되는 자의 혈액 또는 배설물을 채취하여 특별자치시장·시장·군수·구청장이 조사하기 위하여 인수할 때까지 변질되거나 오염되지 아니하도록 보관하여야 한다. 이 경우 **보관용기**에는 **채취일, 식중독 환자나 식중독이 의심되는 자의 성명 및 채취자의 성명**을 표시하여야 한다.

86 [규칙 제93조(식중독환자 또는 그 사체에 관한 보고)] 의사 또는 한의사가 법 제86조 제1항에 따라 하는 보고에는 다음 각 호의 사항이 포함되어야 한다.
1. 보고자의 주소 및 성명
2. 식중독을 일으킨 환자, 식중독이 의심되는 사람 또는 식중독으로 사망한 사람의 주소·성명·생년월일 및 사체의 소재지
3. 식중독의 원인
4. 발병 연월일
5. 진단 또는 검사 연월일

87 [법 제88조] ① 집단급식소를 설치·운영하려는 자는 **특별자치시장·특별자치도지사·시장·군수·구청장**에게 신고하여야 한다.

정답 83. ④ 84. ① 85. ④ 86. ① 87. ②

88 집단급식소를 설치 · 운영하는 자는 조리 · 제공한 식품의 매회 1인분 분량을 몇 시간 이상 보관해야 하는가?

① 24시간 이상 ② 48시간 이상
③ 72시간 이상 ④ 144시간 이상
⑤ 168시간 이상

88 [법 제88조(집단급식소)] ② 조리 · 제공한 식품의 매회 1인분 분량을 **144시간 이상** 보관해야 한다.

89 집단급식소에서 조리 · 제공한 식품의 매회 1인분 분량을 보관하는 온도는?

① 4℃ 이하 ② 0℃ 이하
③ −5℃ 이하 ④ −10℃ 이하
⑤ −18℃ 이하

89 [규칙 제95조(집단급식소의 설치 · 운영자 준수사항)] 매회 1인분 분량을 섭씨 **영하 18도 이하**로 보관하여야 한다.

90 집단급식소의 시설기준으로 옳은 것은?

① 조리장은 음식물을 먹는 객석에서 그 내부를 볼 수 없는 구조이어야 한다.
② 조리장 바닥의 배수구는 덮개를 설치하지 말아야 한다.
③ 집단급식소에서는 지하수를 식용으로 사용해서는 아니 된다.
④ 충분한 환기를 위해 자연적인 통풍시설 외에 환기시설을 반드시 갖추어야 한다.
⑤ 주방용 식기류를 소독하기 위한 자외선 또는 전기살균소독기를 설치하거나 열탕세척소독시설을 갖추어야 한다.

90 [규칙 제96조] 별표 25. 집단급식소의 시설기준 참고

91 집단급식소 영업을 하려는 영업자가 미리 받아야 하는 식품위생교육 시간은?

① 3시간 ② 4시간
③ 5시간 ④ 6시간
⑤ 7시간

91 [규칙 제52조] 법 제41조 제2항에 따라 영업을 하려는 자가 받아야 하는 식품위생교육 시간은 다음 각 호와 같다.
4. 법 제88조 제1항에 따라 **집단급식소를 설치 · 운영하려는 자 : 6시간**

92 식품진흥기금을 사용할 수 있는 사업이 아닌 것은?

① 식품사고 예방과 사후관리를 위한 사업
② 우수업소와 모범업소에 대한 지원
③ 조리사 및 영양사에 대한 교육운영 비용 보조
④ 남은 음식 재사용 안 하기 활동에 대한 지원
⑤ 어린이급식관리지원센터 설치 및 운영 비용 보조

92 [영 제61조(기금사업)] 참고

정답 88. ④ 89. ⑤ 90. ⑤ 91. ④ 92. ③

93 병에 걸린 동물을 사용하여 판매할 목적으로 식품을 조리한 자를 신고한 경우 지급되는 포상금은?

① 1천만 원 이하 ② 100만 원 이하
③ 30만 원 이하 ④ 20만 원 이하
⑤ 10만 원 이하

93 [영 제63조] 질병에 걸린 동물을 사용하여 판매할 목적으로 식품을 조리한 자를 신고한 경우 1천만 원 이하의 포상금을 지급한다.

94 조리사가 아니면서 조리사라는 명칭을 사용한 자의 벌칙으로 옳은 것은?

① 3년 이상의 징역
② 1년 이상의 징역
③ 10년 이상의 징역 또는 1억 원 이하의 벌금
④ 5년 이하의 징역 또는 5천만 원 이하의 벌금
⑤ 3년 이하의 징역 또는 3천만 원 이하의 벌금

94 [법 제55조(명칭사용 금지), 제97조(벌칙)] **조리사가 아니면 조리사라는 명칭을 사용하지 못하며,** 이를 위반한 자는 **3년 이하의 징역 또는 3천만 원 이하의 벌금**에 처하거나 이를 병과할 수 있다.

95 판매 목적으로 식품 또는 식품첨가물을 제조·가공·수입·조리할 때 원료로 이용하면 1년 이상의 징역에 처할 수 있는 원료나 성분은?

① 감초 ② 부자
③ 초과 ④ 당귀
⑤ 백단향

95 [법 제93조] 마황(麻黃), 부자(附子), 천오(川烏), 초오(草烏), 백부자(白附子), 섬수(蟾수), 백선피(白鮮皮), 사리풀을 사용하여 판매할 목적으로 식품 또는 식품첨가물을 제조·가공·수입 또는 조리한 자는 1년 이상의 징역에 처한다.

96 영양사와 조리사가 교육을 받지 않았을 때 부과되는 과태료는?

① 2천만 원 이하 ② 1천만 원 이하
③ 500만 원 이하 ④ 300만 원 이하
⑤ 100만 원 이하

96 [법 제101조] 제56조 제1항 영양사와 조리사의 교육사항을 위반하여 교육을 받지 아니한 자는 100만 원 이하의 과태료를 부과한다.

97 집단급식소에서 조리·제공한 식품의 매회 1인분 분량을 144시간 이상 보관하지 아니하여 1차 위반 시 부과되는 과태료는?

① 500만 원 ② 300만 원
③ 100만 원 ④ 50만 원
⑤ 30만 원

97 [영 제67조] 별표 2. 과태료의 부과기준 참고

정답 93. ① 94. ⑤ 95. ②
96. ⑤ 97. ④

2

학교급식법

학습목표 학교급식법의 중점 내용을 요약·학습하여 관계법규 간의 연계성과 주요 관리요소에 대해 이해하고 영양(교)사로서의 업무수행 능력을 향상시키는 데 활용한다.

학교급식법 법률 제18639호, 2021. 12. 28. 일부개정
학교급식법 대통령령 제32720호, 2022. 6. 28. 일부개정
학교급식법 교육부령 제240호, 2021. 6. 30. 일부개정

01 학교급식법에서 정한 학교급식으로 옳은 것은?

① 학교급식은 급식대상을 확대하는 것을 목적으로 한다.
② 학교급식은 학교의 학생, 교사를 대상으로 한다.
③ 학교급식은 영양(교)사가 실시하는 급식을 말한다.
④ 학교급식공급업자는 학교급식위원회와 계약에 의하여 업무를 행한다.
⑤ 급식에 관한 경비는 학교급식을 위한 식품비, 급식운영비 및 급식시설·설비비를 말한다.

01 [법 제1조] 이 법은 학교급식 등에 관한 사항을 규정함으로써 학교급식의 질을 향상시키고 학생의 건전한 심신의 발달과 국민 식생활 개선에 기여함을 목적으로 한다.
[법 제2조] "학교급식"은 학교 또는 학급의 학생을 대상으로 학교의 장이 실시하는 급식을, "학교급식공급업자"라 함은 학교의 장과 계약에 의하여 학교급식에 관한 업무를 위탁받아 행하는 자를, "**급식에 관한 경비**"라 함은 학교급식을 위한 **식품비, 급식운영비 및 급식시설·설비비**를 말한다.

02 학교급식법의 목적은?

① 식품영양의 질적 향상을 도모
② 식품에 관한 올바른 정보 제공
③ 국민의 건강 개선을 도모
④ 국민의 삶의 질 향상을 도모
⑤ 국민 식생활 개선에 기여함

02 문제 01번 해설 참고

03 학교급식위원회에 대한 설명으로 옳은 것은?

① 학교급식위원회는 학교장 소속하에 둔다.
② 학교급식위원회의 위원장은 교육감이 된다.
③ 학교급식지원센터는 학교 소속이다.
④ 학교급식위원회는 급식에 관한 경비의 지원을 심의한다.
⑤ 학교급식위원회는 시장·군수·구청장 소속하에 둔다.

03 [법 제5조, 영 제5조 및 제6조] 교육감은 그 소속하에 학교급식위원회를 두며, 위원장은 특별시·광역시·도·특별자치도교육청의 부교육감이 된다. 학교급식위원회는 학교급식에 관한 계획과 급식에 관한 경비의 지원을 심의한다. 특별자치도지사·시장·군수·자치구의 구청장은 그 소속하에 학교급식지원센터를 설치·운영할 수 있다.

정답 01. ⑤ 02. ⑤ 03. ④

04 영양교사의 직무로 옳은 것은?

① 구매식품의 검수 지원
② 위생·안전·작업관리 및 검식
③ 급식 시설의 위생·안전 실무
④ 집단급식소의 운영일지 작성
⑤ 식단에 따른 조리업무

05 학교급식에 관한 경비 중에서 원칙적으로 보호자가 부담해야 하는 경비는?

① 식품비 ② 급식시설비
③ 급식운영비 ④ 급식설비비
⑤ 종사자의 인건비

06 학교급식시설에 갖추어야 하는 시설·설비로 옳은 것은?

① 조리원 전용화장실, 식품보관실, 급식관리실, 편의시설
② 식품보관실, 식기보관실, 급식관리실, 편의시설
③ 조리장, 식품보관실, 급식관리실, 편의시설
④ 식품보관실, 식기보관실, 급식관리실, 조리장
⑤ 조리원 전용휴게실, 식품보관실, 급식관리실, 조리장

07 학교급식시설 중 조리장의 시설·설비 기준에 대한 설명으로 옳은 것은?

① 냉장고는 10℃ 이하를 유지해야 한다.
② 바닥은 내구성·내수성 재질로 하되 미끄럽지 않아야 한다.
③ 내부벽은 표면이 거친 재질이어야 한다.
④ 조명은 200 lx 이상이 되도록 한다.
⑤ 창문에는 방충망 시설을 하지 않아도 된다.

08 검수구역의 조명은 몇 럭스(lx) 이상이어야 하는가?

① 120 ② 220
③ 340 ④ 440
⑤ 540

04 [영 제8조] 영양교사의 직무는, 식단작성, 식재료의 선정 및 검수, 위생·안전·작업관리 및 검식, 식생활 지도, 정보제공 및 영양상담, 조리실 종사자의 지도·감독, 그 밖에 학교급식에 관한 사항이다.

05 [법 제8조] ① 학교급식의 실시에 필요한 급식시설·설비비는 당해 학교의 설립·경영자가 부담하되, 국가 또는 지방자치단체가 지원할 수 있다.
② 급식운영비는 당해 학교의 설립·경영자가 부담하는 것을 원칙으로 하되, 대통령령이 정하는 바에 따라 보호자가 그 경비의 일부를 부담할 수 있다.
③ 학교급식을 위한 식품비는 보호자가 부담하는 것을 원칙으로 한다.

06 [영 제7조] 학교급식시설에서 갖추어야 할 시설·설비의 종류와 기준은 다음 각 호와 같다.

1. **조리장** : 교실과 떨어지거나 차단되어 학생의 학습에 지장을 주지 않는 시설로 하되, 식품의 운반과 배식이 편리한 곳에 두어야 하며, 능률적이고 안전한 조리기기, 냉장·냉동시설, 세척·소독시설 등을 갖추어야 한다.
2. **식품보관실** : 환기·방습이 용이하며, 식품과 식재료를 위생적으로 보관하는 데 적합한 위치에 두되, 방충 및 방서시설을 갖추어야 한다.
3. **급식관리실** : 조리장과 인접한 위치에 두되, 컴퓨터 등 사무장비를 갖추어야 한다.
4. **편의시설** : 조리장과 인접한 위치에 두되, 조리종사자의 수에 따라 필요한 옷장과 샤워시설 등을 갖추어야 한다.

07 [규칙 제3조] 별표 1. 급식시설의 세부기준. 조리장의 **조명은 220 lx 이상**이 되도록 한다. 다만, **검수구역은 540 lx 이상**이 되도록 한다.

08 문제 07번 해설 참고

정답 04. ② 05. ① 06. ③ 07. ② 08. ⑤

09 학교급식 식재료의 품질관리기준 그 밖에 식재료에 관하여 필요한 사항을 정하는 것은?

① 대통령령 ② 총리령
③ 농축수산식품부령 ④ 교육부령
⑤ 지방자치단체 조례

09 [법 제10조] 학교급식에는 품질이 우수하고 안전한 식재료를 사용하여야 하며, 식재료의 품질관리기준 그 밖에 식재료에 관하여 필요한 사항은 교육부령으로 정한다.

10 쌀은 수확연도부터 몇 년 이내의 것을 사용하여야 하는가?

① 0.5년 ② 1년
③ 1.5년 ④ 2년
⑤ 2.5년

10 [규칙 제4조] 별표 2. 학교급식 식재료의 품질관리기준. **쌀은 수확연도부터 1년 이내**의 것을 사용한다.

11 학교급식 식재료의 품질관리기준으로 옳은 것은?

① 쌀은 수확연도부터 2년 이내의 것을 사용한다.
② 농산물표준규격이 "중"등급 이상인 농산물을 사용한다.
③ 쇠고기는 육질등급 3등급 이상인 한우 및 육우를 사용한다.
④ 돼지고기는 육질등급 3등급 이상인 것을 사용한다.
⑤ 계란은 품질등급이 1등급 이상인 것을 사용한다.

11 [규칙 제4조] 별표 2. 학교급식 식재료의 품질관리기준 참고

12 학교급식의 식단작성에 대한 설명으로 옳은 것은?

① 학교급식의 영양관리기준은 보건복지부령으로 정한다.
② 전통 식문화의 계승·발전을 고려한다.
③ 가급적 포장식품을 사용한다.
④ 가공식품 등 다양한 종류의 식품을 사용한다.
⑤ 간편한 조리법 위주로 한다.

12 [법 제11조, 규칙 제5조] **학교급식의 영양관리기준은 교육부령**으로 정하며, 식단작성 시에는 다음을 고려하여야 한다.

1. 전통 식문화의 계승·발전을 고려할 것
2. 곡류 및 전분류, 채소류 및 과일류, 어육류 및 콩류, 우유 및 유제품 등 다양한 종류의 식품을 사용할 것
3. 염분·유지류·단순당류 또는 식품첨가물 등을 과다하게 사용하지 않을 것
4. 가급적 자연식품과 계절식품을 사용할 것
5. 다양한 조리방법을 활용할 것

13 학교급식의 위생·안전관리기준으로 옳은 것은?

① 식품 취급 등의 작업은 바닥으로부터 50 cm 이상의 높이에서 실시하여 식품의 오염이 방지되어야 한다.
② 해동은 냉장해동(15℃ 이하), 전자레인지 해동 또는 흐르는 물(25℃ 이하)에서 실시하여야 한다.
③ 해동된 식품은 6시간 이내에 사용하여야 한다.
④ 가열조리 식품은 중심부가 74℃ 이상에서 1분 이상 가열되고 있는지 확인한다.
⑤ 날로 먹는 채소류, 과일류는 충분히 세척·소독하여야 한다.

13 [규칙 제6조] 별표 4. 학교급식의 위생·안전관리기준 참고

정답 09. ④ 10. ② 11. ③ 12. ② 13. ⑤

14 알레르기를 유발하는 것으로 알려져 있는 식품을 사용하는 경우 학교의 장과 그 소속 학교급식관계교직원 및 학교급식공급업자는, 알레르기를 유발할 수 있는 식재료가 표시된 월간 식단표를 가정통신문으로 안내하고 학교 인터넷 홈페이지에 게재하여야 하며, 알레르기를 유발할 수 있는 식재료가 표시된 ___ 식단표를 식당 및 ___에 게시하여야 한다. 밑줄 친 곳에 들어갈 말로 바르게 짝지어진 것은?

① 일일 - 주방
② 일일 - 교실
③ 주간 - 주방
④ 주간 - 교실
⑤ 월간 - 교실

14 [규칙 제7조] 학교의 장과 그 소속 학교급식관계교직원 및 학교급식공급업자는 한국인에게 알레르기를 유발하는 것으로 알려져 있는 식품을 사용하는 경우 알레르기를 유발할 수 있는 식재료가 표시된 월간 식단표를 가정통신문으로 안내하고 학교 인터넷 홈페이지에 게재하여야 하며, 알레르기를 유발할 수 있는 식재료가 표시된 **주간 식단표를 식당 및 교실**에 게시하여야 한다.

15 학교급식 운영평가기준이 <u>아닌</u> 것은?

① 학교급식 위생 · 영양 등 급식운영관리
② 학생 식생활지도 및 영양상담
③ 학교급식에 대한 수요자의 만족도
④ 급식예산의 편성 및 운용
⑤ 영양교사의 배치기준

15 [영 제13조] ① 법 제18조 제1항에 따른 학교급식 운영평가를 효율적으로 실시하기 위하여 교육부장관 또는 교육감은 평가위원회를 구성 · 운영할 수 있다.
② 법 제18조 제2항에 따른 학교급식 운영평가기준은 다음 각 호와 같다.
1. 학교급식 위생 · 영양 · 경영 등 급식운영관리
2. 학생 식생활지도 및 영양상담
3. 학교급식에 대한 수요자의 만족도
4. 급식예산의 편성 및 운용
5. 그 밖에 평가기준으로 필요하다고 인정하는 사항

16 과태료에 대한 설명으로 옳은 것은?

① 원산지 표시를 거짓으로 적은 식재료에 대한 시정명령을 받았음에도 불구하고 이를 이행하지 아니한 학교급식공급업자는 500만 원 이하의 과태료에 처한다.
② 유전자변형농수산물의 표시를 거짓으로 적은 식재료에 대한 시정명령을 받았음에도 불구하고 이를 이행하지 아니한 학교급식공급업자는 300만 원 이하의 과태료에 처한다.
③ 식재료의 품질관리기준을 위반하여 시정명령을 받았음에도 불구하고 이를 이행하지 아니한 학교급식공급업자는 100만 원 이하의 과태료에 처한다.
④ 축산물의 등급을 거짓으로 기재한 식재료에 대한 시정명령을 받았음에도 불구하고 이를 이행하지 아니한 학교급식공급업자는 100만 원 이하의 과태료에 처한다.
⑤ 학교급식의 품질 및 안전을 위한 준수사항 위반에 대한 과태료는 교육부장관 또는 교육감이 부과 · 징수한다.

16 [법 제25조, 영 제18조] 별표. 과태료의 부과기준 참고

정답 14. ④ 15. ⑤ 16. ⑤

3 국민건강증진법

학습목표 식품위생에 관계된 제반 법규 중 국민건강증진법의 중점 내용을 요약·학습하여 관계법규 간의 연계성과 주요 관리요소에 대해 이해하고 국민건강증진에 기여하는 영양전문인으로서의 업무수행 능력을 향상시키는 데 활용한다.

국민건강증진법 법률 제18606호, 2021. 12. 21. 일부개정
국민건강증진법 대통령령 제32160호, 2021. 11. 30. 일부개정
국민건강증진법 보건복지부령 제892호, 2022. 6. 22. 일부개정

01 국민건강증진사업이 아닌 것은?

① 보건교육　② 질병예방
③ 영양개선　④ 건강생활의 실천
⑤ 식중독 예방

01 [법 제2조] "국민건강증진사업"은 보건교육, 질병예방, 영양개선, 건강관리 및 건강생활의 실천 등을 통하여 국민의 건강을 증진시키는 사업을 말한다.

02 국가와 지방자치단체가 실시하는 영양개선사업은?

① 영양교육사업
② 영양평가 연구사업
③ 영양평가 조사사업
④ 국민건강상태 조사사업
⑤ 영양홍보사업

02 [법 제15조, 규칙 제9조] 국가 및 지방자치단체는 국민의 영양개선을 위하여 영양교육사업, 영양개선에 관한 조사·연구사업과 국민의 영양상태에 관한 평가사업 및 지역사회의 영양개선사업을 실시한다.

03 국민영양조사를 실시하는 사람은?

① 식품의약품안전처장　② 행정안전부장관
③ 보건복지부장관　④ 보건소장
⑤ 환경부장관

03 [법 제16조] **보건복지부장관**은 국민의 건강상태·식품섭취·식생활조사 등 **국민의 영양에 관한 조사를 정기적으로 실시한다.**

04 국민영양조사의 실시 주기는?

① 1년에 1회　② 2년에 1회
③ 3년에 1회　④ 4년에 1회
⑤ 5년에 1회

04 [영 제19조] **국민영양조사는 매년 실시한다.**

정답 01. ⑤ 02. ① 03. ③ 04. ①

05 국민영양조사 항목으로 옳은 것은?

① 건강상태조사, 식품섭취조사, 식생활조사
② 건강상태조사, 식품섭취조사, 기호도조사
③ 식품섭취조사, 식생활조사, 음주량조사
④ 식품섭취조사, 식생활조사, 흡연량조사
⑤ 건강상태조사, 식생활조사, 가족수조사

06 국민영양조사 시 건강상태조사 사항의 세부내용으로 옳은 것은?

① 규칙적인 식사 여부
② 흡연·음주 등 건강 관련 생활태도
③ 감염병 질환을 앓았는지 여부에 관한 사항
④ 영유아의 이유보충식 종류에 관한 사항
⑤ 식품의 섭취횟수·섭취량

07 국민영양조사 시 식생활조사 사항의 세부내용으로 옳은 것은?

① 규칙적인 식사 여부
② 식품의 종류
③ 식품의 재료
④ 식품의 섭취횟수
⑤ 식품의 섭취량

08 영양조사원이 될 수 없는 사람은?

① 영양사
② 의사
③ 간호사
④ 약사
⑤ 전문대학 이상에서 식품학 또는 영양학을 이수한 자

09 영양지도원으로 가장 우선되는 자격은?

① 의사
② 간호사
③ 약사
④ 영양사
⑤ 보건교육사

05 [영 제21조] 영양조사는 **건강상태조사, 식품섭취조사, 식생활조사**로 구분하여 행한다.

06 [규칙 제12조] 건강상태조사의 세부내용은 급성 또는 만성질환을 앓거나 앓았는지 여부에 관한 사항, 질병·사고 등으로 인한 활동제한의 정도에 관한 사항, 혈압 등 신체계측에 관한 사항, 흡연·음주 등 건강과 관련된 생활태도에 관한 사항, 기타 보건복지부장관이 정하여 고시하는 사항이다.

07 [규칙 제12조] **식품섭취조사의 세부내용**은 식품의 섭취횟수 및 섭취량에 관한 사항, 식품의 재료에 대한 사항, 기타 보건복지부장관이 정하여 고시하는 사항이고, **식생활조사의 세부내용**은 규칙적인 식사 여부에 관한 사항, 식품섭취의 과다 여부에 관한 사항, 외식의 횟수에 관한 사항, 2세 이하 영유아의 수유기간 및 이유보충식의 종류에 관한 사항, 기타 보건복지부장관이 정하여 고시하는 사항이다.

08 [영 제22조] ① 영양조사를 담당하는 자(영양조사원)는 질병관리청장 또는 시·도지사가 **의사·치과의사**(구강상태에 대한 조사만 해당한다)·**영양사 또는 간호사**의 자격을 가진 사람 혹은 전문대학 이상의 학교에서 식품학 또는 영양학의 과정을 이수한 사람 중에서 임명 또는 위촉한다.

09 [영 제22조] ② 특별자치시장·특별자치도지사·시장·군수·구청장은 영양개선사업을 수행하기 위한 국민영양지도를 담당하는 자(영양지도원)를 두어야 하며 그 **영양지도원은 영양사의 자격을 가진 자로 임명**한다. 다만, 영양사의 자격을 가진 자가 없는 경우에는 의사 또는 간호사의 자격을 가진 자 중에서 임명할 수 있다.

정답 05. ① 06. ② 07. ① 08. ④ 09. ④

10 영양지도원의 업무로 옳지 않은 것은?

① 지역주민에 대한 영양상담, 영양교육 및 영양평가
② 지역주민의 식생활에 관한 조사사항의 조사, 기록
③ 지역주민의 건상상태 및 식생활 개선을 위한 세부 방안 마련
④ 집단급식시설에 대한 현황 파악 및 급식업무 지도
⑤ 영양교육자료의 개발 · 보급 및 홍보

11 국민영양조사로 선정된 가구에 선정 통지를 하는 자는?

① 시장 · 군수 · 구청장
② 보건복지부장관
③ 시 · 도지사
④ 식품의약품안전처장
⑤ 보건소장

12 영양조사원을 임명하는 자는?

① 보건복지부장관
② 식품의약품안전처장
③ 시장 · 군수 · 구청장
④ 질병관리청장
⑤ 보건소장

13 영양지도원을 임명하는 자는?

① 보건복지부장관
② 식품의약품안전처장
③ 시장 · 군수 · 구청장
④ 질병관리청장
⑤ 보건소장

---

10 [규칙 제17조] 영양지도원의 업무는 다음 각 호와 같다.
1. 영양지도의 기획 · 분석 및 평가
2. 지역주민에 대한 영양상담 · 영양교육 및 영양평가
3. 지역주민의 건상상태 및 식생활 개선을 위한 세부 방안 마련
4. 집단급식시설에 대한 현황 파악 및 급식업무 지도
5. 영양교육자료의 개발 · 보급 및 홍보
6. 그 밖에 지역주민의 영양관리 및 영양개선을 위하여 특히 필요한 업무

11 [규칙 제11조] **시 · 도지사**는 조사대상가구가 선정된 때에는 국민영양조사가구선정**통지서를 해당 가구주에게 송부**하여야 한다.

12 문제 08번 해설 참고

13 문제 09번 해설 참고

정답 10. ② 11. ③ 12. ④ 13. ③

국민영양관리법

4

학습목표 국민영양관리법의 중점 내용을 요약·학습하여 관계 법규 간의 연계성과 주요 관리요소에 대해 이해하고 영양(교)사로서의 업무수행 능력을 향상시키는 데 활용한다.

국민영양관리법 법률 제17472호, 2020. 8. 11. 일부개정
국민영양관리법 대통령령 제33112호, 2022. 12. 20. 일부개정
국민영양관리법 보건복지부령 제922호, 2022. 12. 13. 일부개정

01 국민영양관리법상 식생활의 정의는?

① 식문화, 식습관, 식품의 선택 및 소비 등 식품의 섭취와 관련된 모든 양식화된 행위를 말한다.
② 적절한 영양의 공급과 올바른 식생활 개선을 통하여 국민이 질병을 예방하고 건강한 상태를 유지하도록 하는 것을 말한다.
③ 식품의 생산, 조리, 가공, 식사용구, 상차림, 식습관, 식사예절, 식품의 선택과 소비 등 음식물의 섭취와 관련된 유·무형의 활동을 말한다.
④ 우리 민족 고유의 식생활과 관련된 생활양식이나 행동양식으로서 국가적 차원에서 진흥시킬만한 전통적이고 문화적 가치가 있다고 인정되는 것을 말한다.
⑤ 개인 또는 집단이 균형된 식생활을 통하여 건강을 개선시키는 것을 말한다.

01 [법 제2조] 식생활은 식문화, 식습관, 식품의 선택 및 소비 등 식품의 섭취와 관련된 모든 양식화된 행위를, 영양관리란 적절한 영양의 공급과 올바른 식생활 개선을 통하여 국민이 질병을 예방하고 건강한 상태를 유지하도록 하는 것을 말한다.
참고로, 식생활교육지원법에서는 식생활을 "식품의 생산, 조리, 가공, 식사용구, 상차림, 식습관, 식사예절, 식품의 선택과 소비 등 음식물의 섭취와 관련된 유·무형의 활동"으로, 전통 식생활 문화를 "우리 민족 고유의 식생활과 관련된 생활양식이나 행동양식으로서 국가적 차원에서 진흥시킬만한 전통적이고 문화적 가치가 있다고 인정되는 것"으로 정의하고; 국민건강증진법에서는 영양개선을 "개인 또는 집단이 균형된 식생활을 통하여 건강을 개선시키는 것"으로 정의하고 있다.

02 국민영양관리기본계획의 수립 주기는?

① 1년　② 2년
③ 3년　④ 4년
⑤ 5년

02 [법 제7조] ① 보건복지부장관은 국민영양관리기본계획을 **5년마다** 수립하여야 한다.

03 국민영양관리기본계획 중 영양관리사업 추진계획에 포함되어야 하는 사항은?

① 영양·식생활 평가사업
② 국민의 건강관리사업
③ 영양관리를 위한 영양조사
④ 지역주민의 영양평가사업
⑤ 영양개선을 위한 보건교육

03 [법 제7조] ② 기본계획 중 영양관리사업 추진계획에는 영양·식생활 교육사업, 영양취약계층 등의 영양관리사업, 영양관리를 위한 영양 및 식생활 조사, 그 밖에 대통령령으로 정하는 영양관리사업이 포함되어야 한다.

정답 01. ① 02. ⑤ 03. ③

04 보건복지부장관이 국민영양관리기본계획을 확정할 때 심의를 거쳐야 하는 기관은?

① 국민영양관리정책심의위원회
② 국민건강증진정책심의위원회
③ 식품위생심의위원회
④ 국가식생활교육위원회
⑤ 어린이식생활안전관리위원회

05 국민영양관리법에서 규정한 영양관리사업의 유형이 아닌 것은?

① 영양소 섭취기준의 보급 사업
② 국가영양관리감시체계 구축 사업
③ 국민의 영양 관리를 위한 홍보 사업
④ 질병 예방 관리 사업
⑤ 영양관리서비스산업의 육성 사업

06 국민 또는 지역주민에게 영양 · 식생활 교육을 실시하는 자는?

① 시 · 도지사
② 식품의약품안전처장
③ 질병관리청장
④ 국민보건원장
⑤ 보건소장

07 국민 또는 지역 주민에게 실시하는 영양 · 식생활 교육의 내용으로 옳은 것은?

① 생애주기별 올바른 식습관 형성 · 실천에 관한 사항
② 지역주민의 건강상태 개선에 관한 사항
③ 영양교육 자료의 개발 및 홍보
④ 건강과 관련된 생활태도에 관한 사항
⑤ 식품의 섭취횟수 및 섭취량

04 [규칙 제2조] 보건복지부장관은 기본계획안에 관계 중앙행정기관의 장으로부터 수렴한 의견을 반영하여 국민건강증진법에 따른 **국민건강증진정책심의위원회의 심의**를 거쳐 기본계획을 확정한다.

05 [영 제2조] 영양관리사업의 유형으로, 영양소 섭취기준 및 식생활 지침의 제정 · 개정 · 보급 사업, 영양취약계층을 조기에 발견하여 관리할 수 있는 국가영양관리감시체계 구축 사업, 국민의 영양 및 식생활 관리를 위한 홍보 사업, 고위험군 · 만성질환자 등에게 영양관리식 등을 제공하는 영양관리서비스산업의 육성을 위한 사업, 그 밖에 국민의 영양관리를 위하여 보건복지부장관이 필요하다고 인정하는 사업이 있다.

06 [법 제10조, 규칙 제5조] 국가 및 지방자치단체는 국민의 건강을 위하여 영양 · 식생활 교육을 실시하여야 하며 영양 · 식생활 교육에 필요한 프로그램 및 자료를 개발하여 보급하여야 한다. 보건복지부장관, 시 · 도지사 및 시장 · 군수 · 구청장은 국민 또는 지역 주민에게 영양 · 식생활 교육을 실시하여야 하며, 이 경우 생애주기 등 영양관리 특성을 고려하여야 한다.

07 [규칙 제5조] 영양 · 식생활 교육의 내용은 다음 각 호와 같다.

1. 생애주기별 올바른 식습관 형성 · 실천에 관한 사항
2. 식생활 지침 및 영양소 섭취기준
3. 질병 예방 및 관리
4. 비만 및 저체중 예방 · 관리
5. 바람직한 식생활문화 정립
6. 식품의 영양과 안전
7. 영양 및 건강을 고려한 음식만들기

정답 04. ② 05. ④ 06. ① 07. ①

08 국가 및 지방자치단체에서 실시하는 영양취약계층을 위한 영양관리사업의 대상자는?

① 만성질환자 ② 청소년
③ 성인 ④ 감염병환자
⑤ 영유아·아동

08 [법 제11조] 국가 및 지방자치단체는 **영유아, 임산부, 아동, 노인, 노숙인 및 사회복지시설 수용자 등 영양취약계층**을 위한 영양관리사업을 실시할 수 있다.

09 국민영양관리법에서 규정한 지역사회의 영양문제에 필요한 조사에 해당하지 <u>않는</u> 유형은?

① 식품의 영양성분 실태조사
② 당·나트륨 등 건강 위해가능 영양성분의 실태조사
③ 음식별 식품재료량 조사
④ 고위험군·만성질환자의 영양관리식 조사
⑤ 트랜스지방 건강 위해가능 영양성분의 실태조사

09 [영 제3조] 영양문제에 필요한 조사는, 식품의 영양성분 실태조사, 당·나트륨·트랜스지방 등 건강 위해가능 영양성분의 실태조사, 음식별 식품재료량 조사, 그 밖에 국민의 영양관리와 관련하여 보건복지부장관 또는 지방자치단체의 장이 필요하다고 인정하는 조사이다.

10 영양관리를 위한 영양 및 식생활조사의 주기는?

① 매년 2회 ② 매년 1회
③ 2년마다 1회 ④ 3년마다 1회
⑤ 4년마다 1회

10 [영 제4조] 보건복지부장관은 가공식품과 식품접객업소·집단급식소 등에서 조리·판매·제공하는 식품 등에 대한 조사, 식품접객업소·집단급식소 등의 음식별 식품재료에 대한 조사를 **매년 실시**한다.

11 식생활 지침을 제정하고 정기적으로 개정해야 하는 사람은?

① 보건복지부장관
② 식품의약품안전처장
③ 시장·군수·구청장
④ 질병관리청장
⑤ 보건소장

11 [법 제14조] 보건복지부장관은 국민건강증진에 필요한 영양소 섭취기준을 제정하고 정기적으로 개정하여 학계·산업계 및 관련 기관 등에 체계적으로 보급하여야 한다.

12 식생활 지침의 내용이 <u>아닌</u> 것은?

① 올바른 식생활 및 영양관리 실천
② 생애주기별 식생활 및 영양관리
③ 건강과 관련된 생활태도 관리
④ 식품의 영양과 안전
⑤ 영양 및 건강을 고려한 음식 만들기

12 [규칙 제6조] ② 식생활 지침에는 다음 각 호의 내용이 포함되어야 한다.
1. 건강증진을 위한 올바른 식생활 및 영양관리의 실천
2. 생애주기별 특성에 따른 식생활 및 영양관리
3. 질병의 예방·관리를 위한 식생활 및 영양관리
4. 비만과 저체중의 예방·관리
5. **영양취약계층, 시설 및 단체에 대한 식생활 및 영양관리**
6. 바람직한 식생활문화 정립
7. 식품의 영양과 안전
8. 영양 및 건강을 고려한 음식 만들기
9. 그 밖에 올바른 식생활 및 영양관리에 필요한 사항

정답 08. ⑤ 09. ④ 10. ② 11. ① 12. ③

13 영양소 섭취기준에 포함되는 내용이 아닌 것은?

① 국민의 생애주기별 영양소 요구량
② 영양소 섭취기준 활용을 위한 식사 모형
③ 국민의 생애주기별 1일 식사 구성안
④ 계절별 식사계획
⑤ 상한 섭취량

14 영양소 섭취기준 및 식생활 지침의 발간 주기는?

① 1년 ② 2년
③ 3년 ④ 5년
⑤ 10년

15 영양사 국가시험은 누가 관리하는가?

① 대한영양사협회
② 행정안전부장관
③ 한국보건산업진흥원
④ 영양사 국가시험관리기관
⑤ 식품의약품안전처장

16 영양사 면허를 받을 수 있는 사람은?

① 「정신건강증진 및 정신질환자 복지서비스 지원에 관한 법률」에 따른 정신질환자
② 「감염병의 예방 및 관리에 관한 법률」에 따른 감염병환자
③ B형간염환자
④ 마약 중독자
⑤ 향정신성의약품 중독자

17 영양사의 업무로 옳은 것은?

① 식단에 따른 조리업무
② 구매식품의 검수 지원
③ 종업원에 대한 영양지도 및 식품위생교육
④ 조리 실무
⑤ 급식설비 및 기구의 위생·안전 지원

13 [규칙 제6조] ① 영양소 섭취기준에는, 국민의 생애주기별 영양소 요구량(평균 필요량, 권장 섭취량, 충분 섭취량 등) 및 상한 섭취량, 영양소 섭취기준 활용을 위한 식사 모형, 국민의 생애주기별 1일 식사 구성안, 그 밖에 보건복지부장관이 영양소 섭취기준에 포함되어야 한다고 인정하는 내용이 포함되어야 한다.

14 [규칙 제6조] ③ 영양소 섭취기준 및 식생활 지침의 발간 주기는 5년으로 하되, 필요한 경우 그 주기를 조정할 수 있다.

15 [규칙 제8조] 보건복지부장관은 영양사 국가시험의 관리를 시험관리능력이 있다고 인정하여 지정·고시하는 관계전문기관(이하 "영양사 국가시험관리기관"이라 한다)으로 하여금 하도록 한다.

16 [법 제16조] 다음 각 호의 어느 하나에 해당하는 사람은 영양사의 면허를 받을 수 없다.
1. 「정신건강증진 및 정신질환자 복지서비스 지원에 관한 법률」 제3조 제1호에 따른 정신질환자. 다만, 전문의가 영양사로서 적합하다고 인정하는 사람은 그러하지 아니하다.
2. 「감염병의 예방 및 관리에 관한 법률」 제2조 제13호에 따른 감염병환자 중 보건복지부령으로 정하는 사람
3. 마약 · 대마 또는 향정신성의약품 중독자
4. 영양사 면허의 취소처분을 받고 그 취소된 날부터 1년이 지나지 아니한 사람

17 [법 제17조] 영양사는 다음 각 호의 업무를 수행한다.
1. 건강증진 및 환자를 위한 영양·식생활 교육 및 상담
2. 식품영양정보의 제공
3. 식단작성, 검식(檢食) 및 배식관리
4. 구매식품의 검수 및 관리
5. 급식시설의 위생적 관리
6. 집단급식소의 운영일지 작성
7. 종업원에 대한 영양지도 및 위생교육

정답 13. ④ 14. ④ 15. ④ 16. ③ 17. ③

18 영양사 면허증의 교부신청은 누구에게 하는가?

① 보건복지부장관 ② 행정안전부장관
③ 대통령 ④ 시·도지사
⑤ 식품의약품안전처장

18 [규칙 제15조] 영양사 국가시험에 합격한 사람은 합격자 발표 후 **보건복지부장관에게 영양사 면허증의 교부**를 신청하여야 한다.

19 영양사 보수교육의 실시 횟수와 시간은?

① 매년 4시간 이상
② 매년 6시간 이상
③ 2년마다 4시간 이상
④ 2년마다 6시간 이상
⑤ 3년마다 4시간 이상

19 [규칙 제18조] ② 협회의 장은 **보수교육을 2년마다 6시간 이상** 실시해야 한다.

20 영양사 보수교육의 대상자가 아닌 자는?

① 보건소·보건지소에 종사하는 영양사
② 집단급식소에 종사하는 영양사
③ 육아종합지원센터에 종사하는 영양사
④ 어린이급식관리지원센터에 종사하는 영양사
⑤ 영양 관련 연구소에 종사하는 영양사

20 [규칙 제18조] ③ 보수교육의 대상자는, 보건소·보건지소, 의료기관 및 집단급식소에 종사하는 영양사, 육아종합지원센터에 종사하는 영양사, 어린이급식관리지원센터에 종사하는 영양사, 건강기능식품판매업소에 종사하는 영양사이다.

21 영양사는 최초로 면허를 받은 후부터 몇 년마다 취업상황을 보건복지부장관에게 신고하여야 하는가?

① 1년 ② 2년
③ 3년 ④ 4년
⑤ 5년

21 [법 제20조의2] 영양사는 최초로 면허를 받은 후부터 **3년마다** 그 실태와 취업상황 등을 보건복지부장관에게 신고하여야 한다.

22 영양사의 면허가 취소되는 경우는?

① B형간염환자
② 타인에게 면허를 대여한 경우
③ 실태보고를 하지 않은 경우
④ 3회 이상 면허정지처분을 받은 경우
⑤ 보수교육을 받지 아니한 경우

22 [법 제21조] ① 보건복지부장관은 영양사가 다음 각 호의 어느 하나에 해당하는 경우 그 면허를 취소할 수 있다.
1. 제16조 제1호부터 제3호까지의 어느 하나에 해당하는 경우(결격사유)
2. 면허정지처분 기간 중에 영양사의 업무를 하는 경우
3. 3회 이상 면허정지처분을 받은 경우

정답 18. ① 19. ④ 20. ⑤ 21. ③ 22. ④

23 [영 제5조] 별표. 행정처분 기준 참고

23 1차 위반 시 영양사의 면허가 취소되는 경우는?

① 식중독 발생에 직무상의 책임이 있는 경우
② 보수교육을 받지 아니한 경우
③ 면허를 타인에게 대여하여 사용하게 한 경우
④ 면허정지처분 기간 중에 영양사의 업무를 한 경우
⑤ 위생과 관련한 중대한 사고 발생에 직무상의 책임이 있는 경우

24 [영 제5조] 별표. 행정처분 기준. 영양사 면허를 타인에게 대여하여 사용하게 한 경우, 1차 위반 시 면허정지 2개월, 2차 위반 시 면허정지 3개월, 3차 위반 시 면허취소

24 영양사 면허를 타인에게 대여하여 사용하게 한 경우, 3차 위반 시 행정처분 기준은?

① 면허정지 1개월
② 면허정지 2개월
③ 면허정지 3개월
④ 면허취소
⑤ 징역 1년

25 [영 제5조] 별표. 행정처분 기준 참고

25 영양사가 식중독이나 그 밖에 위생과 관련한 중대한 사고 발생에 직무상의 책임이 있는 경우, 1차 위반 시 행정처분 기준은?

① 시정명령
② 면허정지 1개월
③ 면허정지 2개월
④ 면허정지 3개월
⑤ 면허 취소

26 [법 제21조] ② 보건복지부장관은 영양사가 다음 각 호의 어느 하나에 해당하는 경우 **6개월 이내의 기간을 정하여 그 면허의 정지**를 명할 수 있다.
1. 영양사가 그 업무를 행함에 있어서 식중독이나 그 밖에 위생과 관련한 중대한 사고 발생에 직무상의 책임이 있는 경우
2. 면허를 타인에게 대여하여 이를 사용하게 한 경우

26 영양사의 최대 면허정지 기간으로 옳은 것은?

① 3개월
② 6개월
③ 9개월
④ 1년
⑤ 1년 6개월

27 [법 제21조] ④ 보건복지부장관은 제1항의 면허취소처분 또는 제2항의 면허정지처분을 하고자 하는 경우에는 청문을 실시하여야 한다.

27 영양사 면허를 취소하고자 할 때 청문을 하는 자는?

① 국무총리
② 식품의약품안전처장
③ 보건복지부장관
④ 시·도지사
⑤ 시장·군수·구청장

28 [법 제18조(면허의 등록), 제28조(벌칙)] 다른 사람에게 영양사의 면허증 또는 임상영양사의 자격증을 빌려주거나 빌린 자, 영양사의 면허증 또는 임상영양사의 자격증을 빌려주거나 빌리는 것을 알선한 자는 **1년 이하의 징역 또는 1천만 원 이하의 벌금**에 처한다.

28 영양사가 다른 사람에게 영양사 면허증을 대여한 경우 벌칙은?

① 1년 이하 징역 또는 500만 원 이하 벌금
② 1년 이하 징역 또는 1천만 원 이하 벌금
③ 2년 이하 징역 또는 1천만 원 이하 벌금
④ 2년 이하 징역 또는 2천만 원 이하 벌금
⑤ 3년 이하 징역 또는 2천만 원 이하 벌금

정답 23. ④ 24. ④ 25. ②
26. ② 27. ③ 28. ②

농수산물의 원산지 표시 등에 관한 법률

5

학습목표 농수산물의 원산지 표시 등에 관한 법률의 중점 내용을 요약·학습하여 관계법규 간의 연계성과 주요 관리요소에 대해 이해하고 영양(교)사로서의 업무수행 능력을 향상시키는 데 활용한다.

원산지표시법 법률 제18525호, 2021. 11. 30. 일부개정
원산지표시법 대통령령 제33261호, 2023. 2. 14. 일부개정
원산지표시법 농림축산식품령 제511호, 2021. 12. 31. 일부개정
해양수산부령 제524호, 2021. 12. 31. 일부개정

01 농수산물의 원산지 표시의 목적에 해당하는 것은?

① 식품에 관한 올바른 정보 제공
② 식품영양의 질적 향상
③ 생산자와 소비자 보호
④ 농산물과 축산물에 원산지 표시
⑤ 식품으로 인한 위해 예방

02 농수산물의 원산지 표시에 관한 법률에서 사용되는 용어를 바르게 설명한 것은?

① 농수산물이란 농산물, 축산물 그리고 수산물을 말한다.
② 원산지란 농산물이나 수산물이 생산, 채취, 포획된 국가, 지역이나 해역을 말한다.
③ 통신판매란 농림축산식품부장관이 정하는 판매를 말한다.
④ 수산물이란 농업활동으로부터 생산되는 산물을 말한다.
⑤ 식품접객업이란 판매업을 말한다.

01 [법 제1조] 이 법은 농산물·수산물과 그 가공품 등에 대하여 적정하고 합리적인 원산지 표시와 유통이력 관리를 하도록 함으로써 공정한 거래를 유도하고 소비자의 알 권리를 보장하여 생산자와 소비자를 보호하는 것을 목적으로 한다.

02 [법 제2조] 이 법에서 사용하는 용어의 뜻은 다음과 같다.

1. "농산물"이란 「농업·농촌 및 식품산업 기본법」 제3조 제6호 가목에 따른 농산물을 말한다.
2. "수산물"이란 「수산업·어촌 발전 기본법」 제3조 제1호 가목에 따른 어업활동으로부터 생산되는 산물을 말한다.
3. "농수산물"이란 농산물과 수산물을 말한다.
4. "원산지"란 농산물이나 수산물이 생산·채취·포획된 국가·지역이나 해역을 말한다.
5. "식품접객업"이란 「식품위생법」 제36조 제1항 제3호에 따른 식품접객업을 말한다(휴게음식점, 일반음식점, 위탁급식영업, 제과점영업, 단란주점, 유흥주점).
6. "집단급식소"란 「식품위생법」 제2조 제12호에 따른 집단급식소를 말한다.
7. "통신판매"란 「전자상거래 등에서의 소비자보호에 관한 법률」 제2조 제2호에 따른 통신판매 중 대통령령으로 정하는 판매를 말한다.

정답 01. ③ 02. ②

03 문제 하단 해설 참고

04 문제 하단 해설 참고

05 [영 제3조(원산지의 표시대상)] ⑤ 법 제5조 제3항에서 "대통령령으로 정하는 농수산물이나 그 가공품을 조리하여 판매·제공하는 경우"란 다음 각 호의 것을 조리하여 판매·제공하는 경우를 말한다. 이 경우 조리에는 날 것의 상태로 조리하는 것을 포함하며, 판매·제공에는 배달을 통한 판매·제공을 포함한다.

1. 쇠고기(식육·포장육·식육가공품을 포함)
2. 돼지고기(식육·포장육·식육가공품을 포함)
3. 닭고기(식육·포장육·식육가공품을 포함)
4. 오리고기(식육·포장육·식육가공품을 포함)
5. 양(염소 등 산양을 포함)고기(식육·포장육·식육가공품을 포함)

5의2. 염소(유산양을 포함)고기(식육·포장육·식육가공품을 포함)

6. 밥, 죽, 누룽지에 사용하는 쌀(쌀가공품을 포함하며, 쌀에는 찹쌀, 현미 및 찐쌀을 포함)
7. **배추김치**(배추김치가공품을 포함)**의 원료인 배추**(얼갈이배추와 봄동배추를 포함)와 고춧가루

7의2. 두부류(가공두부, 유바는 제외), 콩비지, 콩국수에 사용하는 콩(콩가공품을 포함)

8. 넙치, 조피볼락, 참돔, 미꾸라지, 뱀장어, 낙지, 명태(황태, 북어 등 건조한 것은 제외), 고등어, 갈치, 오징어, 꽃게, 참조기, 다랑어, 아귀 및 주꾸미(해당 수산물가공품을 포함)
9. 조리하여 판매·제공하기 위하여 수족관 등에 보관·진열하는 살아있는 수산물

정답 03. ② 04. ⑤ 05. ②

03 원산지 표시를 해야 하는 항목으로 옳은 것은?

① 국내에서 가공한 농수산물 가공품
② 국내에서 가공한 농수산물 가공품의 원료
③ 농림축산식품부장관이 정하는 농수산물
④ 돼지고기의 경우에는 식육의 종류를 별도로 표시
⑤ 식품의약품안전처장이 정하는 농수산물

[법 제5조] ① 대통령령으로 정하는 농수산물 또는 그 가공품을 수입하는 자, 생산·가공하여 출하하거나 판매(통신판매를 포함한다. 이하 같다)하는 자 또는 판매할 목적으로 보관·진열하는 자는 다음 각 호에 대하여 원산지를 표시하여야 한다.
1. 농수산물
2. 농수산물 가공품(국내에서 가공한 가공품은 제외한다)
3. **농수산물 가공품(국내에서 가공한 가공품에 한정한다)의 원료**

04 농수산물 또는 그 가공품에 원산지를 표시한 것으로 보는 경우에 해당하지 않는 것은?

① 농수산물 품질관리법에 따른 표준규격품의 표시를 한 경우
② 농수산물 품질관리법에 따른 우수관리인증의 표시를 한 경우
③ 식품산업진흥법에 따른 원산지인증의 표시를 한 경우
④ 소금산업 진흥법에 따른 지리적표시를 한 경우
⑤ 농수산물 품질관리법에 따른 친환경농산물 인증품의 표시를 한 경우

[법 제5조] ② 다음 각 호의 어느 하나에 해당하는 때에는 제1항에 따라 원산지를 표시한 것으로 본다.
1. 「농수산물 품질관리법」 제5조 또는 「소금산업 진흥법」 제33조에 따른 표준규격품의 표시를 한 경우
2. 「농수산물 품질관리법」에 따른 우수관리인증의 표시, 같은 법에 따른 품질인증품의 표시 또는 「소금산업 진흥법」에 따른 우수천일염인증의 표시를 한 경우

2의2. 「소금산업 진흥법」에 따른 천일염생산방식인증의 표시를 한 경우

3. 「소금산업 진흥법」에 따른 친환경천일염인증의 표시를 한 경우
4. 「농수산물 품질관리법」에 따른 이력추적관리의 표시를 한 경우
5. 「농수산물 품질관리법」 또는 「소금산업 진흥법」에 따른 지리적표시를 한 경우

5의2. 「식품산업진흥법」에 따른 원산지인증의 표시를 한 경우

5의3. 「대외무역법」에 따라 수출입 농수산물이나 수출입 농수산물 가공품의 원산지를 표시한 경우

6. 다른 법률에 따라 농수산물의 원산지 또는 농수산물 가공품의 원료의 원산지를 표시한 경우

05 식품접객업 및 집단급식소 중 대통령령으로 정하는 농수산물이나 그 가공품을 조리하여 판매·제공하는 경우 원산지 표시대상이 아닌 것은?

① 쇠고기·오리고기·양고기
② 배추김치의 원료인 배추, 무와 고춧가루
③ 밥, 죽, 누룽지에 사용하는 쌀
④ 콩비지, 콩국수에 사용하는 콩
⑤ 넙치, 미꾸라지, 낙지, 꽃게, 참조기

06 원산지를 표시하여야 하는 설치·운영자로 옳은 것은?

① 휴게음식점영업을 하는 영업소 설치·운영자
② 유흥주점영업
③ 제과음식점영업
④ 기타음식점영업
⑤ 단란주점영업을 하는 영업소 설치·운영자

06 [영 제4조] 휴게음식점영업, 일반음식점영업 또는 위탁급식영업을 하는 영업소나 집단급식소를 설치·운영하는 자는 원산지 표시를 하여야 한다.

07 원산지의 표시방법에서 규정한 것 외에 필요한 사항을 정하여 고시하는 사람은?

① 농림축산식품부장관
② 해양수산부장관
③ 보건복지부장관
④ 식품의약품안전처장
⑤ 농림축산식품부장관과 해양수산부장관 공동

07 [영 제5조] 원산지의 표시대상, 표시를 하여야 할 자, 표시기준은 대통령령으로 정하고, 규정한 사항 외에 원산지의 표시기준에 관하여 필요한 사항은 농림축산식품부장관과 해양수산부장관이 공동으로 정하여 고시한다.

08 집단급식소에서 원산지 표시를 하지 않아도 되는 것은?

① 닭고기 ② 미꾸라지
③ 배추김치 ④ 가공두부
⑤ 현미

08 문제 05번 해설 참고

09 일반음식점에서 원산지 표시를 해야 하는 수산물은?

① 북어 ② 황태
③ 한치 ④ 복어
⑤ 참조기

09 [영 제3조(원산지의 표시대상)] 식품접객업 및 집단급식소에서 다음 각 호의 것을 조리하여 판매·제공하는 경우 조리에는 날 것의 상태로 조리하는 것을 포함하며, 판매·제공에는 배달을 통한 판매·제공을 포함한다.
8. 넙치, 조피볼락, 참돔, 미꾸라지, 뱀장어, 낙지, 명태(**황태, 북어 등 건조한 것은 제외**), 고등어, 갈치, 오징어, 꽃게, 참조기, 다랑어, 아귀 및 주꾸미(해당 수산물가공품을 포함)

10 영업소 및 집단급식소의 원산지 표시방법으로 옳은 것은?

① 음식명 바로 옆이나 밑에 표시대상 원료인 농수산물명과 그 원산지를 표시한다.
② 원산지의 글자크기는 메뉴판이나 게시판 등에 적힌 음식명 글자크기와 같거나 그보다 작아야 한다.
③ 원산지가 다른 2개 이상의 동일 품목을 섞은 경우에는 섞음 비율이 낮은 순서대로 표시한다.
④ 모든 음식에 사용된 특정 원료의 원산지가 같은 경우에도 각각 개별로 표시한다.
⑤ 쇠고기, 돼지고기, 닭고기, 오리고기, 넙치, 조피볼락 및 참돔 등을 섞은 경우 대표가 되는 원산지를 표시한다.

10 [규칙 제3조] 별표 4. 영업소 및 집단급식소의 원산지 표시방법 참고

정답 06. ① 07. ⑤ 08. ④ 09. ⑤ 10. ①

11 [규칙 제3조] 별표 4. 영업소 및 집단급식소의 원산지 표시방법
수입한 소를 국내에서 6개월 이상 사육한 후 국내산(국산)으로 유통하는 경우에는 **"국산"이나 "국내산"으로 표기**하되, 괄호 안에 **식육의 종류 및 출생국가명을 함께 표시**한다.

12 [법 제6조] 누구든지 다음 행위를 하여서는 아니 된다.
1. 원산지 표시를 거짓으로 하거나 이를 혼동하게 할 우려가 있는 표시를 하는 행위
2. 원산지 표시를 혼동하게 할 목적으로 그 표시를 손상·변경하는 행위
3. 원산지를 위장하여 판매하거나, 원산지 표시를 한 농수산물이나 그 가공품에 다른 농수산물이나 가공품을 혼합하여 판매하거나 판매할 목적으로 보관이나 진열하는 행위

13 [법 제7조, 영 제6조] 농림축산식품부장관, 해양수산부장관, 관세청장이나 시·도지사는 관계 공무원으로 하여금 원산지 표시대상 농수산물이나 그 가공품을 수거하거나 조사하게 하여야 한다. 이 경우 **관세청장의 수거 또는 조사 업무는 원산지 표시대상 중 수입하는 농수산물이나 농수산물 가공품(국내에서 가공한 가공품은 제외)에 한정**한다.

14 [법 제8조] 원산지를 표시하여야 하는 자는 원산지 등이 기재된 영수증이나 거래명세서 등을 매입일부터 6개월간 비치·보관하여야 한다.

정답 11. ④ 12. ⑤ 13. ③ 14. ③

11 호주에서 수입한 소를 국내에서 6개월 이상 사육한 후 국내산(국산) 소갈비로 유통하는 경우 원산지 표시방법으로 옳은 것은?

① 소갈비(쇠고기 : 국내산 한우)
② 소갈비(쇠고기 : 국내산 육우)
③ 소갈비(쇠고기 : 국내산 한우(출생국 : 호주))
④ 소갈비(쇠고기 : 국내산 육우(출생국 : 호주))
⑤ 소갈비(쇠고기 : 호주산 육우)

12 원산지 거짓표시에 해당하는 것은?

① 국산 농산물은 국산으로 표시
② 국산 농산물은 국내산으로 표시
③ 국산 농산물은 그 농산물을 생산·채취·사육한 지역의 시·도명이나 시·군·구명을 표시
④ 원양산 수산물은 원양산으로 표시
⑤ 원산지 표시를 한 농수산물에 다른 농수산물을 혼합하여 진열

13 농수산물의 원산지 표시 등의 조사에 대한 내용으로 옳은 것은?

① 공무원으로 하여금 원산지 표시대상 농수산물을 수거하거나 조사하게 할 수 있는 사람은 농림축산식품부장관, 해양수산부장관, 식품의약품안전처장, 시·도지사이다.
② 시·도지사는 원산지 검정방법 및 세부기준을 정하여 고시할 수 있다.
③ 관세청장의 수거·조사 업무는 수입하는 농수산물이나 국내에서 가공한 가공품을 제외한 농수산물 가공품에 한정한다.
④ 농림축산식품부장관과 해양수산부장관은 원산지 표시대상 농수산물이나 그 가공품에 대한 수거·조사 자체 계획을 5년마다 수립하고 그에 따라 실시한다.
⑤ 식품의약품안전처장은 수거한 시료의 원산지를 판정하기 위하여 필요한 경우에는 검정기관을 지정·고시할 수 있다.

14 원산지가 기재된 영수증이나 거래명세서의 보관기간은?

① 매입일부터 2개월간
② 매입일부터 4개월간
③ 매입일부터 6개월간
④ 매입일부터 12개월간
⑤ 매입일부터 2년간

15 원산지 표시 등의 위반에 대한 처분이 확정된 경우 공표해야 하는 곳은?

① 농림축산식품부 홈페이지
② 식품의약품안전처 홈페이지
③ 교육부 홈페이지
④ 보건환경연구원 홈페이지
⑤ 국립축산물품질관리원 홈페이지

15 [법 제9조(원산지 표시 등의 위반에 대한 처분 등)] 공표는 다음 각 호의 자의 홈페이지에 공표한다.
1. 농림축산식품부
2. 해양수산부
2의2. 관세청
3. 국립농산물품질관리원
4. 대통령령으로 정하는 국가검역·검사기관
5. 특별시·광역시·특별자치시·도·특별자치도, 시·군·구(자치구를 말한다)
6. 한국소비자원
7. 그 밖에 대통령령으로 정하는 주요 인터넷 정보제공 사업자

16 쇠고기의 원산지를 표시하지 않은 경우, 1차 위반 시 과태료 금액은?

① 30만 원　② 60만 원
③ 100만 원　④ 150만 원
⑤ 300만 원

16 [영 제10조] 별표 2. 과태료의 부과기준 참고

17 쌀의 원산지를 표시하지 않은 경우, 1차 위반 시 과태료 금액은?

① 30만 원　② 60만 원
③ 100만 원　④ 200만 원
⑤ 300만 원

17 [영 제10조] 별표 2. 과태료의 부과기준 참고

18 원산지 표시를 거짓으로 한 경우 벌칙은?

① 1년 이하 징역 또는 1천만 원 이하 벌금
② 2년 이하 징역 또는 2천만 원 이하 벌금
③ 3년 이하 징역 또는 3천만 원 이하 벌금
④ 5년 이하 징역 또는 5천만 원 이하 벌금
⑤ 7년 이하 징역 또는 1억 원 이하 벌금

18 [법 제14조] 제6조 제1항 또는 제2항을 위반한 자는 7년 이하의 징역이나 1억 원 이하의 벌금에 처하거나 이를 병과(倂科)할 수 있다.

19 식품접객업을 하는 영업소에서 배추 또는 고춧가루의 원산지 표시 방법을 위반한 경우, 1차 위반 시 과태료 금액은?

① 15만 원　② 30만 원
③ 50만 원　④ 100만 원
⑤ 150만 원

19 [영 제10조] 별표 2. 과태료의 부과기준 참고

정답 15. ① 16. ③ 17. ① 18. ⑤ 19. ①

20 위탁급식영업을 하는 영업소 및 집단급식소의 원산지 표시방법으로 옳은 것은?

① 조리장소에 표시한다.
② 장례식장은 원산지 표시를 하지 않는다.
③ 월간 메뉴표를 사용하여 표시한다.
④ 수입산 농수산물의 원산지만 표시한다.
⑤ 미성년자를 대상으로 하는 업소는 표시하지 않는다.

21 수입한 소를 국내에서 사육한 후 국내산(국산)으로 유통하는 경우에는 "국산"이나 "국내산"으로 표시하되, 괄호 안에 식육의 종류 및 출생국가명을 함께 표시해야 하는 소의 국내 사육기간의 기준은?

① 2개월 이상 ② 4개월 이상
③ 6개월 이상 ④ 8개월 이상
⑤ 10개월 이상

22 중국산 배추를 사용하고 국내산 고춧가루를 사용한 배추김치의 원산지 표시방법은?

① 배추김치(중국산)
② 배추김치(국내산)
③ 배추김치(배추 : 중국산)
④ 배추김치(고춧가루 : 국내산)
⑤ 배추김치(배추 : 중국산, 고춧가루 : 국내산)

23 중국에서 수입한 콩으로 만든 두부의 원산지 표시방법은?

① 두부(중국산)
② 두부(수입산)
③ 두부(국내산)
④ 두부(콩 : 수입산)
⑤ 두부(콩 : 중국산)

20 [규칙 제3조] 별표 4. 영업소 및 집단급식소의 원산지 표시방법
- 위탁급식영업을 하는 영업소 및 집단급식소는 식당이나 취식장소에 **월간 메뉴표, 메뉴판, 게시판 또는 푯말** 등을 사용하여 소비자(이용자를 포함)가 원산지를 쉽게 확인할 수 있도록 표시하여야 한다.
- 교육·보육시설 등 미성년자를 대상으로 하는 영업소 및 집단급식소의 경우에는 위의 표시 외에 원산지가 적힌 주간 또는 **월간 메뉴표를 작성**하여 **가정통신문**(전자적 형태의 가정통신문을 포함)으로 알려주거나 교육·보육시설 등의 인터넷 홈페이지에 추가로 공개하여야 한다.

21 [규칙 제3조] 별표 4. 영업소 및 집단급식소의 원산지 표시방법
수입한 소를 국내에서 **6개월 이상** 사육한 후 국내산(국산)으로 유통하는 경우에는 "국산"이나 "국내산"으로 표시하되, 괄호 안에 식육의 종류 및 출생국가명을 함께 표시한다. [예시] 소갈비(쇠고기 : 국내산 육우(출생국 : 호주))

22 [규칙 제3조] 별표 4. 영업소 및 집단급식소의 원산지 표시방법
국내에서 배추김치를 조리하여 판매·제공하는 경우에는 "배추김치"로 표시하고, 그 옆에 괄호로 배추김치의 원료인 배추(절인 배추를 포함한다)의 원산지를 표시한다. 이 경우 고춧가루를 사용한 배추김치의 경우에는 고춧가루의 원산지를 함께 표시한다. [예시] 배추김치(배추 : 국내산, 고춧가루 : 중국산)

23 [규칙 제3조] 별표 4. 영업소 및 집단급식소의 원산지 표시방법
국내산(국산) 콩 또는 그 가공품을 원료로 사용한 경우 "국산"이나 "국내산"으로 표시하며, 외국산 콩 또는 그 가공품을 원료로 사용한 경우 해당 국가명을 표시한다.
[예시 1] 두부(콩 : 국내산), 콩국수(콩 : 국내산)
[예시 2] 두부(콩 : 중국산), 콩국수(콩 : 미국산)

정답 20. ③ 21. ③ 22. ⑤ 23. ⑤

24 **넙치, 조피볼락, 참돔, 미꾸라지, 뱀장어, 낙지, 명태, 고등어, 갈치, 오징어, 꽃게 및 참조기의 원산지 표시방법의 예시로 옳은 것은?**

① 국내산(국산)의 경우에는 "국산"으로만 표시한다.
② 국내산(국산)의 경우에는 "국내산"으로만 표시한다.
③ 국내산(국산)의 경우에는 "연근해산"으로만 표시한다.
④ 국내산(국산)의 경우에는 "국산" 또는 "국내산"으로 표시한다.
⑤ 국내산(국산)의 경우에는 "국산"이나 "국내산" 또는 "연근해산"으로 표시한다.

25 **원양어선에 의해 태평양에서 포획된 참돔으로 구이를 하여 급식메뉴로 제공하는 경우, 참돔구이의 원산지 표시방법은?**

① 참돔구이(수입산)
② 참돔구이(참돔 : 수입산)
③ 참돔구이(참돔 : 태평양산)
④ 참돔구이(참돔 : 원양산, 태평양산)
⑤ 참돔구이(참돔 : 수입산, 태평양산)

24 [규칙 제3조] 별표 4. 영업소 및 집단급식소의 원산지 표시방법
넙치, 조피볼락, 참돔, 미꾸라지, 뱀장어, 낙지, 명태, 고등어, 갈치, 오징어, 꽃게, 참조기, 다랑어, 아귀 및 주꾸미의 원산지 표시방법 : 원산지는 국내산(국산), 원양산 및 외국산으로 구분하고, 다음의 구분에 따라 표시한다.
- **국내산(국산)**의 경우 **"국산"이나 "국내산" 또는 "연근해산"**으로 표시한다. [예시] 넙치회(넙치 : 국내산), 참돔회(참돔 : 연근해산)
- 원양산의 경우 "원양산" 또는 "원양산, 해역명"으로 한다. [예시] 참돔구이(참돔 : 원양산), 넙치매운탕(넙치 : 원양산, 태평양산)
- 외국산의 경우 해당 국가명을 표시한다. [예시] 참돔회(참돔 : 일본산), 뱀장어구이(뱀장어 : 영국산)

25 문제 24번 해설 참고

정답 24. ⑤ 25. ④

6 식품 등의 표시 · 광고에 관한 법률

학습목표 식품 등의 표시 · 광고에 관한 법률의 중점 내용을 요약 · 학습하여 관계법규 간의 연계성과 주요 관리요소에 대해 이해하고 영양(교)사로서의 업무수행 능력을 향상시키는 데 활용한다.

식품표시광고법 법률 제18445호, 2021. 8. 17. 일부개정
식품표시광고법 대통령령 제32686호, 2022. 6. 7. 일부개정
식품표시광고법 총리령 제1832호, 2022. 11. 28. 일부개정

01 식품 등의 표시 · 광고에 관한 법률의 목적은?

① 식품위생상의 위해 방지
② 건전한 유통문화 확립
③ 국민의 건강증진
④ 국민의 영양개선
⑤ 소비자 보호

02 식품 등의 표시 · 광고에 관한 법률에 따라 표시를 해야 하는 대상은?

① 식품첨가물
② 농수산물
③ 위생용품
④ 임산물
⑤ 원산지

03 식품에 표시해야 하는 것은?

① 재질
② 섭취량
③ 제조연월일
④ 원료의 함량
⑤ 섭취 시 주의사항

01 [법 제1조] 이 법은 식품 등에 대하여 올바른 표시 · 광고를 하도록 하여 소비자의 알 권리를 보장하고 건전한 거래질서를 확립함으로써 소비자 보호에 이바지함을 목적으로 한다.

02 [법 제2조] "표시"란 식품, 식품첨가물, 기구, 용기 · 포장, 건강기능식품, 축산물(이하 "식품등"이라 한다) 및 이를 넣거나 싸는 것(그 안에 첨부되는 종이 등을 포함한다)에 적는 문자 · 숫자 또는 도형을 말한다.

03 [법 제4조] ① 식품등에는 다음 각 호의 구분에 따른 사항을 표시하여야 한다. 다만, 총리령으로 정하는 경우에는 그 일부만을 표시할 수 있다.
1. 식품, 식품첨가물 또는 축산물
   가. 제품명, 내용량 및 원재료명
   나. 영업소 명칭 및 소재지
   다. 소비자 안전을 위한 주의사항
   라. 제조연월일, 소비기한 또는 품질유지기한
   마. 그 밖에 소비자에게 해당 식품, 식품첨가물 또는 축산물에 관한 정보를 제공하기 위하여 필요한 사항으로서 총리령으로 정하는 사항

정답 01. ⑤ 02. ① 03. ③

04 건강기능식품에 표시해야 하는 것은?

① 품질유지기한
② 품목보고번호
③ 제조연월일
④ 섭취방법 및 주의사항
⑤ 용기 · 포장

05 식품에 영양표시를 해야 하는 영양성분이 아닌 것은?

① 열량
② 무기질
③ 나트륨
④ 당류
⑤ 트랜스지방

[규칙 제6조] ② 법 제5조 제2항에 따른 표시 대상 영양성분은 다음 각 호와 같다. 다만, 건강기능식품의 경우에는 제6호부터 제8호까지의 영양성분은 표시하지 않을 수 있다.
1. 열량
2. 나트륨
3. 탄수화물
4. 당류[식품, 축산물, 건강기능식품에 존재하는 모든 단당류(單糖類)와 이당류(二糖類)를 말한다. 다만, 캡슐 · 정제 · 환 · 분말 형태의 건강기능식품은 제외한다]
5. 지방
6. 트랜스지방(Trans Fat)
7. 포화지방(Saturated Fat)
8. 콜레스테롤(Cholesterol)
9. 단백질
10. 영양표시나 영양강조표시를 하려는 경우에는 별표 5의 1일 영양성분 기준치에 명시된 영양성분

06 건강기능식품에 표시해야 하는 영양성분이 아닌 것은?

① 탄수화물
② 나트륨
③ 당류
④ 단백질
⑤ 콜레스테롤

07 알레르기 유발물질 표시를 하지 않아도 되는 원재료는?

① 우유
② 땅콩
③ 고등어
④ 토마토
⑤ 사과

04 [법 제4조] ① 식품등에는 다음 각 호의 구분에 따른 사항을 표시하여야 한다. 다만, 총리령으로 정하는 경우에는 그 일부만을 표시할 수 있다.
3. 건강기능식품
가. 제품명, 내용량 및 원료명
나. 영업소 명칭 및 소재지
다. 소비기한 및 보관방법
라. 섭취량, 섭취방법 및 섭취 시 주의사항
마. 건강기능식품이라는 문자 또는 건강기능식품임을 나타내는 도안
바. 질병의 예방 및 치료를 위한 의약품이 아니라는 내용의 표현
사. 「건강기능식품에 관한 법률」 제3조 제2호에 따른 기능성에 관한 정보 및 원료 중에 해당 기능성을 나타내는 성분 등의 함유량
아. 그 밖에 소비자에게 해당 건강기능식품에 관한 정보를 제공하기 위하여 필요한 사항으로서 총리령으로 정하는 사항

05 문제 하단 해설 참고

06 문제 05번 해설 참고

07 [규칙 제5조] 별표 2. 소비자 안전을 위한 표시사항(제5조 제1항 관련)
1. 알레르기 유발물질 표시
식품등에 알레르기를 유발할 수 있는 원재료가 포함된 경우 그 원재료명을 표시해야 하며, 알레르기 유발물질, 표시 대상 및 표시방법은 다음 각 목과 같다.
가. 알레르기 유발물질
알류(가금류만 해당한다), 우유, 메밀, 땅콩, 대두, 밀, 고등어, 게, 새우, 돼지고기, 복숭아, 토마토, 아황산류(이를 첨가하여 최종 제품에 이산화황이 1킬로그램당 10밀리그램 이상 함유된 경우만 해당한다), 호두, 닭고기, 쇠고기, 오징어, 조개류(굴, 전복, 홍합을 포함한다), 잣

정답 04. ④ 05. ② 06. ⑤ 07. ⑤

08 영양표시 대상 식품은?

① 침출차 ② 깍두기
③ 모조치즈 ④ 레토르트식품
⑤ 인스턴트커피

[규칙 제6조] 별표 4. 영양표시 대상 식품등(제6조 제1항 관련)
1. 영양표시 대상 식품등은 다음 각 목과 같다.
   가. 레토르트식품(조리가공한 식품을 특수한 주머니에 넣어 밀봉한 후 고열로 가열 살균한 가공식품을 말하며, 축산물은 제외한다)
   나. 과자류, 빵류 또는 떡류 : 과자, 캔디류, 빵류 및 떡류
   다. 빙과류 : 아이스크림류 및 빙과
   라. 코코아 가공품류 또는 초콜릿류
   마. 당류 : 당류가공품
   바. 잼류
   사. 두부류 또는 묵류
   아. 식용유지류 : 식물성유지류 및 식용유지가공품(모조치즈 및 기타 식용유지가공품은 제외한다)
   자. 면류
   차. 음료류 : 다류(침출차 · 고형차는 제외한다), 커피(볶은커피 · 인스턴트커피는 제외한다), 과일 · 채소류음료, 탄산음료류, 두유류, 발효음료류, 인삼 · 홍삼음료 및 기타 음료
   카. 특수영양식품
   타. 특수의료용도식품
   파. 장류 : 개량메주, 한식간장(한식메주를 이용한 한식간장은 제외한다), 양조간장, 산분해간장, 효소분해간장, 혼합간장, 된장, 고추장, 춘장, 혼합장 및 기타 장류
   하. 조미식품 : 식초(발효식초만 해당한다), 소스류, 카레(카레만 해당한다) 및 향신료가공품(향신료조제품만 해당한다)
   거. 절임류 또는 조림류 : 김치류(김치는 배추김치만 해당한다), 절임류(절임식품 중 절임배추는 제외한다) 및 조림류
   너. 농산가공식품류 : 전분류, 밀가루류, 땅콩 또는 견과류가공품류, 시리얼류 및 기타 농산가공품류
   더. 식육가공품 : 햄류, 소시지류, 베이컨류, 건조저장육류, 양념육류(양념육 · 분쇄가공육제품만 해당한다), 식육추출가공품 및 식육함유가공품
   러. 알가공품류(알 내용물 100퍼센트 제품은 제외한다)
   머. 유가공품 : 우유류, 가공유류, 산양유, 발효유류, 치즈류 및 분유류
   버. 수산가공식품류(수산물 100퍼센트 제품은 제외한다) : 어육가공품류, 젓갈류, 건포류, 조미김 및 기타 수산물가공품
   서. 즉석식품류 : 즉석섭취 · 편의식품류(즉석섭취식품 · 즉석조리식품만 해당한다) 및 만두류
   어. 건강기능식품

09 영양표시 대상에서 제외되는 식품이 아닌 것은?

① 알류 ② 식육
③ 수산물 ④ 농산물
⑤ 건강기능식품

08 문제 하단 해설 참고

09 [규칙 제6조] 별표 4. 영양표시 대상 식품등(제6조 제1항 관련)
2. 영양표시 대상에서 제외되는 식품등은 다음 각 목과 같다.
   가. 「식품위생법 시행령」 제21조 제2호에 따른 즉석판매제조 · 가공업 영업자가 제조 · 가공하거나 덜어서 판매하는 식품
   나. 「축산물 위생관리법 시행령」 제21조 제8호에 따른 식육즉석판매가공업 영업자가 만들거나 다시 나누어 판매하는 식육가공품
   다. 식품, 축산물 및 건강기능식품의 원료로 사용되어 그 자체로는 최종 소비자에게 제공되지 않는 식품, 축산물 및 건강기능식품
   라. 포장 또는 용기의 주표시면 면적이 30제곱센티미터 이하인 식품 및 축산물
   마. 농산물 · 임산물 · 수산물, 식육 및 알류

정답 08. ④ 09. ⑤

10 **나트륨 함량 비교 표시 대상 식품은?**

① 피자
② 햄버거
③ 치킨
④ 감자튀김
⑤ 떡볶이

11 **부당한 표시나 과대광고에 해당하지 않는 것은?**

① 소비자를 기만하는 표시
② 객관적인 근거가 있는 표시
③ 다른 업체를 비방하는 광고
④ 의약품으로 인식할 우려가 있는 표시
⑤ 질병의 예방에 효능이 있는 것으로 인식할 수 있는 광고

[법 제8조] ① 누구든지 식품등의 명칭 · 제조방법 · 성분 등 대통령령으로 정하는 사항에 관하여 다음 각 호의 어느 하나에 해당하는 표시 또는 광고를 하여서는 아니 된다.
1. 질병의 예방 · 치료에 효능이 있는 것으로 인식할 우려가 있는 표시 또는 광고
2. 식품등을 의약품으로 인식할 우려가 있는 표시 또는 광고
3. 건강기능식품이 아닌 것을 건강기능식품으로 인식할 우려가 있는 표시 또는 광고
4. 거짓 · 과장된 표시 또는 광고
5. 소비자를 기만하는 표시 또는 광고
6. 다른 업체나 다른 업체의 제품을 비방하는 표시 또는 광고
7. 객관적인 근거 없이 자기 또는 자기의 식품등을 다른 영업자나 다른 영업자의 식품등과 부당하게 비교하는 표시 또는 광고
8. 사행심을 조장하거나 음란한 표현을 사용하여 공중도덕이나 사회윤리를 현저하게 침해하는 표시 또는 광고
9. 총리령으로 정하는 식품등이 아닌 물품의 상호, 상표 또는 용기 · 포장 등과 동일하거나 유사한 것을 사용하여 해당 물품으로 오인 · 혼동할 수 있는 표시 또는 광고
10. 제10조 제1항에 따라 심의를 받지 아니하거나 같은 조 제4항을 위반하여 심의 결과에 따르지 아니한 표시 또는 광고

12 **표시 또는 광고를 하기 위하여 자율심의기구에 심의를 받아야 하는 대상이 아닌 것은?**

① 기능성식품
② 특수영양식품
③ 즉석조리식품
④ 건강기능식품
⑤ 특수의료용식품

13 **표시방법을 위반하여 식품첨가물을 판매한 경우의 벌칙은?**

① 1년 이하의 징역 또는 1천만 원 이하의 벌금
② 2년 이하의 징역 또는 2천만 원 이하의 벌금
③ 3년 이하의 징역 또는 3천만 원 이하의 벌금
④ 4년 이하의 징역 또는 4천만 원 이하의 벌금
⑤ 5년 이하의 징역 또는 5천만 원 이하의 벌금

10 [규칙 제7조(나트륨 함량 비교 표시)] ① 법 제6조 제1항에서 "총리령으로 정하는 식품"이란 다음 각 호의 식품을 말한다.
1. 조미식품이 포함되어 있는 면류 중 유탕면(기름에 튀긴 면), 국수 또는 냉면
2. 즉석섭취식품(동 · 식물성 원료에 식품이나 식품첨가물을 가하여 제조 · 가공한 것으로서 더 이상의 가열 또는 조리과정 없이 그대로 섭취할 수 있는 식품을 말한다) 중 햄버거 및 샌드위치

11 문제 하단 해설 참고

12 [규칙 제10조] 식품등에 관하여 표시 또는 광고하려는 자가 법 제10조 제1항 본문에 따른 자율심의기구(이하 "자율심의기구"라 한다)에 미리 심의를 받아야 하는 대상은 다음 각 호와 같다.
1. 특수영양식품
2. 특수의료용도식품
3. 건강기능식품
4. 기능성표시식품

13 [법 제28조] 다음 각 호의 어느 하나에 해당하는 자는 3년 이하의 징역 또는 3천만 원 이하의 벌금에 처한다.
1. 제4조 제3항을 위반하여 식품등(건강기능식품은 제외한다)을 판매하거나 판매할 목적으로 제조 · 가공 · 소분 · 수입 · 포장 · 보관 · 진열 또는 운반하거나 영업에 사용한 자

정답 10. ② 11. ② 12. ③ 13. ③

영양사 국가시험
영양교사 중등임용고시를 위한

영양사 문제집

초판 1쇄 발행 2008년 7월 15일 | **13판 1쇄 발행** 2023년 9월 8일

지은이 영양사 국가시험 교육연구회
펴낸이 류원식
펴낸곳 **교문사**

편집팀장 성혜진 | **책임진행** 윤지희 | **디자인** 신나리 | **본문편집** 디자인이투이

주소 10881, 경기도 파주시 문발로 116
대표전화 031-955-6111 | **팩스** 031-955-0955
홈페이지 www.gyomoon.com | **이메일** genie@gyomoon.com
등록번호 1968.10.28. 제406-2006-000035호

ISBN 978-89-363-2518-3 (13590)
정가 39,000원

잘못된 책은 바꿔 드립니다.